Helmuth Hausen · Hermann Linde

Tieftemperaturtechnik

Erzeugung sehr tiefer Temperaturen, Gasverflüssigung und Zerlegung von Gasgemischen

Zweite, völlig neubearbeitete Auflage

Mit 360 Abbildungen

Springer-Verlag Berlin Heidelberg GmbH 1985

Prof. Dr.-Ing. Dr.-Ing. e. h. Helmuth Hausen

Wohnstift Augustinum Taunus
D-6232 Bad Soden 2

Prof. Dr. rer. nat. Hermann Linde

Jaiserstraße 21 a
D-8023 Pullach

Die erste Auflage erschien 1957 unter dem Titel „Erzeugung sehr tiefer Temperaturen" (Verfasser H. Hausen) als Band VIII des „Handbuches der Kältetechnik".

CIP-Kurztitelaufnahme der Deutschen Bibliothek
Hausen, Helmuth: Tieftemperaturtechnik: Erzeugung sehr tiefer Temperaturen, Gasverflüssigung u. Zerlegung von Gasgemischen
H. Hausen; H. Linde. – 2., völlig neubearb. Aufl.

1. Aufl. u. d. T.: Hausen, Helmuth: Erzeugung sehr tiefer Temperaturen

ISBN 978-3-662-10554-2 ISBN 978-3-662-10553-5 (eBook)
DOI 10.1007/978-3-662-10553-5

NE: Linde, Hermann

2160/3020-543210

Vorwort

Das vorliegende Buch, dessen ursprünglicher Haupttitel „Erzeugung sehr tiefer Temperaturen“ in „Tieftemperaturtechnik“ umgeändert worden ist, behandelt nach wie vor im wesentlichen den Temperaturbereich zwischen —100 °C und dem absoluten Nullpunkt von —273,15 °C. Es stellt die physikalischen Grundlagen der Tieftemperaturtechnik, die Funktionsweise und die praktische Gestaltung und der Tieftemperaturanlagen sowie die vielseitigen technischen Anwendungen dar. Die 1. Auflage, die 1957 als Band VIII des von Rudolf Plank herausgegebenen Handbuchs der Kältetechnik erschienen ist, war im Jahre 1967 früher als alle anderen Bände dieses Handbuchs vergriffen. Der weiter bestehenden Nachfrage und dem eigenen Wunsch entsprechend, hoffte der erste der beiden Verfasser, bald eine neue Auflage bearbeiten zu können. Aber zahlreiche andere Verpflichtungen hielten ihn hiervon ab.

Für die erste Auflage standen ihm die Erkenntnisse und Erfahrungen zur Verfügung, die er sich bei seiner 28jährigen Tätigkeit bei der Linde AG in Höllriegelskreuth bei München erworben hatte. Von 1950 an hingegen konnte er die Weiterentwicklung der Tieftemperaturtechnik nur noch am Rande verfolgen. Außerdem hätten bei seinem nunmehr bis zu 89 Jahren fortgeschrittenen Alter die Kräfte nicht mehr ausgereicht, ein solches Buch allein zu bearbeiten. Einer Bitte des ersten Verfassers folgend, hat Hermann Linde, Enkel von Carl von Linde, sich bereit erklärt, bei der Bearbeitung der neuen Auflage mitzuwirken. Er war von 1949 bis 1976 bei der Linde AG tätig, dabei längere Zeit als das für die Tieftemperatur- und Verfahrenstechnik zuständige Vorstandsmitglied. Die in den letzten Jahrzehnten ins Große fortgeschrittene und auch wirtschaftlich immer bedeutsamer gewordene Entwicklung der Tieftemperaturtechnik hat er in den Kapiteln 4 bis 10 der neuen Auflage vorwiegend nach der praktischen Seite hin dargestellt.

Zunächst hat der erste Verfasser sich bemüht, die umfangreichen drei ersten Kapitel, die sich mehr theoretisch mit der Gasverflüssigung, der Wärmeübertragung und der Zerlegung von Gasgemischen befassen, zu überarbeiten und dem neuesten Stand der Erkenntnis anzupassen. Hierbei war unter anderem zu berücksichtigen, daß im Vergleich zu früher wesentlich genauere und allgemeiner gültige Zustandsgleichungen bekannt geworden sind und daraus die im thermodynamischen Gleichgewicht einander zugeordneten Zusammensetzungen von Flüssigkeit und Dampf eines siedenden Gemisches berechnet werden können. Überdies sind für die Rektifikation von Mehrstoffgemischen verwickelte neue Berechnungsverfahren bekanntgeworden, die die Anwendung elektronischer Rechenanlagen voraussetzen. Schließlich hat der erste Verfasser in einem kurzen 11. Kapitel die Eigenschaften der Stoffe bei extrem tiefen Temperaturen und die nach den neuesten Erkenntnissen als möglich erscheinenden Anwendungen behandelt.

Der zweite Verfasser behandelte in den Kapiteln 4 bis 7 die wichtigsten zu Beginn der 80er Jahre weltweit angewandten Verfahren der Luftzerlegung (Kapitel 4), der Ethylengewinnung (Kapitel 5), der Erdgasverflüssigung und Erdgaszerlegung (Kapitel 6) und der Zerlegung wasserstoffreicher Gase (Kapitel 7). Die grundlegenden Patente auf dem Gebiet der Luft- und Gaszerlgung sind längst abgelaufen. Daher sind die Verfahren, welche Firmen benutzen, die derartige Anlagen bauen, einander sehr ähnlich. Es sind dies, in alphabetischer Reihenfolge, weltweit hauptsächlich die Firmen: L'Air Liquide (Frankreich), Air Products and Chemicals (USA), Cryoplants (British Oxigen, England), Hitachi (Japan), Kobe Steel (Japan, Linde AG/Deutschland), Linde Division of Union Carbide (USA), Nippon Sanso (Japan).

Wegen der vielfach sehr langen Lebenszeit von Luftzerlegern schien es angebracht, auch Luftzerlegungsverfahren zu beschreiben, die bei neu zu errichtenden Anlagen nicht mehr angewandt werden, nach denen aber viele noch in Betrieb befindliche Anlagen arbeiten (Kapitel 4). Ganz bedeutende Veränderungen spielten sich seit 1957 auf dem Gebiet des Baues von Ethylengewinnungsanlagen ab (Kapitel 5). Die Kapazität derartiger Anlagen ist auf das 20- bis 30fache gestiegen. Bauelemente und Gesamtaufstellung mußten deswegen einen grundlegenden Wandel erfahren. Neu aufgenommen wurde ein Kapitel über Verflüssigung und Zerlegung von Erdgas (Kapitel 6). Das Verlangen der Industrieländer nach zusätzlicher Energie ließ von den sechziger Jahren an eine steigende Nachfrage nach Erdgasverflüssigern und -Transportern entstehen.

Die Verdrängung der Kohle durch Erdöl und Erdgas führte dazu, daß für die Gewinnung von Wasserstoff bevorzugt Gasgemische zerlegt werden müssen, die durch die Spaltung von Schweröl oder Erdgas entstehen (Kapitel 7). In geringerem Umfang mußten neuartige Anlagen für die Kerntechnik gebaut werden (Kapitel 8). Die Weiterentwicklung von Schweiß- und Werkstofftechnik schaffte die Voraussetzung zu weitgehend flanschlosen Anlagen aus billigeren Materialien als aus dem früher üblichen Kupfer (Kapitel 9). Die Zahl der Anwendungen der durch die Zerlegung gewonnenen oder verflüssigten Gase ist in den vergangenen 25 Jahren stark gestiegen. Schwerpunkte in der Darstellung der Anwendungen wurden dort gebildet, wo die größten Mengen der betreffenden Gase eingesetzt werden (Kapitel 10).

Für die ersten drei Kapitel hat die Linde AG eine Reihe von Unterlagen und Diagramme, vor allem Zustandsdiagramme zur Verfügung gestellt. Auch Herrn Professor Dr. Bender, Kaiserslautern, ist für einige Zustandsdiagramme zu danken. Mehreren Herren der Linde AG gebührt Dank für wertvolle Hinweise und Angaben. Trotzdem waren beide Verfasser darauf bedacht, den Eindruck zu vermeiden, als gebe das Buch nur die Erkenntnisse und Erfahrungen der Linde AG wieder. Diese Gefahr ist heute schon dadurch geringer als früher, daß, wie schon erwähnt, ein großer Teil des dargestellten Wissens bei den einschlägigen Firmen Allgemeingut geworden ist. Darüber hinaus haben wir verschiedene Firmen gebeten, uns auf bemerkenswerte Sonderheiten ihrer Fabrikation hinzuweisen. Allen, die uns Unterlagen geschickt haben, danken wir. Wertvoll war uns vor allem, daß uns die Firma Sulzer AG in Winterthur drei Bilder ihrer Wasserstoff- und Heliumverflüssiger sowie ihrer Expansionsturbinen, die Firma Koch Systems in Westborough, Mass. ein Bild ihrer Heliumverflüssiger sowie die Philips-Glühlampen-Fabriken in Eindhoven, Holland, Unterlagen über ihre zwei- und mehrstufigen Gaskältemaschinen zur Verfügung gestellt haben. Besonders aber möchte der erste Verfasser Herrn Professor Dr. W. Buckel in Karlsruhe danken für die Mitteilung von Literatur über die zu erwartenden technischen Anwendungen der extrem tiefen Temperaturen sowie für die Beantwortung verschiedener damit zusammenhängender Fragen.

Dem Springer-Verlag danken wir für sein stets bereitwilliges Entgegenkommen und die sorgfältige Ausführung des Buches.

Im Juni 1985 H. Hausen, H. Linde

Inhaltsverzeichnis

Häufig benutzte Bezeichnungen

Lateinische Buchstaben

$a = \frac{\lambda}{\varrho c_p}$	Temperaturleitzahl
a	Aktivität, Abschnitt 3.1.1.3.5
C, C'	Wärmekapazitäten der in der Zeiteinheit strömenden Stoffe
c_p, c_v	spezifische Wärmekapazitäten der strömenden Stoffe
c_s	spezifische Wärmekapazität der Speichermasse eines Regenerators
D_i	Innendurchmesser eines Mantelrohres
d, d_i, d_a, d_m	Rohrdurchmesser, innerer, äußerer, mittlerer Durchmesser
d_{gl}	gleichwertiger Durchmesser eines Kanals nach Gl. (2.15)
e	Exergie, bezogen auf die Mengeneinheit, Abschnitte 1.1.6.6 und 6.2.3.1
F	gesamte Heizfläche eines Wärmeaustauschers
f	Heizfläche, bezogen auf die Teillänge x eines Wärmeaustauschers
G, g	freie Energie nach Gl. (3.18) einer beliebigen Menge bzw. der Mengeneinheit
H, h	Enthalpie einer beliebigen Menge bzw. der Mengeneinheit
$K_i = \frac{y_i^*}{x_i}$	Gleichgewichtsverhältnis des i-ten Bestandteils in Dampf und Flüssigkeit
k	Wärmedurchgangskoeffizient
k_0	Wärmedurchgangskoeffizient bei Regeneratoren nach der nullten Eigenfunktion
L	Gesamtlänge eines Rekuperators oder Regenerators
L	Flüssigkeitsmenge (liquid), die in einer Rektifiziersäule in der Zeiteinheit herabfließt
M	Bruchteil der durch Drosselung vollständig entspannten Menge bei der Luftzerlegung mit Mitteldruckkreislauf oder mit Expansionsmaschine
m, m'	strömende Menge, meist in der Zeiteinheit, auch beliebige Menge in kg oder in m_n^3, bezogen auf °C und 760 Torr = 1,01325 bar
n, n'	Molzahl der strömenden Mengen, meist in der Zeiteinheit
Nu, Pe, Pr	Kennzahlen des Wärmeübergangs nach Gln. (2.6) und (2.7)
P	Gesamtdruck
p	Teildruck
p_s	Dampfdruck
Q, q	zugeführte Wärmemenge, meist in der Zeiteinheit
Q	in einem ganzen Wärmeaustauscher übertragene Wärmemenge
q	in einem Teil des Wärmeaustauschers übertragene Wärmemenge
R	Gaskonstante
Re	Strömungskennzahl nach Gl. (2.6)
r	Verdampfungsenthalpie der Mengeneinheit
S, s	Entropie einer beliebigen Menge bzw. der Mengeneinheit
St	Kennzahl des Wärmeübergangs nach Gl. (2.8)
T, t	Temperaturen in K bzw. in °C
T_k	kritische Temperatur
T_u	Umgebungstemperatur
T, T'	Dauer der Warm- und Kaltperiode eines Regenerators
U, u	innere Energie einer beliebigen Menge bzw. der Mengeneinheit

u	örtliche Strömungsgeschwindigkeit
V	Dampfmenge (vapour), die in einer Rektifiziersäule in der Zeiteinheit aufsteigt
v	spezifisches Volumen
W	physikalische Arbeit } bei der Kompression oder Entspannung eines Gases
W_t	technische Arbeit } bei der Kompression oder Entspannung eines Gases
W'	Arbeitsaufwand für die Gasverflüssigung, W'_{min} nach Idealprozeß, W'_C nach Carnot
w	mittlere Strömungsgeschwindigkeit in einem Rohr- oder Kanalquerschnitt
x	Teillänge eines Wärmeaustauschers vom Eintritt eines Gases bis zur betrachteten Stelle
x, x_i	Gehalt eines Bestandteils in der Flüssigkeit } in Mol-%, auch in ppm (parts per million)
y, y_i	Gehalt eines Bestandteils im Dampf } in Mol-%, auch in ppm (parts per million)
y^*, y_i^*	Gleichgewichtsgehalt im Dampf
$Z = \frac{pv}{RT}$	Realfaktor

Griechische Buchstaben

α, α'	Wärmeübergangskoeffizient
α_h	differentialer Thomson-Joule-Effekt
δ	Wanddicke
ζ	Kennzahl des Druckabfalls in gekrümmten Rohren, Abschnitt 2.1.2.2.3
η	dimensionslose Zeit bei Regeneratoren, Abschnitt 2.2.2
η	Wirkungsgrad von Rekuperatoren
η^*	Wirkungsgradfunktion
η_{Reg}	Wirkungsgrad von Regeneratoren
η	Austauschgrad eines Rektifizierbodens
Θ	Temperatur einer festen Wand oder der Speichermasse eines Regenerators
ϑ, ϑ'	Temperaturen der strömenden Stoffe
ϑ_1, ϑ'_1	Eintrittstemperatur
ϑ_2, ϑ'_2	Austrittstemperatur
$\Delta\vartheta_M$	mittlere Temperaturdifferenz in einem Wärmeaustauscher
Λ	dimensionslose Gesamtlänge eines Regenerators
λ	Wärmeleitfähigkeit, λ_s eines festen Stoffes
μ	chemisches Potential, Abschnitt 3.1.1.3.2
$\nu = \frac{\eta}{\varrho}$	kinematische Viskosität
ξ	dimensionslose Teillänge eines Regenerators, Abschnitt 2.2.2
Π, Π'	dimensionslose Dauer der Wärme- und Kaltperiode eines Regenerators
ϱ	Dichte
Φ	Hilfsfunktion zur Berechnung von Regeneratoren, Abschnitt 2.2.3.1
ψ	Kennzahl des Druckabfalls, Abschnitt 2.1.2.2.1

Einleitung

Von H. Hausen

Die Tieftemperaturtechnik unterscheidet sich, wie schon ihr Name andeutet, von der üblichen Kältetechnik vor allem durch das wesentlich tiefere Temperaturgebiet, das sie erschließt. Die üblichen Kältemaschinen erzeugen, z. B. mit einem Chlorfluorkohlenwasserstoff als Kältemittel, Temperaturen bis etwa —60 °C und nur in Sonderfällen mit besonders flüchtigen Kältemitteln Temperaturen unter —100 °C. Demgegenüber erstrebt die Tieftemperaturtechnik vorwiegend Temperaturen zwischen etwa —100 °C und dem bei —273,15 °C liegenden absoluten Nullpunkt der Temperatur.

Derart tiefe Temperaturen benötigt man vor allem zur Verflüssigung sehr tief siedender Gase wie Luft, Wasserstoff und Helium, deren Siedepunkte bei —193, —253 bzw. —269 °C liegen. Die Verflüssigung solcher Gase stellt ein wichtiges Hilfsmittel für Laboratorien dar, die sich die Aufgabe gestellt haben, im Gebiet sehr tiefer Temperaturen Stoffeigenschaften sowie physikalische, chemische und biologische Vorgänge zu untersuchen. Manche dieser Untersuchungen gewähren in besonderem Maße Einblicke in den molekularen Aufbau der Materie, weil die ungeordneten Wärmebewegungen der Moleküle bei den tiefen Temperaturen nur gering sind und daher sehr wenig stören.

Die erhebliche und ständig wachsende industrielle Bedeutung der Tieftemperaturtechnik beruht aber darauf, daß die natürlichen Gasgemische Luft und Erdgas sowie künstlich erzeugte Gasgemische sich bei den tiefen Temperaturen durch Rektifikation oder auch schon durch Teilverflüssigung in ihre Bestandteile zerlegen lassen. Auf diesem Wege werden technisch wichtige Gase in meist sehr hoher Reinheit gewonnen, so z. B. Sauerstoff, Stickstoff und Edelgase aus Luft. Wasserstoff, Ethylen und andere Kohlenwasserstoffe wurden früher hauptsächlich aus Koksofengas abgetrennt. Heute werden sie überwiegend aus Gasgemischen gewonnen, die durch Cracken eines Naphta genannten Leichtbenzins mit Wasserdampf, durch Schwerölspaltung oder auch durch Kohlevergasung mit anschließender Konvertierung entstehen. Als neuestes Anwendungsgebiet ist die Abtrennung von Stickstoff und Helium aus Erdgas und die Verflüssigung des im Erdgas enthaltenen Methans zum Zwecke des Transportes über große Entfernungen, insbesondere über das Meer, hinzugetreten.

Bemerkenswert ist, daß die Tieftemperaturtechnik aus der wissenschaftlichen Forschung heraus entstanden ist und sich nicht nur in ihren Verfahren und Konstruktionen, sondern auch in ihren Anwendungen unter dauernder Benutzung wissenschaftlicher Erkenntnisse weiter entwickelt hat. Besonders sind es die Lehren der Thermodynamik sowie der Wärme- und Stoffübertragung, die die Grundlagen für diese Technik abgegeben haben. Eingehendere theoretische Betrachtungen sind daher unvermeidlich, wenn man ein tieferes Verständnis für die Vorgänge bei der Gasverflüssigung und der Zerlegung von Gasgemischen erlangen will. Wenn somit im folgenden die Theorie einen verhältnismäßig breiten Raum einnimmt, so soll doch die

Behandlung der praktischen Gesichtspunkte hierdurch keine Einbuße erleiden. Insbesondere sollen der Aufbau der Apparate und Hilfseinrichtungen und die zahlreichen Anwendungsmöglichkeiten, die namentlich für die durch die Zerlegung gewonnenen Gase bestehen, ausführlich geschildert werden.

Wenn auch in dem vorliegenden Band eine umfassende Darstellung der Tieftemperaturtechnik erstrebt wird, so ist doch dieses Gebiet so umfangreich geworden, daß es unmöglich ist, sämtliche Einzelheiten zu erörtern. Es muß daher vielfach auf die Fachliteratur verwiesen werden.

Ehe die erste Auflage dieses Buches gedruckt wurde, sind eine Reihe von zusammenfassenden Darstellungen der Tieftemperaturtechnik erschienen, die im Literaturverzeichnis am Ende dieses Buches unter [1–22] angegeben sind. Später sind nur noch wenige derartige Darstellungen bekannt geworden. In einer von Haselden herausgegebenen Darstellung haben 14 englische und 5 amerikanische Wissenschaftler die Erzeugung sehr tiefer Temperaturen und die Verflüssigung von Gasen vom theoretischen und praktischen Standpunkt aus eingehend behandelt [23]. Das gesamte Gebiet der Tieftemperaturtechnik einschließlich der Zerlegung von Gasgemischen haben in den Jahren 1975 und 1976 Usjukin [24, 25] und andere [26, 27] in russischer Sprache dargestellt.

Wenn man jedoch nur das Gebiet der tiefsten Temperaturen zwischen 0 und etwa 25 K betrachtet, so liegt hierfür eine größere Zahl von umfassenden, überwiegend neueren Darstellungen vor, von denen einige im Literaturverzeichnis zu diesem Sondergebiet, d. h. zu Kapitel 11, aufgeführt sind. Dasselbe gilt für das heute hoch aktuelle Gebiet der Tieftemperaturbehandlung von Erdgas, insbesondere der Verflüssigung seiner wichtigsten Bestandteile (Liquid natural gas, abgekürzt LNG); siehe Kapitel 7.

Die neuere Entwicklung auf allen Teilgebieten der Tieftemperaturtechnik kommt durch Aufsätze in Fachzeitschriften [28—30] sowie durch Vorträge zum Ausdruck, die in Berichten über internationale und nationale Tagungen und Kongresse [31—33] wiedergegeben sind.

Einen sehr guten und weitgehend vollständigen Literaturnachweis bietet das bis zu sechsmal im Jahr erscheinende Bulletin de l'Institut International du Froid [34], das in jedem Heft im wesentlichen in Kapitel I: Cryoengineering, und in Kapitel II: Thermodynamics and Heat Transport, das für die Tieftemperaturtechnik bedeutsame neue Schrifttum bringt.

Aus der Geschichte der Gasverflüssigung und der Zerlegung von Gasgemischen

Eine Reihe von Gasen, wie Kohlendioxid oder Ammoniak, lassen sich bei Umgebungstemperatur allein durch Anwendung höherer Drücke verflüssigen. Hierfür genügt z. B. bei Kohlendioxid theoretisch ein Druck von 52 bar, bei Ammoniak ein Druck von 7,2 bar, falls Kühlwasser von 15 °C zur Verfügung steht. Auf Grund dieser Erfahrungen versuchte man anfänglich auch Luft sowie Sauerstoff, Stickstoff, Wasserstoff und andere Gase allein durch Druckerhöhung oder durch Verbindung der Druckerhöhung mit einer verhältnismäßig geringen Abkühlung in den flüssigen Zustand überzuführen. Schon im Jahre 1823 bemühte sich Perkins, Luft durch einen Druck von 1000 bis 1200 bar zu verflüssigen.

Faraday, der im gleichen Jahre vergeblich versuchte, Wasserstoff und Sauerstoff zu verflüssigen, veröffentlichte 1845 die Ergebnisse weiterer umfangreicher Versuche, bei denen er hohe Drücke und Temperaturen bis —110 °C benutzte. Es gelang ihm, alle damals bekannten Gase, außer Sauerstoff, Stickstoff, Luft, Wasserstoff, Stickoxid, Kohlenmonoxid und Methan, zu verflüssigen. Da man glaubte, daß die zuletzt genannten Gase ihrer physikalischen Natur nach überhaupt nicht verflüssigt werden können, bezeichnete man sie als „permanente“ Gase. Auch Natterer, der nach einem Bericht von 1854 bei ähnlich tiefen Temperaturen den Druck bis auf 3600 bar steigerte, hatte nicht mehr Erfolg.

Obwohl schon früher Faraday auf die Wichtigkeit tiefer Temperaturen für die Verflüssigung von Wasserstoff und Sauerstoff hingewiesen hatte, konnte der Mißerfolg bei den „permanenten“ Gasen doch erst aufgeklärt werden, als Andrews 1863 durch seine Versuche an Kohlendioxid die Erscheinungen des kritischen Zustandes entdeckt hatte. Er folgerte daraus, daß jedes Gas eine kritische Temperatur hat, oberhalb deren es durch noch so hohen Druck nicht verflüssigt werden kann, daß aber unterhalb dieses Temperatur verhältnismäßig niedrige Drücke zur Verflüssigung ausreichen.

Im Jahre 1877 gelang es endlich Cailletet [35], Sauerstoff und andere „permanente“ Gase zu verflüssigen. Er erzeugte die erforderliche tiefe Temperatur, indem er in einem Glasrohr auf 300 bar verdichteten und auf —29 °C gekühlten Sauerstoff plötzlich entspannte. Die gebildete Flüssigkeit zeigte sich als Nebel oder Flüssigkeitsstaub im Inneren des Glasrohres. Unabhängig von Cailletet berichtete fast zu derselben Zeit auch Pictet [36], daß er Sauerstoff verflüssigt habe, und zwar auf folgendem Wege: Er kühlte verdichteten Sauerstoff zunächst durch zwei hintereinandergeschaltete Kältemaschinen unter seine kritische Temperatur ab. In der ersten dieser Kältemaschinen habe er durch Verdampfen von Schwefeldioxid eine Temperatur von —65 °C, in der zweiten Stufe durch Kohlendioxid, das durch Wärmeabgabe an das Schwefeldioxid unter Druck verflüssigt und unter Vakuum in festem Zustand wieder verdampft wurde, eine Temperatur von —130 °C erreicht. Als er den verdichteten Sauerstoff von dieser Temperatur aus durch ein Ventil entspannte, sei ein Teil verflüssigt ausgeströmt. Die von Cailletet und Pictet gewonnenen Mengen betrugen jedoch nur wenige Kubikzentimeter; auch konnten sie nicht kontinuierlich erzeugt werden.

Das als „Kaskadenmethode“ bezeichnete Verfahren von Pictet, die tiefen Temperaturen durch Hintereinanderschalten mehrere Kältemaschinen mit immer tiefer siedenden Kältemitteln zu erzeugen, wurde später von Kamerlingh Onnes [37] ausgebaut und durch Hinzufügung von Gegenströmern vervollkommnet. Auf diese Weise konnte Kamerlingh Onnes im Jahre 1894 ein permanentes Sauerstoffbad erhalten. Nach späterem Ausbau erzeugte die von ihm in Leiden errichtete Anlage stündlich 14 l flüssige Luft. Das Kaskadenverfahren arbeitet im Prinzip mit einem günstigen Wirkungsgrad und liefert zugleich bei verschiedenen Temperaturen Kältebäder, die für wissenschaftliche Arbeiten willkommen sind. Es konnte aber seiner verhältnismäßig verwickelten Anordnung wegen, von vereinzelten Anwendungen abgesehen, lange Zeit keinen Eingang in die Praxis finden. In den letzten Jahren hat man aber erkannt, daß es als Mittel zur Kälteerzeugung bei der Verflüssigung von Erdgas bemerkenswerte Vorteile bieten kann. Dies hängt damit zusammen, daß hierbei ungewöhnlich große Mengen verflüssigt werden müssen und auch die damit verbundene Forderung nach erhöhter Wirtschaftlichkeit den verwickelteren Aufbau der Anlage rechtfertigt. Außerdem benötigt man für den sehr hohen Kältebedarf an sich schon mehrere Kältekompressoren, sodaß es nicht allzu schwierig ist, sie mit verschiedenartigen Kältemitteln zu betreiben.

Von weiteren Forschern, die Luft und andere tief siedende Gase verflüssigt und ihre Eigenschaften in flüssigem Zustand untersucht haben, sind Wroblewski [38],

Olszewski [39] und Dewar [40] zu nennen. Wroblewski und Olszewski kombinierten die Verfahren von Cailletet und Pictet und konnten 1883 schon etwas größere Mengen an flüssigem Sauerstoff gewinnen. Stickstoff und Kohlenmonoxid erhielten sie auch im festen Zustand, indem sie diese Gase nach Verflüssigung unter stark erniedrigtem Druck verdampfen ließen. Zu ähnlichen Ergebnissen war um dieselbe Zeit auch Dewar gelangt. Mit dem festen Stickstoff wurde damals als niedrigste Temperatur −225 °C erreicht.

Die Anwendung flüssiger Luft in der *Technik* hatte aber zur Voraussetzung, daß man mit einer verhältnismäßig einfachen und kontinuierlich arbeitenden Einrichtung in einer gegebenen Zeit beliebige Mengen von Luft verflüssigen konnte. Dies gelang zum erstenmal Carl v. Linde [41, 42] im Jahre 1895, der damit zum Begründer der industriellen Technik der tiefen Temperaturen geworden ist. Seine Erfindung beruht auf dem Gedanken, die an sich nur geringe Abkühlung, die Thomson und Joule bei der Drosselung der Luft von einem höheren auf einen niedrigeren Druck beobachtet hatten, durch Gegenstromwirkung zu verstärken. Nach demselben Prinzip, aber mit einer anderen Konstruktion des Gegenströmers arbeitet der Verflüssigungsapparat, den Hampson [43] unabhängig von Linde entwickelt und im März 1896 in London vorgeführt hat. Im Jahre 1902 zeigte G. Claude [44] in Paris, wie man auch die Entspannung der Luft unter äußerer Arbeitsleistung in einer Kolben-Expansionsmaschine zur Luftverflüssigung ausnützen kann. Unter den Abarten des Claudeschen Verfahrens ist vor allem das von Heylandt [45] zu nennen, bei dem die Luft statt mit 40 bar und etwa −100 °C mit 150 bis 200 bar und mit Umgebungstemperatur in die Expansionsmaschine eintritt.

Im Jahre 1902 gelang Linde [46] eine zweite Erfindung von grundlegender Bedeutung, die Zerlegung der Luft durch Rektifikation. Hierdurch wurde das wichtigste Anwendungsgebiet der Tieftemperaturtechnik, die Gewinnung der Bestandteile von Gasgemischen in reiner Form, vor allem von Sauerstoff und Stickstoff aus der Luft, erschlossen. Der Gedanke von Claude [44; C 2, Kap. 1] die Luft vor Eintritt in die Rektifiziersäule durch Rückflußkondensation unter erhöhtem Druck vorzuzerlegen, hat zu einer Senkung des Arbeitsaufwandes geführt. Die vollkommenste Rektifiziereinrichtung zur Zerlegung der Luft stellt auch heute noch der von der Gesellschaft für Linde's Eismaschinen im Jahre 1910 entwickelte Zweisäulenapparat dar. Von weiteren Verbesserungen des Verfahrens sei die Einführung der im Jahre 1925 von M. Fränkl [47] für große Anlagen vorgeschlagenen Regeneratoren an Stelle der stetig arbeitenden Gegenströmer genannt. Neuerdings werden statt der Regeneratoren mehr und mehr reversing exchangers eingesetzt, Wärmeaustauscher, die aus ebenen und gewellten Blechen aufgebaut sind (vgl. Abschnitt 2.3.2). Sie befreien ebenso wie die Regeneratoren die verdichtete Luft von Wasserdampf und Kohlendioxid, werden aber seltener umgeschaltet. Zur Befreiung von diesen Bestandteilen verwendet man überdies in steigendem Maße Adsorber, insbesondere sogenannte Molekularsiebe.

Daß sich grundsätzlich auch andere Gasgemische als Luft bei tiefen Temperaturen zerlegen lassen, wurde schon frühzeitig erkannt. Im Jahre 1910 wurden die ersten Versuche zur Zerlegung von Wassergas durchgeführt. Nach dem ersten Weltkrieg hat die Entwicklung der Verfahren zur Zerlegung von Koksofengas, später von Crack- und Spaltgasen und anderen technischen Gasgemischen, insbesondere zur Gewinnung von Wasserstoff, Ethylen usw. in großem Umfang eingesetzt. Bei diesen Verfahren wird meist ein größerer oder kleinerer Teil der Bestandteile des Gemisches durch Teilkondensation abgetrennt, so daß die Rektifikation vielfach nur zur letzten Reinigung dient, z. B. bei der Trennung von Ethan und Ethylen.

Auch der Vorstoß in das Gebiet der Temperaturen, die wesentlich unterhalb der Verflüssigungstemperatur der Luft, d. h. unter 80 K, liegen, gelang mit Hilfe des Verflüssigungsverfahrens von Linde. Denn dieses Verfahren läßt sich auch auf die Verflüssigung von Wasserstoff und Helium anwenden, sofern man nur den Wasserstoff mit flüssiger Luft oder flüssigem Stickstoff, das Helium mit flüssigem Wasserstoff vorkühlt. Auf diesem Wege konnte Dewar [40] im Jahre 1898 den unter Atmosphärendruck bei 20,4 K siedenden Wasserstoff, Kamerlingh Onnes [48] im Jahre 1908 das bei 4,2 K siedende Helium verflüssigen. Durch Verdampfen des Heliums unter stark erniedrigem Druck erreichte Keesom [K 5, Kap. 1] im Jahre 1921 die absolute Temperatur von 0,8 K; im Jahre 1926 konnte er die Temperatur noch weiter auf 0,7 K senken. Kapitza [K 4, Kap. 1] gelang es, Helium auch ohne Vorkühlung mit dem vielfach unbequemen und nicht ungefährlichen Wasserstoff zu verflüssigen, indem er den größten Teil des Heliums in einer sehr sorgfältig konstruierten Expansionsturbine entspannte.

Noch wesentlich näher an den absoluten Nullpunkt der Temperatur gelangte man mit Hilfe des magnetokalorischen Effektes. Bei diesem wird ein paramagnetisches Salz unter einem starken Magnetfeld durch flüssiges Helium möglichst tief, z. B. auf 1 K, vorgekühlt und dann nach Trennung von dem Kältebad entmagnetisiert. Das Salz kühlt sich hierdurch ab. Nachdem Debye [49] und fast gleichzeitig Giauque [50] im Jahre 1926 diesen Effekt für die Erzielung tiefster Temperaturen vorausgesagt hatten, sind De Haas [51] in Leiden und Giauque [52] in Berkeley (Kalifornien) unabhängig voneinander im Jahre 1933 zu erfolgreichen experimentellen Ergebnissen gelangt. De Haas hat im Jahre 1935 mit dem magnetokalorischen Verfahren eine Temperatur von 0,004 K erreicht. Später konnte auf dieselbe Weise die Temperatur bis 0,00114 K, mit Hilfe des Kernmagnetismus sogar bis 0,000015 K erniedrigt werden. Noch weiter kam man durch Hintereinanderschalten von zwei Kern-Entmagnetisierungen. Neuerdings konnte man an die Temperatur von 10^{-6} K sehr nahe herankommen [53, 54].

1 Verflüssigung der Gase und Erzeugung sehr tiefer Temperaturen

Von H. Hausen

1.1 Thermodynamische Grundlagen

Die Theorien der Gasverflüssigung und der Zerlegung von Gasgemischen beruhen weitgehend auf thermodynamischen Überlegungen, insbesondere auf den Hauptsätzen der Thermodynamik sowie auf dem durch die Zustandsgleichungen oder die Zustandsdiagramme zum Ausdruck gebrachten Verhalten der Gase, Dämpfe und Flüssigkeiten.

Da die Grundlehren der Thermodynamik in Bd. II des Handbuches der Kältetechnik und in Lehrbüchern, z. B. von Max Planck [P 5], E. Schmidt, K. Stephan und F. Mayinger [S 3] und H. D. Baehr [B 2] ausführlich dargestellt sind, soll im vorliegenden Band nur kurz nochmals auf diejenigen Lehren der Thermodynamik hingewiesen werden, die für die theoretische Behandlung der Verflüssigung und der Zerlegungsvorgänge von unmittelbarer Bedeutung sind. Hierbei wird sich allerdings auch Gelegenheit zu einigen rein wissenschaftlichen Erörterungen bieten, wie z. B. über die physikalischen Ursachen des Thomson-Joule-Effektes oder über den magnetokalorischen Effekt zur Erzeugung tiefster Temperaturen. Solche theoretischen Betrachtungen können jedoch ohne Schaden für das Verständnis der späteren Erörterungen überschlagen werden.

1.1.1 Erforderliche Temperatursenkung

Wie schon in dem kurzen Abriß über die Geschichte der Gasverflüssigung hervorgehoben, lassen sich manche Gase wie Ammoniak oder Kohlendioxid allein durch Erhöhung des Druckes und durch Abführen von Wärme an Kühlwasser verflüssigen. Die Verflüssigung anderer Gase hingegen wie Luft, Sauerstoff, Stickstoff, Kohlenmonoxid, Wasserstoff gelingt erst bei tiefen Temperaturen. Trotzdem ist, rein physikalisch betrachtet, der Vorgang der Verflüssigung weitgehend derselbe. Wir können uns daher das Wesen dieses Vorganges schon am Beispiel eines Gases klarmachen, das sich, wie etwa Ammoniak, bei Umgebungstemperatur verflüssigen läßt.

Bild 1.1 zeigt das p, v-Diagramm von Ammoniak, in dem der Druck p des Ammoniaks abhängig von seinem in logarithmischem Maßstab dargestellten spezifischen Volumen v aufgetragen ist. Das Diagramm enthält die Grenzkurven für siedende Flüssigkeit und trocken gesättigten Dampf, die sich im kritischen Punkt bei +132,4 °C und 112,7 bar treffen. Die gebrochene Kurve $ABCD$ veranschaulicht die Verflüssigung von Ammoniak bei 15 °C. Steht das Ammoniak bei dieser Temperatur unter Atmosphärendruck zur Verfügung, dann befindet es sich im Zustand überhitzten Dampfes. Durch Erhöhung des Druckes bis auf 7,3 bar längs der Isotherme AB erhält man trocken gesättigten Dampf. Zwischen B und C geht das Ammoniak bei unveränderter

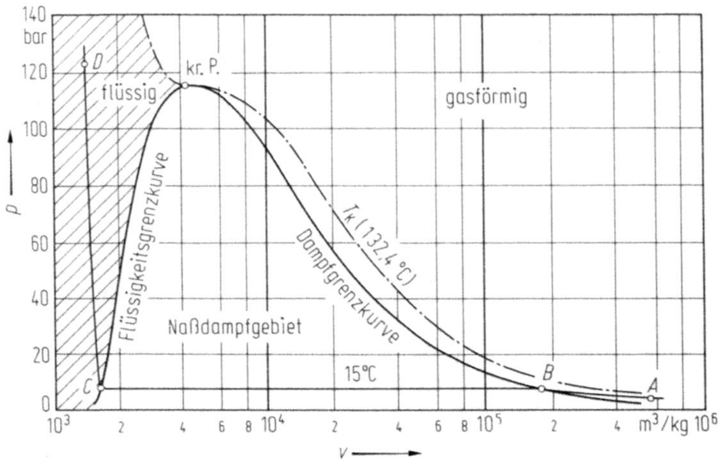

Bild 1.1. p,v-Diagramm des Ammoniaks

Temperatur und unter dem unveränderten Druck von 7,3 bar in den tropfbar flüssigen Zustand C über. Zwischen A und B muß dem Gas die Überhitzungsenthalpie, zwischen B und C die Verdampfungsenthalpie entzogen werden.

Ähnlich wie beschrieben spielt sich die Verflüssigung des Ammoniaks auch bei höheren oder tieferen Temperaturen ab. Entsprechend der Dampfdruckkurve (vgl. Bild 1.2) liegt hierbei auch der Verflüssigungsdruck höher oder tiefer. Die tiefste Temperatur, bei der eine Verflüssigung gerade noch möglich ist, ist der Erstarrungspunkt oder Schmelzpunkt. Er beträgt bei Ammoniak −77,8 °C, wobei ein Dampfdruck von 0,0607 bar herrscht. Bei −33,36 °C, der Siedetemperatur des Ammoniaks, läßt sich die Verflüssigung unter Atmosphärendruck (1 atm = 1,013 bar) durchführen. Die höchste Temperatur, bei der sich Ammoniak verflüssigen läßt, ist seine kritische Temperatur von 132,4 °C. Denn oberhalb dieser Temperatur kann der flüssige Zustand, der in Bild 1.1 durch Schraffur gekennzeichnet ist, durch isotherme Verdichtung nicht erreicht werden; eine solche Verdichtung führt vielmehr nur zu einer Drucksteigerung im Gaszustand. Hierbei ist allerdings vorausgesetzt, daß man nach einer im Grund willkürlichen Definition alle Zustände oberhalb der kritischen Temperatur gasförmig nennt, und zwar selbst dann, wenn die Dichte Werte derselben Größenordnung wie bei Flüssigkeiten erreicht. Für die vorliegenden Betrachtungen ist diese Definition sinnvoll und soll daher beibehalten werden. Grundsätzlich könnte man jedoch oberhalb der kritischen Temperatur z. B. die kritische Dichte als Grenze zwischen Gas und Flüssigkeit betrachten.

Auch jedes andere Gas hat ein Sättigungsgebiet wie in Bild 1.1. Aber der Temperaturbereich, über den sich dieses Sättigungsgebiet erstreckt und innerhalb dessen allein der Zustand der tropfbaren Flüssigkeit erreicht werden kann, liegt bei jedem Gas anders. So hat Luft eine kritische Temperatur von −140,7 °C = 132,5 K und eine Erstarrungstemperatur von −212,9 °C = 60,3 K. Nur zwischen diesen beiden Temperaturen kann man also Luft im tropfbar flüssigen Zustand erhalten. Praktisch ist jedoch die untere Grenze für die Verflüssigung meist die Siedetemperatur. Diese

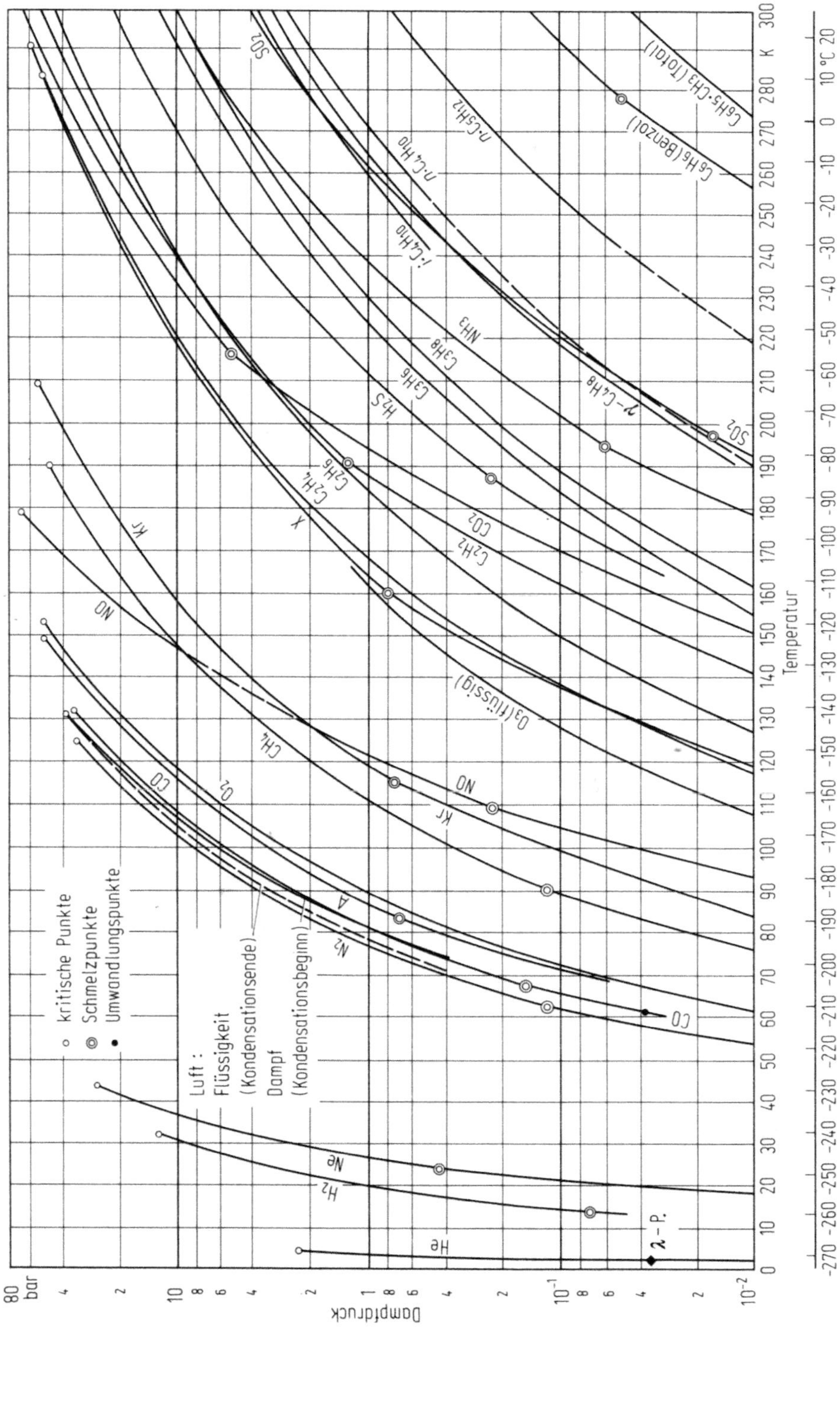

Bild 1.2. Dampfdruckkurven verschiedener Stoffe

liegt bei Luft, die als Gemisch keine konstante Siedetemperatur hat, zwischen 82,2 K und 79,3 K, im Mittel also bei 80,2 K.

Wir gelangen somit zu folgendem Ergebnis: Um Luft, Sauerstoff, Stickstoff, Kohlenoxid, Wasserstoff und andere tiefsiedende Gase zu verflüssigen, muß man diese Gase mindestens auf ihre kritische Temperatur abkühlen, die meist weit unter Umgebungstemperatur liegt. Bei der kritischen Temperatur selbst benötigt man zur Verflüssigung einen Druck, der mindestens gleich dem kritischen Druck ist. Je mehr man aber die kritische Temperatur unterschreitet, mit um so geringerem Druck läßt sich das Gas in den tropfbar flüssigen Zustand überführen.

Wenngleich der später zu beschreibende praktische Prozeß der Gasverflüssigung

Tabelle 1.1. Schmelzpunkte, Siedepunkte und kritische Daten sowie Schmelz- und Verdamp-

Bezeichnung des Stoffes	Chem. Zeichen	Mol-masse	Schmelzpunkt (Tripelpunkt)			
			Temperatur		Dampf-druck	Schmelz-enthalpie
		kg/kmol	K	C	mbar	kJ/kmol
Helium	He	4,00	2,17	−270,98	51	14,1
Neon	Ne	20,18	24,6	−248,6	433	337,0
Argon	Ar	39,95	83,8	−189,4	688	1170
Krypton	Kr	83,80	116,0	−157,2	731	1650
Xenon	Xe	131,30	161,3	−111,9	816	2310
Wasserstoff	H_2	2,02	13,9	−259,3	70	118
Stickstoff	N_2	28,01	63,2	−210,5	126	720
Sauerstoff	O_2	32,00	54,4	−218,8	1,52	442
Luft		28,96	60[a]	−213	14	–
			57[b]	−216		
Kohlenoxid	CO	28,01	68,1	−205,1	154	843
Wasser(dampf)	H_2O	18,02	273,2	±0,0	6,1	5980
Schwefelwasserstoff	H_2S	34,08	187,6	−85,6	232	2370
Schwefeldioxid	SO_2	64,06	197,8	−75,4	17	7450
Kohlendioxid	CO_2	44,01	216,6	−56,6	5180	7950
Ammoniak	NH_3	17,03	195,4	−77,8	61	5650
Methan	CH_4	16,04	90,7	−182,5	117	935
Ethan	C_2H_6	30,07	89,9	−183,3	$1,1 \cdot 10^{-2}$	2850
Ethylen	C_2H_4	28,05	104,0	−169,2	1,2	3350
Acetylen	C_2H_2	26,04	192,2	−81,0	1280	2510
Propan	C_3H_8	44,10	85,4	−187,8	$3,5 \cdot 10^{-6}$	3530
Propylen	C_3H_6	42,08	88,0	−185,2	$2,5 \cdot 10^{-5}$	3000
n-Butan	C_4H_{10}	58,12	134,9	−138,3	$5 \cdot 10^{-3}$	4600
Benzol	C_6H_6	78,11	278,7	+5,5	47,9	9970
Toluol	C_7H_8	92,13	173,2	−95,0		6630

[a] Beginn der Kristallisation
[b] Ende der Verfestigung
[c] Kondensationsbeginn der gasförmigen Luft

von der isothermen Verflüssigung erheblich abweicht, bleibt doch der Temperaturbereich, den man bei der Verflüssigung erstreben muß, der gleiche. Um die erforderliche Temperaturerniedrigung von vornherein rasch überblicken zu können, sind in Tabelle 1.1 für die wichtigsten in der Tieftemperaturtechnik vorkommenden Gase die Werte der Schmelztemperatur, der Siedetemperatur und der kritischen Temperatur zusammengestellt. Außerdem sind für jedes Gas die Schmelzenthalpie, die Verdampfungsenthalpie bei der Siedetemperatur sowie der kritische Druck und die kritische Dichte angegeben.

Als Ergänzung hierzu enthält Bild 1.2 die Dampfdruckkurven einer Reihe von Gasen. Um bei allen Drücken eine Ablesung von angenähert gleicher Genauigkeit

fungsenthalpien der für die Tieftemperaturtechnik wichtigsten Stoffe

Siedepunkt bei 1,013 bar			Kritischer Punkt			
Temperatur		Verdampfungsenthalpie	Temperatur		Druck	Dichte
K	°C	MJ/kmol	K	°C	bar	kg/m³
4,23	−268,92	0,083	5,20	−267,95	2,291	69
27,1	−246,1	1,79	44,41	−228,74	27,22	484
87,3	−185,9	6,55	150,7	−122,45	48,64	531
119,8	−153,4	9,04	209,4	−63,75	54,82	908
165,0	−108,2	12,63	289,8	+16,6	58,99	1105
20,4	−252,8	0,92	32,98	−240,17	12,93	31
77,3	−195,9	5,55	126,10	−147,05	33,94	311
90,2	−183,0	6,83	154,8	−118,4	50,80	426
82,2[c]	−191,0	5,71	132,5	−140,7	37,7	350
79,3[d]	−193,9					
81,6	−191,6	6,05	132,3	−140,9	34,96	301
373,2	+100,0	40,67	647,2	373,95	224,13	326
212,9	−60,3	18,67	373,6	100,4	90,08	349
263,2	−10,0	25,5	430,7	157,5	78,83	524
194,7	−78,5	25,3[e]	304,2	31,0	73,70	465
239,8	−33,4	23,3	405,6	132,4	112,7	235
111,7	−161,5	8,18	190,6	−82,6	46,04	162
184,6	−88,6	14,8	305,5	32,3	48,80	203
169,5	−103,7	14,7	282,7	9,2	50,32	220
189,6	−83,6	21,3	309,5	36,3	62,40	231
231,1	−42,1	18,8	369,8	96,6	42,50	225
225,5	−47,7	18,5	364,8	91,6	46,13	233
272,7	−0,5	22,4	425,2	152,0	37,97	225
353,3	+80,1	30,8	562,1	288,9	49,23	309
383,7	110,5	32,8	594,0	320,8	40,56	290

[d] Siedebeginn der flüssigen Luft
[e] Fester Zustand

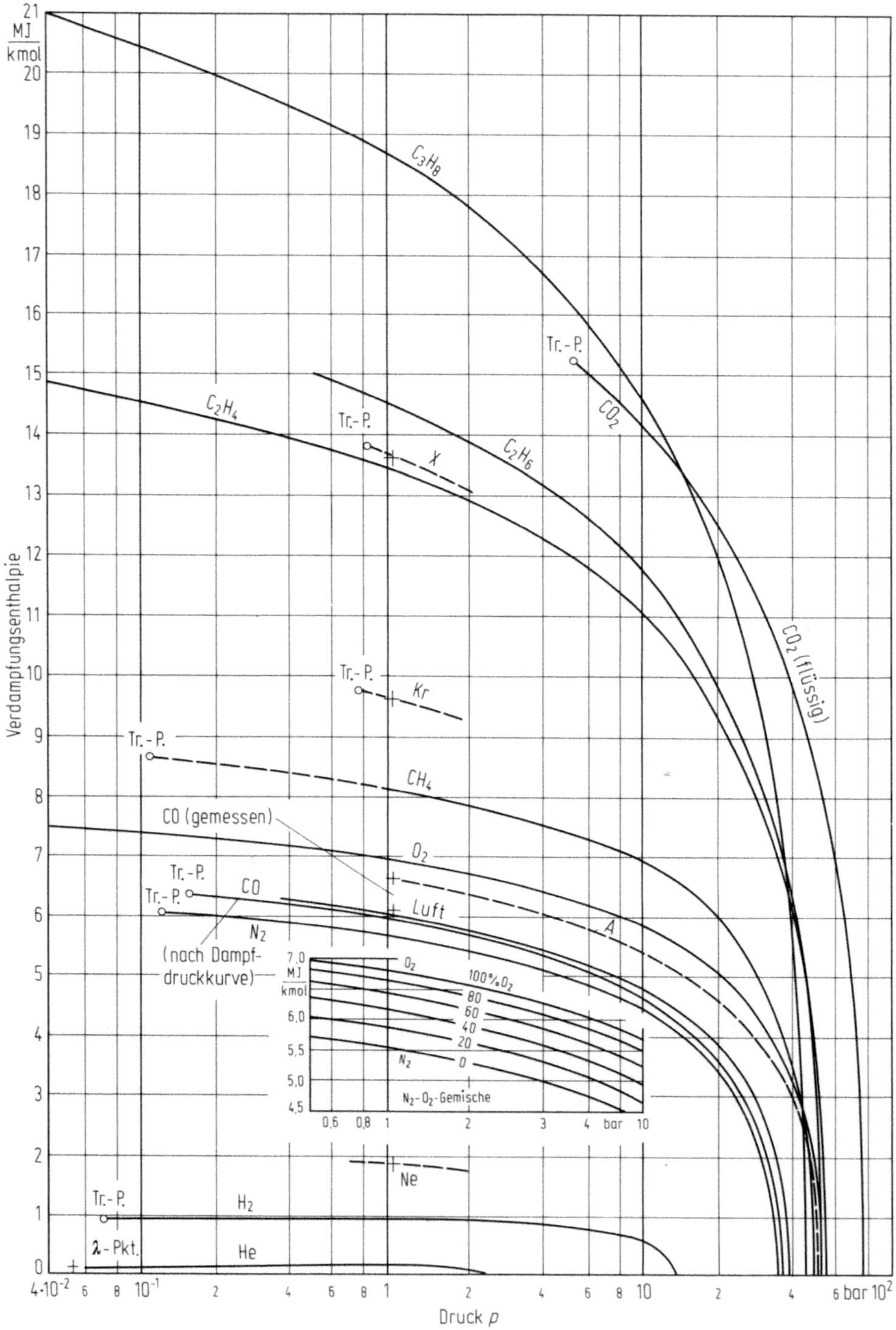

Bild 1.3. Verdampfungsenthalpien verschiedener Stoffe, bezogen auf 1 kmol abhängig vom Druck

zu ermöglichen, ist der Druck in logarithmischem Maßstab aufgetragen. Die kritischen Punkte, in denen die Dampfdruckkurven enden, sind durch kleine Kreise gekennzeichnet.

Bild 1.3 zeigt die Abhängigkeit der Verdampfungsenthalpie verschiedener Stoffe vom Druck. Mit Hilfe des aus Bild 1.2 zu ermittelnden Zusammenhanges zwischen Druck und Temperatur ist durch Bild 1.3 zugleich die Abhängigkeit der Verdampfungsenthalpie von der Temperatur festgelegt.

Aus Tabelle 1.1 kann man über die Verflüssigung der Gase folgende Schlüsse ziehen: Bei den Kohlenwasserstoffen und den anderen mehratomigen Gasen, die im unteren Drittel der Tabelle aufgeführt sind, liegt mit Ausnahme von Methan die kritische Temperatur so hoch, daß eine Verflüssigung bei Umgebungstemperatur oder bei nur geringer Abkühlung grundsätzlich möglich ist. Dasselbe gilt auch für das in der Gruppe der Edelgase zuletzt verzeichnete Xenon. Immerhin läßt sich bei verschiedenen dieser Gase die Verflüssigung durch Temperatursenkung erleichtern, weil hiedurch der Verflüssigungsdruck erniedrigt wird. Alle übrigen aufgeführten zwei- und einatomigen Gase sowie Methan haben hingegen eine so niedrige kritische Temperatur, daß sie mit den üblichen Kältemaschinen im allgemeinen nicht erreicht werden kann. Es ist daher für die Verflüssigung ein besonderer Kälteprozeß erforderlich, dessen Begründung und Erörterung zu den Hauptaufgaben der späteren Betrachtungen gehört.

1.1.2 Zustandsgrößen der Gase und Flüssigkeiten

Um die Verfahren der Gasverflüssigung zu verstehen und rechnerisch verfolgen zu können, muß man sich vor allem mit den thermodynamischen Eigenschaften der zu verflüssigenden Gase vertraut machen. Diese Eigenschaften kommen durch die Zustandsgrößen zum Ausdruck. Es ist zweckmäßig, zwischen thermischen und kalorischen Zustandsgrößen zu unterscheiden. Den Druck p, das spezifische Volumen v, die Temperatur t oder T, sowie hieraus abgeleitete Größen wie den thermischen Ausdehnungskoeffizienten oder die Kompressibilität nennen wir thermische Zustandsgrößen. Alle Zustandsgrößen hingegen, deren Ermittlung die Messung von Wärmemengen oder eine sonstige Bestimmung von Energiemengen voraussetzen, heißen kalorische Zustandsgrößen. Zu diesen gehören vor allem die spezifische innere Energie u, die spezifische Enthalpie h, die spezifische Verdampfungsenthalpie r sowie die spezifische Wärmekapazität c_v bei konstantem Volumen oder c_p bei konstantem Druck.

Es läge vielleicht nahe, auch die spezifische Entropie s entsprechend ihrer Definitionsgleichung $ds = dQ_r/T$ als kalorische Zustandsgröße zu betrachten. Richtiger ist es, sie auf Grund der Beziehung $ds = (du + P dv)/T$ als eine Kombination kalorischer und thermischer Größen aufzufassen, wodurch auch verständlich wird, daß sich mit ihrer Hilfe ein Zusammenhang zwischen den thermischen und kalorischen Zustandsgrößen ableiten läßt (vgl. Abschnitt 1.1.6.3).

1.1.2.1 Thermische Zustandsgrößen

Die thermischen Zustandsgrößen p, v und t oder T sind durch die thermische Zustandsgleichung verbunden, die meist kurzweg Zustandsgleichung genannt wird. Sie muß im allgemeinen für jeden Stoff gesondert durch unmittelbare Messung des spezifischen Volumens v bei verschiedenen Werten von p und t oder durch Berechnung von v aus anderen Größen festgelegt werden.

Die einfachste thermische Zustandsgleichung ist bekanntlich die des idealen Gases:

$$pv = RT, \tag{1.1}$$

worin R die Gaskonstante und T die absolute Temperatur bedeuten. Bei niedrigen Drücken und bei Temperaturen, die weit oberhalb der kritischen Temperatur liegen, kann man Gl. (1.1) für viele Zwecke mit hinreichender Genauigkeit anwenden.

Will man aber Gase verflüssigen, dann gelangt man stets in Temperatur- und Druckgebiete, in denen die Abweichungen vom idealen Gaszustand stark hervortreten. Man erkennt diese Abweichungen sehr deutlich aus einem Diagramm, in dem das Produkt pv oder auch pv/RT abhängig vom Druck aufgetragen ist. In einem solchen Diagramm werden die Isothermen eines idealen Gases nach Gl. (1.1) durch waagerechte Geraden, im zweiten Falle sogar durch eine einzige Waagerechte, dar-

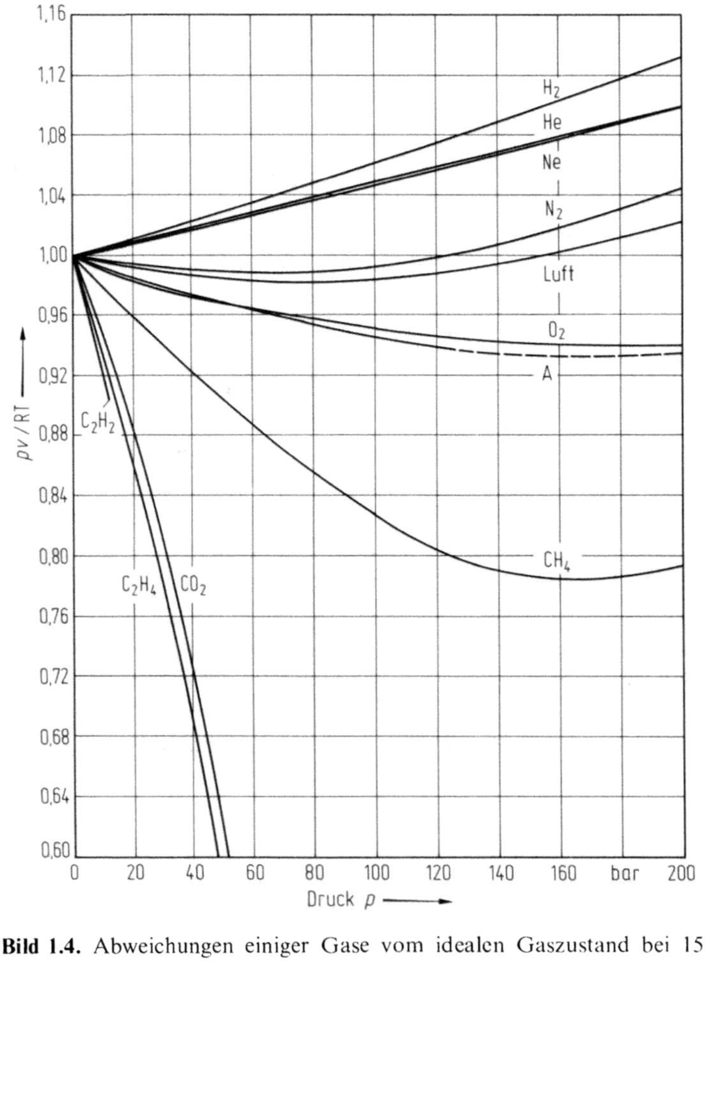

Bild 1.4. Abweichungen einiger Gase vom idealen Gaszustand bei 15 °C = 288 K

gestellt. Jede Abweichung von der Waagerechten bringt daher unmittelbar die Abweichung vom idealen Gaszustand zum Ausdruck. Bild 1.4 zeigt die durch Messungen ermittelten Isothermen einer Reihe von Gasen bei 15 °C. Hiernach sind die Abweichungen der meisten Gase vom idealen Verhalten bei 15 °C selbst dann schon recht merklich, wenn wie bei den in Bild 1.4 aufgeführten Gasen die kritische Temperatur weit unter 15 °C liegt. Bei genauen Berechnungen muß man daher die genannten Abweichungen vielfach schon bei 15 °C und höheren Temperaturen berücksichtigen.

Aus dem *pv,p*-Diagramm für Luft in Bild 1.5, das nach Baehr und Schwier aufgezeichnet ist [B 3], erkennt man ferner, daß die Abweichungen vom idealen Gaszustand im allgemeinen mit sinkender Temperatur erheblich zunehmen. In diesem Bild be-

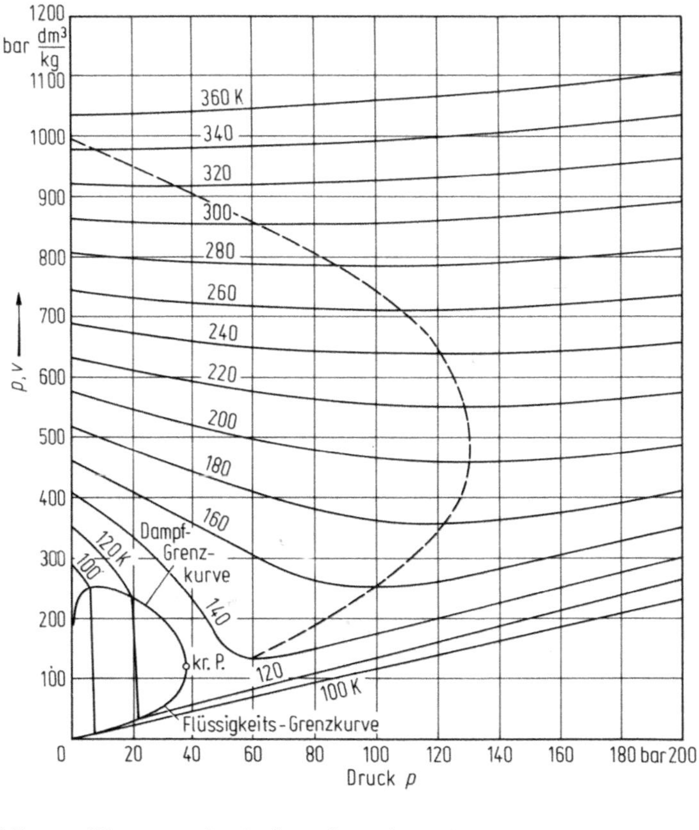

Bild 1.5. *pv,p*-Diagramm der Luft nach Baehr und Schwier [B 3]

findet sich in der Ecke links unten das Sättigungsgebiet, das nach oben durch die Dampfgrenzkurve, nach unten durch die Flüssigkeitsgrenzkurve abgeschlossen ist. Rechts in mittlerer Höhe, wo beide Grenzkurven zusammenstoßen, befindet sich der kritische Punkt. Die Isothermen verlaufen im Sättigungsgebiet fast senkrecht. Daß sie nicht wie bei reinen Gasen genau senkrecht verlaufen, liegt daran, daß die Luft ein Gemisch, hauptsächlich aus Sauerstoff und Stickstoff, ist.

An der Ordinatenachse von Bild 1.5, d. h. bei $p = 0$ beginnen alle Isothermen mit dem Wert $pv = RT$, der dem idealen Gasgesetz entspricht. Es gilt hiernach für die wirklichen Gase die Grenzbeziehung

$$\lim_{p \to 0} pv = RT\,, \tag{1.2}$$

die für die Aufstellung von Zustandsgleichungen und für viele andere Zwecke von großer Bedeutung ist. Aber die Neigung der Isothermen weicht schon bei $p = 0$ erheblich von der Neigung $\left(\frac{\partial(pv)}{\partial p}\right)_T = 0$ ab, wie sie sich nach dem idealen Gasgesetz ergeben müßte, und zwar im allgemeinen um so mehr, je niedriger die Temperatur ist. Eine Ausnahme bildet nur der „Boyle-Punkt" der Temperatur, bei der die Isotherme bei $p = 0$ eine waagerechte Tangente hat. In diesem Punkt herrscht die „Boyle-Temperatur", die bei Luft etwa 340 K, entsprechend 67 °C beträgt. Im Boyle-Punkt und in seiner näheren Umgebung ist hiernach das ideale Gasgesetz auch bei endlichen, aber niedrigeren Drücken am genauesten erfüllt. Oberhalb der Boyle-Temperatur steigen die Isothermen mit wachsendem Druck schon von $p = 0$ ab dauernd an; bei allen tieferen Temperaturen beginnt der Anstieg erst nach Durchlaufen des aus Bild 1.5 ersichtlichen Minimums.

Das pv, p-Diagramm kann man als eine bildliche und für praktische Zwecke ausreichend genaue Darstellung der thermischen Zustandsgleichung betrachten. Denn für gegebene Werte von Druck und Temperatur kann man rasch und verhältnismäßig genau das spezifische Volumen v bestimmen, indem man aus dem pv, p-Diagramm pv abliest und den erhaltenen Wert durch den Druck dividiert. Hierbei muß man den Druck in bar ausdrücken, wenn man v in m^3/kg erhalten will. Als weiteres Beispiel eines Zustandsdiagramms zeigt Bild 1.6 das pv/RT, p-Diagramm von Stickstoff nach Berechnungen von Saint Paul [S 1].

1.1.2.1.1 Zustandsgleichungen

Eine analytische Zustandsgleichung hingegen, die alle Abweichungen vom idealen Gasgesetz genau wiedergibt, ist sehr verwickelt. Sie konnte bis heute nicht rein theoretisch abgeleitet, sondern nur unter Zuhilfenahme von Meßwerten und mit zunächst nur beschränkter und allmählich immer höherer Genauigkeit aufgestellt werden. Indessen gelang es neuerdings, Zustandsgleichungen zu entwickeln, die gleichzeitig für eine größere Zahl von Stoffen im gasförmigen und flüssigen Zustand gelten.

Schon im Jahre 1901 hat Kamerlingh Onnes [K 2] folgende, nach ihm benannte Zustandsgleichung aufgestellt, die sehr verschiedenen Versuchswerten angepaßt werden kann und nicht selten auch heute noch theoretischen Überlegungen zugrunde gelegt wird. Sie lautet

$$pv = RT + \frac{B}{v} + \frac{C}{v^2} + \frac{D}{v^4} + \frac{E}{v^6} + \frac{F}{v^8}\,, \tag{1.3}$$

worin die als Virialkoeffizienten bezeichneten Funktionen B, C, D, E und F von der Temperatur abhängen und selbst wieder als Polynome von $1/T$ dargestellt werden. Von den insgesamt 25 Konstanten, die auf diese Weise Kamerlingh Onnes in die Gleichung eingeführt hat, lassen sich drei aus den Bedingungen für den kritischen Punkt, eine weitere aus dem Boyle-Punkt ermitteln. Die übrigen Konstanten hat Kamerlingh Onnes aus sonstigen thermodynamischen Meßwerten der betreffenden Gase so festgelegt, daß Gl. (1.3) das Verhalten dieser Gase im Mittel gut wiedergibt.

Verzichtet man aber auf eine zahlenmäßig genaue Wiedergabe, sondern will man nur den grundsätzlichen Verlauf der Abweichungen vom idealen Gaszustand in einem möglichst weiten

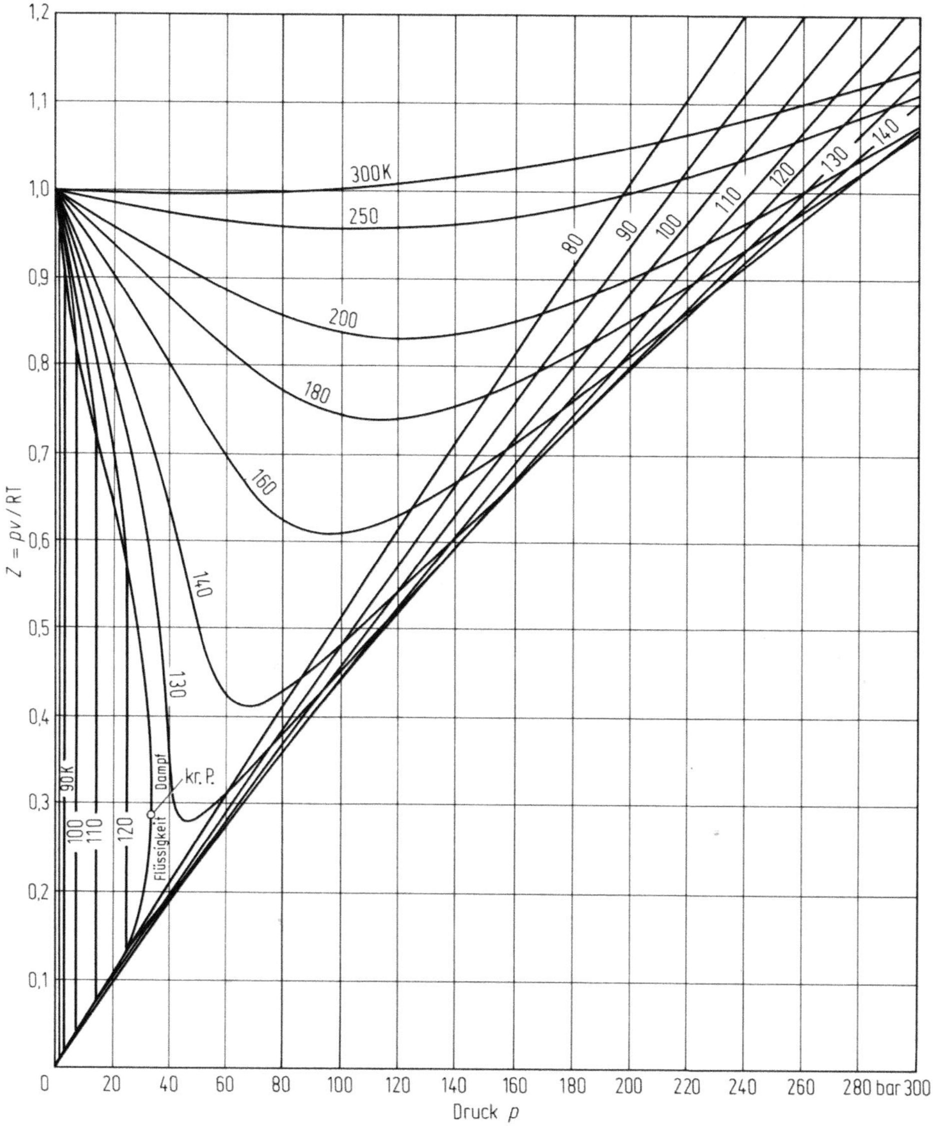

Bild 1.6. $pv/RT,p$-Diagramm des Stickstoffs. Nach [S 1]

Bereich kennenlernen, dann leistet die theoretisch begründete Zustandsgleichung von van der Waals [W 1]

$$\left(p + \frac{a}{v^2}\right)(v - b) = RT \tag{1.4}$$

wertvolle Dienste. Im Sinne der strengeren kinetischen und statischen Ableitung dieser Zustandsgleichung bedeuten a und b selbst wieder Funktionen von v und T, die indessen bisher noch nicht exakt festgelegt werden konnten. Betrachtet man aber wie üblich a und b als unveränderlich, dann vermag die Gleichung trotz der damit verbundenen Ungenauigkeit das Verhalten eines Stoffes nicht nur im Gaszustand bis zu den höchsten Drücken und Temperaturen, sondern auch im dampfförmigen und flüssigen Zustand einschließlich des kritischen Punktes qualitativ richtig wiederzugeben.

In den letzten Jahren hat man sich mit beachtlichem Erfolg bemüht, möglichst einfache Zustandsgleichungen zu entwickeln, die mit nur wenigen anzupassenden Konstanten das thermodynamische Verhalten vieler Gase ausreichend genau wiederzugeben vermögen. Sie schließen sich vielfach an die Form der van der Waalsschen Zustandsgleichung an, weil diese das Verhalten der Gase in der Nähe des kritischen Punktes qualitativ richtig zum Ausdruck bringt. Sie stützen sich überdies weitgehend auf das sogenannte „Theorem der korrespondierenden Zustände", das zunächst an Hand der van der Waalsschen Zustandsgleichung begründet, dann aber erweitert werden soll. Nachstehend sollen nur einige der so entwickelten Zustandsgleichungen als Beispiele erörtert werden, und zwar in solcher Form, daß sie nicht nur auf reine Gase, sondern auch auf Gemische angewendet werden können. Dies ist, wie später im 3. Kapitel gezeigt werden soll, für die Berechnung des Gleichgewichts von Flüssigkeit und Dampf eines siedenden Gemisches von Bedeutung.

1.1.2.1.2 Theorem der korrespondierenden Zustände

Betrachtet man die Größe a und b der van der Walsschen Zustandsgleichung als konstant, dann sind sie mit dem kritischen Druck p_k, dem kritischen Volumen v_k und der kritischen Temperatur T_k verknüpft durch die Beziehungen

$$p_k = \frac{a}{27b^2}\,; \qquad v_k = 3b\,; \qquad T_k = \frac{8}{27}\frac{a}{bR} \tag{1.5}$$

(vgl. Bd. II des Handbuches der Kältetechnik, S. 165).

Löst man diese Gleichungen nach a, b und R auf, dann erhält man durch Einsetzen in Gl. (1.4) die sogenannte reduzierte Zustandsgleichung von van der Waals:

$$\left(\pi + \frac{3}{\varphi^2}\right)(3\varphi - 1) = 8\vartheta\,, \tag{1.6}$$

in der

$$\pi = \frac{p}{p_k}\,, \qquad \varphi = \frac{v}{v_k} \quad \text{und} \quad \vartheta = \frac{T}{T_k} \tag{1.7}$$

reduzierter Druck, reduziertes Volumen und reduzierte Temperatur genannt werden. Gleichung (1.6) bringt zum Ausdruck, daß sich alle Gase gleich verhalten, sofern man die thermischen Zustandsgrößen durch die reduzierten Zustandsgrößen (1.7) ausdrückt. Dieses „Theorem der korrespondierenden Zustände", das auch „Theorem der übereinstimmenden Zustände" genannt wird, gilt indessen nur angenähert. Es ist aber meist um so genauer erfüllt, je weniger die miteinander verglichenen Gase sich in ihren chemischen und physikalischen Eigenschaften, insbesondere auch in ihren kritischen Daten p_k, v_k und T_k unterscheiden.

Will man jedoch, um eine wesentlich höhere Genauigkeit zu erreichen, das Theorem der übereinstimmenden Zustände so gestalten, daß man es unverändert auf sehr verschiedenartige Stoffe anwenden kann, dann muß man neben den reduzierten Zustandsgrößen eine weitere, für jeden Stoff kennzeichnende Größe hinzunehmen. Hierfür hat sich die Steilheit der Dampfdruckkurve in ihrem oberen Bereich als geeignet erwiesen. Riedel [R 3, 4] hat hierfür den Wert α_k des Differentialquotienten

$$\alpha = \frac{\mathrm{dln}\, p_s}{\mathrm{dln}\, T} \tag{1.8}$$

vorgeschlagen, der sich aus der Abhängigkeit des Dampfdruckes p_s von der Temperatur T_s für das Ende der Dampfdruckkurve am kritischen Punkt errechnet. Pitzer [P 4] hat hingegen gezeigt, daß der reduzierte Dampfdruck p_s/p_k bei der reduzierten Temperatur $T/T_k = 0{,}7$ als leichter genau bestimmbare Größe den gewünschten Zweck sehr gut erfüllt. Pitzer bildete mit diesem reduzierten Dampfdruck den sogenannten „acentric factor" ω nach der Gleichung

$$\omega = -\lg\,(p_s/p_k) - 1 \quad \text{bei} \quad T = 0{,}7T_k\,, \tag{1.9}$$

worin lg den Briggschen Logarithmus bedeutet. ω wird hiernach 0 bei $p_s/p_k = 0{,}1$, was bei $T = 0{,}7T_k$ für einfache Stoffe, sogenannte „simple fluids", angenähert zutrifft. Die reduzierte thermische Zustandsgleichung nimmt mit ω die Form an

$$\frac{p}{p_k} = F\left(\frac{T}{T_k}, \frac{v}{v_k}, \omega\right). \tag{1.10}$$

Doch kann die Anpassung an die an verschiedenen Gasen gewonnenen Meßwerte auch auf anderem Wege erreicht werden, wie z. B. aus der später zu erörternden Veröffentlichung von Peng und Robinson [P 2] hervorgeht.

1.1.2.1.3 Zustandsgleichung von Redlich und Kwong [R 2] und ihre erhöhte Anpassung an die Versuchswerte durch Soave [S 7]

Die verhältnismäßig einfache Zustandsgleichung von Redlich und Kwong lautet für reine Stoffe wie auch für Gemische

$$p = \frac{RT}{v - b} - \frac{a}{T^{1/2}v(v + b)}\,, \tag{1.11}$$

wobei v das Molvolumen der Flüssigkeit oder des Dampfes oder auch Gases bedeutet. Um die Anpassungsfähigkeit dieser Gleichung über das schon erreichte Maß weiter zu erhöhen, hat Wilson [W 2] vorgeschlagen, die Größe a in der Zustandsgleichung von Redlich und Kwong als temperaturabhängig zu betrachten. Diesen Vorschlag hat Soave [S 7] mit beachtlichem Erfolg aufgegriffen.

Soave hat den Ausdruck $aT^{-1/2}$ in Gl. (1.11) durch eine den Versuchswerten möglichst genau anzupassende Temperaturfunktion $a(T)$ ersetzt. Hierdurch nimmt die Zustandsgleichung von Redlich und Kwong folgende Gestalt an:

$$p = \frac{RT}{v - b} - \frac{a(T)}{v(v + b)}\,, \tag{1.12}$$

worin v wieder das Molvolumen bedeutet. Zunächst bestimmt Soave den Wert von $a(T)$ für den kritischen Zustand eines reinen Stoffes und erhält hierfür mit den kritischen Daten T_k und p_k

$$a_k = a(T_k) = 0{,}42747 R^2 T_k^2/p_k\,. \tag{1.13}$$

Dann kann man setzen

$$a(T) = \alpha(T)\, a_k\,, \tag{1.14}$$

worin die Temperaturfunktion $\alpha(T)$ am kritischen Punkt den Wert 1 hat. Durch die Anpassung an Versuchswerte fand Soave empirisch die Beziehung

$$(\alpha(T))^{0,5} = 1 + m\left(1 - \left(\frac{T}{T_k}\right)^{0,5}\right), \tag{1.15}$$

wobei m für jeden Stoff einen individuellen unveränderlichen Wert hat. Mit dem schon erörterten „acentric factor" nach Pitzer (vgl. Gl. (1.9)) steht m nach Soave in folgendem Zusammenhang:

$$m = 0{,}480 + 1{,}574\omega - 0{,}176\omega^2\,. \tag{1.16}$$

Nach einem Diagramm von Soave hat m und damit nach Gl. (1.16) ω für einige Stoffe die Werte nach Tabelle 1.2.

Tabelle 1.2. Werte von m in Gl. (1.15) und von ω nach Gl. (1.16)

Stoff	m	ω
Ethylen	0,608	0,083
Propan	0,712	0,150
Cyclopentan	0,780	0,195
Toluol	0,880	0,262
n-Octan	1,084	0,402
n-Decan	1,208	0,490

b in Gl. (1.11) ist für jeden Stoff unveränderlich und durch T_k und p_k bestimmt nach der Gleichung

$$b = 0{,}08664RT_k/p_k\,. \tag{1.17}$$

Mit den Abkürzungen

$$\frac{pv}{RT} = Z\,; \qquad \frac{a(T)\,p}{R^2T^2} = A\,; \qquad \frac{bp}{RT} = B\,, \tag{1.18}$$

wobei Z den sogenannten Realfaktor bedeutet, kann schließlich die Zustandsgleichung in folgender Form geschrieben werden:

$$Z^3 - Z^2 + Z(A - B - B^2) - AB = 0\,. \tag{1.19}$$

Um bei gegebener Temperatur T und gegebenem Druck p das Molvolumen v zu berechnen, muß man Gl. (1.19) nach Z auflösen. Hierbei erhält man einen oder drei reelle Werte von v. Im ersten Fall erhält man die Lösung für das Einphasengebiet, im letzteren, für das Zweiphasengebiet zutreffenden Fall gilt der größte Wert von v für die dampfförmige, der kleinste für die flüssige Phase.

Auch für Gemische gilt die Zustandsgleichung (1.12) oder (1.19) in Verbindung mit (1.18), wenn man $a = a(T)$ und b nach folgenden Mischungsregeln einsetzt:

$$a = (\Sigma\, x_i a_i^{0,5})^2\,, \tag{1.20}$$

$$b = \Sigma\, x_i b_i\,. \tag{1.21}$$

Die Zustandsgleichung von Redlich, Kwong und Soave wurde modifiziert von Fuller [F 4] mit dem Ziel, die Wiedergabe des flüssigen Zustandes noch weiter zu verbessern.

1.1.2.1.4 Gesteigerte Anpassung der Gleichung von Redlich und Kwong an die Versuchswerte durch Peng und Robinson

Peng und Robinson [P 2] haben sich bemüht, die noch bestehenden Mängel der Zustandsgleichung von Redlich/Kwong/Soave, die vor allem durch Ungenauigkeiten bei Gemischen mit Kohlendioxid, Wasserstoff und polaren Stoffen zum Ausdruck kommen, zu beseitigen. Zu diesem Zweck haben sie folgende, etwas abgeänderte Zustandsgleichung

$$p = \frac{RT}{v - b} - \frac{a(T)}{v(v + b) + b(v - b)} \tag{1.22}$$

vorgeschlagen. a und b sind wiederum bestimmt durch die Gln. (1.13) bis (1.17), jedoch mit etwas abweichenden Konstanten 0,45724 bzw. 0,07780. Geringfügig geändert wurden auch die Konstanten in Gl. (1.16) für m sowie die Mischungsregel für a, die an Stelle von Gln. (1.20) und (1.21) jetzt lautet:

$$a = \Sigma\, x_i x_j a_{ij} \tag{1.23}$$

mit

$$a_{ij} = (1 - \delta_{ij})\, a_i^{0,5} a_j^{0,5}\,. \tag{1.24}$$

Hierin ist δ_{ij} ein empirisch zu bestimmender Zahlenwert, der für das Zweistoffgemisch aus den Bestandteilen i und j kennzeichnend ist. In vielen Fällen kann man δ_{ij} vernachlässigen, in anderen aber mit Werten in der Größenordnung von 0,1 noch eine Verbesserung erzielen.

Peng und Robinson konnten nach von ihnen selbst durchgeführten Vergleichsrechnungen mit ihrer Zustandsgleichung eine noch höhere Anpassung an die Versuchswerte erreichen als Redlich, Kwong und Soave.

1.1.2.1.5 Weitere Zustandsgleichungen

Die Bemühungen, noch genauere Zustandsgleichungen zu entwickeln, gehen unaufhaltsam weiter. Erwähnt werde neben den Veröffentlichungen von Mollerup [M 7] und von Starling [S 9] die Zustandsgleichung von Lee und Kesler ([L 6]. Diese Gleichung ist eine Modifikation der bekannten Zustandsgleichung von Benedict, Webb und Rubin, die mit der Dichte $\varrho = 1/v$ des Gases oder der Flüssigkeit wie folgt lautet:

$$p = RT\varrho + \left(B_0 RT - A_0 - \frac{C_0}{T^2}\right)\varrho^2 + (bRT - a)\,\varrho^3 + a\alpha\varrho^6 + \frac{c\varrho^3}{T^2} - (1 + \gamma\varrho^2)\,\mathrm{e}^{-\gamma\varrho^2}\,. \tag{1.25}$$

Diese sogenannte BWR-Gleichung, die 8 Konstanten enthält, wurde trotz ihres ziemlich verwickelten Aufbaues früher viel benutzt, weil sie genauer ist als die ursprüngliche Gl. (1.11) von Redlich und Kwong.

Plöcker, Knapp und Prausnitz [P 8] haben die daraus entwickelte Gleichung von Lee und Kesler im Sinne einer erhöhten Genauigkeit noch verfeinert. Das von Pitzer erweiterte Theorem der übereinstimmenden Zustände haben sie unter Benutzung des „acentric factors“ ω durch den Ansatz

$$Z = Z^0 + \frac{\omega}{\omega'}[Z' - Z^0]. \tag{1.26}$$

erfüllt. Z ist hierin der Realfaktor des fraglichen Stoffes oder Gemisches, Z^0 der eines einfachen Stoffes (z. B. Ar oder CH_4), Z' eines Referenzstoffes mit ω' (z. B. hochsiedende Paraffine oder Aromaten). Grundsätzlich sind Z^0 und Z' wegen $Z = pv/RT$ durch entsprechende Zustandsgleichungen bestimmt. Plöker, Knapp und Prausnitz wenden Gl. (1.26) unmittelbar auch auf Gemische an, indem sie das jeweils betrachtete Gemisch wie einen reinen Stoff behandeln und diesem Stoff eine sogenannte pseudokritische Temperatur und ein pseudokritisches Volumen zuordnen. Diese pseudokritischen Werte, die mit den wahren kritischen Werten des Gemisches im allgemeinen nicht übereinstimmen, bestimmen sie nach von ihnen selbst aufgestellten Mischungsregeln. Mit der so von ihnen entwickelten Zustandsgleichung konnten sie eine beachtlich gute Übereinstimmung zwischen den berechneten und gemessenen Werten erreichen.

Da es sehr schwierig war und auch heute noch ist, eine Zustandsgleichung hoher Genauigkeit zu entwickeln, die gleichzeitig für den Dampf oder das Gas und für die Flüssigkeit gilt, hat man sich schon früher bemüht, für beide Phasen getrennte thermodynamische Beziehungen aufzustellen. Auch auf diesem Wege sind beachtliche Erfolge erzielt worden, die vor allem für Gemische bedeutsam sind, wenn deren Gleichgewichtsverhalten im Siedezustand ermittelt werden soll (vgl. Abschnitt 3.1.1).

1.1.2.2 Kalorische Zustandsgrößen

Wie bei allen Wärme- und Kälteprozessen steht auch bei der Verflüssigung von Gasen die Frage nach Energiegrößen im Vordergrund des Interesses. Vor allem handelt es sich dabei um die erforderliche oder gewinnbare Kältemenge, um die im Gegenströmer zu übertragende Wärmemenge und um den Arbeitsaufwand für die Verdichtung des Gases. Diese Energiegrößen stehen in einem engen Zusammenhang mit den kalorischen Zustandsgrößen der Gase.

Die in einem Gase oder in einem sonstigen Stoffe enthaltene thermische Energie wird durch seine innere Energie U oder u zum Ausdruck gebracht, wobei sich U auf eine beliebige Menge, u auf die Mengeneinheit des Stoffes bezieht. Wie bei sehr vielen technischen Prozessen ist aber auch bei der Gasverflüssigung die Enthalpie $H = U + pV$ bzw. $h = u + pv$ meist die maßgebende Energiegröße. Dies ist hauptsächlich darin begründet, daß die als Arbeits- oder Kältemittel dienenden Stoffe in der Regel fortdauernd durch den Apparat oder die Maschine hindurchströmen und daß die mit diesen Stoffen zu- oder abgeführte Energie gleich der Enthalpie dieser Stoffe ist.

1.1.2.2.1 Kalorische Zustandsgleichung

Wie die innere Energie oder die Enthalpie oder auch eine aus ihnen abgeleitete Größe von den Zustandsgrößen v und T oder p und T abhängt, kommt durch die kalorische Zustandsgleichung zum Ausdruck. Ein ideales Gase hat, bezogen auf die Mengeneinheit, die kalorische Zustandsgleichung

$$u = \int c_v \, dT \quad \text{oder auch} \quad h = \int c_p \, dT\,, \tag{1.27}$$

wobei die spezifischen Wärmekapazitäten c_v bei konstantem Volumen und $c_p = c_v + R$ bei konstantem Druck nur von der Temperatur, nicht aber vom Druck oder Volumen abhängen.

Die kalorische Zustandsgleichung eines beliebigen Stoffes läßt sich grundsätzlich aus seiner thermischen Zustandsgleichung ableiten mit Hilfe einer der nachfolgenden thermodynamischen Beziehungen

$$\left(\frac{\partial u}{\partial v}\right)_T = T\left(\frac{\partial p}{\partial T}\right)_v - p \tag{1.28}$$

oder

$$\left(\frac{\partial h}{\partial p}\right)_T = -T\left(\frac{\partial v}{\partial T}\right)_p - v\,. \tag{1.29}$$

Nach der ersten dieser beiden Beziehungen ergibt sich z. B. aus der thermischen Zustandsgleichung (1.4) von van der Waals die kalorische Zustandsgleichung

$$u = \int c_v \, dT - \frac{a}{v}\,, \tag{1.30}$$

in der wiederum c_v als unabhängig von p oder v zu betrachten ist.

Grundsätzlich ist bei der Ableitung der kalorischen Zustandsgleichung mit Hilfe der Beziehung (1.28) oder (1.29) zu beachten, daß bei der Integration eine Funktion der Temperatur als Integrationsfunktion zunächst unbestimmt bleibt, weil die Beziehungen (1.28) und (1.29) partielle Differentialgleichungen darstellen. Man kann diese Temperaturfunktion ermitteln, indem man mit Hilfe der spezifischen Wärmekapazität c_{v0} oder c_{p0} beim Druck $p = 0$ die innere Energie $u_0 = \int c_{v0} \, dT$ oder die Enthalpie $h_0 = \int c_{p0} \, dT$ beim Druck 0 berechnet. c_{v0} und $c_{p0} = c_{v0} + R$ können für viele Stoffe aus spektroskopischen Messungen der Atom- oder Molekularschwingungen mit Hilfe quantentheoretischer Beziehungen festgelegt werden.

1.1.2.2.2 Kalorische Zustandsdiagramme

Das *h,T*-Diagramm

Einfacher und übersichtlicher als durch Gleichungen lassen sich die kalorischen Zustandsgrößen in ihrer Abhängigkeit von v und T oder p und T durch kalorische Zustandsdiagramme darstellen. Als Beispiel eines solchen Zustandsdiagramms zeigt Bild 1.7 das h,T-Diagramm der Luft, in dem die Enthalpie h von 1 kg Luft als Funktion der Temperatur aufgetragen ist.

Die von links unten nach rechts oben verlaufenden Linien sind Kurven konstanten Druckes, wobei die oberste gerade Linie für den Druck $p = 0$ gilt. Links unten be-

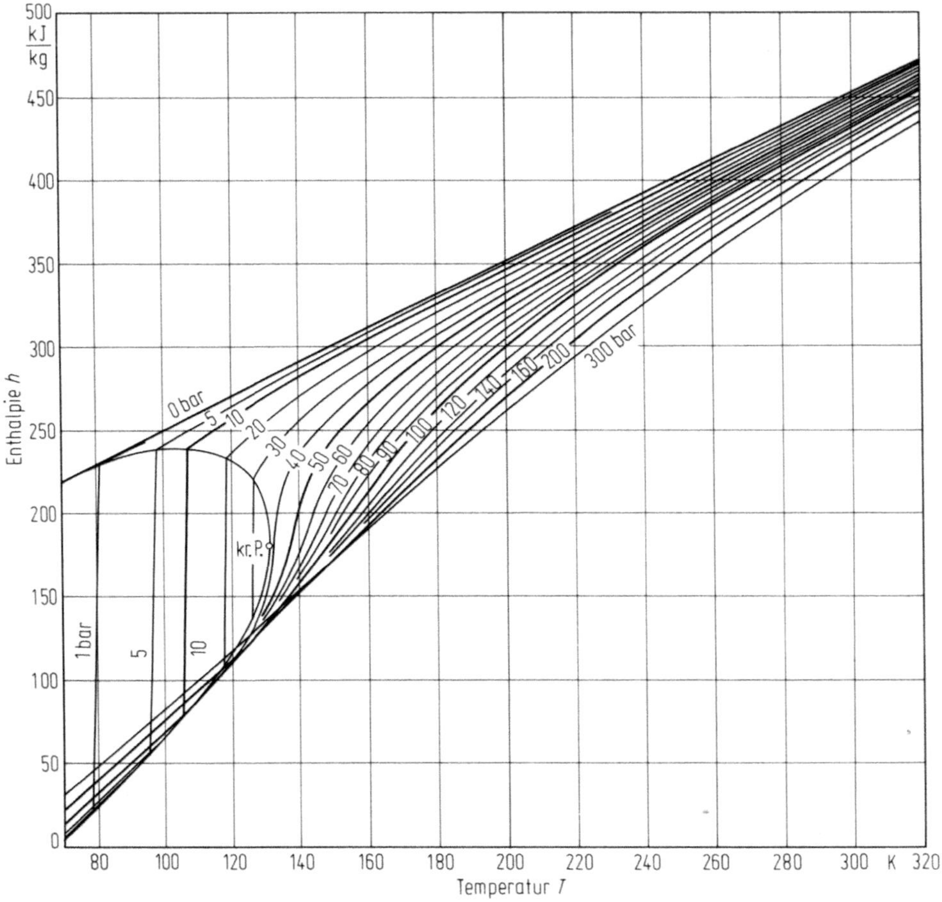

Bild 1.7. *h*,*T*-Diagramm der Luft. Nach [S 1]

findet sich das Sättigungsgebiet, das nach oben durch die Dampfgrenzkurve, nach unten durch die Flüssigkeitsgrenzkurve abgeschlossen ist. Beide Grenzkurven treffen sich rechts im kritischen Punkt. In diesen haben sie mit der kritischen Isobare ($p = p_k = 37{,}7$ bar) eine gemeinsame Tangente, die bei einem reinen Stoff wie Stickstoff senkrecht verläuft, bei Luft als einem Gemisch aber nicht genau senkrecht ist. Auch die Isobaren im Sättigungsgebiet, die bei Stickstoff senkrecht sind, sind bei Luft leicht geneigt.

Aus dem Verlauf der Isobaren geht hervor, daß bei überkritischen Temperaturen, also rechts von $T_k = 132{,}5$ K, sowie in dem oberhalb der Dampfgrenzkurve gelegenen Gebiet des überhitzten Dampfes fast durchweg die Enthalpie mit wachsendem Druck abnimmt. In der Nähe der kritischen Temperatur überschneiden sich die Kurven für hohen Druck, so daß bei noch tieferen Temperaturen, bei denen die Luft flüssig ist, die Enthalpie mit wachsendem Druck schwach zunimmt. Da somit im Flüssigkeitsgebiet für einen hohen Druck die Enthalpie meist größer ist als für den Sättigungsdruck bei der gleichen Temperatur, überschneiden die Isobaren für hohe

Drücke die Flüssigkeitsgrenzkurve und ragen in das Sättigungsgebiet hinein, obwohl sie an sich mit dem Sättigungsgebiet nichts zu tun haben.

Bei einem idealen Gas würden nach der zweiten Gl. (1.27) alle Isobaren im h,T-Diagramm in eine einzige Linie zusammenfallen. Die in Bild 1.7 dargestellte Abhängigkeit der Enthalpie vom Druck bringt also sehr augenfällig die kalorischen Abweichungen vom idealen Gaszustand zum Ausdruck.

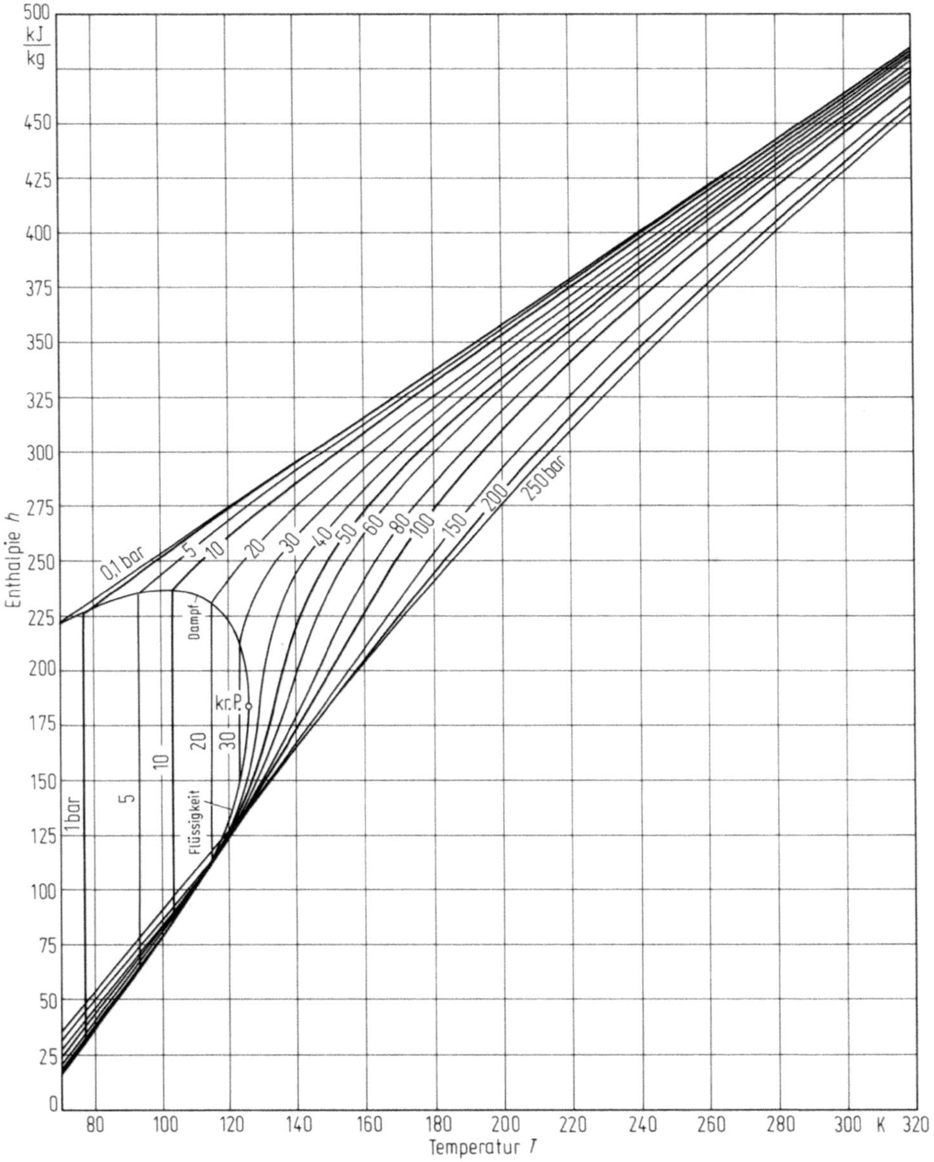

Bild 1.8. h,T-Diagramm des Stickstoffs. Nach [S 1]

Das h,T-Diagramm ist besonders geeignet, Vorgänge bei konstantem Druck oder auch bei konstanter Temperatur zu verfolgen. Ebensogut kann man daraus aber auch die Temperaturänderung ablesen, die bei einer ohne Wärmezufuhr oder Wärmeentziehung stattfindenden Drosselung auftritt. Denn bei einer solchen Drosselung bleibt die Enthalpie ungeändert. Geht man daher in waagerechter Richtung von einer Isobare hohen Drucks auf eine Isobare niedrigen Drucks über, dann stellt die waagerechte Entfernung zwischen dem Ausgangs- und Endpunkt die Temperaturänderung bei der Drosselung dar. Von dieser Temperaturänderung, die unter dem Namen „Thomson-Joule-Effekt" bekannt ist, soll später (vgl. Abschnitt 1.1.4) noch ausführlich die Rede sein. Bild 1.8 zeigt das h,T-Diagramm des Stickstoffs. Um für Tempera-

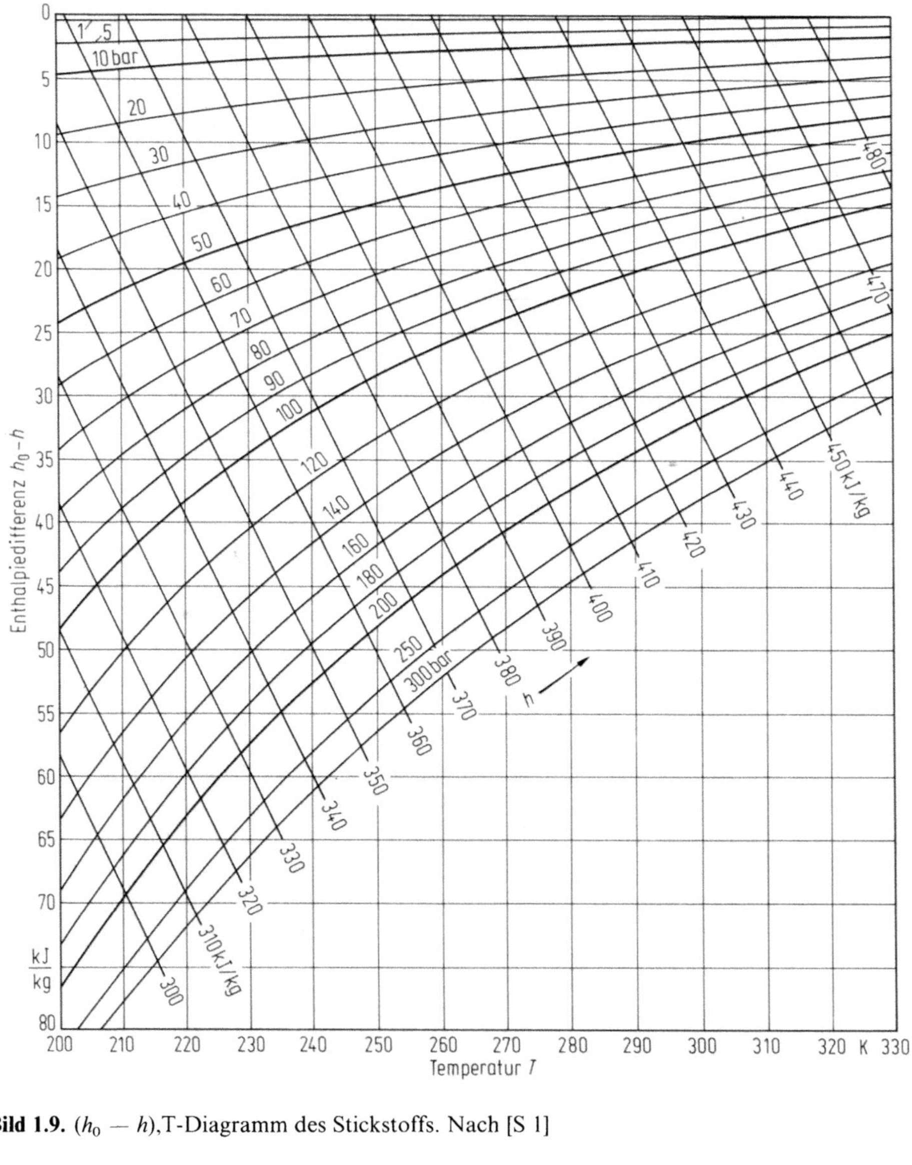

Bild 1.9. $(h_0 - h)$,T-Diagramm des Stickstoffs. Nach [S 1]

turen oberhalb 200 K die Werte der Enthalpie genauer ablesen zu können, ist in Bild 1.9 die Größe $h_0 - h$ abhängig von T in größerem Maßstab aufgetragen. Hierbei ist bei der fraglichen Temperatur h die gesuchte Enthalpie, h_0 die Enthalpie beim Druck $p = 0$. $h_0 - h$ stellt hiernach die maximale Größe des isothermen Thomson-Joule-Effektes dar, der nach Abschnitt 1.1.6.7 und Bild 1.27 für die durch Drosselung erzielbare Kälteleistung maßgebend ist.

Aus dem h,T-Diagramm kann man schließlich auch die spezifische Wärmekapazität c_p ermitteln, die unmittelbar durch die Steigung der Isobare in dem betreffenden Zustandspunkt bestimmt ist.

In Bild 1.10 ist die nach einer Zustandsgleichung von Bender [B 4, 5] ermittelte spezifische Wärmekapazität c_p des Stickstoffs in kJ/kg K abhängig von der Temperatur T aufgetragen. Die ausgezogenen Linien sind wieder Kurven konstanten Druckes; die gestrichelten Linien sind die Grenzkurven für Flüssigkeit und Dampf. Beim Druck $p = 0$ hat die spezifische Wärmekapazität in dem dargestellten Temperaturbereich den unveränderlichen Wert $c_{p0} = 1{,}039$ kJ/kg K; sie wird sehr angenähert durch die untere waagerechte Linie für 0,001 bar dargestellt. Allen übrigen Drücken entsprechen größere Werte der spezifischen Wärmekapazität. Hierbei zeigt sich mit abnehmender Temperatur ein Ansteigen, das in der Nähe der kritischen Temperatur von 126,1 K um so stärker ist, je weniger der Druck vom kritischen Druck verschieden ist. Im kritischen Punkt erreicht c_p einen Höchstwert, der bei einem reinen Stoff wie Stickstoff unendlich groß ist, bei Luft aber als einem Gemisch nach Schätzung 60 bis 80 kJ/kg K betragen dürfte. Bei überkritischen Drücken nimmt die spezifische Wärmekapazität nach Erreichen eines Höchstwertes bei weiterer Temperaturerniedrigung wieder ab und geht schließlich in die von Druck und Temperatur nur wenig abhängige spezifische Wärmekapazität der Flüssigkeit über. Das Maximum selbst erniedrigt und verflacht sich mit zunehmendem Druck immer mehr. Auch die hier dargestellte Abhängigkeit der spezifischen Wärmekapazität vom Druck bedeutet eine Abweichung vom idealen Gaszustand, weil bei einem idealen Gas die spezifische Wärmekapazität nur eine Funktion der Temperatur sein kann.

Entsprechende kalorische Diagramme wie für Luft oder Stickstoff sind auch für die meisten anderen in der Tieftemperaturtechnik auftretenden Gase entworfen worden. So zeigt Bild 1.11 ein h,T-Diagramm für Methan CH_4. Dieses Diagramm ist dem h,T-Diagramm für Luft oder Stickstoff sehr ähnlich. Es ist lediglich das Sättigungsgebiet und damit auch der übrige Zustandsbereich gegenüber Bild 1.7 etwas in Richtung höherer Temperatur verschoben, weil Methan eine etwas höhere Siedetemperatur und auch eine höhere kritische Temperatur hat als Luft. Entsprechendes gilt für das in Bild 1.12 dargestellte h,T-Diagramm von Ethylen C_2H_4, das von E. Bender berechnet und geplottet worden ist [B 4–6].

Das h,T-Diagramm ist nicht nur sehr anschaulich, sondern es hat sich auch für viele praktische Zwecke der Tieftemperaturtechnik als wertvoll erwiesen. Es hat jedoch den Nachteil, daß in ihm die umkehrbare adiabate Zustandsänderung, die der verlustfreien Entspannung in einer Kolbenmaschine oder Turbine entspricht, nicht gut dargestellt werden kann. Denn die Kurven konstanter Entropie, längs deren eine solche Zustandsänderung verläuft, würden im h,T-Diagramm sehr eng nebeneinander liegen und unübersichtlich verlaufen, da sie die Isobaren unter einem sehr spitzen Winkel schneiden. Diese Schwierigkeit vermeidet man durch die Verwendung von Diagrammen, in denen die Entropie s als Abszisse aufgetragen ist.

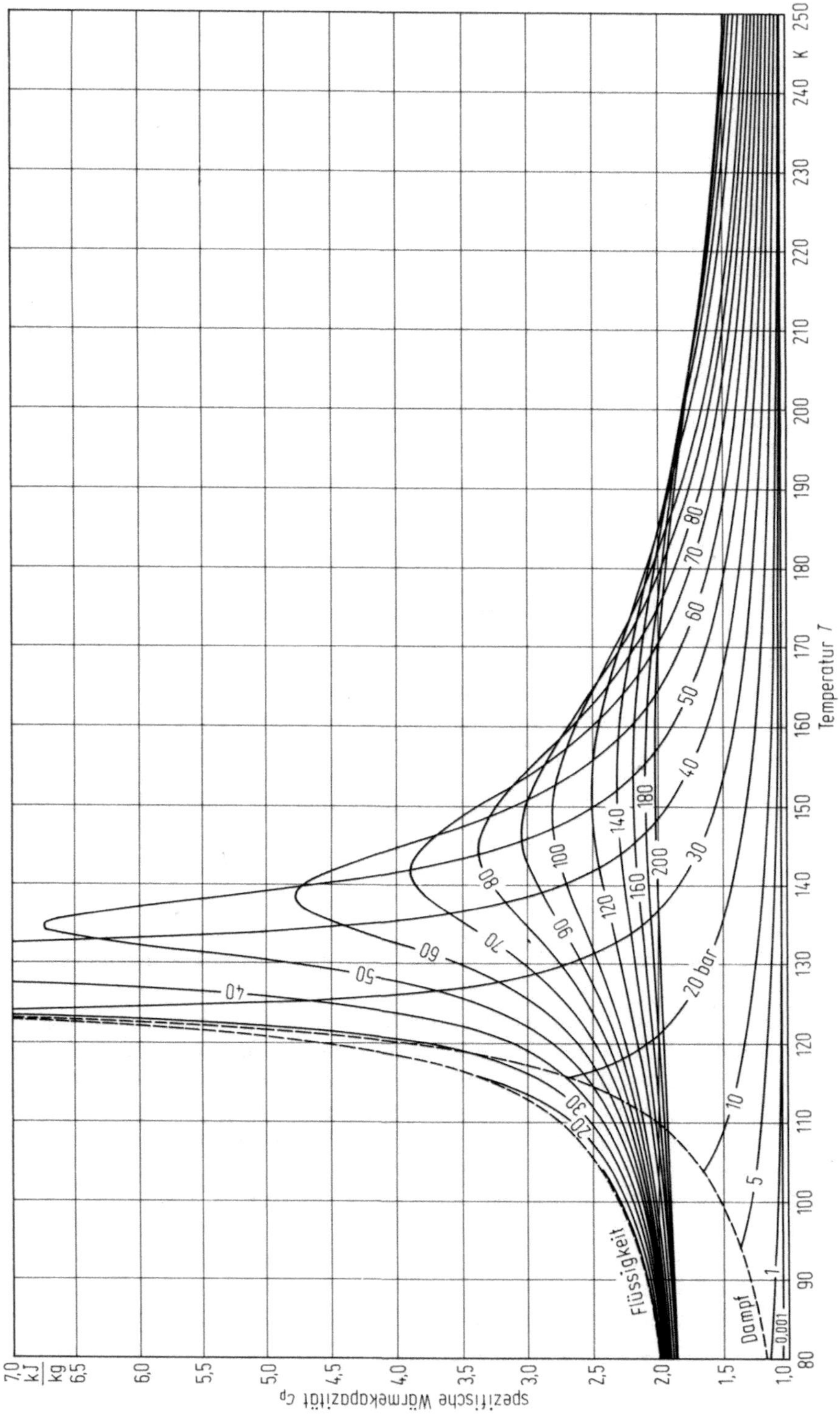

Bild 1.10. Spezifische Wärmekapazität c_p des Stickstoffs. Nach [S 1]

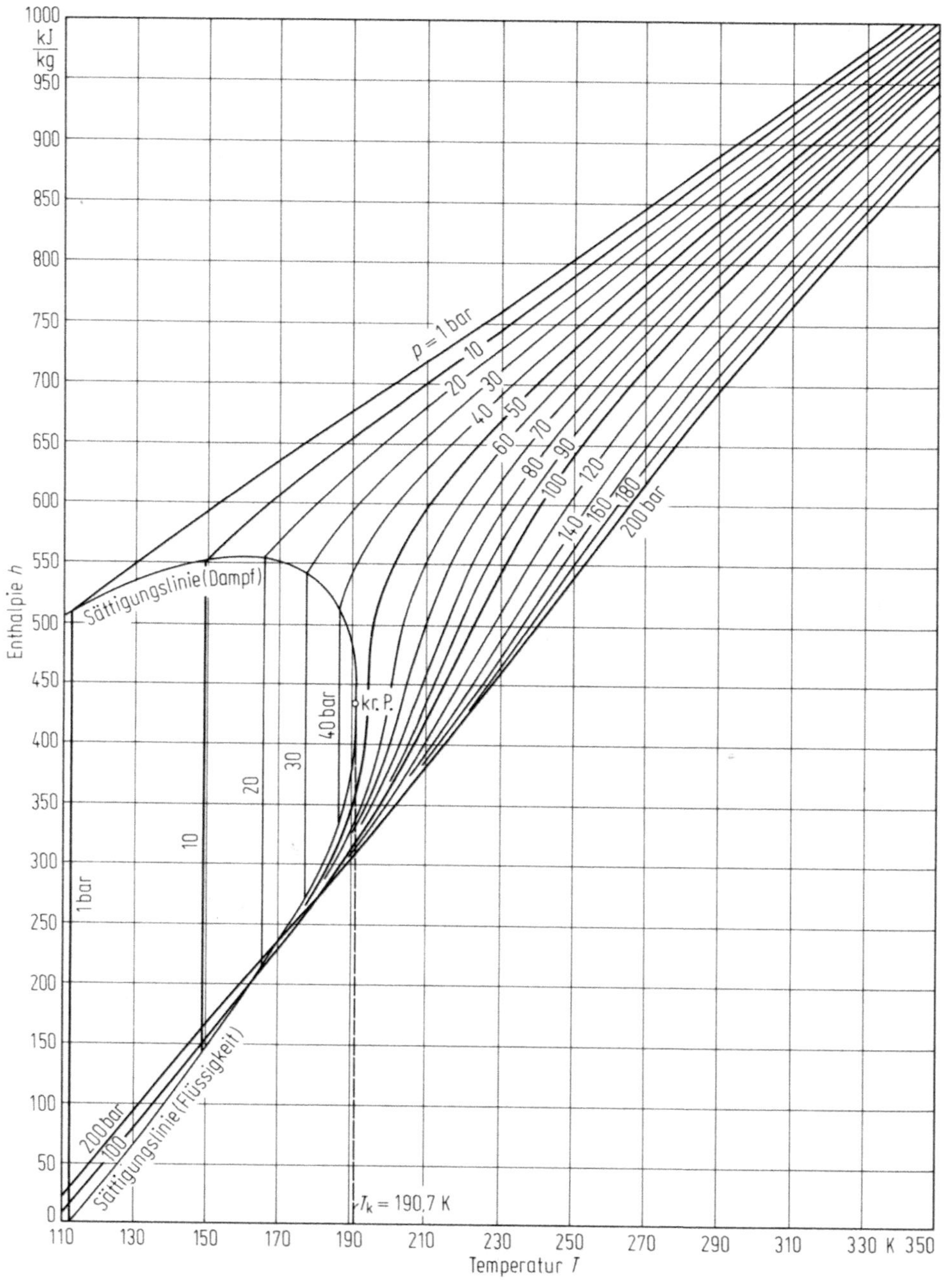

Bild 1.11. h,T-Diagramm des Methans CH_4. Nach [S 1]

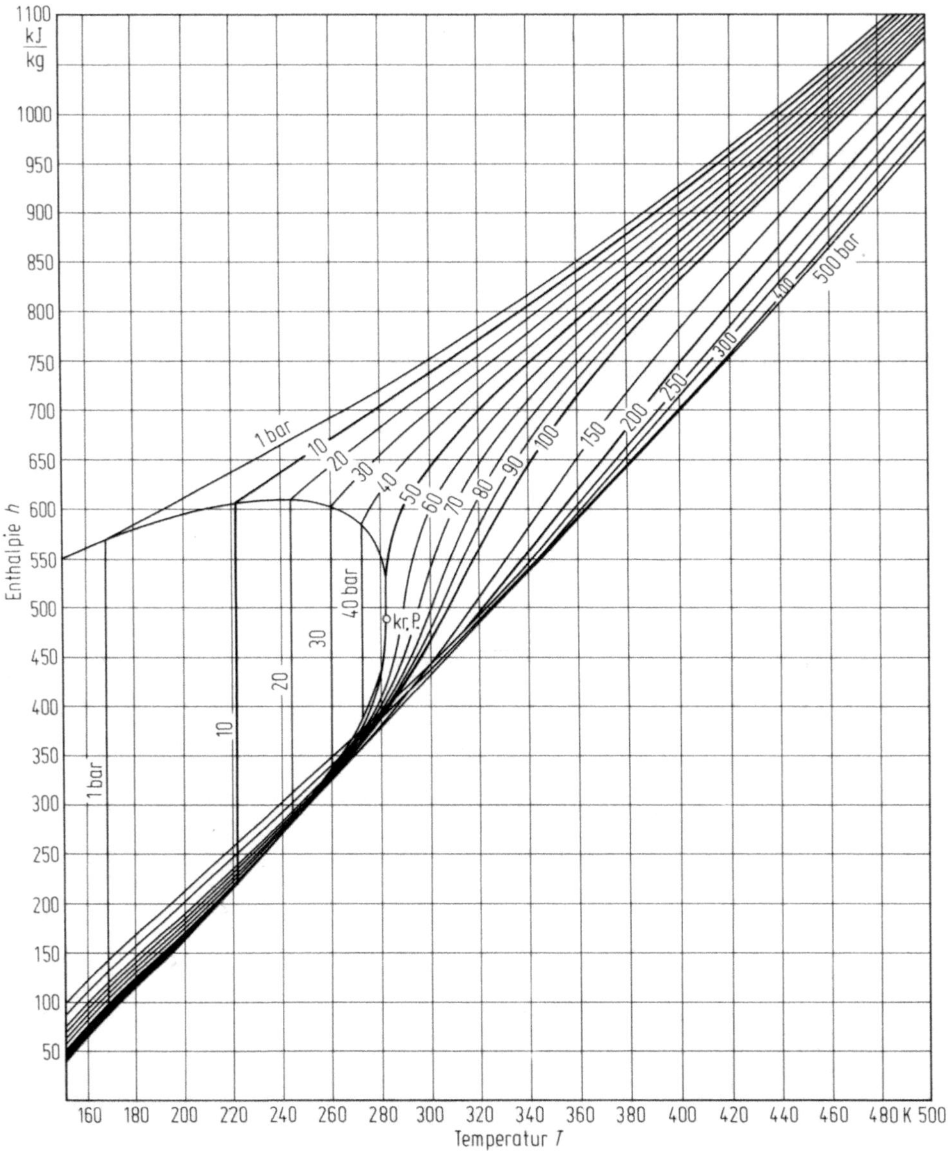

Bild 1.12. *h,T*-Diagramm des Ethylens C_2H_4. Nach [B 4–6]

Das *T,s*-Diagramm

Alle wichtigeren in der Tieftemperaturtechnik auftretenden Zustandsänderungen kann man in einem *T,s*-Diagramm verfolgen, sofern hierin auch die Kurven unveränderlicher Enthalpie eingezeichnet sind. Bild 1.13 zeigt das *T,s*-Diagramm des Stickstoffs, in dem in bekannter Weise die absolute Temperatur als Ordinate, die Entropie *s* als Abszisse gewählt ist. Die von links unten nach rechts oben verlaufenden Linien sind Kurven konstanten Druckes, die quer hierzu verlaufenden Linien sind die erwähn-

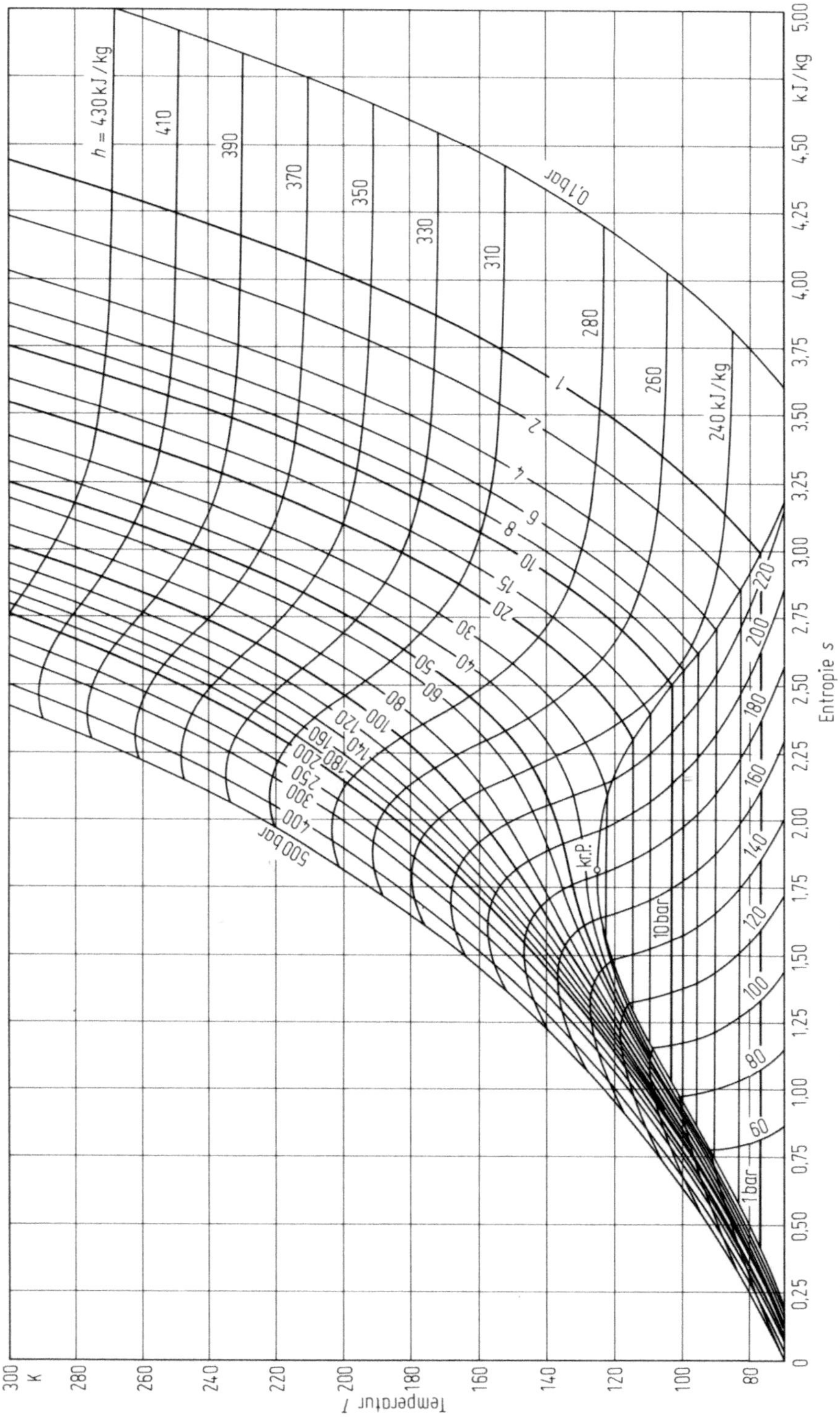

Bild 1.13. *T,s*-Diagramm des Stickstoffs (Linde AG)

ten Linien gleichbleibender Enthalpie. In dem im unteren Teil des *T,s*-Diagramms liegenden Sättigungsgebiet sind die Kurven konstanten Drucks waagerechte Linien. Bei Luft sind die entsprechenden Linien infolge der Verschiedenheit der Sättigungstemperatur von Flüssigkeit und Dampf (vgl. die in Tabelle 1.1 angegebenen Siedetemperaturen) schwach geneigt. Geht man in dem Diagramm von einem hohen Anfangsdruck in senkrechter Richtung zu einem niedrigeren Enddruck über, so er-

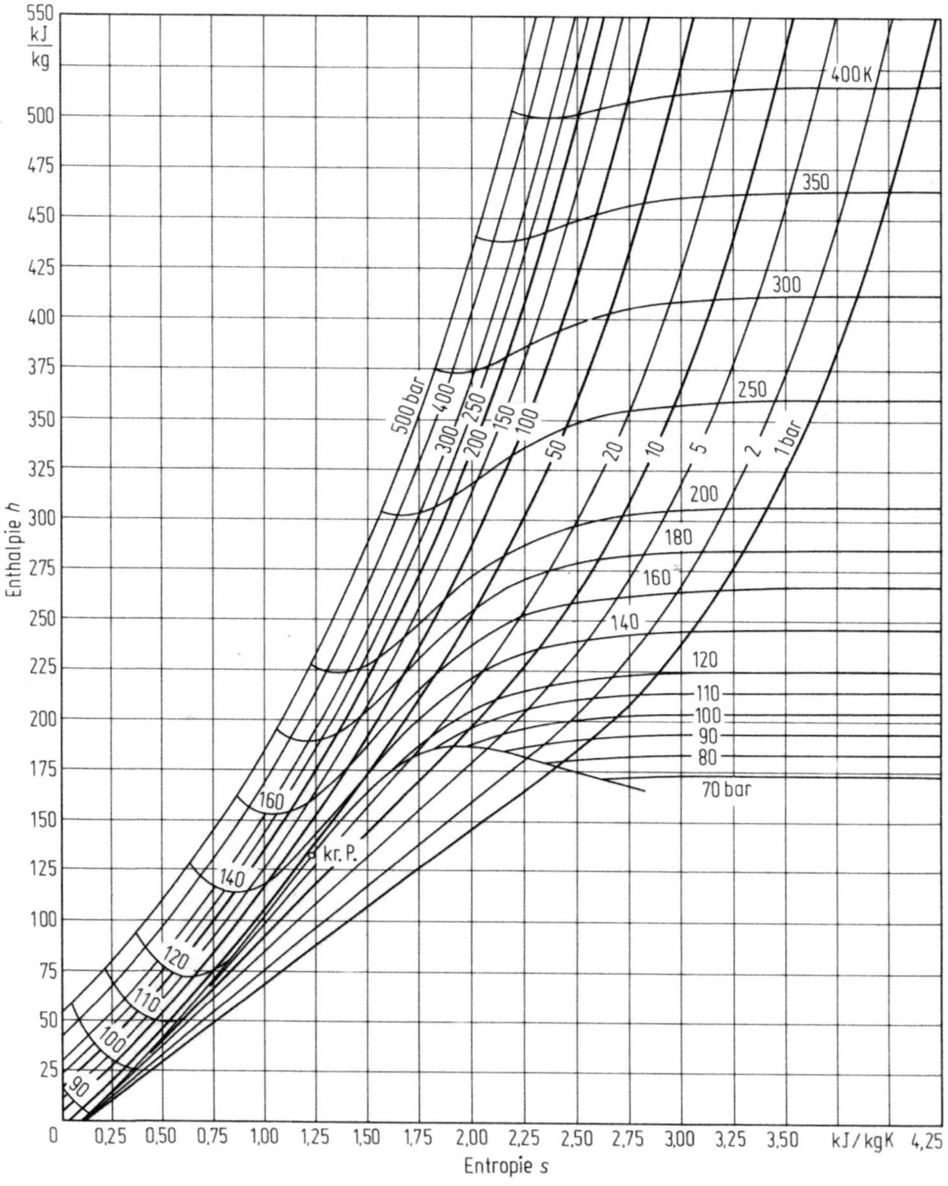

Bild 1.14. *h,s*-Diagramm des Stickstoffs. Nach [B 4 –6]

hält man die theoretische Abkühlung bei umkehrbarer adiabater (isentroper) Entspannung in einer Kolben-Expansionsmaschine oder in einer Turbine. Verfolgt man hingegen die Drucksenkung längs einer Kurve konstanter Enthalpie, so erhält man die Temperaturänderung bei der adiabaten, d. h. ohne Zufuhr oder Abfuhr von Wärme verlaufenden Drosselung.

Das *h*,*s*-Diagramm

An Stelle des *T*,*s*-Diagramms wird vielfach das *h*,*s*-Diagramm vorgezogen, wie es Mollier erstmalig für Wasserdampf entworfen hat. Bild 1.14 gibt das *h*,*s*-Diagramm des Stickstoffs wieder, die weiteren Bilder 1.15 und 1.16 zeigen die *h*,*s*-Diagramme von Wasserstoff und Helium.

Bei Wasserstoff und Helium ist entsprechend den sehr niedrigen Werten der kritischen Temperatur, die bei Wasserstoff −240,2 °C, bei Helium −267,9 °C beträgt,

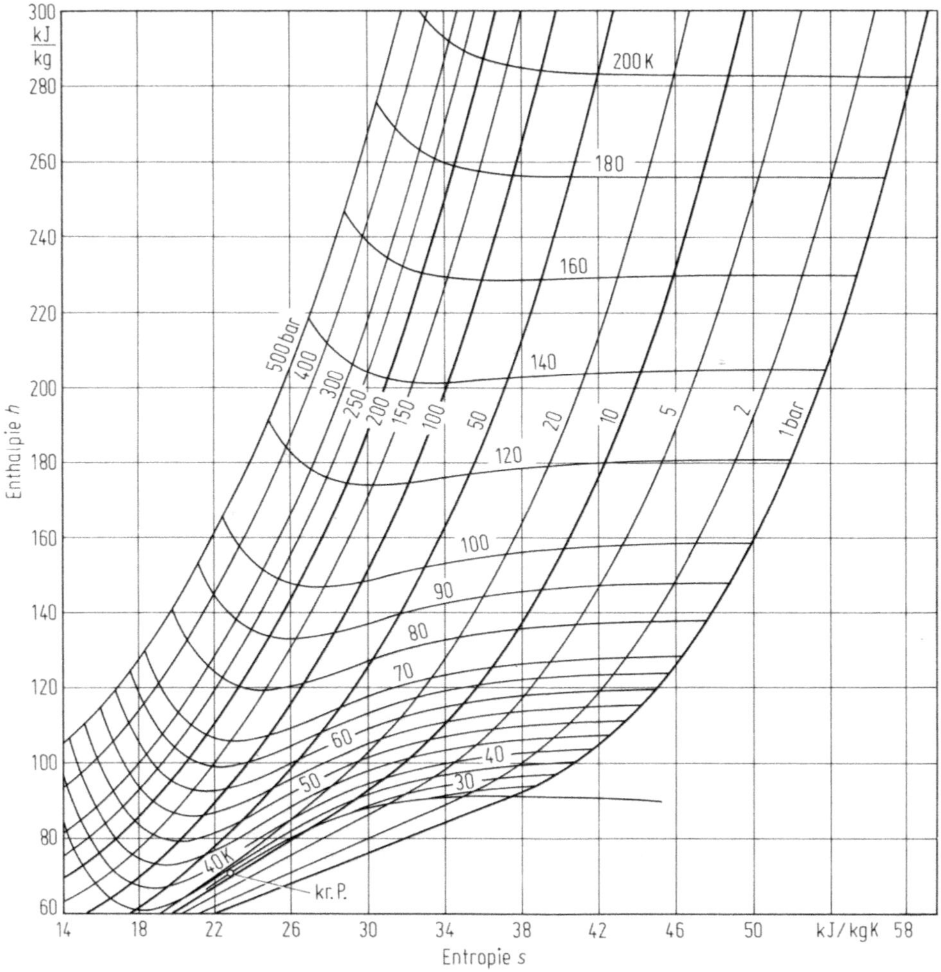

Bild 1.15. *h*,*s*-Diagramm des Wasserstoffs. Nach [B 4—6]

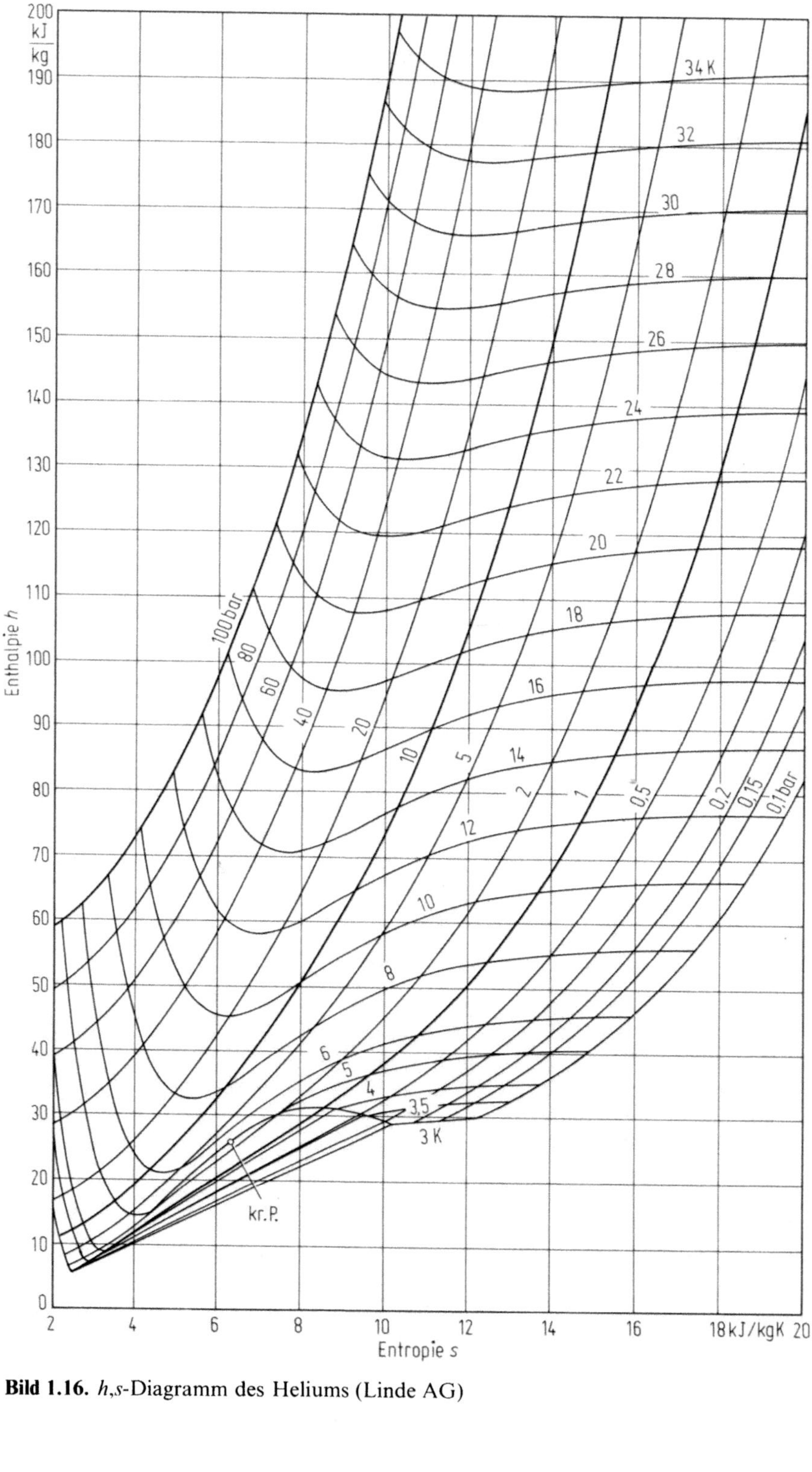

Bild 1.16. *h,s*-Diagramm des Heliums (Linde AG)

das Sättigungsgebiet nach unten stark zusammengedrängt, besonders bei Helium. Im Vergleich hierzu ist der übrige, bis über Umgebungstemperatur sich erstreckende Bereich so weit ausgedehnt, daß er in diesen Diagrammen nicht vollständig dargestellt werden konnte, sondern schon erheblich unter der Umgebungstemperatur abgebrochen werden mußte.

1.1.3 Mindestarbeitsaufwand und Idealprozesse der Kälteerzeugung und Gasverflüssigung nach dem II. Hauptsatz der Thermodynamik

Die besprochenen Zustandsdiagramme erweisen sich dadurch als besonders nützlich, daß man in ihnen die wirklichen Verflüssigungsprozesse einzeichnen und verfolgen kann. Zur Beurteilung solcher Prozesse ist es jedoch wichtig zu wissen, daß es auch ohne Kenntnis des Verlaufs dieser Prozesse möglich ist, einen Mindestarbeitsaufwand für die Gasverflüssigung zu berechnen. Denn der Wert des Mindestaufwandes ist ein bedeutsamer Vergleichsmaßstab, weil man mit seiner Hilfe feststellen kann, wie groß die Verluste des wirklichen Prozesses gegenüber dem theoretischen Bestwert sind. Später soll gezeigt werden, daß sich die Gleichung zur Berechnung des Mindestaufwandes aus dem II. Hauptsatz der Thermodynamik streng ableiten läßt. Im Interesse einer klaren Übersichtlichkeit und leichten Verständlichkeit wollen wir uns aber hier zunächst auf möglichst einfache Betrachtungen beschränken.

Um den Mindestarbeitsaufwand zu ermitteln, muß man gedanklich einen verlustlosen Prozeß betrachten, der nur aus umkehrbaren Vorgängen besteht. Hierbei bedeutet umkehrbar, daß in jedem durchlaufenen Zwischenzustand thermodynamisches Gleichgewicht, d. h. mechanisches, thermisches und u. U. auch chemisches Gleichgewicht besteht.

1.1.3.1 Berechnung des Mindestarbeitsaufwandes der Kälteerzeugung nach dem Carnotschen Kreisprozeß

Bekanntlich läßt sich für die Kälteerzeugung in Kompressionskältemaschinen der theoretisch erforderliche Mindestarbeitsaufwand aus dem umkehrbaren Carnotschen Kreisprozeß ermitteln. Dabei ist vorausgesetzt, daß die Umgebungstemperatur, $T_1 = T_u$, die gewünschte tiefe Temperatur T_2 sowie die in einer gewissen Zeit zu erzeugende Kältemenge Q_2 bekannt sind. Dieser Carnotsche Kreisprozeß (vgl. Bild 1.17) besteht bekanntlich aus zwei Isothermen und zwei Adiabaten. Die Isothermen entsprechen den genannten Temperaturen T_1 und T_2. Bei der tieferen Temperatur T_2, die als unveränderlich betrachtet wird, nimmt das Kältemittel die Wärmemenge Q_2 auf, die dem zu kühlenden Körper entzogen werden soll. Danach wird das Kältemittel umkehrbar adiabat, d. h. ohne Wärmezu- oder -ableitung, verdichtet, bis die Temperatur T_1 erreicht ist. Bei der ebenfalls als unveränderlich vorausgesetzten Temperatur T_1, die gleich der Umgebungstemperatur T_u sei, wird eine Wärmemenge Q_1 an die Umgebung, in der Regel an Kühlwasser, abgegeben. Diese Wärmemenge setzt sich aus der bei der tiefen Temperatur aufgenommenen Wärmemenge Q_2 und dem Wärmeäquivalent der aufgewendeten Arbeit zusammen. Schließlich wird das Kältemittel wieder so weit umkehrbar adiabat entspannt, daß es die tiefe Temperatur T_2 erreicht und das Spiel von neuem beginnen kann.

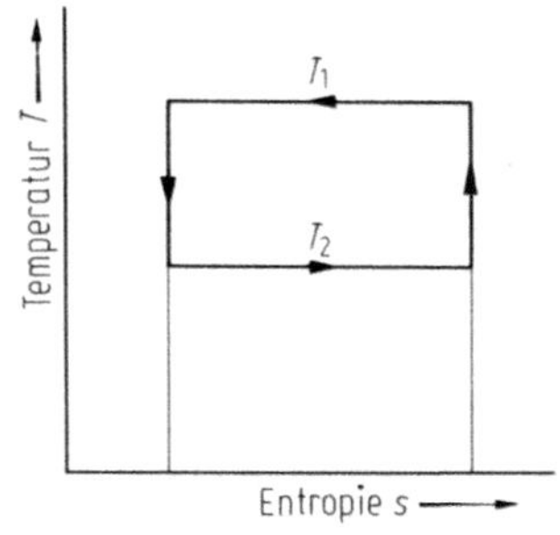

Bild 1.17. Carnotscher Kreisprozeß zur Kälteerzeugung

Der aus dem Carnotschen Kreisprozeß errechenbare Arbeitsaufwand W_C' zur Erzeugung der Kältemenge Q_2 beträgt

$$W_C' = Q_2 \frac{T_1 - T_2}{T_2}. \tag{1.31}$$

Dieser Ausdruck gilt nach dem I. und II. Hauptsatz der Thermodynamik für jedes beliebige Kältemittel.

Die Anwendung von Gl. (1.31) auf die Verflüssigung eines Gases ist, wie später näher erörtert werden soll, ungenau. Denn beim Carnotschen Kreisprozeß ist eine Kälteerzeugung bei unveränderlicher Temperatur vorausgesetzt, während bei der Gasverflüssigung ein großer Teil der Kälte bei sinkender Temperatur benötigt wird.

Doch erhält man aus Gl. (1.31) bereits einen guten Anhalt über die Größenordnung der Arbeit, die man bei der Kälteerzeugung bei verschiedenen Temperaturen und damit auch für die Verflüssigung eines Gases aufzuwenden hat. Es ist hierbei zu beachten, daß man die Gase im allgemeinen bei Atmosphärendruck flüssig erhalten will. Deshalb ist zweckmäßig in Gl. (1.31) für T_2 die Siedetemperatur des Gases einzusetzen, z. B. $-192{,}5$ °C, entsprechend 80,7 K, für die Verflüssigung der Luft.

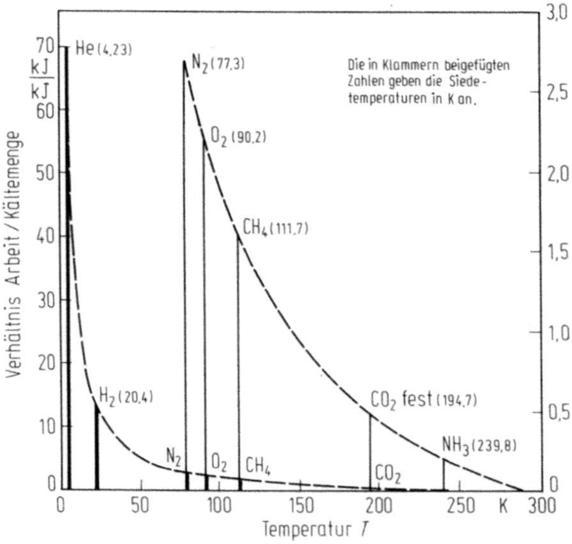

Bild 1.18. Mindestarbeitsaufwand für die Kälteerzeugung nach dem Carnot-Prozeß. Der Deutlichkeit halber sind die Werte oberhalb 77,3 K nochmals in vergrößertem Maßstab (rechte Skala) aufgetragen

In Bild 1.18 ist der in kJ gemessene Mindestaufwand an Arbeit, den man nach Gl. (1.31) zur Erzeugung einer Kältemenge von 1 kJ benötigt, abhängig von der erstrebten tiefen Temperatur T in K aufgetragen. Die Umgebungstemperatur $t_1 = t_u$ ist zu 15 °C (T_1 = 288 K) angenommen. Die Siedetemperaturen bekannter Gase wie Ammoniak, Stickstoff, Wasserstoff und Helium sind durch senkrechte Striche hervorgehoben. Aus der nach links immer steiler werdenden Kurve geht hervor, daß eine Temperatursenkung um je 1 K einen um so größeren Arbeitsaufwand erfordert, je mehr man sich dem absoluten Nullpunkt der Temperatur nähert. Am absoluten Nullpunkt selbst würde der Arbeitsaufwand unendlich groß.

1.1.3.2 Genauere Berechnung des Arbeitsaufwandes nach einem Idealprozeß für die Gasverflüssigung

Nachstehend soll gezeigt werden, wie man den theoretischen Mindestaufwand für die Verflüssigung eines Gases genauer als nach dem Carnotschen Kreisprozeß berechnen kann. Hierzu ist es vor allem nötig, sich klarzumachen, bei welchen Temperaturen die zu erzeugende Kältemenge benötigt wird.

1.1.3.2.1 Kältebedarf für die Gasverflüssigung

Das betrachtete Gas von tiefer Siedetemperatur stehe zunächst bei Atmosphärendruck und bei Umgebungstemperatur $T_1 = T_u$ zur Verfügung. Will man es bei Atmosphärendruck verflüssigen, dann muß man ihm zuerst Wärme entziehen, um es von seiner Ausgangstemperatur T_1 auf seine Verflüssigungstemperatur T_2 abzukühlen. Danach muß es seine Verdampfungsenthalpie abgeben. Der erste Teil der erzeugten Kälte wird hiernach bei sinkender Temperatur und nur der zweite Teil bei der tiefsten Temperatur benötigt. Im T,s-Diagramm, Bild 1.19, in dem die Abkühlung und Verflüssigung nach der Isobare *1–2–0* vor sich geht, stellt die zwischen dieser Kurve und $T = 0$ liegende umrandete Fläche die für die umkehrbare Verflüssigung von 1 kg des Gases erforderliche Kältemenge Q_2 dar. Durch diese Kälte, d. h. durch Entzug der Wärmemenge Q_2 wird die spezifische Enthalpie des Gases, die im Ausgangszustand h_1 betrage, auf den Wert h_0 im flüssigen Zustand erniedrigt. Entsprechend sinkt auch die spezifische Entropie von s_1 auf s_0.

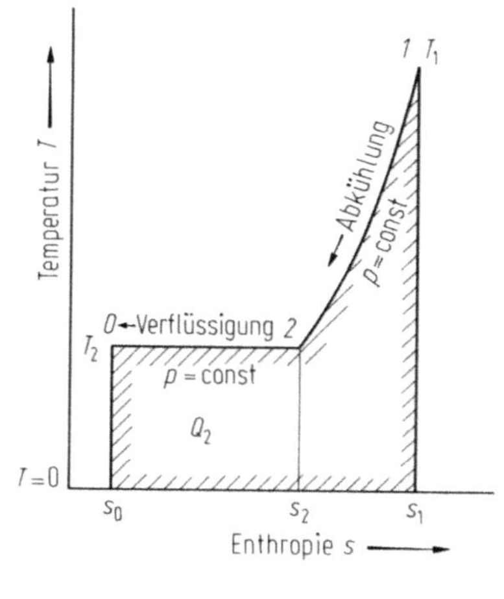

Bild 1.19. Kältebedarf für die Gasverflüssigung

Will man z. B. 1 kg Luft von 15 °C unter Atmosphärendruck verflüssigen, dann beträgt nach dem h,T-Diagramm der Luft (Bild 1.7) $h_1 = 442{,}0$; $h_0 = 22{,}2$ kJ/kg, also, $Q_2 = h_1 - h_0 = 419{,}8$ kJ/kg. Von dieser Kältemenge werden 212,0 kJ/kg zur Abkühlung bis −191,0 °C und 207,8 kJ/kg zur Verflüssigung benötigt. Bei der Verflüssigung selbst sinkt die Temperatur nur noch um knapp 3 K, also auf −194 °C. Bestünde die Luft statt aus mehreren Bestandteilen nur aus einem einzigen Gas, dann könnte sich während der Verflüssigung selbst die Temperatur nicht ändern.

1.1.3.2.2 Idealprozeß der Verflüssigung

Der an Hand von Bild 1.19 beschriebene Vorgang der Abkühlung und Verflüssigung setzt voraus, daß die hierzu erforderliche Kälte von vornherein bei der jeweils entsprechenden Temperatur zur Verfügung steht. Durch den zu ersinnenden Idealprozeß soll hingegen die Luft nur unter Aufwand von Arbeit und Wärmeabgabe an die Umgebung in den flüssigen Zustand übergeführt werden, wobei die benötigte Kälte durch den Prozeß selbst erzeugt wird.

Nach Bild 1.19 besteht die Aufgabe des umkehrbar durchzuführenden Idealprozesses darin, die Entropie von s_1 auf s_0 und die Temperatur von T_1 auf T_2 zu erniedrigen. Erinnert man sich daran, daß beim Carnotschen Kreisprozeß die Entropie sich nur längs der Isothermen, die Temperatur sich nur längs der Adiabaten ändert, dann liegt es nahe, auch beim Idealprozeß der Gasverflüssigung die Entropieabnahme durch eine isotherme Verdichtung, die Temperaturabnahme durch eine umkehrbare adiabate Entspannung des Gases zu bewirken. Es ergibt sich daher ein Prozeß, den man sich an Hand von Bild 1.20 wie folgt klarmachen kann. Vom Zustand *1* ausgehend

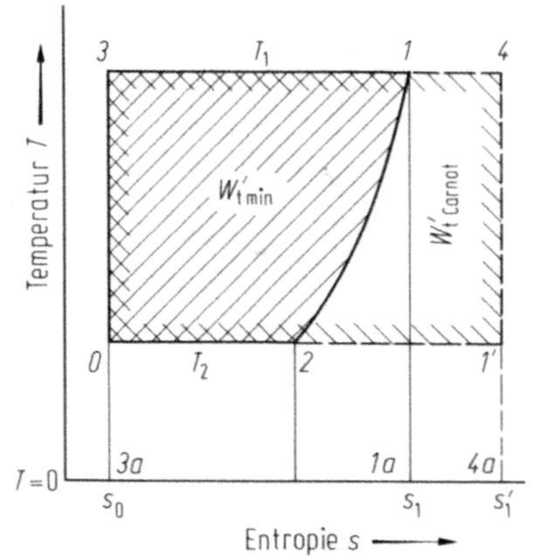

Bild 1.20. Mindestarbeitsbedarf $W'_{t\,min}$ für die Gasverflüssigung

wird die Luft zunächst bei der Temperatur T_1 isotherm so weit verdichtet, bis in Punkt *3* die Entropie s_0 erreicht wird, die dem flüssigen Endzustand entspricht. Hierauf wird die Luft umkehrbar adiabat auf den erstrebten Endzustand *0* entspannt, wodurch die Temperatur von T_1 auf T_2 sinkt. In Bild 1.20 sind diese beiden Vorgänge durch eine waagerechte und eine senkrechte Linie dargestellt.

Dieser Vorgang ist ein offener Prozeß, wie auch jeder wirkliche Verflüssigungsprozeß, bei dem ja ein Übergang des zunächst auf Umgebungstemperatur befindlichen Gases in den flüssigen Zustand herbeigeführt werden soll. Um aber den Mindestarbeitsaufwand für die Verflüssigung aus einem solchen Prozeß berechnen zu können, ist es zweckmäßig, den Prozeß so zu ergänzen, daß ein geschlossener Kreisprozeß entsteht. Zu diesem Zweck ist es nur nötig, die durch die ersten beiden Vorgänge gewonnene flüssige Luft bei Atmosphärendruck wieder zu verdampfen und auf Umgebungstemperatur zu erwärmen. Hierbei wird die Linie *1–2–0*, die in den Bildern 1.19 und 1.20 zur Veranschaulichung des Kältebedarfs diente, rückwärts von *0* nach *1* durchlaufen. Durch verlustfreien Wärmeaustausch mit dieser verdampfenden und sich erwärmenden Luft kann eine gleich große Luftmenge neu verflüssigt werden. Dieser in Bild 1.21 veranschaulichte Kreisprozeß ist damit ein Mittel geworden, die zur Verflüssigung notwendige Kälte zu erzeugen.

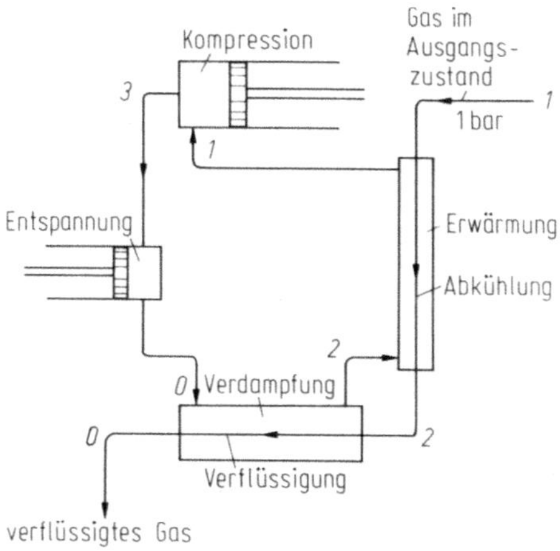

Bild 1.21. Idealprozeß der Verflüssigung

Bei diesem Kreisprozeß ist die erzeugte Kältemenge je 1 kg Luft oder Gas $Q_2 = h_1 - h_0$. An das Kühlwasser wird bei der Temperatur T_u die Wärmemenge $Q_1 = T_u(s_1 - s_0)$ abgegeben, weil ja bei der betrachteten isothermen Verdichtung die Entrophie von s_1 bis s_0 abnimmt. Der Arbeitsaufwand $W'_{t\,min}$ muß nach dem I. Hauptsatz (vgl. Bd. II des Handbuches der Kältetechnik, S. 12) gleich dem Unterschied $Q_1 - Q_2$ sein: $W'_{t\,min} = Q_1 - Q_2$. Da aber Q_1 durch das Rechteck *1–3–3a–1a–1*, Q_2 durch die Fläche unter der Linie *0–2–1* dargestellt wird, ergibt sich $W'_{t\,min}$ als Unterschied beider, d. h. als die von dem Kreisprozeß eingeschlossene Fläche. Setzt man für Q_1 und Q_2 die soeben angegebenen Werte ein, dann erhält man als Mindestarbeitsaufwand für die Verflüssigung von 1 kg des Gases

$$W'_{t\,min} = T_u(s_1 - s_0) - (h_1 - h_0)\,. \tag{1.32}$$

Aus der Umgebungstemperatur T_u und aus den Zustandsgrößen der Luft im Ausgangszustand und im flüssigen Zustand läßt sich hiernach der Mindestarbeitsaufwand in einfacher Weise berechnen.

Bei der vorstehenden Ableitung von Gl. (1.32) wurde angenommen, daß die Temperatur T_1 im Ausgangszustand gleich der Umgebungstemperatur T_u ist. Daß

Gl. (1.32) auch für andere Ausgangszustände $T_1 \neq T_u$ gilt, wird in Abschnitt 1.1.6.6 nachgewiesen. Dort wird auch hervorgehoben, daß der Ausdruck in Gl. (1.32) den negativen Betrag der Exergie e darstellt. Dieser Betrag ist negativ, weil die Exergie nur bei einem Gewinn, nicht aber bei einem Aufwand an Arbeit positiv ist.

1.1.3.2.3 Vergleich des Idealprozesses der Verflüssigung mit dem Carnotschen Kreisprozeß

Es läßt sich leicht zeigen, daß der Mindestarbeitsaufwand W'_{min} für die Gasverflüssigung kleiner ist als der Arbeitsaufwand für einen umkehrbaren Carnotschen Kreisprozeß, durch den dieselbe Kältemenge Q_2 durchweg bei der tiefsten Temperatur T_2 erzeugt wird. Nach Gl. (1.31) beträgt der Arbeitsaufwand für 1 kg Gas nach Carnot

$$W'_C = Q_2 \frac{T_1 - T_2}{T_2}. \tag{1.31}$$

Wählt man also in Bild 1.20 die waagerechte Strecke *0–1'* so groß, daß der Flächeninhalt des darunterliegenden Rechtecks *1'–0–3a–4a–1'* gleich Q_2 wird, dann wird der Arbeitsaufwand W'_C durch die umrandete Fläche *4–3–0–1'–4* dargestellt.

Wenn z. B. 1 kg Luft von 15 °C und Atmosphärendruck verflüssigt werden soll und auch die Kühlwassertemperatur 15 °C beträgt, errechnet sich für die theoretische Mindestarbeit

beim Idealprozeß:	$W'_{t\,min}$	= 0,194 kWh/kg = 698 kJ/kg ,
beim Carnot-Prozeß:	W'_C	= 0,300 kWh/kg = 1080 kJ/kg .

Ein Idealprozeß, wie er an Hand von Bild 1.20 beschrieben wurde, wäre indessen praktisch nicht durchführbar, weil z. B. bei Luft der erforderliche Höchstdruck in Punkt *3* etwa 400 000 bis 500 000 bar betragen würde. Ein abgeänderter Idealprozeß, bei dem man mit einem wesentlich niedrigeren Druck auskommt, wird in Abschnitt 1.1.6.6 beschrieben.

1.1.4 Abkühlung bei der Drosselung und bei der Entspannung unter äußerer Arbeitsleistung

Die Kälte, die man zur Verflüssigung eines Gases benötigt, wird, wie schon mehrfach erwähnt, im wesentlichen durch Entspannung erzeugt. Man führt diese Entspannung soweit wie möglich so durch, daß dem Gas hierbei von außen keine Wärme zugeführt wird; denn jede Wärmezufuhr würde einen Verlust an erzeugter Kälte bedeuten. Am einfachsten ist es, das Gas in einem Ventil durch Drosselung zu entspannen.

Man kann in diesem Falle kurz von „adiabater Drosselung" sprechen, wenn man das Wort adiabat im streng physikalischen Sinne versteht, wonach es lediglich ausdrücken soll, daß dem betrachteten Körper oder Körpersystem Wärme weder zugeführt noch entzogen wird; denn über die Umkehrbarkeit oder Nichtumkehrbarkeit eines Vorganges sagt das Wort grundsätzlich nichts aus. Da es sich aber im technischen Schrifttum eingebürgert hat, das Wort „adiabat" auf umkehrbare Vorgänge zu beschränken, soll im folgenden auf den an sich sehr treffenden Ausdruck „adiabate Drosselung" zur Vermeidung von Mißverständnissen verzichtet werden.

Eine weit größere Abkühlung erzielt man aber, wenn man das Gas während der Drucksenkung in einer Kolbenmaschine oder Turbine äußere Arbeit leisten läßt, wobei man danach trachten muß, sich möglichst der verlustfreien also umkehrbaren adiabaten Entspannung zu nähern. Da indessen die Drosselung durch das Verflüssigungsverfahren von Linde zu großer Bedeutung gelangt ist, soll sie zuerst behandelt werden. Dies soll jedoch nur verhältnismäßig kurz unter Hervorhebung der für die Verflüssigung wichtigen Gesichtspunkte geschehen.

1.1.4.1 Thomson-Joule-Effekt

Die Temperaturänderung bei der Drosselung wird nach den Forschern [T 3], die diese Temperaturänderung erstmalig beobachtet und gemessen haben, „Thomson-Joule-Effekt" genannt. Die Temperaturänderung bei einer beliebigen endlichen Drucksenkung heißt „integraler" Thomson-Joule-Effekt. Unter „differentialem" Thomson-Joule-Effekt versteht man hingegen das Verhältnis einer unendlich kleinen Temperatursenkung zu der unendlich kleinen Drucksenkung, die sie hervorbringt. (In Bd. II des Handbuchs der Kältetechnik, S. 186ff. wird hierfür der Ausdruck „elementarer" Thomson-Joule-Effekt benutzt.) Praktisch kann dieses Verhältnis stets derjenigen Temperaturänderung gleichgesetzt werden, die einer Drosselung um 1 bar entspricht.

Bei der ohne Zufuhr oder Abfuhr von Wärme verlaufenden Drosselung bleibt nach dem I. Hauptsatz der Thermodynamik (vgl. Abschnitt 1.1.6.1) die Enthalpie unverändert. Daher kann man bei beliebiger Drucksenkung, wie schon früher besprochen, die Drosselabkühlung an Hand der Kurven konstanter Enthalpie im h,T-Diagramm (z. B. Bild 1.7) oder T,s-Diagramm (Bild 1.13) verfolgen. Aus dem h,T-Diagramm erkennt man, daß der Thomson-Joule-Effekt in demselben Gebiet in einer Abkühlung besteht, in dem die Enthalpie bei konstanter Temperatur mit wachsendem Druck abnimmt, hingegen in einer Erwärmung, wo die Enthalpie mit dem Druck zunimmt.

Tabelle 1.3. Integraler Thomson-Joule-Effekt der Luft bei Drosselung auf den Druck $p = 0$. p_1, T_1 Anfangsdruck in bar und Anfangstemperatur in K; T_2 Endtemperatur in K; $T_1 - T_2$ integraler Thomson-Joule-Effekt

T_1	$p_1 = 50$ bar	$p_1 = 100$ bar	$p_1 = 200$ bar
	$T_1 - T_2$	$T_1 - T_2$	$T_1 - T_2$
320	8,4	19,0	30,9
260	14,6	27,0	46,1
200	24,7	50,6	80,1

Tabelle 1.3 enthält Werte des integralen Thomson-Joule-Effektes der Luft bei verschiedener Anfangstemperatur T_1 bzw. t_1 und verschiedenen Anfangsdruck p_1. Als Enddruck p_2 der Entspannung ist hierbei der Druck null gewählt. Man ersieht aus Tabelle 1.3 in Übereinstimmung mit dem h,T-Diagramm, daß in dem hier erfaßten Gebiet nur mäßig tiefer Anfangstemperaturen der integrale Thomson-Joule-Effekt mit sinkender Anfangstemperatur und wachsendem Anfangsdruck zunimmt. Bei tieferen Anfangstemperaturen unter etwa 150 K und Anfangsdrücken über

50 bar führt die Drosselung in das Sättigungsgebiet bis zu derjenigen Isotherme, die durch den praktisch vorgegebenen Enddruck bestimmt ist. Auch die Endtemperatur der Drosselung ist hierdurch festgelegt. Dieser Vorgang ist für das in Abschnitt 1.2.1 beschriebene Luftverflüssigungsverfahren von Linde von großer Bedeutung.

Der differentiale Thomson-Joule-Effekt der Luft wurde in Deutschland von Vogel [V 1], Noell [N 1] und Hausen [H 5], in Amerika von Roebuck [R 6] untersucht. Das Ergebnis der deutschen Messungen ist in Bild 1.22 als Funktion der

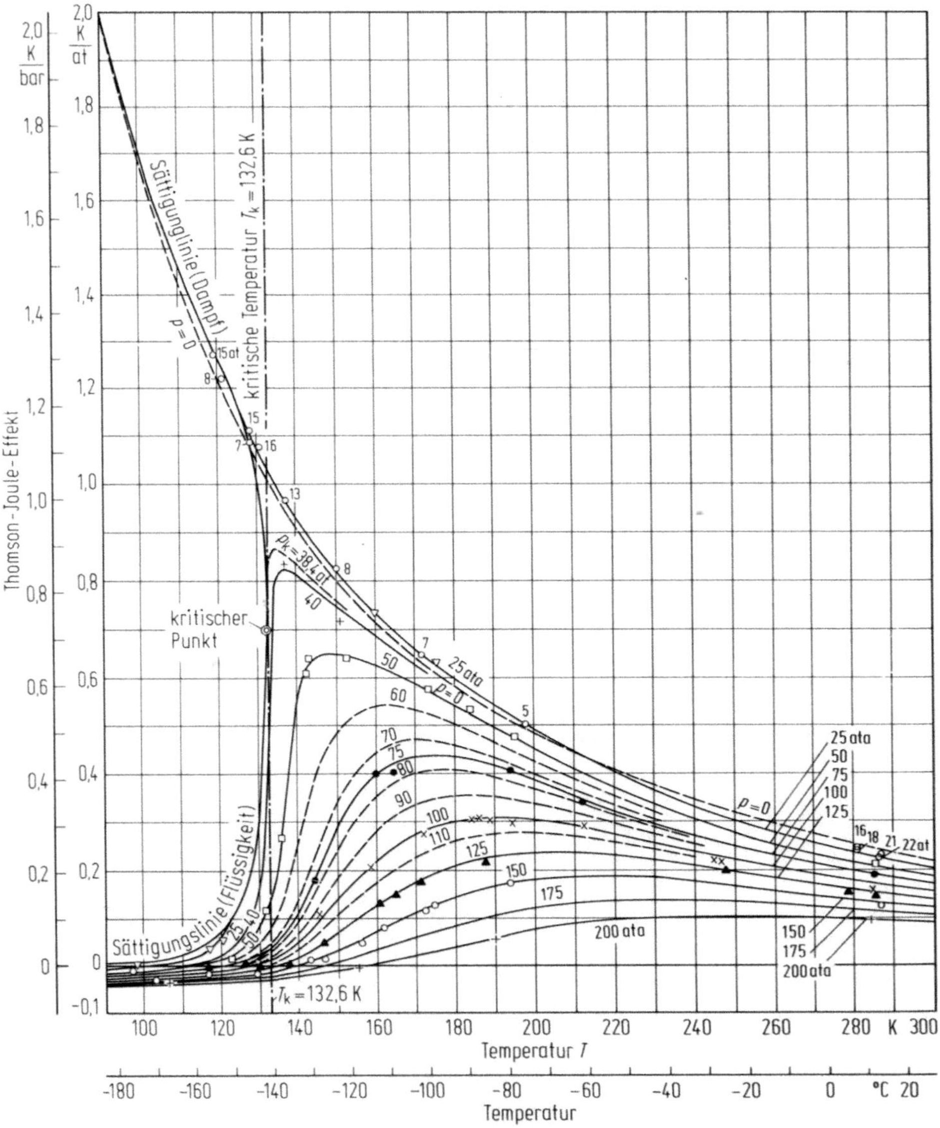

Bild 1.22. Differentialer Thomson-Joule-Effekt der Luft

Temperatur T aufgetragen. Die ausgezogenen Linien sind Kurven gleichbleibenden Druckes. Die linke ausgezogene Linie ist die Sättigungslinie; der obere Ast gilt für den trocken gesättigten Dampf, der untere für die Flüssigkeit im Siedezustand. Unterhalb des unteren Astes und links von der kritischen Isotherme, d. h. der Senkrechten bei $T_k = 132{,}5$ K, ist die Luft flüssig.

Aus der gegenseitigen Lage der Isobaren erkennt man, daß der differentiale Thomson-Joule-Effekt mit wachsendem Druck fast durchweg kleiner wird. Bei unterkritischen Drücken ($p < 37{,}7$ bar) nimmt der Thomson-Joule-Effekt mit abnehmender Temperatur bis zur Erreichung der Sättigungslinie dauernd zu; vgl. z. B. die Kurve für 25 bar. Bei überkritischen Drücken ($p > 37{,}7$ bar) nimmt der differentiale Thomson-Joule-Effekt mit abnehmender Temperatur zunächst zu, erreicht aber dann einen Höchstwert und fällt hierauf um so rascher wieder ab, je weniger die Höhe des Druckes den kritischen Druck übersteigt. Bei hohen Drücken und sehr tiefen Temperaturen, und zwar größtenteils im Flüssigkeitsgebiet, wird der Thomson-Joule-Effekt negativ, d. h. an Stelle der sonst bei der Drosselung beobachteten Abkühlung tritt eine Erwärmung ein. Die Schnittpunkte mit der waagerechten Nullachse stellen die sogenannten Inversionspunkte dar, an welchen die Umkehr („Inversion") des Thomson-Joule-Effektes von der Abkühlung zur Erwärmung stattfindet.

In Amerika hat Roebuck [R 6] im wesentlichen den integralen Thomson-Joule-Effekt der Luft gemessen. Hierbei ging er stets von einem bestimmten Anfangsdruck und einer bestimmten Anfangstemperatur aus und drosselte stufenweise zu immer tieferen Enddrücken ab.

Mit derselben Versuchsanordnung wie Roebuck hat Burnett [B 8] den Thomson-Joule-Effekt von Kohlendioxid zwischen −50 und +130 °C gemessen und hierbei für den differentialen Thomson-Joule-Effekt ein ganz entsprechendes Verhalten wie in Bild 1.22 gefunden. Von weiteren Messungen des Thomson-Joule-Effektes seien die von Roebuck und Osterberg an Stickstoff [R 9, 10], Argon [R 8, 9], Helium [R 7] und Helium-Stickstoff-Gemischen [R 9] sowie die Messungen von Zelmanov [Z 1] an Helium hervorgehoben. Den Thomson-Joule-Effekt von Wasserstoff hat Koeppe [K 16, 17] gemessen.

1.1.4.2 Inversionskurve des differentialen Thomson-Joule-Effektes

Wie schon erwähnt, kann sowohl bei sehr tiefen wie auch bei hohen Temperaturen oder auch bei sehr hohen Drücken an Stelle der meist beobachteten Abkühlung eine allerdings meist nur geringe Erwärmung auftreten. Beobachtet man den differentialen Thomson-Joule-Effekt bei einem bestimmten nicht zu hohen Druck, dann findet die Umkehr von der Abkühlung zur Erwärmung oder umgekehrt bei der unteren und oberen Inversionstemperatur statt.

Trägt man die Inversionstemperaturen wie in Bild 1.23 abhängig vom Druck auf, dann ergibt sich eine einzige Kurve, die Inversionskurve genannt wird. Die in Bild 1.23 eingezeichneten offenen Kreise stellen die Meßwerte von Hausen [H 5], die vollen Kreise die Werte von Roebuck [R 6] für Luft dar. In dem zwischen der Inversionskurve und der Ordinatenachse liegenden Bereich besteht der Thomson-Joule-Effekt in einer Abkühlung, außerhalb in einer Erwärmung; auf der Inversionskurve selbst ist er null.

Benutzt man als Abszissen- und Ordinatenmaßstab den reduzierten Druck p/p_k und die reduzierte Temperatur T/T_k, dann gilt die in Bild 1.23 gezeichnete Inversionskurve angenähert für alle Gase. Größere Abweichungen treten jedoch bei Wasserstoff und Helium auf. Zum Vergleich ist daher in Bild 1.23 ein von Koeppe [K 17] ermitteltes Stück der Inversionskurve des Wasserstoffs eingezeichnet. Nach Jakob [J 2] fallen die Inversionskurven verschiedener Gase noch näher zusammen, wenn man als reduzierte Temperatur nicht T/T_k, sondern $RT/p_k v_k$ wählt.

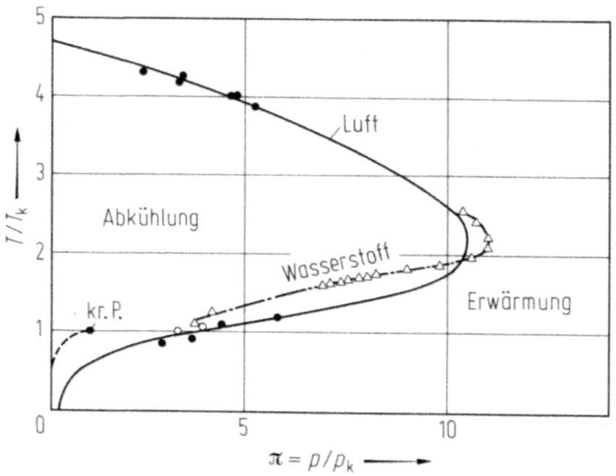

Bild 1.23. Inversionskurven der Luft und des Wasserstoffs in reduzierten Druck- und Temperaturkoordinaten. Luft: ● Messungen von Roebuck, ○ Messungen von Hausen. Wasserstoff: △ gemessen von Koeppe

Da bei Wasserstoff und besonders bei Helium die kritische Temperatur sehr tief liegt, drängt sich bei diesen Gasen der Bereich des positiven Thomson-Joule-Effektes, d. h. der Temperatursenkung bei Drucksenkung, in sehr niedrige Temperaturgebiete zusammen. Bei beiden Gasen besteht daher der Thomson-Joule-Effekt bei Umgebungstemperatur und noch weit darunter in einer geringen Erwärmung. An Wasserstoff hat dies Olszewski [O 1] schon im Jahre 1902 durch Messungen des integralen Thomson-Joule-Effektes festgestellt. Bei einem Anfangsdruck von 111 bar mußte er die Anfangstemperatur der Drosselung auf −80,5 °C erniedrigen, um gerade die Temperatursenkung null zu erhalten. Bei Helium wird der obere Ast der Investionskurve erst unterhalb 40 K, d. h. −233 °C, erreicht. Diese Feststellung ist von großer praktischer Bedeutung für die Verflüssigung dieser Gase. Denn man kann den Thomson-Joule-Effekt eines solchen Gases nur dann zur Abkühlung und als genügend ergiebige Kältequelle benützen, wenn man das Gas vorher mit Hilfe von Kälte, die auf anderem Wege gewonnen wurde, bis weit in das von der Inversionskurve umschlossene Gebiet hinein abgekühlt hat.

1.1.4.3 Umkehrbare adiabate Entspannung unter äußerer Arbeitsleistung

Die umkehrbare adiabate Entspannung in einer Kolbenmaschine oder Turbine ist in der technischen Thermodynamik so bekannt, daß sie keiner eingehenden Erörterung bedarf. Nach dem I. Hauptsatz (vgl. Abschnitt 1.1.6.1) ist die bei einer solchen Entspannung gewinnbare technische Arbeit W_t gleich der Abnahme der Enthalpie

$$W_t = h_1 - h_2 , \tag{1.33}$$

wobei die Mengeneinheit des Arbeitsmittels betrachtet werden soll. Bei beliebiger Menge müßte rechts $H_1 - H_2$ stehen. Wird die adiabate Entspannung umkehrbar, also verlustlos durchgeführt, dann bleibt nach dem Entropieprinzip die Entropie während der Entspannung ungeändert. Man kann daher die Arbeit W_t in bekannter Weise aus einem T,s- oder h,s-Diagramm bestimmen, indem man die Enthalpien h_1 und h_2 vor und nach der Entspannung auf einer Isentropen, d. h. auf einer senkrechten Linie abliest (vgl. Bilder 1.13 bis 1.16).

Wichtiger als die gewinnbare Arbeit ist für die Tieftemperaturtechnik die erreichbare Abkühlung und die dadurch gewinnbare Kältemenge. Die Abkühlung bei umkehrbarer adiabater Entspannung erhält man bei bekannter Anfangstemperatur und gegebenem Anfangs- und Enddruck aus dem T,s- oder h,s-Diagramm, indem man die Endtemperatur auf der Senkrechten durch den Anfangspunkt und auf der Isobaren für den Enddruck abliest. Die praktisch erreichbare Abkühlung und die Ermittlung der Kältemenge hingegen sollen erst später bei Behandlung des Luftverflüssigungsverfahrens von Claude besprochen werden.

1.1.5 Physikalische und technische Arbeit

Zur Vertiefung der thermodynamischen Betrachtungen sollen nachstehend noch der I. und II. Hauptsatz der Thermodynamik erörtert und auf einige für die Erzeugung tiefer Temperaturen wichtige Vorgänge angewendet werden. Die Bedeutung des I. Hauptsatzes liegt hierbei darin, daß er Wärmemengen sowie die kalorischen Zustandsgrößen mit der Größe der Arbeit in Verbindung bringt. Ehe wir den I. Hauptsatz aussprechen, soll daher der Begriff der Arbeit kurz erörtert und daran erinnert werden, daß wir zwei Arten von Arbeit, die physikalische Arbeit und die technische Arbeit, zu unterscheiden haben. Dies ist für die späteren Betrachtungen wichtig, weil für die Verflüssigung und Zerlegung von Gasen stets Energie in Form von Arbeit aufgewendet werden muß.

1.1.5.1 Physikalische Arbeit

Wenn ein Stoff, z. B. ein Gas, seinen Zustand ändert, dann nennen wir die während dieser Zustandsänderung gewonnene oder aufgewendete Arbeit die physikalische Arbeit W. Meist leistet das Gas Arbeit durch Änderung seines Volumens V. Das Differential dieser Arbeit, die Volumenänderungsarbeit genannt sei, beträgt

$$dW = p\,dV\,, \tag{1.34}$$

wenn p den Druck des Gases oder eines anderen betrachteten Stoffes bedeutet. Statt „physikalische Arbeit", und „Volumenänderungsarbeit" werden oft andere Bezeichnungen, wie „absolute Gasarbeit", angewendet. Die hier gewählten Benennungen dürften aber klarer sein. Aus Gl. (1.34) ergibt sich für die Arbeit bei einer endlichen Änderung des Volumens von V_1 bis V_2

$$W = \int_1^2 p\,dV\,. \tag{1.35}$$

Wird die Arbeit von der Mengeneinheit des Stoffes geleistet, dann ist in den Gln. (1.34) und (1.35) V durch das spezifische Volumen v zu ersetzen. In diesem Falle wird die physikalische Arbeit oder Volumenänderungsarbeit im p,v-Diagramm durch die schraffierte Fläche in Bild 1.24 links dargestellt.

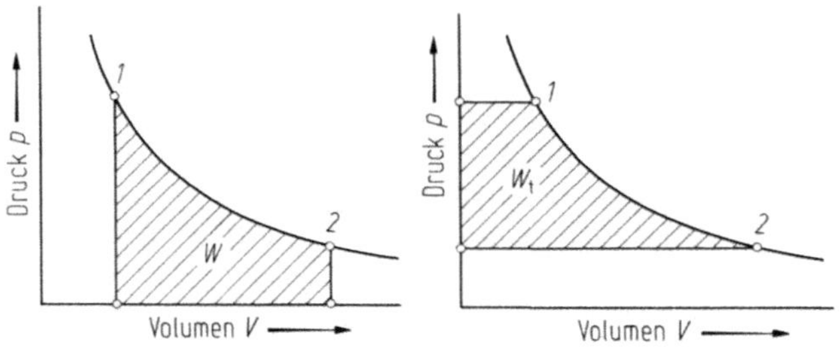

Bild 1.24. Physikalische Arbeit W und technische Arbeit W_t

1.1.5.2 Technische Arbeit

Bei der technischen Arbeit betrachten wir nicht nur die Arbeit während der Zustandsänderung selbst, sondern auch die Verdrängungsarbeiten, die einerseits beim Hineinschieben des Arbeitsmittels in die Maschine oder in den fraglichen Apparat, andererseits während des Zurückströmens aus der Maschine auftreten. Tritt das Arbeitsmittel unter dem Druck p_1 z. B. in einen Zylinder mit Kolben ein, dann muß es den Kolben so weit zurückschieben, bis dieser das vom Arbeitsmittel beanspruchte Volumen V_1 freigegeben hat. Hierbei leistet das Arbeitsmittel die Arbeit $p_1 V_1$. Wird es weiterhin im Zylinder bis auf den Druck p_2 entspannt, dann wird die physikalische Arbeit $W = \int_1^2 p \, dV$ geleistet. Schließlich wird beim Herausschieben des Arbeitsmittels aus dem Zylinder durch den Kolben die Arbeit $p_2 V_2$ verbraucht. Die gesamte vom Arbeitsmittel geleistete Arbeit, die wir „technische Arbeit" nennen, beträgt hiernach allgemein

$$W_t = p_1 V_1 + W - p_2 V_2 \, . \tag{1.36}$$

In allen Fällen, in denen W eine Volumenänderungsarbeit ist, folgt hieraus nach Gl. (1.35)

$$W_t = p_1 V_1 + \int_1^2 p \, dV - p_2 V_2 = - \int_1^2 V \, dp \, . \tag{1.37}$$

Für die Mengeneinheit des Arbeitsmittels gilt entsprechend

$$W_t = - \int_1^2 v \, dp \, .$$

Diese Arbeit wird durch die schraffierte Fläche in Bild 1.24 rechts dargestellt.

Dieser Unterscheidung zwischen der physikalischen Arbeit und der technischen Arbeit entsprechen auch verschiedene Formulierungen des I. Hauptsatzes.

1.1.6 Erster und zweiter Hauptsatz der Thermodynamik

1.1.6.1 Erster Hauptsatz

Der I. Hauptsatz ist nichts anderes als das Prinzip der Erhaltung der Energie, angewendet auf Vorgänge, die unter Wärmeerzeugung oder Wärmeverbrauch verlaufen. Um diesen Satz mathematisch zu formulieren, werde eine beliebige Zustandsänderung eines Körpers betrachtet. Hierbei werde dem Körper die Wärmemenge Q zugeführt und von ihm gleichzeitig die Arbeit W geleistet. Ist ferner U_1 die innere Energie des Körpers zu Beginn der Zustandsänderung, U_2 am Ende der Zustandsänderung, dann lautet der I. Hauptsatz

$$Q = U_2 - U_1 + W . \tag{1.38}$$

Hiernach wird die zugeführte Wärmeenergie zur Erhöhung der inneren Energie und zur Leistung der physikalischen Arbeit verbraucht.

Um den I. Hauptsatz statt durch die innere Energie durch die Enthalpie $H = U + pV$ auszudrücken, formen wir Gl. (1.38) wie folgt um:

$$Q = (U_2 + p_2V_2) - (U_1 + p_1V_1) + W + p_1V_1 - p_2V_2 .$$

Unter Benutzung von Gl. (1.36) für die technische Arbeit und der schon erörterten Beziehung $H = U + pV$ für die Enthalpie erhalten wir hiernach den I. Hauptsatz in der Gestalt

$$Q = H_2 - H_1 + W_t . \tag{1.39}$$

Hiernach kann man auch sagen: die zugeführte Wärmeenergie wird zur Erhöhung der Enthalpie und zur Leistung der technischen Arbeit verbraucht.

Will man Gl. (1.38) oder (1.39) statt auf eine beliebige Menge auf die Mengeneinheit eines Stoffes anwenden, dann muß man u, h und v statt U, H und V schreiben.

Von besonderem Interesse ist der Fall der umkehrbaren Zustandsänderung unter der Voraussetzung, daß Arbeit nur in Form von Volumenänderungsarbeit geleistet wird. Da dann, bezogen auf die Mengeneinheit, $\mathrm{d}W = p\,\mathrm{d}v$ wird, erhalten wir für eine unendlich kleine Zustandsänderung der Mengeneinheit nach Gl. (1.38)

$$\mathrm{d}Q_r = \mathrm{d}u + p\,\mathrm{d}v , \tag{1.40}$$

wobei der Index r andeuten soll, daß es sich um eine reversible, d. h. umkehrbare Zustandsänderung handelt. Mit

$$\mathrm{d}u = \mathrm{d}h - \mathrm{d}(pv) = \mathrm{d}h - p\,\mathrm{d}v - v\,\mathrm{d}p$$

können wir statt Gl. (1.40) auch schreiben

$$\mathrm{d}Q_r = \mathrm{d}h - v\,\mathrm{d}p , \tag{1.41}$$

was einem sehr häufigen Sonderfall von Gl. (1.39) entspricht.

Mit einer gewissen Vorsicht kann man die Gln. (1.40) und (1.41) auch auf nicht umkehrbare Vorgänge anwenden, nämlich stets dann, wenn die Arbeit genau genug gleich $p\,\mathrm{d}v$ bzw. $-v\,\mathrm{d}p$ ist.

1.1.6.2 Zweiter Hauptsatz

Der II. Hauptsatz ist ebenso wie der I. Hauptsatz ein Erfahrungssatz, der sich nicht rein theoretisch auf andere bekannte physikalische Gesetze zurückführen läßt. Von der statistischen Deutung des II. Hauptsatzes sei hierbei abgesehen, da wir den II. Hauptsatz im wesentlichen nur vom Standpunkt der Thermodynamik aus betrachten wollen. Die ihm zugrunde liegende Erfahrungstatsache läßt sich etwa in der Form aussprechen: „Wärme läßt sich durch Kreisprozesse nicht vollständig in Arbeit verwandeln“. Genauer ist die Formulierung von Max Planck: „Es ist unmöglich, eine periodisch funktionierende Maschine zu konstruieren, die weiter nichts bewirkt als Abkühlung eines Wärmebehälters und Leistung mechanischer Arbeit." Eine solche Maschine wird nach W. Ostwald perpetuum mobile zweiter Art genannt. Die durch die Mißerfolge ungezählter Erfinder immer wieder aufs neue bestätigte Erfahrungsgrundlage des II. Hauptsatzes besteht hiernach in der Aussage, daß ein perpetuum mobile zweiter Art unmöglich ist.

Der Satz von der Unmöglichkeit des perpetuum mobile zweiter Art wird vielfach noch in anderer Weise ausgesprochen. Für die Kältetechnik sowie auch für alle Fragen der Wärmeübertragung ist die Formulierung von Clausius (1850) bedeutsam: „Wärme kann nicht von selbst von einem Körper tieferer Temperatur auf einen Körper höherer Temperatur übergehen."

Eine der wichtigsten Folgerungen aus der Unmöglichkeit des perpetuum mobile zweiter Art ist die Erkenntnis, daß der umkehrbare Carnotsche Kreisprozeß bei gegebenen Temperaturen T_1 und T_2 stets denselben Wirkungsgrad hat, unabhängig vom Arbeitsmittel oder auch jeder Kombination von Arbeitsmitteln. Die Bedeutung dieses Prozesses für die Kälteerzeugung wurde schon in Abschnitt 1.1.3.1 erörtert.

Wohl die reifste Form, in der der Inhalt des II. Hauptsatzes vollständig ausgesprochen werden kann, gewinnt man mit Hilfe des von Clausius entwickelten Begriffes der Entropie.

Die Entropie ist definiert durch die Gleichung

$$\mathrm{d}S = \frac{\mathrm{d}Q_\mathrm{r}}{T}, \tag{1.42}$$

wobei $\mathrm{d}Q_\mathrm{r}$ die einem Körper von der absoluten Temperatur T umkehrbar (reversibel) zugeführte Wärmemenge und $\mathrm{d}S$ die Zunahme der Entropie bedeutet. Hiermit kann man den Inhalt des II. Hauptsatzes durch folgende zwei Aussagen wiedergeben:

a) Die Entropie ist eine Zustandsgröße. Dies bedeutet, daß die Entropie eines Körpers nur von seinem augenblicklichen Zustand abhängt, nicht aber vom Verlauf der Zustandsänderung, die zu diesem Zustand geführt hat.

b) Prinzip von der Vermehrung der Entropie:

$$\mathrm{d}S \geqq 0 \quad \text{bei} \quad \mathrm{d}Q = 0\,. \tag{1.43}$$

In Worten läßt sich dieses Prinzip, das meist kurz „Entropieprinzip" genannt wird, etwa wie folgt aussprechen: „Jeder Vorgang ohne Wärmezufuhr oder -entzug von außen verläuft in dem Sinne, daß die Gesamtentropie aller an dem Prozeß beteiligten Körper zunimmt und nur im Grenzfall der umkehrbaren Zustandsänderung konstant bleibt." Dabei kann die Zustandsänderung beliebig verlaufen; auch können die beteiligten Körper unter sich selbst Wärme austauschen.

1.1.6.3 Zusammenhang zwischen der thermischen und kalorischen Zustandsgleichung

Durch die erste der beiden Aussagen wird besonders hervorgehoben, daß die Festlegung der Entropie als Zustandsgröße bereits einen wesentlichen Teil des II. Hauptsatzes zum Ausdruck bringt. Vor allem lassen sich unter Benutzung der Entropie im Zusammenhang mit dem I. Hauptsatz thermodynamische Differenzialgleichungen gewinnen, die für die Berechnung von Zustandsgrößen sehr bedeutsam sind. Einige der gebräuchlichsten dieser Gleichungen, deren Ableitung man in den bekannten Lehrbüchern der Thermodynamik findet, z. B. in [P 5, S 3, B 2], lauten:

$$\left(\frac{\partial u}{\partial v}\right)_T = T\left(\frac{\partial p}{\partial T}\right)_v - p\,; \qquad \left(\frac{\partial h}{\partial p}\right)_T = -\left[T\left(\frac{\partial v}{\partial T}\right)_p - v\right], \tag{1.44}$$

$$\left(\frac{\partial c_v}{\partial v}\right)_T = T\left(\frac{\partial^2 p}{\partial T^2}\right)_v, \quad \left(\frac{\partial c_p}{\partial p}\right)_T = -T\left(\frac{\partial^2 v}{\partial T^2}\right)_p$$

$$c_p - c_v = T\left(\frac{\partial p}{\partial T}\right)_v \left(\frac{\partial v}{\partial T}\right)_p. \tag{1.45}$$

Hierzu gehört ferner die Gleichung von Clausius-Clapeyron für die Verdampfungsenthalpie r

$$r = T\,\frac{\mathrm{d}p_s}{\mathrm{d}T}\,(v'' - v')\,, \tag{1.46}$$

worin p_s den Dampfdruck, v'' das spezifische Volumen des trocken gesättigten Dampfes und v' das spezifische Volumen der Flüssigkeit im Siedezustand bedeuten. Auf der rechten Seite der Gln. (1.44) bis (1.46) stehen nur thermische Größen p, v und T. Auf der linken Seite hingegen treten die kalorischen Zustandsgrößen u, h, c_v, c_p und r auf. Die angeführten Gleichungen stellen daher einen aus dem I. und II. Hauptsatz gewonnenen Zusammenhang zwischen den thermischen und kalorischen Zustandsgrößen und damit auch zwischen der thermischen und kalorischen Zustandsgleichung dar.

Dieser Zusammenhang erleichtert wesentlich die Aufstellung von Zustandsgleichungen und Zustandsdiagrammen. Denn es ist nach Kenntnis dieses Zusammenhanges nicht nötig, sämtliche thermischen und kalorischen Zustandsgrößen, wie man sie z. B. in den Zustandsdiagrammen benötigt, durch Messung zu ermitteln, da man ja die kalorischen Zustandsgrößen weitgehend aus den thermischen berechnen kann und umgekehrt.

Wendet man z. B. die erste der Gl. (1.44) auf die thermische Zustandsgleichung (1.1) des idealen Gases an, dann erhält man $(\partial u/\partial v)_T = 0$. Dies besagt, daß die innere Energie u und damit, wie man leicht zeigen kann, auch die Enthalpie des idealen Gases nicht vom Volumen oder Druck, sondern nur von der Temperatur T abhängen. Es ergibt sich daher für das ideale Gas die schon besprochene kalorische Zustandsgleichung (1.27).

In ähnlicher Weise führt die Anwendung der ersten Gl. (1.44) auf die van der Waalssche Zustandsgleichung (1.4) auf die Beziehung $(\partial u/\partial v)_T = a/v^2$, woraus man durch Integration die kalorische Zustandsgleichung erhält.

Bei der Aufstellung fast aller in der Technik benutzten Zustandsdiagramme wird von dem geschilderten Zusammenhang Gebrauch gemacht. Die Zustandsdiagramme enthalten daher in der Regel den II. Hauptsatz, und jeder, der ein solches Diagramm benutzt, wendet damit — und zwar meist unbewußt — nicht nur den I., sondern auch den II. Hauptsatz an.

1.1.6.4 Absolute Temperatur

Durch die Definitionsgleichung (1.42) der Entropie ist auch die für die Tieftemperaturtechnik sehr wichtige absolute Temperaturskala festgelegt. Dies geht aus folgender Überlegung hervor:

Daß die Entropie eine Zustandsgröße ist, besagt, daß bei einem beliebigen Vorgang die Änderung der Entropie des betrachteten Körpers nur von seinem Anfangs- und Endzustand abhängt. Hingegen kann die zugeführte Wärmemenge ähnlich wie die Arbeit je nach dem Weg oder der Art der Zustandsänderung sehr verschieden sein. Aus diesem Grunde nennt man das Differential dS der Entropie ein vollständiges Differential, das Differential dQ bzw. dQ_r der Wärmemenge ein unvollständiges Differential.

Den Unterschied zwischen einem vollständigen und unvollständigen Differential kann man sich sehr anschaulich aus dem bei einer Bergbesteigung zurückgelegten Weg und der dabei erreichten Höhe klarmachen. Da die Länge des Weges davon abhängt, welchen Weg man einschlägt, ist das Differential dl der Weglänge ein unvollständiges Differential. Das Differential dh der Höhe hingegen ist ein vollständiges Differential, weil der Gewinn an Höhe gegenüber dem Ausgangspunkt der Wanderung eindeutig bestimmt ist.

Nach Gl. (1.42) ist dS nur deshalb ein vollständiges Differential, weil in der absoluten Temperatur ein universeller, d. h. von Stoffeigenschaften unabhängiger integrierender Nenner gefunden ist, der das unvollständige Differential dQ_r zu dem vollständigen Differential dS macht. Durch diese universelle Eigenschaft kann man aber umgekehrt die absolute Temperaturskala definieren und exakt festlegen.

Die Definition der absoluten Temperatur von Thomson (Lord Kelvin) mit Hilfe des Carnotschen Kreisprozesses ist nur eine andere Ausdrucksweise desselben Gedankens; vgl. Bd. II des Handbuchs der Kältetechnik, S. 54. Die Kelvinsche Definition ist zwar anschaulich, für die Messung der absoluten Temperatur, aber wenig geeignet, weil sich ein umkehrbarer Carnotscher Kreisprozeß nicht verwirklichen läßt. Über die absolute Temperatur vgl. auch E. Schmidt: Technische Thermodynamik, 6. Aufl. Berlin: Springer 1956, S. 3 und 77–90. 11. Aufl., neubearbeitet 1975 von Stephan und Mayinger [S 3, S. 113–127]. Weshalb die thermodynamisch festgelegte absolute Temperatur mit der gasthermometrischen Temperaturskala übereinstimmt, haben Hausen und Rögener [H 8] auf Grund englischer und amerikanischer Veröffentlichungen in vereinfachter Form gezeigt.

Obwohl hiernach die absolute Temperatur von einer Anlehnung an bestimmte Stoffeigenschaften, etwa einer thermometrischen Substanz, vollständig frei ist, muß man sie doch wenigstens einmal aus den Eigenschaften irgendeines Stoffes berechnen. Hierfür eignen sich alle bereits aufgeführten Differentialgleichungen (1.44), (1.45) und (1.46) sowie auch andere, die den Zusammenhang zwischen der thermischen und kalorischen Zustandsgleichung zum Ausdruck bringen. Sind nämlich für einen Stoff diese beiden Zustandsgleichungen oder die entsprechenden Zustandsgrößen selbst bekannt, dann ist in jeder der genannten Differentialgleichungen die absolute Temperatur T die einzige Unbekannte, so daß man T durch Integration ermitteln kann. Wir wollen dies am Beispiel der ersten Gl. (1.44) zeigen.

Zunächst sei nur eine willkürlich festgelegte Temperaturskala t, z. B. die am Quecksilberthermometer gemessene Celsius-Temperatur, bekannt. Dann läßt sich die erste Gl. (1.44) in der Form schreiben:

$$\left[\left(\frac{\partial u}{\partial v}\right)_T + p\right]\frac{\mathrm{d}\ln T}{\mathrm{d}t} = \left(\frac{\partial p}{\partial t}\right)_v .$$

Die Integration dieser Gleichung zwischen t_0 und t liefert

$$\ln T = \ln T_0 + \int_{t_0}^{t} \frac{(\partial p/\partial t)_v}{(\partial u/\partial v)_T + p}\, dt\,, \tag{1.47}$$

wobei T_0 einen Wert der absoluten Temperatur bedeutet, den wir einer empirischen Temperatur t_0 willkürlich zuordnen können. Durch Delogarithmieren erhalten wir schließlich

$$T = T_0 \exp\left[\int_{t_0}^{t} \frac{(\partial p/\partial t)_v}{(\partial u/\partial v)_t + p}\, dt\right]. \tag{1.48}$$

Nach Festlegung von T_0, das hier als willkürlicher Faktor auftritt, kann man nach Gl. (1.48) die absolute Temperatur für jeden Wert von t berechnen, für den auf Grund von Messungen die thermische und kalorische Zustandsgleichung des gewählten Stoffes bekannt sind.

Das Integral in Gl. (1.48) kann nur einen reellen Wert haben, der zwischen $-\infty$ und $+\infty$ liegt. Die e-Funktion ist daher stets positiv. Hieraus folgt, daß auch die absolute Temperatur nur positive Werte haben kann, falls man T_0 positiv wählt, z. B. $T_0 = 273{,}15$ K für den Gefrierpunkt des Wassers bei 1 atm = 1,013 bar Gesamtdruck in Gegenwart von Luft. Der niedrigste Wert, den das Integral in Gl. (1.47) haben kann, ist, wie schon gesagt $-\infty$. Damit wird der niedrigste Wert der Exponentialfunktion in Gl. (1.48) $\exp(-\infty) = 0$. T hat daher einen eindeutig bestimmten Nullpunkt, der nicht unterschritten werden kann.

Am einfachsten ist es, Gl. (1.48) auf ein ideales Gas anzuwenden, z. B. auf ein Gasthermometer konstanten Volumens. Für ein solches Gas ist, wie schon in Abschnitt 1.1.6.3 erörtert wurde, $(\partial u/\partial v)_t = 0$. Da überdies bei $v = \text{const}$ $(\partial p/\partial t)_v\, dt = dp$ gesetzt werden kann, erhalten wir aus Gl. (1.48)

$$T = T_0 \exp\left[\int_{t_0}^{t} \frac{dp}{p}\right] = T_0 \exp\left[\ln \frac{p}{p_0}\right] = T_0 \frac{p}{p_0} \quad (\text{bei } v = \text{const})\,. \tag{1.49}$$

Man gelangt hiernach zu dem bekannten Ergebnis, daß bei einem idealen Gas die absolute Temperatur bei $v = \text{const}$ unmittelbar dem Druck proportional ist. Die van der Waalssche Zustandsgleichung hingegen führt mit $(\partial u/\partial v)_t = a/v^2$ (vgl. Gln. (1.4) und (1.30)) nach Gl. (1.48) zu

$$T = T_0 \exp\left[\int_{t_0}^{t} \frac{dp}{p + \frac{a}{v^2}}\right] = T_0 \frac{p + \frac{a}{v^2}}{p_0 + \frac{a}{v^2}} \quad (\text{bei } v = \text{const})\,. \tag{1.50}$$

Ähnlich wie beschrieben, kann man die absolute Temperatur auch aus jeder anderen der erwähnten Differentialgleichungen (1.44) bis (1.46) ermitteln.

Als ein sehr wichtiges Hilfsmittel zur Bestimmung der absoluten Temperatur hat sich die Gl. (1.46) von Clausius-Clapeyron erwiesen, und zwar gerade im Bereich besonders tiefer Temperaturen, bei denen gasthermometrische Messungen praktisch nicht mehr durchführbar sind. Man kann dann aus Messungen des Dampfdruckes p_s

und der Verdampfungswärme r, z. B. von Wasserstoff oder Helium, die absolute Temperatur ermitteln, sofern man einen so niedrigen Dampfdruck voraussetzt, daß der Dampf genau genug das ideale Gasgesetz erfüllt. Mit $v'' - v' = RT/p_s$ geht Gl. (1.46) über in $\mathrm{d}T/T^2 = R/r \, \mathrm{d} \ln p_s$. Integriert man schließlich von der gesuchten Temperatur T bis zu einer bekannten höheren Temperatur T_0 beim Dampfdruck p_{s0}, dann erhält man für T die Beziehung

$$\frac{1}{T} = \frac{1}{T_0} + R \int_{p_s}^{p_{s0}} \frac{\mathrm{d} \ln p_s}{r}. \tag{1.51}$$

Da der grundsätzliche Verlauf der Abhängigkeit der Verdampfungswärme vom Dampfdruck weitgehend bekannt ist, genügen wenige Meßpunkte, ja unter Umständen allein die Meßwerte bei T und T_0 um T aus Gl. (1.51) berechnen zu können.

1.1.6.5 Logarithmische Temperaturskala

Gleichung (1.47) legt es nahe, statt der Exponentialfunktion in Gl. (1.48) unmittelbar das Integral als Maß für die Temperatur zu benutzen, so daß nicht T selbst, sondern der Logarithmus von T als Temperaturskala dient. Eine solche logarithmische Temperaturskala, die also durch $\Theta = \ln T/T_0$ oder ein beliebiges Vielfaches dieser Größe gegeben ist, ist schon wiederholt vorgeschlagen worden; vgl. z. B. [P 6]. Sie bringt viel deutlicher als die übliche Skala zum Ausdruck, wie schwierig es ist, sehr tiefe Temperaturen zu erreichen.

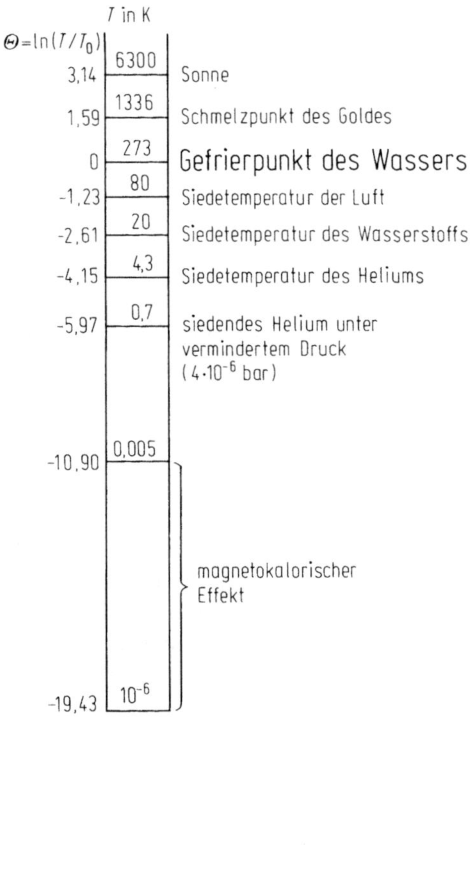

Bild 1.25. Logarithmische Temperaturskala

Da sich nämlich die logarithmische Skala statt von 0 bis $+\infty$ von $-\infty$ bis $+\infty$ erstreckt, werden gerade die tiefsten Temperaturbereiche, die nur mit erheblich erhöhter Arbeit erreicht werden können, stark auseinandergezogen. Dies zeigt Bild 1.25 in dem die logarithmische Temperatur in Richtung nach oben aufgetragen und durch die Einzeichnung wichtiger Temperaturwerte anschaulich gemacht ist. Man erkennt aus dieser Darstellung sehr deutlich, welchen Fortschritt es in der Erreichung tiefer Temperaturen bedeutete, daß nach der Verflüssigung der Luft zunächst die Verflüssigung des Wasserstoffs und dann auch die von Helium gelang, und daß man schließlich mit Hilfe des magnetokalorischen Effektes die Temperatur bis etwa 10^{-6} K erniedrigen konnte. Daß gerade diese letzte Temperatursenkung gegenüber der tiefsten Temperatur von 0,7 K, die man bis dahin mit unter sehr niedrigem Druck siedendem Helium erreichen konnte, noch einen sehr erheblichen Fortschritt darstellt, kommt nur in der logarithmischen Skala klar zum Ausdruck. Aber auch die von Nernst behauptete Unerreichbarkeit des absoluten Nullpunktes wird durch Bild 1.25 sehr anschaulich. Denn in der logarithmischen Skala liegt der absolute Nullpunkt bei $-\infty$, in Bild 1.25 also in der Richtung nach unten in unendlicher Entfernung.

Trotz dieser und einiger anderer Vorzüge stehen der allgemeinen Einführung der logarithmischen Temperaturskala wichtige Gründe entgegen. Hierzu gehört die Tatsache, daß in Gl. (1.42) eben T und nicht $\ln T$ den integrierenden Nenner darstellt und daß im idealen Gaszustand Volumen und Druck sowie in erster Näherung auch die innere Energie und die Enthalpie der absoluten Temperatur T proportional sind.

1.1.6.6 Mindestarbeitsaufwand für die Gasverflüssigung nach dem II. Hauptsatz

Eine weitere für die Tieftemperaturtechnik wichtige Folgerung aus dem II. Hauptsatz besteht darin, daß man mit seiner Hilfe den theoretischen Mindestaufwand an Arbeit für die Kälteerzeugung und insbesondere für die Gasverflüssigung berechnen kann. Wie schon an früherer Stelle erörtert, erhält man hierdurch einen Vergleichsmaßstab für die Leistungsfähigkeit der praktischen Verfahren der Gasverflüssigung. Zugleich aber ergeben sich aus der Berechnung Anhaltspunkte für die Idealprozesse, die sich gedanklich mit dem theoretisch geringsten Arbeitsaufwand durchführen lassen. In den Abschnitten 1.1.3.2.2 und 1.1.3.2.3 wurde der Mindestarbeitsaufwand bereits in anschaulicher Weise berechnet. Im folgenden soll gezeigt werden, wie man die für ihn geltende Gleichung auch aus dem II. Hauptsatz exakt ableiten kann.

Bei Überlegungen dieser Art muß man die zweite Aussage des II. Hauptsatzes, das Prinzip von der Vermehrung der Entropie, heranziehen. Der Grundgedanke der Anwendung dieses Prinzips besteht darin, ein System zu suchen, dem von außen Wärme weder zugeführt noch entzogen wird, dann die Entropieänderung dieses Systems zu berechnen und schließlich zu fordern, daß die Entropieänderung nur in einer Zunahme bestehen oder höchstens gleich null sein kann. Das betrachtete Arbeits- oder Kältemittel tauscht zwar in der Regel mit anderen Körpern Wärme aus. Man erhält aber stets ein System der gesuchten Art, wenn man solche Körper in das System mit einschließt. Denn mit der Umgebung des so erweiterten Systems findet dann kein Wärmeaustausch mehr statt.

Diese Überlegungen wollen wir nun auf ein zu verflüssigendes Gas anwenden. Im Anfangszustand p_1, T_1 der etwa Atmosphärendruck und Umgebungstemperatur entspreche, aber auch beliebig davon abweichen kann, habe das Gas die Enthalpie h_1 und die Entropie s_1. Durch den Idealprozeß soll das Gas in den flüssigen Zustand übergeführt werden, in dem Enthalpie und Entropie die Werte h_0 und s_0 haben. Von dem Prozeß, dem das Gas selbst unterworfen werde, soll weiter nichts vorausgesetzt werden, als daß ein Betrag W_t' an technischer Arbeit zugeführt und eine Wärmemenge Q_1 an einen Wärmebehälter von Umgebungstemperatur T_u abgegeben wird. Dies entspricht der Tatsache, daß bei jedem praktischen Prozeß das Gas verdichtet und die dabei auftretende Wärme an Kühlwasser abgeführt wird.

An dem Prozeß brauchen sich hiernach grundsätzlich nur zwei Körper zu beteiligen: das zu verflüssigende Gas, das die technische Arbeit W_t' aufnehme, und ein Wärmebehälter von der als unveränderlich betrachteten Umgebungstemperatur T_u, der die Wärmemenge Q_1 vom Gas empfängt. Beide Körper bilden zusammen ein System, bei dem keine Wärme mit der Umgebung ausgetauscht wird.

Die Entropieänderung der Mengeneinheit des zu verflüssigenden Gases beträgt

$$\Delta s_g = s_0 - s_1 .$$

Ferner erleidet der Wärmebehälter, dessen Zustand sich bei Aufnahme von Q_1 nur umkehrbar ändern möge, die Entropiezunahme

$$\Delta S_w = Q_1/T_u .$$

Nach dem Entropieprinzip ergibt sich daher für die Entropieänderung des adiabaten Systems

$$\Delta S = \Delta s_g + \Delta S_w = s_0 - s_1 + \frac{Q_1}{T_u} \geqq 0 . \qquad (1.52)$$

Wendet man ferner den I. Hauptsatz in Gestalt der Gl. (1.39) auf das zu verflüssigende Gas an, dann erhält man

$$-Q_1 = h_0 - h_1 - W_t' . \qquad (1.53)$$

Hierbei haben Q_1 und W_t' negative Vorzeichen, weil dem Gas die Wärmemenge Q_1 entzogen und die Arbeit $W_t' = -W_t$ zugeführt wird. Durch Einsetzen von (1.53) in (1.52) folgt schließlich nach einer kleinen Umformung

$$W_t' \geqq T_u(s_1 - s_0) - (h_1 - h_0) . \qquad (1.54)$$

Die theoretische Mindestarbeit für die Gasverflüssigung beträgt hiernach

$$W_{t\,min}' = T_u(s_1 - s_0) - (h_1 - h_0) . \qquad (1.55)$$

Während h_0 und s_0 nur wenig veränderlich sind je nach dem Druck, bei dem das Gas flüssig erhalten bleiben soll, wurde bei der vorstehenden Ableitung über den Ausgangszustand T_1, p_1 mit h_1 und s_1 keinerlei Voraussetzung getroffen. Deshalb gilt Gl. (1.55) für jeden beliebigen Ausgangszustand.

Meistens ist aber der Fall von Interesse, daß im Ausgangszustand Umgebungstemperatur $T_1 = T_u$ herrscht. Dann kann man für den verlustfreien Verflüssigungsprozeß nach Gl. (1.55) folgende Überlegungen anstellen.

Der erste Ausdruck auf der rechten Seite von Gl. (1.55) ist, wie der Vergleich mit Gl. (1.53) bei $W'_t = W'_{t\,min}$ lehrt, gleich dem Mindestbetrag $Q_1 = (Q_1)_{min}$ der Kühlwasserwärme. Er wird im T,s-Diagramm, vgl. Bild 1.20, durch das Rechteck *1–3–3a–1a–1* dargestellt. Der zweite Betrag in Gl. (1.55), nämlich $h_1 - h_0 = Q_2$, ist ebenso wie in Bild 1.19 gleich der unter der Isobare *1–2–0* liegenden Fläche. Daher bleibt in Bild 1.20 als Mindestarbeitsaufwand $W'_{t\,min}$ die schraffierte Fläche *1–3–0–2–1* übrig.

Den Idealprozeß, der das Gas mit dem errechneten Mindestarbeitsaufwand zu verflüssigen vermag, kann man sich nach Bild 1.20 wie schon früher erörtert, am einfachsten in der Weise verwirklicht denken, daß man das Gas zunächst bei der Temperatur T_u isotherm von *1* nach *3* verdichtet und hierauf von *3* nach *0* isentrop, also umkehrbar adiabat, entspannt. Im Endzustand *0* der Entspannung wäre dann das Gas vollständig verflüssigt. Dieser Prozeß hat, wie schon in Abschnitt 1.1.3.2.2 erwähnt, den Nachteil, daß z. B. bei der Luftverflüssigung die Luft auf 400000 bis 500000 bar verdichtet werden müßte.

Der Idealprozeß läßt sich aber noch in anderer Weise durchführen, wofür Bild 1.26 ein Beispiel zeigt. Die zu verflüssigende Gasmenge wird isotherm von *1* nach *5* und dann, vermehrt um eine noch zu besprechende weitere Gasmenge, bis zum Punkt *6*

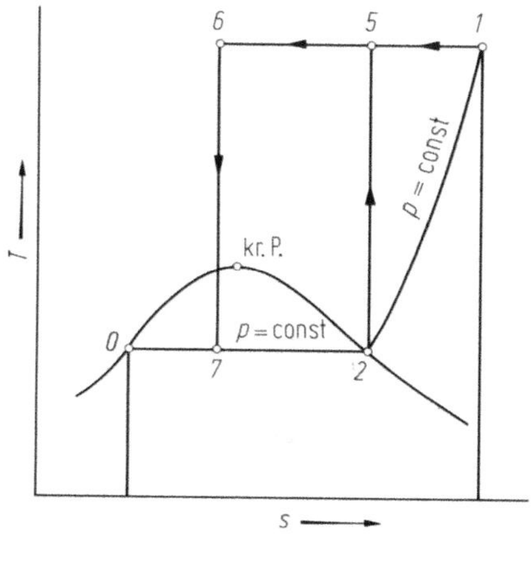

Bild 1.26. Idealprozeß der Gasverflüssigung mit erniedrigtem Enddruck der Kompression

verdichtet, in dem der Druck niedriger sei als in Punkt *3* von Bild 1.20. Die hierauf folgende isentrope Entspannung liefert im Punkt *7* ein Gemisch von Flüssigkeit und Dampf. Die abgeschiedene Flüssigkeit vom Zustand *0* entnimmt man als das gewünschte Endprodukt. Den Dampf vom Zustand *2* aber verdichtet man umkehrbar adiabat bis Punkt *5*, um ihn dann vereint mit der von *1* nach *5* verdichteten Frischgasmenge nochmals der isothermen Verdichtung von *5* nach *6* und der Entspannung von *6* nach *7* zu unterwerfen. Ein Teil des Gases durchläuft hiernach dauernd den Kreislauf *5–6–7–2–5*. Führt man diesen Prozeß mit Luft durch, dann muß die Kreislaufmenge sauerstoffärmer sein als die frisch angesaugte und auch die in Punkt *0* flüssig gewonnene Luft. Denn am Ende der Entspannung in Punkt *7* müssen Flüssigkeit und Dampf, wenn man ihnen genügend Zeit zur Trennung läßt, verschiedene Zusammensetzung haben.

Wendet man diesen Idealprozeß auf die Verflüssigung von Luft an, dann kommt man theoretisch mit einem Höchstdruck von etwa 330 bar aus, sofern man sich damit begnügt, daß man in Punkt *7* nur 30 % der Gasmenge flüssig erhält. Im Vergleich zu dem zuerst beschriebenen Idealprozeß nach Bild 1.20 nähert man sich also den praktischen Verfahren erheblich, da man in der Tieftemperaturtechnik nur selten höhere Drücke als 200 bar verwendet und auch hier stets nur einen Teil des Gases flüssig gewinnen kann. Aber auch der Prozeß in Bild 1.26 wäre praktisch wenig günstig, weil der Arbeitsaufwand als Differenz zweier verhältnismäßig großer Beträge an Verdichtungs- und Entspannungsarbeit erscheint und daher die Verluste sich auf den effektiven Arbeitsaufwand ungünstig auswirken. Diese Nachteile werden bei den praktischen Verflüssigungsverfahren durch den Gegenstromwärmeaustauscher vermieden, der zwar selbst nicht ganz verlustfrei arbeitet, aber die Gesamtverluste im Vergleich zu dem praktisch durchgeführten Verfahren nach Bild 1.26 doch merklich herabsetzt.

Man könnte sich ferner einen Idealprozeß ausdenken, in dem ein fremdes Gas oder auch eine fremde Flüssigkeit einen Kreislauf vollführt. Der einfachste Fall bestünde darin, daß der fremde Stoff den Kreisprozeß *1–3–0–2–1* in Bild 1.20 durchläuft. Die hierdurch erzeugte Kälte könnte dann durch vollkommenen Gegenstromwärmeaustausch auf das sich unter Atmosphärendruck längs der Kurve *1–2–0* abkühlende und verflüssigende Gas übertragen werden. Wie aber auch der Idealprozeß im einzelnen gestaltet sein mag, in allen Fällen hat der aus dem Idealprozeß errechenbare Mindestarbeitsaufwand denselben durch Gl. (1.55) bestimmten Wert. Denn auch die Hinzunahme weiterer Stoffe, die Kreisprozesse durchlaufen, würde weder die Entropiebilanz (1.52) noch Gl. (1.53) beeinflussen.

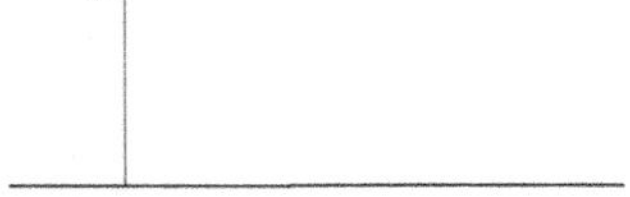

Bild 1.27. Idealprozeß der Gasverflüssigung, wenn die Ausgangstemperatur T_1 niedriger ist als die Umgebungstemperatur T_u

Es mag überraschen, daß Gl. (1.55), die schon nach der einfachen Ableitung in Abschnitt 1.1.3.2.2 gefunden wurde, auch dann gilt, wenn die *Temperatur* T_1 *im Ausgangszustand von der Umgebungstemperatur* T_u *abweicht*. Daß dies zutrifft, kann man auch wie folgt nachweisen. Im Falle $T_1 < T_u$ besteht der Idealprozeß der Verflüssigung aus drei Teilen, wie aus Bild 1.27 ersichtlich ist. Diese Teile erfordern folgenden Arbeitsaufwand:

1. Umkehrbare adiabate Verdichtung von *1* nach *1'*
   $W_t' = h_1' - h_1$ (wegen $Q = \Delta h - W_t' = 0$ und $W_t' = -W_t$);

2. Umkehrbare isotherme Verdichtung bei $T = T_u$
   $W'_{t\,isoth} = T_u(s'_1 - s_3) - (h'_1 - h_3)$; (Gl. (1.74), abgeleitet in Abschnitt 1.2.1.1.5);
3. Umkehrbare adiabate Entspannung von *3* nach *0*
   $W'_t = h_0 - h_3$.

Durch Addition dieser drei Arbeitsbeträge erhält man wieder für den Idealprozeß der Verflüssigung wegen $s'_1 = s_1$ und $s_3 = s_0$

$$W'_{t\,min} = T_u(s_1 - s_0) - (h_1 - h_0) \,. \tag{1.55}$$

Ebenso wie für einen beliebigen Ausgangszustand h_1, s_1 gilt diese Gleichung auch für einen beliebigen Endzustand h_0, s_0, nämlich auch dann, wenn nicht der flüssige Zustand erstrebt wird.

Gleichung (1.55) hat indessen eine noch allgemeinere Bedeutung. Denn Ausdrücke derselben Art mit T als Umgebungstemperatur treten auf, wenn man die maximale Arbeit berechnet, die aus einem Wärmekraftprozeß gewonnen werden kann. Man hat dafür ursprünglich die Benennung „Technische Arbeitsfähigkeit" eingeführt. Schon seit langer Zeit benutzt man dafür den Ausdruck *Exergie*. Gleichung (1.55) stellt den negativen Betrag der Exergie e $= -W'_{t\,min}$ dar, da Exergie einen Arbeitsgewinn, $W'_{t\,min}$ aber einen Arbeitsaufwand bedeutet.

Allgemein besteht ein wesentlicher Vorteil des Exergiebegriffes darin, daß man damit einen einheitlichen Maßstab für alle Arten von Verlusten gefunden hat. Denn die durch Verluste entstehende Änderung der Exergie gibt an, welche Einbuße an theoretisch gewinnbarer Arbeit oder welchen zusätzlichen theoretischen Aufwand an Arbeit der betreffende Verlust verursacht.

1.1.6.7 Thermodynamische Beziehungen für den Thomson-Joule-Effekt

Auch für den Thomson-Joule-Effekt lassen sich aus den beiden Hauptsätzen der Thermodynamik wichtige Folgerungen ziehen. Es wurde schon erwähnt (vgl. Abschnitt 1.1.4.1), daß bei der Drosselung ohne Wärmezufuhr die Enthalpie h ungeändert bleibt, eine Wärmezufuhr während der Drosselung aber zu einer entsprechenden Erhöhung der Enthalpie führt. Diese Gesetzmäßigkeit, die aus dem I. Hauptsatz folgt, soll hier etwas genauer abgeleitet werden.

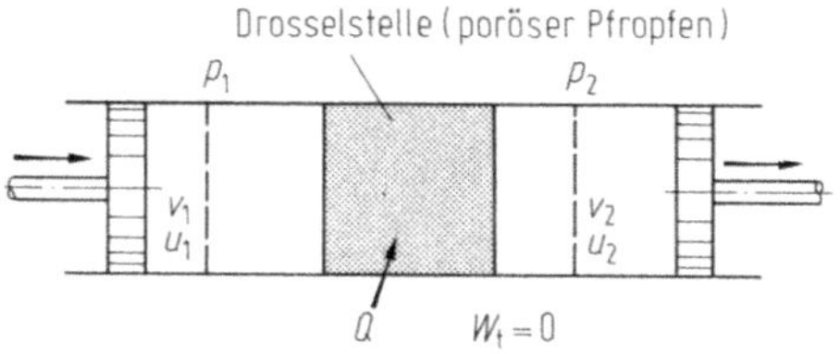

Bild 1.28. Drosselung mit Wärmezufuhr Q

Bild 1.28 zeigt eine Drosselstelle z. B. in Gestalt eines porösen Pfropfens. Mit jedem kg des Gases, das von links mit dem höheren Druck p_1 ankommt, wird der Drosselstelle nicht nur die innere Energie u_1, sondern auch mechanische Energie im Betrag $p_1 v_1$ zugeführt. Um dies möglichst einfach zu beweisen, stelle man sich vor, daß das Gas durch einen Kolben herangeschoben wird. Dieser Kolben muß beim Druck p_1 zur Beförderung von 1 kg Gas gerade dessen Volumen v_1 überstreichen, wozu die Arbeit $p_1 v_1$ aufzuwenden ist. In Wirklichkeit wird diese Arbeit von dem nachströmenden Gas geleistet. Entsprechend nimmt auch jedes kg des rechts austretenden entspannten Gases nicht nur die Energie u_2 mit fort, sondern es muß außerdem die Austrittsarbeit $p_2 v_2$ abgeben. Die Strömungsgeschwindigkeit des Gases sei beim Ein- und Austritt so klein, daß die kinetische Energie vernachlässigt werden kann. Hingegen muß eine etwa während der Drosselung von außen zugeführte Wärmemenge Q berücksichtigt werden. Da ferner bei der Drosselung selbst keinerlei Arbeit geleistet wird, muß nach dem I. Hauptsatz der Überschuß der austretenden Energie $u_2 + p_2 v_2 = h_2$ gegenüber der eintretenden Energie $u_1 + p_1 v_1 = h_1$ gleich der zugeführten Wärmemenge Q sein. Es gilt daher

$$Q = h_2 - h_1 \,. \tag{1.56}$$

Hiermit ist nachgewiesen, daß bei der Drosselung ganz allgemein die zugeführte Wärme gleich der Zunahme der Enthalpie ist. Man kann dies auch unmittelbar aus Gl. (1.39) für den I. Hauptsatz ablesen, wenn man sich klarmacht, daß bei der Drosselung die technische Arbeit $W_t = 0$ ist. Bemerkenswert ist, daß nach Gl. (1.56) für die Drosselung dieselbe Beziehung gilt wie für die Wärmezufuhr bei konstantem Druck. Die Zustandsänderung bei konstantem Druck kann hiernach als ein Grenzfall der Drosselung mit unendlich kleiner Drucksenkung und doch endlicher Wärmezufuhr aufgefaßt werden.

Im Fall $Q = 0$ erhält man für den Drosselvorgang

$$h = \text{const} \,. \tag{1.57}$$

Von Interesse ist aber auch der Fall der isothermen Drosselung, bei der während der Drucksenkung stets gerade so viel Wärme zugeführt wird, daß die Temperatur ungeändert bleibt. Im h,T-Diagramm (Bild 1.7 oder 1.8) bewegt man sich hierbei auf einer senkrechten Linie. Der Unterschied Δh der Enthalpien beim End- und Anfangsdruck der Drosselung stellt dann nach Gl. (1.56) gerade die zuzuführende Wärmemenge dar. Zwischen diesem isothermen Drosseleffekt Δh und der Temperatursenkung ΔT bei der Drosselung ohne Wärmezufuhr besteht, wenn man vom gleichen Anfangszustand ausgeht und auf denselben Enddruck entspannt, nachstehender einfacher Zusammenhang. In Bild 1.29 ist im h,T-Diagramm $\Delta h = h_2 - h_1$ durch die senkrechte Linie, ΔT durch die waagerechte Linie dargestellt. Die Endpunkte

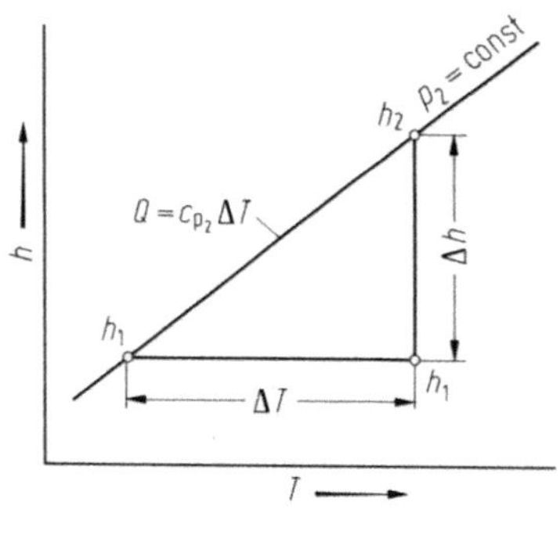

Bild 1.29. Isothermer Drosseleffekt Δh

beider Linien liegen auf derselben Isobare $p_2 = \text{const}$. Da man den Endpunkt h_2 nicht nur durch die isotherme Drosselung, sondern auch dadurch erreichen kann, daß man nach der Drosselung ohne Wärmezufuhr die Wärmemenge $Q = h_2 - h_1 = c_{p2}\,\Delta T$ bei $p_2 = \text{const}$ zuführt, ergibt sich die Beziehung:

$$\Delta h = c_{p2}\,\Delta T\,. \tag{1.58}$$

Der isotherme Drosseleffekt Δh ist hiernach gleich dem Produkt aus dem Thomson-Joule-Effekt ΔT und der spezifischen Wärme c_{p2} beim Enddruck.

Messungen des isothermen Drosseleffektes können ebenso wie die des Thomson Joule-Effektes als Unterlage für die Konstruktion des h,T-Diagramms dienen. So hat Berger auf Anregung von Eucken [E 2] den isothermen Drosseleffekt des Methans gemessen und auf Grund seiner Ergebnisse ein h,T-Diagramm des Methans entworfen.

Eine weitere thermodynamische Beziehung für den differentialen Thomson-Joule-Effekt erhalten wir auf folgendem Wege. Betrachten wir eine unendlich kleine Drosselung ohne Wärmezufuhr, so gilt hierfür unter Berücksichtigung von Gl. (1.57)

$$\mathrm{d}h = \left(\frac{\partial h}{\partial T}\right)_p \mathrm{d}T + \left(\frac{\partial h}{\partial p}\right)_T \mathrm{d}p = c_p\,\mathrm{d}T + \left(\frac{\partial h}{\partial p}\right)_T \mathrm{d}p = 0\,.$$

Hieraus folgt für den differentialen Thomson-Joule-Effekt

$$\alpha_h = \left(\frac{\partial T}{\partial p}\right)_h = -\frac{(\partial h/\partial p)_T}{c_p}\,. \tag{1.59}$$

Da wir $-(\partial h/\partial p)_T$ als den differentialen isothermen Drosseleffekt, d. h. sehr angenähert als die Zunahme von h bei der Drucksenkung um 1 bar betrachten dürfen, so spricht Gl. (1.59) dieselbe Beziehung aus wie Gl. (1.58), jedoch für sehr kleine Drucksenkungen.

Mit dem Ausdruck für $(\partial h/\partial p)_T$ nach Gl. (1.44) erhalten wir aus Gl. (1.59) die bekannte, erstmals von Thomson abgeleitete thermodynamische Gleichung

$$\alpha_h = \left(\frac{\partial T}{\partial p}\right)_h = \frac{T(\partial v/\partial T)_p - v}{c_p}\,. \tag{1.60}$$

Hierdurch ist der differentiale Thomson-Joule-Effekt α_h sowie die spezifische Wärme c_p mit den rechts im Zähler stehenden thermischen Zustandsgrößen p, v und T und damit auch mit der thermischen Zustandsgleichung in Verbindung gebracht.

Wenden wir Gl. (1.60) auf ein ideales Gas an, dann ergibt sich $\alpha_h = 0$. Für ein ideales Gas verschwindet hiernach der Thomson-Joule-Effekt. Dasselbe ergibt sich aus der Überlegung, daß bei einem idealen Gas nach Gl. (1.27) die Enthalpie nur von der Temperatur abhängt und daher bei der adiabaten Drosselung, d. h. bei konstanter Enthalpie, sich die Temperatur nicht ändern kann. Hiermit scheint in Widerspruch zu stehen, daß nach Bild 1.22 die Werte von α_h bei $p = 0$ besonders groß sind. Dies erklärt sich jedoch daraus, daß bei $p = 0$ das ideale Gasgesetz zwar in der Form $\lim\limits_{p\to 0} pv = RT$ genau erfüllt ist, daß aber die Abweichung von den differentialen Beziehungen des idealen Gasgesetzes wie $(\partial(pv)/\partial p)_T = 0$ oder $v/T = (\partial v/\partial T)_p$ gerade beim Druck $p = 0$ sehr erheblich sind. Daher kann auch der Zähler auf der rechten Seite von Gl. (1.60) bei $p = 0$ nicht verschwinden.

1.1.6.8 Physikalische Ursachen des Thomson-Joule-Effektes

Da bei der Drucksenkung durch Drosselung das Volumen des Gases stets zunimmt, entfernen sich die Moleküle voneinander. Hierbei muß gegen die zwischen den Molekülen wirksamen inneren Anziehungskräfte, die die Moleküle zusammenzuhalten suchen, Arbeit geleistet werden. Dieser Arbeitsbetrag wird der Energie der unregelmäßigen Bewegungen der Moleküle entzogen. Da aber diese Energie, kinetisch betrachtet, die fühlbare Wärme des Gases darstellt und somit die Temperatur bestimmt, muß das Gas sich hierbei abkühlen. Trotzdem bleibt der Betrag dieser inneren Arbeit dem Gas dadurch erhalten, daß die potentielle Energie der sich voneinander entfernenden Moleküle zunimmt.

Dieses Bild wollen wir noch etwas vervollständigen; vgl. Hausen [H 6]. Nehmen wir zur Vereinfachung die spezifische Wärmekapazität c_v als unveränderlich an, dann zerfällt die innere Energie der Mengeneinheit in die fühlbare Wärme $c_v T$ und in die potentielle Energie u_p der zwischen den Molekülen wirksamen inneren Kräfte. Es gilt dann für die Drosselung nach Gl. (1.57)

$$h = c_v T + u_p + pv = \text{const} . \tag{1.61}$$

Sehen wir zunächst von der Änderung von pv ab, dann verursacht, wie schon erörtert, die Zunahme der potentiellen Energie u_p um den Betrag der inneren Arbeit eine ebenso große Abnahme von $c_v T$ und damit eine entsprechende Temperatursenkung. In Wirklichkeit ändert sich aber auch pv während der Drosselung. Sowohl aus dem idealen Gasgesetz wie auch aus dem pv,p-Diagramm (Bild 1.5) erkennt man, daß wegen der mit der Drosselung meist verbundenen Temperatursenkung pv im allgemeinen abnehmen muß. Dies bedeutet, daß die mechanische Arbeit $p_1 v_1$, die nach Bild 1.28 der Drosselstelle zugeführt wird, größer ist als die abgeführte Arbeit $p_2 v_2$. Der Energieüberschuß $p_1 v_1 - p_2 v_2$ verbleibt im Gas und führt zu einer entsprechenden Erhöhung von $c_v T$ und damit der Temperatur. Der Thomson-Joule-Effekt besteht hiernach aus zwei Teilen, aus der Abkühlung durch die Wirkung der inneren Kräfte und aus der Temperaturerhöhung durch die Änderung von pv. Dieser zweite Betrag hebt die Abkühlung durch die inneren Kräfte teilweise auf, so daß sie nicht voll zur Geltung kommen kann.

Bezeichnen wir, bezogen auf eine Drucksenkung um 1,02 at = 1 bar, den ersten auf Umwandlung von innerer Energie beruhenden Anteil mit α_u, den zweiten Anteil mit α_{pv}, dann können wir für den differentialen Thomson-Joule-Effekt schreiben

$$\alpha_h = \alpha_u - \alpha_{pv} . \tag{1.62}$$

Wie die Teilbeträge α_u und α_{pv} sowie der innere Druck eines Gases berechnet werden können, wird in [H 6] gezeigt. Die Bilder 1.30a und 1.30b zeigen nach einer solchen Berechnung die Zerlegung des differentialen Thomson-Joule-Effektes der Luft in α_u und α_{pv} bei 250 K und 100 K abhängig vom Druck. Bei 250 K sieht man deutlich, wie die durch die innere Arbeit verursachte Abkühlung α_u um den Betrag α_{pv} verringert wird, aber trotzdem als Gesamtwirkung eine beträchtliche Abkühlung α_h übrig bleibt. Bei 100 K hingegen, wo oberhalb des Sättigungsdruckes von rund 7 bar die Luft flüssig ist, ist die Abkühlung α_u nur gering, weil gegen die an sich sehr großen inneren Kräfte wegen der sehr kleinen Volumenänderung nur wenig Arbeit geleistet werden muß. Daher überwiegt bei höheren Drücken die Erwärmung α_{pv}, so daß als Gesamtwirkung eine geringe Erwärmung übrigbleibt.

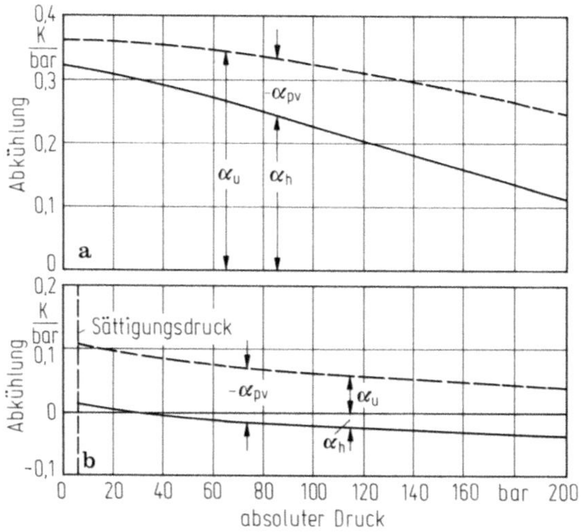

Bild 1.30. **a)** Zerlegung des differentialen Thomson-Joule-Effektes α_h der Luft bei $T = 250$ K; **b)** Zerlegung des differentialen Thomson-Joule-Effektes α_h der Luft bei $T = 100$ K

Aus der Abkühlung α_u kann man auch auf die zwischen den Luftmolekülen wirksamen inneren Kräfte schließen. Einen Anhalt über ihre Größe gibt Tabelle 1.4. In ihr ist der durch diese Kräfte verursachte innere Druck in bar für verschiedene Werte des äußeren Druckes p und der Temperatur T nach überschlägigen Berechnungen des Verfassers verzeichnet.

Tabelle 1.4. Innerer Druck p_i der Luft in bar

Äußerer Druck bar	$T = 300$ K	200 K	100 K	
1	0,002	0,007	0,042	
10	0,23	0,72	1230	flüssig
100	23	87	6300	flüssig
200	84	315	5900	flüssig

1.1.6.9 Differentiale Abkühlung der Luft bei umkehrbar adiabater Entspannung unter äußerer Arbeitsleistung

Ebenso wie den differentialen Thomson-Joule-Effekt $\alpha_h = (\partial T/\partial p)_h$ kann man auch eine differentiale isentrope Abkühlung $\alpha_s = (\partial T/\partial p)_s$ definieren. Sie stellt das Verhältnis einer unendlich kleinen isentropen Abkühlung zu der unendlich kleinen Drucksenkung dar, die diese Abkühlung hervorruft. Die differentiale isentrope Abkühlung α_s ist im allgemeinen erheblich größer als der Thomson-Joule-Effekt, doch werden die Unterschiede mit steigendem Druck und sinkender Temperatur geringer. Es soll hierbei vorausgesetzt werden, daß diese Entspannung umkehrbar verläuft.

Die physikalische Erklärung der isentropen Abkühlung scheint auf den ersten Blick viel einfacher zu sein als die des Thomson-Joule-Effektes. Denn die gewinnbare äußere Arbeit wird auf Kosten der Energie des Gases geleistet, wodurch dessen

Temperatur sinkt. Diese Erklärung trifft jedoch nur unvollkommen zu, sobald die Abweichungen vom idealen Gaszustand merklich werden. Da nicht nur bei der Drosselung, sondern auch bei der umkehrbar adiabaten Entspannung das Volumen des Gases zunimmt und daher Arbeit gegen die inneren Kräfte geleistet werden muß, wirken die inneren Kräfte auch bei der isentropen Abkühlung mit, und zwar in um so höherem Maße, je mehr man sich dem kritischen Punkt oder gar dem flüssigen Zustand nähert.

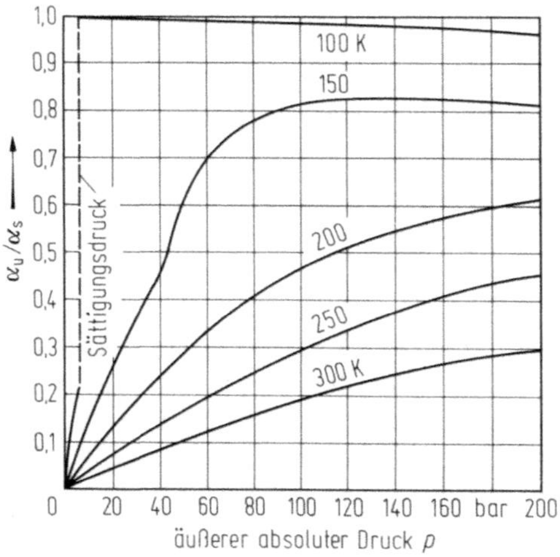

Bild 1.31. Anteil der inneren Kräfte an der differentiellen isentropen Abkühlung

Bild 1.31 zeigt, welcher Bruchteil der differentiellen isentropen Abkühlung der Luft bei einem bestimmten Druck und einer bestimmten Temperatur durch die inneren Kräfte verursacht ist. In der Nähe des kritischen Punktes (132,5 K und 37,7 bar) beträgt dieser Bruchteil schon mehr als die Hälfte. Im flüssigen Zustand steigt der Anteil der inneren Kräfte, wie die Kurve für 100 K zeigt, auf 98 bis 99 % an.

1.1.7 Nernstsches Wärmetheorem und die Unerreichbarkeit des absoluten Nullpunktes der Temperatur

So wie das ideale Gasgesetz in seiner strengen Fassung nach Gl. (1.2) ein Grenzgesetz für den Druck $p = 0$ darstellt, ist das Nernstsche Wärmetheorem ein Grenzgesetz für die absolute Temperatur $T = 0$. Die chemische Bedeutung dieses Theorems liegt darin, daß es den Absolutwert der maximalen Arbeit einer chemischen Reaktion, d. h. des exakten Maßes der chemischen Affinität, zu berechnen gestattet. Außerdem legt es die Gleichgewichtskonstante fest, die das Mengenverhältnis der Ausgangsstoffe und der Reaktionsprodukte im Gleichgewichtszustand einer Reaktion bestimmt. Für die Tieftemperaturtechnik sowie für die Erforschung vieler Erscheinungen und Stoffeigenschaften bei sehr tiefen Temperaturen interessiert aber in erster Linie die physikalische Seite des Nernstschen Wärmetheorems. Wir benützen es daher in der von Max Planck gegebenen Fassung: „Bei unbegrenzt abnehmender Temperatur nähert sich die Entropie eines jeden chemisch homogenen Körpers von endlicher

Dichte unbegrenzt dem Wert Null." Aus der Beifügung „von endlicher Dichte" erkennt man, daß es sich nur um flüssige oder feste Körper, d. h. um sogenannte „kondensierte Systeme" handeln kann, weil die Dichte der Gase bei $T = 0$ unendlich klein wird.

Dieses Verhalten der Gasdichte folgt daraus, daß bei niedrigen Temperaturen der Druck p des Gases nicht höher sein kann als sein Dampfdruck p_s bei der fraglichen Temperatur und daß nach den Dampfdruckkurven in Bild 1.2 der Dampfdruck viel rascher absinkt als die absolute Temperatur. Deshalb nähert sich die Dichte des als ideal betrachteten Gases $\varrho = p/RT$ mit sinkender Temperatur dem Grenzwert null. Auch bei nicht homogenen flüssigen und festen Körpern, d. h. solchen, die Gemische darstellen, verschwindet die Entropie nicht bei $T = 0$, weil die Mischungsentropie einen endlichen Wert hat.

Die wichtigste physikalische Folgerung, die wir aus der Planckschen Fassung des Nernstschen Wärmetheorems ziehen können, betrifft die spezifische Wärmekapazität c_p der reinen flüssigen und festen Körper. Da die Entropie s eines solchen Körpers bei $T = 0$ verschwindet, ergibt sich die Entropie bei einer höheren Temperatur und für einen gegebenen Druck zu

$$s = \int_0^T \frac{c_p}{T} \, dT .$$

Ist nun $(c_p)_{T=0}$ der Wert der spezifischen Wärmekapazität bei $T = 0$, dann können wir auch schreiben

$$\begin{aligned} s &= \int_0^T \frac{(c_p)_{T=0}}{T} \, dT + \int_0^T \frac{c_p - (c_p)_{T=0}}{T} \, dT \\ &= (c_p)_{T=0} \ln \frac{T}{0} + \int_0^T \frac{c_p - (c_p)_{T=0}}{T} \, dT . \end{aligned} \tag{1.63}$$

Wäre $(c_p)_{T=0}$ endlich, dann müßte nach dieser Gleichung die Entropie für jede endliche Temperatur T einen unendlich großen Wert annehmen. Da dies aber unmöglich oder zumindest sinnwidrig ist, muß $(c_p)_{T=0}$ gleich null sein. Nach dem Nernstschen Wärmetheorem verschwindet daher für jeden chemisch-homogenen flüssigen oder festen Körper die spezifische Wärmekapazität beim absoluten Nullpunkt der Temperatur. Diese Folgerung aus dem Nernstschen Wärmetheorem ist nicht nur durch Messungen bestätigt worden, sondern sie hat bekanntlich auch durch die Quantentheorie eine tiefere Begründung erfahren. Nach Debye ist die spezifische Wärme fester Körper in der Nähe des absoluten Nullpunktes der dritten Potenz der absoluten Temperatur proportional.

Da man für c_v dieselben Überlegungen wie für c_p anstellen kann, muß auch c_v bei $T = 0$ verschwinden. Aus dem Verschwinden von c_p und c_v kann man aber eine weitere Folgerung ziehen, die für die thermische Zustandsgleichung der festen und flüssigen Körper wichtig ist. Da nach dem I. und II. Hauptsatz

$$dQ = du + p \, dv = \left(\frac{\partial u}{\partial T}\right)_v dT + \left[\left(\frac{\partial u}{\partial v}\right)_T + p\right] dv$$

ist, gilt zwischen c_p und c_v allgemein die Beziehung

$$c_p = \left(\frac{\partial Q}{\partial T}\right)_p = c_v + \left[\left(\frac{\partial u}{\partial v}\right)_T + p\right]\left(\frac{\partial v}{\partial T}\right)_p . \tag{1.64}$$

Die hierin auftretende Größe $(\partial u/\partial v)_T$ stellt angenähert den durch die Molekularkräfte bedingten inneren Druck dar (vgl. Tabelle 1.4). Da dieser innere Druck bei flüssigen und festen Körpern sehr groß ist, können nach Gl. (1.64) c_p und c_v nur verschwinden, wenn gleichzeitig auch $(\partial v/\partial T)_v = 0$ wird. Am absoluten Nullpunkt der Temperatur muß daher der thermische Ausdehnungskoeffizient unendlich klein werden.

Im Zusammenhang mit seinem Wärmetheorem hat Nernst ferner den Satz aufgestellt, daß der absolute Nullpunkt der Temperatur unerreichbar sei (siehe z. B. [N 2]).

Ein Prozeß jedoch, mit dem man sich dem absoluten Nullpunkt erstaunlich weit zu nähern vermag, ist in dem anschließend zu besprechenden magnetokalorischen Effekt gefunden worden. Aber auch hier besteht eine, wenn auch sehr tief liegende Grenze für die Temperaturerniedrigung. Es deutet hiernach alles darauf hin, daß der Satz von der Unerreichbarkeit des absoluten Nullpunktes ganz allgemein in dem Sinne zu Recht besteht, daß man sich diesem Nullpunkt zwar in erheblichem, vielleicht sogar in beliebigem Maße zu nähern vermag, daß man ihn aber niemals vollkommen erreichen kann.

1.1.8 Annäherung an den absoluten Nullpunkt der Temperatur durch Entmagnetisierung eines paramagnetischen Salzes

Wie schon in dem geschichtlichen Überblick zu Beginn dieses Buches erwähnt, wurde durch unter Vakuum siedendes Helium eine Temperatur von 0,7 K als tiefster Wert erreicht [K 5, 6]. Dieser wurde aber durch den sogenannten magnetokalorischen Effekt, d. h. durch die Abkühlung bei der Entmagnetisierung eines paramagnetischen Salzes, erheblich unterschritten. Im Jahre 1933 gelang es Giauque [G 2] in Berkeley durch Entmagnetisierung von Gadoliniumsulfat und unabhängig davon de Haas und Mitarbeitern [H 1], in Leiden durch Entmagnetisierung von Ceriumfluorid, die Temperatur bis auf 0,1 K zu erniedrigen. Als noch besser geeignet erwies sich Kaliumchromalaun, womit sich de Haas [H 2] im Jahre 1935 bis auf 0,004 K dem absoluten Nullpunkt der Temperatur zu nähern vermochte. Später ist auf diesem Wege eine Temperatur von 0,00114 K erreicht worden. Durch Einwirkung auf die magnetischen Momente der Atomkerne statt der Elektronen konnte die Temperatur neuerdings sogar bis auf etwa 10^{-6} K erniedrigt werden [51].

Die Magnetisierung und darauffolgende Entmagnetisierung des Salzes werden wie folgt durchgeführt. Zunächst wird das Salz durch flüssiges Helium, das unter stark erniedrigtem Druck siedet, z. B. auf 1,3 K abgekühlt und dann bei dieser Temperatur einem starken magnetischen Feld von etwa 25000 Oe $\approx$ 20000 A/cm ausgesetzt. Durch die Magnetisierung entsteht in dem Salz Wärme, die ebenfalls vom siedenden Helium aufgenommen wird. Dann aber muß das Salz vom flüssigen Helium, das sich in einem das Salz umschließenden Gefäß befindet (vgl. Bild 1.32), möglichst vollkommen thermisch getrennt werden. Dies kann man z. B. dadurch erreichen, daß der Zwischenraum zwischen dem Salz und dem Bad von flüssigem Helium, der zunächst gasförmiges Helium enthält, evakuiert wird. Solange der Zwischenraum mit gasförmigem Helium gefüllt ist, kann Wärme genügend rasch vom Salz auf das flüssige Helium überströmen. Durch Evakuieren des Zwischenraumes aber läßt sich das Salz thermisch fast vollkommen isolieren. Schaltet man hierauf das Magnetfeld aus,

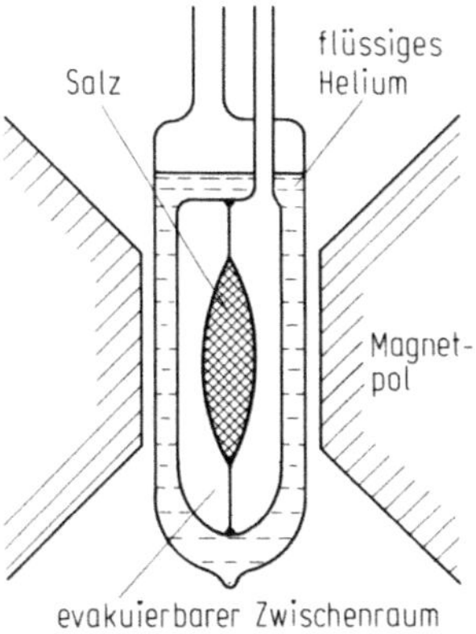

Bild 1.32. Magnetisierung und Entmagnetisierung eines paramagnetischen Salzes

dann tritt in dem Salz die als magnetokalorischer Effekt bekannte Temperatursenkung auf. Die erreichte Endtemperatur kann durch Messung der Suszeptibilität des Salzes, deren Abhängigkeit von der Temperatur weitgehend bekannt ist, oder genauer unter Anwendung des II. Hauptsatzes der Thermodynamik bestimmt werden.

1.1.8.1 Physikalische Vorgänge bei der Magnetisierung und Entmagnetisierung

Die physikalischen Vorgänge, die sich bei der Magnetisierung und Entmagnetisierung des paramagnetischen Salzes abspielen, sollen hier nur kurz behandelt werden, weil dieses Buch mehr technischen als physikalischen Fragen gewidmet ist. Rein qualitativ kann man sich über diese Vorgänge etwa folgende Vorstellung bilden.

In einem paramagnetischen Salz sind wie in jedem kristallisierten festen Körper die Atome derart an bestimmte Gleichgewichtslagen gebunden, daß sie um diese Gleichgewichtslagen schwingen und sich zu einem großen Teil auch drehen können. Die Energie der sehr lebhaften Bewegungen um diese Gleichgewichtslagen stellt die innere Energie des Salzes dar. Da überdies in jedem Atom die Elektronen um den Kern kreisen, treten wie bei jedem elektrischen Kreisstrom magnetische Wirkungen auf, die noch durch die Eigendrehung der Elektronen, den sog. Elektronenspin, unterstützt werden. Jedes paramagnetische Atom stellt einen in dieser Weise erklärbaren Elementarmagneten dar. In einem nichtmagnetisierten paramagnetischen Körper sind aber die Richtungen der Elementarmagnete zwar im einzelnen vollkommen unregelmäßig, im Mittel aber doch derart gleichmäßig über alle Richtungen des Raumes verteilt, daß die magnetischen Kräfte sich aufheben und der Körper nach außen hin als vollkommen unmagnetisch erscheint.

Wird nun ein solcher Körper einem starken Magnetfeld ausgesetzt, dann suchen sich alle Elementarmagnete in Richtung des Magnetfeldes einzustellen. Dies gelingt ihnen um so mehr, je weniger sie durch die Wärmebewegungen der Atome daran gehindert werden, d. h. je niedriger die Temperatur ist. Hierdurch erklärt sich, daß bei gleichem äußerem Feld die Magnetisierung des paramagnetischen Körpers mit sinkender Temperatur zunimmt.

Die vollständige oder teilweise Drehung der Elementarmagnete in die Feldrichtung erfordert Arbeit, die vom Feld geleistet werden muß. Der Betrag dieser Arbeit verwandelt sich in Wärme und führt zu einer Temperaturerhöhung des Salzes, falls diese Wärme nicht, wie beschrieben, abgeführt wird. Bei der Entmagnetisierung hingegen muß umgekehrt das paramagnetische Salz selbst den Betrag an Arbeit aufbringen, der nötig ist, um die Elementarmagnete entgegen den Kräften des verschwindenden Feldes in die ursprünglichen Richtungen zurückzudrehen, die der im Mittel gleichmäßigen Verteilung über den Raum entsprechen. Diese Energie kann aber, falls das Salz gegen Wärmeaustausch mit der Umgebung geschützt ist, nur der inneren Energie des Salzes entnommen werden. Das Salz muß sich daher abkühlen.

Die Temperatursenkung wird aber noch durch einen zweiten inneren Vorgang verstärkt. Bei den bisherigen Betrachtungen wurde nämlich ein sogenannter idealparamagnetischer Körper vorausgesetzt, dessen innere Energie nur von der Temperatur, nicht aber von der Stärke der Magnetisierung abhängt. In Wirklichkeit nimmt die innere Energie eines paramagnetischen Salzes aus nachstehenden Gründen mit wachsender Magnetisierung ab, was sich um so mehr auswirkt, je mehr man sich dem absoluten Nullpunkt der Temperatur nähert. Sobald sich nämlich durch die Wirkung des äußeren Feldes eine stärkere Vorzugsrichtung der Elementarmagnete ausgebildet hat, ist jeder Elementarmagnet auch der magnetischen Wirkung der bereits mehr oder weniger gleichgerichteten Elementarmagnete seiner Umgebung ausgesetzt. Es ist also in dem paramagnetischen Körper ein inneres Feld, das sogenannte Lorentzsche Feld, entstanden, das das äußere Feld in seiner gleichrichtenden Wirkung unterstützt. Die verstärkte Gleichrichtung durch das innere Feld beschränkt aber die freie Beweglichkeit der Atome, so daß gewissermaßen die Zahl der Freiheitsgrade der Wärmebewegungen verringert erscheint. Dies bedeutet eine Herabsetzung der Energie der Atome. Es muß daher die innere Energie U des Körpers mit steigender Magnetisierung abnehmen, falls die Temperatur ungeändert bleibt.

Nach diesen Überlegungen wird verständlich, weshalb das innere Feld die Temperatursenkung bei der adiabaten Entmagnetisierung verstärkt. Denn es muß aus dem Energievorrat des Salzes nicht nur die Arbeit für die Zurückdrehung der Elementarmagnete aufgebracht werden, sondern es verteilt sich auch die danach verbleibende innere Energie nach Wiederherstellung der alten Beweglichkeit der Atome auf die ursprünglich größere Zahl der Freiheitsgrade, so daß auf jeden Freiheitsgrad entsprechend weniger Energie entfällt.

Auf den ersten Anblick erscheint die magnetisch erzielte Temperatursenkung ganz anderer Art zu sein als die im vorhergehenden Abschnitt beschriebene Temperatursenkung durch Drosselung und durch äußere Arbeitsleistung. Und doch haben diese Verfahren der Temperaturerniedrigung einen gemeinsamen Wesenszug. Denn in allen Fällen wird zunächst ein Zwang ausgeübt, dann Wärme abgeführt und schließlich unter möglichst gutem Schutz gegen Wärmezufuhr der Zwang wieder aufgehoben. Stets ist also eine adiabate Entspannung die Ursache der Temperatursenkung. Nur wurde in den früher besprochenen Fällen der Zwang und die Entspannung rein mechanisch bewirkt, während bei der adiabaten Entmagnetisierung der Zwang und die Entspannung durch das Ein- und Ausschalten des Magnetfeldes zustande kommen.

Daß man in Übereinstimmung mit den theoretischen Erwartungen bei der experimentellen Durchführung der Entmagnetisierung so erstaunliche Erfolge erzielen konnte, beruht darauf, daß die adiabate Entmagnetisierung praktisch vollkommen umkehrbar verläuft und daß die Kälteisolierung durch Vakuum infolge der äußerst geringen kinetischen Energie der restlichen Gasmoleküle und der praktisch ausgeschalteten Wärmestrahlung gerade in der Nähe des absoluten Nullpunktes ungewöhnlich gut wirkt. Weitere Einzelheiten über die adiabate Entmagnetisierung ersieht man z. B. aus [S 6, L 2, G 1], über die Theorie [M 1] sowie [F 3, S. 50–54].

Durch etwa alle zwei Minuten wiederholte Entmagnetisierung eines paramagnetischen Salzes gelingt es, auch andere Körper dauernd auf einer Temperatur von 0,2 bis 0,3 K zu halten; (siehe z. B. [H 9, D 1, P 7]). Hierbei wird das paramagnetische Salz durch thermische Ventile, d. h. durch Supraleiter, deren hohe Wärmeleitfähigkeit durch Magnetisierung vorübergehend fast aufgehoben wird, abwechselnd mit dem Heliumbad und mit dem zu kühlenden Körper in wärmeleitende Verbindung gebracht.

1.1.9 Erzeugung extrem tiefer Temperaturen durch Lösung von ^3He in ^4He

Wie im vorangehenden Abschnitt 1.1.8 erwähnt, gelingt es, durch aufeinanderfolgende Entmagnetisierungen eine extrem tiefe mittlere Temperatur über eine längere Zeit aufrechtzuerhalten. Diese mittlere Temperatur ist naturgemäß nicht ganz so tief wie die Temperatur am Ende jeder einzelnen Entmagnetisierung.

Temperaturen unter 0,05 K kann man aber auch mit einem stetigen Prozeß erzeugen und beliebig lange aufrechterhalten, wenn man flüssiges ^3He in flüssigem ^4He löst. Bringt man nämlich diese beiden Isotopen des Heliums mit den Atommassen 3 und 4 in flüssigem Zustand bei einer Temperatur unter 0,08 K zusammen, dann entsteht eine flüssige Lösung, die im Gleichgewicht aus 6,4 Mol-% ^3He und 93,6 Mol-% ^4He besteht. Dieses Verhältnis ist zwischen 0,08 und 0,00 K nahezu konstant; vgl. [F 3, S. 69]. Über der Lösung lagert sich eine leichtere flüssige Schicht, die fast nur reines ^3He enthält.

Bemerkenswert ist, daß das in ^4He gelöste ^3He, für sich allein betrachtet, je Mol eine höhere Enthalpie hat als das reine flüssige ^3He bei derselben Temperatur. Da überdies die Dichte des gelösten ^3He, wiederum für sich allein betrachtet, kleiner ist, kann man diesen ungewöhnlichen Lösungsvorgang mit der Verdampfung einer Flüssigkeit vergleichen, bei der ebenfalls der entstehende Dampf eine höhere Enthalpie und eine geringere Dichte hat. Diese Ähnlichkeit mit dem Verdampfungsvorgang hängt damit zusammen, daß in der Lösung von ^3He in ^4He infolge der unterschiedlichen Quantenzustände bei der extrem tiefen Temperatur das ^3He im suprafüssigen ^4He sehr frei beweglich ist.

Für die Kältewirkung ist wesentlich, daß die Zunahme der Enthalpie während des Lösungsvorganges eine Zufuhr von Wärme erfordert und diese Wärmemenge einem zu kühlenden Körper entzogen werden kann. Auf diese Weise wird bei der extrem tiefen Temperatur Kälte erzeugt.

Der beschriebene Lösungsvorgang wird in verschiedenartigen Apparaten durchgeführt. Bild 1.33 zeigt eine der gebräuchlichen Anordnungen in stark vereinfachter Skizzierung. Diese Anordnung ist dadurch gekennzeichnet, daß das auf dem größten Teil seines Weges fast reine Isotop ^3He die gesamte Temperaturspanne zwischen der Umgebungstemperatur und der tiefsten Temperatur von etwa 0,05 K im Kreislauf durchläuft. Dieser Kreislauf wird durch eine Vakuumpumpe bewirkt, die das aus

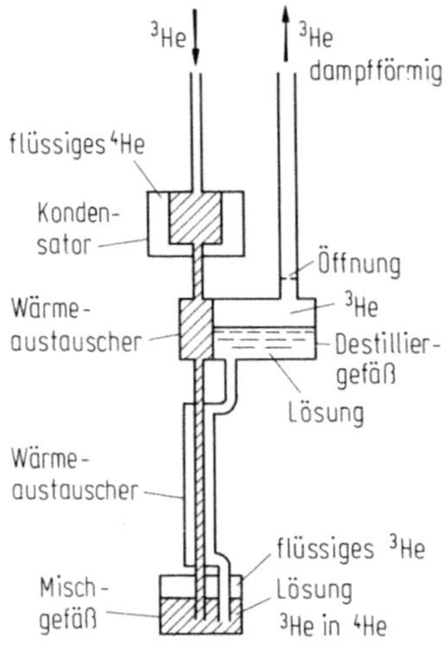

Bild 1.33. Erzeugung extrem tiefer Temperaturen durch Lösung von ^3He in ^4He

der Apparatur (im Bild rechts oben) austretende ^3He in der Regel mit einem Druck von etwa 0,01 mbar ansaugt und mit einem Druck von etwa 30 mbar in die Apparatur zurückführt (links oben). Nach Abkühlung in einem nicht gezeichneten Gegenströmer wird das ^3He bei etwa 1,1 K in einem Kondensator verflüssigt, dem durch ein Bad von flüssigem ^4He Wärme entzogen wird. Danach wird die Temperatur des ^3He durch Wärmeabgabe an ein wie ein Verdampfer wirkendes Destillationsgefäß auf 0,7 K erniedrigt. Schließlich strömt das ^3He durch einen meist mehrteiligen Wärmeaustauscher in das Mischgefäß, in dem sich unten die sich auf 6,4 % ^3He anreichernde Lösung, oben eine Schicht von fast reinem flüssigen ^3He befindet. Um das zuströmende ^3He mit der Lösung sofort in intensive Berührung zu bringen, wird es an möglichst tiefer Stelle in die Lösung eingeführt.

Um immer neues ^3He aufnehmen zu können, muß die Lösung ständig vom ^3He wieder befreit werden. Zu diesem Zweck strömt die Lösung durch den erwähnten mehrteiligen Wärmeaustauscher nach oben und gelangt in das erwähnte Destilliergefäß. Hier entweicht das gelöste ^3He durch Ausdampfung nach oben. Die eingezeichnete Öffnung, die den Querschnitt der Abflußleitung verengt, hat den Zweck zu verhindern, daß das ^4He, das bei der hier herrschenden Temperatur an den Wänden hochkriecht (vgl. Abschn. 11.2.1.4), in die höheren Teile des Abflußrohres und damit in das abströmende ^3He gelangt. Das im Destilliergefäß zurückbleibende, vom ^3He fast vollständig befreite ^4He wird durch eine nicht gezeichnete Leitung in das Mischgefäß zurückgeführt.

Nach vielseitigen Berichten, z. B. [A 4, L 9] wird an der Vervollkommnung dieses Verfahrens an vielen Orten intensiv gearbeitet.

1.2 Theorie der praktischen Verfahren der Gasverflüssigung

1.2.1 Das Verfahren von Linde

Das Wesen der Erfindung Lindes [L 7] besteht darin, daß er den Thomson-Joule-Effekt mit dem Gegenstrom-Wärmeaustausch in Verbindung gebracht hat. Hierdurch konnte er den nur unscheinbaren Thomson-Joule-Effekt, der bei Luft, von Umgebungstemperatur ausgehend, nur 1/4 K je bar Drucksenkung und selbst bei Abdrosselung von 200 auf 1 bar kaum 40 K beträgt, zu einer ergiebigen Kältequelle bei sehr tiefen Temperaturen gestalten. Denn der Gegenstrom-Wärmeaustausch addiert gewissermaßen viele solche Abkühlungen und vervielfacht dadurch ihre Wirkung so weit, daß die mittlere Verflüssigungstemperatur der Luft von −192,5 °C und in entsprechender Weise auch die anderer tiefsiedender Gase erreicht werden kann.

C. v. Linde schreibt in seinem Buch „Aus meinem Leben und von meiner Arbeit" [L 8] über die Grundgedanken seiner Erfindung u. a. folgendes:

„Die von den Physikern für die Gasverflüssigung angewendeten Verfahren und Hilfsmittel hatten wohl ausgerichtet, um an einigen wenigen Orten (Paris, Krakau, London und Leyden) kleine, nach Kubikzentimentern zählende Mengen von Flüssigkeit aus Sauerstoff, Stickstoff und Kohlenoxyd zu gewinnen, jedoch erschienen sie nicht geeignet zu einer Verallgemeinerung für den wissenschaftlichen Betrieb, geschweige denn zu Verwertungen in technischer und industrieller Richtung. Noch fehlte ein gangbarer Weg aus dem Laboratorium des Naturforschers in die Werkstätte.

Die Überlegung, daß bis zur Verflüssigung hinab dasselbe Verfahren anwendbar bleiben müsse, welches in den üblichen Kaltluftmaschinen zu Abkühlungen bis zu ungefähr −60 °C reicht, wenn es nur gelänge, solche aufeinanderfolgenden Abkühlungen in ihrer Wirkung zu summieren, führte folgerichtig zu dem Gedanken, das durch Expansion abgekühlte Gas im Gegenstrom dem zur nächsten Expansion gelangenden entgegenzuführen und dadurch die Anfangstemperatur der nachfolgenden Expansion der Endtemperatur der vorausgehenden zu nähern . . . Auch mir hatte zuerst die Absicht vorgeschwebt, als Kältequelle die Abkühlung zu verwenden, welche bei der Expansion der Luft *unter Leistung mechanischer* („*äußerer*") *Arbeit* bekannt war . . . Es stellten sich jedoch solche Bedenken und Schwierigkeiten bezüglich Isolierung und Schmiermaterial ein, daß ich nach einer anderen Kältequelle Umschau hielt. Durch die Kühlwirkungen, wie sie bei Kohlensäure auch oberhalb der kritischen Temperatur noch erzielt wurden, war ich auf die Temperaturänderungen hingeleitet worden, welche schon im Jahre 1862 Thomson und Joule beim Ausströmen von Gasen *infolge der inneren molekularen Arbeitsvorgänge* festgestellt hatten . . .

Da es meine Absicht war, in . . . technischem Maßstab zu arbeiten . . ., so beschloß ich, den Kompressor unserer Kohlensäuremaschine zu verwenden und mit Drücken zu arbeiten, wie sie bei diesen Maschinen zur Anwendung kommen, nämlich mit einem Ansaugedruck von einigen zwanzig und Kompression auf einige sechzig Atmosphären.

Im Mai 1895 . . . konnte mit den Versuchen begonnen werden. Mit freudiger Spannung sahen wir die Temperaturen nach dem von Thomson und Joule angegebenen gesetzmäßigen Verlaufe sinken, auch nachdem die Grenzen überschritten waren, innerhalb welcher jene Forscher gearbeitet hatten. Wie voraus berechnet, nahm die Abkühlung des schweren Apparates so lange Zeit in Anspruch, daß ein Tag hierzu nicht ausreichte . . . Erst am dritten Tage stellte sich Beharrungszustand in jener Lage ein, die den von den Physikern festgestellten Bedingungen für die Sättigung bzw. Verflüssigung entspricht. Noch arbeiteten wir so lange fort, bis die Ansammlung einer bestimmten Menge von flüssiger Luft erwartet werden durfte. Dann ließen wir, zwischen aufsteigenden Wolken, die schöne blaue Flüssigkeit in einen großen Blecheimer sich ergießen. Die stündliche Ausbeute betrug ungefähr drei Liter.

Zum ersten Male war in solcher Größenordnung Luft verflüssigt worden, und dies mit Hilfsmitteln, welche gegenüber den bisher gebrauchten von verblüffender Einfachheit waren."

1.2.1.1 Das Verfahren von Linde mit einfacher Entspannung

Die einfachste Anordnung zur Luftverflüssigung nach dem Verfahren von Linde zeigt Bild 1.34. Von einem meist mehrstufigen Kompressor wird Luft bei Umgebungstemperatur T_1 und Atmosphärendruck p_1 angesaugt und zwischen *1* und *1a* auf den höheren Druck p_2 verdichtet. Die dabei auftretende Kompressionswärme wird teils zwischen den Kompressionsstufen und teils erst nach Beendigung der Kompression zwischen *1a* und *2* an Kühlwasser abgeführt, das die Temperatur T_1 der Umgebung haben möge. Hierauf folgt die Abkühlung der verdichteten Luft im Gegenstrom-Wärmeaustauscher, der auch kurz „Gegenströmer" genannt wird. Der Gegenströmer enthält stets eine größere Zahl von Rohren, durch die die verdichtete Luft hindurchströmt, von denen aber zur Vereinfachung in Bild 1.34 nur eines angedeutet ist.

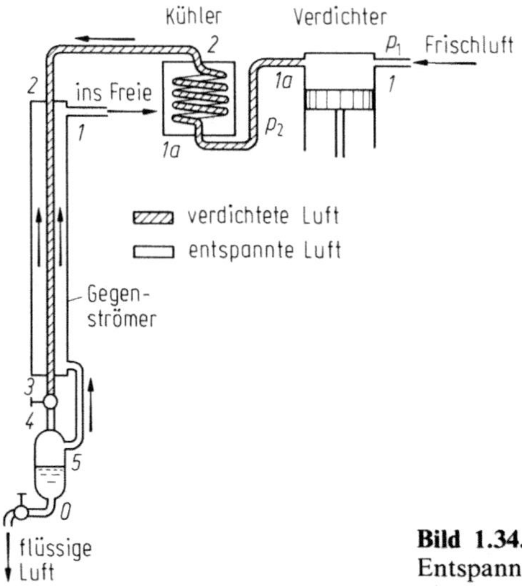

Bild 1.34. Luftverflüssigung nach Linde mit einfacher Entspannung

Zwischen *3* und *4* wird die Luft durch Drosselung in einem Ventil wieder auf den Anfangsdruck p_1 entspannt. Im Beharrungszustand ist am Ende der Entspannung ein Teil der Luft flüssig. Bei *0* wird der verflüssigte Teil entnommen. Der dampfförmig gebliebene Rest tritt bei *5* in den äußeren Querschnitt des Gegenströmers über, um sich dort im Idealfall wieder vollständig bis auf die Umgebungstemperatur T_1 zu erwärmen.

Um zu erkennen, wie mit einer solchen Einrichtung die Verflüssigungstemperatur der Luft von im Mittel −192,5 °C erreicht werden kann, betrachten wir zunächst die Vorgänge unmittelbar nach der Inbetriebsetzung des Apparates. Die Luft werde beispielsweise auf 200 bar verdichtet und durch Wärmeabgabe an das Kühlwasser wieder auf die Umgebungstemperatur von z. B. 20 °C gebracht. Strömt nun die

Luft mit dem Druck von 200 bar durch den Gegenströmer, dann behält sie zunächst die Temperatur von 20 °C bis zum Drosselventil hin bei. Durch die anschließende Drosselung kühlt sie sich aber, dem Thomson-Joule-Effekt entsprechend, um nahezu 40 K, also auf etwa −20 °C, ab. Die entspannte kalte Luft strömt hierauf durch den Gegenströmer zurück, wobei sie seine Rohre außen umspült. Infolge der Wärmeübertragung durch die Wandungen dieser Rohre entzieht sie der innen nachströmenden verdichteten Luft so viel Wärme, daß sie selbst sich wieder nahe bis auf die Umgebungstemperatur erwärmt. Die verdichtete Luft aber wird hierdurch abgekühlt und gelangt daher schon mit einer erniedrigten Temperatur zum Drosselventil. Entsprechend wird auch die Endtemperatur der Drosselung tiefer als vorher, was durch die im betreffenden Temperatur- und Druckbereich beobachtete Zunahme des Thomson-Joule-Effektes mit sinkender Temperatur (vgl. Tabelle 1.3) noch begünstigt wird. Als nächste Folge vermag die entspannte Luft die verdichtete Luft durch den Gegenstrom stärker zu kühlen als anfänglich. Durch dieses sich wechselseitig verstärkende Spiel der Temperaturerniedrigung durch den Thomson-Joule-Effekt und der Abkühlung im Gegenströmer müssen die Temperaturen vor und nach dem Drosselventil immer weiter sinken. Dies setzt sich fort, bis die Verflüssigungstemperatur der Luft erreicht wird. Schließlich stellt sich ein Beharrungszustand ein, in dem sich dauernd ein bestimmter Bruchteil der Luft verflüssigt.

Wie erwähnt, wird die Verdichtung auf höhere Drücke im Gegensatz zu der vereinfachten Darstellung in Bild 1.34 praktisch stets in mehreren Stufen vorgenommen und die Verdichtungswärme schon nach jeder einzelnen Stufe an Kühlwasser abgeführt. Durch diese Zwischenkühlung werden nicht nur zu hohe Verdichtungsendtemperaturen in den einzelnen Zylindern vermieden, die für die Baustoffe des Verdichters und den Betrieb nachteilig wären, sondern es wird auch gegenüber einer nur einmaligen Kühlung erheblich an Kompressionsarbeit gespart. Je mehr Stufen mit Zwischenkühlung man anwendet, um so mehr nähert man sich der isothermen Kompression, bei der die Kompressionsarbeit für eine gegebene Ansaugtemperatur

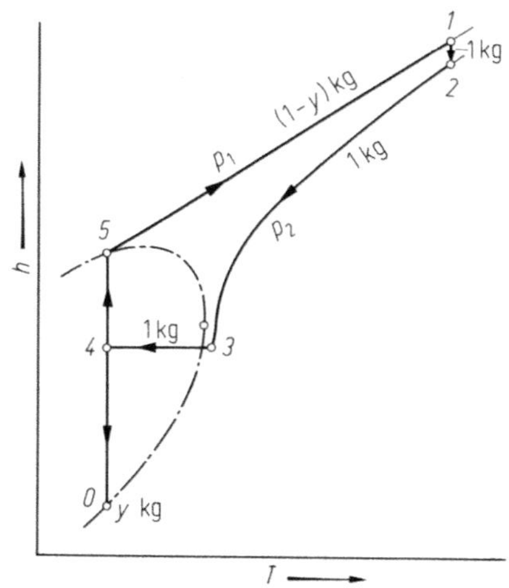

Bild 1.35. Linde-Prozeß mit einfacher Entspannung im h,T-Diagramm

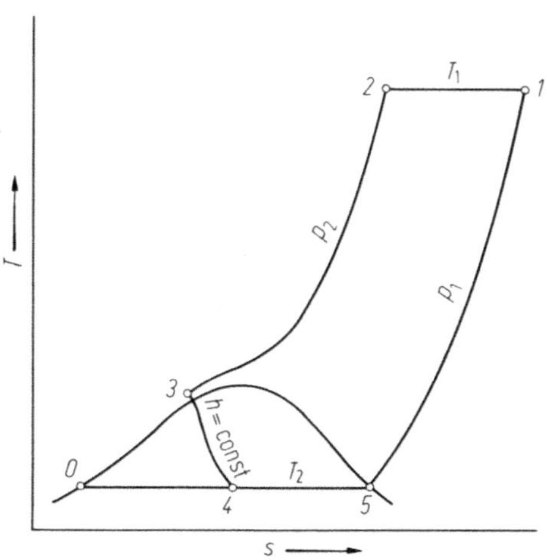

Bild 1.36. Linde-Prozeß mit einfacher Entspannung im T,s-Diagramm

und ein gegebenes Druckverhältnis am kleinsten ist. Wir wollen daher, um uns von der besonderen Anordnung der Verdichter unabhängig zu machen, im folgenden stets mit isothermer Kompression rechnen.

Im h,T-Diagramm und T,s-Diagramm hat dann das besprochene Verflüssigungsverfahren den in den Bildern 1.35 und 1.36 dargestellten Verlauf. Hierbei bedeutet das Linienstück *1–2* die isotherme Verdichtung bei der Temperatur T_1, *2–3* die Abkühlung der verdichteten Luft bei konstantem Druck im Gegenströmer, *3–4* die Drosselung. In Punkt *4* wird die gesamte Menge der Luft in den flüssigen Anteil vom Zustand *0* und in den dampfförmigen Anteil vom Zustand *5* geschieden. Der dampfförmige Anteil wird schließlich zwischen *5* und *1* im Gegenströmer wieder bei konstantem Druck erwärmt, wobei im Falle vollkommener Wärmeübertragung die Temperatur T_1 erreicht wird.

1.2.1.1.1 Technische Gestaltung eines Luftverflüssigers

Kleine Luftverflüssiger, hauptsächlich zur Demonstration, sind vielfach beschrieben worden. Bild 1.37 zeigt einen Schnitt durch einen Luftverflüssiger, wie er früher ausgeführt worden ist. Die Rohre *a* des Gegenströmers sind schraubenförmig gewunden und so aneinandergelötet, daß auch zwischen den Rohrwindungen und den beiden zylindrischen Blechen *b* und *c* ein schraubenförmiger Strömungskanal verbleibt. Die verdichtete Luft strömt im Innern der Rohre nach unten, der nicht verflüssigte Teil der entspannten Luft strömt durch den genannten schraubenförmigen Kanal zurück. Unter dem Gegenströmer befindet sich das Gefäß, in dem sich die verflüssigte Luft

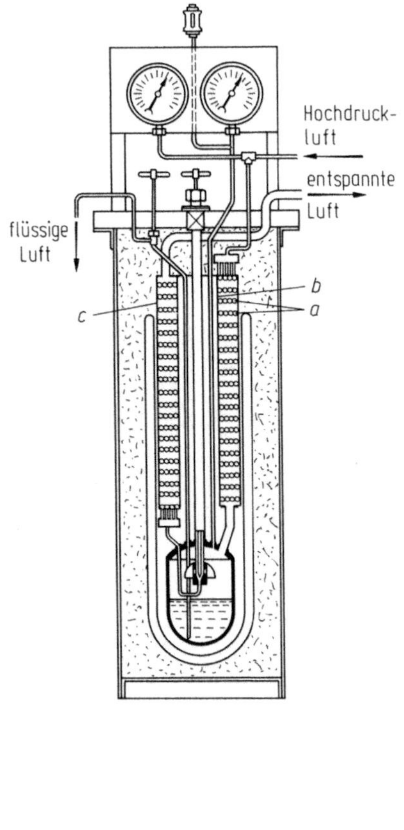

Bild 1.37. Schnitt durch einen Luftverflüssiger

ansammelt. Innerhalb des oberen, nur von Dampf angefüllten Teiles dieses Gefäßes ist das Drosselventil angeordnet. Die sehr lange Ventilspindel ist in einem Rohr bis zur oberen Abschlußplatte geführt, wo sich nicht nur der Ventilgriff, sondern auch die Stopfbüchse befindet. Aus dem unteren Teil des Gefäßes, und zwar nahe an seinem Boden beginnend, führt ein meist doppelwandig ausgeführtes Rohr nach oben, das dazu dient, die gebildete Flüssigkeit von Zeit zu Zeit aus dem Apparat ausfließen zu lassen. Diese Leitung wird durch das zweite, oben angebrachte Ventil geschlossen oder im gewünschten Maße geöffnet. Die Flüssigkeit steigt in der Leitung von selbst in die Höhe, weil im Flüssigkeitsgefäß, bedingt durch den Druckabfall der entspannten Luft im Gegenströmer, stets ein gewisser Überdruck herrscht. Die Drücke der Luft vor Eintritt in den Gegenströmer und nach dem Entspannungsventil können an den beiden Manometern abgelesen werden, die oben am Verflüssiger angeordnet sind.

Bemerkenswert ist der Kälteschutz des Verflüssigers oder strenger ausgedrückt, der Schutz gegen von außen eindringende Wärme. Der größte Teil des Gegenströmers wie auch das Flüssigkeitsgefäß befinden sich in einem verhältnismäßig weiten doppelwandigen, evakuierten Glasgefäß. Überdies ist der ganze Apparat mit einer Kälteschutzschicht wie Glaswolle oder Kieselgur umgeben, die ihrerseits durch einen Blechmantel nach außen abgeschlossen ist.

Ursprünglich bestand der Gegenströmer nach Linde aus langen schraubenförmigen Rohren, die sich in einem ebenfalls schraubenförmig gewundenen Außenrohr befanden. Die verdichtete Luft strömte in den engeren Rohren, die entspannte Luft zwischen diesen Rohren und dem Mantelrohr; vgl. Bild 2.5. Von Hampson stammt eine Anordnung, bei der die Windungen eines Rohres sich spiralförmig abwechselnd erweitern und verengen und die außen strömende, entspannte Luft senkrecht auf die Rohre auftrifft. Die folgerichtige Weiterentwicklung dieser Bauart führte zu den Kreuzgegenströmern, die im 2. Kapitel näher beschrieben werden.

Eine Luftverflüssigungsanlage enthält außer dem Verflüssiger und dem mehrstufigen Kompressor Einrichtungen zur Abscheidung von Wasserdampf und Kohlendioxid aus der verdichteten Luft.

1.2.1.1.2 Berechnung der Kälteleistung eines Verflüssigers

Über die Verfahren zur Berechnung von Luftverflüssigern siehe [H 4, S 4, F 1, K 5, R 1]. Von jedem kg Luft, das auf den Druck p_2 verdichtet wird, werde der Bruchteil y verflüssigt. Hierzu wird nach Bild 1.19 die Kältemenge

$$Q_2 = y(h_1 - h_0) \tag{1.65}$$

benötigt. Zur Ermittlung von y stellen wir für den Verflüssigungsapparat unter Ausschluß des Verdichters und der Kühler eine Energiebilanz auf, die auf der Überlegung beruht, daß im Beharrungszustand dem Apparat ebensoviel Energie zugeführt wie entzogen wird; vgl. Bilder 1.35 und 1.36. Die zugeführte Energie besteht, wenn wir von Kälteverlusten des Verflüssigers absehen, lediglich aus der Enthalpie h_2 der am warmen Gegenströmerende eintretenden verdichteten Luft, von der wir 1 kg betrachten wollen. Die abgeführte Energie setzt sich hingegen aus der Enthalpie von $(1 - y)$ kg Luft, die am warmen Gegenströmerende austreten, und der Enthalpie der entnommenen flüssigen Luft zusammen. Je Mengeneinheit betrage die Enthalpie der oben austretenden entspannten Luft h_1, die der flüssigen Luft h_0. Dann erhalten wir

zugeführte Energie $= h_2$,
abgeführte Energie $= (1 - y)\, h_1 + y h_0$.

Durch Gleichsetzen beider Ausdrücke entsprechend der Energiebilanz folgt

$$y = \frac{h_1 - h_2}{h_1 - h_0}, \tag{1.66}$$

und durch Einsetzen in Gl. (1.65)

$$Q_2 = h_1 - h_2 . \tag{1.67}$$

Diese Gleichung besagt, daß die gewinnbare Kältemenge nur abhängt vom Zustand der Luft beim Ein- und Austritt am warmen Ende des Gegenströmers, hingegen ganz unabhängig davon ist, was bei den tiefen Temperaturen geschieht. Es ist dabei lediglich vorausgesetzt, daß die in der zurückströmenden Luft enthaltene Kälte im Gegenströmer bei den gewünschten tiefen Temperaturen an die Druckluft abgegeben werden kann, was bei dem beschriebenen Linde-Prozeß mit nur einfacher Drosselung bis auf Atmosphärendruck immer zutrifft.

Setzt man vollkommene Wärmeübertragung im Gegenströmer voraus, so daß die entspannte Luft die Temperatur T_1 der eintretenden Luft vollständig annimmt, dann beziehen sich auch in Gl. (1.67) h_1 und h_2 auf dieselbe Temperatur T_1. Man kann daher die mit 1 kg Luft gewinnbare Kältemenge Q_2 aus dem h,T-Diagramm als senkrechten Abstand zwischen den Isobaren p_1 und p_2 bei der Temperatur T_1 ablesen (vgl. Bild 1.35). Hierauf beruht in erster Linie die große praktische Bedeutung des h,T-Diagramms für die Berechnung von Verflüssigungsapparaten.

Gleichung (1.66), durch die der Bruchteil y der verflüssigten Luftmenge bestimmt ist, läßt sich nun in einfacher Weise deuten. Denn die rechte Seite dieser Gleichung stellt unter Berücksichtigung von Gl. (1.67) das Verhältnis der verfügbaren Kältemenge Q_2 zum Kältebedarf $h_1 - h_0$ für 1 kg flüssige Luft dar.

Unter der Voraussetzung vollkommener Wärmeübertragung im Gegenströmer läßt sich ferner aus Gl. (1.67) eine einfache Beziehung zwischen der Kältemenge Q_2 und dem Thomson-Joule-Effekt ableiten. Wenn man die verdichtete Luft vom Zustand *2* in Bild 1.35 aus auf den Druck p_1 drosselt, sinkt die Temperatur um den Betrag ΔT des integralen Thomson-Joule-Effektes, während die Enthalpie ihren Wert h_2 beibehält. Will man hierauf die Luft beim Druck p_1 wieder auf die Anfangstemperatur T_1 erwärmen, dann benötigt man hierzu gerade die Wärmemenge $h_1 - h_2 = c_{p1}\, \Delta T$, wenn c_{p1} die spezifische Wärmekapazität beim Druck p_1 bedeutet. Wir erhalten daher auch

$$Q_2 = c_{p1}\, \Delta T , \tag{1.68}$$

d. h. für die gewinnbare Kältemenge ist der Wert des integralen Thomson-Joule-Effektes ΔT am warmen Ende des Gegenströmers maßgebend.

Man hat also beim Linde-Prozeß dadurch, daß die Drosselung in Wirklichkeit bei tieferer Temperatur und daher mit größerem Thomson-Joule-Effekt stattfindet, für die gewinnbare Kältemenge keinen Gewinn. Der Gegenströmer beeinflußt nicht die Größe der Kältemenge, sondern nur die Temperatur, bei der diese verfügbar ist.

Gleichung (1.68) stimmt dem Grundgedanken nach mit Gl. (1.58) für den isothermen Drosseleffekt Δh überein, wenn man berücksichtigt, daß dort c_{p2} statt c_{p1} geschrieben ist. Hiernach ist die Kältemenge Q_2 unmittelbar auch gleich dem isothermen Drosseleffekt bei der Temperatur am warmen Ende des Gegenströmers. Infolgedessen stimmt auch die Darstellung der gewinnbaren Kältemenge im h,T-Diagramm nach Bild 1.38 mit der Darstellung des isothermen Drosseleffektes Δh in Bild 1.29 überein.

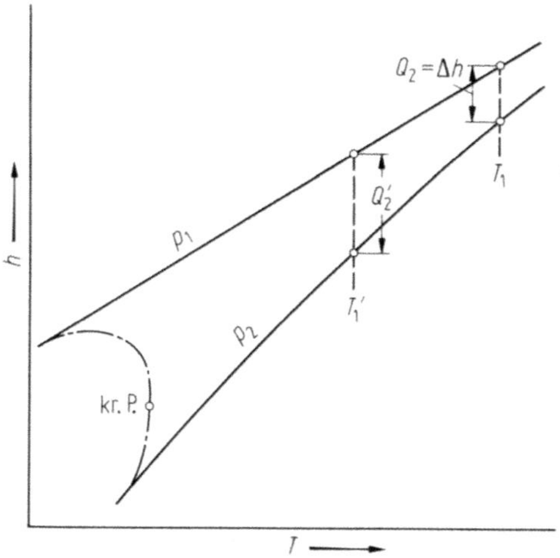

Bild 1.38. Ermittlung der erzeugten Kältemenge aus dem h,T-Diagramm

1.2.1.1.3 Weitere Bemerkungen über die gewinnbare Kältemenge

Es mag zunächst befremden, daß nach den vorangehenden Überlegungen die Zunahme des Thomson-Joule-Effektes mit sinkender Temperatur die gewinnbare Kältemenge nicht vergrößert. Den Grund hierfür erkennt man, wenn man die Temperaturunterschiede zwischen der verdichteten und entspannten Luft an den verschiedenen Stellen des Gegenströmers betrachtet. Da die verdichtete Luft ähnlich wie verdichteter Stickstoff nach Bild 1.10 eine wesentlich größere spezifische Wärmekapazität als

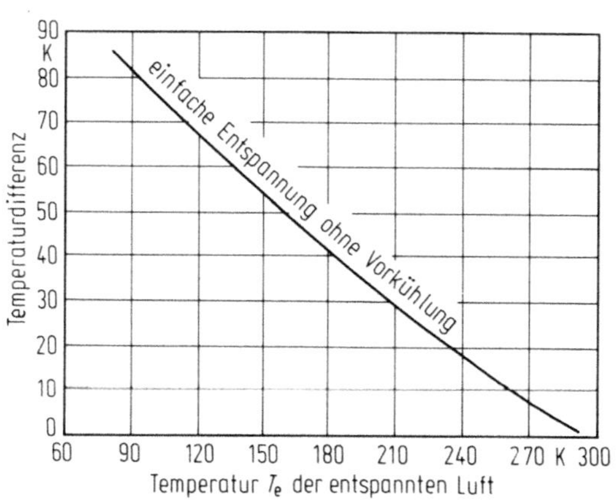

Bild 1.39. Temperaturverlauf im Gegenströmer eines Luftverflüssigers. Druck der verdichteten Luft 200 bar

die entspannte Luft hat und überdies auch ihre Menge größer ist, kühlt sich durch den Wärmeaustausch die verdichtete Luft an jeder Stelle des Gegenströmers weniger ab, als sich die entspannte Luft erwärmt. Daher muß im Gegenströmer der Temperaturunterschied Δt zwischen beiden Luftströmen, der am warmen Ende sehr klein ist, mit sinkender Temperatur erheblich zunehmen (vgl. Bild 1.39). Er kann am kalten Ende des Gegenströmers auf über 80 K ansteigen.

Drosselt man nun von einer durch den Gegenstrom bereits erniedrigten Temperatur aus ab, dann wird ein Teil des Thomson-Joule-Effektes dazu verbraucht, zunächst den Temperaturunterschied, der am kalten Ende des Gegenströmers zwischen der verdichteten und entspannten Luft besteht, zu überwinden. Erst die weitere Kühlwirkung der Drosselung erzeugt nutzbare Kälte. Hierdurch wird verständlich, daß der Betrag dieser Kälte nicht größer ist als die Kältemenge, die man bei Drosselung von Umgebungstemperatur aus gewinnt.

Es wurde schon darauf hingewiesen, daß am oberen Ende des Gegenströmers nur im Idealfall des vollkommenen Wärmeaustausches der Temperaturunterschied zwischen der ein- und austretenden Luft verschwindend klein sein kann. In praktischen Fällen ist hier stets ein kleiner Temperaturunterschied vorhanden, wie es auch in Bild 1.39 angenommen ist. Er liegt meist in der Größenordnung von 1 bis 2 K. Dies bedeutet, daß die entspannte Luft ihre Kälte nicht vollständig an die verdichtete Luft abgeben kann, sondern einen kleinen Teil dieser Kälte beim Austritt aus dem Gegenströmer mit fortnimmt. Dieser Austauschverlust verringert die verfügbare Kältemenge Q_2. Man erhält aus Gl. (1.67), wie man aus der ihr zugrunde liegenden Energiebilanz ersieht, unmittelbar die durch den Austauschverlust verringerte Kältemenge, wenn man h_1 auf die Temperatur bezieht, mit der die entspannte Luft wirklich austritt. Es ist aber im allgemeinen zweckmäßiger, die gewinnbare Kältemenge zunächst, wie in Bild 1.38 für den Fall vollkommenen Austausches zu berechnen und alle Verluste, die noch näher erörtert werden sollen, erst nachträglich zu berücksichtigen.

Schließlich werde noch kurz der Fall erörtert, daß die in einem Linde-Prozeß je kg Luft erzeugte Kältemenge Q_2 nicht durch Entnahme flüssiger Luft, sondern dadurch verbraucht wird, daß die entspannte kalte Luft vor Wiedereintritt in den Gegenströmer aus einem zu kühlenden Körper Wärme aufnimmt. Eine solche Anordnung werde z. B. zur Kühlung von Versuchsräumen für die Luftfahrtforschung auf etwa $-100\ ^\circ C$ verwendet [G 5]. Es strömt dann die gesamte Luftmenge durch den Gegenströmer zurück. Auch in diesem Falle wollen wir die Energiebilanz für den gesamten Apparat, ebenfalls ohne Verdichter und Kühler, aufstellen. Bezeichnen wir mit h_2 und h_1 wieder die Enthalpien der verdichteten und entspannten Luft am warmen Ende des Gegenströmers und mit Q_2 die bei der tiefen Temperatur aufgenommene Wärmemenge, dann erhalten wir

$$\text{zugeführte Energie} = h_2 + Q_2,$$
$$\text{abgeführte Energie} = h_1.$$

Durch Gleichsetzen folgt für die Kältemenge Q_2 wieder Gl. (1.67), die hiernach also auch bei dieser ganz anderen Art der Kälteabgabe ihre Gültigkeit behält.

1.2.1.1.4 Berechnung des Arbeitsaufwandes

Obwohl nach den Bildern 1.4 und 1.5 auch schon bei Umgebungstemperatur die Luft sich merklich anders verhält als ein ideales Gas, so wird doch hierdurch die Kompressorarbeit, wie noch gezeigt werden soll, nur wenig beeinflußt. Wir können daher die Arbeit für die verlustfreie isotherme Verdichtung von 1 kg Luft bei der Temperatur T_1 genau genug nach der für ideale Gase geltenden Gleichung

$$W'_t = RT_1 \ln \frac{p_2}{p_1} \tag{1.69}$$

berechnen, worin R die Gaskonstante, bezogen auf 1 kg, und p_1 und p_2-Anfangs- und Enddruck bedeuten. Diese Art der Berechnung ist um so mehr berechtigt, als die Verdichtung praktisch mit erheblichen Verlusten verbunden ist, deren Betrag von der Größe und Gestaltung des Kompressors abhängt und sich daher nur angenähert angeben läßt. Man kann diese Verluste in einfacher Weise berücksichtigen, indem man den Ausdruck in Gl. (1.69) mit einem Erfahrungswert multipliziert, so daß sich die effektive Verdichtungsarbeit zu

$$W'_t = fRT_1 \ln \frac{p_2}{p_1} \tag{1.70}$$

ergibt. Nach den Garantiezahlen für die üblichen Kompressoren mittlerer Größe liegt f meist zwischen 1,6 und 1,7. Wählt man f = 1,65, dann erhält man mit R = 29,26 mkp/kg = 286,9 kJ/kg für die Verdichtung von 1 kg Luft, umgerechnet in kWh,

$$W'_{\text{eff}} = 0{,}0827 \; \frac{T_1}{273} \lg \frac{p_2}{p_1} \quad \text{in} \quad \frac{\text{kWh}}{\text{kg}}, \tag{1.71}$$

worin lg den dekadischen Logarithmus bedeutet. Diese Gleichung ist für viele Rechnungen bequem. Man kann sie unter entsprechender Veränderung der Gaskonstanten auch auf andere Gase anwenden. Für 1 kmol eines beliebigen als ideal betrachteten Gases beträgt die Konstante in Gl. (1.71) 2,3950 kWh/kmol.

Vielfach ist es jedoch erwünscht, die Kompressorarbeit etwas genauer unter Berücksichtigung der wirklichen Zahl von Verdichtungsstufen zu berechnen.

Für die umkehrbar adiabate Verdichtung von 1 kg Gas in einer Stufe gilt, falls das ideale Gasgesetz genau genug erfüllt ist, die bekannte thermodynamische Beziehung

$$W'_{t\,\text{ad}} = RT_1 \frac{\varkappa}{\varkappa - 1} \left[\left(\frac{p_2}{p_1} \right)^{\frac{\varkappa - 1}{\varkappa}} - 1 \right] \quad \text{(einstufig)}, \tag{1.72}$$

wobei T_1 die Ansaugtemperatur und $\varkappa = c_p/c_v$ das Verhältnis der spezifischen Wärmekapazitäten bei konstantem Druck und konstantem Volumen bedeutet. Unterteilt man jedoch die Verdichtung in k Stufen von gleichem Druckverhältnis $\sqrt[k]{p_2/p_1}$, und nimmt man an, daß das Gas nach jeder Stufe wieder auf die Temperatur T_1 gekühlt wird, dann errechnet sich die verlustfreie adiabate Kompressorarbeit zu

$$W'_{t\,\text{ad}} = RT_1 \frac{\varkappa}{\varkappa - 1} k \left[\left(\sqrt[k]{\frac{p_2}{p_1}} \right)^{\frac{\varkappa - 1}{\varkappa}} - 1 \right] \quad \text{(k-stufig)}. \tag{1.73}$$

Praktisch kann man in jeder Kompressorstufe mit einem Wirkungsgrad von etwa 72% im Vergleich zur umkehrbaren adiabaten Verdichtung rechnen. Man erhält daher den effektiven Arbeitsverbrauch, indem man den aus Gl. (1.72) oder (1.73) sich ergebenden Betrag mit 1/0,72 = 1,39 multipliziert. Die Zahl der Stufen wählt man hierbei meist so, daß in jeder Stufe das Druckverhältnis 3 bis 4 beträgt, doch kommen gelegentlich auch höhere Druckverhältnisse vor.

Tabelle 1.5. Arbeit W_t' für die Kompression von 1 kg Luft von 1 bar auf 200 bar nach verschiedenen Berechnungsverfahren. Ansaugetemperatur = 15 °C (T_1 = 288 K)

Art der Verdichtung	Berechnet für	W_t' in kWh/kg
isotherm und verlustfrei	reales Gas	0,118
	ideales Gas	0,122
umkehrbar adiabat 5-stufig	ideales Gas	0,142
umkehrbar adiabat 1-stufig	ideales Gas	0,285
effektiv 5-stufig	ideales Gas	0,198
effektiv 5-stufig	nach Gl. (1.71)	0,201

Tabelle 1.5 enthält den in verschiedener Weise berechneten Arbeitsaufwand für die Verdichtung von 1 kg Luft bei 15 °C von 1 auf 200 bar. Als erster Wert ist die verlustfreie isotherme Kompressorarbeit unter Berücksichtigung der Abweichungen vom idealen Gaszustand angegeben; wie man diesen Wert ermittelt, soll nachstehend besprochen werden. Alle anderen Werte gelten für den idealen Gaszustand. Auch die adiabate Verdichtung ist zunächst verlustfrei nach den Gln. (1.72) und (1.73) gerechnet; erst in der vorletzten Zeile ist der Wert nach Gl. (1.73) mit 1,39 multipliziert. Der in der letzten Zeile angegebene Wert nach der einfachen Gl. (1.71) lehrt, daß diese Gleichung vor allem dann sehr brauchbar ist wenn, wie im vorliegenden Falle, das Druckverhältnis in jeder Stufe angenähert 3 beträgt.

Es sei hervorgehoben, daß die angegebenen Werte für die praktische Kompressorarbeit mittlere Erfahrungswerte darstellen, die mit guten Kompressoren nicht nur sicher erreicht, sondern vielfach unterschritten werden können.

1.2.1.1.5 Berechnung der isothermen Kompressorarbeit bei nichtidealen Gasen

Den genauen Wert der isothermen Kompressorarbeit benötigt man nicht nur, um sich wie in Tabelle 1.5 über den Fehler Rechenschaft geben zu können, den man bei der Berechnung mit Hilfe des idealen Gasgesetzes begeht. Es sind vielmehr bei Gasen mit höherem Siedepunkt als Luft, z. B. bei Methan oder Ethylen, die Abweichungen vom idealen Verhalten so groß, daß man sie auch bei praktischen Berechnungen der isothermen Kompressorarbeit vielfach nicht vernachlässigen kann.

Einen genauen Ausdruck für die isotherme Kompressorarbeit erhält man aus der Definitionsgleichung (1.42) der Entropie

$$\mathrm{d}s = \frac{\mathrm{d}Q_r}{T} = \frac{\mathrm{d}h - v\,\mathrm{d}p}{T}.$$

Da nach dieser Gleichung

$$v\,\mathrm{d}p = \mathrm{d}h - T\,\mathrm{d}s$$

ist, ergibt sich durch Integration bei konstanter Temperatur $T = T_1$ für die Arbeit zur Verdichtung vom Druck p_1 auf den Druck p_2

$$W'_{\mathrm{t\,isoth}} = \int_1^2 v\,\mathrm{d}p = T_1(s_1 - s_2) - (h_1 - h_2)\,. \tag{1.74}$$

Mit Hilfe dieser Gleichung läßt sich die isotherme Kompressorarbeit leicht berechnen, indem man die Werte s_1, h_1 und s_2, h_2 für den Anfangs- und Endzustand der Kompression aus einem T,s- oder h,s-Diagramm abliest.

Im T,s-Diagramm kann man $W'_{\mathrm{t\,isoth}}$ nach Gl. (1.74) anschaulich als Fläche deuten. Ist nämlich wie in Bild 1.40 die Waagerechte *1–2* die Linie der isothermen Kompression, dann stellt die unter dieser Linie bis $T = 0$ sich erstreckende Rechtecksfläche

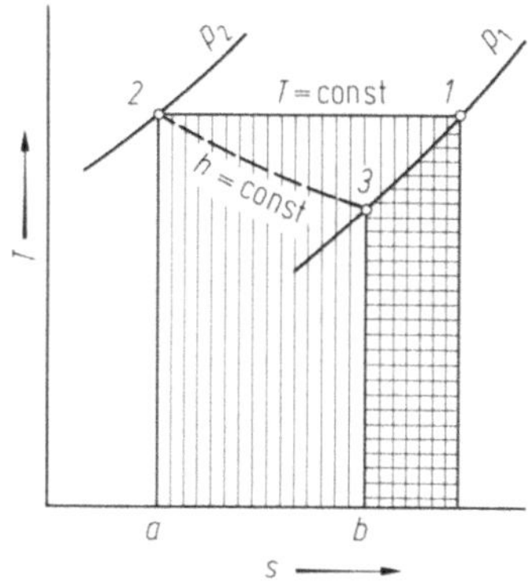

Bild 1.40. Ermittlung der isothermen Kompressionsarbeit eines nicht idealen Gases aus dem T,s-Diagramm

den Ausdruck $T_1(s_1 - s_2)$ dar. Der zweite Ausdruck in Gl. (1.74) ist hingegen gleich der Fläche unter der Linie *3–1* auf der Isobaren für den Druck p_1, wenn der Punkt *3* so gewählt ist, daß in ihm die Enthalpie denselben Wert hat wie in Punkt *2*. Die nur senkrecht schraffierte Fläche in Bild 1.40 stellt daher die isotherme Kompressionsarbeit im kalorischen Maße dar.

$W'_{\mathrm{t\,isoth}}$ kann man hiernach auch als den Arbeitsaufwand eines Kälteprozesses auffassen, bei dem ein Gas von *1* nach *2* isotherm verdichtet, von *2* nach *3* durch Drosselung (h = const) entspannt und schließlich von *3* nach *1* beim Druck p_1 wieder auf die Ausgangstemperatur erwärmt wird. Bei dieser Erwärmung nimmt das Gas aus einem abzukühlenden Körper die der Kälteerzeugung entsprechende Wärmemenge $Q_2 = h_1 - h_3 = h_1 - h_2$ auf.

Schließlich kann man die rechte Seite von Gl. (1.74) auch als die durch die Kompression erlangte technische Arbeitsfähigkeit oder Exergie e deuten, die definiert ist durch die Gleichung $\mathrm{e} = (h - h_1) - T_1(s - s_1)$, wenn h und s sich auf den betrachteten Zustand, T_1, h_1 und s_1 auf den Ausgangszustand, d. h. vielfach auf Umgebungstemperatur und Atmosphärendruck beziehen.

Aus Bild 1.40 erkennt man ebenso wie aus Gl. (1.74), daß die an die Umgebung abgeführte Wärmemenge um den Betrag $h_1 - h_2$ größer ist als die Kompressorarbeit. Hieraus kann man den wichtigen Schluß ziehen, daß die Erniedrigung der Enthalpie, die während der Verdichtung eintritt, letzten Endes durch eine zusätzliche, über den Betrag der Arbeit hinausgehende Wärmeabgabe an das Kühlwasser bewirkt wird. Dies trifft nicht nur für die isotherme Verdichtung, sondern auch für jede andere Art von Verdichtung zu, bei der das Gas schließlich wieder auf die Ausgangstemperatur gekühlt wird. Die genannte Enthalpieabnahme ist überdies beim Verflüssigungsverfahren von Linde nach Gl. (1.67) gleich der Kältemenge, die durch das Gas im Verflüssigungsprozeß gewonnen werden soll. Energetisch betrachtet wird hiernach die Verflüssigungskälte durch entsprechende Wärmeabgabe an das Kühlwasser schon während der Kompression erzeugt, während sie im Verflüssiger lediglich auf die für die Verflüssigung notwendige tiefe Temperatur gebracht wird. Dies kommt auch dadurch zum Ausdruck, daß die verdichtete Luft im Vergleich zur unverdichteten Luft bereits mit dem Energiedefizit $h_2 - h_1$ in den Gegenströmer eintritt, was der zu erzeugenden Kältemenge entspricht.

1.2.1.1.6 Arbeitsaufwand für die Verflüssigung von 1 kg Luft

In der Praxis kommt es darauf an, eine bestimmte Menge flüssiger Luft mit einem möglichst geringen Arbeitsaufwand zu erzeugen. Man will also einen möglichst kleinen Wert des Verhältnisses $W'_{t\,eff}/y$ erhalten, wenn wie oben $W'_{t\,eff}$ den effektiven Arbeitsaufwand für 1 kg Luft und y die aus 1 kg gewonnene Menge flüssiger Luft bedeutet. Tabelle 1.6 zeigt das errechnete Verhältnis $W'_{t\,eff}/y$ für den Fall, daß die Temperatur am warmen Ende des Gegenströmers ebenso wie die Ansaugetemperatur des Kompressors $t_1 = 15\,°C$ beträgt, daß man die Kompressorarbeit $W'_{t\,eff}$ nach Gl. (1.71) berechnet und daß im Drosselventil stets vollständig bis auf Atmosphärendruck entspannt wird. Die in Wirklichkeit stets vorhandenen und erst später zu besprechenden Kälteverluste des Verflüssigers sind vernachlässigt.

Tabelle 1.6. Kälteleistung und Arbeitsaufwand beim Linde-Prozeß mit einfacher Entspannung. Temperatur der Luft vor der Verdichtung und vor Eintritt in den Gegenströmer = 15 °C (T_1 = 288 K) Kältebedarf für 1 kg flüssiger Luft $h_1 - h_0$ = 417 kJ/kg, Druck der Luft bei Eintritt in den Verflüssiger = p_2. Die Kälteverluste sind vernachlässigt

p_2 in bar	50	100	200
$Q_2 = h_1 - h_2$ (Gl. 1.67)	11,61	21,74	37,42
$y = Q_2 : (h_1 - h_0)$	0,0278	0,0521	0,0897
$W'_{t\,eff}$ in kWh/kg Luft	0,148	0,174	0,200
$W'_{t\,eff}/y$ = Arbeit in kWh für 1 kg flüssige Luft	5,32	3,34	2,23

Wie diese Tabelle erkennen läßt, nimmt der Arbeitsaufwand für 1 kg flüssige Luft mit wachsendem Druck p_2 erheblich ab. Dies erklärt sich daraus, daß der integrale Thomson-Joule-Effekt und damit auch die Kälteleistung Q_2 nahezu proportionale mit p_2 zunimmt, der Arbeitsaufwand hingegen nur mit dem Logarithmus von p_2/p_1, d. h. viel langsamer, ansteigt.

Vergleicht man die berechneten Werte mit dem Mindestarbeitsaufwand von 0,194 kWh für 1 kg flüssige Luft beim Idealprozeß (vgl. Abschnitt 1.1.3.2.3), so erscheint selbst der günstigste Wert von 2,23 kWh/kg in Tabelle 1.6 noch reichlich hoch. Theoretisch ließe sich zwar durch Erhöhung des Drucks bis auf etwa 250 bar noch eine kleine Verbesserung erzielen, doch hat Linde zwei wesentlich wirksamere Mittel zur Erniedrigung des Arbeitsaufwandes gefunden: den Hochdruckkreislauf und die Vorkühlung. Außerdem wird in Abschnitt 1.2.2.1 gezeigt, daß bei Entspannung unter äußerer Arbeitsleistung die erforderliche Kältemenge auch bei niedrigeren Drücken vorteilhaft erzeugt werden kann.

1.2.1.2 Verfahren von Linde mit Hochdruckkreislauf und Vorkühlung

1.2.1.2.1 Hochdruckkreislauf

Der Grundgedanke des Hochdruckkreislaufs beruht im wesentlichen darauf, daß man bei gleich großer verflüssigter Menge erheblich an Kompressorarbeit sparen kann, wenn man den Enddruck der Drosselung höher als Atmosphärendruck wählt. Denn aus der Darstellung der erzeugten Kältemenge im h,T-Diagramm (vgl. Bild 1.38) ersieht man, daß diese Kältemenge angenähert dem Druckunterschied zwischen Anfang und Ende der Drosselung proportional ist. Der Arbeitsaufwand hingegen hängt nach Gl. (1.71) vom Druckverhältnis ab. Hieraus folgt, daß die erzeugte Kältemenge angenähert gleich groß ist, wenn man z. B. von 150 auf 1 bar oder von 200 auf 50 bar abdrosselt, daß hingegen im zweiten Falle infolge der Abnahme des Druckverhältnisses von 150 auf 4 der Arbeitsaufwand sich auf 28 % des Wertes im ersten Falle verringert. Es kann daher durch Erhöhung des unteren Druckes der Arbeitsverbrauch für 1 kg flüssige Luft erheblich herabgesetzt werden.

Der Hochdruckkreislauf läßt sich aber nicht allein zwischen dem höchsten und einem mittleren Druck durchführen. Es muß vielmehr mindestens so viel Luft vollständig entspannt werden, wie dem Apparat flüssig entnommen werden soll. Denn im allgemeinen will man die flüssige Luft bei Atmosphärendruck erhalten. Der Betrag der vollständig zu entspannenden Luft erhöht sich weiterhin dadurch, daß bei der Entspannung vom mittleren Druck auf Atmosphärendruck ein Teil der bei den mitt-

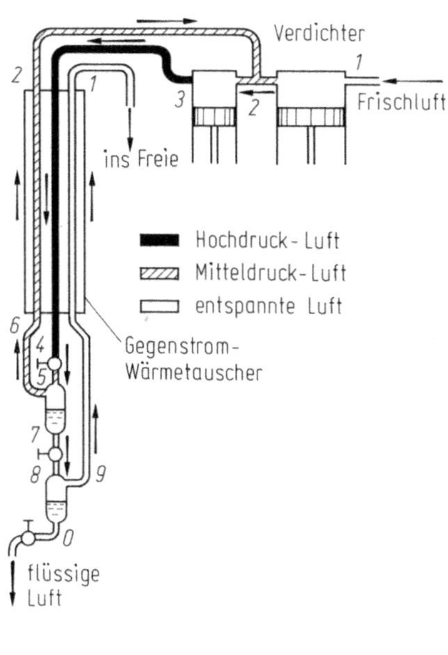

Bild 1.41. Luftverflüssigung nach Linde mit Hochdruckkreislauf

leren Druck flüssig gewonnenen Luft wieder verdampft. Eine der vollständig entspannten Luft gleiche Menge muß aber auch vom Verdichter wieder frisch angesaugt und auf den mittleren Druck verdichtet werden. Wie nach diesen Überlegungen die Luftverflüssigung mit Hochdruckkreislauf praktisch durchgeführt werden kann, zeigt das Schema in Bild 1.41, in dem der Einfachheit halber die Kompressorkühler weggelassen sind.

Schwarz bedeutet die Hochdruckluft, schraffiert die Mitteldruckluft und weiß die entspannte Luft unter Atmosphärendruck. Zwischen *1* und *2* wird die unter Atmosphärendruck frisch angesaugte Luft auf den mittleren Druck p_2 verdichtet. Bei *2* vereinigt sich diese Luftmenge mit der aus dem Verflüssigungsapparat zurückkehrenden Mitteldruckluft und wird mit dieser gemeinsam zwischen *2* und *3* auf den hohen Druck p_3 verdichtet. Die Hochdruckluft wird hierauf im Gegenstrom-Wärmeaustauscher durch die zurückströmende Luft, welche zum Teil aus Mitteldruckluft, zum Teil aus vollständig entspannter Luft besteht, abgekühlt und dann zwischen *4* und *5* durch ein Ventil auf den Mitteldruck p_2 gedrosselt. Ein Teil der Mitteldruckluft (*6*) strömt durch den Gegenströmer zum Kompressor zurück. Der Rest, der sich im Gefäß *7* ganz oder größtenteils flüssig abscheidet, wird durch das Ventil zwischen *7* und *8* auf Atmosphärendruck entspannt. Bei dieser zweiten Drosselung verdampft wieder ein Teil (*9*), der angenähert unter Atmosphärendruck durch den Gegenströmer zurückgeleitet wird; der andere Teil kann bei *0* als flüssige Luft dem Apparat entnommen werden.

Die Bilder 1.42 und 1.43 zeigen denselben Vorgang im h,T- und im T,s-Diagramm, worin die Ziffern mit dem Schema in Bild 1.41 übereinstimmen. Hierbei ist angenommen, daß von 1 kg Luft, das bei der Temperatur T_1 von p_2 auf p_3 verdichtet und nach Gegenstromkühlung zwischen *4* und *5* wieder auf p_2 gedrosselt wird, M kg vollständig entspannt werden (*7*–*8*). Dann strömen ($1 < M$) kg Luft unter Mitteldruck (*6*–*2*) und ($M - y$) kg unter Atmosphärendruck (*9*–*1*) durch den Gegenströmer

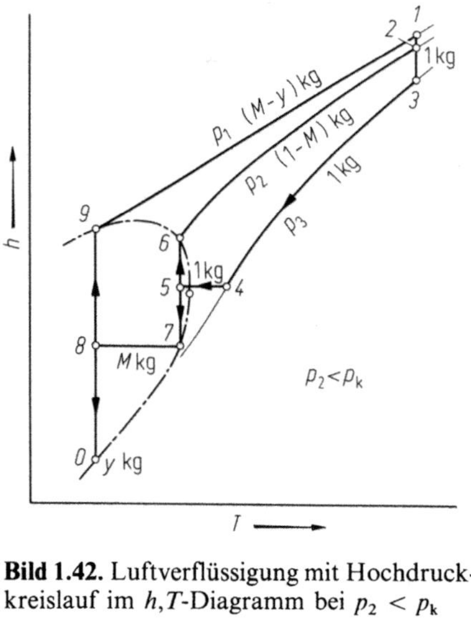

Bild 1.42. Luftverflüssigung mit Hochdruckkreislauf im h,T-Diagramm bei $p_2 < p_k$

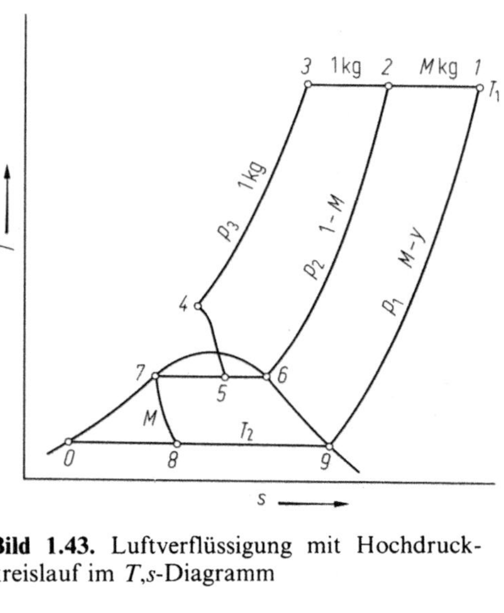

Bild 1.43. Luftverflüssigung mit Hochdruckkreislauf im T,s-Diagramm

zurück, wenn y den verflüssigten Bruchteil der gesamten auf Hochdruck verdichteten Luftmenge bedeutet.

In den Bildern 1.41 bis 1.43 ist angenommen, daß der mittlere Druck p_2 niedriger als der kritische Druck der Luft ($p_k = 37{,}7$ bar) ist. In diesem Falle kann sich schon nach der ersten Drosselung Flüssigkeit bilden und vom Dampf getrennt werden. Sehr häufig ist jedoch $p_2 > p_k$. Dann führt die erste Drosselung auf einen homogenen Zustand überkritischen Druckes, von dem aus sowohl die Erwärmung eines Teiles der Luft bei Mitteldruck im Gegenströmer wie auch die zweite Drosselung des anderen Teiles der Luft beginnt. Die Punkte *5*, *6* und *7* in den Bildern 1.42 und 1.43 fallen daher zusammen. Der gesamte Vorgang im Verflüssiger wird in diesem Fall im h,T-Diagramm durch Bild 1.44 dargestellt.

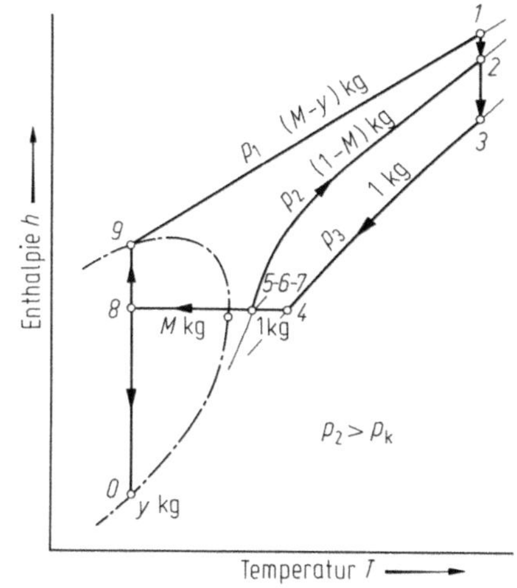

Bild 1.44. Luftverflüssigung mit Hochdruckkreislauf im h,T-Diagramm bei $p_2 > p_k$

1.2.1.2.2 Kälteerzeugung und Arbeitsaufwand beim Hochdruckkreislauf

Die Kälteerzeugung eines Verflüssigungsprozesses mit Hochdruckkreislauf ergibt sich aus einer ähnlichen Energiebilanz wie beim Linde-Prozeß mit einfacher Entspannung (vgl. Abschnitt 1.2.1.1.2). Die zugeführte Energie besteht wieder aus der Enthalpie der am warmen Ende des Gegenströmers eintretenden verdichteten Luft. Zur abgeführten Energie kommt jetzt noch die Enthalpie der aus dem Gegenströmer austretenden Mitteldruckluft hinzu. Wir erhalten daher, bezogen auf 1 kg Hochdruckluft und auch wieder unter Vernachlässigung aller Kälteverluste

$$\text{zugeführte Energie} = h_3,$$
$$\text{abgeführte Energie} = yh_0 + (M - y)\,h_1 + (1 - M)\,h_2$$

und durch Gleichsetzen beider Energiemengen

$$Q_2 = y(h_1 - h_0) = (h_2 - h_3) + M(h_1 - h_2)\,. \tag{1.75}$$

Ebenso wie bei der einfachen Entspannung hängt also auch in diesem Falle die erzeugte Kältemenge, abgesehen von M, nur von den Werten der Enthalpie am warmen Ende des Gegenströmers ab. Dies läßt sich auch noch anders ausdrücken. Setzt man zur Abkürzung $h_2 - h_3 = \Delta h_H$ und $h_1 - h_2 = \Delta h_N$, wobei man Δh_H und Δh_N als die isothermen Drosseleffekte nach Abschnitt 1.2.1.1.2 auffassen kann, dann geht Gl. (1.75) über in

$$q_2 = \Delta h_H + M \, \Delta h_N .$$

Hieraus erkennt man, daß die Kältemenge auch gleich der Summe der beiden Enthalpiedifferenzen am warmen Ende des Gegenströmers ist, wenn man jede dieser Differenzen jeweils für die Luftmenge berechnet, die in der höheren oder niedrigeren Entspannungsstufe gedrosselt wird.

Für die Verdichtung wollen wir wieder voraussetzen, daß der Kompressor die Luft mit der Temperatur T_1 ansaugt und daß die Luft auch nach jeder Verdichtungsstufe möglichst wieder auf die Temperatur T_1 abgekühlt wird. Dann ergibt sich für die effektive Kompressorarbeit nach Gl. (1.71), bezogen auf 1 kg hochverdichteter Luft,

$$W'_{t\,\mathrm{eff}} = 0{,}0827 \, \frac{T_1}{273} \left(\lg \frac{p_3}{p_2} + M \lg \frac{p_2}{p_1} \right) \quad \text{in} \quad \frac{\mathrm{kWh}}{\mathrm{kg}} , \tag{1.76}$$

worin der Faktor 0,0827 je nach der Güte und Größe des Kompressors auch etwas anders gewählt werden kann.

Setzen wir als Beispiel $p_1 = 1$ bar, $p_2 = 50$ bar, $p_3 = 200$ bar, $T_1 = 288$ K (15 °C) und $M = 0{,}2$, dann errechnet sich mit den angegebenen Beziehungen $Q_2 = 28{,}3$ kJ, $y = 0{,}0679$, $W'_{\mathrm{eff}} = 0{,}0820$ kWh/kg und hiermit als Arbeitsaufwand für 1 kg flüssige Luft

$$\frac{W'_{t\,\mathrm{eff}}}{y} = 1{,}208 \, \frac{\mathrm{kWh}}{\mathrm{kg}} .$$

Dies bedeutet eine erhebliche Verringerung im Vergleich zu dem Wert 2,23 kWh/kg, der sich nach Tabelle 1.6 bei vollständiger Entspannung von 200 bar bis auf Atmosphärendruck ergeben hatte.

1.2.1.2.3 Vorkühlung

Aus den bisherigen Betrachtungen geht hervor, daß für die Kälteleistung eines Linde-Prozesses nur die Größe des Thomson-Joule-Effektes am warmen Ende des Gegenströmers maßgebend ist, daß hingegen die größeren Werte der Abkühlung, die bei der tieferen Temperatur im Drosselventil auftreten, ohne Einfluß sind. Will man trotzdem die Zunahme des Thomson-Joule-Effektes mit sinkender Temperatur zu einer Vergrößerung der Kälteerzeugung ausnützen, so ist dies nur möglich, indem man mit Hilfe einer Kältemaschine die Eintrittstemperatur in den Gegenströmer erniedrigt, d. h. die Luft vorkühlt. Man stellt so gewissermaßen künstlich eine tiefere Umgebungstemperatur her, von der aus der Verflüssigungsprozeß seinen Ausgang nimmt.

Erniedrigt man z. B. die Eintrittstemperatur auf −50 °C, so ist der Thomson-Joule-Effekt und damit auch die Kälteleistung ungefähr 1,7mal so groß wie bei einer Eintrittstemperatur von +15 °C. Am klarsten erkennt man dies aus dem h,T-Diagramm (Bild 1.38), in dem auch bei Vorkühlung die durch Drosselung von 1 kg Luft gewinnbare Kältemenge durch den senkrechten Abstand zwischen den Isobaren für den Anfangs- und Enddruck der Drosselung dargestellt wird. Dieser Abstand nimmt mit sinkender Vorkühltemperatur T_1' zu.

Durch die Vorkühlung wird indessen nicht nur die Kälteleistung erhöht, sondern zugleich der Kältebedarf $h_1 - h_0$ für 1 kg Luft erniedrigt, da ja nach dem h,T-Diagramm der Betrag der Enthalpie h_1 bei Atmosphärendruck am warmen Ende des Gegenströmers auf den Wert h_1' bei der Vorkühltemperatur sinkt. Der Kältebedarf für die Verflüssigung von 1 kg Luft beträgt z. B. bei einer Vorkühlung auf −50 °C nur noch 351 statt 417 kJ/kg bei 15 °C; vgl. auch Bild 1.7.

1.2.1.2.4 Arbeitsaufwand für die Vorkühlung

Die für die Vorkühlung benötigte Kältemaschine erfordert einen zusätzlichen Arbeitsaufwand, der aber im Vergleich zum Gewinn an Kälteleistung gering ist. Er wird vor allem dann sehr niedrig, wenn man die Kälte der aus dem Hauptgegenströmer austretenden entspannten und noch ziemlich kalten Luft in einem vorgeschalteten Gegenströmer mit ausnützt. Dieser vorgeschaltete Gegenströmer wird Gegenstromkühler genannt.

Wie anschließend bewiesen werden soll, aber auch ohne weiteres einleuchtet, hat die Kältemaschine bei vollkommener Wirkung des Gegenstromkühlers folgende zwei Aufgaben zu erfüllen:

1. Sie soll die Kälteerzeugung des Verflüssigungsprozesses von dem Betrag Q_2 bei der Umgebungstemperatur T_1 auf den Betrag Q_2' bei der Vorkühlungstemperatur T_1' erhöhen.
2. Sie soll die zu verflüssigende Luftmenge y von T_1 auf T_1' abkühlen, wozu die Kältemenge $y(h_1 - h_1')$ aufzubringen ist. Die Kältemaschine muß hiernach je kg hochverdichteter Luft bei Vernachlässigung aller Verluste folgende Kältemenge erzeugen:

$$Q_K = Q_2' - Q_2 + y(h_1 - h_1') \,. \tag{1.77}$$

Die Richtigkeit dieser Gleichung läßt sich für den Linde-Prozeß mit einfacher Entspannung leicht wie folgt beweisen. Bild 1.45 stelle einen zwischen der Umgebungstemperatur T_1 und der Vorkühlungstemperatur T_1' liegenden Ausschnitt des h,T-Diagramms dar. Der nach der Entspannung nicht verflüssigte Teil $1 - y$ der Luftmenge vermag beim Zurückströmen durch den Gegenstromkühler die Wärmemenge $(1 - y)(h_1 - h_1')$ aufzunehmen. Hierdurch wird die verdichtete Luft im Gegenstromkühler bis zum Punkt 2* in Bild 1.45 abgekühlt. Die Kälte-

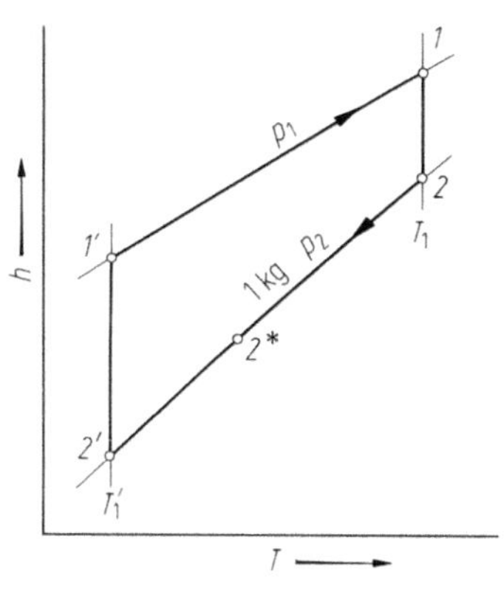

Bild 1.45. Erste Vorkühlung durch Gegenstromkühler

maschine hat dann noch die weitere Abkühlung von 2^* nach $2'$ zu bewirken, was je kg verdichteter Luft die Kältemenge

$$Q_K = h_2^* - h_2'$$

erfordert. Da nun für den Gegenstromkühler bei vollkommenem Austausch die Beziehung gilt

$$h_2 = h_2^* = (1 - y)(h_1 - h_1'),$$

erhält man durch Auflösen dieser Beziehung nach h_2^* und Einsetzen in die vorhergehende Gleichung

$$Q_K = (h_1' - h_2') - (h_1 - h_2) + y(h_1 - h_1'). \qquad (1.78)$$

Die beiden ersten Ausdrücke auf der rechten Seite stellen nach Gl. (1.67) nichts anderes als die Werte Q_2' und Q_2 der Kälteerzeugung bei den Temperaturen T_1' und T_1 dar. Damit geht aber, wie zu beweisen war, Gl. (1.78) in Gl. (1.77) über. Gl. (1.77) gilt auch für den Linde-Prozeß mit Hochdruckkreislauf, was sich grundsätzlich ebenso beweisen läßt.

Praktisch ist die Kälteleistung der Kältemaschine etwas größer zu wählen als nach Gl. (1.77), weil von der Kälte, die in der aus dem Hauptgegenströmer austretenden Luftmenge enthalten ist, praktisch höchstens 70 bis 80 % ausgenützt werden.

1.2.1.2.5 Einfluß der Vorkühlung auf den Arbeitsaufwand für die Luftverflüssigung

Nachstehende Beispiele lassen durch Vergleich mit den früheren Rechnungen den großen Einfluß der Vorkühlung erkennen. In diesen Beispielen ist die Vorkühlungstemperatur zu −50 °C und die spezifische Kälteleistung der Kältemaschine, etwa einer zweistufigen Ammoniak-Kältemaschine entsprechend, zu 1150 kcal/kWh = 4815 kJ/kWh angenommen. Außerdem ist vorausgesetzt, daß nicht nur der Verflüssigungsprozeß selbst verlustfrei verläuft, sondern auch im Gegenstromkühler eine vollkommene Wärmeübertragung stattfindet.

Bei dem Beispiel mit Hochdruckkreislauf ist zu beachten, daß bei Vorkühlung der Bruchteil M der vollständig zu entspannenden Luftmenge größer gewählt werden muß als ohne Vorkühlung, weil mehr Luft verflüssigt wird. Infolgedessen ist auch bei Vorkühlung die durch den Hochdruckkreislauf erzielbare Verbesserung verhältnismäßig kleiner als ohne Vorkühlung, aber immer noch sehr beträchtlich. Der in der 2. Spalte von Tabelle 1.7 angegebene Arbeitsaufwand von 0,752 kWh für 1 kg

Tabelle 1.7. Luftverflüssigung nach Linde bei Vorkühlung auf −50 °C

	Einfache Entspannung von 200 auf 1 bar	Hochdruckkreislauf zwischen 50 und 200 bar $M = 0,35$
Q_2' in kJ/kg	65,2	52,3
y	0,186	0,149
Kompressorarbeit in kWh/kg	0,200	0,104
Arbeit der Kältemaschine in kWh/kg	0,010	0,008
Gesamtarbeitsaufwand W'_{eff} in kWh/kg	0,210	0,112
W'_{eff}/y = Arbeit in kWh für 1 kg flüssige Luft	1,129	0,752

flüssige Luft stellt den günstigsten Wert dar, der nach dem Verfahren von Linde theoretisch, d. h. ohne Berücksichtigung der noch zu erörternden Verluste des Verflüssigungsapparates, erreicht werden kann. Allerdings ist hierbei vorausgesetzt, daß man die Vorkühltemperatur nicht unter —50 °C senkt, was praktisch nur schwer möglich wäre.

Die nachfolgenden Diagramme Bilder 1.46 sowie 1.51 bis 1.58 sind auf Grund älterer Zustandsdiagramme der Luft berechnet worden, die Hausen (H 5] aus den Meßwerten des Thomson-Joule-Effektes ermittelt hat. Hierbei ergaben sich etwas geringere Energieverbrauchswerte als in den neuen Tabellen 1.6 und 1.7. Trotzdem dürften diese älteren Bilder die wesentlichen Zusammenhänge klar erkennen lassen.

Bild 1.46 zeigt das Ergebnis der Berechnung für eine größere Zahl von Fällen des Hochdruckkreislaufes mit und ohne Vorkühlung. Hierbei beträgt der Höchstdruck stets 200 bar, während der als Abszisse aufgetragene Mitteldruck alle Werte zwischen 1 und 200 bar annehmen kann. Als Ordinate ist W'_{eff}/y, d. h. der Arbeitsaufwand für 1 kg flüssige Luft aufgetragen. Es zeigt sich, daß ein Mitteldruck von 40–60 bar am günstigsten ist. In Bild 1.46 sind auch Kurven (langgestrichelt) für die Grenze der Durchführbarkeit eingezeichnet, d. h. bei kleineren Werten von M wäre es unmöglich, die gesamte erzeugte Kälte in Form von flüssiger Luft zu gewinnen.

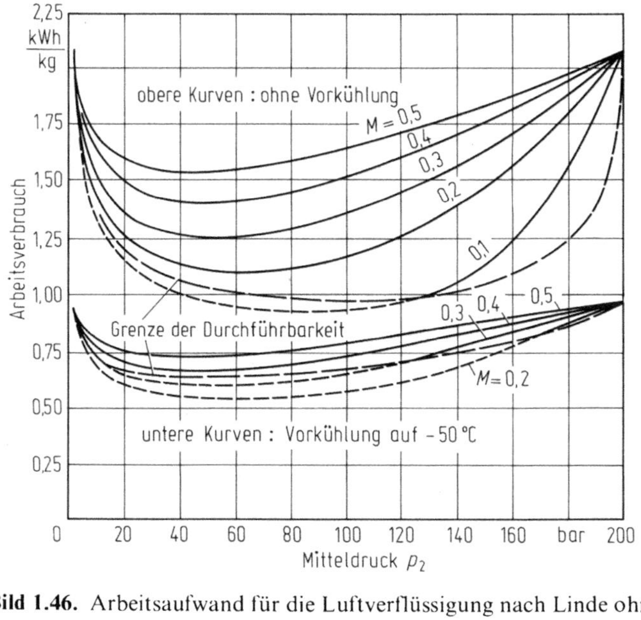

Bild 1.46. Arbeitsaufwand für die Luftverflüssigung nach Linde ohne und mit Vorkühlung

1.2.2 Luftverflüssigung nach Claude und Heylandt

Bei dem im Jahre 1902 von Claude [C 2] erfundenen Verfahren der Luftverflüssigung wird die Kälte hauptsächlich durch Entspannung der Luft in einer Kolben-Expansionsmaschine unter Leistung äußerer Arbeit erzeugt. In einer solchen Maschine kühlt sich die Luft bei gleicher Drucksenkung bekanntlich viel stärker ab als bei

Drosselung in einem Ventil. Geht man z. B. von einer Temperatur von −100 °C und einem Druck von 40 bar aus, dann kann man theoretisch durch verlustfreie Entspannung in einer Expansionsmaschine bis auf 1 bar nicht nur die zwischen −191 und −194 °C liegende Verflüssigungstemperatur der Luft erreichen, sondern überdies 15% der Luft flüssig erhalten. Bei Drosselung vom gleichen Anfangszustand aus würde hingegen die Temperatur nur um 29 K sinken. Auch Linde und andere hatten schon an die Verwendung einer Expansionsmaschine gedacht. Der Gedanke des Gegenstromprinzips und der Verflüssigung der Luft unter Entspannung in einer Expansionsmaschine wird schon 1857 von Siemens [S 5] und 1887 von Solvay [S 8] erwähnt. Aber die früheren Versuche mit Expansionsmaschinen waren hauptsächlich daran gescheitert, daß bei tiefen Temperaturen alle damals bekannten Schmiermittel erstarrten. Die gelegentlich ausgesprochene Meinung, bei tiefen Temperaturen könne flüssige Luft selbst als Schmiermittel wirken, scheint sich nicht bestätigt zu haben [G 7]. Auch Claude, der schließlich im Petroläther ein geeignetes Schmiermittel fand, hatte anfänglich keinen Erfolg, weil sich eine Verflüssigung im Expansionszylinder wegen der dabei auftretenden Flüssigkeitsschläge und der unverhältnismäßig hohen Kälteverluste als praktisch undurchführbar erwies. Diese vermehrten Kälteverluste erklären sich aus dem hohen Wärmeübergangskoeffizienten während der Kondensation und dem dadurch gesteigerten Wärmeaustausch der Luft mit dem Kolben und der Zylinderwand. Es war nun der entscheidende Gedanke von Claude, nicht in der Expansionsmaschine selbst Luft zu verflüssigen, sondern die in ihr erzeugte Kälte auf eine andere noch nicht entspannte Luftmenge zu übertragen. Diese zweite Luftmenge verflüssigt sich infolge des höheren Druckes bei einer höheren Temperatur, als dies unter Atmosphärendruck möglich wäre; zum mindesten aber gelangt sie durch die Kühlung in einen vom Verflüssigungsbeginn nur noch wenig entfernten Zustand, so daß nach ihrer Drosselung auf Atmosphärendruck ein großer Teil flüssig erhalten bleibt. Beim Claudeschen Verflüssigungsverfahren wird somit die Entspannung in der Expansionsmaschine nicht allein, sondern nur in Verbindung mit der Drosselung, als Kältequelle benutzt.

Statt in einer Kolbenmaschine kann man die arbeitsleistende Entspannung auch in einer Turbine durchführen, eine Maßnahme, die vor allem bei großen Anlagen zur Gewinnung von Sauerstoff (vgl. Kapitel 4) und von anderen Gasen erhebliche Bedeutung erlangt hat.

Eine Abart des Verfahrens von Claude stellt das Verflüssigungsverfahren von Heylandt [H 11, 12] dar (vgl. auch [L 5 und I 1]). Dieses unterscheidet sich vom Verfahren von Claude im wesentlichen nur durch den Druck und die Temperatur beim Eintritt der Luft in die Expansionsmaschine. Während Claude ursprünglich einen Druck von etwa 40 bar und eine Temperatur von −100 °C und später vielfach noch niedrigere Drucke gewählt hat, läßt Heylandt die Luft mit 150 bis 200 bar und etwa mit Umgebungstemperatur in die Expansionsmaschine eintreten.

1.2.2.1 Wirkungsweise des Claudeschen Luftverflüssigungsverfahrens

Bild 1.47 zeigt die Wirkungsweise des Claudeschen Luftverflüssigungsverfahrens. Die starke schwarze Linie bedeutet die verdichtete, die Doppellinie die entspannte Luft. Zwischen *1* und *2* wird die frisch angesaugte Luft vom Atmosphärendruck p_1 auf den höheren Druck p_2 verdichtet und hierauf im Gegenströmer I durch die entspannte Luft abgekühlt, z. B. auf −100 °C. Ein Teil der verdichteten Luft wird dann

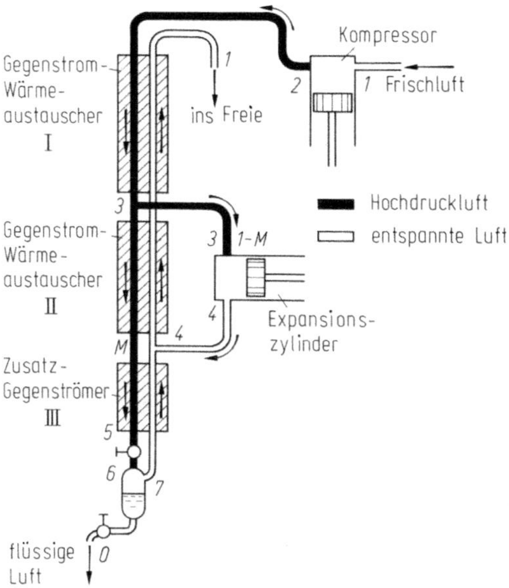

Bild 1.47. Luftverflüssigung nach Claude

zwischen *3* und *4* in der Expansionsmaschine auf Atmosphärendruck entspannt und durch den Gegenströmer II zurückgeleitet. In diesem Gegenströmer, den Claude „liquéfacteur" genannt hat, überträgt die entspannte Luft ihre Kälte auf den anderen in *3* abzweigenden Teil der verdichteten Luft, der hierdurch verflüssigt oder wenigstens in einen Zustand übergeführt wird, der dem flüssigen Zustand schon sehr nahe liegt. Nach Drosselung dieser Luftmenge im Ventil zwischen *5* und *6* bleibt ein Teil flüssig und kann bei *0* als das gewünschte Endprodukt entnommen werden. Die bei der Drosselung entstehenden Dämpfe hingegen vereinigen sich mit der aus dem Expansionszylinder ausströmenden Luft und werden mit dieser gemeinsam durch die Gegenströmer II und I zurückgeleitet. Der in Bild 1.47 außerdem dargestellte Zusatz-

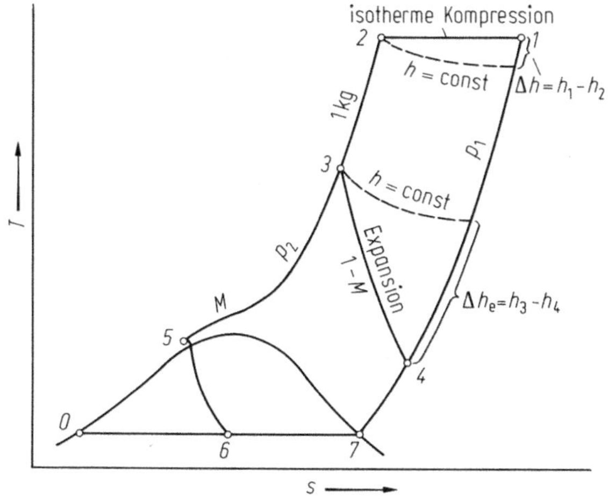

Bild 1.48. Luftverflüssigung nach Claude im T,s-Diagramm

gegenströmer III, in dem die verdichtete Luft vor ihrer Drosselung noch etwas weiter abgekühlt werden kann, wird meist nicht ausgeführt.

Bild 1.48 zeigt denselben Vorgang im *T,s*-Diagramm. Hierbei ist angenommen, daß von jedem kg Luft, das von *1* nach *2* verdichtet und von *2* nach *3* im Gegenströmer I abgekühlt worden ist, der Bruchteil *M* mit unverändertem Druck durch den Gegenströmer II weiterströmt, der Bruchteil (1 — *M*) hingegen in der Expansionsmaschine entspannt wird. Die zuerst genannte Luftmenge wird längs der Kurve konstanter Enthalpie *5–6* gedrosselt. Danach zerfällt sie in Flüssigkeit vom Zustand *0* und Dampf vom Zustand *7*. Die Strecke *7–4* kennzeichnet die Erwärmung der dampfförmig gebliebenen Luft im Zusatzgegenströmer, die Linie *4–1* die Erwärmung der gesamten nicht verflüssigten Luftmenge in den Gegenströmern II und I. Bei Wegfall des Zusatzgegenströmers ergibt sich durch Mischung der nach der Drosselung verbleibenden Dämpfe mit der in der Maschine entspannten Luft ein zwischen *7* und *4* liegender Zustand, von dem aus die gemeinsame Erwärmung in den Gegenströmern beginnt.

Zur Verbesserung seines Verfahrens hat Claude vorgeschlagen, die Luft in einer zweistufigen Expansionsmaschine zu entspannen. Auch kann es vorteilhaft sein, die in den „liquéfacteur" gelangende Luft höher zu verdichten als die Luft, welche zur Expansionsmaschine geleitet wird. Soll Sauerstoff verflüssigt werden, dann hält Claude (vgl. [G 7]) es für vorteilhaft, den Sauerstoff nur zum liquéfacteur strömen zu lassen, in der Expansionsmaschine aber nach wie vor Luft zu entspannen. Im folgenden sollen diese Abarten des Claudeschen Verfahrens nicht näher erörtert werden, weil sich ihre Wirkungsweise leicht verfolgen läßt, wenn man die nachstehend für das übliche Verfahren entwickelten Berechnungsgrundlagen sinngemäß anwendet.

1.2.2.2 Verlauf der Entspannung in der Expansionsmaschine

In Bild 1.48 ist die Kurve *3–4* der Entspannung in der Expansionsmaschine nicht als senkrechte Linie s = const eingezeichnet, wie es für eine umkehrbar adiabate Entspannung zu fordern wäre. Im Verlauf der Kurve ist vielmehr berücksichtigt, daß die Entspannung mit merklichen Verlusten vor sich geht. Ein Teil dieser Verluste beruht darauf, daß die Luft während der Zuleitung zur Maschine, während der Expansion selbst sowie auch während des Abströmens von der Maschine aus der Umgebung Wärme aufnimmt. Weitere Verluste sind vor allem durch die Drosselung im Ein-

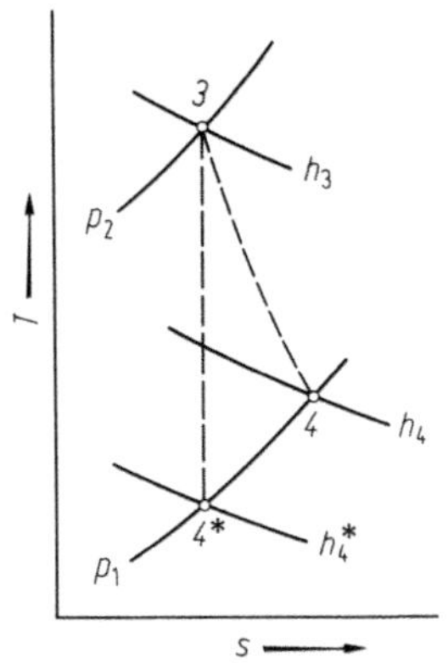

Bild 1.49. Bestimmung des Endzustandes der Expansion

und Auslaßventil verursacht. Kleinere Verluste können überdies durch Kolbenreibung und dergleichen entstehen.

Da man die Verluste im allgemeinen nicht im einzelnen kennt, drückt man sie in ihrer Gesamtheit durch einen Wirkungsgrad der Kälteleistung der Expansionsmaschine aus. Dieser „Kältewirkungsgrad" η_k, wie wir ihn kurz nennen wollen, sei gleich dem Verhältnis der in der Maschine einschließlich der Zu- und Ableitung wirklich erzielten Verringerung der Enthalpie zu der Abnahme der Enthalpie, die sich bei demselben Anfangszustand und demselben Enddruck bei umkehrbar adiabater Entspannung ergeben müßte. Stellt im *T,s*-Diagramm (Bild 1.49) der Punkt *3* wieder den Ausgangszustand der Entspannung, *4* den wahren Endzustand, *4** aber den Endzustand bei umkehrbarer adiabater Expansion dar, dann ist der Kältewirkungsgrad gegeben durch die Beziehung

$$\eta_k = \frac{h_3 - h_4}{h_3 - h_4^*} . \tag{1.79}$$

Ist hingegen nicht der Endzustand, sondern η_k bekannt, dann kann man h_4 und damit den Endzustand in Bild 1.49 wie folgt festlegen: Man sucht zunächst Punkt *4** als Schnittpunkt der Senkrechten durch Punkt *3* mit der Isobare für den Enddruck p_1 auf und liest aus den eingezeichneten Isenthalpen den Wert von h_4^* ab. Damit ist nach Gl. (1.79) h_4 bestimmt, wofür man erhält

$$h_4 = h_3 - \eta_k(h_3 - h_4^*) . \tag{1.80}$$

Die Punkte *3* und *4* im *T,s*-Diagramm kann man dann der Übersicht wegen wie in Bild 1.49 durch eine willkürlich wählbare Kurve verbinden. Der Kältewirkungsgrad hängt stark von der Größe, Bauart und Güte der Expansionsmaschine ab, er schwankt zwischen 70 und 90%, je nachdem, ob man ältere oder neuere Ausführungen betrachtet; vgl. Abschnitt 1.2.2.4.

1.2.2.3 Kälteleistung des Claudeschen Verflüssigungsverfahrens

Ebenso wie beim Linde-Prozeß erhält man auch beim Verfahren von Claude den Betrag an erzeugter Kälte und die je kg verdichteter Luft flüssig gewinnbare Menge durch eine einfache Energiebilanz. Diese Bilanz ist wieder für den ganzen Verflüssigungsapparat ausschließlich Kompressor und Kompressorkühler, zweckmäßig aber auch ausschließlich der Expansionsmaschine, aufzustellen (vgl. Bild 1.47). Die zur Expansionsmaschine strömende Luftmenge trägt die durch ihre Enthalpie bestimmte Energie aus dem Apparat heraus, während umgekehrt die aus der Maschine austretende Luft eine kleinere Energiemenge in den Apparat zurückführt. Wir erhalten daher nach den Bildern 1.47 und 1.48

als zugeführte Energie: $h_2 + (1 - M)h_4$,
als abgeführter Energie: $yh_0 + (1 - M)h_3 + (1 - y)\, h_1$

und durch Gleichsetzen beider als je kg Luft gewinnbare Kältemenge:

$$Q_2 = y(h_1 - h_0) = h_1 - h_2 + (1 - M)\,(h_3 - h_4) . \tag{1.81}$$

Setzt man hierin wie früher $h_1 - h_2 = \Delta h$ und $h_3 - h_4 = \Delta h_e$, so daß Δh_e die Abnahme der Enthalpie in der Expansionsmaschine je kg Luft bedeutet, dann geht die Gleichung über in

$$Q_2 = y(h_1 - h_0) = \Delta h + (1 - M)\,\Delta h_e\,. \tag{1.82}$$

Diese Gleichung für die erzeugte Kältemenge Q_2 läßt sich wie folgt deuten. Δh stellt nach Gl. (1.67) die Kältemenge je kg Luft für den Fall dar, daß die gesamte Luftmenge nach dem Verfahren von Linde vollständig durch Drosselung bis auf Atmosphärendruck entspannt wird. Werden aber von 1 kg Hochdruckluft nur M kg durch Drosselung, dagegen $(1 - M)$ kg in der Expansionsmaschine entspannt, dann wird die Kältemenge um den Betrag $(1 - M)\,\Delta h_e$ erhöht. Diesen Betrag $(1 - M)\,\Delta h_e$, der die durch die Expansionsmaschine bewirkte Abnahme der Enthalpie der Luftmenge $(1 - M)$ darstellt, können wir als die durch die Expansionsmaschine erzeugte Kältemenge betrachten. Dann erhält man die durch den Claude-Prozeß erzeugte Kältemenge erst vollständig, wenn man zu der in der Expansionsmaschine gewonnenen Kältemenge die gesamte Enthalpiedifferenz am warmen Ende des ersten Gegenströmers hinzuzählt, also auch den Anteil, der auf die durch die Expansionsmaschine strömende Luftmenge entfällt. Dies mag überraschen, es erklärt sich aber zwangslos daraus, daß ebenso wie beim Linde-Verfahren die gesamte Luftmenge mit dem bereits bei der Verdichtung hervorgerufenen Energiedefizit $h_1 - h_2$ in den Verflüssigungsapparat eintritt und zu der hierdurch gewinnbaren Kältemenge noch die in der Expansionsmaschine erzeugte Kälte hinzukommt.

Hiernach ist es im Gegensatz zum Verfahren von Linde, bei dem allein die Enthalpien am warmen Ende des Gegenströmers den Kälteertrag bestimmen, beim Verfahren von Claude sehr wesentlich, was bei den tiefen Temperaturen geschieht. Denn die erzeugte Kältemenge hängt davon ab, welcher Bruchteil der gesamten Luftmenge durch die Expansionsmaschine geleitet wird und mit welcher Temperatur er in die Maschine eintritt. Diese Abhängigkeit soll nachstehend näher untersucht werden.

1.2.2.4 Einfluß von Menge und Temperatur der zur Expansionsmaschine strömenden Luft auf die erzeugte Kältemenge

Nach der oben gewählten Bezeichnungsweise strömt von jedem kg verdichteter Luft der Bruchteil $(1 - M)$ zur Expansionsmaschine und tritt in sie mit der Temperatur T_3 ein. Die in der Expansionsmaschine erzeugte Kältemenge $(1 - M)\,\Delta h_e$ wächst bei gegebenem Verhältnis M mit zunehmender Eintrittstemperatur T_3, und zwar ist sie, wie man aus dem T,s-Diagramm leicht feststellen kann, angenähert T_3 protortional. Verhielte sich die Luft wie ein ideales Gas und wäre der Kältewirkungsgrad η_k der Expansionsmaschine (s. Gl. (1.79)) unveränderlich, dann wäre die Kältemenge nach bekannten thermodynamischen Beziehungen sogar genau T_3 proportional. Denn dann wüchse bei einer Erhöhung der Eintrittstemperatur T_3 das spezifische Volumen der Luft in jedem Zwischenzustand der Expansion im Verhältnis von T_3. Im gleichen Verhältnis müßte daher auch die Arbeitsabgabe der Maschine und damit auch die in ihr erzeugte Kältemenge zunehmen.

Es handelt sich aber nicht nur darum, in der Expansionsmaschine möglichst viel Kälte zu erzeugen, sondern es muß auch untersucht werden, ob diese Kälte im Gegenströmer II (Bild 1.47) auf die zu drosselnde Luftmenge übertragen werden kann. Die Übertragung ist, wie sich aus dem folgenden ergibt, um so schwieriger, mit je höherer Temperatur die Luft in die Expansionsmaschine eintritt und je größer $(1 - M)$ ist. Hierbei kann der Fall eintreten, daß bei Steigerung von T_3 zwar mehr Kälte erzeugt, aber trotzdem weniger flüssige Luft gewonnen wird, weil ein Teil der Kälte nicht mehr an die zu drosselnde Hochdruckluft übertragen werden kann. Diese unausgenützte Kälte verbleibt in der entspannten Luft, indem diese auch bei sonst vollkommenem Wärmeaustausch den Gegenströmer I mit einer Temperatur verläßt, die erheblich tiefer ist als die der eintretenden Hochdruckluft.

Die Frage der Übertragbarkeit der Kälte kann man grundsätzlich dadurch beantworten, daß man den *Verlauf der Temperaturunterschiede in den Gegenströmern betrachtet*. Diese Temperaturunterschiede lassen sich mit Hilfe einer Energiebilanz

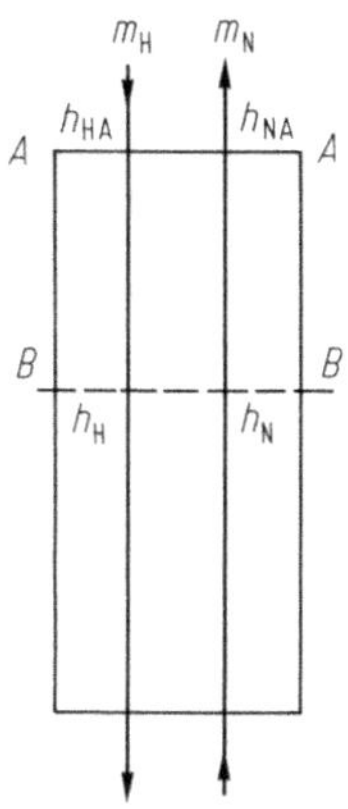

Bild 1.50. Enthalpiebilanz für einen Gegenströmer

wie folgt berechnen. Bild 1.50 stelle einen Gegenströmer dar, durch den in einer gegebenen Zeit die auf höherem Druck befindliche Gasmenge m_H von oben nach unten und die Gasmenge m_N niedrigeren Druckes von unten nach oben ströme. Die Temperaturen T_{HA} und T_{NA} der beiden Gase im obersten Querschnitt *A–A* des Gegenströmers sowie auch die entsprechenden Enthalpien h_{HA} und h_{NA} je Mengeneinheit seien bekannt. Gesucht sei der Temperaturunterschied $T_H - T_N$ im Querschnitt *B–B*, wenn man z. B. die Temperatur T_N der Gasmenge niedrigeren Druckes und damit auch ihre Enthalpie h_N als gegeben betrachtet. Da zwischen den Querschnitten *A–A* und *B–B* das Gas höheren Druckes ebensoviel Wärme abgibt, wie das Gas niedrigeren Druckes aufnimmt, ergibt sich

$$m_H(h_{HA} - h_H) = m_N(h_{NA} - h_N)\,. \tag{1.83}$$

Hieraus folgt

$$h_H = h_{HA} - \frac{m_N}{m_H}(h_{NA} - h_N)\,. \tag{1.84}$$

Zu jedem willkürlich angenommenen Wert von h_N kann man hiernach h_H berechnen. Aus dem h,T-Diagramm (Bild 1.7) oder aus dem T,s-Diagramm (Bild 1.13) lassen sich die zu h_N und h_H gehörenden Temperaturen T_N und T_H ablesen. Hierdurch ist der Verlauf des Temperaturunterschiedes $T_H - T_N$ abhängig von T_N oder auch von T_H festgelegt. Bei Anwendung auf das Claudesche Verflüssigungsverfahren ist zu beachten, daß in jedem der verwendeten Gegenströmer das Mengenverhältnis m_N/m_H einen anderen Wert hat.

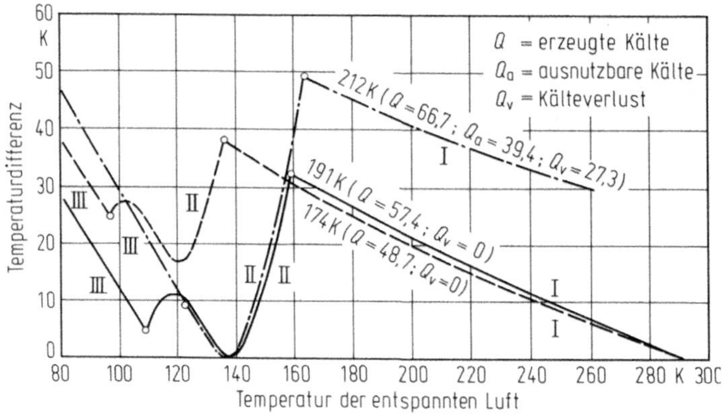

Bild 1.51. Temperaturunterschiede in den Gegenströmern eines Luftverflüssigers nach Claude bei verschiedener Eintrittstemperatur in die Expansionsmaschine. $M = 0{,}2$

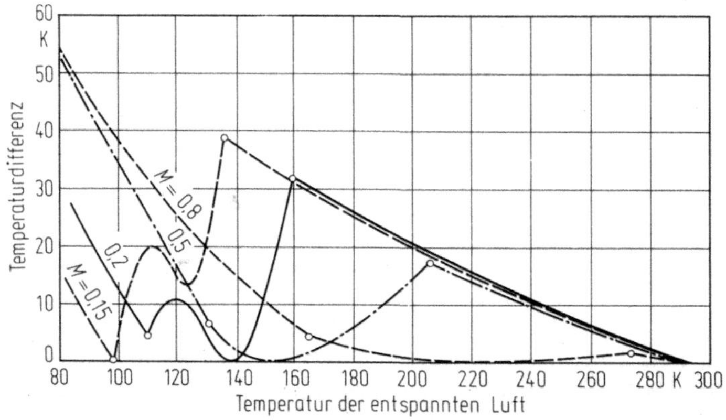

Bild 1.52. Temperaturunterschiede in den Gegenströmern eines Luftverflüssigers nach Claude bei verschiedenem Bruchteil M der durch Drosselung entspannten Luftmenge und bei günstigster Eintrittstemperatur in die Expansionsmaschine. $p_2 = 40$ at $= 39{,}2$ bar

In den Bildern 1.51 und 1.52 sind nach Berechnungen von Hausen [H 4] die in den Gegenströmern eines Claudeschen Verflüssigers auftretenden Temperaturunterschiede dargestellt, die bei einem Druck der verdichteten Luft von 40 at = 39,2 bar auftreten. Die verdichtete Luft trete mit 17 °C in Gegenströmer I ein (vgl. Bild 1.47). Hierbei ist vollkommener Gegenstromwärmeaustausch, also ein unendlich großer Wärmedurchgangskoeffizient oder eine unendliche Übertragungsfläche vorausgesetzt, so daß mindestens an einer Stelle der Gegenströmer der Temperaturunterschied null beträgt. In den Bildern 1.51 und 1.52, in denen die berechneten Temperaturunterschiede abhängig von der Temperatur der entspannten Luft aufgetragen sind, ist der Deutlichkeit halber der Maßstab in senkrechter Richtung doppelt so groß gewählt wie in waagerechter Richtung. Die Grenzen zwischen den einzelnen Gegenströmern sind durch kleine Kreise gekennzeichnet; das rechts befindliche Kurvenstück gilt jeweils für die Gegenströmer I, das mittlere für Gegenströmer II, das linke für den Zusatzgegenströmer III. Das Kurvenstück für Gegenströmer II ist S-förmig gekrümmt, weil hier wegen der Nähe des kritischen Punktes die spezifische Wärmekapazität der verdichteten Luft mit sinkender Temperatur stark anwächst und dann wieder abnimmt.

In Bild 1.51 ist angenommen, daß 20% der Luft durch Drosselung ($M = 0{,}2$) und 80% in der Expansionsmaschine ($1 - M = 0{,}8$) entspannt werden. Dieses Bild soll zeigen, wie die Schwierigkeit der Kälteübertragung auf die zu drosselnde Luftmenge mit wachsender Eintrittstemperatur in die Expansionsmaschine zunimmt. Der durch Gl. (1.79) bestimmte Kältewirkungsgrad der Expansionsmaschine ist nach älteren Erfahrungen zu $\eta_k = 0{,}70$ angenommen, wobei als Enddruck der Entspannung 1,3 ata = 1,28 bar vorausgesetzt ist. Dieser Wert von η_k traf bei kleinen Kolbenexpansionsmaschinen mit einem hohen Entspannungsdruckverhältnis von etwa 30 ($\approx 40/1{,}3$) und höher zu. Die höheren in Abschnitt 1.2.2.2 erwähnten Kältewirkungsgrad von etwa 80 bis 90% beziehen sich auf sehr große Expansionsmaschinen, insbesondere Turbinen, mit nur geringem Entspannungsdruckverhältnis von etwa 5, wie sie heute nach der gewaltigen Steigerung der stündlich zu verarbeitenden Mengen angewendet werden.

Nach Bild 1.51 ist bei einer Eintrittstemperatur von —99 °C = 174 K der Temperaturunterschied am warmen Ende von Gegenströmer I gleich null. An allen übrigen Stellen aller Gegenströmer sind die Temperaturunterschiede reichlich groß, so daß sich in diesem Falle die Wärme leicht übertragen läßt. Mit zunehmender Eintrittstemperatur werden die Temperaturunterschiede im Gegenströmer II und im Zusatzgegenströmer kleiner. Bei —82 °C = 191 K tritt auch an einer Stelle von Gegenströmer II der Temperaturunterschied null auf. Die mit 1 kg Luft in der Expansionsmaschine erzeugte Kälte ist durch diese Temperaturerhöhung von 48,7 bis auf 57,4 kJ angewachsen, sie kann gerade noch vollständig übertragen werden. Bei weiterer Erhöhung der Eintrittstemperatur bis auf —61 °C = 212 K wachsen die Temperaturunterschiede im Gegenströmer I sehr rasch an, so daß sich an seinem warmen Ende ein Temperaturunterschied von 30 K einstellt. Dadurch gehen 27,3 kJ/kg unausgenützt verloren. Trotz Erhöhung der erzeugten Kältemenge auf 66,7 kJ/kg können daher nur 39,4 kJ/kg zur Luftverflüssigung dienen, also erheblich weniger als in den beiden vorhergehenden Fällen. Die günstigste Eintrittstemperatur in die Expansionsmaschine ist hiernach für einen gegebenen Druck und für ein gegebenes Mengenverhältnis M diejenige, bei welcher der Temperaturunterschied null zweimal auftritt, einmal am oberen Ende von Gegenströmer I und ein zweites Mal bei tieferer Temperatur. Da aber die Lage der zweiten Nullstelle nicht von vornherein festliegt, sondern, wie Bild 1.52 zeigt, vom Mengenverhältnis M und außerdem vom Druck abhängt, kann man die günstigste Eintrittstemperatur rechnerisch nur durch Probieren ermitteln.

Praktisch stellt sich bei richtiger Bemessung der Gegenströmer und bei festgehaltenem Bruchteil M die günstigste Eintrittstemperatur in die Expansionsmaschine von selbst ein. Ist z. B. die wirkliche Eintrittstemperatur niedriger, dann wirken Gegenströmer II und III, falls sie richtig bemessen sind, infolge ihrer nach Bild 1.53 vergrößerten Temperaturunterschiede verhältnismäßig stärker als Gegenströmer I. Gegenströmer II und III übernehmen daher einen vergrößerten Teil der Temperatursenkung der verdichteten Luft. Hierdurch steigt die Temperatur am warmen Ende

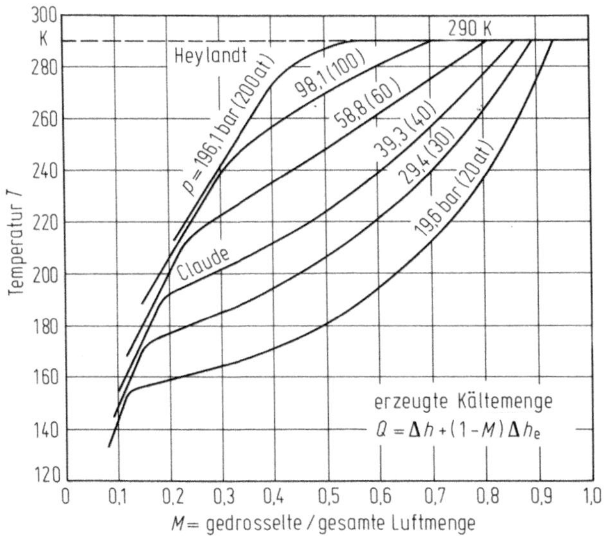

Bild 1.53. Günstigste Temperatur der Luft beim Eintritt in die Expansionsmaschine

von Gegenströmer II und damit auch die Eintrittstemperatur in die Expansionsmaschine. Aus denselben Gründen führt umgekehrt eine zu hohe Eintrittstemperatur zu einer stärkeren Wirkung von Gegenströmer I und damit zu einer Erniedrigung der Eintrittstemperatur. Die im Beharrungszustand eines Verflüssigers sich einstellende Eintrittstemperatur verhält sich hiernach sehr stabil und muß daher auch in praktischen Fällen der errechneten günstigen Eintrittstemperatur sehr nahe liegen.

In Bild 1.53 sind die günstigsten Eintrittstemperaturen für verschiedene Drücke als Funktion vom M dargestellt. Hierbei ist wiederum vollkommene Wärmeübertragung in den Gegenströmern vorausgesetzt. Bei einem gegebenen Wert von M liegen die Eintrittstemperaturen um so höher, je höher der Druck ist. Die Kurven für die einzelnen Drücke beginnen links unten mit demjenigen kleinsten Wert für die Eintrittstemperatur, bei welchem die Verflüssigung in der Expansionsmaschine gerade noch vermieden wird. Die durch Drosselung entspannte Luftmenge wird in diesem Fall nahezu vollständig verflüssigt. Der Knick im unteren Teil jeder Kurve ist durch die sich ändernde Verteilung der Temperaturunterschiede in den Gegenströmern, und zwar hauptsächlich durch die verschiedene Lage der oben besprochenen zweiten Nullstelle bedingt. Für das rasch ansteigende linke Kurvenstück liegt diese Nullstelle am warmen Ende des Zusatzgegenströmers, für das langsam ansteigende rechte Kurvenstück innerhalb des Gegenströmers II oder I. Sie wird hier durch die beschriebene S-förmige Schleife verursacht (vgl. auch Bild 1.51).

Der rasche Anstieg der günstigsten Eintrittstemperatur bei kleinen Werten von M hat auch eine rasche Steigerung der Kälteleistung der Expansionsmaschine zur Folge. Rechts des Knickes nimmt zwar ebenfalls die Kältemenge zu, die in der Maschine je kg Luft erzeugt wird, aber die durch die Expansionsmaschine strömende Luftmenge nimmt verhältnismäßig rascher ab, so daß doch im ganzen die Kälteleistung wieder kleiner wird. Bei gegebenem Druck gibt also die Knickstelle denjenigen Wert von M an, bei welchem die Kälteleistung am größten ist.

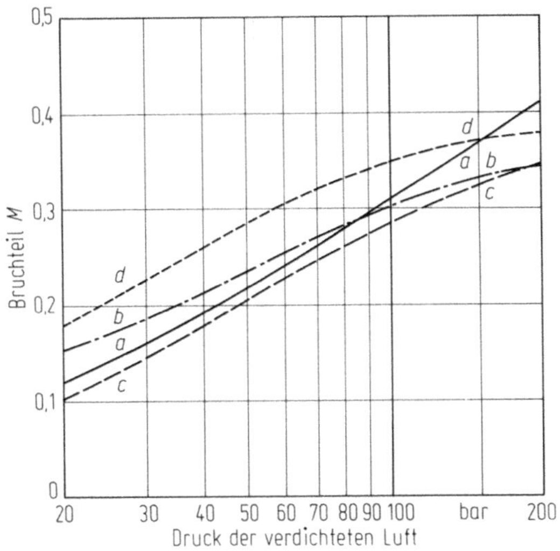

Bild 1.54. Günstigster Bruchteil M der gedrosselten Luftmenge bei der Luftverflüssigung nach Claude. *a* vollkommener Gegenströmer; *b*, *c* und *d* mittlere Temperaturdifferenz im Gegenströmer I und II = 10 K. *a* und *b* Entspannung in der Expansionsmaschine auf 1 at = 0,981 bar; *c* und *d* Entspannung auf 5 at = 4,903 bar

Das so festgelegte günstigste Mengenverhältnis M ist in Bild 1.54 abhängig vom Druck p_2 der verdichteten Luft dargestellt. Kurve *a* gibt die durch die Knickstelle in Bild 1.53 festgelegten Werte an. Die gestrichelten Kurven hingegen sind unter der Annahme berechnet, daß die mittlere Temperaturdifferenz in den Gegenströmern I und II (Bild 1.47) je 10 K und der Kältewirkungsgrad η_k der Expansionsmaschine 70% beträgt. Bei Kurve *b* ist wie bei Kurve *a* vollständige Entspannung bis auf Atmosphärendruck vorausgesetzt; bei den Kurven *c* und *d* wird hingegen der Druck in der Expansionsmaschine nur bis 5 ata = 4,90 bar erniedrigt und die restliche Entspannung durch Drosselung bewirkt, wie es bei Verbindung des Claudeschen Verfahrens mit einem Luftzerlegungsapparat vielfach üblich ist. Bei Kurve *d* ist im Gegensatz zu den anderen drei Kurven der Zusatzgegenströmer in Bild 1.47 weggelassen. Diese Kurve läßt deutlich erkennen, daß bei Wegfallen des Zusatzgegenströmers ein größerer Bruchteil der Luft gedrosselt werden muß, also weniger Luft, Arbeit und Kälte leistend, durch die Expansionsmaschine geschickt werden kann.

Bild 1.55 zeigt für die in Bild 1.53 dargestellten Werte von M die günstigsten Eintrittstemperaturen in die Expansionsmaschine. Die eingezeichneten Kurven entsprechen den Kurven in Bild 1.54. Kurve *a* ist wieder dem Bild 1.53 entnommen. Für die übrigen Kurven ist wie in Bild 1.54 eine mittlere Temperaturdifferenz von 10 K in den Gegenströmern I und II zugrunde gelegt.

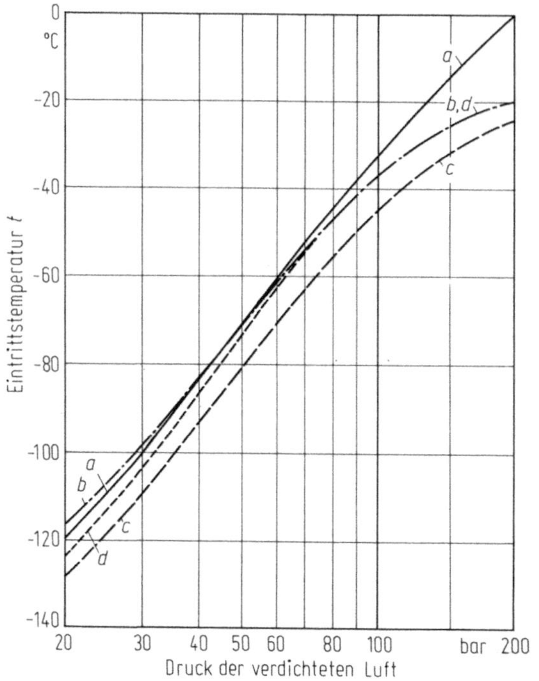

Bild 1.55. Günstigste Temperatur der in die Expansionsmaschine eintretenden Luft bei den Werten von M nach Bild 1.54. Buchstabenbezeichnung wie in Bild 1.54

1.2.2.5 Arbeitsaufwand für die Luftverflüssigung nach Claude und Heylandt

Den Arbeitsaufwand für die Verdichtung der Luft kann man nach den bereits besprochenen Gln. (1.69) bis (1.73) berechnen. Durch die Expansionsmaschine wird jedoch ein Teil der aufgewendeten Arbeit zurückgewonnen. Berücksichtigt man, daß durch die Expansionsmaschine eine kleinere Luftmenge als durch den Verdichter strömt, daß diese Luftmenge eine niedrigere Temperatur hat und daß ebenso wie bei der Verdichtung auch bei der Expansion erhebliche Verluste entstehen, dann ergibt sich die in der Expansionsmaschine zurückgewonnene Arbeit zu höchstens 1/6 der im Kompressor aufgewendeten Arbeit. Es kommt daher auf eine genaue Berechnung der Expansionsarbeit nicht an. Es genügt vielmehr anzunehmen, daß die Arbeit der Expansionsmaschine kalorisch gemessen einen bestimmten, erfahrensgemäß festgelegten Bruchteil η_{ak} der in der Expansionsmaschine erzeugten Kältemenge $(1 - M) \times (h_3 - h_4)$ beträgt. Dieser Bruchteil η_{ak} werde im folgenden kurz Arbeit-Kälte-Verhältnis genannt.

Der Bruchteil der Luft, der verflüssigt wird, kann nach Gl. (1.82) berechnet werden.

Bild 1.56 zeigt den errechneten effektiven Arbeitsverbrauch für die Verflüssigung von 1 kg Luft unter denselben Voraussetzungen, wie sie auch den Bild 1.53 und 1.54 zugrunde gelegt sind. Es ist also angenommen, daß keine Druckverluste und keinerlei Kälteverluste auftreten, weder durch mangelhaften Gegenstromwärmeaustausch noch durch unvollkommene Wärmeisolation, und daß in jedem Falle die Luft mit der errechneten günstigsten Temperatur in die Expansionsmaschine eintritt und hier vollständig bis auf Atmosphärendruck entspannt wird. Der Endzustand der Entspannung wurde, wie auch schon bei Berechnung der Bilder 1.51 bis 1.54, nicht unmittelbar mit Hilfe des Kältewirkungsgrades, sondern aus in das T,s-Diagramm eingezeichneten Entspannungskurven ermittelt (vgl. Bild 3 in [H 4]), die im Mittel den im Jahre 1925 bekannten Erfahrungswerten des Kältewirkungsgrades η_k von Expansionsmaschinen entsprachen. Das Arbeit-Kälte-Verhältnis der Expansionsmaschine wurde $\eta_{ak} = 0{,}54$ gesetzt.

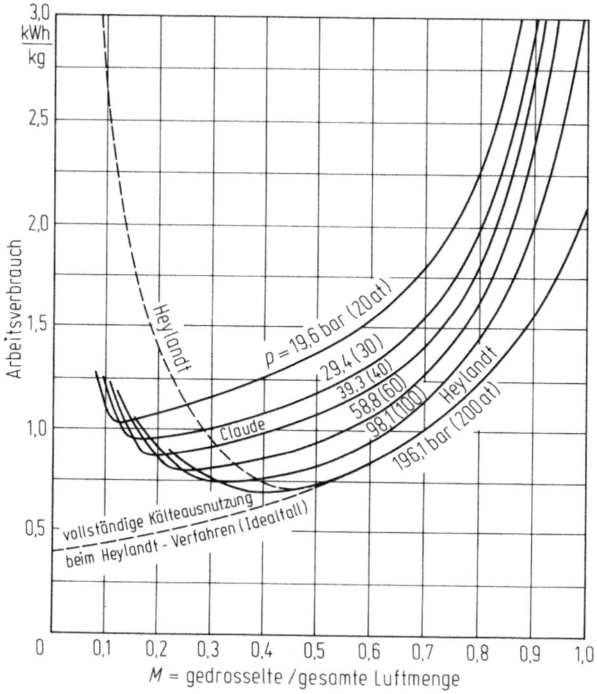

Bild 1.56. Arbeitsaufwand für die Verflüssigung der Luft nach Claude und Heylandt ohne Berücksichtigung der Kälteverluste durch Wärmeeinströmung

Für jeden Druck ergibt sich in Bild 1.56 ein Minimum des Arbeitsverbrauches bei demjenigen Wert von M, der nach der Kurve a in Bild 1.54 bereits als der günstigste erkannt worden war. Bei 40 at = 39,2 bar liegt das Minimum bei $M = 0{,}2$; hier strömen also 20% der Luftmenge durch das Drosselventil und 80% durch die Expansionsmaschine. Für 200 at = 196,1 bar liegt das Minimum bei $M = 0{,}4$; dies stimmt sehr gut mit den Erfahrungen an Heylandt-Verflüssigungsapparaten überein, wonach die meiste flüssige Luft dann gewonnen wird, wenn etwa 60% der Luft in der Expansionsmaschine entspannt werden.

Bild 1.57 zeigt Werte des Arbeitsaufwandes, die den wirklichen Verhältnissen dadurch noch näher kommen, daß wie bei den gestrichelten Kurven in Bildern 1.54 und 1.55 in den Gegenströmern I und II je eine mittlere Temperaturdifferenz von 10 K und außerdem ein Kälteverlust von 2 kcal = 8,4 kJ je kg Luft durch unvollkommene Kälteisolierung angenommen ist. Späteren Erfahrungen entsprechend sind ferner der Kältewirkungsgrad η_k und das Arbeit-Kälte-Verhältnis η_{ak} der Expansionsmaschine höher gewählt als in Bild 1.56, nämlich $\eta_k = \eta_{ak} = 0.7$. Die aus-

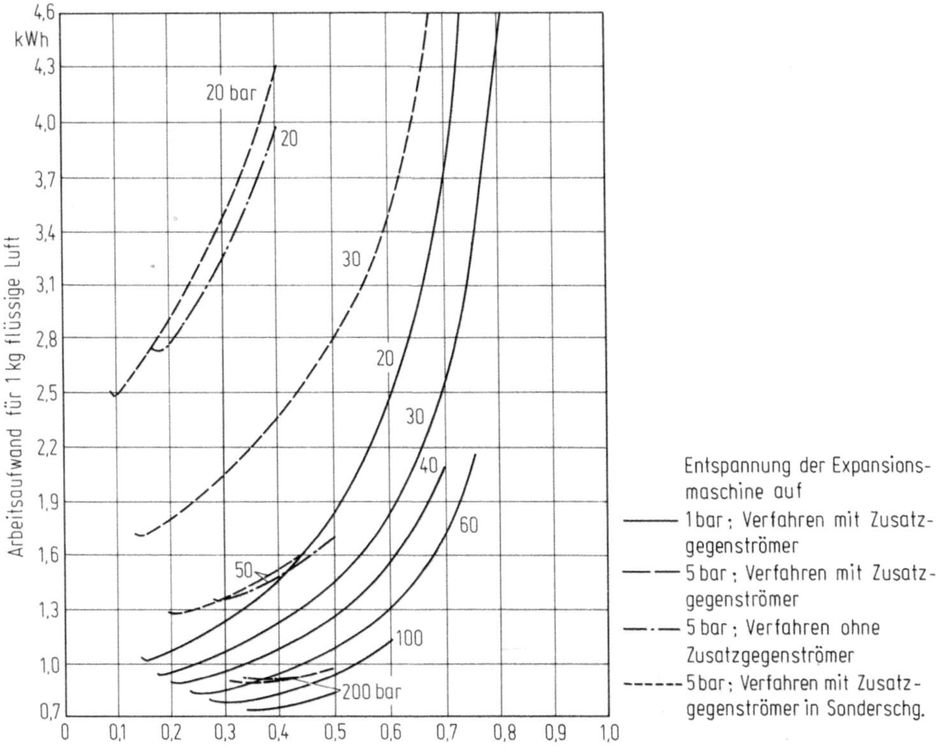

Bild 1.57. Arbeitsaufwand für die Verflüssigung der Luft nach Claude und Heylandt unter Berücksichtigung von Verlusten

gezogene Kurvenschar gilt für eine Entspannung in der Expansionsmaschine bis auf Atmosphärendruck, die gestrichelte und strichpunktierte Kurvenschar für Entspannung auf 5 at = 4,9 bar. Bei der strichpunktierten Kurvenschar ist der Zusatzgegenströmer (Bild 1.47) weggelassen.

1.2.2.6 Verfahren der Luftverflüssigung nach Heylandt

Es wurde schon mehrmals darauf hingewiesen, daß das Verfahren von Heylandt einen Sonderfall des Claudeschen Verfahrens darstellt. Es ist dadurch gekennzeichnet, daß die Luft mit einem Druck von 150 bis 200 bar und mit Umgebungstemperatur in die Expansionsmaschine eintritt. Nach Bild 1.53 ist bei so hohen Drücken für einen gegebenen Wert von M die günstigste Eintrittstemperatur tatsächlich gleich der Umgebungstemperatur, solange M größer als 0,55 bis 0,6 ist, d. h. weniger als 40 bis 45 % der Luftmenge durch die Expansionsmaschine geleitet werden. Bei kleinerem M, also größerem Durchsatz durch die Expansionsmaschine, liegt hingegen die günstigste Eintrittstemperatur nach Bild 1.53 niedriger. Sie beträgt auch nach Bild 1.55 etwa 0 bis −30 °C, wenn man jeweils das günstigste Mengenverhältnis M zugrunde legt. Läßt man nach Heylandt auch für kleinere Werte von M die Luft mit Umgebungstemperatur in die Expansionsmaschine eintreten, so erhält man bei 200 bar für den Arbeitsverbrauch die in Bild 1.56 gestrichelt gezeichnete Kurve, die höher liegt als die ausgezogene Kurve für die jeweils günstigste Eintrittstemperatur. Es wird dann zwar mehr Kälte in der Expansionsmaschine erzeugt, es kann aber weniger auf die zu drosselnde Luftmenge übertragen und damit zur Luftverflüssigung ausgenützt werden. Wenn die gesamte erzeugte Kälte ausgenützt werden könnte, würde der Arbeitsverbrauch durch die tief liegende, kurz gestrichelte Linie dargestellt. Der Unterschied zwischen der lang und kurz gestrichelten Linie entspricht daher dem Mehrverbrauch an Arbeit infolge des Verlustes an nicht übertragbarer Kälte. Das Minimum des Arbeitsverbrauches bei 200 at = 196,1 bar liegt jedoch nach Bild 1.56 an einer Stelle, wo sich die Kurven nur wenig unterscheiden. In diesem Falle könnte daher durch Erniedrigung der Eintrittstemperatur unter die Umgebungstemperatur nur verhältnismäßig wenig verbessert werden.

Weshalb bei kleineren Werten von M Schwierigkeiten in der Kälteübertragung auftreten, sofern man mit Umgebungstemperatur statt mit der günstigsten Temperatur in die Expansionsmaschine eintritt, erkennt man am klarsten, wenn man ähnlich wie schon früher (vgl. Bilder 1.51 und 1.52) die in den Gegenströmern auftretenden Temperaturunterschiede betrachtet. In Bild 1.58 sind diese Temperaturunterschiede

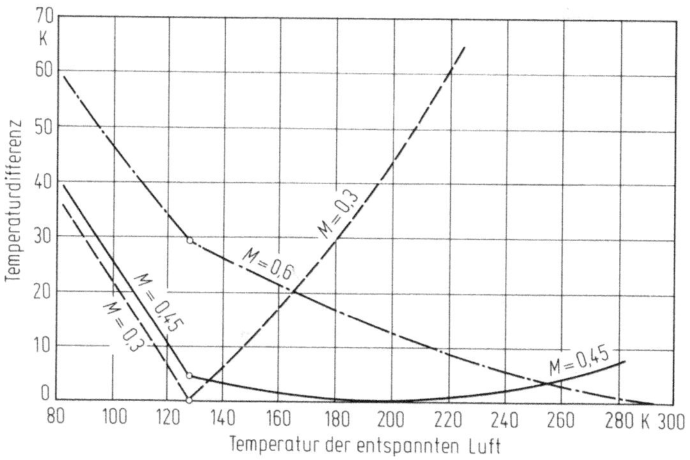

Bild 1.58. Temperaturunterschiede in den Gegenströmern bei der Luftverflüssigung nach Heylandt

unter der Annahme vollkommener Gegenstromwärmeaustauscher abhängig von der Temperatur der entspannten Luft dargestellt. Die rechts der kleinen Kreise befindlichen Kurvenstücke gelten für Gegenströmer II, die linken für den Zusatzgegenströmer, während Gegenströmer I nach Bild 1.47 entfällt. Bei $M = 0{,}6$ ist der Temperaturunterschied am warmen Ende von Gegenströmer II gleich null und an allen übrigen Stellen so groß, daß die in der Expansionsmaschine erzeugte Kälte leicht übertragen werden kann. Bei $M = 0{,}45$, dem rechnerisch günstigsten Mengenverhältnis, stellt sich am warmen Ende von Gegenströmer II bereits eine kleine Temperaturdifferenz ein, wodurch eine gewisse, wenn auch unbedeutende Kältemenge verlorengeht. Auch sind im gesamten Gegenströmer II die Temperaturunterschiede nur gering, was in einem wirklichen Gegenströmer mit endlicher Wärmeübertragungsfläche den Wärmeaustausch erschweren würde. Sehr ungünstig liegen die Verhältnisse bei $M = 0{,}3$. Hier herrscht am warmen Ende von Gegenströmer II ein sehr großer Temperaturunterschied, so daß der Kälteverlust beträchtlich wird. In diesem Falle kann also durch Vorschalten eines Gegenströmers I nach Bild 1.47 und durch die dadurch bewirkte Erniedrigung der Eintrittstemperatur in die Expansionsmaschine die wirklich gewinnbare Kältemenge wesentlich gesteigert werden.

1.2.2.7 Vergleich des Verfahrens von Linde mit den Verfahren von Claude und Heylandt

Vernachlässigt man die unvermeidlichen Kälteverluste und die in Wirklichkeit nur geringen Druckverluste, dann ergibt sich nach Bild 1.46 beim Verfahren von Linde unter Anwendung eines Hochdruckkreislaufes und bei Vorkühlung auf −50 °C ein günstigster Wert von rund 0,67 kWh/kg. Bild 1.56 ergibt hingegen für das Verfahren von Heylandt einen günstigsten Arbeitsaufwand von 0,70 kWh für 1 kg flüssige Luft. Beim Verfahren von Claude liegt der Arbeitsverbrauch, sofern man einen Druck von 40 at = 39,2 bar wählt, um etwa 25% höher.

Diese Überlegungen gelten, solange es sich nur um die Verflüssigung der Luft handelt. Wenn aber die erzeugte Kälte dazu dienen soll, den Kältebedarf einer Luftzerlegungsanlage zur Gewinnung von Sauerstoff oder Stickstoff zu decken, dann sind, wie an späterer Stelle gezeigt werden soll (vgl. Bild 4.14), für die Beurteilung der Verfahren etwas andere Gesichtspunkte maßgebend.

1.2.2.8 Zusammensetzung der verflüssigten Luft

In diesem Zusammenhang werde darauf hingewiesen, daß nicht nur in Luftzerlegungsanlagen, sondern auch in reinen Verflüssigungsapparaten die Luft während ihrer Verflüssigung eine Änderung ihrer Zusammensetzung erfährt. Die gewonnene flüssige Luft enthält prozentual mehr Sauerstoff als die vom Kompressor angesaugte atmosphärische Luft, deren Sauerstoffgehalt 20,95 Mol-% beträgt. Dies rührt daher, daß nach der Drosselung auf Atmosphärendruck Flüssigkeit und Dampf voneinander getrennt werden, bei dieser Trennung aber das Bestreben haben, sich bezüglich ihrer Zusammensetzung ins Gleichgewicht zu setzen. Wie später noch eingehend erörtert wird, liegt das Gleichgewicht im Sinne eines höheren Sauerstoffgehaltes der Flüssigkeit. Beim Verfahren von Linde kann der Sauerstoffgehalt der flüssigen Luft bis etwa 45% betragen. Bei den Verfahren von Claude und Heylandt ist die Sauerstoffanreicherung wesentlich geringer, weil viel weniger Luft durch Drosselung entspannt wird und daher auch die Menge der Dämpfe, von denen sich die Flüssigkeit trennen muß, erheblich geringer ist.

Auch die nachträgliche Eindampfung eines Teiles der gewonnenen Flüssigkeit infolge von Kälteverlusten bewirkt prozentual eine allmähliche Verarmung der Flüssigkeit an Stickstoff und damit eine Zunahme ihres Sauerstoffgehaltes (vgl. Bild 3.27).

1.2.3 Die Verflüssigung von Wasserstoff und Helium

Sauerstoff und Stickstoff sowie andere Gase, wie z. B. Kohlenmonoxid, Argon und Methan, deren thermodynamische Eigenschaften denen der Luft ähnlich sind, lassen sich grundsätzlich auf dieselbe Weise verflüssigen wie Luft. Bemerkenswert sind jedoch einige Besonderheiten bei der Verflüssigung von Wasserstoff und Helium.

Wie bereits in dem geschichtlichen Überblick der Einleitung erwähnt, gelang es Dewar im Jahre 1898 Wasserstoff und Kamerlingh Onnes im Jahre 1908 Helium zu verflüssigen. Obwohl die Siedetemperaturen des Wasserstoffs (20,4 K) und des Heliums (4,23 K) erheblich tiefer liegen als die der Luft ($\approx$ 80,5 K), konnten Dewar und Kamerlingh Onnes zur Verflüssigung der genannten Gase im wesentlichen dasselbe Verfahren anwenden, das Linde einige Jahre vorher für die Verflüssigung der Luft angegeben hatte. Indessen mußte hierbei eine grundsätzliche Schwierigkeit überwunden werden. Der Thomson-Joule-Effekt, der beim Linde-Verfahren in Verbindung mit der Wärmeübertragung im Gegenstrom die Temperatursenkung hervorbringt, besteht bei Wasserstoff und Helium in einer Temperaturerhöhung, solange man die Umgebungstemperatur noch nicht wesentlich unterschritten hat. Denn die Inversionskurve, innerhalb deren allein die Drosselung zu einer Abkühlung führt, liegt, wie Bild 1.59 zeigt, bei Wasserstoff und Helium im Bereich tiefer Temperaturen. Hiernach muß man bei Wasserstoff die Temperatur unter 200 K = −73 °C, bei Helium mindestens unter 33 K = −240 °C senken, wenn man durch die Drosselung eine Abkühlung erhalten will. Und zwar muß man diese Forderung schon für das warme Ende des dem Linde-Verfahren entsprechenden Gegenströmers, den wir kurz „Hauptgegenströmer" nennen wollen, stellen. Denn nur so kann schon an dieser Stelle ein Thomson-Joule-Effekt im üblichen Sinne und damit nach Gl. (1.67) oder (1.68) eine positive Kälteleistung erzielt werden. Um eine so tiefe Temperatur vor Eintritt in den Hauptgegenströmer zu erhalten, muß man den verdichteten Wasserstoff durch flüssige Luft oder noch besser durch unter vermindertem Druck siedenden Stickstoff, das Helium entsprechend durch flüssigen Wasserstoff vorkühlen. Die Vorkühlung, die bei der Luftverflüssigung lediglich den Arbeitsaufwand erniedrigt, ist hiernach bei der Ver-

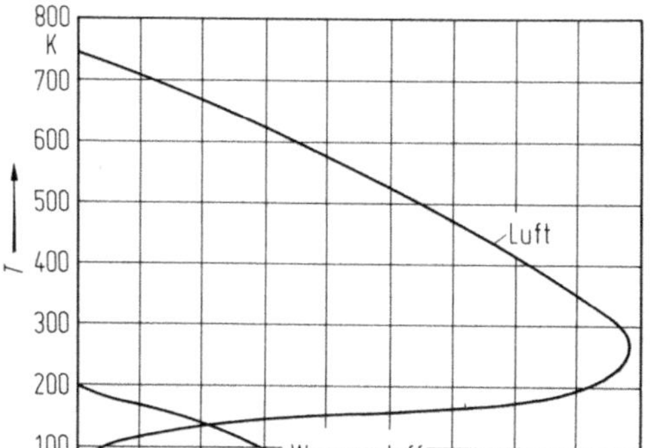

Bild 1.59. Inversionskurven von Luft, Wasserstoff und Helium

flüssigung von Wasserstoff und Helium eine unerläßliche Voraussetzung dafür, daß man das Verflüssigungsverfahren von Linde hierfür überhaupt anwenden kann.

Diese Verfahren für die Verflüssigung von Wasserstoff und Helium unterscheiden sich hiernach von dem Lindeschen Luftverflüssigungsverfahren im wesentlichen nur dadurch, daß dem Hauptgegenströmer ein Flüssigkeitsbad für die Vorkühlung und diesem nochmals Gegenströmer vorgeschaltet sind. In diesen Gegenströmern gibt nicht nur die aus dem Hauptgegenströmer austretende nicht verflüssigte Gasmenge, sondern auch die verdampfte Badflüssigkeit die in ihr noch enthaltene Kälte an verdichtetes Frischgas ab.

1.2.3.1 Ältere Verfahren der Verflüssigung von Wasserstoff und Helium

In dieser Weise hat man schon zwischen 1920 und 1930 Wasserstoff und Helium verflüssigt, so z. B. in der Physikalisch-Technischen Reichsanstalt in Berlin [M 3] und in Leiden [L 4]. Hierbei war der Gegenströmer für die Abkühlung unter die Vorkühltemperatur ähnlich gestaltet, wie es in Bild 1.37 für die Verflüssigung der Luft gezeigt ist. Auch wurde er gemeinsam mit dem Drosselventil und dem Flüssigkeitssammelgefäß zur weitgehenden Vermeidung von Kälteverlusten innerhalb eines evakuierten Doppelmantelgefäßes angeordnet.

Für die Verflüssigung von Helium nach dem Linde-Verfahren hat sich eine Vorkühlung auf 14 K mit Hilfe von siedendem Wasserstoff als zweckmäßig erwiesen, weil diese Temperatur mit einem mäßigen Vakuum von etwa 0,07 bis 0,08 bar erreicht und dabei die Erstarrung von Wasserstoff gerade noch vermieden werden kann. Auch hat hierbei der zur Kälteerzeugung dienende Thomson-Joule-Effekt des Heliums günstige Werte.

Um an flüssigem Wasserstoff zu sparen, wurde eine erste Vorkühlung mit flüssiger Luft vorgeschaltet. Um das verdichtete Helium von Umgebungstemperatur schrittweise auf die beiden Vorkühltemperaturen und schließlich bis auf die Temperatur vor der Drosselung abzukühlen, sind mindestens drei Wärmeaustauscher erforderlich, wie es in Bild 1.60 für eine moderne Art der Wasserstoffverflüssigung, jedoch mit einer anderen Art der Vorkühlung, gezeigt ist. Vor Eintritt in den Verflüssigungsapparat wurde das Helium auf 20 bis 40 bar verdichtet. Wie aus Bild 1.59 ersichtlich, hätte eine höhere Verdichtung keinen Sinn, weil jede Drosselung außerhalb der Inversionskurve zu einer Erwärmung statt zu einer Abkühlung führen würde. Daß der höchste Inversionsdruck so niedrig liegt, hängt mit dem niedrigen kritischen Druck des Heliums von nur 2,291 bar zusammen. Nach Abkühlung eines solchen Apparates bis zur Beharrungstemperatur konnten in ihm stündlich 1,5 bis 2,5 l flüssigen Heliums gewonnen werden.

Die thermodynmische Berechnung eines Wasserstoffverflüssigers und ebenso auch eines Heliumverflüssigers, der nach dem Linde-Verfahren arbeitet, läßt sich ebenso durchführen wie die Berechnung eines Lindeschen Luftverflüssigers. Man muß hierbei lediglich die für Wasserstoff bzw. für Helium geltenden Zustandsdiagramme, z. B. die h,s-Diagramme (vgl. Bilder 1.15 und 1.16) benutzen. Auch die Wirkung der Vorkühlung mit verdampfendem Stickstoff oder Wasserstoff läßt sich grundsätzlich ebenso berechnen wie die in Abschnitt 1.2.1.2.4 erörterte Vorkühlung der Luft durch eine Kältemaschine.

1.2.3.2 Neuzeitliche Art der Verflüssigung von Wasserstoff und Helium

1.2.3.2.1 Verflüssigung von Wasserstoff

Gegenüber den älteren Apparaten zur Verflüssigung von Wasserstoff zeichnen sich die neuzeitlichen Verflüssiger aus

- durch die erheblich größeren Mengen, die in der Zeiteinheit verflüssigt werden;
- dadurch, daß nach einem Vorschlag der Firma Sulzer in Winterthur die Erzeugung der für die Verflüssigung benötigten Kälte und die Verflüssigung selbst in zwei getrennten Apparaten durchgeführt werden.

Der Bedarf an flüssigem Wasserstoff ist vor allem durch die Anforderung der Kernforschung und der Raumfahrt erheblich gesteigert worden. Insbesondere benötigt man ihn für große Blasenkammern, in denen ionisierte Atomkerne oder andere Teilchen durch nahezu siedenden, d. h. kurzzeitig unterkühlten Wasserstoff geschossen werden. Aus ihrer im flüssigen Wasserstoff unter Einwirkung eines starken Magnetfeldes sichtbar gemachten Bahn und deren Krümmung kann man auf die Masse und Ladung des Teilchens schließen.

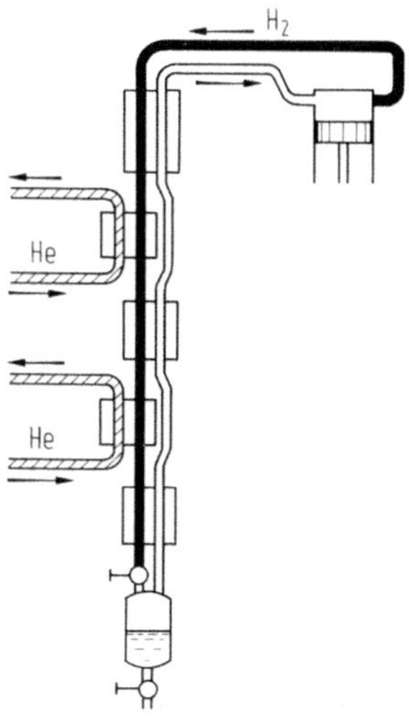

Bild 1.60. Wasserstoffverflüssiger mit Kältezufuhr durch Helium

▶

Bild 1.61. Wasserstoffverflüssiger mit Heliumkühlung *a* H_2-H_2-Austauscher, Temperatur sinkend von rechts nach links, *b* He-H_2-Austauscher, *c* Behälter für flüssigen Wasserstoff, *d* Konvertierung von Orthowasserstoff in Parawasserstoff, *e* Transferkoppelung

Die Aufstellung von zwei Apparaten, von denen der eine zur Kälteerzeugung mit Helium, der andere mit dem zu verflüssigenden Wasserstoff gefüllt ist, in getrennten Gebäuden hat den Vorteil, daß der größte Teil der elektrischen Installationen auf der Heliumseite konzentriert werden kann und deshalb nicht explosionsgeschützt ausgeführt werden muß. Außerdem ist gewährleistet, daß im Falle einer trotz aller Vorsichtsmaßnahmen nicht vollkommen auszuschließenden Wasserstoffexplosion nicht beide Teile der Apparatur beschädigt werden und damit auch die für Menschen bestehende Gefahr verringert wird. Außerdem können im Verflüssigungsteil nicht nur Wasserstoff, sondern auch andere Gase mit ähnlich tief liegendem Siedepunkt wie Helium, Parawasserstoff oder Neon verflüssigt werden.

Bei einer derartigen Mehrzweck-Tieftemperatur-Anlage wird die Kälte durch einen Heliumkreislauf ebenso wie in einem Heliumverflüssiger erzeugt. Ein solcher Apparat enthält in der Ausführung von Sulzer zwei Entspannungsturbinen in unterschiedlichen Temperaturstufen. Die in ihnen erzeugte Kälte wird über geeignete Wärmeaustauscher auf den Wasserstoffverflüssiger übertragen, wie im Bild 1.60 schematisch angedeutet ist.

Abgesehen von dieser Kältezufuhr ist der Wasserstoffkreislauf ein einfacher Linde-Prozeß mit Entspannung durch Drosselung. Die beiden Kreisläufe von Helium und von Wasserstoff können zur weiteren Steigerung der Kälteleistung mit flüssigem Stickstoff vorgekühlt werden.

Das erwähnte Bild 1.60 stellt ein Schema des Wasserstoffkreislaufes mit den beiden Stellen der Kältezufuhr aus dem durch die Turbinen tiefgekühlten Helium dar. Bild 1.61 zeigt eine Ansicht der Wasserstoffapparatur nach Abnahme des Stahlmantels, dessen gesamter Innenraum zum Kälteschutz bis auf 10^{-6} mbar evakuiert ist. Die Transferkoppelung *e* dient zum Anschluß der Einrichtungen, in denen das verflüssigte Helium benötigt wird. Bemerkenswert ist, daß die in diesem Bild mit *a* gekennzeichneten Wärmeaustauscher als Platten-Rippen-Austauscher gestaltet sind (vgl. Kapitel 2). Im Konverter *d* wird der Orthowasserstoff, der bei Umgebungstemperatur zu 75% im Wasserstoff enthalten ist, mit Hilfe von Katalysatoren beschleunigt in Parawasserstoff umgewandelt. Ohne diese Beschleunigung würde die Umwandlung Tage erfordern und infolge der dabei frei werdenden Umwandlungswärme in 10 Tagen mehr als die Hälfte des verflüssigten Wasserstoffs wieder verdampfen [F 3 S. 85–88].

Lacaze und Weil [L 1] haben schon frühzeitig einen Apparat entwickelt, der nach Bedarf flüssigen Wasserstoff oder flüssiges Helium zu liefern vermag.

1.2.3.2.2 Heliumverflüssigung nach Kapitza, Meißner und Collins

Die in Abschnitt 1.2.3.1 beschriebene Art der Heliumverflüssigung hat den Nachteil der doppelten Vorkühlung mit flüssiger Luft und flüssigem Wasserstoff. Namentlich die Vorkühlung mit flüssigem Wasserstoff wird als Erschwerung empfunden, weil sie das Vorhandensein einer ausreichenden Wasserstoffverflüssigungsanlage und diese selbst wegen der hohen Brennbarkeit des Wasserstoffs besondere Vorsichtsmaßnahmen voraussetzt. Daher hat Kapitza [K 4] vorgeschlagen, das Helium nur durch flüssige Luft oder flüssigen Stickstoff vorzukühlen und die weitere Abkühlung des Heliums weitgehend durch Entspannung in einer Expansionsmaschine unter Abgabe äußerer Arbeit zu bewirken. Seine Anordnung entspricht, sofern man nur die Temperaturen unterhalb der Verdampfungstemperatur der Luft betrachtet, weitgehend dem Luftverflüssigungsverfahren von Claude nach Bild 1.47. Es unterscheidet sich von diesem Verfahren nur dadurch, daß das verdichtete Helium, bevor es in den letzten Gegenströmer („Zusatzgegenströmer" in Bild 1.47) eintritt, von dem Höchstdruck von 30 bar bereits auf 17 bar gedrosselt wird. Die Expansionsmaschine selbst, deren Kolben sich mit leichtem Spiel im Zylinder bewegt, so daß eine Schmierung entbehrlich wird, ist innerhalb der schraubenförmig gewundenen Gegenströmer angeordnet. Neben den drei Gegenströmern, die der Claudeschen Anordnung entsprechen, ist noch ein weiterer Gegenströmer vorgesehen, in dem die erste Abkühlung des verdichteten Heliums bis in die Nähe der Siedetemperatur der Luft vor sicht geht. Hierbei geben die im Vorkühler verdampfte Luft und entspanntes Helium ihre in ihnen noch enthaltene Kälte ab.

Meißner [M 6] hat das Verflüssigungsverfahren von Kapitza wesentlich verbessert. Durch genaue Festlegung der günstigsten Temperaturen an den Enden der Gegenströmer sowie der Ein- und Austrittstemperaturen an der Expansionsmaschine konnte er unter Vermeidung der Drosselung vor dem letzten Gegenströmer genau das

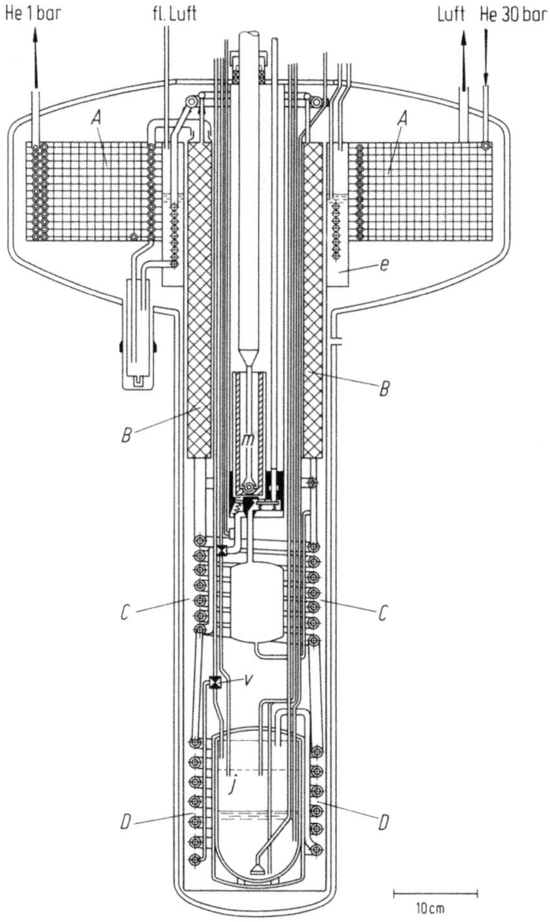

Bild 1.62. Heliumverflüssiger nach Kapitza mit Expansionsmaschine. Ausführung von Meißner

Claudesche Verfahren nach Bild 1.47 verwirklichen. Zu seinem Erfolg trug auch eine verbesserte Berechnung und Konstruktion der Gegenströmer und eine besonders sorgfältige Durchbildung der Expansionsmaschine bei.

Bild 1.62 zeigt einen schematischen Schnitt durch den Meißnerschen Apparat. Die in der Mitte angeordnete Expansionsmaschine *m* läuft mit einer Drehzahl von etwa 70 bis 100/min. Hierbei geht, gesteuert durch ein auf eine unrunde Scheibe wirkendes Getriebe, der Expansionshub wesentlich rascher vor sich als der Gegenhub. Hierdurch soll, wie auch schon bei Kapitza, die durch den engen Spalt zwischen Zylinder und Kolben hindurchströmende Heliummenge, die keine Arbeit leistet, möglichst herabgesetzt werden. Die Eintrittstemperatur in die Expansionsmaschine beträgt etwa 26 K, die Austrittstemperatur 13 bis 14 K. *A*, *B*, *C* und *D* in Bild 1.62

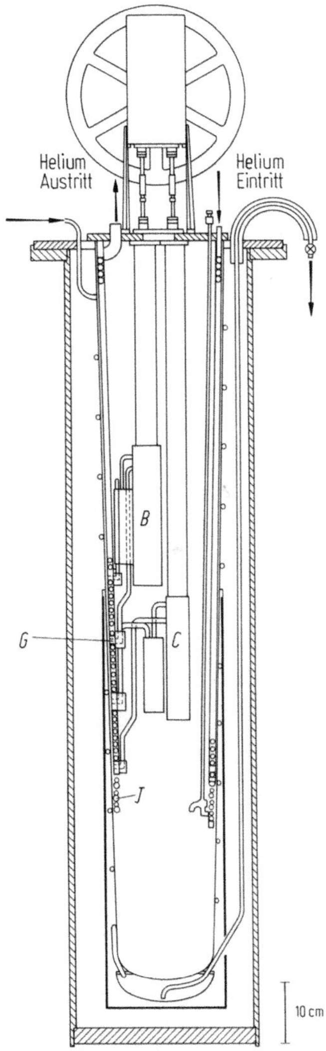

Bild 1.63. Heliumverflüssiger nach Collins

sind die Gegenströmer, *e* ist das Gefäß für die zur Vorkühlung dienende flüssige Luft, *v* das Entspannungsventil und *j* das Sammelgefäß für das verflüssigte Helium. Stündlich werden 5,9 kg Helium auf etwa 30 bar verdichtet. Nach Beendigung der Abkühlungszeit von etwa 2 h liefert der Apparat stündlich etwa 2 l flüssiges Helium. Nach Überwindung anfänglicher, rein technischer Schwierigkeiten arbeitete der Apparat sehr befriedigend. Der ursprünglich spiralförmig gestaltete Gegenströmer *A* wurde später durch einen schraubenförmig gewundenen ersetzt, der ebenso wie die anderen Gegenströmer in den zylindrischen Außenmantel mit untergebracht werden kann.

Um jede Vorkühlung, auch die mit Luft oder Stickstoff, entbehren zu können, hat Collins [C 4] in USA vorgeschlagen, zwei Expansionsmaschinen anzuordnen, die in verschiedenen Temperaturgebieten arbeiten. In Bild 1.63, das einen Schnitt durch einen Heliumverflüssiger nach Collins in der ursprünglichen Gestaltung zeigt, sind die Expansionsmaschinen durch *B* und *C* gekennzeichnet.

Bemerkenswert ist auch die Bauart der Gegenströmer *G*, die aus angenähert schraubenförmig gewundenen Rippenrohren bestehen. Diese Rohre sind in dem vom Deckel des Apparates bis etwa zur Stelle *J* reichenden Zwischenraum von ringförmigem Querschnitt eines leicht konisch gestalteten Doppelmantels angeordnet. Das Helium braucht nur auf 14 bar verdichtet zu werden. Durch die Expansionsmaschinen, die mit großer Genauigkeit ausgeführt werden müssen, wird zwar ein solcher Heliumverflüssiger teurer als ein Heliumverflüssiger älterer Bauart. Doch wird der Preisunterschied ausgeglichen durch den Wegfall der Wasserstoffverflüssigungsanlage und durch den geringeren Raumbedarf. Über Kosten und Wirtschaftlichkeit des Collinsschen Heliumverflüssigers hat Grassmann [G 10] einige Angaben gemacht.

1.2.3.2.3 Neuzeitliche Gestaltung der Heliumverflüssiger

Der Collinssche Heliumverflüssiger ist in konstruktiven Einzelheiten von verschiedenen Firmen, neuerdings von CTI-Cryogenics in USA weiter entwickelt worden. Die Fabrikation derartiger Verflüssiger hat im Jahre 1981 die Fa. Koch Systems, JNC. in Westborough, Mass. übernommen, die diese Apparate in großer Anzahl baut, im Prinzip jedoch die in Bild 1.63 gezeigte ursprüngliche Anordnung von Collins beibehalten hat.

Die Firma Koch Systems führt die zweimalige Entspannung des Heliums unter äußerer Arbeitsleistung in Kolbenmaschinen durch. Im Gegensatz hierzu arbeiten die noch größeren Apparate der Firma Sulzer in Winterthur mit Expansionsturbinen.

Bild 1.64 zeigt das Innere eines Collins-Verflüssigers in der Bauart der Firma Koch nach Abnahme der Stahlwandung, die das Ganze umgibt und innerhalb deren zum Kälteschutz ein Vakuum von nahezu 10^{-5} mbar aufrechterhalten wird. Der Hauptgegenströmer *a*, der aus mehreren Einzelgegenströmern aufgebaut ist, besteht aus schraubenförmig gebogenen Rippenrohren, die konzentrisch ineinander angeordnet sind. Die letzte Reinigung des Heliums durch Aktivkohle *j* ist nur erforderlich, wenn die Expansionsmaschinen mit Öl geschmiert werden.

Hiervon weicht die Bauart von Sulzer nicht nur, wie erwähnt, dadurch ab, daß die zweimalige Entspannung in Turbinen statt in Kolbenmaschinen durchgeführt wird. Außerdem werden Heliumverflüssiger mittlerer Größe vielfach derart gestaltet, daß

Bild 1.64. Inneres eines neuzeitlichen Heliumverflüssigers nach Collins (Koch). *a* Haupt-Wärmeaustauscher zur Abkühlung von 300 auf 4,3 K, *b* Expansionsmaschine zur Abkühlung von 50 auf 25 K, *c* Expansionsmaschine zur Abkühlung von 15 auf 9 K, *d* Kryopumpe zur Aufrechterhaltung des Vakuums, *e* Tieftemperaturventil, *f* Ventilkammer, *g* Ventil zur Thomson-Joule-Entspannung, *h* Wärmeaustauscher zur Reinigung des Heliums durch Verflüssigung und Ausfrieren von Stickstoff und anderen Verunreinigungen, *i* Ausblasen des verflüssigten Stickstoffs und anderer Verunreinigungen, *j* letzte Reinigung durch Aktivkühle

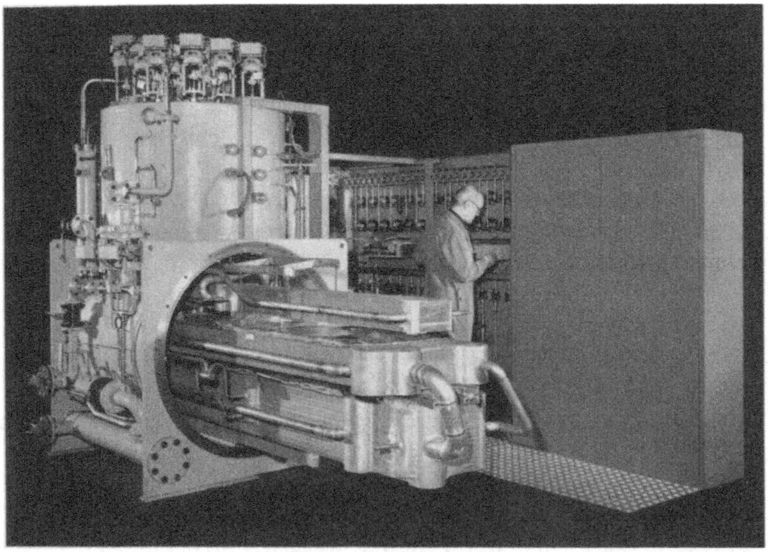

Bild 1.65. Heliumverflüssiger der Fa. Sulzer mit waagerecht angeordneten Platten-Rippen-Wärmeaustauschern aus Aluminium

die Wärmeaustauscher eine waagerechte Lage einnehmen. Bild 1.65 zeigt besonders deutlich, daß diese Gegenströmer nach Art der Platten-Rippen-Wärmeaustauscher gebaut werden. Sie werden zum Strahlungsschutz mit einer Metallfolie umhüllt und gemeinsam mit anderen Apparateteilen in einem Stahlmantel untergebracht, in dem ein Vakuum von etwa 10^{-6} mbar herrscht. Diese Anordnung hat den Vorteil einer geringen Bauhöhe und einer erleichterten Bedienung. Bei sehr großen und sehr kleinen Anlagen wird jedoch auch von Sulzer die senkrechte Anordnung beibehalten, weil sehr große Anlagen im Freien aufgestellt werden und kleine Anlagen an sich nur wenig hoch sind.

Auch die Linde AG stellt Heliumverflüssigungsanlagen her, die grundsätzlich nach denselben Prinzipien arbeiten, d. h. mit zwei Expansionsmaschinen in verschiedenen Temperaturbereichen und mit Vorkühlung durch flüssigen Stickstoff. In einem Teil dieser Anlagen dient ein besonderer ölfreier Heliumkreislauf zur Erzeugung der benötigten Kälte, wobei die dazu gehörenden Kolbenexpansionsmaschinen dank der eingebauten PTFE-Kolbenringe sehr betriebssicher sind (vgl. Abschnitt 9.1.4). Der verhältnismäßig geringe Strom des vollständig zu verflüssigenden Heliums hingegen, der die gewonnene Kälte durch Wärmeaustauscher aufnimmt, fließt in einem getrennten Rohrstrang. Von störenden Beimengungen wie Bestandteilen der Luft sowie von Neon und Wasserstoff wird dieser Heliumstrom bei geeigneten Temperaturen durch Kondensation und Adsorption befreit.

1.2.4 Weitere Verfahren zur Erzielung sehr tiefer Temperaturen

Neben den Verfahren von Linde, Claude und Heylandt sind noch einige weitere Verfahren zur Erzielung sehr tiefer Temperaturen entwickelt worden. Hierunter sind vor allem das Kaskadenverfahren, die Gemischkältemaschine, die Gaskältemaschine und die adiabate Entmagnetisierung paramagnetischer Salze zu nennen. Das Entmagnetisierungsverfahren, das als Mittel zu einer weitgehenden Annäherung an den absoluten Nullpunkt der Temperatur hohe Beachtung gefunden hat, wurde bereits im Abschnitt 1.1.8 besprochen. Die anderen Verfahren sollen nachstehend erörtert werden.

1.2.4.1 Kaskadenverfahren

Wie schon in der Einleitung erwähnt, beruht das erstmalig von Pictet angegebene, später von Kamerlingh Onnes vervollkommnete „Kaskaden"-Verfahren auf dem Gedanken, die tiefen Temperaturen durch Hintereinanderschalten mehrerer Verdampfungskältemaschinen mit immer tiefer siedenden Kältemitteln zu erzeugen. Die Kaskade von Kamerlingh Onnes in Leiden, die stündlich etwa 14 l flüssige Luft lieferte, erreichte in der ersten Stufe mit Methylchlorid eine Temperatur von —87 °C, in der zweiten Stufe mit Ethylen —145 °C und in der dritten Stufe mit Sauerstoff —183 °C. Hierbei diente jeweils der Verdampfer eines Kreislaufes zur Kondensation der Dämpfe im Kreislauf der nächst tieferen Temperatur (vgl. Bild 1.66). Methylchlorid und Ethylen wurden auf 4 bis 6 bar verdichtet und auf etwa 1/30 bar entspannt. Der Sauerstoff wurde auf etwa 20 bar verdichtet. Hierbei konnte entweder, wie in Bild 1.66 angedeutet, dem Apparat flüssiger Sauerstoff unter Atmosphärendruck entnommen oder in einem vierten Kreislauf Luft, die man vorher auf etwa 15 bar verdichtete, verflüssigt werden. In der praktischen Ausführung enthält die

Kaskade von Kamerlingh Onnes noch Gegenstrom-Wärmeaustauscher, die so angeordnet sind, daß sie eine Art Erweiterung der Verdampfer in Bild 1.66 nach links hin darstellen. In einem solchen Wärmeaustauscher wird z. B. die in dem verdampften Methylchlorid noch enthaltene Kälte auf das frisch verdichtete Ethylen übertragen.

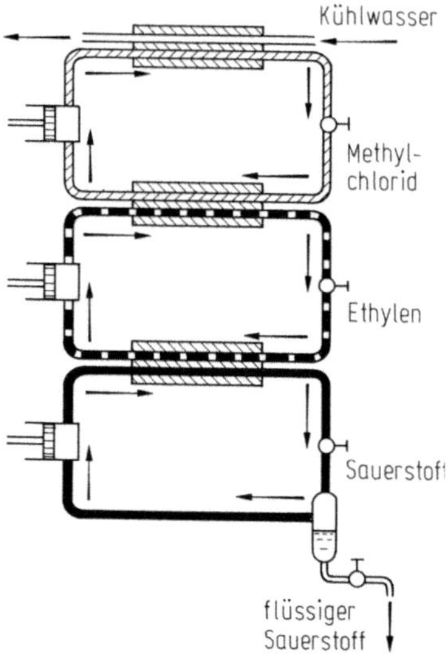

Bild 1.66. Gasverflüssigung nach dem Kaskadenverfahren

Hierdurch wird erreicht, daß die aus den tieferen Temperaturen angesaugten Dämpfe angenähert mit Umgebungstemperatur in die Verdichter eintreten können. Dies ist indessen nicht immer erwünscht, weil tiefere Eintrittstemperaturen die Kompressionsarbeit erniedrigen.

Das Kaskadenverfahren arbeitet im Prinzip mit einem günstigen Wirkungsgrad [K 8] und liefert zugleich bei verschiedenen Temperaturen Kältebäder, die für wissenschaftliche Arbeiten sehr willkommen sind. Es konnte aber seiner verwickelten Anordnung wegen lange Zeit kaum Eingang in die Praxis finden, obwohl es besonders in England zur Deckung der Kälteverluste bei der Luftzerlegung und der Zerlegung anderer Gasgemische vorgeschlagen worden ist.

Neuerdings hat jedoch das Kaskadenverfahren zur Kälteerzeugung bei der Verflüssigung von Erdgas erhebliche Bedeutung erlangt, weil hier Kälte bei unterschiedlichen Temperaturen benötigt wird. Überdies bereitet hier wegen der Verarbeitung ungewöhnlich großer Mengen die Anordnung mehrerer Kreisläufe keinerlei Schwierigkeiten, so daß sich die hohe Wirtschaftlichkeit des Verfahrens voll auswirken kann.

Das Kaskadenverfahren läßt sich grundsätzlich nach den für Kompressionskältemaschinen entwickelten Verfahren berechnen. Da überdies die Berechnung der Gegenströmer im folgenden Kapitel noch ausführlich erörtert wird, können hier diese Hinweise genügen.

1.2.4.2 Gemisch-Kältemaschine

Bei der Erdgasverflüssigung wie auch in manchen anderen Fällen besteht jedoch ein Kältebedarf bei gleitender Temperatur. Einem solchen Kältebedarf kann man sich noch besser als durch das Kaskadenverfahren durch eine Gemischkältemaschine anpassen. In einer derartigen Maschine, die im allgemeinen nur einen einzigen Kälte-Kreislauf benötigt, verdampft ein Gemisch von verschiedenen Kältemitteln. Da zuerst überwiegend die tiefer siedenden und später überwiegend die höher siedenden Bestandteile verdampfen, steigt während der Verdampfung die Temperatur ständig an. Diesen Temperaturanstieg kann man durch die Wahl der Bestandteile und ihres Mengenverhältnisses weitgehend beeinflussen. Bild 1.67 zeigt die Verdampfung eines Gemisches aus 4 Mol-% N_2, 43 Mol-% CH_4, 37 Mol-% C_2H_6 und 16 Mol-% C_3H_8.

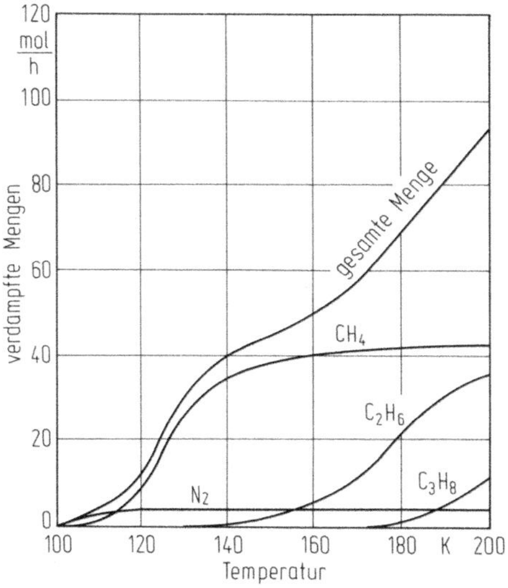

Bild 1.67. Verdampfte Mengen der Gemischbestandteile abhängig von der Temperatur

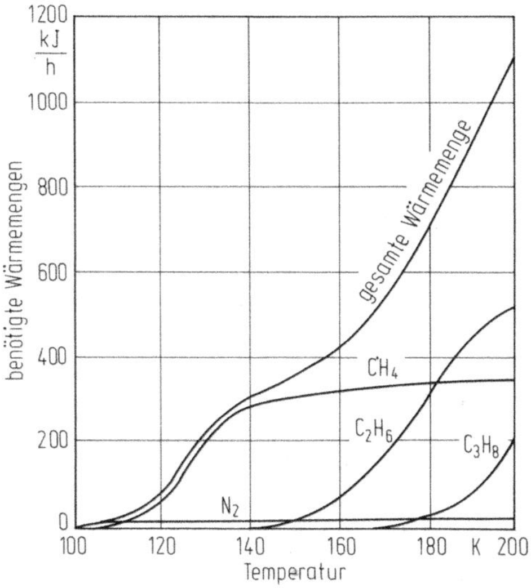

Bild 1.68. Zur Verdampfung bis zur jeweiligen Temperatur benötigte Wärmemengen

Abhängig von der Temperatur sind die bei 1,3 bar jeweils verdampften Mengen der Bestandteile aufgetragen unter der Voraussetzung, daß in einer Stunde eine Flüssigkeitsmenge von insgesamt 100 mol verdampft. Überdies ist angenommen, daß in jedem Augenblick zwischen der restlichen Flüssigkeit und der entstandenen Dampfmenge Gleichgewicht der Temperatur, des Druckes und der Zusammensetzung besteht. Die bei jeder Temperatur vorhandenen Mengen der flüssigen und dampfförmigen Bestandteile lassen sich nach Gl. (3.49) oder (3.50) und den sich anschließenden Erörterungen berechnen. Im vorliegenden Falle wurde angenommen, daß sich die Dämpfe wie ein Gemisch idealer Gase verhalten.

Bild 1.68 stellt die Wärmemenge dar, die für die Verdampfung aller Bestandteile bis zum Erreichen einer bestimmten Temperatur benötigt wird. Die dargestellten Werte wurden dadurch erhalten, daß die von jedem Bestandteil jeweils entstandene Dampfmenge mit dessen Verdampfungswärme beim Siedepunkt multipliziert wurde. Die wesentlich geringeren Wärmemengen, die lediglich zur Erwärmung der Flüssigkeiten und der Dämpfe dienen, sind zur Vereinfachung der Rechnung vernachlässigt. Der hierdurch gegenüber Bild 1.68 etwas erhöhte Betrag steht somit als Kälte bei gleitender Temperatur zur Verfügung. Dieses Verfahren zur Abkühlung und zunehmenden Verflüssigung eines verdichteten Gasgemisches hat den thermodynamisch bedeutsamen Vorteil, daß die Wärme bei nur wenig veränderlicher und verhältnismäßig geringer Temperaturdifferenz übertragen werden kann. Dieses Verfahren ist bei großen Anlagen zur Erdgasverflüssigung bereits mit beachtlichem Erfolg angewendet worden, vgl. Abschnitt 6.2.3.3.

1.2.5 Gaskältemaschinen

1.2.5.1 Die Gaskältemaschine nach Philips

Wenn man die beschriebenen Gasverflüssigungsverfahren von Linde, Claude und Heylandt mit einer normalen Kältemaschine vergleicht, kann man, abgesehen vom Gegenstromwärmeaustausch, vor allem folgenden Unterschied feststellen: in der üblichen Kältemaschine tritt das Kältemittel nicht nur bei der tiefsten Temperatur, sondern auch bei der Kühlwassertemperatur flüssig auf. Bei den beschriebenen Verfahren zur Verflüssigung von Gasen wird hingegen das Kältemittel, das aus dem zu verflüssigenden Gas selbst besteht, erst bei sehr tiefen Temperaturen flüssig. Verwendet man schließlich zur Kälteerzeugung ein Gas, das sich auch bei der tiefsten Temperatur nicht verflüssigt, z. B. Wasserstoff oder Helium, um die Verflüssigungstemperatur der Luft zu erreichen, dann gelangt man zur Gaskältemaschine. Ein solcher Kälteprozeß kann als Umkehrung des Prozesses einer Heißluftmaschine angesehen werden, wie sie schon im Jahre 1807 zur Erzeugung von Arbeit aus Wärme bekannt war. Bereits 1834 hat Herschel den Gedanken ausgesprochen, daß man mit dem umgekehrten Heißluftprozeß, und zwar zweckmäßig unter Verwendung eines Regenerators, Kälte erzeugen kann. Aber technische Schwierigkeiten haben mehr als 100 Jahre lang den Bau wirklich befriedigend arbeitender Gaskältemaschinen verhindert, obwohl theoretisch ein günstiger Wirkungsgrad solcher Maschinen zu erwarten war.

Es ist daher ein bemerkenswertes Verdienst der Philips-Glühlampenfabriken in Eindhoven, diese Schwierigkeiten in mühsamer Kleinarbeit überwunden und 1954 eine Gaskältemaschine von hohem Wirkungsgrad herausgebracht zu haben, die allen Erwartungen gerecht wird [K 13]. Jakob W. L. Köhler hat diese Maschine bei der Sitzung der Kommissionen I und II des Internationalen Kälteinstituts am 24. September 1954 in Grenoble vorgeführt. Mit dieser Maschine können stündlich etwa 6 kg Luft verflüssigt werden, und zwar im Vergleich mit einer üblichen Luftverflüssigungsanlage gleicher Leistung bei wesentlich geringerem Raumbedarf. Nachstehend soll die Wirkungsweise dieser Maschine in enger Anlehnung an die Veröffentlichung von Köhler und Jonkers [K 13] erläutert werden.

In vereinfachter Gestalt stellt sich der Prozeß der Gaskältemaschine wie in Bild 1.69 dar. Ein Zylinder enthalte den fest eingebauten Regenerator R mit einer wärmespeichernden Masse, die für das zwischen den beiden beweglichen Kolben eingeschlossene Gas durchlässig sei. Der Raum rechts des Regenerators werde, z. B. durch Kühlung von außen, auf der Kühlwassertemperatur T_C, der Raum links davon auf der tieferen Temperatur T_E gehalten, bei der Kälte gewonnen werden soll. Von der Stellung *1* ausgehend, bei der beide Kolben sich am weitesten rechts befinden, wird das Gas zunächst verdichtet, indem der rechte Kolben sich nach links bis zur Stellung *2*

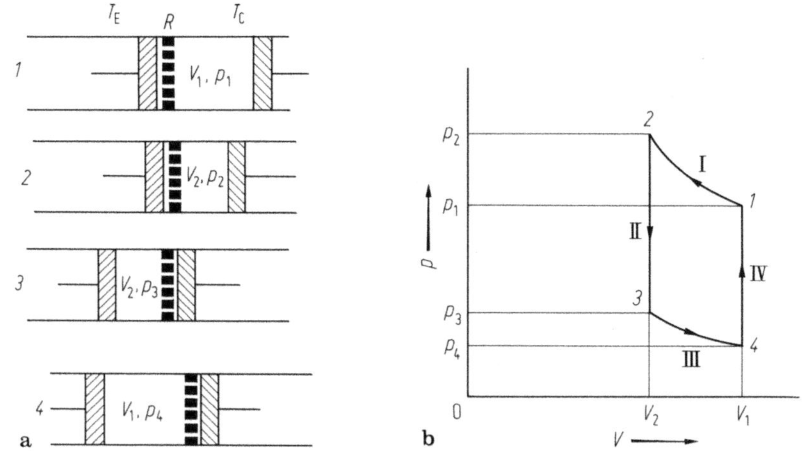

Bild 1.69. Prozeß der Gaskältemaschine

bewegt. Unter Wärmeabgabe an das Kühlwasser kann dies grundsätzlich isotherm bei der Temperatur T_C geschehen. Nun bewegen sich beide Kolben gleich schnell weiter nach links bis zur Stellung *3*, so daß das Volumen V_2 ungeändert bleibt. Da hierbei das Gas durch den Regenerator hindurchströmt, wird es bis auf die tiefste Temperatur T_E des Regenerators abgekühlt, falls der Regenerator die Wärme ohne merklichen Temperaturunterschied zwischen Gas und Speichermasse überträgt. Im Verhältnis der absoluten Temperaturen T_E und T_C sinkt auch der Druck des Gases. Schließlich werde das Gas bei konstanter Temperatur T_E entspannt, indem der linke Kolben sich weiter nach links bewegt. Hierbei nehme das Gas aus dem außerhalb des Zylinders befindlichen zu kühlenden Medium Wärme auf, wodurch die erzeugte Kältemenge abgegeben wird. Am Ende dieser isothermen Entspannung werde gerade dasselbe Volumen V_1 wie in Stellung *1* erreicht, jedoch bei niedrigerer Temperatur und niedrigerem Druck. Bewegt man schließlich beide Kolben gleich schnell nach rechts, dann gelangt man nicht nur zur Anfangsstellung *1* der Kolben, sondern durch Wärmeaufnahme des Gases aus dem Regenerator auch zur anfänglichen Temperatur T_C und zum Anfangsdruck p_1 zurück. Auf der rechten Seite von Bild 1.69 ist der beschriebene Vorgang im p,V-Diagramm dargestellt. Er besteht aus den beiden Isothermen der Temperaturen T_C und T_E und den beiden Isochoren der Volumina V_1 und V_2.

Bemerkenswert ist, daß für diesen verlustfrei angenommenen Prozeß sich eine ebenso große Leistungsziffer errechnet wie für einen Carnotschen Kreisprozeß zwischen denselben Temperaturen T_C und T_E. Dies läßt sich leicht wie folgt nachweisen, wenn man das Gas bei den auftretenden Drücken und Temperaturen als ideal betrachtet und die kleine jeweils im Regenerator befindliche Gasmenge vernachlässigt. Die bei der Temperatur T_C von 1 kg Gas an das Kühlwasser abgegebene Wärmemenge beträgt

$$Q_C = RT_C \ln \frac{V_1}{V_2} . \tag{1.85}$$

Während der Entspannung bei der tiefsten Temperatur T_E nimmt hingegen das Gas aus dem zu kühlenden Körper die Wärmemenge

$$Q_E = RT_E \ln \frac{V_1}{V_2} \tag{1.86}$$

auf. Nach dem I. Hauptsatz der Thermodynamik ist ferner für jeden geschlossenen Kreisprozeß die zugeführte Arbeit W' gleich der Differenz der abgeführten und aufgenommenen Wärmemenge. Daher beträgt der Arbeitsaufwand

$$W' = Q_C - Q_E = R(T_C - T_E) \ln \frac{V_1}{V_2}. \tag{1.87}$$

Die Leistungsziffer ε_{id} dieses idealisierten Kälteprozesses, d. h. das Verhältnis der erzeugten Kältemenge zur aufgewandten Arbeit, ergibt sich daher nach Gl. (1.86) und (1.87) zu

$$\varepsilon_{id} = \frac{Q_E}{W'} = \frac{T_E}{T_C - T_E}. \tag{1.88}$$

Man erhält also in der Tat denselben Ausdruck wie für einen Carnotschen Kreisprozeß.

Dies deutet bereits darauf hin, daß mit einer Gaskältemaschine grundsätzlich eine sehr günstige Leistungsziffer erreicht werden kann, sofern es nur unter Überwindung aller technischen Schwierigkeiten gelingt, die Verluste aller Teilprozesse gering zu halten. Gleichung (1.88) für die Leistungsziffer gilt, wie Köhler und Jonkers [K 13] gezeigt haben, auch dann, wenn die Kolben sich nicht genau wie in Bild 1.69, sondern sinusförmig bewegen. Anstelle des Diagramms in Bild 1.69 rechts ergibt sich dann nach Bild 1.70 für die Zustandsänderungen ein Kurvenzug, der wesentlich mehr abgerundet ist.

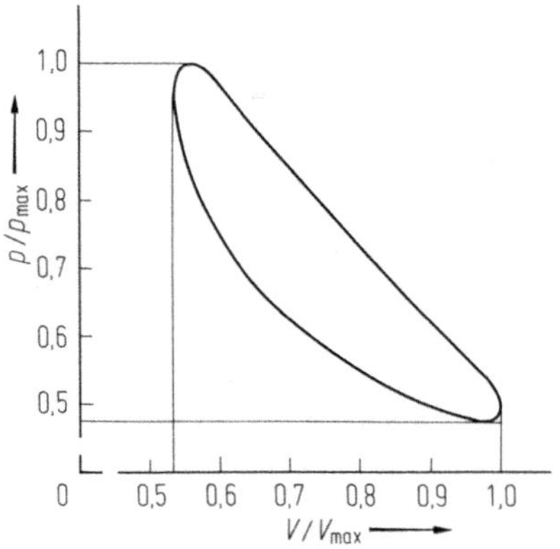

Bild 1.70. Indikatordiagramm der Gaskältemaschine

Auch die von Köhler und Jonkers praktisch gewählte Anordnung, bei der statt der zwei Kolben nur ein Kolben und ein Verdränger angeordnet sind, würde bei verlustfreier Durchführung zur Leistungsziffer des Carnotschen Kreisprozesses führen. Diese Anordnung, die in Bild 1.71 dargestellt ist, wirkt wie folgt: Kolben K und Verdränger *V* bewegen sich harmonisch mit einer geeigneten Phasenverschiebung. Durch die Bewegungen des Kolbens *K* wird der gesamte Raum, der im wesentlichen aus den Räumen *1* und *3*, zum erheblich geringeren Teil aus dem freien Raum des Regenerators *R* und aus vom Gas erfüllten Räumen der Wärmeaustauscher besteht, abwechselnd verkleinert und vergrößert. Hierdurch kommen die Kompressionen und Expansionen zustande. Durch die Bewegungen des Verdrängers hingegen wird die Gasmenge abwechselnd vom Raum *1* in den Raum *3* und wieder zurück in den Raum *1* befördert, und zwar so, daß sich das Gas bei der Kompression im wesentlichen in Raum *1*, bei der Expansion in Raum *3* befindet. Bei der Hin- und Herbewegung zwischen den beiden Räumen strömt das Gas nicht nur durch den ringförmigen Regenerator sondern auch durch die darunter und darüber angeordneten Wärmeaustauscher *2* und *4* hindurch. Im unteren Wärmeaustauscher wird die Kompressionswärme an Kühlwasser abgeführt. Im oberen Wärmeaustauscher wird hingegen die durch die Expansion gewonnene Kälte abgegeben, d. h. eine entsprechende Wärmemenge aus dem zu kühlenden Medium, z. B. aus der zu verflüssigenden Luft, zugeführt. Damit die Wärmeentziehung schon vor Beendigung der Kompression und die Wärmezufuhr schon vor Beendigung der Expansion einsetzen können, beginnt das Überströmen von einem Raum zum andern, ehe der höchste Kompressionsdruck oder der niedrigste Expansionsdruck erreicht.

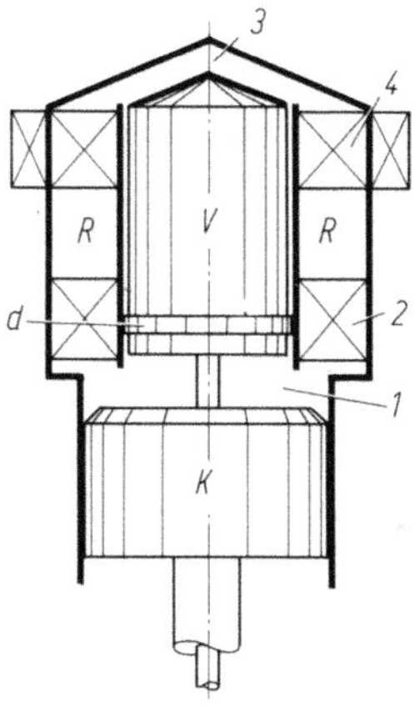

Bild 1.71. Einstufige Gaskältemaschine von Philips. *K* Kolben, *V* Verdränger, *d* Kolbenringe, *R* Regenerator, *1* Kompressionsraum, *3* Expansionsraum, *2* und *4* Wärmeaustauscher

Da im Regenerator und in den Wärmeaustauschern nur ein geringer Druckabfall zu überwinden ist, herrscht in jedem Augenblick in Raum *1* und Raum *3* nahezu der gleiche Druck. Der Verdränger hat daher nur gegen einen sehr geringen Druckunterschied abzudichten. Die zur Abdichtung dienenden Kolbenringe *d* sind am Verdränger möglichst weit unten angeordnet. Sie gleiten daher nur an demjenigen der Zylinderwand, der unter dem Einfluß des Kühlwassers auf verhältnismäßig hoher Temperatur gehalten wird. Der Verdränger kann aus einem kolbenartigen unteren Teil und aus einer darauf befestigten Kappe aus schlecht leitendem Material bestehen. Diese Kappe ist mit einer losen Masse gefüllt, um Gasströmungen in ihrem Innern zu verhindern. Durch diese Maßnahmen wird der Wärmeaustausch zwischen den Räumen *1* und *3* stark herabgesetzt.

Aus dem Kompressionsraum *1* strömt das Gas in den von Kühlwasser umflossenen Wärmeaustauscher *2*, in den Regenerator *R* und schließlich in den Wärmeaustauscher *4*, der die erzeugte „Kälte“ nach außen „abgibt“. Der zuerst genannte Wärmeaustauscher enthält eine große Zahl dünner Röhrchen, die von außen vom Kühlwasser bespült werden. Die Regeneratormasse besteht aus sehr feinem Metalldraht. Der obere Wärmeaustauscher enthielt ursprünglich Rippen, die auf der konischen Wand des den Zylinder oben abschließenden Kopfes innen und außen angebracht waren. Als Material wurde Kupfer gewählt, um die Wärmeleitung von außen nach innen möglichst zu erleichtern. Dieser Wärmeaustauscher ist jedoch heute in der Regel ebenso oder ähnlich gestaltet wie der untere.

Die Gasfüllung der Maschine besteht aus Wasserstoff oder Helium. Der höchste bei der Kompression erreichte Druck beträgt 35 bar, der niedrigste Druck nach der Entspannung 16 bar.

Bei der ersten von Köhler und Jonkers beschriebenen Maschine betrug der Zylinderdurchmesser 70 mm, der Kolbenhub 52 mm und die Drehzahl 1440/min. Schon nach einer Anlaufzeit von 13 min konnte flüssige Luft erhalten werden. Bei einer Antriebsleistung von 5,8 kW wurden bei trockener Außenluft stündlich 5,8 kg Luft verflüssigt, so daß der spezifische Arbeitsverbrauch gerade 1 kWh je kg flüssiger Luft betrug. Dieser Wert ist recht günstig und stimmt mit dem Energieverbrauch kleiner Luftverflüssigungsanlagen der bekannten Bauarten etwa überein. Der Vorteil der Gaskältemaschine liegt in der Einfachheit der Bedienung, dem geringen Raumbedarf und im Wegfall jeglicher Vorkühlung.

Eine Besonderheit der Gaskältemaschine besteht überdies darin, daß sie im gesamten Temperaturbereich zwischen etwa −50 und −200 °C günstig arbeitet, am günstigsten bei etwa 133 K = −140 °C. Bild 1.72 zeigt, wie der stündliche Arbeitsaufwand N und die Kälteleistung q_E von der erreichten tiefsten Temperatur abhängen. Die gestrichelte Linie läßt außerdem erkennen, daß mit dieser Maschine praktisch etwa 30 bis 40% der Leistungsziffer eines Carnotschen Kreisprozesses erreicht werden können.

Mit der Gaskältemaschine kann überdies durch Verbindung mit einer Rektifiziersäule, in der Luft zerlegt wird, auch flüssiger Stickstoff gewonnen werden [K 14].

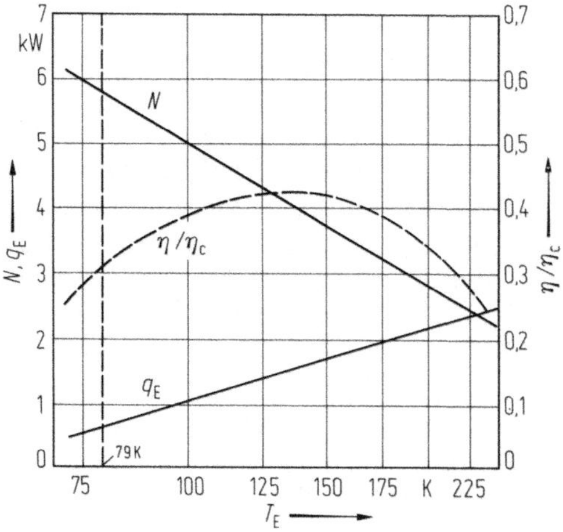

Bild 1.72. Arbeitsaufwand und Wirkungsgrad der Gaskältemaschine

Vereinigt man hierbei vier solche Gaskältemaschinen zu einer größeren Einheit, dann lassen sich mit einer solchen Einrichtung stündlich 30 l flüssigen Stickstoffs gewinnen [K 15].

In dem Bestreben, die Leistung der Gaskältemaschine noch weiter zu steigern, ist man zur Anwendung von zwei Kolben und damit zu dem zunächst nur gedachten Vorgang zurückgekehrt, wie er an Hand von Bild 1.69 erläutert worden ist. Die nicht einfache Aufgabe, die beiden Kolben mit der geeigneten Phasenverschiebung harmonisch zu bewegen, wurde mit einem hydraulischen Getriebe voll befriedigend gelöst. In Verbindung mit einer Rektifiziersäule können hiermit stündlich 250 l flüssigen Stickstoffs gewonnen werden.

1.2.5.2 Die Gaskältemaschine nach Vuilleumier

Neben der beschriebenen Ausführung der Gaskältemaschine von Philips sind schon frühzeitig abweichende Anordnungen vorgeschlagen worden. Bemerkenswert ist das 1918 patentierte Verfahren von Vuilleumier, wovon Bild 1.73 eine modernisierte Gestaltung zeigt. Es unterscheidet sich von dem in Bild 1.71 dargestellten Verfahren dadurch, daß die für die Kälteerzeugung benötigten periodischen Druckänderungen nicht durch einen bewegten Kolben, sondern mit Hilfe eines zweiten größeren Zylinders, ebenfalls mit Verdränger und Regnerator, durch abwechselnde Erwärmung und Kühlung erzeugt werden. In Bild 1.73 entspricht der Teil rechts oben der Gaskältemaschine nach Bild 1.71, jedoch ohne Kolben. Der Teil links oben mit dem weiteren Zylinder dient zur erwähnten thermischen Druckänderung.

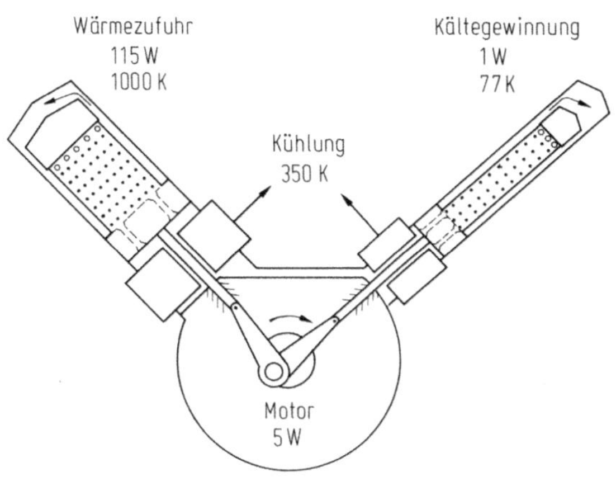

Bild 1.73. Gaskältemaschine nach Vuilleumier

Eine Besonderheit der vorstehenden Anordnung besteht darin, daß in jedem der beiden Teile der Regenerator in den Verdränger eingebaut ist, so daß bei dessen Hin- und Herbewegung das Gas durch den Regenerator und damit auch durch den Verdränger strömt. Gelangt das im linken Zylinder befindliche Gas unter Abwärtsbewegung des Verdrängers in den Raum links oben, dann wird es im Regenerator und anschließend durch Wärmezufuhr aus einem Wärmebehälter von z. B. 1000 K erwärmt. Hierdurch steigt der Druck. Gelangt das Gas hingegen bei der umgekehrten

Bewegung des Verdrängers nach rechts unten, dann wird es im Regenerator und durch Wärmeabgabe an die Umgebung gekühlt. Hierbei sinkt der Druck. Zur Erwärmung und Kühlung des Gases sind am Zylinderkopf und am unteren Ende des Zylinders Wärmeaustauscher angebracht, durch die die entsprechenden Heiz- und Kühlmittel strömen. Die entstehenden Druckänderungen werden durch die im Bild 1.73 über dem Getriebe gezeichnete waagerechte Verbindungsleitung auf den rechten kälteerzeugenden Teil übertragen. Damit die Steigerung und Senkung des Druckes jeweils zur rechten Zeit auftreten, muß die Bewegung des linken Verdrängers der des rechten Verdrängers um einen Kurbelwinkel von etwa 90° voreilen. Im Bild ist angenommen, daß dem in der Apparatur befindlichen Arbeitsgas, z. B. Helium, rechts oben bei 77 K aus einem zu kühlenden Medium Wärme zugeführt und somit Kälte gewonnen wird. Bei dieser Anordnung wird also ähnlich wie bei einer Absorptionskältemaschine Kälte im wesentlichen durch zugeführte Wärme erzeugt. Der Vorteil dieser Anordnung wird darin erblickt, daß eine nur geringe Antriebsleistung genügt, weil nur die Reibung der an den Verdrängern angebrachten Kolbenringe und der Strömungsdruckverlust des Arbeitsgases zu überwinden sind. Die Maschine arbeitet daher auch sehr leise.

Mit derselben Einrichtung kann man auch Temperaturen weit unter 77 K erzielen, z. B. etwa 20 K, indem man dem linken oberen Zylinderkopf Wärme bei Umgebungstemperatur zuführt und die unteren Enden der Zylinder mit verdampfendem flüssigen Stickstoff kühlt.

1.2.5.3 Zweistufige Gaskältemaschine nach Philips

Mit der besprochenen einstufigen Gaskältemaschine kann man die Verflüssigungstemperatur von Luft und Stickstoff mit günstigem Wirkungsgrad der Kälteerzeugung erreichen. Man kann auf diesem Wege die Temperatur noch weiter erniedrigen bis etwa 20 K, aber mit immer schlechterem Wirkungsgrad, so daß bei etwa 20 K die Kälteleistung zu null wird.

Noch tiefere Temperaturen bis etwa 12 K liefert eine zweistufige Gaskältemaschine, wie sie in Bild 1.74 dargestellt ist [D 3] und [K 15]. Der Verdränger hat hier zwei verschiedene Durchmesser, wodurch neben dem oberen Entspannungsraum ein zweiter ringförmiger Entspannungsraum in mittlerer Höhe entstanden ist. Wie bei der einstufigen Maschine wird die zunächst unten befindliche Gasmenge, meist Helium oder Wasserstoff, durch den sich nach oben bewegenden Kolben komprimiert, wobei die Kompressionswärme durch den untersten Wärmeaustauscher an Kühlwasser abgegeben wird. Infolge der nun folgenden Abwärtsbewegung des Verdrängers bei feststehendem Kolben strömt das Gas durch den unteren Regenerator unter Abkühlung in den ringförmigen Entspannungsraum *3*. Ein Teil strömt weiter durch den zweiten Regenerator unter erneuter Abkühlung in den oberen Raum. Danach findet infolge einer Abwärtsbewegung des Kolbens in beiden genannten Räumen *3* und *5* eine Entspannung statt, die eine Abkühlung bewirkt. Durch die den Zyklus abschließende Aufwärtsbewegung des Verdrängers wird fast die gesamte Gasmenge durch die Regeneratoren rückwärts nach unten getrieben und dadurch wieder bis auf die Umgebungstemperatur erwärmt.

Die durch die Entspannung erzeugte Kälte wird durch die unter den Entspannungsräumen befindlichen Wärmeaustauscher abgeführt. Die im Ringraum erzeugte Kälte dient indessen ganz oder teilweise zur Deckung des Austauschverlustes des unteren Regenerators. Auf die beschriebene Weise kann also bei zwei verschiedenen Temperaturen, z. B. 70 und 20 K Kälte mit günstigem Wirkungsgrad erzeugt werden. Die eingangs erwähnte Temperatur von 12 K stellt die untere Temperaturgrenze dar, die indessen nur unter Verzichte auf eine nennenswerte Kälteleistung erreichbar ist.

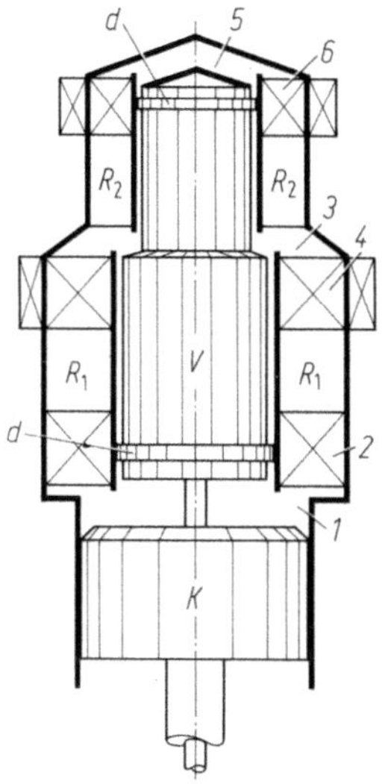

Bild 1.74. Zweistufige Gaskältemaschine von Philips. R_1, R_2 Regeneratoren, *1* Kompressionsraum, *3* und *5* Expansionsräume, *2*, *4*, *6* Wärmeaustauscher

Mit einer zweistufigen Gaskältemaschine kann man sehr vorteilhaft den bei 20,4 K siedenden Wasserstoff verflüssigen. Aber auch bei der Verflüssigung des Heliums vermag eine solche Gaskältemaschine wertvolle Dienste zu leisten. Hierbei strömt das zu verflüssigende Helium in einem getrennten Kreislauf zunächst unter erhöhtem Druck. Die in der Gaskältemaschine bei zwei verschiedenen Temperaturen erzeugte Kälte wird auf das verdichtete Helium in ähnlicher Weise übertragen, wie es in Bild 1.60 für Wasserstoff gezeigt ist. Nach weiterer Abkühlung in einem Gegenströmer wird dieses Helium durch Drosselung entspannt, wobei sich ein Teil verflüssigt. Bei Anwendung von zwei solchen Gaskältemaschinen kann man sogar eine Vorkühlung bei vier verschiedenen Temperaturen bewerkstelligen.

1.2.6 Verluste der Verflüssigungsanlagen

Bei den beschriebenen Verfahren zur Verflüssigung von Gasen treten mechanische Verluste, hauptsächlich aber Kälteverluste verschiedener Art auf.

Die erheblichen mechanischen Verluste, die bei der Verdichtung der Luft oder anderer zu verflüssigender Gase entstehen, sind bereits durch den Faktor $f = 1{,}6 \ldots 1{,}7$ in den Gln. (1.70) und (1.71) in Abschnitt 1.2.1.1.4 berücksichtigt. Die ebenfalls überwiegend mechanisch verursachten Verluste der Expansionsmaschinen wirken sich neben einer Verringerung des an sich unbedeutenden Rückgewinns an Arbeit hauptsächlich in einer Verkleinerung der Abkühlung des sich entspannenden Gases und damit des Kältewirkungsgrades ηk nach Gl. (1.79) in Abschnitt 1.2.2.2 aus.

Aber auch in den Verflüssigungsapparaten selbst treten Verluste auf. Abgesehen von unbedeutenden Druckverlusten in den Gegenströmern und sonstigen Rohrleitungen sind dies im wesentlichen Kälteverluste, die bei den bisherigen Berechnungen der Kälteleistung und des flüssig gewinnbaren Bruchteils y vernachlässigt worden sind. Diese Kälteverluste haben bei den Verflüssigungsapparaten, die Gegenströmer enthalten, d. h. vor allem bei den Verfahren von Linde, Claude und Heylandt, folgende Ursachen:

1. Ein *Austauschverlust* entsteht dadurch, daß die auf etwa 1,3 bar entspannte Luft oder ein anderes Gas im Gegenströmer nicht wieder vollständig auf die Temperatur der eintretenden Hochdruckluft erwärmt wird, sondern mit einer meist um 1 bis 2 K tieferen Temperatur austritt und so einen Teil der erzeugten Kälte aus dem Gegenströmer hinausträgt.

2. *Isolationsverlust*. Da es auch bei bester Isolation des Apparates mit Hilfe eines wärmedämmenden Stoffes oder auch eines Vakuummantels nicht möglich ist, die Wärmeeinströmung aus der Umgebung völlig zu verhindern, tritt auch hierdurch ein Kälteverlust auf. Dieser Verlust ist je kg Luft oder Gas, das in den Apparat eintritt, im allgemeinen um so größer, je kleiner der Apparat ist. Er hängt im einzelnen stark von der Anordnung der Apparateteile und der Ausführung der Isolierung ab. Er dürfte bei kleinen Apparaten etwa 4 bis 10 kJ je kg verdichteter Luft betragen.

3. *Kälteverluste durch Wärmeleitung in Rohrwänden*. Auch durch Wärmeleitung in Längsrichtung der zahlreichen Rohre, sei es der Wärmeaustauscher, sei es anderer Rohre, wie sie z. B. zur Probeentnahme oder zu Meß- und Regelzwecken dienen, dringt Wärme ins Innere der Apparatur ein und verursacht entsprechende Kälteverluste. Da hierdurch auch der Temperaturverlauf in den Wärmeaustauschern verändert wird, sind diese Vorgänge reichlich verwickelt. Sie werden eingehend in Abschnitt 2.3.6 erörtert.

Da die unter 2. und 3. genannten Verluste durch Wärmeeinströmung aus der Umgebung entstehen, kann man sie unter dem Begriff „Umgebungsverluste" zusammenfassen.

4. Ein *Verdampfungsverlust* entsteht schließlich noch bei der Entnahme der verflüssigten Luft oder eines anderen verflüssigten Gases aus dem Sammelbehälter des Verflüssigers. Ein Teil dieser Verdampfung ist dadurch verursacht, daß der Druck im Sammelbehälter etwas höher ist als der Druck der Außenluft, so daß beim Abfüllen noch eine kleine Drosselung stattfindet. Hierzu kommt eine weitere Verdampfung durch Wärme, die während des Abfüllens in die Flüssigkeit eindringt.

Über die Größe der Kälteverluste der Gegenströmer von Luftverflüssigern und kleineren Luftzerlegungsanlagen gibt Tabelle 2.3 Auskunft. Ein Diagramm, aus dem man nach mittleren Erfahrungen die Umgebungskälteverluste von sehr großen Gaszerlegungsanlagen ablesen kann, enthält Bild 4.13.

Auf die im Abschnitt 1.2.5 geschilderten Gaskältemaschinen, die keine rohrförmigen Gegenströmer zur Kälteerzeugung, sondern Regeneratoren enthalten, läßt sich die im 2. Kapitel erörterte Art der Berechnung der Kälteverluste nicht ungeändert anwenden. Man kann aber unter Verfolgung derselben Grundgedanken auch bei solchen Verflüssigern die Verluste berechnen.

1.3 Messung sehr tiefer Temperaturen

1.3.1 Thermodynamische Grundlagen (vgl. [E 1])

Ebenso wie in höheren Temperaturbereichen ist auch bei sehr tiefen Temperaturen bis zum absoluten Nullpunkt die thermodynamische Temperaturskala Grundlage der Temperaturmessung. Diese Temperaturskala, die in Abschnitt 1.1.6.4 eingehend erörtert worden ist, ist durch den II. Hauptsatz der Thermodynamik festgelegt und daher unabhängig von irgendwelcher Thermometersubstanz. Meist wird sie „absolute" Temperatur genannt, weil sie einen ebenfalls rein naturgesetzlich bestimmten Nullpunkt hat, wie ebenfalls in Abschnitt 1.1.6.4 begründet wurde.

Für die Verwirklichung der thermodynamischen Temperaturskala ist es von größter praktischer Bedeutung, daß diese Temperaturskala mit den Ergebnissen gasthermometrischer Messungen vollkommen übereinstimmt, sofern man diese Ergebnisse auf den Gasdruck $p = 0$ extrapoliert [H 8]. Hierbei ist es grundsätzlich gleichgültig, mit welchem Gas ein solches Thermometer gefüllt ist, solange man nur genügend weit über der Verflüssigungstemperatur oder Gefriertemperatur des betreffenden Gases bleibt. Die tiefsten Temperaturen bis nahe an 4 K und bei erniedrigtem Gasdruck auch noch tiefer, kann man mit einem Thermometer messen, das mit Helium gefüllt ist.

Die folgenden Ausführungen über praktische Temperaturmessungen lehnen sich weitgehend an einen Vortrag an, den Kneuer [K 12] gelegentlich der Tagung des Kälte- und Klimatechnischen Vereins 1977 in Hannover gehalten hat.

Bei praktischen Messungen der Temperatur benutzt man sogenannte *sekundäre Thermometer*, deren Angaben man durch Eichung möglichst genau der thermodynamischen Temperaturskala anzupassen sucht. Zur Eichung dienen Fixpunkte, die bei tiefen Temperaturen im wesentlichen durch sehr genau gemessene Siedepunkte von verflüssigten Gasen oder durch die Temperaturen anderer Phasengleichgewichte wie Tripelpunkte festgelegt sind. Solche als Fixpunkte geeignete Temperaturen zeigt Tabelle 1.8.

Tabelle 1.8. Fixpunkte zur Anpassung an die 1968 festgelegte praktische Temperaturskala

Verflüssigtes Gas	Absolute Siedetemperatur oder Tripelpunkttemperatur in K
Tripelpunkt des Gleichgewichtswasserstoffs (Gleichgewicht zwischen Ortho- und Parawasserstoff)	13,81
Verdampfungsgleichgewicht des Gleichgewichtswasserstoffs bei 0,333306 bar	17,042
Siedepunkt des Gleichgewichtswasserstoffs bei 1,01325 bar = 1 atm	20,28
Siedepunkt des Neons	27,102
Tripelpunkt des Sauerstoffs	54,361
Siedepunkt des Sauerstoffs	90,188
Tripelpunkt des Wassers	273,16
Siedepunkt des Wassers	373,15

1.3.2 Fixpunkte und Meßbereiche

Als Temperaturfixpunkte wurden 1968 international die in Tabelle 1.8 verzeichneten Siedetemperaturen oder Tripelpunkttemperaturen verflüssigter Gase festgelegt. Diese Siedepunkte beziehen sich auf den Druck von 1,01325 bar = 1 atm.

Außerdem wurden 1968 als weitere Fixpunkte für höhere Temperaturen international vereinbart die Erstarrungspunkte von Zink, Silber und Gold zu 692,73 K, 1235,08 K und 1337,58 K.

Über diese und weitere Temperaturfixpunkte und die Internationale Praktische Temperaturskala von 1968 (IPTS-68), nach der die thermodynamische Temperaturskala mit Hilfe sekundärer Thermometer, vor allem mit Platinwiderstandsthermometern innerhalb der höchsten experimentell erreichbaren Genauigkeit wiedergegeben werden kann, siehe die ausführliche Darstellung von Thomas [T 2].

Als Sekundärthermometer bei tiefen Temperaturen dienen

— Dampfdruckthermometer,
— Widerstandsthermometer,
— Thermoelemente.

Den Meßbereich der verschiedenen bei tiefen Temperaturen benutzten Thermometer zeigt Bild 1.75. Bei Dampfdruckthermometern entspricht der Meßbereich angenähert dem Temperaturbereich zwischen der Schmelztemperatur und der Siedetemperatur der eingefüllten Flüssigkeit.

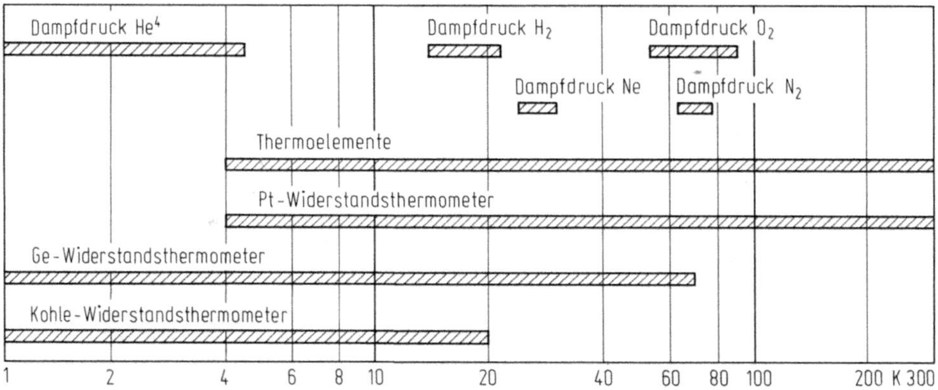

Bild 1.75. Meßbereiche der für tiefe Temperaturen geeigneten Meßgeräte (Linde AG)

1.3.3 Dampfdruckthermometer

Die Dampfdruckthermometer ermöglichen ohne besondere Schwierigkeit eine sehr genaue Temperaturmessung, weil der Dampfdruck der zur Messung verwendeten verflüssigten Gase mit nur äußerst geringer Unsicherheit bekannt ist. Man ersieht aus Bild 1.75, daß als Füllung solcher Meßgeräte vor allem Sauerstoff, Stickstoff,

Wasserstoff, Neon und Helium geeignet sind, daß aber jedes mit einem bestimmten Gas gefüllte Thermometer jeweils nur in einem beschränkten Temperaturbereich verwendbar ist. Dazwischen liegen Temperaturlücken, die man im allgemeinen mit Dampfdruckthermometern nicht erfassen kann. Die Dampfdruckkurven der genannten Gase sind in Bild 1.2 dargestellt.

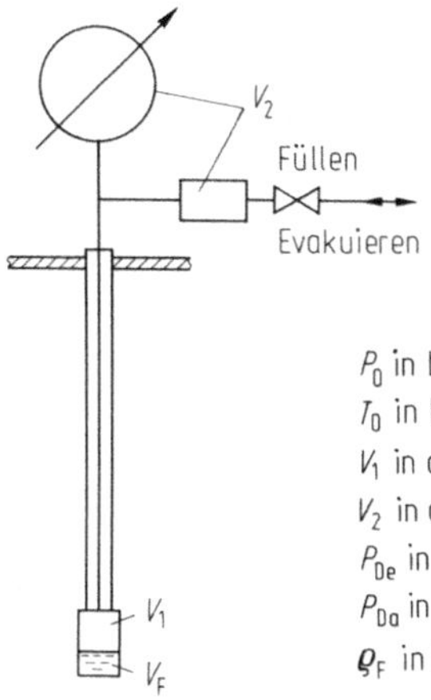

$$P_0 = \frac{1}{V_1 + V_2} \left[0{,}8 \varrho_F V_1 R T_0 + P_{Da} \left(0{,}2 \frac{T_0}{T_{xa}} V_1 + V_2 \right) \right]$$

$$V_2 = \frac{T_0 V_1}{P_{De} - P_{Da}} \left(0{,}7 \varrho_F R + 0{,}2 \frac{P_{Da}}{T_{xa}} - 0{,}9 \frac{P_{De}}{T_{xe}} \right)$$

P_0 in bar	absoluter Fülldruck des Thermometers
T_0 in K	Umgebungstemperatur
V_1 in cm^3	Volumen des Meßfühlers
V_2 in cm^3	Volumen bei Umgebungstemperatur
P_{De} in bar	Dampfdruck bei höchster Meßtemperatur
P_{Da} in bar	Dampfdruck bei niedrigster Meßtemperatur
ϱ_F in kg/cm^3	Dichte des verflüssigten Gases

Bild 1.76. Dampfdruckthermometer (Linde AG)

Bild 1.76 zeigt den grundsätzlichen Aufbau eines Dampfdruckthermometers. Das der tiefen Temperatur auszusetzende Gefäß von etwa 1 cm^3 Rauminhalt V_1 soll höchstens zu 80% und mindestens zu 10% mit Flüssigkeit gefüllt sein. Es ist über eine Kapillare mit einem Druckmeßgerät und mit einem Pufferraum vom Volumen V_2 verbunden. Für genaue Messungen ist wesentlich, daß das temperaturempfindliche Meßgefäß mit dem Medium von der zu bestimmenden Temperatur in möglichst guter wärmeleitender Verbindung steht. Die in Bild 1.76 angeführten Gleichungen ermöglichen es, bei dem vorgegebenen Temperaturmeßbereich das Puffervolumen V_2, das auch den Innenraum des Druckmeßgerätes einschließt, und den Fülldruck P_0 zu berechnen. Hierbei ist vorausgesetzt, daß bei der Füllung des Thermometers mit Flüssigkeit in V_1 und V_2 Umgebungstemperatur herrscht; bei der Messung soll nur V_1 die zu messende Temperatur haben, V_2 sich aber stets auf Umgebungstemperatur befinden.

1.3.4 Widerstandsthermometer

Seit 1869 sind elektrische Widerstandsthermometer bekannt. Das Widerstandsthermometer aus Platin ist auch heute noch eines der wichtigsten Temperaturmeßinstrumente. Aus spektralreinem Platin hergestellt, ermöglichen solche Meßgeräte eine sehr genaue Wiedergabe der 1968 international vereinbarten praktischen Temperaturskala, die, wie schon erwähnt, innerhalb der heute erreichbaren Meßgenauigkeit mit der thermodynamischen Temperaturskala übereinstimmt; vgl. Thomas [T 2].

Der Widerstand des Platins bei der fraglichen Temperatur läßt sich durch Messung des sehr klein zu wählenden elektrischen Stromes und des Spannungsunterschiedes zwischen den beiden Enden des Platindrahtes bestimmen. Das Verhältnis des ermittelten Widerstandes zum Widerstand bei 273,15 K = 0 °C legt nach einer ebenfalls international vereinbarten Beziehung die gesuchte Temperatur fest. Dies setzt jedoch voraus, daß an den in Tabelle 1.8 verzeichneten Fixpunkten die durch Eichung erhaltenen Widerstandsverhältnisse mit denen nach der international vereinbarten Beziehung übereinstimmen. Aber auch bei kleinen Abweichungen zwischen diesen Verhältnissen läßt sich die Temperatur sehr genau bestimmen, indem man eine Korrektur anbringt, die ebenfalls nach einem international vereinbarten Verfahren berechnet werden kann.

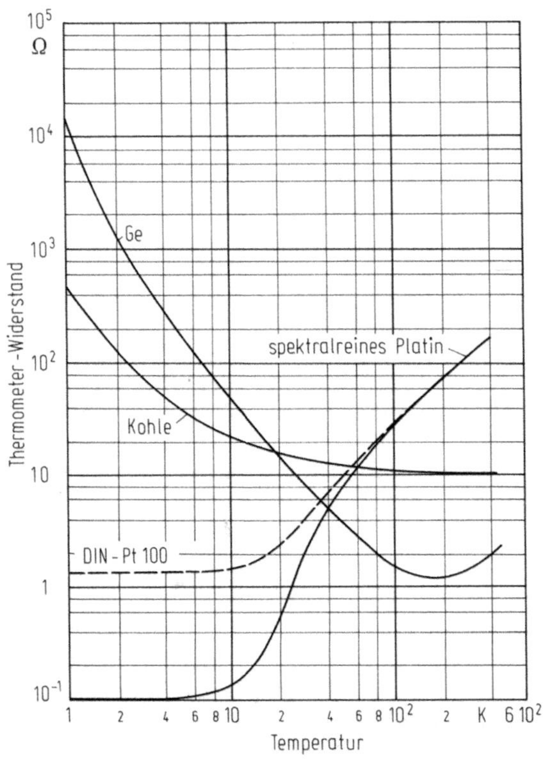

Bild 1.77. Temperaturabhängigkeit des Widerstandes von Widerstandsthermometern (Linde AG)

Bild 1.77 zeigt den Verlauf des Widerstandes in Abhängigkeit von der Temperatur. Man kann hiernach mit einem Platinwiderstandsthermometer die Temperatur bis herab zu etwa 8 K genau messen. Für die Messung unveränderlicher oder sich langsam ändernder Temperaturen verwendet man in Glas eingeschmolzene Platindrähte. Bei rasch wechselnden Temperaturen wie z. B. in Regeneratoren kann es hingegen nötig sein, den Platindraht frei ausgespannt dem Gasstrom auszusetzen; vgl. Glaser [G 4]. Bei geringeren Ansprüchen an die Genauigkeit ist auch das etwas weniger reine Platinthermometer DIN Pt 100 bis herab zu etwa 70 K geeignet. Um Verwechslungen zu vermeiden, ist es jedoch sicherer, grundsätzlich nur spektralreines Platin zu benutzen. Bei Serienmessungen mit solchen Widerstandsthermometern kann man oberhalb 30 K die Temperatur aus gemeinsamen Eichtabellen mit einer Ungenauigkeit von etwa $\pm 0{,}5$ K ermitteln, während unterhalb 30 K jedes Thermometer gesondert geeicht werden muß.

Im Bereich tiefster Temperaturen, besonders unter 20 K haben sich Halbleiterwiderstände, vornehmlich aus Germanium, oder Kohlewiderstände als Temperaturmeßgeräte bewährt, vgl. z. B. Koeppe [K 18]. Sie zeichnen sich, wie Bild 1.77 zeigt, durch eine starke Zunahme des Widerstandes mit sinkender Temperatur aus.

1.3.5 Thermoelemente

Verhältnismäßig bequem anwendbar sind Thermoelemente, die schon seit dem Jahre 1825 bekannt waren, aber erst später zur Temperaturmessung benutzt worden sind. Ein Thermoelement besteht aus zwei Drähten verschiedenen, meist metallischen Materials, deren beide Enden miteinander verlötet oder verschweißt sind. Bringt man die beiden Enden auf verschiedene Temperaturen, dann entsteht ein elektrischer Spannungsunterschied zwischen beiden Enden. Dieser Spannungsunterschied kann an einem Voltmeter, das sich in einem der beiden Drähte befindet, oder mit Hilfe einer Meßbrücke abgelesen werden. Hält man das eine Ende möglichst genau auf einer bekannten höheren Temperatur, dann kann man auf Grund einer vorangegangenen Eichung des Thermoelements auf die tiefere Temperatur am anderen Ende schließen. Eines der ältesten Thermoelemente, das früher überwiegend benutzt wurde, besteht aus Kupfer und Konstantan. Heute sind hauptsächlich folgende Thermopaare im Gebrauch:

Chromel-Alumel (Nickelchrom-Nickel bei Temperaturen über 273 K),
Kupfer-Konstantan,
Eisen-Konstantan,
Chromel-Au Fe 0,03,
Nickelchrom-Konstantan.

Bild 1.78 zeigt die Thermokraft dieser Thermoelemente in mV abhängig von der zu messenden Temperatur, wenn die zweite Lötstelle auf der Temperatur des schmelzenden Eises gehalten wird. Daß die Kurven mit sinkender Temperatur flacher werden, hat zur Folge, daß die Anzeigeempfindlichkeit, d. h. die Änderung der Thermospannung je K Temperaturunterschied mit sinkender Temperatur abnimmt. Am wenigsten trifft dies bei Chromel-Au Fe 0,03 zu. Deshalb wird bei den tiefsten Temperaturen etwa unter 20 K ein Thermoelement aus diesen beiden Materialien bevorzugt. Die im allgemeinen viel größere Empfindlichkeit der Thermoelemente bei Umgebungstemperatur bewirkt, daß Schwankungen der Temperatur der Warmlötstelle die Ergebnisse der Messungen bei tiefer Temperatur erheblich verfälschen können. So kann der Fehler einer Messung bei 20 K etwa 1 K betragen, wenn die Temperatur der warmen Lötstelle nur um 0,1 K falsch ist. Deshalb bemüht man sich, die Temperatur der Warmlötstelle mit schmelzendem Eis möglichst genau konstant zu halten. Man kann aber den Fehler erheblich dadurch verringern, daß man die Vergleichslötstelle nicht an den Eisschmelzpunkt, sondern an eine Stelle wesentlich tieferer Temperatur legt, die aber dann ebenfalls möglichst genau konstant gehalten werden muß.

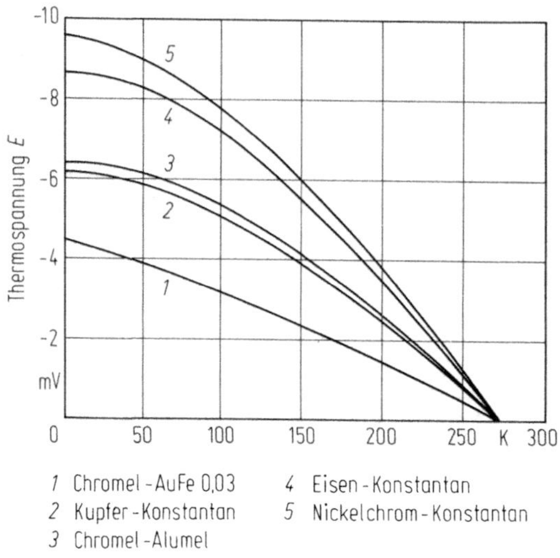

Bild 1.78. Thermospannung E von Thermoelementen für tiefe Temperaturen (Linde AG)

Störungen an Thermoelementen können auch dadurch auftreten, daß infolge von Inhomogenitäten im Material, namentlich in Legierungen, bei Temperaturunterschieden zwischen verschiedenen Stellen des Elementes parasitäre Thermospannungen entstehen. Da solche Störungen bei Chromel-Alumel am wenigsten beobachtet werden, wird dieses Thermopaar heute zur Messung tiefer Temperaturen bevorzugt.

1.3.6 Messung extrem tiefer Temperaturen

Da in der Nähe des absoluten Nullpunktes alle gebräuchlichen Temperaturmeßmethoden zunächst versagten, wurde die bei der Entmagnetisierung erreichte Endtemperatur, wie schon in Abschnitt 1.1.8 angedeutet, in erster Linie durch Messung der magnetischen Suszeptibilität und dann noch genauer mit Hilfe des II. Haupt-

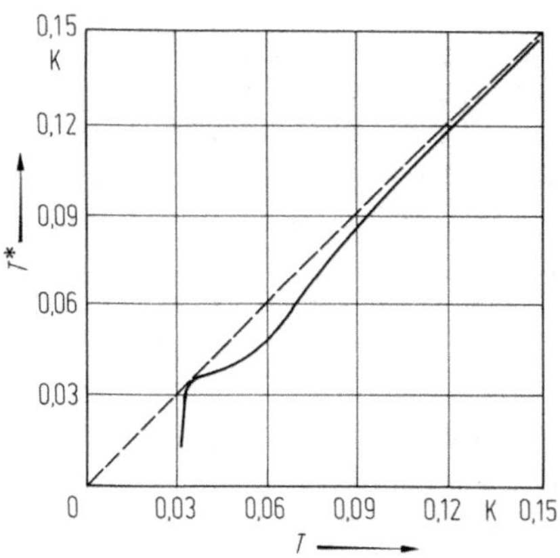

Bild 1.79. Aus dem Curieschen Gesetz an Eisenchromalaun ermittelte Temperatur T^*, abhängig von der wahren Temperatur T

satzes der Thermodynamik bestimmt. Aber auch im Temperaturbereich des flüssigen Heliums, d. h. zwischen etwa 0,5 bis 4 K, haben sich solche und verwandte Meßverfahren als nützlich erwiesen.

Die Suszeptibilität ist definiert durch das Verhältnis

$$\chi = \frac{\sigma}{H_a} \tag{1.89}$$

der Magnetisierung σ zum äußeren Feld H_a. Es ist bekannt, daß ideal-paramagnetische Stoffe mit einer Konstanten C das Curiesche Gesetz

$$\chi = \frac{C}{T} \tag{1.90}$$

erfüllen. Für Stoffe mit innerem Feld hingegen, die bei Unterschreitung der Curie-Temperatur T_C schwach ferromagnetisch werden, gilt oberhalb T_C angenähert das Curie-Weisssche Gesetz

$$\chi = \frac{C}{T - T_C}\,. \tag{1.91}$$

Ist nun die Konstante C aus Beobachtungen bei höheren Temperaturen bekannt, und mißt man bei der gesuchten tieferen Temperatur T den Wert von χ, dann kann man T wenigstens in erster Näherung aus dem Curieschen Gesetz (1.90) berechnen. Die Benutzung von Gl. (1.91) bereitet hingegen Schwierigkeiten, wenn, wie vielfach, T_C nicht vorher bestimmt worden ist.

Zur Messung der Suszeptibilität dient eine kleine um das paramagnetische Salz angeordnete Spule aus vielen Drahtwindungen. Die bei Einschaltung eines schwachen Magnetfeldes in dieser Spule induzierte elektrische Spannung hängt von dem magnetischen Kraftfluß, den das Feld in dem Salz erzeugt, und daher von dessen Suszeptibilität ab. Bei geeigneter elektrischer Schaltung läßt sich daher aus der Ablesung an einem ballistischen Galvanometer unmittelbar auf den Wert der Suszeptibilität schließen. Bei der Versuchsanordnung in Leiden (Bild 1.32) wird zu diesem Zweck das Gefäß, das das paramagnetische Salz und das flüssige Helium enthält, durch eine Schwenkvorrichtung aus dem Ort zwischen den beiden Polen des großen Magneten in eine besondere genügend weite Spule gebracht, die das schwache Feld für die Messung erzeugt. Bei der Versuchsanordnung in Berkeley wird der induktive Widerstand einer kleinen, von vornherein um das Salz angeordneten Spule durch eine Brückenschaltung beobachtet, wobei die Apparatur innerhalb des von remanentem Magnetismus freien Solenoids verbleiben kann.

Da aber das Curiesche Gesetz (1.90) vielfach nur angenähert gilt, konnten anfänglich die mit seiner Hilfe aus den Suszeptibilitätsmessungen ermittelten Temperaturwerte T^* nicht genau die absolute Temperatur T darstellen. Bild 1.79 zeigt am Beispiel des Eisenchromalauns die durch Messungen von Kurti in Leiden bestimmten Abweichungen zwischen T^* und T. Der scharfe Knick entspricht der Curie-Temperatur. Unterhalb dieser Temperatur und in schwächerem Maße auch darüber sind die wahren Werte von T höher als T^*, d. h. höher als man zunächst aus der Suszeptibilitätsmessung erwartete.

Giffert, Webb und Wheatly [G 11] haben ein neuartiges Verfahren zur Messung der Suszeptibilität entwickelt, mit dem man die Temperaturen im gesamten Bereich zwischen etwa 10 mK und 4 K wesentlich genauer bestimmen kann. Auch hier wird die zu beobachtende Probe innerhalb einer Drahtwicklung angeordnet und der Wirkung eines Magnetfeldes ausgesetzt. Eine Besonderheit ist hierbei, daß die Drahtwindungen aus Niobium bestehen, einem Stoff, der bei Unterschreitung von 9,2 K elektrisch supraleitend wird; vgl. Abschnitt 11.2.2.4. Überdies sind die Probe und die Drahtwindungen von einem etwas weiteren Rohr aus Niobium umgeben. Hier hält das Niobium das in axialer Richtung wirkende Magnetfeld ohne jede Schwächung zusammen, weil es als Supraleiter auch kleine Teile des Magnetfeldes nicht in die aus ihm gebildete Rohrwandung eintreten läßt. Überdies haben die Verfasser eine neuartige elektrische Schaltung zur Messung der Suszeptibilität und damit der Temperatur entwickelt. Diese Schaltung ist etwas verschieden, jenachdem, ob es sich um den Temperaturbereich des flüssigen Helium oder um den Millikelvin-Bereich handelt. Dieses Temperaturmeßverfahren haben sie an Cerium-Magnesium-Nitrat als Versuchssubstanz erprobt, wobei sie im Gegensatz zu Bild 1.79 sofort eine recht genaue Angabe der Temperatur erzielen konnten.

Außer der magnetischen Suszeptibilität können auch folgende Erscheinungen zur Messung extrem tiefer Temperaturen dienen [F 3, S. 501]: Kernorientierung, Kernresonanz, Mössbauer-Effekt und das Rauschthermometer.

Zur Ermittlung der genauen Werte von T mit Hilfe des II. Hauptsatzes der Thermodynamik kann man in Anlehnung an einen Gedanken von Keesom [K 7] grundsätzlich etwa wie folgt verfahren: Man führt zunächst zwei adiabate Entmagnetisierungen durch, die sich durch einen etwas verschiedenen Wert der Anfangstemperatur oder auch des äußeren Feldes H_a unterscheiden, so daß auch die Anfangsentropie verschieden ist. Da nun bei beiden Entmagnetisierungen die Entropie sehr genau ungeändert bleibt, haben auch die Endzustände denselben Entropieunterschied ΔS wie die Anfangszustände. ΔS können wir aber für die Ausgangszustände aus einer Berechnung oder auch aus besonderen Messungen als bekannt voraussetzen. Führt man nun dem paramagnetischen Salz, von dem Endzustand mit der tieferen Temperatur ausgehend, gerade so viel Wärme ΔQ zu, daß die etwas höhere Temperatur des zweiten Endzustandes erreicht wird, dann gilt nach der Entropiedefinition

$$\Delta S = \frac{\Delta Q}{T} . \tag{1.92}$$

Man erhält daher aus ΔS und der gemessenen Wärmemenge ΔQ als gesuchte Temperatur

$$T = \frac{\Delta Q}{\Delta S} . \tag{1.93}$$

Allerdings ist dies zunächst nur ein Mittelwert der Temperaturen zwischen den beiden Endzuständen. Im einzelnen ist die Bestimmung der absoluten Temperatur mit Hilfe des II. Hauptsatzes sehr verschieden durchgeführt worden, doch beruhen alle Verfahren letzten Endes auf dem angedeuteten Grundgedanken.

Die genannte Erwärmung des paramagnetischen Salzes wurde in Leiden durch genau definierte γ-Strahlen, in Berkeley durch eine elektrische Widerstandsheizung mit einem Golddraht bewirkt. Daß die gewünschte Entemperatur erreicht wurde, konnte durch Beobachtung der Suszeptibilität oder auch mit Hilfe eines der vorstehend beschriebenen Sekundärthermometer festgestellt werden.

2 Theorie der Wärmeübertragung im Gegenstrom und Kreuzstrom

Von H. Hausen

Bei allen Verfahren der Gasverflüssigung, die in den vorangehenden Abschnitten beschrieben worden sind, spielt die Wärmeübertragung im Gegenstrom eine so wichtige Rolle, daß die Verfahren ohne eine solche Wärmeübertragung undurchführbar wären. Dasselbe gilt für die später in den Kapiteln 4 bis 8 zu beschreibenden Verfahren zur Zerlegung von Gasgemischen. Die auch hierfür benötigten sehr tiefen Temperaturen werden grundsätzlich auf dieselbe Weise erzeugt wie für die Gasverflüssigung. Sowohl für große Verflüssigungsanlagen wie auch für Anlagen, mit deren Hilfe große Mengen reiner gasförmiger Zerlegungsprodukte gewonnen werden sollen, werden sehr große Wärmeaustauscher gebraucht. Es ist daher auch für den Entwurf und Bau der Verflüssigungs- und Zerlegungsanlagen dringend erforderlich, die Gegenströmer auf Grund einer genauen Berechnung richtig zu bemessen. Aus diesem Grunde sollen in folgendem die in den Gegenströmern sich abspielenden Vorgänge erörtert und die zu ihrer Berechnung notwendigen Beziehungen mitgeteilt werden. Hierbei sollen sich die Betrachtungen zunächst auf die Gegenströmer in Rohranordnung und erst später auf die ebenfalls im Gegenstrom betriebenen Regeneratoren mit speichernder Masse sowie auf die heute in sehr großem Umfange benutzten Wärmeaustauscher in kompakter Bauweise beziehen. Auch auf die Wärmeübertragung in Kondensatoren und Verdampfern soll kurz eingegangen werden; vgl. [H 5] und [G 6]. Unter den zahlreichen Veröffentlichungen über Wärmeübertragung werde nur auf folgende hingewiesen: [G 9, H 16, V 1, E 2, S 2, M 4, J 2] sowie Sammelberichte wie [E 3, 4] und [H 2].

2.1 Wärmedurchgang in Rohrgegenströmern

Wie bei allen Apparaten der Wärmeübertragung kann auch bei den Gegenströmern der Tieftemperaturtechnik die in der Zeiteinheit übertragene Wärmemenge Q berechnet werden nach der Gleichung

$$Q = kF\,\Delta\vartheta_M\,, \tag{2.1}$$

worin k den Wärmedurchgangskoeffizienten, gemessen in kJ/m^{2}s K, F die übertragende Fläche in m^2 und $\Delta\vartheta_M$ in K die mittlere Temperaturdifferenz zwischen den beiden in Wärmeaustausch tretenden Gasen bedeutet. Während F aus den Abmessungen der Rohrwandungen leicht bestimmt werden kann, bedarf die Ermittlung von k und $\Delta\vartheta_M$ einer eingehenden Erörterung.

Der Wärmedurchgangskoeffizient k hängt in bekannter Weise von der Wärmeleitfähigkeit λ_s des Baustoffs der Rohrwand (s weist auf „solid" hin) und von der Rohrwanddicke δ, vor allem aber von den Wärmeübergangskoeffizienten α_i und α_a

ab, die innerhalb und außerhalb der Rohre den Wärmeübergang zwischen dem jeweils strömenden Gas und der von ihm bespülten Rohroberfläche festlegen. Wäre die übertragende Wand eben, dann könnte k nach der einfachen Gleichung

$$\frac{1}{k} = \frac{1}{\alpha_i} + \frac{\delta}{\lambda_s} + \frac{1}{\alpha_a}$$

berechnet werden.

Für die Wärmeübertragung durch Rohrwände gilt entsprechend die Beziehung

$$\frac{1}{kF} = \frac{1}{\alpha_i F_i} + \frac{\delta}{\lambda_s F_m} + \frac{1}{\alpha_a F_a}. \tag{2.2}$$

Vgl. [H 14]. Eine ähnliche Gleichung hat auch schon Altenkirch abgeleitet, siehe [A 1]. In Gl. (2.2) bedeutet F_i die innere, F_a die äußere Oberfläche der Rohre und F_m den logarithmischen Mittelwert aus F_i und F_a, der bestimmt ist durch die Gleichung

$$F_m = \frac{F_a - F_i}{\ln (F_a/F_i)} \tag{2.3}$$

oder auch, da die Flächen den Durchmessern proportional sind, durch

$$F_m = d_m L$$

mit

$$d_m = \frac{d_a - d_i}{\ln (d_a/d_i)}. \tag{2.4}$$

Hierin ist also d_i der innere, d_a der äußere Durchmesser und L die Länge der Rohre.

Bei metallischen Rohren ist das mittlere Glied von Gl. (2.2) vernachlässigbar klein. Daher kann man kF nach der einfachen Beziehung

$$kF = \frac{\alpha_i F_i \alpha_a F_a}{\alpha_i F_i + \alpha_a F_a} \tag{2.5}$$

berechnen.

Die mühsamste Aufgabe, die vor Ermittlung von kF und damit vor der Berechnung der übertragenen Wärmemenge gelöst werden muß, ist die Bestimmung der Wärmeübergangskoeffizienten α_i und α_a. Diese Aufgabe soll anschließend erörtert werden. Es wird sich dabei zeigen, daß man die Wärmeübergangskoeffizienten nicht beliebig steigern kann, daß man vielmehr auch den Druckabfall, den die beiden Gase auf ihrem Wege durch den Gegenströmer erleiden, berücksichtigen muß.

2.1.1 Wärmeübergangskoeffizienten

Die Wärmeübertragung, die zwischen einem strömenden Gas und der von dem Gas berührten Oberfläche einer Wand stattfindet, beruht im allgemeinen auf folgenden drei Grundvorgängen:

- Wärmeleitung im Gas in Richtung des Temperaturgefälles;
- Konvenktion, d. h. Wärmetransport durch Strömung, und zwar meist durch eine sehr lebhafte, ungeordnete Bewegung kleiner Gas- oder Flüssigkeitsteilchen;
- Wärmestrahlung.

Die Wärmestrahlung spielt in den Gegenströmern wegen der tiefen Temperaturen eine nur untergeordnete Rolle und kann daher in der Regel außer acht gelassen werden.

Einen um so größeren Einfluß hat die Konvektion. Ihr Anteil an der Wärmeübertragung hängt in erster Linie vom Strömungszustand ab, der laminar oder turbulent sein kann. Im laminaren Bereich, der sich auf kleine Werte der mittleren Strömungsgeschwindigkeit erstreckt, kann man sich die Strömung aus sehr dünnen, konzentrischen Schichten aufgebaut denken, die in axialer Richtung aneinander vorbeiströmen. Bei turbulenter Strömung überlagert sich der Hauptströmung eine lebhafte, nach allen Richtungen hin rasch veränderliche Bewegung kleiner Gas- oder Flüssigkeitsteilchen. Die quer zur Hauptströmung gerichteten Komponenten dieser unregelmäßigen Bewegung steigern die Wärmeübertragung erheblich. Nur in unmittelbarer Nähe der Rohrwand verbleibt infolge deren bremsender Wirkung eine laminare Grenzschicht, durch die die Wärme im wesentlichen durch Wärmeleitung übertragen wird. Im inneren turbulenten Bereich hingegen transportieren die rasch bewegten Gas- oder Flüssigkeitsteilchen Wärme, die sie z. B. am Rande der Grenzschicht aufgenommen haben, rasch nach entfernteren Stellen. Da mit wachsender Strömungsgeschwindigkeit die Grenzschicht immer dünner und die turbulente Bewegung immer heftiger wird, steigt die Wärmeübertragung und damit der Wärmeübergangskoeffizient mit wachsender Strömungsgeschwindigkeit erheblich an.

Für den Strömungszustand ist die Reynolds-Zahl $Re = wd/\nu$ maßgebend, in der w die mittlere Strömungsgeschwindigkeit, d den inneren Rohrdurchmesser und ν die kinematische Zähigkeit des strömenden Gases bedeuten. Liegt die Reynolds-Zahl unterhalb des kritischen Wertes $Re_{kr} = 2320$, dann ist die Strömung stets laminar, wobei etwaige wirbelartige Störungen wieder abklingen. Bei sehr ruhigem Einlauf in das Rohr kann indessen die laminare Strömung auch noch bei wesentlich größeren Werten von Re erhalten bleiben. Bei besonders unruhigem, stark gestörtem Einlauf erfolgt der Übergang zur turbulenten Strömung bei $Re = Re_{kr} = 2320$. In praktischen Fällen kann man von $Re = 3000$ bis 4000 ab sicher mit turbulenter Strömung rechnen.

Die rohrförmigen Gegenströmer der Tieftemperaturtechnik werden in der Regel so gebaut, daß nur turbulente Strömung auftritt. Die laminare Strömung soll daher im folgenden nicht weiter erörtert werden.

2.1.1.1 Wärmeübergangskoeffizient bei der Strömung in Rohren

Der Wärmeübergangskoeffizient hängt von folgenden sieben Größen ab:

von den geometrischen Abmessungen des Rohres:
  Rohrlänge L,
  innerer Durchmesser d;
von den Stoffwerten des Gases oder der Flüssigkeit:
  Wärmeleitfähigkeit λ,
  Viskosität η,
  Dichte ϱ,
  spezifische Wärmekapazität c_p,
sowie von der schon erwähnten mittleren Strömungsgeschwindigkeit w.

Wie Nußelt [N 6, N 7] gezeigt hat, kann man die Abhängigkeit des Wärmeübergangskoeffizienten α von den genannten sieben Kenngrößen auf Grund der Ähnlichkeitstheorie durch einen Zusammenhang zwischen folgenden vier dimensionslosen Kennkrößen darstellen:

$$\left.\begin{aligned} &\text{geometrische Kennzahl } \frac{L}{d}, \\ &\text{Nußelt-Zahl } Nu = \frac{\alpha d}{\lambda}, \\ &\text{Reynolds-Zahl } Re = \frac{wd}{\nu}, \\ &\text{Prandtl-Zahl } Pr = \frac{\nu}{a}, \end{aligned}\right\} \tag{2.6}$$

worin $\nu = \eta/\varrho$ die kinematische Viskosität und $a = \lambda/\varrho c_p$ die Temperaturleitfähigkeit bedeuten. Daneben wird auch die Péclet-Zahl

$$Pe = \frac{wd}{a} = Re\,Pr \tag{2.7}$$

und die Stanton-Zahl

$$St = \frac{Nu}{Re\,Pr} \tag{2.8}$$

benutzt.

Auf Grund von Versuchsergebnissen hat Nußelt den Wärmeübergang bei turbulenter Strömung in Rohren durch folgende Gleichung wiedergegeben:

$$Nu = 0{,}0362\,Re^{0{,}786}(d/L)^{0{,}054}\,. \tag{2.9}$$

Diese Gleichung hat sich oberhalb $Re = 10\,000$ bis zu den höchsten untersuchten Werten von Re als sehr genau erwiesen. Sie gilt indessen nur, wenn Pr nahezu den Wert 1 hat, z. B. für Luft unter Atmosphärendruck, wofür $Pr = 0{,}73$ beträgt. Für Gase unter höheren Drücken, bei denen Pr bis zu 5 und mehr ansteigen kann, läßt sich die Nußeltsche Gleichung nach Hausen [H 16, S. 18] in die erweiterte Gestalt bringen:

$$Nu = 0{,}0327\,Re^{0{,}786}\,Pr^{0{,}45}\,(d/L)^{0{,}54}\,, \tag{2.10}$$

oder auch

$$Nu = 0{,}024\,[1 + (d/L)^{2/3}]\,Re^{0{,}786}\,Pr^{0{,}45}\,. \tag{2.11}$$

Die angegebenen Gleichungen gelten für Gase und Dämpfe. Gelegentlich kommt es aber auch vor, daß in den Gegenströmern der Tieftemperaturtechnik Flüssigkeiten strömen, wie flüssiger Sauerstoff oder andere flüssige Fraktionen zerlegter Gasgemische. Für Flüssigkeiten hat Kraußold [K 5] die Gleichungen aufgestellt:

$$\left.\begin{aligned} &Nu = 0{,}032\,Re^{0{,}8}\,Pr^{0{,}37}\,(d/L)^{0{,}054} \text{ bei Beheizung der Flüssigkeit,} \\ &Nu = 0{,}032\,Re^{0{,}8}\,Pr^{0{,}30}\,(d/L)^{0{,}054} \text{ bei Kühlung der Flüssigkeit.} \end{aligned}\right. \tag{2.12}$$

Sowohl für Gase und Dämpfe wie auch für Flüssigkeit gilt im gesamten Bereich der turbulenten Strömung, also auch unterhalb $Re = 10000$, die von Hausen [H 23] unter Berücksichtigung neuester Versuchswerte und der genauen Abhängigkeit von Pr angegebene Gleichung

$$Nu = 0{,}0235\,(Re^{0,8} - 230)\,(1{,}8\,Pr^{0,3} - 0{,}8)\,[1 + (d/L)^{2/3}]\,(\eta_{\mathrm{fl}}/\eta_{\mathrm{w}})^{0,14} \tag{2.13}$$

in der η_{fl} und η_{w} die Viskosität des strömenden Mediums bei der mittleren Temperatur im betrachteten Strömungsquerschnitt bzw. bei der Rohrwandtemperatur bedeuten. Bei den nur geringen Temperaturunterschieden, die in der Tieftemperaturtechnik im allgemeinen zwischen dem strömenden Medium und der Rohrwand auftreten, kann vielfach genau genug $\eta_{\mathrm{fl}}/\eta_{\mathrm{w}} = 1$ gesetzt werden. Aus demselben Grunde spielt es auch keine Rolle, auf welche Temperatur innerhalb eines Querschnittes man die in Re, Pr und Nu auftretenden Stoffwerte wie λ, η usw. bezieht. Man wird hierfür am einfachsten die mittlere Temperatur des strömenden Stoffes zugrunde legen.

Daß nach Gl. (2.13) Nu unterhalb $Re = 10^4$ mit sinkender Reynolds-Zahl verstärkt abnimmt, ist wie erwähnt, durch zahlreiche Messungen des Wärmeübergangs belegt. Doch liegen vor allem an Gasen auch einige Meßreihen mit höheren Werten von Nu vor, die sich mehr dem Verlauf nach der Gleichung von Nußelt nähern. Daß die Meßergebnisse zwischen $Re = 2320$ und 10^4 nicht durchweg übereinstimmen, dürfte daran liegen, daß dieser Reynolds-Bereich ein Übergangsgebiet zwischen laminarer und turbulenter Strömung darstellt und deshalb die Strömungsverhältnisse je nach den Einlaufbedingungen, der Rohrrauhigkeit und den Stoffeigenschaften der strömenden Stoffe voneinander abweichen können.

Die Tatsache, daß bei Flüssigkeiten der Übergang zur Turbulenz durch ihre größere Viskosität erschwert ist, dürfte verständlich machen, daß bei Flüssigkeiten der gekrümmte Kurvenverlauf bei weiten überwiegt. Im allgemeinen dürfte es zur

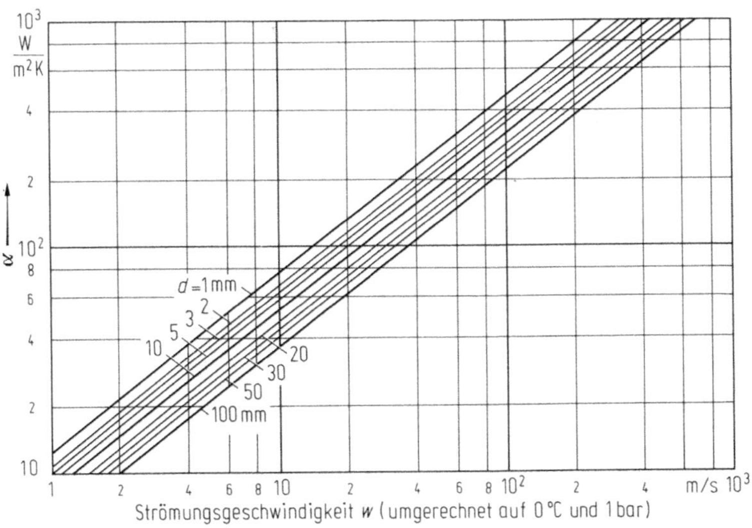

Bild 2.1. Wärmeübergangskoeffizient der Luft bei turbulenter Strömung in Rohren nach der Gl. (2.9) von Nußelt

Sicherheit besser sein, mit den in Einzelfällen vielleicht zu kleinen *Nu*-Werten nach Gl. (2.13) zu rechnen als ohne zuverlässige Unterlagen höhere Werte anzunehmen.

Indessen kann man die Genauigkeit der Gl. (2.13) noch etwas erhöhen, indem man die Zahl -230 im ersten Klammerausdruck durch $-266 + 510\sqrt{d/L}$ ersetzt (vgl. [H 16, S. 27]).

Die Berechnung des Wärmeübergangskoeffizienten α nach den angegebenen Gleichungen geht in der Weise vor sich, daß man aus den zunächst ermittelten Stoffwerten und aus den gegebenen Werten von L, d und w die Kenngröße *Re*, *Pr* oder auch $Pe = Re\,Pr$ sowie L/d berechnet. Die betreffende Wärmeübergangsgleichung liefert dann einen Wert von $Nu = \alpha d/\lambda$, aus dem man durch Multiplikation mit λ/d sofort den gesuchten Wert von α erhält.

Bild 2.1 zeigt, wie der Wärmeübergangskoeffizient α eines Gases an der Innenwand eines Rohres nach Gl. (2.9) oder (2.10) von der Strömungsgeschwindigkeit und vom Rohrdurchmesser abhängt. Die eingezeichneten Werte gelten für Luft von 0 °C in Rohren von 6 m Länge. Als Abszisse ist die auf 0 °C und $p = 760$ Torr $= 1{,}0133$ bar reduzierte Strömungsgeschwindigkeit $w_0 = (\varrho/\varrho_0)\,w$, d. h. die Ge-

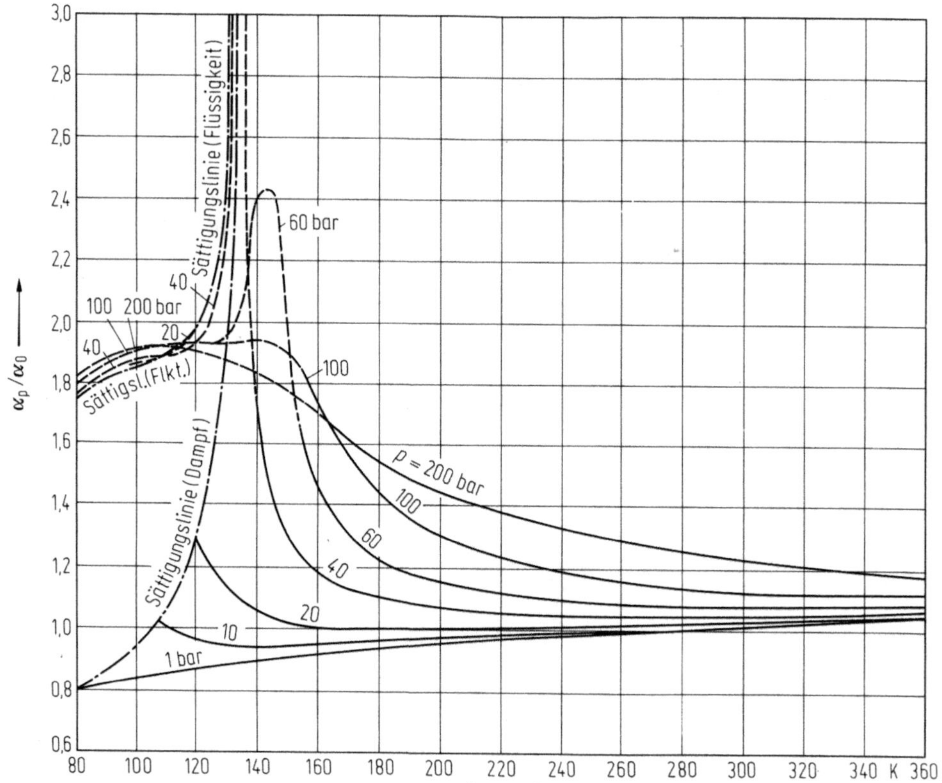

Bild 2.2. Wärmeübergangskoeffizient der Luft bei verschiedenen Drücken und Temperaturen. α_p Wärmeübergangskoeffizient beim Druck p und bei beliebiger Temperatur; α_0 Wärmeübergangskoeffizient bei 1 bar und 0 °C

schwindigkeit aufgetragen, mit der dieselbe Luftmenge bei 0 °C und 1 bar durch denselben Querschnitt strömen würde. Dank dieser Reduzierung gilt dieses Diagramm bei 0 °C nicht nur für den Druck von 1,0133 bar, sondern auch für höhere Drücke bis zu 10 bar und darüber, d. h. solange die Abweichungen vom idealen Gaszustand, die sich in den Werten von ϱ, c_p und η ausdrücken, nicht zu groß sind. Für Rohre zwischen 2 und 20 m Länge verursacht die Abweichung von der in Bild 2.1 zugrundegelegten Länge von 6 m einen Fehler von höchstens 3 %, den man in praktischen Fällen meist nicht zu berücksichtigen braucht.

Wie, beeinflußt durch die Abweichungen vom idealen Gaszustand, der Wärmeübergangskoeffizient α von in Rohren strömender Luft nach Gl. (2.9) von Druck und Temperatur abhängt, zeigt Bild 2.2 nach einer schon älteren Näherungsrechnung. Bild 2.3 zeigt den Wärmeübergangskoeffizienten α anderer Gase, abhängig von der Temperatur im Verhältnis zum Wärmeübergangskoeffizienten $\alpha_{0,\text{Luft}}$ der Luft bei 0 °C für niedrige Drücke.

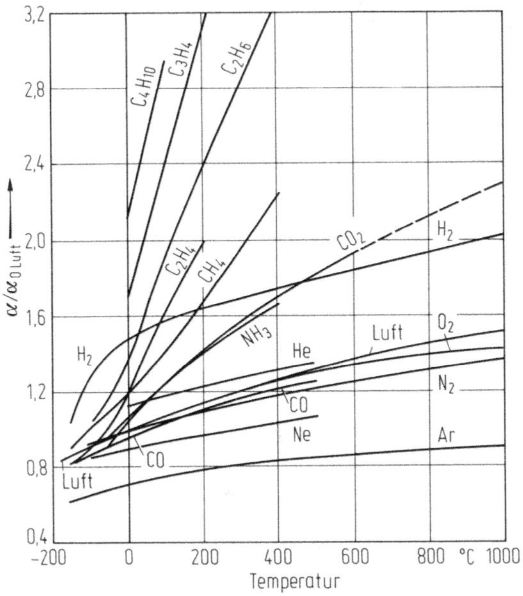

Bild 2.3. Wärmeübergangskoeffizient α von Gasen im Verhältnis zum Wärmeübergangskoeffizienten $\alpha_{0,\text{Luft}}$ der Luft bei 0 °C; niedrige Drücke

In den Gl. (2.9) bis (2.13) lassen die Ausdrücke mit d/L erkennen, daß mit wachsendem Abstand vom Eintritt in das Rohr α stetig abnimmt. Dies hängt damit zusammen, daß bei turbulenter Strömung die an der Stelle des Eintritts auftretenden Störungen der Strömung, die den Wärmeübergang erhöhen, während der Strömung im Rohr abklingen.

Die Abhängigkeit von Pr konnte nach älteren Messungen in engeren Bereichen durch eine einfache Potenz von Pr mit Exponenten zwischen 1/3 und 0,45 wiedergegeben werden. Nach neueren Meßwerten, wie sie in Bild 2.4 verzeichnet sind, führt die in Gl. (2.13) verwendete Funktion

$$f(Pr) = 1{,}8\,Pr^{0{,}3} - 0{,}8 \tag{2.14}$$

in einem weiten Bereich zu einer erhöhten Genauigkeit.

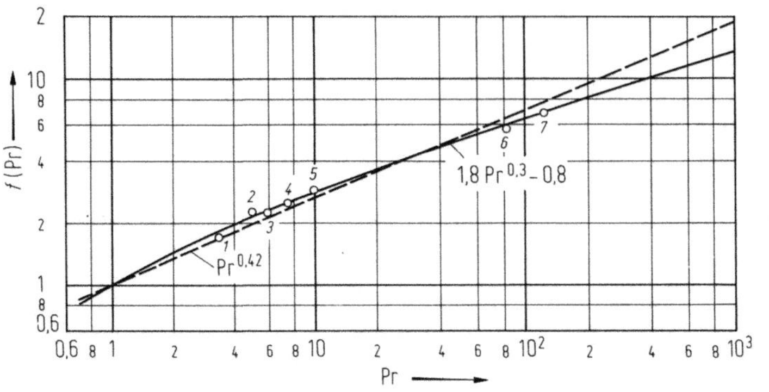

Bild 2.4. Wärmeübergang in Rohren bei turbulenter Strömung. Abhängigkeit von *Pr*. Mittel der Versuchswerte von *1* Hufschmidt und Burck, *2* Eagle und Ferguson, *3* Ivanoski, *4* Allen und Eckert, *5* Stones, *6* Kraußold, *7* Hufschmidt und Burck

In den vorhergehenden Gleichungen bedeutet d den inneren Rohrdurchmesser, falls der betrachtete Stoff im Innern der Rohre strömt. Bei Strömung im Außenraum eines Rohrbündels oder durch einen anderen beliebig gestalteten Querschnitt ist es zweckmäßig, an Stelle von d den gleichwertigen Durchmesser

$$d_{gl} = \frac{4\,F_q}{U} \tag{2.15}$$

einzuführen, wobei F_q den Flächeninhalt und U den gesamten Umfang des Strömungsquerschnittes bedeuten. Handelt es sich z. B. um ein Bündel aus n Rohren vom Außendurchmesser d_a, das von einem Mantelrohr mit dem Innendurchmesser D_i umschlossen ist (vgl. Bild 2.5), dann errechnet sich der gleichwertige Durchmesser nach Gl. (2.15) zu

$$D_{gl} = \frac{D_i^2 - n d_a^2}{D_i + n d_a}\,. \tag{2.16}$$

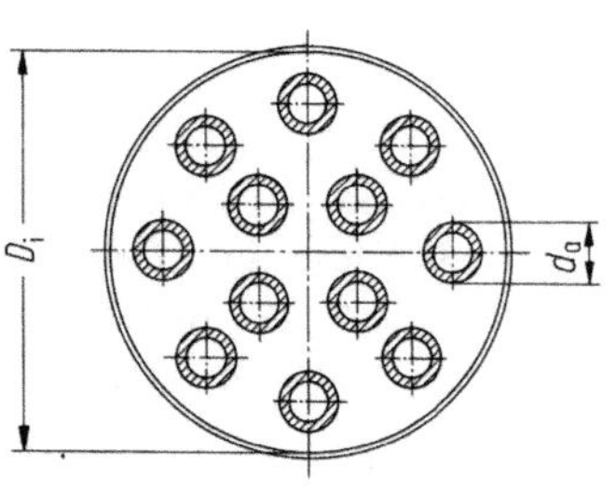

Bild 2.5. Rohrbündel in Mantelrohr

2.1.1.2 Wärmeübergang im Kreuzstrom

Reiner Kreuzstrom dürfte in der Tieftemperaturtechnik kaum vorkommen. In Verbindung mit Gegenstrom hat er sich jedoch im sogenannten Kreuzgegenströmer als außerordentlich wirksam erwiesen, was auf Grund folgender Überlegung verständlich ist.

Gegenstromführung der Gase ist, wie später näher begründet wird, der Gleichstromführung und auch der Kreuzstromführung dadurch überlegen, daß bei gegebenen Ein- und Austrittstemperaturen der Gase die in Gl. (2.1) auftretende mittlere Temperaturdifferenz $\Delta\vartheta_M$ am größten ist. Bei Gegenstrom läßt sich überdies grundsätzlich die Austrittstemperatur eines Gases der Eintrittstemperatur des anderen Gases am meisten annähern. Kreuzstrom ist hingegen durch die höchsten Wärmeübergangskoeffizienten ausgezeichnet. Aus diesem Grund hat sich eine Vereinigung des Gegenstromes mit dem Kreuzstrom als besonders wirksam erwiesen. Sie ist im sogenannten „Kreuzgegenströmer" verwirklicht, bei dem die Rohre, wie in Bild 2.6 rechts angedeutet, schraubenförmig gewunden sind. Praktisch sind mehrere Lagen solcher schraubenförmiger Rohrwindungen verschiedenen Windungsdurchmessers konzentrisch übereinander angeordnet, wie es in Abschnitt 9.4.2.2 näher erläutert wird. Die Hauptströmungsrichtung ist hier eindeutig Gegenstrom. Trotzdem trifft das außen strömende Gas auf die Rohre nahezu senkrecht auf. An jeder einzelnen Stelle besteht also Kreuzstrom. Diese Art der Strömung auf der Außenseite der Rohre verursacht bei unveränderter Strömungsgeschwindigkeit eine Erhöhung der Turbulenz und damit auch des Wärmeübergangskoeffizienten gegenüber dem Fall, daß das Gas parallel an den Rohren entlangströmt.

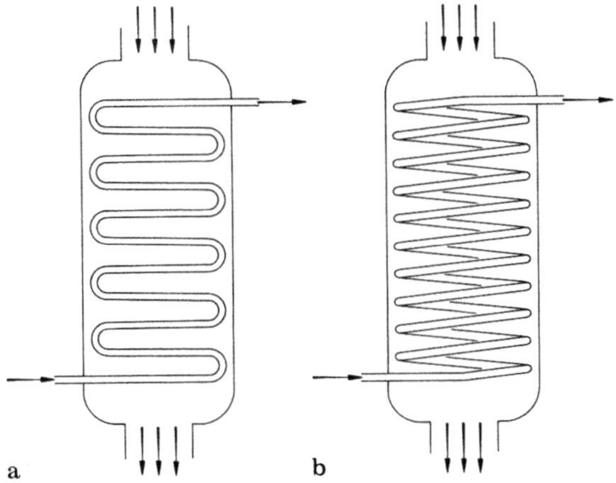

Bild 2.6. Kreuzgegenstrom. **a)** gegensinnige, **b)** gleichsinnige Führung

Der Wärmeübergangskoeffizient bei Kreuzstrom wurde schon zwischen 1925 und 1940 von verschiedenen Forschern [H 27] gemessen, wie Reiher [R 3] und anderen. Zu den genauesten Messungen dieser Zeit gehören die umfangreichen Untersuchungen von Pierson [P 2] und Huge [H 29], deren Ergebnisse Grimison [G 8] zusammengefaßt hat in der Gleichung

$$Nu = K\, Re^m \,, \tag{2.17}$$

in der die Konstanten K und m noch wesentlich von der Rohranordnung abhängen. Man hat hierbei zwischen der fluchtenden und versetzten Rohranordnung zu unterscheiden (Bilder 2.7 und 2.8). Außerdem kommt es auf die Rohrteilung an, die durch das Teilungsverhältnis, d. h. durch das Verhältnis der Entfernung s der Mitten zweier

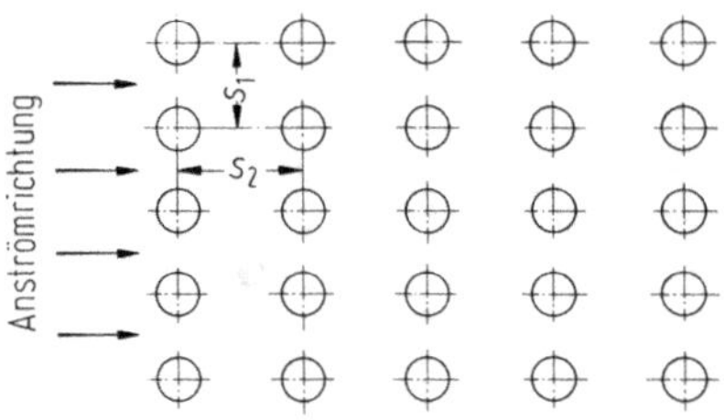

Bild 2.7. Kreuzstrom bei fluchtender Rohranordnung

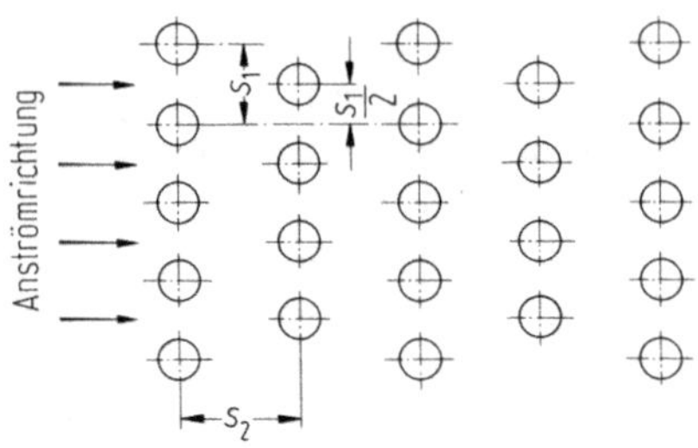

Bild 2.8. Kreuzstrom bei versetzter Rohranordnung

benachbarter Rohre zum äußeren Rohrdurchmesser d bestimmt wird. $a = s_1/d$ sei das Teilungsverhältnis quer zur Hauptströmung, $b = s_2/d$ in der Richtung der Strömung (vgl. Bilder 2.7 und 2.8). Für die Abhängigkeit der Konstanten K und m in Gl. (2.17) von a und b hat Grimison bei fluchtender Anordnung, wie sie im allgemeinen in der Tieftemperaturtechnik allein vorkommt, die in Tabelle 2.1 enthaltenen Werte angegeben. Beim Gebrauch von Gl. (2.17) ist ferner zu beachten, daß in die Kenngrößen Nu und Re als Durchmesser d der äußere Rohrdurchmesser und als Geschwindigkeit w die höchste Strömungsgeschwindigkeit einzusetzen ist, wie sie im engsten Querschnitt zwischen den Rohren auftritt. Die Gleichung setzt ferner voraus, daß mindestens etwa acht bis zehn Rohrreihen in der Strömungsrichtung hintereinander angeordnet sind. Bei einer geringeren Zahl von Rohrreihen ist α kleiner. Nach Reiher [R 3] ist α bei zwei Rohrreihen um 10%, bei fünf Rohrreihen um 3% kleiner als bei zehn Rohrreihen.

Tabelle 2.1. Festwerte der Gleichung für den Wärmeübergang im Kreuzstrom bei fluchtender Rohranordnung nach Grimison. a Querteilungsverhältnis, b Längsteilungsverhältnis

$a =$	1,25		1,5		2		3	
	K	m	K	m	K	m	K	m
$b = 1{,}25$	0,348	0,592	0,275	0,608	0,100	0,704	0,0633	0,752
$b = 1{,}5$	0,367	0,586	0,250	0,620	0,101	0,702	0,0678	0,744
$b = 2$	0,418	0,570	0,299	0,602	0,229	0,632	0,198	0,648
$b = 3$	0,290	0,601	0,357	0,584	0,374	0,581	0,286	0,608

Die Ergebnisse der Untersuchungen von Pierson und Huge sind später durch Messungen von Glaser [G 3] u. a. bestätigt worden, die mit ihnen gut übereinstimmen. Glaser hat in Regeneratoren an 7 mm dicken Eisenstangen gemessen, die in mehreren Lagen wie in Bild 2.6b schraubenförmig gewunden und fluchtend angeordnet waren. Einige seiner Ergebnisse gehen aus Bild 2.9 hervor, das zugleich erkennen läßt, daß in dem betrachteten Fall der Wärmeübergangskoeffizient bei Kreuzstrom zwei- bis dreimal so groß ist wie bei Parallelstrom.

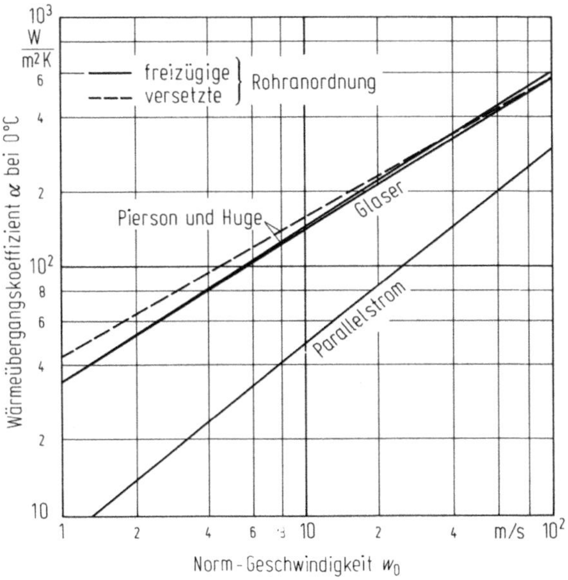

Bild 2.9. Wärmeübergang an Rohren bei Kreuzstrom und Parallelstrom

Bei einer zweiten Art der Wiedergabe der Meßwerte von Pierson und Huge hat Grimison den Ansatz

$$Nu = 0{,}32 f_a \, Re^{0{,}61} \, Pr^{0{,}31} \tag{2.18}$$

gewählt und den hauptsächlich durch die Rohranordnung bestimmten Anordnungsfaktor f_a für verschiedene Werte von Re abhängig von a und b graphisch dargestellt. Die dabei erhaltenen Kurven, zwischen denen man nur schwer interpolieren kann, lassen sich unter geringer Abänderung von Gl. (2.18) bei fluchtender Anordnung wiedergeben durch die Beziehungen [H 21]

$$Nu = 0{,}34 f_a \, Re^{0{,}60} \, Pr^{0{,}31} \tag{2.19}$$

mit

$$f_a = 1 + \left(a + \frac{7{,}17}{a} - 6{,}52\right)\left(\frac{0{,}266}{(b-0{,}8)^2} - 0{,}12\right)\sqrt{\frac{1000}{Re}} \,. \tag{2.20}$$

Hierbei ist vorausgesetzt, daß a und b zwischen 1,25 und 3 liegen. Bei $a = 1{,}25$ gelten dieselben Werte wie bei $a = 1{,}5$. Einfacher, aber etwas weniger genau kann man statt der Gln. (2.19) und (2.20) auch schreiben

$$Nu = \left[0{,}34\, Re^{0{,}60} + \left(a + \frac{7{,}17}{a} - 6{,}52\right)\left(\frac{5{,}75}{b - 1{,}12} - 4{,}77\right)\right] Pr^{0{,}31} \,. \tag{2.21}$$

Diese Gleichung weicht maximal um $\pm 3\%$ von den Gln. (2.19) und (2.20) ab. Nach einem Vergleich mit Meßergebnissen von Benke [B 4] kann man die Gln. (2.19), (2.20) und (2.21) bis zu etwa $Re = 200\,000$ extrapolieren.

Später sind eine Reihe weiterer Messungen über den Wärmeübergang im Kreuzstrom durchgeführt worden, wovon nur die folgenden kurz erwähnt werden sollen. Versuchswerte von Bressler [B 13] liegen bis um 10% tiefer, solche von Hammeke, Heinecke und Scholz [H 1] um einen ähnlichen Betrag höher als die Werte von Pierson und Huge. Nach den zuletzt genannten Forschern Hammecke usw. steigt oberhalb $Re = 200\,000$ der Wärmeübergangskoeffizient mit Re rascher an als darunter, bei fluchtender Anordnung mit $Re^{0,82}$.

Ferner haben Groehn und Scholz [G 11] den Wärmeübergang bei Kreuzstrom an einem aus Rohrwendeln aufgebauten Kreuzgegenströmer gemessen, bei dem in der üblichen Weise die Rohre der aufeinanderfolgenden Lagen abwechselnd rechts- und linksgängig gewunden waren. Übereinstimmend mit dem Ergebnis von Glaser (Bild 2.9) haben sie festgestellt, daß die an Bündeln aus geraden Rohren beobachteten Werte des Wärmeübergangs und Druckabfalls unverändert auf Rohrwendeln der genannten Art übertragen werden können.

Auch Niggeschmidt [N 2] hat neuere Untersuchungen über den Wärmeübergang und Druckverlust an Rohren und Rohrbündeln im Kreuzstrom durchgeführt. Zur Wiedergabe der von ihm gemessenen Werte des Wärmeübergangs durch empirische Gleichungen hat er in Re nicht wie üblich die Strömungsgeschwindigkeit im engsten Querschnitt zwischen benachbarten Rohren, sondern die Anströmgeschwindigkeit w_0 eingeführt. Die mit w_0 gebildete Reynolds-Zahl bezeichnete er mit Re_0. Für Rohrbündel in fluchtender Anordnung fand so Niggeschmidt unter Benutzung des Querteilungsverhältnisses a die Gleichung

$$Nu = (1{,}517 + 0{,}205\, Re_0^{0,38})^2 \frac{a}{a - \pi/4} \tag{2.22}$$

(Rohrbündel fluchtend) ,

Die Meßergebnisse von Niggeschmidt stimmen mit den schon erwähnten Ergebnissen von Bressler gut überein. Bemerkenswert ist, daß bei den Messungen von Niggeschmidt in der gewählten Art der Darstellung die starke Abhängigkeit von den Teilungsverhältnissen a und b, wie sie Grimison festgestellt hatte (Gl. (2.20) und Tabelle 2.1), nicht mehr hervortritt.

2.1.1.3 Wärmeübergang in gekrümmten Rohren

Wie später im Abschnitt 2.1.2.2 über den Druckabfall bei der Strömung in Rohren näher gezeigt wird, treten in den Querschnitten von gekrümmten Rohren Doppelwirbel auf (vgl. Bild 2.18). Da solche Wirbel die Dicke der Grenzschicht verringern, wird durch sie der Wärmeübergang im Vergleich zur Strömung in geraden Rohren erhöht.

Der Einfluß der Rohrkrümmung auf die Wärmeübertragung ist vielfach gemessen worden. Die Versuchswerte weichen ziemlich stark voneinander ab.

Jeschke [J 3] hat auf Grund von Meßergebnissen an Gasen, die in gekrümmten Rohren strömten, die oberhalb $Re = 10^5$ gültige Gleichung

$$\alpha_{kr} = (1 + 3{,}54\, d/D)\alpha_{ger} \tag{2.23}$$

aufgestellt. Hierin bedeutet D den Krümmungsdurchmesser, α_{ger} den mittleren Wärmeübergangskoeffizienten im geraden, α_{kr} im gekrümmten Rohr mit demselben inneren Durchmesser d und bei der gleichen mittleren Strömungsgeschwindigkeit w. Nach Gl. (2.23) ist z. B. der Wärmeübergangskoeffizient im gekrümmten Rohr bei $D = 50$d um 7%, bei $D = 20$d um 18% größer als im geraden Rohr. Diese Gleichung wurde durch neuere Messungen grundsätzlich bestätigt, so von Rogers und Mayhew [R 7].

Die stark streuenden, bei niedrigen Reynolds-Zahlen gewonnenen Versuchswerte von Seban und McLaughlin [S 6] hingegen werden besser wiedergegeben, wenn man die Konstante in Gl. (2.23) von 3,5 auf 5 bis 6 erhöht. Nach Mori und Nakyama [M 6], die mehr theoretisch als experimentell gearbeitet haben, wäre sogar eine Erhöhung auf 8 bis 10 angebracht. Auch die offensichtlich recht genauen Versuchswerte von Woschni [W 12] lassen erkennen, daß der Zahlenwert in Gl. (2.23) mit sinkendem Re bis zur kritischen Reynolds-Zahl hin zunimmt.

Wie der Verfasser [H 16, S. 36] festgestellt hat, lassen sich die gemessenen Werte im gesamten turbulenten Gebiet im Mittel durch die Gleichung

$$\alpha_{kr} = (1 + A/Re^{0,14}\, d/D)\alpha_{ger} \tag{2.24}$$

zum Ausdruck bringen, wenn man A zwischen 18 und 21 wählt. Diese Gleichung stimmt oberhalb $Re = 10^5$ gut mit Gl. (2.23) von Jeschke überein. In der Nähe von Re_{kr} hingegen erreicht der Ausdruck $A/Re^{0,14}$ Werte von etwa 6.

Zu Werten derselben Größenordnung gelangen auch E. F. Schmidt [S 5] sowie Srinivasan, Nandapurkar und Holland [S 12], die im wesentlichen eine größere Zahl von Literaturwerten zusammengestellt haben.

Bei gekrümmten Rohren ist ferner zu beachten, daß die kritische Reynolds-Zahl höher liegt als bei geraden Rohren, vgl. [H 16, S. 116].

2.1.1.4 Wärmeübergang in rauhen Rohren

Über den Einfluß der Rauhigkeit der Rohr- oder Kanalwände auf den Wärmeübergang liegen eine Reihe von Messungen vor, die sich hauptsächlich auf die turbulente Strömung beziehen. Beschränkt man sich auf metallische Rohre und Kanäle, dann kommt das wesentliche Ergebnis der neueren Messungen durch Bild 2.10 zum Ausdruck, das der Arbeit von Dipprey und Sabersky [D 3] entnommen ist, sich aber in ähnlicher Art auch in der Veröffentlichung von Sheriff und Gumley [S 10, 11] befindet. In diesem Bild, in dem $St = Nu/RePr$ abhängig von Re aufgetragen ist, stellt die untere gerade Linie den Wärmeübergang in einem glatten Rohr dar. Man erkennt, daß auch für rauhe Rohre bei kleinen Werten von Re die Kenngröße St und damit auch Nu denselben Wert hat wie für eine glatte Rohrwand. Je größer aber das Verhältnis der mittleren Rauhigkeitserhebung ε zum inneren Rohrdurchmesser d

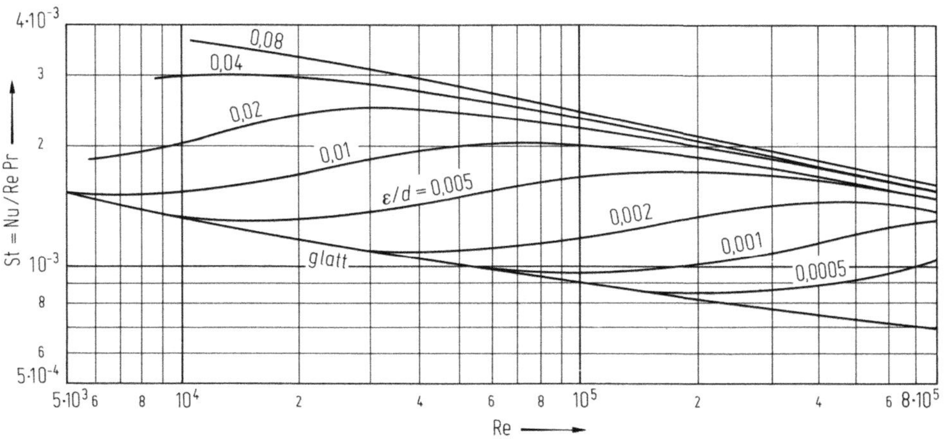

Bild 2.10. Wärmeübergang in rauhen Rohren

ist, bei einem um so kleineren Wert von *Re* beginnt die Kurve gegenüber dem Verlauf für das glatte Rohr anzusteigen. Nach Durchlaufen eines Maximums geht die Kurve in eine andere nahezu gerade Linie über. In demselben Verhältnis, in dem *St* und damit *Nu* gegenüber dem Wert für das glatte Rohr ansteigen, erhöht sich auch der Wärmeübergangskoeffizient infolge der Rauhigkeit. So beginnt z. B. bei einem Rohr von 5 mm Durchmesser und einer mittleren Rauhigkeitserhebung von 0,01 mm, wobei $\varepsilon/d = 0{,}002$ beträgt, nach Bild 2.10 von $Re = 30\,000$ an der Wärmeübergangskoeffizient über den Wert beim vollkommen glatten Rohr zu steigen.

In entgegengesetztem Sinne können auf der Rohrwand sich ablagernde Bestandteile wie Staub und auskondensierende Bestandteile wirken, sofern sie einen dünnen Belag auf der Oberfläche bilden und wie eine Art Isolierschicht die Wärmeübertragung beeinträchtigen. Allerdings kann ein etwas stärkerer Belag unter Umständen den Wärmeübergangskoeffizienten dadurch erhöhen, daß der Querschnitt verengt und damit die Strömungsgeschwinigkeit gesteigert wird. Eine solche Erhöhung von α braucht aber nicht notwendig die gesamte Wärmeübertragung zu steigern, weil die erwähnte Isolierwirkung des Belages zu berücksichtigen ist. Da sich diese Vorgänge nicht genau vorher berechnen lassen, dürfte es sich meist erübrigen, den Einfluß der Rohrreibung in der Berechnung von α zu berücksichtigen. Wie stark durch Niederschläge auf den Rohrwandungen die ungestörte Betriebszeit von Wärmeaustauschern verringert wird, hat Wenzel [W 4] erörtert.

Den Einfluß größerer Rauhigkeit auf den Wärmeübergang und Druckverlust in Rohren hat Nunner [N 5] experimentell untersucht.

2.1.1.5 Wärmeübergang in Haufwerken

Haufwerke sind als wärmespeichernde Massen in Regeneratoren von erheblicher Bedeutung. Der Wärmeübergang zwischen dem durch das Haufwerk strömenden Medium, meist Luft, und den das Haufwerk bildenden regelmäßigen oder unregelmäßigen Füllkörpern ist häufig gemessen worden. Ältere für die Tieftemperaturtechnik bedeutsame Meßwerte hat Weishaupt [W 3], die Ergebnisse von 244 neueren Meßreihen hat Barker [B 1] zusammengestellt. Die von Weishaupt gesammelten Werte zeigt Bild 2.11, das die in 1 m^3 Schüttung bei 1 K Temperaturdifferenz in 1 s übergehende Wärmemenge in W/cm^3 K abhängig von m/d darstellt. Hier wird die in 1 s durch 1 m^2 der Gesamtquerschnittsfläche der Schüttung strömende Gasmenge m in kg/m^2 s und der mittleren Partikeldurchmesser d in m ausgedrückt. Die hoch liegenden Geraden *a* und *b* geben Meßwerte von Yazıcızade [Y 1] an Kieselsteinen wieder.

Fener hat Glaser [G 3] den Wärmeübergang und Druckabfall in den von Fränkl [F 2] für die Tieftemperaturtechnik vorgeschlagenen Regeneratoreinsätzen gemessen, die nach Bild 2.26 aus etwa 2,5 cm breiten, schräg geriffelten dünnen und spiralförmig aufgewickelten Metallstreifen bestehen. Die Ergebnisse seiner Wärmeübergangsmessungen sind in Bild 2.12 dargestellt, das links die unmittelbaren Meßwerte für feiner und gröber gewellte Bleche, rechts ausgeglichene Kurven für eine Blechbreite b von 25 mm und ganze Werte des gleichwertigen Durchmessers d_{gl} nach Gl. (2.15) enthält. Hierbei ist der Wärmeübergangskoeffizient α abhängig von der auf 0 °C und 1 bar umgerechneten Strömungsgeschwindigkeit w_0 aufgetragen. w_0 ist so ermittelt, als ströme das Gas parallel zur Regeneratorachse durch den freien Querschnitt zwischen den Füllkörpern. Trotz der geringen Strömungsgeschwindigkeit, die im laminaren Gebiet liegt, hat α verhältnismäßig sehr hohe Werte.

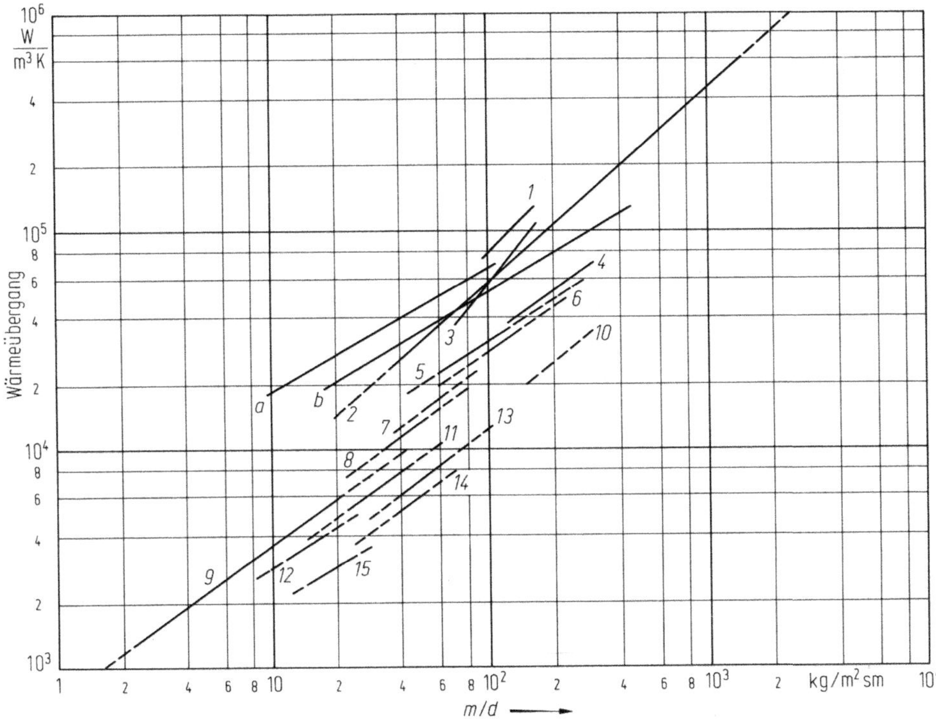

Bild 2.11. Wärmeübergang an verschiedenartigen Speichermassen nach einer Zusammenstellung von Weishaupt. *1* Basalt 10 mm, *2* Kugelschüttung 1,6 bis 6,3 mm, *3* Geröllkies 10 mm, *4* Eisenerz 8 mm, *5* Eisenerz 11 mm, *6* Stahlkugeln 19 mm, *7* Stahlkugeln 32 mm, *8* Eisenerz 38 mm, *9* Kieselsteine 8 bis 33 mm, *10* Koks 8 mm, *11* Kalkstein 19 mm, *12* Kalkstein 41 mm, *13* Koks 19 mm, *14* Koks 19 mm, *15* Koks 70 mm, *a* Quarzitsplitt 11,5 mm, *b* Quarzitsplitt 9,1 mm

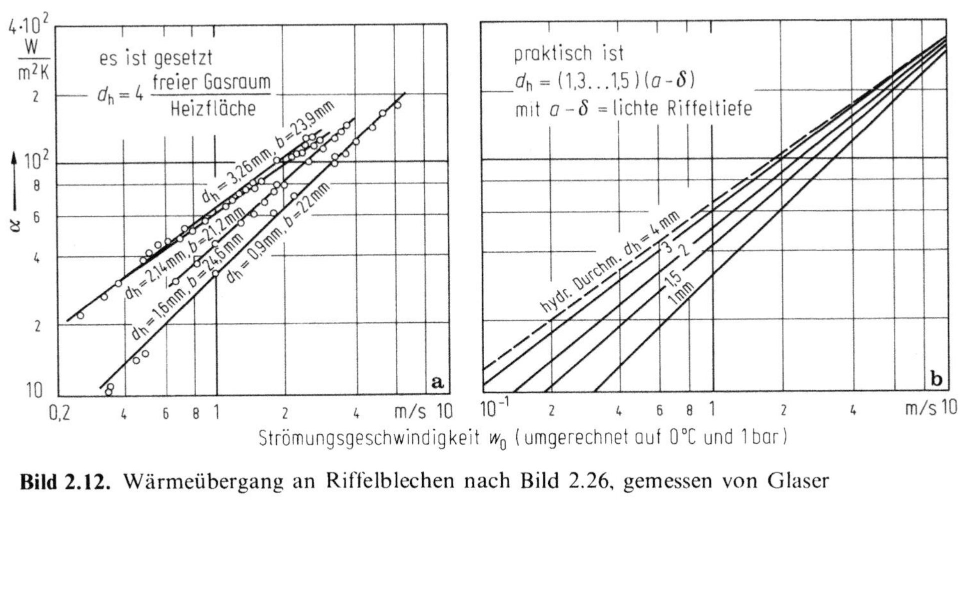

Bild 2.12. Wärmeübergang an Riffelblechen nach Bild 2.26, gemessen von Glaser

Ferner fällt auf, daß α um so größer ist, je kleiner b/d_{gl}, d. h. wegen der bei allen Versuchen fast gleichen Blechbreite b, je größer der gleichwertige Durchmesser d_{gl} der Riffelung ist. Beide Erscheinungen erklären sich daraus, daß wegen der Kürze der einzelnen Kanäle das Gas immer wieder auf neue Blechkanten auftrifft und sich dadurch der hauptsächlich laminaren Strömung ständig erneute wirbelartige Anlaufstörungen überlagern, die den Wärmeübergang erheblich steigern. In weiten Kanälchen klingen diese Störungen langsamer ab als in engen, was sich in einer Erhöhung von α mit wachsendem d_{gl} auswirkt.

2.1.1.6 Wärmeübertragung bei Verflüssigung und Verdampfung

Verflüssigung und Verdampfung finden gelegentlich in den Gegenströmern statt, besonders in den Gegenströmern von Anlagen zur Zerlegung von Crack-, Spalt- und Konvertgasen, in denen nicht nur verschiedene Bestandteile flüssig abgeschieden, sondern auch die flüssig gewonnenen Fraktionen wieder verdampft werden. Namentlich aber für die Berechnung der Kondensatoren und Verdampfer der Rektifizierapparate benötigt man die Werte der Wärmeübergangskoeffizienten bei der Kondensation und Verdampfung. Diese Werte sind in der Regel um ein Mehrfaches größer, als wenn keine Änderung des Aggregatzustandes eintritt.

Über den Wärmeübergang in beiden Fällen sind in den letzten Jahren außerordentlich viele Forschungsarbeiten erschienen. Es kann daher im folgenden nur das allerwichtigste hiervon behandelt werden.

2.1.1.6.1 Wärmeübergang bei Verflüssigung

Die Wärmeübergangskoeffizienten bei der Kondensation lassen sich weitgehend nach von Nußelt [N 8] theoretisch entwickelten Gleichungen berechnen, sofern „Filmkondensation" vorliegt, d. h. das Kondensat in Form eines dünnen laminaren Films an der Wand abläuft. Für die Kondensation ruhenden gesättigten Dampfes an einer senkrechten ebenen Wand von der Höhe h lautet die Gleichung von Nußelt für den mittleren Wärmeübergangskoeffizienten

$$\alpha = 0{,}943 \sqrt[4]{\frac{g r \varrho^2 \lambda^3}{\eta h (\vartheta_s - \Theta_0)}}\,, \qquad (2.25)\,^1$$

worin r die Verdampfungsenthalpie, ϱ, λ und η die Dichte, Wärmeleitfähigkeit und Viskosität der Flüssigkeit, ϑ_s die Temperatur des gesättigten Dampfes und Θ_0 die Temperatur der Wandoberfläche bedeuten. Mit genügender Genauigkeit gilt Gl. (2.25) auch für die innere oder äußere Wandoberfläche eines nicht zu engen senkrecht stehenden Rohres. Für die Kondensation an einem waagerechten Rohr vom Außendurchmesser d fand Nußelt entsprechend die Beziehung

$$\alpha = 0{,}725 \sqrt[4]{\frac{g r \varrho^2 \lambda^3}{\eta d (\vartheta_s - \Theta_0)}}\,. \qquad (2.26)\,^1$$

Für Wasserdampf ergeben sich nach diesen Gleichungen Wärmeübergangskoeffizienten in der Größenordnung von 5000 bis 10000 $W/m^2\,K$. Im Mittel liegen die an Wasserdampf und an organischen Dämpfen gemessenen Wärmeübergangs-

[1] In [H 16] ist in den Gln. (69) und (70) auf Seite 70 versehentlich Nu statt α geschrieben worden

koeffizienten höher als nach den Gln. (2.25) und (2.26). Die Meßwerte streuen indessen stark, so daß man mit Abweichungen bis zu etwa +20% und −10% von den Gleichungen rechnen muß.

Bei größeren kondensierenden Mengen, wie sie z. B. bei großen Temperaturunterschieden und bei hohen Wänden auftreten, kann der Flüssigkeitsfilm turbulent werden. Nach Berechnungen von Grigull [G 6] und Beobachtungen von Shea und Krase [S 8] wird hierdurch der Wärmeübergangskoeffizient um 25 bis 40% erhöht. Noch höhere Wärmeübergangskoeffizienten bis zu 80000 W/m^2 K und darüber erzielt man bei Tropfenkondensation, bei der sich das Kondensat in Gestalt sehr zahlreicher Tropfen niederschlägt. In der Tieftemperaturtechnik dürften beide Erscheinungen, Filmturbulenz und Tropfenkondensation, wegen der meist nur geringen Temperaturdifferenzen und aus anderen Gründen kaum eine Rolle spielen. Deshalb soll hierauf nicht näher eingegangen werden.

Eine Unsicherheit besteht bei der Kondensation besonders in Gegenströmern darin, daß vielfach die Kondensation von Dämpfen aus Gemischen mit anderen Dämpfen und Gasen stattfindet und sich hierfür kaum genaue Werte für den Wärmeübergangskoeffizienten angeben lassen. Trotzdem sind diese Werte so viel höher als für die reine Abkühlung von Gasen oder Dämpfen, daß man den wahren Verhältnissen häufig schon recht nahe kommt, wenn man die für die Kondensation benötigte Wärmeübertragungsfläche vernachlässigt und daher so rechnet, als würde das gesamte Dampf-Gas-Gemisch ohne jede Verflüssigung auf die gewünschte Endtemperatur abgekühlt.

2.1.1.6.2 Wärmeübertragung bei Verdampfung

Bei der Verdampfung einer einen Flüssigkeit hängt die Wärmeübertragung und damit auch der Wärmeübergangskoeffizient stärker als bei anderen Wärmeübertragungs-Vorgängen von der Temperaturdifferenz $\Delta\vartheta = \Theta_0 - \vartheta_f$ ab, die in diesem Falle zwischen der Oberfläche der Wand und der verdampfenden Flüssigkeit besteht. In Bild 2.13 ist als Funktion dieser Temperaturdifferenz $\Delta\vartheta$ die Wärmestromdichte q

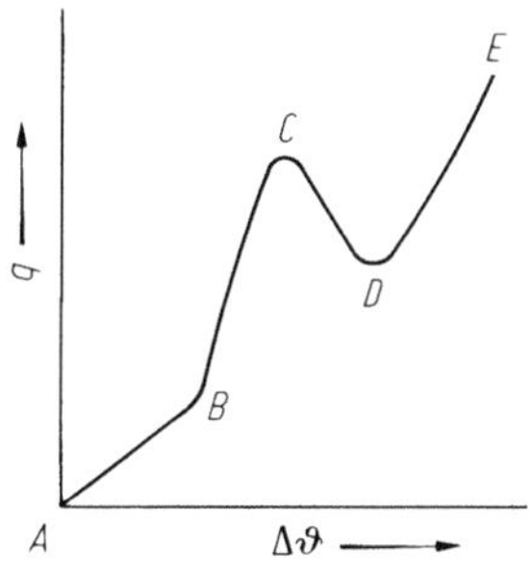

Bild 2.13. Wärmestromdichte q bei der Verdampfung von Flüssigkeiten, abhängig vom Temperaturunterschied zwischen Wandoberfläche und siedender Flüssigkeit

aufgetragen, die technisch „Heizflächenbelastung" genannt wird und gleich ist der in der Zeiteinheit von der Einheit der festen Oberfläche abgegebenen Wärmemenge. Man kann nach Bild 2.13 vier Bereiche unterscheiden. Zwischen A und B wird Wärme im wesentlichen durch freie oder erzwungene Konvektion übertragen.

Technisch bedeutsam ist der von *B* bis *C* sich erstreckende Bereich des Blasensiedens. An dafür bevorzugten Stellen der Heizfläche entstehen Dampfblasen, die schnell anwachsen und durch die Flüssigkeit aufsteigen. Mit wachsender Temperaturdifferenz erhöht sich die Zahl der Dampfblasen und damit die Durchrührung der Flüssigkeit, was die Wärmeübertragung erheblich steigert.

Von *C* über *D* nach *E* erstrecken sich die Bereiche der Filmverdampfung, in denen zwischen der Heizfläche und der Flüssigkeit Dampfpolster entstehen, die mehr und mehr zu einem geschlossenen Dampffilm zusammenwachsen.

Der Wärmeübergang im Bereich des Blasensiedens ist besonders eingehend erforscht worden. Einen Überblick über die Ergebnisse der wichtigsten bis 1963 erschienenen Arbeiten hat Fritz [F 4] gegeben. Hiernach stimmen die an ebenen Platten, in Gefäßen sowie an der Außenseite von waagerechten und senkrechten Rohren gemessenen Wärmeübergangskoeffizienten innerhalb der Streuung der Versuchswerte, die vielfach etwa 20% beträgt, überein.

Das Bemühen, die an verschiedenen verdampfenden Flüssigkeiten gemessenen Wärmeübergangszahlen durch allgemein gültige Ähnlichkeitsbeziehungen wiederzugeben, hat zu bemerkenswerten Ansätzen, wenn auch noch nicht zu einem voll befriedigenden Ergebnis geführt. Die praktische Anwendung solcher Gleichungen dürfte überdies vielfach dadurch erschwert sein, daß manche der in ihnen auftretenden Größen wie etwa der Abreißdurchmesser und die Frequenz der Blasen, sich nicht leicht bestimmen lassen. Deshalb sind für die Bedürfnisse der Praxis einfachere Gleichungen erwünscht, auch wenn sie weniger genau sind. In diesem Sinne erscheint die

Tabelle 2.2. Konstante *A* in Gl. (2.27) für verschiedene verdampfende Flüssigkeiten

Flüssigkeit	$\left(\frac{\alpha}{\alpha_{\mathrm{Wasser}}}\right)_q$	A W/m² K
Wasser	1,0	1,95
Anorganische Flüssigkeiten		
Ammoniak	1,15	2,24
Schwefeldioxid	0,78	1,52
Organische Flüssigkeiten (darunter Kältemittel)		
Paraffine	0,5 ... 0,7	0,9 ... 1,4
Propan	0,55	1,07
n-Butan	1,07	2,10
Methylalkohol	0,72	1,40
Ethylalkohol	0,63	1,24
Isopropanol	0,70	1,36
höhere Alkohole	0,5 ... 0,8	0,9 ... 1,6
Aceton	0,69	1,35
Benzol	0,47	0,92
Toluol	0,41	0,80
Tetrachlorkohlenstoff	0,43	0,85
Methylchlorid	0,94	1,82
Methylenchlorid	0,62	1,19
R 11 (Freon 11)	0,88	1,72
R 12 (Freon 12)	0,58	1,13

nachstehende einfache Gleichung als geeignet, die Fritz [F 4] im Jahre 1963 aufgestellt hat, um die bis dahin an verdampfendem Wasser bei niedrigen Drücken gewonnenen Meßwerte im Mittel möglichst gut wiederzugeben. Die Gleichung von Fritz lautet:

$$\alpha = A \left(\frac{q}{q_0}\right)^{0,72} \left(\frac{p}{p_0}\right)^{0,24}, \tag{2.27}$$

worin A für Wasser den Wert 1,95 W/m^2 K hat. q_0 ist eine Heizflächenbelastung von 1 W/m^2 und p_0 ein Druck von 1 bar. Gleichung (2.27) gilt recht gut auch für andere Flüssigkeiten, wenn man den Wert von A nach Tabelle 2.2 wählt [H 20].

2.1.1.6.3 Druckabhängigkeit der Wärmeübertragung bei Blasenverdampfung

Gleichung (2.27), die durch die untere ausgezogene Linie in Bild 2.14 dargestellt ist, gilt jedoch nur bis zu einem Druck, der etwa ein Zehntel des kritischen Drucks p_k beträgt. Bei höheren Drücken bis zu etwa $0{,}9\,p_k$ kann man nach [H 20] folgende erweiterte Gleichung benutzen:

$$\alpha = A \left[\left(\frac{q}{q_0}\right)^{0,72} \left(\frac{p}{p_0}\right)^{0,24} + f\left(\frac{p}{p_k}\right)\right] \tag{2.28}$$

mit

$$f\left(\frac{p}{p_k}\right) = 33200\,\frac{p}{p_k} + \frac{4260}{0{,}36 + p/p_k} - 11\,850\,. \tag{2.29}$$

Hiermit werden z. B. die Kurve für Benzol und die gestrichelten Kurven für Pentan und Ethanol in Bild 2.14 gut wiedergegeben, wenn die Wärmestromdichte q etwa 40 000 W/m^2 beträgt.

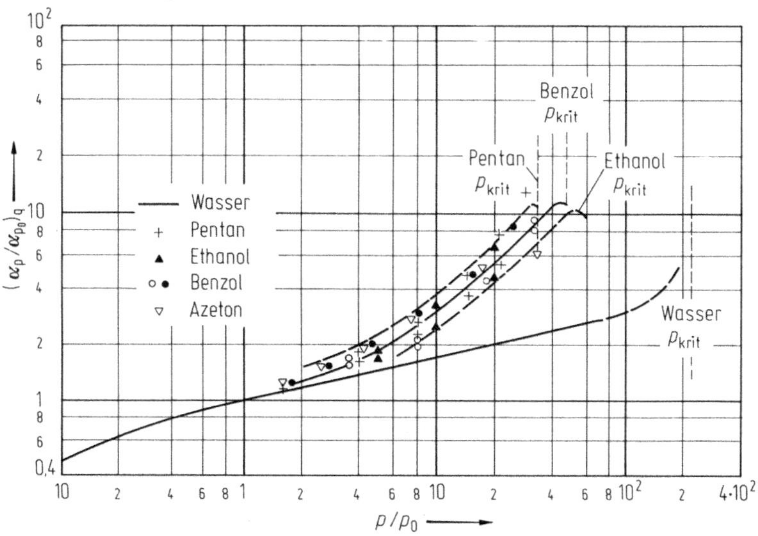

Bild 2.14. Druckabhängigkeit des Wärmeübergangskoeffizienten beim Blasenverdampfen von Wasser und organischen Flüssigkeiten

Einfacher und für viele Fälle genau genug kann man $f(p/p_k)$ nach der Gleichung

$$f\left(\frac{p}{p_k}\right) = 25000\left(\frac{p}{p_k} - 0,1\right) \quad \text{für} \quad \frac{p}{p_k} > 0,1 \qquad (2.30)$$

berechnen. Zwischen $p = 0$ und $p = 0,1p_k$ ist hierbei $f(p/p_k) = 0$ zu setzen.

Die angegebenen Gleichungen setzen technisch glatte Oberflächen voraus. Den Einfluß erhöhter Rauhigkeit, die im allgemeinen den Wärmeübergang begünstigt, haben u. a. Stephan [S 13] sowie Danoliva und Belskij [D 1] untersucht.

Wenn die zur Verdampfung benötigte Wärme einem strömenden Medium entzogen wird, ist selbst bei konstanter Siedetemperatur die Wandtemperatur und damit auch der Temperaturunterschied zwischen Wand und verdampfender Flüssigkeit örtlich verschieden. Dann hängt auch der Wärmestrom q und damit der Wärmeübergangskoeffizient von der Stelle der Wand ab. In solchen Fällen kann man die wirksame mittlere Temperaturdiffernz und die gesamte übertragene Wärmemenge grundsätzlich nach denselben Überlegungen berechnen wie es in Abschnitt 2.1.3.2 für Gegenströmer, durch die nur Gase strömen, gezeigt wird; vgl. auch Gl. (2.60).

2.1.2 Strömung und Druckverlust in Rohren, Kanälen und Haufwerken

Früher als in vielen anderen Bereichen der Technik hat man in der Tieftemperaturtechnik auf den Druckverlust Rücksicht genommen, den die Gase beim Strömen durch die Wärmeaustauscher erleiden. Dies ist darin begründet, daß der Druckverlust nur durch Erhöhung des Anfangsdrucks der Gase und damit durch zusätzliche Kompressorarbeit gedeckt werden kann. Kompressorarbeit stellt aber gerade den wesentlichen Energieaufwand bei der Verflüssigung von Gasen und Zerlegung von Gemischen dar.

Das Bestreben, den Wärmeübergang zu steigern, führt notwendig zur Frage des Druckabfalls. Da nach den oben erörterten Gleichungen bei turbulenter Strömung die Wärmeübergangszahl der 0,6- bis 0,8ten Potenz der Strömungsgeschwindigkeit proportional ist, liegt es nahe, den Wärmeübergangskoeffizienten durch Erhöhung der Geschwindigkeit zu steigern. Dem ist aber dadurch eine Schranke gesetzt, daß gleichzeitig der Druckverlust zunimmt, und zwar wesentlich schneller, nämlich etwa mit der 1,8ten Potenz der Geschwindigkeit. Es ist daher nötig, auf die Gesetze des Druckabfalls kurz einzugehen.

2.1.2.1 Anlaufvorgang und ausgebildete Strömung

Sowohl bei der laminaren wie auch bei der turbulenten Strömung hat man zu unterscheiden zwischen dem Anlaufvorgang und der ausgebildeten Strömung, die sich erst von einer gewissen Entfernung vom Einlauf an einstellt. In das Rohr oder den Kanal tritt der strömende Stoff in der Regel mit einer über den ganzen Querschnitt nahezu gleichen Strömungsgeschwindigkeit ein. Hierauf legt der Stoff zunächst die Anlaufstrecke zurück. In dieser werden die nahe der Wand strömenden Teile durch die Wirkung der Reibung mehr und mehr verzögert. In den mittleren Teilen des Rohrquerschnitts hingegen nimmt die Strömungsgeschwindigkeit zu, da ja die über den gesamten Querschnitt gemittelte Geschwindigkeit w ungeändert bleiben muß, wenn man von Dichteänderungen oder Querschnittsänderungen absieht. Das Geschwindigkeitsprofil, das man durch Auftragen der Geschwindigkeit über einen Rohrdurchmesser erhält, strebt schließlich einer bestimmten endgültigen Gestalt zu, die dem ausgebildeten Strömungszustand entspricht. Die Kurve, die die endgültige Geschwindigkeitsverteilung wiedergibt, ist bei der laminaren Strömung eine Parabel (Bild 2.15 links). Bei der turbulenten Strömung hingegen ist die Kurve infolge der ausgleichenden Wirkung der sehr raschen Bewegungen der Turbulenzballen in den mittleren Teilen des Rohres mehr abgeflacht, während nach der Wand hin, d. h. im wesentlichen innerhalb der Grenzschicht, die Geschwindigkeit sehr rasch abfällt (vgl. Bild 2.15 rechts).

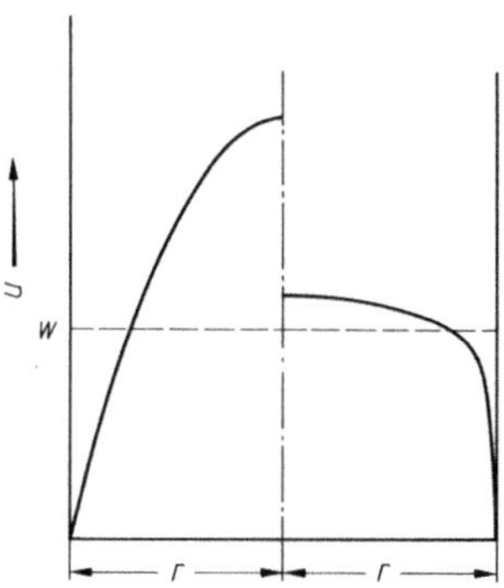

Bild 2.15. Geschwindigkeitsverteilung über einen Rohrquerschnitt. Links: ausgebildete laminare Strömung, rechts: ausgebildete turbulente Strömung; u örtliche Strömungsgeschwindigkeit, w über den Querschnitt gemittelte Strömungsgeschwindigkeit

Der Übergang in diese endgültige Geschwindigkeitsverteilung erfolgt streng genommen asymptotisch. Praktisch spricht man jedoch von ausgebildeter laminarer oder turbulenter Strömung, sobald in der Rohrmitte die wirkliche Geschwindigkeit von der der endgültigen Verteilung entsprechenden Geschwindigkeit nur noch um 1 % abweicht. Die Entfernung zwischen dieser Stelle und dem Einlauf wird dann als Länge der Anlaufstrecke betrachtet. Der Druckverlust in der Anlaufstrecke wird in Abschnitt 2.1.2.2 behandelt.

Zuerst soll der Druckabfall im Bereich der ausgebildeten Strömung erörtert und erst danach gezeigt werden, wie man den etwas erhöhten Druckabfall in der Anlaufstrecke berechnen kann.

2.1.2.2 Druckabfall in Rohren

2.1.2.2.1 Druckabfall in geraden Rohren bei ausgebildeter Strömung

Zur Berechnung des Druckverlustes in glatten geraden Rohren und Kanälen gilt nach der Ähnlichkeitstheorie die Beziehung

$$\Delta p = \psi(Re)\frac{\varrho w^2}{2}\frac{L}{d}, \tag{2.31}$$

worin $\psi(Re)$ eine Funktion der Reynolds-Zahl und wie oben ϱ die Dichte, w die mittlere Geschwindigkeit des strömenden Mediums, L die Rohrlänge und d den inneren Rohrdurchmesser oder auch den gleichwertigen Durchmesser nach Gl. (2.15) bedeuten. Bei turbulenter Strömung in glatten Rohren kann ψ nach folgender Gleichung von Prandtl [P 3] berechnet werden:

$$\frac{1}{\sqrt{\Psi}} = 2 \lg (Re \sqrt{\Psi}) - 0{,}8 \,. \tag{2.32}$$

Die Werte nach dieser Gleichung kann man auch dem Bild 2.16 entnehmen, in dem ψ abhängig von Re aufgetragen ist. Für glatte Rohre gilt die ausgezogene Linie. Ganz links sind auch Werte von ψ für die laminare Strömung in Rohren eingezeichnet. Die Gleichungen für die Kurven nach Blasius und Hermann sind in [H 16, S. 111] angegeben.

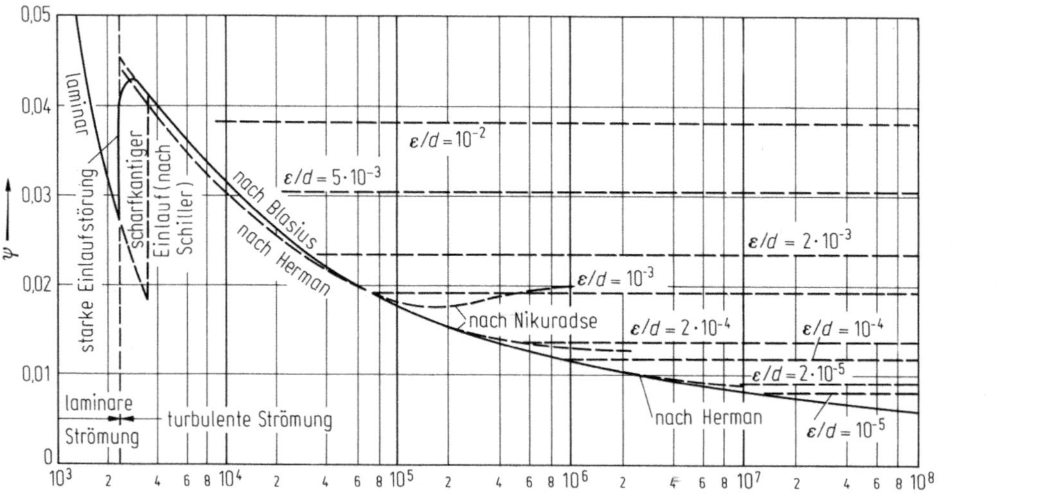

Bild 2.16. Widerstandszahl ψ für den Druckabfall in glatten und rauhen Rohren. — – – glatt, — rauh (reine Wandrauhigkeit)

Bei rauhen Rohren und Kanälen ist ψ größer und hängt außer von Re auch noch vom Rohrdurchmesser ab. Welche Werte etwa für die handelsüblichen Kupferrohre zu erwarten sind, zeigen die gestrichelten waagerechten Linien in Bild 2.16. Diese Linien sind nach der Gleichung von Nikuradse [N 4]

$$\frac{1}{\sqrt{\Psi}} = 2 \lg \frac{3{,}72\, d}{\varepsilon} \tag{2.33}$$

unter der Annahme berechnet, daß die mittlere Höhe ε der Rauhigkeitserhebungen 0,01 mm beträgt. Die Gleichung von Nikuradse gilt unter der Annahme, daß die Rauhigkeitselemente eng nebeneinander liegen. Bei größeren Abständen und mehr langwelliger Gestalt der Rauhigkeitserhebungen haben die Kurven eine ähnliche Gestalt wie für glatte Rohre, nur liegen sie im ganzen höher. Man erkennt dies deutlich aus Bild 2.17, das den Druckverlust in gezogenen Stahlrohren zeigt. In weiteren Grenzen gilt für rauhe Rohre folgende Gleichung von Colebrook [C 3]

$$\frac{1}{\sqrt{\Psi}} = -2 \lg \left[\frac{\varepsilon/d}{3{,}71} + \frac{2{,}51}{Re \sqrt{\Psi}} \right]. \tag{2.34}$$

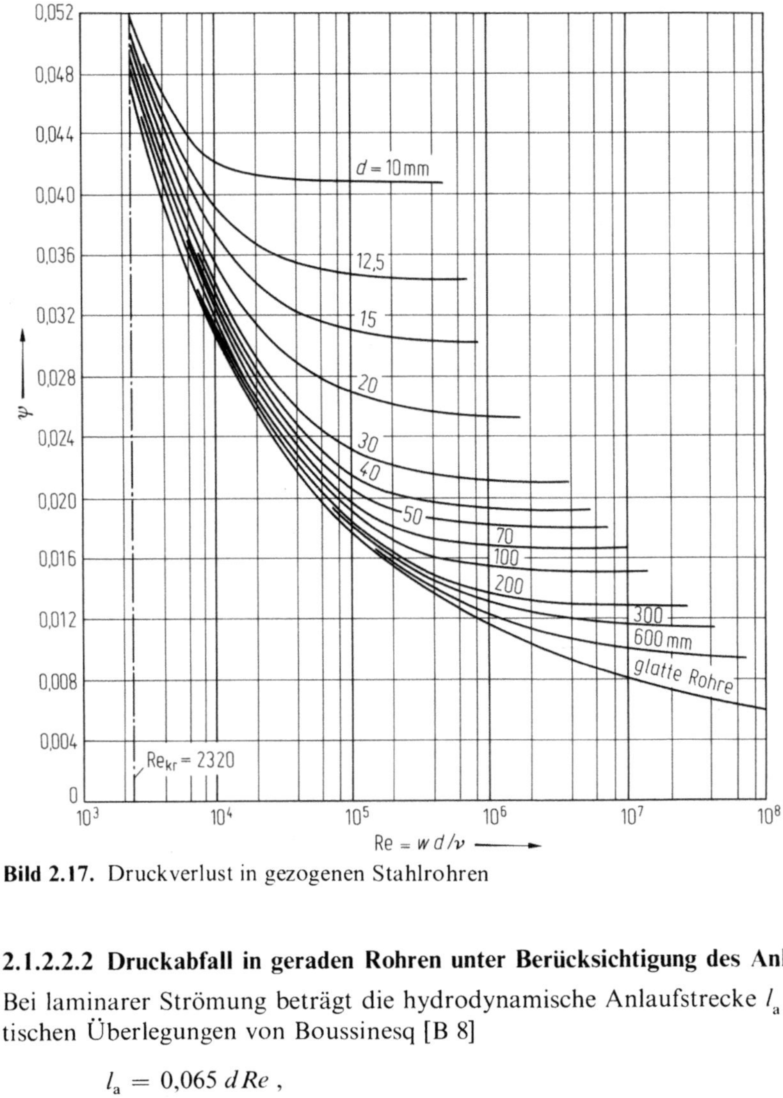

Bild 2.17. Druckverlust in gezogenen Stahlrohren

2.1.2.2.2 Druckabfall in geraden Rohren unter Berücksichtigung des Anlaufvorganges

Bei laminarer Strömung beträgt die hydrodynamische Anlaufstrecke l_a nach theoretischen Überlegungen von Boussinesq [B 8]

$$l_a = 0{,}065\, d\, Re\,, \tag{2.35}$$

was mit Versuchswerten gut übereinstimmt. Bei turbulenter Strömung ist die Anlaufstrecke meist kürzer und nicht oder nur wenig von der Reynolds-Zahl abhängig. Nach Messungen von Nikuradse [N 3] kann sie bei turbulenter Strömung etwa gleich dem 50- bis 80fachen des inneren Rohrdruchmessers d gesetzt werden.

In der Anlaufstrecke ist sowohl nach Berechnungen wie auch nach Messungen der Druckabfall stets höher als bei ausgebildeter Strömung; vgl. z. B. [L 5]. Dies läßt sich, wenn man auch den Einlaufvorgang selbst betrachtet, theoretisch wie folgt begründen. Da die Geschwindigkeit unmittelbar nach Eintritt in das Rohr meist größer ist als die Geschwindigkeit in dem weiteren Raum vor dem Eintritt, muß der strömende Stoff beim Eintrtt beschleunigt werden. Überdies ist die kinetische Energie der ausgebildeten Strömung bei gleichbleibender mittlerer Strömungsgeschwindigkeit größer als die Energie am Eintritt, was ebenfalls den Druckabfall erhöht. Ferner erfordert in der Anlaufstrecke die Abbremsung der Geschwindigkeit in der Wandnähe Reibungsarbeit. Schließlich kommt bei scharfkantigem Einlauf in der Regel noch ein Kontraktionsverlust hinzu, der durch eine Einschnürung der Strömung kurz nach dem Einlauf verursacht ist. Für den gesamten zusätzlichen Druckverlust, den die beschriebenen Vorgänge am Einlauf und in der Anlaufstrecke hervorrufen, erhält man nach Berechnungen von Schiller [S 3] bei turbulenter Strömung und bei scharfkantigem Einlauf:

$$1{,}4 \varrho w^2/2\,.$$

Wenn wir auf Grund dieser Feststellung den zusätzlichen Druckabfall beim Einlauf und Anlauf berücksichtigen wollen, müssen wir Gl. (2.31) für den gesamten Druckabfall bei scharfkantigem Einlauf wie folgt erweitern

$$\Delta p = \left[\Psi(Re)\,\frac{L}{d} + 1{,}4\right]\frac{\varrho w^2}{2}\,. \tag{2.36}$$

Der Zahlenwert 1,4 in dieser Gleichung ist auch durch neuere Messungen bei guter Näherung bestätigt worden. Bei gut abgerundetem Einlauf erniedrigt er sich um etwa 0.44. Das genannte Zusatzglied spielt indessen nur bei verhältnismäßig kurzen Rohren eine größere Rolle. Andererseits setzt Gl. (2.36) voraus, daß die Rohre wenigstens angenähert die ganze Anlaufstrecke enthalten, also auch nicht zu kurz sind. Bei Wärmeaustauschern wird es häufig genügen, den Druckabfall nach der einfacheren Gl. (2.31) und nach Bild 2.16 oder 2.17 oder auch mit Hilfe einer der Gln. (2.32) bis (2.34) zu berechnen.

Vergleicht man die nach Gl. (2.31) oder (2.34) berechneten Werte des Druckabfalls mit dem in Wärmeaustauschern tatsächlich beobachteten Druckabfall, dann sind die gemessenen Werte häufig erheblich höher. Zum Teil läßt sich dies dadurch erklären, daß die Rechnung nur die Rohre eines Wärmeaustauschers berücksichtigt, während die Messung auch den Druckverlust in den Sammelstücken sowie in den zum Wärmeaustauscher gehörenden Zuführungs- und Abführungsstutzen mit einbezieht. Den Druckabfall in den Hauben von Wärmeaustauschern hat Linke [L 5], den Einfluß der Temperaturabhängigkeit der Stoffwerte Roetzel [R 6] untersucht.

2.1.2.2.3 Druckabfall in gekrümmten Rohren

Die kritische Reynolds-Zahl für den Übergang von der laminaren in die turbulente Strömung liegt bei gekrümmten Rohren höher als bei geraden Rohren. Ist D der Krümmungsdurchmesser, d wie bisher der innere Durchmesser des Rohres, dann beträgt nach White [W 11] die kritische Reynolds-Zahl bei $D/d = 50$ etwa 6000, bei $D/d = 15$ etwa 9000, gegenüber dem Wert von 2320 bei geraden Rohren.

In gekrümmten Rohren ist aber auch der Druckabfall Δp größer als in geraden Rohren. Dies erklärt sich daraus, daß in den gekrümmten Rohren die zunächst in der Mitte des Rohres am raschesten strömenden Teilchen am meisten der Zentrifugalkraft unterliegen und daher nach außen drängen, wodurch ein Doppelwirbel entsteht; vgl. Bild 2.18. Ein solcher Doppelwirbel verbraucht aber Energie zu seiner Entstehung und erhöht auch noch den Druckverlust während des Abklingens in einem anschließenden geraden Rohrstück.

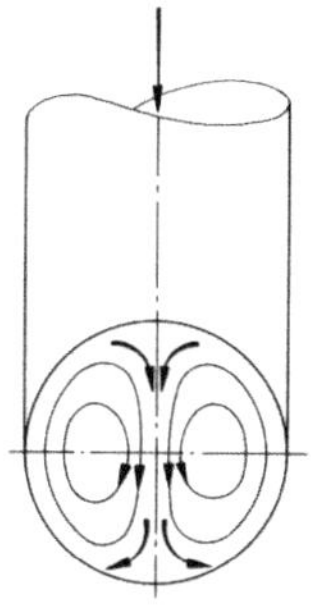

Bild 2.18. Doppelwirbel in einem gekrümmten Rohr

Bei einer Umlenkung, wie sie z. B. durch Rohrkrümmer bewirkt wird, kann der durch die Umlenkung bewirkte zusätzliche Druckverlust gleich

$$\Delta p_u = \zeta_u \frac{\varrho w^2}{2} \tag{2.37}$$

gesetzt werden. Für einen Umlenkwinkel von 90° ergibt sich bei glatten Rohren etwa $\zeta_u = 0{,}1$. Bei rauhen Rohren und demselben Umlenkwinkel liegt ζ_u zwischen 0,1 und 0,4, im Mittel also etwa bei 0,25. Bei einem Umlenkwinkel von 45° beträgt ζ_u etwa das 0,6fache, bei einem Umlenkwinkel von 180° etwa das 1,4 bis 1,5fache der angegebenen Beträge. Die ersten Teile der Krümmung erzeugen hiernach mehr zusätzlichen Druckverlust als die späteren.

Man kann hiernach erwarten, daß in Rohrschlangen mit mehreren schraubenförmigen Windungen der auf eine Umlenkung um je 90° im Mittel entfallende Druckverlust geringer ist, als wenn nur eine einzige Umlenkung von 90° vorhanden wäre. Dies bestätigen Versuche von Jeschke [J 3], der die Ergebnisse seiner Messungen an gewundenen gezogenen schmiedeeisernen Rohren bei Reynoldsschen Zahlen über 110000 in die Gleichung

$$\psi_{kr} = 0{,}0238 + 0{,}0891\, d/D \tag{2.38}$$

zusammengefaßt hat. Hierin bedeuten ψ_{kr} die Gesamtwiderstandszahl im gekrümmten Rohr, d den inneren Durchmesser des Rohres und D den Krümmungsdurchmesser.

Nach Versuchen von Jeschke unterhalb $Re = 110000$ steigt ψ_{kr} mit abnehmender Reynolds-Zahl durch die Krümmung der Rohre viel stärker an, als man nach Gl. (2.38) erwarten sollte. So ist nach Jeschke $\psi_{kr} - \psi$ bei $Re = 20000$ rund 7mal, bei $Re = 40000$ rund 4mal und bei $Re = 80000$ rund 1,5mal so groß wie nach Gl. (2.38). Hierbei bezieht sich ψ wie oben auf den Druckabfall in geraden Rohren. Einen ähnlichen, wenn auch etwas geringeren Anstieg von $\psi_{kr} - \psi$ haben E. F. Schmidt [S 5] sowie Srinivasan, Nandapurkar und Holland [S 12] festgestellt.

2.1.2.3 Druckabfall im Kreuzstrom

Der Druckabfall im Kreuzstrom kann allgemein durch die Gleichung dargestellt werden

$$\Delta p = n\psi \frac{\varrho w^2}{2}, \tag{2.39}$$

worin n die Zahl der in der Strömungsrichtung hintereinanderliegenden Rohrreihen bedeutet. Aus den Versuchen von Reiher [R 3] an fünf hintereinanderliegenden Rohrreihen, wobei $d = 15$ mm und angenähert $a = b = 2$ war (vgl. Abschnitt 2.1.1.2), ergab sich bei fluchtender Rohranordnung

$$\psi = 0{,}294\; Re^{-0{,}0272}\,. \tag{2.40}$$

Glaser [G 3] stellte aus seinen Messungen für die Abstandsverhältnisse $a = b = 1{,}14$ bis 2,0 die Beziehung auf

$$\psi = 0{,}2308\; Re^{-0{,}0302}(1{,}04a - 1)^{-0{,}59}a\,. \tag{2.41}$$

Die Durchabfallmessungen von Pierson [P 2] und Huge [H 29] hat Jakob [J 1] bei fluchtender Anordnung in die Gleichung zusammengefaßt:

$$\psi = Re^{-0{,}15}\left[0{,}176 + \frac{0{,}32\,b}{(a-1)^{0{,}43} + \dfrac{1{,}13}{b}}\right]. \tag{2.42}$$

In den Gln. (2.41) und (2.42) ist vorausgesetzt, daß mindestens 10 Rohrreihen hintereinander angeordnet sind. Bei 4 Rohrreihen ist ψ um 8% größer.

Bild 2.19 zeigt den nach den vorangehenden Gleichungen errechneten Druckabfall abhängig von w für Rohre von 10 mm Außendurchmesser bei $a = b = 2$.

Die angegebenen Gleichungen für den Druckabfall beziehen sich auf glatte Rohre. Bei rauhen Rohren muß man mit einem größeren Druckverlust rechnen. Wiener [W 5] hat an stark verrosteten Eisenrohren einen 1,22mal so hohen Druckabfall gemessen wie an glatten Rohren.

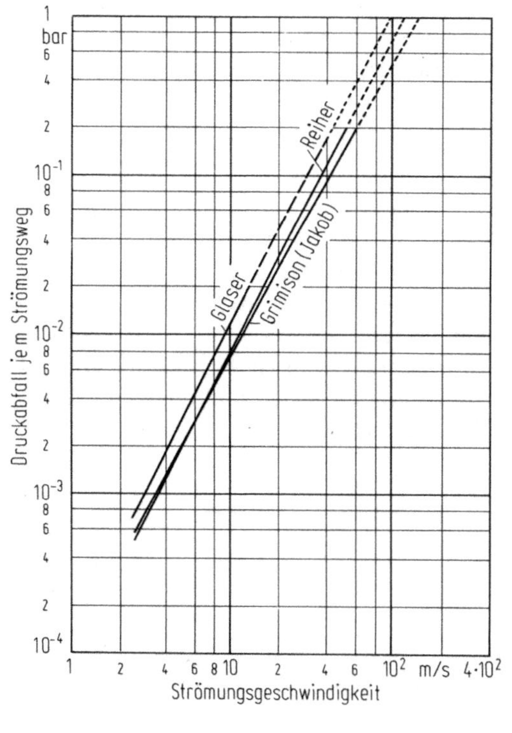

Bild 2.19. Druckabfall von Luft im Kreuzstrom bei fluchtender Rohranordnung; $d = 10$ mm, $a = b = 2$

Später sind zahlreiche weitere Messungen des Druckabfalls bei Kreuzstrom durchgeführt worden; vgl. [B 5, 10, 12, 13, D 3, G 11, H 1, 27, K 1, 3, L 4–6, S 5, 6]. Die Ergebnisse dieser Messungen weichen bis um $\pm 30\%$, vereinzelt auch noch stärker von den jeweiligen Mittelwerten ab.

2.1.2.4 Zusätzlicher Druckverlust durch allmählich zunehmende Verengung der Strömungsquerschnitte

Sowohl bei Parallelstrom wie auch bei Kreuzstrom treten zusätzliche Druckverluste vielfach dadurch auf, daß durch Ablagerung von Schmutz- und Staubteilchen auf den Rohrwandungen, vor allem aber durch Niederschlag von Eis die Strömungskanäle mit der Zeit mehr oder weniger verengt werden. Dieser Vorgang ist von verschiedenen Seiten experimentell [H 26, L 3, R 5, D 2, M 3] und theoretisch [H 13] untersucht worden. Man suchte dadurch zu klären, unter welchen Bedingungen das gebildete Eis sofort an der Rohrwand haftet oder schneeartig mit dem Luft- oder Gasstrom weiter fortgerissen wird. Die Menge des an einer bestimmten Stelle abgelagerten Eises wird auch dadurch beeinflußt, daß die Dichte des Eises mit wachsender Eisschicht allmählich zunimmt und diese Zunahme außerdem vom Strömungszustand abhängt. Obwohl somit über diesen Vorgang schon viel bekannt ist, ist er doch so verwickelt, daß man es im allgemeinen vorzieht, sich auf Betriebsbeobachtungen über den durch die Ablagerungen bedingten allmählichen Anstieg des Druckabfalls zu verlassen. Aus solchen Beobachtungen erkennt man auch am sichersten, ob und wann eine vollständige Verstopfung der Kanäle durch die Ablagerungen zu befürchten ist; vgl. auch [W 4].

2.1.2.5 Druckabfall in Haufwerken

Die Gestalt der Elemente eines Haufwerkes und die Rauhigkeit ihrer Oberfläche ist im allgemeinen derart verschieden, daß der Druckabfall eines durch ein Haufwerk strömenden Gases sehr unterschiedlich sein kann. Es ist daher zu erwarten, daß eine bestimmte Druckabfallgleichung nur für Füllkörper gleicher oder ähnlicher Art mit guter Genauigkeit gilt.

Für den Durckabfall in Schüttungen aus Kugeln oder aus kugelähnlich gestalteten Füllkörpern hat Brauer [B 11], in Fortführung einer Untersuchung von Ergun [E 7], folgende Gleichung aufgestellt:

$$\psi = \frac{160}{Re'} + \frac{3{,}1}{(Re')^{0{,}1}}, \tag{2.43}$$

womit sich der Druckabfall bei der Schütthöhe H nach der Beziehung

$$\Delta p = \psi \frac{1-\varepsilon}{\varepsilon^3} \varrho w^2 \frac{H}{d} \tag{2.44}$$

errechnet. Hierbei ist ε das relative Lückenvolumen, w die Strömungsgeschwindigkeit im leergedachten Kanal, d der Kugel- oder mittlere Partikeldurchmesser und

$$Re' = \frac{1}{1-\varepsilon} \frac{wd}{\nu}. \tag{2.45}$$

Einige weitere Angaben über den Druckabfall in Füllkörper-Schüttungen können dem VDI-Wärmeatlas [V 1, S. Le 1 u. Le 2] entnommen werden.

2.1.3 Temperaturverlauf und mittlere Temperaturdifferenz in stetig wirkenden Gegenströmern (Rekuperatoren)

In den vorangehenden Abschnitten wurde gezeigt, wie man die Wärmeübergangskoeffizienten α und α' und damit nach den Gln. (2.1) bis (2.5) auch den Wärmedurchgangskoeffizienten k in Rohren oder Kanälen berechnen kann. Sobald k als bekannt vorausgesetzt werden kann, lassen sich die Beziehungen ableiten, die den Temperaturverlauf und die für die gesamte Wärmeübertragung maßgebende mittlere Temperaturdifferenz $\Delta\vartheta_M$ in stetig wirkenden Gegenströmern festlegen. Solche Wärmeaustauscher, auch Rekupratoren genannt, enthalten Rohre oder anders geformte Kanäle, durch die die beiden an der Wärmeübertragung beteiligten Gase stetig, d. h. in stets gleichbleibender Menge, hindurchströmen. Auch ist für die Rekuperatoren kennzeichnend, daß die Wärme durch Rohr- oder Kanalwände übertragen wird. Der Wert von $\Delta\vartheta_M$ ist aufs engste mit dem Temperaturverlauf im Gegenströmer verknüpft.

Bei den meisten Anwendungen der Wärmeaustauscher ist es üblich, sowohl den Temperaturverlauf wie auch die mittlere Temperaturdifferenz unter der Annahme zu berechnen, daß die spezifischen Wärmekapazitäten der durch den Wärmeaustauscher strömenden Medien temperaturunabhängig sind. In der Tieftemperaturtechnik muß man jedoch in vielen Fällen die zum Teil ziemlich starke Temperaturabhängigkeit der spezifischen Wärmekapazitäten berücksichtigen. Dies trifft vor allem dann zu, wenn Gase hohen Drucks beteiligt sind oder Temperaturen in der Nähe des kritischen Punktes eines der Gase erreicht oder unterschritten werden. Es soll daher nicht nur die bekannte einfache Berechnungsart unter Annahme konstanter spezifischer Wärmekapazitäten, sondern vor allem auch die Frage behandelt werden, wie Temperaturverlauf und mittlere Temperaturdifferenz bei veränderlichen spezifischen Wärmekapazitäten ermittelt werden können. Auch der Fall eines temperaturabhängigen Wärmedurchgangskoeffizienten soll behandelt werden.

2.1.3.1 Allgemeine Beziehungen

Unabhängig vom Verhalten der spezifischen Wärmekapazitäten ist zu beachten, daß der Temperaturverlauf und die mittlere Temperaturdifferenz durch eine Wärmemengengleichung und durch eine Gleichung für die Wärmeübertragung bestimmt ist. Beide sollen zunächst für ein unendlich kurzes Stück des Gegenströmers aufgestellt und danach integriert werden (Bild 2.20). In diesem unendlich kurzen Stück sei die wärmeübertragende Fläche df, während f selbst die entsprechende Fläche zwischen dem obersten Querschnitt a und dem betrachteten Querschnitt bedeute. Das ursprünglich wärmere Gas, von dem stündlich die Menge m mit der Wärmekapazität C nach unten ströme, habe an der betrachteten Stelle die Temperatur ϑ, das ursprünglich kältere Gas, von dem stündlich die Menge m' mit der Wärmekapazität C' nach oben ströme, habe hier die Temperatur ϑ'. Etwaige Wärme- oder Kälteverluste sollen vernachlässigt werden. Dann ergibt sich die Wärmemengengleichung aus der Überlegung, daß in einem betrachteten Stück des Rekuperators das ursprünglich kältere Gas ebensoviel Wärme aufnimmt, wie das andere Gas abgibt. Die in der Zeiteinheit in dem betrachteten unendlich kurzen Stück des Gegenströmers übergehende Wärmemenge beträgt daher

$$dq = -C\,d\vartheta = -C'\,d\vartheta' . \tag{2.46}$$

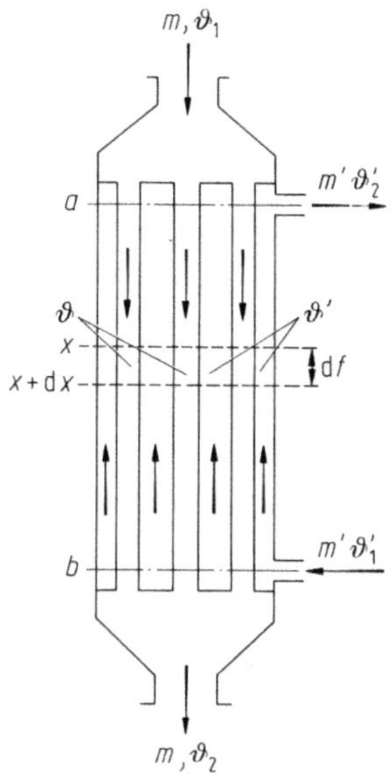

Bild 2.20. Gegenströmer aus Rohren

Hierbei ist vor den zweiten und dritten Ausdruck ein Minuszeichen gesetzt, weil in der Regel ϑ und ϑ' mit wachsendem f, d. h. in der Richtung nach unten, abnehmen.

Weiterhin drückt die Wärmeübertragungsgleichung aus, daß dieselbe Wärmemenge durch die Wandungen der Rohre mit der Fläche $\mathrm{d}f$ hindurch übertragen wird. Entsprechend der Definition des Wärmedurchgangskoeffizienten muß daher auch gelten

$$\mathrm{d}q = k(\vartheta - \vartheta')\,\mathrm{d}f\,. \tag{2.47}$$

Integriert man die letzte Gleichung vom obersten Querschnitt a bis zur betrachteten Stelle x, dann erhält man

$$\int_a^x \frac{\mathrm{d}q}{\vartheta - \vartheta'} = kf\,. \tag{2.48}$$

Durch diese Gleichung ist unter Verbindung mit der Wärmemengengleichung (2.46) der Temperaturverlauf im Gegenströmer festgelegt.

Integriert man hingegen bis zum unteren Querschnitt b und berücksichtigt man, daß zwischen den beiden Querschnitten a und b die gesamte Heizfläche F eingeschlossen ist, dann ergibt sich

$$\int_a^b \frac{\mathrm{d}q}{\vartheta - \vartheta'} = kF\,. \tag{2.49}$$

Da ferner nach Gl. (2.1) $kF = Q/\Delta\vartheta_M$, wobei wie oben Q die gesamte stündlich übergehende Wärmemenge bedeutet, geht die letzte Gleichung über in

$$\frac{Q}{\Delta\vartheta_M} = \int_a^b \frac{\mathrm{d}q}{\vartheta - \vartheta'}\,. \tag{2.50}$$

Durch diese Beziehung ist, wiederum unter Benutzung der Wärmemengengleichung (2.46), die mittlere Temperaturdifferenz $\Delta\vartheta_M$ festgelegt.

Wie man die Gln. (2.46) und (2.50) weiter auswerten kann, soll zunächst für den Fall unveränderlicher spezifischer Wärmekapazitäten der Gase gezeigt werden.

2.1.3.2 Beziehungen für unveränderliche Wärmekapazitäten der Gase

Sind die spezifischen Wärmekapazitäten der beiden Gase unveränderlich, dann gilt dasselbe auch von ihren auf die Zeiteinheit bezogenen Wärmekapazitäten C und C'. Für diesen Fall werde zunächst die Wärmemengengleichung (2.46) vom Querschnitt a bis zum beliebig gewählten Querschnitt x integriert. Wenn ϑ_1 und ϑ_1' die Eintrittstemperaturen, ϑ_2 und ϑ_2' die Austrittstemperaturen, ferner ϑ und ϑ' die Temperaturen der Gase an der Stelle x bedeuten, ergibt die Integration

$$C(\vartheta_1 - \vartheta) = C'(\vartheta_2' - \vartheta'). \tag{2.51}$$

Diese Gleichung kann auch unmittelbar aus der Überlegung abgeleitet werden, daß zwischen den genannten Querschnitten das eine Gas ebensoviel Wärme abgibt, wie das andere Gas aufnimmt. Bedeutsam ist, daß auf Grund dieser Wärmemengenbeziehung bei bekannten Temperaturen ϑ_1 und ϑ_2' am oberen Ende des Gegenströmers bereits ein eindeutiger Zusammenhang zwischen ϑ und ϑ' besteht und daher auch die Temperaturdifferenz $\vartheta - \vartheta'$ als Funktion von ϑ oder ϑ' sofort angegeben werden kann.

Bei Anwendung auf den ganzen Gegenströmer geht Gl. (2.51) über in die weiter unten mehrfach benutzte Gleichung

$$Q = C(\vartheta_1 - \vartheta_2) = C'(\vartheta_2 - \vartheta_1'). \tag{2.52}$$

Um nach dieser Vorbereitung den Temperaturverlauf und die mittlere Temperaturdifferenz aus den Gln. (2.48) und (2.50) zu ermitteln, formen wir zunächst Gl. (2.46) für $\mathrm{d}q$ um, indem wir zum zweiten und dritten Ausdruck $+C'\mathrm{d}\vartheta$ hinzuaddieren. Hierdurch erhalten wir

$$\mathrm{d}\vartheta = \frac{C'}{C' - C}\,\mathrm{d}(\vartheta - \vartheta')$$

und durch Einsetzen in Gl. (2.46)

$$\mathrm{d}q = \frac{CC'}{C - C'}\,\mathrm{d}(\vartheta - \vartheta'). \tag{2.53}$$

Mit diesem Ausdruck für $\mathrm{d}q$ können wird die Gln. (2.48) und (2.50) leicht integrieren. Durch Einsetzen in Gl. (2.48) folgt nach Ausführung der Integration

$$\vartheta - \vartheta' = (\vartheta_1 - \vartheta_2') \cdot \exp\left[\left(\frac{1}{C'} - \frac{1}{C}\right) kf\right]$$

Damit ist zunächst die Temperaturdifferenz $\vartheta - \vartheta'$ als Funktion von f bekannt. Eliminiert man aus dieser Gleichung und aus der Wärmemengengleichung (2.51) einmal ϑ', ein zweites Mal ϑ, dann ergeben sich schließlich für den gesuchten *Temperaturverlauf* folgende Gleichungen:

$$\vartheta_1 - \vartheta = (\vartheta_1 - \vartheta_2') \frac{C'}{C' - C} \left\{1 - \exp\left[\left(\frac{1}{C'} - \frac{1}{C}\right) kf\right]\right\}, \tag{2.54}$$

$$\vartheta_2' - \vartheta' = (\vartheta_1 - \vartheta_2') \frac{C}{C' - C} \left\{1 - \exp\left[\left(\frac{1}{C'} - \frac{1}{C}\right) kf\right]\right\}, \tag{2.55}$$

Im Sonderfall $C = C'$, in dem

$$\exp\left[\left(\frac{1}{C'} - \frac{1}{C}\right) kf\right] = 1 + \left(\frac{1}{C'} - \frac{1}{C}\right) kf$$

gesetzt werden kann, gehen die letzten Gleichungen über in

$$\vartheta_1 - \vartheta = (\vartheta_1 - \vartheta_2') \frac{kf}{C}, \tag{2.56}$$

$$\vartheta_2' - \vartheta' = (\vartheta_1 - \vartheta_2') \frac{kf}{C'}. \tag{2.57}$$

Bei gleichen Wärmekapazitäten C und C' beider Gase ergibt sich hiernach ein linearer Temperaturverlauf.

Bild 2.21 zeigt den nach den Gln. (2.54) bis (2.57) berechneten Temperaturverlauf für die beiden Annahmen $C = C'$ und $C = 1{,}1C'$. Als Abszisse ist das Verhältnis der Heizfläche f zwischen dem oberen Querschnitt a bis zum jeweils betrachteten Querschnitt x zur Gesamtheizfläche F gewählt. Da f in der Regel der Entfernung x vom oberen Querschnitt a in Bild 2.20 proportional ist, stellt Bild 2.21 unmittelbar auch den Temperaturverlauf in der Längsrichtung des Wärmeaustauschers dar.

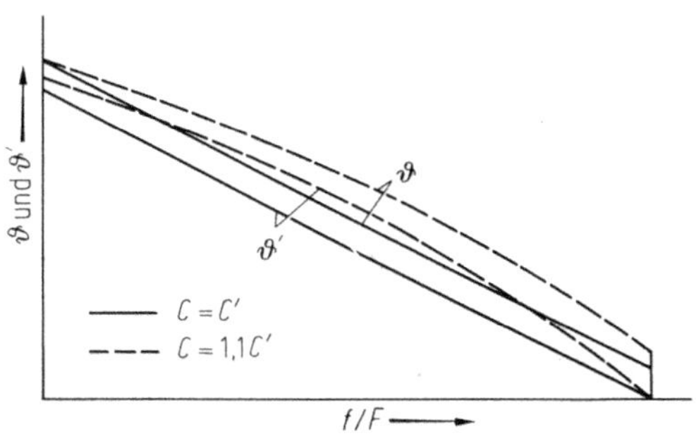

Bild 2.21. Temperaturverlauf bei Gegenstrom

Für die Berechnung der mittleren Temperaturdifferenz $\Delta\vartheta_M$ setzen wir den Ausdruck (2.53) für dq in die allgemeingültige Beziehung (2.50) ein. Durch Integration ergibt sich

$$\Delta\vartheta_M = \frac{C - C'}{CC'} \frac{Q}{\ln[(\vartheta_2 - \vartheta_1')/(\vartheta_1 - \vartheta_2')]}. \tag{2.58}$$

Diese Gleichung können wir mit Hilfe der Wärmemengengleichung (2.52) noch umformen, aus der zunächst folgt

$$\frac{C - C'}{CC'} Q = \left(\frac{C}{C'} - 1\right)(\vartheta_1 - \vartheta_2) = \left(\frac{\vartheta_2' - \vartheta_1'}{\vartheta_1 - \vartheta_2} - 1\right)(\vartheta_1 - \vartheta_2)$$

$$= (\vartheta_2 - \vartheta_1') - (\vartheta_1 - \vartheta_2'). \tag{2.59}$$

Einsetzen in Gl. (2.58) liefert schließlich die Beziehung

$$\Delta\vartheta_M = \frac{(\vartheta_2 - \vartheta_1') - (\vartheta_1 - \vartheta_2')}{\ln[(\vartheta_2 - \vartheta_1')/(\vartheta_1 - \vartheta_2')]} . \tag{2.60}$$

Hierin sind $\vartheta_1 - \vartheta_2'$ und $\vartheta_2 - \vartheta_1'$ die Temperaturunterschiede zwischen dem wärmeren und kälteren Gas an den beiden Enden des Gegenströmers. Bezeichnet man diese Temperaturunterschiede mit $\Delta\vartheta_a$ und $\Delta\vartheta_b$, dann geht Gl. (2.60) für die mittlere Temperaturdifferenz $\Delta\vartheta_M$ in die bekannte und viel benutzte Beziehung über

$$\Delta\vartheta_M = \frac{\Delta\vartheta_a - \Delta\vartheta_b}{\ln(\Delta\vartheta_a/\Delta\vartheta_b)} . \tag{2.61}$$

Zur raschen Auswertung dieser Gleichung sind verschiedenartige Diagramme entwickelt worden; vgl. z. B. [V 1]. Doch kann man $\Delta\vartheta_M$ fast ebenso rasch rein rechnerisch ermitteln.

Die mittlere Temperaturdifferenz ist also nach Gl. (2.61) durch den logarithmischen Mittelwert von $\Delta\vartheta_a$ und $\Delta\vartheta_b$ bestimmt. Bei kleinen Unterschieden zwischen $\Delta\vartheta_a$ und $\Delta\vartheta_b$ kann man den logarithmischen Mittelwert mit guter Näherung durch den arithmetischen Mittelwert ersetzen. Bei $\Delta\vartheta_a/\Delta\vartheta_b = 2$ ist der arithmetischen Mittelwert um 4% zu groß.

2.1.3.3 Beziehungen für temperaturabhängige Wärmekapazitäten der Gase

Bei tiefen Temperaturen und höheren Drücken hängen, wie erwähnt, die spezifischen Wärmekapazitäten der Luft und anderer Gase vielfach so stark von der Temperatur ab, daß die Berechnung der mittleren Temperaturdifferenz nach der obigen einfachen Gl. (2.61) zu ungenau ist. Es soll daher gezeigt werden, wie man den Temperaturverlauf und die mittlere Temperaturdifferenz auch in allgemeineren Fällen ermitteln kann.

Um die Veränderlichkeit der spezifischen Wärmekapazitäten in den Integralen der Gln. (2.48) und (2.50) zu berücksichtigen, führen wir die spezifischen Enthalpien h und h' der Gase ein, so daß $C\,d\vartheta = m\,dh$ und $C'\,d\vartheta' = m'\,dh'$ wird, wobei m und m' die in der Zeiteinheit strömenden Gasmengen bedeuten. Hiermit gehen die Wärmemengengleichungen (2.46), (2.51) und (2.52) über in

$$dq = -m\,dh = -m'\,dh' , \tag{2.62}$$

$$q = m(h_1 - h) = m'(h_2' - h') , \tag{2.63}$$

$$Q = m(h_1 - h_2) = m'(h_2' - h_1') . \tag{2.64}$$

Hierin sind h_1, h_2, h_1' und h_2' die Werte der spezifischen Enthalpien bei den Temperaturen ϑ_1, ϑ_2, ϑ_1' und ϑ_2'.

Mit Gl. (2.62) nimmt Gl. (2.48) die Gestalt an

$$m \int_x^a \frac{dh}{\vartheta - \vartheta'} = kf . \tag{2.65}$$

Ferner geht mit den Gln. (2.62) und (2.64) die Gl. (2.50) für die mittlere Temperaturdifferenz über in

$$\frac{h_1 - h_2}{\Delta\vartheta_M} = \int_b^a \frac{dh}{\vartheta - \vartheta'} . \tag{2.66}$$

Man kann also nach Gl. (2.65) den Temperaturverlauf im Gegenströmer und nach Gl. (2.66) die mittlere Temperaturdifferenz $\Delta\vartheta_M$ berechnen, indem man die Integrale über $dh/(\vartheta - \vartheta')$ auswertet, was im allgemeinen nur näherungsweise möglich ist.

2.1.3.4 Stufenverfahren

Ein allgemein anwendbares Stufenverfahren zur Auswertung der Integrale ergibt sich aus folgender Überlegung. Wir gehen von den Differentialen dh zu endlichen Differenzen Δh über und setzen näherungsweise

$$\int_x^a \frac{dh}{\vartheta - \vartheta'} = \sum_x^a \frac{\Delta h}{\vartheta - \vartheta'} \quad \text{und} \quad \int_b^a \frac{dh}{(\vartheta - \vartheta')} = \sum_b^a \frac{\Delta h}{\vartheta - \vartheta'} . \tag{2.67}$$

Es sei nun vorausgesetzt, daß h abhängig von ϑ und h' abhängig von ϑ' bekannt sind, z. B. aus Zustandsdiagrammen der betreffenden Gase. Ferner seien die Eintrittstemperaturen ϑ_1 und ϑ_1' und die Austrittstemperaturen ϑ_2 und ϑ_2' gegeben, womit auch die entsprechenden Enthalpiewerte h_1, h_1', h_2 und h_2' bekannt sind.

Um die Temperaturdifferenz $\vartheta - \vartheta'$ in einem beliebigen Querschnitt des Gegenströmers zu ermitteln, betrachte man die Wärmemenge q, die in einem Stück des Gegenströmers übertragen wird, das sich z. B. vom warmen Ende des Gegenströmers bis zu dem fraglichen Querschnitt erstreckt. Diese Wärmemenge ist nach der Wärmemengengleichung (2.63) durch die Enthalpieänderungen der beiden Gase bestimmt. Nimmt man die Temperatur ϑ des einen Gases willkürlich an, womit auch dessen spezifische Enthalpie h festgelegt ist, dann erhält man aus Gl. (2.63) die spezifische Enthalpie h' des anderen Gases und damit auch dessen Temperatur ϑ' in demselben Querschnitt. Damit ist dann auch die in diesem Querschnitt herrschende Temperaturdifferenz $\Delta\vartheta = \vartheta - \vartheta'$ zwischen den beiden Gasen bekannt.

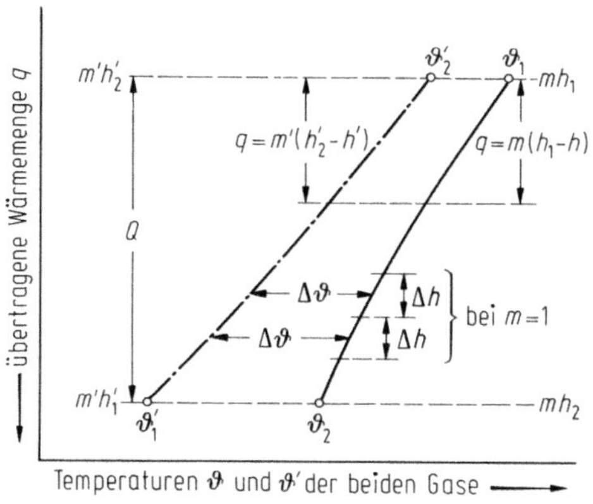

Bild 2.22. q,T-Diagramm, dient auch zur Ermittlung von $\Delta\vartheta = \vartheta - \vartheta'$ und $\int \frac{dh}{\vartheta - \vartheta'} = \sum \frac{\Delta h}{\Delta\vartheta}$

Führt man diese Rechnung für eine größere Zahl von Querschnitten durch, dann kann man das in Bild 2.22 dargestellte Diagramm aufzeichnen, in dem die Enthalpien mh und $m'h'$ der beiden Gase abhängig von ϑ bzw. ϑ' unter Benutzung desselben Temperaturmaßstabes aufgetragen sind. Hierbei sind die Enthalpien mh_1 und $m'h'_2$ für das am warmen Ende des Gegenströmers eintretende und das dort austretende Gas in gleicher Höhe eingezeichnet. Die Enthalpien mh und $m'h'$ in einem beliebigen anderen Querschnitt erhält man, indem man q nach Gl. (2.63) von den oberen Endpunkten aus nach unten abträgt.

Bestimmt man überdies die h und h' zugeordneten Temperaturen, dann werden auf diese Weise Punkte auf den Kurven in Bild 2.22 festgelegt. Hiermit kann man die Kurven aufzeichnen. Auch am kalten Ende des Gegenströmers müssen die Enthalpiewerte beider Gase in gleicher Höhe liegen, weil die im gesamten Gegenströmer übertragene Wärmemenge Q nach Gl. (2.64) die Enthalpie des einen Gases ebenso stark erniedrigt, wie sie die des anderen Gases erhöht.

Das Einzeichen der Kurve für das zweite Gas vereinfacht sich, wenn seine spezifische Wärmekapazität c'_p unveränderlich ist. Denn dann braucht man nur die Endpunkte der strichpunktierten Linie festzulegen und durch eine Gerade zu verbinden; vgl. [R 1, insbes. S. 8].

Zur Durchführung des durch Gl. (2.67) angedeuteten Stufenverfahrens und damit zur Auswertung der in dieser Gleichung enthaltenen Summen ist es zweckmäßig, die Menge m des ersten Gases gleich 1 zu setzen. Dann stellt die Ordinate der für dieses Gas geltenden Kurve, die in Bild 2.22 rechts liegen möge, unmittelbar die spezifische Enthalpie h dieses Gases dar. Diese Ordinate teilt man in beliebige Schritte Δh und bestimmt in der mittleren Höhe jedes Schrittes durch Abgreifen der waagerechten Entfernung bis zur anderen Kurve den Wert von $\vartheta - \vartheta'$. Auf diese Weise findet man für jeden Schritt den Betrag $\Delta h/(\vartheta - \vartheta')$. Wählt man die Schritte so, daß sich $\vartheta - \vartheta'$ von Schritt zu Schritt prozentual nur wenig ändert, dann erhält man die Summen (2.67) und damit auch die Integralwerte der Gln. (2.65) und (2.66) mit großer Genauigkeit. Damit sind nach Gl. (2.65) der Temperaturverlauf in Abhängigkeit von f/F und nach Gl. (2.66) die mittlere Temperaturdifferenz bestimmt.

Mit gleicher Genauigkeit des Endergebnisses kann man die Stufen wesentlich größer wählen, wenn man nach einem Vorschlag von J. Wucherer in Höllriegelskreuth für jede Stufe statt $\vartheta - \vartheta'$ den logarithmischen Mittelwert der Temperaturdifferenz nach Gl. (2.61) in die Summe einführt.

Noch weiter kann man die Genauigkeit steigern, wenn man in jeder Stufe das Gaußsche Integrationsverfahren benutzt; vgl. [G 2 und H 16, S. 101 u. 162]. Hierbei berechnet man die übergehende Wärmemenge genau nur an zwei Stellen innerhalb einer Stufe. Kühlt sich z. B. das erste Gas innerhalb der betrachteten Stufe von von ϑ_α bis ϑ_β ab und sind h_α und h_β die diesen Temperaturen entsprechenden Werte der Enthalpie, dann sind die beiden Stellen dadurch festgelegt, daß an ihnen die Enthalpie dieses Gases folgende Werte hat:

$$\left.\begin{aligned} h^*_\alpha &= h_\alpha - 0{,}21(h_\alpha - h_\beta)\,, \\ h^*_\beta &= h_\beta + 0{,}21(h_\alpha - h_\beta)\,. \end{aligned}\right\} \tag{2.68}$$

Die an diesen beiden Stellen in der Zeiteinheit je Flächeneinheit übergehenden Wärmemengen, d. h. die Wärmestromdichten, seien

$$q^*_\alpha = (k\,\Delta\vartheta)^*_\alpha \qquad \text{und} \qquad q^*_\beta = (k\,\Delta\vartheta)^*_\beta\,. \tag{2.69}$$

Hieraus bilde man den harmonischen Mittelwert $\dot{q}_m$ nach der Gleichung

$$\frac{2}{q_m} = \frac{1}{q_\alpha^*} + \frac{1}{q_\beta^*}\,. \tag{2.70}$$

Damit ergibt sich schließlich für die in der Stufe je Zeiteinheit übergehende Wärmemenge

$$\Delta Q = q_m\, \Delta f\,, \tag{2.71}$$

wenn Δf die wärmeübertragende Fläche der Stufe darstellt. Das Ergebnis einer derartigen Berechnung is exakt, wenn die Wärmestromdichte $q = k\,\Delta\vartheta$ innerhalb der Stufe nach einer Funktion 2. Grades von der Enthalpie h abhängt. Diese Art der Berechnung gilt insoferne allgemeiner als die vorher beschriebenen, als k nicht als konstant vorausgesetzt ist, sondern von ϑ und damit auch von h und f abhängen kann. Man kann aber auch die vorangehenden Berechnungsverfahren nach den Gln. (2.65) und (2.66) in dem soeben erörterten Sinne verallgemeinern, indem man Gl. (2.65) durch

$$m \int_x^a \frac{\mathrm{d}h}{k(\vartheta - \vartheta')} = f \tag{2.72}$$

und dementsprechend auch in den Gln. (2.66) und (2.67) $\vartheta - \vartheta'$ durch $q = k(\vartheta - \vartheta')$ ersetzt und dann die Verfahren folgerichtig durchführt.

2.1.3.5 Bedeutung des *q*, *T*-Diagramms nach Bild 2.22 für die Berechnung in der Tieftemperaturtechnik

q,T-Diagramme für Wärmeaustauscher nach Bild 2.22, die man auch Enthalpiediagramme für die Wärmeübertragung nennen könnte, haben neuerdings in der Tieftemperaturtechnik eine große Beliebtheit erlangt. Denn man kann aus ihnen schon vor Beginn der Berechnung der Wärmeübertragung, durch die die Abmessungen des

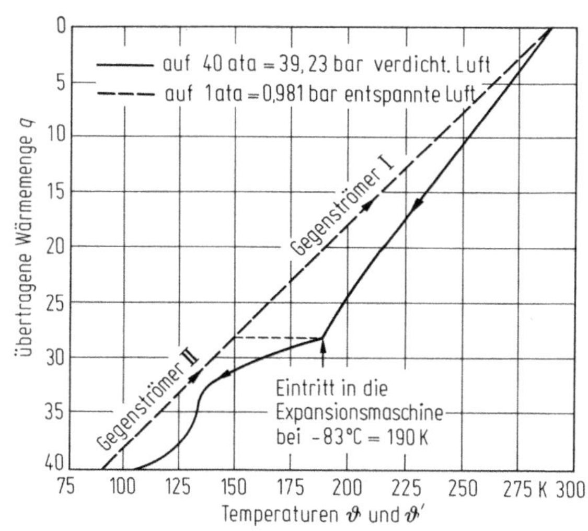

Bild 2.23. q,T-Diagramm für die Luftverflüssigung nach Claude

Wärmeaustauscher festgelegt werden, allein auf Grund der Wärmebilanz einen Überblick über die an den verschiedenen Stellen des Wärmeaustauschers zu erwartenden Temperaturdifferenzen gewinnen. Dabei ist es unwesentlich, wie groß man die Absolutwerte m und m' der Gasmengen wählt, etwa wie im vorliegenden Fall eine der Mengen gleich 1 setzt oder auch die in einem praktischen Fall auftretenden Mengen zugrundelegt.

Als Beispiel zeigt Bild 2.23 das q,T-Diagramm der Wärmeaustauscher eines Luftverflüssigers nach Claude in der in Bild 1.47 dargestellten Anordnung. Jedoch ist der dort gezeichnete Zusatzgegenströmer weggelassen. So weit wie möglich wurde an dem Beispiel festgehalten, das in Bild 1.51 durch die ausgezogene Linie gekennzeichnet ist. Damit aber nur endliche Temperaturdifferenzen auftreten, wurde am warmen Ende von Gegenströmer I eine Temperaturdifferenz von 2 K angenommen und der durch Drosselung zu entspannende Bruchteil der Luft auf $M = 0{,}22$ erhöht. Wieder wurde vorausgesetzt, daß die Luft mit einem Druck von 40 ata = 39,23 bar eintritt und zum größten Teil in der Maschine mit einem Wirkungsgrad von 70% bis auf Atmosphärendruck entspannt wird.

Behält man im Auge, daß in jeder Höhe die waagerechte Entfernung zwischen den beiden Kurven die Temperaturdifferenz zwischen den beiden Gasen in einem Querschnitt des Wärmeaustauschers darstellt, dann bietet ein solches Diagramm tatsächlich einen guten Überblick über die Verteilung der Temperaturdifferenzen in der Längsrichtung des Wärmeaustauschers. Noch anschaulicher dürfte es aber sein, die mit Hilfe der Wärmebilanz ermittelten Temperaturdifferenzen abhängig von der Temperatur des entspannten Gases aufzutragen, wie es in den Bildern 1.51, 1.52 und 1.58 geschehen ist.

2.1.3.6 Berechnung der mittleren Temperaturdifferenz bei Kreuzgegenströmern

Die nach einem der beschriebenen Verfahren ermittelte mittlere Temperaturdifferenz bedarf bei Kreuzgegenströmern (Bild 2.6) grundsätzlich einer Korrektur. Diese ist meist vernachlässigbar klein. Sie soll aber wenigstens kurz besprochen werden, damit man sich in ungünstiger gelagerten Fällen über den zu erwartenden Fehler Rechenschaft geben kann. Begründet ist diese Korrektur darin, daß an einer bestimmten Stelle eines Rohres zwar das innen strömende Gas eine nahezu konstante Temperatur ϑ hat, die Temperatur ϑ' des außen strömenden, fast senkrecht auf das Rohr auftreffenden Gases sich aber durch die Wärmeübertragung ändert. Die Temperaturdifferenz $\vartheta - \vartheta'$ zwischen beiden Gasen, die anfänglich am größten ist, nimmt hiernach an dem betrachteten Rohrstück längs des Umfangs durch die Wärmeübertragung ab. Entsprechend vermindert sich auch die Wärmeübertragung. Es ändert sich daher die Temperatur des außen strömenden Gases gegen Ende langsamer als im Anfang; vgl. Bild 2.24. Dasselbe wiederholt sich von Rohr zu Rohr, auf das das Gas auftrifft. Wie eine genaue theoretische Untersuchung des Temperaturverlaufs [H 16, S. 209–223] lehrt, haben diese eigenartigen, immer wieder beschleunigten und verzögerten Temperaturänderungen grundsätzlich eine Verringerung der bei Kreuzgegenstrom wirksamen mittleren Temperaturdifferenz zur Folge. Dieser Einfluß ist um so stärker, je geringer die Zahl der in der Hauptströmungsrichtung hintereinanderliegenden Rohre ist. Er ist auch größer bei der sogenannten „gegensinnigen Führung" der Rohre als bei der „gleichsinnigen Führung". Der Unterschied zwischen gegensinniger und gleichsinniger Führung geht aus Bild 2.6 hervor. Besteht z. B.

wie in Bild 2.6a eine Rohrschlange im wesentlichen aus geraden Stücken, die in einer Ebene angeordnet sind, dann strömt im Innern der Rohrschlange das Gas in jedem folgenden Rohrstück in der entgegengesetzten Richtung wie vorher. Es liegt dann „gegensinnige Führung" des Gases vor. Hieran ändert sich auch nichts, wenn mehrere solche Rohrschlangen in hintereinander liegenden senkrechten Ebenen angeordnet sind. Sind jedoch, wie in Bild 2.6b entsprechend den Kreuzgegenströmern der Tieftemperaturtechnik, die einzelnen Rohrschlangen schraubenförmig gewunden, dann strömt in allen senkrecht übereinander liegenden Rohrstücken das Gas in derselben Richtung. Wir sprechen dann von einer „gleichsinnigen Führung".

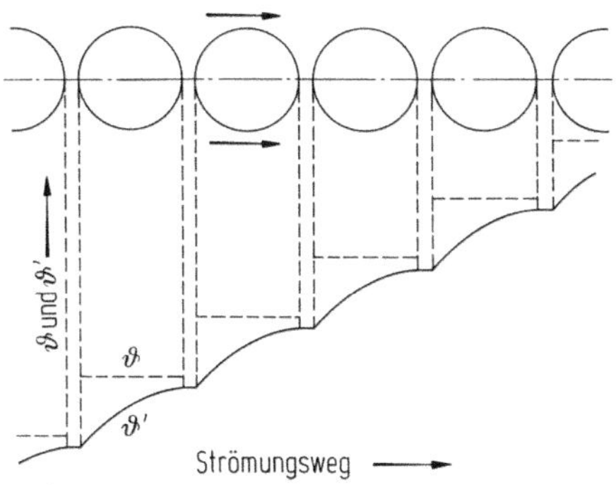

Bild 2.24. Verlauf der Temperatur ϑ' des in einem Kreuzgegenströmer außen strömenden Gases

Das Maß der Verringerung der mittleren Temperaturdifferenz werde ausgedrückt durch einen Gütegrad

$$\eta_k = \frac{(\Delta\vartheta_M)_{Krg}}{(\Delta\vartheta_M)_G}, \tag{2.73}$$

worin $(\Delta\vartheta_M)_{Krg}$ die bei Kreuzgegenstrom wirksame mittlere Temperaturdifferenz, $(\Delta\vartheta_M)_G$ die in der üblichen Weise für reinen Gegenstrom ermittelte mittlere Temperaturdifferenz bedeutet. η_k hängt außer vom Verhältnis C/C' der Wärmekapazitäten beider Gase von der Größe

$$\psi = \frac{\vartheta_2' - \vartheta_1'}{N(\Delta\vartheta_M)_G} \tag{2.74}$$

ab, in der N die Zahl der vom außen strömenden Gas nacheinander getroffenen Rohrstücke oder Rohrwindungen, $\vartheta_2' - \vartheta_1'$ wie oben die gesamte Temperaturänderung des außen strömenden Gases und $(\Delta\vartheta_M)_G$ wiederum die mittlere Temperaturdifferenz bei reinem Gegenstrom bedeute. Ist wie in den weitaus meisten Fällen $\psi < 1$, dann gelten mit genügender Genauigkeit die Näherungsgleichungen

bei gleichsinniger Führung

$$\eta_k = 1 - \frac{C'}{C}\frac{\psi^2}{12} \quad \text{bei} \quad \psi < 1, \tag{2.75}$$

bei gegensinniger Führung

$$\eta_k = 1 - \frac{C'}{C}\frac{\psi^2}{6} \quad \text{bei} \quad \psi < 1. \tag{2.76}$$

Man erhält hiernach die gesuchte wirksame mittlere Temperaturdifferenz $(\Delta\vartheta_M)_{Krg}$ bei Kreuzgegenstrom, indem man nach Gl. (2.74) zunächst ψ, dann nach Gl. (2.75) oder (2.76) η_k berechnet und schließlich $(\Delta\vartheta_M)_G$ mit η_k multipliziert. Auf die genauen aus der Theorie folgenden und für beliebige Werte von ψ geltenden Gleichungen für η_k sowie auf ein daraus entwickeltes Diagramm soll hier nicht eingegangen werden; vgl. [H 16, S. 222].

2.1.3.7 Anwendung der gewonnenen Beziehungen auf die Berechnung der Gegenströmer

Wenn k, F oder kF und $\Delta\vartheta_M$ festgelegt sind, kann man nach Gl. (2.1) die in der Zeiteinheit übertragene Wärmemenge Q berechnen. Sind hingegen die Eintritts- und Austrittstemperaturen sowie die Wärmekapazitäten C und C' der beiden Gase gegeben, läßt sich Q einfacher aus der Wärmemengengleichung (2.52) ermitteln. Aber damit ist die wesentliche Fragestellung, auf die es bei der Berechnung der Gegenströmer ankommt, noch nicht klar gekennzeichnet.

Im allgemeinen handelt es sich vielmehr um eine der beiden folgenden Fragen:

1. Die Ein- und Austrittstemperaturen, die Wärmekapazitäten der in der Zeiteinheit strömenden Gasmengen, die Gasgeschwindigkeit sowie die Rohranordnung seien gegeben. Es soll die Länge des Wärmeaustauschers berechnet werden, mit der die geforderte Wärmeübertragung erzielt wird.
2. Für einen Gegenströmer bekannter Abmessungen, durch den Gasmengen von bestimmten Wärmekapazitäten C und C' strömen, sollen die Austrittstemperaturen der Gase bestimmt werden, wenn die Eintrittstemperaturen bekannt sind.

Im ersten Fall, in dem alle Temperaturen gegeben sind, ist sofort auch Q und $\Delta\vartheta_M$ auf Grund der oben angegebenen Gleichungen bekannt. Aus Gl. (2.1) folgt dann der Wert von kF, der für die geforderte Wärmeübertragung benötigt wird. Andererseits kann man in der angegebenen Weise die Wärmeübergangskoeffizienten α_i und α_a und damit nach Gl. (2.2) zunächst für die Länge 1 des Rohrbündels, der eine übertragende Fläche F_1 zugehöre, den entsprechenden Wert von kF_1 berechnen. Die gesuchte Länge L des Rohrbündels des Gegenströmers ergibt sich dann schließlich mit dem geforderten Wert von kF zu

$$L = \frac{kF}{kF_1}\,. \tag{2.77}$$

Im zweiten Falle lassen sich auf Grund der gegebenen Abmessungen und Strömungsgeschwindigkeiten die Wärmeübergangskoeffizienten α_i und α_a und damit kF berechnen. Sind die Wärmekapazitäten C und C' unveränderlich, dann kann man die Austrittstemperaturen ϑ_2 und ϑ_2' durch Auflösen der für den Temperaturverlauf geltenden Gln. (2.54) und (2.53) ermitteln, die man auf den gesamten Gegenströmer anwendet. Hierdurch ergeben sich folgende Beziehungen:

$$\vartheta_1 - \vartheta_2' = (\vartheta_1 - \vartheta_1')\,\frac{1 - \dfrac{C}{C'}}{1 - \dfrac{C}{C'}\exp\left[\left(\dfrac{1}{C'} - \dfrac{1}{C}\right)kF\right]}\,, \tag{2.78}$$

$$\vartheta_1 - \vartheta_2 = (\vartheta_1 - \vartheta_1') \frac{1 - \exp\left[\left(\frac{1}{C'} - \frac{1}{C}\right) kF\right]}{1 - \frac{C}{C'} \exp\left[\left(\frac{1}{C'} - \frac{1}{C}\right) kF\right]} . \tag{2.79}$$

Durch diese Gleichungen sind also in der Tat die Austrittstemperaturen ϑ_2' und ϑ_2 bestimmt.

In allgemeinen Fällen mit temperaturabhängigen spezifischen Wärmekapazitäten kann man die Austrittstemperaturen nur durch Probieren ermitteln. Man nimmt diese Temperaturen zunächst unter Berücksichtigung der Wärmemengengleichung (2.52) nach Schätzung an, wodurch zugleich ein Wert von Q festgelegt wird. Auf Grund der getroffenen Annahme berechnet man weiterhin die mittlere Temperaturdifferenz $\Delta\vartheta_M$ und damit nach Gl. (2.1) einen zweiten Wert von Q. Stimmen die beiden Werte von Q nicht genügend überein, dann wiederholt man die Rechnung mit geänderter Annahme von ϑ_2 und ϑ_2', bis die Abweichung zwischen den beiden Werten von Q vernachlässigt werden kann.

2.2 Regeneratoren

Unter Regeneratoren versteht man Wärmeaustauscher mit durchlässiger Füllmasse, durch welche die Gase in zeitlichem Wechsel hindurchströmen und in welcher daher die zu übertragende Wärmemenge vorübergehend gespeichert wird. Werden, wie in der Regel, die Gasströme selbst umgeschaltet, dann erfordert ein ununterbrochener Betrieb wenigstens zwei Regeneratoren, damit gleichzeitig das eine Gas abgekühlt und das andere erwärmt werden kann.

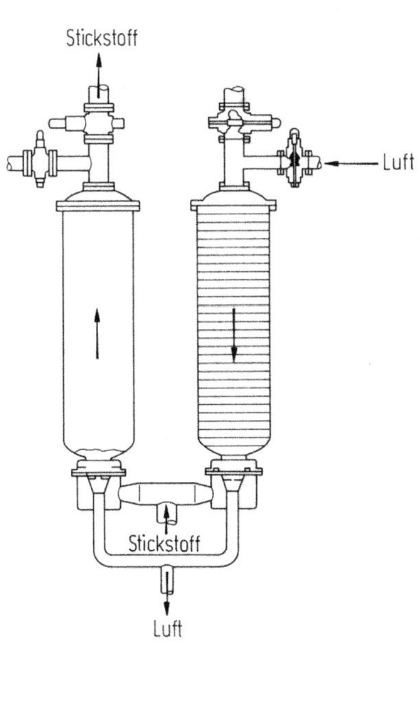

Bild 2.25. Regeneratoren

Die Wirkung der Regeneratoren geht aus Bild 2.25 hervor, das ein Regeneratorpaar für einen Luftzerlegungsapparat darstellt. In jedem der beiden zylindrischen Mäntel befindet sich eine für Gase durchlässige, d. h. poröse oder von kurzen Kanälen durchzogene oder heute in der Regel aus einer Steinschüttung bestehende Speichermasse. Durch diese Speichermasse strömen die beiden Gase abwechselnd in entgegengesetzter Richtung hindurch, so daß gewissermaßen ein Gegenstrom mit zeitlich versetzten Gasströmen entsteht. Durch das regelmäßige Umschalten schwankt die Temperatur der Speichermasse an jeder Stelle periodisch auf und ab. Die Speichermasse nimmt daher in der „Warmperiode" vorübergehend Wärme auf und gibt sie in der „Kaltperiode" an das kältere Gas wieder ab.

Ursprünglich bestand die Speichermasse der Regeneratoren für tiefe Temperaturen aus schräg gewellten Aluminiumstreifen von meist weniger als 0,5 mm Dicke und etwa 2 cm Breite; siehe Bild 2.26. Schon bald ist man dazu übergegangen, Quarzitsteine als Regeneratorfüllung bei tiefen Temperaturen zu verwenden. Regeneratoren mit Speichermassen aus Aluminiumstreifen werden nach je 2 oder 3 min, mit Speichermassen aus Quarzitsteinen nach je 9 bis 12 min umgeschaltet.

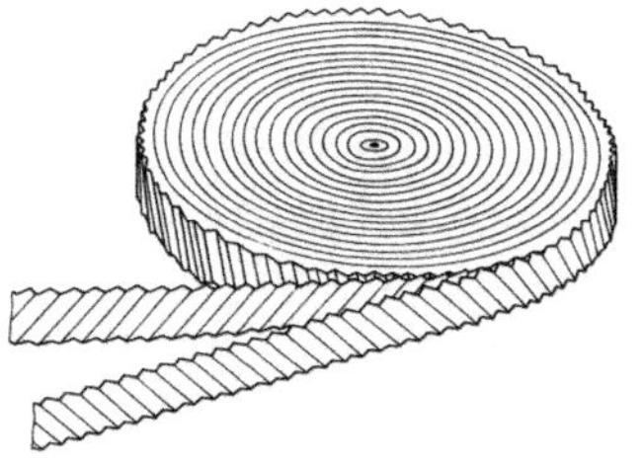

Bild 2.26. Speichermasse aus geriffelten Aluminiumblechen nach Fränkl

Die Gründe, weshalb die Regeneratoren an Stelle der stetig wirkenden Rohrgegenströmer so erfolgreich Eingang in die Tieftemperaturtechnik gefunden haben, lassen sich kurz wie folgt zusammenfassen. Da im Gegensatz zu Rohren die Speichermasse weitgehend beliebig gestaltet werden kann, ist es möglich, auf gegebenem Raum eine sehr große wärmeübertragende Fläche unterzubringen. Bei den kleinen Querschnitten der sich kreuzenden oder unregelmäßig gestalteten Strömungskanäle lassen sich hohe Wärmeübergangskoeffizienten erzielen, obwohl die Strömungsgeschwindigkeiten und damit auch der Druckverlust beider Gase wesentlich geringer sind als bei Rohrgegenströmern. Quarzitsteine sind in dieser Hinsicht etwas ungünstiger, aber wesentlich billiger als die ursprünglich benutzten Aluminiumbleche. Weiterhin ist von ausschlaggebender Bedeutung, daß Wasser und Kohlendioxid, die sich auf der Speichermasse flüssig oder fest niederschlagen, von dem zurückströmenden kalten Gas durch Verdampfung oder Sublimation wieder mit hinausgenommen werden. Hierdurch werden die Niederschläge immer wieder selbsttätig aus den Regeneratoren entfernt. Es braucht daher die zu den Regeneratoren strömende Luft nicht vorher durch Vorkühlung und chemische Mittel von Wasserdampf und Kohlendioxid befreit zu werden. Neuerdings werden die Regeneratoren seltener angewendet, weil an ihre Stelle weitgehend sogenannte reversing exchangers, d. h. umschaltbare Wärmeaustauscher in kompakter Bauweise getreten sind; vgl. Abschnitt 2.3.2.

2.2.1 Berechnung der Regeneratoren

Die Theorie der Regeneratoren ist wesentlich verwickelter als die der stetig arbeitenden Gegenströmer, weil nicht nur die örtlichen, sondern auch die zeitlichen Temperaturänderungen berücksichtigt werden müssen. Die Berechnung wird überdies noch durch die Feuchtigkeitsablagerung erschwert, die den Temperaturverlauf in der Längsrichtung stark beeinflußt. Es ist nicht möglich, die Theorie der Regeneratoren in diesem Band vollständig zu behandeln. Es soll vielmehr gezeigt werden, wie man die Ergebnisse der Theorie zur praktischen Berechnung der Regeneratoren verwerten kann. Eine Gesamtdarstellung der Wirkung und Berechnung der Regeneratoren befindet sich in [H 16] 1. Aufl. 1957, S. 262–452, außerdem teils etwas gekürzt, teils durch Erörterung neuerer Veröffentlichungen etwas erweitert in der 2. Aufl., S. 259 bis 421. Einzelheiten der hauptsächlich von Hausen entwickelten Regeneratortheorie gehen aus den Veröffentlichungen [H 7–12, 18, 19, 22, 24] hervor. Stufenverfahren zur Berechnung des Temperaturverlaufs in Regeneratoren, die bei feiner Unterteilung eine hohe Genauigkeit zu erreichen gestatten, haben u. a. Hausen [H 9, 24] und Willmott [W 6] angegeben. Verschiedentlich bemühte man sich, die Berechnung der Regeneratoren zu vereinfachen; siehe z. B. Coppage und London [C 4] sowie Peiser und Lehner [P 1]. Weitere Veröffentlichungen über Regeneratoren sind in [H 16, S. 421–426] verzeichnet.

Zur Klarheit soll zunächst der Temperaturverlauf in trocken betriebenen Regeneratoren erörtert und gezeigt werden, wie man eine hierfür geltende Wärmedurchgangszahl festlegen kann. Der Einfluß des Niederschlags von Feuchtigkeit wird gesondert behandelt.

2.2.2 Temperaturverlauf in Regeneratoren bei trockenem Betrieb

Die Vorgänge in den Regeneratoren lassen sich am leichtesten überblicken, wenn man zuerst Regeneratoren mit metallischer Speichermasse betrachtet. Denn die dünnwandige Speichermasse aus Aluminium oder Eisen, vgl. Bild 2.26, leitet die durch die Oberfläche aufgenommene Wärme so rasch nach innen, daß in einem Blechquerschnitt praktisch keine Temperaturunterschiede auftreten können. Aber auch schon in diesem einfachsten Fall sind die Vorgänge wesentlich verwickelter als in den Rekuperatoren, d. h. den aus Rohren aufgebauten Gegenströmern. Führt man jedoch

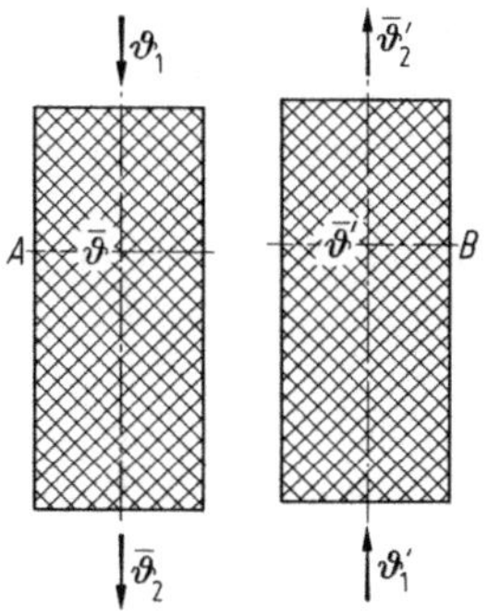

Bild 2.27. Temperaturen der Gase in einem Regeneratorpaar

zeitliche Mittelwerte $\bar{\vartheta}$ und $\bar{\vartheta}'$ der Temperaturen ϑ und ϑ' beider Gase in einem bestimmten Querschnitt der Regeneratoren (*A–B* in Bild 2.27) ein, dann erhält man auf Grund einer Wärmebilanz zunächst eine Beziehung, die fast genau einer Gleichung für den Rekuperator mit zeitlich unveränderlichem Temperaturverlauf entspricht.

Es seien T und T' die Dauer der Warm- bzw. Kaltperiode, C und C' wie oben die auf die Zeiteinheit bezogenen Wärmekapazitäten der Gase. CT ist daher die Wärmekapazität der in der Warmperiode, $C'T'$ der in der Kaltperiode durch den Regenerator strömenden Gasmenge. Ferner sei ϑ_1 die Eintrittstemperatur des ursprünglich wärmeren Gases, $\bar{\vartheta}_2'$ die mittlere Austrittstemperatur des ursprünglich kälteren Gases am oberen Ende des Regenerators. Aus der Überlegung, daß in dem oberen Stück des Regenerators bis zum betrachteten Querschnitt *A–B* (Bild 2.27) im Beharrungszustand das eine Gas in der Kaltperiode ebensoviel Wärme aufnimmt, wie das andere in der Warmperiode abgibt, erhält man

$$CT(\vartheta_1 - \bar{\vartheta}) = C'T'(\bar{\vartheta}_2' - \bar{\vartheta}')\,, \tag{2.80}$$

oder nach einer kleinen Umformung, indem man von beiden Seiten der Gl. (2.80) $C'T'(\vartheta_1 - \bar{\vartheta})$ subtrahiert,

$$\bar{\vartheta} - \bar{\vartheta}' = \vartheta_1 - \bar{\vartheta}_2' + \frac{CT - C'T'}{C'T'}(\vartheta_1 - \bar{\vartheta})\,. \tag{2.81}$$

Durch die letzte Gleichung ist der mittlere Temperaturunterschied $\bar{\vartheta} - \bar{\vartheta}'$ der beiden Gase in einem Regeneratorquerschnitt abhängig vom zeitlichen Mittelwert $\bar{\vartheta}$ der Temperatur des wärmeren Gases dargestellt. Gl. (2.81) kann als ein erster Anhalt für den Temperaturverlauf in der Längsrichtung des Regenerators nützlich sein.

Ein genaueres Bild über den zeitlichen und örtlichen Temperaturverlauf in Regeneratoren erhält man, wenn man den Vorgang im Regenerator als erzwungene Temperaturschwingung auffaßt und diese ähnlich wie die Schwingungen einer Saite in die Grundschwingung und die Oberschwingungen zerlegt. Sind die Wärmekapazitäten CT und $C'T'$ der in beiden Perioden durch den Regenerator strömenden Gase einander gleich, dann stellt die Grundschwingung einen örtlich und zeitlich linearen Verlauf dar, wie er aus Bild 2.28 oben für die Kaltperiode ersichtlich ist. Hierbei ist ξ die Längskoordinate in Strömungsrichtung und η die Zeit; beide Koordinaten sind in einem reduzierten Maßstab gemessen, welcher der weiter unten eingeführten reduzierten Regeneratorlänge Λ und reduzierten Periodendauer Π nach Gl. (2.84) und (2.85) entspricht.

Dieser zeitlich lineare Temperaturverlauf ist aber mit den in der Regel unveränderlichen Eintrittstemperaturen der Gase nicht vereinbar. Der wirkliche Temperaturverlauf kann daher nur richtig wiedergegeben werden, wenn man die Oberschwingungen hinzunimmt. Diese Oberschwingungen sind in den dem Gaseintritt zugewendeten Teilen des Regenerators sinusähnliche Temperaturschwingungen, jedoch mit zeitlich zunehmender Amplitude. Die verschiedenen Oberschwingungen unterscheiden sich durch die Schwindungszahl je Periode, die nicht ganzzahlig zu sein braucht. In der Nähe des anderen Regeneratorendes sind die Oberschwingungen aperiodisch. Als Beispiel ist in Bild 2.29 die zweite Oberschwingung unter der Annahme dargestellt, daß die Dauer sowohl der Kaltperiode wie auch der Warmperiode im reduzierten Zeitmaßstab $\eta = \pi = 3{,}14\ldots$ beträgt. ξ ist die reduzierte Entfernung des gerade betrachteten Regeneratorquerschnitts von der Stelle des Gaseintritts,

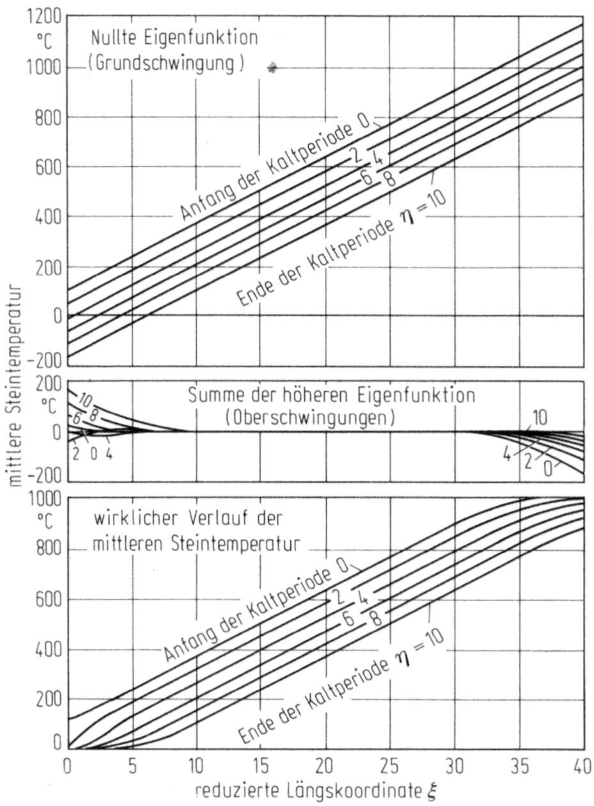

Bild 2.28. Aufbau des Temperaturverlaufs in der Längsrichtung eines Regenerators aus Grundschwingung und Oberschwingungen. Als Ordinate ist die Temperatur der Speichermasse aufgetragen. Bei einer Füllung aus Steinen stellt die Ordinate die mittlere Temperatur in einem Steinquerschnitt dar

$\Lambda - \xi$ die reduzierte Entfernung vom Gasaustritt. φ_2 gibt die Temperaturänderungen des Gases, u_2 die der Speichermasse wieder. Die Schwingungsausschläge nehmen von beiden Enden aus nach dem Innern des Regenerators hin derart ab, daß sie in den inneren Teilen längerer Regeneratoren über ein längeres Stück unmerklich klein werden. Die Mitte von Bild 2.28 zeigt die Summe dieser Oberschwingungen. Bevor diese Oberschwingungen zur Summenbildung addiert wurden, wurden sie mit derartigen Koeffizienten multipliziert, daß sich beim Hinzufügen zur Grundschwingung eine unveränderliche Eintrittstemperatur des in der betrachteten Periode durch den Regenerator strömenden Gases ergibt.

Als Gesamtbild erhält man schließlich den in Bild 2.28 unten gezeichneten Temperaturverlauf. Während in den inneren Teilen eines langen Regenerators die Temperaturen entsprechend der Grundschwingung linear verlaufen, sind die Temperaturlinien an den Enden des Regenerators gekrümmt. Sind CT und $C'T'$ einander nicht gleich, dann ist der Temperaturverlauf nach der Grundschwingung und damit bei langen Regeneratoren auch der Gesamttemperaturverlauf im Innern der Regeneratoren ebenso gekrümmt wie in den Rohrgegenströmern; vgl. Bild 2.21. Ein Beispiel für den Temperaturverlauf in Regeneratoren der Tieftemperaturtechnik bei ungleichen Wärmekapazitäten zeigt Bild 2.30. Hierbei ist angenommen, daß die Wärmekapazität der Luft um 5 % größer ist als die des zurückströmenden Stickstoffs.

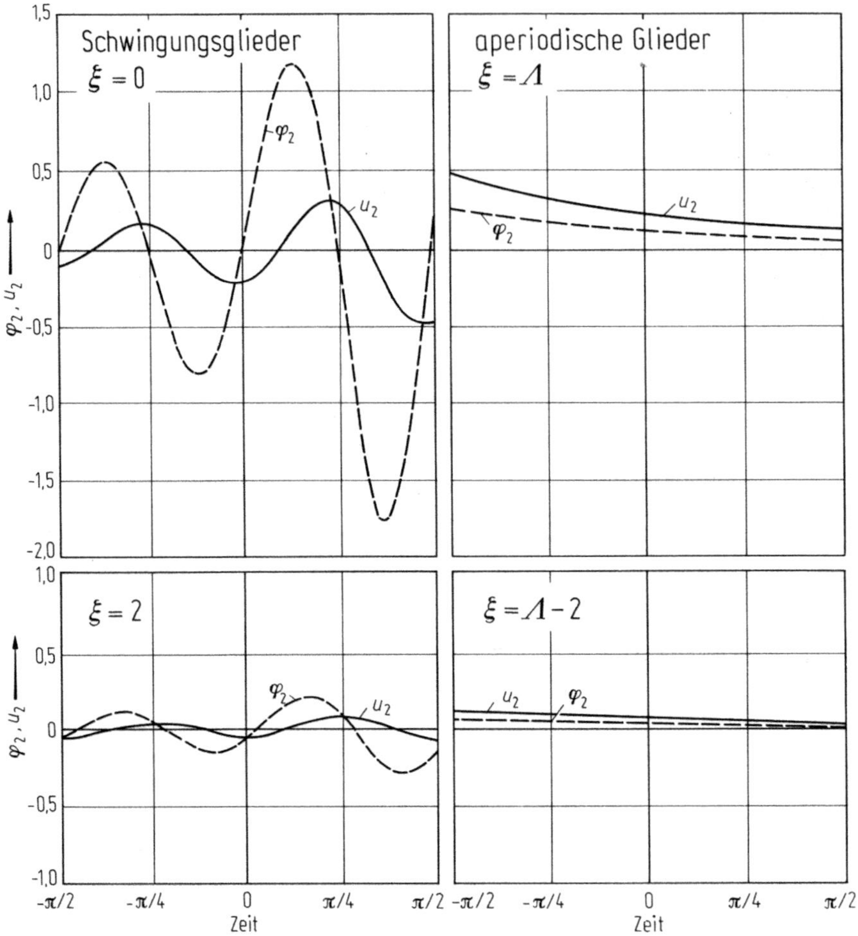

Bild 2.29. Oberschwingungen der Temperatur in einem Regenerator (Eigenfunktionen u_2 und φ_2 für $\varkappa = 2$). u_2 Temperatur der Speichermasse, φ_2 Gastemperatur

Die Gleichungen, die die Grundschwingung und die Oberschwingungen darstellen, werden in der Theorie der partiellen Differentialgleichungen „Eigenfunktionen" genannt. Sie unterscheiden sich durch ganzzahlige „Eigenwerte" $\varkappa = 0, 1, 2, 3$ usw., die in diesen Gleichungen auftreten. Die Eigenfunktion für $\varkappa = 0$ gibt die Grundschwingung wieder. Diese nullte Eigenfunktion stimmt in ihrem örtlichen Verlauf mit dem Temperaturverlauf in einem unter den gleichen Verhältnissen betriebenen Rekuperator überein, und zwar sicher dann, wenn alle maßgebenden Größen wie α, α', λ_s, c_p, c_p', ϱ, ϱ' usw. konstant sind. Es liegt daher nahe, die nullte Eigenfunktion auch dadurch zu definieren, daß ihr örtlicher Verlauf mit dem Temperaturverlauf in einem Rekuperator übereinstimmt; vgl. [H 16, S. 290]. Inwieweit eine solche Definition auch angewendet werden kann, wenn eine oder mehrere der genannten Größen von der Temperatur abhängen, müßte allerdings erst untersucht werden.

Während Bild 2.28 die Temperaturänderungen einer metallischen Speichermasse vollständig beschreibt, stellt sie bei Regeneratoren, die aus Steinen aufgebaut sind, nur die mittlere Temperatur innerhalb der einzelnen Steine dar. Der mittleren Tem-

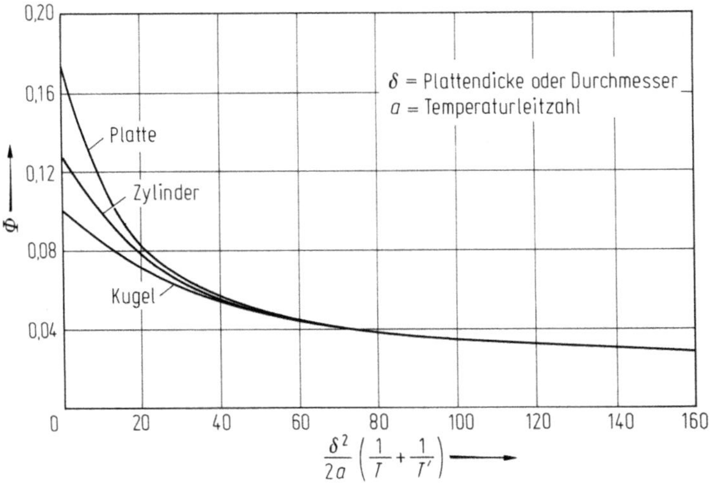

Bild 2.30. Beharrungszustand eines Regenerators bei ungleichen Wärmekapazitäten der in Wärmeaustausch tretenden Gase

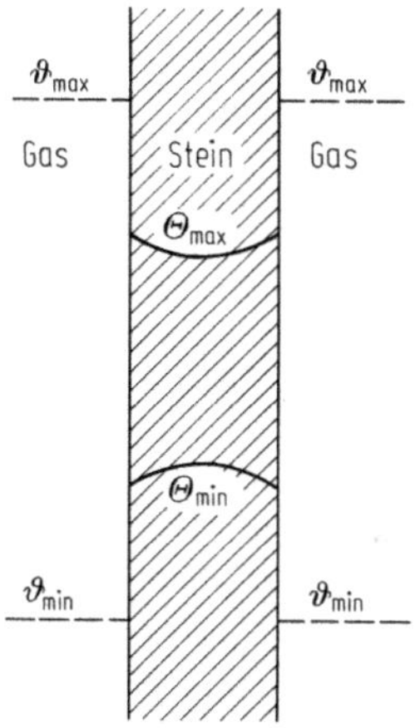

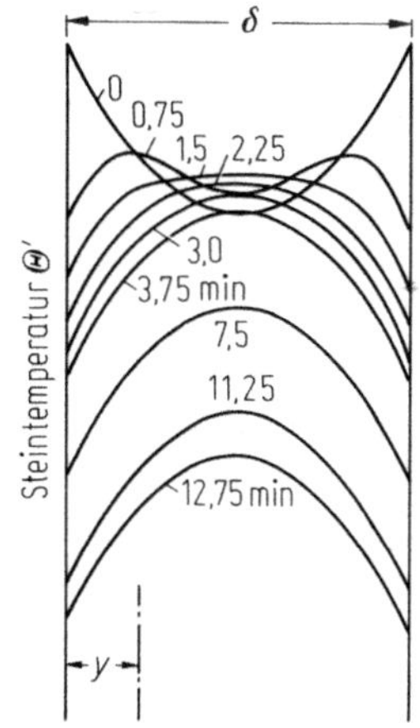

Bild 2.31. Schwankung der Temperatur im Querschnitt eines Steines

Bild 2.32. Örtlicher Temperaturverlauf im Stein bei zeitlich linear veränderlicher Gastemperatur ϑ'

peratur überlagern sich dann die in den Steinen selbst auftretenden Temperaturunterschiede. Bei den kleinen Abmessungen der Steine, wie sie in der Tieftemperaturtechnik als Regeneratormasse benutzt werden, sind diese Temperaturunterschiede nur gering. Daher sollen diese Unterschiede der Deutlichkeit wegen am Beispiel etwas größerer Steine erörtert werden. Zur Vereinfachung werde hierbei ein Stein als ebene Platte der Dicke δ betrachtet. In einer Warm- oder Kaltperiode schwankt die Temperatur im Innern des Steines zwischen zwei Grenzen Θ_{max} und Θ_{min} periodisch auf und ab, wie es Bild 2.31 zeigt. Bild 2.32 läßt den örtlichen Temperaturverlauf im Steinquerschnitt zu verschiedenen Zeitpunkten der Kaltperiode erkennen. Hierbei ist zur leichteren Unterscheidung von den Gastemperaturen ϑ und ϑ' die Steintemperatur mit Θ oder Θ' bezeichnet.

Die Verfahren zur Berechnung des Temperaturverlaufs sollen hier nicht besprochen werden. Denn auch ohne Kenntnis des Temperaturverlaufs läßt sich ein Wärmedurchgangskoeffizient des Regenerators ermitteln, mit dem man die Wärmeübertragung fast ebenso einfach berechnen kann wie bei den stetig wirkenden Wärmeaustauschern.

2.2.3 Wärmeübertragung und Druckverlust in Regeneratoren bei trockenem Betrieb

2.2.3.1 Wärmedurchgangskoeffizient

Ein Wärmedurchgangskoeffizient für den Beharrungszustand von Regeneratoren läßt sich wie folgt festlegen.

Die Dauer $T + T'$ einer aufeinanderfolgenden Warm- und Kaltperiode sei Vollperiode genannt. Ferner sei $\Delta\vartheta_M$ die mittlere Temperaturdifferenz zwischen den im Regenerator strömenden Gasen. Diese Temperaturdifferenz kann als logarithmischer Mittelwert aus den Temperaturunterschieden an den Enden des Regenerators ebenso berechnet werden wie bei den üblichen Gegenstrom-Wärmeaustauschern. Man muß hierbei lediglich beachten, daß man für die Austrittstemperaturen der Gase die zeitlichen Mittelwerte $\bar{\vartheta}_2$ und $\bar{\vartheta}'_2$ einzusetzen hat. Nach einem Vorschlag von Rummel [R 8] soll der Wärmedurchgangskoeffizient k so festgelegt werden, daß die in einer Vollperiode in einem Regenerator mit der Heizfläche F übertragene Wärmemenge

$$Q_{\text{Per}} = kF(T + T')\,\Delta\vartheta_M \tag{2.82}$$

beträgt. Diese Wärmemenge wird von der Speichermasse des Regenerators in der Warmperiode aufgenommen und in der Kaltperiode wieder abgegeben.

Ein Gl. (2.82) genügender Wärmedurchgangskoeffizient läßt sich in zwei Schritten berechnen, indem man den Einfluß der Grundschwingung und den der Oberschwingungen getrennt berücksichtigt. Der aus der Grundschwingung allein sich ergebende Wärmedurchgangskoeffizient sei mit k_0 bezeichnet. α und α' seien die Wärmeübergangskoeffizienten in der Warm- und Kaltperiode, δ sei die Dicke eines plattenförmigen Steins oder der Durchmesser eines zylindrischen oder kugelförmigen Füllsteins. Ferner seien λ_s, ϱ und c die Wärmeleitfähigkeit, die Dichte und die spezifische Wärmekapazität des Baustoffs, aus dem die Steine bestehen; $a = \lambda_s/\varrho c$ ist daher die entsprechende Temperaturleitfähigkeit. k_0 ergibt sich dann aus der Beziehung

$$\frac{1}{k_0} = (T + T')\left[\frac{1}{\alpha T} + \frac{1}{\alpha' T'} + \left(\frac{1}{T} + \frac{1}{T'}\right)\frac{\delta}{\lambda_s}\,\Phi\right], \tag{2.83}$$

wobei Φ eine Funktion von

$$\frac{\delta^2}{2a}\left(\frac{1}{T} + \frac{1}{T'}\right)$$

ist, deren Wert aus Bild 2.33 für Platten, Zylinder und Kugeln entnommen werden kann.

Um aus k_0 die wahre Wärmedurchgangszahl k des Regenerators zu finden, die auch die Oberschwingungen berücksichtigt, bestimmt man zunächst das Verhältnis k/k_0. Zu diesem Zweck berechnet man die reduzierte Regeneratorlänge Λ und die reduzierte Periodendauer Π nach den Beziehungen

$$\Lambda = 4 \frac{k_0(T + T')\,F}{CT + C'T'} \tag{2.84}$$

$$\Pi = 4m \frac{k_0(T + T')}{\varrho c \delta} \qquad \begin{array}{l} \text{Platte: } m = 1\,, \\ \text{Zylinder: } m = 2\,, \\ \text{Kugel: } m = 3\,. \end{array} \tag{2.85}$$

Mit den Werten von Λ und Π kann man k/k_0 aus Bild 2.34 abgreifen. Multipliziert man hiermit schließlich den durch Gl. (2.83) bestimmten Wert von k_0, dann ist der wahre Durchgangskoeffizient des Regenerators gefunden.

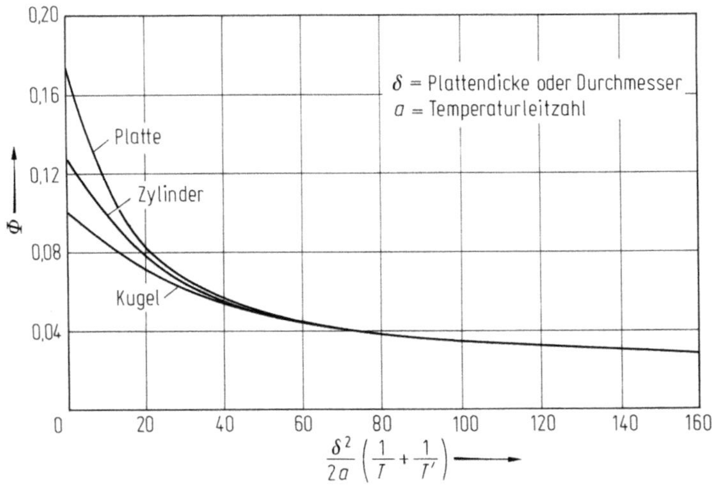

Bild 2.33. Hilfsfunktion Φ zur Berechnung des Wärmedurchgangskoeffizienten von Regeneratoren

Hat man den Wärmeübergangskoeffizienten k ermittelt, dann kann man, wie schon angedeutet, nach Gl. (2.82) Regeneratoren grundsätzlich ebenso berechnen wie Rekuperatoren. Etwas schwieriger zu behandeln ist lediglich der Fall, daß die Wärmeaustauschfläche F gesucht ist, was meist auf die Bestimmung der erforderlichen Regeneratorlänge hinausläuft. Denn den Wert von F benötigt man nach Gl. (2.84) schon zur Berechnung von Λ und damit von k. Man kann diese Aufgabe jedoch durch Probieren lösen, indem man zunächst k in der angegebenen Weise mit einem geschätzten Wert von F bestimmt und prüft, ob sich damit aus Gl. (2.82) derselbe Wert errechnet. Meist werden schon wenige solcher Versuche einen genügend genauen Wert von F liefern.

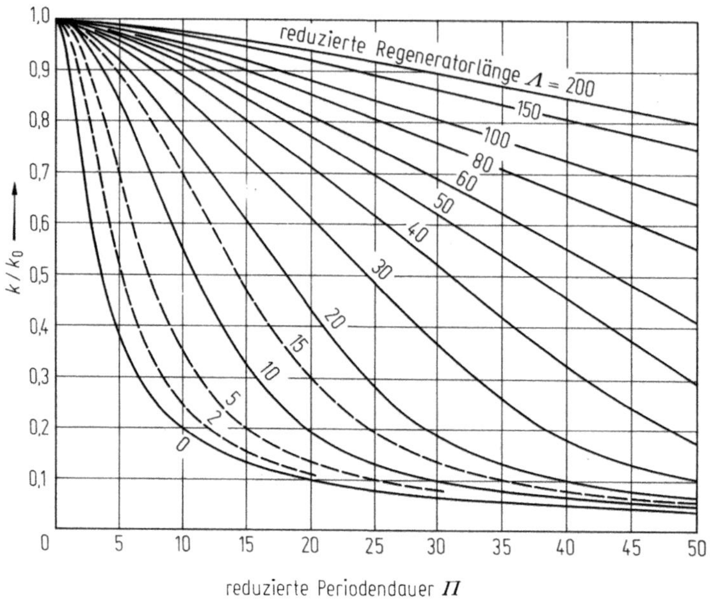

Bild 2.34. Verhältnis des wahren Wärmedurchgangskoeffizienten k zum Wärmedurchgangskoeffizienten k_0 nach der Grundschwingung

2.2.3.2 Wärmeübergangskoeffizienten und Druckverlust in Regeneratoren

Ehe man k in der angegebenen Weise berechnen kann, müssen die Wärmeübergangskoeffizienten α und α' bekannt sein, die in Gl. (2.83) einzusetzen sind. Werte des Wärmeübergangs in Haufwerken, wie sie als Regeneratorfüllung dienen, sowie in den Regeneratoreinsätzen nach Fränkl aus geriffelten Blechstreifen (vgl. Bild 2.26), wurden schon im Abschnitt 2.1.1.5 mitgeteilt. Angaben zur Ermittlung des Druckabfalls in Haufwerken finden sich im Abschnitt 2.1.2.5.

2.2.4 Feuchte Regeneratoren

Unter den Gründen, die zur Verwendung von Regeneratoren in der Tieftemperaturtechnik geführt haben, wurde schon eingangs des Abschnitts 2.2 die Tatsache hervorgehoben, daß Wasser und Kohlendioxid, die sich während der Abkühlung der Luft auf der Speichermasse flüssig oder fest niederschlagen, von dem zurückströmenden kalten Gas durch Verdampfung oder Sublimation aufgenommen und so aus dem Regenerator hinausgetragen werden. Hierdurch werden die Niederschläge immer wieder selbsttätig aus den Regeneratoren entfernt. Diese Vorgänge beeinflussen erheblich den örtlichen und zeitlichen Temperaturverlauf in den Regeneratoren, wie die nachfolgenden Betrachtungen auf Grund einer von Hausen entwickelten Theorie [H 10] zeigen werden. Diese Theorie, die die Berechnung nach einem Stufenverfahren ermöglicht, ist in ihrer Begründung so verwickelt, daß hier auf ihre Darstellung verzichtet werden muß. Es soll nur am Schluß eine einfache Näherungsgleichung mitgeteilt werden, die den im Zeitmittel zu erwartenden Temperaturverlauf in der Längsrichtung eines feuchten Regenerators abzuschätzen gestattet.

2.2.4.1 Ergebnisse der Berechnungen des Temperaturverlaufs in feuchten Regeneratoren

Der sich nach dem erwähnten Stufenverfahren errechnende Temperaturverlauf werde an einem Beispiel erörtert. Hierbei werde zunächst nur die Kondensation von Wasserdampf, nicht aber die von Kohlendioxid oder etwaigen anderen Bestandteilen betrachtet. Die dimensionslose Regeneratorlänge sei $\Lambda = 250$, die dimensionslose Periodendauer $\Pi = 50$. Diese Werte von Λ und Π entsprechen z. B. dem Fall, daß jeder von zwei zusammenarbeitenden Regeneratoren eine Speichermasse mit einer Wärmekapazität von 419 kJ/K und eine wärmeübertragende Fläche von 1200 m^2 hat, daß die Wärmeübergangskoeffizienten $\alpha = \alpha' = 58$ W/m^2 K betragen, daß stündlich etwa 1000 kg Luft und eine Stickstoffmenge gleicher Wärmekapazität ($C' = C$) hindurchströmen, und daß nach je 5 min umgeschaltet wird. Die Luft trete mit +35 °C an Wasserdampf gesättigt, der Stickstoff mit −180 °C in die Regeneratoren ein. Der Druck der Luft sei zu 4,9 bar abs., der des Stickstoffs zu 1,08 bar abs. angenommen.

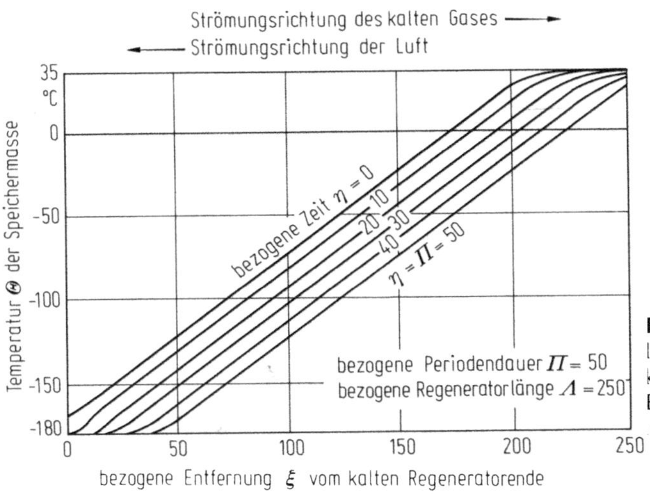

Bild 2.35. Temperaturverlauf in einem mit trockenen Gasen beschickten Regenerator. Kaltperiode im Beharrungszustand

Bild 2.35 zeigt zunächst den Temperaturverlauf während der Kaltperiode, wenn nur trockene Gase durch den Regenerator strömen. Als Abszisse ist die Längskoordinate ξ, als Ordinate die Temperatur Θ der Speichermasse aufgetragen. Die einzelnen Kurven stellen den Temperaturverlauf zu verschiedenen reduzierten Zeiten η dar. Im Gebiet des linearen Temperaturverlaufs schwankt die Temperatur der Speichermasse um 50 K auf und ab. Die mittlere Temperaturdifferenz zwischen beiden Gasen beträgt $\Delta\vartheta_M = 2$ K. Die Krümmung der Kurven in der Nähe der Regeneratorenden gibt, wie schon beschrieben, den Einfluß der höheren Oberschwingungen wieder.

Den Beharrungszustand im feuchten Betrieb zeigen die Bilder 2.36 und 2.37. In den kalten Teilen des Regenerators (links), in denen die Wasserablagerung unmerklich ist, ist der Temperaturverlauf noch linear, aber merklich steiler als in

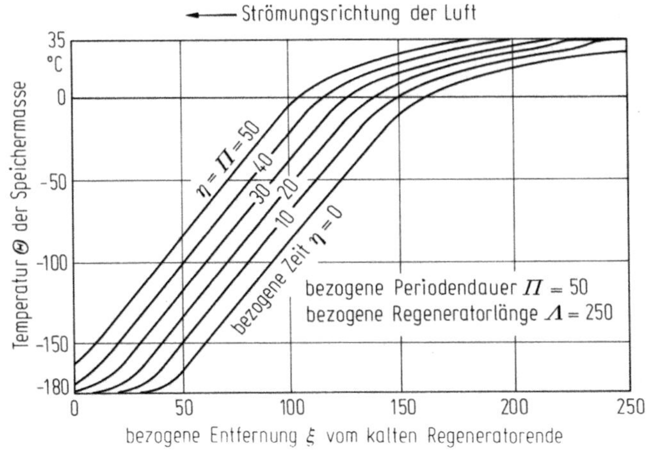

Bild 2.36. Regenerator bei Betrieb mit feuchter, bei 35 °C gesättigter Luft. Warmperiode im Beharrungszustand

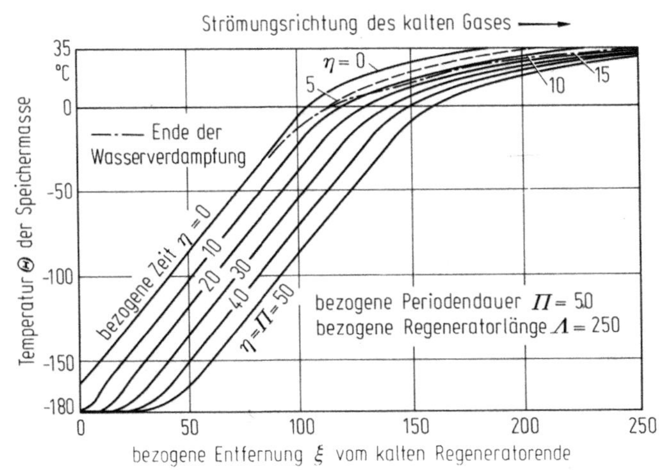

Bild 2.37. Regenerator bei Betrieb mit feuchter, bei 35 °C gesättigter Luft. Kaltperiode im Beharrungszustand

Bild 2.35. Die Temperaturschwankung ist hier von 50 auf 80 °C, die mittlere Temperaturdifferenz $\Delta\vartheta_M$ auf 3,2 K gestiegen. Das Gebiet der Wasserdampfablagerung (rechts) ist hingegen stark in die Länge gezogen. Hier hat sich die Temperaturschwankung stark verringert. Der Übergang zwischen beiden Gebieten zeichnet sich durch eine starke Krümmung der Temperaturkurven aus. In Bild 2.37, das den Temperaturverlauf in der Kaltperiode darstellt, gibt die strichpunktierte Linie an, bei welchen Temperaturen an jeder Stelle des Regenerators die Wasserverdampfung gerade beendet ist. Besonders zwischen etwa $\xi = 120$ und $\xi = 180$ sieht man an den senkrechten Abständen der ausgezogenen Kurven deutlich, daß die Temperatur der Speichermasse im feuchten Teil der Kaltperiode rascher sinkt als im trockenen Teil dieser Periode. Bei $\xi < 150$ gilt dies für den Anfang des trockenen Teils, bei $\xi > 150$ bis zum Ende des trockenen Teils der Periode. Die Verdampfung des Wassers ist in dem Bereich oberhalb $\xi = 120$ schon etwa nach dem ersten Fünftel der Kaltperiode beendet. Nur oberhalb $\xi = 180$ ist die Zeit der Verdampfung im ganzen etwas verschoben und erreicht daher auch erst später ihr Ende. Sie setzt hier nämlich nicht sofort bei Beginn der Kaltperiode ein, weil in der allerersten Zeit dieser Periode noch Stickstoff an der Speichermasse vorbeiströmt, der schon vorher auf die höchste Temperatur von 35 °C erwärmt wurde und daher bereits an Wasserdampf gesättigt ist.

Die Erschwerung der Wärmeübertragung durch die Feuchtigkeitsablagerung geht vor allem daraus hervor, daß die mittlere Temperaturdifferenz, die bei trockenem Betrieb 2,0 K betrug, durch die Feuchtigkeitsablagerung auf 3,2 K gestiegen ist. Praktisch wird man diesen Unterschied durch Vergrößerung der Oberfläche der Speichermasse wenigstens teilweise auszugleichen suchen. Zu berücksichtigen ist indessen, daß das Beispiel ziemlich ungünstig gewählt ist, weil praktisch nur selten die Luft mit so hoher Temperatur gesättigt in den Regenerator eintritt.

Die geschilderte Erscheinung, daß im linken Teil feuchter Regeneratoren die Temperaturen steiler, im rechten Teil wesentlich flacher verlaufen und die Temperaturen hier weniger stark schwanken als in trockenen Regeneratoren, läßt sich wie folgt erklären. Zum kleineren Teil ist dies darin begründet, daß wegen der großen Verdampfungsenthalpie des Wassers zum Niederschlagen des Wasserdampfes auf der Oberfläche der Speichermasse eine verhältnismäßig große Wärmemenge auf die Speichermasse übertragen werden muß und hierfür ein entsprechender Teil ihrer Wärmekapazität beansprucht wird. Vor allem aber werden in dem hauptsächlich oberhalb 0 °C liegenden Bereich der Wasserdampfkondensation die Temperaturkurven in der ξ-Richtung dadurch erheblich in die Länge gezogen, daß durch die an Hand von Bild 2.37 erörterten Vorgange in der Kaltperiode zeitliche Hystereseschleifen der Temperatur der Speichermasse entstehen. Bild 2.38 stellt schematisch

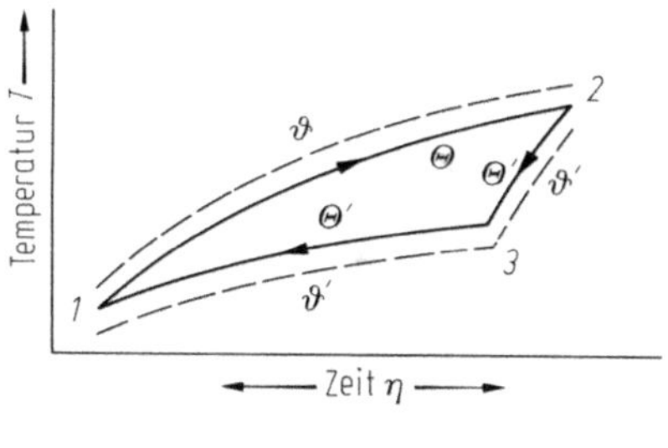

Bild 2.38. Zeitlicher Temperaturverlauf in einem Querschnitt eines feuchten Regenerators. ——— Temperatur der Speichermasse, - - - Temperatur der Gase

den zeitlichen Temperaturverlauf in einem Regeneratorquerschnitt innerhalb des betrachteten Bereiches, z. B. bei $\xi = 160$ dar. Die ausgezogenen Linien geben die Temperaturänderungen der Speichermasse, die gestrichelten die der Gase wieder. In der Warmperiode steigt die Temperatur der Speichermasse des Gases von *1* nach *2* an. Im ersten Teil der Kaltperiode sinken die Temperaturen infolge der Wiederverdampfung rasch von *2* nach *3* ab und gehen dann im trockenen Teil der Kaltperiode mindestens zunächst viel langsamer auf den Anfangszustand *1* zurück. Die Temperatur der Speichermasse durchläuft hiernach eine geschlossene Hystereseschleife. Für die Wärmeübertragung stehen somit in jeder Periode nur die verhältnismäßig kleinen Temperaturunterschiede zwischen dem jeweiligen Gas und der Speichermasse zur Verfügung. Hieraus folgt, daß von dem zeitlichen Mittelwert $\bar{\vartheta} - \bar{\vartheta}' = \Delta\vartheta_M$ zwischen den Temperaturen der beiden Gase nur der Teil für die Wärmeübertragung wirksam ist, der nach Abzug der mittleren Höhe der Hystereseschleife übrig bleibt. Diese sehr erhebliche Verringerung der wirksamen Temperaturdifferenz kann nur dadurch ausgeglichen werden, daß für die erforderliche Wärmeübertragung ein stark vergrößerten Teil der Oberfläche der Speichermasse in Anspruch genommen wird.

Die Bilder 2.36 und 2.37 wurden etwa im Jahre 1936 von Hausen [H 10] gemeinsam mit Schlatterer unter Verfolgung einer großen Zahl von Perioden berechnet, was eine sehr mühsame, drei Monate dauernde Arbeit erforderte. Da trotzdem der Beharrungszustand nicht exakt erreicht werden konnte, wäre eine Wiederholung dieser Rechnung mit Hilfe eines elektronischen Computers dringend erwünscht.

2.2.4.2 Näherungsgleichung zur Abschätzung des Temperaturverlaufs in der Längsrichtung eines feuchten Regenerators

An Stelle eines genauen Berechnungsverfahrens soll eine von Hausen [H 16, 1. Aufl., 1957, S. 434] entwickelte Näherungsgleichung mitgeteilt werden, nach der der zeitlich mittlere Temperaturverlauf in der Längsrichtung eines feuchten Regenerators abgeschätzt werden kann. Sie ist die einfachste, wenn auch am wenigsten genaue unter verschiedenen Näherungsgleichungen. Sie lautet bei $C = C'$ und $T = T'$ mit den noch zu erörternden Bezeichnungen

$$\xi = \text{const} - 2\frac{\bar{\vartheta}}{\Delta\bar{\vartheta}} - \frac{\Pi}{2\Delta\bar{\vartheta}}\,\frac{r}{c_\mathrm{p}}\,\frac{M}{M_\mathrm{G}}\,\frac{P-P'}{P}\,\frac{p_\mathrm{s}}{P}\,. \tag{2.86}$$

Hierdurch ist im Bereich der Wasserausscheidung der zeitliche Mittelwert $\bar{\vartheta}$ der Temperatur des wärmeren Gases abhängig von der reduzierten Längskoordinate ξ festgelegt, die entsprechend Gl. (2.84) bei $C = C'$ und $T = T'$ bestimmt ist durch $\xi = 4(k_0/C)f$. Im übrigen bedeuten in Gl. (2.86) Π die reduzierte Periodendauer, P und P' die Drücke der Gase in der Warm- und Kaltperiode, $\Delta\bar{\vartheta} = \bar{\vartheta} - \bar{\vartheta}'$ den zeitlichen Mittelwert des an allen Stellen des Regenerators gleich angenommenen Temperaturunterschiedes zwischen beiden Gasen, M_G und c_p molare Masse und spezifische Wärmekapazität des wärmeren Gases und schließlich M, r und p_s molare Masse, Verdampfungsenthalpie und Dampfdruck des Wassers bei der Temperatur $\bar{\vartheta}$. Indem man Gl. (2.86) auf die beiden Enden $\xi = 0$ und $\xi = \Lambda$ des Regenerators anwendet, kann man auch die reduzierte Länge Λ eines feuchten Regenerators berechnen, die sich hiernach ergibt zu

$$\Lambda = 2\frac{\vartheta_1 - \bar{\vartheta}_2}{\Delta\bar{\vartheta}} + \frac{\Pi}{2\Delta\bar{\vartheta}}\,\frac{r}{c_\mathrm{p}}\,\frac{M}{M_\mathrm{G}}\,\frac{P-P'}{P}\,\frac{p_{\mathrm{s}1} - p_{\mathrm{s}2}}{P}\,, \tag{2.87}$$

worin wieder ϑ_1 und $\bar{\vartheta}_2$ die Eintrittstemperatur und mittlere Austrittstemperatur des ursprünglich wärmeren Gases, ferner $p_{\mathrm{s}1}$ den Teildruck des Wasserdampfes im warm eintretenden Gas, $p_{\mathrm{s}2}$ den meist vernachlässigbaren Sättigungsdruck des Wasserdampfes im kalt austretenden Gas bedeuten. Die besonderen Erscheinungen an den Regeneratorenenden, die durch die Oberschwingungen zum Ausdruck kommen und auch bei trockenen Regeneratoren zu Hystereseschleifen führen, sind in der letzten Gleichung nicht berücksichtigt. Man kann ihren Einfluß näherungsweise in Rechnung setzen, indem man die rechte Seite der Gleichung mit dem Wert k/k_0 aus Bild 2.34 dividiert.

Ist die obige Bedingung $C = C'$ und $T = T'$ nicht erfüllt, dann ist in den Gln. (2.86) und (2.87) der Faktor 2 vor $\bar{\vartheta}/\Delta\bar{\vartheta}$ bzw. $(\vartheta_1 - \bar{\vartheta}_2)/\Delta\bar{\vartheta}$ durch $1 + \Pi/\Pi'$ zu ersetzen.

2.2.4.3 Ablagerung des Kohlendioxids

Da die Luft, wie sie üblicherweise den Regeneratoren zuströmt, viel weniger Kohlendioxid als Wasserdampf enthält, beeinflußt die Ablagerung des Kohlendioxids den Temperaturverlauf nur wenig. In Bild 2.39 ist für dasselbe Beispiel, das oben an Hand der Bilder 2.36 und 2.37 besprochen wurde, die Ablagerung und Sublimation des Kohlendioxids berücksichtigt. Der Temperaturverlauf ist hier bei sehr tiefen Temperaturen nochmals schwach, aber ähnlich gekrümmt wie vorher im Gebiet der höheren Temperaturen unter dem Einfluß der Wasserdampfkondensation.

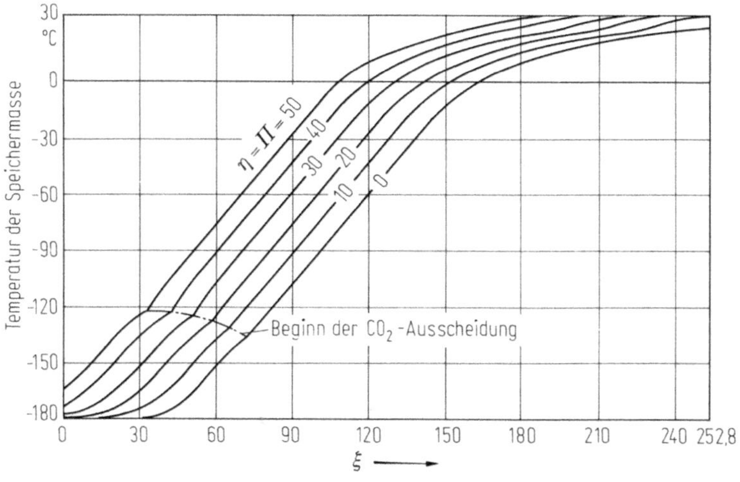

Bild 2.39. Feuchter Regenerator mit Ablagerung von Kohlendioxid. Warmperiode

Praktisch viel bedeutsamer als diese nur unwesentliche Änderung des Temperaturverlaufs ist die Feststellung, daß sich das Kohlendioxid durch Sublimation vielfach schwerer aus dem Regenerator wieder entfernen läßt als der Wasserdampf. Dies liegt hauptsächlich daran, daß infolge der mit sinkender Temperatur zunehmenden spezifischen Wärmekapazität der Luft bei etwa 5 bar in den kältesten Teilen des Regenerators häufig wesentlich höhere Temperaturdifferenzen zwischen der Luft und dem entgegenströmenden Gas auftreten als am warmen Regeneratorende. Eine vollständige Sublimation des Kohlendioxids ist aber nur dann möglich, wenn im Bereich der Kohlendioxidablagerung gewisse Werte der Temperaturdifferenz zwischen beiden Gasen nicht überschritten werden. Diese Grenzwerte der Temperaturdifferenz, die durch den Verlauf der Dampfdruckkurve des festen Kohlendioxids bestimmt sind (vgl. Bild 1.2), kann man wie folgt berechnen:

In der Warmperiode ströme durch den Regenerator in der Zeiteinheit die Menge n_L eines Gases, z. B. Luft, gemessen in mol/s. An einer Stelle des Regenerators, an der die Temperatur dieses Gases im zeitlichen Mittel ϑ bzw. T und der Druck P beträgt, ist das wahre Volumen der genannten Gasmenge

$$V = n_L \frac{RT}{P - p_s} \approx n_L \frac{RT}{P} . \tag{2.88}$$

Hierin bedeuten p_s den Teildruck des Kohlendioxids, $P - p_s$ den Teildruck des frei von Kohlendioxid betrachteten Gases, p_s sei gleich dem Sättigungsdruck und damit auch gleich dem Sublimationsdruck des Kohlendioxids bei der Temperatur ϑ. Dann ist die im Gas bei dieser Temperatur noch dampfförmig enthaltene Kohlendioxidmenge n_{CO_2} bestimmt durch die Gleichung

$$V = n_{CO_2} \frac{RT}{p_s} . \tag{2.89}$$

Hieraus folgt, da Luft und Kohlendioxid dasselbe Volumen V einnehmen,

$$n_{CO_2} = n_L \frac{p_s}{P} . \tag{2.90}$$

In einem kurzen Regeneratorstück, in dem die Temperatur ϑ um $d\vartheta$ abnimmt, wird daher, falls die Luft stets gerade gesättigt bleibt und kein festes Kohlendioxid vom Gasstrom mitgerissen wird, folgende Kohlendioxidmenge ausgeschieden

$$dn_{CO_2} = n_L \frac{1}{P} \frac{dp_s}{d\vartheta} d\vartheta . \tag{2.91}$$

Die Kohlendioxidmenge, die das zurückströmende kalte Gas, z. B. Stickstoff von der Menge n_{N_2} beim Druck P' und der Temperatur ϑ' oder T' durch Sublimation im gleichen Regeneratorstück aufzunehmen vermag, beträgt auf Grund einer entsprechenden Überlegung

$$dn'_{CO_2} = n_{N_2} \frac{1}{P'} \frac{dp'_s}{d\vartheta'} d\vartheta' . \tag{2.92}$$

Die *gesuchte größte Temperaturdifferenz* $\vartheta - \vartheta'$, bei der die Sublimation gerade noch vollständig vor sich gehen kann, ist dann vorhanden, wenn die sublimierende Kohlendioxidmenge dn'_{CO_2} gleich der in demselben Regeneratorstück in fester Form niedergeschlagenen Menge dn_{CO_2} ist. Setzt man daher die Ausdrücke der letzten beiden Beziehungen einander gleich, dann erhält man die Beziehung

$$\frac{dp'_s}{d\vartheta'} = \frac{dp_s}{d\vartheta} \frac{n_L}{n_{N_2}} \frac{d\vartheta}{d\vartheta'} \frac{P'}{P} . \tag{2.93}$$

Sind ferner c_{p_L} und $c_{p_{N_2}}$ die spezifischen Wärmekapazitäten der Gase bei den Temperaturen ϑ und ϑ', dann muß auch gelten

$$n_L c_{p_L} d\vartheta = n_{N_2} c_{p_{N_2}} d\vartheta'$$

oder

$$\frac{d\vartheta}{d\vartheta'} = \frac{n_{N_2} c_{pN_2}}{n_L c_{p_L}} . \tag{2.94}$$

Hiermit wird schließlich

$$\frac{dp'_s}{d\vartheta'} = \frac{dp_s}{d\vartheta} \frac{c_{pN_2}}{c_{p_L}} \frac{P'}{P} . \tag{2.95}$$

Durch diese Gleichung ist die gesuchte Temperaturdifferenz bestimmt.

Man erkennt zunächst, daß es, wie schon angedeutet, auf die Steigerung der Dampfdruckkurve des festen Kohlendioxids ankommt.

Um nun aus Gl. (2.95) die gesuchte Temperaturdifferenz zu ermitteln, denke man sich die Steigung $dp_s/d\vartheta$ der Dampfdruckkurve abhängig von der Temperatur aufgetragen. Dann kann man für eine angenommene Temperatur ϑ den Wert von $dp_s/d\vartheta$ sofort ablesen. Durch Gl. (2.95) ist der entsprechende Wert von $dp'_s/d\vartheta'$ bestimmt. Hiermit kann man nun umgekehrt der Kurve die Temperatur ϑ' entnehmen, bei der die Kohlendioxidsublimation theoretisch gerade noch möglich ist. „Theoretisch" bedeutet hierbei, daß erstens, wie schon erwähnt, kein festes Kohlendioxid von einem der Gasströme mitgerissen wird, zweitens, das bei der Sublimation das Gas sich wieder vollständig an CO_2 sättigt.

Die auf diese Weise für $P = 5$ bar, $P' = 1$ bar und $c_{p_L} = c_{p_{N_2}}$ ermittelten Grenzwerte der Temperaturdifferenz $\Delta\vartheta = \vartheta - \vartheta'$ sind in Bild 2.40 abhängig von der Temperatur im Regenerator gestrichelt eingezeichnet. Kurve *a* gibt hingegen die im Regenerator wirklich zu erwartenden Temperaturdifferenzen für den Fall an, daß die Mengen von Luft und Stickstoff, gemessen in kmol, gleich sind, daß der Druck der Luft 5 bar, der Druck des Stickstoffs 1 bar und die mittlere Temperaturdifferenz 2 K beträgt. Infolge der etwas höheren spezifischen Wärmekapazität der Luft bei 5 bar nimmt der Temperaturunterschied nach tiefen Temperaturen hin langsam zu. Im Bereich der tiefsten Temperaturen werden daher die zulässigen Temperaturdifferenzen überschritten, so daß in diesem Falle die Kohlendioxidsublimation nicht mehr vollständig gewährleistet ist.

Praktisch begegenet man dieser Schwierigkeit schon seit Einführung der Regeneratoren in die Tieftemperaturtechnik dadurch, daß man durch die Regeneratoren 2

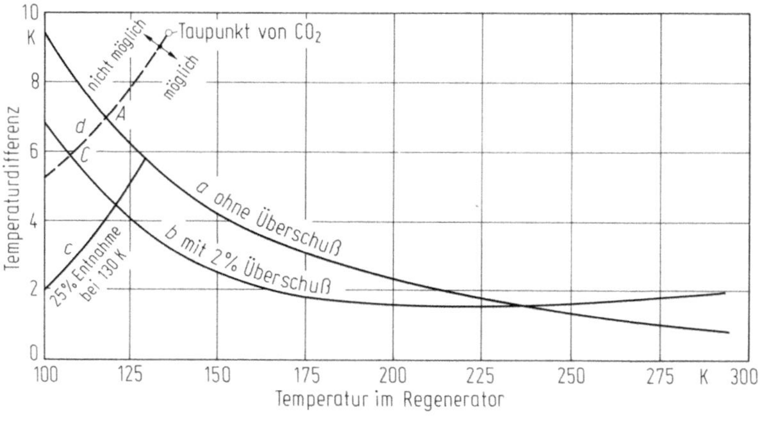

Bild 2.40. Temperaturdifferenzen in Regeneratoren bei verschiedenen Mengenverhältnissen zwischen Luft und Stickstoff

bis 3% mehr Stickstoff als Luft strömen läßt, was man im Englischen „unbalanced flow" nennt. Hierdurch erzielt man, wie Kurve *b* zeigt, in den kältesten Teilen kleinere Temperaturunterschiede, die die Sublimation des Kohlendioxids begünstigen und so weit sicherstellen, daß die Speichermasse gegen Ende der Kaltperiode praktisch frei von Kohlendioxid wird. Hierbei vergrößert sich allerdings der Temperaturunterschied am warmen Ende der Regeneratoren. Auch dies kann man vermeiden, wenn man in den wärmeren Teilen der Regeneratoren die Mengen von Luft und Stickstoff gleich groß wählt, aber einen bis zu etwa 25% betragenden Teil der Luft an einer mittleren Stelle den Regeneratoren entnimmt. Hierdurch vergrößern sich zwar im Vergleich zur Kurve *b* etwas die Temperaturunterschiede in der Mitte der Regeneratoren, doch werden sie, wie die Kurve *c* zeigt, nicht nur an den warmen, sondern auch an den kalten Enden kleiner. In mit Steinen gefüllten Regeneratoren wird die gleiche Wirkung dadurch erzielt, daß man in Rohren, die in die Füllung eingebettet sind, eine gewisse, bis auf die tiefste Temperatur abgekühlte Luftmenge etwa bis zur Mitte der Regeneratoren zurückströmen läßt. Dies hat zugleich den Vorteil, daß die bis auf eine mittlere Temperatur wieder erwärmte Luftmenge frei von Wasserdampf und Kohlendioxid austritt, wie es z. B. für eine nachfolgende Entspannung in einer Expansionsmaschine zur Kälteerzeugung erforderlich ist. Nach derselben Überlegung wie bei Regeneratoren kann man auch bei Rekuperatoren den Temperaturunterschied am kalten Ende durch den erwähnten „unbalanced flow" erniedrigen.

2.2.5 Regeneratoren mit eingebauten Rohrbündeln

Rohre, die in Regeneratoren eingebaut sind, dienen nicht nur dem soeben genannten Zweck, Luft, die von Wasserdampf und Kohlendioxid befreit ist, bis etwa zur Mitte des Regenerators zurückzuführen. Durch derartige Rohre werden vielfach auch gasförmige Zerlegungsprodukte wie z. B. reiner Sauerstoff geleitet, damit auch sie frei von Wasserdampf und Kohlendioxid bleiben, aber auch durch das Umschalten der

Bild 2.41. Rohrbündel für Regeneratoren (Linde AG)

Regeneratoren nicht verunreinigt werden. In einem solchen Falle erstrecken sich die Rohre bis zum warmen Ende der Regeneratoren. Sie werden in der Form von Rohrbündeln angeordnet, in deren Zwischenräume die Regenerator-Füllsteine geschüttet werden. Wie solche Rohrbündel gestaltet sein können, zeigt Bild 2.41 an einem Beispiel.

2.3 Wärmeaustauscher in kompakter Bauweise

Wie in Abschnitt 2.1.1.5 kurz erörtert wurde, hat man in Regeneratoren festgestellt, daß sich beim Strömen von Gasen durch enge, aus schräg gewellten Blechen gebildete Kanäle von nur 1 bis 2 mm mittlerem Durchmesser selbst bei geringer Strömungsgeschwindigkeit und damit geringem Druckabfall hohe Wärmeübergangskoeffizienten erzielen lassen. Diese Erfahrung wird heute in einer weit verbreiteten Art von Rekuperatoren genutzt, die ebenfalls im wesentlichen aus dünnen Blechen, meist aus Aluminium, bestehen. Solche Rekuperatoren in Kompaktbauweise werden in Amerika compact heat exchangers genannt. In der Tieftemperaturtechnik werden sie hauptsächlich als reversing exchangers (abgekürzt „revex") verwendet. Wie schon aus dieser Benennung hervorgeht, werden sie ebenso wie die Regeneratoren regelmäßig, jedoch erst nach größeren Zeitabständen, umgeschaltet, um die in flüssiger oder fester Form niedergeschlagenen Mengen von Wasserdampf und Kohlendioxid durch Verdampfen oder Sublimieren wieder zu entfernen. Bedeutsam ist überdies die Verwendung von Wärmeaustauschern in Kompaktbauweise als Kondensatorverdampfer. Als solche werden sie ebenso wie die früheren aus Rohren bestehenden Kondensatorverdampfer zwischen der unteren und oberen Säule großer Luftzerleger angeordnet (vgl. z. B. Bilder 9.37 und 9.38).

2.3.1 Gestaltung der Wärmeaustauscher in Kompaktbauweise

Derartige Wärmeaustauscher werden aus dünnen Blechen, meist aus Aluminium, aufgebaut, die abwechselnd eben und gewellt sind und in der Weise hart zusammengelötet werden, daß ein fester Block wie in Bild 2.42 entsteht. Das Lötmaterial besteht aus einer Aluminiumlegierung, die bei einer etwas niedrigeren Temperatur schmilzt als der Werkstoff der Bleche. Es wird schon vor dem Zusammenbau in dünner Schicht auf die ebenen Bleche aufgetragen. Die Lötung kann daher bei einer Tempe-

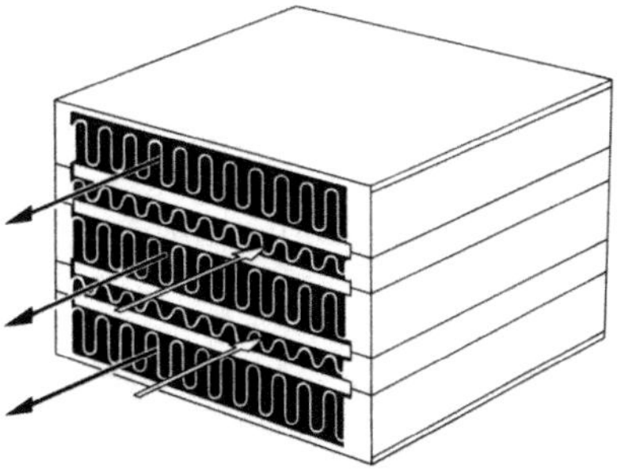

Bild 2.42. Aus glatten und gewellten Blechen aufgebauter Rekuperator, in der Tieftemperaturtechnik vielfach als „reversing exchanger" betrieben

ratur stattfinden, die noch unterhalb der Schmelztemperatur der Bleche liegt. Die ebenen Bleche begrenzen die Strömungskanäle, die gewellten Bleche dienen als Rippen zur Vergrößerung der wärmeübertragenden Fläche. Statt der in Bild 2.42 dargestellten Gegenstromanordnung können die gewellten Bleche auch so angeordnet werden, daß die Strömungsrichtungen der Gase sich in aufeinanderfolgenden Lagen kreuzen. Solche Kreuzstromanordnungen dürften aber in der Tieftemperaturtechnik kaum eine Rolle spielen.

Räumlich werden die im Gegenstrom betriebenen compact heat exchangers in der Regel so aufgestellt, daß beide Gase in senkrechter Richtung strömen, das eine von unten nach oben, das andere von oben nach unten. Aber auch zwischen mehr als zwei Gasen kann in solchen Rekuperatoren Wärme übertragen werden, wenn zusätzliche Strömungskanäle der gleichen Art vorgesehen werden.

2.3.2 Reversing exchanger (Umkehrwärmeaustauscher)

Bedeutsam für die Tieftemperaturtechnik ist die erwähnte Erfahrung, daß auf den wärmeübertragenden Flächen solcher Wärmeaustauscher ebenso wie auf der Speichermasse von Regeneratoren Wasserdampf und Kohlendioxid sich flüssig oder fest niederschlagen und durch Verdampfen oder Sublimieren wieder daraus entfernt werden können. Wie erwähnt, werden auch diese Wärmeaustauscher in regelmäßigen Zeitabständen umgeschaltet, die jedoch länger sind als bei Regeneratoren.

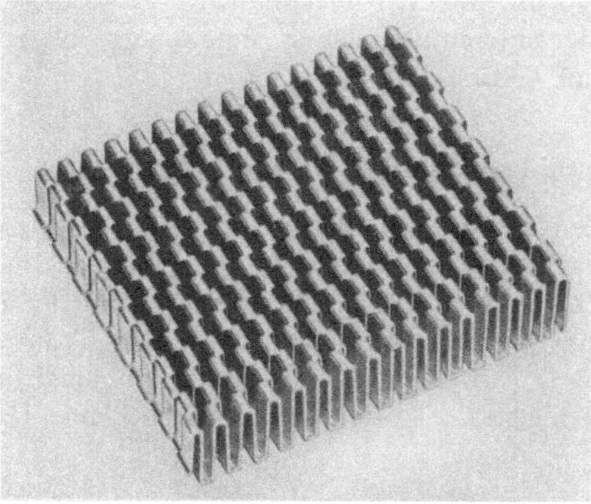

Bild 2.43. Unterbrochene Rippen in versetzter Anordnung [H 5]

Bei den Regeneratoreinsätzen nach Fränkl (Bild 2.26) wird die Wärmeübertragung weiterhin dadurch verstärkt, daß die Luft oder ein anderes Gas nach dem Strömen durch die engen Kanälchen von nur etwa 30 mm Länge auf neue Blechkanten auftrifft, und daher nach so kurzen Strecken immer wieder neue Auflaufvorgänge entstehen, die die Wärmeübertragung begünstigen. Auch bei der heute üblichen Art der reversing exchangers trifft das strömende Gas immer wieder auf neue Kanten auf, weil die als Rippen dienenden Bleche schon nach viel kürzeren Strecken unterbrochen und ihre in der Strömungsrichtung aufeinanderfolgenden Teile gegeneinander versetzt sind, wie es Bild 2.43 zeigt. Man nennt sie vielfach serrated (sägeartige) fins. Andere gebräuchliche Ausdrücke wie offset fins, staggered fins oder multi-entry type dürften treffender sein. Vielfach sind die gewellten Bleche überdies in größeren Abständen gelocht, damit sich unerwünschte Druckunterschiede zwischen parallelen Strombahnen ausgleichen können.

2.3.3 Wärmeaustauscher in Kompaktbauweise als Kondensatorverdampfer

Zwischen der oberen und unteren Säule eines Zweisäulenapparates für die Luftzerlegung (vgl. Bild 4.3) befindet sich stets ein Kondensatorverdampfer, meist kurz nur Kondensator genannt. Bis vor kurzem bestand er ausschließlich aus einem Bündel senkrechter Kupferrohre, in die von unten gasförmiger Stickstoff unter einem Druck von 5 bis 6 bar eintrat und dort kondensierte. Außerhalb der Rohre befand sich unter 1,3 bar siedender Sauerstoff.

Wesentlich billiger ist es aber für diesen Zweck, Wärmeaustauscher aus Aluminium in Kompaktbauweise zu verwenden. Man ordnet mehrere solche Austauscher sternförmig um ein zentrales, senkrechtes Rohr an, das einen verhältnismäßig großen Durchmesser hat. Der Stickstoff strömt zunächst durch dieses Rohr aufwärts und wird dann mit Hilfe einer geeignet gestalteten Haube auf die ihm zugeordneten Kanäle der Austauscher verteilt, in denen er abwärts strömend kondensiert. In den dazwischen liegenden Kanälen strömt der verdampfende Sauerstoff nach oben, vgl. Bild 9.37.

Die als Rippen dienenden gewellten Bleche werden bei dieser Art der Anwendung nicht unterbrochen, sondern glatt von oben bis unten durchgeführt.

2.3.4 Berechnung der Wärmeaustauscher in Kompaktbauweise

Könnte man geometrisch genau mit der vorgesehenen Gestalt der ebenen und gewellten Bleche und auch damit rechnen, daß sie technisch glatt sind, dann müßten mindestens in einigen Fällen die bekannten Gesetze der Wärmeübertragung und des Druckverlustes ausreichen, um die Wärmeübertragung und den Druckabfall in den compact heat exchangers zu berechnen. Es kann aber bei den meist sehr kleinen Abmessungen kaum ausbleiben, daß durch die Art der Ausführung und durch die Hartlötung geometrische Unregelmäßigkeiten entstehen, die zusätzliche Verwirbelungen und andere Störungen der Strömung verursachen. Aus diesem Grunde ist man für die Berechnung in der Regel darauf angewiesen, daß die Firmen, die Wärmeaustauscher in Kompaktbauweise anbieten und herstellen, ihren Kunden gemessene Werte der Wärmedurchgangskoeffizienten und der für den Druckabfall geltenden Widerstandskoeffizienten zur Verfügung stellen. Kays und London haben derartige Wärmeaustauscher verschiedener Abmessungen experimentell untersucht und die Ergebnisse in ihrem Buch [K 1, 2] zusammengestellt.

Als Beispiel der Möglichkeit der Berechnung der Wärmeübertragung werde ein Fall mit geradlinig durchgehenden Rippen behandelt, den Kays und London ebenfalls experimentell untersucht haben. Die Abmessungen dieser Art von Wärmeaustauschern und ihre Meßergebnisse haben Kays und London in [K 2, S. 203, 246] angegeben. Bild 2.44 [K 2] zeigt neben den geometrischen Angaben eine graphische Darstellung der bei ihren Messungen erhaltenen Werte von $StPr^{2/3} = Nu/RePr^{1/3}$ für die Wärme-

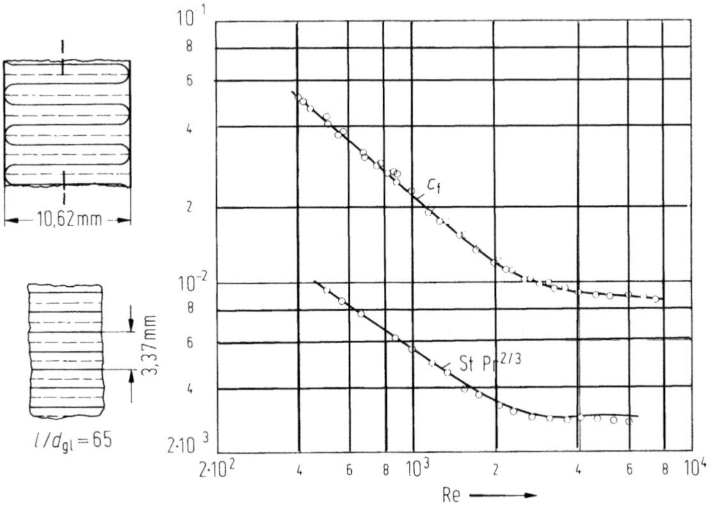

Bild 2.44. Wärmeübergang und Druckabfall in Kompakt-Wärmeaustauschern mit ebenen Blechen und gerade durchgehenden Rippen [K 2]. Rippenteilung = 593,70/m; Plattenabstand $s = 10{,}617 \cdot 10^{-3}$ m; gleichwertiger Durchmesser $d_{gl} = 2{,}672 \cdot 10^{-3}$ m; Rippendicke $= 0{,}152 \cdot 10^{-3}$ m, Aluminium; Gesamtwärmeübergangsfläche/Volumen zwischen den Platten $B = 1358{,}268$ m²/m³; Rippenfläche/Gesamtfläche = 0,870

übertragung und den Koeffizienten c_f für den Druckabfall als Funktion der Reynolds-Zahl.

Die Rechnung werde für turbulente Strömung bei $Re = 6000$, 4000 und 2500 nach der für die Strömung in Rohren geltenden Gl. (2.13) vorgenommen, wobei zur Erhöhung der Genauigkeit der Wert -230 im ersten Klammerausdruck durch $-266 + 510\sqrt{d/L}$ ersetzt werden soll. Nach den Angaben von Kays und London beträgt im betrachteten Fall der für d einzusetzende gleichwertige Durchmesser $d_{gl} = 2{,}672 \cdot 10^{-3}$ m und $L/d = 65$. Mit $Pr = 0{,}71$ und $\lambda = 0{,}0241$ W/m K für Luft und mit $(\eta_{fl}/\eta_w)^{0{,}14} = 1$ erhält man

Re	Nu	α in W/m² K	$St\,Pr^{2/3} = Nu/Re\,Pr^{1/3}$
6000	17,52	158,0	0,00327
4000	11,51	103,8	0,00323
2500	6,594	59,48	0,00300

Hierbei ist $St = Nu/RePr$ (vgl. Gl. (2.8)). Will man diese gerechneten Werte mit den von Kays und London gemessenen Werten vergleichen, muß man berücksichtigen, daß in den Meßwerten die Verringerung der Wärmeübertragung durch den Temperaturabfall in den Rippen mit eingeschlossen ist. Diese Verringerung kommt durch den Rippenwirkungsgrad η_R zum Ausdruck. Für Rippen konstanter Dicke auf ebenen Wänden gilt die von E. Schmidt [S 4] abgeleitete Gleichung (vgl. [H 16, S. 226, Gl. (378)])

$$\eta_R = \frac{\tanh(\mu b)}{\mu b}. \tag{2.96}$$

Hierin ist b die Rippenbreite, in diesem Fall die Erstreckung der Rippe von einer der ebenen Wände bis zur Mitte zwischen den beiden Wänden. Fener ist $\mu = \sqrt{\alpha/(\lambda_s y_a)}$ mit dem oben berechneten Wärmeübergangskoeffizienten α, der Wärmeleitfähigkeit λ_s des Rippenwerkstoffs und der halben Rippendicke y_a. Mit $\lambda_s = 200$ W/m K für Aluminium, $y_a = 0{,}076 \cdot 10^{-3}$ m und $b = 0{,}00579$ m errechnen sich nach Gl. (2.96) die in der zweiten Spalte der folgenden Tabelle angegebenen Werte des Rippenwirkungsgrades

Re	η_R	$\frac{Nu}{Re\,Pr^{1/3}}$ nach obiger Rechnung	$0{,}68\eta_R + 0{,}32$	$\left(\frac{Nu}{Re\,Pr^{1/3}}\right)_{korr}$	$\left(\frac{Nu}{Re\,Pr^{1/3}}\right)_{gemessen}$
6000	0,898	0,00327	0,942	0,00308	0,00308
4000	0,930	0,00323	0,964	0,00311	0,00309
2500	0,958	0,00300	0,983	0,00295	0,00322

Da ferner 68% der wärmeübertragenden Wände auf die Rippen und 32% auf die ebenen Wände entfallen, muß man die berechneten Werte von $Nu/RePr^{1/3}$ mit $0{,}68\,\eta_R + 0{,}32$ multiplizieren, um korrigierte Werte $(Nu/RePr^{1/3})_{korr}$ zu erhalten, die mit den von Kays und London gemessenen Werten vergleichbar sind. Auf diese Weise erhält man Werte, die in den weiteren Spalten der obigen Tabelle enthalten sind. Die gemessenen Werte in der letzten Spalte wurden [K 2, S. 203] entnommen.

Wenn auch die Übereinstimmung zwischen den gerechneten und den gemessenen Werten häufig nicht so gut sein dürfte wie im vorstehenden Vergleich, so erkennt man doch hieraus, daß eine Berechnung der compact heat exchangers mindestens im Bereich turbulenter Strömung grundsätzlich möglich ist. Im laminaren Bereich erhält man mit den bekannten Gleichungen für den Wärmeübergang im allgemeinen zu niedrige Werte. Es ist daher zu hoffen, daß für die in den compact heat exchangers herrschenden Verhältnisse mehr und mehr zuverlässige Wärmeübergangsgleichungen entwickelt werden.

2.3.5 Benennungen

Im englischen Sprachgebrauch bestehen die sehr guten und treffenden Ausdrücke compact heat exchangers und plate fin heat exchangers. Die bisher im Deutschen benutzten Ausdrücke „Plattenwärmeübertrager" und „Hochleistungswärmeübertrager" befriedigen weit weniger. Selbst wenn man keine Bedenken dagegen hat, dünne ebene Bleche Platten zu nennen, spricht gegen „Plattenwärmeaustauscher" die Tatsache, daß die wärmeübertragenden dünnen Wände zu etwa 3/4 aus gewellten Blechen und nur etwa zu 1/4 aus ebenen Blechen bestehen. Sachlich wäre daher der Ausdruck „Blechwärmeaustauscher" sehr treffend. Denn ein Blech kann auch gewellt sein. Vielleicht empfindet man aber im Wortbestandteil „Bleche" eine gewisse Abwertung.

„Hochleistungswärmeaustauscher", wie der Übersetzer des Buches von Kays und London [K 2] gesagt hat, trifft ebenfalls nicht das Wesen der Sache. Solche Wärmeaustauscher leisten nicht mehr als die älteren Bauarten, sondern sie leisten das Gleiche auf engerem Raum.

„Plate-fin heat exchangers“ könnte man treffend mit „Platten-Rippen-Wärmeaustauscher“ übersetzen, was allerdings etwas schwerfälliger klingt als der englische Ausdruck.

Am besten wäre es vermutlich, ähnlich wie im Englischen zu sagen: „Kompakte Wärmeaustauscher“ oder etwas kürzer: „Kompaktwärmeaustauscher“. Wenn auch dieser Ausdruck gelegentlich schon für Kreuzgegenströmer und andere schon etwas gedrängter gebaute Wärmeaustauscher verwendet worden ist, so dürfte doch dieser Einwand weniger ausschlaggebend sein als die Möglichkeit, damit eine einheitliche Ausdrucksweise in der deutschen und englischen Sprache zu haben.

2.3.6 Kälteverluste der Rohrgegenströmer, Kompaktwärmeaustauscher und Regeneratoren

2.3.6.1 Die drei Arten von Kälteverlusten

Bei den Wärmeaustauschern der Tieftemperaturtechnik treten grundsätzlich drei Arten von Kälteverlusten auf. Im Vergleich zu einem vollkommenen Wärmeaustauscher bedeutet es zunächst einen Verlust, daß das entspannte Gas nicht ganz bis auf die Eintrittstemperatur des verdichteten Gases erwärmt wird. Hierdurch tritt ein Teil der Kälte, die theoretisch übertragen werden könnte, unausgenutzt aus dem Wärmeaustauscher wieder heraus. Ist $\Delta\vartheta$ die Temperaturdifferenz der beiden Gase am warmen Ende des betrachteten Gegenströmers oder Regenerators und C' wie oben die Wärmekapazität der stündlich strömenden Menge des entspannten Gases, dann beträgt dieser Kälteverlust $C'\,\Delta\vartheta$. Er werde kurz *Austauschverlust* genannt.

Ein zweiter Kälteverlust *Isolationsverlust* genannt, entsteht dadurch, daß durch die Kälteisolierung hindurch Wärme aus der Umgebung in den Wärmeaustauscher einströmt. Ein dritter Verlust ist auf die Wärmeleitung des Baustoffs des Wärmeaustauschers in dessen Längsrichtung zurückzuführen. Die Berechnung dieser beiden Arten von Verlusten beruht auf ziemlich verwickelten mathematischen Überlegungen von Nesselmann [N 1] und Hausen [H 16, S. 177–199]. Es ist aber geglückt, hieraus verhältnismäßig einfache Berechnungsverfahren zu entwickeln, die nachstehend kurz besprochen werden sollen.

Schließlich gelangt auch durch andere in das Innere des Apparates führende Rohrleitungen, wie sie für den Anschluß von Meßinstrumenten, für die Betätigung von Entspannungsventilen und dgl. benötigt werden, Wärme in den Bereich sehr tiefer Temperaturen. Die dadurch entstehenden Kälteverluste lassen sich aus Länge, Querschnitt und Wärmeleitfähigkeit der jeweiligen Rohrwand sowie dem gesamten Tempertaturunterschied in elementarer Weise berechnen. Es erübrigt sich daher, hierauf näher einzugehen.

Alle Verluste, die durch das Einströmen von Wärme aus der Umgebung durch die Isolierschicht und jede Art von Rohrleitungen entstehen, sollen zusammenfassend *Umgebungsverlust* genannt werden.

Die folgenden Überlegungen über diese Art von Kälteverlusten sollen am Beispiel eines Rohrgegenströmers durchgeführt werden. Hierbei spielt die Wärmeeinströmung durch das Mantelrohr und seine Isolierschicht eine wesentliche Rolle. Dieselben Überlegungen gelten aber sinngemäß auch für die Umhüllung anders gestalteter

Wärmeaustauscher, insbesondere für die mehr kastenförmige Umhüllung der Kompaktwärmeaustauscher.

2.3.6.2 Isolationsverlust

Quer durch das Mantelrohr eines Gegenströmers, seine Endstücke und in der Regel auch durch seine Isolierung ströme aus der Umgebung in der Zeiteinheit die Wärmemenge Q_u zu. Es sei F_u die mittlere Fläche, durch die diese Wärme eindringt. F_u hat man sich beim nackten Rohr als eine konzentrische Fläche innerhalb der Rohrwand, beim isolierten Rohr meist als eine Fläche innerhalb der Isolierschicht, vorzustellen. k_u sei der entsprechende Wärmedurchgangskoeffizient. Das Produkt $k_u F_u$ kann für das nackte Außenrohr oder für ein Rohr mit zylindrischer Isolierschicht nach Gl. (2.2) berechnet werden, wobei für die Isolierschicht ein entsprechendes zweites mittleres Glied hinzuzufügen ist. Den Einfluß der Endstücke kann man durch eine geschätzte Vergrößerung von $k_u F_u$ berücksichtigen. Hiermit errechnet sich die einströmende Wärmemenge Q_u zu

$$Q_u = k_u F_u (\vartheta_u - \vartheta'_M) , \tag{2.97}$$

wobei ϑ_u die Umgebungstemperatur, ϑ'_M die mittlere Temperatur des im Außenraum des Wärmeaustauschers strömenden Gases bedeutet. Betrachtet man die Wärmekapazitäten C und C' der in der Zeiteinheit strömenden Gasmengen als unveränderlich, berücksichtigt man aber, daß bei $C \neq C'$ die Gastemperaturen ϑ und ϑ' abhängig von f nicht linear verlaufen, dann kann die mittlere Temperatur ϑ'_M, wie hier nicht näher begründet werden soll, auf folgendem Wege ermittelt werden. Es sei

$$\tau = \frac{\vartheta_1 - \vartheta'_2}{\vartheta_2 - \vartheta'_1} \tag{2.98}$$

das Verhältnis der Temperaturdifferenzen $\vartheta_1 - \vartheta'_2$ am warmen und $\vartheta_2 - \vartheta'_1$ am kalten Ende des Gegenströmers. Dann gilt

$$\frac{\vartheta'_M - \vartheta'_1}{\vartheta'_2 - \vartheta'_1} = \frac{1}{\ln \tau} - \frac{1}{\tau - 1} . \tag{2.99}$$

Hieraus kann man ϑ'_M berechnen, was durch Benutzung der Kurve in Bild 2.45 noch erleichtert werden kann. Durch Einsetzen des hierdurch erhaltenen Wertes von ϑ'_M in Gl. (2.97) erhält man die aus der Umgebung einströmende Wärmemenge Q_u.

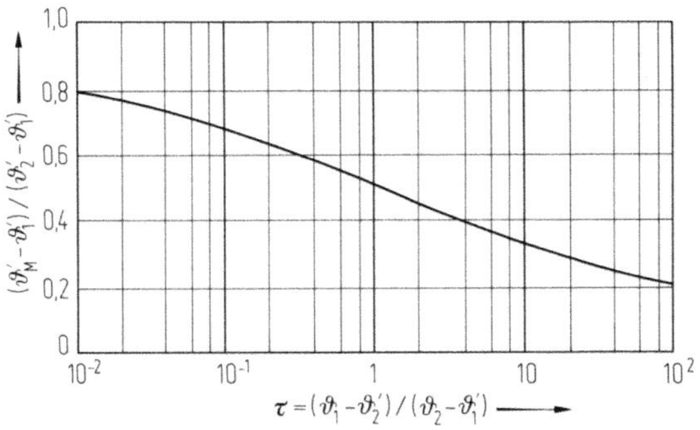

Bild 2.45. Diagramm zur Bestimmung der mittleren Temperatur ϑ'_M des außen strömenden Gases

Diese Wärmemenge stellt aber, wie nun kurz gezeigt werden soll, nicht in ihrem vollen Betrag einen Kälteverlust dar. Sie teilt sich nämlich nicht nur dem außen strömenden, sondern indirekt auch dem innen strömenden Gas mit und bewirkt, daß beide Gase mit erhöhten Endtemperaturen aus dem Gegenströmer austreten. Betragen diese Temperaturerhöhungen $\Delta\vartheta_2$ und $\Delta\vartheta_2'$, so wird am kalten Ende des Gegenströmers eine zusätzliche Wärmemenge $C\,\Delta\vartheta_2$, am warmen Ende eine zusätzliche Wärmemenge $C'\,\Delta\vartheta_2'$ von dem betreffenden Gas mit fortgenommen. Die aus der Umgebung einströmende Wärmemenge Q_u läßt sich hiernach aufspalten nach der Gleichung

$$Q_u = C\,\Delta\vartheta_2 + C'\,\Delta\vartheta_2' \,. \tag{2.100}$$

Hiervon bedeutet nur der Betrag $C\,\Delta\vartheta_2$ einen Kälteverlust, weil dieser wirklich als Wärme den auf tiefen Temperaturen befindlichen Apparateteilen zugeführt wird. Der Betrag $C'\,\Delta\vartheta_2'$ wird hingegen in die Umgebung wieder mit fortgenommen und ist daher nicht als Kälteverlust zu betrachten. Er wirkt gewissermaßen als Erniedrigung des Austauschverlustes.

Der hiernach wirklich verbleibende Kälteverlust $C\,\Delta\vartheta_2$ ist nach Kenntnis der einströmenden Wärmemenge Q_u bestimmt durch die aus einer verwickelten Ableitung sich ergebnde Gleichung

$$\frac{C\,\Delta\vartheta_2}{Q_u} = \frac{\vartheta_M' - \vartheta_1'}{\vartheta_1 - \vartheta_1'} + E\,\frac{(\vartheta_2' - \vartheta_1')^2}{(\vartheta_1 - \vartheta_1')(\vartheta_u - \vartheta_M')}\,, \tag{2.101}$$

worin E die Abkürzung

$$E = \frac{1}{(\ln\tau)^2} - \frac{\tau}{(\tau - 1)^2} \tag{2.102}$$

bedeutet. Da E aus Bild 2.46 abgegriffen werden kann, läßt sich nach Gl. (2.101) der wirkliche Kälteverlust verhältnismäßig einfach berechnen.

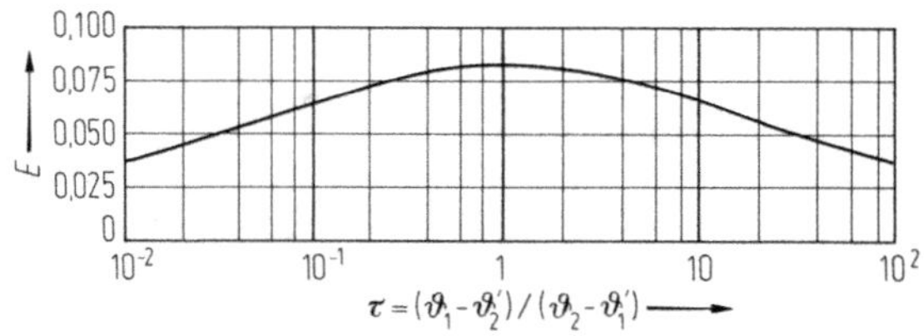

Bild 2.46. Hilfsgröße E zur Ermittlung des Temperaturverlaufs in einem Gegenströmer bei Kälteverlust infolge von Wärmeeinströmung durch die Isolierschicht

2.3.6.3 Kälteverlust durch Wärmeleitung in der Längsrichtung des Wärmeaustauschers

Der Kälteverlust infolge der Wärmeleitung in den metallischen Baustoffen des Wärmeaustauschers kann nur voll erfaßt werden, wenn man auch die Rückwirkung auf den Temperaturverlauf der Gase berücksichtigt. Die Temperatur der festen Wände sei zur klaren Unterscheidung von den Gastemperaturen ϑ und ϑ' mit Θ bezeichnet. Um die an einer bestimmten Stelle des Gegenströmers in der Längsrichtung je Zeiteinheit fortgeleitete Wärmemenge $Q_{\lambda s}$ zu ermitteln, werde als erstes die Wärmemenge $(Q_{\lambda s})_{\text{lin}}$ berechnet, die fortgeleitet würde, wenn zwischen den Temperaturen Θ_1

und Θ_2 am warmen und kalten Ende des Wärmeaustauschers die Temperatur in den metallischen Wänden vollständig linear verliefe. Ist F_M der hierfür maßgebende Metallquerschnitt, λ_s die Wärmeleitfähigkeit des metallischen Baustoffs und L die Länge des Gegenströmers, dann berechnet sich $(Q_{\lambda s})_{lin}$ zu

$$(Q_{\lambda s})_{lin} = \lambda_s F_M \frac{\Theta_1 - \Theta_2}{L} . \tag{2.103}$$

Für die Wärmemenge $Q_{\lambda s}$, die bei nicht linearem Temperaturverlauf an einer bestimmten Stelle des Gegenströmers strömt, gilt mit guter Näherung die einfache Regel

$$Q_{\lambda s} = (Q_{\lambda s})_{lin} \frac{\vartheta - \vartheta'}{\Delta\vartheta_M} , \tag{2.104}$$

wenn wie früher $\vartheta - \vartheta'$ die Temperaturdifferenz zwischen beiden Gasen an der betrachteten Stelle, $\Delta\vartheta_M$ den logarithmischen Mittelwert der Temperaturdifferenz nach Gl. (2.61) bedeutet. Da im allgemeinen $\vartheta - \vartheta'$ sich von Stelle zu Stelle des Gegenströmers ändert, ist auch die in der Längsrichtung fortgeleitete Wärmemenge verschieden. Gleichung (2.104) wird verständlich, wenn man bedenkt, daß unter sonst gleichbleibenden Verhältnissen wie auch konstanten Wärmedurchgangskoeffizienten die Temperaturänderungen der Gase je Längeneinheit des Wärmeaustauschers der Temperaturdifferenz $\vartheta - \vartheta'$ proportional sind. Entsprechend muß auch das Temperaturgefälle in den metallischen Wandungen und damit auch die in ihnen forgeleitete Wärme $Q_{\lambda s}$ dem Temperaturunterschied $\vartheta - \vartheta'$ proportional sein.

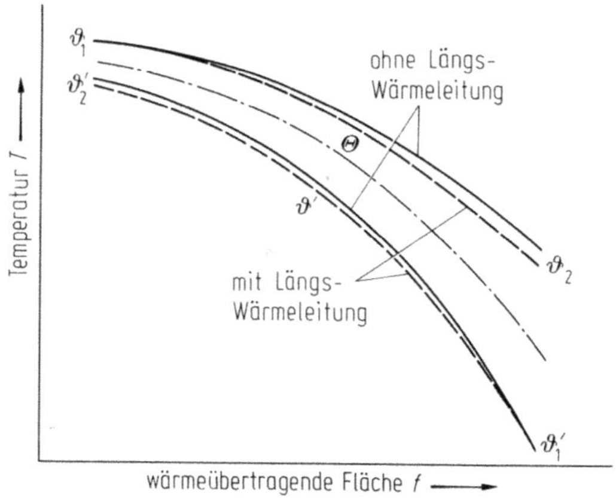

Bild 2.47. Einfluß der Längswärmeleitung auf den Temperaturverlauf in einem Gegenströmer

Wie schon angedeutet, wirkt sich die Längswärmeleitung auch dahin aus, daß der Temperaturverlauf der Gase und damit auch ihre Austrittstemperaturen ϑ_2 und ϑ_2' geändert werden. Dies geht aus folgender Überlegung hervor. Nimmt man an, daß wie in den meisten Gegenströmern der Tieftemperaturtechnik $\vartheta - \vartheta'$ mit sinkender Temperatur zunimmt, dann verlaufen die Gastemperaturen in der Längsrichtung des Gegenströmers ohne Berücksichtigung der Längswärmeleitung etwa wie die ausgezogenen Linien in Bild 2.47. Ein ähnlicher Temperaturverlauf stellt sich auch in den Rohrwandungen ein, wie es die strichpunktierte Linie andeutet. Nach Gl. (2.104) nimmt daher auch die in der Längsrichtung fortgeleitete Wärmemenge $Q_{\lambda s}$ mit sinkender Temperatur zu. Am kalten Ende des Gegenströmers kommt also eine größere Wärmemenge $(Q_{\lambda s})_k$ an, als die Wärmemenge $(Q_{\lambda s})_w$, die am warmen Ende durch Leitung in den Gegenströmer eintritt. Man kann annehmen, daß diese Wärmemengen ungehindert in den Gegenströmer ein- und aus ihm austreten können. Auch die Annahme, daß die Wärmemengen von den Gasen selbst zu- und abgeführt werden, dürfte das Ergebnis nur unwesentlich beeinflussen, vgl. [H 16, S. 195]. $(Q_{\lambda s})_k - (Q_{\lambda s})_w$ muß den Gasen entzogen worden sein. Abgesehen von den Eintrittstemperaturen müssen sich daher die Temperaturen ϑ und ϑ' der beiden Gase an allen Stellen des Gegenströmers erniedrigen, so daß unter Einfluß der Längswärmeleitung sich ein Temperaturverlauf einstellt, wie ihn etwa die gestrichelten Linien in Bild 2.47 erkennen lassen.

Der gesamte Kälteverlust $(Q_{\lambda s})_{ges}$, der durch die Längswärmeleitung entsteht, setzt sich zusammen aus der Wärmemenge, die am warmen Ende durch Leitung in den Gegenströmer eintritt, und aus dem zusätzlichen Austauschverlust $C' \Delta\vartheta_2'$, der dadurch entsteht, daß das entspannte Gas mit einer um $\Delta\vartheta_2'$ erniedrigten Temperatur am warmen Ende des Gegenströmers austritt. Die genaue Berechnung von $(Q_{\lambda s})_{ges}$ ist reichlich verwickelt. Doch kann man den gesamten durch die Wärmeleitung bedingten Wärmeverlust mit guter Näherung berechnen nach der einfachen Gleichung

$$(Q_{\lambda s})_{ges} = (Q_{\lambda s})_{lin} \frac{(\vartheta_1 - \vartheta_2')(\vartheta_2 - \vartheta_1')}{(\Delta\vartheta_M)^2}\,, \tag{2.105}$$

worin wie früher $\vartheta_1 - \vartheta_2'$ und $\vartheta_2 - \vartheta_1'$ die Temperaturdifferenzen an den beiden Enden des Gegenströmers bedeuten. Die Ableitung von Gl. (2.105) findet sich in [H 16, S 196].

Tabelle 2.3 enthält das Ergebnis der Berechnung der Kälteverluste für vier Gegenströmer, die möglichst verschieden voneinander gewählt sind. Zwei sind als Rekuperatoren, bestehend aus je einem Bündel gerader Rohre (vgl. Bild 2.20), einer als Regenerator und einer als Kreuzgegenströmer ausgeführt. Der Kreuzgegenströmer ist sehr kurz gebaut und hat ein starkwandiges Mantelrohr, weil auch im Außenraum ein hoher Druck herrscht. Wie aus der zweiten Spalte oben der Tabelle 2.3 hervorgeht, sind bei den aus geraden Rohren bestehenden Gegenströmern die stündlich hindurchströmenden Gasmengen und damit die Austauschleistung sehr verschieden.

Die dritte obere Spalte zeigt die für den Isolationsverlust maßgebende Kenngröße $k_u F_u / C'$. Von der aus der Umgebung einströmenden Wärmemenge Q bedeutet nach obigen Überlegungen nur der Teilbetrag $C\,\Delta\vartheta_2$ einen wirklichen Kälteverlust. Die hierfür maßgebende Erhöhung $\Delta\vartheta_2$ der Austrittstemperatur ϑ_2 am kalten Ende des Gegenströmers geht aus der letzten oberen Spalte hervor. Sie ist in allen vier Fällen trotz der großen Verschiedenheit der Gegenströmer von derselben Größenordnung und liegt meist zwischen 0,1 und 0,2 K. Man ersieht ferner aus den beiden obersten Werten, daß diese Temperaturerhöhung im allgemeinen mit abnehmender Gasmenge zunimmt.

Der untere Teil der Tabelle 2.3 gibt für dieselben Gegenströmer die Kälteverluste durch die Längswärmeleitung an. Die zweite Spalte enthält die im Baustoff der Wände und des Mantelrohres in der Längsrichtung strömende Wärmemenge $(Q_{\lambda s})_{lin}$, wenn man einen linearen Temperaturverlauf voraussetzt. Bei den geraden Rohrbündeln

Tabelle 2.3. Kälteverluste von Gegenströmern der Tieftemperaturtechnik
a) Isolationsverlust

Bauart des Gegenströmers	Mittelwert der Gasmengen je Zeiteinheit kg/h	Kenngröße $k_u F_u / C'$	Aus der Umgebung einströmende Wärme Q_u W	Kälteverlust $C\,\Delta\vartheta_2$ W	Erhöhung der Austrittstemperatur am kalten Ende $\Delta\vartheta_2$ K
gerades Rohrbündel	6000	0,0016	200	86	0,06
gerades Rohrbündel	32	0,0053	33	15	0,23
Regenerator	3400	0,0020	180	120	0,13
kurzer Kreuz-Gegenströmer mit starkwandigem Mantelrohr	360	0,0033	41	28	0,18

b) Verlust durch die Längswärmeleitung

Bauart des Gegenströmers	$(Q_{\lambda s})_{lin}$	Warmes Ende			
	W	$(Q_{\lambda s})_w$ W	$(Q_{\lambda s})_{ges}$ W	$\Delta\vartheta_2'$ K	$(Q_{\lambda s})_{ges}/C'$ K
gerades Rohrbündel	110	69	102	0,02	0,06
gerades Rohrbündel	0,49	0,14	0,31	0,004	0,007
Regenerator	35	35	35	0,00	0,04
kurzer Kreuz-Gegenströmer mit starkwandigem Mantelrohr	181	66	136	0,58	1,13

und dem Regenerator steht $(Q_{\lambda s})_{lin}$ ungefähr im Verhältnis der stündlich hindurchströmenden Gasmengen. Bei dem betrachteten Kreuzgegenströmer hingegen ist $(Q_{\lambda s})_{lin}$ erheblich größer, weil er sehr kurz ist und ein starkwandiges Mantelrohr aus Kupfer besitzt. $(Q_{\lambda s})_w$ gibt die am warmen Ende der Gegenströmer durch die Längswärmeleitung wirklich einströmende Wärmemenge an. Außerdem bewirkt aber die Längswärmeleitung eine Erniedrigung der Austrittstemperatur $\Delta\vartheta_2'$ des ursprünglich kälteren Gases, wodurch zusätzlich Kälte heraustransportiert wird. $(Q_{\lambda s})_{ges}$ in der folgenden Spalte ist der gesamte, auf den beiden genannten Beträgen beruhende Kälteverlust durch die Längswärmeleitung. Die vorletzte Spalte gibt die Erniedrigung $\Delta\vartheta_2'$ der genannten Austrittstemperatur an. In der letzten Spalte ist der gesamte Kälteverlust $(Q_{\lambda s})_{ges}$ in eine Änderung der Austrittstemperatur umgerechnet. Diese Werte $(Q_{\lambda s})_{ges}/C'$ geben also an, um wieviel die Austrittstemperatur am warmen Ende des Gegenströmers sich erniedrigen müßte, wenn der Gesamtverlust durch Längswärmeleitung nur durch eine Änderung dieser Austrittstemperatur bewirkt würde. Aus dem Vergleich der letzten Spalten oben und unten erkennt man, daß der Verlust durch die Längswärmeleitung meist kleiner, aber von ähnlicher Größenordnung wie der Isolationsverlust ist. Nur in dem Fall mit dem ungewöhnlich starken Mantelrohr ist der Verlust durch die Längswärmeleitung erheblich höher.

Bei der Beurteilung des Einflusses der errechneten Verluste muß man berücksichtigen, daß der gesamte Temperaturunterschied am warmen Ende der behandelten Gegenströmer etwa 2 bis 5 K beträgt. Im Vergleich zu dem hierdurch bedingten Austauschverlust sind die in Tabelle 2.3 angezeigten Verluste sehr gering. Mittlere Erfahrungswerte der Kälteverluste von ausgeführten Zerlegungsanlagen zeigt Bild 4.13, in dem die Umgebungsverluste und die Verluste durch Wärmeleitung in den Rohrwandungen als Umgebungsverluste zusammengefaßt sind.

3 Zerlegung von Gasgemischen bei sehr tiefen Temperaturen

Von H. Hausen

Einleitung

Ohne Verflüssigung von Luft, Wasserstoff und Helium wäre die Forschung bei sehr tiefen Temperaturen undenkbar. Verflüssigte Gase sind daher für das Laboratorium unentbehrlich.

Zu einer ausgedehnten technischen Anwendung ist die Technik der Gasverflüssigung aber erst dann gelangt, nachdem Linde im Jahre 1902 gezeigt hatte, wie sich verflüssigte Luft mit Hilfe der Rektifikation in ihre Bestandteile, vornehmlich in Sauerstoff und Stickstoff, zerlegen läßt. Denn die Bestndteile der Luft und anderer Gemische werden in der Technik und in der chemischen Industrie in großem Maßstabe gebraucht. So ist z. B. der aus der Luft gewonnene Sauerstoff für das Gasschmelzschweißen und Brennschneiden, für die Vergasung von Kohle im Hüttenbetrieb usw. unentbehrlich geworden, während der Stickstoff zur Herstellung von Ammoniak, von künstlichem Dünger und für viele andere Zwecke benötigt wird. In ähnlicher Weise wie Luft lassen sich, wie schon in der Einleitung zu diesem Buch erwähnt, auch andere Gasgemische zerlegen, wobei neben der Rektifikation vielfach auch Kondensationsvorgänge zur Trennung beitragen. Während früher in erster Linie Koksofengas zerlegt wurde, steht heute die Zerlegung von Crack- und Spaltgasen sowie von Gasgemischen im Vordergrund des Interesses, die bei der Kohlevergasung entstehen. Hierdurch werden Wasserstoff, Ethylen und andere wertvolle Gase in hoher Reinheit gewonnen. Schließlich hat auch die Abtrennung von Stickstoff und anderen Bestandteilen aus Erdgas im Zusammenhang mit dessen Verflüssigung eine überragende Bedeutung erlangt. Hierauf wird in Kapitel 6, auf die zahlreichen weiteren Anwendungen der gewonnenen Gase in Kapitel 10 eingegangen.

3.1 Thermodynamische Grundlagen der Gaszerlegung

Wie schon erwähnt, beruht die Zerlegung der Gasgemische auf den Grundvorgängen der Kondensation, Verdampfung und Rektifikation von Gemischen. Bei diesen Vorgängen spielt die Frage eine entscheidende Rolle, welche Zusammensetzungen Flüssigkeit und Dampf annehmen könnten, wenn das thermodynamische Gleichgewicht erreicht würde; denn bei der Kondensation und Verdampfung ändern sich die Zusammensetzungen von Flüssigkeit und Dampf im Sinne einer Annäherung an das Gleichgewicht. Die Rektifikation kann als ein wiederholter Wechsel zwischen Störung des Gleichgewichtes und Wiederannäherung an das Gleichgewicht aufgefaßt werden. Es muß daher bei der Behandlung der thermodynamischen Grundlagen der Gaszerlegung der Frage des Gleichgewichtes besondere Aufmerksamkeit geschenkt werden.

3.1.1 Zusammensetzung von Flüssigkeit und Dampf im thermodynamischen Gleichgewicht

3.1.1.1 Überblick über das Verhalten von Gemischen beim Verflüssigen, Verdampfen und im Gleichgewicht

3.1.1.1.1 Zusammensetzung der Luft

Da die Zerlegungsverfahren vornehmlich am Beispiel der Luftzerlegung erörtert werden sollen, wollen wir zunächst das Verhalten der Luft als Gemisch betrachten. Die atmosphärische Luft hat, von meist nur sehr geringfügigen Abweichungen abgesehen, an allen Stellen der Erdoberfläche die in Tabelle 3.1 angegebene Zusammensetzung. Außer den angeführten Bestandteilen enthält die Luft noch Wasserdampf, dessen Menge aber je nach den atmosphärischen Bedingungen stark wechselt. Der Gehalt an Wasserstoff, Ozon und an den Edelgasen Neon, Helium, Krypton und Xenon ist nach Tabelle 3.1 so gering, daß man getrocknete und von Kohlendioxid befreite Luft recht genau als ein Dreistoffgemisch aus 20,95 Mol-% Sauerstoff, 78,12 Mol-% Stickstoff und 0,93 Mol-% Argon betrachten kann. Vielfach werden wir die Luft sogar nur aus Sauerstoff und Stickstoff bestehend ansehen, weil man auf diese Weise das Verhalten der Luft während ihrer Zerlegung am einfachsten und doch in vielen wesentlichen Zügen genau genug erkennen kann.

Tabelle 3.1. Zusammensetzung der Luft

Bestandteil		Mol-%	Massen-%
Stickstoff	N_2	78,08	75,5
Sauerstoff	O_2	20,95	23,1
Kohlendioxid	CO_2	0,035	0,053
Wasserstoff	H_2	$5 \cdot 10^{-5}$	$3{,}5 \cdot 10^{-6}$
Ozon	O_3	$(3 \ldots 30) \cdot 10^{-7}$	$(5 \ldots 50) \cdot 10^{-7}$
Argon	Ar	0,934	1,285
Neon	Ne	$1{,}82 \cdot 10^{-3}$	$1{,}3 \cdot 10^{-3}$
Helium	He	$5{,}24 \cdot 10^{-4}$	$7{,}2 \cdot 10^{-5}$
Krypton	Kr	$1{,}14 \cdot 10^{-4}$	$2{,}9 \cdot 10^{-4}$
Xenon	Xe	$8{,}7 \cdot 10^{-6}$	$3{,}6 \cdot 10^{-5}$

Hier wie im folgenden ziehen wir die Angabe der Zusammensetzung in Molprozenten der in Massenprozenten vor, weil sich dadurch die thermodynamischen Gesetzmäßigkeiten meist einfacher ausdrücken lassen. Wenn man es überdies mit einem Gemisch idealer Gase zu tun hat, wie dies bei der Luft unter Atmosphärendruck und Umgebungstemperatur mit großer Annäherung zutrifft, dann stimmt die Angabe in Molprozenten mit dem prozentualen Verhältnis der Teildrücke zum Gesamtdruck überein. Die Angabe in Molprozenten wollen wir auch beibehalten, wenn das betrachtete Gemisch vom idealen Gaszustand stärker abweicht, ja auch dann, wenn es flüssig ist.

3.1.1.1.2 Verflüssigung und Verdampfung von Luft

Bei der Verflüssigung oder Verdampfung ändert die Luft im allgemeinen ihre Zusammensetzung. Daneben weist die Luft als Gemisch während der Verflüssigung oder Verdampfung noch einige weitere Sonderheiten auf, die zunächst besprochen werden sollen.

Will man die Luft nach genügender Abkühlung bei konstanter Temperatur in den flüssigen Zustand überführen, dann fällt im Vergleich zur Verflüssigung eines reinen Stoffes zunächst folgender Unterschied auf. Während bei einem reinen Stoff vom Anfang bis zum Ende der Verflüssigung der Druck ungeändert bleibt, nimmt bei der isothermen Verflüssigung der Luft der Druck zu. Dasselbe gilt grundsätzlich für jedes Gemisch. Im p,v-Diagramm, das in Bild 3.1 schematisch dargestellt ist, steigen daher die Isothermen innerhalb des Sättigungsgebietes nach links schwach an, im Gegensatz zu den waagerecht verlaufenden Isothermen im Sättigungsgebiet eines reinen Stoffes (vgl. z. B. Bild 1.1 für Ammoniak). Läßt man hingegen bei der Verflüssigung oder Verdampfung der Luft statt der Temperatur den Druck ungeändert, dann muß sich, wie man aus Bild 3.1 erkennt, die Temperatur ändern. Verflüssigt man z. B. Luft unter Atmosphärendruck, dann nimmt die Temperatur von −191,4 bis −194,4 °C, d. h. um 3 K ab. Umgekehrt steigt die Temperatur um denselben Betrag, wenn man die Luft unter diesem Druck vollständig verdampft.

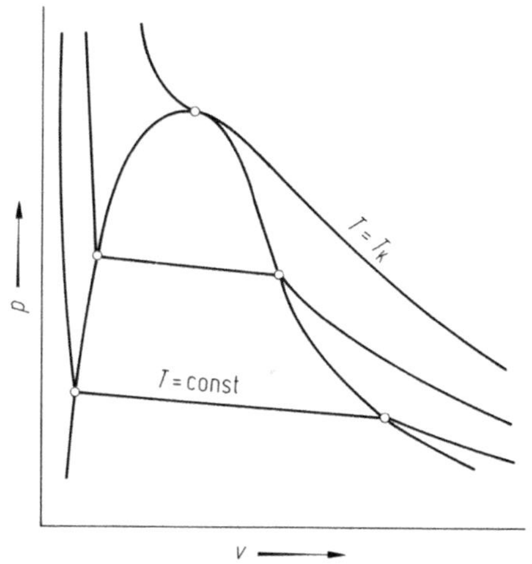

Bild 3.1. p,v-Diagramm von Gemischen

Physikalisch bemerkenswert, wenn auch technisch von nur geringer Bedeutung, sind die Verhältnisse in der Nähe des kritischen Punktes. Der kritische Punkt zerfällt bei Gemischen hauptsächlich in zwei Punkte: den Faltenpunkt, in dem Flüssigkeitsgrenzkurve und Dampfgrenzkurve zusammenstoßen, und den Punkt des kritischen Kontaktes, in dem Dampfgrenzkurve und kritische Isothermen sich berühren. Hier herrscht die höchste Temperatur des Sättigungsgebietes. Bei Luft liegt nach Kuenen und Clark [K 7] der Faltenpunkt bei −140,73 °C und 37,74 bar, der Punkt des kritischen Kontaktes bei −140,63 °C und 37,66 bar. Später wurden diese beiden Punkte kritische Punkte 1. bzw. 2. Ordnung genannt. Heute wird statt Faltenpunkt die Benennung: „wahrer kritischer Punkt" bevorzugt. Daneben gibt es als dritten Punkt noch einen kritischen Punkt maximalen Drucks, den man kurz „kritisches Druckmaximum" nennen könnte. Entsprechend könnte man für den Punkt des kritischen Kontaktes sagen: „kritischer

Punkt maximaler Temperatur" oder kürzer: „kritisches Temperaturmaximum". Für die zuletzt genannten beiden Punkte sind überdies die Ausdrücke: „kritischer Kondensationsdruck" und „kritische Kondensationstemperatur" vorgeschlagen worden mit den wenig schönen Abkürzungen „cricondenbar" und „cricondentherm". Dieser Art der Benennung widerspricht die Überlegung, daß es sich um Zustandspunkte, nicht aber, wie man vermuten könnte, um Zustandsänderungen wie eine Kondensation handelt.

Kurz werde noch die „retrograde" Kondensation erläutert. Sie tritt auf, wenn wie in Bild 3.2 der Faltenpunkt links vom kritischen Temperaturmaximum liegt. Wenn man sich auf einer zwischen beiden Punkten verlaufenden Isotherme, von der rechten Dampfgrenzkurve (gestrichelt) aus nach links bewegt, kondensiert zunächst bei langsam steigendem Druck ein Teil des Dampfgemisches. Von einer gewissen Stelle des Sättigungsgebietes an verdampft die verflüssigte Menge wieder. Am linken Ast der Dampfgrenzkurve, die bis zum Faltenpunkt reicht, liegt dann das Gemisch nur noch in Dampfform vor.

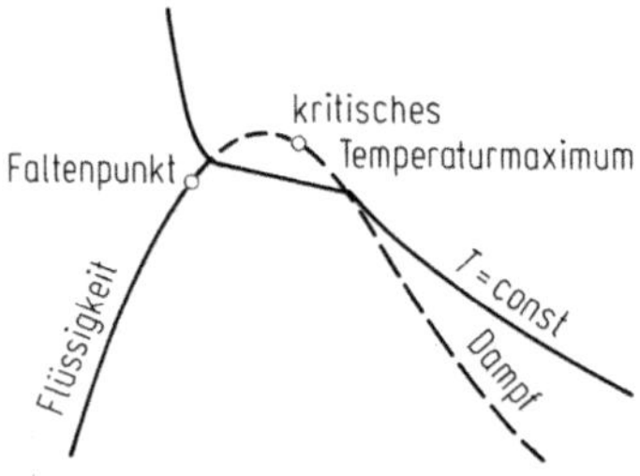

Bild 3.2. Umgebung der kritischen Punkte. Grenzkurven des Sättigungsgebietes: —— Flüssigkeit, - - - Dampf

Für die Trennung der Gasgemische ist aber viel wichtiger die schon erwähnte Erscheinung, daß sich bei der Kondensation oder Verdampfung von Gemischen die Zusammensetzung ändert. Zwar nimmt in der Regel, z. B. bei der Kondensation, jeder Bestandteil von Anfang bis Ende an dem Verflüssigungsvorgang teil. Aber bei Beginn verflüssigen sich die höher siedenden Bestandteile in verhältnismäßig größerer Menge, als ihrem Gehalt im Dampf entspricht, während gegen Ende die Verflüssigung der tiefer siedenden Bestandteile überwiegt. Diese Erscheinung ist dadurch bedingt, daß bei einer gegebenen Temperatur die höher siedenden Bestandteile geringere Dampfdrücke haben als die tiefer siedenden und sich daher leichter verflüssigen. Umgekehrt gehen bei der Verdampfung, den höheren Dampfdrücken entsprechend, zunächst verhältnismäßig mehr tiefer siedende, gegen Ende verhältnismäßig mehr höher siedende Bestandteile in den dampfförmigen Zustand über. Dieses verschiedene Verhalten der höher und tiefer siedenden Bestandteile ist auch der Grund dafür, daß bei gleichbleibendem Druck die Siedetemperatur des Gemisches mit fortschreitender Verdampfung steigt und umgekehrt.

Betrachten wir die Luft als ein Zweistoffgemisch aus 20,95 Mol-% Sauerstoff und 79,05 Mol-% Stickstoff, dann muß nach dem Gesagten bei ihrer Verflüssigung zunächst verhältnismäßig mehr Sauerstoff, gegen Ende verhältnismäßig mehr Stickstoff kondensieren, weil die Siedetemperatur des Sauerstoffs um 13 K höher liegt als die des Stickstoffs. Wird die Luft bei Atmosphärendruck langsam d. h. möglichst unter Aufrechterhaltung des Gleichgewichts, verflüssigt, dann enthält der erste Tropfen der sich bildenden Flüssigkeit 52 % Sauerstoff, das letzte Dampfteilchen hingegen nur 6 % Sauerstoff. Bei der Verflüssigung von 1/5 der Ausgangsmenge enthält die gebildete Flüssigkeit 43 % Sauerstoff, der Dampfrest hingegen nur 15,4 % Sauerstoff. Hieraus erklärt sich die schon im Abschnitt 1.2.2.8 erwähnte Tatsache, daß bei

Luftverflüssigungsanlagen, in denen stets nur ein Teil der verarbeiteten Luftmenge verflüssigt wird, die gebildete Flüssigkeit sauerstoffreicher ist als die atmosphärische Luft.

3.1.1.1.3 Gleichgewicht siedender Gemische

Die angegebenen Zahlenwerte der Zusammensetzung von Flüssigkeit und Dampf gelten jedoch nur, wenn man die Kondensation oder Verdampfung hinreichend langsam verlaufen läßt; denn nur dann stellt sich in jedem Augenblick Gleichgewicht zwischen Flüssigkeit und Dampf ein. In einem solchen Gleichgewichtszustand haben Flüssigkeit und Dampf nicht nur gleiche Temperatur und gleichen Druck, sondern es ist auch jeder Zusammensetzung der Flüssigkeit eine bestimmte andere Zusammensetzung des Dampfes zugeordnet und umgekehrt. In Bild 3.3 sind für Sauerstoff-

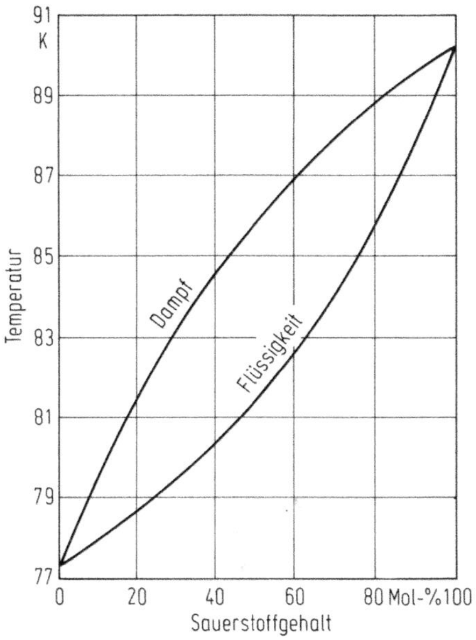

Bild 3.3. Gleichgewicht der Zusammensetzung siedender Sauerstoff-Stickstoff-Gemische bei 760 Torr = 1,013 bar

Stickstoff-Gemische unter einem Druck von 760 Torr = 1,013 bar die von Dodge und Dunbar [D 3] gemessenen Gleichgewichtszusammensetzungen von Flüssigkeit und Dampf in waagerechter Richtung, die zugehörigen Siedetemperaturen in senkrechter Richtung aufgetragen. Neuere Meßwerte von Wilson, Silverberg und Zellner [W 4] wurden nicht berücksichtigt, weil hiernach im Bereich zwischen 0 und 60 % O_2 die Gleichgewichtstemperaturen bis um 0,5 K höher liegen als in Bild 3.3, was insbesondere im Vergleich zur sehr genau bekannten Siedetemperatur des Stickstoffs als unwahrscheinlich erscheint. In Bild 3.3 sind die Sauerstoffgehalte x und y^* von Flüssigkeit und Dampf in Molprozenten angegeben. Die Bezeichnung y, die allgemein einen beliebigen Sauerstoffgehalt des Dampfes kennzeichnen soll, ist hier mit einem Stern versehen, um den Gleichgewichtszustand hervorzuheben. Die untere Kurve in Bild 3.3, die auch Siedelinie genannt wird, gilt für die Flüssigkeit, die obere Kurve, auch Taulinie genannt, für den Dampf. Aus der Abbildung kann man für eine bestimmte Zusammensetzung x der Flüssigkeit die Siedetemperatur T_s und die dem Gleichgewicht entsprechende Zusammensetzung y^* des Dampfes entnehmen. Denn die im Gleichgewicht einander zugeordneten Punkte beider Kurven liegen gleich hoch, weil Flüssigkeit und Dampf im Gleichgewicht gleiche Temperatur haben. Der Unterschied der Gleichgewichtszusammensetzungen von Flüssigkeit und Dampf ist bei mittleren Zusammensetzungen am größten. Er verschwindet nur bei $x = 0$ und $x = 100\,\%$, d. h. bei reinem Stickstoff und reinem Sauerstoff. Aus Bild 3.4, in dem die Gleichgewichtskurven für Sauerstoff-Stickstoff-Gemische ebenfalls nach Dodge und Dunbar [D 3] für verschiedene Drücke zwischen 0,49 bis 9,81 bar dargestellt sind, geht hervor, daß die Unterschiede in den Gleichgewichtszusammensetzungen mit zunehmendem Druck und zugleich mit steigender Temperatur kleiner werden.

Auch zahlreiche andere in der Tieftemperaturtechnik auftretende Gemische zeigen ein ähnliches Gleichgewichtsverhalten. Als Beispiel sind in Bild 3.5 die Gleichgewichts-

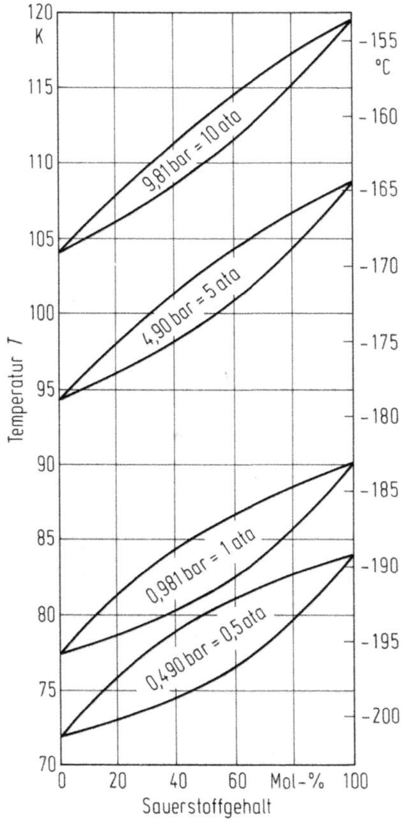

Bild 3.4. Gleichgewicht von siedenden Sauerstoff-Stickstoff-Gemischen bei verschiedenen Drücken

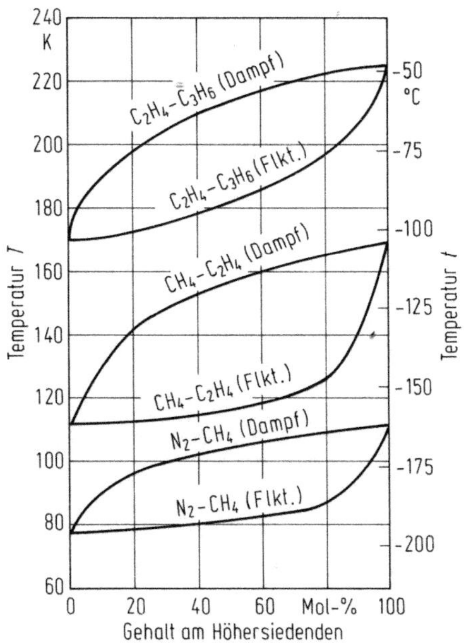

Bild 3.5. Gleichgewicht siedender Gemische von Ethylen-Propylen, Methan-Ethylen und Stickstoff-Methan bei 1,013 bar

kurven siedender Gemische von Ethylen-Propylen, Methan-Ethylen und Stickstoff-Methan bei 760 Torr = 1,013 bar dargestellt. Die Werte für Ethylen-Propylen-Gemische entstammen den schon in der 1. Aufl'ge dieses Buches wiedergegebenen Messungen im Laboratorium der Linde AG in Höllriegelskreuth bei München; vgl. [L 7]. Für Methan-Ethylen wurden Werte benutzt, die aus für konstante Temperaturen in [C 1] und [L 2] angegebenen Tabellenwerten durch graphische Interpolation gewonnen wurden. Die Gleichgewichtsgehalte von N_2—CH_4-Gemischen konnten aus den Diagrammen 85a und 85b in [L 2, S. 318] abgelesen werden.

In etwas anderer Form ist in Bild 6.24 das Phasengleichgewicht von Helium-Stickstoff-Gemischen dargestellt.

Die bisher gewählte Art der Darstellung ist sehr übersichtlich. Sie hat aber den Nachteil, daß die Ermittlung der Gleichgewichtszusammensetzungen das Ablesen

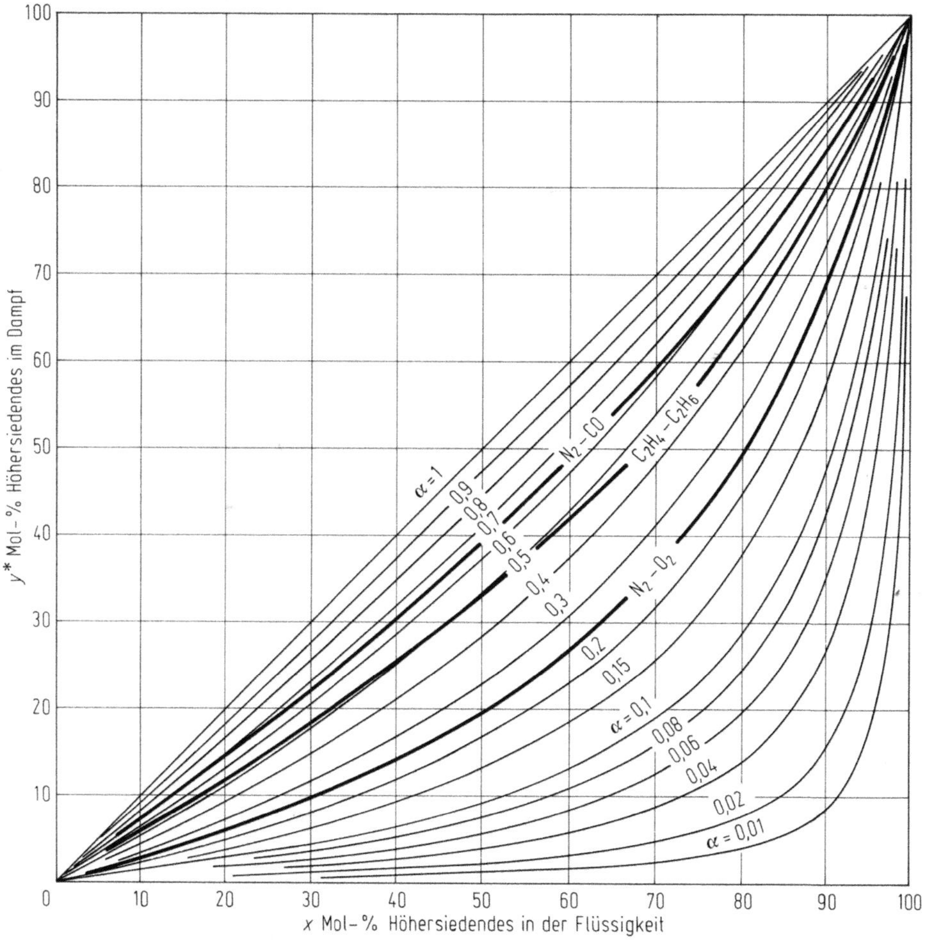

Bild 3.6. Vereinfachte Darstellung des Gleichgewichts mit Kurven für die Gemische N_2-CO, C_2H_4-C_2H_6 und N_2-O_2 bei 1,013 bar

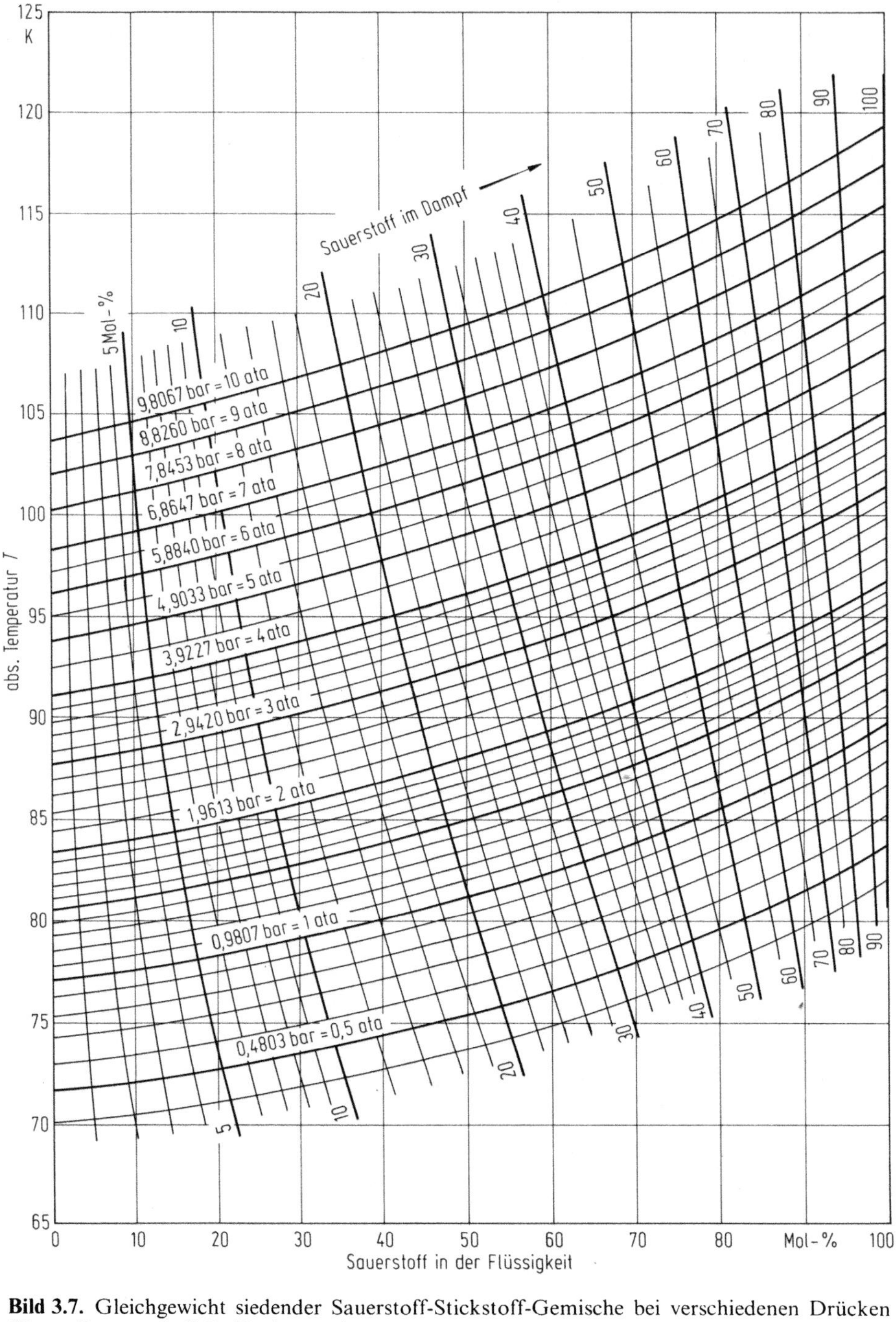

Bild 3.7. Gleichgewicht siedender Sauerstoff-Stickstoff-Gemische bei verschiedenen Drücken (Darstellung nach C. P. Hochgesand)

an zwei Kurven erfordert, was die Ablesegenauigkeit beeinträchtigt. Da es bei praktischen Anwendungen vielfach nicht auf die Temperatur, sondern nur auf die Zusammensetzungen ankommt, erscheint es zweckmäßig, die Gleichgewichtszusammensetzung y^* des Dampfes unmittelbar abhängig von der Zusammensetzung x der Flüssigkeit aufzutragen. Ein bestimmtes Gleichgewicht ist dann durch einen einzigen Punkt gekennzeichnet. In Bild 3.6 sind in dieser Weise die Gleichgewichte von Stickstoff-Sauerstoff- und Ethylen-Ethan-Gemischen bei 1,013 bar entsprechend den Bildern 3.3 und 3.5 dargestellt, außerdem Stickstoff-Kohlenmonoxid-Gleichgewichte nach [T 2] und [S 3]. Die schwach gezeichneten Linien, die auf Grund gewisser Annahmen theoretisch ermittelt sind, sollen erst im Abschnitt 3.1.1.2 über die thermodynamische Theorie des Gleichgewichtes besprochen werden.

Um die Vorzüge dieser Darstellung beizubehalten und trotzdem gleichzeitig den Einfluß von Temperatur und Druck übersichtlich zum Ausdruck zu bringen, hat C. P. Hochgesand im Rahmen der Linde AG für siedende Sauerstoff-Stickstoff-Gemische das in Bild 3.7 dargestellte Gleichgewichtsdiagramm entworfen. Hierin ist abhängig von der Zusammensetzung der Flüssigkeit die Siedetemperatur aufgetragen. Ferner sind zwei Kurvenscharen, eine für die verschiedenen Drücke, die andere für die verschiedenen Werte der Gleichgewichtszusammensetzung des Dampfes eingetragen. Ein einziger Punkt des Diagramms gibt daher nicht nur die beiden Zusammensetzungen, sondern auch Druck und Temperatur der Flüssigkeit und des Dampfes im Gleichgewicht an. Das Diagramm ist daher für praktische Anwendungen sehr bequem.

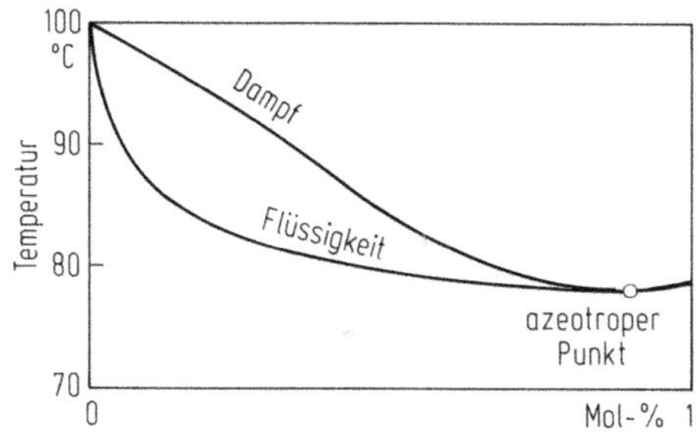

Bild 3.8. Gleichgewicht von siedenden Ethylalkohol-Wasser-Gemischen bei 1,013 bar = 1 atm

Von dem beschriebenen allgemeinen Verhalten weichen eine größere Zahl von Gemischen, die allerdings meist keine Bedeutung für die Tieftemperaturtechnik haben, wesentlich ab. Dies werde kurz an dem bekannten Beispiel der Ethylalkohol-Wasser-Gemische erörtert (Bild 3.8). Daß die hierfür geltenden Kurven in Bild 3.8 im ganzen von links nach rechts sinken, statt wie in den Bildern 3.3, 3.4 und 3.5 zu steigen, liegt daran, daß als Abszisse nicht der Gehalt am höher siedenden, sondern am tiefer siedenden Bestandteil, nämlich an Alkohol als Molbruchteil aufgetragen ist. Im Gegensatz zu den früher behandelten Fällen unterschreiten aber die Gleichgewichtskurven dieses Gemisches die Siedetemperatur des tiefer siedenden Bestandteils. Im tiefsten Punkt, dem Minimum-Siedepunkt, der auch „azeotroper" Punkt genannt wird, fallen beide Kurven zusammen und haben eine gemeinsame waagerechte Tangente (vgl. Bd. II des Handbuchs der Kältetechnik, S. 319–321). Hier haben Flüssigkeit und Dampf die gleiche Zusammensetzung. Daher siedet ein azeotropes Gemisch wie ein reiner Stoff, nämlich ohne Änderung der Zusammensetzung und auch ohne Änderung von Druck und Temperatur. Während überdies bei den früher besprochenen Gleichgewichtskurven der Dampf stets reicher am tiefer siedenden Bestandteil ist als die mit ihm im Gleichgewicht befindliche Flüssigkeit, trifft dies in Bild 3.8 nur für die Kurvenstücke links des azeotropen Punktes zu. Rechts dieses Punktes ist es umgekehrt.

Bei Gleichgewichtsdiagrammen von Zweistoffgemischen den Gehalt am leichter siedenden Bestandteil als Abszisse aufzutragen, ist in der Literatur über die Phasengleichgewichte und die Zerlegung von Gemischen weitgehend üblich; vgl. z. B. Kirschbaum [K 4]. Daß hingegen in der Tieftemperaturtechnik, insbesondere bei der Luft der Gehalt des am schwersten siedenden Bestandteils als Abszisse benutzt wird, liegt an der schon früh hervorgetretenen großen technischen Bedeutung des Sauerstoffs.

Gelegentlich ist für die Tieftemperaturtechnik auch das Gleichgewicht zwischen der flüssigen und festen Phase eines Gemisches von Bedeutung. Derartige Gleich-

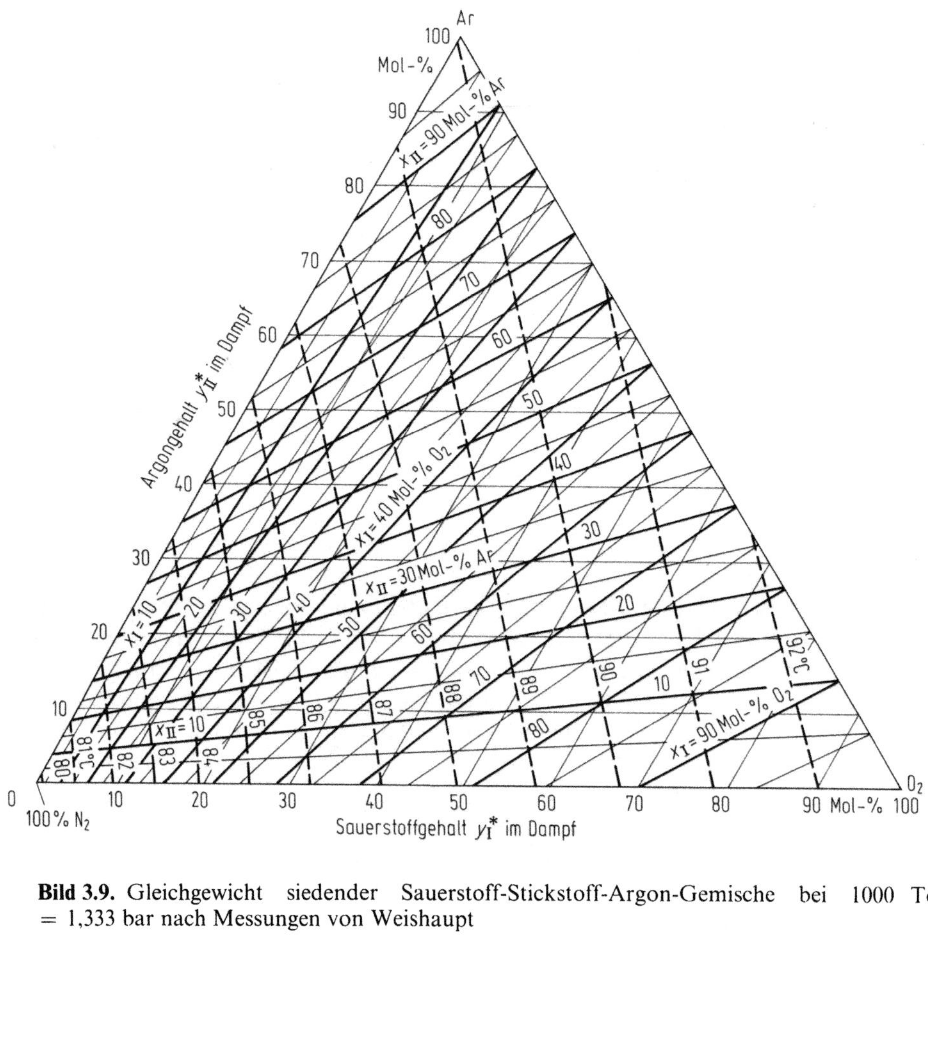

Bild 3.9. Gleichgewicht siedender Sauerstoff-Stickstoff-Argon-Gemische bei 1000 Torr = 1,333 bar nach Messungen von Weishaupt

gewichtskurven sind z. B. von Ruhemann [R 2] für Sauerstoff-Stickstoff-Gemische, von Din, Goldman und Monroe [D 4] für Argon-Stickstoff- und Argon-Sauerstoff-Gemische festgelegt worden.

3.1.1.1.4 Gleichgewicht von Dreistoffgemischen

Für eine genaue Verfolgung der Vorgänge bei der Zerlegung der Luft wird es sich gelegentlich als notwendig erweisen, die Luft als ein Dreistoffgemisch aus Sauerstoff, Stickstoff und Argon zu betrachten. Ein Diagramm, das das Gleichgewicht solcher Gemische im Siedezustand bei 1000 Torr = 1,333 bar darstellt, zeigt Bild 3.9 nach Messungen von Weishaupt [W 2]. Als Abszisse ist der Sauerstoffgehalt, als Ordinate, die unter einem Winkel von 60° ansteigt, der Argongehalt des Dampfes aufgetragen. Die Flüssigkeitszusammensetzung ist durch die zwei Scharen schwach gekrümmter Linien mit unterschiedlicher Steigung festgelegt. Die etwas steilere Kurvenschar gibt den Sauerstoffgehalt, die andere den Argongehalt der Flüssigkeit an. Überdies sind gestrichelt Linien unveränderlicher Temperatur eingezeichnet. Will man aus einem solchen Diagramm zu einer gegebenen Zusammensetzung der Flüssigkeit die Gleichgewichtszusammensetzung des Dampfes ermitteln, dann sucht man zunächst im ungleichmäßig geteilten Netz den Punkt auf, der dem gegebenen Sauerstoff- und Argongehalt der Flüssigkeit entspricht. Derselbe Punkt legt dann im gleichmäßig geteilten Netz den Sauerstoff- und Argongehalt des mit der Flüssigkeit im Gleichgewicht stehenden Dampfes fest. So liest man z. B. aus dem Diagramm ab, daß eine Flüssigkeit mit $x_{\mathrm{I}} = 30\,\%$ Sauerstoff und $x_{\mathrm{II}} = 10\,\%$ Argon und ein Dampf mit $y_{\mathrm{I}}^* = 11{,}7\,\%$ Sauerstoff und $y_{\mathrm{II}}^* = 5{,}7\,\%$ Argon miteinander im Gleichgewicht stehen. Außerdem kann man aus der gestrichelten Kurvenschar auch die Temperatur ablesen, die man aber bei der Berechnung der Luftzerlegungsverfahren meist nicht benötigt. Zur Vollständigkeit sei noch darauf hingewiesen, daß nach Ermittlung des Sauerstoff- und Argongehalts sofort auch der Stickstoffgehalt bestimmt ist, weil sich alle drei Gehalte zu 100 % ergänzen. Gleichgewichtswerte von Sauerstoff-Argon-Stickstoff-Gemischen bei Drücken von 6,07 bar = 6 atm und 18,24 bar = 18 atm findet man in [W 4].

3.1.1.2 Theorie des Gleichgewichtes von Gemischen

Weitgehend werden die den beschriebenen Diagrammen zugrunde liegenden Gleichgewichtswerte durch Messungen ermittelt. Indessen vermag die Theorie eine Reihe wichtiger Gesetzmäßigkeiten zu liefern, die nachstehend besprochen werden sollen. Mit ihrer Hilfe lassen sich überdies Gleichungen teils theoretischer und teils mehr empirischer Art aufstellen, die das Gleichgewichtsverhalten wiedergeben und deshalb für die elektronische Berechnung von Zerlegungsvorgängen mehr und mehr bedeutsam geworden sind.

3.1.1.2.1 Gleichgewicht idealer Gemische

Die in der Tieftemperaturtechnik auftretenden Gemische zeigen meist Gleichgewichtskurven, die grundsätzlich ähnlich wie die in den Bildern 3.3 und 3.4 dargestellten Kurven für Sauerstoff-Stickstoff-Gemische verlaufen. Dieser Kurvenverlauf kommt dem Verhalten idealer Gemische nahe.

Ideale Gemische, die sich im Siedezustand befinden, sind dadurch gekennzeichnet, daß der Dampf sich wie ein Gemisch idealer Gase verhält und die Flüssigkeit die

Gesetze verdünnter Lösungen bei allen Mischungsverhältnissen befolgt. Dies soll näher erörtert werden.

Eine der wichtigsten Eigenschaften idealer Gasgemische kommt durch das Daltonsche Partialdruckgesetz zum Ausdruck. Dieses Partialdruckgesetz besagt,

1. daß jeder Bestandteil i des Gemisches auf die Gefäßwandungen einen Teildruck oder „Partialdruck" p_i ausübt, der ebenso groß ist wie der Druck, den das betreffende Gas ausüben würde, wenn es bei derselben Temperatur allein in dem Gefäß vorhanden wäre, und
2. daß der Gesamtdruck P des Gemisches gleich der Summe der Teildrücke p_i aller Bestandteile ist.

Nach der ersten Aussage des Gesetzes gilt für den Teildruck p_i eines als ideal vorausgesetzten Gases, dessen Menge n_i Mole betrage und das sich in einem Gemisch vom Volumen V und von der Temperatur T befinde,

$$p_i V = n_i RT .$$

Der Gehalt des Gemisches an dem betrachteten Gas sei y_i, wobei wir jetzt y_i nicht in Prozenten ausdrücken, sondern als Molbruchteil auffassen wollen. Denkt man sich dieses Gas vom Teildruck p_i bei unveränderlicher Temperatur auf den Gesamtdruck P verdichtet, dann nimmt es nur noch das Volumen $y_i V$ ein. Daher ergibt sich auch

$$P y_i V = n_i RT .$$

Aus einem Vergleich der beiden letzten Gleichungen folgt

$$p_i = y_i P . \tag{3.1}$$

Im Falle des Gleichgewichtes mit einer Flüssigkeit, die die gleichen Bestandteile wie der Dampf enthält, ist hierin $y_i = y_i^*$ zu setzen.

Um die Eigenschaften der flüssigen Phase eines idealen Gemisches, die wir auch „ideale Lösung" nennen, beschreiben zu können, müssen wir zunächst kurz die verdünnten Lösungen betrachten. Eine verdünnte Lösung liegt vor, wenn nur einer der Bestandteile, Lösungsmittel genannt, in großer Menge, die anderen Bestandteile, die „gelösten" Stoffe, hingegen nur in geringer Menge vorhanden sind. Das wichtigste Gesetz dieser verdünnten Lösungen ist das 2. Raoultsche Gesetz. Es besagt, daß bei einer gegebenen Temperatur der Dampfdruck p' des Lösungsmittels in der flüssigen Lösung niedriger ist als der Dampfdruck p_s des reinen Lösungsmittels, und zwar im Verhältnis der Molzahl des Lösungsmittels zur Gesamtmolzahl der Lösung. Hierbei sei wieder der Gehalt x der Lösung am Lösungsmittel als Molenbruch ausgedrückt. Da dem reinen Lösungsmittel der Gehalt $x = 1$ entspricht, läßt sich das Raoultsche Gesetz in der Form schreiben

$$p' = x p_s . \tag{3.2}$$

Bei einer beliebigen Lösung trifft diese Beziehung nur zu, wenn x nahezu gleich 1 ist, d. h. wenn die Lösung wirklich verdünnt ist. Eine ideale Lösung ist aber dadurch ausgezeichnet, daß Gl. (3.2) bei allen Mischungsverhältnissen erfüllt ist. Dann fällt der Unterschied zwischen Lösungsmittel und gelösten Stoffen weg und eine entsprechende Beziehung wie Gl. (3.2) muß dann für alle Bestandteile gelten.

Kinetisch kann man dieses Verhalten vereinfacht etwa wie folgt erklären. In Flüssigkeiten sind wegen des geringen Molekularabstandes die zwischen den Molekülen wirkenden anziehenden Kräfte so stark, daß nur solche Moleküle den Anziehungsbereich dieser Kräfte und damit die Flüssigkeitsoberfläche verlassen können, die mit einer gewissen Mindestgeschwindigkeit zur Oberfläche gelangen. Bei einer gegebenen Temperatur ist dies ein bestimmter Bruchteil aller zur Oberfläche gelangenden Moleküle. Ein ideales flüssiges Gemisch denken wir uns nun dadurch ausgezeichnet, daß je zwei Moleküle stets gleich große innere Kräfte aufeinander ausüben, gleichviel, ob sie demselben Bestandteil oder verschiedenen Bestandteilen des Gemisches angehören. Dann ist auch die Kraft, mit welcher die Flüssigkeit die verdampfenden Moleküle zurückzuhalten sucht, für alle Moleküle gleich groß. Infolgedessen muß auch das genannte Verhältnis der in den Dampfraum übertretenden Moleküle zu den zur Oberfläche gelangenden Molekülen für einen bestimmten Bestandteil ganz unabhängig von der Zusammensetzung des Gemisches sein. Aber die Zahl der Moleküle des Bestandteiles, die zur Oberfläche gelangen, ist dem Gehalt der Flüssigkeit an diesem Bestandteil proportional. Daher wird die Zahl der in den Dampfraum eindringenden Moleküle und damit auch der Teildampfdruck proportional dem Gehalt an dem betrachteten Bestandteil, wie es in Gl. (3.2) ausgesprochen ist.

Während es bei der Zerlegung der Luft Vorteile bietet, alle Vorgänge abhängig vom Gehalt an Sauerstoff, d. h. am höher siedenden Bestandteil darzustellen, hat es sich in den meisten anderen Bereichen der Zerlegung eingebürgert, den Gehalt am leichter siedenden Bestandteil als die ausschlaggebende Größe zu betrachten. Ihr Gehalt in Flüssigkeit und Dampf werde im folgenden mit x_2 und y_2 bezeichnet.

Betrachtet man eine ideale Lösung aus zwei Stoffen, die von Stoff 1 den Bruchteil $x_1 = 1 - x_2$, von Stoff 2 den Bruchteil x_2 enthält, dann ist gemäß Gl. (3.2)

$$p_1' = (1 - x_2)\, p_{s1}\,; \qquad p_2' = x_2 p_{s2}\,. \tag{3.3}$$

Da ferner der aus denselben Bestandteilen bestehende, mit der Flüssigkeit im Gleichgewicht stehende Dampf Gl. (3.1) erfüllen soll, muß für die Teildrücke der beiden Stoffe im Dampf gelten

$$p_1'' = (1 - y_2^*)\, P\,; \qquad p_2'' = y_2^*\, P\,, \tag{3.4}$$

worin wegen des Gleichgewichtes $y_1 = y_1^*$ und $y_2 = y_2^*$ gesetzt ist.

Gleichgewicht kann aber nur bestehen, wenn Flüssigkeit und Dampf nicht nur gleiche Temperatur und gleichen Gesamtdruck haben, sondern auch der Dampfdruck p_1' bzw. p_2' jedes Bestandteiles in der Lösung gleich dem Teildruck desselben Bestandteiles im Dampf ist. Es muß also

$$p_1' = p_1'' \quad \text{und} \quad p_2' = p_2''$$

sein. Damit folgt aber aus den Gln. (3.3) und (3.4):

$$(1 - y_2^*)\, P = (1 - x_2)\, p_{s1}\,; \qquad y_2^* P = x_2 p_{s2}\,. \tag{3.5}$$

Dividiert man die zweite dieser beiden Gleichungen durch die Summe beider, dann erhält man

$$y_2^* = \frac{p_{s2} x_2}{p_{s1} + (p_{s2} - p_{s1})\, x_2}\,. \tag{3.6}$$

Mit dem Dampfdruckverhältnis

$$\alpha = \frac{p_{s2}}{p_{s1}} \tag{3.7}$$

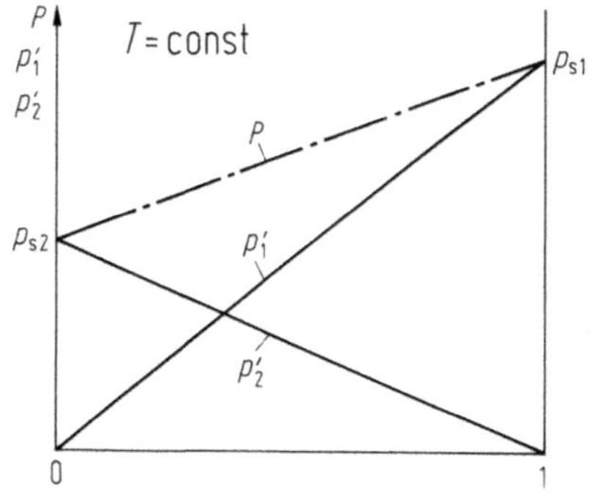

Bild 3.10

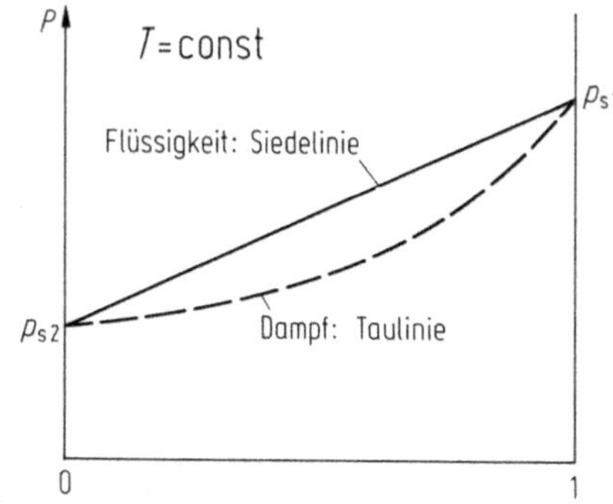

Bild 3.11

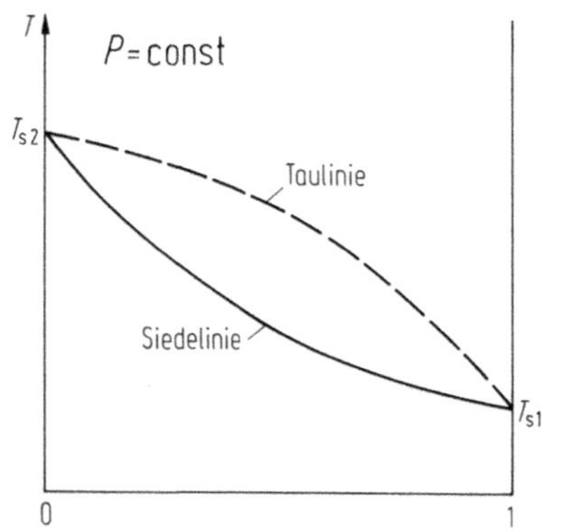

Bild 3.12

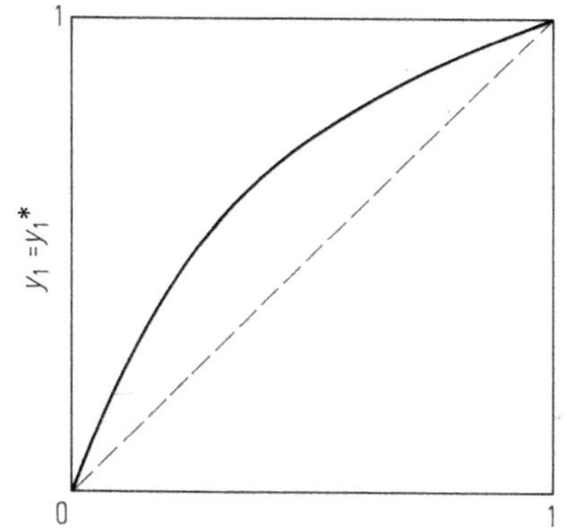

Bild 3.13

Bild 3.10. Teildampfdrücke p_1' und p_2' und Gesamtdruck P eines idealen Zweistoffgemisches bei konstanter Temperatur. x_1 ist der Gehalt der Flüssigkeit am leichter siedenden Bestandteil

Bild 3.11. Siedelinie und Taulinie eines idealen oder angenähert idealen Gemisches bei konstanter Temperatur

Bild 3.12. Siedelinie und Taulinie eines idealen oder angenähert idealen Gemisches bei konstantem Druck. T_{s1} und T_{s2} sind die Verdampfungstemperaturen der reinen Bestandteile

Bild 3.13. Gleichgewichtskurve eines idealen oder angenähert idealen Gemisches

der reinen Stoffe läßt sich dies auch in die Gestalt

$$y_2^* = \frac{\alpha x_2}{1 + (\alpha - 1)\,x_2} \tag{3.8}$$

bringen.

Den Sinn der voranstehenden Gleichungen kann man sich an Hand der Bilder 3.10 bis 3.13 veranschaulichen. In diesen Bildern und den Bildern 3.19 und 3.20 kennzeichnet der Index 1 den tiefer siedenden Bestandteil. In Bild 3.10 sind für ein ideales Gemisch entsprechend den Gln. (3.3) die Teildampfdrücke p_1' und p_2' als schräge gerade Linien abhängig von der Flüssigkeitszusammensetzung x_1 dargestellt. p_{s1} und p_{s2} sind die Dampfdrücke der reinen Bestandteile bei der gewählten konstanten Temperatur. Die obere gestrichelte Linie gibt den Gesamtdruck $P = p_1' + p_2'$ wieder. Sie ist in Bild 3.11 als ausgezogene Linie wiederholt. Sie wird Siedelinie genannt, weil sie den Dampfdruck des siedenden flüssigen Gemisches abhängig vom Gehalt x_1 am tiefer siedenden Bestandteil darstellt. Als gestrichelte Linie hingegen ist in Bild 3.11

der Gesamtdruck abhängig von der Gleichgewichtszusammensetzung $y_1 = y_1^*$ des Dampfes aufgetragen, die man aus der ersten Gl. (3.5) abhängig von $x_1 = 1 - x_2$ erhält. Diese Linie heißt Taulinie. Das Gleichgewicht zwischen einer flüssigen und einer dampfförmigen Phase ist in diesem Diagramm durch zwei gleich hohe Punkte auf der Siede- und Taulinie bestimmt; denn im Gleichgewicht müssen Flüssigkeit und Dampf nicht nur gleiche Temperatur, sondern auch gleichen Gesamtdruck haben.

Praktisch bedeutsamer ist der aus Bild 3.12 ersichtliche Verlauf der Gleichgewichtskurven bei konstantem Druck, weil viele technische Vorgänge bei angenähert konstantem Druck verlaufen. Ein Punkt auf der Siedelinie gibt an, bei welcher Temperatur ein flüssiges Gemisch gegebener Zusammensetzung zu sieden beginnt, ein Punkt auf der Taulinie hingegen, wann sich bei Abkühlung eines Dampfgemisches der erste Flüssigkeitstropfen ausscheidet. Da vielfach nicht die Temperatur, sondern nur die Zusammensetzung der beiden Phasen interessiert, ist die in Bild 3.13 dargestellte Gleichgewichtskurve, bei der y_1^* abhängig von x_1 aufgetragen ist, von Bedeutung. Im Gegensatz zu der Darstellung in Bild 3.6 ist hier die Kurve nach oben durchgekrümmt, weil x_1 und $y_1 = y_1^*$ jeweils den Gehalt am leichter siedenden Bestandteil zum Ausdruck bringen. Bei idealen Gemischen ist der Verlauf dieser Kurve durch Gl. (3.6) oder auch durch Gl. (3.8) bestimmt, wenn man bei der betreffenden Temperatur das Verhältnis α der Dampfdrücke der reinen Bestandteile kennt. Bei $\alpha = \text{const}$ ergeben sich für ideale Gemische gleichseitige Hyperbeln, deren Asymptoten gegen die Koordinatenachsen parallel verschoben sind.

Nach Bild 3.6 läßt sich in der beschriebenen Weise das Gleichgewicht von Sauerstoff-Stickstoff-Gemischen bei Atmosphärendruck sehr gut darstellen, wobei $1/\alpha = 0{,}246$ gesetzt ist. Hierbei stellen x und y^* den Gehalt an Sauerstoff dar. Weniger genau trifft dies für die ebenfalls eingezeichneten Gleichgewichtskurven von Stickstoff-Kohlenmonoxid und Ethylen-Ethan zu.

Vielfach erreicht man eine bessere Wiedergabe, wenn man in Gl. (3.8) für α nicht genau das Dampfdruckverhältnis, sondern einen empirisch bestimmten Wert einsetzt. In diesem allgemeineren Sinne wird α „Trennfaktor" oder relative Flüchtigkeit genannt, wobei man jedoch meist von der der Gl. (3.8) gleichwertigen Beziehung

$$\frac{y_2^*}{1 - y_2^*} = \alpha \frac{x_2}{1 - x_2} \tag{3.9}$$

ausgeht.

Auch für ein ideales Dreistoffgemisch läßt sich das Gleichgewicht auf Grund derselben Überlegungen leicht ermitteln. Enthält die Flüssigkeit von den Stoffen 1, 2 und 3 die Bruchteile x_1, x_2 und $(1 - x_1 - x_2)$ und der Dampf die Bruchteile y_1^*, y_2^* und $(1 - y_1^* - y_2^*)$, dann gilt zunächst entsprechend Gl. (3.5)

$$y_1^* P = x_1 p_{s1}\,; \qquad y_2^* P = x_2 p_{s2}\,;$$
$$(1 - y_1^* - y_2^*)\, P = (1 - x_1 - x_2)\, p_{s3}\,.$$

Hieraus folgt mit den Dampfdruckverhältnissen $\alpha_1 = p_{s1}/p_{s3}$ und $\alpha_2 = p_{s2}/p_{s3}$

$$\begin{aligned} y_1^* &= \frac{\alpha_1 x_1}{1 - (1 - \alpha_1)\, x_1 - (1 - \alpha_2)\, x_2}\,, \\ y_2^* &= \frac{\alpha_2 x_2}{1 - (1 - \alpha_1)\, x_1 - (1 - \alpha_2)\, x_2}\,. \end{aligned} \tag{3.10}$$

Hiermit läßt sich ein Gleichgewichtsdiagramm wie in Bild 3.9 vollständig berechnen. Bei höheren Ansprüchen an die Genauigkeit wird man jedoch die vielfach nur geringe Veränderung von α_1 und α_2 mit der Temperatur nicht vernachlässigen können.

3.1.1.2.2 Nichtideale Gemische

Wenn auch viele der bei tiefen Temperaturen vorkommenden Gemische sich ähnlich wie ideale Gemische verhalten, so muß man doch nicht selten mit größeren Abweichungen hiervon rechnen. Solche Abweichungen treten vornehmlich in der flüssigen Phase auf. Meist sind hierbei die Teildampfdrücke höher als bei idealen Gemischen, sie können aber auch niedriger sein. Physikalisch läßt sich diese Erscheinung wie folgt erklären.

Die in einer Lösung zwischen den Molekülen wirksamen Anziehungs- oder auch Abstoßungskräfte können so beschaffen sein, daß ein Molekül, das verdampfen will, in der Flüssigkeit weniger stark oder stärker festgehalten wird als in einer idealen Lösung. Im ersten Fall kann bei einer gegebenen Temperatur das Molekül leichter

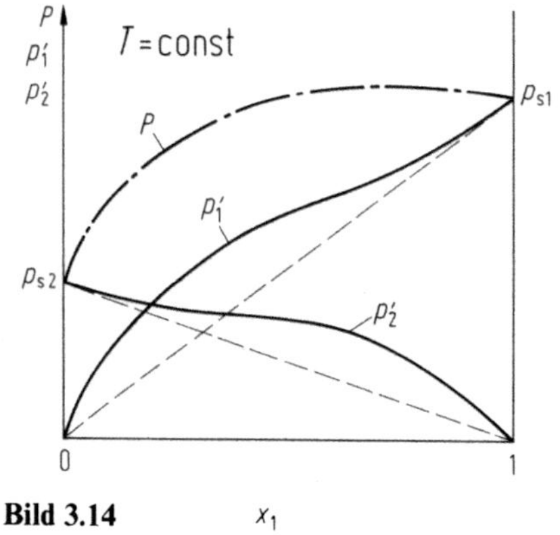

Bild 3.14

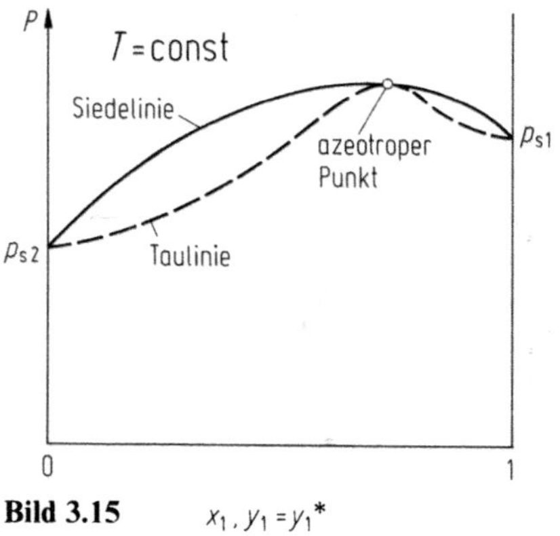

Bild 3.15

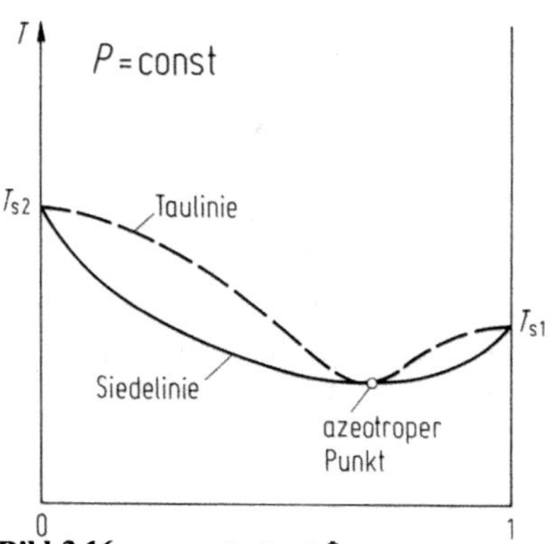

Bild 3.16

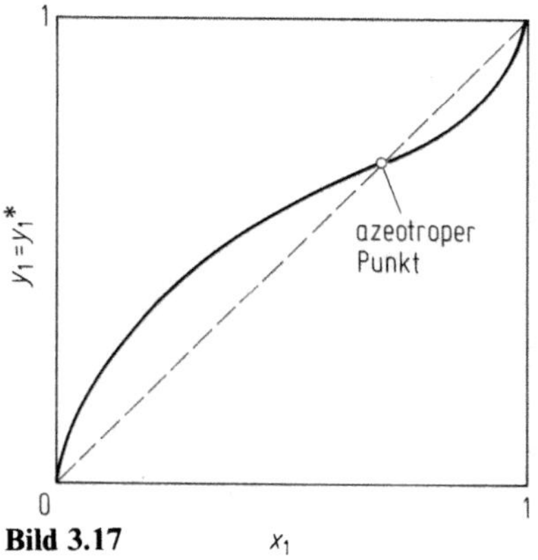

Bild 3.17

Bild 3.14. Teildampfdrücke p_1' und p_2' und Gesamtdruck P eines Gemisches, bei dem die Teildampfdrücke gegenüber einem idealen Gemisch erhöht sind

Bild 3.15. Siedelinie, Taulinie und azeotroper Punkt eines Gemisches mit erhöhten Teildampfdrücken bei konstanter Temperatur

Bild 3.16. Siedelinie, Taulinie und azeotroper Punkt eines Gemisches mit erhöhten Teildampfdrücken bei konstantem Druck

Bild 3.17. Gleichgewichtskurve eines Gemisches mit erhöhten Teildampfdrücken

verdampfen, die Zahl der verdampfenden Moleküle und damit der Teildampfdruck des betreffenden Bestandteils wird größer. Im zweiten Fall ist der Teildampfdruck geringer als bei idealem Verhalten.

Den Verlauf erhöhter Teildampfdruckkurven zeigt Bild 3.14 für konstante Temperatur. An den Enden, d. h. bei $x_2 = 1 - x_1 = 1$ und $x_1 = 1$ tangieren die Kurven die gestrichelt eingezeichneten geraden Linien für die idealen Lösungen. Dies ist notwendig, weil nahe bei $x_2 = 1$ und $x_1 = 1$ verdünnte Lösungen vorliegen und für diese das 2. Raoultsche Gesetz erfüllt sein muß.

Bei starker Abweichung vom idealen Verhalten hat der durch Addition von p_1' und p_2' sich ergebende Gesamtdruck P ein Maximum. Trägt man P abhängig von x_1 und $y_1 = y_1^*$ auf, so erhält man für Flüssigkeit und Dampf Kurven wie in Bild 3.15. Im Maximum haben Flüssigkeit und Dampf gleiche Zusammensetzung, so daß hier $y_1 = x_1$ ist. Eine Flüssigkeit dieser ausgezeichneten Zusammensetzung verdampft bei der gegebenen Temperatur ohne Änderung des Drucks und der Zusammensetzung. Dieser ausgezeichnete Punkt wird daher auch „azeotroper“ Punkt genannt, was wörtlich übersetzt „nicht siedewendig“ bedeutet. Während links von diesem Punkt der Dampf wie bei idealen Gemischen im Gleichgewicht stets reicher am leichter siedenden Bestandteil ist, ist dies rechts vom azeotropen Punkt gerade umgekehrt.

Für konstanten Druck verlaufen Siede- und Taulinie wie in Bild 3.16. Ein solches Verhalten mit Minimum-Siedepunkt zeigen z. B. Gemische aus Wasser und Ethylalkohol, wie schon kurz an Hand von Bild 3.8 erörtert wurde. Trägt man schließlich $y_1 = y_1^*$ abhängig von x_1 auf, dann ergibt sich eine Gleichgewichtskurve wie in Bild 3.17.

3.1.1.2.3 Gleichgewicht zwischen der flüssigen und dampfförmigen Phase von Gemischen aus beliebig vielen Bestandteilen

Da die Zerlegung von Gemischen aus vielen Bestandteilen durch Kondensation und Rektifikation eine immer größere Rolle spielt, soll nachstehend gezeigt werden, wie man als Grundlage der Berechnung solcher Vorgänge das Gleichgewicht zwischen der flüssigen und der dampfförmigen Phase von Vielstoffgemischen zweckmäßig zum Ausdruck bringen kann. Für die Durchführung von Rechnungen der genannten Art ist es erwünscht, Größen zu benutzen, die von der Temperatur und auch von der Zusammensetzung des Gemisches möglichst wenig abhängen. Denn vor allem bei der Rektifikation von Vielstoffgemischen sind, wie später in Abschnitt 3.3.5 gezeigt werden soll, Iterationsrechnungen unvermeidlich. Der Übergang von Iteration zu Iteration wird aber wesentlich erleichtert, wenn die das Gleichgewicht bestimmenden Größen sich nur wenig ändern.

Die vorstehend an Zweistoffgemischen durchgeführten Betrachtungen gelten in entsprechender Erweiterung auch für Gemische aus beliebig vielen Bestandteilen. In einem *idealen* Gemisch besteht für den i-ten Bestandteil in Verallgemeinerung von Gl. (3.3) die Beziehung:

$$p_i = x_i p_{si} = y_i P \,. \tag{3.11}$$

Schreibt man, um auch die übrigen Bestandteile mit einzubeziehen, j statt i, dann wird der Gesamtdruck

$$P = \sum_{j=1}^{M} p_j = \sum_{j=1}^{M} x_j p_{sj} \,,$$

wobei M die Gesamtzahl der Bestandteile bedeutet. Hiermit wird der Anteil des i-ten Bestandteils im Dampf

$$y_i = \frac{p_i}{p} = \frac{x_i p_{si}}{\sum_{j=1}^{M} x_j p_{sj}} . \tag{3.12}$$

Infolge der starken Temperaturabhängigkeit der Dampfdrücke p_{si} und p_{sj} hängen auch Zähler und Nenner der letzten Gleichung stark von der Temperatur ab. Zu einer sehr geringen Temperaturabhängigkeit der Größen, mit denen x_i und x_j zu multiplizieren sind, gelangt man hingegen, indem man Zähler und Nenner bei der gegebenen Temperatur durch den Dampfdruck irgendeines der Bestandteile dividiert. Hierzu wählt man in der Regel den am schwersten siedenden Bestandteil, den man dann „Bezugskomponente" oder „basic component" nennt. Sein Dampfdruck sei p_{sb}. Mit

$$\alpha_i = \frac{p_{si}}{p_{sb}} \quad \text{und} \quad \alpha_j = \frac{p_{sj}}{p_{sb}} \tag{3.13}$$

ergibt sich nach Gl. (3.12)

$$y_i = \frac{\alpha_i x_i}{\sum_{j=1}^{M} \alpha_j x_j} . \tag{3.14}$$

α_i und α_j stellen die relativen Flüchtigkeiten der Bestandteile eines Mehrstoffgemisches dar, entsprechend der relativen Flüchtigkeit α in einem Zweistoffgemisch nach Gl. (3.7).

Die zunächst für ideale Gemische abgeleitete Gl. (3.14) kann man auch für nichtideale Gemische anwenden, wenn man berücksichtigt, daß bei solchen Gemischen die Koeffizienten α_i und α_s mehr oder weniger von der Temperatur und grundsätzlich auch von der Zusammensetzung des Gemisches abhängen. Wegen der aber auch dann meist verhältnismäßig geringen Veränderlichkeit von α_i und α_j eignet sich Gl. (3.14) sehr gut für manche Arten der Berechnung der Rektifikation von Mehrstoffgemischen.

3.1.1.2.4 Verteilungskoeffizient oder Gleichgewichtsverhältnis K_i

Einfacher ist es, statt mit Gl. (3.14) mit den Werten des Verteilungskoeffizienten K_i zu rechnen, der nicht ganz zutreffend auch Gleichgewichtskonstante genannt wird und definiert ist durch

$$K_i = \frac{y_i}{x_i} \quad \text{oder} \quad y_i = K_i x_1 , \tag{3.15}$$

wobei $y_i = y_i^*$ wieder dem Gleichgewicht mit x_i entsprechen soll. K_i ist überwiegend eine Eigenschaft des i-ten Bestandteils, hängt aber außer von Druck und Temperatur grundsätzlich auch von der Art und den Mengen der zugemischten Stoffe ab. Sein Wert kann aus Meßergebnissen gewonnen, oder wie noch gezeigt werden soll, aus der Zustandsgleichung des betreffenden Gemisches berechnet werden. Wie auf S. 116 und 117 der 1. Auflage dieses Buches gezeigt wurde, haben Brown und Souders [B 7] die Abhängigkeit von den anderen Bestandteilen ursprünglich vernachlässigt und deshalb K_i jeweils nur für die reinen Stoffe als Funktion von Druck und Temperatur aufgezeichnet. Für genaue Rechnungen ist aber eine solche Vernachlässigung nicht zulässig. Deshalb werden in der Regel für Zweistoffgemische die Werte der Verteilungskoeffizienten K_1 und K_2 der beiden Bestandteile abhängig von Druck und Temperatur nach genauen Werten des Phasengleichgewichtes so aufgezeichnet, wie es in Bild 3.18 für binäre Gemische aus Kohlendioxid und Propan gezeigt ist. Hierbei gelten die oberen Kurven für den leichter siedenden, die unteren Kurven für den schwerer siedenden Bestandteil.

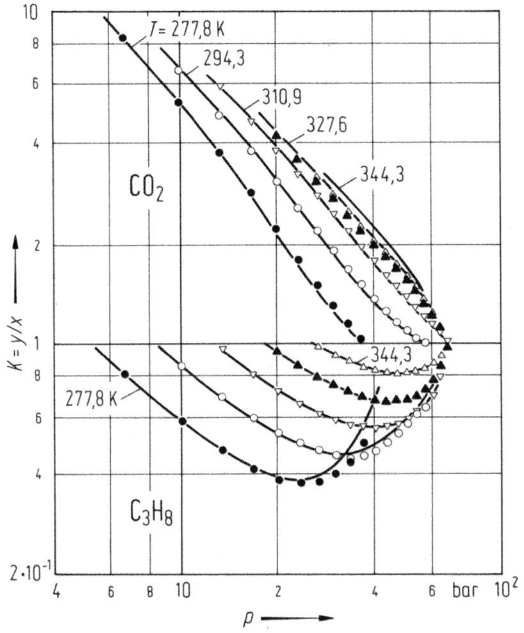

Bild 3.18. Berechnete Werte der Verteilungskoeffizienten K für binäre Gemische aus Kohlendioxid und Propan. Nach [P3]. Die Kurven geben berechnete, die Punkte die experimentellen Werte von Reamer, Sage und Lacey (1951) wieder

Wie in ähnlicher Weise das Phasengleichgewicht eines Dreistoffgemisches dargestellt werden kann, zeigt Bild 7.13 am Beispiel eines Gemisches aus Wasserstoff, Methan und Ethan.

Will man aus einem Diagramm wie in Bild 3.18 das Siedegleichgewicht der beiden Bestandteile eines Zweistoffgemisches für einen bestimmten Druck und eine bestimmte Temperatur ermitteln, dann liest man zunächst für die gegebenen Werte von P und T aus den beiden Kurvenscharen die Gleichgewichtskoeffizienten $K_1 = y_1/x_1$ und $K_2 = y_2/x_2 = (1 - y_1)/(1 - x_1)$ ab. Hieraus errechnet sich

$$x_1 = \frac{1 - K_2}{K_1 - K_2}; \tag{3.16}$$

$$y_1 = y_1^* = K_1 x_1 = K_1 \frac{1 - K_2}{K_1 - K_2}. \tag{3.17}$$

Nach den vorangehenden Erörterungen gelten die in einem Diagramm wie Bild 3.18 für einen bestimmten Stoff i dargestellten Werte des Verteilungskoeffizienten K_i nur im Gemisch mit dem zweiten genannten Stoff. Bei Mischung mit einem zusätzlichen weiteren Stoff sind grundsätzlich etwas abweichende Werte von K_1 zu erwarten. Es ist aber für die Berechnung des Gleichgewichtes von Mehrstoffgemischen eine willkommene, aus der Erfahrung gewonnene Feststellung, daß die für Zweistoffgemische geltenden Verteilungskoeffizienten meist auch bei Mehrstoffgemischen genügend genau angewendet werden können, falls die Bestandteile des Zweistoffgemisches auch im betrachteten Mehrstoffgemisch enthalten sind.

3.1.1.3 Thermodynamik des Gleichgewichtes zwischen einer flüssigen und einer dampfförmigen Phase

Die bisherigen Betrachtungen bezogen sich in erster Linie auf das Gleichgewichtsverhalten bei niedrigen Drücken, z. B. bei Atmosphärendruck. Hierbei kann in den meisten Fällen vor allem der Dampf mit genügender Näherung als ein Gemisch idealer Gase betrachtet werden. Viele Zerlegungsvorgänge werden aber in steigendem Maße auch bei hohen Drücken durchgeführt. Hierbei können die Abweichungen vom idealen Verhalten in beiden Phasen stark hervortreten. Für eine tiefere Einsicht in das Gleichgewichtsverhalten ist es daher sinnvoll, grundsätzliche Zusammenhänge aus der Thermodynamik, insbesondere aus dem II. Hauptsatz abzuleiten. Hierdurch wird zugleich die Möglichkeit eröffnet, die Gleichgewichtszusammensetzungen von Flüssigkeit und Dampf aus einer sehr genauen, für beide Phasen gültigen Zustandsgleichung zu berechnen.

3.1.1.3.1 Gleichgewichtsbedingungen

Über die eingehendere thermodynamische Behandlung des Gleichgewichts siehe z. B. [P 2, L 2, 3]. Damit das Gleichgewicht stabil ist, muß man verlangen, daß das System, das im betrachteten Falle aus einem flüssigen und dampfförmigen Gemisch besteht, nach jeder nicht zu großen Störung von selbst wieder in den Gleichgewichtszustand zurückkehrt. Bei einem siedenden Sauerstoff-Stickstoff-Gemisch kann eine solche Störung z. B. darin bestehen, daß eine kleine Sauerstoffmenge aus der Flüssigkeit in den Dampf übergeht. Setzt man voraus, daß hierbei Druck und Temperatur ungeändert bleiben, dann muß, wie sich mit Hilfe des II. Hauptsatzes der Thermodynamik beweisen läßt, bei jeder unendlich kleinen Störung des Gleichgewichtes die freie Enthalpie

$$G = H - TS \tag{3.18}$$

ungeändert bleiben. Hierbei ist H die Enthalpie und S die Entropie des betrachteten Systems. Die thermodynamische Gleichgewichtsbedingung lautet daher

$$\delta G = 0\,. \tag{3.19}$$

Es läßt sich im einzelnen zeigen, daß hierbei G einen Kleinstwert hat. Das Gleichgewicht bei konstanter Temperatur und konstantem Druck ist hiernach durch ein Minimum der freien Enthalpie gekennzeichnet.

3.1.1.3.2 Anwendung auf das Gleichgewicht siedender Gemische

Ist nun bei einem siedenden Gemisch G' die freie Enthalpie der Flüssigkeit, G'' die des Dampfes, dann gilt nach Gl. (3.19) für irgendeine unendlich kleine Änderung des Systems bei Gleichgewicht

$$\delta G' + \delta G'' = 0\,.$$

Ferner seien n'_1, n'_2, n'_3 usw. die Molzahlen der Bestandteile 1, 2, 3 usw. in der Flüssigkeit, n''_1, n''_2, n''_3 usw. die entsprechenden Molzahlen im Dampf. Geht nun die unendlich kleine Menge δn_1 des ersten Bestandteils aus der Flüssigkeit in den Dampf über, dann wird

$$\delta G' = -\left(\frac{\partial G'}{\partial n'_1}\right)_{P,T,n'_2,\dots} \delta n_1 \quad \text{und} \quad \delta G'' = \left(\frac{\partial G''}{\partial n''_1}\right)_{P,T,n''_2,\dots} \delta n_1$$

und hiermit

$$\delta G' + \delta G'' = \left[-\left(\frac{\partial G'}{\partial n'_1}\right)_{P,T,n'_2,\dots} + \left(\frac{\partial G''}{\partial n''_1}\right)_{P,T,n''_2\dots}\right] \delta n_1 = 0\,.$$

Da δn_1 beliebig ist, muß der Klammerausdruck verschwinden. Da ferner entsprechende Gleichungen auch für die anderen Bestandteile gelten, erhalten wir

$$\begin{aligned} \left(\frac{\partial G'}{\partial n'_1}\right)_{T,P,n'_2,\dots} &= \left(\frac{\partial G''}{\partial n''_1}\right)_{T,P,n''_2,\dots} \\ \left(\frac{\partial G'}{\partial n'_2}\right)_{T,P,n'_1,n'_3,\dots} &= \left(\frac{\partial G''}{\partial n_2}\right)_{T,P,n''_1,n''_3,\dots} \end{aligned} \tag{3.20}$$

usw.

Diese Gleichungen stellen die gebräuchlichste Form der Gleichgewichtsbedingungen für Mehrphasensysteme dar. Bei Systemen aus mehr als zwei Phasen sind die Differentialquotienten in Gl. (3.20) auch noch denen für die dritte Phase usw. gleichzusetzen.

Nennt man die Differentialquotienten von G nach den Molzahlen der einzelnen Bestandteile „chemische Potentiale" und führt man hierfür die Bezeichnung μ_i ein, so daß

$$\mu_i = \left(\frac{\partial G}{\partial n_i}\right)_{P,T,n_1,n_2,n_3,\dots} \tag{3.21}$$

wird, dann kann man die Gleichgewichtsbedingungen (3.20) auch in der Gestalt schreiben

$$\begin{aligned} \mu'_1 &= \mu''_1\,, \\ \mu'_2 &= \mu''_2 \\ \vdots\ & \quad \vdots \\ \mu'_i &= \mu''_i\,. \end{aligned} \tag{3.22}$$

Hiernach besagen die vorstehenden Bedingungsgleichungen, daß im Gleichgewichtszustand für jeden Bestandteil das chemische Potential in allen Phasen denselben Wert hat.

Betrachtet man das Gleichgewicht nicht bei konstantem Druck, sondern bei konstantem Volumen V und konstanter Temperatur T, dann ist das Gleichgewicht durch ein Minimum der freien Energie

$$F = U - TS\,.$$

gekennzeichnet, wobei U die innere Energie des betrachteten Systems bedeutet. Hieraus gewinnt man dieselben Ausdrücke für die chemischen Potentiale $\mu'_i = \mu''_i$ wie aus G, in dem man F bei V = const und T = const nach n_i bei unveränderten Molzahlen aller übrigen Bestandteile differenziert.

3.1.1.3.3 Gleichung von Duhem-Margules

Für Gemische, die eine flüssige und eine dampfförmige Phase enthalten, ist eine sehr bedeutsame Folgerung aus den thermodynamischen Gleichgewichtsbedingungen die Gleichung von Duhem und Margules. Verhält sich der Dampf wie ein Gemisch idealer Gase, dann stellt die Gleichung von Duhem-Margules eine Beziehung zwischen den Teildampfdrücken p_1', p_2', ... , p_i', . . . der Bestandteile der Lösung dar. Sie lautet

$$n_1 \frac{\partial \ln p_1'}{\partial n_i} + n_2 \frac{\partial \ln p_2'}{\partial n_i} + \ldots + n_k \frac{\partial \ln p_k'}{\partial n_i} + \ldots = 0\,, \tag{3.23}$$

worin wiederum bei der Differentiation der Gesamtdruck P, die Temperatur T und die Mengen aller Bestandteile außer dem beliebig wählbaren i-ten Bestandteil konstant zu halten sind. Die Mengen sind hier durch die Molzahl ausgedrückt.

Für ein Zweistoffgemisch vereinfacht sich Gl. (3.23) zu

$$x_1 \left(\frac{\partial \ln p_1'}{\partial x_1}\right)_T = (1 - x_1)\left(\frac{\partial \ln p_2'}{\partial (1 - x_1)}\right)_T . \tag{3.24}$$

Ist der Gesamtdruck P nicht sehr hoch, dann kann man Gl. (3.24) mit guter Näherung auch bei veränderlichem Gesamtdruck P, z. B. auf die Siedelinie in Bild 3.11 oder 3.15 anwenden, weil die thermodynamischen Eigenschaften von Flüssigkeiten nur wenig vom Druck abhängen.

Nach Gl. (3.24) sind die Teildampfdrücke p_1' und p_2' nicht unabhängig voneinander. Es kann vielmehr der Verlauf von p_2' abhängig von $x_2 = 1 - x_1$ berechnet werden, wenn der Verlauf von p_1' bekannt ist. Auch wenn, wie bei manchen Experimenten, nur der Gesamtdruck P bei konstanter Temperatur abhängig von x_1 gemessen ist, läßt sich p_1' aus Gl. (3.24) berechnen, indem man p_2' durch $P - p_1'$ ersetzt. Ist der Verlauf von p_1' gefunden, dann ist durch die Differenz $P - p_1' = p_2'$ sofort auch der Verlauf von p_2' festgelegt.

3.1.1.3.4 Lösungen der Gleichung von Duhem-Margules

Eine sehr wichtige Anwendung der Gleichung von Duhem-Margules besteht schließlich darin, daß man mit ihrer Lösung den Verlauf der Teildampfdrücke p_1' und p_2' formelmäßig darstellen kann, womit man zugleich einen Überblick über die wichtigsten Gleichgewichtsfälle erhält. Die allgemeinste Lösung findet man, indem man beide Seiten von Gl. (3.24) einer Funktion $f(x_1) = 1 + A_1x_1 + A_2x_1^2 + A_3x_1^3 + \ldots$ gleichsetzt, wobei die Konstanten A_1, A_2 usw. bis auf eine frei wählbar sind. Die Integration liefert für p_1' und p_2' die Beziehungen

$$\begin{aligned} p_1' &= x_1 p_{s1} \exp\left[- A_1(1 - x_1) - \frac{A_2}{2}(1 - x_1^2) - \frac{A_3}{3}(1 - x_1^3) - \ldots\right] \\ p_2' &= (1 - x_1)\, p_{s2} \exp\left[- \frac{A_1}{2} x_1^2 - \frac{A_1 + A_2}{3} x_1^3 - \frac{A_1 + A_2 + A_3}{4} x_1^4 - \ldots\right]. \end{aligned} \tag{3.25}$$

mit der Nebenbedingung, daß die Summe aller Konstanten

$$A_1 + A_2 + A_3 + \ldots = 0 \tag{3.26}$$

sein soll. Durch diese Nebenbedingung wird erreicht, daß die verdünnten Lösungen das 2. Raoultsche Gesetz erfüllen. p_{s1} und p_{s2} sind die Dampfdrücke der beiden reinen Bestandteile bei der gegebenen Temperatur.

Setzt man $f(x_1) = 1$, also $A_1 = A_2 = A_3 = 0$, dann erhält man die Beziehungen für die idealen Gemische, wie ein Vergleich mit Gl. (3.3) zeigt. Das grundsätzliche Verhalten nichtidealer Gemische läßt sich qualitativ am einfachsten wiedergeben, wenn man $A_1 = -2B$, $A_2 = +2B$ und alle weiteren Koeffizienten gleich Null setzt. Damit erhält man folgende Beziehungen

$$\begin{aligned} p_1' &= x_1 p_{s1} \exp\,[B(1 - x_1)^2] \\ p_2' &= (1 - x_1)\, p_{s2} \exp\,[B x_1^2]\,. \end{aligned} \tag{3.27}$$

Der Verlauf erhöhter Teildruckkurven wie in Bild 3.14 läßt sich mit einem positiven Wert von B in der Größenordnung von 1 darstellen. Mit einem negativen Wert von B ergibt sich ein nach unten durchgekrümmter Kurvenverlauf, der jedoch wesentlich seltener vorkommt als die Durchkrümmung nach oben.

Mit diesen Gleichungen kann man somit bei geeigneter Wahl von B auch die allgemeineren Fälle des Gleichgewichtes von Zweistoffgemischen wenigstens qualitativ richtig wiedergeben. Bild 3.19 zeigt nach den Gln. (3.27) mit $B = 1{,}46$ berechnete Teildruckkurven für konstante Temperatur. Daß diese den gemessenen Teildruckkurven von Gemischen aus Schwefelkohlenstoff und Aceton bei 35,2 °C sehr ähnlich sind, zeigt Bild 3.20. Aus der ebenfalls eingezeichneten Kurve für den Gesamtdruck P erkennt man, daß es sich hier um Gemische mit einem Dampfdruck-

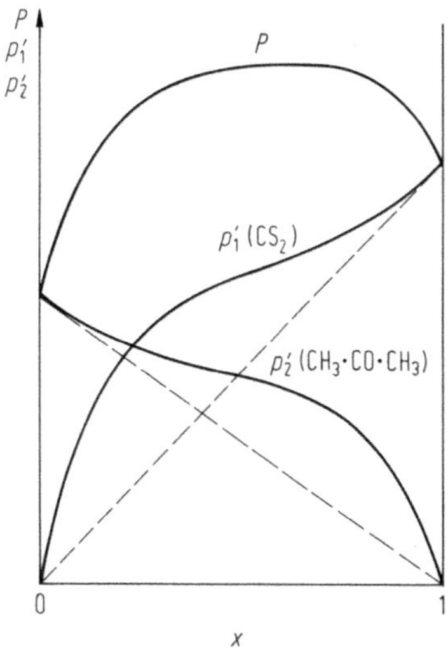

Bild 3.19. Teildampfdrücke p_1' und p_2' und Gesamtdruck P flüssiger Gemische, berechnet nach Gl. (3.27) mit $B = 1{,}46$

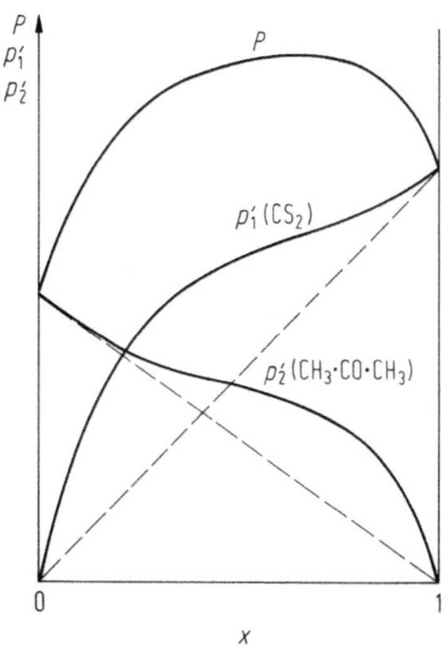

Bild 3.20. Teildampfdrücke und Gesamtdruck siedender Schwefelkohlenstoff-Aceton-Gemische bei 35,2 °C nach Messungen

maximum handelt, dem bei konstantem Druck P ein Minimumsiedepunkt wie in Bild 3.8 entspricht.

Benutzt man eine größere Zahl von Koeffizienten A_1, A_2, A_3 usw., dann kann man nach den Gln. (3.25) jede Gleichgewichtskurve mit beliebig hoher Genauigkeit wiedergeben.

3.1.1.3.5 Aktivitäten und Aktivitätskoeffizienten

Die Abweichung der Flüssigkeit vom idealen Verhalten kann man auch durch die sogenannten Aktivitäten zum Ausdruck bringen. Formal kann man nämlich statt der Gln. (3.25) auch schreiben

$$\begin{aligned} p_1' &= a_1 p_{s1} \\ p_2' &= a_2 p_{s2}\,, \end{aligned} \tag{3.28}$$

worin a_1 und a_2 „Aktivitäten" genannt werden. a_1 und a_2 sind die Produkte von x_1 bzw. $x_2 = 1 - x_1$ mit den entsprechenden Potenzfunktionen in den Gln. (3.25). Sie drücken aus, zu welchem Bruchteil sich die Dampfdrücke der reinen Bestandteile auf die Teildampfdrücke in der Lösung auswirken.

Praktisch rechnet man statt mit a_1 und a_2 meist mit den Aktivitätskoeffizienten γ_1 und γ_2, die unmittelbar gleich den Potenzfunktionen in den Gln. (3.25) oder (3.27) sind. Dadurch nehmen die Gln. (3.25) die Gestalt an:

$$\begin{aligned} p_1' &= x_1 \gamma_1 p_{s1}\,, \\ p_2' &= (1 - x_1)\, \gamma_2 p_{s2}\,. \end{aligned} \tag{3.29}$$

Nach Gl. (3.27) ist z. B.

$$\begin{aligned} \ln \gamma_1 &= B(1 - x_1)^2 \\ \ln \gamma_2 &= B x_1^2\,. \end{aligned} \tag{3.30}$$

Theoretisch hat van Laar folgende Beziehungen gefunden:

$$\begin{aligned} \ln \gamma_1 &= \frac{A}{\left(1 + \dfrac{A}{B}\dfrac{x_1}{1 - x_1}\right)^2}\,, \\ \ln \gamma_2 &= \frac{B}{\left(1 + \dfrac{B}{A}\dfrac{1 - x_1}{x_1}\right)^2}\,, \end{aligned} \tag{3.31}$$

wobei durch geeignete Wahl der Konstanten A und B vielfach eine gute Wiedergabe von Meßwerten erreicht werden kann. Doch gelten die Gln. (3.31) nicht so allgemein wie die Gln. (3.25). Setzt man $A = B$, dann gehen die Gln. (3.31) in die Gln. (3.27) über.

Die Aktivitäten und Aktivitätskoeffizienten müssen die Gleichung von Duhem-Margules erfüllen, wenn man sie an Stelle der Teildampfdrücke in diese Gleichung einsetzt. Trifft dies zu, dann nennt man sie thermodynamisch konsistent.

3.1.1.3.6 Fugazität (vgl. z. B. [L 3] und [K 6])

Wie vorstehend erörtert, bringen Aktivität und Aktivitätskoeffizienten die Abweichungen der flüssigen Phase vom Verhalten einer idealen Lösung zum Ausdruck, wobei zunächst noch vorausgesetzt ist, daß der Dampf sich wie ein Gemisch idealer Gase verhält. Bei höheren Drücken lassen sich aber auch die Abweichungen des Dampfes vom idealen Verhalten nicht vernachlässigen. Praktisch schließt man vielfach auch diese Abweichungen in die Aktivitäten oder Aktivitätskoeffizienten mit ein, und zwar schon deshalb, weil sich oft nur schwer feststellen läßt, welche Bruchteile der insgesamt beobachteten Abweichungen vom idealen Verhalten der flüssigen und welche der dampfförmigen Phase zuzuschreiben sind.

Grundsätzlich läßt sich indessen der Einfluß der Abweichung des Dampfes vom Verhalten eines idealen Gasgemisches mit Hilfe der *Fugazität* gesondert zum Ausdruck bringen. Die Fugazität kann als ein korrigierter Druck oder Teildruck aufgefaßt werden. Dieser Begriff läßt sich grundsätzlich auch auf die flüssige Phase anwenden. Er hat den Vorteil, daß man die Fugazität unmittelbar aus einer für den Dampf oder die Flüssigkeit oder auch für beide gemeinsam geltenden Zustandsgleichung berechnen und im zuletzt genannten Fall auch das Gleichgewicht zwischen beiden Phasen festlegen kann.

3.1.1.3.6.1 Fugazität reiner Stoffe

Zunächst werde nur ein reiner Stoff betrachtet, der in flüssiger und dampfförmiger Phase vorliegt. Sind n' und n'' seine in Mole gemessenen Mengen in beiden Phasen und ist entsprechend Gl. (3.18)

$$g = h - Ts \tag{3.32}$$

die freie Enthalpie je mol, dann gilt für die freien Enthalpien der Mengen von Flüssigkeit und Dampf

$$G' = n'g'; \qquad G'' = n''g''.$$

Hieraus folgt nach Gl. (3.21) für die chemischen Potentiale

$$\mu' = g'; \qquad \mu'' = g''$$

und damit aus den Gleichgewichtsbedingungen (3.22)

$$g' = g''. \tag{3.33}$$

Ist der Druck $p = P$ so niedrig, daß der Dampf genau genug das ideale Gasgesetz befolgt, dann wird nach den bekannten thermodynamischen Beziehungen

$$h'' = \int c_p \, dT \quad \text{und} \quad s'' = \int \frac{c_p}{T} \, dT - R \ln p$$

und damit nach Gl. (3.32), wenn wir $\int c_p \, dT - T \int c_p \, dT/T = f(T)$ setzen,

$$\mu'' = g'' = f(T) + RT \ln p. \tag{3.34}$$

Nach dieser Gleichung stehen also bei einer gegebenen Temperatur die freie Enthalpie g'' und das chemische Potential μ'' in einem einfachen Zusammenhang mit dem

Druck p des Dampfes. Da ferner im Gleichgewicht der Druck p des Dampfes gleich dem Dampfdruck p_s der Flüssigkeit ist, muß nach Gln. (3.33) und (3.34) auch für die Flüssigkeit gelten:

$$\mu' = g' = f(T) + RT \ln p_s \,. \tag{3.35}$$

Diese Gleichungen gelten aber nicht mehr bei höheren Drücken, weil dann die Abweichungen vom idealen Gasgesetz hervortreten. Trotzdem kann man aber formal noch ebenso rechnen, indem man an Stelle des Drucks p oder des Dampfdrucks p_s die Flüchtigkeit oder „Fugazität" f einführt und diese ganz allgemein definiert durch die Gleichung

$$\mu = f(T) + RT \ln f \,. \tag{3.36}$$

$f(T)$ soll hierbei denselben Ausdruck wie in Gln. (3.34) und (3.35) bedeuten. Auch soll Gl. (3.36) in gleicher Weise für den dampfförmigen und flüssigen Zustand gelten. Nach Gl. (3.33) muß daher bei Gleichgewicht die Fugazität von Flüssigkeit und Dampf denselben Wert haben, d. h. $f'' = f'$ sein.

Nach Gln. (3.34) und (3.35) ist die Fugazität f oder f_s bei sehr niedrigen Drücken gleich dem Druck p bzw. dem Dampfdruck p_s. Sie unterscheidet sich aber um so mehr von p oder p_s, je mehr die Abweichungen vom idealen Gaszustand hervortreten. Die Fugazität kann daher, wie schon erwähnt, als ein korrigierter Druck oder Dampfdruck aufgefaßt werden.

3.1.1.3.6.2 Fugazität in Gemischen

Die Gln. (3.35) und (3.36) für die Fugazität gelten zunächst nur für reine Stoffe. Der Begriff der Fugazität kommt aber erst dadurch zu seiner vollen Bedeutung, daß man ihn auch auf die Bestandteile von Gemischen anwenden kann.

Die Fugazität f_i des i-ten Bestandteils in einem Gemisch definieren wir jetzt entsprechend Gl. (3.36) durch

$$\mu_1 = f(T) + RT \ln f_i \,. \tag{3.37}$$

Nach Gl. (3.22) können daher die Gleichgewichtsbedingungen auch durch die Beziehung

$$f_i'' = f_i' \tag{3.38}$$

ausgedrückt werden, worin f_i' die Fugazität des i-ten Bestandteils in der flüssigen Phase, f_i'' in der dampfförmigen Phase bedeutet. Hiernach hat bei Gleichgewicht nicht nur in einem reinen Stoff, sondern auch in jedem Gemisch die Fugazität jedes einzelnen Bestandteils in allen Phasen denselben Wert.

3.1.1.3.6.3 Berechnung der Fugazität eines reinen Stoffes

Da die Fugazität den Einfluß der Abweichungen des Dampfes vom idealen Gaszustand und ebenso auch der Abweichungen der Flüssigkeit vom Verhalten der idealen Lösungen zum Ausdruck bringt, muß es auch möglich sein, sie aus diesen Abweichungen zu berechnen. Hierfür bietet sich folgender Weg, der zunächst einen Ausdruck für die freie Enthalpie g eines reinen Stoffes liefert: Durch Differenzieren von Gl. (3.32) erhält man

$$dg = dh - T\,ds - s\,dT \,.$$

Mit $T\,ds = dh - v\,dp$ geht dies über in $dg = v\,dp - s\,dT$. Durch Integration bei $T = \text{const}$ folgt hieraus

$$\mu = g = f(T) + \int v\,dp\,.$$

Setzt man nun

$$v = \frac{RT}{p} - \Delta v\,, \tag{3.39}$$

wobei Δv die Abweichung vom idealen Gaszustand darstellt, dann nimmt die Gleichung für μ die Gestalt an

$$\mu = f(T) + RT\ln p - \int \Delta v\,dp\,.$$

Da dies auch gleich dem Ausdruck in Gl. (3.36) ist, ergibt sich

$$\ln f = \ln p - \frac{1}{RT}\int_0^p \Delta v\,dp\,. \tag{3.40}$$

Nach dieser Gleichung kann man also die Fugazität für jeden Wert von T und P aus den Abweichungen Δv vom idealen Gaszustand berechnen. Hierbei ist die Integration in Gl. (3.40) bei unveränderlicher Temperatur T durchzuführen. Bei niedrigeren Drücken kann man Δv bei einer gegebenen Temperatur als unveränderlich betrachten, so daß das Integral in $p\,\Delta v$ übergeht. Soweit das Gesetz der übereinstimmenden Zustände gilt, hängt das Verhältnis f/p nur von der reduzierten Temperatur

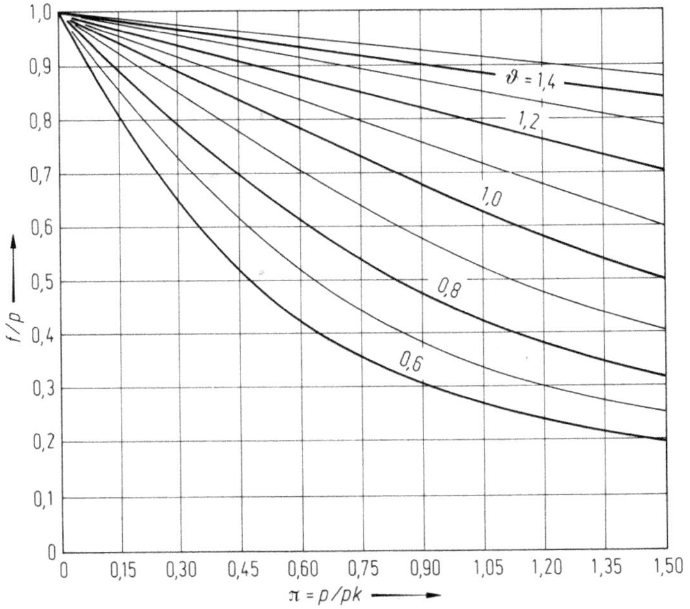

Bild 3.21. Verhältnis der Fugazität zum Gas- oder Dampfdruck p in Abhängigkeit vom reduzierten Druck π und von der reduzierten Temperatur ϑ

$\vartheta = T/T_k$ und vom reduzierten Druck $\pi = p/p_k$ ab. f/p läßt sich daher aus einem reduzierten Diagramm, wie es z. B. Lewis und Kay [L 5] für Kohlenwasserstoffe berechnet haben (vgl. Bild 3.21), unmittelbar ablesen. Es ist jedoch zu beachten, daß ein solches Diagramm stets nur für eine Gruppe sich ähnlich verhaltender Dämpfe gilt, für Gruppen anderer Dämpfe aber geänderte Diagramme berechnet und aufgezeichnet werden müssen.

Gleichung (3.40) gilt auch für die flüssige Phase, wenn man Δv so wählt, daß Gl. (3.39) das spezifische Volumen $v = v'$ der Flüssigkeit wiedergibt. Gleichung (3.40) kann auch in der Form geschrieben werden

$$\ln f = -\int_0^p \left(\frac{\Delta v}{RT} - \frac{1}{p}\right) \mathrm{d}p\,, \tag{3.41}$$

wobei wiederum die Integration bei konstanter Temperatur durchzuführen ist.

3.1.1.3.6.4 Berechnung der Fugazitäten in Gemischen aus einer Zustandsgleichung

Die Fugazität f_i des i-ten Bestandteils eines Gemisches ist nach Gl. (3.37) definiert durch

$$\mu_i = f(T) + RT \ln f_i\,. \tag{3.37}$$

Sie läßt sich berechnen aus einer Zustandsgleichung nach der Beziehung

$$\ln \frac{f_i}{y_i P} = -\frac{1}{RT}\int_0^p \Delta\bar{v}_i\, \mathrm{d}P = \int_0^p \left(\frac{\bar{v}_i}{RT} - \frac{1}{P}\right) \mathrm{d}P\,, \tag{3.42}$$

worin P den Gesamtdruck bedeutet und $\Delta\bar{v}$ und $\bar{v}_1$ wie folgt definiert sind. Ist V das Gesamtvolumen einer größeren Menge des Gemisches im dampfförmigen oder auch flüssigen Zustand, dann ist

$$\bar{v}_i = \left(\frac{\partial V}{\partial n_i}\right)_{T,\,P,\,n_j,\,\ldots}$$

das partielle molare Volumen des i-ten Bestandteils und $\Delta\bar{v}_1$ seine Abweichung vom Molvolumen eines idealen Gases nach der Gleichung

$$\bar{v}_i = \frac{RT}{P} - \Delta\bar{v}_i\,.$$

Neben Gl. (3.42) besteht für f_i die weitere Beziehung

$$\ln \frac{f_i}{y_i P} = \int_\infty^v \left[\frac{1}{v} - \frac{1}{RT}\left(\frac{\partial P}{\partial n_i}\right)_{T,\,v_i,\,n_j,\ldots}\right] \mathrm{d}v - \ln Z\,, \tag{3.43}$$

worin v das Molvolumen des Gemisches und Z den Realfaktor $Z = Pv/RT$ des Gemisches bedeuten. Für die flüssige Phase ist in den Gln. (3.42) und (3.43) y_i durch x_i zu ersetzen. Diese beiden Gleichungen sollen hier nicht abgeleitet werden (s. [L 3] und [K 6]).

Dank dieser Gleichungen ist es möglich, die Fugazität in beiden Phasen aus einer für beide Phasen gültigen Zustandsgleichung des Gemisches zu berechnen. Zur Anwendung von Gl. (3.42) eignet sich z. B. die in Abschnitt 1.1.2.1.3 erörterte Zustandsgleichung von Redlich, Kwong und Soave.

Alle im Anschluß an die Duhem-Margulessche Gl. (3.23) mit den Teildrücken durchgeführten Überlegungen lassen sich unverändert auf die Fugazitäten übertragen, weil Gl. (3.36) der Gl. (3.34) formal vollkommen entspricht. Hierdurch kann man die gewonnenen Ergebnisse auch auf höhere Drücke anwenden. Schließlich lassen sich die Überlegungen auch auf Gemische aus mehr als zwei Bestandteilen ausdehnen, indem man auf die allgemeinsten Beziehungen (3.23) zurückgeht.

3.1.1.3.7 Berechnung der Verteilungskoeffizienten K_i aus den Gln. (3.42) und (3.43)

Da die Gln. (3.42) und (3.43) ebenso für die flüssige wie für die dampfförmige Phase gelten, kann man aus ihnen auch die Verteilungskoeffizienten K_i berechnen. Setzt man nämlich die rechte Seite einer dieser Gleichungen gleich ln A für die Flüssigkeit und ln B für den Dampf, so daß

$$\ln \frac{f_i}{x_i P} = \ln A \quad \text{und} \quad \ln \frac{f_i}{y_1 P} = \ln B$$

wird, dann ergibt sich wegen der Gleichheit von f_i und von P in beiden Phasen

$$K_i = \frac{y_i}{x_1} = \frac{A}{B}\,. \tag{3.44}$$

Aus Gl. (3.42) erhält man überdies auf diese Weise, indem man $\bar{v}_i = \bar{v}_i''$ für den Dampf und $\bar{v}_i = \bar{v}_i'$ für die Flüssigkeit setzt, die Bezeichnung

$$\ln \frac{y_i}{x_i} = \ln K_i = -\int_0^P \left[\frac{\bar{v}_i''}{RT} - \frac{\bar{v}_i'}{RT}\right] \mathrm{d}P\,. \tag{3.45}$$

Wie man in etwas anderer Weise das Verhalten binärer Gemische thermodynamisch sehr allgemein und streng behandeln kann, hat Fischer [F 1] am Beispiel der Sauerstoff-Stickstoff-Gemische gezeigt.

3.1.1.3.8 Lösung eines Gases in einer Flüssigkeit und Dampfgehalt eines Gas-Dampf-Gemisches

Wie schon angedeutet, werden Gasgemische, wie z. B. Koksofengas, Crack- oder Spaltgase, zu einem großen Teil dadurch zerlegt, daß sich bei Abkühlung des Gases ein Teil der Bestandteile durch Verflüssigung ausscheidet. Um die hierdurch erreichbare Zerlegungswirkung beurteilen zu können, ist es wichtig zu wissen,

1. wieviel von den nicht kondensierbaren Bestandteilen sich in der sich bildenden Flüssigkeit löst und
2. welcher Bruchteil von den sich verflüssigenden Bestandteilen im Gasrest dampfförmig verbleibt.

Beide Fragen sollen zunächst auf Grund von Meßergebnissen besprochen werden. Es soll jedoch anschließend gezeigt werden, daß sich diese Fragen bis zu einem gewissen Grade auch aus den vorangehenden Gleichgewichtsbetrachtungen beantworten lassen.

3.1.1.3.8.1 Löslichkeit eines Gases in einer Flüssigkeit

Wir denken uns ein Gas mit der Flüssigkeit irgendeines anderen Stoffes in Berührung gebracht und fragen, wieviel von diesem Gas sich in der Flüssigkeit löst, wenn der Druck oder Teildruck des Gases über der Flüssigkeit bekannt ist. Die Erfahrung lehrt zunächst, daß die gelöste Gasmenge dem Druck oder Teildruck des Gases proportional ist. Dies ist der Inhalt des Henryschen Gesetzes. Der hierbei auftretende Proportionalitätsfaktor, der ein Maß für die Löslichkeit des Gases darstellt, wird Absorptionskoeffizient genannt. Früher wurde in der Regel der technische Absorptionskoeffizient λ verwendet, der die Gasmenge in m_n^3 angibt, die bei einem Gasdruck von 1 at in 1 t Flüssigkeit gelöst ist. Im Internationalen Einheitensystem ist hingegen der mit Λ bezeichnete Absorptionskoeffizient durch mol/kg bar auszudrücken. Zwischen diesen beiden Koeffizienten λ und Λ besteht die Beziehung

$$1\,\frac{m_n^3}{\text{t at}} = 0{,}045497\,\frac{\text{mol}}{\text{kg bar}}\,. \tag{3.46}$$

Tabelle 3.2, in der zunächst die Siedetemperaturen verschiedener Gase verzeichnet sind, enthält in zwei weiteren Spalten die Absorptionskoeffizienten Λ für die Lösung dieser Gase in Wasser bei 0 und 20 °C in mol/kg bar. Man erkennt, daß die Löslichkeit der Gase durchweg mit steigender Temperatur des Wassers abnimmt. Im Mittel kann man weiterhin feststellen, daß die Löslichkeit mit steigender Siedetemperatur der Gase selbst zunimmt. Von dieser Regel treten jedoch erhebliche Abweichungen auf.

Wesentlich bedeutsamer für die Tieftemperaturtechnik ist die Löslichkeit von sehr tief siedenden Gasen in anderen verflüssigten Gasen. Als Beispiel hierfür ist in Bild 3.22 die Löslichkeit von Wasserstoff und Helium in flüssigem Stickstoff und Methan dargestellt. Neben Messungen der Linde AG in Höllriegelskreuth bei München sind für

Tabelle 3.2. Löslichkeit verschiedener Gase in Wasser

Gas	Siedetemperatur		Löslichkeit in $\frac{\text{mol}}{\text{kg bar}}$ bei	
	K	°C	0 °C	20 °C
He	4,23	−268,9	0,000420	0,000378
Ar	87,3	−185,9	0,002343	0,00148
H_2	20,4	−252,8	0,000937	0,0008012
N_2	77,4	−195,8	0,001046	0,000692
O_2	90,2	−183,0	0,002167	0,00139
CO	81,6	−191,6	0,00156	0,001024
SO_2	263,2	−10	3,212	1,602
CO_2	fest: 194,7	−78,5	0,0754	0,0387
NH_3	239,8	−33,4	51,82	32,07
CH_4	111,7	−161,5	0,00246	0,00152
C_2H_4	169,3	−103,9	0,00955	0,00523
C_2H_6	184,6	−88,6	0,00432	0,00206
C_3H_8	231,1	−42,1	0,00419	0,00174
n-C_4H_{10}	272,7	−0,5	0,00373	0,00145
C_6H_6	353,3	+80,1		0,176

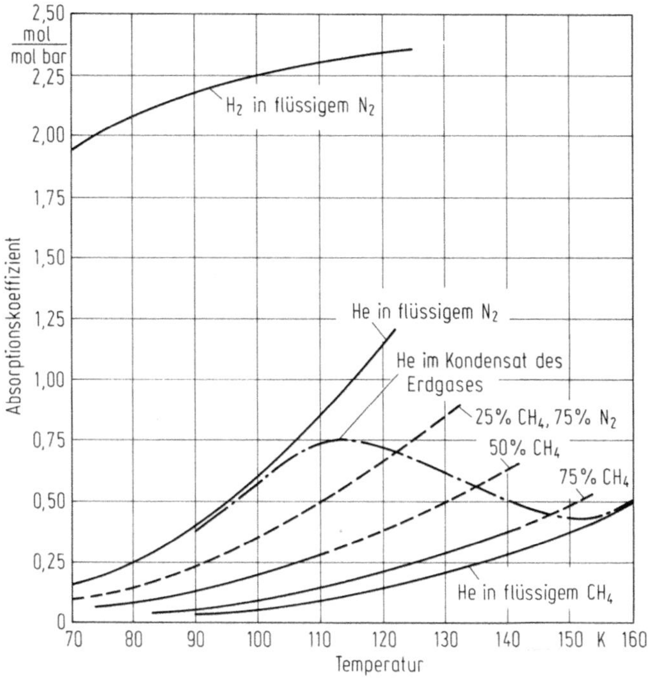

Bild 3.22. Löslichkeit von Wasserstoff in flüssigem Stickstoff und von Helium in flüssigem Stickstoff und Methan

die Löslichkeit von Helium in Stickstoff auch Werte von Verschoyle [V 1] benutzt; über weitere ältere Messungen siehe z. B. Lachowicz [L 1]. Der in diesem Bild als Ordinate aufgetragene Absorptionskoeffizient gibt an, wieviele Mole des löslichen Gases in 1 mol Flüssigkeit gelöst sind, wenn der Druck oder Teildruck des Gases 1 bar beträgt.

Auffallenderweise nimmt nach Bild 3.22 im Gegensatz zu Tabelle 3.2 die Löslichkeit mit sinkender Temperatur der Flüssigkeit ab. Es erscheint aber nicht als ausgeschlossen, daß mit noch weiter sinkender Temperatur die Löslichkeitskurven wieder ansteigen.

Soweit sich dies heute noch feststellen läßt, wurden die in Bild 3.22 verzeichneten Werte des Absorptionskoeffizienten in den 20er Jahren zum größten Teil im Laboratorium der Linde AG dadurch gewonnen, daß man das reine sich lösende Gas von unten in einer Kolonne aufsteigen und im Gegenstrom hierzu die lösende Flüssigkeit nach abwärts fließen ließ. Bei genügend großer Austauschfläche stellte sich am unteren Ende der Kolonne sehr nahe, thermodynamisches Gleichgewicht ein, so daß aus der Analyse der abfließenden Flüssigkeit und aus dem Mengenverhältnis von Flüssigkeit und Dampf auf den Lösungskoeffizienten geschlossen werden konnte. Diese Messungen ließen sich bei verhältnismäßig niedrigen Drücken, z. B. 10 bar und weniger, durchführen.

Leider ist ein genauer Vergleich mit neueren Meßwerten nur schwer möglich. Zwar haben Street und Calado [S 7] das thermodynamische Gleichgewicht zwischen der gasförmigen und flüssigen Phase eines Gemisches aus H_2 und N_2 bei Drücken zwischen 10 und 570 bar, Boone, De Vaney und Stroud [B 8] eines Gemisches aus He, N_2 und CH_4 zwischen 13 und 137 bar gemessen. Bei der Einstellung derartiger Gleichgewichte gelangen unvermeidlich Dämpfe des

Lösungsmittels in die Gasphase, so daß nicht der Gesamtdruck, sondern nur der Teildruck des löslichen Gases für die gelöste Menge als maßgebend anzusehen ist. Bei den hohen Drücken, die bei beiden Meßreihen geherrscht haben, ist es aber nicht möglich, diesen Teildruck nach dem für ideale Gase geltenden Zusammenhang mit den Molanteilen zu berechnen. Denn vor allem die Dämpfe des Lösungsmittels weichen bei diesen Drücken in ihrem Verhalten von dem der idealen Gase erheblich ab. Durch die inneren anziehenden Kräfte, die zwischen den Dampfmolekülen wirken, wird ihr Teildruck erheblich verringert. Der Teildruck des sich lösenden Gases wird hingegen bei dem gegebenen Gesamtdruck entsprechend vergrößert. Da überdies für diese allgemeineren Fälle eine klare thermodynamische Definition des Teildrucks fehlt, kann man ihn aus den Meßwerten nicht genau berechnen.

Der trotzdem vorgenommene Versuch, aus diesen neueren Arbeiten Absorptionskoeffizienten zu berechnen, führte zu folgendem Ergebnis. Für die Lösung von Wasserstoff in flüssigem Stickstoff ergab sich gute Übereinstimmung mit der in Bild 3.22 oben eingezeichneten Kurve, wenn man den Absorptionskoeffizienten auf den Gesamtdruck bezog. Hingegen ergab sich eine viel höher liegende Kurve, wenn man den nach den Gesetzen idealer Gase ermittelten Teildruck einsetzte. Man kann vielleicht daraus schließen, daß für den wahren Teildruck, der dazwischen liegt, die zutreffende Kurve zwar ebenfalls mit etwa $\alpha = 2{,}0$ mol/mol bar beginnt, aber stärker ansteigt, als in Bild 3.22. Doch kann dieser verstärkte Anstieg auch durch die wesentlich höheren Drücke verursacht sein, die bei den Messungen von Street und Calado herrschten. Dies ist um so mehr wahrscheinlich, als auch aus diesen Messungen selbst eine Zunahme des Absorptionskoeffitienten mit dem Druck hervorgeht.

Wie ebenfalls erwähnt, beobachteten Boone, De Vaney und Stroud die Lösung von He in flüssigen Gemischen von N_2 und CH_4, wobei der Molanteil des Methans bis zu etwa 50 Mol-% betrug. Bei CH_4-Gehalten von 25 und 50% ergaben sich Absorptionskoeffizienten, die beim Rechnen mit dem Gesamtdruck um 10 bis 15% unter den in Bild 3.22 eingezeichneten Kurven, beim Rechnen mit dem nach dem idealen Gasgesetz ermittelten Teildruck um etwa ebensoviel darüber lagen. Da der wahre Teildruck dazwischen liegt, kann man somit aus diesen Messungen schließen, daß sie die in Bild 3.22 wiedergegebenen Werte mit guter Näherung bestätigen.

Die Löslichkeit von Helium in verflüssigtem Erdgas zeigt Bild 6.21, die von zahlreichen Gasen in Methanol Bild 7.2.

3.1.1.3.8.2 Dampfgehalt eines Gas-Dampf-Gemisches bei Teilkondensation

Wenn wir nun umgekehrt danach fragen, wieviel von einem kondensierenden Bestandteil dampfförmig in der Gasphase verbleibt, so besteht die einfachste Annahme darin, daß diese Menge durch den Dampfdruck des sich bildenden Kondensats bestimmt wird. Hierbei werde vorausgesetzt, daß dieser Dampfdruck weder durch die Gegenwart anderer Bestandteile in der Gasphase noch durch die Löslichkeit solcher Bestandteile im Kondensat beeinflußt wird. Außerdem sollen in der Gasphase die Gesetze idealer Gase gelten. Dann kann man bei niedrigen Drücken, für welche diese Annahmen mit guter Näherung zutreffen, den Dampfgehalt im Gas in bekannter einfacher Weise wie folgt berechnen: Die Flüssigkeit, die nur aus dem kondensierenden Bestandteil 2 bestehe, habe den ihrer Temperatur entsprechenden Dampfdruck p_{s2}. Der Teildruck desselben Bestandteils im Gas beträgt $p_2 = y_2^* P$, wenn y_2^* den Molbruchteil im Dampf und P den Gesamtdruck bedeuten. Da im Gleichgewicht $p_2 \doteq p_{s2}$ ist, folgt

$$y_2^* = \frac{p_{s2}}{P} \,. \tag{3.47}$$

Diese Gleichung ist bei niedrigen Drücken von nur einigen bar gut erfüllt. Bei höheren Drücken enthält aber das Gas mehr Dampf als nach Gl. (3.47), so daß $y_2^* > p_{s2}/P$ wird. Diese Erscheinung wird Preßeffekt genannt; sie ist u. a. von Pollitzer und Strebel [P 4] genauer untersucht worden.

Als Beispiel zeigt Bild 3.23 den Preßeffekt von Wasserstoff und Helium auf flüssigen Stickstoff bei 78 K entsprechend −195 °C nach Messungen im Laboratorium der Linde AG in Höllriegelskreuth bei München. Als Ordinate ist das Verhältnis des wirklichen Gehaltes an dampfförmigem Stickstoff in der Gasphase zu dem nach Gl. (3.47) berechneten Dampfgehalt, als Abszisse der Teildruck des Preßgases Wasserstoff oder Helium aufgetragen. Wasserstoff übt hiernach einen erheblich größeren Preßeffekt aus als Helium.

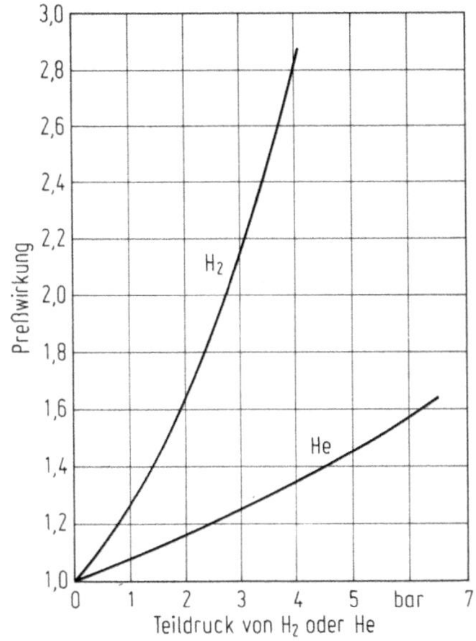

Bild 3.23. Preßwirkung von Wasserstoff und Helium auf flüssigen Stickstoff bei 78 K

Der Preßeffekt beruht auf folgenden physikalischen Erscheinungen. Vor allem wird der Dampfdruck p_{s2} der Flüssigkeit gesteigert durch den zusätzlichen Druck p_1, den ein fremdes Gas auf die Flüssigkeit ausübt. Diesen erhöhten Dampfdruck p'_{s2} kann man auf Grund einer thermodynamischen Ableitung (vgl. Pollitzer und Strebel [P 4]) berechnen nach der Gleichung

$$\ln \frac{p'_{s2}}{p_{s2}} = \frac{p_1}{\varrho_{2\text{fl}} \cdot g R_2 T},$$

in der $\varrho_{2\text{fl}}$ die Dichte der Flüssigkeit, g die Erdbeschleunigung und R_2 die Gaskonstante des kondensierenden Bestandteils bedeuten.

Der Preßeffekt ist aber in der Regel noch wesentlich höher, als er sich nach dieser Gleichung unter Benutzung des idealen Gasgesetzes für die Gasphase errechnet. Der Unterschied ist zu einem großen Teil auf die Abweichungen des Gas-Dampf-Gemisches vom idealen Gasgesetz zurückzuführen, was grundsätzlich durch Einführung der Fugazitäten statt der Dampfdrücke berücksichtigt werden kann. Offenbar kommt aber noch hinzu, daß die in der Gasphase zwischen den Molekülen wirksamen Anziehungskräfte die Moleküle des kondensierenden Bestandteils beim Austritt aus der Gasphase zurückzuhalten suchen.

Der Einfluß des Preßeffektes auf das Phasengleichgewicht siedender Gemische kommt mit zur Geltung, wenn man die im Gleichgewicht vorhandenen Zusammensetzungen von Flüssigkeit und Dampf nach einem der im Abschnitt 3.1.1.3 beschriebenen Verfahren aus einer genauen Zustandsgleichung berechnet. Hierbei ist es unwesentlich, ob man die Rechnung über die Aktivitäten, die Fugazitäten oder die Verteilungskoeffizienten durchführt.

3.2 Grundvorgänge der Zerlegung von Gemischen

3.2.1 Vorbemerkung

Die Kenntnis der Gleichgewichtswerte setzt uns in den Stand, die Grundvorgänge, auf denen die Zerlegung von Gasgemischen beruht, zahlenmäßig zu verfolgen. Als solche Grundvorgänge wurden im Abschnitt 3.1.1.1 bereits die Verdampfung und Verflüssigung kurz erwähnt. Der wichtigste dieser Vorgänge ist aber die Rektifikation, weil sie eine praktisch vollkommene Zerlegung ermöglicht. Zum Verständnis dieser verschiedenen Vorgänge erscheint es zweckmäßig, zunächst noch einmal die Verdampfung und die Verflüssigung genauer zu verfolgen.

3.2.2 Änderung der Zusammensetzung bei der Verdampfung

Die Zusammensetzung von Flüssigkeit und Dampf ändert sich bei der Verdampfung in verschiedener Weise, je nachdem, ob der entstehende Dampf dauernd mit der Flüssigkeit in Berührung bleibt oder in jedem Augenblick sofort abströmt. Die erste Art der Verdampfung sei im folgenden kurz geschlossene, die zweite Art offene Verdampfung genannt. Die offene Verdampfung ist identisch mit der einfachen Destillation und daher für die Zerlegung von Gemischen, die oberhalb der Umgebungstemperatur sieden, von großer praktischer Bedeutung. Die geschlossene Verdampfung entspricht hingegen mehr der rein physikalischen Betrachtungsweise, bei der man sich das verdampfende flüssige Gemisch in einen Zylinder eingeschlossen und dem Druck des entstehenden Dampfes durch einen zurückweichenden Kolben das Gleichgewicht gehalten denkt. Zuerst werde die geschlossene Verdampfung erörtert, weil sie sich rechnerisch einfacher verfolgen läßt und weil auch die früheren Betrachtungen über die Verdampfung, z. B. an Hand von Bild 3.1, sich bereits auf die geschlossene Verdampfung bezogen haben.

3.2.2.1 Geschlossene Verdampfung

Die geschlossene Verdampfung werde am Beispiel der Sauerstoff-Stickstoff-Gemische betrachtet, wobei unveränderlicher Druck vorausgesetzt sei. In einem beliebig herausgegriffenen Zwischenzustand sei x der Sauerstoffgehalt der Flüssigkeit, y bzw. y^* der Sauerstoffgehalt des Dampfes, wobei der Gehalt durch den Molenbruch ausgedrückt sei. Entsprechend seien auch die Mengen L der Flüssigkeit und V des Dampfes in Molen gemessen. L_0 und x_0 sollen Menge und Zusammensetzung der Flüssigkeit bei Beginn der Verdampfung bedeuten. Während der hinreichend langsam verlaufenden Verdampfung bleibe stets die gesamte entstehende Dampfmenge mit der Flüssigkeit in Berührung und habe auch in jedem Augenblick die x zugeordnete Gleichgewichtszusammensetzung y^*. Da überdies Flüssigkeit und Dampf zusammen immer ebensoviel Sauerstoff enthalten wie die anfängliche Flüssigkeitsmenge $L_0 = L + V$, so gilt

$$Lx + Vy^* = (L + V)\,x_0$$

oder

$$V(x_0 - y^*) = L(x - x_0)\,. \tag{3.48}$$

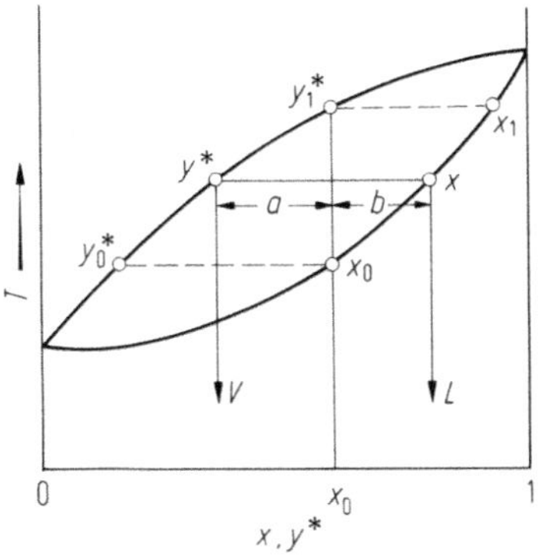

Bild 3.24. Zeichnerische Ermittlung der Mengen von Flüssigkeit und Dampf bei der geschlossenen Verdampfung

Im Gleichgewichtsdiagramm Bild 3.24, in dem die Temperatur T abhängig von x und y^* aufgetragen ist, sind die in Gl. (3.48) auftretenden Größen $x_0 - y^*$ und $x - x_0$ durch die waagerechten Strecken a und b dargestellt. Ist außer x_0 für einen bestimmten Augenblick der Verdampfung der Sauerstoffgehalt x der Flüssigkeit gegeben, dann kann man die Strecken a und b in das Gleichgewichtsdiagramm sofort einzeichnen und damit auch den Sauerstoffgehalt y^* des Dampfes bestimmen. Mit den Werten von a und b erhält man nach Gl. (3.48)

$$\frac{V}{L} = \frac{b}{a}. \tag{3.49}$$

Das Verhältnis der Mengen von Dampf und Flüssigkeit ist hiernach gleich dem Verhältnis der Strecken b und a. Wegen $L + V = L_0$ ergeben sich die Mengen selbst zu

$$L = \frac{a}{a+b} L_0 \quad \text{und} \quad V = \frac{b}{a+b} L_0 . \tag{3.50}$$

Schreibt man Gl. (3.49) in der Gestalt

$$Va = Lb ,$$

dann stimmt diese Gleichung der Form nach mit dem Hebelgesetz der Mechanik überein, wobei a und b den Hebelarmen, V und L den daran aufgehängten Gewichten entsprechen. Gleichung (3.50) wird daher gelegentlich auch „Hebelgesetz der Gemische" genannt.

Man kann, wie nebenbei bemerkt werde, dieses Hebelgesetz auch benutzen, um bei gegebenen Mengen L und V und gegebenem x_0 die Werte von x und y^* zu ermitteln. Man muß zu diesem Zweck versuchsweise die waagerechte Linie in ihrer Höhe so lange verändern, bis das Verhältnis der Abschnitte b und a gemäß Gl. (3.49) gleich dem Mengenverhältnis V/L wird. Dieses Probieren kann man durch das Verfahren vermeiden, das in [H 3, S. 100 u. Bild 24] beschrieben ist.

Mit Hilfe der gewonnenen Beziehungen kann man den gesamten Vorgang der geschlossenen Verdampfung verfolgen, indem man von einem bestimmten Wert x_0 ausgeht und in verschiedener Höhe die Strecken a und b einzeichnet. Anfang und Ende der Verdampfung sind in Bild 3.24 durch die beiden gestrichelten Linien gekennzeichnet. Das erste Dampfteilchen hat hiernach die Zusammensetzung y_0^*, das letzte

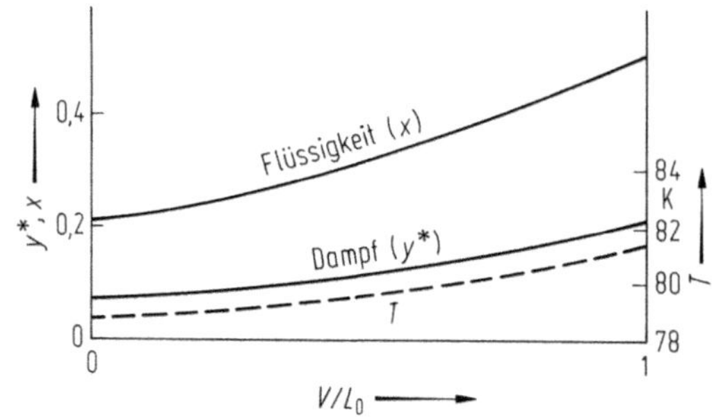

Bild 3.25. Geschlossene Verdampfung von Sauerstoff-Stickstoff-Gemischen bei 1,01325 bar = 1 atm. y^* und x stellen den Sauerstoffgehalt von Dampf und Flüssigkeit jeweils nach Verdampfung des Bruchteils V/L_0 dar

Flüssigkeitsteilchen die Zusammensetzung x_1. Bild 3.25 zeigt, wie der Sauerstoffgehalt von Flüssigkeit und Dampf bei einer geschlossenen Verdampfung der Luft bei 1,0135 bar = 1 atm zunimmt. Hierbei ist der Sauerstoffgehalt in Abhängigkeit vom Bruchteil der verdampften Menge V/L_0 aufgetragen. Der Gehalt der Flüssigkeit an Sauerstoff, der anfänglich $x_0 = 20{,}95$ Mol-% beträgt, steigt schließlich bis zu 52% an. Doch ist es nur der letzte Tropfen der verdampfenden Flüssigkeit, der prozentual so viel Sauerstoff enthält.

Führt man die geschlossene Verdampfung (s. Bild 3.26) nicht in einem Zuge, sondern stückweise durch, indem man den Dampf in gewissen Zeitabständen abführt, dann erzielt man eine wesentlich höhere Anreicherung des Sauerstoffs in der Flüssigkeit. Es werde z. B. der Dampf jeweils abgeführt, wenn 1/3 und 2/3 der Ausgangsmenge verdampft sind. Dann ist, von der Ausgangszusammensetzung x_0 der Flüssigkeit ausgehend, die erste Verdampfungsstufe beendet, wenn $L = 2V$ und damit nach Gl. (3.49) $a = 2b$ geworden ist. Die Flüssigkeit hat in diesem Augenblick einen Sauerstoffgehalt x_1, der größer als x_0 ist. Mit x_1 als Ausgangszusammensetzung beginnt nun die zweite Verdampfungsstufe. Die Strecken a und b sind daher von der Senkrechten durch x_1 aus nach rechts und links aufzutragen. Ist die Hälfte der bei Beginn der zweiten Stufe noch vorhandenen 2/3 der Flüssigkeit verdampft, wobei $a = b$ geworden ist, dann beginnt die dritte Verdampfungsstufe, bei der a und b von x_2 aus zu zeichnen sind. Es wandert also gewissermaßen der dem „Hebelgesetz" zugeordnete Drehpunkt sprungweise immer mehr nach rechts in Richtung höheren Sauerstoffgehaltes. Daher muß sich auch die Flüssigkeit mehr an Sauerstoff anreichern als bei der nicht unterbrochenen geschlossenen Verdampfung, bei der der

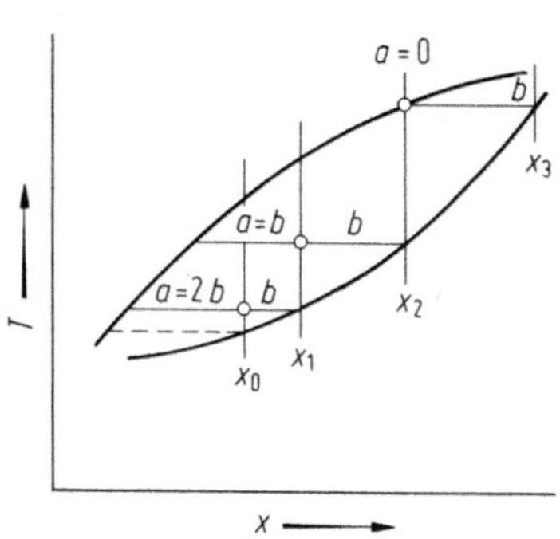

Bild 3.26. Geschlossene Verdampfung in drei Stufen

Drehpunkt dauernd auf der Senkrechten x_0 verbleibt. Führt man die angedeutete Rechnung für die Verdampfung von Luft mit $x_0 = 20{,}9\,\%$ Sauerstoff bei Atmosphärendruck durch, dann ergibt sich $x_1 = 27{,}0\,\%$, $x_2 = 40{,}5\,\%$ und als Endwert des Sauerstoffgehaltes der Flüssigkeit $x_3 = 73{,}8\,\%$. Die nicht unterbrochene geschlossene Verdampfung hatte hingegen nur bis zu einem Sauerstoffgehalt der Flüssigkeit von 52 % geführt. Läßt man die Zahl der Verdampfungsstufen immer größer und schließlich unendlich groß werden, dann nähert man sich immer mehr der offenen Verdampfung, bei der die Flüssigkeit sich am stärksten an Sauerstoff anreichern kann.

3.2.2.2 Offene Verdampfung

Bei der offenen Verdampfung steht im Idealfall in jedem Augenblick nur das gerade neu entstehende Dampfteilchen $\mathrm{d}V$ mit der Flüssigkeit in Berührung und wird sofort abgeführt. Daher hat bei langsamer Verdampfung auch nur dieses Dampfteilchen die Gleichgewichtszusammensetzung y^*, die der augenblicklichen Flüssigkeitszusammensetzung x entspricht. Während der Verdampfung von $\mathrm{d}V$ ändert sich die Zusammensetzung der Flüssigkeit von x bis $x + \mathrm{d}x$ und ihre Menge um $\mathrm{d}L = -\mathrm{d}V$ von L bis $L + \mathrm{d}L$. Da nun die in der Flüssigkeit enthaltene Sauerstoffmenge um ebensoviel abnimmt, wie das Dampfteilchen $\mathrm{d}V$ mit fortnimmt, folgt

$$Lx - (L + \mathrm{d}L)(x + \mathrm{d}x) = y^*\,\mathrm{d}V = -y^*\,\mathrm{d}L$$

und unter Vernachlässigung von $\mathrm{d}L\,\mathrm{d}x$

$$-\frac{\mathrm{d}L}{L} = \frac{\mathrm{d}x}{x - y^*}\,.$$

Durch Integration von x_0 bis x ergibt sich

$$\ln\frac{L_0}{L} = \int\limits_{x_0}^{x}\frac{\mathrm{d}x}{x - y^*}\,. \tag{3.51}$$

Durch diese Beziehung ist der Verlauf der offenen Verdampfung bestimmt. Da man nämlich das Integral auf der rechten Seite zum mindesten nach einem Näherungsverfahren, z. B. stufenweise oder zeichnerisch, auswerten kann, läßt sich nach Gl. (3.51) L_0/L und damit auch $V/L_0 = 1 - L/L_0$ abhängig von x berechnen. Über die geschlossene Integration von Gl. (3.51) bei idealen Gemischen sowie über weitere Verfahren zur Berechnung der geschlossenen und offenen Verdampfung siehe Hausen [H 3, S. 100–104] und Florin [F 4]. Bild 3.27 zeigt die so berechnete offene Verdampfung flüssiger Luft unter Atmosphärendruck. Der Einfluß des in der Luft enthaltenen Argons ist hierbei vernachlässigt. Während bei der geschlossenen Verdampfung der letzte Flüssigkeitstropfen nach Bild 3.3 oder Bild 3.25 nur 52 % Sauerstoff enthält, besteht bei der offenen Verdampfung der letzte Flüssigkeitstropfen aus reinem Sauerstoff. Eine solche offene Verdampfung findet mit großer Annäherung statt, wenn man flüssige Luft in offenen Gefäßen stehen und durch die einströmende Wärme langsam verdampfen läßt.

Man kann indessen auf diese Weise die Luft nicht befriedigend zerlegen, weil die gewinnbare Menge reinen Sauerstoffs nur verschwindend klein ist und reiner Stickstoff überhaupt nicht gewonnen werden kann. Nur bei sehr großen Dampfdruckunterschieden, d. h. weit auseinanderliegenden Siedepunkten der Bestandteile, wie

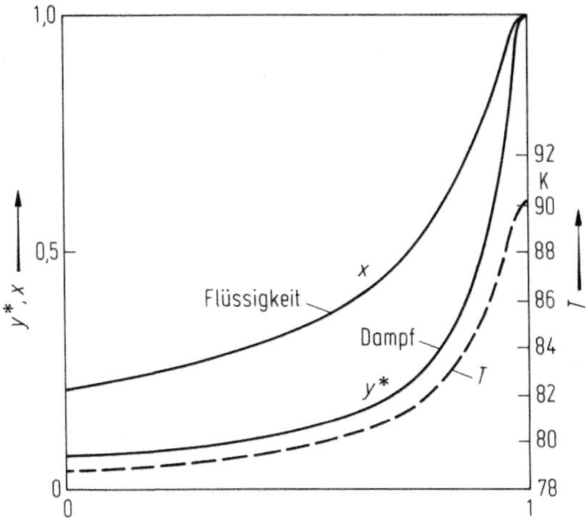

Bild 3.27. Offene Verdampfung von Sauerstoff-Stickstoff-Gemischen. y^* und x stellen den Sauerstoffgehalt von Dampf und Flüssigkeit jeweils nach Verdampfung des Bruchteils V/L_0 dar

sie bei anderen Gemischen oberhalb der Umgebungstemperatur nicht selten vorkommen, und bei nicht zu hohen Ansprüchen an die Reinheit und Menge der Zerlegungsprodukte erweist sich dieses als einfache Destillation bekannte Zerlegungsverfahren als ausreichend. In der Tieftemperaturtechnik hingegen wird dieses Verfahren praktisch nicht angewendet. Hier hat es sich, insbesondere bei der Zerlegung von Crack- und Spaltgasen als zweckmäßiger erwiesen, die Zerlegung durch den entsprechenden Vorgang der Kondensation zu bewirken, der anschließend besprochen werden soll.

3.2.3 Änderung der Zusammensetzung bei der Kondensation

Entsprechend der geschlossenen und offenen Verdampfung kann man auch zwei Arten der Verflüssigung unterscheiden, je nachdem ob die gesamte gebildete Flüssigkeit mit dem Dampf in Berührung bleibt oder jeder Tropfen neu gebildeter Flüssigkeit sofort abgeführt wird. Die letztere Art der Verflüssigung, bei der nur jedes gerade neu gebildete Flüssigkeitsteilchen die dem Dampf zugeordnete Gleichgewichtszusammensetzung hat, ist unter dem Namen „partielle Kondensation“ bekannt. Die Begriffe „partielle“ Kondensation und „fraktionierte“ Kondensation werden im Abschnitt 3.4 erläutert. Beide Arten der Verflüssigung kann man grundsätzlich rechnerisch ebenso behandeln wie die geschlossene und offene Verdampfung, indem man die hierfür entwickelten Berechnungsverfahren sinngemäß anwendet. Der erwähnten Erscheinung, daß bei der offenen Verdampfung flüssiger Luft der letzte Flüssigkeitstropfen aus reinem Sauerstoff besteht, entspricht bei der partiellen Kondensation von Luft, daß das letzte Dampfteilchen nur Stickstoff enthält.

Wesentlich bedeutsamer als für die Zerlegung der Luft ist die Kondensation, wie schon erwähnt, für die Zerlegung anderer Gasgemische, z. B. von Crack- und Spaltgasen. Welche Bestandteile diese Gase enthalten und bei welchen Temperaturen deren Siedepunkte liegen, zeigt Tabelle 3.3. Hiernach liegt der Siedepunkt des Wasserstoffs weit unterhalb der Siedetemperatur der übrigen Bestandteile wie Stickstoff,

Tabelle 3.3. Zusammensetzung von Koksofengas, Spalt- und Erdgasen in Mol-%

Bestandteile	H_2	N_2	CO	CH_4	C_2H_4	C_2H_6	Höhere Kohlen-Wasserstoffe	CO_2	H_2S
Siedetemperatur des reinen Bestandteils bei 1,013 bar	20,4 K	77,8 K	81,6 K	111,7 K	169,5 K	184,6 K	184,6 ... 353 K	194,7 K	212,9
Koksofengas	50 ... 57	6 ... 12	5 ... 7	22 ... 25	1 ... 2	—	2 ... 4	2 ... 5	—
Spaltgas aus Leichtbenzin (Naphtha)	17	—	0,2	28	28	7,8	19	—	—
Spaltgas aus Schweröl oder durch Kohlevergasung und anschließende Konvertierung gewonnenes Gas	62,5	0,5	3,3	0,2	—	—	—	33	0,5
Erdgas mit hohem Gehalt an N_2	—	43,2	—	56,1	—	0,47	0,03	0,2	—
Erdgas mit hohem Gehalt an CH_4	—	14,6	—	82,0	—	2,8	0,6	—	—

Kohlenmonoxid, Methan usw. Daher können durch Abkühlung des Gasgemisches auf die Temperatur flüssigen Stickstoffs alle Bestandteile außer Wasserstoff weitgehend auskondensiert werden, ohne daß Wasserstoff sich in merklichen Mengen verflüssigt. Dieses Verfahren ist daher besonders geeignet, um aus solchen Gasgemischen Wasserstoff und andere Bestandteile zu gewinnen.

Das Grundsätzliche eines solchen Zerlegungsvorganges soll zunächst an einem einfachen Beispiel erörtert werden. Es sei ein Gemisch aus 70% Wasserstoff und 30% Methan unter einem Druck von $P = 8$ bar gegeben, so daß das Methan einen Teildruck von $0{,}3 \cdot 8 = 2{,}4$ bar hat. Bei diesem Druck beträgt die Sättigungstemperatur des reinen Methans etwa 123 K. Nimmt man also an, daß die Anwesenheit des Wasserstoffs die Sättigungstemperatur nicht beeinflußt, was angenähert zutrifft, dann muß die Methankondensation bei 123 K beginnen. Von dem in Abschnitt 3.1.1.3.8.2 behandelten und im vorliegenden Falle nur sehr geringen Preßeffekt werde hier abgesehen. Der weitere Verlauf der Kondensation läßt sich in folgender Weise berechnen: In dem Gasgemisch sei, gemessen in Molen, V die Menge des kondensierenden Gases, G die Menge des nicht kondensierenden Gases. Ferner sei bei einer beliebigen unterhalb des Kondensationsbeginns liegenden Temperatur p_s der Sättigungsdruck des kondensierenden Gases, hier des Methans. Die bei dieser Temperatur kondensierte Menge L bestimmt sich dann daraus, daß der Teildruck des Methans im Gasrest gleich p_s und folglich der des Wasserstoffs gleich $P - p_s$ sein muß. Unter der Annahme, daß für den Gasrest das ideale Gasgesetz gilt, verhalten sich die darin enthaltenen Molmengen $V - L$ und G wie die Teildrücke, d. h. es ist

$$\frac{V - L}{G} = \frac{p_s}{P - p_s} .$$

Hieraus folgt

$$L = V - \frac{p_s}{P - p_s} G . \tag{3.52}$$

Nach dieser Gleichung läßt sich für jede Temperatur die bis dahin ausgeschiedene Flüssigkeitsmenge L berechnen. Man erkennt aus der Gleichung, daß diese Menge mit sinkender Temperatur stetig zunimmt, weil p_s hierbei abnimmt.

In Bild 3.28 ist für das genannte Beispiel eines 30%igen Methan-Wasserstoff-Gemisches die nach Gl. (3.52) berechnete Menge verflüssigten Methans abhängig von der Temperatur aufgetragen. Der Gesamtdruck ist wie oben zu $P = 8$ bar, die Ausgangsmenge des Gasgemisches zu 100 mol angenommen. Außerdem ist der Dampfdruck des Methans sowie sein Siede- und Schmelzpunkt in das Bild eingetragen. Es zeigt sich, daß die Anwesenheit des Wasserstoffs, auch wenn er die Abhängigkeit des Sättigungsdrucks des Methans von der Temperatur nicht beeinflußt, doch zur Folge hat, daß die Methankondensation nicht bei konstanter, sondern infolge des sinkenden Methanteildrucks im Gemisch bei abnehmender Temperatur stattfindet. Bei diesem Gemisch aus nur zwei Gasen müßte die Kondensation schon oberhalb −183 °C = 90 K abgebrochen werden, weil das Methan bei −183 °C = 90 K fest wird. Bei den in der Praxis verarbeiteten Gasgemischen sind jedoch stets noch andere Bestandteile, insbesondere Kohlenmonoxid und Stickstoff, vorhanden, durch welche der Methanschmelzpunkt stark herabgesetzt wird, so daß die Abkühlung des Gemisches noch weiter fortgesetzt werden kann (vgl. Bild 3.29).

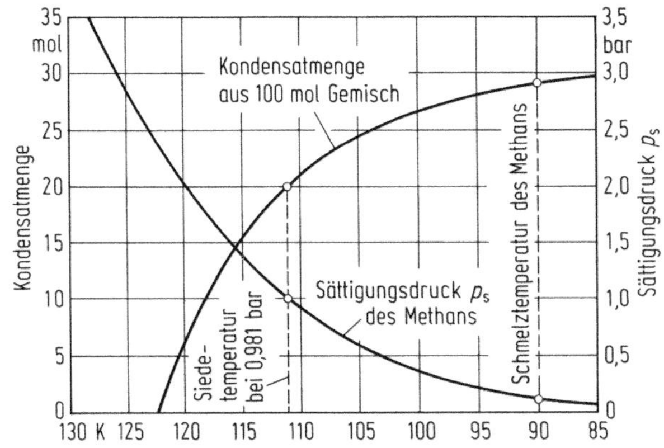

Bild 3.28. Ausscheidung flüssigen Methans aus einem 30%-igen Methan-Wasserstoff-Gemisch

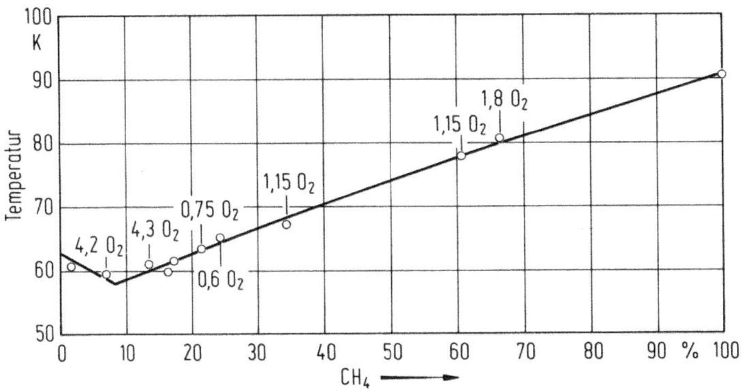

Bild 3.29. Erstarrungstemperatur von Methan-Stickstoff-Gemischen mit kleinen Beimengungen von Sauerstoff

Bei vielen für die Tieftemperaturtechnik bedeutsamen Gasgemischen ist, wie Tabelle 3.3 zeigt, die Zahl der Bestandteile sehr groß. Da diese Bestandteile sich bei der Kondensation gegenseitig beeinflussen, reicht in diesem Falle Gl. (3.52) für eine genauere Berechnung nicht aus. Unter der Voraussetzung, daß das betrachtete Gasgemisch sich bei der Kondensation wie ein ideales Gemisch verhält, kann man die bei einer beliebigen Temperatur gebildete Kondensatmenge und ihre Zusammensetzung nach folgendem, vom Verfasser im Jahre 1927 entwickelten Verfahren berechnen.

Hausen hat dieses Verfahren erst in der 1. Auflage dieses Buches veröffentlicht. 12 Jahre später als der Verfasser hat Fischer [F 2], ein ähnliches Verfahren gefunden, als er mit einer wissenschaftlichen Aufgabe für den ersten Verfasser beschäftigt war.

3.2.4 Berechnung der geschlossenen Kondensation aus Gemischen mit beliebig vielen Bestandteilen

Das betrachtete Gasgemisch enthalte N kondensierende Bestandteile; daneben können auch Bestandteile vorhanden sein, die an der Verflüssigung nicht teilnehmen.

Die sich bildende Flüssigkeitsmenge L stehe mit der gesamten jeweils noch vorhandenen Gas- und Dampfmenge in Berührung und im Gleichgewicht, so daß „geschlossene Kondensation" stattfindet. p_i sei der Teildruck, p_{si} der Dampfdruck des i-ten Bestandteils, x_i und y_i^* der Gehalt (Molenbruch) dieses Bestandteils in der Flüssigkeit bzw. im gasdampfförmigen Gemisch, P sei der Gesamtdruck. Ist nun, wie wir annehmen wollen, das Gemisch ideal, d. h. befolgt das Gas-Dampf-Gemisch das ideale Gasgesetz und ist die Flüssigkeit eine ideale Lösung, dann gilt nach den Gln. (3.4) und (3.5) für den i-ten Bestandteil bei einer gegebenen Temperatur

$$p_i = x_i p_{si} = y_i^* P \,. \tag{3.53}$$

Ferner sei V_0 die Ausgangsmenge des Gemisches einschließlich der nicht kondensierbaren Bestandteile, V_{i0} die Ausgangsmenge des i-ten Bestandteils. Weiter sei L_i die bei der betrachteten Temperatur verflüssigte Menge des i-ten Bestandteils, so daß für die gesamte Flüssigkeitsmenge L gilt:

$$\sum_{i=1}^{N} L_i = L \,.$$

Hiermit ergibt sich

$$x_i = \frac{L_i}{L} \quad \text{und} \quad y_i^* = \frac{V_{i0} - L_i}{V_0 - L} \,. \tag{3.54}$$

Durch Einsetzen in Gl. (3.53) folgt

$$\frac{L_i}{L} p_{si} = \frac{V_{i0} - L_i}{V_0 - L} P \tag{3.55}$$

und hieraus durch Auflösen nach L_i/L

$$\frac{L_i}{L} = \frac{\dfrac{P}{P - p_{si}} V_{i0}}{\dfrac{p_{si}}{P - p_{si}} V_0 + L} \,. \tag{3.56}$$

Da $\Sigma\, L_i/L = 1$, ergibt sich durch Summieren der Ausdrücke auf der rechten Seite von Gl. (3.56) über alle kondensierbaren Bestandteile

$$\sum_{i=1}^{N} \frac{\dfrac{P}{P - p_{si}} V_{i0}}{\dfrac{p_{si}}{P - p_{si}} V_0 + L} = 1 \,. \tag{3.57}$$

In dieser Gleichung seien P, V_0 und alle Werte von V_{i0} vorgegeben. Ferner sind bei der betrachteten Temperatur die Dampfdrücke p_{si} durch die Dampfdruckkurven der reinen Bestandteile bestimmt. Dann ist in Gl. (3.57) die Flüssigkeitsmenge L die einzige Unbekannte. L läßt sich daher für jede Temperatur durch Probieren ermitteln. Dieses Probieren führt bei nicht zu vielen Bestandteilen ziemlich rasch zu einem hinreichend genauen Ergebnis, weil man die übrigen in den Zählern und Nennern von Gl. (3.57) auftretenden Ausdrücke von vornherein berechnen kann. Ist der Wert von L gefunden, dann stellen nach Gl. (3.56) die Summanden von Gl. (3.57) die Werte von L_i/L dar. Damit ist aber nach Gl. (3.54) sofort auch die Zusammensetzung der Flüssigkeit und des jeweils verbliebenen Gas-Dampf-Gemisches bestimmt.

Praktisch wird eine solche geschlossene Kondensation meist in mehreren Temperaturstufen durchgeführt, indem am Ende jeder Stufe die jeweils bis dahin gebildete Flüssigkeitsmenge entnommen wird. Jede Stufe läßt sich in der angegebenen Weise berechnen, wobei man jeweils die am Ende der vorhergehenden Stufe erhaltene Zusammensetzung des Gas-Dampf-Gemisches als neue Ausgangszusammensetzung zugrunde legt.

Wie oben erwähnt, gilt diese Art der Berechnung der geschlossenen Kondensation nur für ideale Gemische, d. h. nur, wenn das Gas-Dampf-Gemisch das ideale Gasgesetz befolgt und die Flüssigkeit sich wie eine ideale Lösung verhält. Bei niedrigen Drücken kann man damit vielfach gute Ergebnisse erzielen. Man kann aber das beschriebene Verfahren unter Benutzung des Gleichgewichtskoeffizienten K_i so abändern, daß es auch bei beliebig großen Abweichungen vom idealen Verhalten gilt. Man muß zu diesem Zweck lediglich Gl. (3.53) durch

$$y_i^* = K_i x_i \tag{3.58}$$

und deshalb in den letzten Gleichungen p_{si}/P durch K_i ersetzen. Damit geht Gl. (3.57) über in die allgemeiner gültige Beziehung

$$\sum_{i=1}^{N} \frac{\dfrac{V_{i0}}{1-K_i}}{\dfrac{K_i}{1-K_i} V_0 + L} = 1 \,. \tag{3.59}$$

Mit Hilfe der Gl. (3.57) oder (3.59) läßt sich auch die Temperatur berechnen, bei der die Kondensation beginnt. Denn bei Kondensationsbeginn ist die Flüssigkeits-

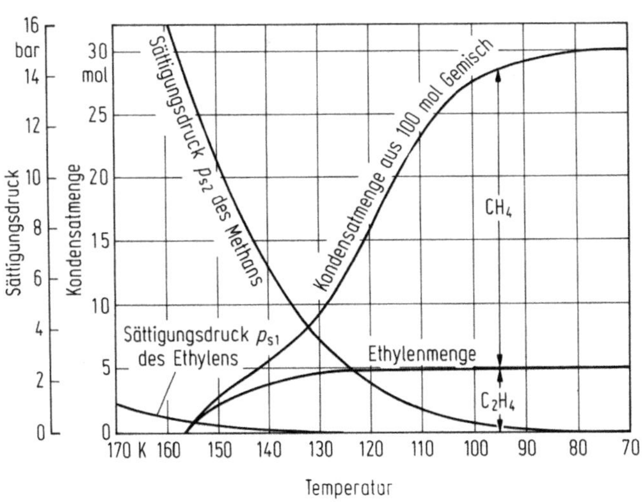

Bild 3.30. Ausscheiden flüssigen Methans und Ethylens aus einem gasförmigen Gemisch mit Wasserstoff. Gesamtmenge 100 mol

menge L gerade gleich Null. Mit $L = 0$ und $V_i/V_0 = y_{i0}$, das den Anfangsgehalt des Gasgemisches darstellt, gehen die Gln. (3.57) und (3.59) über in

$$P \sum \frac{y_{i0}}{p_{si}} = 1 \tag{3.60}$$

bzw.

$$\sum \frac{y_{i0}}{K_i} = 1\,. \tag{3.61}$$

Jede dieser Gleichungen läßt sich durch Probieren lösen, indem man bei dem gegebenen Gesamtdruck für verschiedene versuchsweise angenommene Temperaturen die Dampfdrücke p_{si} oder die Gleichgewichtskonstanten K_i einsetzt.

Bild 3.30 zeigt die nach den Gln. (3.57) und (3.60) berechnete Kondensation von Ethylen und Methan aus einem Gemisch mit 5% Ethylen, 25% Methan und 70% Wasserstoff, wobei der Gesamtdruck zu 8 bar angenommen ist.

3.2.5 Geschlossene Verdampfung von Gemischen

Bei der Berechnung der geschlossenen Kondensation wurde angenommen, daß in jedem Augenblick Gleichgewicht zwischen Flüssigkeit und Dampf besteht. Sieht man daher von den praktisch unvermeidbaren Abweichungen von diesem Verhalten ab, dann handelt es sich thermodynamisch betrachtet um einen umkehrbaren Prozeß. Deshalb kann man die für die geschlossene Kondensation gewonnenen Gln. (3.57) und (3.59) unmittelbar auch auf die geschlossene Verdampfung anwenden, wobei man lediglich die Temperaturveränderungen in der umgekehrten Richtung zu verfolgen hat. Entsprechend stellt auch Bild 3.30 die geschlossene Verdampfung eines flüssigen Gemisches von der gewählten Zusammensetzung dar, wenn man von den tieferen zu den höheren Temperaturen übergeht. Dabei nimmt die verdampfte Menge, die gleich der Abnahme der Flüssigkeitsmenge ist, mit steigender Temperatur stetig zu. Diese Zunahme der verdampften Menge mit der Temperatur ist nach Bild 3.30 von einer linearen Zunahme nicht allzu weit entfernt.

Eine derartige Zunahme der Temperatur während der Verdampfung ist in den Verdampfern von Kältemaschinen erwünscht, die Kälte bei veränderlichen Temperaturen liefern sollen. Solche Gemischkälteanlagen sind neuerdings für Erdgasverflüssigungsanlagen (Abschnitt 6.2.3.3) bedeutsam geworden, weil dabei dem Erdgas mit seinem Hauptbestandteil Methan bei überkritischem Druck und deshalb bei gleitender Temperatur große Wärmemengen entzogen werden müssen (vgl. das h,T-Diagramm für Methan, Bild 1.11 und Bild 6.3). Die Vorgänge in derartigen Gemischkältemaschinen und die damit verbundenen Vorteile werden in Abschnitt 1.2.4.2 eingehend erläutert.

3.2.6 Berechnung der partiellen Kondensation aus Gemischen mit beliebig vielen Bestandteilen

Die partielle Kondensation kommt in reiner Form bei der Gaszerlegung kaum vor. Vielmehr hat die damit verwandte Rücklaufkondensation, bei der die Rektifikation wesentlich beteiligt ist, und die daher erst später erörtert werden kann, eine vorübergehende Bedeutung erlangt. Heute wird sie kaum mehr angewendet, weil sie nur bei geringen Strömungsgeschwindigkeiten durchfürbar ist, die bei den erheblich gestiegenen zu verarbeitenden Mengen zu unerträglich großen Abmessungen führen würden. Da aber die Rücklaufkondensation eine grundsätzlich interessante Möglichkeit darstellt, schon während der Kondensation eine gewisse Zerlegung zu erzielen, soll sie wenigstens kurz erörtert werden. Zum besseren Verständnis der Rücklaufkondensation soll zunächst gezeigt werden, wie die sogenannte partielle Kondensation, die gewisse vereinfachende Annahmen voraussetzt, berechnet werden kann.

Wie schon angedeutet, besteht das Wesen der partiellen Kondensation darin, daß jeweils nur das im Augenblick sich neu bildende Flüssigkeitsteilchen im Gleichgewicht mit dem Dampf steht, daß aber die Zusammensetzung aller früher gebildeten Flüssigkeitsteilchen vom Dampf nicht mehr beeinflußt wird. Am einfachsten ist es, anzunehmen, daß jedes neu gebildete Flüssigkeitsteilchen sofort abgeführt wird. Es kann aber auch die gesamte Flüssigkeitsmenge, wenigstens gedanklich, beim Dampf verbleiben, sofern man jede Wechselwirkung mit dem Dampf ausschließt. Die Flüssigkeitsteilchen können sich auch miteinander vermischen und eine gemeinsame mittlere Zusammensetzung annehmen, die sich im Laufe der Kondensation durch die neu hinzukommenden Flüssigkeitsteilchen dauernd ändert.

Wenn man es nur mit zwei kondensierenden Bestandteilen zu tun hat, dann kann man die partielle Kondensation grundsätzlich ebenso berechnen wie die offene Verdampfung und gelangt daher zu einer Beziehung, die Gl. (3.51) entspricht.

Enthält aber das Gemisch mehr als zwei kondensierbare Bestandteile, dann führt folgendes Näherungsverfahren, das stufenweise vorgeht, zum Ziel (Verfahren des Verfassers, veröffentlicht in der 1. Auflage dieses Buches. Ein anderes Verfahren hat Kirschbaum [K 2] beschrieben.). Bei einer Temperatur T_n seien die im Dampf noch enthaltenen Mengen $V_{i,n}$ der verschiedenen Bestandteile bereits durch vorangehende Rechnung bekannt. Bei einer etwas tieferen Temperatur T_{n+1} wollen wir die verringerten Mengen $V_{i,n+1}$ ermitteln, die sich durch Neubildung der Flüssigkeitsmengen ΔL_i ergeben. Es ist dann

$$V_{i,n+1} = V_{i,n} - \Delta L_i$$

und die gesamte zwischen den beiden Temperaturen abgeschiedene Flüssigkeitsmenge beträgt

$$\Delta L = \Sigma\, \Delta L_i\,.$$

Bedeuten ferner V_n und V_{n+1} die Gesamtmengen des Dampfes bei den Temperaturen T_n und T_{n+1}, dann gilt auch

$$V_{n+1} = V_n - \Delta L\,.$$

Weiterhin sei $x^*_{i,n}$ der Gehalt der Flüssigkeit am i-ten Bestandteil bei Gleichgewicht mit Dampf von dem Gehalt $y_{i,n}$; ebenso sei $x^*_{i,n+1}$ der Gehalt, der $y_{i,n+1}$ im Gleichgewicht entspricht. Setzen wir wieder ideale Gemische voraus, dann gilt für das Gleichgewicht bei den beiden Temperaturen T_n und T_{n+1}, wenn $p_{si,n}$ bzw. $p_{si,n+1}$ die Dampfdrücke der reinen Bestandteile bei diesen Temperaturen bedeuten, entsprechend Gl. (3.5)

$$x^*_{i,n} p_{si,n} = y_{i,n} P$$

und

$$x^*_{i,n+1} p_{si,n+1} = y_{i,n+1} P .$$

Nun hat das erste, gerade bei T_n sich bildende Teilchen der Flüssigkeitsmenge ΔL den Gehalt $x^*_{i,n}$, das letzte bei T_{n+1} sich bildende Teilchen den Gehalt $x^*_{i,n+1}$. Die Flüssigkeitsmenge ΔL muß daher im Mittel sehr angenähert den Gehalt

$$\frac{1}{2}(x^*_{i,n} + x^*_{i,n+1})$$

haben. Da aber diese Flüssigkeitsmenge vom i-ten Bestandteil ebensoviel mit fortnimmt, wie der Dampf hiervon verliert, ergibt sich

$$\Delta L \frac{1}{2}(x^*_{i,n} + x^*_{i,n+1}) = V_n y_{i,n} - V_{n+1} y_{i,n+1} .$$

Setzt man in diese Gleichung V_{n+1}, $x^*_{i,n}$ und $x^*_{i,n+1}$ aus den drei vorhergehenden Gleichungen ein, dann folgt

$$y_{i,n+1} = y_{i,n} \frac{\dfrac{V_n}{\Delta L} - \dfrac{P}{2p_{si,n}}}{\dfrac{V_n}{\Delta L} + \dfrac{P}{2p_{si,n+1}} - 1} . \tag{3.62}$$

Eine solche Gleichung gilt für jeden Bestandteil. Für solche Bestandteile, die an der Verflüssigung nicht teilnehmen, ist hierbei $p_{si,n} = p_{si,n+1} = \infty$ zu setzen. Da sich bei der Summierung über alle Bestandteile $\Sigma y_{i,n+1} = 1$ ergeben muß, erhalten wir zur Bestimmung von ΔL bei vorgegebenen Temperaturen T_n und T_{n+1} die Bedingungsgleichung

$$\sum y_{i,n} \frac{\dfrac{V_n}{\Delta L} - \dfrac{P}{2p_{si,n}}}{\dfrac{V_n}{\Delta L} + \dfrac{P}{2p_{si,n+1}} - 1} = 1 \tag{3.63}$$

oder nach einer kleinen Umformung

$$\sum y_{i,n} \frac{\dfrac{P}{2}\left(\dfrac{1}{p_{si,n}} + \dfrac{1}{p_{si,n+1}}\right) - 1}{\dfrac{V_n}{\Delta L} + \dfrac{P}{2p_{si,n+1}} - 1} = 0 . \tag{3.64}$$

Aus Gln. (3.63) und (3.64) kann man ΔL durch Probieren berechnen. Es empfiehlt sich vielleicht, zunächst Gl. (3.64), für das letzte Probieren aber Gl. (3.63) zu benutzen. Hat man nämlich aus Gl. (3.63) ΔL durch Probieren genau ermittelt, dann bestimmen die Glieder dieser Summe gemäß Gl. (3.62) sofort die gesuchten Werte von $y_{i,n+1}$. Nach dem beschriebenen Verfahren kann man die partielle Kondensation vollständig berechnen, indem man, ausgehend von der bekannten Anfangszusammensetzung des Dampfes, die Gln. (3.64) und (3.63) wiederholt anwendet.

3.3 Die Rektifikation

Über die Verfahren zur Berechnung der Rektifikation s. [M 1, K 4, S 3, B 1].

Nach den bisherigen Betrachtungen läßt sich durch Verdampfung oder Verflüssigung der Luft zwar ihre Zusammensetzung in gewissen Grenzen ändern, aber keine vollständige Zerlegung der Luft erzielen. Dies ist erst möglich durch die Rektifikation, die C. v. Linde [42] erstmals auf die Luftzerlegung angewendet hat. Das äußere Kennzeichen der Rektifikation ist eine Gegenstromführung von Flüssigkeit und Dampf. Man läßt siedende Flüssigkeit in einer „Rektifiziersäule" herabfließen und gesättigte Dämpfe von höherer Temperatur gleichzeitig von unten in die Höhe steigen. Eine solche Rektifiziersäule besteht im wesentlichen aus einem senkrechten Rohr, das Einbauten von großer Oberfläche, z. B. eine große Zahl von übereinander angeordneten durchbrochenen „Rektifizierböden" oder Füllkörper enthält. Diese Einbauten stauen die Flüssigkeit mehr oder weniger auf und zwingen den Dampf, fein verteilt durch die Flüssigkeit hindurchzudringen. An jeder der so entstehenden zahlreichen Berührungsstellen suchen sich Flüssigkeit und Dampf ins Gleichgewicht zu setzen, wobei jeweils leichter siedende Bestandteile der Flüssigkeit verdampfen und umgekehrt schwerer siedende Bestandteile des Dampfes sich verflüssigen. Hierdurch reichert sich die Flüssigkeit auf ihrem Weg nach unten immer mehr an den schwerer siedenden Bestandteilen, z. B. an Sauerstoff, der Dampf hingegen auf seinem Weg nach oben immer mehr an den leichter siedenden Bestandteilen, z. B. an Stickstoff, an. Auf diese Weise kann man erreichen, daß flüssige Luft, die oben aufgegeben wird, unten als praktisch reiner Sauerstoff aus der Säule flüssig austritt, und umgekehrt unten eintretende sauerstoffreiche Dämpfe die Säule oben mit einem hohen Gehalt an Stickstoff verlassen.

3.3.1 Vorgänge auf einem Rektifizierboden

Bild 3.31 zeigt die beiden wichtigsten Bauarten von Rektifizierböden, den Glockenboden und den Siebboden. Auf beiden Arten von Böden wird die Flüssigkeit auf einer waagerechten Fläche aufgestaut. Nach waagerechtem Strömen über diese Fläche wird sie durch einen Ablaufschacht dem nächst tieferen Boden zugeleitet, auf dem sie in der entgegengesetzten Richtung strömt. Der Dampf hingegen strömt im wesentlichen in senkrechter Richtung. Bei den Glocken strömt er zunächst jeweils

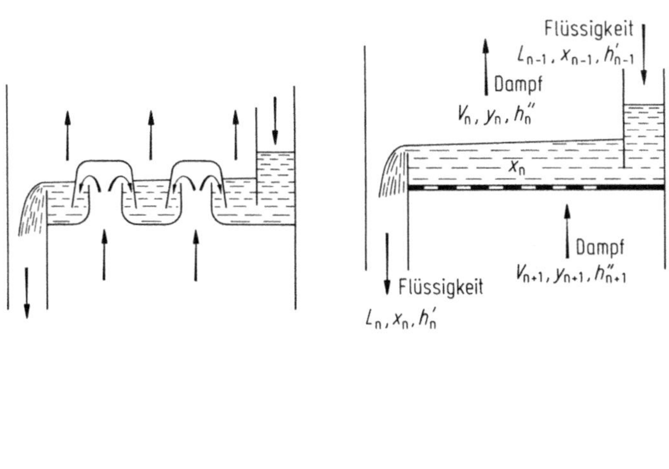

Bild 3.31. Glockenboden und Siebboden

durch ein kurzes senkrechtes Rohr nach oben, wird aber dann durch die darüber gestülpte Glocke zu einer vorübergehenden Abwärtsbewegung im Ringraum zwischen Rohr und Glocke gezwungen. Nach Austritt unter dem meist gezahnten Glockenrand dringt der Dampf, in zahlreiche Blasen aufgelöst und häufig Schaum bildend, schließlich durch die Flüssigkeit nach oben. Beim Siebboden wird der Dampf durch die zahlreichen Löcher des waagerechten gelochten Bleches in sehr viele kleine Einzelströme unterteilt, die sich beim Emporsteigen durch die Flüssigkeit meist in Blasen auflösen. Auch hier ruft die lebhafte Bewegung von Dampf und Flüssigkeit häufig eine starke Schaumbildung hervor.

Obwohl es von diesen beiden Grundtypen eine große Zahl von Abarten gibt, die hauptsächlich bei höheren Temperaturen benutzt werden, finden doch auf allen diesen Böden im wesentlichen dieselben Vorgänge statt. In der Tieftemperaturtechnik spielte früher, als noch verhältnismäßig kleine Säulendurchmesser ausreichten, der Ringboden eine gewisse Rolle. Durch ringförmige Gestaltung der Siebbodenfläche, über die die Flüssigkeit nahezu in Form eines geschlossenen Kreises strömte, verlängerte man ihren Strömungsweg. Hierdurch verringerte man weitgehend die Vermischung von Flüssigkeitsteilchen verschiedener Zusammensetzung in der Strömungsrichtung und konnte so den Bodenwirkungsgrad erhöhen; vgl. [K 3, H 5]. In demselben Sinne wirken von Haselden und Connelly vorgeschlagene baffled trays [H 1; C 3]. Bei den erheblich größeren Säulendurchmessern bis zu etwa 4 m, die heute bei den großen Zerlegungsanlagen üblich sind, hat man hingegen den Strömungsweg dadurch verkürzt, daß man die Siebbodenfläche senkrecht zur Strömungsrichtung halbierte. Über die so entstandenen Teilflächen strömen die beiden Hälften der Flüssigkeit in entgegengesetzter Richtung, und zwar von Boden zu Boden abwechselnd einmal nach außen und einmal nach innen, wie es Bild 3.32 zeigt. Der wichtigste Grund für diese

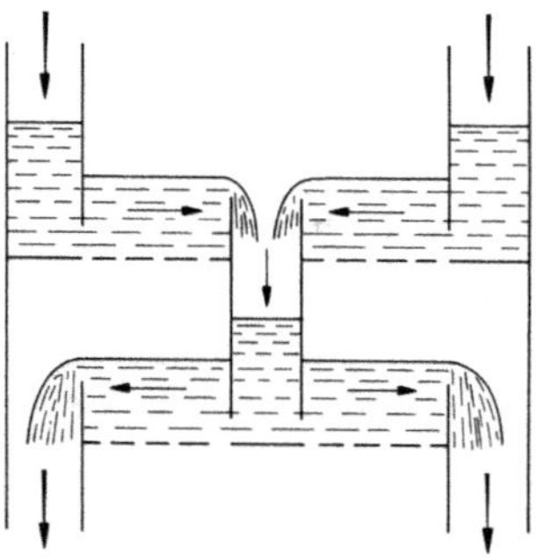

Bild 3.32. Siebboden mit doppelter Ablaufkante und doppeltem Ablaufquerschnitt für die Flüssigkeit

Konstruktion besteht darin, daß der Säulendurchmesser das Transportmaß nicht überschreiten soll, das bei der Deutschen Bundesbahn ca. 3,80 m, beim Straßenverkehr ca. 4,20 m beträgt. Man hat daher unter Vergrößerung des Bodenabstandes die Dampfgeschwindigkeit und damit auch die Flüssigkeitsbelastung erhöht. Die ursprüngliche Länge der Ablaufkante und der Ablaufquerschnitt reichten für die erhöhte Flüssigkeitsmenge nicht aus. Die Anordnung nach Bild 3.3 führte zu einer Verdoppelung der Kantenlänge und des Ablaufquerschnitts.

Da sich hiernach die Flüssigkeit auf jedem Boden in waagerechter Richtung, der Dampf aber im wesentlichen in senkrechter Richtung bewegt, begegnen sich Flüssigkeit und Dampf im Kreuzstrom. Dies scheint mit der für die Rektifikation kennzeichnenden Gegenstromführung von Flüssigkeit und Dampf im Widerspruch zu stehen. Betrachtet man aber die Gesamtbewegung von Flüssigkeit und Dampf durch die Säule hindurch, dann stellt sie auf alle Fälle Gegenstrom dar, auch wenn an den einzelnen Austauschstellen Kreuzstrom herrscht. Hiernach sind in einer Bodensäule Gegenstrom und Kreuzstrom in ähnlich glücklicher Weise vereint wie bei einer in Abschnitt 2.1.1.2 besprochenen Bauart von Wärmeaustauschern, die unter dem Namen „Kreuzgegenströmer" bekannt sind. Die Vorgänge in Füllkörpersäulen kommen dem reinen Gegenstrom erheblich näher, wenngleich auch hier an einzelnen Stellen ein gewisser Aufstau sehr kleiner Flüssigkeitsmengen auftritt und sich dem axialen Gesamtstrom viele kleine seitliche Bewegungen von Flüssigkeit und Dampf überlagern.

An jeder Berührungsstelle von Flüssigkeit und Dampf findet ein doppelter Ausgleich statt: ein Temperaturausgleich und ein Ausgleich zwischen den Partialdrücken und Partialdampfdrücken der Einzelbestandteile. Über die hier sich abspielenden Vorgänge vgl. auch [G 4, S 1]. Der Partialdruckausgleich bewirkt durch die erwähnte Teilverdampfung und Teilkondensation den erstrebten Mengenaustausch der Bestandteile. Bei genügend langer Berührung stellt sich an der betrachteten Stelle sehr angenähert ein Gleichgewichtszustand ein, der aus einem der früher besprochenen Gleichgewichtsdiagramme oder durch Rechnung bestimmt werden kann. Auf Grund dieser Überlegungen läßt sich die Rektifikationswirkung wie folgt ermitteln.

Zunächst soll nur die Rektifikation von Zweistoffgemischen betrachtet werden. Die in der Säule enthaltenen Rektifizierböden seien von oben nach unten mit *1* bis *N* numeriert. Ein Boden in beliebiger Höhe, der wie in Bild 3.31 gelocht sei, habe die Nummer *n*. Von ihm ströme die Flüssigkeit mit dem Gehalt x_n am schwerer siedenden Bestandteil, z. B. Sauerstoff, ab. Der von ihm aufsteigende Dampf habe die Zusammensetzung y_n. Hiermit wird einer international üblich gewordenen Bezeichnungsweise Rechnung getragen im Gegensatz zur 1. Auflage dieses Buches, in der y_n den Gehalt des von unten in den *n*-ten Boden eintretenden Dampfes bedeutet. Der Einfachheit halber sei vorerst angenommen, daß die Zusammensetzung der Flüssigkeit trotz der Beeinflussung durch den Dampf an allen Stellen des Bodens denselben Wert x_n habe. Dies läßt sich grundsätzlich durch eine vollkommene Durchmischung, z. B. mit Hilfe einer Rührvorrichtung, erreichen. Praktisch bewirkt schon das Hindurchströmen des Dampfes eine lebhafte Bewegung und weitgehende Durchmischung der Flüssigkeit. Setzt man ferner vollkommenen Austausch voraus, dann muß der Dampf beim Hindurchströmen durch die Flüssigkeit die x_n zugeordnete Gleichgewichtszusammensetzung y_n^* annehmen. Sein Gehalt am schwerer siedenden Bestandteil nimmt daher auf dem Boden um $y_n^* - y_{n+1}$ ab. Ein Boden mit vollkommener Durchmischung der Flüssigkeit und vollkommenem Austausch werde „theoretischer Boden" genannt. Allgemeiner kann ein theoretischer Boden definiert werden als ein Boden, bei dem der von ihm aufsteigende Dampf mit der von ihm ablaufenden Flüssigkeit im Gleichgewicht steht.

Auch die Flüssigkeit ändert beim Herabfließen durch die Rektifiziersäule ihre Zusammensetzung. Zwar muß im Falle vollkommener Durchmischung die Flüssigkeit mit derselben Zusammensetzung von einem Boden abfließen, die auf dem Boden selbst herrscht. Sie ändert aber ihre Zusammensetzung im Augenblick des Auftreffens auf den nächst tiefer liegenden Boden durch Mischung mit der dort bereits befindlichen Flüssigkeit. Meist trägt aber wegen der nur unvollkommenen Durchmischung schon die Änderung der Flüssigkeitszusammensetzung auf dem Boden selbst hierzu bei. In dieser Weise nimmt auf dem n-ten Boden der Gehalt der Flüssigkeit von n_{n-1} bis x_n zu. Die Änderung $x_n - x_{n-1}$ kann aus folgender Mengen- und Energiebilanz ermittelt werden:

Wenn dem Rektifizierboden keinerlei Wärme von außen zugeführt oder entzogen wird, dann sind im Beharrungszustand in einer gegebenen Zeit

— die ein- und austretenden Gesamtmengen,
— die ein- und austretenden Mengen des höher siedenden Bestandteils,
— die Enthalpien aller ein- und austretenden Mengen

einander gleich. Daher gelten, wenn V_{n+1} und V_n die Dampfmengen unter und über dem n-ten Boden, L_n und L_{n-1} die entsprechenden Flüssigkeitsmengen, ferner h'_n und h'_{n-1} die Enthalpien der Flüssigkeit, h''_{n+1} und h''_n die Enthalpien des Dampfes bedeuten (vgl. Bild 3.31) folgende Beziehungen:

$$V_{n+1} + L_{n-1} = V_n + L_n\,, \tag{3.65}$$

$$V_{n+1} y_{n+1} + L_{n-1} x_{n-1} = V_n y_n + L_n x_n\,, \tag{3.66}$$

$$V_{n+1} h''_{n+1} + L_{n-1} h'_{n-1} = V_n h''_n + L_n h'_n\,. \tag{3.67}$$

Die Enthalpie der Flüssigkeit hängt von x, die des Dampfes von y ab. Um in möglichst einfacher Weise einen Einblick in den Vorgang der Rektifikation zu erhalten, wollen wir Gl. (3.67) zunächst durch die einfache Annahme ersetzen, daß die Verdampfungswärmen der beiden Bestandteile des Gemisches einander gleich sind und auch bei der Temperaturänderung von Boden zu Boden der Unterschied zwischen den Wärmekapazitäten von Flüssigkeit und Dampf vernachlässigt werden kann. Dann muß an jeder Berührungsstelle gerade ebensoviel verdampfen, wie sich verflüssigt, so daß die Mengen von Flüssigkeit und Dampf ungeändert bleiben. Es wird dann

$$V_{n+1} = V_n = V \quad \text{und} \quad L_{n-1} = L_n = L \tag{3.68}$$

und damit nach Gl. (3.66)

$$V(y_{n+1} - y_n) = L(x_n - x_{n-1})\,. \tag{3.69}$$

Hieraus folgt

$$y_{n+1} = y_n + \frac{L}{V}(x_n - x_{n-1})\,. \tag{3.70}$$

3.3.2 Vorgänge in einem Säulenabschnitt

3.3.2.1 Bestimmung der theoretischen Bodenzahl

Mit Hilfe von Gl. (3.70) kann man die Änderung der Zusammensetzung des Dampfes und der Flüssigkeit fortschreitend von Boden zu Boden berechnen. Sind z. B. die Zusammensetzungen x_{n-1} und x_n der von den Böden Nr. $n-1$ und n ablaufenden

Flüssigkeiten bekannt, so kann man, falls es sich um theoretische Böden handelt und man von oben nach unten rechnen will, zunächst $y_n = y_n^*$ für x_n aus einem Gleichgewichtsdiagramm ablesen oder auch berechnen. Die Zusammensetzung y_{n+1} des vom $(n + 1)$-ten Boden aufsteigenden Dampfes erhält man dann aus Gl. (3.70). Durch das Gleichgewichtsdiagramm ist dann auch die Zusammensetzung x_{n+1} der vom $(n + 1)$-ten Boden ablaufenden Flüssigkeit bestimmt. Die so für die verlangte Rektifikationswirkung sich ergebende Zahl von Stufen liefert die theoretische Bodenzahl, d. h. die Zahl von Rektifizierböden, bei denen jeweils der aufsteigende Dampf mit der ablaufenden Flüssigkeit im Gleichgewicht steht.

Eine Rechnung entsprechender Art läßt sich auch in der Richtung nach oben durchführen. Sind die Zusammensetzungen y_{n+1} und y_n und damit auch die Gleichgewichtszusammensetzung x_n bekannt, dann erhält man aus Gl. (3.69) sofort die Zusammensetzung x_{n-1} der vom $(n - 1)$-ten Boden ablaufenden Flüssigkeit und mit Hilfe des Gleichgewichtsdiagramms auch die des von ihm aufsteigenden Dampfes.

Die theoretische Bodenzahl läßt sich in einfacher Weise auch zeichnerisch ermitteln. Hierfür ist es zweckmäßig, die Mengenbilanz statt für einen einzelnen Rektifizierboden für ein Säulenstück mit einer beliebigen Bodenzahl aufzustellen. Das betrachtete Säulenstück reiche vom oberen Säulenende der in Bild 3.33 dargestellten Rektifiziersäule bis zu dem zwischen zwei beliebigen Böden Nr. n und $n + 1$ gelegten Querschnitt A–B. In diesem Querschnitt sind x_n und y_{n+1} die Gehalte von Flüssigkeit und Dampf am schwerer siedenden Bestandteil; x_0 und y_1 seien die entsprechenden Gehalte am oberen Ende der Säule. Wir nehmen wieder an, daß die in einer bestimmten Zeit, z. B. in der Zeiteinheit durch die Säule strömenden Flüssigkeits- und Dampfmengen L und V sich längs der Säule nicht ändern.

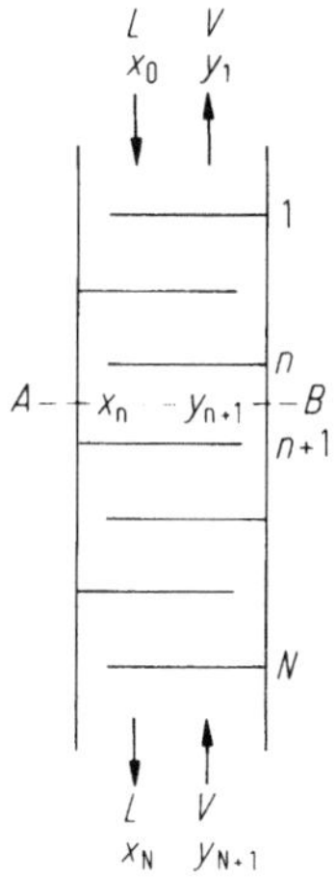

Bild 3.33. Stück einer Rektifiziersäule

Aus der Überlegung, daß in dem betrachteten Säulenteil die Flüssigkeit von dem schwerer siedenden Bestandteil ebensoviel aufnimmt, wie der Dampf abgibt, folgt

$$V(y_{n+1} - y_1) = L(x_n - x_0)\,. \tag{3.71}$$

Da diese Gleichung auch gilt, wenn der Querschnitt A–B mit dem unteren Säulenende zusammenfällt, wobei x_n in x_N und y_{n+1} in y_{N+1} übergeht, ist

$$\frac{L}{V} = \frac{y_{N+1} - y_1}{x_N - x_0} . \tag{3.72}$$

Mit dem Wert von L/V nach dieser Gleichung erhält man durch Auflösen von Gl. (3.71)

$$y_{n+1} = y_1 + \frac{L}{V}(x_n - x_0) . \tag{3.73}$$

Ist nun eine bestimmte Rektifikationswirkung verlangt, d. h. sind die Zusammensetzungen von Flüssigkeit und Dampf am unteren und oberen Säulenende gegeben, dann erhält man zunächst aus Gl. (3.72) die Flüssigkeitsmenge L, die in der betrachteten Zeit einer bestimmten Dampfmenge V entgegengeschickt werden muß. Nach Gl. (3.73) besteht dann ein linearer Zusammenhang zwischen den Zusammensetzungen x_n und y_{n+1}, mit denen sich Flüssigkeit und Dampf zwischen je zwei Böden an den verschiedenen Stellen der Säule begegnen. Trägt man daher y_{n+1} abhängig von x_n auf (Bild 3.34), dann erhält man eine Gerade, die durch die Punkte x_0, y_1 und x_N, y_{N+1} hindurchgeht und durch diese auch unmittelbar festgelegt werden kann. Diese Gerade werde Austauschgerade genannt.

Die sonst in der Rektifiziertechnik übliche Benennung „Verstärkungsgrade" läßt sich auf die Luftzerlegung nicht gut anwenden, weil der Gehalt des Dampfes an dem hauptsächlich zu gewinnenden Bestandteil, nämlich Sauerstoff, nicht verstärkt, sondern verringert wird.

Ferner sei in das Diagramm die Gleichgewichtskurve, d. h. y^* abhängig von x eingetragen. Betrachten wir nun die Stelle x_n, die der Zusammensetzung der vom n-ten theoretischen Boden (Bild 3.34) ablaufenden Flüssigkeit entspricht, dann legt die Senkrechte x_n = const auf der Gleichgewichtskurve die Zusammensetzung $y_n = y_n^*$ des von diesem Boden aufsteigenden Dampfes, auf der Austauschgeraden hingegen die Zusammensetzung y_{n+1} des von unten in ihn eintretenden Dampfes fest. Der senkrechte Abstand $y_{n+1} - y_n$ zwischen der Austauschgeraden und der

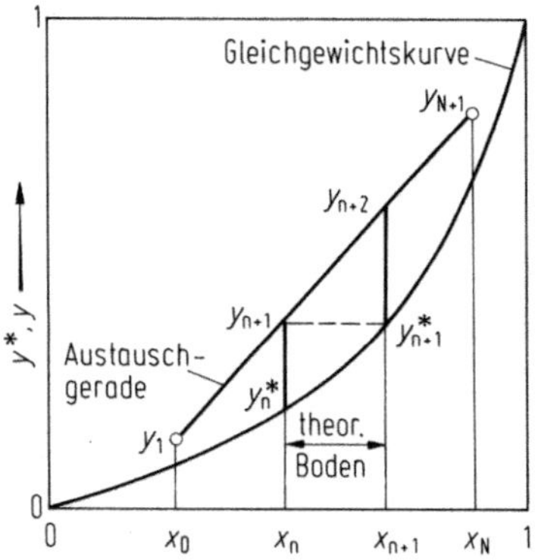

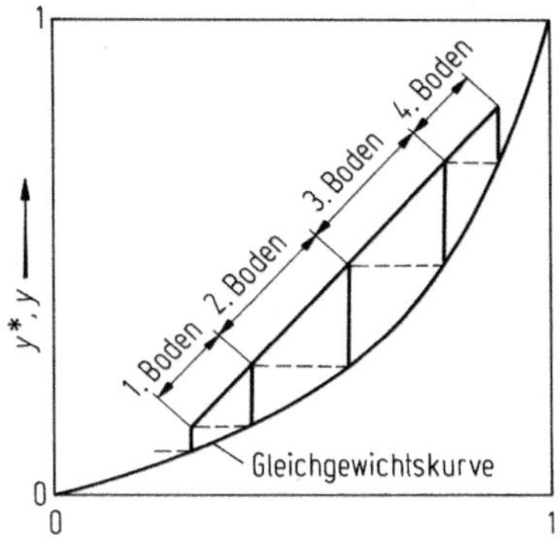

Bild 3.34. Rektifizierwirkung eines theoretischen Bodens
Bild 3.35. Zeichnerische Ermittlung der theoretischen Bodenzahl

Gleichgewichtskurve stellt daher die Änderung der Zusammensetzung dar, die der Dampf auf einem theoretischen Boden erleidet. Die Zusammensetzung x_{n+1} der vom $(n + 1)$-ten Boden abfließenden Flüssigkeit ist durch das Gleichgewicht mit dem Dampf der Zusammensetzung y_{n+1} bestimmt. Man findet sie in Bild 3.34, indem man durch den auf der Austauschlinie liegenden Punkt der Höhe y_{n+1} eine Waagerechte bis zum Schnitt mit der Gleichgewichtskurve einzeichnet. Die Länge dieser in Bild 3.34 gestrichelten Linie stellt hiernach die Änderung der Zusammensetzung der Flüssigkeit auf einem theoretischen Boden dar. Nach Ermittlung von x_{n+1} und y_{n-1} kann man dieselben Überlegungen auf den nächst tieferen, d. h. $(n + 1)$-ten Boden anwenden usw. Entsprechendes gilt, wenn man zu den in der Rektifiziersäule höher liegenden Böden Nr. $n - 1$, $n - 2$ usw. fortschreitet. Man erhält daher die Zusammensetzungsänderungen auf allen Böden und damit die für die verlangte Rektifizierwirkung erforderliche theoretische Bodenzahl N_{th}, indem man die in Bild 3.35 dargestellte Stufenlinie zwischen der Austauschgeraden und der Gleichgewichtskurve einzeichnet. Man kann hierbei wie in Bild 3.35 mit dem obersten Boden, dem der höchste Stickstoffgehalt entspricht, oder auch mit dem untersten Boden beginnen. In beiden Fällen ergibt sich meist angenähert derselbe Wert für N_{th}. Es ist durchaus sinnvoll, für den letzten Boden noch einen Bruchteil eines theoretischen Bodens abzuschätzen, weil man die wirkliche Bodenzahl aus N_{th} in noch zu besprechender Weise durch Multiplikation mit einem Erfahrungsfaktor erhält.

Denn auf einem wirklichen Rektifizierboden wird weder die Flüssigkeit vollkommen durchmischt noch vollständiges Gleichgewicht zwischen Flüssigkeit und Dampf erreicht. Die wirklich erzielte Änderung $y_n - y_{n+1}$ der Zusammensetzung des Dampfes auf einem Boden beträgt vielmehr nur einen gewissen Bruchteil η der Änderung $y_n^* - y_{n+1}$ auf einem theoretischen Boden. Dieser Bruchteil

$$\eta = \frac{y_n - y_{n+1}}{y_n^* - y_{n+1}} \tag{3.74}$$

werde „Austauschgrad", in der Rektifiziertechnik sonst meist „Verstärkungsverhältnis", genannt. Diese übliche Art der Benennung ist darin begründet, daß beim Aufwärtsströmen durch einen Boden der Gehalt des Dampfes am leichter siedenden Bestandteil zunimmt, also „verstärkt" wird. Der Gehalt am höher siedenden Bestandteil nimmt hingegen ab. Deshalb sind Zähler und Nenner in Gl. (3.74) negativ, falls man den Gehalt am schwerer siedenden Bestandteil betrachtet.

Der Wert dieses Austauschgrades kann nur durch die Erfahrung festgelegt werden. Er hängt hauptsächlich von der Konstruktion des Rektifizierbodens, zum Teil aber auch von den physikalischen Eigenschaften des zu zerlegenden Gemisches ab. Auch kann η je nach der Höhenlage des Bodens innerhalb der Säule verschieden sein. Es ist allgemein üblich, mit einem Mittelwert des Austauschgrades η zu rechnen und diesen zur Vereinfachung als einen über die ganze Säule unveränderlichen Wert zu betrachten. Wenn nun auf jedem Boden nur der Bruchteil η des theoretischen Umsatzes erzielt werden kann, muß überall die Bodenzahl im Vergleich zu dem theoretisch ermittelten Wert im Verhältnis $1/\eta$ erhöht werden. Man erhält daher die wahre Bodenzahl N, indem man die theoretische Bodenzahl N_{th} durch den Austauschgrad η dividiert:

$$N = \frac{N_{th}}{\eta}. \tag{3.75}$$

In den weitaus meisten Fällen ist $\eta < 1$. Grundsätzlich kann aber η auch größer als 1 sein, wenn die Flüssigkeitsdurchmischung möglichst unterdrückt wird. Einem solchen Strömungszustand nähert man sich heute weitgehend durch Anordnung langer Strömungswege auf den Böden. Bei den früher üblichen kleinen Säulendurchmessern suchte man dies, wie schon in Abschnitt 3.3.1 hervorgehoben, durch ringförmig gestaltete Böden zu erreichen. Aber auch hier wurden Werte von $\eta > 1$ nur bei einzelnen Böden, niemals aber als Mittelwerte für eine Säule mit vielen Böden beobachtet.

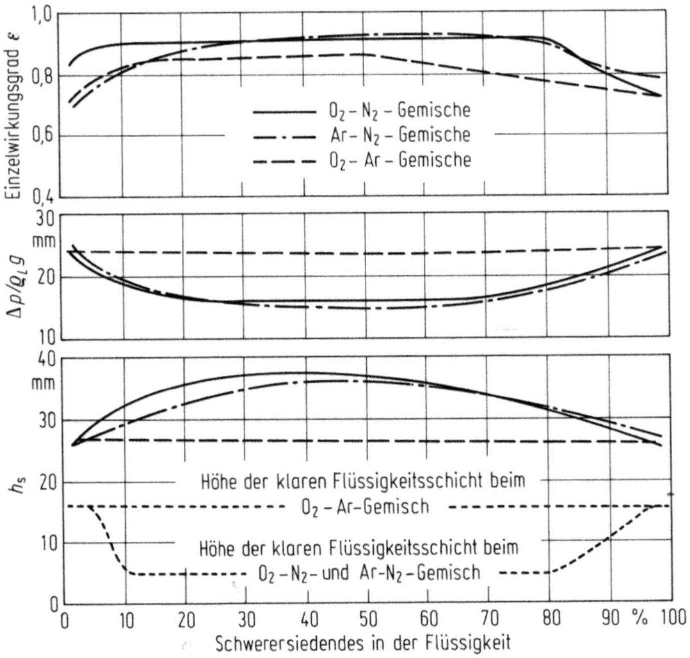

Bild 3.36. Einzelwirkungsgrad der Rektifikation und Druckabfall auf einem Siebboden bei Gemischen aus O_2, N_2 und Ar

Bemerkenswert ist, daß der Austauschgrad eines Rektifizierbodens im allgemeinen verschieden ist von dem Wirkungsgrad des Austausches an einer einzelnen Stelle des Bodens [H 5, 10]. An einem besonders gestalteten Rektifizierboden mit radialer Flüssigkeitsströmung hat G. Linde [L 6] diesen Einzelwirkungsgrad bei tiefen Temperaturen an Gemischen aus Sauerstoff und Stickstoff, Sauerstoff und Argon, Stickstoff und Argon sowie auch an Dreistoffgemischen aus Sauerstoff, Stickstoff und Argon untersucht. Die wichtigsten Ergebnisse seiner Messungen sind in Bild 3.36 für die genannten Zweistoffgemische dargestellt. Abhängig vom Gehalt am schwerer siedenden Bestandtel ist oben der Einzelwirkungsgrad aufgetragen. Die Mitte stellt den Druckabfall Δp dar, den der aufsteigende Dampf im gelochten Blech und in der Flüssigkeit erleidet, dividiert durch das Produkt aus der Dichte ϱ_L und der Erdbeschleunigung g, d. h. durch das spezifische Gewicht der Flüssigkeit. Die so gebildete Größe von der Dimension einer Länge läßt erkennen, wie hoch an jeder Stelle des Bodens die Flüssigkeitsschicht sein müßte, um allein durch ihr Gewicht den Druck Δp auf ihre Unterlage auszuüben. Die oberen Kurven im unteren Bild zeigen die beobachtete Höhe h_s der Flüssigkeitsschicht einschließlich der Schaum- oder Sprudelschicht, während die punktierten Linien die Höhe der klaren Flüssigkeitsschicht erkennen lassen. Bemerkenswert ist, daß Sauerstoff-Stickstoff-Gemische zwischen etwa 6 und 88% Sauerstoff, Argon-Stickstoff-Gemische zwischen etwa 6 und 88% Argon stark schäumen. Bei Gemischen hingegen, in denen einer der Bestandteile stark überwiegt und bei Gemischen aus Sauerstoff und Argon bleibt die Flüssigkeit klar, wobei an Stelle des Schäumens nur eine Art Sprudeln auftritt. Beim Schäumen ist der ermittelte Einzelwirkungsgrad höher als beim Sprudeln. Im ersten Falle erleidet überdies der Dampf beim Hindurchtreten durch den Boden und durch die Flüssigkeit einen geringeren Druckverlust.

Werte des Austauschgrades η haben Kirschbaum [K 4] und seine Mitarbeiter unter sehr verschiedenen Bedingungen meist an Äthylalkohol-Wasser-Gemischen gemessen.

3.3.2.2 Zahl der Übergangseinheiten an Stelle der theoretischen Bodenzahl

Die beschriebenen Berechnungsverfahren lassen sich sinngemäß auch auf Füllkörpersäulen übertragen. Zu diesem Zweck führt man eine jeweils durch Erfahrung festgelegte „gleichwertige Säulenhöhe" ein, die dieselbe Wirkung wie ein theoretischer Boden hat und für einen bestimmten Säulendurchmesser und bestimmte Füllkörper angenähert als konstant betrachtet werden kann.

Die bisherige ausgesprochen unstetige Ermittlung der theoretischen Bodenzahl steht indessen in einem gewissen Gegensatz zu dem nahezu stetigen Austausch in einer Füllkörpersäule. Einem solchen stetigen Vorgang kann man sich aber gedanklich in der Weise nähern, daß man ein unendlich kleines Höhenstück einer Füllkörpersäule als einen Boden mit unendlich kleinem Austauschgrad η betrachtet. Auf einem derartigen Boden erleidet der Dampf nur die unendlich kleine Zusammensetzungsänderung $\eta(y - y^*)$, wenn y^* und y die Werte der Dampfzusammensetzung auf der Gleichgewichtskurve und auf der Austauschgeraden bei derselben Flüssigkeitszusammensetzung x bedeuten, entsprechend y_n^* und y_{n+1} bei x_n in Bild 3.34. Hierbei ist jedoch y vor y^* geschrieben, um beim Rechnen mit dem höher siedenden Bestandteil negative Werte zu vermeiden. Für eine Änderung der Dampfzusammensetzung um dy sind hiernach

$$\frac{\mathrm{d}y}{\eta(y - y^*)}$$

Böden erforderlich. Entsprechend benötigt man für die gesamte Änderung in der Säule von y_1 bis y_u

$$N = \int_{y_1}^{y_u} \frac{\mathrm{d}y}{\eta(y - y^*)} \tag{3.76}$$

Böden vom Austauschgrad η. Da auch in diesem Falle bei η = const Gl. (3.75) gelten soll, erhalten wir als neue, den stetigen Vorgängen mehr angepaßte Definition der theoretischen Bodenzahl

$$N_{\text{th}} = \int_{y_1}^{y_u} \frac{\mathrm{d}y}{y - y^*}. \tag{3.77}$$

Das in dieser Gleichung rechts stehende Integral kann man durch ein Näherungsverfahren auswerten. Hierfür könnte man z. B. die Gaußsche Integrationsmethode anwenden, wie es in Abschnitt 2.1.3.4 für den entsprechenden Fall der Wärmeübertragung gezeigt worden ist.

Zur klaren Unterscheidung von der ursprünglich erörterten theoretischen Bodenzahl nennt man jedoch die durch Gl. (3.77) bestimmte Größe N_{th} „Zahl der Übergangseinheiten". Eine Übergangseinheit ist hiernach dadurch festgelegt, daß das Integral in Gl. (3.77) den Wert 1 hat. Sie entspricht sinngemäß dem theoretischen Boden bei Bodenkolonnen, stimmt aber damit nicht genau überein.

Gleichung (3.77) liefert für die Zahl der Übergangseinheiten Werte, die mit den nach dem Stufenverfahren in Bild 3.35 ermittelten theoretischen Bodenzahlen im Mittel gut übereinstimmen, in einzelnen Fällen aber mehr oder weniger davon abweichen. Näheres hierüber siehe [H 5].

3.3.3 Berechnung der theoretischen Bodenzahl bei ungleichen Verdampfungswärmen der Bestandteile

Die Annahme, daß die Verdampfungswärmen der Bestandteile einander angenähert gleich sind, ist gerade bei den tiefen Temperaturen wenig genau erfüllt. So beträgt z. B. die Verdampfungswärme von Sauerstoff 6830 kJ/mol, von Stickstoff 5550 kJ je mol. Nach der Troutonschen Regel, wonach die molare Verdampfungswärme zahlenmäßig das 20- bis 22fache der absoluten Siedetemperatur beträgt, müßte sogar ganz allgemein ein höher siedender Bestandteil eine größere Verdampfungswärme je mol aufweisen als ein tiefer siedender Bestandteil. Genauer als die Troutonsche Regel, namentlich auch bis zu den tiefsten Temperaturen herab, gilt für die molare Verdampfungswärme r die empirische Beziehung $r = 285 T_s^{1,2}$ in kJ/mol. Dies trifft auch praktisch meist angenähert zu. Daher verdampft in einer gegen Wärmezufuhr oder Wärmeableitung geschützten Rektifiziersäule an jeder Austauschstelle in der Regel mehr vom tiefer siedenden Bestandteil, z. B. Stickstoff, als sich vom höher siedenden Bestandteil, z. B. Sauerstoff, verflüssigt. Hierdurch nimmt die Menge des aufsteigenden Dampfes immer mehr zu, die der in der Säule herabrieselnden Flüssigkeit hingegen immer mehr ab.

Eine weitere kleine Veränderung des Mengenverhältnisses von Flüssigkeit und Dampf ist auch dadurch verursacht, daß auf einem Rektifizierboden die durch Abkühlung des Dampfes frei werdende Wärmemenge nicht genau mit der Wärmemenge übereinstimmt, die zur Erwärmung der Flüssigkeit benötigt wird.

3.3.3.1 Berechnung der Rektifikation mit Hilfe kalorischer Mengeneinheiten

Wenn die Verdampfungswärmen der Bestandteile des zu zerlegenden Gemisches verschieden sind, geht, wie genaue Rechnungen der in Abschnitt 3.3.2.1 beschriebenen Art zeigen, die Austauschgrade (vgl. Bilder 3.34 oder 3.35) in eine schwach gekrümmte Austauschlinie über. Da man mehrere Punkte dieser Austauschlinie berechnen muß, um sie genau in das Gleichgewichtsdiagramm einzeichnen zu können, gestaltet sich die Berechnung der Rektifikation wesentlich umständlicher, als wenn man genau genug gleich große Verdampfungswärmen annehmen kann. Durch nachstehende Änderung in der Art der Darstellung ist es jedoch auch bei verschiedenen Verdampfungswärmen möglich, sehr genau mit einer geraden Austauschlinie zu rechnen. Es wird dabei lediglich vorausgesetzt, daß man die Verdampfungswärme eines jeden Bestandteils in dem bei der Rektifikation vorliegenden Temperaturbereich genau genug als unveränderlich betrachten kann. Außerdem soll von dem erwähnten Unterschied zwischen den Wärmemengen zunächst abgesehen werden, die bei der Abkühlung des Dampfes und der Erwärmung der Flüssigkeit auftreten.

Meist wird die Verdampfungswärme bei der Rektifikation auf je 1 mol oder 1 kg des betrachteten Stoffes bezogen. Die Mengen von Flüssigkeit und Dampf ergeben sich aber als unveränderlich oder als nur wenig veränderlich, wenn man die Mengen aller Bestandteile in Einheiten mißt, denen stets dieselbe Verdampfungswärme zukommt. Eine solche Einheit sei kalorische Mengeneinheit genannt. Am einfachsten ist es, nach einem Vorschlag von Hausen [H 6] diejenige Menge eines jeden Bestandteils gleich 1 zu setzen, die die Verdampfungswärme 1 hat. Aus der in einer beliebigen Einheit gemessenen Menge m erhält man dann die kalorisch gemessene Menge m_{kal}, indem man m mit der auf dieselbe Einheit bezogenen Verdampfungswärme r multipliziert

$$m_{\text{kal}} = mr\,. \tag{3.78}$$

Die kalorische Menge eines Gemisches aus zwei Bestandteilen ergibt sich entsprechend zu

$$m_{\text{kal}} = m_{\text{I}} r_{\text{I}} + m_{\text{II}} r_{\text{II}}\,. \tag{3.79}$$

Ist ferner in der ursprünglichen Einheit

$$x = \frac{m_{\text{I}}}{m_{\text{I}} + m_{\text{II}}} \tag{3.80}$$

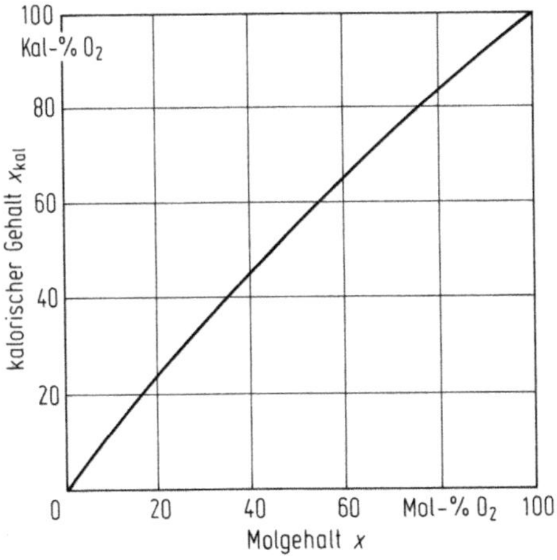

Bild 3.37. Umwandlung von Molprozenten in kalorische Prozente bei Sauerstoff-Stickstoff-Gemischen

der Gehalt des Gemisches am Bestandteil I, so errechnet sich der Gehalt in kalorischen Einheiten gemäß Gln. (3.79) und (3.80) zu

$$x_{\text{kal}} = \frac{(m_\text{I})_{\text{kal}}}{(m_\text{I})_{\text{kal}} + (m_{\text{II}})_{\text{kal}}} = \frac{m_\text{I} r_\text{I}}{m_\text{I} r_\text{I} + m_{\text{II}} r_{\text{II}}},$$

oder auch unter nochmaliger Berücksichtigung von Gl. (3.80) zu

$$x_{\text{kal}} = \frac{x r_\text{I}}{x r_\text{I} + (1 - x)\, r_{\text{II}}}. \tag{3.81}$$

Mit Hilfe der Gln. (3.78), (3.79) und (3.81) kann man alle bei der Rektifikation auftretenden Mengen und Gehalte auf die kalorischen Einheiten umrechnen. In Bild 3.37 ist für Sauerstoff-Stickstoff-Gemische als Beispiel der so ermittelte kalorische Prozentgehalt an Sauerstoff abhängig vom Gehalt in Molprozenten dargestellt.

Zeichnet man auch das Gleichgewichtsdiagramm in kalorischen Einheiten auf und trägt man überdies die Austauschgerade in kalorischen Einheiten ein, dann gibt die Austauschgerade die Mengen- und Energiebilanz entsprechend den Gln. (3.68) bis (3.70) mit höherer Genauigkeit wieder als bei der üblichen Darstellung in Molprozenten. Die ausgezogenen Linien in Bild 3.38 zeigen, in kalorischen Prozenten ausgedrückt, die Gleichgewichtskurve von Sauerstoff-Stickstoff-Gemischen unter Atmosphärendruck und eine als Beispiel gewählte Austauschgerade. Für diese Austauschgerade ist angenommen, daß der Rektifiziersäule oben flüssige Luft mit 20,9 Mol-% Sauerstoff zugeführt und unten flüssiger Sauerstoff mit 99,0 Mol-% Sauerstoff entnommen wird, während unten Dampf mit 99,0 Mol-% Sauerstoff eintritt und oben Stickstoff mit 8 Mol-% Sauerstoff austritt. Die gestrichelten Linien zeigen zum Vergleich wie die Gleichgewichtskurve und die Austauschlinie verlaufen, wenn man als Ordinaten die üblichen Molprozente benutzt. Die Mengenbilanz wird

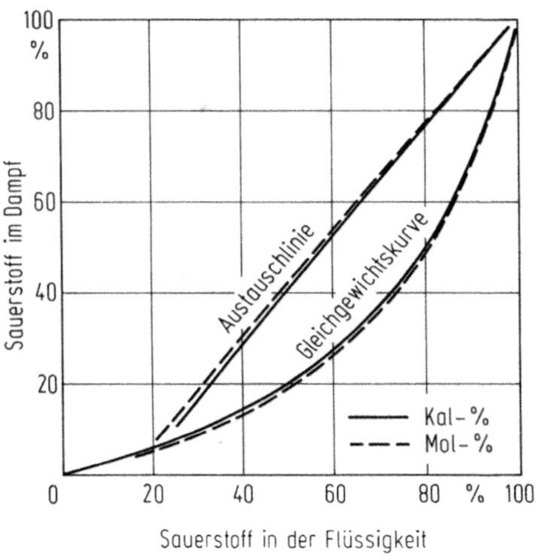

Bild 3.38. Austauschlinie und Gleichgewichtskurve von Sauerstoff-Stickstoff-Gemischen in Molprozenten und in kalorischen Prozenten

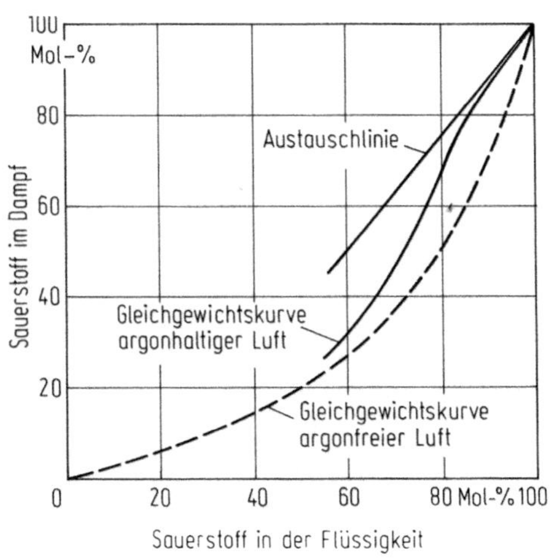

Bild 3.39. Auschtauschlinie und Gleichgewichtskurven argonfreier und argonhaltiger Luft

in diesem Falle durch die eingezeichnete schwach gekrümmte Kurve wiedergegeben, sofern man auch hierbei die Verschiedenheiten der Verdampfungswärmen von Sauerstoff und Stickstoff berücksichtigt.

Der Unterschied zwischen der Darstellung in Molprozenten und der in kalorischen Prozenten ist in dem gewählten Beispiel sehr gering. Auch für die theoretische Bodenzahl erhält man in beiden Darstellungsarten mit einer geradlinig eingezeichneten Austauschlinie sehr angenähert denselben Wert. Dies stimmt mit der Erfahrung überein, daß die Unterschiede der Verdampfungswärmen auf den Verlauf der Rektifikation vielfach nur einen geringen Einfluß haben.

Die höhere Genauigkeit, die man beim Rechnen mit kalorischen Einheiten erzielt, gewinnt indessen um so mehr an Bedeutung, je näher man sich an der Grenze der Durchführbarkeit eines solchen Verfahrens befindet. An eine solche Grenze gelangt man, wenn die Austauschgerade an einer oder mehreren Stellen der Gleichgewichtskurve sehr nahe kommt. Häufiger als bei Zweistoffgemischen treten derartige Fälle bei Dreistoffgemischen auf. Bild 3.39 zeigt dies für ein Beispiel der Luftzerlegung, das unter Berücksichtigung des Argongehaltes der Luft berechnet ist. Obwohl die Luft nur 0,93 Mol-% Argon enthält, verschiebt sich vielfach unter dem Einfluß des sich in der Rektifiziersäule anreichernden Argons die Gleichgewichtskurve derart, daß sie sich über ein längeres Stück an die Austauschlinie nahe anschmiegt. In diesem Falle kommt es wesentlich darauf an, den Verlauf der Austauschlinie genau festzulegen, was nur möglich ist, wenn die Rechnung den Unterschied der Verdampfungswärmen von Sauerstoff, Stickstoff und Argon berücksichtigt.

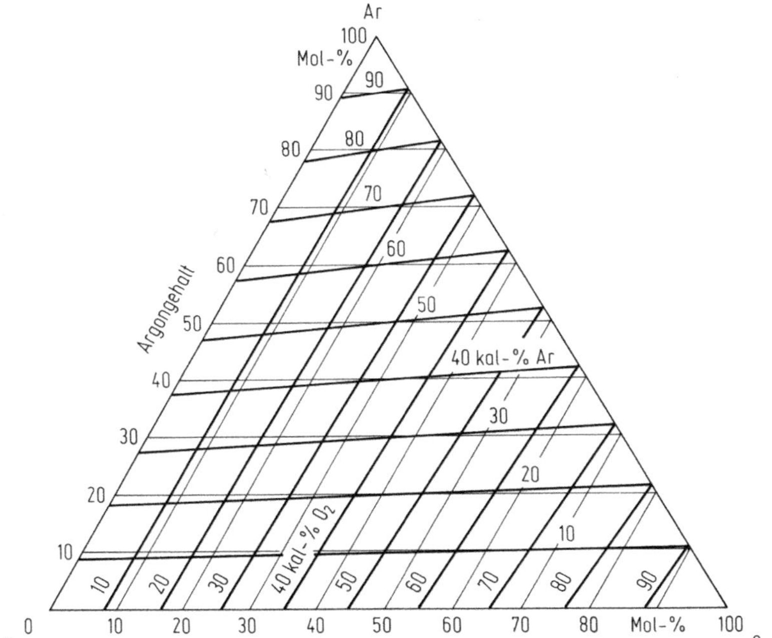

Bild 3.40. Umwandlung von Molprozenten in kalorische Prozente bei Sauerstoff-Stickstoff-Argon-Gemischen

Bei Bild 3.39 ist bereits davon Gebrauch gemacht, daß die für Zweistoffgemische erläuterte Art des Rechnens mit kalorischen Prozenten sich sinngemäß auch auf Dreistoffgemische übertragen läßt. Die Gln. (3.79) bis (3.81) sind hierbei entsprechend zu erweitern. Bild 3.40 zeigt ein in dieser Weise berechnetes Diagramm, das den in Molprozenten gegebenen Sauerstoff- und Argongehalt eines Gemisches aus Sauerstoff, Stickstoff und Argon in kalorische Prozente umzuwandeln gestattet. Die schiefwinkligen Koordinaten eines beliebigen Punktes im Diagramm geben im gleichmäßig geteilten Netz die Molprozente, im ungleichmäßig geteilten Netz die entsprechenden kalorischen Prozente an. In Bild 3.41 ist das Gleichgewicht von Sauerstoff-Stickstoff-

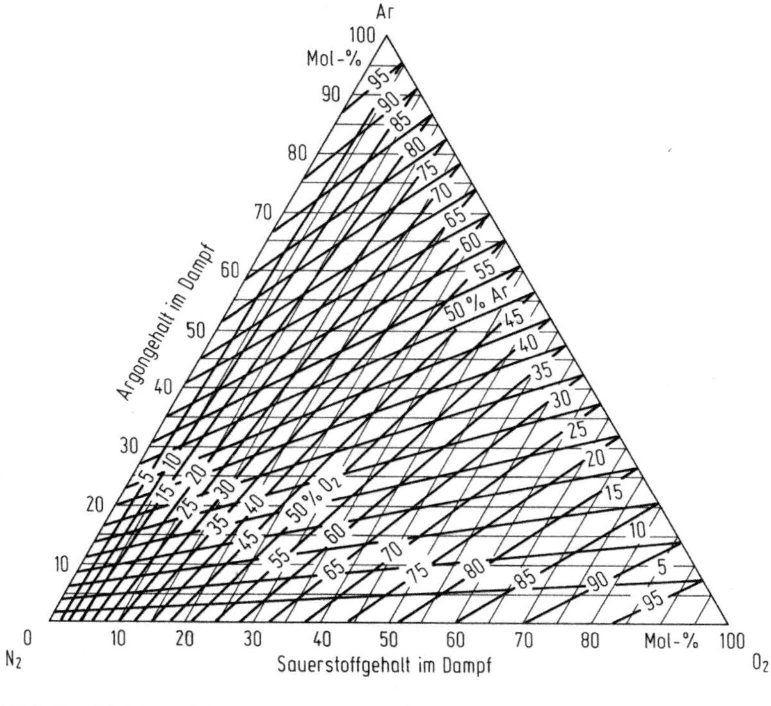

Bild 3.41. Gleichgewicht von Sauerstoff-Stickstoff-Argon-Gemischen bei 1000 Torr = 1,333 bar in kalorischen Prozenten

Argon-Gemischen bei 1000 Torr = 1,333 bar in kalorischen Prozenten dargestellt. Dieses Diagramm entspricht, abgesehen von der Angabe der Zusammensetzung in kalorischen Prozenten, vollständig dem bereits eingehend besprochenen Gleichgewichtsdiagramm in Bild 3.9. Wie in solchen Diagrammen die Rektifikation von Dreistoffgemischen berechnet werden kann, soll im Abschnitt 3.3.4 gezeigt werden.

3.3.3.2 Berechnung der Rektifikation mit genauen Enthalpiewerten

3.3.3.2.1 Berechnung der Rektifikation im *h*,*x*-Diagramm

Das soeben geschilderte Rechnen in kalorischen Einheiten berücksichtigt die Unterschiede der Verdampfungswärmen, nicht aber die Unterschiede der Wärmemengen, die der sich abkühlende Dampf abgibt und die sich erwärmende Flüssigkeit aufnimmt, ferner nicht etwaige Mischungsenthalpien, die ebenfalls die Rektifikation beeinflussen können. Alle derartigen zusätzlichen Einflüsse kommen mit zum Ausdruck, wenn man mit den genauen Werten der Enthalpie rechnet. Diese Werte kann man für die flüssige und dampfförmige Phase aus einem *h,x*-Diagramm entnehmen, wie es in Bild 3.42 für einen Druck von 760 Torr = 1,013 bar dargestellt ist.

Das *h,x*-Diagramm ist erstmalig von Ponchon [P 5] und später unabhängig hiervon von Merkel [M 2] vorgeschlagen worden. Erst Merkel hat die große Bedeutung dieses Diagramms

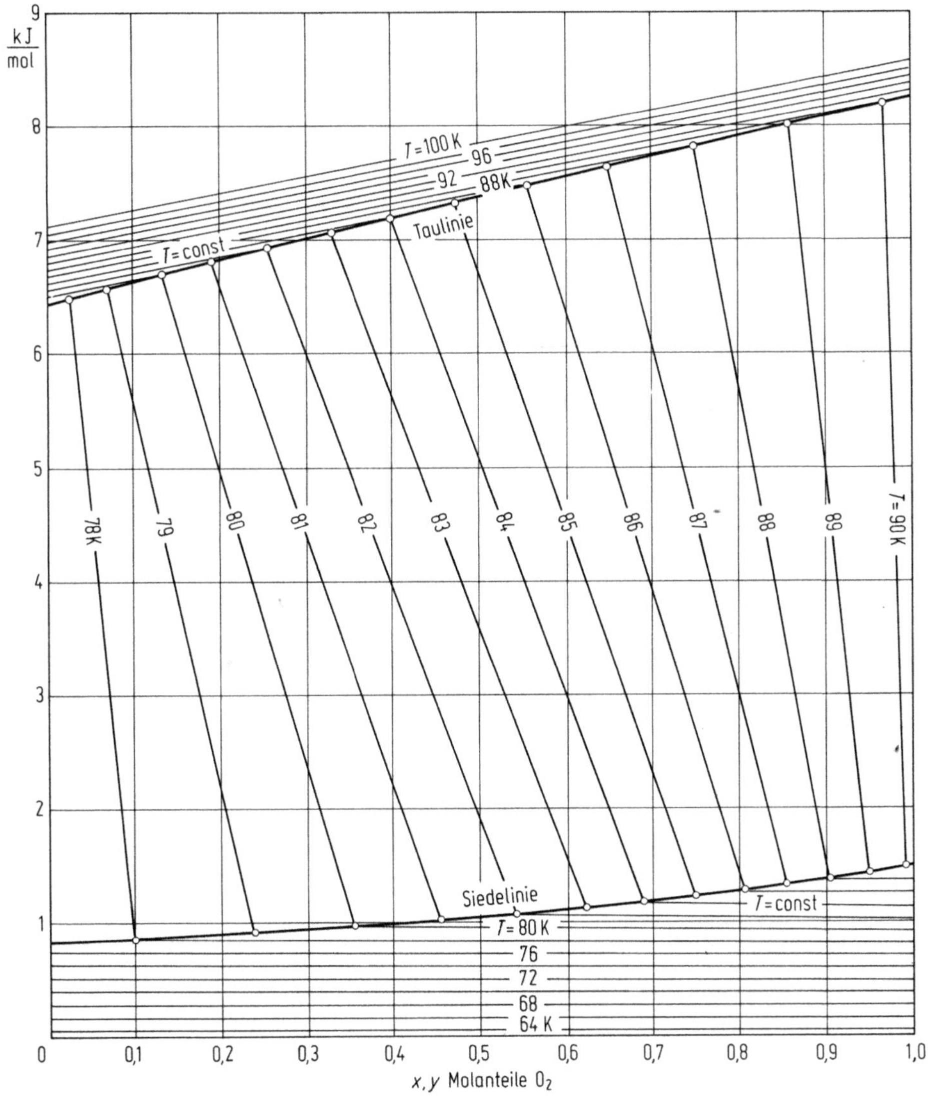

Bild 3.42. Enthalpie-Zusammensetzungs-Diagramm von Sauerstoff-Stickstoff-Gemischen bei 760 Torr = 1,013 bar

für thermodynamische Berechnungen erkannt. Ihm ist daher die Einführung des h,x-Diagramms in die Technik zu verdanken.

In diesem Diagramm ist die Enthalpie von 1 mol Gemisch abhängig vom Sauerstoffgehalt x oder y in Molbruchteilen aufgetragen. Oberhalb der Taulinie befindet sich das Gebiet überhitzten Dampfes, unterhalb der Siedelinie das Gebiet der Flüssigkeit. Zwischen den beiden genannten Kurven liegt das Sättigungsgebiet, in dem Flüssigkeit und Dampf im Gleichgewicht nebeneinander bestehen. Die übrigen Kurven sind Isothermen, die innerhalb des Sättigungsgebietes geradlinig verlaufen.

Wie Bošnjaković [B 6; M 2, S. 113] gezeigt hat, läßt sich die Rektifikation von Zweistoffgemischen im h,x-Diagramm (Bild 3.42) grundsätzlich thermodynamisch genau berechnen. Bei seinem Verfahren werden nach einer hierfür entwickelten Rechenvorschrift in das für das fragliche Zweistoffgemisch geltende h,x-Diagramm Büschel gerader Linien eingezeichnet, die durch ihre Schnitte mit der Siede- und Taulinie die Zusammensetzungen von Flüssigkeit und Dampf auf den verschiedenen Rektifizierböden festlegen. Hierdurch kann man die Zahl der erforderlichen theoretischen Böden ermitteln.

Dieses an sich elegante Verfahren von Bošnjaković hat jedoch praktische Nachteile insofern, als die Geraden des erwähnten Büschels sich mit den Isothermen des Zweiphasengebietes unter sehr spitzen Winkeln schneiden und sie für die obersten und untersten Böden einer Rektifiziersäule sehr eng aneinander rücken. Überdies sind die Geraden meist unbequem lang.

Die Berechnung der Rektifikation im h,x-Diagramm ist, wie Keesom [K 1] berichtet hat, auch auf Dreistoffgemische erweitert worden. Doch ist dieses Berechnungsverfahren so umständlich und mühsam, daß es praktisch kaum angewendet werden kann.

3.3.3.2.2 Numerische Berechnung der Rektifikation

Da außerdem für elektronische Computer im allgemeinen nur rechnerische Verfahren geeignet sind, soll ein derartiges Verfahren für Zweistoffgemische geschildert werden, das von denselben Gleichungen und Verfahrensschritten wie das Verfahren von Bošnjaković ausgeht. Es soll dabei lediglich vorausgesetzt werden, daß bei dem Betriebsdruck die Enthalpien von Flüssigkeit und Dampf abhängig von deren Zusammensetzung in Form empirischer Gleichungen bekannt sind, grundsätzlich aber auch aus dem h,x-Diagramm abgegriffen werden können. Die Gln. (3.65), (3.66) und (3.67) sollen jetzt statt auf einen einzelnen Rektifizierboden auf ein beliebiges Säulenstück angewendet werden, das sich z. B. vom Kopf der Säule bis zu einem Querschnitt unter dem n-ten Boden erstreckt. Da vom obersten Boden Nr. 1 Dampf der Zusammensetzung y_1 aufsteigt und Flüssigkeit der Zusammensetzung x_0 auf ihn auftritt, in den n-ten Boden aber Dampf der Zusammensetzung y_{n+1} von unten eintritt und Flüssigkeit der Zusammensetzung x_n aus ihm abfließt, ergeben sich aus den Mengen- und Enthalpiebilanzen folgende Beziehungen:

$$V_{n+1} - L_n = V_1 - L_0 \,, \tag{3.82}$$

$$V_{n+1} y_{n+1} - L_n x_n = V_1 y_1 - L_0 x_0 \,, \tag{3.83}$$

$$V_{n+1} h''_{n+1} - L_n h'_n = V_1 h''_1 - L_0 h'_0 \,. \tag{3.84}$$

Mit den Abkürzungen

$$\frac{V_1 y_1 - L_0 x_0}{V_1 - L_0} = x_p \quad \text{und} \quad \frac{V_1 h_1'' - L_0 h_0'}{V_1 - L_0} = h_p, \tag{3.85}$$

worin der Index p auf einen zeichnerischen Pol im Verfahren von Bošnjaković hindeutet, gehen die Gln. (3.83) und (3.84) über in

$$V_{n+1} y_{n+1} - L_n x_n = (V_1 - L_0)\, x_p, \tag{3.86}$$

$$V_{n+1} h''_{n+1} - L_n h'_n = (V_1 - L_0)\, h_p. \tag{3.87}$$

Durch Einsetzen von L_n aus Gl. (3.82) in Gl. (3.86) folgt

$$V_{n+1} = \frac{x_n - x_p}{x_n - y_{n+1}} (V_1 - L_0) \tag{3.88}$$

und hiermit nach Gl. (3.82)

$$L_n = \left(\frac{x_n - x_p}{x_n - y_{n+1}} - 1 \right) (V_1 - L_0). \tag{3.89}$$

Mit diesen beiden Ausdrücken für V_{n+1} und L_n erhalten wir schließlich aus Gl. (3.87)

$$\frac{h''_{n+1} - h'_n}{h_p - h'_n} = \frac{y_{n+1} - x_n}{x_p - x_n}. \tag{3.90}$$

Mit Hilfe dieser Gleichung kann man die Zusammensetzungen des Dampfes und der Flüssigkeit, von Boden zu Boden, nach unten hin fortschreitend, wie folgt berechnen:

Die Abhängigkeit der Enthalpie h' der siedenden Flüssigkeit von ihrem Gehalt x und der Enthalpie h'' des trocken gesättigten Dampfes von y sei, wie schon angedeutet, auf Grund von Gleichungen bekannt, die für den vorgegebenen Betriebsdruck empirisch aus Meßwerten oder auch aus einer für beide Phasen des Gemisches geltenden Zustandsgleichung gewonnen worden sind. Dann können zunächst x_p und h_p nach den Gln. (3.85) aus den am oberen Ende der Säule vorgegebenen Mengen V_1 und L_0 und ihren Zusammensetzungen y_1 und x_0 berechnet werden.

Die Zusammensetzung x_n der vom n-ten Boden ablaufenden Flüssigkeit und damit auch deren Enthalpie h'_n seien vorgegeben oder angenommen. Dann läßt sich die Zusammensetzung y_{n+1} der vom $(n + 1)$-ten Boden aufsteigenden Dampfes aus Gl. (3.90) durch Probieren ermitteln. Zu diesem Zweck setzt man für y_{n+1} und h''_{n+1} willkürlich zusammengehörige Werte von y und h'' ein und ändert sie so lange, bis die Gleichung erfüllt wird. Ist hierdurch $y = y_{n+1}$ ermittelt, dann findet man die Zusammensetzung x_{n+1} der von demselben Boden ablaufenden Flüssigkeit, falls es sich um einen theoretischen Boden handelt, aus dem Phasengleichgewicht mit y_{n+1}. Nach Kenntnis von y_{n+1} und x_{n+1} kann in derselben Weise auf y_{n+2} und x_{n+2} geschlossen werden.

3.3.4 Rektifikation von Dreistoffgemischen

Vielfach enthält ein zu zerlegendes Gemisch mehr als zwei Bestandteile. Dann reicht für die Berechnung der Rektifikation das für Zweistoffgemische entwickelte Verfahren nicht aus. So kann die Rektifikation der Luft nicht vollständig verstanden und nicht genau berechnet werden, wenn man neben ihren Hauptbestandteilen Sauerstoff und Stickstoff nicht auch ihren Gehalt an Argon berücksichtigt. Das Argon ist zwar nur zu 0,934 Mol-% in der Luft enthalten, es reichert sich aber im oberen Teil des Luftzerlegungsapparates erheblich an und beeinflußt dadurch den Verlauf der Rektifikation. Die Berechnung der Rektifikation von Dreistoffgemischen soll hier nicht eingehend besprochen werden, weil sie grundsätzlich nach dem gleichen Verfahren durchgeführt werden kann, das nachstehend für Gemische aus beliebig vielen Bestandteilen erörtert wird. Es soll nur kurz auf einige Besonderheiten der Dreistoffrektifikation hingewiesen werden, die den Unterschied gegenüber der Zweistoffrektifikation kennzeichnen und in allgemeinerer Form auch für die Trennung einer größeren Zahl von Bestandteilen bedeutsam sind.

Nimmt man an, daß die Böden einer Rektifiziersäule sich wie theoretische Böden verhalten, dann kann man die Rektifikation eines Dreistoffgemisches grundsätzlich nach denselben Überlegungen berechnen wie die Rektifikation eines Zweistoffgemisches, indem man eines der hierfür entwickelten Verfahren entsprechend erweitert. Auch bei Dreistoffgemischen kann man von Boden zu Boden fortschreiten, indem man abwechselnd die der Austauschgeraden entsprechenden Mengengleichungen und dann die Bedingung anwendet, daß die vom Boden ablaufende Flüssigkeit mit dem von ihm aufsteigenden Dampf im Gleichgewicht stehen soll. Auf diese Weise erhält man sämtliche Änderungen der Zusammensetzung des Dampfes und der Flüssigkeit von Boden zu Boden. Jede dieser Zusammensetzungen ist durch den prozentualen Gehalt an zwei Bestandteilen bestimmt, da der Gehalt am dritten Bestandteil durch die Differenz gegenüber 100% mit festgelegt ist. Trägt man diese Werte in ein Dreiecksdiagramm ein, dessen schiefwinklige Koordinaten den Gehalt an zwei der Be-

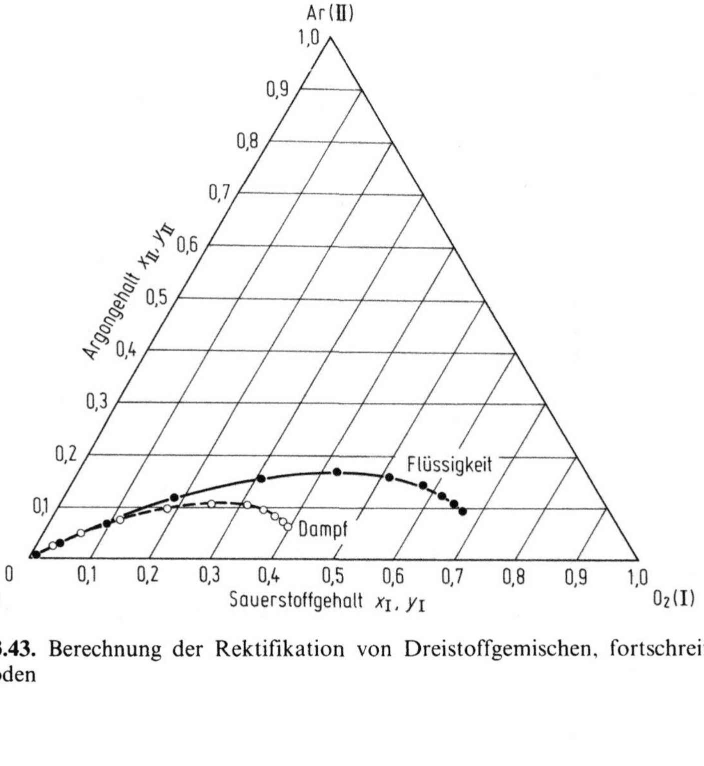

Bild 3.43. Berechnung der Rektifikation von Dreistoffgemischen, fortschreitend von Boden zu Boden

standteile wiedergeben, vgl. Bild 3.43, dann erhält man für jeden Boden zwei Punkte, einen für die Flüssigkeit, den anderen für den Dampf. Es erleichtert die Übersicht, wenn man alle Flüssigkeitspunkte und ebenso alle Dampfpunkte durch je eine Kurve verbindet. Diese Kurven, die Rektifikationslinien genannt seien, sind einander geometrisch ähnlich, wenn es sich um ideale Gemische handelt und sich die Mengen von Flüssigkeit und Dampf längs des betrachteten Säulenteils nicht ändern. Dies kann, wie erwähnt, angenähert erreicht werden, indem man die Mengen in kalorischen Einheiten ausdrückt, sofern der Säule keine Wärme zugeführt oder entzogen wird. Führt man die Rechnung vom einen bis zum anderen Ende der Rektifiziersäule durch, dann erhält man als Zahl der Rechnungsstufen die theoretische Bodenzahl.

Die Annahme, daß auf jedem Boden vollkommenes Gleichgewicht zwischen aufsteigendem Dampf und ablaufender Flüssigkeit erreicht wird, trifft in Wirklichkeit nicht zu. Praktisch wird vielmehr, wie schon an anderer Stelle erwähnt, nur ein gewisser Bruchteil der auf einem theoretischen Boden möglichen Änderung der Zusammensetzung erzielt. Je kleiner dieser Bruchteil, der schon oben „Austauschgrad" genannt wurde, ist, desto mehr Böden benötigt man praktisch im Vergleich zur theoretischen Bodenzahl. Darüber hinaus kann sich aber bei Dreistoffgemischen durch Verkleinerung des Austauschgrades auch der Verlauf der Rektifikationslinien mehr oder weniger ändern.

Die Rektifikationslinien verlaufen überdies verschieden, je nachdem wie der Stoffaustausch an den Berührungsflächen zwischen Flüssigkeit und Dampf vor sich geht. Man kann sich vorstellen, daß der Widerstand, den der Stoffaustausch an einer beliebigen Berührungsstelle findet, zum Teil in einer Flüssigkeitsgrenzschicht, zum Teil in einer Dampfgrenzschicht liegt. Aber auch wenn diese Zweifilmtheorie der Wirklichkeit nur unvollkommen entspricht, kann man grundsätzlich den Widerstand in zwei auf die Flüssigkeit und den Dampf entfallende Teilbeträge zerlegen. Je nachdem, ob der Widerstand mehr auf der Flüssigkeitsseite oder mehr auf der Dampfseite liegt, ergibt sich bei kleinem Austauschgrad ein unterschiedlicher Verlauf der Rektifikationslinien. Besonders deutlich wird dieser Unterschied, wenn man zu unendlich vielen, unendlich kleinen Rektifikationsstufen, gedanklich also zu Böden mit unendlich kleinem Austauschgrad übergeht. Hierdurch kommt man, wie schon erläutert, den Vorgängen in Füllkörpersäulen nahe.

Nimmt man hierbei an, daß der Widerstand des Austausches allein auf der Dampfseite liegt, dann gelangt man zu einer Definition der theoretischen Bodenzahl, die der Gl. (3.77) für Zweistoffgemische entspricht. Für diesen Fall hat der Verfasser [H 4] ein Stufenverfahren angegeben, mit dem man die Rektifikationslinien berechnen kann. Besonders aufschlußreich hat sich in diesem Zusammenhang die Theorie der idealen Dreistoffgemische erwiesen, die der Verfasser [H 9] für den Fall des alleinigen Widerstandes auf der Dampfseite, Rische [R 1] hingegen für den Fall eines alleinigen Widerstandes auf der Flüssigkeitsseite, entwickelt hat. Bild 3.44 zeigt deutlich den Unterschied an einem Beispiel ideal angenommener Gemische aus Sauerstoff, Stickstoff und Argon. Der Deutlichkeit halber sind nur die Rektifikationslinien für die Flüssigkeit eingezeichnet. Die obere ausgezogene Linie *I* gilt, wenn der Widerstand des Stoffaustausches allein auf der Dampfseite, die untere gestrichelte Linie III, wenn er allein auf der Flüssigkeitsseite liegt. Die dazwischenliegenden kleinen Kreise (Linie II) sind das Ergebnis der vorstehend angedeuteten Berechnungsart, bei der jeder Schritt der Wirkung eines theoretischen Bodens entspricht.

Die Frage, wie sich in Wirklichkeit der Widerstand des Stoffaustausches auf Flüssigkeit und Dampf verteilt, ist nicht restlos geklärt. Edye [E 1] leitete aus Beobachtungen an einer niedrigen Füllkörpersäule ab, daß der Widerstand im Mittel zu etwa 75% auf der Dampfseite liegt. Grassmann [G 4, 5] schloß aus Versuchen über den Stoffaustausch an einer in der Flüssigkeit aufsteigenden Dampfblase, daß der Widerstand nahezu vollständig auf der Dampfseite liegt; vgl. auch [S 1]. Hingegen kamen Sizmann und Stuke [S 2] auf Grund von Rektifizierversuchen an kleinen Füllkörpern mit und ohne Inertgas zunächst zu dem Ergebnis, daß nur die Flüssigkeit einen merklichen Widerstand biete. Durch Wiederholung seiner Versuche an einer großen Zahl anderer Gemische stellte Stuke jedoch fest, daß die Aufteilung des Widerstandes auf die Flüssigkeits- und Dampfseite von Fall zu Fall sehr verschieden sein kann [S 6]. Offenbar hängt diese Aufteilung von den Eigenschaften des jeweiligen Gemisches, vielleicht auch von den Strömungsverhältnissen und anderen Einflüssen ab.

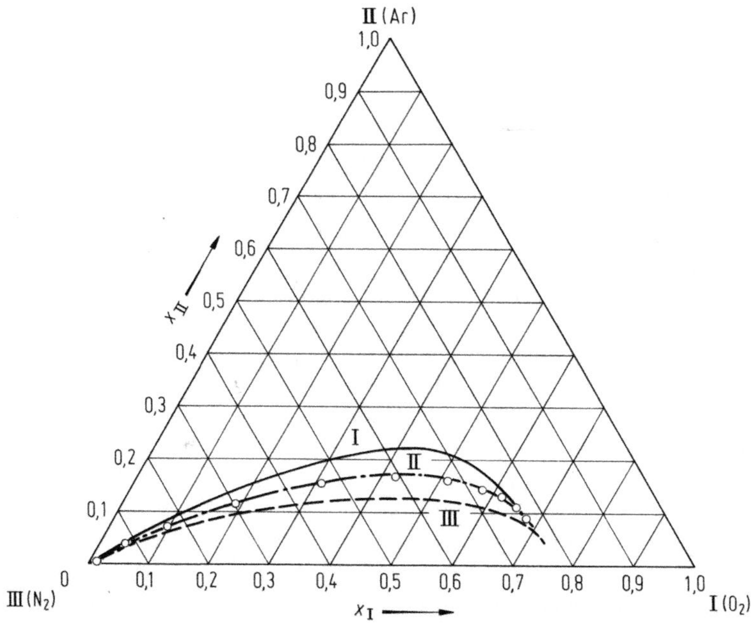

Bild 3.44. Verlauf der Zusammensetzung der Flüssigkeit bei der Rektifikation von idealen Dreistoffgemischen. *I* Widerstand des Stoffaustausches allein auf der Dampfseite, *II* x von Boden zu Boden fortschreitend berechnet wie in Bild 3.43, *III* Widerstand allein auf der Flüssigkeitsseite

Wie sich nach der Theorie der Dreistoffrektifikation der Einfluß des Argons auf die Zerlegung der Luft auswirkt, wird anschließend im Kapitel 4 gezeigt. Die Theorie idealer Dreistoffgemische wurde von Vogelpohl [V 2] auf ideale Gemische aus beliebig vielen Bestandteilen erweitert.

3.3.5 Rektifikation von Mehrstoffgemischen

Früher hat man die Zahl der theoretischen Böden, die man zur Zerlegung von Mehrstoffgemischen benötigte, dadurch abgeschätzt, daß man zwei Hauptbestandteile als sogenannte Schlüsselkomponenten auswählte und die Rektifikation von Gemischen dieser beiden Bestandteile betrachtete. Vielleicht könnte man heute daran denken, z. B. als Vorstufe zu den nachstehend beschriebenen genaueren Verfahren, drei Schlüsselkomponenten auszuwählen und deren Rektifikation zu berechnen. Hierbei könnte man als Näherung die oben erwähnte Theorie der Rektifikation idealer Gemische benutzen.

Die genaue Berechnung der Rektifikation von Gemischen aus einer größeren Zahl von Bestandteilen ist so verwickelt, daß sie erst durch Anwendung der elektronischen Rechenanlagen befriedigend bewältigt werden konnte. Von den hierfür entwickelten Berechnungsverfahren sollen zwei der wichtigsten kurz besprochen werden. Während bei der Rektifikation von Zweistoffgemischen und zum Teil auch von Dreistoffgemischen die gewünschte Zusammensetzung der die Säule oben und unten verlassenden Produkte vorgegeben werden konnte und die für ein solches Rektifikationsergebnis benötigte Anzahl theoretischer Böden gesucht war, wird bei den Verfahren zur Berechnung der Mehrstoffrektifikation stets die Zahl der theoretischen Böden vorgeben und die Zusammensetzung der Produkte durch die Rechnung ermittelt. Man muß hierbei zunächst von gewissen Annahmen ausgehen, so daß eine einmalige Durchrechnung in der Regel nur Näherungswerte liefert, die noch nicht allen zu stellenden Bedingungen genügen. Man muß daher die Rechnung mehrmals wiederholen, bis die gewünschte Genauigkeit der Ergebnisse erreicht ist.

Es sind zwei verschiedene Arten solcher iterativer Berechnungsverfahren entwickelt worden. Bei der ersten Berechnungsart wird fortschreitend von Boden zu Boden die Zusammensetzung des von jedem Rektifizierboden aufsteigenden Dampfes und der von ihm abfließenden Flüssigkeit berechnet. Bei der zweiten Art der Berechnung werden für sämtliche Böden die Mengen- und Enthalpiebilanzen aufgestellt. Unter der Voraussetzung, daß die zunächst für jeden Boden angenommenen Flüssigkeits- und Dampfströme während einer Iteration nicht geändert werden, erhält man so ein System linearer Gleichungen. Sie können mit Hilfe von Determinanten oder auch auf anderem Wege gelöst werden.

Bei beiden Berechnungsarten müssen, solange noch nicht die genauen Werte erreicht sind, nach jeder Iteration die erhaltenen Ergebnisse korrigiert werden, um die nächste Iteration schon mit verbesserten Annahmen beginnen zu können. Die Notwendigkeit der Korrektur ist im wesentlichen darin begründet, daß die Gesamtströme, die sich durch Addition der zuvor errechneten Ströme der Einzelbestandteile ergeben haben und die vor der Iteration angenommenen Temperaturen auf den Böden, die das Gleichgewicht zwischen Flüssigkeit und Dampf beeinflussen, nicht der Mengen- und Enthalpiebilanz genügen. Zwei der hierfür geeigneten Konvergenzverfahren sollen am Ende dieser Betrachtungen über die Mehrstoffrektifikation besprochen werden.

Um das Verständnis der an sich nicht einfachen Überlegungen so wenig wie möglich zu erschweren, sollen sie weitgehend an der einfachen Anordnung durchgeführt werden, wie sie in Bild 3.45 dargestellt ist. Dabei sei vorausgesetzt, daß der Rektifiziersäule keine Wärme zugeführt oder entzogen wird und abgesehen von der Menge F

des zu zerlegenden Gemisches (feed) und den Mengen D und B der Zerlegungsprodukte (distillate, botton product) keine Seitenströme in die Säule eintreten oder aus ihr austreten. Es soll jedoch an geeigneter Stelle gezeigt werden, wie man etwaige zunächst vernachlässigte Wärmemengen und Seitenströme berücksichtigen kann.

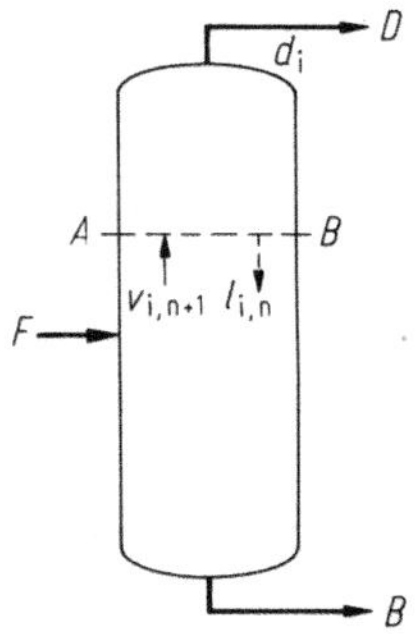

Bild 3.45. Einfache Rektifiziersäule

Die betrachtete Rektifiziersäule enthalte N Böden, die von oben nach unten mit $n = 1$ bis $n = N$ beziffert seien. Sie sollen als theoretische Böden betrachtet werden, so daß der von einem Boden aufsteigende Dampf und die von ihm abströmende Flüssigkeit so zusammengesetzt sind, wie es dem Gleichgewicht entspricht. In etwa mittlerer Höhe der Säule trete in der Zeiteinheit das zu zerlegende Gemisch der Menge F (feed) über dem Boden Nr. $n = f$ ein. Es kann flüssig oder dampfförmig oder auch zum Teil flüssig, zum Teil dampfförmig sein. Außer F seien auch die auf die Zeiteinheit bezogenen Mengen D des Kopfproduktes und B des Sumpfproduktes gegeben, ferner die aus dem nicht gezeichneten Kondensator von oben zufließende Rücklaufmenge L_0 und die von unten aus dem ebenfalls nicht gezeichneten Verdampfer in die Säule aufsteigende Dampfmenge V_{N+1}. Es erleichtert die Rechnung, wenn jeweils über und unter dem Einlaufboden $n = f$ die Flüssigkeits- und Dampfströme bis zu den beiden Säulenenden hin als konstant betrachtet werden können. Dies kann man nach Abschnitt 3.3.3.1 angenähert durch das Rechnen mit kalorischen Mengeneinheiten erreichen. Genau ist jedoch die Verteilung der Mengenströme über alle Böden der Säule nur durch die Enthalpiebilanz bestimmt.

Die Zusammensetzung des zuströmenden Gemisches der Menge F sei gegeben, die Zusammensetzungen der Zerlegungsprodukte D und B sollen durch das eine oder andere der nachstehend beschriebenen Iterationsverfahren ermittelt werden.

3.3.5.1 Berechnung von Boden zu Boden

Bei dieser Art der Berechnung, die in dem Buch von Holland [H 13] eingehend beschrieben ist, wird die Veränderung des Gehaltes der Flüssigkeit und des Dampfes an den einzelnen Bestandteilen von Boden zu Boden fortschreitend berechnet. Im oberen Teil der Säule über dem Einlaufboden $n = f$ wird diese Rechnung in Richtung von oben nach unten, im unteren Teil der Säule, der den Einlaufboden mit einschließt, in Richtung von unten nach oben durchgeführt. Der Betriebsdruck werde in der ganzen Säule als konstant betrachtet.

Im allgemeinen sind vor Beginn der Rechnung die Zusammensetzungen der in jeden Boden eintretenden und ihn verlassenden Flüssigkeits- und Dampfströme und auch die auf den Böden herrschenden Temperaturen nicht bekannt, sie müssen vielmehr vor einer Iterationsrechnung nach Schätzung angenommen werden. Nach ihrer Festlegung kann die Rechnung von Boden zu Boden beginnen. Zur Erörterung des Berechnungsverfahrens soll untersucht werden, wie sich der Gehalt von Flüssigkeit und Dampf am i-ten Bestandteil auf einem beliebig herausgegriffenen n-ten Boden verändert. Die von diesem Boden in der Zeiteinheit abströmenden Mengen der Flüssigkeit und des Dampfes seien L_n und V_n. Da es sich um einen theoretischen Boden handeln soll, müssen die Zusammensetzungen $x_{i,n}$ und $y_{i,n}$ dieser beiden Mengenströme einem Gleichgewicht entsprechen, das durch die Temperatur bestimmt ist, mit der diese Ströme den n-ten Boden verlassen. Denn diese Temperatur legt bei dem vorhandenen Druck den Verteilungskoeffizienten $K_{i,n}$ (vgl. Abschnitt 3.1.1.2.4) für den i-ten Bestandteil fest. Es gilt daher

$$y_{i,n} = K_{i,n} x_{i,n} \,. \tag{3.91}$$

Multipliziert man beide Seiten mit $V_n L_n$, dann folgt

$$L_n V_n y_{i,n} = V_n K_{i,n} L_n x_{i,n} \,.$$

Da nun $v_{i,n} = V_n y_{i,n}$ die Menge des i-ten Bestandteils im Dampfstrom V_n und $l_{i,n} = L_n x_{i,n}$ seine Menge im Flüssigkeitsstrom L_n darstellt, kann man auch schreiben

$$v_{i,n} = S_{i,n} l_{i,n} \tag{3.92}$$

mit

$$S_{i,n} = \frac{V_n}{L_n} K_{i,n} \tag{3.93}$$

und

$$l_{i,n} = A_{i,n} v_{i,n} \tag{3.94}$$

mit

$$A_{i,n} = \frac{1}{S_{i,n}} = \frac{L_n}{V_n K_{i,n}} \,. \tag{3.95}$$

Die Größen $S_{i,n}$ und $A_{i,n}$ kann man aus den angenommenen Gesamtmengen und Temperaturen von vornherein berechnen.

Zwischen dem n-ten Boden, der an höherer Stelle als der mit f gekennzeichnete Einlaufboden liegen möge, und dem $(n + 1)$-ten Boden denke man sich einen waagerechten Querschnitt durch die Säule gelegt, etwa A–B in Bild 3.45. Eine Bilanz über die Mengen des Bestandteils i, die in der Zeiteinheit in das gesamte über diesem Querschnitt befindliche Säulenstück eintreten und aus ihm austreten, führt zu der Beziehung

$$v_{i,n+1} = l_{i,n} + d_i \,. \tag{3.96}$$

Hiernach wird der Dampfstrom $v_{i,n+1}$, der vom darunter liegenden Boden in den n-ten Boden eintritt, in den von diesem abfließenden Flüssigkeitsstrom $l_{i,n}$ und in den Anteil d_i des Kopfproduktes am i-ten Bestandteil aufgeteilt. Setzt man $l_{i,n}$ nach Gl. (3.94) in Gl. (3.96) ein, dann erhält man folgende Beziehung:

$$v_{i,n+1} = A_{i,n} v_{i,n} + d_i \,. \tag{3.97}$$

Eine solche Gleichung gilt für jeden Boden oberhalb des Einlaufes. Gleichung (3.96) trifft auch für die vom obersten Boden Nr. $n = 1$ aufsteigende Dampfmenge $v_{i,1}$ zu und geht mit $n = 0$ über in

$$v_{i,1} = l_{i,0} + d_i \,. \tag{3.98}$$

Dies leuchtet ohne weiteres ein, weil die Dampfmenge $v_{i,1}$ sich nach Verflüssigung im Kondensator in den Anteil $l_{i,0}$ im Rücklauf und den Anteil d_i im Kopfprodukt aufteilt. Setzt man voraus, daß die im Kondensator gebildete Rücklaufmenge L_0 und das Kopfprodukt D prozentual ebenso viel vom i-ten Bestandteil enthalten wie die vom obersten Boden aufsteigende Dampfmenge V_1, dann gilt

$$\frac{l_{i0}}{L_0} = \frac{d_i}{D} \,.$$

Hieraus folgt durch Einsetzen in Gl. (3.98)

$$v_{i,1} = \left(1 + \frac{L_0}{D}\right) d_i \,. \tag{3.99}$$

Gleichungen (3.99) und (3.97) bilden die Grundlage für die Durchführung der Iterationsrechnung. Da L_0 und D vorgegeben sind, kann man aus Gl. (3.99) $v_{i,1}$ berechnen. Hierbei kann man nach dem Vorschlag von Thiele und Gettes [T 1] für jede Destillatteilmenge d_i einen geschätzten Wert annehmen. Besser ist es nach Lewis und Matheson [L 4] die Werte von d_i offen zu lassen und statt dessen nur die Verhältnisse $v_{i,1}/d_i$, $v_{i,2}/d_i$ usw. zu berechnen.

Sobald nach Gl. (3.99) $v_{i,1}$ oder $v_{i,1}/d_i$ ermittelt ist, kann die Berechnung von Boden zu Boden nach Gl. (3.97) beginnen, indem man vom obersten Boden $n = 1$ ausgehend zu immer tiefer liegenden Böden fortschreitet und mit dem Boden Nr. $n = f - 1$ abschließt, der unmittelbar über der Zulaufstelle liegt. Als Endergebnis erhält man für den oberen Säulenteil die Dampfmenge des i-ten Bestandteils die von unten dampfförmig in den Boden Nr. $f - 1$ eintritt und mit $v_{i,f}$ bezeichnet werde. Sie besteht aus der Dampfmenge, die vom Boden Nr. f, dem Einlaufboden, nach oben strömt, und aus der Dampfmenge, die danach aus dem Zulauf hinzukommt. Zieht man diese Dampfmenge aus dem Zulauf von der durch die vorangehende Rechnung erhaltenen Menge $v_{i,f}$ ab, dann erhält man die Dampfmenge $v_{i,f}$, die vom Einlaufboden $n = f$ nach oben abströmt. Das wichtigste Ergebnis dieser Berechnung für den oberen Säulenteil ist der Wert des Verhältnisses $v_{i,f}/d_i$.

Eine entsprechende Rechnung läßt sich auch für den unteren Säulenteil durchführen, der den Boden $n = f$ mit einschließt. Auch hier seien die Böden in der Richtung nach unten numeriert. Die genannten Autoren schlagen vor, bei dieser Rechnung mit dem untersten Boden zu beginnen und von Boden zu Boden nach oben fortzuschreiten. Eine Mengenbilanz für ein unteres Säulenstück, das oben einen Boden $n \geqq f$ in beliebiger Höhe und unten den Verdampfer mit einschließt, liefert

$$l_{i,n-1} = v_{i,n} + b_i \,, \tag{3.100}$$

wenn b_i den Gehalt des Sumpfproduktes am i-ten Bestandteil bedeutet. Mit Gl. (3.92) geht Gl. (3.100) über in

$$l_{i,n-1} = S_{i,n} l_{i,n} + b_i \,. \tag{3.101}$$

Gleichung (3.100) läßt sich auch auf das untere Ende der Säule anwenden, worin der aus dem Verdampfer $N + 1$ kommende Dampf mit dem Gehalt $v_{i,N+1}$ aufsteigt. Damit ergibt für die aus dem untersten Boden $n = N$ auslaufende Flüssigkeit

$$l_{i,N} = v_{i,N+1} + b_i .$$

Vernachlässigt man eine etwaige Zusammensetzungsänderung durch die Verdampfung, dann müssen die Gesamtmengenströme L_N, V_{N+1} und B gleich zusammengesetzt sein. Es muß deshalb gelten

$$\frac{v_{i,N+1}}{V_{N+1}} = \frac{b_i}{B}$$

und damit nach der vorletzten Gleichung

$$l_{i,N} = \left(1 + \frac{V_{N+1}}{B}\right) b_i , \tag{3.102}$$

worin V_{N+1} und B als gegeben zu betrachten sind. Mit Gl. (3.101) beginnend, kann man die Gehalte $l_{i,n-1}$ der die Böden verlassenden Flüssigkeitsströme von Boden zu Boden in Richtung nach oben berechnen. Für den Einlaufboden $n = f$ erhält man zunächst den Wert von $l_{i,f}$ und damit nach Gl. (3.92) den Gehalt $v_{i,f}$ des von ihm aufsteigenden Dampfes sowie auch das Verhältnis $v_{i,f}/b_i$.

Aus der Berechnung des oberen Säulnteils hatte sich hingegen der Wert des Verhältnisses $v_{i,f}/d_i$ ergeben. Dividiert man beide Verhältnisse durcheinander, dann folgt, da $v_{i,f}$ nach beiden Rechnungen denselben Wert haben muß

$$\frac{v_{i,f}/b_i}{v_{i,f}/d_i} = \frac{d_i}{b_i} . \tag{3.103}$$

Damit ist das Verhältnis der im Destillat und im Sumpfprodukt enthaltenen Menge des i-ten Bestandteils festgelegt. Da ferner $d_i + b_i$ gleich der im Zulauf enthaltenen Menge dieses Bestandteils sein muß, sind damit auch Absolutwerte von d_i und b_i bestimmt. Ist z_i der Gehalt des Zuflusses F am i-ten Bestandteil, dann gilt

$$d_i + b_i = d_i \left(1 + \frac{b_i}{d_i}\right) = F z_i$$

und deshalb

$$d_i = \frac{F z_i}{1 + \dfrac{b_i}{d_i}} ; \qquad b_i = \left(\frac{b_i}{d_i}\right) d_i . \tag{3.104}$$

In derselben Weise kann man die Rechnung auch für alle anderen Bestandteile durchführen. Die aus Gl. (3.104) sich ergebenden Werte von d_i und b_i stellen indessen nur Näherungswerte dar. Deshalb muß die Rechnung mit neuen Annahmen für die Gesamtmengen und für die Temperaturen auf den Böden wiederholt werden. Wie man schon vorher zu verbesserten Annahmen gelangt, soll weiter unten gezeigt werden.

3.3.5.2 Berechnung der Rektifikation von Mehrstoffgemischen durch Lösung linearer Gleichungen mit Hilfe von Determinanten

Gegenüber der beschriebenen Berechnung von Boden zu Boden bevorzugt man heute Verfahren, bei denen man die wichtigsten für die Rektifikation geltenden Beziehungen als ein System linearer Gleichungen betrachtet und diese mit Hilfe von Determinanten oder in anderer Weise auflöst. Denn die bereits für die Boden-zu-Boden-Rechnung entwickelten Gln. (3.97) und (3.101) sind linear, wenn man wie auch im folgenden die angenommenen Gesamtmengenströme und die Verteilungskoeffizienten während einer Iteration nicht ändert. Ein wesentliches Merkmal dieser neueren Verfahren besteht darin, daß man durch die Auflösung der linearen Gleichungen in einem einzigen Rechnungsgang die Gesamtheit der Zusammensetzungen auf allen Böden erhält, und zwar mit dem der jeweiligen Iteration entsprechenden Grad der Näherung.

Bei Aufstellung der Gleichungen, die die Rektifikation bestimmen, soll nur die Gesamtmengenbilanz auf ein Säulenstück bezogen werden, das sich vom obersten Boden Nr. 1 bis zum betrachteten n-ten Boden erstreckt und diese beiden Böden mit einschließt. Alle übrigen Gleichungen sollen für den n-ten Boden allein gelten. Es soll jetzt überdies gezeigt werden, wie man die Möglichkeit berücksichtigen kann, daß Gemische F verschiedenen Gehaltes z_i an mehreren Stellen der Säule zugeführt und dampfförmige Seitenströme W oder flüssige Seitenströme U abgezogen werden. Werden solche Seitenströme dem n-ten Boden entnommen, dann werde angenommen, daß der dampfförmige Seitenstrom W_n den Gehalt $y_{i,n}$ und der flüssige Seitenstrom U_n den Gehalt $x_{i,n}$ am i-ten Bestandteil habe. Nach diesen Überlegungen ergeben sich folgende Beziehungen:

Bilanz der Gesamtmengenströme

vom Kopf der Säule bis zum n-ten Boden einschließlich:

$$V_{n+1} + L_0 + F - V_1 - L_n - (W + U) = 0 \,. \tag{3.105}$$

Hierin bedeuten F den Zulaufstrom oder die Summe mehrerer Zulaufströme, W die Summe der dampfförmig abgehenden, U der flüssig abgehenden Seitenströme, falls derartige Ströme in dem betrachteten Säulenstück auftreten.

Gleichgewicht

$$y_{i,n} - K_{i,n} x_{i,n} = 0 \,. \tag{3.106}$$

Mengenbilanz des *i*-ten Bestandteils für den *n*-ten Boden

$$V_{n+1} y_{i,n+1} + L_{n-1} x_{i,n-1} + F_n z_{i,n} - (V_n + W_n)\, y_{i,n} - (L_n + U_n)\, x_{i,n} = 0 \,. \tag{3.107}$$

Summengleichung für die *M* Bestandteile des Gemisches

$$\sum_{i=1}^{M} y_{i,n} = 1 \,. \tag{3.108}$$

Gesamt-Enthalpiebilanz für einen Boden

$$V_{n+1} H_{n+1} + L_{n-1} h_{n-1} + F_n(\alpha h_f + (1-\alpha) H_f) - (V_n + W_n) H_n - (L_n + U_n) h_n + Q_n = 0 \,. \tag{3.109}$$

worin die spezifische Enthalpie des Dampfes mit H, die der Flüssigkeit mit h bezeichnet ist und vom Zulauf der Bruchteil α flüssig, der Anteil $(1 - \alpha)$ dampfförmig zugeführt wird. Die spezifischen Enthalpien h_f und H_f dieser beiden Bruchteile können beliebig vorgegeben sein. Außerdem ist angenommen, daß dem Boden in der Zeiteinheit die Wärmemenge Q_n zuströmt.

Wang und Henke [W 1] haben gezeigt, daß man die Gln. (3.105) bis (3.109) in eine solche Form bringen kann, daß sich für die Lösung der für alle Böden angeschriebenen Gleichungen eine leicht berechenbare sogenannte dreidiagonale Determinante ergibt. Drückt man in Gl. (3.107) $y_{i,n}$ und $y_{i,n+1}$ mit Hilfe von Gl. (3.106) durch $x_{i,n}$ und $x_{i,n+1}$ aus und betrachtet man für die vorzunehmende Iteration die Mengenströme V_n und L_n wie auch die Gleichgewichtsverhältnisse $K_{i,n}$ als unveränderlich, dann geht Gl. (3.107) mit neuen Konstanten A_n, B_n, C_n und D_n für die verschiedenen Böden über in

$$B_1 x_{i,1} + C_1 x_{i,2} = D_1 , \tag{3.110}$$

$$A_n x_{i,n-1} + B_n x_{i,n} + C_n x_{i,n+1} = D_n \quad \text{für} \quad 2 \leqq n \leqq N - 1 , \tag{3.111}$$

$$A_N x_{i,N-1} + B_N x_{i,N} = D_N . \tag{3.112}$$

Gleichungen (3.110) und (3.112) gelten für den obersten und untersten Boden, weil bei vollständiger Verflüssigung im Kondensator $x_{i,0} = y_{i,1} = K_{i,1} x_{i,1}$ und bei vollständiger Verdampfung unter der Säule $y_{i,N+1} = x_{i,N}$ ist. Man kann jedoch durch eine kleine Erweiterung der Betrachtungen auch die Fälle unvollständiger Verflüssigung und unvollständiger Verdampfung einschließen, wie Wang und Henke gezeigt haben. Für jeden Bestandteil i bestehen somit N derartige Gleichungen, die für jeden Bestandteil getrennt zu lösen sind. Die Determinantentheorie führt für jeden Bestandteil zu einer Lösung folgender Art:

$$\begin{bmatrix} B_1 C_1 & & & & \\ A_2 B_2 C_2 & & & & \\ \ldots & & & & \\ & A_n B_n C_n & & & \\ & \ldots & & & \\ & & A_{N-1} B_{N-1} C_{N-1} & & \\ & & & A_N \quad B_N & \end{bmatrix} \cdot \begin{bmatrix} x_{i,1} \\ x_{i,2} \\ \vdots \\ x_{i,n} \\ \vdots \\ x_{i,N-1} \\ x_{i,N} \end{bmatrix} = \begin{bmatrix} D_1 \\ D_2 \\ \vdots \\ D_n \\ \vdots \\ D_{N-1} \\ D_n \end{bmatrix} \tag{3.113}$$

An der links stehenden Koeffizientendeterminante fällt auf, daß alle Koeffizienten A_2, A_3 bis A_N in einer diagonalen Reihe stehen. Dasselbe gilt für alle B_n und ebenso für alle C_n. Der Wert einer solchen dreidiagonalen Determinante läßt sich leicht berechnen nach einem schon von Gauß entwickelten Verfahren, das auch in der Veröffentlichung von Wang und Henke beschrieben ist und auch nachstehend erörtert werden soll.

Der zweite und dritte in eckigen Klammern stehende Ausdruck von Gl. (3.113) bedeuten, daß man jeden der gesuchten Werte von $x_{i,1}$, $x_{i,2}$ usw. dadurch erhält, daß man die durch die rechte Seite angedeutete Determinante durch die erwähnte Koeffizientendeterminante der linken Seite dividiert. Die nur angedeutete rechts stehende Determinante ergibt sich dadurch, daß man in der links stehenden Determinante die in der n-ten Spalte stehenden Koeffizienten C_{n-1}, B_n und A_{n+1} des zu berechnenden

Wertes $x_{i,n}$ sowie die darüber und darunter stehenden Nullstellen durch die Konstanten D_1, D_2 usw. bis D_N

$$\begin{bmatrix} B_1 D_1 & & & \\ A_2 D_2 C_2 & & & \\ \cdots & & & \\ D_n & A_n B_n C_n & & \\ \cdots & & & \\ D_{N-1} & & A_{N-1} B_{N-1} C_{N-1} & \\ D_N & & A_N & B_N \end{bmatrix}$$

ersetzt. So sind z. B. in der zweiten Spalte der Koeffizientendeterminante C_1, B_2 und A_3 die Koeffizienten von $x_{i,2}$. Ersetzt man sie und die genannten Nullstellen durch D_1, D_2 usw. bis D_N, dann erhält man die zuletzt aufgeführte Determinante. Dividiert man diese Determinante durch die in Gl. (3.113) links stehende ungeänderte Determinante, erhält man den gesuchten Wert von $x_{i,2}$. Entsprechend hat man bei der Berechnung von $x_{i,1}$, $x_{i,3}$ usw. zu verfahren.

Aus den Regeln zur Auswertung dreidiagonaler Determinanten läßt sich ein relativ einfaches Verfahren zur Berechnung von $x_{i,1}$, $x_{i,2}$ usw. ableiten, das Wang und Henke erstmalig auf die Vielstoffrektifikation angewendet haben. Es soll hier nicht erörtert werden.

Sobald diese Werte durch eine Iterationsrechnung ermittelt sind, müssen sie ebenso wie bei der Berechnung von Boden zu Boden vor der nächsten Iteration so korrigiert werden, daß sie die Mengen- und Enthalpiebilanz, also insbesondere die Gln. (3.107) und (3.109) genauer erfüllen als die nicht korrigierten Werte.

3.3.5.3 Konvergenzverfahren

Durch die als notwendig angedeuteten Korrekturrechnungen, auch Konvergenzverfahren genannt, sollen in erster Linie mit Hilfe von Gl. (3.108) die auf den Böden herrschenden Temperaturen genauer bestimmt werden, während Gl. (3.109) in Verbindung mit Gl. (3.105) eine Korrektur der angenommenen Flüssigkeits- und Dampfströme L_n und V_n ermöglicht. Von den verschiedenen Verfahren, die zur Lösung dieser Aufgaben vorgeschlagen worden sind, sollen nur wenige kurz erörtert werden, die das wesentliche klar und ohne zu großen mathematischen Aufwand erkennen lassen.

3.3.5.3.1 Berichtigung der Temperaturen auf den Rektifizierböden

Gleichung (3.108) ermöglicht es auf folgende Weise, die Temperatur auf dem n-ten Boden genauer festzulegen, d. h. mit besserer Näherung die Temperatur zu ermitteln, mit der Flüssigkeit und Dampf diesen als „theoretisch" betrachteten Boden verlassen. Mit Gl. (3.106) geht Gl. (3.108) über in

$$\sum_{i=1}^{M} K_{i,n} x_{i,n} = 1 . \tag{3.114}$$

Diese Gleichung kann man unter Benutzung der durch die letzte Iteration erhaltenen Werte von $x_{i,n}$ dadurch erfüllen, daß man jeweils für den n-ten Boden eine Temperatur versuchsweise annimmt und die dieser Temperatur entsprechenden Werte von $K_{i,n}$

für jeden Bestandteil nach bekannten Messungen in Gl. (3.114) einsetzt. Die angenommenene Temperatur ändert man dann so oft, bis die Gleichung genügend genau erfüllt ist. Um dieses Probieren zu vermeiden, haben Wang und Henke vorgeschlagen, die Temperaturabhängigkeit aller Werte von K_i, die von der Bodennummer so gut wie nicht abhängen, bei dem gegebenen Betriebsdruck als eine Potenzfunktion 3. Grades der Temperatur darzustellen. Die durch Einsetzen in Gl. (3.114) sich ergebende Gleichung 3. Grades dürfte sich aber auch nicht ganz leicht auflösen lassen.

3.3.5.3.2 Verbesserung der durch einen Iterationsschritt erhaltenen Werte der Zusammensetzung des Kopfproduktes. Θ-Methode und Näherungsverfahren von Newton-Raphson-Muller

Die Θ-Methode, die im Buch von Holland [H 13] eingehend beschrieben ist, wird vor allem im Zusammenhang mit der Rechnung von Boden zu Boden angewendet. Doch ist diese Methode wie auch das andere noch zu besprechende Näherungsverfahren für jede Art der iterativen Berechnung der Mehrstoffrektifikation geeignet.

Mit der Θ-Methode sollen die nach einem Iterationsschritt durch Gl. (3.104) bestimmten Werte der Mengen d_i des i-ten Bestandteils im Kopfprodukt so korrigiert werden, daß

$$\sum_{i=1}^{M} d_i = D ,$$

d. h. gleich der vorgegebenen Gesamtmenge D des Kopfproduktes wird. Dies soll mit einem Berichtigungsfaktor Θ wie folgt geschehen. $(b_i/d_i)_{it}$ sei der durch den vorangegangenen Iterationsschritt nach Gl. (3.103) erhaltene Wert von b_i/d_i. Dieser Wert werde mit einem Faktor Θ multipliziert, der für alle Bestandteile i gleich sei. Dadurch ergibt sich entsprechend Gl. (3.104) folgender korrigierter Wert $(d_i)_{co}$ von d_i

$$(d_i)_{co} = \frac{F z_i}{1 + \Theta \left(\frac{b_i}{d_i}\right)_{it}} . \tag{3.115}$$

Θ ist so zu bestimmen, daß

$$\Sigma\,(d_i)_{co} = D \tag{3.116}$$

wird. Θ läßt sich auf Grund dieser Bedingungen nur durch Probieren ermitteln. Hierfür sind verschiedene Verfahren entwickelt worden. Man kann z. B. mit drei geschätzten Werten von Θ die Funktion

$$\Phi(\Theta) = \Sigma\,(d_i)_{co} - D , \tag{3.117}$$

berechnen, die mit dem gesuchten Wert von Θ zu Null werden soll. Die drei erhaltenen Werte von $\Phi(\Theta)$, die man sich abhängig von Θ aufgetragen denkt, verbinde man durch eine Kurve, deren Schnittpunkt mit der Nullachse schon einen recht guten Wert von Θ liefert. Ist dieser Wert von Θ noch nicht genau genug, kann man den ihm entsprechenden Punkt zu einer Wiederholung der zeichnerischen Ermittlung benutzen und so einen genaueren Wert von Θ erhalten.

3.3.5.3.3 Berichtigung der Mengenströme

Sobald durch Iterationsrechnung die Gehalte $x_{i,n}$, $x_{j,n}$ usw. aller Bestandteile auf allen Böden ermittelt sind, kann man nicht nur, wie gezeigt wurde, die Bodentemperaturen neu festlegen, sondern auch die Mengenströme so berichtigen, daß sie neben den Mengenbilanzen auch der Enthalpiebilanz genügen. Setzt man mit den in Abschnitt 3.3.5.2 gewählten Bezeichnungen $F - (W + U) = S$, dann geht die für ein oberes Säulenstück einschließlich des n-ten Bodens geltende Gesamtbilanz (3.105) über in

$$V_{n+1} - L_n + L_0 - V_1 + S = 0\,. \tag{3.118}$$

Entsprechend lautet die Mengenbilanz für den n-ten Boden allein, wenn man $F_n - (W + U)_n = S_n$ setzt

$$V_{n+1} - V_n + L_{n-1} - L_n + S_n = 0\,. \tag{3.119}$$

Bezeichnet man ferner die Enthalpie aller positiven und negativen Seitenströme des n-ten Bodens mit $(\mathrm{Enth})_{S,n}$ dann kann man die Enthalpiegleichung in der Form schreiben:

$$V_{n+1}H_{n+1} - V_nH_n + L_{n-1}h_{n-1} - L_nh_n + (\mathrm{Enth})_{S,n} + Q_n = 0\,. \tag{3.120}$$

Einsetzen von V_{n+1} aus Gl. (3.118) in die beiden letzten Gleichungen liefert

$$V_n = V_1 + L_{n-1} - L_0 - (S - S_n) \tag{3.121}$$

und

$$L_n = \frac{V_nH_n - L_{n-1}h_{n-1} + (L_0 - V_1 + S)\,H_{n+1} - (\mathrm{Enth})_{S,n} - Q_n}{H_{n+1} - h_n}\,. \tag{3.122}$$

Nach diesen Gleichungen kann man also die vom n-ten Boden abströmenden Mengen von Flüssigkeit und Dampf so berechnen, daß neben den Mengenbilanzen auch die Enthalpiebilanz erfüllt wird. Bei der Berechnung von Boden zu Boden ist die Menge L_{n-1} von der vorausgehenden Berechnung des nächst höheren Bodens $n - 1$ bekannt, die spezifischen Enthalpien sind aus der kalorischen Zustandsgleichung des betreffenden Gemisches für die jeweilige Bodentemperatur zu entnehmen. Auch S, S_n und $(\mathrm{Enth})_{S,n}$ sind durch gegebene Werte festgelegt.

3.3.5.3.4 Maßnahmen zur Beschleunigung der Konvergenz

Ishii und Otto [I 1] haben ein Verfahren entwickelt, durch das alle erforderlichen Korrekturen an den Bodentemperaturen, an den Flüssigkeits- und Dampfströmen und an den Zusammensetzungen gleichzeitig berechnet werden können. Die Verfasser berücksichtigen hierbei, daß die Gleichgewichtsverhältnisse K_i streng genommen nicht nur vom Bestandteil i, sondern auch von der Gegenwart anderer Bestandteile abhängen. Nach Angabe der Verfasser gelingt es durch eine derart verstärkte Konvergenz nach jedem Iterationsschritt, daß ein Endergebnis der erstrebten Genauigkeit mit einer verringerten Anzahl von Iterationen erreicht werden kann.

Im Gegensatz hierzu haben sich Hutchison und Shewchuk [H 14] bemüht, schon die Ausgangsgleichungen für die Iteration noch weitergehend als oben geschildert zu linearisieren, damit ein wesentlicher Teil der Konvergenzrechnung nach einem Iterationsschritt entbehrlich wird.

Durch die Notwendigkeit, schon während eines Iterationsschrittes die gegenseitige Beeinflussung aller Bestandteile berücksichtigen zu müssen, geht aber der bei anderen Verfahren bestehende Vorteil verloren, daß man die Rechnung für jeden Bestandteil allein durchführen kann.

Die beiden zuletzt nur andeutungsweise erörterten Verfahren von Ishii und Otto sowie von Hutchison und Shewchuk zur Beschleunigung der Konvergenz sind so verwickelt, daß ihre eingehende Wiedergabe den Rahmen dieses Buches sprengen würde.

3.4 Rücklaufverflüssiger

3.4.1 Vorgänge im Rücklaufverflüssiger

Die in den vorangehenden Abschnitten beschriebenen Berechnungsverfahren lassen sich nicht nur auf die Rektifikation, sondern auch auf eine Reihe verwandter Vorgänge anwenden. Dazu gehören vor allem die auf der Löslichkeit von Gasbestandteilen in einer Flüssigkeit beruhenden Waschvorgänge, bei denen in der Regel der Stoffübergang in die Flüssigkeit gegenüber dem in der umgekehrten Richtung stark überwiegt.

Zu den Vorgängen, die sich nach den entwickelten Verfahren berechnen lassen, gehört weiterhin die Wirkung des Rücklaufverflüssigers, der auch „Rückflußkondensator" genannt wird. Er besteht aus senkrechten Rohren geringen Durchmessers, die von außen gekühlt werden, so daß sich aus einem aufsteigenden Dampfgemisch an der Innenfläche der Rohre Flüssigkeit bildet und in Form eines Films herabrieselt; vgl. Bild 3.46.

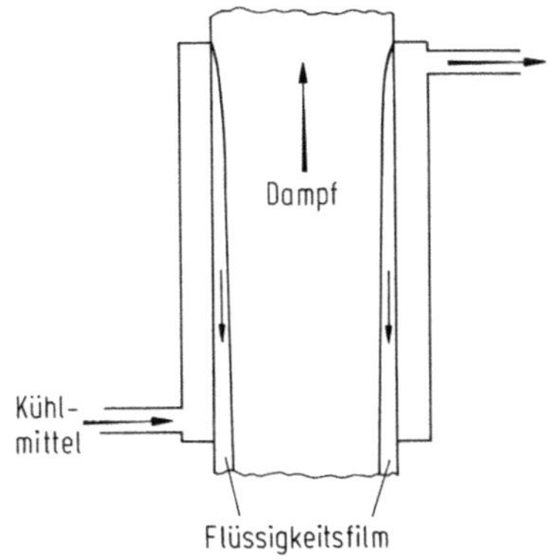

Bild 3.46. Rückflußkondensation in einem von außen gekühlten Rohr

Bei Berührung dieser Flüssigkeit mit dem aufsteigenden Dampf gehen die schwerer siedenden Bestandteile in höherem Maße in die Flüssigkeit über als die leichter siedenden. Die hierdurch zustande kommende Zerlegungswirkung wurde früher in Gaszerlegungsanlagen dazu benutzt, bei einer gegebenen tiefsten Kühltemperatur mehr höher siedende Bestandteile auszuscheiden als dies durch Kondensation ohne

Rücklauf möglich wäre. Heute wird jedoch der Rücklaufkondensator kaum mehr angewendet, weil man die gewaltig gesteigerten Mengen der verarbeiteten Gase trotz erhöhter Abmessungen der Apparate nicht so langsam strömen lassen kann, wie es für eine wirksame Stoffübertragung zwischen dem Dampf und dem Flüssigkeitsfilm erforderlich wäre. Deshalb sollen auch die Vorgänge in einem Rückflußkondensator nur kurz behandelt werden, zumal sie, wie erwähnt, im wesentlichen nach den für die Rektifikation beschriebenen Verfahren berechnet werden können.

Die zerlegende Wirkung eines Rücklaufverflüssigers läßt sich zum Teil auf die schon im Abschnitt 3.2.6 beschriebene partielle Kondensation zurückführen. Bei dieser ist angenommen, daß jedes Flüssigkeitsteilchen im Augenblick seiner Entstehung sich im Gleichgewicht mit dem Dampf befindet und daher prozentual mehr schwer siedende Bestandteile enthält als der Dampf. Später soll aber die Zusammensetzung der Flüssigkeit durch den Dampf nicht mehr beeinflußt werden.

Indessen lassen sich gewisse Erscheinungen durch partielle Kondensation allein nicht erklären, so z. B. die Beobachtung, daß die erzielte Änderung der Zusammensetzung geringer ist, wenn der Dampf im Kondensator abwärts statt aufwärts strömt. Vor allem aber wurden in dem im Jahre 1902 von Claude [C 2] zur Vorzerlegung der Luft eingeführten Rücklaufverflüssiger (liquéfaction avec retour en arrière) Stickstoffanreicherungen des Dampfes erzielt, die über das durch partielle Kondensation erreichbare Maß hinausgehen. Erklären lassen sich diese Abweichungen nur dadurch, daß die Zusammensetzung der Flüssigkeitsteilchen auch nach ihrer Entstehung noch durch den entgegenströmenden Dampf beeinflußt wird, daß also zwischen Flüssigkeit und Dampf ein gewisser Austausch durch Rektifikation stattfindet. Die mit Rektifikation verbundene Kondensation werde im folgenden fraktionierte Kondensation genannt.

Um diese Rektifikationswirkung berechnen zu können, betrachten wir den Rücklaufverflüssiger als eine Rektifiziersäule, in der auf jedem Boden durch entsprechende Kühlung ein Teil des Dampfes verflüssigt wird. Die herabrieselnde Flüssigkeitsmenge nimmt hierdurch von Boden zu Boden zu. Jeder theoretische Boden ersetzt hierbei in seiner Wirkung ein Stück des Rücklaufverflüssigers von bestimmter Höhe. Der Betrag dieser Höhe sei aus Versuchen ermittelt. Dann kann man die Zusammensetzung von Flüssigkeit und Dampf an den verschiedenen Stellen des Rücklaufverflüssigers angeben, sobald diese Zusammensetzungen in Abhängigkeit von der laufenden Nummer der Böden berechnet sind.

Für Zweistoffgemische hat der Verfasser schon im Jahre 1926 ein etwas vereinfachtes Berechnungsverfahren entwickelt, das später unter Mitwirkung von Schlatterer [H 7] verfeinert wurde. Hierauf soll hier nicht näher eingegangen werden, weil neuerdings, wie erwähnt, die Berechnung nach den für die Rektifikation beschriebenen Verfahren durchgeführt werden kann.

3.4.2 Ergebnisse der Berechnung eines Rücklaufverflüssigers und ihr Vergleich mit Versuchswerten

Bild 3.47 zeigt das Ergebnis der Berechnung eines Rücklaufverflüssigers, dem von unten Luft atmosphärischer Zusammensetzung unter einem Druck von 5,54 bar zugeführt wird. Zur Berechnung wurde das oben erwähnte ältere Verfahren des Ver-

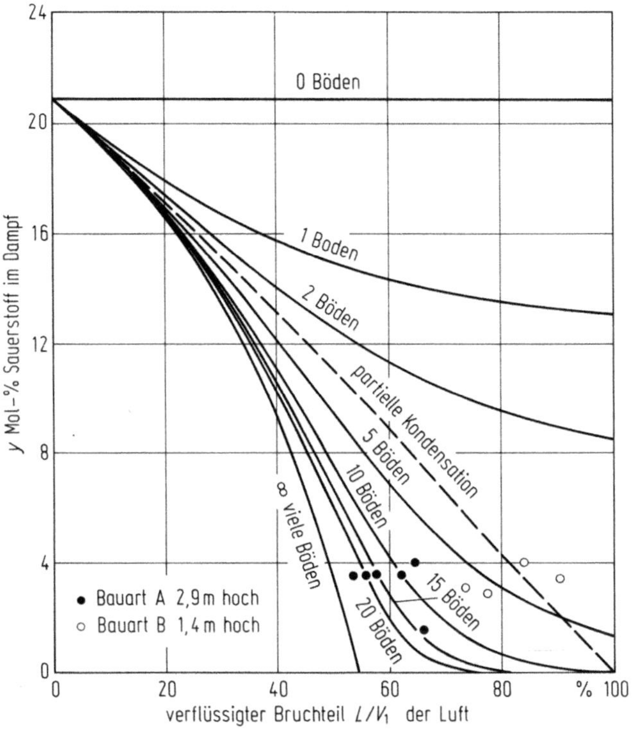

Bild 3.47. Teilzerlegung von Sauerstoff-Stickstoff-Gemischen in einem Rücklaufverflüssiger. V_1 anfängliche Luftmenge in kmol, L gebildete Flüssigkeitsmenge in kmol

fassers verwendet. Als Abszisse ist in Bild 3.47 der verflüssigte Bruchteil L/V_1, d. h. das Verhältnis der gesamten sich bildenden Flüssigkeitsmenge L zur unten einströmenden Dampfmenge V_1, in Prozenten aufgetragen. Die Ordinate stellt in Molprozenten den Sauerstoffgehalt y des oben abziehenden Restdampfes dar. Die gestrichelte Linie gibt an, welcher kleinste Sauerstoffgehalt y erzielt werden könnte, wenn nur partielle Kondensation wirksam wäre. Die ausgezogenen Linien zeigen hingegen, wie weit der Sauerstoffgehalt in einer gekühlten Rektifiziersäule, die einem Rücklaufverflüssiger gleichwertig ist, herabgesetzt werden kann. Jede Linie gilt für eine bestimmte theoretische Bodenzahl N_{th}. Kondensiert man hierbei wenigstens 55% der unten eintretenden Luftmenge, dann kann man bei unendlich vielen theoretischen Böden erreichen, daß der oben abziehende Dampf vollständig sauerstofffrei wird. Man erkennt hieraus, daß man in einem Rücklaufverflüssiger bei genügend großer Bodenzahl grundsätzlich dieselben Endzusammensetzungen von Flüssigkeit und Dampf erzielen kann wie in einer üblichen Rektifiziersäule mit unveränderlichen Mengen von Flüssigkeit und Dampf. Allerdings setzt dies voraus, daß der Rücklaufverflüssiger erheblich mehr theoretische Böden hat als die Rektifiziersäule. Bei gleicher Bodenzahl ist daher die übliche Rektifiziersäule dem Rücklaufverflüssiger überlegen. Dies erklärt sich daraus, daß in den oberen Teilen des Rücklaufverflüssigers nur sehr wenig Rücklaufflüssigkeit zur Verfügung steht und daher im Mittel die den Austausch bewirkenden Gleichgewichtsstörungen geringer sind als in einer Rektifiziersäule. Dabei ist noch nicht berücksichtigt, daß auf den Böden Flüssigkeit und Dampf sich viel intensiver berühren, als in einem Rückflußkondensator.

In das Bild 3.47 sind ferner als Punkte und Kreise Versuchsergebnisse eingetragen, die an Rücklaufverflüssigern der Tieftemperaturtechnik gewonnen wurden und sich zum Teil auf eine Bauart *A* von 2,9 m Höhe, zum Teil auf eine niedrigere Bauart *B* von 1,4 m Höhe beziehen. Hierbei sind verschiedene Versuchswerte, die bei niedrigeren Drücken bis zu 2,55 bar erhalten wurden, auf den Druck von 5,54 bar umgerechnet. Wird auf eine wirksame Gestaltung des Rücklaufverflüssigers kein besonderer Wert gelegt, dann liegt die Bodenzahl, wie verschiedene Versuche an Bauart *B* beweisen, häufig nur etwa zwischen 3 und 5. Dann ist aber der erzielbare Endgehalt des Dampfes von derselben Größenordnung wie bei partieller Kondensation. Andererseits liegen zahlreiche Versuche an Bauart *A* vor, bei denen der Dampf wesentlich weiter von Sauerstoff befreit wurde, z. B. bis auf etwa 3 %, wenn etwa 60 % der eintretenden Dampfmenge verflüssigt wurden. Dieses Ergebnis, das auf die größere Höhe der Bauart *A* zurückzuführen ist, entspricht im Mittel etwa 15 theoretischen Böden. In Einzelfällen konnten sogar theoretische Bodenzahlen über 20 festgestellt werden. Dies läßt sich in Übereinstimmung mit dem beschriebenen Berechnungsverfahren nur dadurch erklären, daß auch im Rücklaufverflüssiger zwischen dem aufsteigenden Dampf und der herabfließenden Flüssigkeit ein erheblicher Austausch durch Rektifikation stattfindet. Allerdings ist zu berücksichtigen, daß es sich bei den genannten experimentellen Werten um schon sehr alte betriebliche Messungen handelt, deren Genauigkeit nicht bekannt ist.

Wesentlich genauer ist die Zerlegungswirkung von Rücklaufverflüssigern von Grassmann [G 3], Kirschbaum und Tröster [K 5], Hochgesand [H 12], Hempel [H 11], Begemann [B 2] und anderen gemessen worden. Begemann konnte an Rohren von 3 m Höhe und 5 mm innerem Durchmesser nachweisen, daß die Zerlegungswirkung der partiellen Kondensation überschritten wird, sobald das Verhältnis von Rohrlänge und Durchmesser größer als 200 ist.

Weitere Beobachtungen haben Blaß und Sauer [B 4] an Rohren von 30 mm Durchmesser vorgenommen, die Raschigringe oder andere ringförmige Füllkörper enthielten. Aus ihren Meßergebnissen geht hervor, daß bei ihrer Anordnung die Wirkung der partiellen Kondensation schon bei einem wesentlich kleineren Verhältnis von Rohrlänge und Durchmesser bis herab zu etwa 50, bei kleineren Füllkörpern auch noch darunter, überschritten werden kann.

3.5 Idealprozeß der Gaszerlegung

Nachdem die Grundvorgänge der Gaszerlegung erörtert worden sind, sollen in den folgenden Kapiteln die praktischen Verfahren geschildert werden, wie sie in der Tieftemperaturtechnik zur Zerlegung der Luft und anderer Gasgemische benutzt werden. Um die Güte dieser praktischen Zerlegungsverfahren beurteilen zu können, wollen wir zuvor noch einen Idealprozeß der Zerlegung besprechen, aus dem sich der theoretische Kleinstwert der aufzuwendenden Zerlegungsarbeit berechnen läßt. Als Beispiel diene wieder die Zerlegung der Luft, die hierbei vereinfacht als Zweistoffgemisch betrachtet werde.

Eine umkehrbare, d. h. vollkommen verlustfreie Zerlegung läßt sich nur gedanklich durchführen. Als wichtigstes Hilfsmittel hierfür sind halbdurchlässige Wände bekannt, wie sie an Hand von Bild 3.48 erörtert werden sollen. Eine solche Wand *B* sei für Stickstoff vollkommen undurchlässig, während der Sauerstoff ungehindert hindurchtreten kann. Eine zweite Wand *C* sei für Sauerstoff undurchlässig, für Stickstoff aber durchlässig. Diese beiden Wände seien Teile der Wandung eines Zylinders *A*, in dem sich die zu zerlegende Luft befindet. Außen schließen sich an die halbdurchlässigen Wände Zylinder *D* und *F* an. Sie enthalten Kolben *E* und *G*, die zunächst ganz an die halbdurchlässigen Wände herangeschoben seien. Es bewege sich nun der den Zylinder *A* abschließende Kolben *K* unter dem in *A* herrschenden Gesamtdruck *P* langsam nach unten. Gleichzeitig sollen sich die Kolben *E* und *G* mit solcher Geschwindigkeit nach außen bewegen, daß jeder von ihnen ein ebenso großes Volumen freigibt, wie der Kolben *K* überstreicht. Dann kann unter dauernder Wahrung des Gleichgewichtes der Sauerstoff durch die halbdurchlässige Wand *B* in den Zylinder *D*, der Stickstoff durch die halbdurchlässige Wand *C* in den Zylinder *F* einströmen. Hierbei sind die in diesen beiden Zylindern in jedem Augenblick herrschenden Drücke gleich den Teildrücken p_1 und p_2, die Sauerstoff und Stickstoff in dem im Zylinder *A* befindlichen Gemisch haben. Hat schließlich jeder Kolben ein Volumen *V* überstrichen, dann ist am Ende Luft von Volumen *V* in Sauerstoff und Stickstoff von jeweils demselben Volumen *V* zerlegt worden. Bei diesem Zerlegungsvorgang sei vorausgesetzt, daß der Vorrichtung keinerlei Wärme zugeführt oder entzogen wird, so daß die Temperatur ungeändert bleibt.

Es läßt sich leicht zeigen, daß eine solche Zerlegung theoretisch ohne Arbeitsleistung möglich ist. Denn beim Überstreichen des Volumens *V* wird vom Kolben *K* die Arbeit PV geleistet, an den Kolben *D* und *F* werden hingegen die Arbeitsbeträge $p_1 V$ und $p_2 V$ zurückgewonnen. Wegen $p_1 + p_2 = P$ ist aber die Summe der gewonnenen Arbeitsbeträge gleich der zugeführten Arbeit. Insgesamt ist also der Arbeitsaufwand gleich Null.

Der Endzustand der durch diesen Idealprozeß getrennten Gase entspricht aber noch nicht den Erfordernissen einer praktischen Zerlegung. Denn praktisch wünscht man im allgemeinen die Zerlegungserzeugnisse unter demselben Druck *P* zu erhalten, unter dem das zu zerlegende Gemisch anfänglich zur Verfügung steht, also in der Regel unter Atmosphärendruck, d. h. etwa 1 bar. Mit der Einrichtung in Bild 3.48 gewinnt man aber die Gase zunächst nur unter ihrem ursprünglichen Teildruck p_1 bzw. p_2. Man muß daher jedes Gas noch auf den Druck *P* verdichten, wozu man im verlustfreien Fall je kmol des Gemisches die isotherme Verdichtungsarbeit

$$W'_{is} = RT\left(\frac{p_1}{P}\ln\frac{P}{p_1} + \frac{p_2}{P}\ln\frac{P}{p_2}\right) \tag{3.123}$$

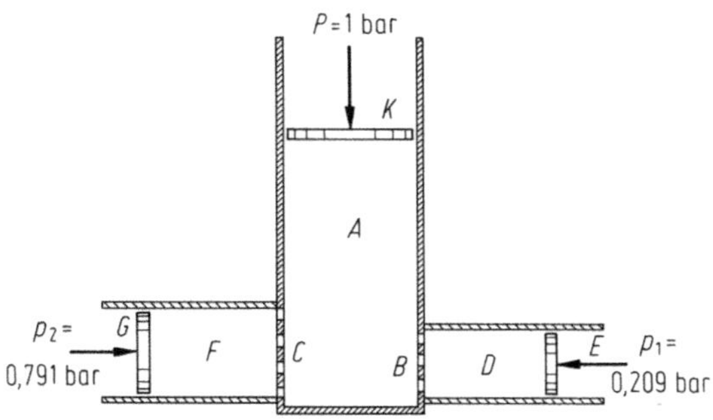

Bild 3.48. Zerlegung eines gasförmigen Zweistoffgemisches mit Hilfe halbdurchlässiger Wände

benötigt. Dieser Ausdruck, der die Gaskonstante R enthält, stellt daher das theoretische Minimum der Zerlegungsarbeit für ein Gemisch aus zwei idealen Gasen dar. Hierbei ist berücksichtigt, daß bei Gültigkeit des idealen Gasgesetzes der Molanteil des ersten Gases p_1/P, der des zweiten Gases p_2/P beträgt.

Für die Zerlegung von 1 kmol trockener und kohlendioxidfreier Luft errechnet sich hiernach, da die Luft 20,95 Mol-% Sauerstoff und unter Einschluß der Edelgase 79,05 Mol-% Stickstoff enthält, mit der universellen Gaskonstante $R = 2{,}3095 \times 10^{-3}$ kWh/kmol K als theoretische Zerlegungsarbeit

$$W'_{is} = 2{,}3095 \cdot 10^{-3}\, T \left(0{,}2095 \ln \frac{1}{0{,}2095} + 0{,}7905 \ln \frac{1}{0{,}7905}\right)$$

$$= 0{,}3238 \frac{T}{273{,}15\ \mathrm{K}} \quad \text{in} \quad \frac{\mathrm{kWh}}{\mathrm{kmol}}. \tag{3.124}$$

Hierbei können theoretisch 0,2095 kmol Sauerstoff gewonnen werden. Betrachtet man den Stickstoff wie bei vielen Sauerstoffzerlegungsanlagen als wertloses Nebenprodukt, dann errechnet sich der Mindestarbeitsaufwand für die Gewinnung von 1 kmol Sauerstoff zu

$$(W'_{min})_{O_2} = \frac{W_{is}}{0{,}2095} = 1{,}546 \cdot \frac{T}{273{,}15\ \mathrm{K}} \quad \text{in} \quad \frac{\mathrm{kWh}}{\mathrm{kmol}}. \tag{3.125}$$

Die gedankliche Zerlegung nach Bild 3.48 läßt sich auch für Gemische aus mehr als zwei Bestandteilen durchführen. Man muß dann für jeden Bestandteil eine halbdurchlässige Wand anordnen, die nur für diesen Bestandteil durchlässig, für alle anderen Bestandteile aber undurchlässig ist. Der Ausdruck für die theoretische Zerlegungsarbeit erhält dann für jeden weiteren Bestandteil ein zusätzliches Glied, das genau den bisherigen Gliedern von Gl. (3.123) entspricht.

Auch jedes andere verlustfreie Zerlegungsverfahren muß zu derselben theoretischen Zerlegungsarbeit führen wie das beschriebene mit Hilfe der halbdurchlässigen Wände. Dies konnte z. B. für den Fall nachgewiesen werden, daß man sich die Rektifikation gedanklich umkehrbar durchgeführt denkt [H 2].

4 Zerlegung der Luft

Von H. Linde

Einleitung

Wie schon in dem geschichtlichen Überblick erwähnt, gelang die Zerlegung der Luft in reinen Sauerstoff und in ein stickstoffreiches Gas erstmalig im Jahre 1902, nachdem Linde [D 3] gezeigt hatte, wie man das aus der Alkoholindustrie bekannte Rektifikationsverfahren auf tiefe Temperaturen übertragen kann.

An der Weiterentwicklung der Technik der Luftzerlegung haben neben Linde besonders G. Claude sowie die von beiden ins Leben gerufenen Gesellschaften, Gesellschaft für Linde's Eismaschinen AG., heute Linde AG, Höllriegelskreuth bei München, und L'Air Liquide S. A., Paris, Anteil genommen. Claude hat unter anderem die Vorzerlegung der Luft durch Rücklaufverflüssigung eingeführt. Letztere ist später durch das wirksamere Verfahren der Rektifikation unter Druck ersetzt worden. Mit dem hierdurch geschaffenen Zweisäulenapparat hat die Frage der Gewinnung reinen Stickstoffs und auch von Sauerstoff in der größtmöglichen Ausbeute die Lösung gefunden, die auch heute noch als die günstigste anzusehen ist.

Unter den Erfindern, die sich weiterhin auf diesem Gebiet betätigt haben, sind in erster Linie P. Heylandt (Abschnitt 1.2.2.6) und M. Fränkl (Abschnitt 4.5.1) zu nennen. Heylandt hat sich für die Erzeugung und den Versand flüssigen Sauerstoffs eingesetzt. Fränkl hat sich um die Herabsetzung des Energieverbrauchs der Luftzerlegung bemüht, was ihm vor allem durch Einführung der periodisch arbeitenden Regeneratoren an Stelle der Rohrgegenströmer gelungen ist.

Während die Luft überall auf der Erde, abgesehen von gewissen Verunreinigungen, dieselbe Zusammensetzung hat, gibt es eine relativ große Zahl verschiedener Verfahren zur Zerlegung der Luft bei tiefen Temperaturen. Ihnen allen ist gemeinsam:

Die Verdichtung der Luft, die Entfernung von Wasserdampf und Kohlendioxid, die Rektifikation der Luft und die Kälteerzeugung durch Drucksenkung der Luft, sei es durch Drosselentspannung, sei es durch Expansion unter äußerer Arbeitsleistung oder durch gleichzeitige Entspannung nach beiden Verfahren.

Die Wahl des Verfahrens richtet sich hauptsächlich nach der Menge und Reinheit der gewünschten Produkte sowie deren Aggregatzustand. Im Kapitel 10 „Anwendung der verflüssigten oder durch Zerlegung gewonnenen Gase" wird überdies gezeigt, inwieweit wirtschaftliche Gesichtspunkte die Wahl des Verfahrens beeinflussen.

4.1 Luftzerlegung durch Rektifikation [L 1, G 1, R 2]

Bei der technischen Durchführung der Luftzerlegung sind zwei Aufgaben zu erfüllen: erstens die kältetechnische Aufgabe der Überführung der Luft in den flüssigen

Zustand unter Wiedergewinnung der Abkühlungs- und Verflüssigungskälte und als zweite Aufgabe die Trennung der Bestandteile durch Rektifikation. Die Verfahren zur Lösung der ersten Aufgabe sind in den Abschnitten 1.2.1 und 1.2.2 Theorie der Gasverflüssigung, die Grundlagen der Rektifikation in Abschnitt 3.3 behandelt.

Im folgenden werden zunächst die wichtigsten Verfahren zur Durchführung der Rektifikation allein erörtert. Ihre Verbindung mit den verschiedenen Verfahren der Kältegewinnung soll erst weiter unten besprochen werden. Wir setzen daher voraus, daß die Luft vor Eintritt in die Rektifikationseinrichtung bereits bis nahe an die Verflüssigungstemperatur abgekühlt ist. Da die Aufgabe, Sauerstoff aus der Luft in hoher Ausbeute zu gewinnen, im wesentlichen identisch ist mit der, reinen Stickstoff herzustellen, gelten die Ausführungen in gleicher Weise für die Erzeugung von Sauerstoff wie auch für die von Stickstoff.

4.1.1 Rektifikation in einer Druckstufe (Einsäulenapparat)

Die älteste und einfachste Anordnung zur Rektifikation der Luft zeigt Bild 4.1. Die auf wenigstens etwa 4 bar, praktisch meist wesentlich höher, verdichtete und tiefgekühlte Luft tritt in die Rohrschlange *a* ein, die unter der Säule in verdampfender sauerstoffreicher Flüssigkeit liegt. Die Luft wird hier verflüssigt und nach Entspannung im Ventil *b* am oberen Säulenende dem in der Regel unter nur geringem Überdruck verlaufenden Rektifikationsprozeß zugeführt. Unter fortschreitender Sauerstoffanreicherung fließt sie durch die Säule nach unten und gelangt danach als flüssiger Sauerstoff in das unter der Säule befindliche Verdampfungsgefäß. Hier wird der Sauerstoff wieder verdampft, wobei er die Verflüssigungswärme der in *a* kondensierenden Frischluft aufnimmt. Von den entstehenden sauerstoffreichen Dämpfen wird bis zu etwa 1/7 als Endprodukt entnommen; der Rest steigt in die Säule auf,

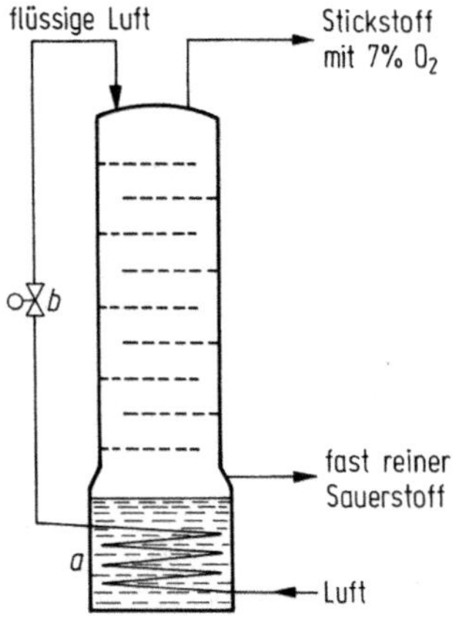

Bild 4.1. Einsäulenapparat zur Zerlegung der Luft

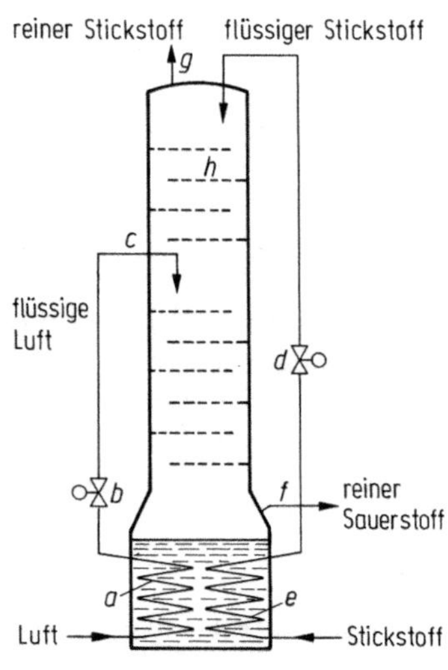

Bild 4.2. Luftzerlegung mit Stickstoffkreislauf

um mit der herabrieselnden Flüssigkeit in Rektifikationswirkung zu treten. Der Stickstoffgehalt des schließlich oben austretenden Dampfes hängt außer von der Anzahl und dem Wirkungsgrad der Rektifizierböden von der Zusammensetzung der oben eintretenden Flüssigkeit ab. Denn der Dampf kann nicht weniger Sauerstoff enthalten, als dem Gleichgewicht mit dieser Flüssigkeit entspricht. Wird, wie im vorliegenden Fall, flüssige Luft mit 20,9% Sauerstoff am oberen Säulenende aufgegeben, so muß, falls unter Atmosphärendruck rektifiziert wird, der austretende Dampf nach Bild 3.3 noch mindestens 6% Sauerstoff enthalten. Praktisch enthält er 7 bis 9% Sauerstoff, was nicht nur in der unvollkommenen Einstellung des Gleichgewichts, sondern auch in der später zu besprechenden Anreicherung des Argons in der Säule begründet ist. Hingegen kann man die Reinheit des Sauerstoffs am unteren Säulenende durch Vermehrung der Bodenzahl grundsätzlich beliebig erhöhen. Im Einsäulenapparat lassen sich jedoch nur etwa 2/3 des in der Luft enthaltenen Sauerstoffs gewinnen, weil 1/3 hiervon mit dem Stickstoff am oberen Säulenende austritt.

Man könnte den Sauerstoff auch unmittelbar unter einem höheren Druck, z. B. 7 bar, gewinnen, wenn man die Rektifikation in der Säule unter diesem Druck durchführte. Hierdurch würde man beim Abfüllen des Sauerstoffs in Stahlflaschen einen Teil der Arbeit für die Kompression des Sauerstoffs ersparen. Diese Ersparnis würde aber günstigstenfalls dadurch aufgewogen, daß infolge der Gleichgewichtsverschiebung mit wachsendem Druck (vgl. Bild 3.4) und der vermehrten Argonanreicherung innerhalb der Säule der Sauerstoffgehalt des abziehenden Stickstoffs erheblich zunähme und dementsprechend eine größere Luftmenge zu verarbeiten wäre. Die Erzeugung von Drucksauerstoff mit Hilfe einer Flüssigkeitspumpe wird in den Abschnitten 4.5.1.6 und 9.3 behandelt.

Reinen Stickstoff und hohe Sauerstoffausbeute kann man nur erzielen, wenn man die Rektifiziersäule über die Eintrittsstelle der flüssigen Luft hinaus nach oben verlängert und am oberen Ende der Säule reinen flüssigen Stickstoff aufgibt. Bereits C. Linde hat vorgeschlagen, hierfür einen Stickstoffkreislauf anzuwenden (Bild 4.2). Dabei wird ein Teil des bei *g* aus der Säule unter Atmosphärendruck austretenden Stickstoffs auf wenigstens 4 bar verdichtet, unter der Säule in der Rohrschlange *e* verflüssigt und nach Entspannung im Ventil *d* am obersten Ende der Säule eingeführt. Damit der Kreislaufstickstoff bei Umgebungstemperatur verdichtet werden kann, wird er in einem nicht gezeichneten Gegenströmer vorher erwärmt und danach wieder abgekühlt. Die Säule selbst ist um das Stück *h* gegenüber der Säule in Bild 4.1 erhöht, damit der aufsteigende Dampf durch den aus dem Kreislauf stammenden flüssigen Stickstoff von seinem Restgehalt an Sauerstoff befreit werden kann. Die in *a* verflüssigte und in *b* entspannte Frischluft tritt in gleicher Höhe wie bisher unterhalb dieses Verlängerungsstückes in die Säule ein. Der reine Sauerstoff tritt bei *f* aus.

Entsprechend einer Bezeichnungsweise, die sich bei der Rektifikation von Alkohol-Wasser-Gemischen herausgebildet hat, wird der untere Teil der in Bild 4.2 dargestellten Säule auch „Abtriebssäule", der obere Teil *h* „Verstärkungssäule" genannt, weil im unteren Teil der leichter siedende Bestandteil (Alkohol, hier Stickstoff) aus dem flüssigen Gemisch (hier Luft) abgetrieben, im oberen Teil seine Konzentration „verstärkt" wird. Der obere Teil heißt auch „Dephlegmator", da hier das Gemisch vom „Phlegma" (dem „Trägen"), d. h. dem schwerer siedenden Bestandteil, befreit wird. Für die Luftzerlegung sind diese Benennungen wenig geeignet, weil es hier in der Mehrzahl der Fälle auf die Gewinnung des schwerer siedenden Bestandteiles, des Sauerstoffs, ankommt.

Das in Bild 4.2 beschriebene Verfahren ist viele Jahre mit Erfolg zur Gewinnung von reinem Stickstoff benutzt, später jedoch durch die nachstehend beschriebene Rektifikation verdrängt worden, die einen wesentlich geringeren Arbeitsaufwand erfordert.

4.1.2 Rektifikation in zwei Druckstufen (Zweisäulenapparat)

Der Zweisäulenapparat [D 4] besteht aus zwei hintereinandergeschalteten Rektifiziersäulen. Die erste unter etwa 5,5 bar stehende Säule bewirkt eine Vorzerlegung der Luft in flüssigen Stickstoff und in eine Flüssigkeit mit etwa 35 bis 40% Sauerstoff. Die endgültige Zerlegung in die reinen Bestandteile erfolgt in der zweiten Säule, die nur unter geringem Überdruck steht und über der Vorzerlegungssäule angeordnet ist. Zwischen beiden Säulen befindet sich ein Kondensator, in dessen Außenraum der aus der oberen Säule herabfließende flüssige Sauerstoff wieder verdampft. In das Innere des Kondensators gelangt der aus der Drucksäule aufsteigende Stickstoff. Durch den Druckunterschied ist die Siedetemperatur des Stickstoffs höher als die des Sauerstoffs, so daß sich der Stickstoff durch Wärmeabgabe an den unter nur geringem Überdruck verdampfenden Sauerstoff verflüssigen kann.

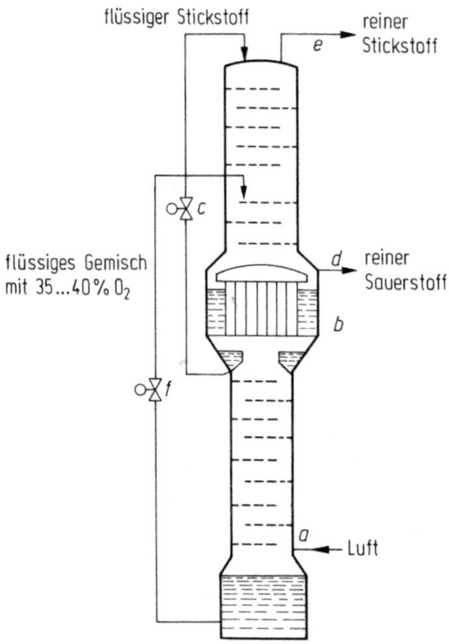

Bild 4.3. Zweisäulenapparat zur Luftzerlegung

Im einzelnen spielen sich in einem solchen Zweisäulenapparat (Bild 4.3) folgende Vorgänge ab: die im Gegenstromwärmeaustauscher auf ihre Sättigungstemperatur abgekühlte verdichtete Luft wird bei *a* in die Drucksäule eingeführt. Beim Aufsteigen in der Säule gibt die Luft ihren Sauerstoff an die herabrieselnde Flüssigkeit ab und wird dadurch immer stickstoffreicher. Schließlich wird fast reiner Stickstoff in dem oberhalb der Drucksäule angeordneten Kondensator *b* verflüssigt. Etwa die Hälfte der so gewonnenen Flüssigkeit wird zunächst in einem ringförmigen Becken am oberen Ende der Drucksäule aufgefangen und danach unter Entspannung im Ventil *c* auf den Kopf der oberen Säule aufgegeben. Die andere Hälfte des flüssigen Stickstoffs läuft in die Drucksäule zurück, um in dieser selbst die aufsteigenden Dämpfe möglichst weitgehend vom Sauerstoff zu befreien. Die mit einem Gehalt von 35 bis 40 % Sauerstoff zum unteren Ende der Drucksäule gelangende Flüssigkeit wird in die Mitte der oberen Säule eingeführt. Sie vereinigt sich hier mit der von oben kommenden Flüssigkeit, die sich bereits auf 50 bis 70 % Sauerstoff angereichert hat, und fließt mit dieser weiter nach unten. Schließlich sammelt sich unter der oberen Säule im Außenraum des Kondensators eine aus fast reinem Sauerstoff bestehende Flüssigkeit an, die durch die Kondensation des Stickstoffs im Innern des Kondensators wieder verdampft wird. Nahezu 1/5 des entstehenden Dampfes wird bei *d* als fertiges Endprodukt entnommen. Der größere Teil des Dampfes steigt wieder in die Säule auf, reichert sich durch Rektifikation mehr und mehr an Stickstoff an und entweicht schließlich am oberen Ende bei *e* als praktisch reiner Stickstoff. Die im austretenden Sauerstoff und Stickstoff enthaltene Kälte wird im Gegenstromwärmeaustauscher auf die frisch zuströmende verdichtete Luft übertragen. Da Sauerstoff und Stickstoff die Apparatur annähernd unter Atmosphärendruck verlassen, muß die obere Säule nur mit einem Druck von 1,2 bis 1,3 bar betrieben werden, der ausreicht, um den Druckverlust dieser Gase in den Gegenströmern zu überwinden.

Da aus der Drucksäule die beiden Fraktionen in flüssiger Form entnommen werden, muß in dem darüber befindlichen Kondensator praktisch vollständige Verflüssigung stattfinden. Unverflüssigt bleibt lediglich ein kleiner Gasrest, der die Bestandteile der Luft enthält, welche tiefer sieden als Stickstoff und daher durch verdampfenden Sauerstoff nicht verflüssigt werden können. Es sind dies Neon, Helium und Wasserstoff. Ihre Menge ist gering, weil 1000 m^3 Luft nur 15 l Ne, 5 l He und im Mittel etwa 0,5 l H_2 enthalten. Diese Stoffe sammeln sich im oberen Teil des Kondensators an und müssen, da sie die Kondensation des Stickstoffs behindern würden, durch ein am höchsten Punkt des Kondensators angeschlossenes Ablaßrohr mit regelbarem Ventil entfernt werden. Die Gase enthalten noch etwa 50 bis 80 % N_2 und können als Ausgangsmaterial für die Gewinnung von Neon und Helium dienen. Näher wird die Gewinnung der Edelgase aus Luft in Abschnitt 4.5.4 erörtert.

Die Praxis verlangt meistens nur eines der Zerlegungsprodukte, z. B. Sauerstoff, in höchster Reinheit, während das stickstoffreiche Gas als Abfallprodukt nur so rein sein soll, daß die Ausbeute an dem gewünschten Bestandteil genügend hoch ist. Die Praxis unterscheidet daher zwischen Sauerstoff- und Stickstoffapparaten, obwohl der einzige Unterschied in der Rektifikationsanordnung darin besteht, daß die mit Sauerstoff angereicherte Flüssigkeit aus der Drucksäule bei Sauerstoffapparaten in der Regel an einer etwas höheren Stelle in die obere Säule eingeführt wird als bei Stickstoffapparaten. Im übrigen ist die Steigerung der Reinheit eines Bestandteils bei einer ausreichenden Zahl von Rektifizierböden nur eine Frage der Mengenregelung. Drosselt man z. B. durch ein Ventil den austretenden Sauerstoff, so wird er unter Verringerung seiner Menge reiner, während gleichzeitig der Stickstoff unreiner wird. Umgekehrt kann man die Reinheit des Stickstoffs auf Kosten derjenigen des Sauerstoffs erhöhen. Bei guter Ausführung des Apparates kann man Sauerstoff in einer Reinheit von 99,8 % oder Stickstoff mit weniger als 0,001 % Sauerstoff erhalten. Handelsüblich ist Sauerstoff in einer Reinheit von etwa 99,5 bis 99,7 %.

Eine Erschwerung der gleichzeitigen Gewinnung von reinem Sauerstoff und Stickstoff bildet der Gehalt der Luft an Argon (0,93 %). Das Argon, dessen Siedetemperatur zwischen der von Sauerstoff und Stickstoff liegt, muß bei der beschriebenen Arbeitsweise mindestens mit einem der beiden Zerlegungsprodukte der Luft abziehen. Wenn der Sauerstoff argonfrei sein soll, muß der Stickstoff 1,2 % A enthalten; umgekehrt müssen bei argonfreiem Stickstoff 4,4 % A im Sauerstoff verbleiben. Dazu kommt die schon angedeutete und später noch näher zu besprechende Argonanreicherung innerhalb der Säulen.

Die genannte Schwierigkeit der gleichzeitigen Gewinnung von reinem Sauerstoff und Stickstoff kann man nach einem Vorschlag von Lachmann [D 10] umgehen, indem man aus der oberen Säule ungefähr in der Mitte oder etwas tiefer eine kleine Dampfmenge, die etwa 5 bis 10 % der Luftmenge beträgt, unzerlegt herausführt. Dadurch läßt sich die Reinheit beider Zerlegungsprodukte bis auf das sonst nur für einen Bestandteil allein erzielbare Höchstmaß steigern. Denn dann kann das in der Säule sich anreichernde Argon mit abströmen.

Umgekehrt kann man dann, wenn die Ansprüche an die Reinheit und Ausbeute geringer sind, nach einem ebenfalls von Lachmann angegebenen Verfahren [D 2] einen Teil der zu zerlegenden Luft unter geringem Überdruck dampfförmig in den mittleren Teil der oberen Säule einführen. Dadurch erschwert man zwar die Rektifikation, erspart aber einen Teil der Verdichtungsarbeit. Bestände die Luft nur aus Sauerstoff und Stickstoff, dann könnte man theoretisch 40 % der zu zerlegenden Luftmenge dampfförmig einführen. Unter Berücksichtigung der Anreicherung des Argons erniedrigt sich dieser Bruchteil auf etwa 25 %. Dieses Verfahren hat in den Linde-Fränkl-Anlagen und modernen Großluftzerlegern praktische Bedeutung erlangt (vgl. Verfahren 4.5.1.2 bis 4.5.1.7).

Werden kleinere Mengen besonders reinen Sauerstoffs oder Stickstoffs gewünscht, so kann man diese dadurch erzeugen, daß man die obere Säule eines Zweisäulenapparates mit geringerem Durchmesser verlängert oder noch besser eine zusätzliche kleine Rektifiziersäule für die Feinreinigung vorsieht (vgl. Verfahren 4.5.1.4 und [D 15]).

Die Bauhöhe des Zweisäulenapparates kann man dadurch verringern, daß man beide Säulen nebeneinanderstellt und den flüssigen Sauerstoff, der aus der nahe unter Atmosphärendruck arbeitenden Säule abläuft, mit Hilfe einer Pumpe dem über der Drucksäule angeordneten Kondensator zuleitet [D 14,4, U 1].

4.1.3 Vorzerlegung durch Rücklaufverflüssigung nach Claude

Schon vor der Ausbildung des Zweisäulenapparates hatte Claude [C 1] eine einfache, wenn auch nicht ganz so wirksame Vorzerlegung der Luft durch fraktionierte Kondensation angewendet (s. Abschnitte 3.2.3 und 3.4.1). Er hat zu diesem Zweck in dem Sauerstoff-Verdampfungsgefäß unter der Säule, in der die endgültige Zerlegung durchgeführt wird, einen aus zwei konzentrischen Rohrbündeln bestehenden Kondensator angeordnet (Bild 4.4).

Die bis auf Sättigungstemperatur abgekühlte verdichtete Luft steigt zunächst im inneren Rohrbündel *a* (Rücklaufverflüssiger) nach oben. Hierbei verflüssigt sich etwa die Hälfte der Luft und fließt entgegen der neu nachströmenden Luft nach unten

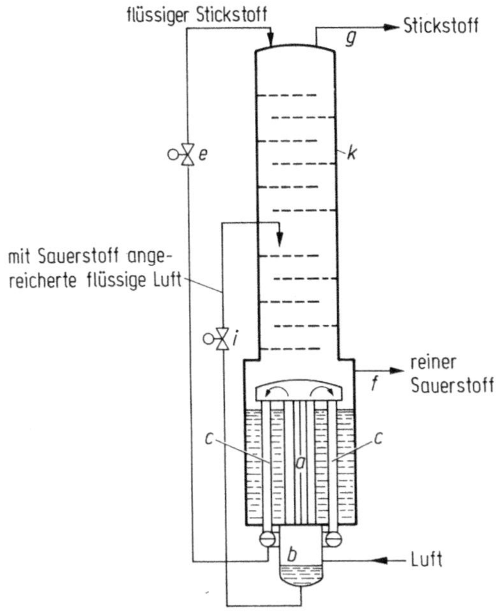

Bild 4.4. Luftzerlegung nach Claude

zurück („Liquéfaction partielle avec retour en arrière"). Da an jeder Stelle die sich bildende Flüssigkeit angenähert im Gleichgewicht mit dem Dampf stehen muß, d. h. nach Bild 3.3 prozentual mehr Sauerstoff enthalten muß als der Dampf, so sammelt sich schließlich am Boden des Gefäßes *b* eine verhältnismäßig sauerstoffreiche Flüssigkeit an, die bis zu 38 % Sauerstoff enthalten kann. Der am oberen Ende des Rohrbündels *a* noch dampfförmig gebliebene stickstoffreiche Teil der Luft wird im äußeren absteigenden Rohrbündel *c* vollständig verflüssigt und nach Entspannung als Rieselflüssigkeit auf den Kopf der Rektifiziersäule *k* aufgegeben. Die sauerstoffreichere Flüssigkeit des Gefäßes *b* wird in die Mitte der Säule eingeführt.

Die Vorzerlegung im Rohrbündel *a* beruht nicht nur auf der Sauerstoffanreicherung bei der Kondensation, sondern daneben auch auf Rektifikation, da die an der Rohrwand herabrieselnde Flüssigkeit dem entgegenströmenden Dampf eine gewisse Berührungsfläche darbietet. Da jedoch diese Berührung geringer und im oberen Teile des Rohrbündels die herabfließende Flüssigkeitsmenge kleiner ist als in einer Rektifiziersäule, so kann auch nicht dieselbe Rektifikationswirkung erzielt werden. Aus diesem Grunde wendet schon seit vielen Jahren auch die nach dem Claude-Verfahren arbeitende Société L'Air Liquide bei Anlagen, die die Zerlegungsprodukte in hoher Reinheit und Ausbeute liefern sollen, an Stelle des „Retour en arrière" eine Druckrektifiziersäule an. Die physikalischen Vorgänge, welche sich bei der Rücklaufverflüssigung abspielen, sind in Abschnitt 3.4.1 besprochen.

4.2 Vorgänge bei der Rektifikation im Ein- und Zweisäulenapparat [B 2–4, R 3]

Wenngleich die physikalischen Vorgänge bei der Rektifikation und die Grundlagen ihrer Berechnung bereits im Abschnitt 3.3 erörtert worden sind, bedarf doch die

Anwendung der Theorie auf die soeben geschilderten Ein- und Zweisäulenapparate noch einiger grundsätzlicher Überlegungen. Zur Vereinfachung wollen wir zuerst annehmen, daß die Luft bei der Rektifikation in diesen beiden Arten von Apparaten als ein Zweistoffgemisch aus Sauerstoff und Stickstoff betrachtet werden kann. Indessen wird sich später zeigen, daß man ein vollständiges Bild über die in diesen Apparaten sich abspielenden Vorgänge nur erhalten kann, wenn man das Argon als dritten Bestandteil der Luft mit berücksichtigt.

4.2.1 Behandlung der Luft als Zweistoffgemisch

Wie schon aus den früheren mehr grundsätzlichen Betrachtungen hervorging, zerfällt die Berechnung der Rektifikation in zwei Hauptschritte:

- Aufstellung und Erfüllung der Mengenbilanzen,
- Ermittlung der theoretischen Bodenzahl.

Dies soll zunächst in Anwendung auf den Einsäulenapparat gezeigt werden, vgl. Bild 4.1.

4.2.1.1 Mengenbilanzen

Stündlich werde in einem Einsäulenapparat eine Luftmenge F mit $y_L = 20{,}9\,\%$ Sauerstoff in eine Sauerstoffmenge V_1 mit $y_1\,\%$ Sauerstoff und eine Stickstoffmenge $V_2 = F - V_1$ mit $y_2\,\%$ Sauerstoff zerlegt. Sind die gewünschten Zusammensetzungen y_1 und y_2 gegeben, dann erhält man die Mengen V_1 und V_2 auf Grund der Überlegung, daß die getrennten Gasmengen zusammen ebensoviel Sauerstoff enthalten wie die Luft. Hieraus ergibt sich für die ganze Säule zunächst die Mengengleichung

$$V_1 y_1 + (F - V_1)\, y_2 = F y_L\,. \tag{4.1}$$

Hieraus folgt für die Sauerstoffmenge

$$V_1 = F \frac{y_L - y_2}{y_1 - y_2} \tag{4.2}$$

und für die Stickstoffmenge

$$V_2 = F - V_1 = F \frac{y_1 - y_L}{y_1 - y_2}\,. \tag{4.3}$$

Umgekehrt kann man aus der Mengengleichung (4.1) auch einen der Gehalte y_1 oder y_2 berechnen, wenn der andere Gehalt und die Mengen V_1 und V_2 gegeben sind.

Nach einer solchen Berechnung sind alle in den Einsäulenapparat ein- und austretenden Mengen und deren Zusammensetzungen bestimmt. Nimmt man überdies an, daß die gesamte Luftmenge flüssig oben in die Säule eintritt, dann ist die in die Säule hinabfließende Flüssigkeitsmenge L gleich der Luftmenge F und die an das obere Ende der Säule gelangende Dampfmenge V gleich der Stickstoffmenge V_2, welche die Säule verläßt (Bild 4.5). Am unteren Säulenende wird die gesamte Flüssigkeitsmenge verdampft. Sie ist daher nicht nur gleich der Summe der in die Säule aufsteigenden Dampfmenge und der erzeugten Sauerstoffmenge V_1, sondern es muß hier auch $x_1 = y_1$ sein, weil die in der Flüssigkeit enthaltene Sauerstoffmenge sich in der daraus entstehenden Dampfmenge wieder vorfinden muß.

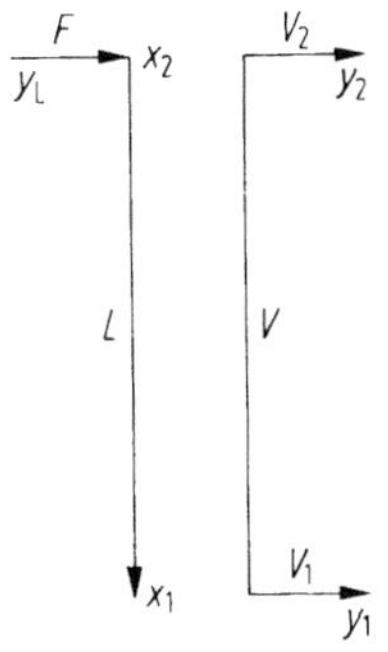

Bild 4.5. Mengen und Zusammensetzungen im Einsäulenapparat

Vernachlässigt man ferner den Unterschied der Verdampfungswärmen von Sauerstoff und Stickstoff (Tabelle 1.1), dann sind die Mengen L und V in der ganzen Säule unveränderlich. Es besteht in diesem Falle, wie in Abschnitt 3.3.2.1 mit Hilfe einer weiteren Sauerstoffbilanz begründet wurde, ein linearer Zusammenhang zwischen den Zusammensetzungen x und y, mit denen Flüssigkeit und Dampf sich in einem beliebigen Säulenquerschnitt begegnen. Dieser Zusammenhang ist durch Gl. (3.73) gegeben, er kommt zeichnerisch durch die „Austauschgerade" zum Ausdruck. Da die Wertepaare x_1, y_1 und x_2, y_2 zwei Punkte der Austauschgeraden festlegen, kann man diese Austauschgerade sofort in ein Diagramm einzeichnen, in dem y abhängig von x aufgetragen ist. Wie diese Betrachtungen sinngemäß auf den Zweisäulenapparat zu übertragen sind, wird in Abschnitt 4.2.2 gezeigt.

4.2.1.2 Ermittlung der theoretischen Bodenzahl

In das soeben angedeutete y,x-Diagramm wollen wir uns neben der Austauschgeraden auch die Gleichgewichtskurve für siedende Sauerstoff-Stickstoff-Gemische bei dem in der Rektifiziersäule herrschenden Druck eingezeichnet denken (Bild 3.6). Die Ordinate jedes Punktes dieser Kurve gibt an, welchen Sauerstoffgehalt y^* ein Dampf hat, der mit einer Flüssigkeit von der Zusammensetzung x im Gleichgewicht steht. Da diese Gleichgewichtskurve bei dem gegebenen Druck unveränderlich ist, die Lage der Austauschgeraden aber von Fall zu Fall sehr verschieden sein kann, wollen wir das beschriebene Diagramm wie schon früher Gleichgewichtsdiagramm nennen.

Die theoretische Bodenzahl läßt sich nunmehr nach den Ausführungen in Abschnitt 3.3.2.1 sehr einfach ermitteln, indem man zwischen die Austauschgerade und die Gleichgewichtskurve eine Treppenlinie aus waagerechten und senkrechten Geradenstücken derart einzeichnet, daß die Schnittpunkte dieser Geraden abwechselnd auf der Austauschgeraden und auf der Gleichgewichtskurve liegen (Bild 3.35). Die Zahl der sich hierbei ergebenden Treppenstufen stellt die theoretische Bodenzahl dar. Die Zahl der praktisch erforderlichen Rektifizierböden ist größer, weil das Austauschverhältnis der üblichen Rektifizierböden fast immer kleiner als 1 ist.

4.2.1.3 Teilverdampfung der Flüssigkeit vor Eintritt in die Rektifiziersäule

Zur Vereinfachung wurde oben angenommen, daß die in der Rohrschlange des Verdampfungsgefäßes verflüssigte Luft vollständig flüssig bleibt, bis sie zur Säule gelangt (Bild 4.1). Diese Annahme trifft in Wirklichkeit nicht zu. Denn bei ihrer Verflüssigung kann die Luft durch Wärmeabgabe an den verdampfenden Sauerstoff keine tiefere Temperatur annehmen als die Siedetemperatur dieses Sauerstoffs. Die Sauerstoff-Siedetemperatur liegt aber um rund 10 K höher als die Siedetemperatur der Luft. Bei Drosselung auf den Druck der Säule, der nur wenig über Atmosphärendruck liegt, muß daher ein Teil der verflüssigten Luft wieder verdampfen. Der verdampfende Bruchteil, der etwa 15% beträgt, läßt sich bis etwa zur Hälfte verringern, wenn man die flüssige Luft vor ihrer Entspannung in einem Unterkühlungsgegenströmer abkühlt, durch den der aus der Säule oben abziehende stickstoffreiche Dampf abgeleitet wird.

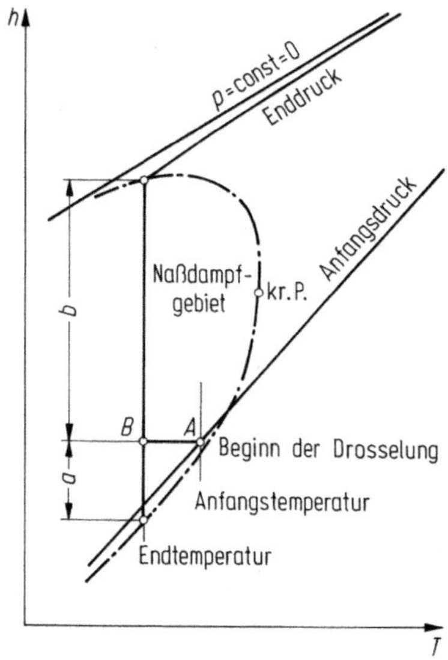

Bild 4.6. Ermittlung der Teilverdampfung flüssiger Luft durch Drosselung aus dem h,T-Diagramm

Den verdampfenden Bruchteil kann man mit genügender Genauigkeit aus dem h,T-Diagramm der Luft ermitteln (Bild 1.7 und Bild 4.6). Druck und Temperatur der flüssigen Luft vor der Drosselung bestimmen im h,T-Diagramm zunächst den Punkt A, der meist nahe der Sättigungslinie der Flüssigkeit liegt. Da sich die Enthalpie bei der Drosselung nicht ändert, verläuft die Drosselung auf der Waagerechten durch A nach links bis zur Isobaren, die dem Druck am oberen Ende der Säule entspricht. Der hierdurch festgelegte Punkt B trennt das zwischen den beiden Grenzkurven für Flüssigkeit und Dampf liegende Isobarenstück in die Strecken a und b. Diese beiden Strecken stehen im Verhältnis des dampfförmigen Anteils zum flüssig verbleibenden Anteil. Von der Luftmenge F bleibt daher nach der Drosselung die Menge

$$L = \frac{b}{a + b} F \tag{4.4}$$

flüssig, während die Dampfmenge

$$V' = \frac{a}{a + b} F \tag{4.5}$$

entsteht. Führt man die Luftmenge F schließlich zur Säule, dann fließt die Menge L in der Säule nach abwärts, während die miteintretende Dampfmenge V' sich mit der aus der Säule aufsteigenden Dampfmenge V zu dem stickstoffreichen Gemisch V_2 vereinigt, das die Säule verläßt.

Bei der geschilderten Teilverdampfung, die auch „Flash"-Verdampfung genannt wird und der in Abschnitt 3.2 beschriebenen geschlossenen Verdampfung entspricht, wird der entstehende Dampf ärmer, die verbleibende Flüssigkeit reicher an Sauerstoff als die Luft. Denn Flüssigkeit und Dampf suchen sich während der Drosselung und auf dem Wege zur Säule miteinander ins Gleichgewicht zu setzen. Wird hierbei das Gleichgewicht erreicht, dann können die sich ergebenden Zusammensetzungen x_F der Flüssigkeit und y_F^* des Dampfes aus dem Gleichgewichtsdiagramm mit Hilfe des „Hebelgesetzes der Gemische" ermittelt werden, wie es in Abschnitt 3.2.2.1 für die geschlossene Verdampfung beschrieben worden ist.

Mit x_F ist die Zusammensetzung bekannt, mit der die Flüssigkeitsmenge L oben in die Säule eintritt. Der in der Säule zum oberen Ende gelangende Dampf hat aber noch nicht die Zusammensetzung y_2, mit der die Dampfmenge V_2 die Säule verläßt. Denn zuvor wird ihm noch die Dampfmenge V' mit dem Sauerstoffgehalt y_F^* zugeführt. Der Sauerstoffgehalt y_2' des an das obere Säulenende gelangenden Dampfes ergibt sich aus einer Sauerstoffmengenbilanz zu

$$y_2' = \frac{V_2 y_2 - V' y_F^*}{V} . \qquad (4.6)$$

Nachdem hiermit die Mengen und die Zusammensetzungen von Flüssigkeit und Dampf am oberen Ende der Säule bekannt sind und sich am unteren Säulenende gegenüber der früheren Betrachtung nichts Grundsätzliches ändert, kann nun die Berechnung der theoretischen Bodenzahl in der bereits beschriebenen Weise durchgeführt werden.

Will man neben der Teilverdampfung auch die Unterschiede der Verdampfungswärmen von Sauerstoff und Stickstoff berücksichtigen, dann ist es zweckmäßig, mit „kalorischen Mengeneinheiten" zu rechnen, wie es in Abschnitt 3.3.3.1 beschrieben ist.

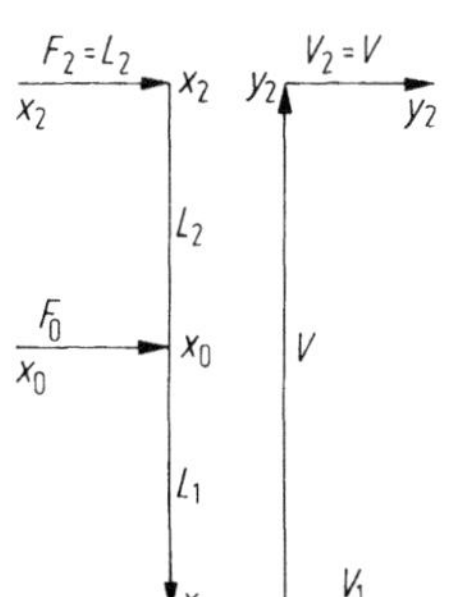

Bild 4.7. Mengen und Zusammensetzungen in der oberen Säule eines Zweisäulenapparates

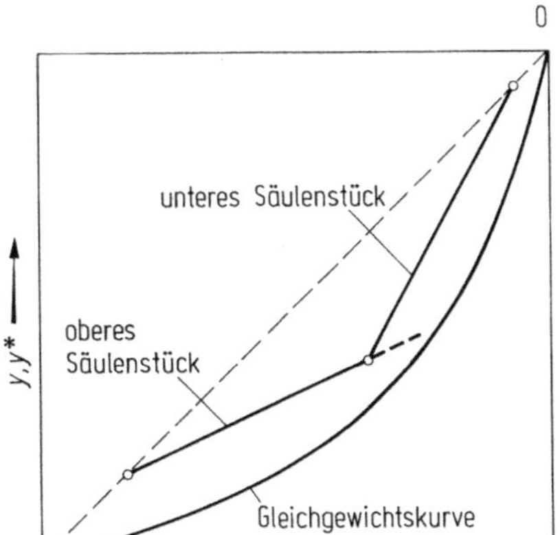

Bild 4.8. Austauschgeraden der oberen Säule eines Zweisäulenapparates

4.2.2 Zweisäulenapparat

Als Beispiel werde nur die obere Säule des Zweisäulenapparates besprochen, nicht nur weil an sie als Feinzerlegungssäule höhere Ansprüche gestellt werden als an die Drucksäule, sondern weil die Drucksäule sich in ganz ähnlicher Weise rechnerisch behandeln läßt wie ein Einsäulenapparat. Dazu kommt, daß das noch zu besprechende Verhalten des Argons sich in der oberen Säule weit mehr auswirkt als in der Drucksäule. Zunächst werde wieder die zu zerlegende Luft als ein Zweistoffgemisch aus Sauerstoff und Stickstoff behandelt. Auch soll die Teilverdampfung der in die obere Säule eintretenden Flüssigkeiten, die grundsätzlich ebenso betrachtet werden kann wie die soeben besprochene Teilverdampfung der Luft, zur Vereinfachung zuerst vernachlässigt und später nur noch kurz besprochen werden.

Wie schon erörtert, wird der oberen Säule oben fast reiner flüssiger Stickstoff und an einer mittleren Stelle ein flüssiges Gemisch mit 35 bis 40% Sauerstoff zugeführt. Durch die Flüssigkeitseinführung an einer mittleren Stelle wird plötzlich die Menge der in der Säule herabrieselnden Flüssigkeit vermehrt. Daher ergeben sich in der oberen Säule die in Bild 4.7 schematisch dargestellten Mengen und Zusammensetzungen. Entsprechend den im oberen und unteren Säulenteil verschiedenen Mengenverhältnissen L_2/V und L_1/V von Flüssigkeit und Dampf erhält man für beide Säulenteile Austauschgeraden mit verschiedener Steigung, wie dies Bild 4.8 zeigt. Für jedes Säulenstück kann man durch Einzeichnen einer Treppenlinie zwischen der betreffenden Austauschgeraden und der Gleichgewichtskurve die theoretische Bodenzahl ermitteln, wie es bereits für den Einsäulenapparat beschrieben worden ist.

Zur Steigung der Austauschgeraden ist im einzelnen noch folgendes zu sagen: Da das Mengenverhältnis L_2/V im oberen Säulenteil kleiner als 1 ist, verläuft hier die Austauschgerade weniger steil als die 45°-Linie. Umgekehrt ist die Austauschgerade für den unteren Säulenteil wegen $L_1/V > 1$ steiler als die 45°-Linie.

Die zuerst genannte Austauschgerade verläuft noch etwas flacher, die andere noch etwas steiler, wenn man die Teilverdampfung der beiden Flüssigkeitsmengen F_2 und F_0 vor Eintritt in die obere Säule berücksichtigt. Dies läßt sich aus der Tatsache ableiten, daß in beiden Säulenstücken die Mengen von Flüssigkeit und Dampf jeweils um gleiche Beträge verkleinert werden und sich hierdurch das Mengenverhältnis L/V noch weiter vom Wert 1 entfernt; dies bedeutet aber eine noch stärkere Abweichung von der 45°-Linie. Da sich somit die beiden Austauschgeraden noch mehr der Gleichgewichtskurve nähern, errechnet sich für ungeänderte Zusammensetzungen am oberen und unteren Säulenende eine höhere theoretische Bodenzahl. In der Erhöhung der theoretischen Bodenzahl drückt sich eine Erschwerung der Rektifikation aus. Dieser Erschwerung sucht man praktisch durch den Einbau von Unterkühlungsgegenströmern zu begegnen, in denen eine oder beide Flüssigkeiten vor ihrer Entspannung durch den aus der Säule oben abziehenden Stickstoff so weitgehend wie möglich abgekühlt werden. Es entsteht dann wesentlich weniger Dampf bei der Drosselung.

Aus Bild 4.8 kann man ferner schließen, daß es am günstigsten wäre, die sauerstoffreiche Flüssigkeit mit dem Sauerstoffgehalt x_0 an der Stelle in die obere Säule einzuführen, an der auch die in der Säule herabrieselnde Flüssigkeit gerade die Zusammensetzung x_0 hat. Würde nämlich die Flüssigkeit F_0 an tieferer Stelle eingeführt, dann müßte die Austauschgerade für das obere Säulenstück verlängert werden, wie es die gestrichelte Linie in Bild 4.8 andeutet. Die Austauschgerade für das untere Säulenstück würde hingegen etwas verkürzt. Die theoretische Bodenzahl des oberen Säulenteils würde aber durch die starke Annäherung der Austauschgeraden an die Gleichgewichtskurve in höherem Maße vermehrt als die Bodenzahl im unteren Säulenteil abnimmt. Diese Schlußfolgerung setzt indessen voraus, daß man die Luft als Zweistoffgemisch betrachten darf. Bei Berücksichtigung des Argons erweist es sich in Übereinstimmung mit praktischen Erfahrungen als günstiger, die 35 bis 40%ige Flüssigkeit erst dort einzuführen, wo die Flüssigkeit im Innern der Säule einen Gehalt von 60 und mehr Prozent Sauerstoff erlangt hat.

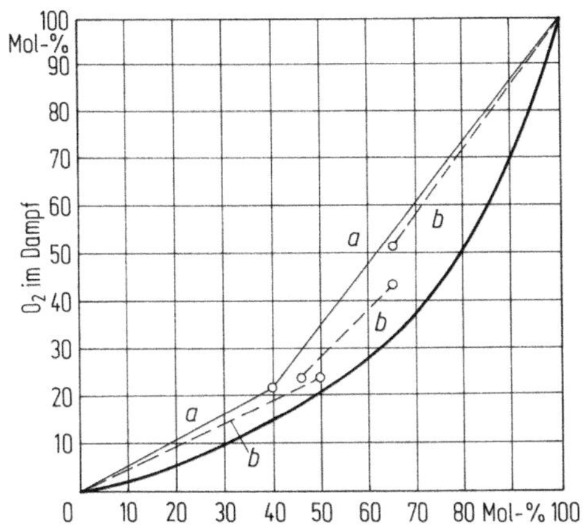

Bild 4.9. Austauschgeraden der oberen Säule eines Zweisäulenapparates (*a*) ohne und (*b*) mit 20% Einblasung

In Bild 4.9 sind über der Gleichgewichtskurve die Austauschgeraden für die obere Säule eingetragen, die man erhält, wenn 5 Teile Luft in 1 Teil 99,5%igen Sauerstoff und 4 Teile Stickstoff mit einem Sauerstoffgehalt von 1,25% zerlegt werden (ausgezogene mit *a* bezeichnete Strecken). Dabei ist vorausgesetzt, daß aus der Drucksäule unterhalb des Hauptkondensators eine Flüssigkeit mit 2% Sauerstoff und aus deren Sumpf eine mit 39% Sauerstoff entnommen wird. Auch ist angenommen, daß diese beiden Flüssigkeitsströme in Wärmeaustauschern vor ihrer Abdrosselung unterkühlt werden. Die genannten Sauerstoffgehalte bedeuten, daß knapp 5% der mit der Luft in den Rektifikator eingespeisten Sauerstoffmenge im abziehenden Stickstoff verloren gehen oder, mit anderen Worten, die Sauerstoffausbeute etwas mehr als 95% beträgt. Durch Einzeichnen der Treppenstufen zwischen den Austauschgeraden und der Gleichgewichtskurve kann wieder die theoretische Bodenzahl ermittelt werden. Sowohl am oberen Ende der Säule (im Diagramm links unten) als auch am unteren Ende der Säule (im Diagramm rechts oben) ist der Abstand zwischen Gleichgewichtskurve und Austauschgeraden sehr klein. Es bedarf also relativ vieler Böden, um die gewünschte Sauerstoffreinheit und -ausbeute zu erzielen. Hierbei ist der Einfluß des Argons nicht berücksichtigt, der die Zahl der Böden noch wesentlich erhöht (vgl. Bild 3.39).

In Abschnitt 4.1.2 wurde bereits ausgeführt, daß man nach Lachmann einen Teil der Luft ohne Vorzerlegung in die obere Säule „einblasen" kann, ohne daß darunter die Sauerstoffreinheit und -ausbeute stark leidet. Bei den meisten Großsauerstoffanlagen wird Lachmanns Methode angewandt. Man bläst dabei die Luft an einer Stelle ein, die einige Böden unterhalb der Einspeisung des Drucksäulen-Sauerstoffs liegt. Bei 20 %iger Einblasung ergeben sich dann drei in Bild 4.9 gestrichelt eingetragene und mit *b* gekennzeichnete Austauschgeraden. Man erkennt, daß im untersten Abschnitt das Verhältnis L/V fast erhalten bleibt. Im Mittelabschnitt liegt es etwa bei eins, was bedeutet, daß die Austauschgerade dort eine Steigung von etwa 45° hat. Im oberen Abschnitt ist die Steigung der Austauschgeraden deutlich kleiner als bei Rektifikation ohne Einblasung. Dementsprechend müssen gerade im oberen Abschnitt relativ viele Böden eingesetzt werden. Berücksichtigt man ferner den Argongehalt, so stellt man fest, daß die theoretische Bodenzahl bei der geforderten Sauerstoffreinheit und -ausbeute erheblich größer sein muß als es aus der einfachen Zweistoffrechnung hervorgeht. Eine weitere Vergrößerung der Einblasemenge beeinträchtigt entweder bei vorgegebener Sauerstoffausbeute die Sauerstoffreinheit oder bei vorgegebener Sauerstoffreinheit die Sauerstoffausbeute.

Wie man den Einfluß der Anreicherung des Argons in der oberen Säule berechnen kann, wird in den Abschnitten 3.1.3.7 und 4.2.3 gezeigt.

Wie im Abschnitt 4.5.1 beschrieben wird, ist die Einblasemenge das Abgas der Expansionsturbine, mit deren Hilfe die für den Betrieb großer Luftzerlegungsanlagen erforderliche Kälte erzeugt wird. Man kann zur Deckung des Kältebedarfs statt Luft aber auch Stickstoff in der Turbine entspannen. Das ist vor allem dann sinnvoll, wenn auf eine trockene und kohlendioxidfreie Rein-Stickstoff-Fraktion von weniger als 20 % der Luftmenge Wert gelegt wird. In diesem Falle wird dem oberen Ende der Drucksäule Stickstoff entnommen, wie Einblaseluft auf 130 bis 140 K angewärmt und kälteleistend in der Turbine entspannt. Er wird dann in gesonderten Kanälen in den Regeneratoren oder den Kompakt-Wärmeaustauschern angewärmt. Die Entnahme von Stickstoff aus der Drucksäule erschwert die Rektifikation in ähnlicher Weise wie die Einblasung, weil auch in diesem Falle weniger Rücklauf in der oberen Säule zur Verfügung steht. Die gleichzeitige Erzeugung von reinem Sauerstoff und reinstem Stickstoff wird in Abschnitt 4.5.1.4 behandelt.

4.2.3 Behandlung der Luft als Dreistoffgemisch

Das nur zu 0,934 Mol-% in der Luft enthaltene Argon reichert sich je nach der Bodenzahl der Rektifiziersäule und nach der Reinheit der aus ihr austretenden Gase mehr oder weniger in der Säule an. Diese Anreicherung ist darin begründet, daß der Siedepunkt des Argons (87,3 K) zwischen den Siedepunkten des Sauerstoffs (90,2 K) und des Stickstoffs (77,4 K) liegt. Gelangt das Argon mit dem Dampf nach dem oberen Ende der Säule, dann wird es infolge der Rektifizierwirkung von der stickstoffreichen Flüssigkeit als schwerer siedender Bestandteil mit nach unten genommen. Gelangt es umgekehrt ans untere Säulenende, dann ist es gegenüber dem Sauerstoff der leichter siedende Bestandteil und wird daher mit dem Dampf nach oben getrieben. Man hat daher eine solche Rektifiziersäule gelegentlich auch „Argonfalle" genannt.

Dieses Verhalten des Argons ist verschiedentlich durch Beobachtungen an Sauerstoffanlagen, insbesondere durch Messungen von Ahl [A 1] festgestellt worden. Es läßt sich nach der erörterten Theorie der Rektifikation von Dreistoffgemischen berechnen, indem man die Luft als Dreistoffgemisch aus Sauerstoff, Stickstoff und

Argon betrachtet. Die Ergebnisse einiger solcher Berechnungen sind in den Bildern 4.10 bis 4.12 dargestellt. Hierbei ist vorausgesetzt, daß der Widerstand des Stoffaustausches allein auf der Dampfseite liegt. Die Bilder sind aus der Literatur entnommen [H 2]. In diesen Bildern ist in schiefwinkligen Koordinaten, in diesem Fall auch Dreieckskoordinaten genannt, der Argongehalt abhängig vom Sauerstoffgehalt aufgetragen. Die ausgezogenen Kurven gelten für die Flüssigkeit, die gestrichelten für den Dampf. Jeder Punkt einer Kurve gibt für eine bestimmte Stelle der Rektifiziersäule die Gehalte x_{I} und x_{II} der Flüssigkeit an Sauerstoff und Argon oder die entsprechenden Gehalte y_{I} und y_{II} des Dampfes an. Der Stickstoffgehalt ist jeweils mitbestimmt, weil der Stickstoffgehalt die Gehalte an Sauerstoff und Argon zu 100% ergänzt.

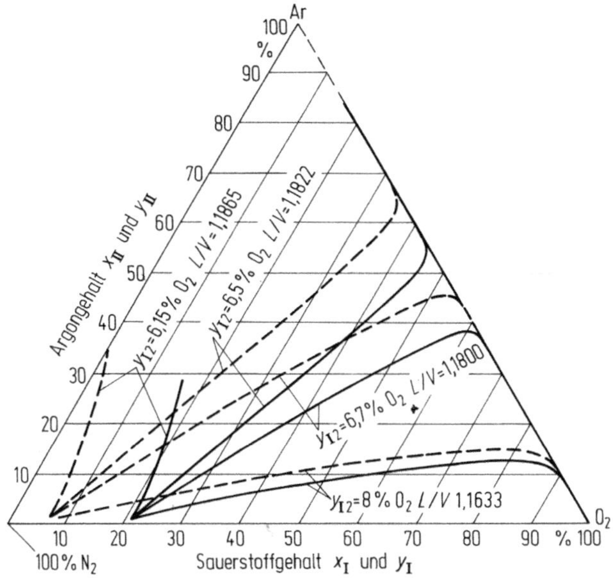

Bild 4.10. Änderungen des Gehaltes an Sauerstoff und Argon bei der Rektifikation im Einsäulenapparat

Bild 4.10 zeigt den Rektifikationsverlauf in einem Einsäulenapparat. Es ist angenommen, daß unten 100%iger Sauerstoff gewonnen wird. Den Sauerstoffgehalt des oben abziehenden Dampfes y_{I_2} kann man für die Rechnung innerhalb gewisser Grenzen beliebig wählen; praktisch hängt er von der Bodenzahl sowie der Mengenregelung ab. Die beiden Kurvenpaare für $y_{\mathrm{I}_2} = 8\%$ und $y_{\mathrm{I}_2} = 6{,}7\%$ Sauerstoff verlaufen in der erwarteten Richtung nach dem rechten Endpunkt hin, der reinem Sauerstoff entspricht. In diesen beiden Fällen findet, ausgehend von den linken Endpunkten, die dem oberen Ende der Säule entsprechen, zunächst eine Argonanreicherung statt. Im unteren Teil der Säule nimmt der Argongehalt wieder ab, wobei sich fast nur noch Argon und Sauerstoff an der Rektifikation beteiligen. Bei $y_{\mathrm{I}_2} = 6{,}7\%$ erreicht die Argonanreicherung in der Flüssigkeit einen Höchstwert von fast 40% Argon, sie ist also wesentlich stärker als bei $y_{\mathrm{I}_2} = 8\%$ Sauerstoff. Das Argon reichert sich also um so mehr in der Säule an, je mehr sich der Sauerstoffgehalt y_{I_2} des oben entweichenden Gases der Zusammensetzung $y^*_{I_2}$ nähert, die dem Gleichgewicht mit der oben eingeführten flüssigen Luft entspricht.

Die Kurven für $y_{I_2} = 6{,}5\%$ Sauerstoff und $y_{I_2} = 6{,}15\%$ Sauerstoff sind für die Sauerstofferzeugung bedeutungslos, weil sich hierbei das Argon dauernd anreichert und der Sauerstoffgehalt früher oder später abzunehmen beginnt. Diese Kurven sind aber insofern lehrreich, als sie zeigen, daß zwischen $y_{I_2} = 6{,}7\%$ Sauerstoff und $y_{I_2} = 6{,}5\%$ Sauerstoff eine fast geradlinige Rektifikationslinie liegen muß, die das Gebiet der dauernden Sauerstoffanreicherung von dem der dauernden Argonanreicherung trennt. Es ist daher sinnvoll, eine solche Linie „Rektifikationsscheidelinie" zu nennen. Es gibt eine ganze Schar solcher Rektifikationsscheidelinien, deren Verlauf für die Theorie der Rektifikation von Dreistoffgemischen sehr aufschlußreich ist. Sie sollen jedoch hier nicht näher besprochen werden. Näheres hierüber in [H 2, R 1].

Beim Zweisäulenapparat soll auch jetzt im wesentlichen nur die obere Säule behandelt werden. Für die Berechnung der oberen Säule ist es indessen wichtig zu wissen, wie sich das Argon auf die in der Drucksäule gewonnenen Flüssigkeiten verteilt; deshalb ist in Bild 4.11 das Ergebnis von Berechnungen einer Drucksäule dargestellt. Der Argongehalt des gewonnenen Stickstoffs ist abhängig vom Sauerstoffgehalt dieses Stickstoffs aufgetragen. Die einzelnen Kurven gelten für die eingetragenen Werte des Sauerstoffgehaltes der aus der Säule unten austretenden Flüssigkeit. Den Argongehalt dieser Flüssigkeit erhält man leicht aus der Überlegung, daß sie den Rest des in der Luft befindlichen Argons enthalten muß.

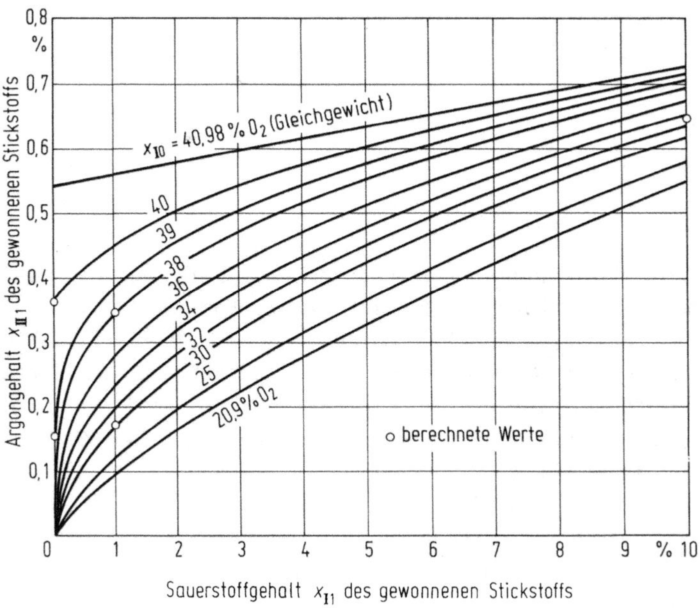

Bild 4.11. Argongehalt des in der Drucksäule bei 5 bar gewonnenen Stickstoffs

Aus dem besprochenen Bild 4.11 kann man also für gegebene oder angenommene Sauerstoffgehalte der zur oberen Säule gelangenden Flüssigkeiten auch deren Argongehalte bestimmen. Hiermit sind dann alle Unterlagen gegeben, um die Rektifikation in der oberen Säule nach der in Abschnitt 3.3.4 erörterten Theorie der Rektifikation von Dreistoffgemischen berechnen zu können.

Bild 4.12 zeigt den grundsätzlichen Verlauf der Rektifikationslinien für eine obere Säule ohne Einblasung. Es ist hierbei allerdings abweichend von Bild 4.11 angenommen, daß die Luft in der Vorzerlegungssäule in flüssigen Stickstoff mit 1% Sauerstoff und 0,3% Argon und ein flüssiges Gemisch mit 45% Sauerstoff und 1,7% Argon und in der oberen Säule in Stickstoff mit 0,5% Sauerstoff und 1,04% Argon und in Sauerstoff mit 99,5% Sauerstoff und 0,5% Argon zerlegt wird. Ebenso wie bei dem in Bild 4.10 behandelten Einsäulenapparat ist von einer Teilverdampfung beider Flüssigkeiten, wie sie sich bei ihrer Entspannung praktisch nicht vermeiden läßt, zur Vereinfachung abgesehen. Das linke Kurvenpaar zeigt den Rektifikationsverlauf im Säulenteil oberhalb der Einführungsstelle des sauerstoffreichen Gemisches, das rechte Kurvenpaar den Verlauf im unteren Säulenteil.

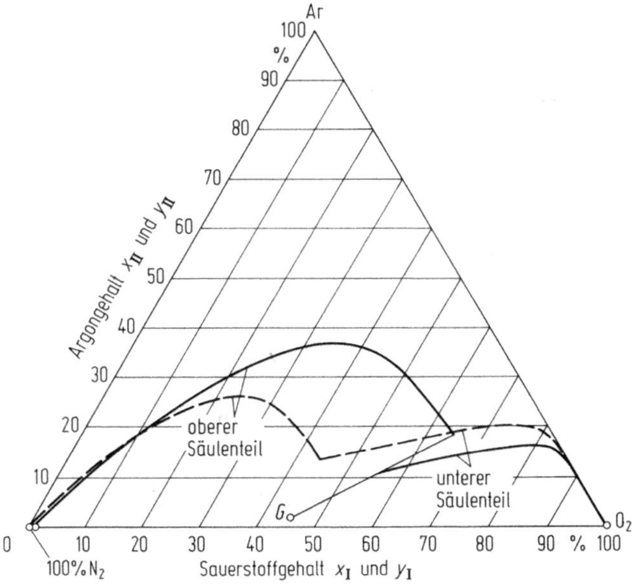

Bild 4.12. Verlauf der Rektifikation in der oberen Säule eines Zweisäulenapparates

Die ausgezogenen Kurven geben die Zusammensetzung der Flüssigkeit, die gestrichelten die des Dampfes an. Man sieht, daß in dem behandelten Beispiel die sauerstoffreiche Flüssigkeit, deren Zusammensetzung durch den Punkt *G* gekennzeichnet ist, an der Stelle der Säule eingeführt wird, wo innerhalb der Säule die Flüssigkeit bereits einen Sauerstoffgehalt von 65% erreicht hat. Durch Mischung beider Flüssigkeiten ergibt sich ein Punkt mittlerer Zusammensetzung, der auf der geraden Verbindungslinie liegt und zugleich den Anfang der Flüssigkeitskurve für den unteren Säulenteil bildet.

4.3 Der Kältebedarf bei der Luftzerlegung und seine Deckung

Die bei tiefer Temperatur verlaufende Rektifikation setzt voraus, daß die zu zerlegende Luftmenge vorher abgekühlt und mindestens zu einem großen Teil verflüssigt worden ist. Auch die Apparate, in denen die Zerlegung stattfindet, müssen genügend abgekühlt sein.

Um zu erkennen, wieviel Kälte zum Betrieb der Zerlegungsanlagen erzeugt werden muß, hat man zwischen dem Beharrungszustand und der gelegentlich zur Überholung nötigen Betriebsunterbrechung zu unterscheiden. Denn im allgemeinen werden Luftzerleger lange Zeit im Beharrungszustand betrieben und nur von Zeit zu Zeit, etwa einmal im Jahr, außer Betrieb genommen, angewärmt und aufgetaut, je nach Erfordernis überholt und wieder in Betrieb genommen. Das hierzu erforderliche „Kaltfahren" setzt eine erheblich gesteigerte Kälteerzeugung voraus, wie später noch erörtert werden soll. Sowohl im Beharrungszustand als auch beim Kaltfahren wird die benötigte Kälte durch Entspannung der der Anlage zugeführten Luftmenge erzeugt.

4.3.1 Die verschiedenen Arten des Kältebedarfs

Zunächst soll der Kältebedarf im Beharrungszustand des Luftzerlegers besprochen werden. Wenn dem Apparat nur gasförmige Zerlegungsprodukte entnommen werden, muß im Beharrungszustand Kälte nur zur Deckung der Kälteverluste erzeugt werden. Diese Kälteverluste entstehen erstens durch die Wärmeeinströmung aus der Umgebung durch die Isolationsschicht, die den Apparat umgibt, und durch die Längswärmeleitung in den metallischen Wandungen der Wärmeaustauscher, zusammenfassend kurz „Umgebungsverlust" genannt; zweitens durch die unvollkommene Wärmeübertragung in den Gegenströmern, „Austauschverlust" genannt.

4.3.1.1 Umgebungsverlust

Obwohl Tieftemperaturanlagen mit Hilfe von Wärmedämmstoffen stets gut isoliert werden, strömt auch bei bester Isolierung stets aus der Umgebung Wärme in die auf tiefer Temperatur befindliche Apparatur. Diese Wärmeeinströmung beruht zu einem großen Teil auf Wärmeleitung durch die Isolierschicht, vielfach verstärkt durch Konvektion der im Apparatemantel eingeschlossenen Luft, sowie auf der bei tiefen Temperaturen nur geringen Wärmestrahlung, ferner auf dem Wärmetransport durch Rohrleitungen, Ventilspindeln usw. Die Wärmeströmung durch die Isolierschicht ist unter sonst gleichbleibenden Verhältnissen in erster Näherung proportional der äußeren Oberfläche der Tieftemperaturanlage und damit proportional der 2. Potenz ihrer Linearabmessungen. Da hingegen das Volumen der Anlagen und damit angenähert auch die in der Zeiteinheit zu verarbeitende Luftmenge der 3. Potenz der Linearabmessungen proportional sind, müßte nach dieser einfachen Abschätzung die Wärmeeinströmung durch die Isolationsschicht, bezogen auf 1 kg Luft, der Luftmenge umgekehrt proportional sein. Der andere Teil der Wärme, der durch die Metallteile einströmt, dürfte hingegen eher der Luftmenge proportional sein. Jedenfalls ist zu erwarten, daß der gesamte Umgebungsverlust im Verhältnis um so weniger ins Gewicht fällt, je mehr Luft im Zerlegungsapparat in der Zeiteinheit verarbeitet wird. Eine einfache Formel für die Größe der gesamten Umgebungsverluste läßt sich nicht angeben, weil neben der Art der Isolierung auch die Oberflächengestaltung der Apparatur und die Art der Aufstellung eine Rolle spielen. Auch klimatische Einflüsse sind dabei zu berücksichtigen. Eine aus einer Vielzahl von Erfahrungswerten ermittelte Abhängigkeit des spezifischen Umgebungsverlustes von der in der Zeiteinheit zu verarbeitenden Luftmenge zeigt Bild 4.13. Um den gesamten Umgebungsverlust zu berechnen, hat man den aus dem Diagramm abgelesenen spezifischen Umgebungsverlust mit der Luftmenge F in kmol/h zu multiplizieren.

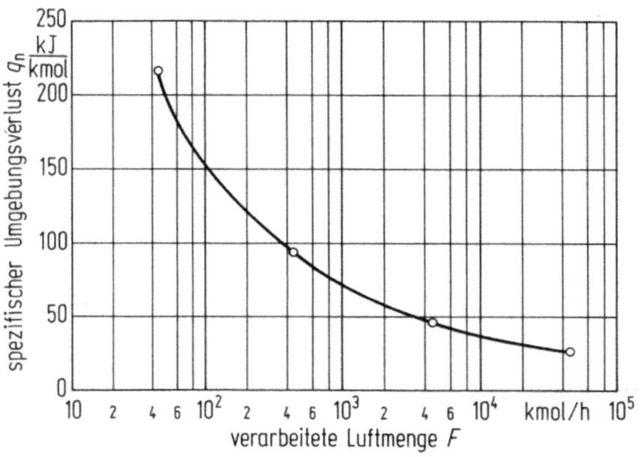

Bild 4.13. Spezifischer Umgebungsverlust von Luftzerlegungsanlagen (Linde AG)

Wie sich die angedeuteten Kälteverluste auf die Wärmeaustauscher auswirken, ist in Abschnitt 2.3.6 erörtert.

4.3.1.2 Austauschverlust

Die Abkühlung der zu zerlegenden Luft von Umgebungstemperatur auf nahezu Sättigungstemperatur geschieht im Wärmeaustausch mit den Zerlegungsprodukten, die dadurch von der Temperatur im Rektifikator auf Umgebungstemperatur angewärmt werden. Dazu müssen Wärmeaustauscher mit großer Heizfläche eingesetzt werden. Es wäre unwirtschaftlich, ja sogar unmöglich, diese so groß zu bauen, daß die Temperaturdifferenz zwischen der eintretenden Luft und den austretenden Gasen an ihrem warmen Ende zu null wird. Hier verbleibt vielmehr eine Temperaturdifferenz ΔT_w, die zwangsläufig einen Kälteverlust, den sogenannten Austauschverlust

$$Q_a = F c_p \, \Delta T_w \tag{4.7}$$

zur Folge hat. Dieser Kälteverlust muß durch kälteerzeugende Vorgänge in der Anlage gedeckt werden.

4.3.1.3 Zusätzlicher Kältebedarf, wenn Teile der Zerlegungsprodukte flüssig entnommen werden

Wenn im Beharrungszustand ein Teil m_{fl} der Zerlegungsprodukte flüssig entnommen wird, ist für die Abkühlung dieses Teils von Umgebungstemperatur bis zur Verflüssigungstemperatur und für die Verflüssigung selbst ein zusätzlicher Betrag an Kälte erforderlich. Wie schon in Abschnitt 1.1.3.2.1 erörtert wurde, ist diese Kältemenge bestimmt durch

$$Q_{fl} = m_{fl}(h_1 - h_0)\,, \tag{4.8}$$

worin h_1 die spezifische Enthalpie des Zerlegungsproduktes bei Umgebungstemperatur, h_0 ihre Enthalpie im flüssigen Zustand bei Siedetemperatur bedeutet. Bild 4.14 gibt den Kältebedarf ($h_1 - h_0$) in kJ/kmol für die Verflüssigung von Luft, Stickstoff und Sauerstoff wieder.

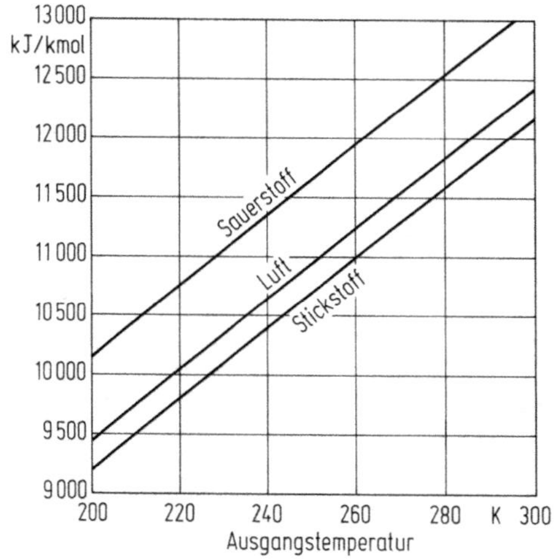

Bild 4.14. Kältebedarf für die Verflüssigung von Luft, N_2 und O_2 bei verschiedener Temperatur im Ausgangszustand (Linde AG)

Die Summe $Q_u + Q_a + Q_{fl}$ ergibt den gesamten Kältebedarf, der im Beharrungszustand zu decken ist.

Wenn mehrere Bestandteile flüssig entnommen werden sollen, gilt für jeden Bestandteil Gl. (4.8) mit den für ihn geltenden Werten der Enthalpie.

4.3.1.4 Erhöhter Kältebedarf für die Inbetriebsetzung eines Zerlegungsapparates

Die wichtigste Aufgabe der Inbetriebsetzung eines Zerlegungsapparates besteht darin, alle zunächst auf Umgebungstemperatur befindlichen Apparateteile auf diejenigen Temperaturen abzukühlen, die sie im Beharrungszustand haben sollen. Damit dies möglichst schnell vor sich gehen kann, bemüht man sich, in dieser Zeit erheblich mehr Kälte zu erzeugen als im Beharrungszustand. Einzelheiten hierüber sollen an späterer Stelle erörtert werden (Abschnitt 9.8.1).

4.3.1.5 Kälteerzeugung und ihre Verbindung mit dem Luftzerlegungsvorgang

Wie bei den in den Abschnitten 1.2.1 und 1.2.2 beschriebenen Luftverflüssigungsverfahren bedient man sich auch bei der Luftzerlegung folgender Kältequellen:

a) Der Differenz der Enthalpiewerte der in den Zerleger eintretenden Luft und der aus ihr austretenden Zerlegungsprodukte. Beim Einsatz eines Stickstoffkreislaufes kommt analog dessen Enthalpiedifferenz hinzu.

b) Der Entspannung von Luft oder Stickstoff unter äußerer Arbeitsleistung in einer Expansionskolbenmaschine oder in einer Expansionsturbine. Auch in diesem Fall überträgt die Luft oder der Stickstoff die durch die Entspannung gewonnene Kälte auf einen Luft- oder Stickstoffstrom von höherem Druck (Claude-Verfahren).

c) Einer Kälteanlage zur Vorkühlung verdichteter Luft oder verdichteten Stickstoffs zur Vergrößerung des isothermen Drosseleffektes.

Weil die zweite Methode bei gleichem Druckgefälle je Mengeneinheit mehr Kälte erzeugt als die erste, wird sie bevorzugt eingesetzt. Daß bei dieser Art der Entspannung die Kälte nicht allein durch die Abgabe äußerer Arbeit, sondern zu einem kleinen Teil auch durch die Mitwirkung des Thomson-Joule-Effektes erzeugt wird, wurde schon im Abschnitt 1.2.2.3 dargelegt.

Wie schon in Abschnitt 4.3 hervorgehoben, muß in Zerlegungsapparaten, falls nicht flüssige Produkte gewonnen werden sollen, Kälte nur zur Deckung von Kälteverlusten erzeugt werden. Von den Kälteverlusten, die durch das Einströmen von Wärme durch die Isolationsschicht entstehen, dürfte der größte Teil auf die Rektifiziersäulen treffen. Hier kommt es vor allem darauf an, daß die unter den beiden Säulen befindlichen Gefäße stets genügend mit Flüssigkeit gefüllt sind und auch auf den Rektifizierböden die erforderlichen Flüssigkeitsmengen vorhanden sind. Was hiervon durch Kälteverluste verdampft, muß ständig durch Neuverflüssigung mit Hilfe eines Teiles der erzeugten Kälte ersetzt werden. Um zusätzlich Flüssigkeit zu bilden, gibt der am Kopf der oberen Säule abziehende Stickstoff, der die tiefste Temperatur hat, einen Teil seiner Kälte in einem Unterkühlungsgegenströmer an die unter Druck aus der Drucksäule abströmende sauerstoffreiche Flüssigkeit ab. Diese wird hierdurch unterkühlt, so daß der bei der nachfolgenden Drosselung flüssig bleibende Teil vergrößert wird und hierdurch mehr Flüssigkeit in die obere Säule gelangt.

Kälteerzeugung, Wärmeaustausch, Rektifikation und Schutz der Apparatur vor Verlegungen mit Wassereis und Kohlendioxidschnee stehen bei den meisten Verfahren in engem Zusammenhang. Daß man sie in verschiedener Weise miteinander koppeln kann, geht aus der Beschreibung der einzelnen Verfahren hervor.

4.3.2 Kältebilanz

In Abschnitt 1.2.1.1.2 ist beschrieben, wie die Kältebilanz für einen Luftverflüssiger aufgestellt werden kann, der als Kältequelle lediglich den isothermen Drosseleffekt der Luft benützt und verlustfrei arbeitet (ursprüngliches Linde-Verfahren). In Abschnitt 1.2.2.3 geschieht dies analog für einen Luftverflüssiger, bei welchem zusätzlich eine Expansionsmaschine zur Erhöhung der Verflüssigungsleistung eingesetzt ist (Verfahren nach Claude und Heylandt). Im folgenden werden diese Überlegungen auf eine Luftzerlegungsanlage angewandt, in welcher die Luftmenge F in kmol/h in O kmol/h Sauerstoff und N kmol/h Stickstoff zerlegt wird. Dabei sei angenommen, daß Y kmol/h Sauerstoff in der flüssigen Phase und $O - Y$ kmol/h gasförmig gewonnen werden sollen (Bild 4.15).

Bezeichnet man mit h_2 (p_2, T_2) die Eintrittsenthalpie der Luft, mit h_0 (1 bar, Siedepunkt) die Enthalpie des flüssigen Sauerstoffs und mit h_1 (1 bar, $T_1 = T_2 - \Delta T$) die Enthalpie der gasförmig austretenden O_2- und N_2-Fraktion, die für die Kältebilanz summarisch wieder als Luft betrachtet werden kann, und bezeichnet man weiter

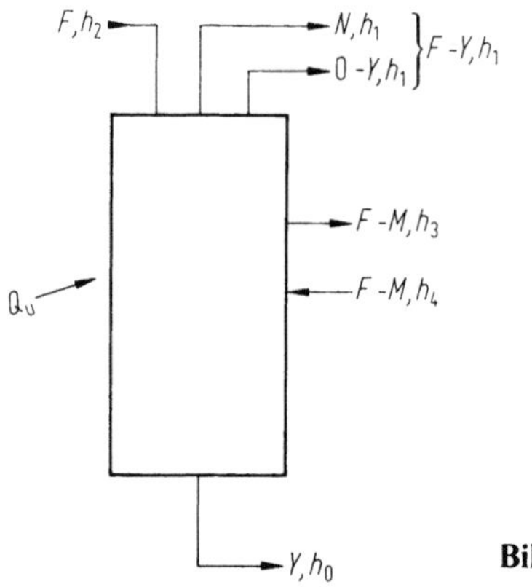

Bild 4.15. Zur Kältebilanz eines Luftzerlegers

mit $F - M$ den Anteil der Luft, der in einer Expansionskolbenmaschine oder Expansionsturbine vom Zustand h_3 auf den Zustand h_4 entspannt wird, ferner mit Q_u den Umgebungsverlust, so gilt für den Beharrungszustand des Luftzerlegungsapparates entsprechend dem I. Hauptsatz der Thermodynamik:

$$\text{Zugeführte Energie } Fh_2 + (F - M)\,h_4 + Q_u = \text{abgeführte Energie } (F - Y)\,h_1 + Y(h_0) + (F - M)\,h_3\,. \tag{4.9}$$

Dadurch, daß sich in dieser Gleichung h_1 auf die gegenüber der Eintrittstemperatur T_2 um ΔT_w tiefer liegende Austrittstemperatur T_1 bezieht, ist der Austauschverlust

$$Q_a = Fc_p\,\Delta T_w \tag{4.10}$$

in der Kältebilanz berücksichtigt. Schreibt man diese Gleichung in der Form

$$Y(h_1 - h_0) = (F - M)\,(h_3 - h_4) + (h_1 - h_2)\,F - Q_u\,, \tag{4.11}$$

so stellt die linke Seite $Y(h_1 - h_0) = Q_{fl}$ den Kältebedarf für die Verflüssigung von Y (kmol/h) Sauerstoff dar; auf der rechten Seite von Gl. (4.11) bedeutet $(F - M) \times (h_3 - h_4)$ die von der Expansionsmaschine (-turbine) stündlich erzeugte Kältemenge, und der Ausdruck $F(h_1 - h_2)$ ist die Differenz der Enthalpiewerte der in den Zerleger eintretenden Luft und der aus ihm austretenden Zerlegungsprodukte.

In Bild 4.14 ist in Abhängigkeit von der Temperatur T_1, der Austrittstemperatur der drucklosen Zerlegungsprodukte aus dem Apparat, außer dem Kältebedarf für die Verflüssigung von Luft auch der für Sauerstoff und Stickstoff angegeben. Beträgt z. B. bei einem Luftzerleger die Austrittstemperatur des gasförmigen O_2 und N_2 290 K = 17 °C, so muß für die Verflüssigung von 1 kmol O_2 eine Kältemenge von ca. 12800 kJ erzeugt werden. Für die Verflüssigung von 1 kmol N_2 genügen dagegen ca. 11850 kJ. Würde die Luftzerlegungsanlage mit einer Vorkühlungseinrichtung ausgestattet sein, so daß die zu zerlegende Luft mit 233 K = −40 °C in den Apparat eintritt und die gasförmigen Zerlegungsprodukte den Apparat mit einer um 3 K niedrigeren Temperatur von 230 K = −43 °C verlassen, so wären im Apparat je kmol O_2 ca. 11000 kJ und je kmol N_2 ca. 10100 kJ Kälte zu erzeugen.

4.4 Entfernung von Wasserdampf, Kohlendioxid und organischen Verunreinigungen aus der Luft

Außer Sauerstoff, Stickstoff und Edelgasen enthält die Luft stets Wasserdampf und Kohlendioxid. Während die in der Luft enthaltene Wasserdampfmenge vom Klima am Aufstellungsort der Luftzerlegungsanlage abhängt, ist der Kohlendioxidgehalt mit 0,035 Mol-% weltweit konstant, abgesehen von Industrieballungszentren, wo er bis auf das Doppelte ansteigen kann. Dort beobachtet man auch Spuren von organischen Verbindungen in der Luft, von denen insbesondere Acetylen besonders beachtet werden muß. Wasserdampf, Kohlendioxid und organische Verbindungen können die Abkühlung und Zerlegung der Luft erheblich stören, weil sie sich bei der Abkühlung verflüssigen oder fest werden und sich daher, falls keine besonderen Maßnahmen getroffen werden, in kondensierter Form in den Wärmeaustauschern und sonstigen Apparateteilen ablagern. Wasserdampf und Kohlendioxid können so zu Verstopfungen vor allem der Strömungskanäle führen; die Kohlenwasserstoffe, in erster Linie Acetylen, können bei Anreicherung an einzelnen Stellen gefährliche Explosionen verursachen. Es ist daher ein äußerst wichtiges Problem der Tieftemperaturtechnik, Anreicherungen dieser Bestandteile an einzelnen Stellen zu unterbinden.

Während der Doppelsäulenrektifikator nach seiner Erfindung im Jahre 1912 verfahrenstechnisch kaum mehr verändert wurde, wurden die Verfahrensschritte, welche die Aufgabe erfüllen sollen, die Luft abzukühlen, Wasserdampf und Kohlendioxid auszuscheiden und die Zerlegungsprodukte wieder anzuwärmen, immer wieder verändert und verbessert. Und es scheint, daß diese Entwicklung auch heute noch nicht abgeschlossen ist.

Längst sind die mit Ätzkali gefüllten Hochdruckflaschen, in denen die vom Hochdruckkompressor kommende Luft vor ihrer Abkühlung getrocknet und kohlendioxidfrei gemacht wurde, vergessen. Vergessen sind auch die sogenannten Kältetrockner, doppelt angeordnete Wärmeaustauscher, bei denen jeweils in einem dieser Austauscher die Luft unter Vorkühlung auf etwa −40 °C ihre Feuchtigkeit zunächst als flüssiges Wasser, dann als Eis abgab, während der andere angewärmt werden mußte, damit das Eis wieder abtauen konnte. Überholt sind auch die bis nach dem zweiten Weltkrieg eingesetzten Laugenwäschen zur Entfernung des Kohlendioxids, bei denen die Luft nach der zweiten oder dritten Kompressionsstufe, d. h. bei 10 bis 30 bar, in Füllkörpersäulen mit herabrieselnder Natronlauge bei Umgebungstemperatur gewaschen wurde.

Heute verwendet man zur Trocknung und Beseitigung des Kohlendioxids hauptsächlich nur noch zwei Verfahren:

- sich selbst reinigende Wärmeaustauscher, zu denen die Regeneratoren und die reversing exchangers gehören,
- Adsorber.

4.4.1 Sich selbst reinigende Wärmeaustauscher

Die Wirkungsweise der Regeneratoren und der reversing exchanger wurde bereits in den Abschnitten 2.2 und 2.3 beschrieben. Auch wurde ihre Berechnung erörtert.

Es werde nur daran erinnert, daß Regeneratoren eine wärmeübertragende und -speichernde Masse enthalten, durch die die beiden in Wärmeaustausch tretenden Gase abwechselnd in entgegengesetzter Richtung hindurchströmen; vgl. Bild 2.25. Reversing exchangers hingegen bestehen aus gewellten und zum Teil auch aus ebenen Blechen, die so aneinander gelötet sind, daß eine große Zahl dicht nebeneinander liegender enger Kanäle entstanden ist (vgl. Bild 9.25). Während in der Masse der Regeneratoren die Wärme vorübergehend gespeichert und nach dem Umschalten wieder abgegeben wird, wird in den reversing exchangers die Wärme im wesentlichen wie in den Rekuperatoren durch die dünnen Blechwände hindurch übertragen. Aber ebenso wie in den Regeneratoren lagern sich auch in den reversing exchangers Wasserdampf und Kohlendioxid auf den wärmeübertragenden Oberflächen in flüssiger oder fester Form ab. Daher werden auch die reversing exchangers ebenso wie die Regeneratoren regelmäßig umgeschaltet, allerdings in größeren Zeitabständen und ausschließlich zum Zwecke der Selbstreinigung. Hierbei werden die Strömungskanäle, durch die bisher die unter Druck befindliche Luft strömte, und die Strömungskanäle, durch die der fast drucklose Stickstoff oder auch Sauerstoff strömte, miteinander vertauscht.

Bei den Regeneratoren und den reversing exchangers kommt der Selbstreinigungseffekt dadurch zustande, daß Wasserdampf und Kohlendioxid, die sich bei der Abkühlung der Luft auf den Heizflächen niedergeschlagen haben, nach der Umschaltung in den durch dieselben Strömungskanäle strömenden Stickstoff hinein verdampfen oder sublimieren. Bei richtiger Betriebsführung wird dadurch die Oberfläche wieder vollständig von den Ablagerungen befreit.

Wie sich die aus der Luft auszuscheidenden Stoffe verhalten, soll am Beispiel des Wasserdampfes kurz erläutert werden. Die Luft kann mit Wasserdampf gesättigt, übersättigt oder untersättigt sein. Bei Sättigung ist der Gehalt an Wasserdampf da-

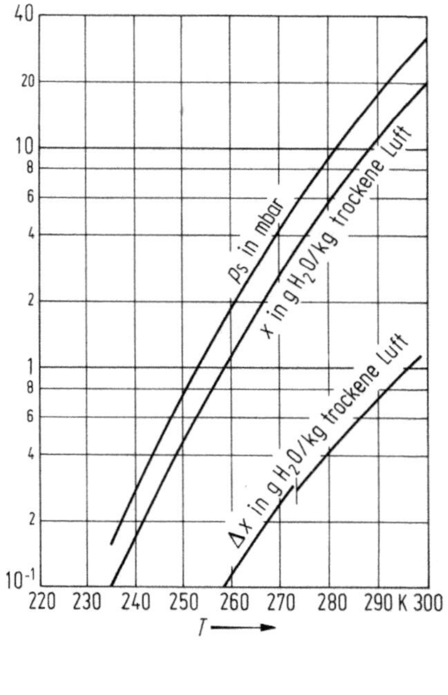

Bild 4.16. Wasserdampfdruck p_s, Wasserdampfgehalt x und Abnahme Δx des Wasserdampfgehaltes gesättigter Luft bei 1 K Temperaturabsenkung (Linde AG)

durch bestimmt, daß der Wasserdampfpartialdruck in der Luft gleich dem Sättigungsdruck p_s des Wassers bei derselben Temperatur ist. Sein Wert kann der in Bild 4.16 dargestellten Dampfdruckkurve entnommen werden, bei der der Dampfdruck p_s abhängig von der Temperatur aufgetragen ist. Die zweite, nur wenig darunter liegende Kurve zeigt den Wasserdampfgehalt gesättigter Luft in g, bezogen auf 1 kg trockener Luft, bei einem Gesamtdruck von 1 bar. Bei einem anderen Gesamtdruck P ist der abgelesene Wert mit $(1 - p_s)/(P - p_s)$ zu multiplizieren.

Daß es sich bei modernen großen Luftzerlegungsanlagen um sehr erhebliche Mengen auszuscheidenden Wasserdampfes handelt, kann man aus den genannten beiden Kurven wie folgt ableiten. In einer Anlage sollen z. B. stündlich 100000 kg Luft zerlegt werden. Bei 300 K beträgt der Dampfdruck des Wassers $p_s = 0{,}0352$ bar und beim Gesamtdruck von 1 bar der Feuchtigkeitsgehalt der Luft $x = 21{,}9$ g H_2O je kg Luft. Trotz dieser gering erscheinenden Werte enthält hiernach die genannte Luftmenge $100000 \cdot 21{,}9$ g $= 2190$ kg Wasserdampf/Stunde. Bei $P = 6$ bar errechnet sich hieraus durch Multiplikation mit $(1 - p_s)/(P - p_s)$ noch ein Wasserdampfgehalt von 354 kg/h. Nimmt man nun an, daß die Luftmenge von 100000 kg/h von einem Kompressor bei 300 K und 1 bar angesaugt und auf 6 bar verdichtet und in den Kühlern des Kompressors schließlich nach der unausbleiblichen Erwärmung durch die Kompression wieder auf 300 K abgekühlt wird, dann erkennt man, daß in den Kompressorkühlern bereits $2190 - 354 = 1836$ kg/h Wasserdampf verflüssigt abgeschieden werden. Dies sind 84% des ursprünglich in der Luft enthaltenen Wasserdampfes.

Aber der in der Luft noch enthaltene Rest bedeutet bei einer ununterbrochenen Betriebszeit von 1 Betriebsjahr = 360 Tagen eine Belastung mit 3060 t Wasser. Wenn diese große Wassermenge vor der Abkühlung der Luft auf tiefe Temperaturen nicht anderweitig, z. B. durch Adsorption, entfernt wird, scheidet sie sich entsprechend

Tabelle 4.1. Ausgeschiedene Wassermenge aus 100000 kg Luft

T K	x (g/kg) bei 1 bar	x (g/kg) bei 6 bar	In 100000 kg Luft enthaltene H_2O-Menge kg	Im jeweiligen Temperaturabschnitt ausgeschiedene H_2O-Menge kg
300	21,9	3,54	354	
				159
290	11,9	1,95	195	
				94
280	6,15	1,01	101	
				40
273,2	3,65	0,61	61	
				13
270	2,90	0,48	48	
				28
260	1,21	0,20	20	
				12,2
250	0,47	0,078	7,8	
				5,0
240	0,17	0,028	2,8	

der Wasserdampfdruckkurve auf den Heizflächen der Wärmeaustauscher aus, und zwar oberhalb 0 °C = 273 K als Flüssigkeit, darunter als Eis oder Schnee. Aus dem Verlauf der Kurven für den Wasserdampfdruck und den Wassergehalt folgt, daß die je K Temperatursenkung ausgeschiedene Menge Wasser um so kleiner ist, je niedriger die Temperatur ist. Wenn wir das gewählte Beispiel einer Luftmenge von 100000 kg/h bei 6 bar beibehalten, so ergeben sich die in der letzten Spalte der Tabelle 4.1 angegebenen Werte für die je 10 K Temperaturabnahme pro Stunde ausgeschiedene Wassermenge.
Der Temperaturbereich zwischen 280 und 270 K ist dabei wegen des dazwischenliegenden Wasserschmelzpunktes unterteilt, so daß man ablesen kann, wieviel von den insgesamt 53 kg als flüssiges Wasser und wieviel als Schnee oder Eis ausgeschieden werden.

In den sich selbst reinigenden Wärmeaustauschern muß bei der Wiedererwärmung der Zerlegungsprodukte die ganze Wassermenge, die aus der Luft vorher ausgeschieden war, von den Austauschflächen wieder verschwinden, damit der Betrieb nicht gestört wird. Hierfür ist entscheidend, daß zwischen Luft in der Warmperiode und den Zerlegungsprodukten in der Kaltperiode kleine Temperaturdifferenzen eingehalten werden. Im Abschnitt 2.2.4 über feuchte Regeneratoren ist beschrieben, wie die maximal zulässigen Temperaturdifferenzen berechnet werden können.

Im Gegensatz zum Wasserdampfgehalt der in den Wärmeaustauscher eintretenden Luft, der von der Umgebungstemperatur und von der relativen Feuchtigkeit abhängt, ist, von besonderen Einflüssen in Industriegebieten abgesehen, wie schon erwähnt, der Kohlendioxidgehalt der Luft konstant; er beträgt 0,035 Vol.-% = 350 Vol. ppm. Entsprechend der Kohlendioxiddampfdruckkurve würde die Kohlendioxidausscheidung aus atmosphärischer Luft bei 130 oder 131 K beginnen. Unter 6 bar beginnt die Ausscheidung, wegen der mit der Luftverdichtung verbundenen Partialdrucksteigerung des Kohlendioxids, bei ca. 140 K. Weil der Schmelzpunkt (Tripelpunkt) von Kohlendioxid weit oberhalb dieser Temperatur, nämlich bei 216,6 K liegt, scheidet sich das Kohlendioxid auf den Heizflächen der sich selbst reinigenden Wärmeaustauscher als feiner Schnee aus. Analog dem Vorgang bei der Wasser- und Wassereisausscheidung nimmt die je K ausgeschiedene Kohlendioxidmenge mit sinkender Temperatur ab, wie aus Tabelle 4.2 hervorgeht.

Tabelle 4.2. Ausgeschiedene Kohlendioxidmenge aus 100000 kg Luft

T K	Partialdruck = Sättigungsdruck von CO_2 in Luft bar	In 100000 kg Luft enthaltene CO_2-Menge kg	Im jeweiligen Temperaturabschnitt ausgeschiedene CO_2-Menge kg
140	$2{,}1 \cdot 10^{-3}$	53,5	
			45,35
130	$3{,}2 \cdot 10^{-4}$	8,15	
			7,13
120	$4 \cdot 10^{-5}$	1,02	
			0,92
110	$4 \cdot 10^{-6}$	0,10	
			0,0945
100	$2{,}2 \cdot 10^{-7}$	0,0055	

Durchschnittlich wird in einem sich selbst reinigenden Wärmeaustauscher etwa siebenmal so viel Wasserdampf wie Kohlendioxid ausgeschieden. Trotzdem erweist es sich als schwieriger, den Kohlendioxidniederschlag vollständig zu entfernen. Der Grund hierfür liegt darin, daß die spezifische Wärmekapazität der verdichteten Luft etwas höher ist und vor allem mit sinkender Temperatur stärker zunimmt als die des entgegenströmenden, entspannten Stickstoffs. Wenn nicht besondere Maßnahmen ergriffen werden, besteht daher die Gefahr, daß bei den tiefen Temperaturen im Bereich der Kohlendioxidabscheidung die Temperaturdifferenz zwischen beiden Gasen den für die CO_2-Sublimation zulässigen Höchstbetrag überschreitet; vgl. Abschnitte 2.2.4 und 4.5.1.1.

4.4.2 Adsorber für Wasserdampf und Kohlendioxid

Eine andere Möglichkeit, den Tieftemperaturteil eines Luftzerlegers vor Festausscheidungen von Wasserdampf und Kohlendioxid zu schützen, besteht darin, diese Luftbestandteile vor Eintritt in die Wärmeaustauscher so vollständig durch Adsorption zu entfernen, daß auch bei über einjähriger Betriebszeit Wärme- und Stoffaustausch nicht beeinträchtigt werden. Derart weitgehend konnte man bis in die 50er Jahre Wasserdampf und Kohlendioxid durch Adsorption nur in zwei Stufen entfernen. Hierzu beseitigte man den Wasserdampf bei Temperaturen knapp oberhalb des Wassergefrierpunktes mit Tonerde- oder Silikageladsorbern und Kohlendioxid mit Silikageladsorbern, die bei viel tieferen Temperaturen, d. h. bei ca. 140 bis 150 K arbeiteten. Für die Beseitigung von leichten Kohlenwasserstoffen aus Luft bei Temperaturen von über 100 K waren die obengenannten Gelarten nicht geeignet. Später hat es die Entwicklung der synthetischen Zeolithe, auch Molekularsiebe genannt, ermöglicht, Wasserdampf, Kohlendioxid und bestimmte Kohlenwasserstoffe in einem Schritt bei Temperaturen oberhalb 0 °C bis auf Bruchteile von ppm aus der Luft zu entfernen.

Als Zeolithe bezeichnet man Mineralien, die hauptsächlich aus Kieselsäure und Tonerde in Verbindung mit Alkali- oder Erdalkalioxiden bestehen. Aus ihnen kann ohne nennenswerte Schädigung des Gitters das Kristallwasser durch Wärmeeinwirkung entfernt werden. Entwässerte Zeolithe können aber wieder Wasser aufnehmen und wirken daher als Trockenmittel. Anstelle von Wassermolekülen können aber auch andere Moleküle aufgenommen werden. Das Kristallgitter zeichnet sich durch absolut gleichbleibende, annähernd kugelförmige Hohlräume aus. Diese stehen durch Kanäle miteinander in Verbindung und sind nur durch Poren zugänglich. Der Durchmesser der Poren ist einige Zehntel Nanometer und damit etwas größer als z. B. der von Wasser- und Kohlendioxidmolekülen oder von Molekülen niedriger Kohlenwasserstoffe. Die polaren Eigenschaften des Zeoliths führen dazu, daß bevorzugt polare oder polarisierbare Moleküle wie z. B. Wasser- oder Kohlendioxidmoleküle aufgenommen werden. Synthetisch hergestellte Zeolithe haben eine Oberfläche von 800 bis 1000 m^2/g. Kieselgel dagegen 500 bis 600 m^2/g und aktiviertes Aluminiumoxid 300 bis 350 m^2/g.

Durch Laborversuche hat man die Adsorptionseigenschaften von Zeolithen für Wasserdampf und Kohlendioxid sowie für einige leichte Kohlenwasserstoffe festgestellt [R 4]. Das Ergebnis der Untersuchungen ist schematisch in den Bildern 4.17a und b wiedergegeben. Die Abszisse stellt die Länge der Molekularsiebschicht dar,

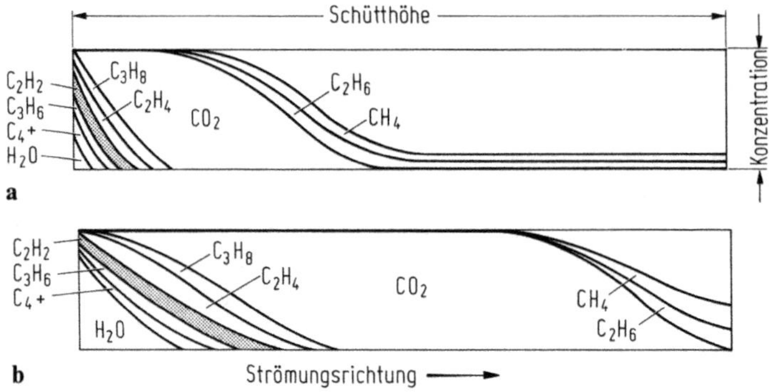

Bild 4.17a, b. Verteilung der aus der Luft adsorbierten Stoffe entlang der Adsorberschüttung

welche von links nach rechts von mit Wasserdampf gesättigter Luft mit natürlichem Kohlendioxidgehalt unter einem Druck von 7 bar bei 278 K durchströmt wird. In die Luft wurden vor Eintritt in den Adsorber kleine Mengen von Methan, Ethan, Propan, Acetylen, Ethylen, Propylen und C_{4+}-Kohlenwasserstoffen eingespeist. Die Ordinate zeigt die Beladung des Molekularsiebes mit den genannten Stoffen nicht in absoluten, sondern in relativen Werten. Die obere Grenzlinie zeigt die jeweilige Maximalbeladung des Molekularsiebes im Gleichgewicht mit den in der Luft ursprünglich enthaltenen Stoffen an. Die Kurven geben den Verlauf der Beladung im Verhältnis zur Maximalbeladung wieder. Bild 4.17a zeigt die Positionen der einzelnen Stoffe zu Beginn der Laufzeit, Bild 4.17b zu Ende derselben. Die Laufzeit ist beendet, wenn die ersten Spuren von Kohlendioxid aus dem Molekularsieb auszutreten beginnen. Man erkennt, daß H_2O, C_{4+}, C_3H_6, C_2H_2, C_2H_4 und C_3H_8 erst lange nach CO_2, aber CH_4 und C_2H_6 deutlich vor CO_2 durchbrechen. Ein Molekularsiebadsorber, dessen Laufzeit nach dem CO_2-Konzentrationsverlauf eingestellt ist, hält also außer Kohlendioxid mit Sicherheit den in der Luft enthaltenen Wasserdampf und das gefährliche Acetylen fest, läßt aber — wenigstens teilweise — etwa von der Luft mitgeführte Methan- und Ethanspuren durch. Dies ist aber, vom Sicherheitsstandpunkt gesehen, unbedenklich.

Voraussetzung für einen zuverlässigen Betrieb von Molekularsiebadsorbern ist, daß der Beladung eine einwandfreie Regenerierung vorhergeht. Es werden daher mindestens jeweils zwei Adsorber benötigt, von denen der eine beladen, der andere durch ein trockenes, kohlendioxid- und kohlenwasserstofffreies, auf 100 bis 120 °C erwärmtes Spülgas (Reststickstoff) regeneriert wird. Der regenerierte Adsorber wird auf die Betriebstemperatur abgekühlt, ehe die Beladung beginnt.

Die Entwicklung der Molekularsiebe kann dazu führen, daß man zukünftig nur noch diesen Weg zur Luftreinigung vor der Zerlegung wählen wird, weil durch sie alle die Zerlegung behindernden Stoffe in einem Schritt praktisch vollständig beseitigt werden. Zudem lassen sich wechselbare Molekularsiebadsorber wegen der geringeren Umschaltverluste auch bei höheren Betriebsdrücken einsetzen als sich selbst reinigende Wärmeaustauscher. Allerdings müssen zwei Nachteile in Kauf genommen werden: Die Adsorber mit den dazugehörenden Rohrleitungen und Umschaltventilen verursachen zusätzlichen Druckabfall, der zu einem etwas höheren Kompressionsdruck am Luftverdichter und damit zu einem etwas erhöhten Arbeitsaufwand für die Zerlegung führt. Außerdem erfordert die Aufheizung des Regeneriergases Wärme, die den Energiehaushalt des Luftzerlegers weiter belastet. Indessen sind diese zusätzlichen Belastungen klein gegenüber dem Arbeitsaufwand für den Luftverdichter. Die Gestaltung der Adsorber wird in Abschnitt 9.4.4 behandelt.

4.4.3 Adsorber für Kohlenwasserstoffe

Viele Luftzerlegungsanlagen haben ihren Standort entweder in chemischen Großbetrieben oder in deren Nähe, wo in der Luft kleinere Mengen von Kohlenwasserstoffen enthalten sein können. Wie diese Kohlenwasserstoffe sich in Anlagen ohne vorgeschaltete Molekularsiebadsorber nach Abschnitt 4.4.2 verhalten, hängt davon ab, wie ihre C-Atome aneinander gebunden sind, ferner von ihrer Konzentration, ihrem Dampfdruck und ihrer Löslichkeit in flüssigem Sauerstoff. Großluftzerleger, die in chemischen Betrieben eingesetzt sind, arbeiten in der Mehrzahl der Fälle nach dem Niederdruckverfahren mit einem Druck der Luft von nur 5,6 bar und enthalten Wärmeaustauscher, in denen die Luft auf ca. 100 K abgekühlt wird.

Tabelle 4.3. Löslichkeit verschiedener Kohlenwasserstoffe in flüssigem O_2 bei 90 K [K 1]

Kohlenwasserstoff	C_2H_2	C_2H_4	C_2H_6	C_3H_6	C_3H_8	C_4H_8	C_4H_{10}
Dampfdruck bei 100 K bar · 10^6	5	550	110	3,6	1,6	0,05	0,017
Sättigungskonzentration in Luft von 5,6 bar und 100 K (ppm)	0,9	100	20	0,64	0,28	$0{,}9 \cdot 10^{-2}$	$0{,}3 \cdot 10^{-2}$
Löslichkeit im flüssigen Sauerstoff bei $T = 90$ K (ppm)	5,6	20000	128000	3600	9800	109	175

In Tabelle 4.3 ist für die Kohlenwasserstoffe Acetylen, Ethylen, Ethan, Propylen, Propan, Butylen und Butan der Dampfdruck bei 100 K sowie die Sättigungskonzentration in Luft von 5,6 bar und 100 K in ppm angegeben. Enthält die Luft weniger oder ebensoviel wie der Sättigungskonzentration bei 100 K und 5,6 bar Gesamtdruck der Luft entspricht, dann passieren die Kohlenwasserstoffe die Wärmeaustauscher ungehindert und gelangen in den Rektifikator. Enthält aber die Luft mehr Kohlenwasserstoffe, so wird alles, was die Sättigungskonzentration übersteigt, im Wärmeaustauscher ausgeschieden und in der nachfolgenden Stickstoffperiode wieder sublimiert oder verdampft. Diejenigen Mengen, welche in den Rektifikator gelangen, werden dort im Sauerstoff angereichert, zunächst im Drucksäulensumpf auf etwa den doppelten Wert und im Hauptkondensator — sofern sie nicht durch eine entsprechende Vorrichtung beseitigt werden — auf den etwa fünffachen Wert. Diese Anreicherung kann zur Explosionsgefahr führen.

Ehe man die Zusammenhänge von Dampfdruck, Löslichkeit und Neigung zu Explosionen solcher Kohlenwasserstoffe im flüssigen Sauerstoff kannte und Anreicherungen nicht vermeiden konnte, kam es an mehreren Zerlegern zu heftigen Explosionen. Zwar kosteten diese im allgemeinen keine Menschenleben, weil das Isoliermaterial und der Blechmantel eine Barriere gegen Teile darstellten, die aus dem explodierenden Hauptkondensator herausgeschleudert wurden. Immerhin mußte aber der Betrieb wegen der nachfolgenden notwendigen Reparatur längere Zeit unterbrochen werden.

Durch Messungen der Löslichkeit und durch Explosionsversuche wurde festgestellt, daß Explosionsgefahr besteht, wenn Kohlenwasserstoffe in flüssigem Sauerstoff wegen Überschreitung der Löslichkeitsgrenze auskristallisieren. Mit Hilfe von Tabelle 4.3 kann man erkennen, welche Kohlenwasserstoffe besonders gefährlich sind. Würde beispielsweise die die Hauptwärmeaustauscher verlassende Luft gerade mit Acetylen, Ethylen, Ethan, Propylen, Propan, Butylen und Butan gesättigt dem Rektifikator zuströmen, so würde durch die nachfolgende Erhöhung ihrer Konzentrierung im Hauptkondensator mit Ausnahme von Acetylen bei keinem der genannten Kohlenwasserstoffe die Löslichkeitsgrenze überschritten. Beim Acetylen aber wird dieser Wert nahezu erreicht. Da aber schon eine geringfügige Veränderung der Betriebsweise zu einer höheren Acetylenkonzentration führen kann, ist es von entscheidender Bedeutung, das Acetylen entweder bereits vor der Luftzerlegungsanlage oder spätestens zwischen Drucksäule und oberer Säule zu entfernen. Aus den Schemata der einzelnen Luftzerlegungsverfahren ist zu erkennen, wie dies geschieht.

Bei Anlagen mit sich selbst reinigenden Wärmeaustauschern setzt man zwei Adsorber mit Silikagel ein, welches bei tiefen Temperaturen Acetylen sehr weitgehend adsorbiert. Der eine Adsorber reinigt die aus dem Drucksäulensumpf zur oberen Säule strömende, sauerstoffreiche Flüssigkeit, der andere reinen Sauerstoff, der mit einer Pumpe dem Hauptkondensator entnommen und nach Adsorption des Acetylens in diesen zurückgegeben wird. Solche Adsorber haben keine unbegrenzte Aufnahmefähigkeit und müssen daher vor dem Acetylendurchbruch regeneriert werden. Jeweils einer von den beiden wird dann außer Betrieb genommen und mit gasförmigem Stickstoff bei Umgebungstemperatur regeneriert. Die betreffende Flüssigkeit passiert während der Regenerierzeit einen Umgang um den Adsorber.

Wird die Luft vor der Tiefkühlung durch Molekularsiebe von Wasserdampf und Kohlendioxid befreit, sind besondere Acetylenadsorber unnötig, weil die Molekularsiebe auch die Kohlenwasserstoffe, insbesondere das Acetylen, gut adsorbieren (s. Abschnitt 4.4.2).

4.5 Die verschiedenen Verfahren zur Luftzerlegung

4.5.1 Große Luftzerleger zur Gewinnung gasförmiger Produkte

C. Linde hat schon bei Erfindung seines Luftverflüssigungsverfahrens, das er sich bezeichnenderweise als „Sauerstoffmaschine" patentieren ließ, die Verwendung von an Sauerstoff angereicherter Luft in der Hüttenindustrie als eines der wichtigsten und aussichtsreichsten Ziele im Auge gehabt. Die technische Entwicklung zeigte aber, daß zunächst nur Bedarf für Sauerstoff in sehr hoher Reinheit, insbesondere für das autogene Schweißen und Schneiden, vorhanden war. Trotzdem blieb die Verwendung von Sauerstoff in der chemischen Industrie und in der Hüttenindustrie auch weiterhin ein verlockendes Ziel, weil dort sehr erhebliche Mengen bei meist geringerer Reinheit in Frage kommen. Solchen umfangreichen Anwendungen stand aber bis etwa 1930 der hohe Preis des Sauerstoffs entgegen, wie er in den oben beschriebenen Sauerstoffanlagen gewonnen wird.

Dieser Preis ist zum größten Teil durch den hohen Energieaufwand bedingt, der selbst bei den größten Anlagen der älteren Bauarten mit Hoch- und Niederdruckluft mindestens 0,6 bis 0,8 kWh je m_n^3 Sauerstoff, d. h. nahezu das zehnfache der theoretischen Zerlegungsarbeit beträgt (Abschnitt 3.5). Zu diesem hohen Energieaufwand tragen neben den erheblichen Verlusten im Kompressor vor allem die Unvollkommenheiten des Wärmeaustausches und der Rektifikation, ferner die Kälteverluste durch die Isolierung sowie die nicht umkehrbare Entspannung in den Ventilen bei. Daß es gelang, durch Verringerung dieser Verluste und durch den Bau großer Anlagen den Preis des Sauerstoffs zu senken, verdankt man in erster Linie den Erfindungen von Matthias Fränkl. Diese Erfindungen haben durch die Gesellschaft für Linde's Eismaschinen (heute Linde AG) ihre Verwirklichung gefunden [D 1, 11–13, L 2, K 2, W 3, 4].

Der wichtigste Gedanke Fränkls bestand darin, die bis dahin üblichen kontinuierlich arbeitenden Rohrgegenströmer durch sogenannte Regeneratoren zu ersetzen, die eine wärmespeichernde Masse enthalten und in ähnlicher Weise wie die Winderhitzer der Hochöfen in gleichbleibenden Zeitabständen umgeschaltet werden. Dieser Gedanke war zunächst befremdend, weil die Winderhitzer selbst bei bester Ausführung nur einen Wirkungsgrad des Wärmeaustausches von 80 bis 85% aufweisen, während bei den Wärmeaustauschern der Tieftemperaturtechnik ein Wirkungsgrad von 98 bis 99% verlangt werden mußte. Durch Aufbau der Speichermasse aus dünnen gewellten Blechstreifen konnte aber Fränkl die Regeneratoren mit einer so reichlich bemessenen Wärmeaustauschfläche ausstatten, daß auch bei niedriger Strömungsgeschwindigkeit und daher niedrigem Druckabfall eine ausgezeichnete Wärmeübertragung erreicht wurde. Die etwa 25 mm breiten und 0,2 bis 0,5 mm dicken Blechstreifen bestanden meist aus Aluminium. Je zwei unter 45° gewellte Blechstreifen wurden so aufeinandergelegt, daß die Riffelungen der aufeinanderfolgenden Bleche sich kreuzen; die Blechstreifen wurden dann spiralig aufgewickelt. Etwa 200 der so entstehenden Horden, die man in einem Eisenmantel übereinander anordnet (Bild 2.25), bildeten die Speichermasse eines Regenerators. Eine solche Speichermasse enthielt je m^3 eine wärmeübertragende Oberfläche von mehr als 1000 m^2.

Auf die eingehende Beschreibung der ersten Generation von Linde-Fränkl-Anlagen, wie sie während der 30er Jahre und des Zweiten Weltkrieges fast ausschließlich in deutschen Fabriken zur Kohleveredelung eingesetzt wurden, werde verzichtet, weil wohl nirgends mehr eine solche Anlage in Betrieb sein dürfte. Nur einige Grundgedanken sollen kurz erörtert werden.

Der Hauptluftstrom wurde bei diesen Anlagen in zwei Regeneratorenpaaren, von denen das eine dem Wärmeaustausch von Luft gegen Stickstoff und das andere dem Wärmeaustausch von Luft gegen Sauerstoff diente, abgekühlt. Der Wasserdampf- und Kohlendioxidgehalt dieses Luftstroms wurde wie in Abschnitt 4.4.1 beschrieben, durch die Fähigkeit der Regeneratoren, sich selbst zu reinigen, unschädlich gemacht [W 4].

Ein Teil der erforderlichen Kälte wurde durch arbeitsleistende Entspannung von Stickstoff in einer Turbine (s. Abschnitt 9.2.2) erzeugt. Zum Zwecke ausreichender Kälteversorgung mußte aber damals noch ein Teil der Luft nach Entfernung des Kohlendioxids in einer Natronlaugewäsche auf hohen Druck (200 bar) verdichtet, anschließend getrocknet und mit einer Ammoniakkälteanlage vorgekühlt werden. Die Differenz der Enthalpien der in die Anlage eintretenden Hochdruckluft und einer gleichgroßen die Anlage verlassenden N_2-Menge lieferte den anderen Teil der erforderlichen Kälte.

Als es 1950 gelungen war, unter Verwendung eines von Kapitza angegebenen Prinzips Reaktionsturbinen (Abschnitt 9.2.2) mit einem thermischen Wirkungsgrad von über 80% zu bauen, und man zum Bau wesentlich größerer Anlagen mit prozentual geringeren Kälteverlusten überging, konnte auf den Hochdruckstrom und den dafür erforderlichen Aufwand für Trocknung, Kohlendioxidentfernung und Vorkühlung verzichtet werden. Die Kälteleistung der genannten Turbinen reichte dann allein aus, den Kältebedarf der Anlage zu decken. Die gesamte zu zerlegende Luftmenge brauchte nun nur noch auf ca. 6 bar verdichtet zu werden, einen Druck, der wegen des Strömungswiderstandes von Regeneratoren, Rohrleitungen und Ventilen etwas über dem Drucksäulendruck lag. Dies bedeutete eine große Vereinfachung [W 4]. Ein nach diesen Gesichtspunkten um 1950 angewandtes Verfahren wird nachstehend als erstes behandelt. Aus ihm entwickelten sich schrittweise die weiteren Verfahren, die — wie wir sehen werden — den Forderungen nach höherer Sauerstoffreinheit, nach zusätzlicher Produktion großer Mengen reinen Stickstoffs und nach einfacherem und wirtschaftlicherem Betrieb gerecht werden.

4.5.1.1 Linde-Fränkl-Anlage zur Gewinnung großer Mengen Sauerstoffs mit bis zu 98%iger Reinheit (Bild 4.18)

Die durch ein Filter vorgereinigte Luft wird in einem Turbokompressor *1* in mehreren Stufen bis auf ca. 6 bar verdichtet. Die Kompressionswärme der unteren Stufen wird in Zwischenkühlern, die der obersten Stufe in einem Rieselkühler *2* abgeführt.

Wasserdampfgesättigt und mit dem normalen Kohlendioxidgehalt strömt die Luft den Regeneratoren zu, von denen ein Paar dem Wärmeaustausch Luft — Sauerstoff *3a* und das andere dem Wärmeaustausch Luft — Stickstoff *3b* dient. Von jedem Paar wird jeweils ein Regenerator von oben nach unten von Luft durchströmt, der andere von unten nach oben von dem Zerlegungsprodukt, wobei sich die Speichermasse des einen erwärmt, die des anderen abkühlt. Sauerstoff und Stickstoff enthalten

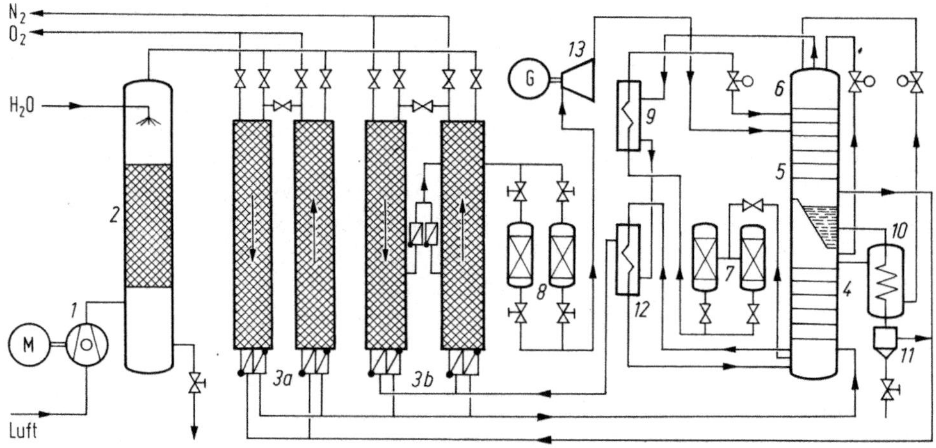

Bild 4.18. Schema einer Linde-Fränkl-Anlage nach Verfahren 4.5.1.1

Wasserdampf und Kohlendioxid. Nach 3 min werden die Regeneratoren eines Paares in ihrer Funktion vertauscht. Hierzu dienen Umschaltventile, die oben auf dem Regenerator sitzen und über einen Steuerapparat (Schaltmaschine) durch Preßluft nacheinander betätigt werden. Am entgegengesetzten (kalten) Regeneratorende befinden sich Rückschlagventile, die die Schaltbewegung selbsttätig mitmachen und die Luft zur Drucksäule leiten. Dem jeweils Luft führenden Regenerator des Paares *3b* wird im unteren Drittel bei ca. 140 K ein Teil der Luftmenge entnommen. Frei von Wasserdampf, aber noch mit dem natürlichen Kohlendioxidgehalt von ca. 350 ppm wird dieser Luftstrom in wechselbaren Adsorbern *8*, die mit engporigem Silikagel gefüllt sind, von Kohlendioxid befreit, in der Turbine kälteleistend entspannt und etwa in die Mitte der oberen Säule eingeblasen, wo sie sich mit den aufsteigenden Dämpfen mischt. Die Vorgänge im Doppelsäulenrektifikator sind bereits in Abschnitt 4.4.2 beschrieben worden.

Lediglich auf die Funktion der Teile *7* und *9* bis *12* sei noch hingewiesen. Die aus der Drucksäule austretende sauerstoffreiche Sumpffraktion, die aus den Regeneratoren mitgerissenen Kohlendioxidschnee und je nach Aufstellungsort der Luftzerlegungsanlage auch gelöstes Acetylen enthalten kann, durchläuft die wechselbaren Filteradsorber *7*. Wie der Name sagt, enthalten diese Behälter Filterkerzen, an denen sich der Kohlendioxidschnee ansammelt, und weitporiges Silikagel, welches die Hauptmenge des Acetylens adsorbiert. Anschließend wird der gereinigte Flüssigkeitsstrom im Wärmeaustauscher *9* unterkühlt, damit bei der nachfolgenden Drosselentspannung möglichst wenig verdampft (s. auch Abschnitt 4.2.2). Trotz der Acetylenadsorber gelangt jedoch etwas Acetylen in die obere Säule und reichert sich im Hauptkondensator an. Um dort Acetylen-Festausscheidung zu verhindern (s. Abschnitt 4.4.3), wird ständig eine kleine Menge flüssigen Sauerstoffs aus dem Hauptkondensator entnommen und im Zusatzkondensator *10* bis zu einem kleinen Rest eingedampft, der im Abscheider *11* aufgefangen und dann verworfen wird. Eine der im Zusatzkondensator verdampften Sauerstoffmenge kalorisch äquivalente Stickstoffmenge wird bei ca. 5,5 bar aus der Haube des Hauptkondensators entnommen, im Zusatzkondensator *10* verflüssigt und nach Abdrosselung auf den Kopf der oberen Säule aufgegeben. Um die Spitzenkälte des aus der oberen Säule abziehenden Stickstoffs möglichst voll auszunützen, wird dieser nach Anwärmung im Unterkühlungsgegenströmer *9* noch durch den Verflüssiger *12* geleitet. In ihm kondensiert aus der Drucksäule entnommene trockengesättigte Luft, welche dem Drucksäulensumpf wieder zugeführt wird.

Die Entnahme von Luft aus den Stickstoffregeneratoren *3b*, ihre Entspannung in der Turbine *13* und ihre Einblasung in die obere Säule *6* löst drei wichtige Probleme in nahezu idealer Weise:

- Sie schafft günstige Bedingungen für die Kohlendioxidsublimation im kalten Teil der Regeneratoren (s. Abschnitt 2.2.4.3, Bild 2.40);
- sie bietet für die Entspannungsturbine ein für die erforderliche Kälteleistung ausreichendes Enthalpiegefälle (s. auch Abschnitt 4.3.2 Kältebilanz);
- sie führt der oberen Säule nicht mehr gasförmige Luft zu als sie ohne Verlust an Ausbeute verarbeiten kann (s. Abschnitt 4.2.2 Zweisäulenapparat).

Sollte die den Regeneratoren entnommene und in der Turbine entspannte Luftmenge für den Kältebedarf der Anlage nicht ausreichen, kann die Kälteleistung durch einen Zusatz von Luft aus der Drucksäule erhöht werden. Hierdurch verringert sich allerdings die Sauerstoffausbeute, weil dann in die obere Säule mehr gasförmige Luft eingeblasen und ihr etwas weniger Flüssigkeit zugeführt wird.

4.5.1.2 Linde-Fränkl-Anlagen mit steingefüllten Regeneratoren und darin angeordneten Rohrschlangen

Bei dem soeben geschilderten Verfahren gelangen durch Verdunstung und Sublimation in den Regeneratoren Wasserdampf, Kohlendioxid und durch das Umschalten der Regeneratoren auch kleinere Mengen Luft und damit Stickstoff in den erzeugten Sauerstoff. Deshalb gelingt es kaum, die Sauerstoffreinheit über 98 % zu steigern. Für die Herstellung hochfesten Stahls durch die Sauerstoff-Aufblaseverfahren sind aber auch kleine Mengen an Wasserdampf und Stickstoff im Sauerstoff schädlich. Es mußte also das Verfahren so geändert werden, daß der aus dem Hauptkondensator austretende Sauerstoff, der bei einer Reinheit von über 99,5 % nur noch Argon im Gasrest enthält, auf seinem Weg zum Verbraucher nicht verunreinigt wird.

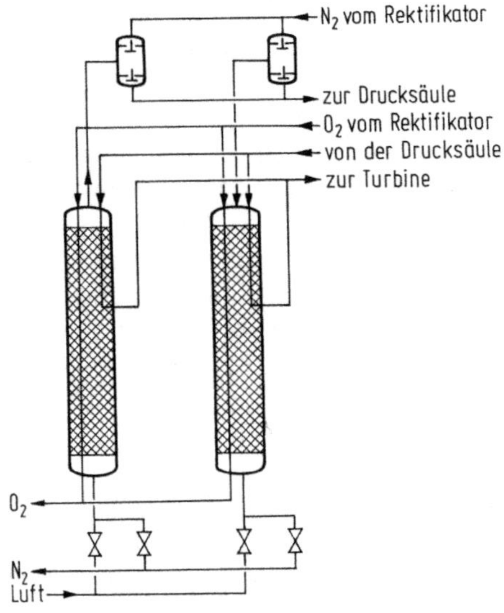

Bild 4.19. Steingefüllte Regeneratoren und darin angeordneten Rohrschlangen nach Verfahren 4.5.1.2

Zur Verhinderung solcher Verunreinigungen hat es sich als sehr wirksam erwiesen, in die Speichermasse der Regeneratoren Rohre einzubauen, durch die man die sehr rein gewonnenen Gase ununterbrochen zurückströmen läßt. Dieser Maßnahme kam die Tatsache entgegen, daß man schon vorher die Aluminiumhorden durch eine Füllung aus Steinen ersetzt hatte, weil sie wesentlich billiger sind. In solchen Steinfüllungen lassen sich Rohre viel leichter unterbringen als innerhalb einer Speichermasse aus Aluminiumhorden. Steinfüllungen bieten eine ausreichende Wärmekapazität zur Aufnahme und Abgabe von Wärme und eine genügend große Heizfläche zur Gewährleistung eines guten Wärmeüberganges. Für diese Aufgabe eignet sich körniges Schüttmaterial, z. B. Quarzit mit einer Körnung von 10 bis 25 mm. Die scharfen Kanten, welche beim Brechen entstehen, verursachen einen guten Wärmeübergang, so daß Quarzitsteine mit Rücksicht auf ihren Preis lange Zeit als Regeneratorschüttungen eingesetzt werden konnten. Allerdings ist bei solchen Steinen das Verhältnis von αF, dem Produkt aus Wärmeübergangskoeffizient und Heizfläche zur Wärmekapazität C_s kleiner als bei den in Abschnitt 4.5.1 beschriebenen Aluminiumhorden. Deswegen müssen steingefüllte Regeneratoren größer sein als solche mit Aluminiumhorden, um die gleichen Anforderungen an den Wirkungsgrad des Wärmeaustausches zu erfüllen. Die relativ hohe Wärmekapazität der Speichermasse erlaubt dagegen eine längere Schaltzeit von etwa 12 statt 3 Min. Die Schaltstöße, die beim Überströmen und Auspuffen der Luft entstehen, sind bei solch großen Regeneratoren beträchtlich. Zur Verringerung des dadurch hervorgerufenen Lärms müssen Schalldämpfer eingesetzt werden. Ein geringer Abrieb des Steinmaterials durch die Erschütterung beim Umschalten kann durch entsprechende Vorbehandlung der Steine weitgehend vermieden werden.

Regeneratoren mit Steinfüllung und Rohrbündeln werden folgendermaßen hergestellt: In die Regeneratorbehälter werden zunächst Kreuzgegenstrombündel mit lockerer Wicklung eingebaut (Bild 9.33), d. h. mit relativ großen Abständen von Rohr zu Rohr. Der verbleibende Leerraum wird auf der Baustelle mit Quarzitsteinen ausgefüllt. Im Betrieb dienen die Steine dem diskontinuierlichen Wärmeaustausch zwischen Luft und Stickstoff, was bedeutet, daß auch nur von letzterem die ganze aus der Luft ausgeschiedene Wasserdampf- und Kohlendioxidmenge aufgenommen wird. Durch die Rohre beider Regeneratorbündel strömt kontinuierlich Sauerstoff, der nunmehr nicht verunreinigt wird. Baut man in den kalten Teil der Regeneratoren weitere Rohrbündel ein, so kann man in ihnen Luft, die aus der Drucksäule gesättigt austritt, auf ca. 130 bis 140 K anwärmen, bevor sie in der Turbine entspannt wird. Die für die Kohlendioxidsublimation wichtigen kleinen Temperaturdifferenzen im Bereich der kalten Enden der Regeneratoren werden auf diese Weise ganz ähnlich wie durch Luftentnahme aus den Regeneratoren (Verfahren 4.5.1.1) erreicht. Die beiden Kohlendioxidadsorber werden damit unnötig, was den Betrieb der Anlage erleichtert.

Es hat sich als vorteilhaft erwiesen, die Regeneratoren mit dem warmen Ende nach unten aufzustellen. Dies bewirkt nämlich, daß flüssig aus der Luft ausgeschiedenes Wasser weniger leicht in kalte Zonen mitgerissen wird als wenn das warme Ende oben ist. Im Bild 4.19 ist dies angedeutet.

Das Verfahren Abschnitt 4.5.1.2 erfordert grundsätzlich nur zwei Regeneratoren, weil ein Paar bereits die Aufgabe, die Luft abzukühlen, Stickstoff und Sauerstoff anzuwärmen und das Wasserdampf- und Kohlendioxidproblem zu lösen, erfüllen kann. Allerdings ist bei den meisten Groß-Sauerstoffanlagen die zu verarbeitende Luftmenge so groß, daß sie von einem Paar Regeneratoren nicht bewältigt werden kann. Es müssen dann zwei oder mehr Paare eingesetzt werden.

4.5.1.3 Große Sauerstoffanlagen mit reversing exchangers (Bild 4.20)

Als es gelungen war, aus glatten und gewellten Blechen Wärmeaustauscher in Kompaktbauweise (Bilder 9.25 bis 9.27) herzustellen, die billiger sind als Kreuzgegenströmer mit Rohren, begann man sie auch als reversing exchangers an Stelle von Regeneratoren einzusetzen (Bild 9.33). Man kann nämlich die Heizflächen eines einzigen derartigen Wärmeaustauschers so anordnen, daß sowohl die abzukühlende Niederdruckluft, die anzuwärmenden Produkte Sauerstoff und Stickstoff wie auch die zur

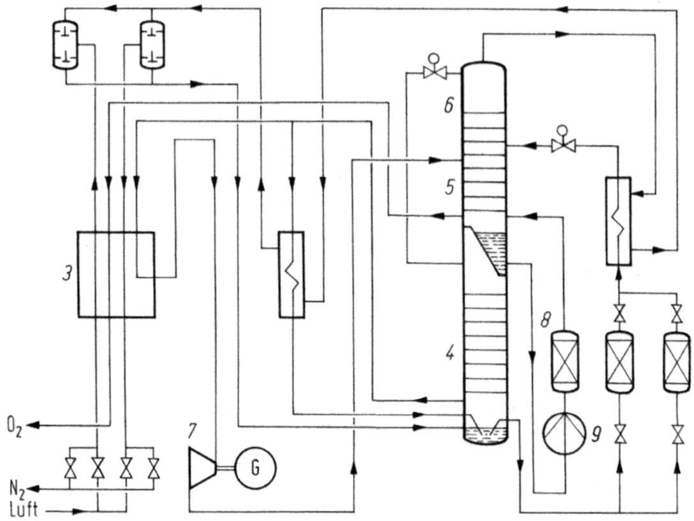

Bild 4.20. Große Sauerstoffanlage mit reversing exchangers nach Verfahren 4.5.1.3

Turbine rückzuführende Luft ihre Wärme mit hohem Wirkungsgrad austauschen. Dabei kann im Prinzip ein einziger derartiger Wärmeaustauscher (*3*) die Funktion eines Regenerator*paares* (s. Verfahren 4.5.1.2, Bild 4.19) übernehmen: Während die Passagen für Sauerstoff und Rückführluft ständig in derselben Richtung von diesen Gasen durchströmt werden, werden die für Luft und Stickstoff in regelmäßigen Zeitabständen, z. B. alle 10 min umgeschaltet. Daher können Wasserdampf- und Kohlendioxidmengen, die aus der Luft auf den Heizflächen abgelagert wurden, vom Stickstoff wieder aufgenommen werden.

Ein solcher „reversing exchanger" ist demnach ein Wärmeaustauscher, der wie ein Rekuperator, d. h. ohne wesentliche Mitwirkung von Speichermassen, Wärme überträgt, dessen Luft- und Stickstoffpassagen aber zum Zwecke der wechselweisen Aufnahme und Abgabe von Wasserdampf und Kohlendioxid wie ein Regeneratorpaar umgeschaltet werden. Die in Abschnitt 4.5.1.1 gemachten Ausführungen über den Einfluß der Temperaturdifferenz in Regeneratoren auf die Sublimation von Wasserdampf und Kohlendioxid gelten auch für reversing exchangers. Wie oben erwähnt, gilt im Prinzip, daß ein einziger reversing exchanger ein Regeneratorpaar mit eingebauten Rohrschlangen ersetzen kann. Indessen können bei den heutigen Fertigungsmethoden Kompaktwärmeaustauscher nur in Einheiten bis zu einem Luftdurchsatz von 625 kmol/h = 14000 m_n^3 gebaut werden. Bei größerer Luftmenge müssen mehrere reversing exchangers parallel geschaltet werden.

Wie aus dem Vergleich der Verfahren 4.5.1.1 (Bild 4.18) und 4.5.1.3 (Bild 4.20) hervorgeht, werden bei dem letzteren an Stelle der beiden Filteradsorber nur Adsorber verwendet, die keine Filterkerzen enthalten. Es hat sich nämlich herausgestellt, daß die Gelschüttung auch ohne Filterkerzen den aus der Drucksäule mitgeführten Kohlendioxidschnee aufnimmt. Der Zusatzkondensator und der dazugehörende Abscheider sind durch einen Kreislaufadsorber *8* mit Pumpe *9* ersetzt, eine Anordnung, die mehr Sicherheit bietet, weil gelegentlich auch Zusatzkondensatoren explodierten.

Auch entfällt hierdurch der allerdings nur sehr kleine Verlust an Sauerstoff, in dem sich das Acetylen angereichert hat.

4.5.1.4 Groß-Luftzerleger zur Gewinnung von Rein-Sauerstoff und reinstem Stickstoff (Bild 4.21)

Viele Betreiber von Luftzerlegungsanlagen brauchen sowohl reinen Sauerstoff wie auch reinsten Stickstoff. Der Stickstoff darf nur wenige ppm Sauerstoff enthalten und muß trocken und kohlendioxidfrei sein. Stets ist allerdings die benötigte Reinststickstoffmenge kleiner als die in der zu verarbeitenden Luft enthaltene Stickstoffmenge. Man teilt daher die Stickstofffraktion in eine reinste und eine unreine Fraktion auf. Dazu bedarf es einer entsprechenden Änderung des Doppelsäulenrektifikators und bei Anlagen mit Regeneratoren des Einbaues zusätzlicher Rohrschlangen in das Schüttmaterial, in welchen die Reinst-Stickstoff-Fraktion angewärmt werden kann, ohne Verunreinigungen aufzunehmen. Bei reversing exchangern werden die Stickstoffpassagen entsprechend den Mengenströmen des Reinst-Stickstoffs und des unreinen Stickstoffs unterteilt. Lediglich die Passagen für die Luft und für das Restgas werden periodisch umgeschaltet, während alle anderen kontinuierlich von den Reingasen durchströmt werden. Die Summe der Mengen aus reinem Sauerstoff und reinstem Stickstoff darf aber 40 bis 45% der Luftmenge nicht überschreiten, weil sonst zu wenig unreiner Stickstoff für Verdampfung und Sublimation von Wasserdampf und Kohlendioxid zur Verfügung steht.

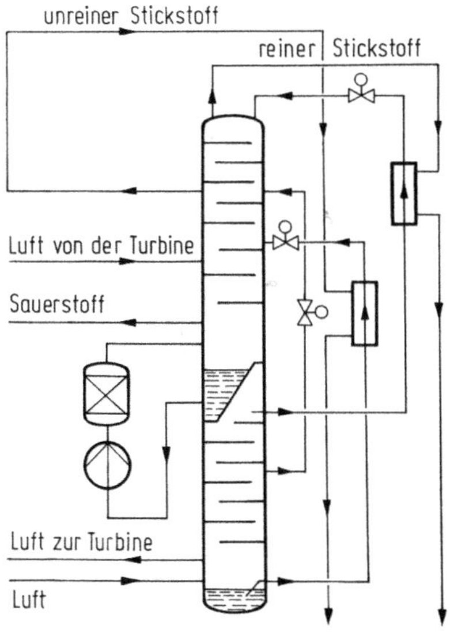

Bild 4.21. Großer Luftzerleger zur Gewinnung von Rein-Sauerstoff und reinstem Stickstoff nach Verfahren 4.5.1.4

Für die Gewinnung reinsten Stickstoffs müssen die Drucksäule und die obere Säule oben je einen zusätzlichen Rektifizierabschnitt erhalten (s. Bild 4.21). Am oberen Ende der Drucksäule wird reinster Stickstoff kondensiert, der teils als Rücklauf für die Drucksäule, teils nach Unterkühlung und Entspannung als Rücklauf für den obersten Abschnitt der oberen Säule dient. Aus der Mitte der Drucksäule wird unreiner flüssiger Stickstoff herausgenommen. Er wird unterhalb des obersten Rektifizierabschnittes der oberen Säule eingespeist. In den unteren Abschnitten der Drucksäule und der oberen Säule spielen sich die gleichen Vorgänge wie in den Verfahren 4.5.1.1 bis 4.5.1.3 ab. Die Verteilung der aus der Drucksäule austretenden Mengenströme an flüssigem Reinst-Stickstoff und flüssigem unreinem Stickstoff richtet sich danach, ob viel oder wenig Reinst-Stickstoff gewonnen werden soll. In erster Näherung werden diese Ströme proportional den aus der oberen Säule entweichenden Stickstofffraktionen einreguliert, wobei der Sauerstoffgehalt des Reststickstoffs um so höher liegt, je mehr Reinst-Stickstoff erzeugt wird.

4.5.1.5 Groß-Sauerstoffanlagen mit Molekularsiebadsorbern (Bild 4.22)

Wie in Abschnitt 4.4.2 bereits ausgeführt wurde, gelang es in den 60er Jahren Adsorptionsmittel, sogenannte Molekularsiebe, zu tragbarem Preis herzustellen, die nicht nur Wasserdampf und Kohlendioxid, sondern auch Kohlenwasserstoffspuren hervorragend adsorbieren. Zweckmäßig ist es, Molekularsiebadsorber nicht unmittelbar nach dem Endkühler des Luftkompressors, sondern knapp oberhalb des Wasserdampfgefrierpunktes, z. B. bei 5 °C, einzusetzen, weil dadurch die zu adsorbierende Wasserdampfmenge gegenüber einem Betrieb bei z. B. 25 °C auf weniger als 30% zurückgeht. Die zu zerlegende Luft wird daher im Wärmeaustauscher *1* auf 5 °C vorgekühlt, wozu eine Freon-Kälteanlage dient (Bild 4.22). Etwa 70% der

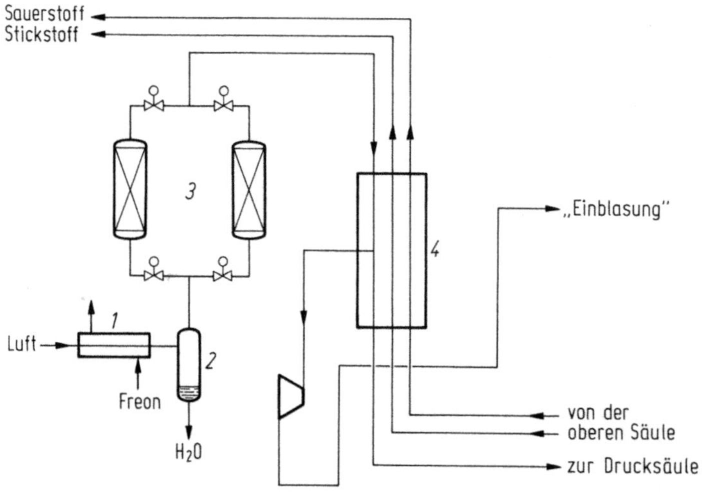

Bild 4.22. Große Sauerstoffanlage mit Molekularsiebadsorbern nach Verfahren 4.5.1.5

Wasserdampfmenge, welche die Luft beim Austritt aus dem Endkühler des Kompressors noch enthält, werden dabei auskondensiert. Ein wirksamer Abscheider *2* sorgt dafür, daß kein Wasser in die Molekularsiebadsorber *3* mitgerissen wird. Letztere müssen wechselbar angeordnet werden, damit stets genügend regeneriertes Molekularsieb für die Feinsttrocknung und die Beseitigung von Kohlendioxid- und Kohlenwasserstoffspuren zur Verfügung steht. Auf zusätzliche Einrichtungen zur Acetylenbeseitigung im Bereich des Rektifikators kann verzichtet werden, was das Verfahren vereinfacht. Der Hauptwärmeaustauscher *4* bleibt frei von Wasser- und Kohlendioxidniederschlägen. Er wird daher als Rekuperator betrieben. Im Tieftemperaturteil gleicht das Verfahren weitgehend den bereits beschriebenen, so daß sich weitere Erläuterungen erübrigen. Für die Regenerierung der Molekularsiebe steht viel mehr Regeneriergas zur Verfügung als gebraucht wird. Deshalb wird das Verfahren bevorzugt dann angewandt, wenn außer reinem Sauerstoff noch so viel reinster Stickstoff verlangt wird, daß die Summe der Reinprodukte die Hälfte der verarbeiteten Luftmenge übersteigt. Die Restgasfraktion reicht aus, um nach entsprechender Anwärmung auf 100 bis 120 °C die Molekularsiebadsorber zu regenerieren.

4.5.1.6 Groß-Luftzerleger mit Sauerstoff-Innenverdichtung (Bild 4.23)

Bei den bisher behandelten Verfahren verläßt der gewonnene Sauerstoff die Luftzerlegungsanlage mit nahezu atmosphärischem Druck. Weil er meist unter höherem Druck weiterverwendet wird, muß er verdichtet werden. Dies geschieht bei kleineren Mengen in Trockenlauf-Kolbenkompressoren oder bei größeren Mengen in Turbokompressoren, denen dann Hochdruck-Kolbenkompressoren nachgeschaltet werden (s. Abschnitt 9.1.4). Je höher der Sauerstoffdruck ist, desto leichter können aber die in den Sauerstoffverdichtern verwendeten Materialien in Brand geraten, wodurch schon mehrere Sauerstoffkompressoren unter Lebensgefahr für das Bedienungsper-

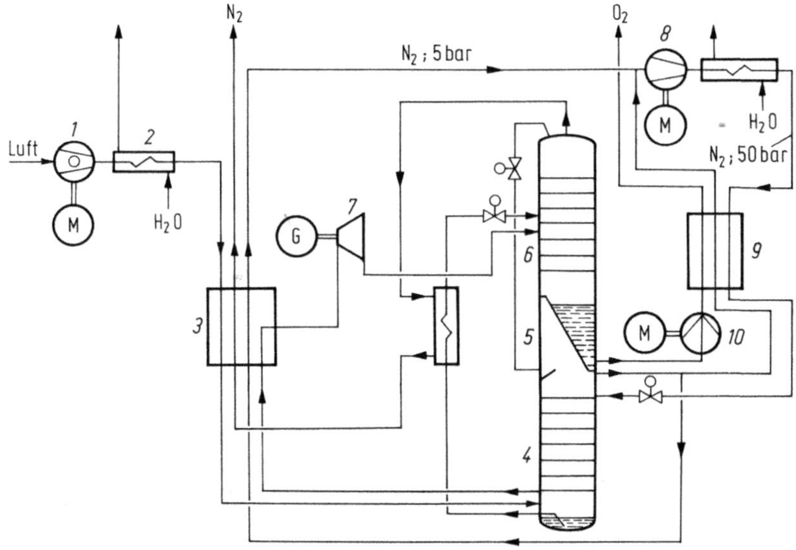

Bild 4.23. Großer Luftzerleger mit Sauerstoff-Innenverdichtung nach Verfahren 4.5.1.6

sonal ausbrannten. Daher erschien es sinnvoll, den gewonnenen Sauerstoff aus dem Hauptkondensator der Luftzerlegungsanlage flüssig zu entnehmen, in einer Flüssigkeitspumpe *10* bei tiefer Temperatur auf den gewünschten hohen Druck zu fördern und anschließend unter Abgabe seiner Kälte im Wärmeaustauscher *9* auf Umgebungstemperatur anzuwärmen [D 16]. Diese sehr einleuchtende Methode der „Innenverdichtung" führt aber zu einem komplizierten Verfahren für die Wärmeübertragung und Kälteerzeugung sowie zu erhöhtem Energiebedarf. Zwar kann dieselbe Menge Sauerstoff bei tiefer Temperatur in der flüssigen Phase mit viel weniger Arbeitsaufwand auf den gewünschten hohen Druck (z. B. 80 bar) verdichtet werden als in der Gasphase bei Umgebungstemperatur. Da aber hierdurch die Wärmeübertragung in den Gegenströmern wesentlich erschwert wird und nur durch Hinzufügen eines Stickstoffkreislaufes bewerkstelligt werden kann, übertrifft der Arbeitsaufwand für die Verdichtung des Kreislaufmediums die durch die Innenverdichtung allein erzielbare Einsparung. Energetisch ist daher die Innenverdichtung ungünstiger als die Verdichtung des Sauerstoffs außerhalb des Luftzerlegers bei Umgebungstemperatur, wie nachstehend begründet werden soll.

An Hand von Bild 4.23 sollen diejenigen Verfahrensschritte erklärt werden, in denen sich das Sauerstoff-Innenverdichtungsverfahren von den bisherigen Verfahren unterscheidet. Warum diese Schritte notwendig sind, soll danach erläutert werden.

Wie bereits erwähnt, wird der gewonnene Sauerstoff mit der Pumpe 10 auf z. B. 80 bar verdichtet und anschließend unter diesem hohen Druck im Gegenströmer *9* angewärmt. Ohne weitere Verdichtung wird er seiner Verwendung zugeführt. Für den erwähnten Kreislauf wird der Drucksäule *4* gasförmiger, bei 5 bis 6 bar gesättigter Stickstoff entnommen und zum Teil im Gegenströmer *3*, zum Teil im Gegenströmer *9*, angewärmt. Nach Vereinigung beider Teilströme wird der Stickstoff im Turbokompressor *8* von 5 auf 120 bar verdichtet und die Kompressionswärme abgeführt. Anschließend wird er unter diesem hohen Druck im Gegenströmer *9* so tief abgekühlt, daß er nach Drosselung auf Drucksäulendruck weitgehend flüssig bleibt.

Warum Anlagen mit Sauerstoff-Innenverdichtung einen Hilfskreislauf benötigen und einen höheren Arbeitsaufwand je kmol verdichteten Sauerstoff verlangen, läßt

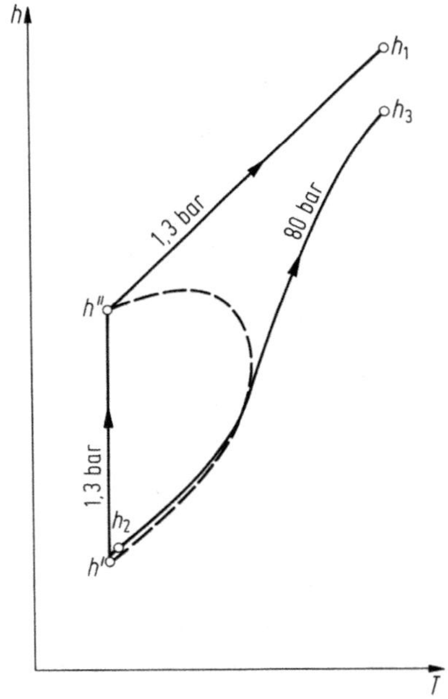

Bild 4.24. Isobaren für 1,3 und 80 bar im *h,T*-Diagramm für Sauerstoff

sich am besten an Hand des h,T-Diagramms für Sauerstoff erklären (Bild 4.24). Bei den Verfahren ohne Innenverdichtung kann die Kältemenge $m_{O_2}(h_1 - h'')$, die bei etwa 1,3 bar in der aus dem Hauptkondensator trocken gesättigt austretenden Sauerstoffmenge m_{O_2} enthalten ist, ohne Schwierigkeit auf die unter etwa 6 bar zuströmende Luft übertragen werden. Beim Verfahren mit Innenverdichtung dagegen wird die gewonnene Sauerstoffmenge m_{O_2} als siedende Flüssigkeit mit der spezifischen Enthalpie h' aus dem Hauptkondensator abgezogen, wodurch dort die Kältemenge $m_{O_2}(h'' - h')$ und damit auch die entsprechende Rücklaufmenge in der Drucksäule fehlt, wenn sie nicht anderweitig ersetzt wird. In der Hochdruckpumpe erfährt der Sauerstoff wegen Zufuhr von Wärme und Arbeitsaufwand die geringfügige Enthalpieerhöhung $m_{O_2}(h_2 - h')$. Anschließend muß er bei 80 bar auf die Umgebungstemperatur erwärmt werden. Dabei nimmt die Enthalpie des Sauerstoffs längs der Isobare von 80 bar von h_2 bis h_3 zu. Man erkennt aus dem Diagramm, daß die Enthalpiezunahme des Sauerstoffs bei 80 bar durchweg bei erheblich höherer Temperatur vor sich gehen muß als bei 1,3 bar. Es kann daher die im verdichteten Sauerstoff enthaltene Kälte nicht auf die Luft von 6 bar, sondern sie muß auf ein höher verdichtetes Gas, das im Kreislauf strömt, übertragen werden. Hierzu eignet sich ein Medium mit einem ähnlichen Isobarenverlauf wie Sauerstoff. Die Luftbestandteile Argon und Stickstoff, deren Siedepunkte dem von Sauerstoff am nächsten liegen, kommen dafür in Frage. Weil Stickstoff nach Aufnahme der vom Hochdrucksauerstoff abgegebenen Kältemenge und Drosselentspannung auf 5 bis 6 bar direkt an einer Stelle in die Drucksäule eingespeist werden kann, an der die Rücklaufflüssigkeit hauptsächlich aus Stickstoff besteht, verdient dieser den Vorzug. Dadurch erhält die Doppelsäule die Kältemenge und auch die Flüssigkeitsmenge zurück, die ihr vorher durch Entnahme des flüssigen Sauerstoffs aus dem Hauptkondensator entzogen worden ist.

Die Wärmebilanz für den Hauptwärmeaustauscher *3* bleibt fast unverändert gegenüber den Verhältnissen bei den Verfahren ohne Innenverdichtung, wenn dort statt des fehlenden Sauerstoffstromes ein nahezu gleichgroßer Stickstoffstrom von 5 bis 6 bar seine Kälte abgibt. Dieser reicht aber nach seiner Verdichtung auf 120 bar nicht aus, um die von Hochdrucksauerstoff angebotene Kälte aufzunehmen. Deshalb muß die Stickstoffkreislaufmenge größer sein als die Menge des produzierten

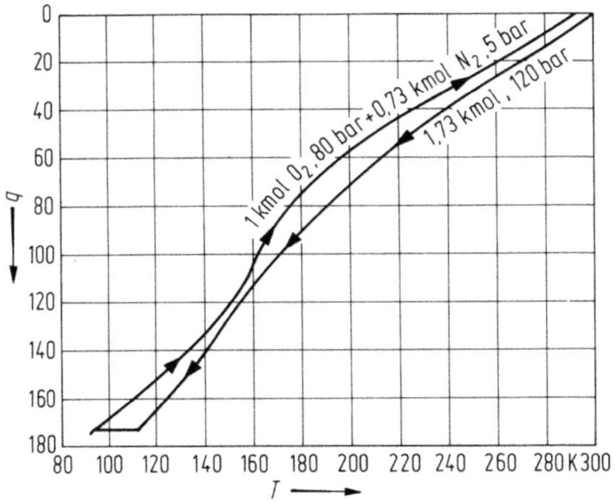

Bild 4.25. q,T-Diagramm für den Hochdruck-Sauerstoff-Gegenströmer einer Luftzerlegungsanlage mit Sauerstoff-Innenverdichtung (Verfahren 4.5.1.6)

Sauerstoffs. Dies wieder hat zur Folge, daß ein Teil der unter 5 bis 6 bar zum Kompressor *8* zurückströmenden Stickstoffmenge im Gegenströmer *9* zusätzlich zum Hochdrucksauerstoff mit angewärmt werden muß.

Bei einem Verhältnis von 1 kmol Hochdrucksauerstoff von 80 bar zu 1,73 kmol Stickstoff von 120 bar, von denen 1 kmol durch Gegenströmer *3* und 0,73 kmol durch Gegenströmer *9* zum Kreislaufkompressor zurückkehren, ergeben sich im Gegenströmer *9* Temperaturdifferenzen, bei denen die vom Hochdrucksauerstoff angebotene Kältemenge gut aufgenommen werden kann. Bild 4.25 zeigt das q,T-Diagramm für Gegenströmer *9* unter diesen Verhältnissen. Die rechte Kurve bedeutet die Wärmeabgabe von 1,73 kmol Stickstoff unter 120 bar als Funktion der Temperatur, die linke die Wärmeaufnahme von 1 kmol Sauerstoff von 80 bar *und* 0,73 kmol Stickstoff von 5 bis 6 bar. Die Temperaturdifferenz ist am kalten Ende ca. 20 K, durchläuft zwischen 150 und 160 K ein Minimum von 2 bis 3 K und nimmt am warmen Ende einen Wert von 8 K an. Daraus folgt ein relativ hoher Kälteverlust. Er wird durch den Enthalpieunterschied von Hochdrucksauerstoff und drucklosem Sauerstoff erhöht, denn die Enthalpie von Sauerstoff bei 80 bar und Umgebungstemperatur ist deutlich niedriger als die von Sauerstoff bei 1 bar und derselben Temperatur. Beide Verluste werden durch die Kälteleistung Q_K des Hochdruck-Stickstoff-Kreislaufes ausgeglichen. Bei der Berechnung muß berücksichtigt werden, daß die ganze Menge des Kreislaufstickstoffs bei 120 bar und 300 K in den Sauerstoffgegenströmer eintritt, aber nur $1/1,73 = 58\,\%$ aus dem Hauptgegenströmer unter 5 bar bei 297 K und $0,73/1,73 = 42\,\%$ unter 5 bar bei 292 K aus Gegenströmer *9* austreten.

Die Kälteleistung des Stickstoffkreislaufes ist demnach

$$Q_K = m_{N_2}(0,58h_{5\,\text{bar},\,297\,\text{K}} + 0,42h_{5\,\text{bar},\,292\,\text{K}} - h_{120\,\text{bar},\,300\,\text{K}})\,.$$

4.5.1.7 Anlagen zur Gewinnung größerer Mengen gasförmigen Sauerstoffs mittlerer Reinheit (Bild 4.26)

Für manche Zwecke, wie z. B. zur Sauerstoffanreicherung im Hochofenwind genügt Sauerstoff von sehr viel geringerer Reinheit als 98% (s. Kapitel 10). Ob in einem solchen Fall Luft und Sauerstoff gemischt werden oder eine Luftzerlegungsanlage eingesetzt wird, die von vornherein Sauerstoff mittlerer Reinheit liefert, muß nach wirtschaftlichen Gesichtspunkten entschieden werden. Bei großen Mengen können eigene Anlagen für diesen Zweck sinnvoll sein, weil, wie im folgenden erläutert werden soll, der spezifische Arbeitsaufwand je kmol gewonnenen Sauerstoff von der gewünschten Sauerstoffkonzentration im Sauerstoff-Stickstoff-Gemisch abhängt. Wie aus Bild 3.7 abzulesen ist, siedet z. B. eine Flüssigkeit mit 60 Mol-% Sauerstoff und 40 Mol-% Stickstoff unter einem Druck von 1,3 bar bei ca. 85 K. Dementsprechend kann Stickstoff im Hauptkondensator bei einer Temperaturdifferenz von 3 K bei 88 K und 3,1 bar kondensieren. Dieser Druck ist um ca. 2,5 bar niedriger als der Druck, unter dem Stickstoff in der Drucksäule eines Doppelsäulenrektifikators für reinen Sauerstoff kondensiert. Ein so niedriger Druck in der Drucksäule bedeutet, daß die zu zerlegende Luftmenge durch den Turbokompressor nur auf einen Druck von ca. 3,5 bar verdichtet zu werden braucht, was den Energiebedarf erniedrigt.

Wesentlich ist dabei, daß der Sauerstoff in der flüssigen Phase aus dem Hauptkondensator entnommen wird. Würde man ihn gasförmig daraus entnehmen, dann

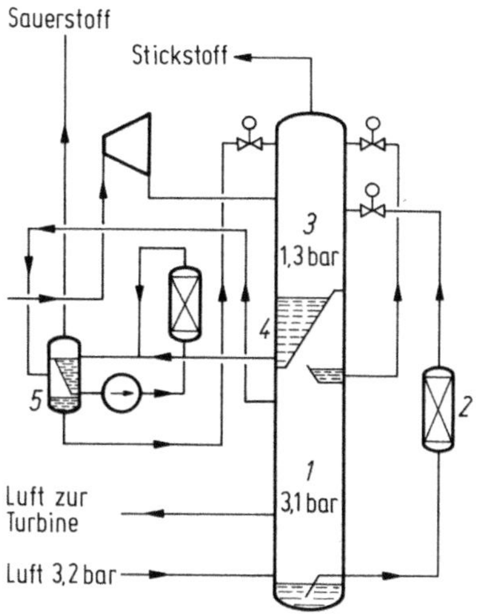

Bild 4.26. Anlage zur Gewinnung großer Mengen gasförmigen Sauerstoffs mittlerer Reinheit (Verfahren 4.5.1.7)

müßte sich im Sauerstoffbad eine Konzentration von ca. 85 Mol-% einstellen. Denn nur aus einem Sauerstoffbad von 85 % kann ein Gas von 60 % entweichen. In diesem Fall folgt aus Bild 3.7, daß damit die Siedetemperatur bei ca. 89 K liegen würde und infolgedessen (s. o.) der Hauptkondensator mit Stickstoff geheizt werden müßte, der unter 4,3 bar und bei ca. 92 K kondensiert. Entnimmt man aber den Produktstrom in flüssigem Zustand aus dem Hauptkondensator (Bild 4.26), dann enthält auch die dort siedende Flüssigkeit 60 % Sauerstoff. Im Zusatzverdampfer *5* wird der gewonnene 60 %ige Sauerstoff total eingedampft. Auf diese Weise kann der Vorteil der niedrigeren Verdampfungstemperatur voll ausgenützt werden.

Im allgemeinen stört ein geringer Wasserdampf- und Kohlendioxidgehalt im unreinen Sauerstoff nicht. Daher können sowohl Luft und Sauerstoff als auch Luft und Stickstoff ihre Wärme in Regeneratoren austauschen (s. Verfahren 4.5.1.1, Bild 4.18).

Seit mehreren Jahren kann man Sauerstoff mittlerer Reinheit bei Umgebungstemperatur mit Molekularsiebadsorbern gewinnen, in denen der Sauerstoff in weit höherem Maße als der Stickstoff adsorbiert wird. Vorerst gelingt dies aber nur mit niedriger Sauerstoffausbeute und mit einem spezifischen Arbeitsaufwand, der höher ist als bei dem soeben beschriebenen Verfahren. Bei kleineren Mengen ist dies tragbar, zumal solche Anlagen in kürzerer Zeit angefahren werden können als Tieftemperaturapparate. Für die kontinuierliche Erzeugung großer Mengen von Sauerstoff ist aber eine Tieftemperaturanlage vorteilhafter.

4.5.1.8 Reinheit, Ausbeute, Arbeitsaufwand und Kosten von gasförmigem Sauerstoff und Stickstoff aus Groß-Luftzerlegern

Die in den Abschnitten 4.5.1.1 bis 4.5.1.4 beschriebenen Verfahren sind untereinander so ähnlich, daß Reinheit, Ausbeute und Kosten von Sauerstoff und Stickstoff für diese Verfahren im folgenden gemeinsam besprochen werden können.

Reinheit und Ausbeute des Sauerstoffs hängen bei einer Zerlegungsanlage gegebener Größe in der Weise miteinander zusammen, daß höhere Anforderungen an die

Reinheit mit niedrigerer Ausbeute gekoppelt sind. Im Abschnitt 4.2.3 ist gezeigt worden, daß sich auf den untersten Böden der oberen Säule im wesentlichen eine Rektifikation zwischen Sauerstoff und Argon abspielt. Ihre Siedepunkte liegen nur um 2,9 K auseinander, was zur Folge hat, daß sie sich relativ schwer voneinander trennen lassen. Da im allgemeinen bei der Anwendung des Sauerstoffs ein Argongehalt von 0,2 bis 0,5 % nicht stört, genügt es, aus dem Rektifikator den Sauerstoff in einer Reinheit von 99,5 bis 99,8 % zu entnehmen. Der damit verbundene Stickstoffgehalt liegt eine bis zwei Zehnerpotenzen unter dem Argongehalt und stört bei der Anwendung des Sauerstoffs nicht. Während bei den Verfahren 4.5.1.2 bis 4.5.1.6 der Sauerstoff auf seinem Weg vom Hauptkondensator bis zum warmen Ende der Hauptwärmeaustauscher keine Verunreinigung erleidet, führt das Umschalten der Sauerstoffregeneratoren bei Verfahren 4.5.1.1 zu einer Verunreinigung des Sauerstoffs mit Luftresten aus der Warmperiode der Sauerstoffregeneratoren. Dazu kommt, daß in diesem Fall der Sauerstoff beim Strömen durch die Regeneratoren nicht nur weitere Luftreste, hauptsächlich Stickstoff, sondern auch Wasserdampf und Kohlendioxid aufnimmt. Die Höhe des Wasserdampfgehaltes richtet sich nach der Lufttemperatur am Eintritt der Luft in die Regeneratoren, der Kohlendioxidgehalt gleicht dem der zu verarbeitenden Luft (330 bis 350 ppm).

Bei 99,5 %iger Sauerstoffreinheit, wie sie bei den Verfahren 4.5.1.2 bis 4.5.1.6 erzielt wird, läßt sich eine ca. 95 %ige Sauerstoffausbeute — bezogen auf die dem Doppelsäulenrektifikator zugeführte Luftmenge — erreichen. Bezogen auf die der Gesamtanlage zugeführten Luftmenge ist sie um 1,5 bis 3 % geringer, weil beim Umschalten der Regeneratoren, der reversing-exchanger und der Molekularsiebadsorber Luftverluste entstehen. Sie sind bei allen Verfahren mit Regeneratoren größer als bei den Verfahren mit reversing exchangers und Molekularsiebadsorbern.

Die Reinheit des Stickstoffs läßt sich aus der Sauersfoffausbeute berechnen, wobei man zu berücksichtigen hat, daß nahezu die gesamte in der Luft enthaltene Menge an Argon sich als Verunreinigung im Stickstoff befindet. Bei einer Sauerstoffausbeute von 95 % liegt hiernach die Reinheit des Stickstoffs bei 97 bis 98 %, falls nicht ein Teil hiervon sehr rein gewonnen werden soll.

Bei den Verfahren 4.5.1.4 und 4.5.1.5 kann je nach Wunsch des Kunden die Reinheit der Rein-Stickstoff-Fraktion durch mehr oder weniger zusätzliche Böden in der Drucksäule und in der oberen Säule bis auf 99,999 % gesteigert werden. Die Stickstoffausbeute darf dabei relativ gering sein, weil die Betreiber von großen Luftzerlegern im allgemeinen in erster Linie an der Sauerstoffgewinnung interessiert sind und die dafür zu zerlegende Luftmenge viel mehr Stickstoff enthält als in Form von reinem Stickstoff gebraucht wird.

Die zu zerlegende Luftmenge wird bei den Verfahren 4.5.1.1 bis 4.5.1.3 lediglich auf einen Druck von ca. 6 bar verdichtet. Der genaue Wert richtet sich nach dem in der Drucksäule herrschenden Druck und dem Druckabfall der dieser Säule vorgeschalteten Wärmeaustauscher, Ventile und Rohrleitungen. Dementsprechend errechnet sich der Arbeitsaufwand für die Gewinnung von Sauerstoff bei den Verfahren 4.5.1.1 bis 4.5.1.3 aus der dem Luftkompressor zugeführten Energie, vermindert um den Energierückgewinn, welche die Luftentspannungsturbine abgibt. Dieser Gewinn ist allerdings gegenüber dem Arbeitsaufwand für den Luftverdichter sehr gering und beträgt lediglich wenige Prozent hiervon. Bezieht man den daraus resultierenden Gesamtarbeitsaufwand, der noch einen kleinen Betrag für die Regenerierung von

Adsorbern durch Wärmezufuhr enthält, auf die produzierte Sauerstoffmenge, so errechnet sich ein spezifischer Arbeitsaufwand von 0,37 bis 0,40 kWh/m_n^3 oder 8,3 bis 9 kWh/kmol drucklosen Sauerstoff. Hierbei beziehen sich die niedrigen Zahlen auf größere Anlagen.

Bei den Verfahren mit gleichzeitiger Produktion von reinem Sauerstoff und reinstem Stickstoff bleibt es dem Betreiber überlassen, wie er den Arbeitsaufwand des Luftkompressors den Produktmengen zuordnen will.

Es wäre nicht sinnvoll, die Kosten für den gewonnenen Sauerstoff und Stickstoff in exakten Beträgen anzugeben. Sowohl die Energiepreise wie auch die Anlagenpreise ändern sich von Jahr zu Jahr, so daß eine Angabe, die zum Zeitpunkt der Herausgabe dieses Buches zutrifft, bald danach überholt sein kann. Es soll daher durch Bild 4.27 lediglich gezeigt werden, welchen Einfluß die drei wichtigsten Kostenarten, nämlich die Energiekosten E, die Kapitalkosten I und die Kosten P für das Bedienungspersonal auf die Gesamtkosten Σ für den gewonnenen Sauerstoff haben. In Abhängigkeit von der verarbeiteten Luftmenge zeigt Bild 4.27 den grundsätzlichen Verlauf der drei genannten Kostenarten sowie die Tendenz der Gesamtkosten Σ. Bei gleichem Automatisierungsgrad für kleine, mittlere und große Anlagen spielen die Kosten für das Bedienungspersonal P bei kleinen Anlagen die entscheidende, bei großen Anlagen dagegen eine untergeordnete Rolle. Auch die spezifischen Kapitalkosten I verringern sich mit zunehmender Anlagengröße. Um so stärker fallen bei großen Anlagen die Energiekosten E ins Gewicht; insbesondere dort, wo die Energie besonders teuer ist [W 1].

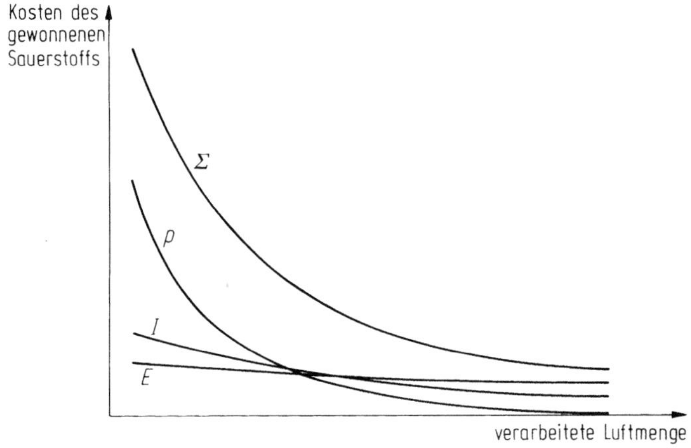

Bild 4.27. Kosten für die Gewinnung von gasförmigem Sauerstoff in großen Luftzerlegern. Nach [W1]

Bild 4.27 bezieht sich auf den Fall der Zuordnung aller Kosten auf den produzierten Sauerstoff. Bei gleichzeitiger Produktion von reinstem Stickstoff können die Kosten entsprechend dem Wert der Produkte in gewissem Grade willkürlich zugeordnet werden.

4.5.2 Luftzerleger zur Gewinnung flüssiger Produkte

In Abschnitt 4.3 wurde erläutert, daß sich der Gesamtkältebedarf eines Luftzerlegers im Beharrungszustand aus drei Komponenten zusammensetzt:

- Kältebedarf zur Deckung des Umgebungsverlustes;
- Kältebedarf zur Deckung des Austauschverlustes;
- Kältebedarf für die Entnahme flüssiger Produkte.

Bei Anlagen der bisher besprochenen Art — mit Ausnahme der Sauerstoff-Innenverdichtungsanlagen (Abschnitt 4.5.1.6) — müssen nur die Umgebungs- und Austauschverluste gedeckt werden. Sollen die Produkte teilweise oder ganz im flüssigen Zustand gewonnen werden, so muß bedeutend mehr Kälte erzeugt werden. So hat z. B. ein Luftzerleger, in welchem aus 500 kmol/h Luft 100 kmol/h flüssiger Sauerstoff gewonnen werden sollen, einen 20mal größeren Kältebedarf als derjenige, welchen dieselbe Sauerstoffmenge gasförmig drucklos mit Umgebungstemperatur verläßt. Etwa der 90fache Kältebedarf würde entstehen, wenn auch die gesamte Stickstoffmenge im flüssigen Zustand gewonnen werden sollte. Anlagen für die Gewinnung flüssiger Produkte unterscheiden sich daher von denen, in welchen gasförmige Produkte erzeugt werden sollen, durch ihre Einrichtungen zur wesentlich vermehrten Kälteerzeugung.

4.5.2.1 Luftzerlegungsanlage zur Gewinnung von flüssigem Sauerstoff (Bild 4.28)

Wie in Abschnitt 1.2.2.7 erklärt wurde, sind bezüglich des Arbeitsaufwandes für die Luftverflüssigung das Heylandt-Verfahren mit einer Hochdruckexpansionsmaschine und das Linde-Verfahren mit Hochdruckkreislauf und Vorkühlung etwa gleichwertig. Apparativ ist aber letzteres deutlich aufwendiger, so daß sich das erstere bei

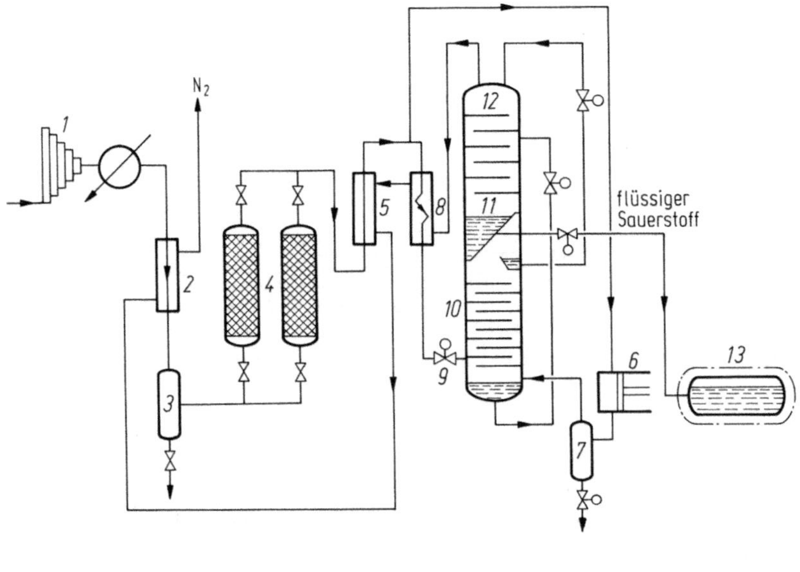

Bild 4.28. Luftzerleger zur Gewinnung von flüssigem Sauerstoff (Verfahren 4.5.2.1)

Luftzerlegung für die Gewinnung von bis zu 100 kmol/h flüssigem Sauerstoff durchgesetzt hat.

Bild 4.28 zeigt schematisch eine Anlage zur Gewinnung von flüssigem Sauerstoff mit einer Heylandtschen Expansionsmaschine (s. auch Abschnitt 9.2.1.1). Die Luft wird in einem Hochdruckkompressor *1* auf 150 bis 200 bar verdichtet. Nach Abführung der Kompressionswärme wird die Luft im Gegenstromvorkühler *2* auf wenige Grade über dem Wassergefrierpunkt abgekühlt. Im Abscheider *3* wird das auskondensierende Wasser aufgefangen und abgelassen. In den wechselbaren Molekularsieben *4* wird die Luft getrocknet und von Kohlendioxid befreit, anschließend im Gegenströmer *5* auf ca. 230 K abgekühlt. Etwa 60 % der Luftmenge treten in die Heylandtsche Expansionsmaschine *6* ein, wo sie bis auf den Druck der Drucksäule (5 bis 6 bar) entspannt werden. Nach Abscheidung von Öl im Abscheider *7* wird dieser Teil der Luft der Drucksäule des Zweisäulenapparates *10*, *11*, *12* zugeleitet. Etwa 40 % der Luftmenge treten nach Abkühlung im Gegenströmer *8* und Drosselung im Ventil *9* größtenteils flüssig in die Drucksäule *10* ein. Die Einspeisung von flüssiger Luft in die Drucksäule führt zu einer Verringerung der auf der Stickstoffseite des Hauptkondensators *11* zu bildenden Rücklaufflüssigkeitsmenge. Auf der Sauerstoffseite entsteht deshalb weniger Dampf, so daß der gewonnene Sauerstoff dem Hauptkondensator im flüssigen Zustand entnommen werden kann. Er wird dem Standtank *13* zugeführt.

4.5.2.2 Große Luftzerleger mit Mitteldruck-Stickstoffkreislauf zur Gewinnung flüssiger Produkte (Bild 4.29)

In den ersten zwanzig Jahren nach ihrer Entwicklung dienten Linde-Fränkl-Anlagen fast ausschließlich der Versorgung großer chemischer Betriebe und Hüttenwerke mit gasförmigem Sauerstoff. Unabhängig davon wurden an anderen Orten Luftzerleger mit Heylandt-Hochdruckexpansionsmaschinen zur Gewinnung flüssigen Sauerstoffs betrieben, um die Vielzahl von Sauerstoffverbrauchern für Schweißen und Schneiden sowie für andere Zwecke zu versorgen. Später begann man, beide Aufgaben zu kombinieren. Man stattete große Luftzerleger mit Einrichtungen aus, die zusätzliche Kälte erzeugen, so daß den Anlagen ein bedeutender Anteil des gewonnenen Sauerstoffs oder Stickstoffs im flüssigen Zustand entnommen werden konnte.

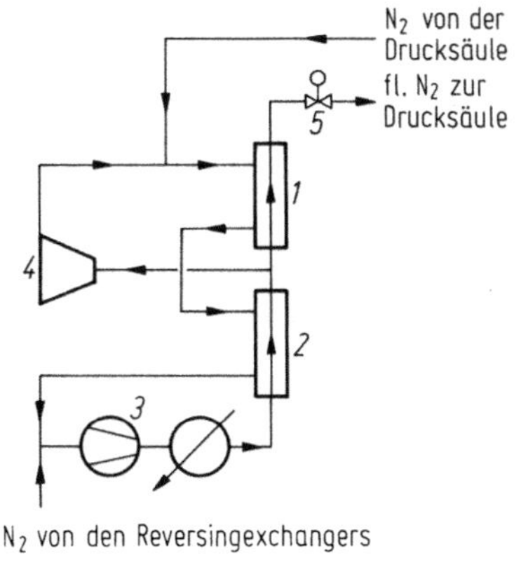

Bild 4.29. Mitteldruck-Stickstoffkreislauf zur Gewinnung flüssiger Produkte in großen Luftzerlegern (Verfahren 4.5.2.2)

Eine häufig angewandte Methode besteht in der Anordnung eines Stickstoffkreislaufes, der an die Drucksäule des Doppelsäulenrektifikators angeschlossen wird (Bild 4.29). Trocken gesättigter Stickstoff wird unter 5 bis 6 bar der Drucksäule entnommen und zum Teil in dafür vorgesehenen Strömungskanälen der reversing exchangers, zum anderen Teil im kalten und warmen Ast *1* und *2* des Stickstoffkreislaufes auf Umgebungstemperatur angewärmt. Nach Verdichtung in einem Turbokompressor *3* auf ca. 50 bar und Abführung der Kompressionswärme an Kühlwasser wird die gesamte Kreislaufmenge im warmen Ast *2* abgekühlt und dann aufgeteilt. Wie beim Claude-Heylandt-Verfahren wird der größere Teil der Kreislaufmenge in einer Turbine *4* auf Drucksäulendruck entspannt und die dabei entstehende Kältemenge an den unter 50 bar (Mitteldruck) durch den kalten Ast *1* strömenden Teil übertragen. Die Enthalpie dieser Teilmenge nimmt dadurch so stark ab, daß diese nach Abdrosselung im Ventil *5* weitgehend verflüssigt in die Drucksäule eingespeist werden kann. Der in der Turbine entspannte Stickstoff wird mit dem aus der Drucksäule entnommenen Stickstoff gemischt.

Da das Kreislaufgas aus vollständig trockenem und kohlendioxidfreiem Stickstoff besteht und weder im Turbokompressor noch in der Expansionsturbine Öl ins Gas gelangen kann, bleiben alle Teile der Anlage frei von Ablagerungen, die den Betrieb beeinträchtigen könnten. Die durch den Stickstoffkreislauf erzeugte zusätzliche Kältemenge kann entweder in Form von flüssigem Stickstoff aus der Drucksäule oder wegen des verstärkten Rücklaufs in beiden Säulen als flüssiger Sauerstoff aus dem Hauptkondensator entnommen werden. Die gewonnene Menge an gasförmigen Produkten verringert sich dementsprechend.

Durch Einsatz einer Kältemaschine, mit deren Hilfe der komprimierte Stickstoff auf ca. 240 K vorgekühlt in den warmen Ast *2* eintritt, läßt sich die Kälteleistung der Zusatzeinrichtung noch steigern und der spezifische Arbeitsaufwand je kg flüssigem Sauerstoff verringern.

Eine Erhöhung des Stickstoffdruckes über 50 bar dagegen bringt keine Verbesserung. Zwar kann die Kältemenge dadurch gesteigert werden, aber der spezifische Arbeitsaufwand für die Verflüssigung bleibt etwa der gleiche. Zudem wird der zulässige Druck für die Anwendung von preisgünstigen Kompaktwärmeaustauschern überschritten. Auch müßten an Stelle von Turbokompressoren u. U. Kolbenkompressoren eingesetzt werden. Eine Vergrößerung der Kälteleistung zur Erzeugung weiterer Flüssigkeitsmengen wird am besten durch Steigerung der Stickstoffmenge im Kreislauf, evtl. durch Parallelanordnung von Kompressoren, Turbinen etc. erreicht.

Wie in Abschnitt 4.5.1.8 ausgeführt wurde, beträgt bei großen Sauerstoffanlagen der spezifische Arbeitsaufwand 0,37 bis 0,40 kWh/m_n^3 oder 8,3 bis 9 kWh/kmol gasförmigen drucklosen Sauerstoffs. Die Kälteerzeugung der in Bild 4.29 gezeigten Zusatzeinrichtung dient der Umwandlung eines Teiles der gasförmig produzierten Sauerstoffmenge in flüssigen Sauerstoff. Deshalb bezieht man folgerichtig den Arbeitsaufwand für den Stickstoffkreislauf auf die verflüssigte Sauerstoffmenge. Er ist 0,65 bis 0,67 kWh/m_n^3 = 14,5 bis 15 kWh/kmol.

Der spezifische Arbeitsaufwand für die Erzeugung von flüssigem Sauerstoff setzt sich dann aus den oben genannten Zahlen für die Herstellung von gasförmigem Sauerstoff und für die Umwandlung in die flüssige Phase zusammen und beträgt demnach 1,02 bis 1,07 kWh/m_n^3 = 22,8 bis 24 kWh/kmol.

Wird auch gasförmiger und flüssiger Rein-Stickstoff gewonnen, so wird der Betreiber eine andere Zuordnung des Arbeitsaufwandes vornehmen.

Die Verfahren 4.5.2.1 und 4.5.2.2 sind nicht die einzigen Verfahren, um einen mehr oder weniger großen Teil der gewonnenen Fraktion der Luft zu verflüssigen. Man kann Kreisläufe mit zwei Entspannungsturbinen verwenden oder mit Kältekaskaden arbeiten [S 5], wobei sich — allerdings unter Erhöhung des Investitionsaufwandes und bei erschwertem Betrieb — der spezifische Arbeitsaufwand für die Verflüssigung noch um 10 bis 20 % senken läßt.

4.5.3 Kleine Luftzerleger

Auf eine ausführliche Beschreibung der Verfahren für kleine Luftzerleger kann verzichtet werden, weil auch sie die immer wieder eingesetzten Bauelemente: Kompressor, Adsorber, Rektifikator mit Verdampfer oder Kondensator, Wärmeaustauscher und Turbine enthalten. Im folgenden wird daher nur auf Besonderheiten eingegangen.

Wie in Kapitel 10 erläutert wird, hängt die Wahl des für die Luftzerlegung angewandten Verfahrens von verschiedenen Umständen ab. Nicht immer erweist sich das Verfahren mit dem niedrigsten Arbeitsaufwand je kmol erzeugten Produktes als das wirtschaftlich sinnvollste. Bei kleinen Luftzerlegern nimmt man häufig eine niedrige Ausbeute in Kauf, wenn dadurch an Investitions- und Bedienungsaufwand gespart werden kann (s. hierzu auch Bild 4.27).

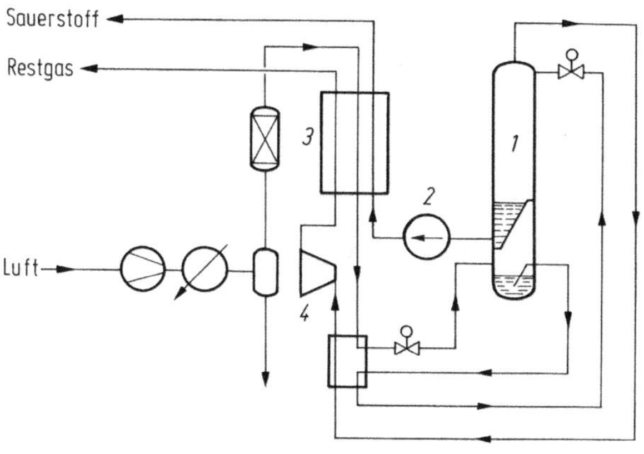

Bild 4.30. Kleiner Luftzerleger zur Gewinnung von Hochdruck-Sauerstoff

Das in Bild 4.30 gezeigte Verfahren eignet sich für die Erzeugung von 2 bis 5 kmol je h Sauerstoff, der mit ca. 200 bar in Stahlflaschen abgefüllt werden kann. Es handelt sich um einen Einsäulenapparat, bei dem, wie in Abschnitt 4.1.1 ausgeführt, die Sauerstoffausbeute 2/3 nicht übersteigen kann. Aber die Anlage ist relativ einfach, daher preiswert und auch leicht zu automatisieren. Der gewonnene Sauerstoff wird wie beim Innenverdichtungsverfahren 4.5.1.6 nach der Entnahme aus dem Verdampfer der Säule *1* mit einer Pumpe *2* auf hohen Druck gefördert und im Hauptwärmeaustauscher *3* verdampft. Aus den in Abschnitt 4.5.1.6 erörterten Gründen muß die zu zerlegende Luft auf überkritischen Druck verdichtet werden, um die im Sauerstoff enthaltene Kältemenge aufnehmen zu können. Die Kälteverluste werden durch Entspannung des oben aus der Rektifikationssäule austretenden Restgases in einer Turbine *4* gedeckt. Dazu muß die Säule unter erhöhtem Druck betrieben werden.

Besteht für den Sauerstoff aus einer Luftzerlegungsanlage kein Bedarf, wohl aber für reinen Stickstoff, der trocken und kohlendioxidfrei sein soll, so bietet sich das Verfahren nach Bild 4.31 an. Die Luft wird in diesem Fall auf einen geringeren Druck verdichtet als beim vorher beschriebenen Verfahren, weil die fühlbare Kälte der Zerlegungsprodukte auf Niederdruckluft übertragbar ist. Der Druck in der Kolonne *1* richtet sich nach dem Wunsch des Betreibers, der den gewonnenen Stickstoff ohne Nachkompression in seinem Werksnetz verwenden will. Der Kolonnendruck muß allerdings mindestens so hoch sein, daß die zur Erzeugung des Rücklaufs erforderliche Verdampfung der sauerstoffhaltigen Restgasfraktion im Kondensator der Säule *1* bei einem solchen Überdruck erfolgen kann, daß nachher bei der Entspannung in der Turbine *2* ausreichend Kälte zur Deckung der Verluste entsteht. Bei Kälteüberschuß, der durch Erhöhung des Druckes am Luftkompressor und vor der Turbine erzeugt werden kann, besteht die Möglichkeit, auch flüssigen Stickstoff zu gewinnen.

Kleine Mengen (ca. 1 kmol/h) reinen flüssigen Sauerstoffs lassen sich vorteilhaft auch mit einem Einsäulenapparat gewinnen, bei dem die Luft lediglich auf den Druck

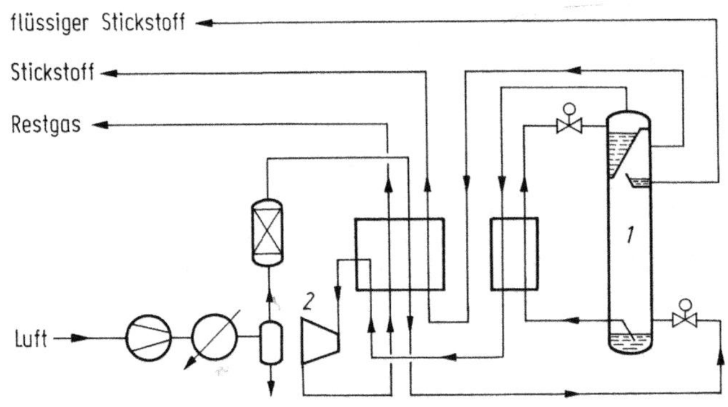

Bild 4.31. Kleiner Luftzerleger zur Gewinnung von gasförmigem und flüssigem Stickstoff

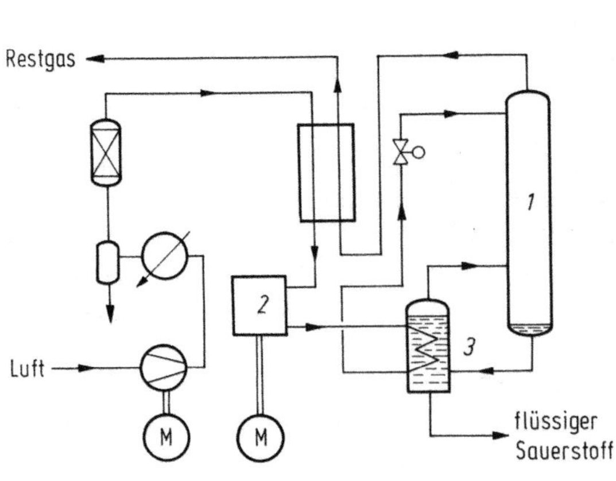

Bild 4.32. Kleiner Luftzerleger zur Gewinnung von flüssigem Sauerstoff mit einer Philips-Gaskältemaschine

von 5 bar verdichtet wird (Bild 4.32). Durch ihre Kondensation bei ca. 95 K können dann im Verdampfer *3* der Säule *1*, welche bei geringem Überdruck gegenüber der Atmosphäre arbeitet, die für die Rektifikation erforderlichen aufsteigenden Dämpfe erzeugt werden. Für die Deckung der Kälte muß der Anlage dann Fremdkälte zugeführt werden. Hierfür eignet sich z. B. eine Philips-Gaskältemaschine *2*, wie sie in Abschnitt 1.2.5.1 beschrieben ist. Mit ihrer Hilfe wird ein Teil der Luft bereits vor dem Verdampfer *3* der Säule verflüssigt. Als Folge davon verdampft nicht die ganze, das untere Ende der Säule erreichende Rücklauf-Flüssigkeitsmenge, so daß aus dem Sumpf flüssiger Sauerstoff abgezogen werden kann.

4.5.4 Gewinnung der Edelgase aus Luft [S 1–4, 6, C 2, L 3, W 2]

Neben Sauerstoff und Stickstoff, geringen Mengen von Wasserdampf und Kohlendioxid sowie Spuren von Wasserstoff und Kohlenwasserstoffen enthält die Luft die Edelgase Helium, Neon, Argon, Krypton und Xenon. Nur Argon ist mit einem relativ hohen Gehalt, nämlich nahezu 1 % in der Luft enthalten; die Gehalte an den übrigen Edelgasen sind 100- bis 10000mal kleiner. Die genauen Werte der Gehalte und die Siedetemperaturen der Bestandteile sind in Tabelle 3.1 angegeben. Sie kommen sehr anschaulich in Bild 4.33 zum Ausdruck, in dem die Gehalte der großen Unterschiede wegen in logarithmischem Maßstab abhängig von den Siedetemperaturen aufgetragen sind. Man sieht, daß die Siedepunkte von Helium und Neon weit unterhalb, die von Krypton und Xenon weit oberhalb der Siedetemperaturen von Sauerstoff und Stickstoff liegen. Daher können beide Gruppen von Edelgasen von Sauerstoff und Stickstoff leicht abgetrennt werden. Die Siedetemperatur des Argons liegt hingegen zwischen den Siedetemperaturen von Sauerstoff und Stickstoff, und zwar nur um 3 K unterhalb der Siedetemperatur des Sauerstoffs. Dadurch gestaltet sich die Gewinnung von Argon grundsätzlich schwieriger als die Gewinnung der anderen Edelgase. Trotzdem hat im Jahre 1913 die Gesellschaft für Linde's Eismaschinen als

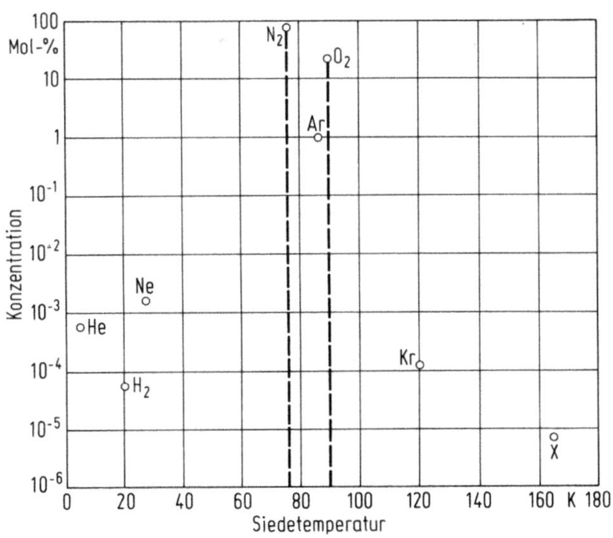

Bild 4.33. Gehalt der Luft an Edelgasen

erstes Edelgas das Argon aus der Luft gewonnen, was sich aus dem verhältnismäßig hohen Gehalt der Luft an Argon erklärt.

Heute werden alle Edelgase aus der Luft, mit Ausnahme des Heliums, das sich billiger aus heliumhaltigen Erdgasen gewinnen läßt, in meist hoher Reinheit technisch gewonnen. Die hierbei benutzten Verfahren werden nachstehend erörtert. Die sehr bedeutsamen Anwendungen der Edelgase, insbesondere bei der Herstellung von Glühlampen und Leuchtröhren sowie beim Schweißen mit Schutzgasen, sind im letzten Kapitel des Buches beschrieben (vgl. Abschnitt 10.3).

4.5.4.1 Argon

Die Siedetemperatur des Argons, das zu 0,934 Mol-% in der Luft enthalten ist, ist 87,3 K und liegt zwischen den Siedetemperaturen von Sauerstoff (90,2 K) und Stickstoff (77,4 K). Wie schon in Abschnitt 4.2.3 näher erörtert, wird aus diesem Grunde das Argon durch Rektifikation von oben und von unten her nach dem Innern der Säule gedrängt. Das Argon staut sich somit, wie Bild 4.12 zeigt, in der Säule an. Aus diesem Grunde hat man die obere Säule gelegentlich „Argonfalle" genannt. Es bildet sich in der oberen Säule sowohl im oberen wie auch im unteren Abschnitt ein sogenannter Argonbauch. Beide sind um so stärker ausgeprägt, je reiner Sauerstoff und Stickstoff gewonnen werden. Sticht man die Säule zur Entnahme einer argonhaltigen Fraktion an, verringern sich die Argonkonzentrationen in beiden Abschnitten. Am besten entnimmt man dem unteren Abschnitt eine gasförmige Fraktion an der Stelle, an der die aufsteigenden Dämpfe ca. 90% Sauerstoff, ca. 10% Argon und weniger als 0,1% Stickstoff enthalten [D 6–9, F 2].

Dieses Gemisch wird einer besonderen Rektifiziersäule, Roh-Argon-Säule genannt, zugeführt (Bild 4.34), in der das Argon hauptsächlich vom Sauerstoff befreit werden soll. Am oberen Ende dieser Säule bildet sich in einem Kondensator die Rücklaufflüssigkeit. Der Kondensator kann durch Verdampfung flüssigen Stickstoffs, den man der Drucksäule entnimmt, oder auch durch Verdampfung eines Teiles des sauerstoffreichen Gemisches, wie es sich am unteren Ende der Drucksäule bildet, gekühlt werden.

An die Wirksamkeit der Säule werden sehr hohe Anforderungen gestellt, weil wegen der nahe aneinander liegenden Siedepunkte von Argon und Sauerstoff auch die Zusammensetzungen der flüssigen und dampfförmigen Gemische sich im Gleichgewicht nur wenig unterscheiden. Sie muß sehr viele Rektifikationsböden enthalten, und die in ihr verarbeitete Menge muß ca. 30mal größer sein als das am oberen Ende gewonnene Rohargon, damit dieses bis auf ca. 95% Argon mit ca. 3% Sauerstoff und 2% Stickstoff angereichert werden kann.

Das aus der Argonsäule unten ablaufende flüssige Gemisch, das im wesentlichen den abgetrennten Sauerstoff enthält, wird in die obere Säule des Zweisäulenapparates zurückgeführt, und zwar etwa an derselben Stelle, an der dieser Säule das an Argon angereicherte Gas entnommen wird.

Das Roh-Argon bedarf nun noch einer Nachbehandlung, um es von Sauerstoff und Stickstoff zu befreien. Dazu wird es zunächst auf Umgebungstemperatur angewärmt und auf 4 bis 6 bar verdichtet. Nach Zugabe von Wasserstoff wird das Gemisch über einen Edelmetallkatalysator geführt, wobei Wasserstoff und Sauerstoff bei maximal 450 °C zu Wasser verbrennen. Um den Sauerstoff bis auf weniger als 1 ppm zu entfernen, bedarf es eines gewissen Wasserstoffüberschusses, weshalb das Argon nach der anschließenden adsorptiven Trocknung neben Stickstoff noch etwas Wasserstoff enthält. Beide Verunreinigungen lassen sich nach Tiefkühlung des Roh-Argons in einer Rein-Argon-Säule relativ leicht entfernen. In diese tritt Roh-Argon in der Mitte ein. Der Sumpf der Säule wird mit Stickstoff aus der Drucksäule des Zweisäulenapparates geheizt und der Kopf durch denselben Stickstoff, nachdem er entspannt ist, gekühlt (Bild 4.35).

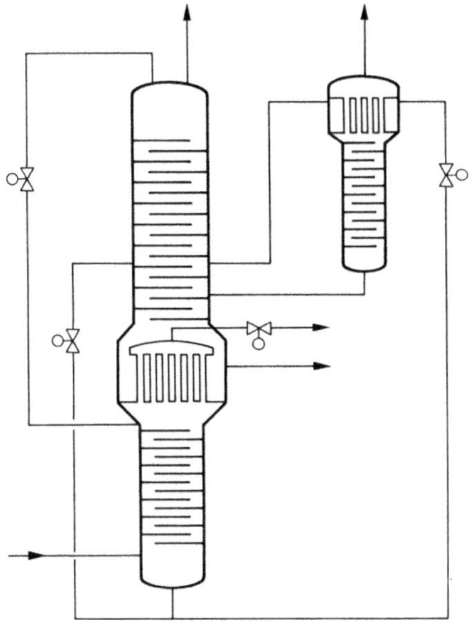

Bild 4.34. Zweisäulenapparat mit Roh-Argon-Säule

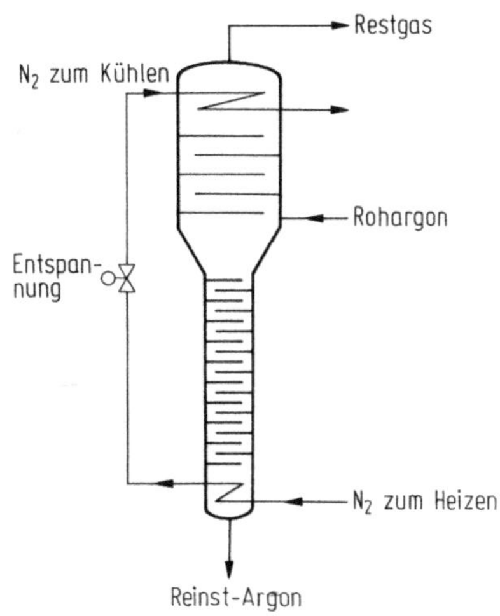

Bild 4.35. Rein-Argon-Säule

Aus dem Sumpf wird Argon mit einer Reinheit von bis zu 99,9999% entnommen, während ein Wasserstoff-Stickstoff-Argon-Gemisch oben aus der Säule austritt. Die Argonfraktion wird wegen der besseren Lagerungs- und Transportmöglichkeiten meistens flüssig entnommen. Dazu bedarf es eines entsprechenden Kälteüberschusses, der in Form von flüssigem Stickstoff dem Doppelsäulenrektifikator entnommen und dem Kondensator der zweiten Argonsäule zugeführt wird.

Der Argonausbeute sind dadurch Grenzen gesetzt, daß im Doppelsäulenrektifikator relativ viel Argon verlorengeht. Denn sowohl der gewonnene Sauerstoff wie auch der Stickstoff nehmen Argon mit. Je reiner der Sauerstoff ist, desto weniger Argon geht mit ihm verloren, denn bei einer Reinheit des Sauerstoffs von über 99% besteht der Rest fast nur noch aus Argon. Bei normaler Sauerstoffausbeute nimmt 99,5%iger Sauerstoff 10% des mit der Luft eingebrachten Argons mit, 99%iger doppelt so viel, 99,8%iger entsprechend weniger. Mehr Argon als im Sauerstoff geht aber mit dem Stickstoff verloren, der im allgemeinen 1 bis 2% Sauerstoff enthält. Wenn eine Reinst-Stickstoff-Fraktion gewonnen wird, so enthält diese auch nur ganz wenig Argon. Die aber an anderer Stelle den Doppelsäulenrektifikator verlassende Restgasfraktion nimmt dann entsprechend mehr Argon mit. Insgesamt ist es daher bei wirtschaftlich betriebenen Großluftzerlegern kaum sinnvoll die Argonausbeute über 60% zu steigern.

Über die Gewinnung von Argon aus dem Kreislauf des Gases bei der Ammoniaksynthese wird in Abschnitt 7.2.3 berichtet.

4.5.4.2 Neon und Helium

Die in diesem Abschnitt behandelten Verfahren dienen in erster Linie der Gewinnung von mehr oder weniger reinem Neon. Helium dagegen wird hauptsächlich aus Erdgas gewonnen. Denn es gibt mehrere Stellen auf unserer Erde, an denen heliumhaltiges Erdgas gefunden worden ist. Der Heliumgehalt ist dabei um zwei bis drei Zehnerpotenzen höher (max. 0,8%) als in der Luft, so daß die daraus gewonnenen Heliummengen ein Vielfaches von dem selbst aus großen Luftmengen abgezogenen Helium betragen.

Wie bereits erörtert, liegen die Siedepunkte von Helium und Neon weit unterhalb der Siedetemperaturen von Sauerstoff und Stickstoff. Da sie überdies eine geringere Dichte haben, steigen sie in der Drucksäule eines Zweisäulenapparates nach oben und gelangen dadurch in den Kondensator. Bei der Kondensation des Stickstoffs bleiben sie in der Gasphase und reichern sich im oberen Raum des Kondensators an. Sie können von hier, noch vermischt mit Stickstoff, von Zeit zu Zeit oder stetig durch ein kleines Röhrchen abgelassen werden (Bild 4.36).

Schon in der Zerlegungsapparatur kann man die Konzentration des Gemisches an Helium und Neon erhöhen, wenn man, wie Bild 4.36 zeigt, zusätzlich eine kleine Säule anordnet, in der das Gemisch noch unter dem Vorzerlegungsdruck von 5 bis 6 bar in die Höhe steigt. Am oberen Säulenende wird die erforderliche Rücklaufflüssigkeit durch die Kühlwirkung verdampfenden Stickstoffs erzeugt. Auf diese

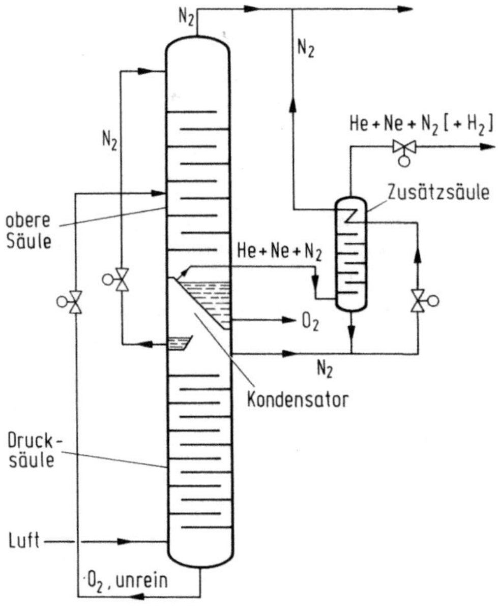

Bild 4.36. Zweisäulenapparat mit Zusatzsäule zur Anreicherung von Helium und Neon

Weise kann man ohne Schwierigkeiten erreichen, daß das oben austretende Edelgasgemisch nur noch 50 % Stickstoff und 1 % Wasserstoff enthält.

In etwas anderer Weise hat schon früher Claude Helium und Neon gewonnen [D 5, R 3]. Auch in dem Rücklaufkondensator, den er lange an Stelle der Drucksäule anwendete, reichert sich Helium und Neon dort an, wo Stickstoff verflüssigt wird. Statt der Zusatzsäule in Bild 4.36 setzte er dann einen weiteren Rücklaufkondensator ein, in dem wegen der Kondensation von Stickstoff Helium und Neon weiter angereichert und oben abgezogen wurden. Wie in Bild 4.36 wurde mit unter 1,3 bar verdampfendem Stickstoff gekühlt.

Das nach einem der beschriebenen Verfahren gewonnene Helium-Neon-Gemisch muß noch von Stickstoff und geringen Resten von Sauerstoff befreit werden. Dies kann grundsätzlich durch Tiefkühlung unter hohem Druck geschehen. Zu diesem Zweck verdichtet man das Gemisch z. B. auf 50 bar und kühlt es dann in einem Gegenströmer und in einem Bad von flüssigem Stickstoff, der unter vermindertem Druck von etwa 0,2 bar siedet, bis unter 70 K ab. Danach enthält das Gemisch nur noch einige Promille an Stickstoff. Dieses Verfahren gestaltet man heute noch wirksamer dadurch, daß man zunächst den Wasserstoff durch Oxidation mittels Kupferoxidkontakt, dann den größten Teil des Stickstoffs durch Tiefkühlung und schließlich den Rest des Stickstoffs durch Adsorption an Aktivkohle bei tiefer Temperatur bis auf Spuren von weniger als 0,1 % entfernt [S 1].

Für viele Zwecke der Glühlampen- und der Leuchtröhrenindustrie läßt sich das gereinigte Edelgasgemisch, das schließlich zu 3/4 aus Neon und 1/4 aus Helium besteht, unmittelbar verwenden. In anderen Fällen ist es hingegen erwünscht, beide Gase getrennt und in reiner Form zu erhalten. Dazu bedient man sich der folgenden vier Methoden:

1. Wiederholte Adsorption und Desorption,
2. Partielle Kondensation,
3. Partielles Ausfrieren,
4. Rektifikation.

1. Zur Zerlegung des Helium-Neon-Gemisches mit Adsorption und Desorption an Aktivkohle arbeitet man entweder bei höherem Druck des zu zerlegenden Gemisches und einer Temperatur von 78 K oder unter niedrigem Druck bei einer Temperatur von 65 K. In einstufigen Einrichtungen erreicht man eine Reinheit des Neons von 99,5 %, in zweistufigen von bis zu 99,98 % [S 6].

2. Will man Neon durch partielle Kondensation von Helium trennen, so muß dies oberhalb der Schmelztemperatur des Neons (24,6 K) geschehen. Weil bei dieser Temperatur der Sättigungsdruck des Neons 0,42 bar ist, enthält die in der Gasphase verbleibende Heliumfraktion noch relativ viel Neon, wodurch die Neonausbeute begrenzt ist [H 1, B 1].

3. Meißner und Steiner [M 1] haben daher Neon aus dem Helium-Neon-Gemisch ausgefroren. Als Kältequelle verwendeten sie unter 7 bis 15 mbar verdampfenden Wasserstoff und gewannen damit zugleich hochreines Helium und 99,5 %iges Neon. Die verwendete Einrichtung arbeitete diskontinuierlich. Nach Belegung der Kühlfläche mit festem Neon wurde die Kühlung ausgesetzt und jene so weit erwärmt, daß das Neon schmolz.

4. Sammelt man die aus mehreren Luftzerlegern gewonnenen Helium-Neon-Gemische, so lohnt sich auch eine Anlage, wie sie Peer [P 1] angewandt hat (Bild 4.37).

Das in dem Kompressor *1* auf etwa 25 bar verdichtete Gasgemisch wird in den Wärmeaustauschern *2* und *3* im Gegenstrom durch kaltes Restgas und kalten gasförmigen Stickstoff abgekühlt. Es erreicht am Austritt aus dem Verdampfer *4*, in dem flüssiger Stickstoff verdampft, eine Temperatur von etwa 78 K. Noch weiter wird die Temperatur durch Wärmeaustausch mit dem kalten Restgas im Gegenströmer *5* erniedrigt. Im Wärmeaustauscher *6* kondensiert das Neon entsprechend dem Phasengleichgewicht aus und wird auf eine Temperatur von etwa 25 bis 26 K abgekühlt. Die hierfür benötigte Kälte wird durch einen kalten Heliumgasstrom aus einer Gaskälteanlage *7* aufgebracht.

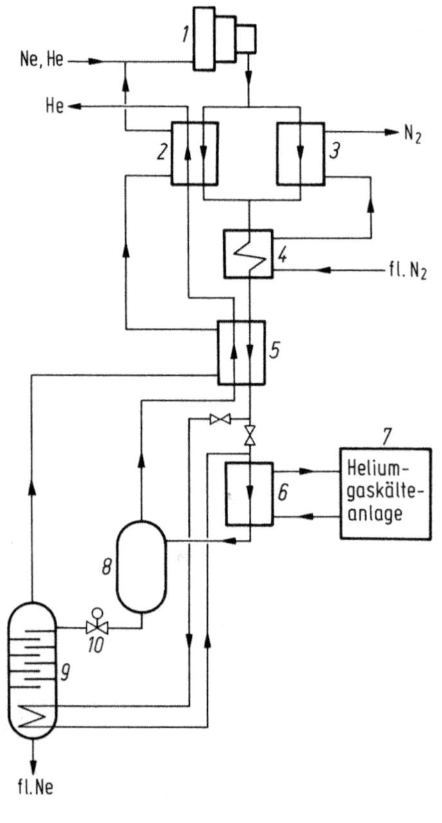

Bild 4.37. Helium-Neon-Trennung durch Rektifikation. Nach [P1]

Die flüssige und gasförmige Phase wird in dem Abscheider *8* getrennt. Hierbei ist die Flüssigkeit mit Helium verunreinigtes Neon, während das darüberstehende Gas-Dampf-Gemisch zum größten Teil Helium enthält. Die Flüssigkeit wird anschließend in dem Expansionsventil *10* auf etwa 1,2 bar entspannt und oben in die Trennsäule *9* eingespeist. Diese wird mit partiell kondensierendem Helium-Neon-Gemisch geheizt, wodurch die für die Rektifikation erforderlichen Dämpfe erzeugt werden. Auf diese Weise kann Neon mit nur noch 5 bis 10 ppm Helium gewonnen werden.

4.5.4.3 Krypton und Xenon

Wie aus Bild 4.33 hervorgeht, ist der Kryptongehalt der Luft um rund eine Zehnerpotenz, der Xenongehalt sogar um mehr als zwei Zehnerpotenzen niedriger als der Neongehalt. Es müssen daher beträchtliche Luftmengen verarbeitet und die Edelgase in mühevollen Schritten konzentriert werden. Die Konzentrierung ist deshalb so mühevoll, ja sogar gefährlich, weil dabei auch eine Reihe brennbarer Stoffe mit ähnlichen Siedetemperaturen gleichzeitig mit Sauerstoff angereichert wird. In Tabelle 4.4 sind die Stoffe — inerte und gefahrenbringende — mit ihren Siedepunkten zusammengestellt.

Tabelle 4.4. Siedetemperaturen verschiedener Gase, die für die Krypton- und Xenongewinnung von Bedeutung sind

Stoff	Siedetemperatur in K
N_2	77,4
Ar	87,3
O_2	90,2
CH_4	111,7
Kr	120,0
CF_4	145
Xe	165,5
N_2O	184,5
C_2H_6	184,6

Als noch wenig Großluftzerleger existierten, baute man Anlagen, nur um Krypton und Xenon zu gewinnen [S 1]. Als aber Hüttenindustrie und chemische Großbetriebe zur Deckung ihres großen Sauerstoffbedarfes bedeutende Luftmengen verarbeiten mußten, lag es nahe, die zwangsläufig in der oberen Säule von Doppelsäulenrektifikatoren auftretende Anreicherung von Krypton und Xenon im Sauerstoff als Vorstufe für die weitere Aufkonzentrierung dieser Edelgase zu verwenden.

Bild 4.38 zeigt die dafür meistens angewandte Methode. Durch Anordnung einiger Böden unter der Entnahmestelle für gasförmigen Sauerstoff in der oberen Säule eines Luftzerlegers kann erreicht werden, daß einerseits wenig Krypton in dem produzierten Sauerstoff verlorengeht, andererseits die Flüssigkeit im Hauptkondensator auf ca. 50 ppm Krypton angereichert wird. Ein kleiner Teil der produzierten Sauerstoffmenge wird aus dem Hauptkondensator flüssig entnommen und mit Hilfe einer Pumpe *1* durch einen Adsorber *2*, der einen großen Teil der Kohlenwasserstoffe zurückhält, auf den Kopf einer ersten Kryptonsäule *3* gefördert. Aus dieser wird am unteren Ende eine wesentlich kleinere, aber mit Krypton bereits auf ca. 2000 ppm = 0,2% angereicherte Menge flüssigen Sauerstoffs entnommen, während oben fast kryptonfreier Sauerstoff entweicht und dem Sauerstoffproduktstrom beigegeben wird. Die in der Säule aufsteigenden Dämpfe entstehen in einem mit kondensierender Niederdruckluft geheizten Verdampfer *4*. Die kondensierte Luft wird nach Abdrosselung in die obere Säule eingespeist. Der mit Krypton und Xenon, aber auch mit

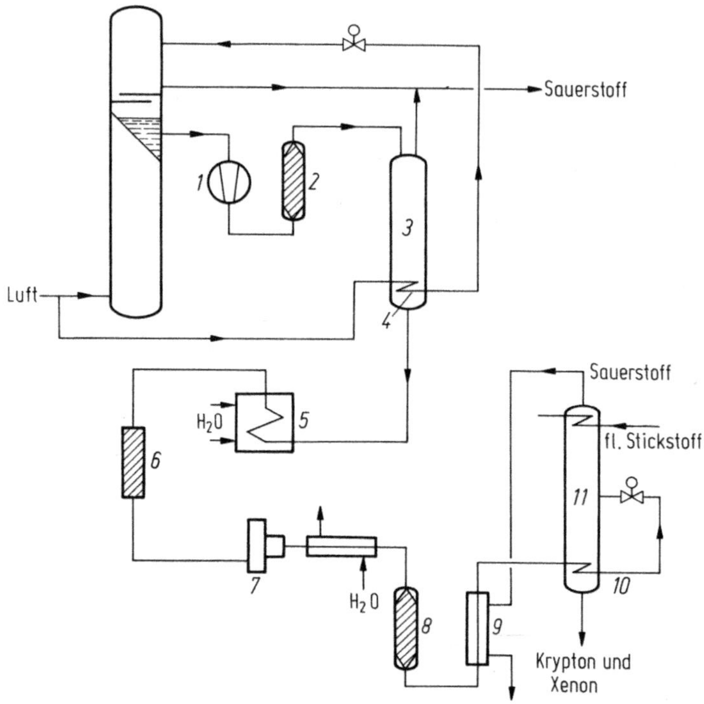

Bild 4.38. Verfahren zur Gewinnung eines Sauerstoffgemisches mit ca. 45% Krypton und Xenon

dem Rest der Kohlenwasserstoffe angereicherte kleine Sauerstoffstrom wird total verdampft (*5*) und über einen Katalysator *6* geleitet, wobei die Kohlenwasserstoffe bis auf Spuren zu Kohlendioxid und Wasserdampf oxidieren. Nach Verdichtung (*7*) und Abführung der Kompressionswärme werden Wasserdampf und Kohlendioxid in einem Molekularsiebadsorber *8* entfernt und der krypton- und xenonhaltige Sauerstoff in einem Gegenströmer *9* tiefgekühlt, im Verdampfer *10* der zweiten Kryptonanreicherungssäule verflüssigt und in die Mitte der Säule *11* eingespeist. Aus ihr kann dann unten eine sehr kleine Menge mit einer Konzentration von ca. 45% Krypton und Xenon gewonnen werden, in der aber auch wieder die den Katalysator *6* und den Molekularsiebadsorber *8* passierenden Spuren unerwünschter Bestandteile enthalten sind, während oben krypton- und xenonfreier Sauerstoff abströmt und anschließend angewärmt wird. Die sehr kleine, mit Krypton und Xenon angereicherte Sumpffraktion wird in Kannen abgefüllt, aufgeheizt und in Stahlflaschen umgefüllt. Sie wird meist an einem anderen Ort weiterbehandelt, wohin auch von anderen Großsauerstoffanlagen mit Einrichtungen nach Bild 4.38 Gemische der gleichen Art transportiert werden.

Selbst wenn in einem Werk mehrere solcher auf ca. 45% Krypton und Xenon angereicherter Fraktionen zusammentreffen, ist deren Gesamtmenge so klein, daß ein kontinuierlicher Betrieb der für die Weiterverarbeitung nötigen Einrichtungen nicht sinnvoll ist.

Man läßt daher die Rektifiziersäule der nächsten Reinigungsstufe diskontinuierlich nacheinander zwei Reinigungsaufgaben erfüllen. Zunächst wird das Gemisch verflüssigt und in die Säule eingespeist. Durch Heizung des Sumpfes mit elektrischem Strom werden zuerst die Hauptmengen an Stickstoff, Argon und Sauerstoff ausgetrieben. Dann wird der Kondensator mit verdampfendem Sauerstoff gekühlt, wodurch die Krypton-Xenon-Rektifikation eingeleitet wird. Sie wird so betrieben, daß oben reinstes Krypton und unten weitgehend kryptonfreies Xenon abgezogen werden kann, welches allerdings noch meßbare Mengen Stickstoff, Sauerstoff, Argon, Stickoxid, Kohlenwasserstoffe und Kohlendioxid enthält. Um zu vermeiden, daß der Schmelzpunkt des Kryptons (116 K) am oberen Säulenende unterschritten wird, muß der Druck des im Kondensator verdampfenden Sauerstoffs auf mindestens 9 bar (118 K) eingestellt werden.

Das Roh-Xenon wird verdampft, mit Wasserstoff versetzt, über einen Kupferkontakt geleitet und anschließend im Molekularsieb getrocknet. Die jetzt noch im Xenon enthaltenen Verunreinigungen werden in einer weiteren kleinen Rektifikationssäule über Kopf abgetrieben, so daß das Sumpfprodukt die gewünschte Reinheit von über 99,99% Xenon hat.

Enthält die Luft, aus der neben Sauerstoff und Stickstoff auch Krypton und Xenon gewonnen werden sollen, einige ppm Methan, empfiehlt es sich, dem unteren Abschnitt der oberen Säule eine sogenannte Methan-Bypass-Säule parallel zu schalten (Bild 4.39) [S 7]. Mit ihrer Hilfe kann erreicht werden, daß der größte Teil des Methans mit dem gasförmigen Sauerstoffprodukt V_2 entweicht.

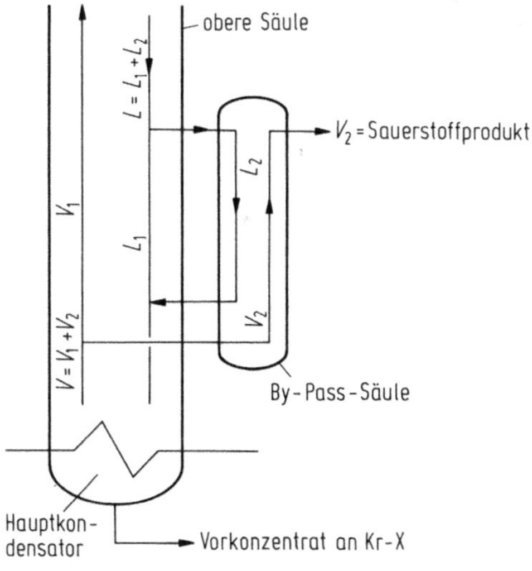

Bild 4.39. Anordnung zur Vermeidung der Methananreicherung im Sauerstoff bei der Gewinnung von Krypton und Xenon

In dieser Bypass-Säule wird das Verhältnis L_2/V_2 kleiner als das Verhältnis L_1/V_1 in der oberen Säule eingestellt. Da Krypton und Xenon höhere Siedepunkte besitzen als Methan, reicht die Flüssigkeitsmenge L_2 zwar aus, um Krypton und Xenon nach unten mitzunehmen, nicht aber das leichterflüchtige Methan.

Eine andere Methode, die zwangsläufig gleichzeitig stattfindende Anreicherung von Kohlenwasserstoffen und schweren Edelgasen in Gegenwart hoher Sauerstoffkonzentration zu vermeiden, besteht darin, den Sauerstoff durch ein inertes Gas zu ersetzen. Sollen in ein und derselben Luftzerlegungsanlage Argon und die schweren Edelgase gewonnen werden, so läßt sich das Krypton-Xenon-Vorkonzentrat mit Hilfe von Gas aus der Roh-Argon-Säule strippen. Dadurch werden die Edelgase und die Kohlenwasserstoffe in Gegenwart von Argon aufkonzentriert, wodurch die Explosionsgefahr erheblich vermindert wird.

5 Gewinnung von Ethylen

Von H. Linde

5.1 Einleitung

Ethylen als der leichteste Kohlenwasserstoff mit Doppelbindung zwischen zwei Kohlenstoffatomen ist einer der wichtigsten Ausgangsstoffe der Petrochemie zur Weiterverarbeitung in Kunststoffe und Lösungsmittel. Im Kapitel 10 „Anwendung der verflüssigten und der durch Zerlegung gewonnenen Gase" wird hierauf eingegangen. Ethylen ist unter Normalbedingungen gasförmig. Sein Siedepunkt beträgt 169,5 K. Es kommt in der Natur nicht rein vor, es entsteht vielmehr gemeinsam mit anderen meist gasförmigen Stoffen durch die Verarbeitung fossiler Brennstoffe bei hohen Temperaturen. Rein kann daher Ethylen nur durch Zerlegung von Gasgemischen gewonnen werden. Hierfür sind Gaszerlegungsanlagen, die bei tiefen Temperaturen arbeiten, in hohem Maße geeignet.

Es sind viele unterschiedliche Methoden zur Erzeugung ethylenhaltiger Gasgemische vorgeschlagen, entwickelt und angewandt worden. Von ihnen hat sich aus wirtschaftlichen Gründen im wesentlichen nur die Hochtemperaturpyrolyse von Erdöl-Kohlenwasserstoffen oder von Ethan und Propan in Röhrenöfen durchgesetzt. Die Hochtemperaturpyrolyse besteht im Cracken von Kohlenwasserstoffen unter Heißdampfeinsatz bei Temperaturen von 800 bis 850 °C bei einem Druck von etwa 2 bar.

Es entsteht dabei ein Gemisch aus vielen Komponenten, die möglichst alle mit unterschiedlicher Reinheit gewonnen werden sollen. Das Gasgemisch wird zunächst „gequencht", d. h. rasch unter Abgabe seiner Hitze zur Hochdruckdampferzeugung abgeschreckt, dann schrittweise auf Umgebungstemperatur abgekühlt, wobei schwerere Kohlenwasserstoffe und Wasser ausgeschieden werden. Die für die Hochtemperaturpyrolyse und das Quenchen erforderlichen Anlagen und Apparate werden als der sogenannte „heiße Teil" der Ethylenanlagen bezeichnet. Ihm folgt, beginnend mit der Kompression des Gasgemisches auf 30 bis 35 bar, der sogenannte „kalte Teil". In diesem wird das Gasgemisch zerlegt. Heißer und kalter Teil sind eng miteinander verflochten, wie im Abschnitt 5.6 erläutert wird. Auf eine ausführliche Beschreibung der Vorgänge im „heißen Teil" muß aber in einem Buch über Tieftemperaturtechnik verzichtet werden. Sie sind mehrfach dargestellt worden u. a. in [D 1, G 1]. Dagegen bedarf der „kalte Teil" einer ausführlichen Darstellung in diesem Buch.

Zuvor muß aber noch in groben Zügen auf die Entwicklungsgeschichte der Ethylenanlagen eingegangen werden. Sie ist eng verbunden mit der Entwicklung der Zerlegung anderer Gasgemische als Luft, vor allem mit der des Koksofengases, die in der Einleitung zu Kapitel 7 behandelt wird [B 3].

Schon während des Ersten Weltkrieges wurde bei der Badischen Anilin- und Soda-Fabrik in Ludwigshafen erörtert, im Anschluß an eine dort zu errichtende Kokerei das dabei entstehende Koksofengas zu zerlegen und daraus die wertvollen Bestandteile Ethylen und Methan zu gewinnen. Auf einen ähnlichen Vorschlag nahm schon 1914 Bronn [B 5] von der Rombacher Hütte ein Patent. Allerdings wurden diese Ideen erst einige Jahre später durch eine Versuchsanlage bei der Firma Concordia in Oberhausen verwirklicht, mit der 300 m_n^3/h = 13,4 kmol/h Koksofengas zerlegt wurden. Zwar gelang damit keine vollständige Gastrennung, aber die Ergebnisse ermutigten dazu, solche Bemühungen fortzusetzen.

Wesentlich vollkommener arbeitete die von der Gesellschaft für Linde's Eismaschinen, heute Linde AG, in den Jahren 1925 und 1926 errichtete Anlage zur Zerlegung von Koksofengas, die den Beginn des Baues weiterer Anlagen immer größerer Leistung und Ausmaße darstellte. Auch errichtete man bald zusätzliche Ethylengewinnungsanlagen, die die aus dem Koksofengas erhaltene ethylenhaltige Fraktion verarbeiteten. Die beim Bau solcher Anlagen zur Zerlegung von Koksofengas und zur Gewinnung von reinem Ethylen erzielten Erfolge beruhten hauptsächlich auf der vertieften Erkenntnis von vielen Einzelvorgängen bei der Zerlegung und der damit ermöglichten genaueren Berechnung der Anlagen.

Dies trug dazu bei, daß man schließlich in der Lage war, praktisch jedes Gasgemisch in beliebige gewünschte Fraktionen bei hohen Ansprüchen an die Reinheit zu zerlegen.

Wenn auch heute aus den im Kapitel 7 erörterten Gründen die Zerlegung von Koksofengas und der daraus gewonnenen Ethylenfraktion praktisch bedeutungslos geworden ist, so ist sie doch insofern ein Vorbild geblieben, als die beim Bau und Betrieb der hierfür benötigten Anlagen gesammelten Erfahrungen und die hierfür entwickelten Berechnungsmethoden sinngemäß auch auf die Tieftemperaturzerlegung von Hochtemperaturpyrolyse-Spaltgasen übertragen werden können.

Im Deutschen Reich der 30er Jahre wollte man von importierten Kohlenwasserstoffen unabhängig sein und suchte nach einheimischen Ethylenquellen. Die großen Ferngasmengen des Ruhrgebietes, welche im wesentlichen die Summe vorgereinigter Koksofengasströme aus mehreren Kokereien waren, boten sich dazu an. Angesichts des relativ niedrigen Ferngasleitungsdrucks von 10 bar lag der Gedanke nahe, zur Voranreicherung des Ethylens Regeneratoren einzusetzen, zumal diese auch relativ billige Heizflächen darstellten [B 4].

Da aber Koksofengas nur 1 bis 2% Ethylen enthält, hat man sich in den 50er Jahren um Ausgangsgemische mit einem höheren Ethylengehalt bemüht. Bei der bereits erwähnten Hochtemperaturpyrolyse von Naphtha oder Ethan und Propan entstehen viel ethylenreichere Gasgemische. Aus diesen kann Ethylen erheblich billiger abgetrennt werden als aus Koksofengas.

Verschiedene wichtige chemische Zwischen- oder Endprodukte, wie z. B. Acetaldehyd, Vinychlorid und Vinylacetat, wurden in den 50er Jahren aus Acetylen hergestellt, andere dagegen wie Polyethylen und Ethylenglykol aus Ethylen. Es wurden daher um diese Zeit mehrere Spaltprozesse entwickelt, mit denen aus Erdölfraktionen meist unter Einsatz von Sauerstoff Gasgemische erzeugt wurden, die sowohl Acetylen wie auch Ethylen mit ähnlichen Konzentrationen enthielten. In diesen Gemischen waren auch kleinere, aber nicht vernachlässigbare Mengen an höheren Acetylenen enthalten. Um Explosionen zu vermeiden, mußten diese Bestandteile vor der Zerlegungsanlage entfernt werden. Dies geschah z. B. durch Gaswäschen, bei denen als Waschmittel die Rohölfraktion diente, die anschließend zur Gaserzeugung gecrackt wurde. Bei der Gaszerlegung mußte auf den hohen Schmelzpunkt des Acetylens

(191,7 K) Rücksicht genommen werden. Für die Abtrennung des Acetylens aus den Spaltgasen wurden Waschmittel eingesetzt, die hohe Selektivität für Acetylen aufweisen (Dimethylformamid, Aceton u. a.). Ein Teil des vom Acetylen befreiten Gases wurde durch Tiefkühlung kondensiert und die Kondensate durch Rektifikation getrennt.

Die Entwicklung von chemischen Verfahren zur Gewinnung von Acetaldehyd, Vinylchlorid und Vinylacetat aus Ethylen führte dazu, daß die meisten Anlagen zur gleichzeitigen Gewinnung von Acetylen und Ethylen stillgelegt wurden.

Um so größere Anlagen wurden zur Erzeugung von Ethylen gebaut. Es wird daher im folgenden auf die Beschreibung der älteren sehr komplizierten Verfahren zur gleichzeitigen Reindarstellung von Acetylen und Ethylen verzichtet.

Das eingangs genannte Verfahren der thermischen Spaltung in Röhrenöfen dagegen nahm weltweit einen ungeheuren Aufschwung. Der Tieftemperaturtechnik fiel dabei die Aufgabe zu, große Gasmengen mit vielen Komponenten so zu zerlegen, daß möglichst alle Fraktionen als Rohstoffe für die Weiterverarbeitung dienen konnten. Es wäre nämlich weder wirtschaftlich noch ökologisch vertretbar, größere Mengen gesättigter und ungesättigter Kohlenwasserstoffe entweder in die Luft entweichen zu lassen oder Flüsse damit zu belasten. Hierin unterscheiden sich Etylenanlagen u. a. von Luftzerlegern, aus denen große, nicht benötigte Stickstoffmengen ohne Schaden wieder in die Atmosphäre entweichen können.

5.2 Zusammensetzung der zu zerlegenden Gasgemische, die im „heißen Teil“ der Ethylenanlagen entstehen

Gasgemische, aus denen mit Hilfe von Tieftemperaturprozessen reines Ethylen gewonnen werden kann, entstehen, wie in der Einleitung zu diesem Kapitel bereits erwähnt, durch Pyrolyse, d. h. durch thermische Spaltung von Erdöl- oder Erdgasfraktionen bei hohen Temperaturen unter Zusatz von Wasserdampf. Die Zusammensetzung der so erhaltenen Gemische hängt von dem Einsatzstoff für die thermische Spaltung und den dabei auftretenden Temperaturen ab. Je höher die C-Zahl des Einsatzstoffes ist, desto mehr höhere Kohlenwasserstoffe entstehen neben den hauptsächlich erwünschten Bestandteilen Ethylen und Propylen. In Tabelle 5.1 sind typische Analysen für Gasgemische angegeben, wie sie bei der Spaltung von Gasöl, Naphtha, Propan und Ethan entstehen. Dabei wurden die Kohlenwasserstoffe mit vier und mehr C-Atomen nicht einzeln genannt. Auch der Gehalt an Kohlendioxid, Schwefelwasserstoff und Wasserdampf ist der Übersichtlichkeit wegen nicht angegeben. In der Petrochemie werden die Gaszusammensetzungen im allgemeinen in Gewichtsprozenten angegeben. Abweichend davon empfiehlt es sich, für Gaszerlegungsprozesse die Zusammensetzung in Mol-% anzugeben. Denn diese sind den Partialdrücken der Gasbestandteile proportional, welche für die Berechnung von Gaszerlegungsprozessen ausschlaggebend sind. Es leuchtet ein, daß die Gaszerlegungsanlage um so komplizierter sein muß, je mehr Komponenten das Rohgas enthält und umgekehrt. Aus diesem Grunde sind Anlagen zur Zerlegung von Gasölspaltgas teurer als solche für die Verarbeitung von Naphthaspaltgas und diese wieder teurer als solche für die Zerlegung von Propan- oder Ethanspaltgas (s. Abschnitt 5.6).

Tabelle 5.1. Typische Zusammensetzung von Gasgemischen, die in Ethylenanlagen zerlegt werden müssen [G 1]

Komponente	Siedepunkt K	Gasölspaltgas Mol-%	Naphtaspaltgas Mol-%	C_3H_8-Spaltgas Mol-%	C_2H_6-Spaltgas Mol-%
H_2	20,4	11,1	12,5	15,1	34,2
$CO + N_2$	77,4 (N_2)	0,5	0,1	0,5	0,1
CH_4	111,7	26,8	26,8	30,9	8,4
C_2H_2	189,6	0,4	0,4	–	0,2
C_2H_4	169,5	25,3	29,3	26,0	31,1
C_2H_6	184,6	4,4	4,2	3,0	24,2
C_3H_6	225,5	12,7	12,3	11,8	0,9
C_3H_8	230,9	0,4	0,4	11,1	0,1
C_4-Kohlenwasserstoffe	261,5 (i-C_4H_{10})	8,2	7,0	1,6	0,8
Pyrolysebenzin	$\leqq 473$	7,1	7,0		
Pyrolyseöl	$\geqq 473$	3,1	–	–	
Σ		100,0	100,0	100,0	100,0

5.3 Die wichtigsten verfahrenstechnischen Schritte der Gaszerlegungsanlagen zur Ethylengewinnung

Wegen der Vielzahl der Komponenten olefinhaltiger Spaltgase und der hohen Anforderungen an die Reinheit der daraus zu isolierenden Komponenten sind die angewandten Zerlegungsverfahren sehr verwickelt. Es ist deshalb ratsam, die wichtigsten verfahrenstechnischen Schritte vor der Beschreibung der Gesamtschemata herauszustellen.

5.3.1 Die Kombination von Teilkondensation und Rektifikation

Das Grundprinziß, das in Ethylengewinnungsanlagen angewandt wird, ist die Kombination von Teilkondensation und Rektifikation. Das Ausgangsgemisch, meistens Rohgas genannt, wird in einem Wärmeaustauscher abgekühlt. Hierbei verflüssigt sich ein Teil, der in einem Abscheider vom Gas getrennt und durch nachfolgende Rektifikation zerlegt wird (Bild 5.1). Das aus dem Abscheider entweichende Gas ist dann das Rohgas für eine weitere ähnliche Trennanordnung.

Sofern aus der Rektifikationssäule noch keine reinen Produkte gewonnen werden können, folgen weitere Rektifikationsschritte nach.

5.3.1.1 Teilkondensation

In Tabelle 5.1 sind neben der Bezeichnung der Bestandteile deren Siedepunkte in Spalte 2 angegeben. Die leichteste Komponente, der Wasserstoff, siedet bei 20,4 K, die schwerste bei ca. 500 K. Dazwischen liegen mit größeren oder kleinerem Abstand voneinander die Siedepunkte der anderen Komponenten. Dies bedeutet, daß sich das Gas schon bei relativ hohen Temperaturen am Taupunkt befindet. Deshalb bildet sich bei dessen Abkühlung eine ständig zunehmende Flüssigkeitsmenge (Teilkondensation). Dabei enthält bereits der erste entstehende Flüssigkeitstropfen Teile aller Komponenten, die im Gasgemisch enthalten sind. Seine Zusammensetzung ist allerdings sehr verschieden von der des Gases in der Weise, daß die schweren (hochsieden-

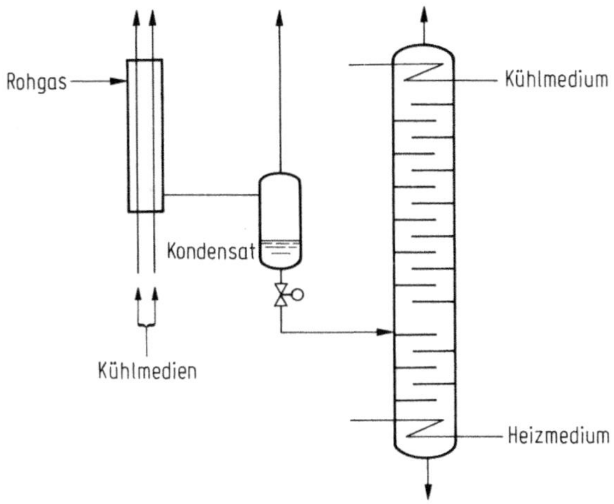

Bild 5.1. Kombination von Teilkondensation und Rektifikation

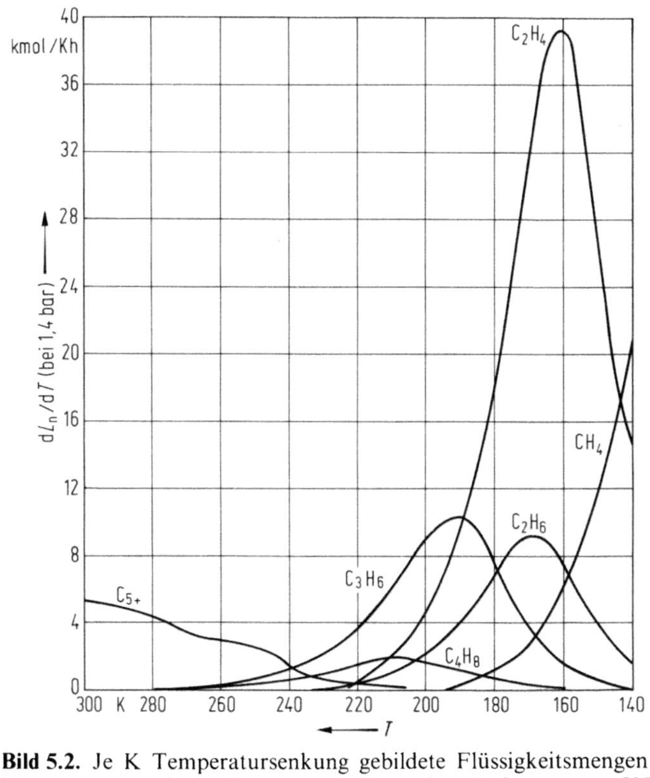

Bild 5.2. Je K Temperatursenkung gebildete Flüssigkeitsmengen der verschiedenen Rohgaskomponenten bei geschlossener Kondensation. Rohgasmenge 5000 kmol/h, Druck 1,4 bar

den) Komponenten angereichert und die leichten (tiefsiedenden) verdünnt sind. Der letzte kondensierende Tropfen dagegen enthält nur noch verdünnt die schweren Komponenten, während in ihm die leichten angereichert sind. Die physikalischen Grundlagen sowie die Verfahren, nach denen die Kondensation und Verdampfung von Gemischen berechnet werden können, sind im Kapitel 3 behandelt. Wie in vielen Zerlegungsanlagen wird auch bei der Zerlegung ethylenhaltiger Gase der Kondensationsvorgang mehrmals unterbrochen. Man spricht in diesem Fall von fraktionierter Kondensation, denn es entstehen Kondensatfraktionen unterschiedlicher Zusammensetzung in dem Sinne, daß in den wärmeren Kondensaten die schweren Komponenten angereichert sind, während in den kälteren Kondensaten die leichteren Komponenten vorherrschen. In fast allen Fällen wird auf vollständige Verflüssigung verzichtet. Es wird vielmehr aus der Zerlegungsanlage eine gasförmige Restfraktion entnommen, die im wesentlichen aus Wasserstoff und Methan besteht.

Von den in Tabelle 5.1 angeführten Gasgemischen hat das Gasölspaltgas den höchsten Taupunkt, gefolgt von Naphthaspaltgas, Propan- und Ethanspaltgas. Unter dem Druck von 1 bis 2 bar, bei dem die meisten Spaltprozesse zur Gewinnung ethylenhaltiger Gasgemische ablaufen, verflüssigen sich schon bei der Abkühlung auf Umgebungstemperatur aus den genannten Gründen erhebliche Mengen an höheren Kohlenwasserstoffen. Nach Abtrennung dieser Kohlenwasserstoffe stellt das jeweils verbleibende Gasgemisch, das sich in einem neuen Sättigungszustand befindet, das Rohgas für die Tieftemperaturzerlegung dar. Zunächst muß dieses Gas auf einen Druck von 30 bis 35 bar verdichtet werden. Durch diese Druckerhöhung verschiebt sich die Kondensation der Komponenten von tiefen zu weniger tiefen Temperaturen. Die beiden Bilder 5.2 und 5.3 machen dies deutlich. Sie zeigen den nicht unterbrochenen Kondensationsvorgang einer Rohgasmenge von 5000 kmol/h = 112000 m_n^3/h bei 1,4 bar und 35 bar mit der vereinfachten Zusammensetzung:

	Mol-%
H_2	15,0
CH_4	24,8
C_2H_4	28,1
C_2H_6	7,3
C_3H_6	9,7
C_4H_8	4,4
C_{5+}-Kohlenwasserstoffe	10,7
	Σ 100,0

Als Abszisse ist die Temperatur, als Ordinate der Differentialquotient dL_n/dT, d. h. die sich je Grad Temperatursenkung und je Stunde ausscheidende Menge der n-ten Komponente in kmol/K h aufgetragen. Dabei ist jeweils vorausgesetzt, daß sich das Gas vor der Abkühlung unter 300 K gerade am Taupunkt befindet. Während bei 1,4 bar noch relativ große Mengen an Kohlenwasserstoffen mit 5 und mehr Kohlenstoffatomen (C_{5+}) zwischen 300 und 220 K auskondensieren, erscheint bei 35 bar nur noch eine unbedeutende Kondensatmenge von C_{5+}-Kohlenwasserstoffen, weil diese zum größten Teil schon in den Zwischenkühlern des Rohgaskompressors auskondensiert worden sind. Der Rest der C_{5+}-Kohlenwasserstoffe kondensiert fast vollständig gemeinsam mit C_4H_8 aus. Für alle anderen Bestandteile zeigt der Vergleich der Bilder 5.2 und 5.3, wie stark sich der jeweilige Kondensationsverlauf bei

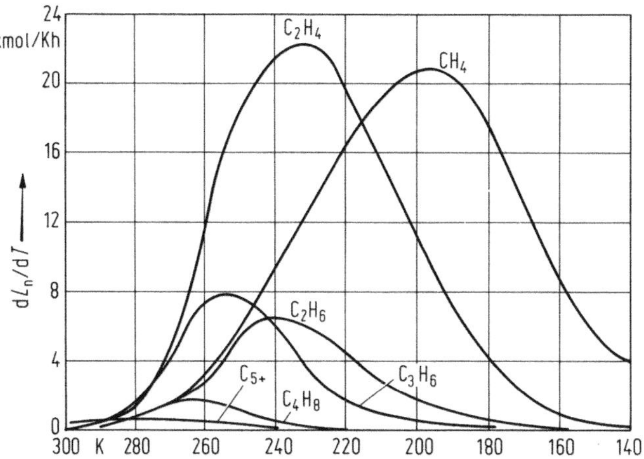

Bild 5.3. Je K Temperatursenkung gebildete Flüssigkeitsmengen der verschiedenen Rohgaskomponenten bei geschlossener Kondensation. Rohgasmenge 5000 kmol/h, Druck 35 bar

35 bar gegenüber dem bei 1,4 bar zu wesentlich höheren Temperaturen hin verschoben hat. So liegt z. B. das Maximum der Kondensation von Ethylen unter 35 bar bei 233 K, unter 1,4 bar dagegen bei 161 K. Während unter 35 bar die Methankondensation bei 140 K weitgehend abgeschlossen ist, hat sie unter 1,4 bar bei derselben Temperatur erst begonnen. Die Maximalwerte der Kurven für C_3H_6, C_2H_6 und C_2H_4 sind bei 1,4 deutlich größer als bei 35 bar. Die zuletzt erörterten Unterschiede in der Höhe der Maximalwerte bei verschiedenen Drücken bedeuten daher auch, daß niedrigerer Druck zwar die Trennung der Komponenten bei der fraktionierten Kondensation begünstigt; aber dieser Vorteil ist gering gegenüber dem Nachteil, daß die Kondensationswärme bei relativ niedrigen Temperaturen abgeführt werden muß, was „teuren" Kälteeinsatz bedeutet. Die Anwendung des höheren Drucks bei der Kondensation spart daher Energie für die Kälteerzeugung. Eine weitere Steigerung des Rohgasdrucks über 35 bar hinaus in den Bereich des kritischen Drucks wäre hingegen nicht sinnvoll, weil dadurch die Vorabtrennung durch die fraktionierte Kondensation wesentlich erschwert würde. Ähnliche Verhältnisse wie bei der in den Bildern 5.2 und 5.3 dargestellten kontinuierlichen Kondensation stellen sich auch bei der fraktionierten Kondensation ein, bei der der Vorgang unterbrochen wird, um Kondensate verschiedener Zusammensetzung, sogenannte Fraktionen, entnehmen zu können.

5.3.1.2 Rektifikation

Die meisten Komponenten des Rohgases sollen in hoher Reinheit gewonnen werden. Deshalb genügt die mangelhafte Trennschärfe der fraktionierten Kondensation nicht. Der fraktionierten Kondensation folgt daher die Rektifikation des vorher gewonnenen Kondensates. Bei Gasölspaltgas und Naphthaspaltgas erscheinen Rektifikationssäulen bereits im sogenannten „heißen" Teil der Ethylenanlagen, d. h. bei Temperaturen, die wesentlich höher sind als die Umgebungstemperatur. Im „kalten" Teil — wenn man diesem alle verfahrenstechnischen Schritte zurechnet, die mit der Kompression des Rohgases beginnen und sich mit Kondensation bei sinkender Temperatur und Rektifikation bis zur Reindarstellung der Komponenten fortsetzen – müssen an mehreren Stellen Kondensate in nachfolgenden Rektifikationssäulen zerlegt werden. In Bild 3.5 ist das Gleichgewicht siedender Kohlenwasserstoffe bei nahezu atmosphärischem Druck dargestellt. Bei höheren Drücken sind die „Siedelinsen" dünner (analog Bild 3.4) und die Gleichgewichtskurven verlaufen in der vereinfachten Darstellung nach Bild 3.6 näher an der 45°-Geraden. Dies bedeutet eine Erschwerung für die Trennung. Aber die Gleichgewichtskurven haben auch unter Drücken bis zu 30 bar noch genügend Abstand von der 45°-Geraden, um die Bestandteile durch Rektifikation zerlegen zu können. Am ungünstigsten liegen die Verhältnisse bei der Propylen-Propan- und der Ethylen-Ethan-Trennung, die daher einen relativ hohen Aufwand erfordern.

Die Wahl des Verfahrensdrucks ist für die einzelnen Säulen in gewissen Grenzen frei, wie aus der Beschreibung der Verfahren 5.4.1 und 5.4.2 zu erkennen ist. Um Druckerhöhungen innerhalb des Tieftemperaturverfahrens und damit Pumpen für flüssige und Kompressoren für gasförmige Zwischenprodukte zu vermeiden, wird der Druck der ersten Säule niedriger als der des Rohgases festgesetzt, der Druck der zweiten Säule niedriger als der der ersten Säule usw. Da mit dem Verfahrensdruck und der Zusammensetzung der Säulenprodukte die Temperaturen für Kopf und Sumpf der Säule festliegen, müssen die Kühlmittel für die Erzeugung der erforderlichen Rücklaufmengen und die Heizmedien für die aufsteigenden Dämpfe entsprechend ausgewählt werden. Im warmen Teil werden die Verdampfer meist mit Wasserdampf beheizt und die Kondensatoren mit Wasser gekühlt. Im kalten Teil bedient man sich bei der Sumpfheizung der Kondensation von C_3-Kohlenwasserstoffen oder von Ethylen unter höherem Druck, für die Kondensatorkühlung der Verdampfung derselben Medien unter niedrigerem Druck (s. hierzu Abschnitte 5.4.1 und 5.4.2).

5.3.2 Rohgaskompression

Die Entstehung der Olefine in der thermischen Spaltung von Kohlenwasserstoffen wird durch niedrigen Druck begünstigt. Deshalb arbeiten die Spaltöfen bei Drücken von 1 bis 2 bar. Zur weiteren Erniedrigung der Kohlenwasserstoff-Partialdrücke wird Wasserdampf zugesetzt. Das Gas, welches nach Verlassen der Spaltöfen unter Erzeugung von Hochdruckdampf abgeschreckt (gequencht) wird, ist daher wasserdampfhaltig. Weil es außerdem – sofern Gasöl oder Naphtha gespalten wird – reich an höheren Kohlenwasserstoffen ist, kondensieren bei seiner schrittweisen Abkühlung bis auf Umgebungstemperatur große Mengen Pyrolyseöl, Pyrolysebenzin und Wasser. Wie in Abschnitt 5.3.1 erläutert wurde, wird das Rohgas auf 30 bis 35 bar verdichtet. Um einen starken Temperaturanstieg bei der Rohgaskompression zu vermeiden, welcher zur Polymerisation mancher Kohlenwasserstoffarten führen kann, wird das Gas meist 5-stufig komprimiert (Bild 5.4) [B 2] und nach jeder Stufe gekühlt. Da das Rohgas mit Wasserdampf und Kohlenwasserstoffen gesättigt ist, entstehen nach jeder Kompressionsstufe in den Zwischenkühlern und in dem Endkühler große Kondensatmengen, die in Abscheidern aufgefangen werden. Man kann also auch hier von einer fraktionierten Kondensation sprechen, weil getrennte Kondensatfraktionen entstehen. Ähnlich wie bei der fraktionierten Kondensation unter Abkühlung bei konstantem Druck haben die Kondensate, die unter unterschiedlichem Druck, aber bei etwa der gleichen Temperatur gebildet werden, verschiedene Zusammensetzung. Die

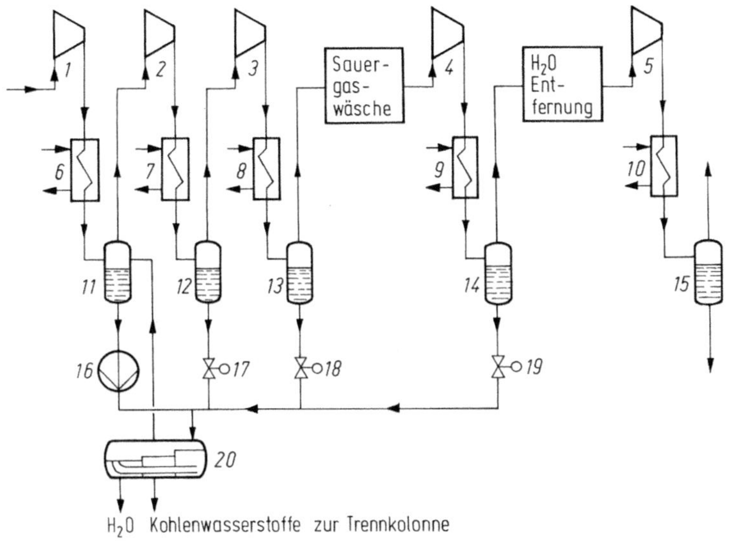

Bild 5.4. Rohgaskompression mit Zwischen- und Endkühlern sowie Kondensatabscheidern. *1* bis *5* 1. bis 5. Kompressionsstufe, *6* bis *9* 1. bis 4. Zwischenkühler, *10* Endkühler, *11* bis *15* Kondensatabscheider, *16* Flüssigkeitspumpe, *17* bis *19* Drosselventile, *20* Trennkessel

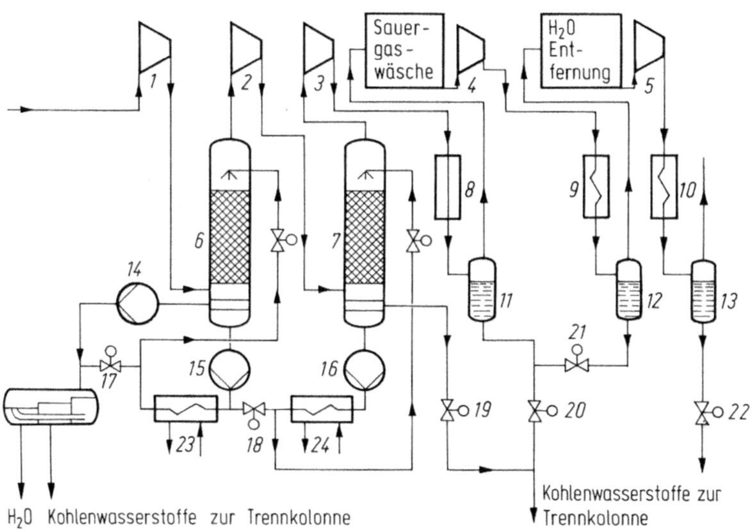

Bild 5.5. Rohgaskompression unter Verwendung von Rieselkühlern für die Zwischenkühlung bei den unteren Kompressionsstufen. *1* bis *5* 1. bis 5. Kompressionsstufe, *6*, *7* Rieselkühler, *8*, *9* Zwischenkühler, *10* Endkühler, *11* bis *13* Kondensatabscheider, *14* Pumpe für flüssige Kohlenwasserstoffe, *15*, *16* Wasserumlaufpumpen, *17* bis *22* Drosselventile, *23*, *24* Wärmeaustauscher zur Kondensatunterkühlung

Niederdruckkondensate sind reicher an schweren Komponenten, die Hochdruckkondensate dagegen reicher an leichteren. Das erste Stufenkondensat wird in einen Trennkessel gepumpt, das zweite, dritte und vierte Stufenkondensat wird auf den Druck des Trennkessels entspannt. Das bei der Entspannung entstehende Gas wird dem Rohgas zur Weiterverdichtung wieder zugeführt. Die Flüssigkeit trennt sich in Wasser und Kohlenwasserstoffe, da diese kaum ineinander löslich sind. Wegen ihres kleineren spezifischen Gewichtes gegenüber Wasser werden die Kohlenwasserstoffe oben, das Wasser unten abgenommen. Das Wasser findet als sogenanntes Prozeßwasser in der Spaltung wieder Verwendung, die Kohlenwasserstoffe werden in einer sogenannten Stabilisierungskolonne durch Rektifikation in eine schwerere und eine leichtere Fraktion zerlegt. Die schwerere Fraktion, die neben C_4- und C_5-Kohlenwasserstoffen bereits C_3- und C_2-Kohlenwasserstoffe enthält, wird weiter zerlegt. Die leichtere wird als Gas dem Rohgaskompressor wieder zugeführt. Für die Zwischenkühlung werden an Stelle von Röhrenkühlern mit Abscheidern auch Kühlwasser-Waschkolonnen verwendet [S 1]. Sie haben einen deutlich geringeren Strömungswiderstand als jene, was zu einer Einsparung von etwa 10% der Verdichterarbeit führt. Die entsprechende Anordnung zeigt Bild 5.5.

5.3.3 Sauergasentfernung aus dem Rohgas

Im Spaltgas sind Kohlendioxid und Schwefelwasserstoff, die Sauergase genannt werden, mit einer Konzentration von ca. 0,1 Mol-% enthalten. Beide Komponenten würden den weiteren Zerlegungsprozeß stören und dürfen in den Endprodukten nicht vorkommen. Kohlendioxid würde durch Anreicherung bei tiefen Temperaturen zu Verlegungen führen, teilweise in das Ethylen gelangen und seine weitere Verarbeitung behindern. Schwefelwasserstoff würde das Ethylen und vorwiegend die C_3-Fraktion verunreinigen. Es wirkt korrodierend und vergiftet Katalysatoren, die für die Weiterverarbeitung dieser Fraktion vorgesehen sind.

Aus ökonomischen Gründen werden diese Komponenten durch Absorption nach dem Zwischenkühler der dritten oder vierten Kompressorstufe entfernt. Bei kleinen Anlagen (unter ca. 100000 t Ethylen/Jahr) ist dafür eine Wäsche mit 5 bis 15%iger Natronlauge üblich. Bei Großanlagen, insbesondere bei hohen Schwefelgehalten der Rohgase arbeitet man, um einen hohen Natronlaugeverbrauch zu vermeiden, mit einer regenerativen Vorwäsche. Als Waschmittel eignen sich Monoethanolamin (MEA) oder Alkazid, die Kohlendioxid und Schwefelwasserstoff in einer Waschsäule absorbieren; das Waschmittel wird dann angewärmt, in einer Regenerierkolonne durch Heizen und Strippen von den gelösten Sauergasen befreit und nach einer Kühlung der Waschkolonne wieder zugeführt. Das abgestrippte Sauergas wird im allgemeinen in einer Muffel verbrannt und danach den Rauchgasen der Cracköfen zugemischt. Es kann auch ohne weitere Aufbearbeitung einer Claus-Anlage zugeführt werden.

5.3.4 Trocknung des Rohgases

Wie bereits erwähnt, ist das Spaltgas durch den Zusatz von Wasserdampf in der Spaltung nach den Kühlern der einzelnen Kompressorstufen wasserdampfgesättigt. Das Wasser würde unter 0 °C zu Wassereisverlegungen führen und auch mit einigen

Kohlenwasserstoffen schon oberhalb 0 °C Hydrate bilden, die Verlegungen verursachen. Dieses Wasser kann adsorptiv oder absorptiv entfernt werden. Bei der adsorptiven Trocknung bei ca. 15 °C, die nach der letzten Kompressorstufe vorzunehmen ist, werden Molekularsiebe oder Tonerdegel verwendet.

Bei einer Wäsche mit Glykol kann das Wasser bereits nach einer früheren Stufe des Spaltgasverdichters entfernt werden. Die in den folgenden Prozeßschritten anfallenden Kondensate sind dann weitgehend trocken und können dem Kälteteil der Anlage zur weiteren Aufarbeitung zugeführt werden.

Bei Anwendung einer Glykolwäsche muß das Spaltgas bei einer Temperatur von ca. —15 °C adsorptiv nachgetrocknet werden, da der in der Glykolwäsche erreichte Restgehalt an Wasserdampf von ca. 5 ppm noch zu Verlegungen bei tieferen Temperaturen führen würde. Wegen des geringen restlichen Wasserdampfgehaltes können diese Trockner klein ausgeführt werden und haben eine entsprechend lange Laufzeit.

5.3.5 Acetylenhydrierung

Ethylen, welches zu Polyethylen oder anderen Kunststoffen weiterverarbeitet werden soll, darf nur wenige ppm Acetylen enthalten. Der Siedepunkt des Acetylens (189,6 K) liegt dem des Ethans sehr nahe (184,6 K). Deshalb kondensiert Acetylen gemeinsam mit den C_2-Kohlenwasserstoffen aus und müßte dann z. B. durch Rektifikation vom Ethylen getrennt werden. Die saubere rektifikatorische Trennung des Dreistoffgemisches Ethylen, Ethan und Acetylen scheitert aber an Azeotropien derartiger Gemische. Man muß daher zur Acetylenentfernung andere Methoden anwenden. Zeit-

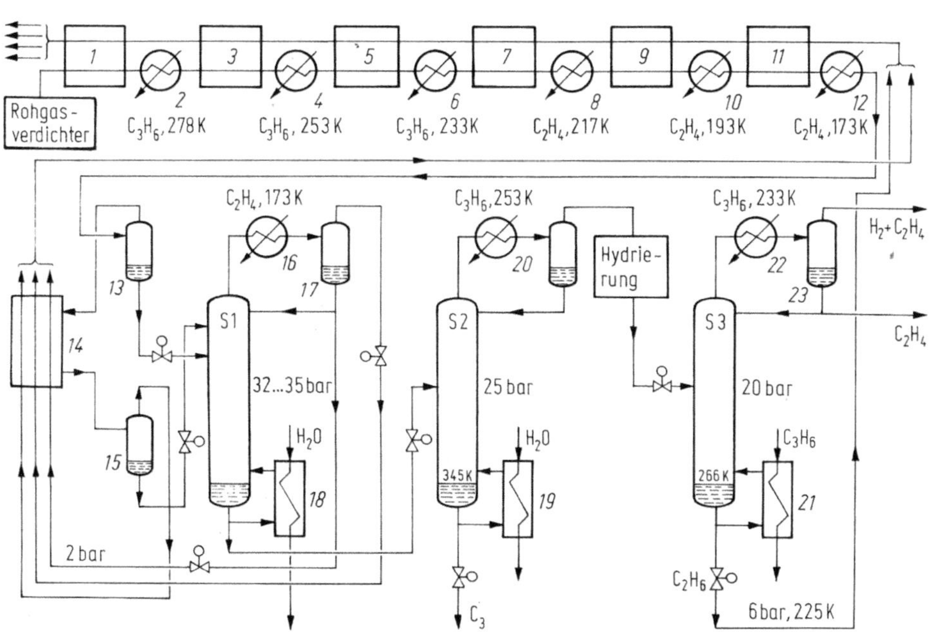

Bild 5.6. Verfahren von Lummus sowie Stone & Webster (Erläuterungen s. Text)

weise wurden hierzu Tieftemperatur-Waschverfahren mit Aceton angewandt, welches bei tiefen Temperaturen Acetylen viel stärker löst als Ethylen. Seit der Entwicklung geeigneter Katalysatoren hat sich aber die Hydrierung von Acetylen zu Ethylen und Ethan durchgesetzt. Allerdings empfiehlt es sich, möglichst wenig Bestandteile des Rohgases, die drei und mehr Kohlenstoffatome enthalten, durch die Hydrieranlage zu leiten, weil solche Kohlenwasserstoffe den Katalysator beeinträchtigen. Deshalb trennt man sie zuerst ab und leitet entweder (s. Verfahren 5.4.2) das von schweren Kohlenwasserstoffen befreite Rohgas oder (s. Verfahren 5.4.1) sogar erst die nur aus Ethylen, Ethan und Acetylen bestehende Sumpffraktion der C_1-C_2-Trennkolonne der Acetylenhydrierung zu. Weil aber die Abtrennung der C_3-Kohlenwasserstoffe bei niedrigen Temperaturen und die Hydrierung des Acetylens jedoch zwischen 50 und 120 °C an Palladiumkatalysatoren vor sich geht, wird beim Verfahren 5.4.2 das aus H_2, CH_4, C_2H_4, C_2H_6 und C_2H_2 bestehende Gemisch, beim Verfahren 5.4.1 das aus C_2H_4, C_2H_6 und C_2H_2 bestehende Gemisch aus der Tieftemperaturanlage herausgeführt und angewärmt. Nach der Hydrierung wird das Gemisch wieder abgekühlt und bei tieferen Temperaturen weiter zerlegt. Der zur Acetylenhydrierung erforderliche Wasserstoff steht im zuerst genannten Fall ohnedies im Gasgemisch zur Verfügung, im anderen Fall muß Wasserstoff zugesetzt werden.

5.4 Der kalte Teil von Ethylengewinnungsanlagen

Für die Zerlegung des den Rohgaskompressor und dessen Nachkühler verlassenden Rohgases werden z. Zt. hauptsächlich zwei Verfahren angewandt, die im folgenden erläutert werden sollen.

5.4.1 Verfahren von Lummus sowie von Stone & Webster (Bild 5.6)

Bei dem Verfahren von Lummus sowie Stone & Webster verzichtet man weitgehend auf fraktionierte Abtrennung mehrerer Kondensate, sondern führt bei etwa 35 bar eine ununterbrochene Kondensation, wie in Bild 5.6 dargestellt, bis zu einer sehr tiefen Temperatur durch. Das Rohgas wird unter Ausnützung der fühlbaren Kälte der Zerlegungsprodukte in den Wärmeaustauschern *1*, *3*, *5*, *7*, *9* und *11* und mit Hilfe von verdampfendem Propylen und Ethylen in den Wärmeaustauschern *2*, *4*, *6*, *8*, *10* und *12* bis auf wenige Grade über der Temperatur der kältesten Ethylenstufe von 173 K abgekühlt. Während dieser Abkühlung nimmt die Kondensatmenge ständig zu. Das im Austauscher *1* gebildete Kondensat tritt mit dem Gas in Austauscher *2* ein, in dem sich dann bei der weiteren Abkühlung die Kondensatmenge vergrößert und die Gasmenge abnimmt. Dies wiederholt sich in den weiteren Austauschern *3* bis *12*, bis nach dem Austauscher *12* Gas und Flüssigkeit im Abscheider *13* voneinander getrennt werden. Da das aus dem Abscheider *13* entweichende Gas noch Ethylen enthält, muß es im Austauscher *14* noch weiter abgekühlt werden. Dabei entsteht einerseits eine gasförmige wasserstoffreiche Fraktion und andererseits eine flüssige Fraktion, die neben einer hohen Methankonzentration möglichst viel Ethylen enthält. Während das im wesentlichen aus Wasserstoff und Methan bestehende Restgas unter Abgabe seiner fühlbaren Kälte durch die Austauscher *14*, *11*, *9*, *7*, *5*, *3* und *1* zurückströmt und danach die Tieftemperaturanlage verläßt, werden die große, wärmere Kondensatfraktion aus Abscheider *13* und die kleinere, kältere Kondensatfraktion aus Abscheider *15* der Methankolonne *S1* (Demethanizer) zugeführt. Sie hat die Aufgabe, zwischen Methan und Ethylen möglichst scharf zu schneiden. Dies bedeutet, daß den Sumpf der Säule *S1* eine nur noch Spuren von Methan enthaltende C_2-, C_3-, C_4- und C_5-Fraktion verläßt und über Kopf eine weitgehend C_2-freie Kopffraktion entweicht, die hauptsächlich aus Methan besteht. Aus dieser Fraktion bildet sich im ethylengekühlten Kondensator *16* eine Flüssigkeit, von der ein Teil als Rücklauf in die Säule zurückgeführt wird. Ein Teil des im Abscheider *17* anfallenden Kondensates verdampft nach Entspannung auf 2 bar im Austauscher *14* und erzeugt damit die zur Bildung des kalten Kondensates im Abscheider *15* erforderliche Spitzenkälte. Nach weiterer Anwärmung in den Austauschern *11*, *9*, *7*, *5*, *3* und *1* wird diese Fraktion als Heizgas verwendet. In der Ethansäule *S2* (Deethanizer) wird unter 25 bar ein möglichst scharfer Schnitt zwischen C_2- und C_3-Kohlenwasserstoffen vollzogen. Die aufsteigenden Dämpfe werden in einem mit Wasserdampf beheizten Verdampfer (*19*) erzeugt und der Rücklauf in einem mit Propylen gekühlten Kondensator (*20*) gebildet. Die Sumpffraktion wird in weiteren Kolonnen in die gewünschten Fraktionen zerlegt. Gasförmig verläßt die aus Ethylen, Acetylen und Ethan bestehende Kopffraktion die Ethansäule *S2* und muß nun von Acetylen durch dessen Hydrierung befreit werden (s. Abschnitt 5.3.5).

Die acetylenfreie Ethylen-Ethan-Fraktion, welche allerdings nach der Acetylenhydrierung wieder etwas Wasserstoff und Methan enthält, wird in der Säule *S3* bei 20 bar in Ethan und hochreines Ethylen zerlegt. Während der Sumpf mit kondensierendem Propylen (*21*) geheizt wird, wird der Kopf mit bei 1,4 bar verdampfendem Propylen (*22*) gekühlt. Um die kleinen, soeben erwähnten Mengen an Wasserstoff und Methan aus dem Ethylenprodukt zu entfernen, wird nach der Kondensation des Ethylens aus dem Abscheider *23* etwas Gas entnommen, welches neben Wasserstoff und Methan noch Ethylen enthält. Um seinen Verlust zu vermeiden, wird dieses Gemisch nach Anwärmung dem Rohgas wieder zugeführt. Das hochreine Ethylenprodukt wird einige Böden unterhalb des Kopfes der Kolonne flüssig entnommen. Die Versorgung der Anlage mit den erforderlichen Kältemengen bei verschiedenen Temperaturen wird in Abschnitt 5.5 behandelt.

5.4.2 Verfahren der Linde AG (Bild 5.7)

Im Verfahren der Linde AG bedient man sich in viel stärkerem Maße als bei dem soeben beschriebenen Verfahren der fraktionierten Kondensation. Bei der Abkühlung von Umgebungstemperatur bis auf ca. 175 K werden Gas und Kondensat sechsmal voneinander getrennt. Die ersten drei Kondensate enthalten nahezu alle C_3- und höheren Kohlenwasserstoffe, aber auch schon leichtere Kohlenwasserstoffe. Sie werden an drei verschiedenen Stellen in die C_2-C_3-Säule *S1* eingespeist; die kälteren Kondensate jeweils weiter oben, die wärmeren weiter unten. Mit dem dritten Kondensat tritt auch das weiter zu zerlegende Rohgas in den oberen Teil der C_2-C_3-Säule ein. Durch den im Kondensator gebildeten Rücklauf wird es von C_3-Resten weitgehend befreit. Die Flüssigkeit im Sumpf, der mit Wasserdampf beheizt wird, entspricht in ihrer Zusammensetzung etwa der Sumpfflüssigkeit von Säule *S2* bei Verfahren nach Lummus und Stone & Webster. Das entnommene Sumpfprodukt wird daher wie bei dem genannten Verfahren weiter durch Rektifikation in die gewünsch-

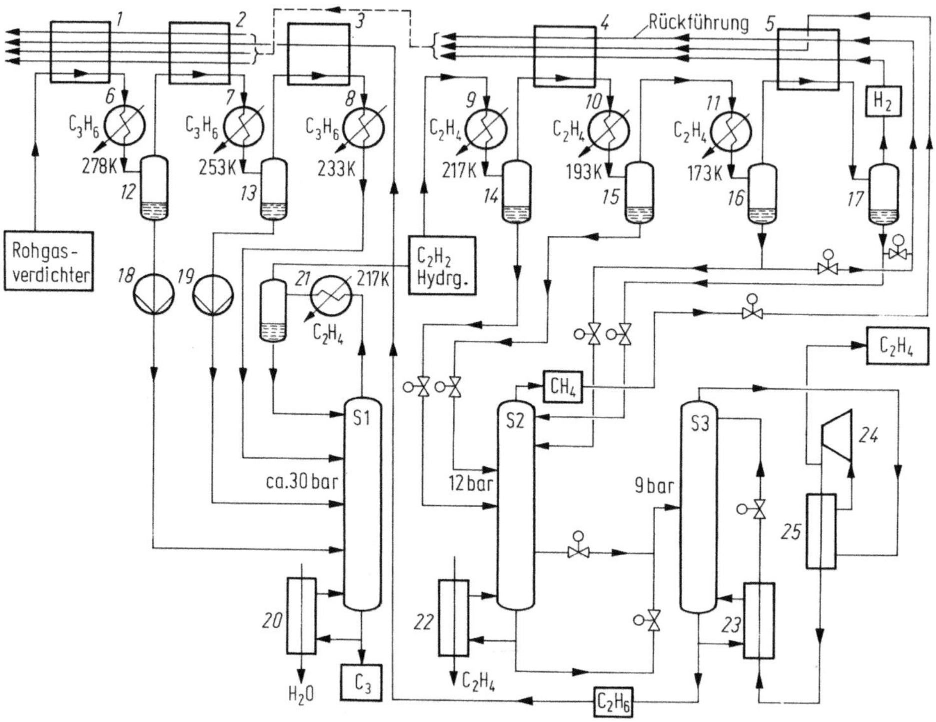

Bild 5.7. Verfahren der Linde AG. *1* bis *5* Wärmeaustauscher, *6* bis *8* Propylenverdampfer, *9* bis *11* Ethylenverdampfer, *12* bis *17* Kondensatabscheider, *18*, *19* Flüssigkeitspumpen, *S 1* C_2-C_3-Säule, *S 2* Methansäule, *S 3* Ethylensäule, *20* Verdampfer der C_2-C_3-Säule, *21* Kondensator der C_2-C_3-Säule, *22* Verdampfer der Methansäule, *23* Verdampfer der Ethylensäule, *24* Ethylenkreislaufverdichter, *25* Ethylenkreislaufgegenströmer

ten Produkte Propylen, Propan, C_4- und C_5-Kohlenwasserstoffe zerlegt (s. auch Abschnitt 5.7). Das aus Wasserstoff, Methan, Ethylen, Acetylen und Ethan bestehende Kopfprodukt der Säule *S1* wird der Acetylenhydrierung zugeführt (s. Abschnitt 5.3.5). Auch bei der weiteren Kühlung werden die Kondensate getrennt aufgefangen. Das letzte, kälteste Kondensat wird zum Teil zur Erzeugung von Spitzenkälte im kältesten Rohgas-Wärmeaustauscher unter ca. 2 bar verdampft, anschließend in den übrigen Rohgas-Wärmeaustauschern angewärmt und als sogenannte Rückführung dem zu verdichtenden Rohgas beigemischt. Der andere Teil des letzten, kältesten Kondensates wird der Methansäule *S2* zugeführt. Die getrennte Einspeisung der Kondensate in die unter 12 bar arbeitende Säule *S2* erleichtert die Zerlegung. Die Säule benötigt keinen Kondensator, weil die kälteren Kondensate so methanreich und ethylenarm sind, daß sie selbst als ausreichender Rücklauf dienen und dadurch einen nennenswerten Verlust von Ethylen durch Entweichen in die gasförmige Methanfraktion verhindern können. Der Säulensumpf wird mit kondensierendem Ethylen so beheizt, daß die hier gewonnene C_2-Fraktion nur noch Spuren von Methan enthält, welche — obwohl sie bei der anschließenden Ethylen-Ethan-Rektifikation ins Ethylen gelangen — unter der Grenze des Zulässigen bleiben. Unter

Tabelle 5.2. Zusammensetzung und Mengen der durch die Gaszerlegungsanlage gewonnenen Fraktionen (Verfahren 5.4.2)

	Rohgas Mol-%	Restgas-Fraktion Mol-%	CH_4-Fraktion Mol-%	C_2H_4-Fraktion Mol-%	C_2H_6-Fraktion Mol-%	C_3-Fraktion Mol-%	C_4-Fraktion Mol-%	C_{5+}-Fraktion Mol-%
H_2	12,5	85,3	3,7	—	—	—	—	—
$CO + N_2$	0,1	0,5	0,1	—	—	—	—	—
CH_4	26,8	14,2	95,7	0,02	—	—	—	—
C_2H_2	0,4	—	—	—	—	—	—	—
C_2H_4	29,3	—	0,5	99,94	0,8	—	—	—
C_2H_6	4,2	—	—	0,04	98,4	0,2	—	—
C_3H_6	12,3	—	—	—	0,7	96,2	1,1	—
C_3H_8	0,4	—	—	—	0,1	3,1	0,2	—
C_4-Kohlenwasserstoffe	7,0	—	—	—	—	0,5	97,8	0,9
Crackbenzin	7,0	—	—	—	—	—	0,9	99,1
Σ	100,0	100,0	100,0	100,0	100,0	100,0	100,0	100,0
Menge (kmol/h)	4635,5	627,0	1214,5	1340	216,3	587,4	325,8	324,5
Druck (bar)	1,2	ca. 30	ca. 11	ca. 18	ca. 9	ca. 12	ca. 3	ca. 1

ca. 9 bar werden Ethylen und Ethan in der Säule *S3* voneinander so weitgehend getrennt, daß das Kopfprodukt nur noch Spuren von Ethan enthält und daher die Anlage als reinstes Produkt verläßt. Das Ethan hingegen wird nach Verdampfung und Anwärmung in einem Spaltofen zu Ethylen und Wasserstoff gecrackt und dem Rohgas zugemischt. Die in der Säule *S3* aufsteigenden Dämpfe werden im Verdampfer durch kondensierendes Ethylen erzeugt, welches nach Abdrosselung als Rücklauf dient. Der Ethylenkreislauf, in dem Reinst-Ethylen zirkuliert, dient, wie aus Abschnitt 5.5 hervorgehen wird, bei diesem Verfahren nicht nur der Deckung des Kältebedarfes, sondern der Schaffung von Rektifikationsbedingungen in der Ethylensäule, d. h. deren Versorgung mit Rücklaufflüssigkeit und aufsteigenden Dämpfen bei den für den Zerlegungsdruck charakteristischen Temperaturen am Kopf und im Sumpf dieser Säule.

Tabelle 5.2 zeigt die Gasbilanz in Mol-% für den Fall, daß Naphthaspaltgas verarbeitet wird. Die in der vorletzten Zeile angegebenen Mengen in kmol/h entsprechen einer Anlagenleistung von 300000 Jahrestonnen Reinst-Ethylen bei 8000 Betriebsstunden.

5.5 Die Deckung des Kältebedarfs

Hier gilt grundsätzlich, was in Abschnitt 4.3 über den Kältebedarf bei der Luftzerlegung ausgeführt worden ist. Durch kälteerzeugende Einrichtungen müssen die Umgebungs- und Austauschverluste gedeckt werden sowie zusätzlich Kälte für die Gewinnung flüssiger Produkte bereitgestellt werden, soweit diese Produkte nicht mit Hilfe von Kühlwasser verflüssigt werden können. Im allgemeinen werden alle C_3- und schwereren Kohlenwasserstoffe im flüssigen Aggregatzustand gewonnen, während Ethylen, Ethan und Methan gasförmig weiterverarbeitet werden. Lediglich zur Zwischenlagerung wird häufig ein Teil des gewonnenen Ethylens verflüssigt, wozu dann Kälte auf dem entsprechenden Temperaturniveau zur Verfügung stehen muß. Damit der Kältebedarf so klein wie möglich bleibt, geben die Zerlegungsprodukte, soweit sie die Trennapparate gasförmig und mit Temperaturen unter der Umgebungstemperatur verlassen, ihre fühlbare Kälte in Wärmeaustauschern an das Rohgas ab. Diese werden so dimensioniert, daß die für die Austauschverluste maßgebende

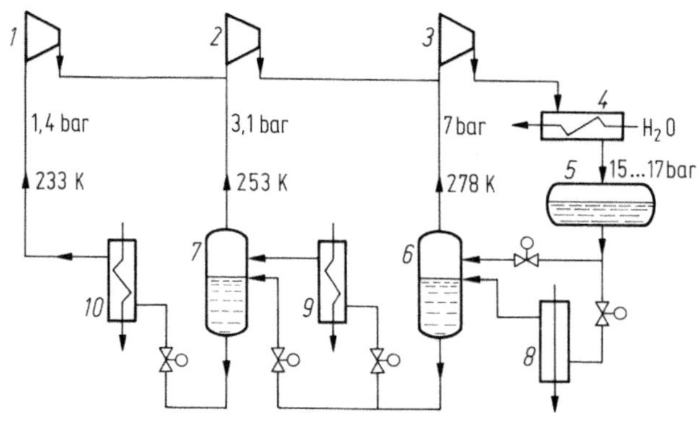

Bild 5.8. Der C_3-Kältekreislauf. *1* bis *3* Stufen des C_3-Verdichters, *4* C_3-Verflüssiger, *5* Sammelflasche, *6*, *7* Abscheider, *8* Verbraucher von Kälte bei 278 K, *9* Verbraucher von Kälte bei 253 K, *10* Verbraucher von Kälte bei 233 K

Temperaturdifferenz am warmen Ende möglichst klein gehalten wird. Umgebungsverluste werden durch Isolierung der Apparete, Rohrleitungen und Ventile mit wärmedämmenden Materialien weitgehend vermieden.

Als zusätzliche Kältequellen dienen Kompressionskälteanlagen, in denen Kältemedien zirkulieren, welche als reine Komponenten aus dem Rohgas gewonnen werden, hauptsächlich Propylen für den ersten Teil der Abkühlung und Ethylen für die Erzeugung tieferer Temperaturen. Spitzenkälte wird durch eine stark methanhaltige Fraktion erzeugt, die im Falle des Verfahrens der Linde AG nach ihrer Verdampfung und Anwärmung zur Erhöhung der Ethylenausbeute in das Rohgas vor Eintritt in den Rohgaskompressor zurückgeführt wird. In Sonderfällen werden an deren Stelle auch Methankreisläufe eingesetzt.

5.5.1 Der C_3-Kältekreislauf (Bild 5.8)

In ihm zirkuliert ein Gemisch aus Propylen und Propan mit einer Zusammensetzung, wie sie sich aus der Analyse des hydrierten Kopfproduktes der C_3-C_4-Rektifikation ergibt, nachdem die in ihm noch enthaltenen höheren Acetylene durch Hydrierung in Olefine oder Paraffine umgewandelt worden sind. In der Mehrzahl der Fälle enthält dieses Gemisch 90 bis 95% Propylen und als Rest Propan. Ein 3-stufiger Verdichter saugt das Kreislaufmedium in der 1. Stufe bei ca. 1,4 bar, in der 2. Stufe bei 3,1 bar, in der letzten bei ca. 7 bar an und verdichtet es auf einen Druck von 15 bis 17 bar. Unter diesem Druck kann es unter Abgabe der Kondensationswärme an Kühlwasser im Wärmeaustauscher *4* verflüssigt werden. Das aus der Sammelflasche *5* abfließende flüssige Kältemittel wird auf 7 bar entspannt und kann danach diejenigen Verbraucher (*8*) im Gesamtprozeß versorgen, die Kälte von 278 K benötigen. Das verdampfte Kältemittel sowie der nicht verbrauchte Anteil werden dem Abscheider *6* zugeführt. Aus diesem werden nach Entspannung auf 3,1 bar Verbraucher (*9*) von Kälte von 253 K beliefert. Dabei bildet sich wieder Dampf und es verbleibt ein Rest von flüssigem Kältemittel. Letzteres dient nach Entspannung auf 1,4 bar als Kältequelle für diejenigen Verbraucher (*10*), die Kälte bei 233 K benötigen. Nach Verdampfung wird dieser Teilstrom der 1. Kompressorstufe zugeführt. Entsprechend werden aus den Abscheidern *7* und *6* die bei 3,1 und 7 bar verdampften Kältemittelströme der 2. und 3. Kompressorstufe zugeleitet. Die 1. Stufe steht unter geringem Überdruck, damit nicht Luft angesaugt wird. Das Druckverhältnis ist in allen Stufen nahezu gleich.

5.5.2 Der Ethylenkreislauf (Bild 5.9)

Für die Erzeugung von Temperaturen, wie sie für die Ausscheidung des Ethylens aus dem Rohgas nötig sind, eignet sich das ohnedies in reiner Form zu gewinnende Ethylen mit seiner Siedetemperatur von 169,5 K bei 1 bar. Da seine kritische Temperatur 282,8 K beträgt, läßt es sich durch Abführung der Kondensationswärme an normaltemperiertes Kühlwasser nicht verflüssigen. Es werden daher zu seiner Verflüssigung teils verdampfendes Propylen, teils bei niedrigen Temperaturen verdampfende Sumpfflüssigkeiten verwendet. Auf diese Weise liefert der Ethylenkreislauf nicht nur Kälte bei den erwünschten Temperaturen von 173, 193 und 217 K, sondern im Falle des Verfahrens der Linde AG auch Wärme für die Erzeugung der Dämpfe, die in der

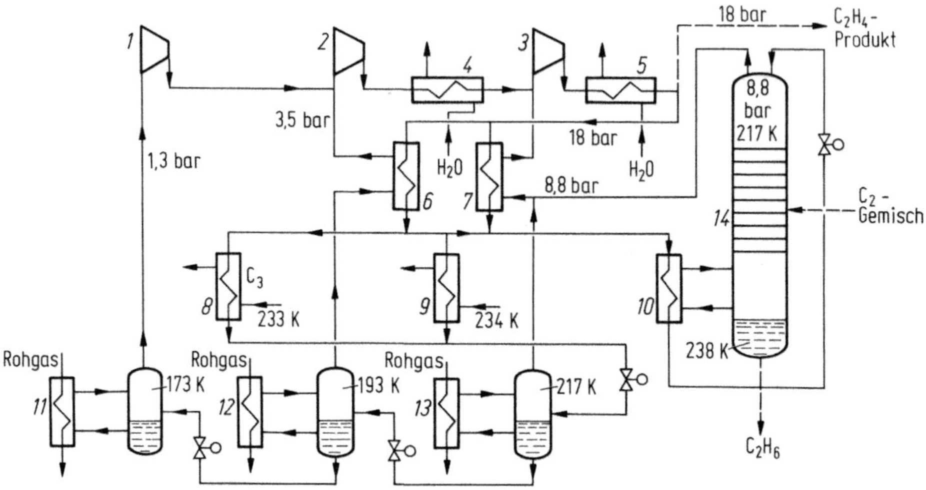

Bild 5.9. Der Ethylenkreislauf. *1* bis *3* Stufen des Ethylenverdichters, *4* Zwischenkühler, *5* Endkühler, *6*, *7* Gegenströmer, *8* C_3-Verdampfer, *9* Verdampfer für Sumpfflüssigkeit der Methansäule, *10* Verdampfer der Ethylensäule, *11* bis *13* Rohgaskühler, *14* Ethylensäule

Methansäule und Ethylensäule aufsteigen und stellt demnach eine Wärmepumpe dar. Im übrigen ähnelt die Schaltung des Ethylenkreislaufes der des C_3-Kreislaufes. Auch hier wird mit Hilfe einer 3-stufigen Kompression durch die Wahl der Stufendrücke 1,3 bar, 3,5 bar und 8,8 bar erreicht, daß das Kältemittel entsprechend seiner Dampfdruckkurve bei den obengenannten Temperaturen verdampft und damit Kälte liefern kann. Beim Verfahren der Linde AG wird der Enddruck von etwa 18 bar so festgelegt, daß der größte Teil der Kreislaufmenge im Verdampfer *10* der Ethylensäule (238 K) verflüssigt werden kann. Der Rest wird dann bei der etwas tieferen Temperatur von 234 K im Verdampfer *9* der Methansäule und im Wärmeaustauscher *8* durch bei 233 K verdampfendes Propylen verflüssigt. Beim Verfahren der Firmen Lummus sowie Stone & Webster wird die gesamte Ethylenkreislaufmenge mit Hilfe von bei 233 K verdampfendem Propylen kondensiert. Die Verdampfung des Ethylens nach Abdrosselung bewirkt Abkühlung und Teilkondensation des Rohgases in den Wärmeaustauschern *11* bis *13*. Um die Kompressionsarbeit zu verringern, wird das Ethylen von der untersten Stufe des Kompressors kalt angesaugt. Bei den anderen Stufen wird das zum Kompressor zurückströmende kalte Gas dazu verwendet, das vom Kompressor kommende, auf 18 bar verdichtete Ethylen in den Wärmeaustauschern *6* und *7* vorzukühlen. Im Abschnitt 5.4.2 wurde bereits ausgeführt, daß der Ethylenkreislauf bei dem Verfahren der Linde AG den für die Ethylen-Ethan-Trennung erforderlichen hohen Rücklauf sowie die große aufsteigende Dampfmenge zu gewährleisten hat. Bei dem Verfahren von Lummus und Stone & Webster entfällt diese Aufgabe für den Ethylenkreislauf, weil dort wegen des höheren Verfahrensdrucks in der Ethylensäule Kopf- und Sumpftemperatur auf einem höheren Temperaturniveau liegen. Der aufsteigende Dampf wird dabei mit Hilfe von kondensierendem, die Rücklaufflüssigkeit mit verdampfendem C_3 erzeugt. Die Ethylensäule muß in diesem Falle einen Kondensator haben, der bei dem Verfahren der Linde AG entfallen kann.

5.5.3 Die Rückführung beim Verfahren der Linde AG

Wie früher bereits erläutert, reicht die Kühlung durch Ethylen, das unter nahezu atmosphärischem Druck verdampft nicht aus, um die ganze im Rohgas enthaltene Ethylenmenge auszukondensieren. Die dafür erforderliche Spitzenkälte wird beim Verfahren der Linde AG durch einen offenen Kältemittel-Gemischkreislauf erzeugt. Methanreiches Kondensat aus der letzten Rohgas-Kondensationsstufe verdampft nach Abdrosselung auf nahezu atmosphärischen Druck bei so tiefen Temperaturen unter langsamem Temperaturanstieg, daß damit das Rohgas praktisch bis zur restlosen Ethylenkondensation abgekühlt werden kann. Um einen eigenen Kältekreislauf für das C_1-C_2-Gemisch zu vermeiden, wird dieses nach Anwärmung auf Raumtemperatur zurückgeführt und vom Rohgaskompressor wieder angesaugt.

5.6 Arbeits- und Investitionsaufwand für die Ethylengewinnung sowie Anforderungen an die Reinheit des Ethylens

Eine Gesamtfabrik für die Erzeugung und Reindarstellung von Ethylen, Propylen und anderen wertvollen ungesättigten Kohlenwasserstoffen ist energie-autark. „Heißer" und „kalter" Teil sind dabei energetisch eng miteinander verflochten (Bild 5.10). Der Wärmebedarf der Spaltöfen für die Hochtemperaturpyrolyse wird durch Verbrennung von Spaltrückstandsöl und Restgas aus der Gaszerlegungsanlage gedeckt. Sowohl das dabei entstehende Rauchgas wie auch das in den Spaltöfen entstehende Rohgas enthalten so viel fühlbare Wärme bei hohen Temperaturen, daß damit überhitzter Hochdruckdampf und der notwendige Prozeßdampf erzeugt werden können. Während der Prozeßdampf dem Einsatz (Gasöl, Naphtha, Propan und Ethan) zugemischt wird, treibt der überhitzte Wasserdampf die Turbinen *1*, *2* und *3* an, die ihre Leistung an den Rohgasverdichter *4*, an die Kompressoren *5* und *6* für den Ethylen- und C_3-Kreislauf sowie an Flüssigkeitspumpen abgeben. Der Turbinen-

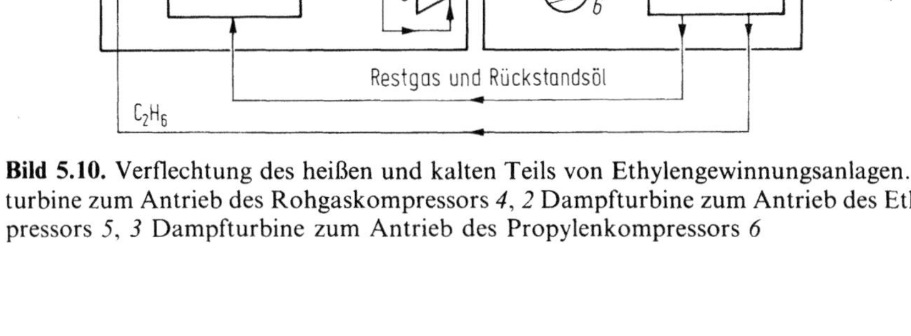

Bild 5.10. Verflechtung des heißen und kalten Teils von Ethylengewinnungsanlagen. *1* Dampfturbine zum Antrieb des Rohgaskompressors *4*, *2* Dampfturbine zum Antrieb des Ethylenkompressors *5*, *3* Dampfturbine zum Antrieb des Propylenkompressors *6*

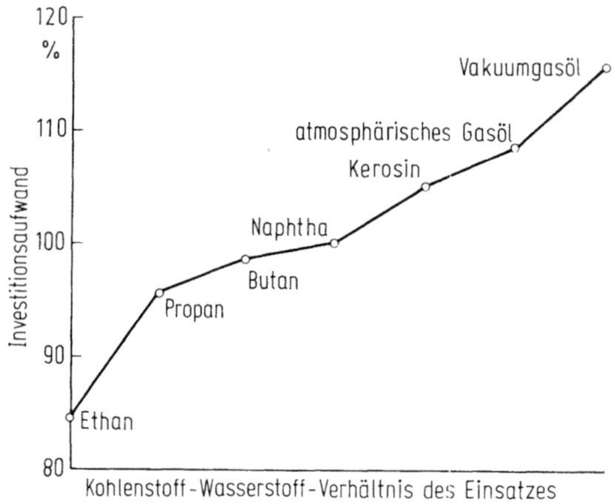

Bild 5.11. Relative Anlagenkosten für die Ethylengewinnung bei verschiedenen Einsatzstoffen (Naphtha = 100 %). Nach [K1]

abdampf wird, soweit erforderlich, in den Verdampfern derjenigen Trennkolonnen kondensiert, welche nicht mit kondensierenden Kältemitteln beheizt werden (s. Bilder 5.6 und 5.7). Die Gesamt-Antriebsenergie der drei Kompressoren beträgt ca. 0,7 bis 0,8 kWh/kg Ethylen; ca. 60 % entfallen auf den Rohgasverdichter, der Rest auf die Kältemittelverdichter. Während bei den Verfahren von Lummus sowie Stone & Webster der C_3-Verdichter ca. 25 % und der Ethylenverdichter ca. 15 % der Antriebsenergie verbrauchen, ist dies beim Verfahren der Linde AG gerade umgekehrt.

Im Abschnitt 5.2 wurde darauf hingewiesen, daß der Investitionsaufwand für Anlagen zur Ethylengewinnung vom Einsatz für die Hochtemperaturpyrolyse und von der Zusammensetzung des in ihr entstehenden Gasgemisches abhängt. Bezogen auf die gleiche Menge gewonnenen Ethylens ist der relative Investitionsaufwand um so größer, je höher die C-Zahl der Bestandteile des Einsatzes ist (Bild 5.11). Die Zerlegung ethylenreicherer Gasgemische mit wenigen Komponenten benötigt weniger apparativen Aufwand als die ethylenärmere mit mehr Komponenten (s. auch Tabelle 5.1). Entsprechendes gilt für die Ethylenherstellkosten. Bei diesen spielen aber der Preis des Einsatzes für die Hochtemperaturpyrolyse sowie die Bewertung der vielen Produkte der Anlage die entscheidende Rolle. Hierzu muß auf die zeitgenössische Literatur verwiesen werden u. a. [F 1, B 1].

Tabelle 5.3. Reinheitsgarantie für Ethylen

Komponenten		Garantiewerte	Komponenten		Garantiewerte
C_2H_4	Mol-%	>99,90	O_2	Mol-ppm	<5
CH_4	Mol-ppm	<1000	N_2	Mol-ppm	<100
C_2H_6	Mol-ppm	<500	S ges.	Mol-ppm	<2
C_2H_2	Mol-ppm	<5	H_2S	Mol-ppm	<1
C_3^+	Mol-ppm	<10	CH_3OH	Mol-ppm	<10
H_2	Mol-ppm	<10	NH_3	Mol-ppm	<1
CO	Mol-ppm	<2	H_2O	Mol-ppm	<10
CO_2	Mol-ppm	<5	Öl		ölfrei

An die Reinheit des gewonnenen Ethylens werden sehr hohe Anforderungen gestellt, denn die Verunreinigungen können bei der Weiterverarbeitung zu Betriebsstörungen oder Qualitätsminderung der zu gewinnenden Endprodukte führen. Tabelle 5.3 zeigt, welche Garantiewerte deshalb von Unternehmen der Petrochemie für die Reinheit des Ethylens gefordert werden.

5.7 Gewinnung von reinstem Propylen

Bei der Spaltung von Gasöl, Naphtha und Propan entstehen, wie Tabelle 5.1 zeigt, erhebliche Mengen von Propylen. Sein Polymerisat, das Polypropylen, ist ein begehrter Kunststoff. Um Propylen polymerisieren zu können, muß es aus der C_3-Fraktion rein gewonnen werden. Nach Tabelle 5.2 besteht die C_3-Fraktion im Falle der Spaltung von Naphtha aus ca. 0,2% Ethan, 96,2% Propylen, 0,5% C_4-Kohlenwasserstoffen und der Rest aus Propan. Soll reinstes Propylen gewonnen werden, so muß, was durch erhöhten Aufwand bei der C_2-C_3-Trennung möglich ist, die Sumpfflüssigkeit der Säule *S2* im Verfahren 5.4.1 oder die Säule *S1* in Verfahren 5.4.2 weitgehend ethanfrei sein, damit bei der anschließenden C_3-C_4-Rektifikation die C_3-Fraktion kaum mehr Ethan enthält. Durch Rektifikation lassen sich Propan und Propylen voneinander trennen, wobei die noch in der C_3-Fraktion enthaltenen C_4-Kohlenwasserstoffe mit dem Propan abgezogen werden. Die Propan-Propylen-Trennung ist sehr aufwendig, weil die Dampfdrücke beider Stoffe sich nur sehr wenig unterscheiden (s. Bild 1.2). Diese Trennung wird zusätzlich noch dadurch erschwert, daß bei der Spaltung auch Propin (ein C_3-Acetylen) und Propadien (ein Diolefin) entstehen, die eine ähnliche Fugazität wie Propan besitzen. Sie sind der Einfachheit halber in der Gasbilanz (Tabelle 5.2) nicht genannt. Man kann sie entweder mit Wasserstoff zu Propylen und Propan hydrieren, so daß in der Propylensäule nur noch Propylen und Propan getrennt zu werden brauchen, oder unter Verzicht auf eine sehr hohe Propylenausbeute in die Propanfraktion drängen, die in diesem Falle noch relativ viel Propylen enthält [B 1].

6 Verflüssigung und Zerlegung von Erdgas

Von H. Linde

6.1 Zusammensetzung verschiedener Erdgase

Dem Erdgas, einem der wichtigsten fossilen Energieträger, muß in einem Buch über tiefe Temperaturen ein ausführliches Kapitel gewidmet werden, denn es kann durch tieftemperatur-technische Verfahren ähnlich wie Luft (Kapitel 4) oder olefinhaltige Gasgemische (Kapitel 5) verflüssigt und zerlegt werden. Durch die Verflüssigung von Erdgas verringert sich sein Volumen gegenüber Normalbedingungen auf ein Sechshundertstel, wodurch der Transport über das Meer erst sinnvoll wurde. Durch Zerlegung von Erdgas können je nach seiner Zusammensetzung das Edelgas Helium oder die wichtigen Ausgangsstoffe Ethan und Propan für die Olefinerzeugung gewonnen werden. Dies bekam um die Mitte des 20. Jahrhunderts eine immer größere wirtschaftliche Bedeutung.

Erdgas gibt es an vielen Stellen unserer Erde. Meist steht es in den Lagerstätten und an den Bohrlöchern unter hohem Druck, was für die Verflüssigung und Zerlegung sehr vorteilhaft ist. Im Gegensatz zur Luft, die abgesehen von nur in Spuren enthaltenen Bestandteilen überall auf der Erde dieselbe Zusammensetzung hat, sind Erdgase von ganz unterschiedlicher Zusammensetzung und Qualität. Kriterien für die Qualität sind sein Heizwert, sein Gehalt an verwertbaren Bestandteilen, sein Druck und die Ergiebigkeit der Quelle, um die wichtigsten zu nennen.

Tabelle 6.1 zeigt die Zusammensetzung von verschiedenen Typen von Erdgasen. Es gibt — wie aus Zeile (1) entnommen werden kann — Erdgase mit einem nennenswerten Heliumgehalt (z. B. Gas (3) und Gas (4)). An manchen Stellen hat man einen Heliumgehalt von bis zu 8 % festgestellt. Verglichen mit dem Heliumgehalt der Luft (5,2 ppm) sind die obengenannten Werte außerordentlich hoch. Es ist daher viel lohnender, Helium aus Erdgas zu gewinnen als aus Luft.

Der an manchen Orten festgestellte Wasserstoffgehalt ist unbedeutend und lediglich dann lästig, wenn Helium gewonnen werden soll.

Stickstoff muß im Erdgas als Ballast angesehen werden. Er drückt nicht nur den Heizwert des Gases, sondern erschwert sowohl die Verflüssigung des Erdgases als auch seine Zerlegung. Die Erdgasanalysen in Tabelle 6.1 sind nach steigenden Stickstoffgehalten und damit nach sinkenden Heizwerten geordnet. Erdgas der Art (5) mit seinem sehr hohen Stickstoffgehalt gewann erst in den 70er Jahren an Interesse, als die Öl- und Erdgaspreise stark gestiegen waren und es sich lohnte, das Gas in eine Stickstoff- und eine Methanfraktion zu zerlegen, um mit der letzteren ein Gas von hohem Heizwert zu gewinnen.

Bei allen angeführten Erdgasen außer Nr. (5) ist Methan (CH_4) die entscheidende Komponente. Methan ist als gasförmiger, umweltfreundlicher Primärenergieträger mit hohem Heizwert besonders wertvoll, aber auch wegen seines hohen Wasserstoffanteils ein idealer Rohstoff für die Wasserstoffgewinnung.

Tabelle 6.1. Zusammensetzung verschiedener Erdgase

	Molgewicht	Siedepunkt K	Heizwert H_u kJ/mol	(1) Erdölbegleitgas Nordsee Mol-%	(2) Badak Borneo Mol-%	(3) Groningen/ Niederlande Mol-%	(4) Kansas USA Mol-%	(5) Clenze Norddtschld. Mol-%
He	4,003	4,3	—	—	—	0,05	2,0	Spuren
H_2	2,016	20,4	245,3	—	—	—	0,01	—
N_2	28,016	77,4	—	1,03	0,06	14,30	23,0	55 ... 70
CH_4	16,043	111,7	808,6	77,36	87,44	81,15	68,5	44 ... 29
C_2H_6	30,070	184,6	1448,3	11,77	4,51	2,9	3,5	0,6
C_3H_8	44,097	230,9	2116,1	8,29	2,84	0,7	2,5	—
C_{4+}	58,124	273	2761,5	1,19	2,21	—	—	—
$CO_2 + H_2S$	44/34	—	H_2S: 538,1	0,36	2,94	0,9	0,5 (bis 1)	0,4
Σ				100,00	100,00	100,00	100,00	100,00
Heizwert H_u (kJ/mol)				1004,8	894,1	714,2	658,2	365,0 (243,7)

Ethan (C_2H_6) ist ein sehr geeigneter Einsatzstoff für die schon in Kapitel 5 erörterte Hochtemperaturpyrolyse. Propan (C_3H_8) und Butan (C_4H_{10}) werden zusammen als sogenanntes LPG (liquid petroleum gas) zur Wärmegewinnung verbrannt. Propan wird aber auch ähnlich wie Ethan gecrackt, um Ethylen zu gewinnen.

Kohlendioxid (CO_2) muß nicht in jedem Fall bei der Erdgaszerlegung oder -verflüssigung stören, denn es löst sich in begrenztem Umfang in leichten Kohlenwasserstoffen. Es hängt von der Zusammensetzung des Erdgases, dem Erdgasdruck und der Zerlegungsaufgabe ab, ob Kohlendioxid vor der Tieftemperaturanlage z. B. durch eine Wäsche beseitigt werden muß. Wenn Erdgas Schwefelwasserstoff (H_2S) enthält, wird dieser zweckmäßigerweise gemeinsam mit Kohlendioxid entfernt.

Der Tieftemperaturtechnik fallen bei der Behandlung von Erdgas folgende drei Hauptaufgaben zu:

1. Möglichst vollständige Verflüssigung des Erdgases zum Zweck seines Transportes über das Meer. Dies geschieht meist nach Zerlegung in zwei Fraktionen, einer im wesentlichen aus Methan und Ethan (LNG = liquid natural gas) und einer im wesentlichen aus C_3 und höheren Kohlenwasserstoffen bestehenden (LPG-Fraktion = liquid petroleum gas) (Abschnitt 6.2). Auch in Peakshaving-Anlagen (Abschnitt 6.3) wird Erdgas möglichst vollständig verflüssigt.

2. Teilkondensation des Erdgases mit Abtrennung von Ethan und höheren Kohlenwasserstoffen zum Zwecke der Gewinnung von Rohstoffen für die Petrochemie und von LPG (Abschnitt 6.6).

3. Abtrennung von Helium und Stickstoff entweder zur Heliumgewinnung oder zur Heizwertsteigerung (Abschnitt 6.7).

Diese drei Aufgaben müssen durch sehr unterschiedliche Verfahren gelöst werden, die im folgenden der Reihe nach besprochen werden sollen.

6.2 Die LNG-Kette

6.2.1 Einleitung

Erdgas ist in den 60er und 70er Jahren unseres Jahrhunderts zu einem der wichtigsten Lieferanten an Primärenergie geworden. Am Gesamt-Primärenergie-Verbrauch der Welt war es 1977 mit 20%, in der Bundesrepublik Deutschland mit 14% beteiligt. Auch im nächsten halben Jahrhundert dürfte es seine Rolle behaupten. Wie unter 6.1 bereits erläutert, besteht Erdgas im allgemeinen aus dem leichtflüchtigen, gesättigten Kohlenwasserstoff Methan (CH_4) sowie aus von Ort zu Ort verschiedenen Anteilen an Ethan (C_2H_6), Propan (C_3H_8) und schwereren gesättigten Kohlenwasserstoffen und relativ geringen Beimengungen an Stoffen, die bei seiner Verbrennung die Umwelt belasten. Sein gasförmiger Aggregatzustand bei Umgebungstemperatur und atmosphärischem Druck, aber auch unter höheren Drücken, ermöglicht den Transport riesiger Mengen auf dem Land in Rohrleitungen über große Entfernungen bis zum Letztverbraucher.Hierin ist es der Kohle mit ihren vergleichsweise ungünstigen Förder- und Transportbedingungen deutlich überlegen. Auch für das Erdöl würde sich ein so weitverzweigtes Rohrleitungssystem bis zum Letztverbraucher nicht lohnen.

Erdgasquellen und Erdgas-Verbraucherzentren liegen jedoch häufig räumlich weit voneinander getrennt. Es gibt Länder, in denen weit mehr Erdgas gefördert als verbraucht werden kann, und Länder, in denen dies umgekehrt ist. Die hochindustrialisierten Länder Europas verfügen zwar über Erdgasquellen, doch hat sich bei ihnen ein Verbrauch entwickelt, der das Aufkommen weit übertrifft. Japan besitzt praktisch keine eigenen Erdgasquellen, verbraucht aber sehr viel Energie, und die USA, die zwar über bedeutende Quellen verfügen, haben wegen ihres sehr hohen Energiekonsums zusätzlichen Erdgasbedarf. Demgegenüber verfügen mehrere afrikanische Staaten, die Länder des vorderen Orients und Indonesien über Quellen, deren Ergiebigkeit weit über dem eigenen Bedarf liegt. Auch die Sowjetunion mit den größten Vorräten ist in der Lage, Erdgas an andere Länder zu liefern.

Durch die ungleichmäßige Verteilung von Erdgasquellen und Erdgasverbrauch über die ganze Erde entstanden und entstehen riesige Aufgaben für den Transport von Erdgas. Große Entfernungen von den Quellen zu den Verbrauchern waren zu überwinden und werden zu überwinden sein. Als normal könnte man die meist benützte Methode bezeichnen, das Gas unter hohem Druck — meist kommt es schon unter hohem Druck aus der Erde — durch Ferngasleitungen von der Quelle bis zum Verbraucherzentrum zu transportieren. Wegen des dabei entstehenden Druckverlustes muß das Gas auf seinem Weg immer wieder verdichtet werden. Diese Art des Transportes wird meist angewandt, wenn Quelle und Verbraucher auf demselben Kontinent liegen oder Kontinente wie Asien und Europa Landverbindung haben. Sind Quelle und Verbraucher durch große Meere voneinander getrennt, so transportiert man das Gas in flüssigem Zustand in Tankschiffen. Beide Methoden konkurrieren unter Umständen, wenn eine transkontinentale Rohrleitung in schwer zu überwindendem Gelände verlegt werden muß. Ein Sonderfall liegt vor, wenn Quelle und Verbraucher zwar durch das Meer getrennt sind, aber die Entfernung einige hundert Kilometer nicht übersteigt und die Wassertiefe sowie die Beschaffenheit des Meeresbodens es gestattet, eine Rohrleitung im Wasser zu verlegen.

Gegenüber Erdgas von Normaldruck und Raumtemperatur besitzt flüssiges Erdgas von Normaldruck und tiefer Temperatur eine etwa 600mal größere Dichte und dementsprechend ein etwa 600mal kleineres Volumen. Deshalb liegt es nahe, das Erdgas über größere Entfernungen flüssig zu versenden. Um es in diesen Zustand zu versetzen, muß es in großen und teuren Anlagen verflüssigt werden. In flüssigem Zustand wird es dann in Spezialschiffen, deren Tanks den Anforderungen tiefer Temperaturen genügen müssen, transportiert. Trotz des hohen Aufwandes hat sich diese Methode in großem Maßstab als wirtschaftlich vorteilhaft erwiesen und dürfte auch in der Zukunft Anwendung finden.

6.2.2 Die einzelnen Glieder der LNG-Kette

Erdgasverflüssigung und Transport flüssigen Erdgases sind aus der internationalen, weltweiten Energieversorgung nicht mehr wegzudenken. Kein Wunder, daß man hierfür einen international gebräuchlichen Ausdruck in englischer Sprache wählte. So redet man von LNG — liquid natural gas = flüssiges Natur(Erd-)Gas. Man spricht von einer LNG-Kette und meint damit eine Reihe von technischen Einrichtungen, mit denen Erdgas verflüssigt, gespeichert, verladen, transportiert, entladen, erneut gespeichert und wieder verdampft werden kann. Meist wird das Erdgas von der Quelle im Inneren eines Landes durch eine Rohrleitung zur Küste geleitet. Dann wird es in einer LNG-Baseload-Anlage verflüssigt. Der Ausdruck „Baseload“ (Basislast) bedeutet im Gegensatz zu der später erläuterten Peakshaving-Anlage (Abschnitt 6.3), daß eine solche Anlage kontinuierlich eine große Menge Erdgas zu verflüssigen hat. Das LNG wird vor der Verschiffung zunächst von einem LNG-Zwischenlager aufgenommen, bis es mit Hilfe einer Spezialumfülleinrichtung diskontinuierlich auf die LNG-Tanker verladen wird. Im Empfängerland wird das LNG erneut in den Tanks eines LNG-Terminals gelagert. Dort wird es dann durch Hochdruckpumpen auf Ferngasleitungsdruck verdichtet, unter Wärmezufuhr vergast und dem Ferngasleitungssystem zugeführt. Häufig wird am Ende einer Ferngasleitung in einem Bevölkerungs- oder Industrieballungszentrum eine im Vergleich zur Baseload-Anlage kleine Erdgasverflüssigungsanlage zur Spitzenbedarfsdeckung, eine sogenannte Peakshaving-Anlage, eingesetzt.

6.2.3 Baseload-Anlagen

6.2.3.1 Diagramm zur Ermittlung des Mindestarbeitsaufwandes für Zustandsänderungen von Methan

Erdgas mit einem nennenswerten Gehalt von C_3- und höheren Kohlenwasserstoffen wird, wie bereits erwähnt, in zwei flüssigen Fraktionen verschifft, in einer LPG- und einer LNG-Fraktion. Während die Abtrennung der ersteren zwischen Umgebungstemperatur und 230 K vor sich geht, müssen bei der Verflüssigung der methanreichen Fraktion sehr viel tiefere Temperaturen angewandt werden, weil der Siedepunkt von Methan 111,7 K beträgt. In Kapitel 1 wurde erläutert, daß die Verflüssigung von Gasen um so aufwendiger ist, je tiefer ihre Siedetemperatur liegt. Könnte man Methan von z. B. $T_u = 300$ K und $p_u = 1$ bar nach dem Idealprozeß der Gasverflüssigung (s. Abschnitt 1.1.3) in den flüssigen Zustand bei 1 bar und 111,7 K überführen, würde der Mindestarbeitsaufwand 17750 kWh/kmol betragen. Wirkliche Prozesse sind kostspieliger. Ihr Wirkungsgrad errechnet sich aus dem Verhältnis η = Mindestarbeitsaufwand/effektiver Arbeitsaufwand. Der Mindestarbeitsaufwand kann mit der Gleichung

$$w_{min} = T_u(s_u - s_0) - (h_u - h_0) = e_0$$

errechnet werden. Er ist definitionsgleich mit der spezifischen Exergie flüssigen Methans e_0. T_u, s_u und h_u bedeuten dabei Temperatur, spezifische Entropie und spezifische Enthalpie bei 300 K und 1 bar, s_0 und h_0 spezifische Entropie und spezifische Enthalpie der siedenden Flüssigkeit.

Die Exergie e_0 ist identisch mit der wiedergewinnbaren Energie für den Fall, daß das verflüssigte Methan durch den umgekehrten Idealprozeß der Gasverflüssigung wieder in seinen Gaszustand bei 300 K und 1 bar zurückversetzt würde.

Rechnet man den Mindestarbeitsaufwand w_{min} je kmol CH_4 für die Änderung vom Zustand Z_u ($T_u = 300$ K, $P_u = 1$ bar, h_u) auf beliebig viele Zustände $Z_x(T_x, p_x, h_x)$ aus und trägt diese in ein Diagramm ein, welches den Mindestarbeitsaufwand als Funktion der Temperatur zeigt und als Parameter Isobaren enthält, so entsteht Bild 6.1, das man auch als Exergie-Diagramm bezeichnen kann. Mit Hilfe dieses Diagramms kann dann der Mindestarbeitsaufwand $w_{min\,2-1} = \Delta e_{2-1}$ für eine Änderung von

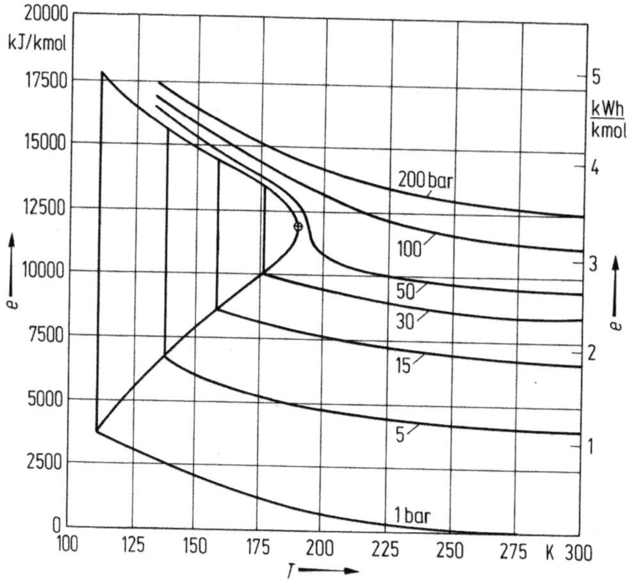

Bild 6.1. Exergie von Methan

einem beliebigen Zustand Z_1 in einen anderen Zustand Z_2 als Exergiedifferenz $\Delta e_{2-1} = e_2 - e_1$ ermittelt werden. Dies ist deshalb von Bedeutung, weil Druck und Temperatur des Methans vor Verflüssigungsanlagen an verschiedenen Orten der Erde nicht die gleichen sind und also auch der Mindestarbeitsaufwand für die Verflüssigung nicht gleich sein kann. Auch bei der Wiederverdampfung im Empfängerland können die gewünschten Zustände für die Weiterleitung des Methans als Ferngas verschieden sein. Deshalb muß auch die maximal wiedergewinnbare Energie bei der Wiederverdampfung und Anwärmung verschieden sein.

Soll beispielsweise Methan von 50 bar nach Abscheidung der Kohlenwasserstoffe Ethan und Propan bei 230 K in den flüssigen Zustand bei 111,7 K und 1 bar gebracht werden, so ist hierfür der Mindestarbeitsaufwand

$$e_0 - e_{230\,\mathrm{K},\,50\,\mathrm{bar}} = 17750 - 10000 = 7750\ \mathrm{kJ/kmol} = 2{,}15\ \mathrm{kWh/kmol}\,.$$

Soll dagegen flüssiges Methan von 111,7 K und 1 bar in einem Empfängerterminal auf 100 bar Ferngasdruck gefördert und auf 300 K angewärmt werden, so ist die maximal gewinnbare Energie

$$e_0 - e_{300\,\mathrm{K},\,100\,\mathrm{bar}} = 17750 - 11300 = 6450\ \mathrm{kJ/kmol} = 1{,}79\ \mathrm{kWh/kmol}\,.$$

Will man Methan von 50 bar und einer Temperatur von 300 K verflüssigen, so wäre hierfür der Mindestarbeitsaufwand

$$e_0 - e_{300\,\mathrm{K},\,50\,\mathrm{bar}} = 8200\ \mathrm{kJ/kmol} = 2{,}28\ \mathrm{kWh/kmol}\,.$$

6.2.3.2 Die Kältekaskade zur Methanverflüssigung

Bei der Berechnung des Mindestarbeitsaufwandes wird angenommen, daß der Verflüssigungsprozeß ohne Kälteverluste abläuft. Wie bei den früher beschriebenen Verfahren zur Luftzerlegung und zur Ethylengewinnung gilt grundsätzlich auch für die Erdgasverflüssigungsanlagen, daß so viel Kälte erzeugt werden muß, wie zur Gasverflüssigung und für die Deckung der Austausch- und Umgebungsverluste nötig ist. Der zuerst genannte Anteil überwiegt in diesem Fall bei weitem, weil das ganze zu verarbeitende Gas verflüssigt werden muß.

Vergleicht man die Kältebedarfszahlen folgender drei (typischer) tieftemperaturtechnischer Großanlagenarten mit demselben Durchsatz an zu verarbeitender Luft bzw. an zu verarbeitendem Erdgas:

1. Luftzerleger zur Erzeugung gasförmiger Produkte;
2. Luftzerleger zur Erzeugung gasförmiger und flüssiger Produkte, wobei üblicherweise die Produktion an letzteren die halbe Sauerstoffmenge nicht übersteigt;
3. Erdgasverflüssigungsanlagen für die vollständige Verflüssigung der verarbeiteten Erdgasmenge,

so verhalten sich diese etwa wie 1 : 10 : 100. Für die Kälteerzeugung dieser drei Anlagenarten haben sich folgende Methoden im Zusammenhang mit dem ganzen Verfahren als am billigsten erwiesen:

Für die Anlagenart 1 ist die Entspannung eines Teils der zu verarbeitenden Luftmenge von 5 bis 6 bar auf 1,3 bar am günstigsten (Abschnitt 4.5.1).
Für die Anlagenart 2 bringt die Anordnung eines Stickstoffkreislaufes mit einer Turbine, in der Stickstoff von 50 auf 5 bar entspannt wird, die größten Vorteile (Abschnitt 4.5.2).
Für die Anlagenart 3 verwendet man am besten eine Kältekaskade.

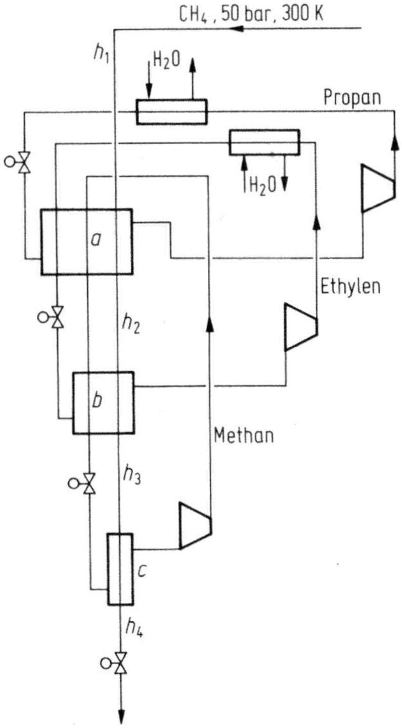

Bild 6.2. Verflüssigung von Methan mit einer 3-stufigen Kältekaskade

Wie in Abschnitt 1.2.4.1 erörtert, besteht eine Kältekaskade aus mehreren Kreisläufen verschiedener Kältemittel, die nach dem Prinzip der Kompressionskältemaschinen arbeiten und bei verschiedenen Temperaturen Kälte durch Verdampfung liefern. Hierdurch kann man sich einem bei verschiedenen Temperaturen bestehenden Kältebedarf anpassen und daher auch die Kälte im Mittel bei verhältnismäßig geringeren Temperaturdifferenzen übertragen als dies nur bei einem Kältemittel und daher auch nur einer Verdampfungstemperatur möglich wäre. Dies wirkt sich thermodynamisch günstig aus, d. h. es wird der Energieaufwand für die Verflüssigung herabgesetzt. Auch ergeben sich relativ kleine Heizflächen für den Wärmeaustausch, weil die Kälte von den verdampfenden Kreislaufmedien bei hohen Wärmeübergangszahlen an das Erdgas übertragen wird.

Bild 6.2 zeigt das vereinfachte Schema einer 3-stufigen Kaskade zur Methanverflüssigung. Methan von 50 bar, das sich also etwas oberhalb des kritischen Drucks von 46,21 bar befindet, mit 300 K und der Enthalpie h_1, wird im Wärmeaustauscher *a* durch verdampfendes Propan, welches nach Verdichtung auf 11 bar mit Hilfe von Kühlwasser verflüssigt worden ist, abgekühlt. Es verläßt diesen Austauscher mit der Enthalpie h_2, wird im Wärmeaustauscher *b* durch verdampfendes Ethylen weiter abgekühlt, verläßt diesen mit der Enthalpie h_3, um schließlich im Wärmeaustauscher *c* durch verdampfendes Methan auf 111,7 K tiefgekühlt zu werden (h_4). Nach der anschließenden Abdrosselung bei konstant bleibender Enthalpie auf atmosphärischen Druck fällt das ganze ursprünglich gasförmige Methan flüssig an.

Im Wärmeaustauscher *a* wird außer dem zu verflüssigenden Methan auch das vom Ethylenverdichter auf 15 bar verdichtete Ethylen gekühlt. Da seine Verflüssigungstemperatur unter 15 bar bei 233,9 K und damit um 3 K höher liegt als die Temperatur des unter 1 bar verdampfenden Propans (230,9 K), verflüssigt es sich im Wärmeaustauscher *a* und kann dann nach Abdrosselung auf 1 bar im Wärmeaustauscher *b* bei 169,3 K verdampfen. Dadurch wird nicht nur das zu verflüssigende Methan weiter abgekühlt, sondern auch das bereits im Wärmeaustauscher *a* vorgekühlte Kreislaufmethan verflüssigt. Denn seine Kondensationstemperatur liegt beim Druck von 25,5 bar, auf welchen es im Methankreislaufverdichter verdichtet wurde, bei 172,3 K, d. h. um 3 K höher als die Verdampfungstemperatur des Kreislaufethylens von 169,5 K bei 1 bar. Das im Wärmeaustauscher *b* verflüssigte Kreislaufmethan verdampft nach Abdrosselung auf 0,8 bar bei 108,7 K und kühlt dadurch im Wärmeaustauscher *c* das zu verflüssigende Methan auf 111,7 K ab. Der Arbeitsaufwand für die Verflüssigung des unter 50 bar und mit 300 K eintretenden Methans ist gleich der Summe der Arbeiten, welche für die Verdichtung der drei Kreislaufmedien aufzuwenden sind. Diese Summe beträgt 9,0 kWh/kmol und ist damit fast viermal so hoch wie der entsprechende Mindestarbeitsaufwand (s. Abschnitt 6.2.3.1). Dies bedeutet, daß eine 3-stufige Kaskade einen schlechten Wirkungsgrad hat.

Bereits an anderer Stelle (u. a. im Abschnitt 4.5.1.6 Großluftzerleger mit Sauerstoff-Innenverdichtung) wurde ausgeführt, wie wichtig das sogenannte q,T-Diagramm zur Beurteilung von Tieftemperaturprozessen ist. Deshalb zeigt Bild 6.3 ein solches Diagramm für die Verflüssigung von Methan, welches unter 50 bar steht, mit einer 3-stufigen (gestrichelte Treppe) und einer 9-stufigen Kaskade (Treppe mit ausgezogenen Linien). Als Ordinate sind Wärmemengen q aufgetragen, die erkennen lassen, wieviel Wärme einem kmol Methan, welches unter 50 bar verflüssigt werden soll, von einer gewählten Temperatur an bis zur vollen Verflüssigung entzogen werden muß.

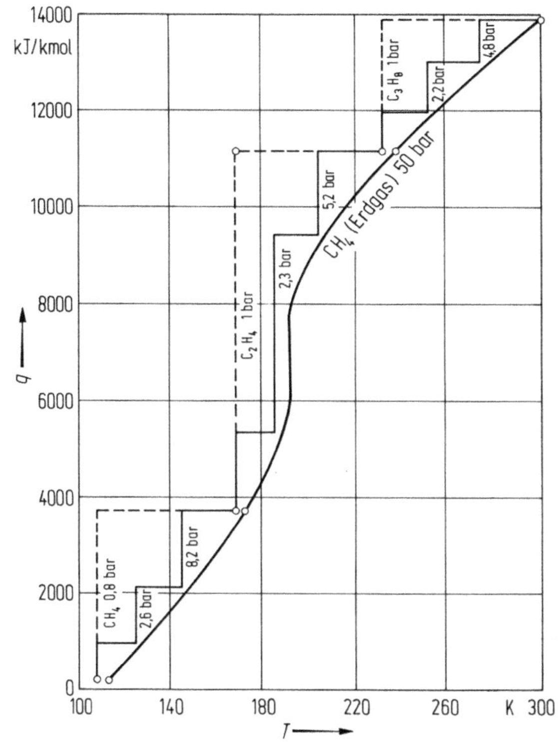

Bild 6.3. q, T-Diagramm für die Verflüssigung von Methan mit Kältekaskaden

Im Wärmeaustauscher *a* sind 13 800 bis 11 100 = 2700 kJ/kmol, im Wärmeaustauscher *b* 11 100 bis 3800 = 7300 kJ/kmol und im Wärmeaustauscher *c* 3800 bis 200 = 3600 kJ/kmol, zusammen 13 600 kJ/kmol abzuführen. Diese Wärmemengen werden in *a* von unter 1 bar bei 230,9 K verdampfendem Propan aufgenommen, in *b* von unter 1 bar bei 169,5 K verdampfenden Ethylen und in *c* von unter 0,8 bar bei 108,7 K verdampfendem Methan. Die zugehörige 3-stufige Treppe (gestrichelte Linien) zeigt, daß zwar jeweils am kalten Ende der drei Austauscher *a*, *b* und *c* eine kleine Temperaturdifferenz (3 K) herrscht, daß sie aber jeweils zum warmen Ende hin stark ansteigt. Dies ist ein Zeichen für einen thermodynamisch ungünstigen Prozeß und hohen Exergieverlust.

Der Einfachheit halber zeigt das q, T-Diagramm in Bild 6.3 nur die Wärmemengen, die das zu verflüssigende Methan abgeben muß, und die Kältemengen, die von den verdampfenden Kältemitteln dafür aufzubringen sind. Weil aber in den Wärmeaustauschern *a* und *b* auch den Kreislaufströmen Ethylen und Methan durch Verdampfung von Propan und Ethylen Wärme entzogen wird, müssen für die Beurteilung des Gesamtprozesses auch diese Wärmeumsätze berücksichtigt werden.

Wie man aus Bild 6.3 erkennen kann, lassen sich durch eine 9-stufige Kältekaskade die Temperaturdifferenzen zwischen dem abzukühlenden Methanstrom und den verdampfenden Kältemitteln erheblich verkleinern. Dies geschieht dadurch, daß in jedem der drei Kreisläufe lediglich ein relativ kleiner Teil der Kältemittel bei niedrigem Druck und damit tiefer Temperatur verdampft, ein anderer bei deutlich

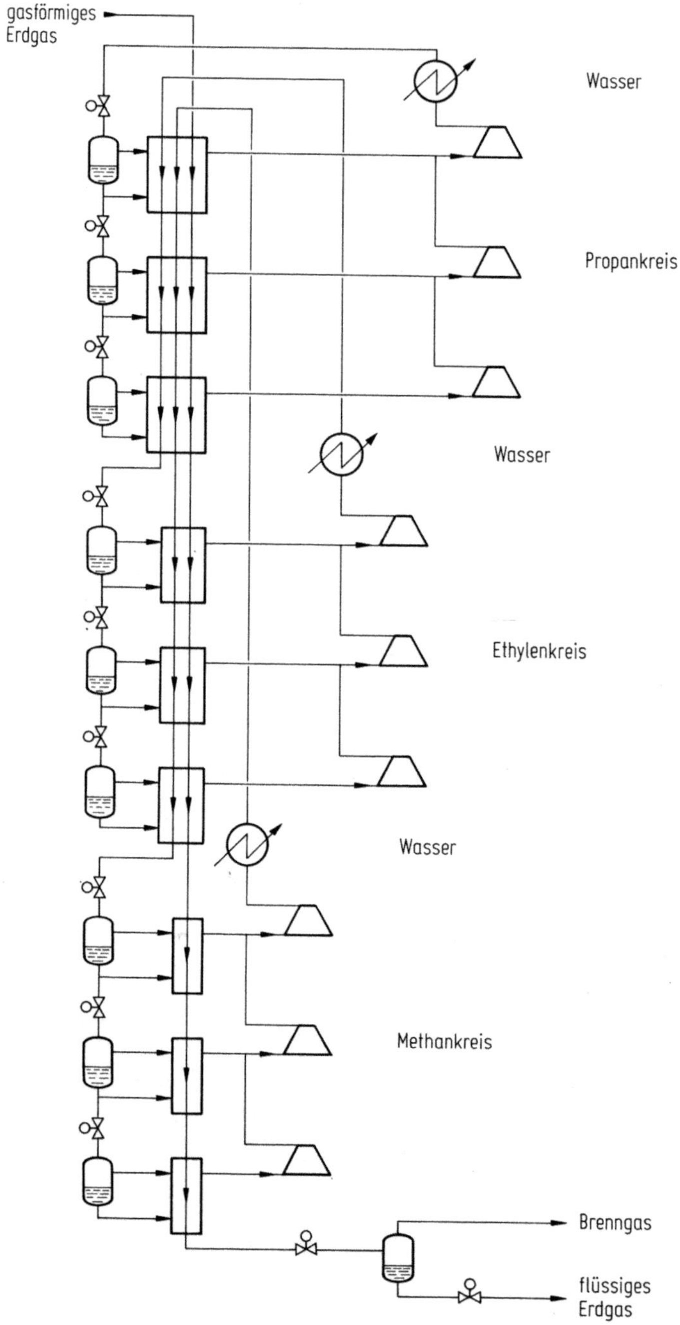

Bild 6.4. Verflüssigung von Methan mit einer 9-stufigen Kältekaskade

höherem Druck und höherer Temperatur und ein dritter bei einem noch höheren Druck und noch höherer Temperatur. Das zugehörige Verfahrensschema (Bild 6.4) bedarf nach den vorausgegangenen Erläuterungen kaum einer Erklärung. Die Verdichterarbeit in allen drei Kreisläufen wird dadurch erheblich vermindert, daß immer nur ein Teil des Kreislaufmediums vom niedrigsten Druck auf den Enddruck verdichtet zu werden braucht. Die Verdichtung der beiden anderen Teile des jeweiligen Kältemittels kann hingegen schon von zwei verschiedenen höheren Drücken aus beginnen. Der Arbeitsaufwand verringert sich dadurch beträchtlich und ist in diesem Fall 5,8 kWh/kmol, was einem Wirkungsgrad von 2,28/5,8 = 39,3 % entspricht. Eine weitere wesentliche Verringerung des Arbeitsaufwandes durch eine noch höhere Stufenzahl ließe sich nur durch einen unvertretbar hohen Investitionsaufwand erreichen. 9-stufige Kaskaden der beschriebenen Art wurden großtechnisch bei den ersten Baseload-Anlagen angewandt [D 1]. Man verließ sie aber wieder, weil bei ihnen die Zahl der Maschinen zu groß war und sie wegen der vielen unterschiedlichen Druckstufen und der sehr verwickelten Bedienung zu teuer waren. Bei einer Kaskadenanlage, die einen Ethylenkreislauf enthält, ist außerdem lästig, daß das darin umlaufende Kältemittel kein Bestandteil des Erdgases ist. Das heißt, daß die unvermeidlichen Kreislaufmittelverluste durch Zufuhr von Ethylen von außen gedeckt werden müssen. Würde man es durch Ethan, das ohnedies vor der Methanverflüssigung abgetrennt wird, ersetzen, so ergäbe sich aus dessen bei 184,6 K und damit um 15,3 K höher liegendem Siedepunkt eine deutlich stärkere Belastung für den Methankreislauf, wie man sich durch einen Blick auf Bild 6.3 überzeugen kann. Damit würde auch der Gesamtarbeitsaufwand größer.

6.2.3.3 Kälte-Gemischkreislauf zur Methanverflüssigung
(multi component refrigerant, abgekürzt MCR)

Kältekreisläufe mit Einkomponenten-Kältemitteln, wie sie bei den beschriebenen Kaskaden eingesetzt werden, geben ihre ganze Kälteleistung oder bei unterschiedlichem Druckniveau auch ihre Teilkälteleistungen bei jeweils konstanten Temperaturen, den Sättigungstemperaturen der Kältemittel, ab. Hieraus ergibt sich der in Bild 6.3 gezeigte treppenförmige Verlauf der übertragenen Kältemengen im q,T-Diagramm. Mischt man dagegen Kältemittel mit unterschiedlichen Siedepunkten, so kann Kälte bei gleitender Temperatur abgegeben werden. Darauf hat 1959 der russische Forscher Kleemenko [K 1] hingewiesen, dem es gelang, mit Hilfe eines einzigen Kältemittelgemisch-Verdichters (OFC = one flow cascade cycle) einen dem klassischen Kaskadenverfahren ähnlichen Verflüssigungsprozeß durchzuführen [F 1]. Zur Erdgasverflüssigung wählt man am besten ein Gemisch aus solchen Komponenten, die aus Erdgas gewonnen werden können, und aus Stickstoff, der aus einer Luftzerlegungsanlage abgezogen wird. Eine Baseload-Anlage, die meist aus mehreren Verflüssigungseinheiten besteht, benötigt nämlich für Spülzwecke und aus Sicherheitsgründen ohnehin größere Mengen Stickstoff, von denen dann ein kleiner Teil dem Gemischkältekreislauf zugeführt werden kann. Mischt man Stickstoff, Methan, Ethan, Propan und Butan in einem geeigneten Verhältnis, das sich durch einen Computer errechnen läßt, so kann man erreichen, daß die q,T-Kurve für die Kälteerzeugung im ganzen Temperaturbereich zwischen 230 und 108 K mit einer kleinen Temperaturdifferenz gegenüber der Kurve für die Erdgasabkühlung verläuft. Man kann damit die mehrstufige Ethylenkälteanlage und die mehrstufige Methankälteanlage durch *eine* einstufige Gemischkreislauf-Kälteanlage ersetzen. Damit entspricht man den Forderungen nach weniger Maschinen, weniger Wärmeaustauschern und einer besseren Regelbarkeit. Auf die mehrstufige Propananlage wird allerdings nicht verzichtet. Sie wird, wie aus der nachfolgenden Beschreibung einer großen Baseload-Anlage ersichtlich ist, aus mehreren Gründen beibehalten.

Statt eines geschlossenen Kältemittelgemisch-Kreislaufes werden bei Erdgasverflüssigungsanlagen für Peakshaving-Zwecke auch sogenannte offene Kreisläufe angewandt (s. Abschnitt 6.3).

6.2.3.4 Beschreibung der Erdgas-Verflüssigungsanlage Brunei, Borneo (Verfahren von Air Products und Shell) (Bilder 6.5 und 6.6)

Als Beispiel für die größten z. Z. in Betrieb befindlichen Anlagen werde der Industriekomplex auf der Insel Borneo betrachtet, mit dessen Einrichtungen seit 1972 jährlich ca. $8 \cdot 10^9$ Normkubikmeter = ca. $3{,}6 \cdot 10^8$ kmol Erdgas verflüssigt und von dort aus nach Japan verschifft werden.

Bild 6.5 zeigt ein vereinfachtes Schema für das Gesamtverfahren. Der Erdgasstrom, von dem vor Eintritt in die Anlage ein Teil als Heizgas zur Dampferzeugung

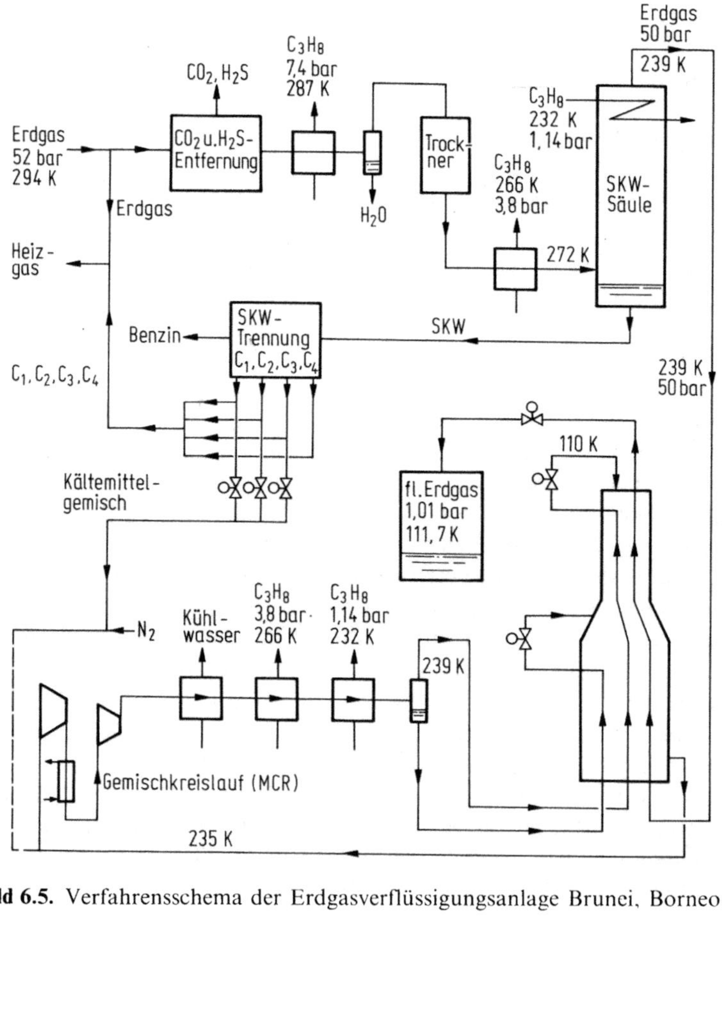

Bild 6.5. Verfahrensschema der Erdgasverflüssigungsanlage Brunei, Borneo. Nach [F 2]

abgezweigt wird, durchläuft bei 52 bar und 294 K zur Entfernung von Kohlendioxid und Schwefelwasserstoff zunächst einen Waschturm, der mit dem Speziallösungsmittel Sulfinol beaufschlagt wird. Das mit Kohlendioxid und Schwefelwasserstoff beladene Lösungsmittel wird in einer Regeneriersäule wieder von diesen sauren Gasen befreit. Während diese über den Kopf der Säule abströmen, wird das gereinigte Lösungsmittel wieder auf die Waschsäule aufgegeben.

Eine erste Propankühlstufe, die wie die erste Propanstufe der 9-stufigen Kaskade wirkt, kühlt das Gas auf einige Grad über den Hydratgefrierpunkt ab, so daß flüssiges Wasser abgeschieden werden kann. In einem Trockner wird der restliche Wasserdampfgehalt bis auf wenige ppm entfernt. Eine zweite Propanstufe kühlt das Gas auf 272 K ab. Hieran schließt sich eine Rektifizierkolonne, die ihren Rücklauf aus einem durch die dritte Propanstufe gekühlten Kondensator erhält. In dieser Kolonne werden die schwereren Kohlenwasserstoffe (SKW) aus dem Erdgas ausgeschieden.

Die Sumpfflüssigkeit dieser Kolonne wird in vier hintereinandergeschalteten Kolonnen so behandelt, daß die erste davon Methan (C_1), die zweite Ethan (C_2), die dritte Propan (C_3), die vierte C_4-Kohlenwasserstoffe über Kopf abgibt. Aus dem Sumpf der vierten Kolonne wird Benzin gewonnen. Aus den Kopffraktionen der drei Kolonnen für die Gewinnung von C_1, C_2 und C_3 kann durch entsprechende Mischung und Zugabe von Stickstoff nicht nur der Leckverlust an Kreislaufmedium gedeckt werden, sondern auch jedes gewünschte Gemisch von C_1, C_2, C_3 und Stickstoff hergestellt werden, wie es für den Gemischkreislauf erforderlich ist. Der nicht benötigte Rest wird als Heizgas für die Dampferzeugung verwendet.

Vom Kopf der Trennkolonne strömt das Gas einem sehr großen Tieftemperatur-Wärmeaustauscher zu. Er ist ein riesiger Kreuzgegenströmer (s. Abschnitt 9.4.2.2). Das Rohrbündel ist etwa 27,5 m lang, hat einen Durchmesser von 4 m und wiegt ca. 100 t. Mit 239 K tritt das Erdgas in den unteren Teil des Bündels ein, strömt durch die ihm bestimmten Rohre und anschließend unter weiterer stetiger Abkühlung durch den oberen Teil, bis es nach der Drosselentspannung auf 1,01 bar als flüssiges Erdgas mit 111,7 K in den Tank eingefüllt werden kann.

Zur Vereinfachung des Gesamtschemas ist der Propankreislauf nur durch seine Verdampfer angedeutet. In einem 3-stufigen Kompressor wird die gesamte Propanmenge auf 16,7 bar verdichtet und in einem wassergekühlten Kondensator verflüssigt. Aus dem Sammelbehälter wird dann das Propan durch Drosselung auf die niedrigeren Druckstufen von 7,4 bar, 3,8 bar und 1,14 bar entspannt. Bei jeder dieser Kühlstufen wird das nach der Entspannung flüssig gebliebene Propan in Abscheidern abgeschieden, die zugleich als Verdampfer zur Kühlung des Erdgasstromes dienen. Zwei davon versorgen aber auch gleichzeitig den Gemischkreislauf mit Kälte. Die jeweils verdampften Propanströme werden dann jeweils der entsprechenden Propanverdichterstufe zugeführt.

Die Beschreibung des Gemischkreislaufes sei dort begonnen, wo der gesamte Gemischstrom aus Stickstoff, Methan, Ethan und Propan mit 235 K der Saugseite der Niederdruckstufe des Kompressors zuströmt. Nach Verdichtung in der ersten Stufe und Zwischenkühlung durch Wasser wird er in der zweiten Stufe auf den Enddruck verdichtet. Dann wird er in drei hintereinandergeschalteten Wärmeaustauschern (im ersten mit Kühlwasser, im zweiten und dritten mit Propan von 3,8 bzw. 1,14 bar) abgekühlt und teilweise verflüssigt. Die flüssige Fraktion wird im unteren Teil des großen Wärmeaustauschers unterkühlt, dann entspannt und schließlich etwa in der

Mitte des Wärmeaustauschers als Kühlmittel auf das dreiteilige Rohrbündel aufgegeben. Im Abwärtsstrom verdampft es bei steigender Temperatur und wird vollständig vergast am unteren Ende abgezogen. Der aus dem Abscheider bei 239 K gasförmig entweichende Gemischteil, der nur wenig höhere Kohlenwasserstoffe enthält, wird zunächst im unteren Rohrbündel abgekühlt und teilverflüssigt, im oberen Teil weiter verflüssigt und unterkühlt. Da er bevorzugt die tiefsiedenden Komponenten Stickstoff und Methan enthält, eignet er sich nach der Entspannung am Kopf des Wärmeaustauschers für die Kühlung des kälteren Teils des großen Wärmeaustauschers. Im Abwärtsstrom verdampft er bei steigender Temperatur, mischt sich dann mit dem zuerst genannten Teilstrom, der bevorzugt die Komponenten Ethan und Propan enthält. Die Mischung bewirkt eine Herabsetzung der Partialdrücke der Komponenten Ethan und Propan, wodurch diese im unteren Teil des Wärmeaustauschers bei niedrigeren Temperaturen verdampfen können als dies ohne die genannte Mischung der Fall wäre. Der gesamte Gemischstrom wird schließlich mit 235 K dem Kompressor zugeführt.

Bild 6.6 gibt einen Eindruck von der riesigen Gesamtanlage. Sie besteht aus fünf gleichen Verflüssigungseinheiten, die je 1 Mio. t/Jahr = 7900 kmol/h Erdgas verflüssigen können (zum Zeitpunkt der Entstehung des Bildes waren erst vier fertiggestellt). Die Unterteilung der Anlagen in mehrere Einheiten hat folgende Gründe: die Größe der Kreuzgegenströmer hat das höchstzulässige Transportmaß erreicht. Abmessungen und Antriebsleistung der Turbokompressoren für den Propan- und den Gemischkreislauf sowie die Dimensionen der Rohrleitungen und Ventile stoßen an Ausführungsgrenzen.

Der Energiebedarf für die Kreislaufkompressoren beträgt 63,4 MW je Einheit. Zwei Kompressoren je Einheit dienen der Verdichtung des Gemischkreislaufmediums, ein Kompressor je Einheit der Propanverdichtung. Der Arbeitsaufwand je kmol verflüssigtes Erdgas ist demnach ca. 8,0 kWh. Dieser Wert liegt deutlich über dem, der für die 9-stufige Kaskade genannt wurde. Der Unterschied beruht darauf, daß das in Brunei verarbeitete Erdgas außer Methan noch höhere Kohlenwasserstoffe enthält, die mit verflüssigt und abgetrennt werden müssen, während in dem Beispiel der 9-stufigen Kaskade nur reines Methan verflüssigt werden sollte.

Die Kompressoren werden von Dampfturbinen angetrieben. Der Dampf wird in 11 Kesseln (je 190 t/h) bei 64 bar und 733 K erzeugt. In diesen wird das obengenannte Heizgas verbrannt. Ein geschlossener Kühlwasserkreislauf mit einem Durchsatz von 125000 m^3/h mit vier Rückkühltürmen ist erforderlich, um das nötige Kühlwasser für die Gasverdichter bereitzustellen. Eine Meerwasserentsalzungsanlage deckt den Frischwasserbedarf von 2700 m^3/h für Kühlwasserverluste, Kesselspeisewasser, Trinkwasser und zum Feuerlöschen. Eine eigene Luftzerlegungsanlage, die mit einem Speicher für flüssigen Stickstoff gekoppelt ist, sorgt für die nötige Stickstoffmenge zum Spülen der außer Betrieb befindlichen Anlagenteile, sowie für das „make-up" des Gemischkreislaufes. In der Bildmitte oben sind zwei große stehende zylindrische Tanks für die Zwischenlagerung von flüssigem Erdgas zu sehen. Die Konstruktion derartiger Tanks ist in Abschnitt 9.5.1 beschrieben. Links oben im Bild ist die Landungsbrücke für die LNG-Tankschiffe erkennbar. Auf ihr sind Rohre aus Chrom-Nickel-Stahl montiert, die mit Polyurethanschaum isoliert sind. Unter dem Einfluß der tiefen Temperatur des LNG zieht sich das Rohrleitungsmaterial auf der Gesamtlänge von ca. 4 km um ca. 10 m zusammen. Nach jeweils ca. 70 m

Bild 6.6. Gesamtansicht der Erdgasverflüssigungsanlage Brunei, Borneo [B 1]

Länge wurden daher Kompensatoren eingesetzt. Während der Füllung des Schiffes sind größere LNG-Verdampfungsverluste unvermeidlich. Das dabei entstehende Gas darf nicht in die Atmosphäre abziehen. Es strömt über eine eigene Leitung wieder an Land zurück und wird als Wärmequelle zur Dampferzeugung verbrannt. Bei Seegang muß das Schiff seine Lage gegenüber dem Landungssteg verändern können, ohne daß die Fülleitungen und die Leitung für wiederverdampftes Erdgas hierduch Schaden erleiden. Der Übergabekran und flexible Leitungen können diese Bedingungen erfüllen.

Zu den sicherheitstechnischen Schutzeinrichtungen, die bei derartigen Anlagen sorgfältig geplant sein müssen, gehört auch das Fackelsystem (im linken oberen Teil des Bildes). Wird eine der Verflüssigungslinien außer Betrieb genommen, muß das Gas aus ihr mit Stickstoff verdrängt und abgefackelt werden. Um die Anlage vor der dabei entstehenden Hitze zu schützen, wird das Gas in großer Höhe verbrannt. Auch bei Störungen müssen große Gasmengen gefahrlos über diesen Weg aus der Anlage entfernt werden (s. hierzu auch Abschnitt 9.9.1).

6.2.4 Transport von flüssigem Erdgas über das Meer

Beim Erdöltransport können je m^3 Laderaum ca. 33 GJ (ca. 8 Gcal) unterer Heizwert transportiert werden, beim LNG-Transport ca. 21 GJ (ca. 5 Gcal). Berücksichtigt man außerdem, daß auf einem Öltanker relativ mehr Heizwert-Laderaum untergebracht werden kann als auf einem gleichgroßen LNG-Tanker, so folgt daraus, daß die Abmessungen von LNG-Tankern für den Transport einer bestimmten Heizwertmenge deutlich größer sein müssen als die von Öltankern.

Abgesehen von diesem Nachteil müssen beim Transport eines Ladegutes mit einer Temperatur von 111,7 K = −161,5 °C zusätzliche Forderungen erfüllt werden, von denen hier nur die wesentlichsten genannt seien:

1. Das Material für die Tanks muß den Beanspruchungen bei tiefen Temperaturen gewachsen sein. Aluminiumlegierungen und Nickelstähle eignen sich hierfür. Sie erfahren aber bei der Abkühlung eine starke Kontraktion. Diese muß ohne unzulässige Spannungen vor sich gehen können.

2. Das flüssige Erdgas darf weder im Normalbetrieb noch bei Schäden an den Tanks mit der Schiffswand, deren Stahl bei tiefen Temperaturen versprödet, in Berührung kommen. Nach internationalen Vorschriften muß deshalb zwischen der Tankwand, der sogenannten ersten Barriere, noch eine zweite Barriere vorhanden sein, die bei Reißen der Tankwand das Vordringen von LNG zur Schiffswand verhindert. Nur wenn die Gestalt und das Konstruktionsprinzip die rechnerische Erfassung des Spannungszustandes bei allen Betriebsbedingungen gestatten und sich dieser als unbedenklich erweist, sowie eine vollständige Kontrolle der Schweißnähte möglich ist, kann die 2. Barriere durch eine Auffangschale ersetzt werden, deren Kapazität klein gegenüber dem Tankvolumen ist. Dies ist deshalb vertretbar, weil bei derartigen Tanks ein größeres Leck sehr unwahrscheinlich ist. Dünne Risse aber lassen nur kleine LNG-Mengen hindurch. Sie können von der Auffangschale aufgenommen und dort festgestellt werden.

3. Wegen der großen Temperaturdifferenzen zwischen Umgebung und Ladegut müssen die Tanks gut isoliert werden. Ohne Isolierung würde die Ladung auf einer längeren Seereise vollständig verdampfen.

4. Auch trotz guter Isolierung verdampft während des Transportes flüssiges Erdgas. Das dabei entstehende Gas muß entweichen können, ohne daß der zulässige Druck in den Tankräumen, der nur wenig über dem der Atmosphäre liegt, überschritten wird. Eine kleine, auf dem Schiff installierte Rückverflüssigungsanlage verhindert Verdampfungsverluste.

5. Das Be- und Entladen sowie der Transport großer Mengen leicht flüchtiger, brennbarer Flüssigkeiten macht den Einsatz von sicherheitstechnischen Einrichtungen notwendig. Ein Vorrat an flüssigem Stickstoff, der bei Bedarf rasch vergast werden kann, muß ständig vorhanden sein.

Seit den ersten LNG-Transportversuchen zu Wasser in den USA sind viele verschiedene Konstruktionen von Transporttanks entwickelt worden. Im folgenden werden nur diejenigen angeführt, die zur Zeit hauptsächlich angewandt werden. Man kann sie in drei Gruppen einteilen:

— selbsttragende, freistehende Tanks mit ebenen Wänden;
— selbsttragende, freistehende Tanks in Kugelform;
— dem Schiffskörper angepaßte und sich auf ihn abstützende, sogenannte integrierte Membrantanks.

Von einem selbsttragenden Tank spricht man, wenn er seine eigene Last und die der Flüssigkeit selbst trägt sowie die aus der Schiffsbewegung folgenden, dynamischen Kräfte selbst aufnimmt. In den Schiffskörper integrierte Tanks dagegen geben den hydrostatischen Druck der Flüssigkeit und die dynamischen Kräfte über die anliegende Isolierung an die Schiffswand weiter.

6.2.4.1 Selbsttragende, freistehende Tanks mit ebenen Wänden

Bild 6.7 stellt eine Skizze des Querschnittes durch ein Schiff dar, das selbsttragende, freistehende Tanks enthält. Die Form der aus Aluminium hergestellten Tanks kann dem Schiffskörper angepaßt werden. Sie können sich frei zusammenziehen und ausdehnen. Durch Längs- und Querschotte sind die Tanks unterteilt, um Bewegungen der Flüssigkeit bei Seegang gering zu halten. Sie ruhen auf Tragkonstruktionen, die auf dem Schiffsboden abgestützt sind. Der Raum zwischen den Tanks und dem Schiffsboden ist mit einer Balsaholz-Isolierung ausgefüllt. Beim System *Conch* haben die Tanks nur eine Wand. Zwischen ihr und der Isolierung ist ein freier, mit Stickstoff gefüllter Raum, der nach Spülung mit Luft Inspektionen der Tankwände gestattet. An ihn schließt sich eine Polyurethanschaumisolierung an. Sie enthält die zweite Barriere. Oben werden die Tanks mit Mineralwolle isoliert.

Beim System *Esso* besitzen die Tanks zwei mit Aussteifungsprofilen versehene Aluminiumwände mit einem Abstand von 150 bis 200 mm voneinander. Der Zwi-

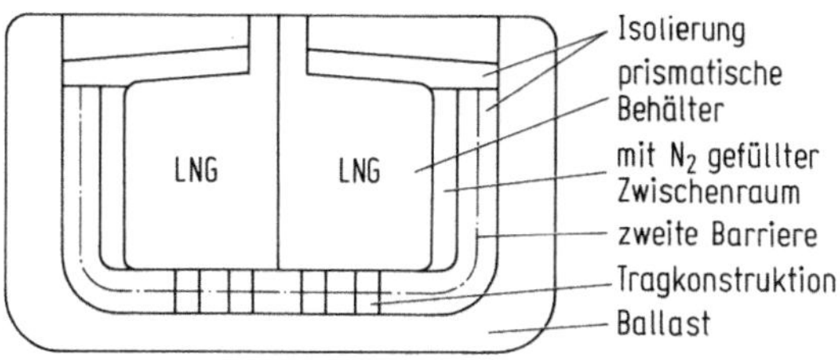

Bild 6.7. Querschnitt durch ein Schiff mit selbsttragenden freistehenden Tanks. Nach [C 1]

schenraum enthält eine Inertgasfüllung. Die Isolierung aus Polyurethanschaum liegt zwischen der zweiten Barriere und der inneren Schiffswand.

6.2.4.2 Selbsttragende, freistehende Tanks in Kugelform

Die norwegische Werft *Moss Rosenberg* entwickelte ein System, bei welchem Kugelhüllentanks aus 9 %igem Nickelstahl oder aus der Aluminiumlegierung 5083 das ver-

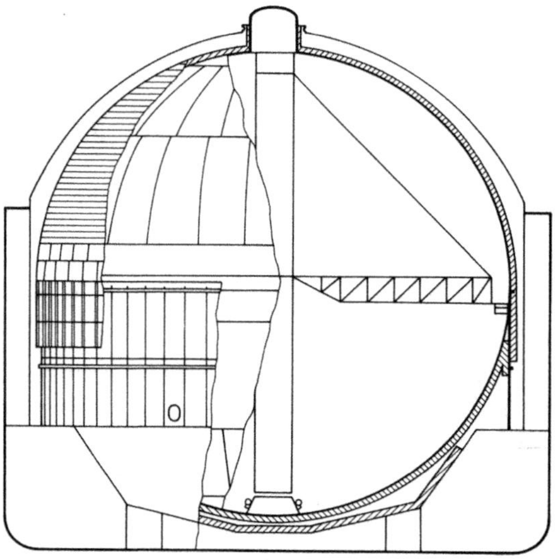

Bild 6.8. Querschnitt durch einen Kugeltank. Nach [T 1]

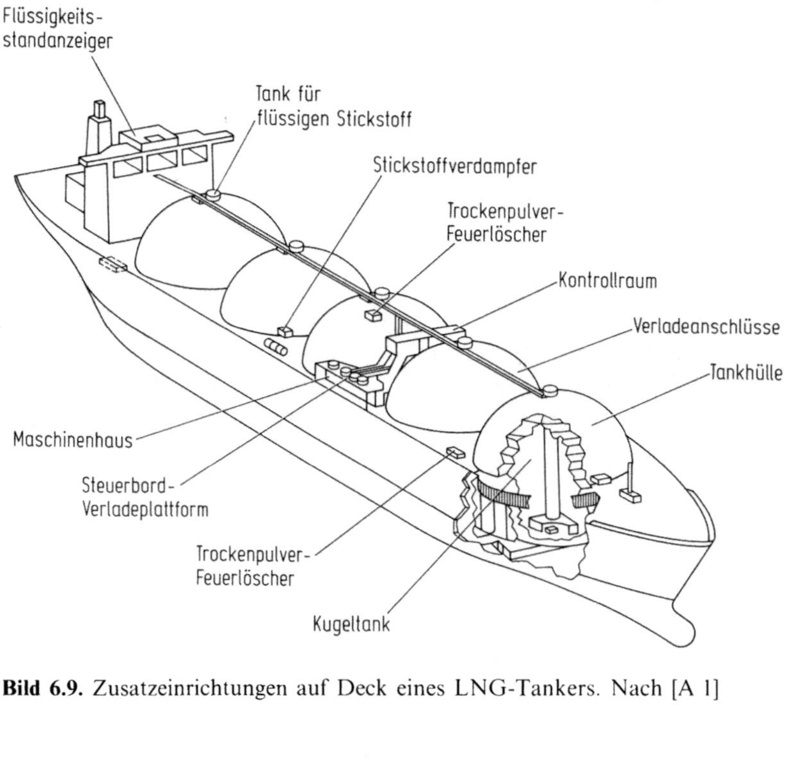

Bild 6.9. Zusatzeinrichtungen auf Deck eines LNG-Tankers. Nach [A 1]

flüssigte Erdgas aufnehmen. Die Kugeln haben einen Durchmesser von ca. 35 m. Sie sind über einem am Äquator der Tanks eingeschweißten Ring auf einem stehenden Zylinder gelagert. Dieser überträgt die Kräfte auf den Schiffsboden. Die Isolierung besteht aus Polyurethanschaum. Sie muß die Schrumpfungen und Dehnungen der Kugel bei Abkühlung und Erwärmung mitmachen, ohne zu reißen. Der Spannungszustand kugelförmiger Tanks läßt sich infolge ihrer geometrisch eindeutigen Form berechnen. Außerdem können die Schweißnähte, welche die Kugelsegmente miteinander verbinden, auf der gesamten Länge geröntgt werden. Auf eine zweite Barriere kann daher zugunsten einer kleineren Auffangwanne verzichtet werden. Tauchpumpen zum Füllen und Entleeren sind am Tankboden angeordnet. Ein zentraler Rohrturm nimmt Rohrleitungen, Kabel, Standanzeiger und Einstiege auf. Durch eine auf der rechten Seite des Bildes angedeutete bewegliche Bühne kann das Tankinnere inspiziert werden (Bild 6.8). Welche zusätzlichen Einrichtungen, vor allem sicherheitstechnischer Art, auf Deck eines solchen Schiffes benötigt werden, geht aus Bild 6.9 hervor.

6.2.4.3 In den Schiffskörpern integrierte Membrantanks

Bei dieser Art werden die Tanks der Innenwand des Schiffes genau angepaßt. Dadurch ergibt sich eine besonders gute Raumausnützung. Der Flüssigkeitsdruck wird über eine dünne Membran (erste Barriere) und die Isolierung auf die tragende Schiffswand weitergegeben. Die Isolierschicht besteht aus Sperrholzkästen, die mit expandiertem Perlite gefüllt sind. In der Isolierung befindet sich eine weitere Membran als zweite Barriere.

Bild 6.10. Dem Schiffskörper angepaßter Membrantank (Technigaz)

Beim System *Technigaz* wird als Membranmaterial dünnes Blech aus Chrom-Nickel-Stahl mit Falten (Korrugierungen) verwendet, die der Länge, Breite und Höhe nach als Kompensatoren wirken (Bild 6.10).

Beim System *Gaz-Transport* besteht die Membran aus dünnen Invarstahlblechen mit 0,5 mm Wandstärke. Invarstahl (36 % Nickelgehalt) hat einen sehr kleinen Wärmeausdehnungskoeffizienten und im Vergleich zu Normalstahl einen geringen Elastizitätsmodul. Deshalb sind die auftretenden Spannungen bei Temperaturveränderungen klein. Es kann deshalb auf Korrugierungen verzichtet werden.

Weil sich aber in beiden Fällen der Spannungszustand nicht exakt berechnen läßt, wird der Einbau einer zweiten Barriere gefordert.

6.2.5 Hafen und Tankanlagen im Empfängerland (LNG-Terminal)

(Bild 6.11 und 6.12)

Zur Übernahme des auf Schiffen transportierten verflüssigten Erdgases müssen im Empfängerland eine Reihe von Einrichtungen vorgesehen sein, die in ihrer Gesamtheit in der Fachsprache „LNG-Terminal" genannt werden. Diese Einrichtungen ähneln denen im Verschiffungshafen. Vor allem gehören hierzu die Verladeeinrichtungen, die Tanks zur Lagerung, Wärmeaustauscher zur Verdampfung des flüssigen Erdgases und der Beginn des Gastransportes an die Verbraucher. An das zu entladende Schiff werden flexible Leitungen angeschlossen und das flüssige Erdgas durch kaltzähe Rohrleitungen, die auf einer Landebrücke verlegt sind, in große

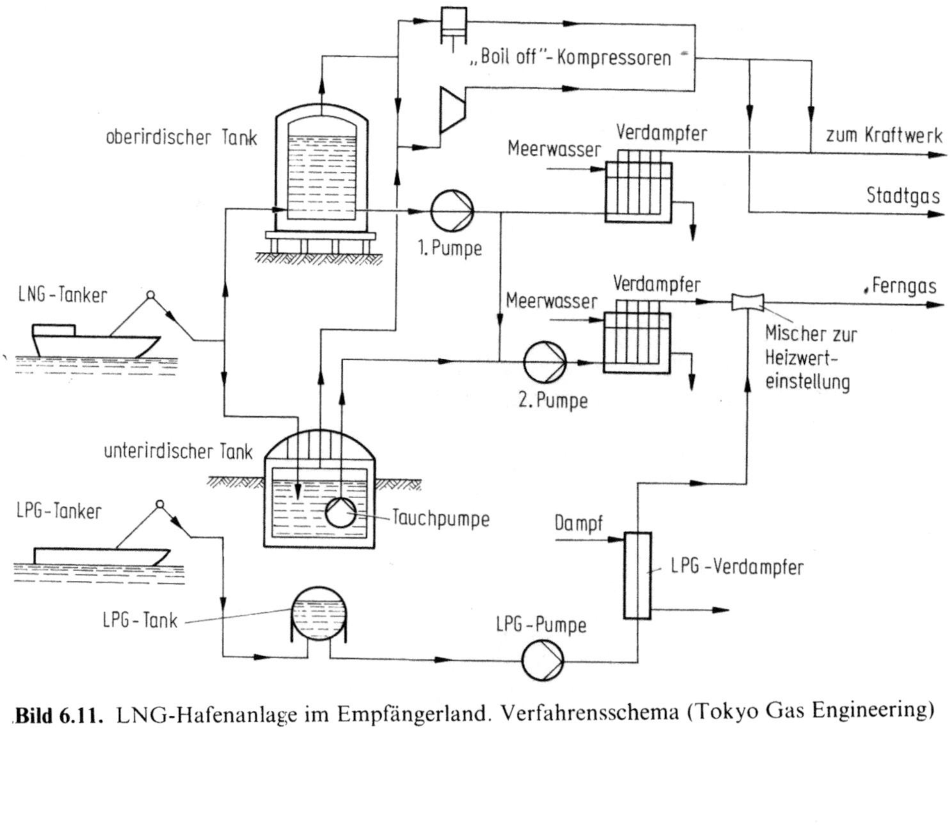

Bild 6.11. LNG-Hafenanlage im Empfängerland. Verfahrensschema (Tokyo Gas Engineering)

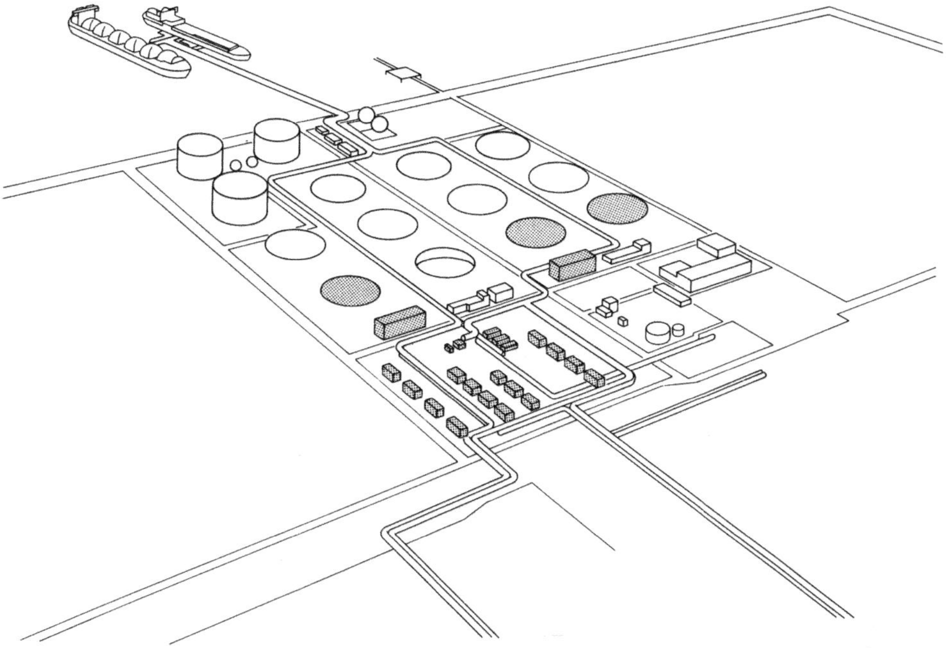

Bild 6.12. LNG-Hafen im Empfängerland. Räumliche Anordnung (Tokyo Gas Engineering)

isolierte Tieftemperaturtanks umgefüllt. Dabei verdampfendes Erdgas wird von Kompressoren auf Ferngasleitungsdruck verdichtet und in die Ferngasleitung eingespeist. Die LNG-Tanks müssen so dimensioniert sein, daß die diskontinuierliche Anlieferung des LNG aus den Schiffen auf die kontinuierliche Abgabe von Erdgas an die Ferngasleitung abgestimmt werden kann. Mit großen Flüssigkeitspumpen und großen Verdampfern wird das LNG in einen solchen Zustand versetzt, daß es von der Ferngasleitung aufgenommen werden kann (ca. 70 bar, Umgebungstemperatur). Bild 6.11 zeigt das Prozeßschema und Bild 6.12 die räumliche Anordnung eines großen japanischen LNG-Terminals. Von der Größe der Anlage kann man sich einen Begriff machen, wenn man berücksichtigt, daß die an der Landebrücke angedeuteten LNG-Tanker 200 bzw. 390 m lang sind. Bauarten großer Tanks für flüssiges Erdgas auf dem Land sind im Abschnitt 9.5.1. beschrieben.

6.2.5.1 Nutzung der Exergie des flüssigen Erdgases im Empfängerland

Aus dem Exergie-Diagramm für Methan (Bild 6.1) kann man ablesen, daß die Exergie des angelieferten verflüssigten Methans um 2,0 kWh/kmol größer ist als die des bei 70 bar und Umgebungstemperatur in die Ferngasleitung eingespeisten Erdgases. In den meisten LNG-Terminals wird diese Exergiedifferenz nicht ausgenützt. Große Wärmeaustauscher, denen Meerwasser zugeführt wird, oder Verdampfer, in denen Tauchflammen aus verbrennendem Erdgas-Luft-Gemisch Wasserbäder beheizen, werden für die LNG-Anwärmung eingesetzt (Bild 6.11). Im ersten Fall wird die Kälte ans Meer abgegeben, im zweiten Fall wird sie sogar unter Einsatz von kostbarem Erdgas vernichtet.

Zwei Möglichkeiten, die angebotene Exergiedifferenz auszunützen, sollen im folgenden behandelt werden. In einem der japanischen Terminals wird die im LNG enthaltene Kältemenge auf eine große Luftzerlegungsanlage übertragen. Diese soll neben einer großen Menge gasförmiger Produkte stündlich 10,7 t flüssigen Sauerstoff, 9,4 t flüssigen Stickstoff und 0,27 t flüssiges Argon abgeben. Wegen der dafür notwendigen großen Kälteleistung müßte sie außer der normalen Ausstattung mit einem Luftturbokompressor und einer Entspannungsturbine zusätzliche Maschinen und Wärmeaustauscher erhalten (s. Abschnitt 4.5.2.2). Die entsprechende Antriebsleistung wäre ca. 10 MW. Diese und ein Teil der genannten Maschinen und Wärmeaustauscher können durch den Einsatz von LNG eingespart werden.

Zur Kälteübertragung bedarf es allerdings des Einsatzes eines Stickstoffkreislaufes, weil aus Sicherheitsgründen vermieden werden muß, daß sauerstoffhaltiges Gas aus der Luftzerlegungsanlage und Erdgas durch denselben Wärmeaustauscher strömen. Im Falle des erwähnten japanischen Terminals reicht allerdings schon ein kleiner Teil des angelieferten LNG aus, um den Kältebedarf für die Verflüssigung der genannten Mengen an Sauerstoff, Stickstoff und Argon zu decken. Der größere Teil wird mit Hilfe von Meerwasser verdampft. Selbst in einem so hochindustrialisierten Land wie Japan ist der Bedarf an flüssigem Sauerstoff, Stickstoff und Argon in der näheren und weiteren Umgebung eines LNG-Terminals nicht so groß, daß die in der angelandeten LNG-Menge enthaltene Kälte hierfür auch nur annähernd vollständig ausgenützt werden könnte.

Eine andere, bisher noch nicht realisierte Chance zur Nutzung der genannten Exergiedifferenz besteht darin, die zwischen der Umgebung und dem flüssigen Erdgas bestehende große Temperaturdifferenz in einem teilweise bei tiefen Temperaturen verlaufenden Kraftprozeß, z. B. durch einen geschlossenen Gasturbinenkreislauf mit Stickstoff, zur Arbeitsleistung auszunutzen und damit elektrischen Strom zu machen [P 1]. Der Vorteil einer solchen Anordnung gegenüber der sonst üblichen besteht darin, daß der Arbeitsaufwand des bei tiefer Temperatur ansaugenden Kreislaufkompressors viel kleiner ist als der einer Maschine, die bei Umgebungstemperatur ansaugt. Infolgedessen wird der kleinere Teil der in der Turbine erzeugten Energie vom Kompressor verbraucht. Der größere kann nach außen abgegeben werden.

6.3 Peakshaving-Anlagen

Peakshaving heißt „Spitzen abrasieren“. Gemeint sind Bedarfsspitzen an Erdgas, die im Winter oder auch zu bestimmten Tageszeiten in einer Großstadt oder einem Industrieballungszentrum auftreten, welche von der Erdgasquelle oder einem LNG-Terminal weit entfernt sind und über Erdgasfernleitungen versorgt werden. Spitzenlasten sind für Gasversorgungsunternehmen sehr lästig, weil sie die Ferngasleitungen und andere Einrichtungen zur Gasversorgung, wenn auch nur eine Zeitlang, außerordentlich stark belasten. Man kann diese Überbeanspruchung dadurch mildern, daß man in Zeiten niedrigen Bedarfes (z. B. im Sommer) Ferngas unter hohem Druck und Normaltemperatur in unterirdischen Kavernen, wenn solche in der Umgebung der Gasverbraucher vorhanden sind, speichert, um es dann zu Zeiten des Spitzenbedarfes wieder daraus zu entnehmen. Sind Untertagespeicher nicht verfügbar, so können besondere Erdgasverflüssigungsanlagen, LNG-Speicher, -Pumpen und -Vergaser denselben Zweck erfüllen.

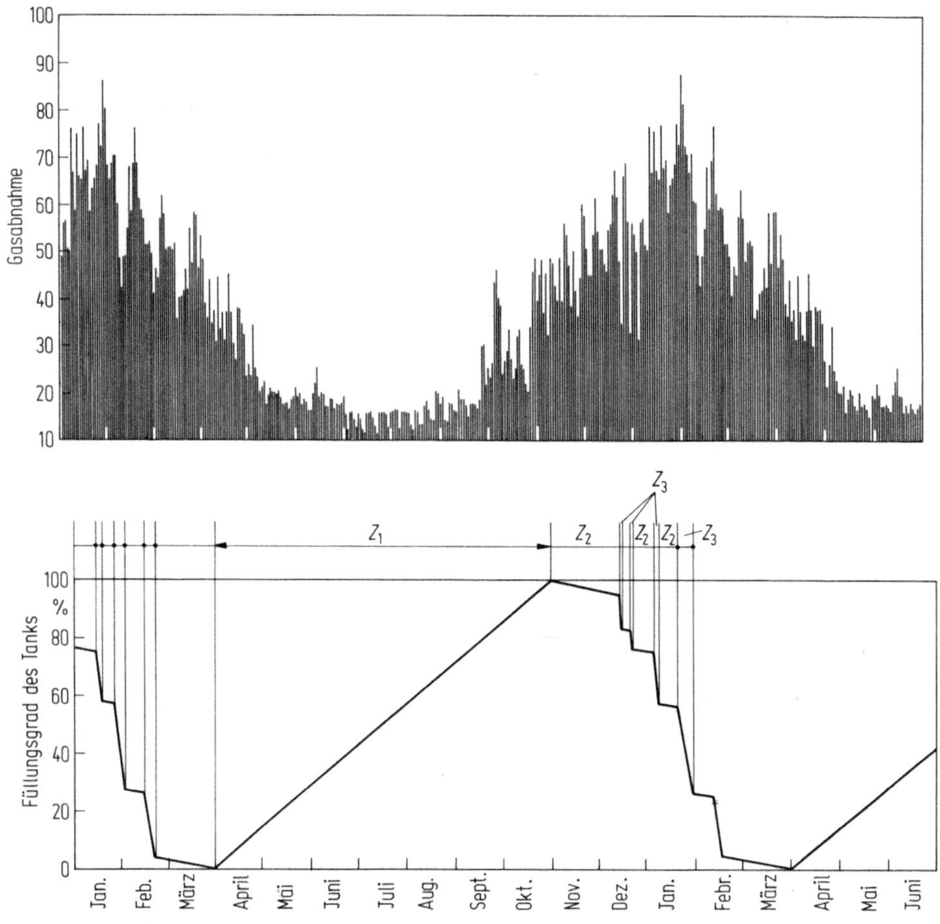

Bild 6.13. Jahreszeitliche Schwankungen in der Erdgasabnahme im Netz einer kommunalen Gasgesellschaft und dazugehöriger Füllungsgrad des Peakshaving-Tanks. Nach [M 1]

Im oberen Teil von Bild 6.13 sind die jahreszeitlichen Schwankungen der Erdgasabnahme kommunaler Gesellschaften über einen Zeitraum von 1 1/2 Jahren dargestellt. Die Grundschwingung ähnelt einer Cosinusfunktion, die ihren Maximalwert im Januar und ihren Minimalwert im Juli hat. Der Grundschwingung sind starke tägliche Schwankungen überlagert.

Der jederzeit zur Grundschwingung passende Füllungsgrad des LNG-Tanks ist für denselben Zeitraum im unteren Teil von Bild 6.13 aufgezeichnet. Am Winterende ist der Tank leer, weil in den Monaten Dezember bis März das flüssige Erdgas restlos entnommen wurde. Im April wird die Erdgasverflüssigung eingeschaltet. Da wegen sehr niedrigen Gasbedarfes von April bis Oktober kein LNG verdampft zu werden braucht, steigt die Füllung von 0 bis 100% geradlinig an (Zeitraum Z_1). Ende Oktober wird die Verflüssigungsanlage abgestellt. Auch wenn dem Tank keine Flüssigkeit entnommen wird, sinkt der Pegel darin etwas (Z_2). Denn es verdampft Erdgas, weil trotz guter Isolierung immer etwas Wärme von außen in den Tank einströmt. Ab Anfang Dezember muß dann immer wieder eine große Menge aus dem Tank entnommen werden (Z_3), bis Ende Februar/Anfang März der Tank leer ist. Es bräuchte dann auch gar nichts mehr aus ihm entnommen zu werden, weil der Gasbedarf um diese Zeit wieder etwa dem mittleren Gasdurchsatz der Ferngasleitung entspricht.

Peakshaving-Anlagen sind im Vergleich zu Baseload-Anlagen klein, was ihre Ausmaße und Verflüssigungsleistung anbelangt. So ist z. B. die Leistung einer Einheit der in Abschnitt 6.2.3.4 beschriebenen Anlage Brunei sechzigmal so groß wie die einer Peakshaving-Anlage für die Gasversorgung einer Großstadt von ca. 500000 Einwohnern. Bei den LNG-Tanks dagegen ist der Unterschied deutlich kleiner, denn die Speicher von Baseload-Anlagen haben nur relativ kurze Zeiten, nämlich im Grenzfall nur die Zeit von der Abfahrt eines vollen LNG-Tankers bis zur Ankunft des nächsten leeren Schiffes zu überbrücken. Die Speicher von Peakshaving-Anlagen hingegen haben die während der warmen Jahreszeit verflüssigte Menge oder — was dasselbe ist — den zusätzlichen Gasbedarf der kalten Jahreszeit aufzunehmen.

Wie im Abschnitt 6.2.3 ausgeführt ist, werden bei Baseload-Anlagen hauptsächlich Verfahren mit Kältekaskaden und geschlossenen Gemischkreisläufen angewandt. Bei den bisher errichteten Peakshaving-Anlagen findet man Verfahren

— mit geschlossenen Gemischkreisläufen,
— mit offenen Gemischkreisläufen,
— mit Erdgasentspannungsturbinen,
— mit Stickstoffentspannungsturbinen,
— mit Gemischentspannungsturbinen.

Die Wahl des angewandten Verfahrens richtet sich nach den Bedingungen am Aufstellungsort.

Bei den Technischen Werken Stuttgart, deren Peakshaving-Anlage im folgenden kurz beschrieben wird, wurde ein Verfahren mit einem offenen Gemischkreislauf gewählt. Bild 6.14 soll vereinfacht den Unterschied zwischen einem geschlossenen und einem offenen Kreislauf zeigen: Beim geschlossenen Kreislauf (linke Bildseite)

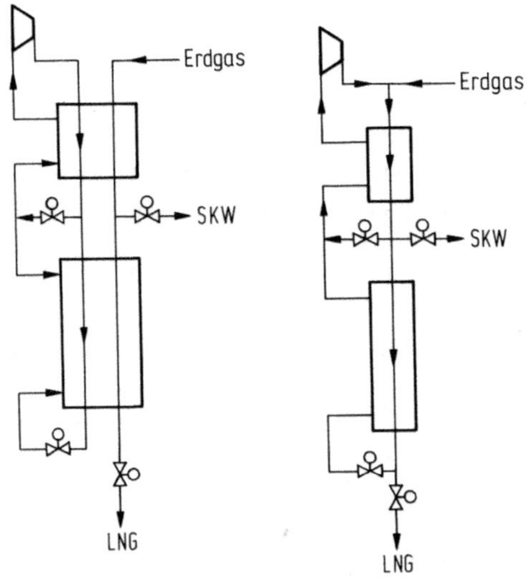

Bild 6.14. Geschlossener und offener Gemischkreislauf zur Erdgasverflüssigung

bleiben Erdgas und Kältemittel stets voneinander getrennt. Das Erdgas wird im Gegenstromvorkühler so weit abgekühlt, daß die schwereren Kohlenwasserstoffe (SKW) weitgehend auskondensieren. Sie können nach Abscheidung entnommen werden. Im Hauptgegenströmer wird das Erdgas tiefgekühlt, so daß es nach dem Drosselventil flüssig abgezogen werden kann. Unabhängig davon wird das im Kompressor verdichtete Kältemittelgemisch im Gegenstromvorkühler abgekühlt und teilverflüssigt. Danach werden auch aus ihm die schweren Kohlenwasserstoffe entnommen. Das verbleibende Gemisch aus den leichteren Kohlenwasserstoffen wird im Hauptgegenströmer weiter abgekühlt und verflüssigt. Nach Abdrosselung überträgt es bei seiner Verdampfung Kälte im Hauptgegenströmer sowohl an das Erdgas wie auf sich selbst. Nach Einspeisung der flüssigen SKW gibt es die restliche Kälte im Gegenstromvorkühler ab.

Beim offenen Kreislauf (Bild 6.14, rechte Seite) wird das Kältemittelgemisch nach seiner Verdichtung mit dem Erdgas gemischt oder auch gemeinsam mit ihm weiter verdichtet und im Gegenstromvorkühler unter Kondensatbildung abgekühlt. Die dabei anfallenden schweren Kohlenwasserstoffe (SKW) werden teils als Produkt abgezogen, teils wie beim geschlossenen Kreislauf im Gegenstromvorkühler zur Kälteübertragung verwendet. Im Hauptgegenströmer werden dann Methan, Ethan und — je nach Erdgaszusammensetzung — auch etwas Propan tiefgekühlt, so daß danach ein Teil als LNG abgezogen werden kann, während der Rest als Kältemittel im Hauptgegenströmer verdampft. Wie beim geschlossenen Kreislauf werden danach die flüssigen schweren Kohlenwasserstoffe eingespeist etc.

Bei der Peakshaving-Anlage in Stuttgart, Bilder 6.15 und 6.16 und Tabelle 6.2 lagen u. a. folgende Bedingungen und Forderungen vor:

- Das Erdgas steht als Ferngas unter einem Druck von wenigstens 21 bar zur Verfügung.
- Es enthält 14 bis 15% Stickstoff.
- Dieser soll aus dem flüssigen Erdgas entfernt werden, weil er den LNG-Tank in doppelter Weise belastet; einmal dadurch, daß er Tankvolumen beansprucht, und dann zum andern, weil er die Lagertemperatur erniedrigt.
- Es kann eine Restgasfraktion mit Gasometerdruck abgegeben werden. Ihr Heizwert soll aber einen bestimmten Wert nicht unterschreiten, wodurch ihr Stickstoffgehalt begrenzt ist.

Tabelle 6.2. Gasbilanz der LNG-Peakshaving-Anlage TWS Stuttgart

	Gereinigtes Rohgas Mol-%	Netto LNG (verbleibend im Tank) Mol-%	Restgas Mol-%	Stickstoff Mol-%
N_2	14,60	0,13	19,52	94
CH_4	82,04	95,48	78,01	6
C_2H_6	2,77	4,33	0,87	—
C_3H_8	0,36	0,06	0,94	—
C_4H_{10}	0,14	—	0,40	—
C_5H_{12}	0,06	—	0,17	—
C_{6+}	0,03	—	0,09	—
Menge (kmol/h)	268	153	93	22

— Es muß deshalb eine Stickstoff-Fraktion in die Atmosphäre abgegeben werden, die ihrerseits aber möglichst wenig brennbare Bestandteile enthalten soll.

Die aus diesen Bedingungen und Forderungen folgende Gasbilanz zeigt Tabelle 6.2. Auf die Beschreibung des Verfahrens (Bild 6.15) kann nach den grundsätzlichen Ausführungen über geschlossene und offene Kreisläufe verzichtet werden. Wegen der Aufteilung des Kreislaufes in mehrere Gemischfraktionen und des Einsatzes einer Stickstoff-Abtrennsäule ist es komplizierter als Bild 6.14. Über Stickstoff-Methan-Trennung wird in Abschnitt 6.7 eigens berichtet.

Bild 6.16 zeigt die Gesamtanordnung der Peakshaving-Anlage. Von links nach rechts sind zu erkennen: Das Kompressorenhaus, die Coldbox, ein Waschturm zur

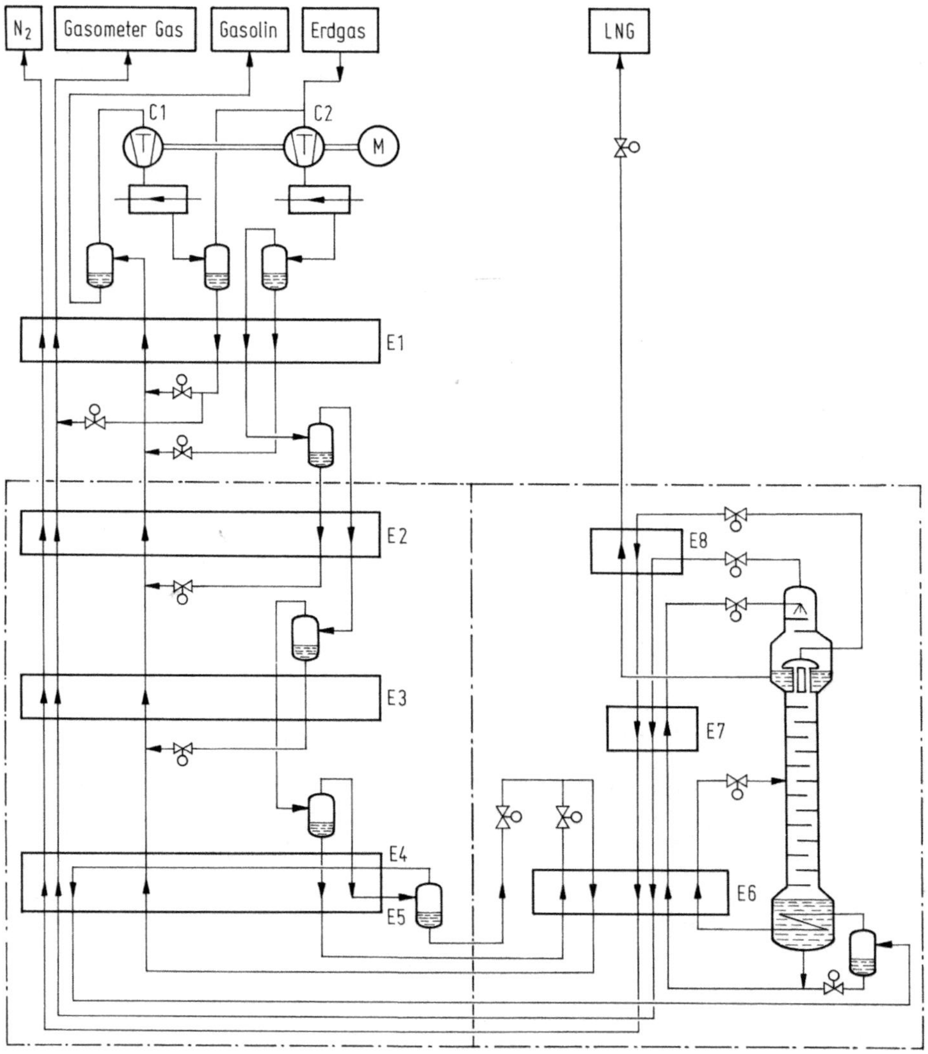

Bild 6.15. Erdgas-Peakshaving-Anlage Stuttgart (TWS), Tieftemperaturverfahren. Nach [E 1]

Bild 6.16. Erdgas-Peakshaving-Anlage Stuttgart (TWS), Gesamtansicht [E 1]

Entfernung von Kohlendioxid aus dem Erdgas vor dessen Tiefkühlung und Verflüssigung mit Monoethanolamin, welches in dem kleineren Turm regeneriert wird. Der LNG-Tank ist bis zur Oberkante in eine schräg abfallende Erdanschüttung eingebettet.

6.4 Satellitenstationen zur Erdgasversorgung

Soll eine Gemeinde oder ein Betrieb, der nicht an das Erdgas-Fernleitungsnetz angeschlossen ist, mit Erdgas versorgt werden, so kann dort eine sogenannte Satellitenstation errichtet werden. Sie besteht aus einem fest montierten Flüssigkeitsbehälter, z. B. mit einem Inhalt von 100000 l. In ihm lagert druckloses flüssiges Erdgas. Mit Hilfe eines luftbeheizten „Druckaufbauverdampfers" kann der Inhalt auf einige Bar Überdruck gesetzt werden. Um die Gemeinde oder den Betrieb zu versorgen, wird aus dem Lagerbehälter flüssiges Erdgas entnommen, in luftbeheizten Verdampfern vergast, evt. zusätzlich vorgewärmt und ins Niederdruck-Erdgasverteilernetz eingespeist. Versorgt wird die Satellitenstation ihrerseits durch Straßentankzüge, die ihre Ladung entweder von einem Flüssig-Erdgas-Terminal oder einer Peakshaving-Anlage beziehen. Das Tankfahrzeug gibt seine Ladung über eine Flüssiggaspumpe an den Lagerbehälter ab. Diese sowie die Tankfahrzeuge gleichen denen für Lagerung und Transport von flüssigem Sauerstoff, Stickstoff etc., die in Abschnitt 9.5.2 beschrieben sind.

6.5 Erdgas als Vergaserkraftstoff

Wegen der Notwendigkeit, Erdgas vor seiner Verflüssigung von all den Bestandteilen zu befreien, die zu Festausscheidungen bei der Abkühlung führen können, stellt das verflüssigte Erdgas nach seiner Wiedervergasung einen sehr reinen Brennstoff dar. Deshalb hat man zur Reinhaltung der Luft in Großstädten Omnibusse entwickelt, die mit Tanks für flüssiges Erdgas ausgerüstet sind. Um die Verdampfungsverluste so klein wie möglich zu halten, sind die Tanks vakuum-isoliert. Es tritt aus ihnen kein Gas nach außen. Die unvermeidliche Wärmezufuhr führt bei Stillstand lediglich zu einer Druckerhöhung, die vom Behälter aufgenommen werden kann. Nach Vergasung wird das Erdgas dem Motor zugeführt. Die Fahreigenschaften eines Kraftfahrzeuges mit Methanmotor sind ausgezeichnet. Der Einsatz solcher Fahrzeuge ist aber vom Preis des flüssigen Erdgases sowie von der Besteuerung für Motortreibstoffe abhängig. Für beides wurde bislang noch keine Lösung gefunden, die einen Einsatz von LNG für diese Zwecke lohnend erscheinen läßt.

6.6 Gewinnung von Ethan und Propan-Butan (LPG) aus Erdgas

Ethan und Propan sind vor allem in den Vereinigten Staaten von Amerika beliebte Ausgangsstoffe für die Hochtemperaturpyrolyse zur Ethylengewinnung, während in Europa und Japan für diesen Zweck bevorzugt Naphtha eingesetzt wird. Die USA verfügen nämlich über bedeutende Mengen ethan- und propanhaltiger Erdgase im Gegensatz zu Europa, wo das Erdgasaufkommen geringer und außerdem ethan- und propanärmer ist. Japan importiert seinen Erdgasbedarf fast ganz in Form von LNG. Vor allem in den USA spielen daher Anlagen zur Gewinnung von Ethan und Propan oder von Propan und Butan (LPG) eine bedeutende wirtschaftliche Rolle. Propan-Butan-Gemische sind hauptsächlich als Brenngase von Bedeutung.

Tabelle 6.3. Gasbilanz bei der Gewinnung von Ethan und einem Gemisch aus Propan und Butan aus Erdgas [M 2]

	Rohgas		Ethan	Propan-Butan	Restgas
	Mol-%	kmol/h	kmol/h	kmol/h	kmol/h
N_2	1,2	132	–	–	132
CO_2	0,3	33	4	–	29
C_1	88,81	9751	18	–	9733
C_2	7,0	769	673	4	92
C_3	2,0	219	4	214	1
i-C_4	0,2	22	Spuren	22	Spuren
n-C_4	0,3	33	–	33	–
n-C_5	0,16	18	–	18	–
n-C_6	0,03	3	–	3	–
Σ	100,00	10980	699	294	9987

Dabei haben sich hauptsächlich zwei unterschiedliche Verfahren herausgebildet:

1. Verfahren mit einem Propan-Kältekreislauf und einer Erdgasentspannungsturbine,
2. Verfahren mit einem Propan- und einem Ethan-Kältekreislauf.

Je nach den Bedingungen und Anforderungen an die Produkte kann das eine oder andere Verfahren das günstigere sein. Im folgenden werden diese beiden Verfahren behandelt und aufgezeigt, welche Unterschiede sich bei Investitions- und Arbeitsaufwand für die Kompression ergeben. In beiden Fällen soll dieselbe Rohgasmenge (10980 kmol/h) mit derselben Gaszusammensetzung verarbeitet werden. Dabei soll bei gleichen Reinheiten dieselbe Menge Ethan (699 kmol/h) und Propan (294 kmol/h) gewonnen und das von diesen beiden Bestandteilen befreite Erdgas (9987 kmol/h) unter dem gleichen Druck wieder abgegeben werden. Für beide Varianten gilt demnach dieselbe summarische Gasbilanz (Tabelle 6.3).

6.6.1 Verfahren mit einem Propankreislauf und einer Erdgasentspannungsturbine (Bild 6.17)

Das mit 57 bar und mit 310 K ankommende Erdgas wird im Wärmeaustauscher *1* durch rückkehrendes Restgas, das teils unter 13 bar, teils unter 32 bar steht, und verdampfendes C_3-Kältemittel auf 208 K abgekühlt, wobei ein Teil kondensiert. Aus dem Abscheider *2* entweicht Gas, welches in der Turbine *3* auf 13 bar entspannt wird, wobei im Abgasstutzen der Turbine Flüssigkeit gebildet wird. Diese sowie die aus dem Abscheider *2* kommende Flüssigkeit werden im Abscheider *4* aufgefangen. Die Flüssigkeitsmischung wird in *5* auf 32 bar gepumpt, gibt einen Teil ihrer Kälte im Kondensator *7* der Methansäule *6* ab und wird anschließend in deren Mitte ein-

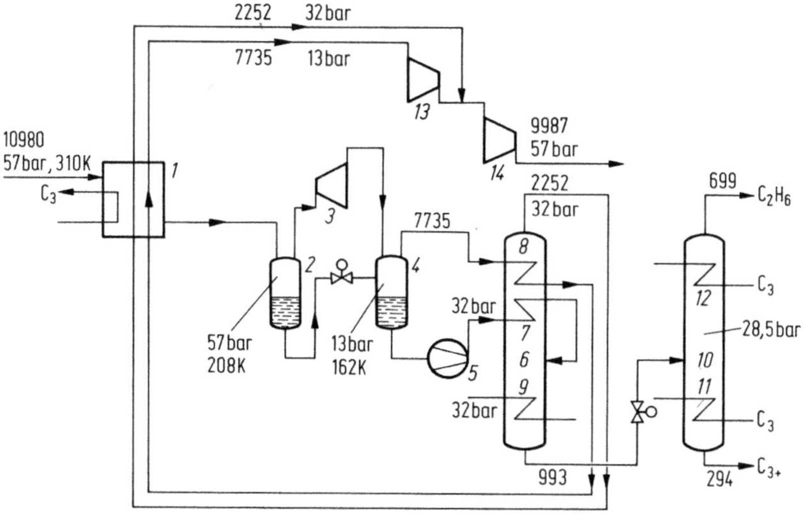

Bild 6.17. Verfahren mit einem Propankreislauf und einer Erdgasentspannungsturbine (Erläuterungen s. Text)

gespeist. Das aus Abscheider *4* abziehende und weitgehend von den C_{2+}-Kohlenwasserstoffen befreite Erdgas gibt zuerst im Kondensator *8* der Methansäule und anschließend im Gegenströmer *1* seine Kälte ab. In der Methansäule *6* wird das eingespeiste Gemisch in eine Methanfraktion und eine C_{2+}-Fraktion zerlegt. Mit Hilfe der erwähnten Kondensatoren *7* und *8* und des mit C_3 geheizten Verdampfers *9* werden die für die Rektifikation nötigen Mengen an Rücklauf und Dampf gebildet. Das Sumpfprodukt wird nach geringfügiger Entspannung in der Ethansäule *10*, die mit kondensierendem C_3 geheizt und mit verdampfendem C_3 gekühlt wird, unter 28 bar in die gewünschte Ethanfraktion und eine C_{3+}-Fraktion zerlegt. Das Kopfprodukt der Säule *6* strömt nach Anwärmung im Gegenströmer *1* der zweiten Stufe *14* des Restgasverdichters *13*, *14* zu und wird gemeinsam mit dem bereits in der ersten Stufe desselben verdichteten Stromes aus Abscheider *4* auf den Abgabedruck von 57 bar verdichtet. Die sich dabei ergebenden Mengenströme vor der 1. und 2. Restgas-Kompressionsstufe sind in das Schema eingetragen.

6.6.2 Verfahren mit einem Propan- und einem Ethankreislauf
(Bild 6.18)

Mit demselben Druck und derselben Temperatur wie bei dem soeben beschriebenen Verfahren 6.6.1 tritt das Rohgas in den Wärmeaustauscher *1* ein, in dem es aber außer durch die rückkehrenden Restgasfraktionen und verdampfendes C_3 auch noch durch verdampfendes Ethan gekühlt wird. Dementsprechend tritt es kälter und mit mehr Kondensat aus dem Gegenströmer *1* aus als bei Verfahren 6.6.1. Vor dem Eintritt in den Abscheider *2* wird es auf 33 bar abgedrosselt, wobei sich das Flüssigkeits-Dampf-Gemisch auf 186 K abkühlt. Das Gas wird im Gegenströmer *3* auf 181 K weiter abgekühlt, wobei erneut Kondensat gebildet wird, das im Abscheider *4* aufgefangen wird. Sowohl dieses Kondensat wie auch das im Abscheider *2* werden nach

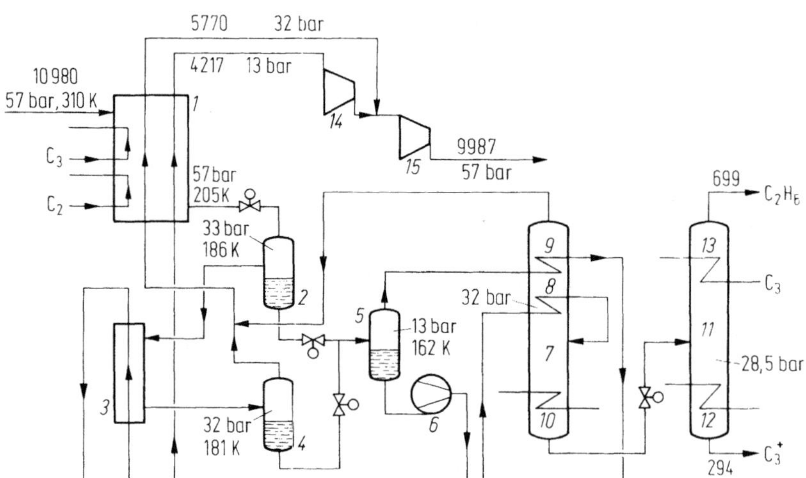

Bild 6.18. Verfahren mit einem Propan- und einem Ethankreislauf (Erläuterungen s. Text)

Entspannung in den Abscheider *5* eingeführt, der unter einem Druck von 13 bar steht. Dabei ergibt sich eine Temperatur von 162 K. Der bei der Drosselentspannung verdampfende Anteil gibt seine fühlbare Kälte im Kondensator *9* der Methansäule und im Gegenströmer *1* ab und strömt unter 13 bar der ersten Restgas-Kompressorstufe *14* zu. Das sämtliche C_{2+}-Kohlenwasserstoffe enthaltende Kondensat des Abscheiders *5* wird mit der Pumpe *6* auf 32 bar gefördert, gibt Kälte im Rohgasgegenströmer *3* und im Kondensator *8* ab, um in die Mitte der Methansäule eingespeist zu werden. Die weiteren Schritte entsprechen denen von Verfahren 6.6.1.

Vergleicht man die in den Bildern 6.17 und 6.18 eingetragenen Werte für die Mengen der beiden unter 13 bzw. 32 bar dem Restgasverdichter zuströmenden Fraktionen, so stellt man einen bedeutenden Unterschied fest. Beim Verfahren 6.6.1 ist die von 13 bar auf 57 bar zu verdichtende Menge viel größer und dementsprechend die von 32 bar auf 57 bar zu fördernde Menge viel kleiner als die bei Verfahren 6.6.2. Infolgedessen ist der Arbeitsaufwand für den 2-stufigen Restgasverdichter beim Verfahren 6.6.1 deutlich größer als beim Verfahren 6.6.2. Dem steht ein Energiegewinn der Expansionsturbine sowie ein kleinerer Arbeitsaufwand bei der Propankältemaschine gegenüber sowie der Vorteil, daß kein Ethankreislauf benötigt wird. Tabelle 6.4 zeigt den Vergleich des Arbeitsaufwandes für die Kompressoren sowie den Gesamtarbeitsaufwand. Der Arbeitsaufwand für die Kompressoren, vermindert um den Rückgewinn an Energie der Entspannungsturbine, ist demnach beim Verfahren 6.6.1 um ca. 9% größer als beim Verfahren 6.6.2. Man sieht es aber dem komplizierteren Verfahren 6.6.2 an, daß der Investitionsaufwand bei letzterem wegen zusätzlicher Apparaturen und Rohrleitungen, aber auch wegen der größeren Propankälteanlage und des Ethankältekreislaufes, der eine Kältekaskade mit Propan nötig macht, deutlich größer sein muß als beim Verfahren 6.6.1.

Tabelle 6.4. Arbeitsaufwand für die Kompression und Rückgewinnung an Energie

	Verfahren 6.6.1	Verfahren 6.6.2
Restgaskompression	7010	3880
Propankälteanlage	1120	2310
Ethankälteanlage	–	600
Rückgewinn der Expansionsturbine	(745)	–
Σ	7385	6790

Die Vor- und Nachteile des einen oder anderen Verfahrens müssen für jeden Bedarfsfall gegeneinander abgewogen werden.

Der große Unterschied in den Teilmengen der Restgasfraktionen hat seinen Grund darin, daß im Falle des Verfahrens 6.6.1 einige Kondensatfraktionen bei niedrigerem Druck (13 bar) als beim Verfahren 6.6.2 (32 bar) gebildet werden. Genau wie bei der Kondensation des Naphthaspaltgases zur Ethylengewinnung (Abschnitt 5.3.1) bringt niedrigerer Druck bei der Kondensation eine bessere Trennschärfe mit sich als höherer (s. Bilder 5.2 und 5.3). Dies wirkt sich auf die der Methansäule zugeführte Menge aus. Sie ist beim Verfahren 6.6.1 wesentlich kleiner als beim Verfahren 6.6.2.

Die Folge davon ist bei 6.6.1 eine vergleichsweise kleine Kopffraktion der Methansäule.

Aus Tabelle 6.4 ist abzulesen, daß der Arbeitsaufwand für Verfahren 6.6.1 nur 375 kW und der für Verfahren 6.6.2 2910 kW ist, wenn das Restgas nicht mehr auf den ursprünglichen Ferngasdruck von 57 bar zurückverdichtet wird. Dies kommt in Frage, wenn das Restgas in einem in der Nähe des Aufstellungsortes befindlichen Niederdruckgas-Verteilungssystem verbraucht werden kann.

Überhaupt müssen derartige Verfahren den örtlichen Bedingungen angepaßt und dementsprechend variiert werden. Dies gilt insbesondere dann, wenn Gaszusammensetzung und Ausgangsdruck anders als im obengenannten Fall sind. Auch bedarf die im Erdgas enthaltene Menge an Kohlendioxid unter Umständen noch einer zusätzlichen Behandlung des Gases. Im vorliegenden Fall ist sie so klein, daß die Löslichkeitsgrenze von Kohlendioxid in leichten Kohlenwasserstoffen bei den in der Zerlegungsanlage auftretenden Temperaturen nicht überschritten wird.

6.7 Die Abtrennung von Stickstoff und Helium aus Erdgas

Während im vorangehenden Abschnitt gezeigt wurde, wie durch Teilkondensation Ethan und höhere gesättigte Kohlenwasserstoffe aus Erdgas gewonnen werden können, verlangt die Abtrennung von Stickstoff und Helium aus Erdgas eine wesentlich weitergehende Kondensation, die im Falle der Heliumgewinnung der Totalverflüssigung sehr nahe kommt. Nur ein kleiner Rest wird gasförmig gewonnen.

Da aber in den meisten Fällen das Erdgas nach seiner Befreiung von Stickstoff und Helium gasförmig weiterverwendet wird, steht der fast totalen Verflüssigung eine ebenso fast totale Wiederverdampfung gegenüber. Aus wirtschaftlichen Gründen müssen daher die angewandten Verfahren so arbeiten, daß die Kondensationswärme bei Abkühlung des Erdgases von der bei der Wiederverdampfung auftretenden Kältemenge aufgenommen werden kann. Lediglich Umgebungs- und Austauschverluste der Anlage müssen entweder durch Fremdkälte, arbeitsleistende Entspannung von Fraktionen oder durch Drosselung gedeckt werden.

6.7.1 Stickstoffabtrennung aus Erdgas

Seit dem ersten steilen Anstieg der Preise für Primärenergieträger lohnt es sich, auch Erdgas zu verwenden, welches wegen eines relativ hohen Stickstoffgehaltes einen niedrigen Heizwert hat. Um es aber in ein Ferngasnetz einspeisen zu können, in welchem Gas mit hohem Heizwert transportiert wird, muß der Stickstoff weitgehend aus ihm entfernt werden. Dies geschieht am besten unmittelbar an der Erdgasquelle.

Ein besonders stickstoffreiches Gas, ein Gemisch aus mehreren Bohrlöchern im Kreis Lüchow-Dannenberg nahe der Grenze der Bundesrepublik Deutschland zur DDR, wird seit Mitte der 70er Jahre in der nachfolgend beschriebenen Anlage zerlegt [K 2, S 1]. Bemerkenswert an dieser Anlage ist (Bild 6.19), daß in ihr kein Kompressor für Rohgas, Produktgas oder Kreislaufgas eingesetzt zu werden braucht, wie es sonst bei Gaszerlegungsanlagen üblich ist. Das Gas, welches unter einem Druck von 103 bar mit einer Zusammensetzung

50 bis 70 Mol-% Stickstoff
Rest im wesentlichen Methan

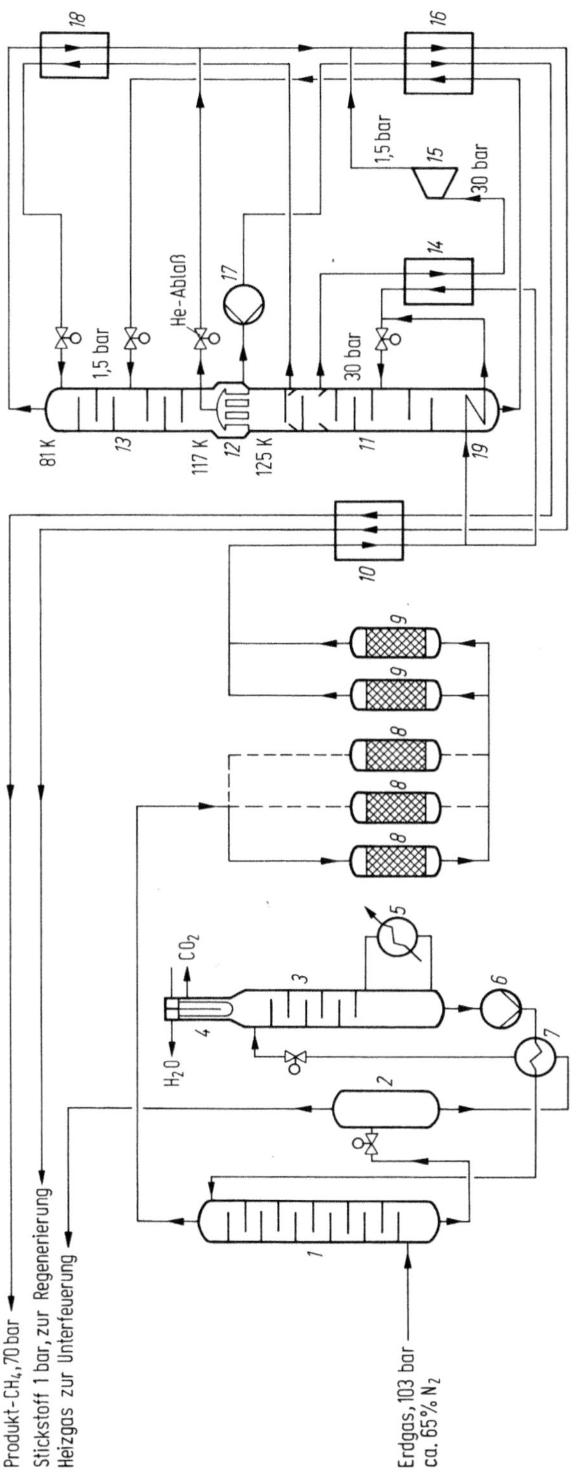

Bild 6.19. Verfahrensschema der Anlage „Clenze". N_2-Abtrennung aus Erdgas. Nach [S 1] (Erläuterungen s. Text)

und kleinen Gehalten an Helium, Ethan, C_{3+}-Kohlenwasserstoffen, Kohlendioxid und Wasserdampf zur Verfügung steht, wird in eine Methanfraktion von 70 bar und Stickstoff von 1 bar zerlegt. Dies bedeutet, daß der Methan-Partialdruck von ca. 40 bar auf 70 bar erhöht werden muß, während der des Stickstoffs von ca. 60 bar auf 1 bar erniedrigt werden kann. Ersteres ist eine Erschwerung des Prozesses, letzteres eine Erleichterung.

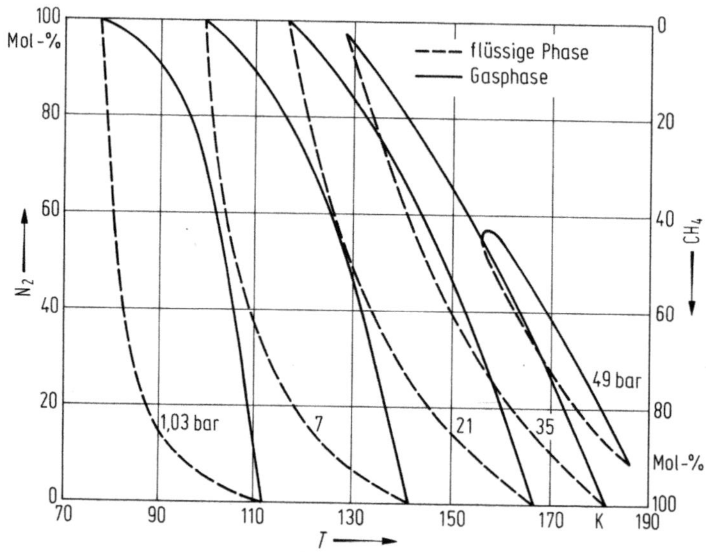

Bild 6.20. Dampf-Flüssigkeitsgleichgewicht von N_2,CH_4-Gemischen in Abhängigkeit von Temperatur und N_2-Gehalt (mit dem Druck als Parameter). Nach [F 3]

Bild 6.20 zeigt Dampf-Flüssigkeits-Gleichgewichte von Stickstoff-Methan-Gemischen in Form von Siedelinsen für verschiedene Drücke. Daraus ist abzulesen, daß eine rektifikatorische Trennung in reinen Stickstoff und reines Methan oberhalb etwa 30 bar nicht mehr möglich, bei niedrigeren Drücken dagegen wegen der bauchigen Siedelinsen mit relativ niedrigem rektifikatorischem Aufwand durchzuführen ist. Deshalb muß das Gas vor der Zerlegung entspannt werden. Wie bei der Luftzerlegung erweist sich die Verwendung eines Doppelsäulenrektifikators als besonders wirksam; denn die aufsteigenden Dämpfe und herabfließende Flüssigkeit für die Rektifikation können allein durch Kondensation des Rohgases und Verdampfung des Methans im Hauptkondensator gebildet werden. Wie eingangs erwähnt, kann der Reststickstoff unter atmosphärischem Druck abgegeben werden. Deshalb empfiehlt es sich, die obere Säule nur unter geringem Überdruck (1,5 bar) zu betreiben. Das Sumpfprodukt der oberen Säule ist reines Methan und siedet bei 117 K. Der Drucksäulenstickstoff muß demnach bei etwas höherer Temperatur von mindestens 120 K kondensieren, woraus sich ein Druck für die untere Säule von ca. 30 bar ergibt. Weil das produzierte Methan aber mit einem Druck von 70 bar abgegeben werden soll, die obere Säule, aus deren Sumpf es abgezogen werden muß, aber nur unter geringem Überdruck steht, muß es verdichtet werden, was mit einer Flüssigkeitspumpe geschieht. Dadurch ergeben sich für die Wärmeübertragung Verhältnisse, wie sie sich bei der Innenverdichtung von Sauerstoff (s. Abschnitt 4.5.1.6) ergeben.

Bild 6.19 zeigt das bei der erwähnten Anlage angewandte Verfahren: In der unter dem vollen Rohgasdruck bei 30 bis 40 °C arbeitenden Sulfinolwaschsäule *1* wird das Gas bis auf 50 ppm von Kohlendioxid befreit. Die Waschflüssigkeit wird nach Zwischenentgasung im Abscheider *2* in der Säule *3* bei 100 bis 130 °C regeneriert. Das Gas wird in den wechselbaren Adsorbern *8* von Wasser, Kohlendioxidspuren und schweren Kohlenwasserstoffen so weitgehend befreit, daß im Tieftemperaturteil keine Verlegungen eintreten können. Die mit Molekularsieb gefüllten Adsorber *8* werden zyklisch vollautomatisch nach einer Laufzeit von ca. 3 h umgeschaltet. Da an anderem Ort die Erfahrung gemacht wurde, daß ein geringfügiger Gehalt an Quecksilber im Erdgas Korrosionen an Aluminiumbauteilen hervorrufen kann, wurde zur Ausschaltung dieser Gefahr noch ein Adsorberpaar *9* für die Beseitigung von Quecksilberdämpfen nachgeschaltet. Nach dieser Vorbehandlung tritt das Erdgas in den Tieftemperaturteil ein.

Das in den Wärmeaustauschern *10* und *19* durch die Zerlegungsprodukte und durch die im Sumpf der Drucksäule siedende Flüssigkeit auf ca. 138 K abgekühlte Rohgas wird von 103 bar in die unter 30 bar arbeitende Vorzerlegungskolonne *11* entspannt.

Die Vorzerlegungsprodukte, nämlich flüssiger Reinstickstoff am Kopf und Rohmethan im Sumpf, werden nach Unterkühlung in den Gegenströmern *16* und *18* der unter 1,5 bar arbeitenden Niederdruckkolonne *13* zugeführt. Hier erfolgt die endgültige Zerlegung in die reinen Produkte. Der gasförmige Stickstoff wird über Kopf bei 81 K abgezogen und steht nach Wärmeaustausch in den Tiefkühlern *18* und *16* sowie im Rohgastauscher *10* bei ca. 1 bar und Umgebungstemperatur zur Regenerierung der Trockner zur Verfügung.

Das im Sumpf der Niederdruckkolonne *13* flüssig anfallende Methanprodukt wird mit einer Pumpe *17* von 2 bar auf 70 bis 80 bar verdichtet. Nach Wärmeaustausch gegen Rohmethan und Rohgas verläßt das Produkt die Anlage mit Umgebungstemperatur und einem Druck von 70 bar.

Zur Deckung des Kältehaushaltes der Anlage dient eine Turbine *15*, welche gasförmigen Stickstoff arbeitsleistend von 30 bar auf ca. 1,5 bar entspannt. Die durch die Entspannung erzeugte Kälte wird in dem Tiefkühler *16* auf Rohmethan übertragen. Die an der Welle der Turbine abgegebene Leistung liegt je nach Zusammensetzung des Rohgases zwischen 200 und 250 kW und entspricht damit nahezu dem Leistungsbedarf der Methanpumpe, einer 25-stufigen vertikalen Kreiselpumpe in Topfbauart.

6.7.2 Heliumgewinnung aus Erdgas

Den Anlaß, sich mit der Gewinnung größerer Mengen von Helium aus Erdgas zu beschäftigen, gaben vor Jahren Brände und Explosionen wasserstoffgefüllter Luftschiffe. Zwar haben heliumgefüllte Ballone und Zeppeline wegen des höheren Molekulargewichtes von Helium einen etwas geringeren Auftrieb als solche mit Wasserstoffüllung, sie sind aber aus Sicherheitsgründen diesen unbedingt vorzuziehen. Für die Füllung werden aber so große Mengen Helium gebraucht, daß dafür die mit Luftzerlegungsanlagen zu gewinnenden Heliummengen zu klein und zu teuer sind.

Der um mehrere Zehnerpotenzen höhere Heliumgehalt mancher Erdgase verspricht daher von vornherein Mengen- und Kostenvorteile bei der Heliumgewinnung aus Erdgas.

Als Helium nach dem Zweiten Weltkrieg auch für die Raumschiffahrt und Reaktortechnik Anwendung fand, wurde befürchtet, die Heliumquellen könnten versiegen, wenn zukünftig Erdgas ohne vorherige Abtrennung des Heliums verbrannt wird und dieses mit dem Verbrennungsgas in die Atmosphäre entweicht. Daher kam es 1960 in den USA zu dem sogenannten „Helium Conservation Programme", nach dem bis 1985 $7{,}5 \cdot 10^7$ kmol 70 %iges Roh-Helium dem Erdgas entzogen werden sollten, um gespeichert zu werden [K 3]. Daraufhin wurden in USA mehrere Heliumgewinnungsanlagen gebaut. Sie arbeiten zwar nicht genau nach dem gleichen Verfahren, sind aber den Grundvorgängen nach ähnlich.

Bevor die größte dieser Anlagen beschrieben wird, sei noch auf einige physikalische Vorgänge hingewiesen, die für die Heliumgewinnung aus Erdgas von Bedeutung sind.

Obwohl die Siedepunkte von Helium und den anderen Komponenten des Erdgases und dementsprechend auch die Dampfdruckkurven (s. Bild 1.2) weit auseinander liegen, gehen bei der Abkühlung und Kondensation des Erdgases beträchtliche Mengen von Helium in Lösung. Bild 6.21 gibt dies für die Erdgaszusammensetzung wieder, die für die nachfolgend beschriebene Anlage maßgebend ist. Dabei spielt der Gasdruck eine entscheidende Rolle. Weil bei 35 bar viel mehr Helium in Lösung geht

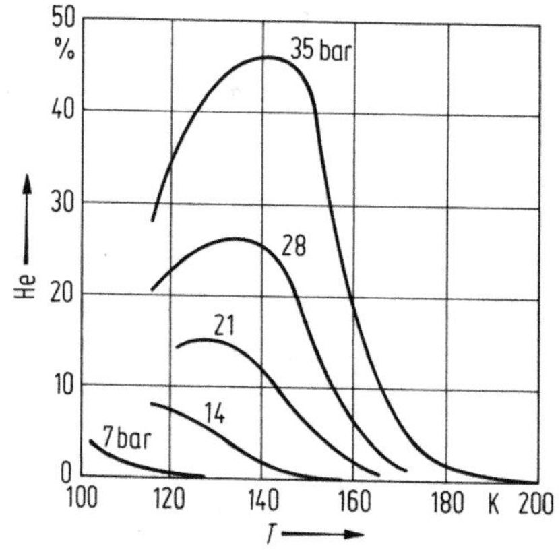

Bild 6.21. Das in der Flüssigkeitsphase eines Erdgases (CH_4 71,7 %, C_2H_6 12,2 %, N_2 15,3 %, He 0,75 %) gelöste Helium in Prozent der Gesamtheliummenge in Abhängigkeit von Druck und Temperatur. Nach [F 3]

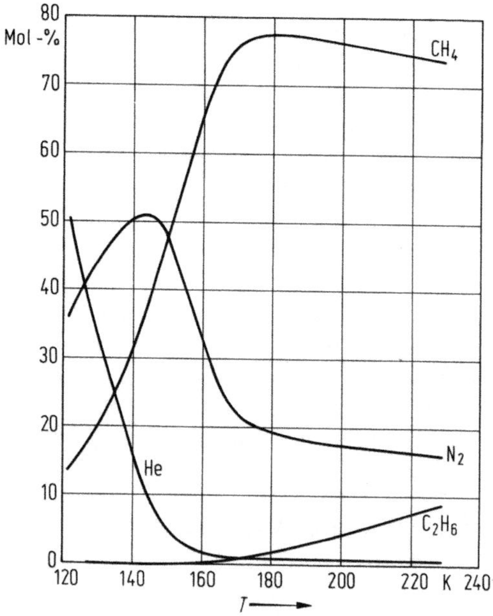

Bild 6.22. Gleichgewichtszusammensetzung der Dampfphase eines Erdgases mit der Zusammensetzung CH_4 71,7 %, C_2H_6 12,2 %, N_2 15,3 %, He 0,75 % bei 21 bar in Abhängigkeit von der Temperatur. Nach [F 3]

als bei niedrigerem Druck, sollten Heliumgewinnungsanlagen bei niedrigem Druck arbeiten. Dies aber wäre unwirtschaftlich, weil das von Helium befreite Erdgas unter dem Ferngasdruck weiterverwendet werden soll und mit hohem Aufwand wieder verdichtet werden müßte, wenn das Helium unter niedrigem Druck abgetrennt würde. Man nimmt daher in Kauf, daß bei höherem Druck mehr Helium in Lösung geht, und schaltet, wie das auch sonst bei Gaszerlegungsanlagen üblich ist, der Teilkondensation eine Rektifikation nach.

Wie sich bei der Abkühlung und Kondensation des Erdgases die verbleibende Gasphase mit Helium anreichert, zeigt Bild 6.22. Unter Berücksichtigung der in diesem und in Bild 6.21 dargestellten physikalischen Verhältnisse wurde daher für die Anlage zur Gewinnung von Roh-Helium „Liberal Kansas" (Bild 6.23) folgendes Verfahren gewählt:

Das Erdgas wird im Gegenströmer *a* auf 283 K vorgekühlt und in Adsorbern *b* vollständig von Wasserdampf befreit. Kohlendioxid braucht in diesem Fall nicht entfernt zu werden, da es entsprechend der Prozeßführung stets in Lösung bleibt. Durch Kühlung mittels kalter Zerlegungsprodukte im Austauscher *c* und durch verdampfendes Propan in *d* auf 228 K werden mit einem Kondensat schwerer Kohlenwasserstoffe, vor allem die bei tieferen Temperaturen störenden C_{5+}-Komponenten, abgeschieden (*e*). Nach der weiteren Abkühlung des Gases (*f*) wird im Austauscher *g* durch verdampfendes Kreislaufmethan eine Temperatur von 172 K erreicht. An dieser Stelle sind bereits ca. 94% des Erdgases verflüssigt. Dabei sind etwa 45% des gesamten Heliums in der Flüssigkeit in Lösung gegangen und müssen nun in der Kolonne *h* durch Beheizen mit Kreislaufmethan wieder abgetrieben werden. Das Kopfprodukt der Kolonne *h* enthält auf diese Weise neben Methan und Stickstoff wiederum das gesamte eingebrachte Helium, und zwar in einer Konzentration von ca. 3%. Dieses Gemisch wird im Wärmeaustauscher *i* durch Zerlegungsprodukte und im Wärmeaustauscher *k* durch verdampfendes Kreislaufmethan bis auf 152 K abgekühlt und zum Teil kondensiert. Im unteren Abschnitt der nachfolgenden Kolonne *l* wird durch Beheizung mit Kreislaufmethan von neuem gelöstes Helium

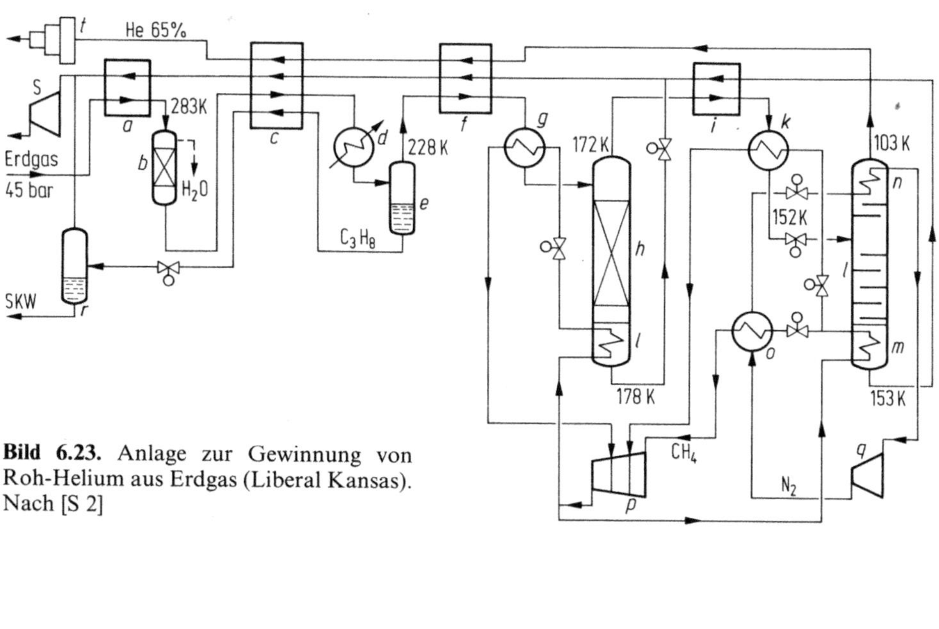

Bild 6.23. Anlage zur Gewinnung von Roh-Helium aus Erdgas (Liberal Kansas). Nach [S 2]

aus der Flüssigkeit abgetrieben, während im oberen Abschnitt durch Kühlung auf 103 K mittels flüssigen Stickstoffs das Helium auf die Endreinheit von 65% konzentriert wird. Nach Verdampfung und Anwärmung der Zerlegungsprodukte auf Umgebungstemperatur wird das heliumfreie Erdgas im Kompressor *s* wieder auf Pipelinedruck gebracht.

Der Kompressor *t* verdichtet das Heliumprodukt auf den für die Speicherung erforderlichen Druck von 124 bar. Ein von den Kompressoren *p* und *q* betriebener gekoppelter Methan-Stickstoff-Wärmepumpenkreislauf versorgt den Tieftemperaturteil bei den gewünschten Temperaturniveaus mit Heiz- und Kühlmedien.

Die nachfolgende Feinreinigung bis zu einer Heliumkonzentration von 99,999 Mol-% beruht zunächst wieder auf einer Teilkondensation, bei der es im wesentlichen auf die Abscheidung von Stickstoff ankommt. Dafür ist das in Bild 6.24 angegebene Phasengleichgewicht Helium-Stickstoff maßgebend, aus dem abzulesen ist, daß sich bei Temperaturen um 70 K und Drücken zwischen 20 und 60 bar Helium und Stickstoff gut voneinander trennen lassen.

Dementsprechend wird eine Kühlstufe mit unter Vakuum verdampfendem Stickstoff vorgesehen, mit deren Hilfe Stickstoff aus dem Roh-Helium auskondensiert wird. Danach werden die im Helium verbleibenden Reste von Stickstoff und Wasserstoff bei tiefen Temperaturen adsorptiv entfernt.

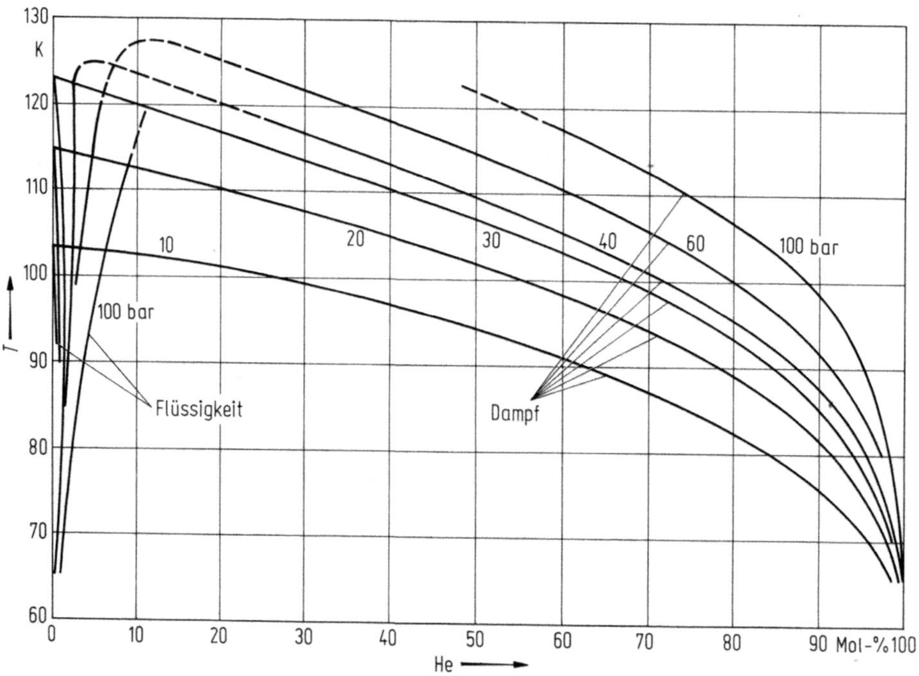

Bild 6.24. Phasengleichgewicht Helium-Stickstoff. Nach [F 3]

7 Zerlegung wasserstoffreicher Gasgemische

Von H. Linde

Einleitung

Wasserstoff ist einer der wichtigsten Bausteine unserer Materie. Unter Normalbedingungen ist er ein sehr leichtes, zweiatomiges Gas mit einem sehr niedrigen Siedepunkt (20,4 K). Seine wichtigsten physikalischen Eigenschaften sind in Tabelle 1.1 angegeben. Er kommt auf unserer Erde fast nur in chemischer Verbindung mit anderen Elementen vor, so im Wasser, im Erdgas, im Erdöl und in der Kohle, um die wichtigsten Wasserstoffträger zu nennen.

Um molekularen Wasserstoff (H_2) gewinnen zu können, muß er mit komplizierten technischen Prozessen aus den obengenannten Wasserstoffträgern herausgeholt werden. Abgesehen von einigen Prozessen, wie z. B. der Wasserelektrolyse, entstehen dabei mehr oder weniger wasserstoffreiche Gasgemische mit vielen Komponenten. Mit tieftemperaturtechnischen Verfahren lassen sich solche Gemische zerlegen, Wasserstoff und andere Komponenten, wie z. B. Kohlenmonoxid (CO) rein oder in für Synthesen erforderliche Zusammensetzung gewinnen.

Schon im Jahre 1909 wurden auf Anregung von Frank und Caro Versuche zur Zerlegung von Wassergas durchgeführt. Das Wassergas besteht neben geringen Mengen anderer Bestandteile etwa je zur Hälfte aus Kohlenmonoxid und aus Wasserstoff.

Diese beiden Hauptbestandteile kann man in grundsätzlich sehr einfacher Weise dadurch trennen, daß man das auf 20 bis 30 bar verdichtete Gemisch zunächst durch eine Kältemaschine, dann in Gegenströmern und schließlich in einem Verdampfungsgefäß bis auf die Temperatur des siedenden Stickstoffs abkühlt. Dadurch verflüssigt sich das Kohlenmonoxid sowie der größte Teil der übrigen nur in geringer Menge vorhandenen Gase, während Wasserstoff, dessen Siedetemperatur weit unter der des Kohlenmonoxids liegt, mit nur wenig Restbestandteilen übrigbleibt. Es gelingt auf diese Weise, 93 bis 95%igen Wasserstoff und ein etwa 85%iges Kohlenmonoxid zu erhalten. Eine bei der Badischen Anilin- und Soda-Fabrik in Oppau errichtete Anlage war bis 1915 in Betrieb. Auch weitere Anlagen wurden geplant. Doch mußte dieses Verfahren später wieder aufgegeben werden, weil inzwischen die sogenannte Konvertierung des Kohlenmonoxids mit Wasserdampf zu Wasserstoff und Kohlendioxid entwickelt worden war und sich als wirtschaftlicher erwiesen hatte.

Auch der Gedanke, Koksofengas zu zerlegen, ist schon sehr alt. Er ist erstmalig in einem Patent von Bronn [D 1] im Jahre 1914 beschrieben worden. Drei Jahre später wurde in Oberhausen eine Anlage errichtet, die bereits die grundsätzliche Durchführbarkeit einer solchen Zerlegung erwiesen hatte. Es handelte sich damals hauptsächlich um die Gewinnung von Methan. Weiterentwickelt wurde die Zerlegung von Koksofengas erst nach dem Ersten Weltkrieg, und zwar hatte zunächst Claude in Frankreich ein Verfahren zur Zerlegung von Koksofengas ausgearbeitet. 1925 bis 1926 wurde eine sehr wirksame Anlage zur Zerlegung von Koksofengas von der Gesellschaft für

Linde's Eismaschinen (heutige Linde AG) in Ostende errichtet, in der stündlich 3500 m_n^3 = 156 kmol Koksofengas zerlegt wurden. 1927 folgten weitere Anlagen zur Zerlegung von je 16000 m_n^3 = 714 kmol Koksofengas je Stunde. Aber auch dies bedeutete erst den Anfang der Errichtung von zahlreichen Koksofengaszerlegungsanlagen in verschiedenen Ländern.

Die in den 20er Jahren entwickelten Koksgaszerleger waren deshalb von so großer Bedeutung, weil sie zu grundlegenden Erkenntnissen für die Gaszerlegungstechnik im allgemeinen führten. In den Laboratorien der Gesellschaft für Linde's Eismaschinen AG wurden damals die Gleichgewichte siedender Gemische der wichtigsten Bestandteile des Koksofengases gemessen (Bilder 3.5 und 3.6). Die Theoretiker erkannten, daß sich die meisten dieser Gemische annähernd ideal verhalten. Es wurden Methoden zur Berechnung von Kondensation und Verdampfung von Vielstoffgemischen entwickelt. Man wendete das bei der Luftzerlegung bewährte Verfahren der Tieftemperaturrektifikation auch auf Gemischkondensate des Koksofengases an. Schließlich war man in der Lage, jedes beliebige Gasgemisch in beliebig gewünschte Fraktionen oder reinste Gase zu zerlegen.

Bild 7.1 zeigt das verfahrenstechnische Schema eines Koksgaszerlegers der damaligen Zeit. Vorbehandeltes Koksofengas wird durch Gegenstromkühler und durch eine Ammoniakkältemaschine auf etwa −40 °C = 233 K vorgekühlt. Danach tritt es in den eigentlichen Zerlegungsapparat ein, der im wesentlichen aus einer Reihe von Gegenströmern, einem oder mehreren Verdampfungsgefäßen und unter Umständen noch einer Rektifiziersäule besteht. Die grundsätzliche Anordnung dieser Apparateteile ist aus Bild 7.1 ersichtlich. Zunächst strömt das Gas durch zwei Gegenströmer *1* und *2*, und zwar durch Gegenströmer *1* von oben nach unten, durch Gegenströmer *2* von unten nach oben, so daß alle dabei sich ausscheidenden Bestandteile, die im wesentlichen aus Ethylen und schweren Kohlenwasserstoffen bestehen, gemeinsam im Gefäß *4* abgeschieden werden können. Da im Gegenströmer *2* das gebildete Kondensat entgegen dem aufsteigenden Gasstrom herabfließt, werden hier wie in einem Rücklaufkondensator (Abschnitt 3.4.1) die höher siedenden Bestandteile im Kondensat angereichert. Danach tritt das Koksofengas mit ca. 130 K in den Gegenströmer *3* über, der aus später zu nennenden Gründen „Verdampfungsgegenströmer" genannt wird. In diesem Gegenströmer verflüssigen sich

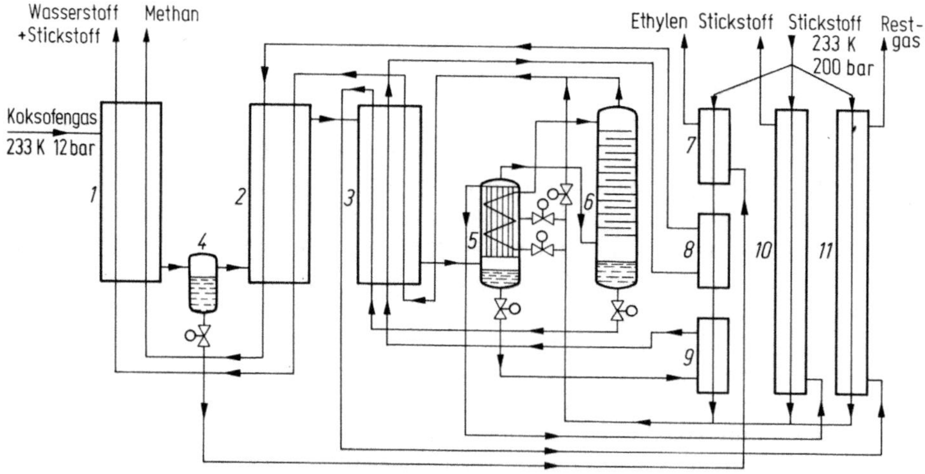

Bild 7.1. Zerlegung von Koksofengas in ein Wasserstoff-Stickstoff-Gemisch und eine ethylenreiche Fraktion (Erläuterungen s. Text)

hauptsächlich das Methan und Teile des Kohlenmonoxids und Stickstoffs. Schließlich erfährt das Koksofengas seine letzte Abkühlung im Verdampfungsgefäß *5*. Es strömt durch die senkrechten Rohre dieses Gefäßes von unten nach oben hindurch und wird dabei von außen durch verdampfenden flüssigen Stickstoff bis auf etwa 83 K oder noch tiefer gekühlt. Der Druck, unter dem der Stickstoff verdampft, wird verschieden gewählt, je nachdem, ob, wie in dem dargestellten Fall, als Endprodukt ein Gemisch aus Wasserstoff und Stickstoff gewünscht wird oder ob reiner Wasserstoff mit möglichst wenig Stickstoff und Kohlenmonoxid hergestellt werden soll. Im zuletzt genannten Fall läßt man den Stickstoff unter Vakuum, und zwar bei etwa 0,2 bar entsprechend 66 K verdampfen. Auf diese Weise kann man 98 %igen Wasserstoff gewinnen. Soll hingegen ein Gemisch aus Wasserstoff und Stickstoff erzeugt werden, wie es für die Ammoniaksynthese erwünscht ist, dann genügt es, den Stickstoff bei etwa 79 K unter dem geringen Überdruck verdampfen zu lassen, der zum Zurückströmen des Stickstoffs durch die Gegenströmer erforderlich ist. In diesem Fall wird das Gas zum Schluß noch einer unter Druck arbeitenden Rektifiziersäule *6* zugeführt, die von oben mit flüssigem Stickstoff berieselt wird. Der Stickstoff wäscht dabei das in dem Gas noch enthaltene Kohlenmonoxid sehr vollkommen aus, so daß am Ende der Kohlenmonoxidgehalt nur noch wenige ppm beträgt. Am oberen Ende der Säule tritt schließlich ein Gasgemisch von etwa 88 % Wasserstoff und 12 % Stickstoff aus. In der Regel führt man schon hier diesem noch kalten Gemisch so viel gasförmigen Stickstoff zu, daß das für die Ammoniaksynthese benötigte stöchiometrische Gemisch entsteht. Dieses Gas strömt dann schließlich durch die Gegenströmer, in denen es seine Kälte abgibt, zurück und steht schließlich unter einem Druck von etwa 10 bar zur Verfügung.

Unter dem Verdampfungsgefäß *5*, in dem wiederum wie in einem Rückflußkondensator das gebildete Kondensat entgegen dem Gasstrom nach unten fließt, scheidet sich ein flüssiges Gemisch ab, das hauptsächlich aus Methan besteht. Unter der Rektifiziersäule sammelt sich hingegen eine Flüssigkeit an, die im wesentlichen Kohlenmonoxid und Stickstoff enthält. Beide Gemische werden soweit wie möglich in dem Verdampfungsgegenströmer *3* verdampft, wovon dieser Gegenströmer seinen Namen erhalten hat. Bei dem Kohlenmonoxid-Stickstoff-Gemisch gelingt dies praktisch vollständig. Es ist aber unmöglich, auf diesem Wege auch die Methanfraktion vollständig zu verdampfen. Es bleibt vielmehr ein Teil des Methans flüssig übrig, dessen Kälte bei den schon erreichten verhältnismäßig hohen Temperaturen von etwa 108 K zur Abkühlung des Koksofengases nicht mehr verwendet werden kann, hingegen bei tieferen Temperaturen fehlt. Um diese Kälte auf die Temperatur des siedenden Stickstoffs von 79 bis 66 K zu übertragen, ist ein Stickstoffkreislauf vorgesehen, den man seiner Wirkung entsprechend als Stickstoffkältemaschine bezeichnen kann. Diesem Kreislauf fallen zugleich noch weitere Aufgaben zu. Er soll einen großen Teil der Kälte erzeugen, die man für die Deckung der Kälteverluste der gesamten Apparatur benötigt, ferner den flüssigen Stickstoff für das Verdampfungsgefäß und die Rektifiziersäule sowie auch schließlich den Zusatzstickstoff liefern, mit dem man den Stickstoffgehalt des erzeugten Wasserstoffs auf 25 % erhöht.

Im einzelnen arbeitet der Stickstoffkreislauf wie folgt: der in der Anfahrzeit auf 200 bar, im Beharrungszustand auf etwa 120 bar verdichtete und mit einer Kältemaschine auf 233 K gekühlte Stickstoff wird in den Gegenströmern *7* und *9* abgekühlt. Durch seinen hohen Druck kann dieser Stickstoff soviel Kälte aufnehmen, daß er auch die restliche Menge des Methans im Gegenströmer *8* zu verdampfen vermag. Er verflüssigt sich hierbei und kann daher einen Teil der in den Gegenströmern und die ganze aus dem verdampfenden Methan aufgenommene Kälte im Verdampfungsgefäß, also bei wesentlich tieferer Temperatur, an das Koksofengas abgeben. In den Gegenströmern *10* und *11* werden dem verdichteten Stickstoff entspannter Stickstoff und das kohlenmonoxidhaltige Restgas entgegengeführt. Im Gegenströmer *7* wird die Ethylenfraktion erwärmt und zum Teil verdampft, im Gegenströmer *9* die flüssige und zunächst noch unterkühlte Methanfraktion erwärmt.

Als die großen Industrienationen in den 50er Jahren des 20. Jahrhunderts ihre Energie- und Rohstoffbasis von der Kohle auf Erdöl und Erdgas verlagerten, erwiesen sich diese Primärenergieträger als die wirtschaftlich günstigeren Wasserstoffquellen. Koksofengaszerleger wurden an vielen Orten stillgelegt und neue nur vereinzelt errichtet. Der aus der Kohle gewonnene Koks wurde hauptsächlich zur Erzreduktion in den Hochöfen eingesetzt. Kokereien wurden daher fast nur noch in der Nachbarschaft von Stahlwerken betrieben und das Koksofengas zur Deckung des bedeutenden Wärmebedarfs der Kokereien und Stahlwerke verbrannt. Es lohnte nur noch in wenigen Fällen, das Koksofengas zu zerlegen.

Seit 1973, als zum ersten Mal der Preis des Erdöls stark anstieg und der des Erdgases folgte, erinnerte man sich wieder an die Kohle als wichtigen Rohstoff für die Erzeugung wasserstoffhaltiger Gase. Dabei hat die Kohlevergasung Vorrang vor der Kohleverkokung, was sich dementsprechend auf die Gaszerlegungstechnik auswirkt.

7.1 Entstehung wasserstoffreicher Gemische, deren Zusammensetzung und Verarbeitung

Die verschiedenen Wege zur Erzeugung wasserstoffreicher Gasgemische sind in Tabelle 7.1 zusammengestellt. Bei jedem dieser Wege, mit Ausnahme der Fälle F und G wird ein Primärenergieträger zusammen mit Wasserdampf eingesetzt. In den Fällen

Tabelle 7.1. Entstehung wasserstoffreicher Gemische, deren Zusammensetzung und Verarbeitung

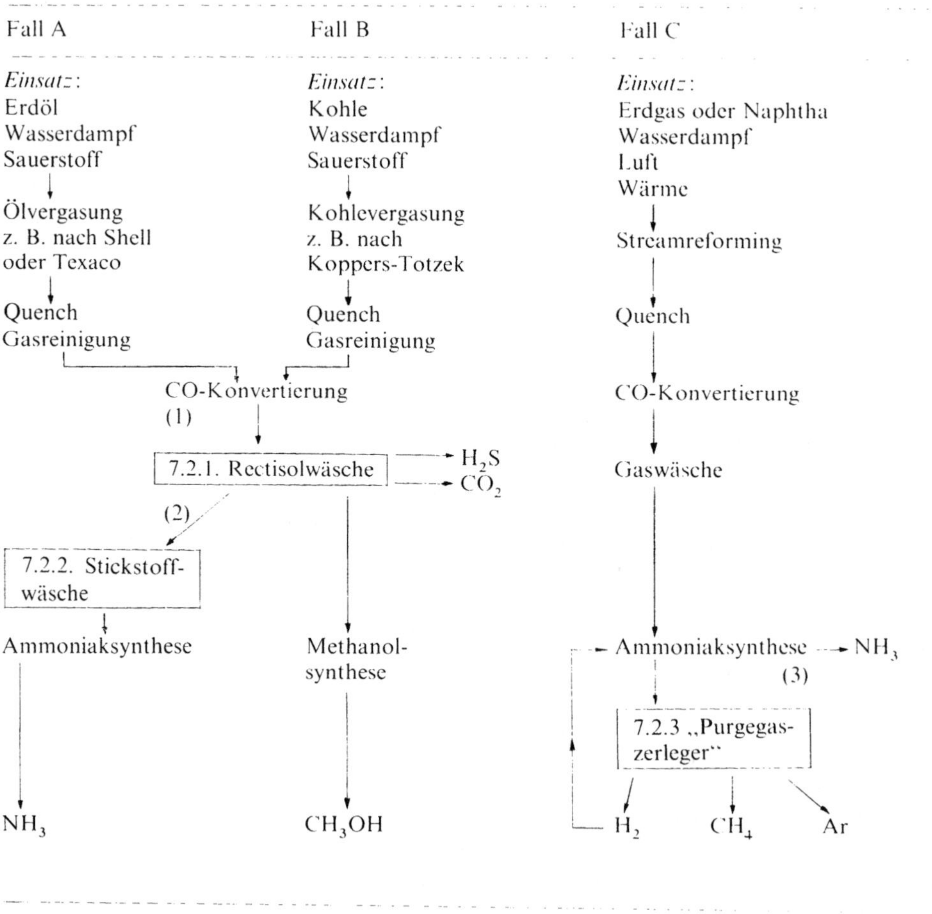

A, B und E wird zur Erzeugung der hohen Reaktionstemperaturen sowie zum Ablauf der Reaktionen Sauerstoff, in den Fällen C, D und F Fremdwärme benötigt. Im Fall C wird zusätzlich Luft eingespeist.

In den meisten Fällen führt eine mehr oder weniger lange Kette von verfahrenstechnischen Anlagen zu wichtigen chemischen Synthesen, so z. B. von Ammoniak (NH_3), Methanol (CH_3OH), Essigsäure (CH_3COOH), Treibstoffen, oder zu reinen Gasen. In allen aufgeführten Fällen sind Tieftemperatur-Zerlegungsanlagen entweder im Haupt- oder Nebenschluß wichtige Glieder der Kette. Nebenschluß liegt dann vor, wenn bei einer Synthese die gewünschte Reaktion nicht vollständig abläuft und ein Restgas übrigbleibt, das aus Komponenten besteht, die teils in die Synthese zurückgeführt, teils ausgeschleust werden sollen.

In Tabelle 7.1 sind alle Gaszerlegungsanlagen durch Umrandung gekennzeichnet und mit denselben Nummern versehen, wie sie in den folgenden Abschnitten behandelt werden. Die Nummern (1) bis (7) vor der Angabe der Gaszerlegungsverfahren bedeuten die in Tabelle 7.2 aufgeführten typischen Gaszusammensetzungen. Je nach

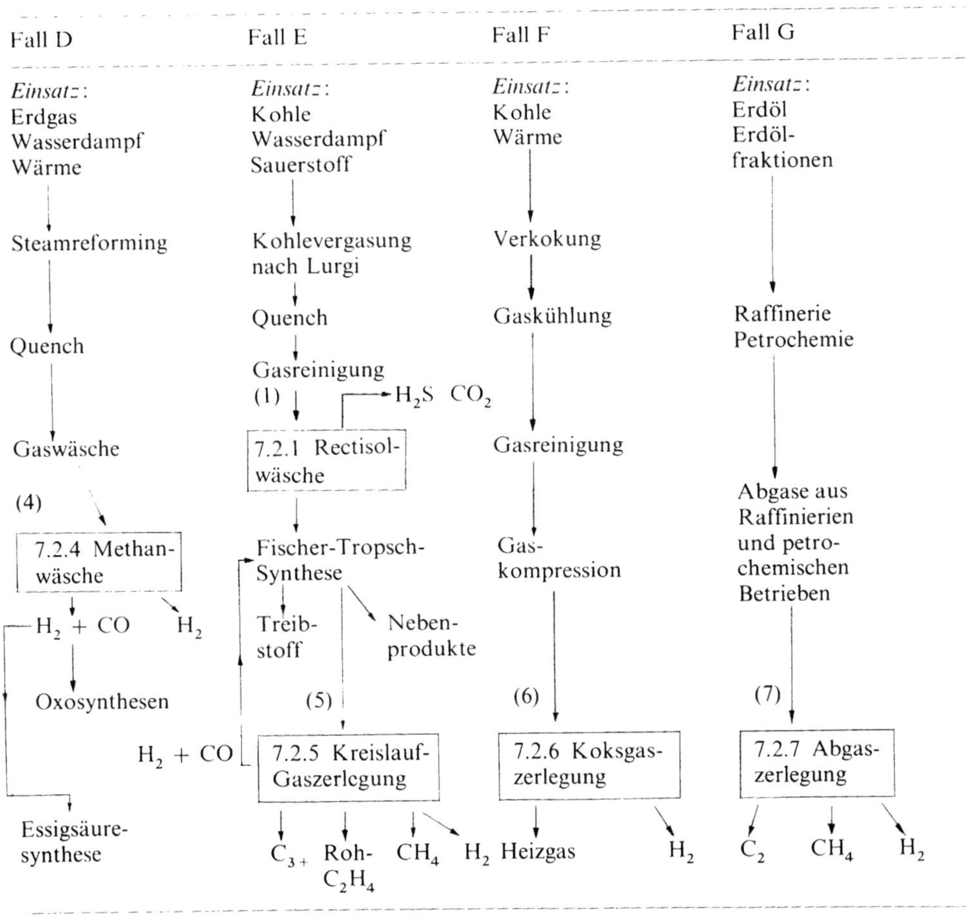

Tabelle 7.2. Zusammensetzungen wasserstoffreicher Gasgemische

	Siedepunkt K	Schmelzpunkt K	(1) Konvertiertes Spaltgas Mol-%	(2) Gas nach Rectisolwäsche Mol-%	(3) „Purgegas" Mol-%	(4) Methan-Reformiergas nach CO_2-Entf. Mol-%	(5) Fischer-Tropsch-Synthesekreislaufgas Mol-%	(6) Koksofengas Mittelwert Mol-%	(7) Toluol-Dealkylierungsgas Mol-%
H_2	20,4	14,0	62,4	95,3	61	71,4	35,8	52	60,9
N_2	77,4	63,2	0,2	0,2	23	0,1	4,3	9	
Ar	87,3	83,8	0,4	0,5	4				
CO	81,7	68,1	2,5	3,7		24,8	5,0	7	
CH_4	111,7	90,7	0,2	0,3	12	3,7	34,6	25	37,5
C_2H_4	169,5	103,7						1,6	
C_2H_2	189,6	191,7					3,0		
C_2H_6	184,6	89,9						0,7	0,9
C_3	225 ... 231	85 ... 88						0,3	0,2
C_4	261 ... 274	87 ... 135					6,0		
C_5	309	144							
C_6H_6	353,3	278,7						0,5	0,4
C_7H_8	384	178							0,1
H_2S	212,8	187,7	0,2					0,4	
CO_2	194,7	216,6	34,1				11,3	3,5	
Σ			100,0	100,0	100	100,0	100,0	100,0	100,0
Gasdurchsatz (m_n^3/h)			136000	4000	5000	15000	700000	300000	30000
Gasdurchsatz (kmol/h)			6000	180	220	670	31000	13400	1300
Rohgasdruck (bar)			ca. 80	78	ca. 30	30 ... 45	ca. 30	< 10	ca. 50

Einsatz unterschiedlicher Arten von Erdöl, Erdgas oder Kohle können die tatsächlichen Werte von den in Tabelle 7.2 angegebenen etwas abweichen.

Die Angaben über die Gasarten (1) bis (7) sollen zeigen, wie unterschiedlich wasserstoffreiche Gasgemische zusammengesetzt sein können und daß es dementsprechend kein generelles Tieftemperaturverfahren gibt, mit welchen alle Aufgaben optimal gelöst werden können. Von Fall zu Fall muß jeweils das günstigste Verfahren gefunden werden.

In der ersten Spalte sind die wichtigsten Bestandteile, in der zweiten und dritten Spalte deren Siede- und Schmelzpunkte aufgeführt. Bei den meisten Komponenten liegen die Schmelzpunkte so tief, daß bei Verflüssigung, Rektifikation und bei der Wiederverdampfung keine Störungen durch Festausscheidung auftreten können. Die Schmelzpunkte mancher Komponenten wie C_6H_6, CO_2, H_2S und CH_4 müssen aber bei der Festlegung des Verfahrens berücksichtigt werden.

Gas (1) ist ein typisches Konvertgas. Durch Spaltung von Öl mit Sauerstoff und Wasserdampf unter hohem Druck und bei hohen Temperaturen (Fall A in Tabelle 7.1) entsteht zunächst ein Gasgemisch mit weniger Wasserstoff und weniger Kohlendioxid, aber mehr Kohlenmonoxid als das mit Gaszusammensetzung (1) bezeichnete Gas. Es wird gequencht, d. h. abgeschreckt, wobei die von ihm abgegebene Wärme zur Erzeugung von Hochdruckdampf verwendet wird. Nach Vorreinigung wird es konvertiert, d. h. es wird unter Zusatz von Wasserdampf katalytisch der größte Teil des im Gas enthaltenen Kohlenmonoxids in Kohlendioxid und Wasserstoff umgewandelt. Als konvertiertes Spaltgas mit der Zusammensetzung (1) in Tabelle 7.2 wird es dann der Rectisolwäsche (Abschnitt 7.2.1) zugeführt. Ein ähnliches Gas entsteht auch bei einer drucklosen Kohlevergasung (z. B. nach Koppers-Totzek), das nach Quenchung, Rußentfernung, Reinigung und Verdichtung ebenfalls konvertiert wurde (Fall B, Tabelle 7.1). Wie im Fall A werden in einer Rectisolwäsche (Abschnitt 7.2.1) die Schwefelverbindungen H_2S und COS und die großen im Gas enthaltenen Kohlendioxidmengen entfernt.

Im Falle der Weiterverwendung des Gases (Analyse (2), Tabelle 7.2) zur NH_3-Gewinnung liefert eine Wäsche mit flüssigem Stickstoff (Abschnitt 7.2.2) ein ideal reines, stöchiometrisch exakt zusammengesetztes Gas aus drei Teilen Wasserstoff und einem Teil Stickstoff. Sollte das aus der Ölspaltung oder Kohlevergasung kommende Gas zu Methanol weiterverarbeitet werden, so wird in der Konvertierung nur ein solcher Teil des Kohlenmonoxids in Wasserstoff und Kohlendioxid umgewandelt, daß sich ein H_2/CO-Verhältnis von 2,2:1 einstellt, wie es für die Methanolsynthese vorteilhaft ist. Auch ein solches Gas kann dann in einer Rectisolwäsche von Sauergasen befreit werden. Eine weitere Tieftemperatur-Gaszerlegung wird dabei nicht benötigt.

Ammoniak kann aber auch auf der Basis von Erdgas oder Naphtha hergestellt werden (Fall C, Tabelle 7.1). Dabei kann im allgemeinen auf eine Sauerstoffanlage verzichtet werden, weil beim Steamreforming, d. h. der katalytischen Umsetzung von leichten Kohlenwasserstoffen mit Wasserdampf zu Wasserstoff, Kohlenmonoxid und Kohlendioxid, weniger Wärme benötigt wird als bei der Ölspaltung. Denn bei der Ölspaltung muß der hierbei größere Wärmebedarf zu einem wesentlichen Teil durch die Verbrennung von Kohlenstoff mit Sauerstoff gedeckt werden. Erdgas steht meist schwefelfrei zur Verfügung, was den Gesamtprozeß weiter erleichtert. Nach Quenchung und evtl. Konvertierung des Steamreforming-Gases wird Kohlendioxid in einer chemischen Wäsche entfernt.

Soll Ammoniak (NH_3) erzeugt werden, was bei vielen derartigen Streamreforming-Anlagen geschieht, so wird bei der katalytischen Umsetzung des Erdgases oder Naphthas vorgewärmte Luft zugesetzt, um den erforderlichen Stickstoff im Gasgemisch zu erhalten. Die Ammoniaksynthese erhält allerdings dann kein so reines Synthesegasgemisch, wie wenn eine Stickstoffwäsche eingeschaltet wird. Es kommt dann zu einer unerwünschten Anreicherung von Methan und Argon im Synthesekreislaufgas. Diese verhindert man, indem man aus dem Kreislauf stets einen Teilstrom (Purgegas Analyse (3)) abzweigt und in einer Tieftemperaturanlage in eine wasserstoffreiche, eine methanreiche und eine Argonfraktion zerlegt. Die wasserstoffreiche Fraktion wird in die Ammoniaksynthese zurückgeführt.

Es gibt eine Reihe von wichtigen chemischen Zwischenprodukten wie Aldehyde und Alkohole, die in sogenannten Oxosynthesen aus Wasserstoff und Kohlenmonoxid hergestellt werden. Für diese sowie für die Weiterverarbeitung von Methanol zu Essigsäure oder die Gewinnung von Phosgen, einem wichtigen Baustein des Polyurethans, werden Kohlenmonoxid und Wasserstoff entweder einzeln oder in bestimmter Mischung gebraucht (Fall D, Tabelle 7.1). Daneben besteht in der Hüttenindustrie ein großer Bedarf von Kohlenmonoxid und Wasserstoff für die Erzreduktion. Für alle diese Bedarfsfälle eignet sich besonders das durch Erdgas-Steamreforming ohne Luft entstehende Gas mit der Zusammensetzung (4). Man zerlegt es mit einer Methanwäsche nach Abschnitt 7.2.4.

Das südafrikanische Unternehmen Sasol betreibt seit Anfang der 50er Jahre eine Anlage mit Kohlevergasung und Fischer-Tropsch-Synthese zur Gewinnung von Treibstoffen. Ende der 70er und Anfang der 80er Jahre wurden neue größere Anlagen errichtet und in Betrieb genommen (Fall E, Tabelle 7.1). Kohle wird in einer Lurgi-Druckvergasung mit Sauerstoff und Wasserdampf vergast. Nach Quenchung und Reinigung werden Schwefelwasserstoff und Kohlendioxid mit einer Rectisolwäsche (Abschnitt 7.2.1) aus dem Gas entfernt. Danach wird das Gas zusammen mit dem aus der Kreislaufgaszerlegung (Abschnitt 7.2.5) kommenden wasserstoffreichen Gas einer Fischer-Tropsch-Synthese zugeführt. In den Reaktoren dieser Synthese [F 1, S 1] wird der Gasstrom mit staubförmigem Eisenoxidkatalysator in Verbindung gebracht. Dabei bilden sich aus Wasserstoff und Kohlenmonoxid Kohlenwasserstoffe, Wasserdampf und Nebenprodukte. Weil aber nicht alles Gas umgesetzt wird, tritt aus der Syntheseapparatur noch ein bedeutender Gasstrom mit der Analyse (5) aus, der in einer großen Gaszerlegungsanlage in viele Fraktionen zerlegt werden muß (Abschnitt 7.2.5).

Von der Zerlegung des Koksofengases (Analyse (6)), welches bei der Verkokung der Kohle unter Luftabschluß entsteht (Fall F), war bereits in der Einleitung zu Kapitel 7 die Rede. Das in den 20er Jahren entwickelte Verfahren mit kontinuierlich betriebenen Gegenströmern wird neuerdings kaum mehr angewandt. An seine Stelle trat ein Verfahren mit Regeneratoren (Abschnitt 7.2.6).

Schließlich gibt es noch andere Einsatzmöglichkeiten für Tieftemperatur-Gaszerleger (7.2.7) in Erdölraffinerien und Betrieben der Petrochemie (Fall G, Tabelle 7.1), denn auch dort entstehen wasserstoffreiche Gasgemische.

7.2 Verfahren zur Zerlegung wasserstoffreicher Gasgemische

7.2.1 Rectisolwäsche

Im linken Teil von Tabelle 7.1 ist als Fall A die Gewinnung von Ammoniak aus einem Gas angegeben, welches durch partielle Vergasung von Öl mit Sauerstoff und Wasserdampf unter hohem Druck entsteht. Ältere derartige Anlagen arbeiten unter einem Druck von ca. 30 bar, bei neueren dagegen werden Drücke bis zu 200 bar angewandt. Die mit höherem Druck verbundenen Nachteile werden durch den bedeutenden Vorteil überkompensiert, daß das Synthesegas vor der Umwandlung in Ammoniak, die bei 250 bis 400 bar vor sich geht, relativ wenig weiterverdichtet zu werden braucht, was den Energiebedarf der Gesamtanlage vermindert. Die Endreinigung des Gasgemisches erfordert eine Abkühlung bis auf ca. 80 K. Tabelle 7.2 zeigt, daß die Schmelzpunkte von Kohlendioxid und Schwefelwasserstoff wesentlich höher als 80 K liegen, auch der des Methans, wenn auch nur um ca. 10 K, worauf später noch eingegangen werden muß. Kohlendioxid und Schwefelwasserstoff müssen deshalb vor der Tiefkühlung des Gases ausgeschieden werden. Dies kann durch chemische Wäschen geschehen. Unter den vorliegenden Bedingungen ist aber eine physikalische Wäsche mit Methanol bei 220 bis 240 K vorzuziehen. Bei einer physikalischen Wäsche, die lediglich auf der Lösung von Gasbestandteilen in einer Flüssigkeit beruht, ist je Zeiteinheit die im Waschmittel W gelöste Gasmenge G_i der Komponente i durch das Henrysche Gesetz festgelegt.

$$G_i = \lambda_i p_i W \, .$$

Dabei ist p_i der Partialdruck und λ_i der Henry-Koeffizient der i-ten Komponente (gemessen in m_n^3/t bar). Methanol eignet sich für ein Gas nach Analyse (1) deswegen besonders gut, weil, wie aus Bild 7.2 hervorgeht, die λ-Werte für H_2S und Kohlendioxid weit über den λ-Werten der übrigen Gasbestandteile liegen. Der Unterschied wächst mit sinkender Temperatur, so daß es vorteilhaft ist, eine solche Wäsche bei niedrigen Temperaturen zu betreiben. Allerdings hat es keinen Sinn, unter $-59\,°C = 214$ K zu gehen, weil dann, wie aus Bild 7.2 zu erkennen ist, festes Kohlendioxid ausgeschieden würde. Das Waschmittel Methanol selbst könnte noch bei tieferen Temperaturen eingesetzt werden, da sein Schmelzpunkt bei 176,1 K liegt. Aus Bild 7.2 ist ferner abzulesen, daß der Henry-Koeffizient bei Kohlendioxid mit steigendem Partialdruck wächst. Wegen der hohen Ausgangskonzentration von Kohlendioxid im Gas (1) ist dies von wesentlichem Vorteil. Wenn auch die Henry-Koeffizienten von Wasserstoff, Stickstoff und Kohlenmonoxid erheblich niedriger liegen als die von H_2S und Kohlendioxid, Methanol also als selektives Waschmittel für den vorliegenden Fall angesehen werden kann, so gehen doch auch nicht vernachlässigbare Mengen jener Komponenten in Lösung. Dem muß, wie aus der folgenden Beschreibung des Verfahrens hervorgeht, Rechnung getragen werden.

Beim Lösungsvorgang entwickelt sich Lösungswärme, die von ähnlicher Größe wie die Kondensationswärme der betreffenden Gase ist. Bei der Gaswäsche (Absorption) erwärmt sich daher das Waschmittel. Bei der Regenerierung (Desorption) kühlt es sich dagegen ab. Soll eine Wäsche isotherm betrieben werden, muß die Lösungswärme vollständig abgeführt und bei der Desorption entsprechend wieder zugeführt werden.

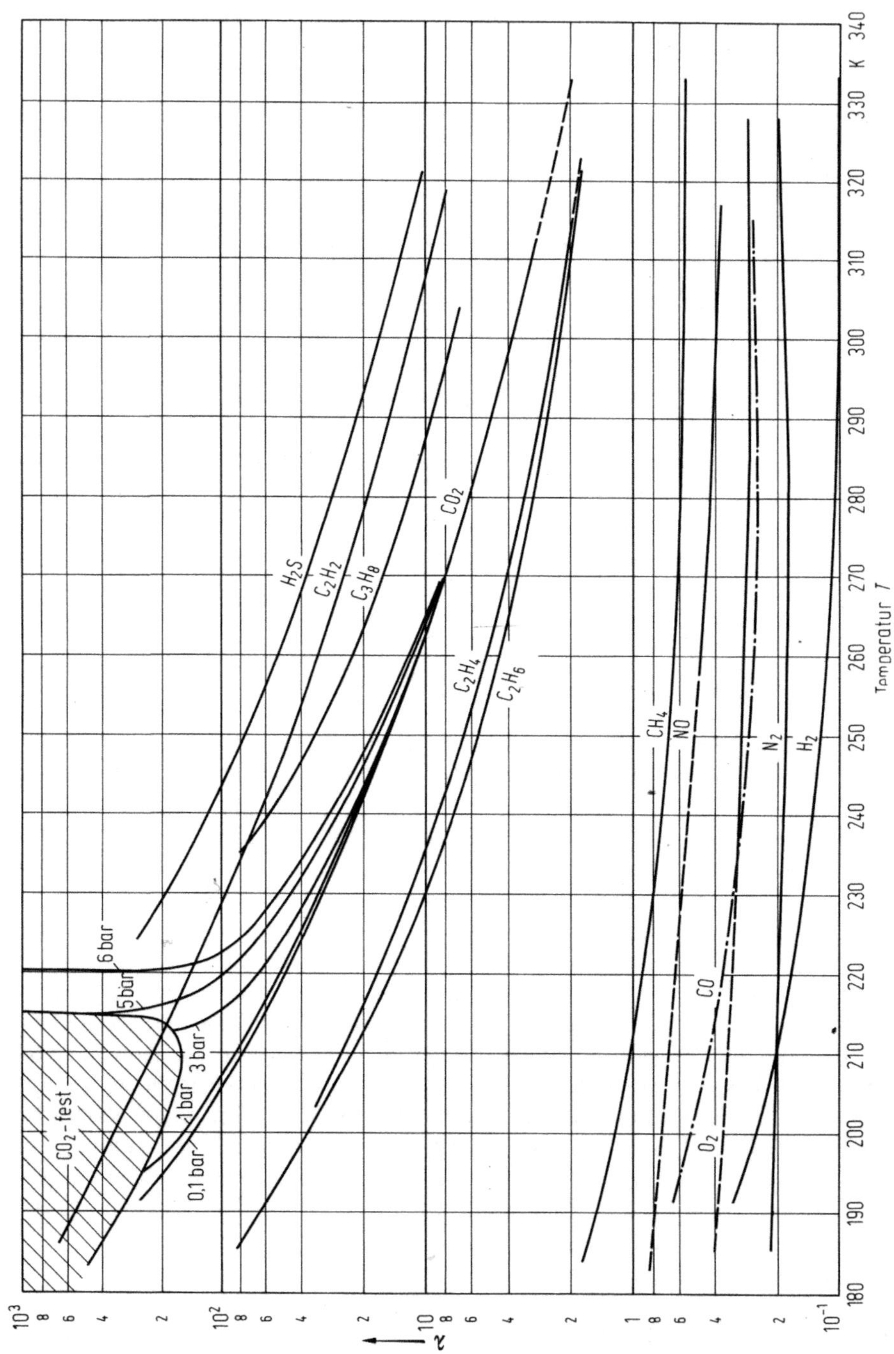

Bild 7.2. Löslichkeit von Gasen in Methanol in m_n^3/t bar. Nach [K1]

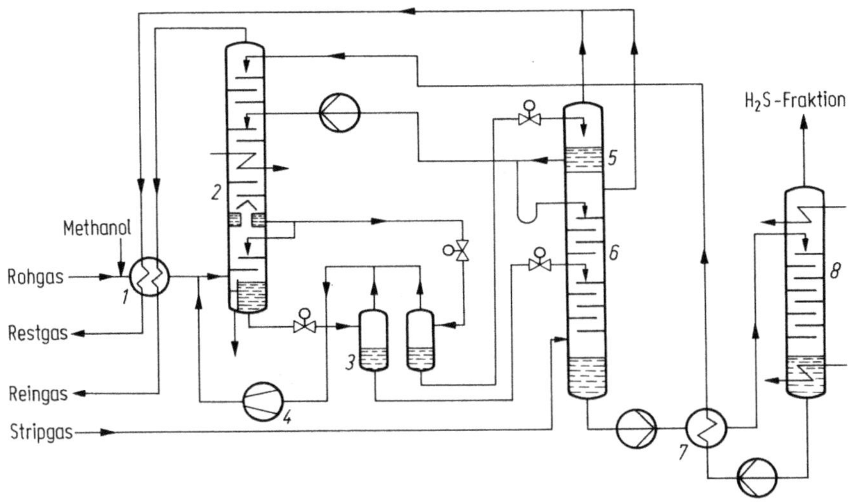

Bild 7.3. Schema einer Rectisolwäsche. Nach [K2] (Erläuterung s. Text)

In Bild 7.3 ist das verfahrenstechnische Schema einer Rectisolwäsche wiedergegeben. Im Gegenströmer *1* wird das Rohgas mit Hilfe kalter Zerlegungsprodukte abgekühlt. Einspritzung einer kleinen Menge von Methanol ins Rohgas verhindert Verlegungen in diesem Wärmeaustauscher durch Wassereis. Mit einem Teil der Waschmittelmenge werden im unteren Abschnitt der Waschsäule *2* die Schwefelverbindungen H_2S und COS ausgewaschen. Dabei geht auch eine Teilmenge von Kohlendioxid in Lösung. Im mittleren Abschnitt wird die Hauptmenge von Kohlendioxid entfernt. Die dabei entstehende große Lösungswärme wird in Wärmeaustauschern — angedeutet durch das Pfeilsymbol in Kolonne *2* — von verdampfendem Kältemittel aufgenommen. Im oberen Abschnitt wäscht Methanol, das unter Wärmezufuhr regeneriert und dann im Austauscher *7* wieder abgekühlt worden ist, die Reste von Kohlendioxid bis auf wenige ppm aus. Das Reingas entweicht am oberen Ende der Waschsäule, die unter Rohgasdruck arbeitet, und wird im Wärmeaustauscher *1* wieder angewärmt oder einer nachgeschalteten Stickstoffwäsche ohne vorherige Anwärmung zugeführt. Durch den Wärmeaustauscher *1* strömt in diesem Fall das von der Stickstoffwäsche kommende Synthesegemisch $3\,H_2 + N_2$ und das Restgas der Stickstoffwäsche.

Wie bereits erwähnt, enthalten die aus dem unteren Drittel und aus dem Sumpf entnommenen Waschmittelfraktionen außer H_2S, COS und Kohlendioxid auch geringe Mengen der übrigen im Rohgas befindlichen Bestandteile. Nach Zwischenentspannung entweichen diese gemeinsam mit kleinen Mengen der auszuwaschenden Komponenten aus den Abscheidern *3*. Das bei der Entspannung sich bildende Gas wird daher im Kompressor *4* wieder auf den Druck des Rohgases verdichtet und diesem vor Eintritt in die Säule *2* zugeführt. Die beiden die Abscheider *3* verlassenden flüssigen Methanolströme müssen, da sie unterschiedlich beladen sind, getrennt regeneriert werden. Die hauptsächlich Kohlendioxid enthaltende Methanolfraktion aus dem rechten Abscheider wird nach Entspannung dem über der Kolonne *6*

Tabelle 7.3. Gasbilanzen für eine Rectisol- und eine Stickstoffwäsche

	Rectisolwäsche					Stickstoffwäsche			
	Rohgas Mol-%	Stripp-N_2 Mol-%	CO_2-Produkt Mol-%	H_2S-Produkt Mol-%	Restgas der Rectisolwäsche Mol-%	Gas zur N_2-Wäsche Mol-%	HD-N_2 Mol-%	Restgas der N_2-Wäsche Mol-%	3 H_2 + N_2 Mol-%
H_2	62,4		0,9	0,4	0,1	95,3		13,5	75,0
N_2	0,2	100		4,3	25,3	0,2	100	32,9	25,0
Ar	0,4					0,5		6,4	
CO	2,5		0,3	0,1		3,7		44,4	
CH_4	0,2		0,1			0,3		2,8	
H_2S	0,2		7 ppm	27,2	25 ppm	0,1 ppm			
CO_2	34,1		98,7	68,0	74.6	10 ppm			
Σ	100,0	100	100,0	100,0	100,0	100,0	100	100,0	100,0
Menge (kmol/h)	6073	258,9	1295	54.7	1012,2	3970	1348,2	333,6	4984,6
Menge (m_n^3/h)	136035	5800	29009	1225	22673	88928	30200	7473	111655
Druck (bar)	79	4	1,8	2,5	1,1	76	77	1,8	74

angeordneten Abscheider *5* zugeführt. Dabei entweicht der größte Teil des Kohlendioxids. Ein Teil des auf diese Weise grob entgasten Waschmittels wird mit einer Pumpe dem oberen Drittel der Waschsäule *2* zugeführt. Der Rest wird auf den Kopf der Säule *6* aufgegeben. In der Mitte dieser Kolonne vereinigt er sich mit der H_2S- und COS-haltigen Fraktion aus Abscheider *3*. Die Kolonne *6* arbeitet mit nur geringem Überdruck und hat die Aufgabe, Kohlendioxid und H_2S weitgehend zu trennen. Dies geschieht dadurch, daß das am unteren Ende eintretende kalte Stripgas (z. B. Stickstoff) gelöstes Kohlendioxid aufnimmt. Hierbei entweichen aus dem Methanol unvermeidlich auch Schwefelverbindungen, die aber im oberen Drittel vom Methanol wieder ausgewaschen werden. So kommt es im unteren Teil der Kolonne zu einer Anreicherung von S-Verbindungen, die dann mit der Sumpfflüssigkeit die Kolonne verlassen. Während am oberen Ende bevorzugt Kohlendioxid entweicht und dieses der übrigen Kohlendioxidmenge aus dem Abscheider *5* zugemischt wird, wird die Sumpfflüssigkeit durch den Wärmeaustauscher *7* in die Regenerierkolonne *8* gepumpt. Diese Säule, die ebenfalls unter nur geringem Überdruck steht, wird oben durch Kühlwasser gekühlt, unten mit Wasserdampf geheizt, wodurch im Sumpf Methanoldämpfe entstehen, die die S-Verbindungen nach oben treiben. Im Kondensator entsteht ein Rücklauf von Methanol. Die H_2S-Fraktion kann darüber entnommen und einer Claus-Anlage zur Gewinnung reinen Schwefels zugeführt werden.

Der gesamte Kältebedarf, der gleich der Summe aus Umgebungs- und Austauschverlusten und dem Teil der Lösungswärme ist, der nicht in der Anreicherungskolonne für Schwefelverbindungen als Kälte zurückgewonnen werden kann, wird von einer Kompressionskälteanlage mit einer Verdampfungstemperatur von 228 K gedeckt und hauptsächlich über die in der Waschkolonne *2* angedeuteten Wärmeaustauscher auf den Prozeß übertragen. Tabelle 7.3 gibt die Gasbilanz einer Rectisolwäsche für die Behandlung von ca. 6000 kmol/h = ca. 136000 m_n^3/h Rohgas mit einem Anfangsdruck von etwa 80 bar und mit der in Tabelle 7.2 angeführten Zusammensetzung wieder.

Rectisolwäschen werden auch zweistufig ausgeführt: Zuerst werden bei ca. 230 K mit Methanol die Schwefelverbindungen ausgewaschen, dann das Gasgemisch wieder angewärmt und der CO-Konvertierung zugeführt. Anschließend wird das Gemisch erneut abgekühlt und mit einer größeren Menge Methanol gewaschen, um das Kohlendioxid daraus zu entfernen. Dies ermöglicht die Anwendung schwefelempfindlicher Katalysatoren bei der CO-Konvertierung, die im allgemeinen (s. Abschnitt 7.1) *vor* der Rectisolwäsche angeordnet wird.

Eine vorübergehende Rolle spielten Methanolwäschen, als die wichtigen petrochemischen Zwischenprodukte Acetaldehyd, Vinylacetat und Vinylchlorid noch auf der Basis von Acetylen und nicht wie später einfacher auf der Basis von Ethylen hergestellt wurden. Die zur Gewinnung von Acetylen angewandten Spaltverfahren lieferten Rohgase mit vielen Bestandteilen, darunter etwa je 10 Mol-% C_2H_2 und C_2H_4 sowie bis zu 50 Mol-% H_2. Für die Abtrennung und Gewinnung des Acetylens, dessen Schmelzpunkt von 191,7 K über dem Temperaturbereich liegt, in dem anschließend das wasserstoffhaltige Gasgemisch durch Teilkondensation weiter zerlegt wird, bot sich ebenfalls eine Wäsche mit Methanol an. Auf diese Weise wurden die Bildung festen Acetylens und damit verbundene Gefahren vermieden. Das gesamte Verfahren gestaltete sich dabei aber deutlich komplizierter als in Bild 7.3, weil außer Acetylen auch eine Reihe von ungesättigten Kohlenwasserstoffen mehr oder weniger stark in Lösung ging. Dies erforderte zusätzliche Verfahrensschritte und Apparaturen [K 2].

7.2.2 Stickstoffwäsche

In der Einleitung zu Kapitel 7 wurde bereits geschildert, daß Stickstoffwäschen bei Koksgaszerlegern zu einem beachtlichen Erfolg geführt haben, weil auf diese Weise ein kohlenmonoxidfreies Ammoniaksythesegas erzeugt werden kann. Es lag daher nahe, Stickstoffwäschen auch zur Befreiung anderer wasserstoffreicher Gasgemische von Kohlenmonoxid vor der Ammoniaksynthese anzuwenden. Für die in Tabelle 7.1 gezeigten Fälle A und B hat sich eine Kombination von einer Rectisol- und einer Stickstoffwäsche als besonders vorteilhaft erwiesen.

Wird einer Rectisolwäsche nach 7.2.1 eine Stickstoffwäsche nachgeschaltet, so wird das am oberen Ende der Methanolwaschsäule kalt austretende, gereinigte Rohgas der Stickstoffwäsche (Bild 7.4) beim gleichen Druck und ohne wieder angewärmt zu werden zugeführt. Zunächst müssen in einem Adsorber die der Sättigung entsprechenden Methanoldämpfe adsorptiv entfernt werden, dann wird das Gas in den Wärmeaustauschern *1*, *2* und *3* schrittweise bis auf 80 K abgekühlt. Die sich dabei bildende Flüssigkeit wird in den Sumpf der Waschsäule *4* mitgeführt und mit der am unteren Ende der Säule ankommenden Flüssigkeit gemischt. Die Säule wird von oben mit flüssigem Stickstoff berieselt, der das aufsteigende Gas bis auf wenige ppm von Kohlenmonoxid und Methan befreit. Es verläßt die Säule mit einer Zusammensetzung von etwa 90 % Wasserstoff und 10 % Stickstoff.

Der für die Anlage erforderliche, trockene, sauerstoff- und kohlendioxidfreie Stickstoff stammt aus derselben Luftzerlegungsanlage, die den für die Ölvergasung erforderlichen Sauerstoff liefert. Solche Luftzerleger sind in Abschnitt 4.5.1.4 beschrieben. Nach ölfreier Verdichtung auf einen nur wenig über dem Rohgasdruck liegenden Druck muß der Stickstoff mit Hilfe kalter Zerlegungsprodukte und der für die Rectisolwäsche ohnedies erforderlichen Kälteanlage vorgekühlt werden, ehe

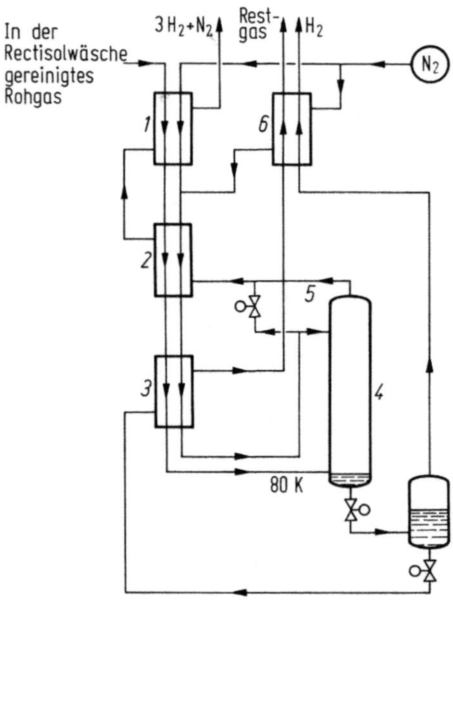

Bild 7.4. Stickstoffwäsche. Nach [F2] (Erläuterungen s. Text)

er in die Wärmeaustauscher *1* und *6* eintritt. Wie er teilweise in getrennten Strömen tiefgekühlt wird, geht aus Bild 7.4 hervor. Vor der Waschsäule *4* wird der Stickstoffstrom erneut geteilt. Nur die für die Wäsche erforderliche Menge wird auf die Säule *4* aufgegeben, während der Rest dem Gas bei *5* zugesetzt wird, so daß das gewünschte Wasserstoff/Stickstoff-Verhältnis von 3:1 entsteht.

Man spricht hier von „Stickstoffwäsche", obwohl es sich in Wirklichkeit um eine Rektifikation handelt, weil sich die Flüssigkeit im Siedezustand befindet und nicht nur Kohlenmonoxid in die Flüssigkeit, sondern gleichzeitig eine praktisch gleich große Menge Stickstoff in den Dampf übergeht. Bei Waschung denkt man hingegen im allgemeinen an eine Flüssigkeit, die kälter ist als im Siedezustand, und die im wesentlichen nur einseitig Gasbestandteile durch Absorption aufnimmt. Bild 7.5 zeigt das für 78,5 bar geltende Flüssigkeits-Dampf-Gleichgewicht Stickstoff-Kohlenmonoxid in Anwesenheit von Wasserstoff bei verschiedenen Temperaturen. Daraus geht hervor, daß auch bei einem Druck, der weit über den kritischen Drücken von Wasserstoff, Kohlenmonoxid und Stickstoff liegt, noch eine Stickstoffwäsche mit Erfolg angewendet werden kann. Das Gleichgewicht liegt in der linken Hälfte des Diagramms, die für die Stickstoffwäsche maßgebend ist, günstiger als in der rechten. Dies kommt der Forderung nach hoher Reinheit des Wasserstoff-Stickstoff-Gemisches sehr entgegen.

Die für den Zerlegungsprozeß erforderliche Kälte entsteht dadurch, daß der Stickstoff mit einem um einige Bar über dem Rohgasdruck liegenden Druck in die Anlage eintritt, diese aber mit seinem Partialdruck im Synthesegas, einem knappen Viertel des Eintrittsdrucks, wieder verläßt. Bei der Mischung von Wasserstoff und Stickstoff ergibt sich eine dem Joule-Thomson-Effekt ähnliche Abkühlung und dementsprechend am warmen Ende der Austauscher *1* und *6* (Bild 7.4) summarisch eine Enthalpiedifferenz, die ausreicht, um bei kleinen Austausch- und Umgebungsverlusten den Kältebedarf der Anlage zu decken [F 2].

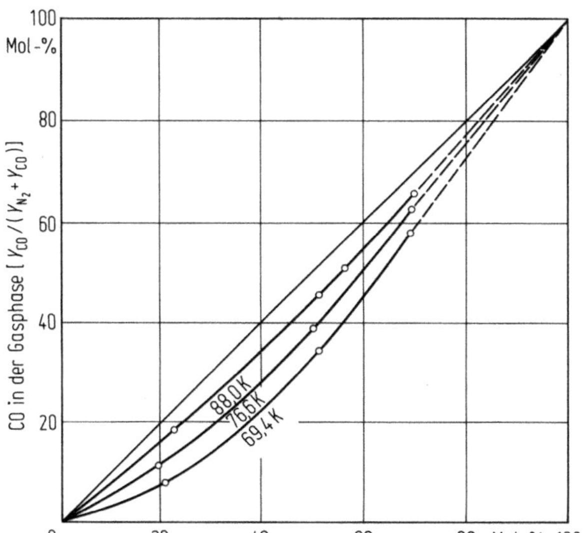

Bild 7.5. Flüssigkeits-Dampf-Gleichgewicht Stickstoff-Kohlenmonoxid bei Anwesenheit von Wasserstoff und einem Systemdruck von 78,5 bar. Nach [F2]

7.2.3 Zerlegung des Kreislaufgases einer Ammoniaksynthese („Purgegaszerleger“)

Wie in Abschnitt 7.1 erwähnt, kann Ammoniak auch mit Hilfe von Erdgas-Steamreforming gewonnen werden. Hierzu wird kein reiner Sauerstoff gebraucht. Dementsprechend entfällt die Luftzerlegungsanlage und damit auch die Möglichkeit zum Einsatz einer Stickstoffwäsche, die auf reinsten Stickstoff eines Luftzerlegers angewiesen ist. Der benötigte Stickstoffgehalt des Synthesegases wird durch Zuführung von Luft zum Steamreformer eingestellt. Dieses Verfahren führt aber dazu, daß der Ammoniaksynthese neben Wasserstoff und Stickstoff auch kleine Mengen von Argon und Methan zugeführt werden. Da Wasserstoff und Stickstoff durch die Synthese nicht vollständig zu Ammoniak umgesetzt werden, tritt ein gewisser Teilstrom von Wasserstoff und Stickstoff aus der Syntheseapparatur wieder aus, der auch die aus der Luft stammende Menge an Argon und eine kleine vom Steamreformer kommende Menge Methan enthält. Diese müssen aus dem Gasstrom (sogenanntes „Purgegas“) entfernt werden, ehe er zur Syntheseapparatur zurückgeführt wird.

Das Purgegas wird bei Umgebungstemperatur und unter einem Druck von 22 bar in wechselbaren Adsorbern *1* von Wasserdampf und Ammoniak befreit, um Festausscheidungen bei der Abkühlung zu vermeiden. Nach Abkühlung auf ca. 80 K im Wärmeaustauscher *2* wird es in der Säule *3* mit flüssigem Stickstoff gewaschen. Am oberen Ende wird argon- und methanfreies Ammoniaksynthesegas, am unteren Ende ein flüssiges Gemisch aus Stickstoff, Argon und Methan mit etwas Wasserstoff abgezogen. Diese Flüssigkeit wird nach Abdrosselung auf ca. 2 bar in der Säule *4* in eine flüssige Methanfraktion und eine hauptsächlich Stickstoff und Argon enthaltende Kopffraktion zerlegt. Die für die Rektifikation erforderlichen Dämpfe werden durch Abkühlung von Hochdruckstickstoff im Verdampfer der Säule *4*, die Rücklaufflüssigkeit durch Verdampfung von flüssigem Stickstoff im Kondensator der Säule *4* erzeugt. Die Methanfraktion wird im Wärmeaustauscher *2* verdampft und angewärmt. Die Kopffraktion der Säule *4* wird in der Säule *5* in reinstes Argon und Stickstoff, der noch etwas Wasserstoff enthält, zerlegt. Das Argon wird als Flüssigkeit aus dem

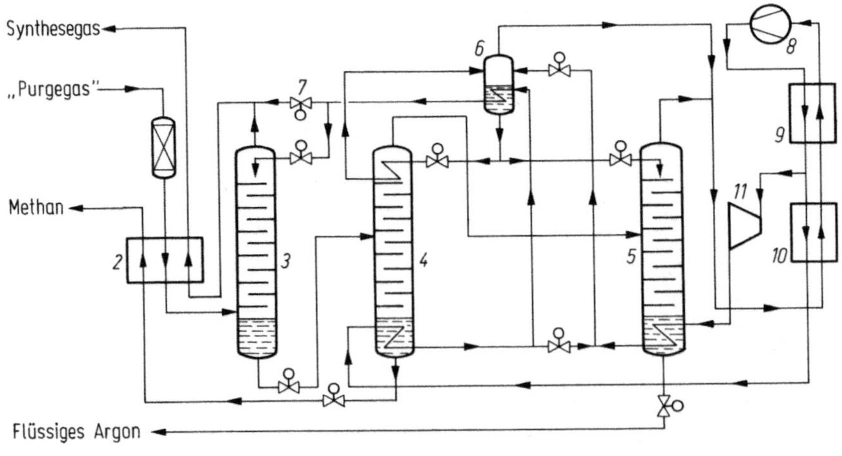

Bild 7.6. „Purgegaszerleger“ (Linde AG) (Erläuterungen s. Text)

Sumpf der Säule *5* gewonnen. Geheizt wird diese Säule mit kondensierendem Stickstoff, der anschließend nach Abdrosselung dem Abscheider *6* zugeführt wird. Aus diesem Abscheider erhält die Säule *5* ihren aus flüssigem Stickstoff bestehenden Rücklauf. Das Kopfprodukt der unter einem Druck von 1,5 bar arbeitenden Säule *5* dient als Kreislaufgas. Es wird nach Anwärmung in den Wärmeaustauschern *10* und *9* im Kompressor *8* auf ca. 20 bar verdichtet, im Gegenströmer *9* vorgekühlt. Danach wird ein Teilstrom in der Turbine arbeitsleistend auf ca. 5 bar entspannt. Der Druck des entspannten Stickstoffs ist so gewählt, daß die dementsprechende Kondensationstemperatur einige Kelvin über der Sumpftemperatur der Säule *5* liegt. Der verflüssigte Stickstoff wird dem Behälter *6* zugeführt. Der andere Teil des im Gegenströmer *9* vorgekühlten Druckstickstoffs wird im Gegenströmer *10*, im Verdamper der Säule *4* und in einem in den Sammler *6* eingebauten Wärmetauscher tiefgekühlt. Ein Teil wird nach Entspannung als Waschstickstoff in der Säule *3* verwendet, der andere Teil im Ventil *7* entspannt und dem Wasserstoff zugemischt, so daß dieser nach Anwärmung im Gegenströmer *2* wieder der Ammoniaksynthese zugeführt werden kann. Der Kältebedarf der Anlage wird durch die Enthalpiedifferenz des ein- und ausströmenden Kreislaufstickstoffs und durch arbeitsleistende Entspannung eines Teil desselben in der Turbine *11* gedeckt.

Tabelle 7.4 zeigt die Gasbilanz für den Fall, daß 580 kmol/h = 13000 m_n^3/h Purgegas zerlegt werden. Der Stickstoffkreislauf verlangt einen Arbeitsaufwand von 1620 kW und hat einen Kühlwasserbedarf von 140 m^3/h. Das gewonnene Argon ist hochrein. Seine Ausbeute beträgt ca. 95%.

Tabelle 7.4. Gasbilanz eines „Purgegaszerlegers"

	„Purgegas" Mol-%	Synthesegas Mol-%	Methan Mol-%	Argon Mol-%
H_2	67	75,4	–	1 ppm
N_2	22	24,6	0,8	2 ppm
Ar	3	–	1,2	99,9995
CH_4	8	–	98,0	1 ppm
Σ	100	100,0	100,0	100,0
Menge (kmol/h)	580	516,5	47	15,6
Menge (m_n^3/h)	13000	11577	1053	370
Temperatur (K)	303	300	300	91
Druck (bar)	22	21	2	1,5

7.2.4 Trennung von Wasserstoff und Kohlenmonoxid durch eine Wäsche mit flüssigem Methan

Das aus einer Steamreforming-Anlage für Erdgas kommende Spaltgas (Fall D, Tabelle 7.1) hat nach einer Monoethanolamin-Wäsche, in welcher das Kohlendioxid

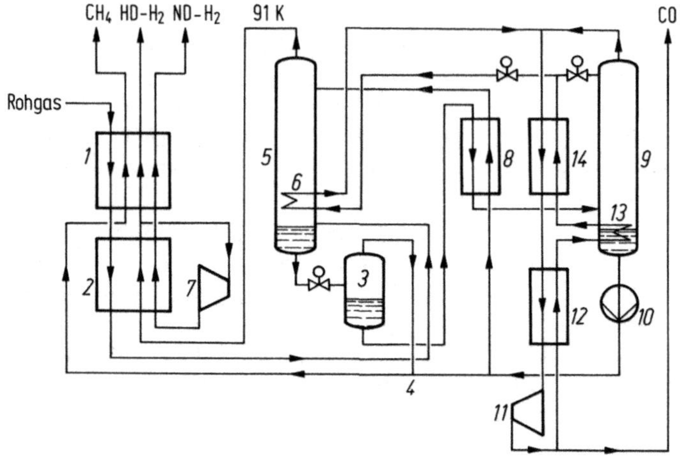

Bild 7.7. Kohlenmonoxid-Wasserstoff-Trennung durch eine Wäsche mit flüssigem Methan. Nach [F2] (Erläuterungen s. Text)

entfernt wurde, etwa die in Tabelle 7.2 unter (4) aufgeführte Zusammensetzung. Sollen nun, wie dies in mehreren petrochemischen Betrieben gefordert wird, Wasserstoff und Kohlenmonoxid mit einer Reinheit von jeweils mindestens 99 % zur Verfügung gestellt werden, so eignet sich hierfür eine Gaszerlegungsanlage mit Methanwäsche (Bild 7.7).

Das Rohgas wird mit dem Druck, unter dem die Steamreforming-Anlage arbeitet (30 bis 45 bar), in den Wärmeaustauschern *1* und *2* abgekühlt und in die Methanwaschkolonne *5* eingespeist. Der aufsteigende Gasstrom wird von herablaufendem, bis nahe an den Schmelzpunkt unterkühltem, flüssigem Methan gewaschen. Dabei löst sich das gesamte in die Kolonne gelangende Kohlenmonoxid in der Waschflüssigkeit. Die bei dem Lösungsvorgang frei werdende Lösungswärme wird zum Teil in der Kühlschlange *6* abgeführt. Am Kopf zieht der gewaschene, nunmehr kohlenmonoxixfreie Wasserstoff ab, welcher nach Anwärmung in den Wärmeaustauscher *2* und *1* als Hochdruck-Wasserstoffstrom die Anlage verläßt. Ein Teil des Wasserstoffs wird zwischen den Austauschern *2* und *1* entnommen, in der Wasserstoff-Expansionsturbine *7* kälteleistend entspannt und nach Anwärmung in den genannten Wärmeaustauschern als Niederdruck-Wasserstoff abgegeben. Die Sumpfflüssigkeit der Waschkolonne *5* wird entspannt, wobei eine stark wasserstoffhaltige Fraktion verdampft, die im Abscheider *3* abgetrennt und dann dem Restmethan bei *4* zugemischt wird. Die im Abscheider *3* abgetrennte Flüssigkeit wird im Wärmeaustauscher *8* teilweise verdampft und in die Kohlenmonoxid-Methan-Trennkolonne *9* eingespeist. In dieser Kolonne wird durch Rektifikation im Sumpf hochreines Methan gewonnen, welches mittels der Pumpe *10* zum Teil über den Wärmeaustauscher *8* auf den Kopf der Waschkolonne *5* als Waschmittel aufgegeben wird, zum Teil gemeinsam mit dem Abgas aus Abscheider *3* über Wärmeaustauscher *1* als Restgas abgegeben wird. Die Rektifikation in Kolonne *9* wird durch einen Kohlenmonoxidkreislauf in Gang gehalten. Im Kompressor *11* verdichtetes Kohlenmonoxid wird im Wärmeaustauscher *12* abgekühlt. Es beheizt im Verdampfer *13* den Sumpf der Kolonne *9*, wobei es verflüssigt wird. Im Wärmeaustauscher *14* wird das verflüssigte Kohlenmonoxid unterkühlt und anschließend als Rücklaufflüssigkeit auf den Kopf der Kolonne entspannt. Ein Teil des unterkühlten Kohlenmonoxids wird als Kältemittel in der Kühlschlange *6* verdampft. Das verdampfte Kohlenmonoxid wird gemeinsam mit dem Kopfprodukt der Kolonne *9* in den Wärmeaustauschern *14* und *12* angewärmt und vom Kompressor *11* wieder angesaugt. Das Kohlenmonoxidprodukt wird von der Druckseite des Kompressors abgezogen.

Mit diesem Verfahren wird in großtechnischen Anlagen Wasserstoff mit einem Kohlenmonoxidgehalt von weniger als 1 ppm erzeugt. Der Methangehalt des Wasserstoffs ist um so niedriger, je tiefer die Temperatur am Kopf der Methanwaschsäule ist. Diese muß aber etwas über dem Schmelzpunkt des Methans gehalten werden. Bei Drücken, die beim Steamreforming von Erdgas üblich sind, d. h. ca. 30 bis 45 bar, liegt der Methangehalt bei 0,8 bis 0,9 Mol-%. Tabelle 7.5 zeigt die Gasbilanz einer solchen Anlage.

Tabelle 7.5. Gasbilanz für eine Wasserstoff/Kohlenmonoxid-Trennung mit Methanwäsche

	Rohgas Mol-%	H_2 Mol-%	CO Mol-%	Restgas Mol-%
H_2	71,4	99,0	0,1	40,1
N_2	0,1		0,3	0,4
CO	24,8		99,5	25,9
CH_4	3,7	1,0	0,1	33,6
Σ	100,0	100,0	100,0	100,0
Menge (kmol/h)	651	446	147	58
Menge (m_n^3/h)	14600	10000	3300	1300

Wenn es erwünscht ist, die Wasserstoff- und Kohlenmonoxidausbeute zu erhöhen, können die Methanfraktion und das Abgas aus Abscheider *3* in den Wärmeaustauschern *2* und *1* getrennt angewärmt werden. Letztere Fraktion muß dann auf den Druck des Rohgases verdichtet und diesem vor der Anlage wieder zugemischt werden.

Wenn stickstoffhaltiges Erdgas als Rohstoff für die Gesamtanlage eingesetzt wird, muß vor dem Steamreforming der Stickstoff durch eine Tieftemperaturanlage abgetrennt werden, wie sie in Abschnitt 6.7.1 beschrieben wurde. Andernfalls würde die gewonnene Kohlenmonoxidfraktion mehr Stickstoff enthalten, als zulässig ist, oder es müßte eine sehr kostspielige Stickstoff-Kohlenmonoxid-Trennung nachgestellt werden.

7.2.5 Zerlegung des Kreislaufgases einer Fischer-Tropsch-Synthese

Als Beispiel einer derartigen Zerlegung soll die außerordentlich große Anlage des südafrikanischen Unternehmens Sasol dienen. Ihre Aufgabe zeigt die Stoffbilanz (Tabelle 7.6): Die sehr große Gasmenge von 700000 m_n^3/h = 31000 kmol/h verläßt

Tabelle 7.6. Stoffbilanz der Kreislaufgas-Aufbereitung

Strom-Nr.	(1)	(2)	(3)	(4)	(5)	(6)	(7)	(8)
Zusammensetzung Mol-%	Kreislauf-Rohgas	CO_2	C_{3+}	C_2	CH_4	H_2 80 %	H_2	Restgas
H_2 + CO	40,76	0,61	0,02	—	6,38	85,28	99,5	64,39
N_2 + Ar	4,26	0,06	—	—	6,84	4,20	0,5	9,65
CH_4	34,64	0,42	0,29	0,10	86,62	10,51	—	25,94
C_2	3,00	0,09	0,60	97,71	0,16	0,01	—	0,02
CO_2	11,31	98,42	—	0,24	—	—	—	—
C_{3+}	6,03	0,40	99,09	1,95	—	—	—	—
Menge (m_n^3/h)	700000	80400	41800	20700	241000	248800	40000	27300
Druck (bar)	29,5	0,85		18	32	22	22,4	5,85
Menge (kmol/h)	31250	3588	1866	924	10760	11107	1786	1219

Tabelle 7.7. Betriebsmittelverbrauch der Kreislaufgas-Aufbereitung

Verfahrensschritt	Strom	Dampf			Kühlwasser	Frischwasser
		42 bar	7 bar	3,5 bar		
	kW	t/h	t/h	t/h	t/h	t/h
CO_2-Entfernung	7000	—	260	—	2400	12
Tieftemperaturzerlegung	60000	6	—	15	6000	—
Rein-H_2-Gewinnung	2000	—	—	—	200	—
Kreislaufgas-Aufbereitung insgesamt	69000	6	260	15	8600	12

die Fischer-Tropsch-Synthese mit einem Druck von 29,5 bar und der unter der Nr. (1) angegebenen Zusammensetzung. Die in ihr noch enthaltene große Wasserstoff- und Kohlenmonoxidmenge soll weitgehend in die Syntheseanlage zurückgeführt werden. Außerdem soll ein Teil des Wasserstoffs mit einer Reinheit von 99,5% für Hydrierzwecke zur Verfügung gestellt werden. Stickstoff und Argon sollen ausgeschleust werden, weil sie nur Ballast bei der Synthese sind. Die große Methanmenge soll teils einem Steamreformer zugeführt werden, wo sie katalytisch mit Wasserdampf in Wasserstoff und Kohlenmonoxid für die Fischer-Tropsch-Synthese umgewandelt wird, teils als Heizgas abgegeben werden. Die C_2-Kohlenwasserstoffe sollen trotz ihrer niedrigen Ausgangskonzentration von nur 3% gewonnen werden, weil sie angesichts der riesigen Gasmenge immerhin die Ausgangsbasis einer weiteren Gaszerlegungsanlage für die Gewinnung von 180000 Jahrestonnen Ethylen darstellen. Kohlendioxid muß ausgeschleust und in die Atmosphäre abgegeben werden. Die C_{3+}-Kohlenwasserstoffe werden der Aufbereitungsanlage für das Syntheseöl zugeführt.

Die Zerlegung des Kreislaufgases in nicht weniger als sieben Fraktionen geschieht bei dem in Tabelle 7.7 angegebenen Betriebsmittelverbrauch mit folgenden Verfahrensschritten:

Aus dem Kreislaufrohgas wird Kohlendioxid im vorliegenden Fall mit der Kombination einer Heißpottasche- und einer Diethanolamin-Wäsche entfernt. Danach tritt das Gas in die in Bild 7.8 schematisch dargestellte Tieftemperaturanlage ein.

Der erste Abkühlungsschritt führt über die Wärmetauscher *1* und *2* von Umgebungstemperatur bis ca. 5 °C, so daß sich noch keine Hydrate ausscheiden können. Das anfallende, noch wasserhaltige Kondensat wird aus dem Abscheider *3* abgezogen und in den Trennkessel *4* eingeführt, in dem sich Wasser und ein erstes C_{3+}-Produkt voneinander scheiden.

Das aus dem Abscheider *3* oben abziehende Gas wird im Adsorber *5* getrocknet und im Wärmeaustauscher *6* auf 238 K weiter gekühlt. Das sich im Abscheider *7* sammelnde Kondensat enthält bereits so viel C_2, daß es sich lohnt, dieses in der Kolonne *8* von C_3 zu trennen und der C_1-C_2-Säule *9* zuzuführen. Die Kolonne *8* wird durch kondensierendes Propylen beheizt und durch verdampfendes Ethylen von 238 K gekühlt.

Der Endpunkt des folgenden Kühlschrittes im Wärmeaustauscher *10* wird durch die tiefste Kältestufe des Ethylenkreislaufes von 173 K fixiert. Neben C_{2+} ist bereits eine Menge Methan kondensiert. Dieses flüssige Gemisch wird über den Abscheider *11* in die C_1-C_2-Trennkolonne *9* geleitet.

Das Ende des Kondensationsprozesses — und damit ein Wasserstoffgehalt im Gas von ca. 80% — ist nach Abkühlung im Wärmeaustauscher *12* hauptsächlich durch Kreislaufmethan bei ca. 123 K erreicht. Das Gas aus Abscheider *13* ist das Wasserstoffprodukt. Es verläßt die Anlage nach Anwärmung gegen zuströmendes Rohgas.

Das Kreislaufmethan wird in den Verdichtern *15* und *14* komprimiert, parallel zum Rohgas abgekühlt und dabei mit Hilfe von Ethylenkälte verflüssigt. Es dient nach Entspannung als Kältemittel im Wärmeaustauscher *12*.

Die Kondensate aus den Abscheidern *11* und *13* sowie das Kopfprodukt der Kolonne *8* werden in die Kolonne *9* geführt. Damit gelangt in diese Kolonne neben Methan praktisch das gesamte C_2, sowie diejenigen C_{3+}-Kohlenwasserstoffe, die sich nach dem Abscheider *7* noch in der Gasphase befinden. Bei einem Druck von ca.

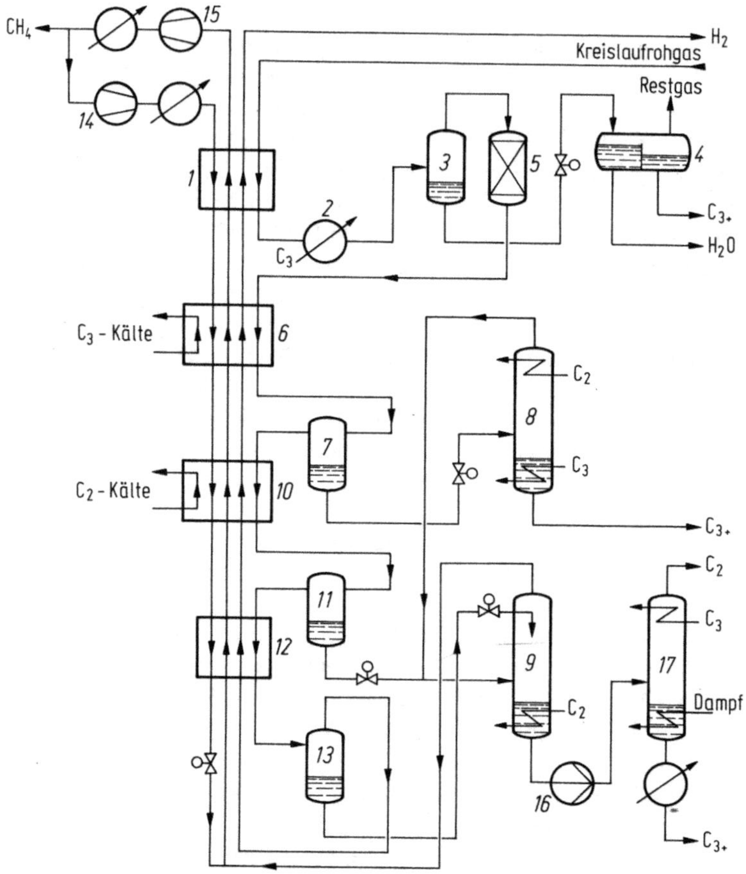

Bild 7.8. Schema der Kreislaufgas-Zerlegungsanlage Sasol. Nach [S1] (Erläuterungen s. Text)

4 bar findet in der Säule *9* eine C_1/C_2-Trennung statt. Über Kopf zieht das Methan ab. Es wird in den Wärmeaustauschern *12*, *10*, *6* und *1* durch Rohgas angewärmt und vom Verdichter *15* auf den Abgabedruck von 34 bar komprimiert. Der Kreislaufanteil des Methans kehrt auf die Saugseite des Verdichters *14* zurück.

Im Sumpf der Kolonne *9*, der durch kondensierendes Ethylen aus dem Kältekreislauf geheizt wird, fallen die C_{2+}-Kohlenwasserstoffe an. Sie werden durch die Pumpe *16* in die Kolonne *17* gefördert. Dort werden sie in C_2 und C_3 getrennt. Der Verfahrensdruck dieser Kolonne liegt etwas über dem gewünschten Abgabedruck des C_2-Produktes von 18 bar. Die Kühlung geschieht durch Propylen aus der Niederdruckstufe des Kältekreislaufes, die Heizung durch Niederdruckdampf.

Der Kältebedarf, wie üblich hervorgerufen durch Umgebungs- und Austauschverluste sowie durch die Produktion flüssiger Produkte, denen die Kondensationswärme und auch fühlbare Wärme entzogen werden muß, wird durch Kältekreisläufe mit Propylen und Ethylen gedeckt. Sie sind ganz ähnlich denen aufgebaut, wie sie in den Abschnitten 5.5.1 und 5.5.2 beschrieben sind.

7.2.6 Zerlegung von Koksofengas mit Regeneratoren

In der Einleitung zu Kapitel 7 wurde erläutert, welche Bedeutung die Koksgaszerlegung für die Entwicklung der Tieftemperaturtechnik gehabt hat. Es wurde aber auch erwähnt, daß unter den derzeitigen Verhältnissen Koksofengas aus mehreren Gründen als Quelle für Wasserstoff und Ethylen kaum mehr in Frage kommt und daß dagegen an vielen Orten und in großem Maßstab Kohle- und Ölvergasung zur Wasserstoffgewinnung und die Hochtemperaturpyrolyse von Naphtha und anderen Kohlenwasserstoffen zur Ethylengewinnung eingesetzt werden. Trotzdem wurden in den vergangenen Jahrzehnten vereinzelt noch Koksgaszerleger aufgestellt, allerdings nicht mehr nach dem in der Einleitung zu Kapitel 7 beschriebenen Verfahren mit kontinuierlich betriebenen Wärmeaustauschern, sondern mit Regeneratoren. Bevor eine derartige Anlage beschrieben wird, empfiehlt es sich, auf die Vorbehandlung des Koksofengases vor seiner Zerlegung einzugehen, weil damit erkennbar wird, warum eine Anlage mit Regeneratoren einer „klassischen“ Anlage vorgezogen wird. In Bild 7.9 ist dargestellt, daß Koksofengas, welches mit nahezu atmosphärischem Druck die Koksbatterie verläßt, zuerst gekühlt, entteert, entschwefelt und von Ammoniak befreit

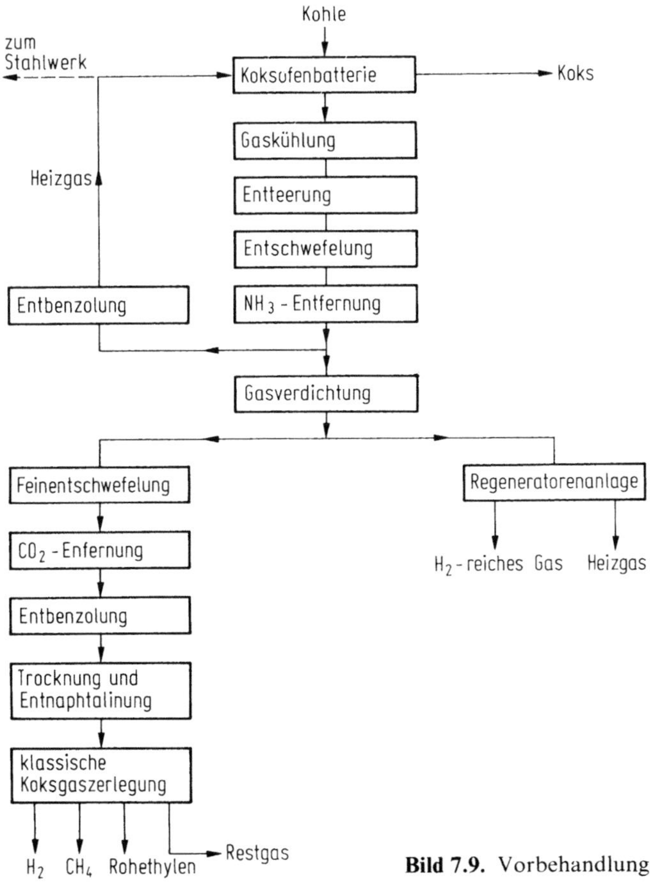

Bild 7.9. Vorbehandlung des Koksofengases

werden muß, bevor es weiter verwendet werden kann. Ein Teilstrom wird entbenzolt und zur Deckung des Wärmebedarfes der Koksofenbatterie verheizt. Arbeitet die Kokerei im Verbund mit einem Stahlwerk, was meistens der Fall ist, so wird auch dessen Wärmebedarf zum Teil durch die Verbrennung drucklosen Koksofengases gedeckt, welches dieselben Reinigungsstufen durchlaufen hat wie das Heizgas der Koksofenbatterien. Es bleibt dann ein Rest, der nach Verdichtung entweder als Ferngas verwendet oder zerlegt wird.

Vor einer Zerlegungsanlage der in der Einleitung beschriebenen „klassischen" Art muß es aber vom restlichen Schwefel, dem Kohlendioxid, dem Benzol und dem Naphthalin befreit werden, weil sonst Festausscheidungen in den Wärmeaustauschern den Betrieb beeinträchtigen würden. Vor einer Regeneratorenanlage kann auf diese Reinigungsschritte verzichtet werden. Wie Wasserdampf und Kohlendioxid in den sich selbst reinigenden Wärmeaustauschern großer Luftzerlegungsanlagen (s. Abschnitte 4.5.1.1 bis 4.5.1.4 sowie 4.5.1.6 und 4.5.1.7) werden dann in den Regeneratoren einer Kokszerlegungsanlage sämtliche Bestandteile des Koksofengases mit Siede- oder Schmelztemperaturen über ca. 160 K in der Warmperiode auf der Speichermasse niedergeschlagen und in einer der Kaltperioden von einem Spülgas, das anschließend verheizt wird, wieder aufgenommen.

Bild 7.10 zeigt das Prinzipschema einer solchen Anlage. Das als Rohgas bezeichnete, vorgereinigte und auf ca. 9 bar verdichtete Koksofengas wird im Regenerator *1* unter Ausscheidung von Naphthalin, Benzol, Wasserdampf, Schwefelverbindungen, höheren Kohlenwasserstoffen, Kohlendioxid sowie der C_2-Kohlenwasserstoffe Ethan, Ethylen und Acetylen und einem Teil des im Koksofengas enthaltenen Methans auf eine Temperatur von ca. 120 K abgekühlt (Warmperiode). Danach wird das Gas im dritten Regenerator wieder angewärmt (zweite Kaltperiode). Im Regenerator *2*,

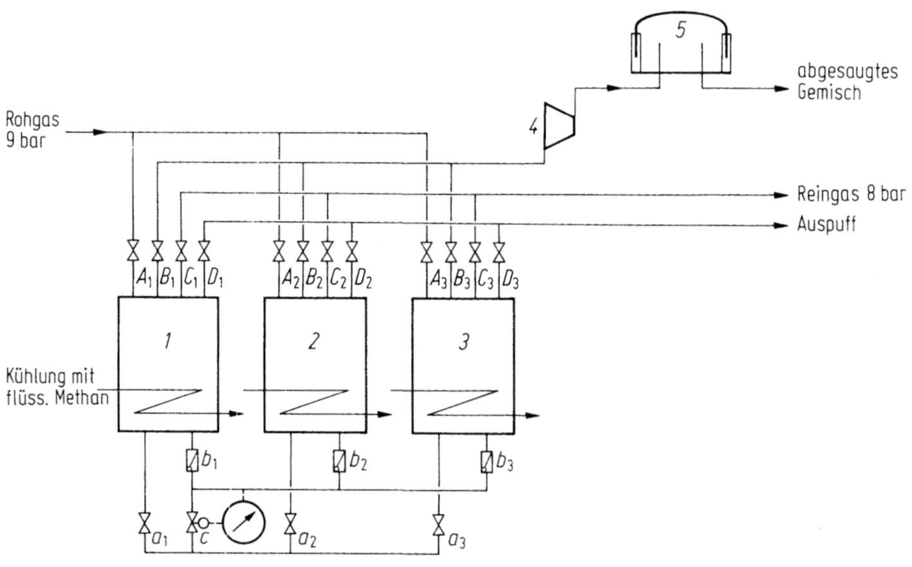

Bild 7.10. Prinzipschema einer Anlage mit Regeneratoren zur Zerlegung von Koksofengas. Nach [B1]. *1* bis *3* Regeneratoren, *4* Vakuumpumpe, *5* Gasometer

dessen Verbindung zum Koksofengas durch Schaltorgane am warmen und kalten Ende unterbrochen wurde, werden die auf der Regeneratormasse in der vorhergehenden Warmperiode teils in flüssiger, teils in fester Form abgelagerten Komponenten unter Vakuum verdampft bzw. sublimiert (erste Kaltperiode). Der Unterdruck wird durch die Vakuumpumpe *4* erzeugt, die das abgesaugte Gemisch in den Gasometer *5* fördert, aus welchem es der weiteren Verwendung zugeführt werden kann. Durch eine Schaltmaschine und eine große Zahl von Schaltventilen können die Funktionen der drei Regeneratoren: Abkühlung mit Beladung, Reingasanwärmung sowie Evakuierung mit Verdampfung und Sublimation in regelmäßigen Zeitabständen zyklisch vertauscht werden.

Aus Bild 7.11 ist der Kondensationsvorgang der Koksofengasbestandteile in der Warmperiode bei Temperaturen unter 200 K zu erkennen. Im darüberliegenden Temperaturbereich findet zwar auch schon Kondensation und Festausscheidung statt, jedoch lediglich von Naphthalin, Benzol und Wasser. Die Ausscheidung von C_4, C_5 C_6 sowie von Kohlendioxid und den leichten Kohlenwasserstoffen Ethylen, Acetylen, Ethan und Propylen, wird aber infolge ihres niedrigen Partialdrucks erst unterhalb 200 K merklich. Als Ordinate ist die bis zu der jeweils auf der Abszisse angegebenen Temperatur ausgeschiedene Menge des betreffenden Bestandteils abzulesen. Alle Kurven bis auf die für Wasserstoff, Stickstoff, Kohlenmonoxid und Methan erreichen ihren

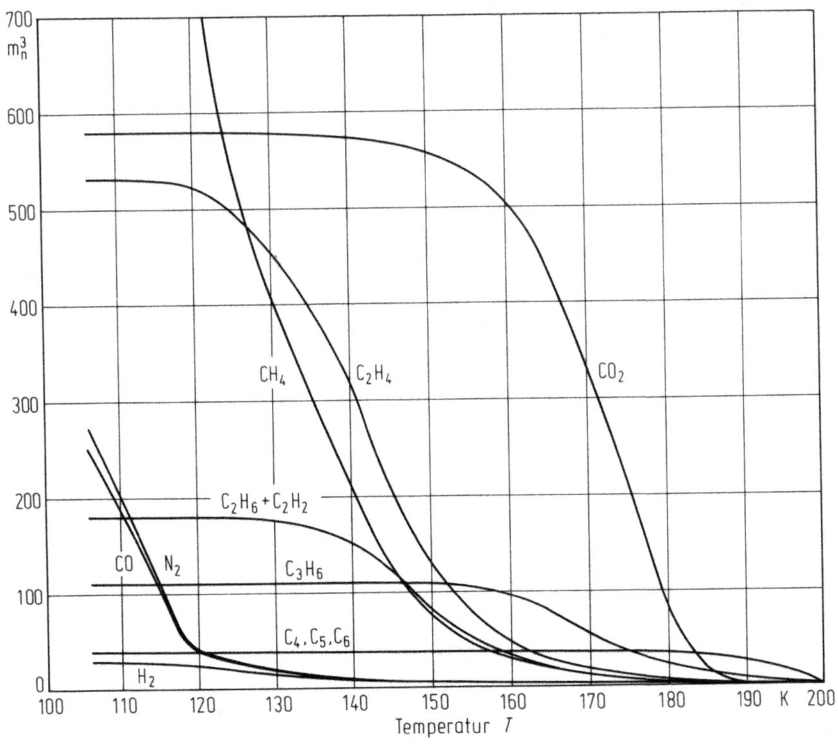

Bild 7.11. Kondensation der Koksofengasbestandteile bei einem Gesamtdruck von 9 bar aus 20000 m_n^3 = 900 kmol Koksofengas. Nach [B1]

Maximalwert, wenn die ursprünglich in 20000 m_n^3 = ca. 900 kmol Koksofengas enthaltene Menge des betreffenden Gases vollständig ausgeschieden ist. Während die Kohlendioxidausscheidung bei etwa 140 K weitgehend beendet ist, hält die von Ethylen noch bis ca. 120 K an. Im Bereich von 120 bis 140 K kondensiert bereits sehr viel Methan. Aber die Hauptmenge des Methans verläßt mit den leichtflüchtigen Komponenten Wasserstoff, Stickstoff und Kohlenmonoxid das untere Ende des in der Warmperiode befindlichen Regenerators und strömt als „Reingas" durch den Regenerator *3* (Bild 7.10) zurück.

Zur Einstellung des genannten Temperaturniveaus und zur Deckung der Kälteverluste wird eine Methankälteanlage eingesetzt. In Bild 7.10 ist angedeutet, daß ihre Kälteleistung durch Heizflächen, welche in den unteren Teil der Regeneratoren eingebaut sind, auf die Füllmasse und die Gasgemische übertragen wird.

Eine solche Anlage liefert allerdings keinen reinen Wasserstoff, denn das Reingas enthält neben Wasserstoff noch fast die ganzen ursprünglich im Koksofengas enthaltenen Mengen an Stickstoff und Kohlenmonoxid sowie den größten Teil des Methans, aber sie befreit das Koksofengas von vielen für die Weiterverarbeitung lästigen Bestandteilen in einem einzigen Schritt.

Das Reingas kann nach dessen Kompression auf höheren Druck in einer weiteren Tieftemperaturanlage mit kontinuierlich betriebenen Wärmeaustauschern durch Teilkondensation in eine wasserstoffreiche und in eine oder mehrere Restgasfraktionen zerlegt werden. Soll hochreiner Wasserstoff gewonnen werden, empfiehlt sich eine Anlage mit Molekularsiebadsorbern, wie sie im Abschnitt 7.2.8 beschrieben wird.

7.2.7 Zerlegung von Abgasen aus Raffinerien und petrochemischen Betrieben

Beim Cracken von Raffinerieprodukten sowie bei verschiedenen petrochemischen Prozessen entstehen wasserstoffreiche Gasgemische in solchen Mengen, daß es sich lohnt, den Wasserstoff abzutrennen, gesondert weiter zu verwenden und nicht gemeinsam mit den anderen Bestandteilen zu verheizen. Für die Zerlegung solcher Gemische eignen sich Tieftemperaturanlagen, in denen je nach Bedarf das Gasgemisch unter Teilkondensation so weit abgekühlt wird, bis der hauptsächlich aus Wasserstoff bestehende Rest so wenig Begleitstoffe, im wesentlichen Methan, enthält, daß er möglichst ökonomisch eingesetzt werden kann.

Als Beispiel für eine derartige Anlage sei die Reinigung von Kreislaufwasserstoff für die Entalkylierung von Toluol genannt.

Die Entalkylierung von Toluol ist ein in großtechnischem Maßstab häufig angewendetes Verfahren zur Gewinnung von Rein-Benzol. Dabei handelt es sich um einen katalytischen Prozeß, der gemäß der chemischen Reaktionsgleichung

$$2\,H_2 + C_6H_5{-}CH_3 \rightleftarrows C_6H_6 + H_2 + CH_4$$

bei einer Temperatur von etwa 870 bis 920 K, d. h. ca. 600 bis 650 °C und einem Druck von etwa 40 bis 60 bar stattfindet. Da die Reaktion nicht vollständig von links nach rechts abläuft, erhält man nach Auskondensation der aromatischen Kohlenwasserstoffe ein Kreislaufgas, das neben Wasserstoff und Methan auch kleinere Mengen an Ethan und Propan enthält. Zur Aufrechterhaltung der Wasserstoffkonzentration im

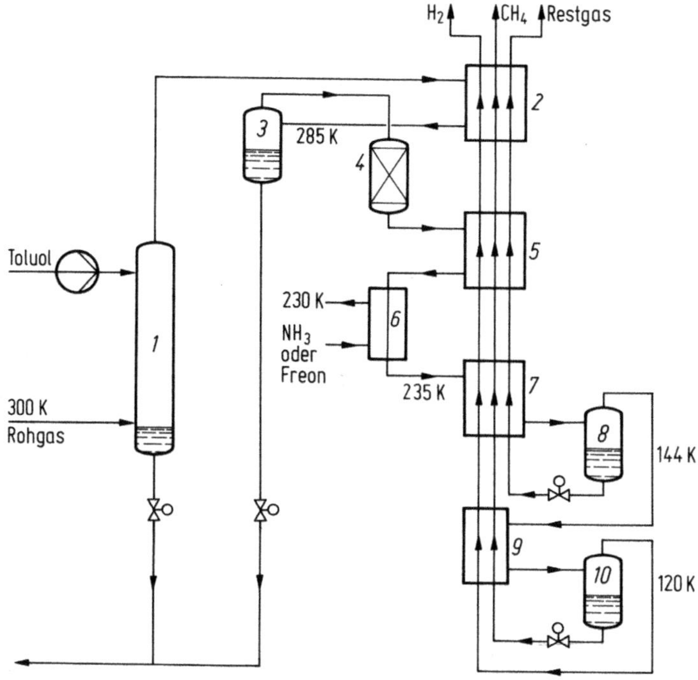

Bild 7.12. Reinigung des Wasserstoffkreislaufes einer Anlage zur Entalkylierung von Toluol. Nach [F2]

Reaktor müssen die bei der Entalkylierung entstandenen aliphatischen Kohlenwasserstoffe aus dem Kreislaufgas ausgeschleust werden. Der verbrauchte Wasserstoff wird durch Frischwasserstoff ersetzt.

Bild 7.12 zeigt das Verfahren einer Anlage zur Reinigung des Kreislaufwasserstoffs. Es bedarf wohl, abgesehen von einigen Einzelheiten, keiner besonderen Erläuterung. Vor der Kühlung wird das Gas in der Kolonne *1* mit Tuluol gewaschen, um es von Benzol zu befreien. Dadurch wird Festausscheidung bei der nachfolgenden Kühlung vermieden. Bei der ersten Abkühlung auf 285 K wird Tuluol ausgeschieden, aus dem Abscheider *3* entnommen und der Sumpffraktion der Säule *1* beigemischt. Die wechselbar ausgeführten Adsorber *4* entfernen den noch im Gas enthaltenen Wasserdampf, danach wird das Gas stufenweise auf 235, 144 und 120 K abgekühlt. Mit einer über 97%igen Ausbeute wird Wasserstoff mit einer für die Wiederverwendung ausreichenden Reinheit von 90% (Rest Methan) mit Umgebungstemperatur und einem nur um den Druckabfall der Wärmeaustauscher und Rohrleitungen verminderten Ausgangsdruck gewonnen. Der Kältebedarf im Tieftemperaturteil wird durch die Enthalpiedifferenz des Methans gedeckt, welches mit einem höheren Partialdruck in die Anlage eintritt als es dieselbe wieder verläßt.

Eine genaue Kenntnis der Flüssigkeits-Dampf-Gleichgewichte derartiger Mehrstoffgemische ist für die thermodynamische Durchrechnung solcher Verfahren Voraussetzung. In Bild 7.13 sind die K-Werte für Gleichgewichte ternärer Gemische aus Wasserstoff, Methan und Ethan bei 144 K in Abhängigkeit vom Druck dargestellt [C 1, F 2]. Der *K*-Wert ist (Abschnitt 3.1.1.2.4) definiert $K_i = y_i/x_i$; dabei ist y_i bzw. x_i der Molenbruch der i-ten Komponente im Dampf bzw. in der Flüssigkeit. Der Parameter ξ ist definiert

$$\xi = \frac{x_{CH_4}}{x_{CH_4} + x_{C_2H_6}}$$

Auffallend ist, daß die K-Werte für H_2 (oberer Teil des Diagramms) im gesamten Druckbereich vom CH_4- und vom C_2H_6-Gehalt der Flüssigkeit abhängen, während die K-Werte für C_2H_6 (unterer Teil des Diagramms) erst oberhalb von ca. 5 bar und die K-Werte für CH_4 (mittlerer Teil des Diagramms) erst oberhalb von ca. 50 bar konzentrationsabhängig werden.

Mit Hilfe dieses Diagramms läßt sich die Verteilung der einzelnen Komponenten auf die flüssige und gasförmige Phase im Tieftemperaturabscheider *8* (Bild 7.12) berechnen (s. Abschnitt 3.2.4).

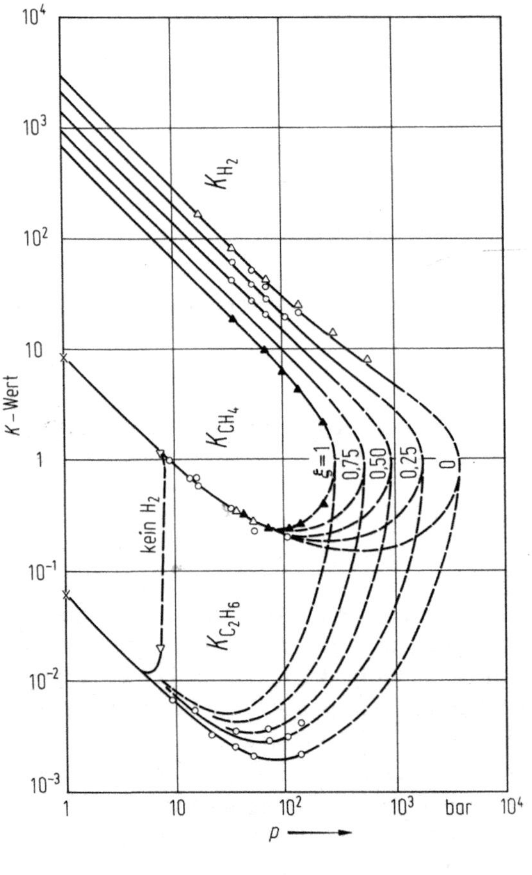

Bild 7.13. Flüssigkeits-Dampf-Gleichgewicht für ternäre Gemische von H_2, CH_4 und C_2H_6 bei 144 K. Nach [C 1]

7.2.8 Gewinnung reinen Wasserstoffs mit Druckwechseladsorbern

Für die meisten Zwecke genügt eine Wasserstoffeinheit, wie sie mit den beschriebenen Verfahren erreicht werden kann. Wird aber gefordert, daß nur noch wenige ppm der typischen Verunreinigungen Methan, Argon, Kohlendioxid und Stickstoff im Was-

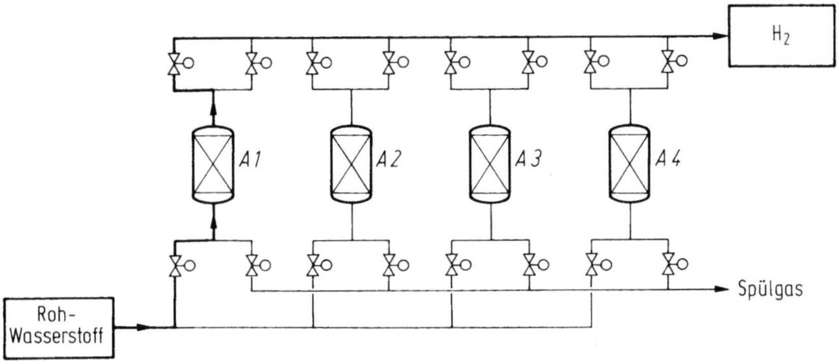

Bild 7.14. H_2-Reinigung mit Druckwechseladsorbern. Nach [S2]

serstoff enthalten sind, so könnte dies grundsätzlich auch durch weitere Abkühlung geschehen. Allerdings müßten dann diese Komponenten ausgefroren werden, weil deren Dampfdrücke erst bei Unterschreitung der Schmelzpunkte (s. Tabelle 7.2) so niedrig sind, daß nur noch ganz geringe Mengen davon in der Gasphase übrigbleiben. Man vermeidet aber, wenn möglich, Verfahren mit Festausscheidung, weil sie komplizierte Vorrichtungen erfordern, wenn mit ihnen die verlangte Endreinheit zuverlässig erreicht werden soll. Die Entwicklung der Molekularsiebe in den vergangenen beiden Jahrzehnten gestattet es, auf sehr viel einfachere Weise Wasserstoff bei Umgebungstemperatur mit einer Reinheit von mehr als 99,999 % Reinheit darzustellen.

Man bedient sich dabei zweckmäßigerweise einer Anordnung von vier Adsorbern, die bei Umgebungstemperatur arbeiten und deren Funktionen durch eine Schalteinrichtung zyklisch vertauscht werden (Bild 7.14). Im Adsorber *1* wird der Roh-Wasserstoffstrom, der unter dem Druck der vorgeschalteten Anlage steht, von seinen Verunreinigungen so lange befreit, bis die Grenze seiner Belastbarkeit erreicht ist. Der in der vorhergegangenen Periode beladene Adsorber *2* gibt den in ihm noch enthaltenen Wasserstoff über das noch nicht verunreinigte Ende der Molekularsiebschüttung bis zum Druckausgleich an den ursprünglich drucklosen Adsorber *4* ab. Seine Restfüllung wird dazu verwendet, den drucklosen Adsorber *3* zu regenerieren. Sind diese Vorgänge in den vier Adsorbern abgeschlossen, wird umgeschaltet: *A1* übernimmt die Funktion von *A2*, *A2* die von *A3*, *A3* die von *A4* usw. Durch den Regeneriervorgang ist die Wasserstoffausbeute allerdings begrenzt. Führt man die Spülgasmenge unter Einsatz eines zusätzlichen Verdichters vor eine vorgeschaltete Tieftemperatur-Gaszerlegungsanlage zurück, so geht kein Wasserstoff verloren.

Von Fall zu Fall ist zu entscheiden, ob eine Anlage mit Molekularsiebadsorbern lediglich zur Nachreinigung von Wasserstoff aus einer Tieftemperaturanlage eingesetzt werden soll, oder ob letztere überhaupt entfallen kann. Je höher der Wasserstoffgehalt im Ausgangsgemisch ist, je weniger die übrigen Gasbestandteile zu einer Verlegung der Poren des Molekularsiebes neigen und je geringer die Forderungen nach anderen reinen Fraktionen sind, desto ökonomischer ist es, nur mit einer Molekularsiebadsorber-Anlage zu arbeiten. Bei großen Gasmengen, vielen Bestandteilen des Gases und dem Bedarf an mehreren reinen Fraktionen ist die Kombination einer Tieftemperaturanlage und einer Molekularsiebadsorber-Anlage vorzuziehen.

8 Sonderanlagen für die friedliche Nutzung der Kernenergie

Von H. Linde

8.1 Gewinnung von schwerem Wasserstoff und schwerem Wasser

8.1.1 Physikalische Grundlagen

Wasserstoffmoleküle bestehen überwiegend aus zwei gleichen Wasserstoffatomen, deren Kern nur ein Proton enthält. Aber unter ca. 7000 Wasserstoffatomen findet man ein Wasserstoffisotop, dessen Kern außer dem Proton auch ein Neutron enthält. Solche Atome haben nahezu das doppelte Atomgewicht wie der normale Wasserstoff und werden als schwerer Wasserstoff, Deuterium D bezeichnet. Unter ca. 3500 Wasserstoffmolekülen findet sich eines, welches aus einem leichten und einem schweren Wasserstoffatom besteht und mit HD gekennzeichnet wird. Ganz selten finden sich Wasserstoffmoleküle mit zwei schweren Wasserstoffatomen D_2. Die Verbindung zweier schwerer Wasserstoffatome mit einem Sauerstoffatom nennt man schweres Wasser. Seine Dichte ist 1,107 g/cm^3 und seine Siedetemperatur 101,4 °C. In der Kerntechnik hat es eine Bedeutung zur Bremsung von Neutronen. Um es aber zur Wirkung zu bringen, muß es in hoher Konzentration zur Verfügung stehen. Wegen des sehr niedrigen Gehaltes von schwerem Wasser im leichten Wasser oder von schwerem Wasserstoff im leichten Wasserstoff muß ein großer Aufwand getrieben werden, um schweres Wasser zu gewinnen.

Es gibt mehrere Methoden zur Anreicherung von schwerem Wasser oder von schwerem Wasserstoff [N 1]. Sie alle benützen die Erscheinung, daß beim Stoffaustausch zwischen einer wasserstoffhaltigen Flüssigkeit und einem wasserstoffhaltigen Gas die flüssige Phase etwas mehr schwere Wasserstoffatome enthält als die Gasphase. Dies gilt für die Rektifikation von Wasser sowie für die Elektrolyse von Wasser, bei der der erzeugte gasförmige Wasserstoff relativ weniger D-Atome enthält als das unverbrauchte Wasser. Dies gilt auch für Verfahren, bei denen Wasser und Wasserstoff, Wasser und Schwefelwasserstoff oder Ammoniak und Wasserstoff miteinander in Stoffaustausch gebracht werden. Eine andere Methode benützt die unterschiedliche Lage der Dampfdruckkurven und damit die unterschiedliche Fugazität von D_2, HD und H_2. Sie setzt voraus, daß Wasserstoffgas, nachdem es von Fremdbestandteilen weitestgehend befreit wurde, auf seine Siedetemperatur abgekühlt und verflüssigt wird. Durch Rektifikation wird dann ähnlich wie bei den anderen in diesem Buch beschriebenen Verfahren schwerer Wasserstoff vom leichten abgetrennt.

Soll eine Schwerwasseranlage aus Wasserstoff mit dem natürlichen HD-Gehalt von 0,029 Mol-% bei einer jährlichen Betriebszeit von 8000 h 10 t/Jahr schweres Wasser erzeugen können, so muß sie bei vollständiger Ausbeute an D-Atomen etwa 10000 m_n^3 je h Speisewasserstoff und eine noch größere Menge an Kreislaufwasserstoff, wie später noch begründet wird, verarbeiten können. Dies erfordert einen sehr großen technischen Aufwand. Dieser läßt sich, was die Tieftemperaturanlage betrifft, bedeutend verringern, wenn der Speisewasserstoff bereits mit HD angereichert ist. Werden z. B. in einem Industriegebiet größere Mengen Elektrolysewasserstoff hergestellt, so kann man bei entsprechender Anordnung der Elektrolysezellen an HD-angereicherten Wasserstoff erzeugen. Die der ersten Elektrolysestufe zugeführte Wassermenge wird zum größten Teil in Wasserstoff und Sauerstoff zerlegt. Der nicht zerlegte Rest weist einen etwas höheren Deuteriumgehalt auf als das zugeführte Wasser. Er wird entsprechend der bei der Elektrolyse herrschenden Temperatur vom erzeugten Wasserstoff und Sauerstoff als Wasserdampf mitgeführt und in Kühlern auskondensiert. Das Kondensat wird einer zweiten Stufe zugeführt, in der sich Analoges abspielt, so daß in der folgenden dritten Stufe wegen der dort wieder vor sich gehenden Anreicherung Wasserstoff entsteht, der zwischen 0,15 und 0,20 % HD enthält. Dies entspricht der 5- bis 7fachen natürlichen Konzentration.

In Abschnitt 3.1 wurde erläutert, daß für die Trennung von siedenden Gemischen durch Rektifikation das thermodynamische Gleichgewicht maßgebend ist. Der Unterschied in der Zusammensetzung von Dampf und Flüssigkeit im Gleichgewicht ist um so größer, je weiter die Dampfdruckkurven der beteiligten Komponenten auseinander liegen. Bild 8.1 zeigt die Dampfdruckkurven der im natürlichen Wasserstoff enthaltenen Komponenten H_2, HD und D_2 [L 1]. Da, wie eingangs erwähnt, im Speisewasserstoff die Deuteriumatome fast ausschließlich an leichte Wasserstoffatome in Form von HD-Molekülen gebunden sind und die entscheidende Rektifikationsaufgabe in der Trennung von H_2 und HD liegt, kommt es besonders auf das Dampfdruckverhältnis von H_2 zu HD an. Bild 8.1 zeigt sowohl für den leichten Wasserstoff H_2 wie auch für den schweren Wasserstoff D_2 je zwei Dampfdruckkurven, denn sowohl H_2 wie auch D_2 kommen als Para-Wasserstoff und Ortho-Wasserstoff vor. Diese gleichkernigen Isomere unterscheiden sich durch ihre Kernspinrichtung. Bei Umge-

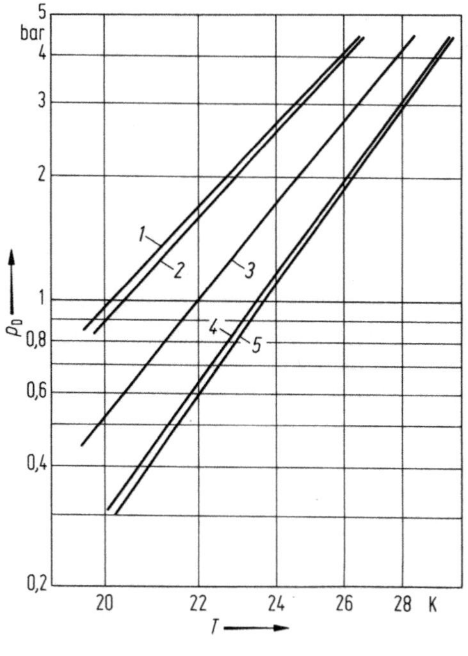

Bild 8.1 Dampfdruckkurven der im natürlichen Wasserstoff enthaltenen Komponenten: *1* Para-Wasserstoff, *2* Ortho-Wasserstoff, *3* Wasserstoffdeuterid, *4* Ortho-Deuterium, *5* Para-Deuterium. Nach [L 1]

bungstemperatur liegt das Ortho-Para-Wasserstoffgleichgewicht bei ca. 25% p-H_2 und 75% o-H_2, bei tieferen Temperaturen ist es ganz zu p-H_2 verschoben (s. Bild 11.2). Die Verweilzeit des Wasserstoffs in den nachfolgend beschriebenen Anlagen, ist aber so kurz, daß sich das Tieftemperaturgleichgewicht nicht einstellen kann. Deshalb ist für die Hauptrektifikation das Dampfdruckverhältnis o-H_2 zu HD maßgebend. Zwar ist dies etwas ungünstiger als das von p-H_2 zu HD, aber die Erhaltung des Normaltemperaturgleichgewichts bringt den großen Vorteil mit sich, daß auf die mit der Umstellung des Gleichgewichts verbundene beträchtliche Wärmetönung bei der Gestaltung der Anlage keine Rücksicht genommen zu werden braucht. Das Dampfdruckverhältnis von o-H_2 zu HD liegt bei den Temperaturen, welche in den Rektifikationssäulen herrschen, bei ca. 1,6. Vergleicht man damit die Dampfdruckverhältnisse anderer wichtiger Gemischbestandteile, die durch Tieftemperaturrektifikationsprozesse in hoher Reinheit gewonnen werden, so ergeben sich folgende Zahlen

$$N_2 : O_2 = 3{,}6$$
$$C_2H_4 : C_2H_6 = 2{,}2$$
$$\text{o-}H_2 : HD = 1{,}6.$$

Dies bedeutet, daß für die o-H_2-HD-Rektifikation relativ mehr Gas und Flüssigkeit miteinander in Stoffaustausch gebracht werden müssen und mehr Rektifikationsböden benötigt werden als für die C_2H_4-C_2H_6-Trennung und erst recht mehr als für die N_2-O_2-Trennung. Die für die o-H_2-HD-Rektifikation erforderlichen großen Dampf- und Flüssigkeitsmengen werden mit Hilfe eines großen Wasserstoffkreislaufes erzeugt. Was die später zu erörternde HD-D_2-Trennung betrifft, so liegt das Dampfdruckverhältnis für HD zu o-D_2, das für die Reindarstellung von D_2 maßgebend ist, nicht günstiger als das für o-H_2 zu HD, aber die bei der HD-D_2-Rektifikation zu verarbeitenden Mengen sind so klein, daß der dafür zu treibende Aufwand gering ist.

8.1.2 Kälteerzeugung und Isolierung des Tiefsttemperaturteils

Im folgenden werden zwei stark voneinander verschiedene Verfahren und Anlagenkonstruktionen beschrieben. Während bei dem einen die Kälteverluste durch arbeitsleistende Entspannung von Wasserstoff in Expansionsturbinen gedeckt werden, sind die Kältequellen bei dem anderen die Vorkühlung durch einen Hochdruckstickstoffkreislauf und die Enthalpiedifferenz von Wasserstoff unterhalb seiner Inversionstemperatur (Abschnitt 1.1.4.2).

Bei all den früher beschriebenen Tieftemperaturanlagen, mit Ausnahme von Wasserstoff- und Heliumverflüssigern, deren Dimensionen relativ klein sind, wird die Kondensationstemperatur von atmosphärischer Luft oder von Stickstoff nicht unterschritten. Deshalb kann sich an den Oberflächen der kalten Apparate, die meistens von Luft oder Stickstoff enthaltenden Isoliermitteln umgeben sind, kein Kondensat bilden, was den Betrieb der Anlage erheblich stören würde. In Wasserstoffrektifiziersäulen und den dazu erforderlichen Wärmeaustauschern sowie den diese verbindenden Rohrleitungen herrschen aber wesentlich tiefere Temperaturen. Bei den im folgenden beschriebenen Anlagen wird die Luft- oder Stickstoffkondensation an den kalten Apparateoberflächen durch ganz unterschiedliche Maßnahmen vermieden. Bei der zuerst genannten Anlage befinden sich, wie bei kleineren Heliumverflüssigern (Bild 1.64) die Apparate und Rohrleitungen in einem großen Vakuummantel, bei der anderen, wesentlich größeren Anlage, ist der die Apparaturen etc. enthaltende Raum in zwei Bereiche unterteilt. Der eine enthält die bei Temperaturen von über 190 K betriebenen Anlagenteile, der andere solche mit tieferen Betriebstemperaturen. Während das Isoliermaterial des wärmeren Raums mit Stickstoff gespült wird, geschieht dies beim kälteren mit Wasserstoff.

8.1.3 Verfahren der Firma Sulzer (Domat/Ems)

Das Verfahren, nach dem diese Anlage arbeitet, ist in Bild 8.2 dargestellt. 400 m_n^3/h Speisewasserstoff, welche von der dritten Stufe einer in Abschnitt 8.1.1 erwähnten Wasserelektrolyse kommen, werden vom Kompressor *1* angesaugt und auf 3,7 bar verdichtet. In einem katalytischen Kontaktofen *2* reagiert der mitgeführte Sauerstoff mit Wasserstoff zu Wasserdampf. Dieser wird in wechselbaren Wärmeaustauschern *3* und *4* auskondensiert und ausgefroren. Nach einem weiteren Austauscher *5*, in dem der Wasserstoff auf ca. 75 K abgekühlt wird, strömt dieser erneut durch zwei wechselbare Gegenströmer *6* und *7*, in denen unter weiterer Abkühlung Stickstoff, der bei der Wasserelektrolyse in den Speisewasserstoff gelangt ist, ausgefroren wird. Eine letzte Reinigung erfährt der Wasserstoff im Apparat *8*, in welchem das Gas bei ca. 3,5 bar unter Festausscheidung der Verunreinigungen verflüssigt wird und nach Entspannung auf 1,5 bar wieder verdampft, worauf es in die Mitte der Rektifiziersäule *9* eingespeist wird. Am unteren Ende der Säule wird 1 m_n^3/h Wasserstoff mit 60 % HD entnommen, während der von HD befreite Wasserstoff die Säule am oberen Ende verläßt. Die zur H_2-HD-Trennung erforderlichen großen Mengen an dampfförmigem und

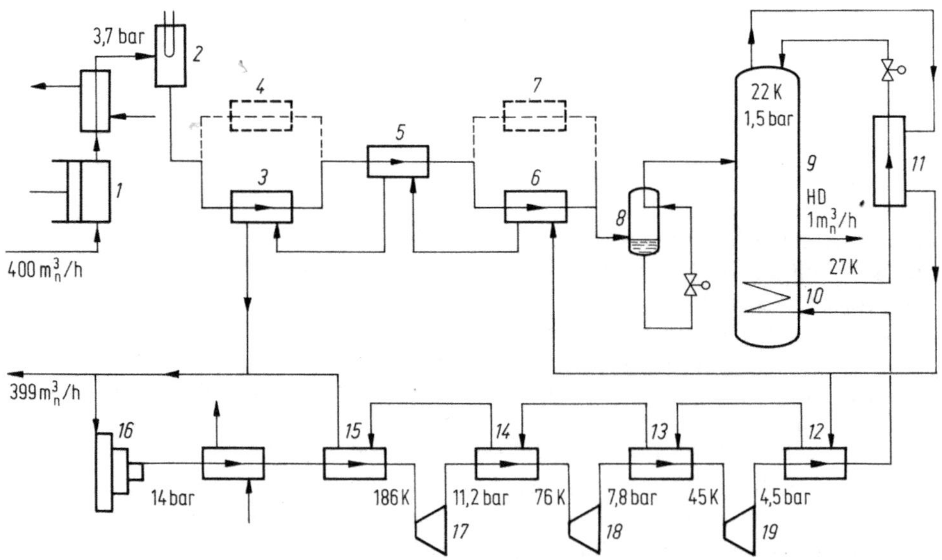

Bild 8.2. Verfahrensschema der Schwerwasserstoffgewinnungsanlage der Fa. Sulzer, Winthertur. Nach [H 1] (Erläuterungen s. Text)

flüssigem Wasserstoff werden dadurch erzeugt, daß kondensierender Kreislaufwasserstoff unter 4,5 bar im Verdampfer *10* der Säule kondensiert und nach Unterkühlung und Entspannung als Flüssigkeit auf den Kopf der Säule aufgegeben wird. Der die Säule *9* oben verlassende Wasserstoff gibt seine Kälte zunächst im Unterkühlungsgegenströmer *11*, dann zum größeren Teil in den Wärmeaustauscher *12*, *13*, *14* und *15*, zum kleineren Teil in den Wärmeaustauscher *6*, *5* und *3* ab. Die größere Menge strömt zum Kreislaufverdichter *16*, die kleinere Menge (399 m_n^3/h) wird dem Elektrolysewasserstoff wieder zugeführt. Der Kreislaufwasserstoff wird nach seiner Verdichtung auf 14 bar in den Wärmeaustauschern *15*, *14*, *13* und *12* im Gegenstrom abgekühlt und in den Turbinen *17*, *18* und *19* stufenweise entspannt. Die sich ergebenden Drücke und Temperaturen sind in Bild 8.2 eingetragen. Die Turbinen sind, wie in Abschnitt 9.2.2.1 beschrieben, als 1-stufige Zentripetalturbinen mit fliegendem Lauf-

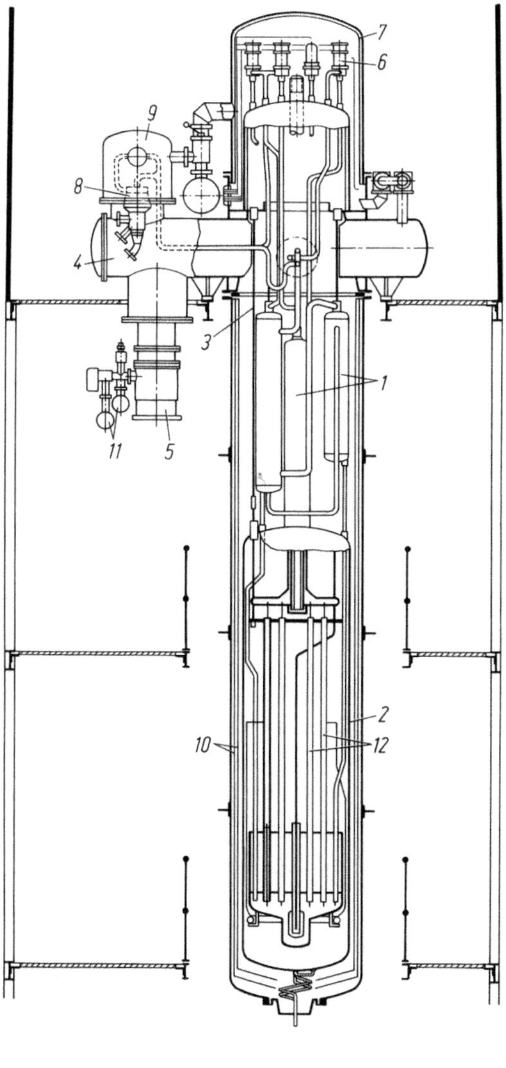

Bild 8.3. Schnitt durch Vakuumkessel mit Kolonne, Wärmeaustauscher, Diffusionspumpe, Regelventile und Expansionsturbine der Anlage der Fa. Sulzer. Nach [H 1]. *1* Wärmeaustauscher, *2* Tieftemperaturkolonne, *3* Aufhängung von Wärmeaustauschern und Kolonne, *4* Pumpstutzen, *5* Öldiffusionspumpe, *6* Regelventile, *7* Armaturenhaube, *8* Turbine, *9* Turbinenhaube, *10* Strahlungsschutzbleche, *11* Vorvakuumkollektoren, *12* Rektifizierrohre

rad ausgeführt. Um zu vermeiden, daß in ihnen die Schallgeschwindikeit erreicht oder überschritten wird, arbeiten sie bei kleinen Druckgefällen. Die Rektifiziersäule ist als Kuhnsche Kolonne mit einer Vielzahl senkrecht eingebauter und mit kleinen Füllkörpern gefüllter Rohre ausgestattet, auf welche die Rücklaufflüssigkeit sehr genau gleichmäßig verteilt wird. Bild 8.3 zeigt den Schnitt durch denjenigen der vier für die ganze Anlage erforderlichen Vakuumkessel, welcher die Tieftemperaturkolonne enthält.

Wie schon erwähnt, verläßt die Tieftemperaturrektifiziersäule ein Wasserstoffgemisch mit 60 % HD. Nach Anwärmung wird dieses Gemisch in einem Kontaktofen mit Sauerstoff verbrannt. Es entsteht dabei etwa 1 l/h Wasser mit 30 % D_2O. Diese kleine Menge wird in einer Wasserrektifizierkolonne, welche unter Vakuum steht, in 99,8 %igen D_2O und einen Rest mit 3 % D_2O zerlegt. Der Energiebedarf für die Verarbeitung des durch die Elektrolyse vorangereicherten Wasserstoffs bis zum 99,8 %igen D_2O ist ca. 2 kWh/g.

8.1.4 Verfahren der Linde AG (Nangal/Indien)

Die Schwerwasseranlage in Nangal wurde Anfang der 60er Jahre in Betrieb genommen und produziert seitdem schweres Wasser. Bild 8.4 zeigt das stark vereinfachte Verfahrensschema. 5200 m_n^3/h Speisewasserstoff, der in einer vorgeschalteten Wasserelektrolyse auf den 2,5fachen natürlichen HD-Gehalt vorangereichert wurde, wird im Kompressor *K1* auf 5,5 bar verdichtet. In der Warmregeneratorgruppe *R1*, die sich innerhalb des äußeren Blechmantels befindet, wird er im Wärmeaustausch mit drucklosem kalten Wasserstoff auf ca. 80 K abgekühlt. Dabei wird Wasserdampf aus dem einströmenden Gas auf der Speichermasse niedergeschlagen und vom zurückkehrenden Gas wieder aufgenommen. Nach Eintritt in den kälteren Raum innerhalb des zweiten Blechmantels wird der Speisewasserstoff im Vakuumstickstoffverdampfer *V2* auf 66 K weiter gekühlt. Da Elektrolysewasserstoff etwas Stickstoff enthält, der durch Festausscheidung die Rektifikation stören würde, besteht auch die Austauschergruppe *R2* aus Regeneratoren. Wie in den warmen Regeneratoren Wasserdampf, so wird in den kalten Regeneratoren Stickstoff in der Warmperiode aus dem Speisewasserstoff ausgeschieden und von dem rückkehrenden Wasserstoff wieder aufgenommen. Nahezu gesättigt tritt der Speisewasserstoff in den untersten Teil der Rektifikationskolonne *S1* ein. Nach einem Vorschlag von R. Becker [L1] ist diese dreistufig ausgeführt, weil dadurch der Wasserstoffkreislauf, der zur Erzeugung der für die Rektifikation erforderlichen großen Dampf- und Flüssigkeitsmengen gebraucht wird, merklich verringert werden kann. Die Sumpfflüssigkeit der untersten Kolonne ist schwach mit HD angereichert, die der mittleren Kolonne etwas stärker, und die der oberen Säule enthält bereits 4 % HD. Die Kopffraktionen der unteren und der mittleren Säule sind weitgehend HD-freie Flüssigkeiten. Sie werden gemeinsam mit dem in den Verdampfern des unteren Teils der Säule *S1* und der Säulen *S2* und *S3* verflüssigten, HD-freien Kreislaufwasserstoff als Rücklauf auf die oberste Säule aufgegeben. Die Rücklaufflüssigkeiten der unteren und mittleren Säule entstehen in Kondensatoren, die gleichzeitig Verdampfer der mittleren bzw. oberen Säule sind. Der Druck von 1,2 bar in der oberen Säule richtet sich nach dem Strömungswiderstand, den der abziehende Wasserstoff in den Wärmeaustauschern bis zum Kreislaufkompressor zu überwinden hat. Dieser saugt bei nahezu athmosphärischem Druck das Gas an. Der Druck der

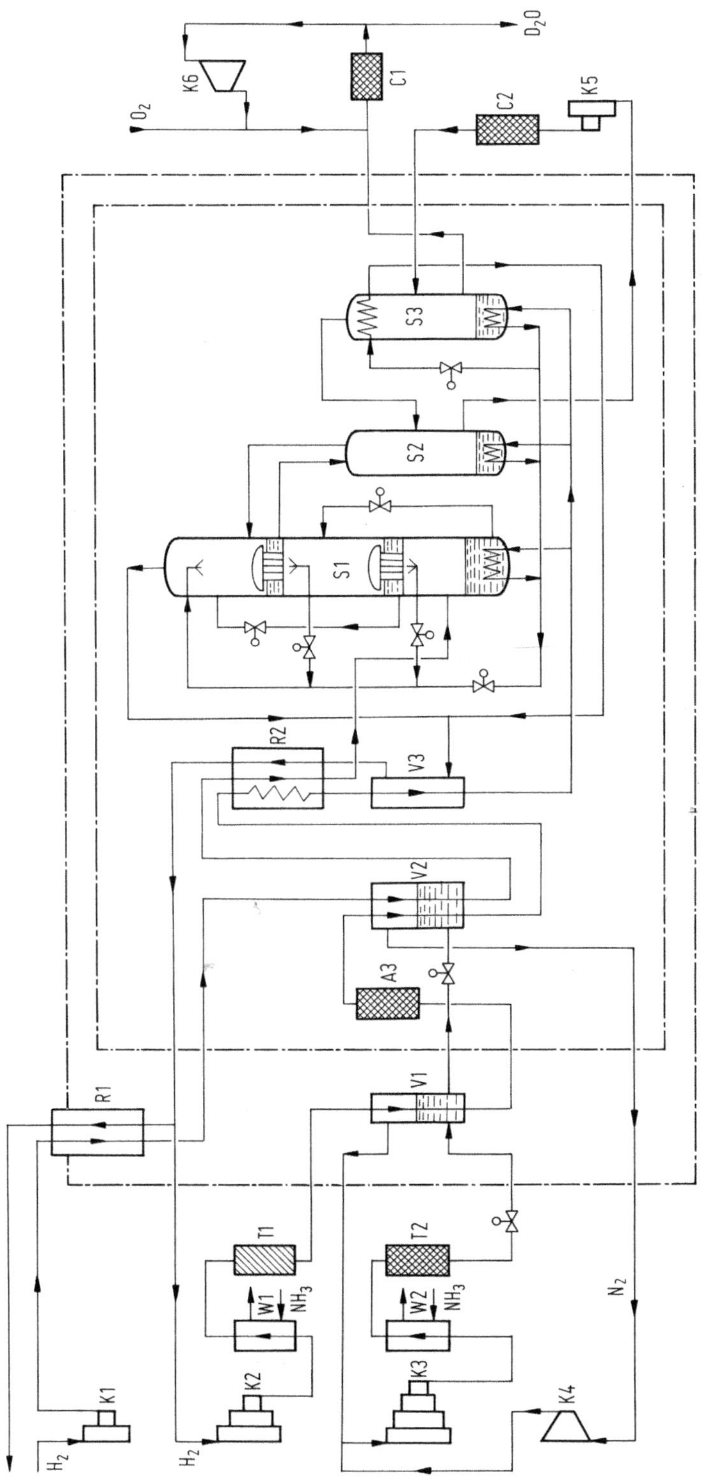

Bild 8.4. Schema der Schwerwasseranlage Nangal/Indien (Jahresproduktion: ca. 14t D_2O). Nach [J 1]. *K1* Speisewasserstoff-Kompressor, *K2* Wasserstoffkreislauf-Kompressor, *K3* Stickstoffkreislauf-Kompressor, *K4* Stickstoff-Vakuumpumpe, *K5* Wasserstoffdeuterid-Kompressor, *K6* Sauerstoffkreislauf-Gebläse, *W1,2* Ammoniakkühler, *V1* Stickstoffverdampfer, *V2* Vakuumstickstoff-Verdampfer, *V3* Wasserstoffverflüssiger, *R1* Warmregeneratorengruppe, *R2* Kaltregeneratorengruppe, *A3* Adsorber, *T1,2* Trockner, *C1,2* Katalysatoren, *S1* dreistufige Rektifikationssäule, *S2* HD-Säule, *S3* D_2-Säule

mittleren Kolonne ist 2 bar, der der unteren 3,2 bar. Dadurch stellen sich an den Oberflächen der Kondensatoren die Temperaturdifferenzen ein, die für die Kondensation auf der einen und die Verdampfung auf der anderen Seite erforderlich sind. Die auf 4 % HD angereicherte Sumpfflüssigkeit wird in der Säule *S2* auf 90 % weiter angereichert. Sie verläßt diese Säule an ihrem unteren Ende gasförmig und wird nach Anwärmung im Membrankompressor *K5* zur Einstellung des H_2-HD-D_2-Gleichgewichts über den Katalysator *C2* geleitet und nach Abkühlung in der Säule *S3* erneut rektifiziert. Während die Sumpffraktion 99,7 % D_2 und 0,3 % HD enthält, wird die noch etwas HD und D_2 enthaltende Kopffraktion wieder in die Säule *S2* zurückgeführt. Die Sumpffraktion wird nach Anwärmung mit reinstem Sauerstoff am Katalysator *C1* zu reinem schweren Wasser verbrannt.

Die den oberen Teil der Säule *S1* verlassende HD-freie Kopffraktion wird nach Anwärmung im Gegenströmer *V3* und in der Regeneratorgruppe *R2* geteilt. Der kleinere Teil wird nach Anwärmung in den Warmregeneratoren *R1* seiner weiteren Verwendung zugeführt, 12000 m_n^3/h werden im Kreislaufkompressor *K2* auf 100 bar verdichtet, im Austauscher *W1* mit verdampfenden NH_3 vorgekühlt, im Adsorber getrocknet, in *V1* mit verdampfendem Stickstoff weitergekühlt, im Adsorber *A3* von Gasresten befreit und in *V2* mit Vakuumstickstoff auf 67 K tiefgekühlt. Dadurch wird die Inversionstemperatur des Wasserstoffs (s. Abschnitt 1.1.4.2) unterschritten, so daß die Enthalpiedifferenz des Kreislaufwasserstoffs am warmen Ende der Regeneratoren *R2* die für den Betrieb des Tiefsttemperaturbereichs erforderliche Kälte erzeugen kann.

Der durch den Hochdruck-Stickstoff-Kompressor *K3*, den NH_3-Vorkühler *W2*, den Trockner *T2*, den Verdampfungsgefäßen *V1* und *V2*, den Entspannungsventilen und mehreren, nicht eingezeichneten Wärmeaustauschern ermöglichte Stickstoffkreislauf dient dem Zweck, den Kreislaufwasserstoff unter die obere Inversionstemperatur abzukühlen.

Bild 8.5. Außenansicht des Gebäudes für die Schwerwasseranlage Nangal Indien [S 1]

Der Arbeitsaufwand für die Gewinnung von schwerem Wasser liegt bei 3 bis 4 kWh/g D_2O. Er ist höher als bei der in Abschnitt 8.1.3 beschriebenen Anlage, weil in Nangal die HD-Voranreicherung in der Wasserelektrolyse wesentlich schwächer ist als in Domat/Ems.

Die Ausrüstung derartiger Anlagen mit Regeneratoren gibt die Möglichkeit, Rohwasserstoff mit höherem Stickstoffgehalt, wie z. B. Ammoniaksynthesegas zu verarbeiten. Es ist beabsichtigt, bei Neuprojekten für die Vorkühlung im Temperaturbereich von 64 bis 80 K Wasserstoffentspannungsturbinen im Wasserstoffkreislauf einzusetzen. Dadurch kann der Stickstoffkreislauf entfallen [G1]. Bild 8.5 zeigt die Außenansicht der Anlage in Nangal. Außer dem Maschinenhaus erkennt man den Blechmantel, der den 3-stufigen Rektifikator enthält. Auf die besonderen technischen Anforderungen, die an so große Tiefsttemperaturanlagen gestellt werden müssen, kann hier nur hingewiesen werden. Geeignete Werkstoffe waren zu ermitteln, neuartige Ventile mußten entwickelt werden. Besondere Überlegungen waren bei der bereits erwähnten Doppelmantelisolierung mit Stickstoffspülung im äußeren Teil und Wasserstoffspülung im Innenteil anzustellen; ebenso bei den damit verbundenen Sicherheitsanforderungen [L1]. Auch mußten neuartige Methoden zur Bestimmung des HD-und D_2-Gehaltes im Wasserstoff entwickelt werden [J1].

8.2 Reinigung von Kreislaufhelium für Hochtemperaturkernreaktoren

Während die meisten in Betrieb und in Planung befindlichen Kernreaktoren der Stromerzeugung dienen und mit Wasser als Kühlmittel arbeiten, soll die in Hochtemperaturreaktoren erzeugte Wärme vornehmlich an endotherme chemische Prozesse weitergegeben werden. Zur Wärmeübertragung verwendet man dabei vorteilhaft ein Gas, welches bei hohen Temperaturen chemisch inaktiv ist und ohne großen Energiebedarf in einem geschlossenen Kreislauf umgewälzt werden kann. Das Edelgas Helium mit seiner geringen Dichte erfüllt beide Bedingungen.

Bei der Wärmeaufnahme im Reaktor wird das Helium mit Spuren radioaktiver und nicht radioaktiver Stoffe verunreinigt. Beide Arten von Verunreinigungen müssen, um Anreicherungen zu vermeiden, aus dem Kreislauf ausgeschleust werden. Hierbei wird ein Teilstrom aus dem Kreislauf entnommen, gereinigt und in diesen wieder zurückgeführt. Der Teilstrom durchläuft Apparaturen mit Umgebungstemperatur, erhöhter und tiefer Temperatur. Zunächst werden die kurzlebigen radioaktiven Krypton- und Xenonisotope bei Umgebungstemperatur in Kohleadsorbern festgehalten, bis ihre Radioaktivität abgeklungen ist. Dann werden nach Sauerstoffzusatz Wasserstoff und Kohlenmonoxid bei hoher Temperatur katalytisch in Wasser und Kohlendioxid umgewandelt. Wieder auf Umgebungstemperatur abgekühlt, gibt das Gas in wechselbaren Molekularsiebadsorbern H_2O und CO_2 ab. Schließlich werden bei ca. 80 K N_2, Kr und X von Aktivkohle festgehalten. Die dazu erforderliche Apparatur, welche aus einem Gegenströmer, einem Stickstoffverdampfer und einem Adsorber besteht, wird von einer Gaskühlmaschine mit Kälte versorgt. Auch hierbei müssen zwei Adsorber zur Verfügung stehen. Der eine wird beladen, während im anderen die Radioaktivität abklingt. Der unschädliche Rest wird von Spülgas aufgenommen und an die

Umgebung abgegeben. Auf diese Weise gelingt es den Anforderungen der 1. Strahlenschutzverordnung der Bundesrepublik Deutschland zu entsprechen.

8.3 Behandlung von Abgasen, die bei der Wiederaufbereitung von Kernbrennstoffen entstehen

In Wiederaufbereitungsanlagen von Kernbrennstoffen werden die verbrauchten Brennelemente nach Zerkleinerung chargenweise mit Salpetersäure aufgelöst. Dabei entsteht ein Gas, welches neben Luft im Verlauf der Chargen wechselnde Gehalte an radioaktiven Bestandteilen, nämlich Aerosolen, Jod, Krypton und Xenon enthält. Sie müssen entsprechend der obengenannten Strahlenschutzverordnung unschädlich gemacht werden.

Die radioaktiven Aerosole und das radioaktive Jod werden in Filtern aufgefangen, die radioaktiven Edelgase Krypton und Xenon werden in einer Tieftemperaturanlage abgetrennt. Dabei wird ähnlich wie bei der Gewinnung von reinem Krypton und Xenon aus dem bereits mit diesen Edelgasen angereicherten Sauerstoff verfahren (s. Abschnitte 4.5.4.3). Das von Aerosolen und Jod befreite Gas wird auf ca. 8 bar verdichtet, in Molekularsieben bei Umgebungstemperatur von Wasserdampf und Kohlendioxid gereinigt, anschließend tiefgekühlt und nacheinander in zwei Rektifizierkolonnen aufgearbeitet. Während sich im Sumpf der ersten Kolonne Krypton und Xenon anreichern, geht das gereinigte Abgas über Kopf ab. Danach wird es im Gegenstrom zum verunreinigten Gas angewärmt und steht dann als Spül- und Regeneriergas zur Verfügung, bevor es durch den Kamin in die Umgebung gelangt. In der zweiten Kolonne werden Krypton und Xenon voneinander getrennt und im flüssigen Zustand Speicherbehältern zugeführt. Dort lagern sie jahrelang bis ihre Radioaktivität auf die geforderten Werte abgeklungen ist. Die Zerlegungsanlage und die Speicherbehälter werden durch flüssigen Stickstoff mit Kälte versorgt. Die Behälterwände und Rohrleitungen der Tieftemperaturanlage und der Speicher absorbieren die β-Strahlen aus dem radioaktiven Zerfall. Die γ-Strahlung wird durch ringsum aufgebaute Betonwände unschädlich gemacht. Dadurch wird das Bedienungspersonal vor unzulässiger Strahlenbelastung geschützt.

9 Ausführung und Betrieb der Anlagen zur Gasverflüssigung und Zerlegung von Gasgemischen

Von H. Linde

Einleitung

In den bisherigen Kapiteln wurden konstruktive Angaben nur gelegentlich eingestreut. Es geschah dies, wie etwa im Falle der Regeneratoren, um eine klare Vorstellung zu geben und dadurch die in den Apparaten sich abspielenden Vorgänge leichter verständlich zu machen. Das folgende Kapitel soll hingegen fast ausschließlich der Ausführung der Bauelemente von Anlagen zur Gasverflüssigung und Gaszerlegung gewidmet sein. Dabei sollen in erster Linie grundsätzliche Gesichtspunkte, die für die Tieftemperaturtechnik von besonderer Bedeutung sind, hervorgehoben werden. Denn Einzelheiten können von Fall zu Fall und auch je nach dem Werk, das die Apparate herstellt, verschieden sein. Überdies lassen sich die bekannten Erfahrungen des Maschinen- und Apparatebaues weitgehend heranziehen.

Zunächst sollen die für die Gasverflüssigung oder Zerlegung benötigten Maschinen, wie Kompressoren, Expansionsmaschinen und Pumpen, dann die Zerlegungsapparate, die im wesentlichen aus Gegenströmern und Rektifiziersäulen bestehen, besprochen werden. Danach folgten die Einrichtungen zur Lagerung und zum Transport verflüssigter Gase. Schließlich wird auf die Meß- und Regeleinrichtungen, die Betriebsmaßnahmen und die Sicherheitsfragen eingegangen.

9.1 Verdichter

Für die Verdichtung von Luft und von anderen Gasgemischen, die bei tiefen Temperaturen zerlegt werden sollen, sowie von evtl. erforderlichen Kreislaufmedien werden im allgemeinen Kompressoren verwendet, wie sie auch für andere Zwecke entwickelt worden sind. Auf eine eingehende Darstellung solcher Maschinen kann deshalb unter Hinweis auf die einschlägige Literatur verzichtet werden. Es finden sowohl Kolbenverdichter als auch Turboverdichter Anwendung. Unter den Kolbenkompressoren sind die Hubkolbenverdichter am stärksten vertreten. Seltener werden Schraubenverdichter eingesetzt, kaum Vielzellen- und Rootsverdichter.

9.1.1 Anwendungsbereiche der verschiedenen Verdichterarten

Die genannten Verdichterbauarten eignen sich nicht in gleicher Weise für sämtliche Anwendungsbereiche. Von Sauerstoff abgesehen, ist die Art des Gases für die Wahl der Bauart der Maschine weniger ausschlaggebend als die zu verdichtende Menge sowie Anfangs- und Enddruck. Bild 9.1 läßt erkennen, in welchen Mengen- und Druckbereichen aus konstruktiven und wirtschaftlichen Gründen die verschiedenen Bauarten sinnvoll eingesetzt werden. Eine Luftzerlegungsanlage für die Erzeugung von

1000 m_n^3/h = 44,6 kmol/h flüssigem Sauerstoff nach Verfahren 4.5.2.1 benötigt etwa 5000 m_n^3/h = 233 kmol/h Luft von ca. 200 bar. Für diesen Zweck eignet sich am besten ein Kolbenverdichter. Eine Anlage für die Gewinnung von 2400 m_n^3/h gasförmigen Sauerstoff mit einem Luftbedarf von ca. 12000 m_n^3/h unter 6 bar könnte nach Bild 9.1 entweder mit einem Hubkolben-, einem Schrauben- oder einem Radialturboverdichter ausgerüstet werden. Der Hubkolbenverdichter scheidet aber in diesem Fall wegen zu hoher Investitionskosten und zu großem Platzbedarf aus. Schrauben- oder Radialturboverdichter dürften sich in diesem Fall eignen. Für eine dreimal so große Anlage ist ein Radialluftturbokompressor richtig, während bei einer weiteren Vergrößerung um den Faktor 10, h. h. 360000 m_n^3/h Luft von 6 bar ein Axialradialturbokompressor am besten sein dürfte. Für eine Ethylengewinnungsanlage, in der jährlich 300000 t

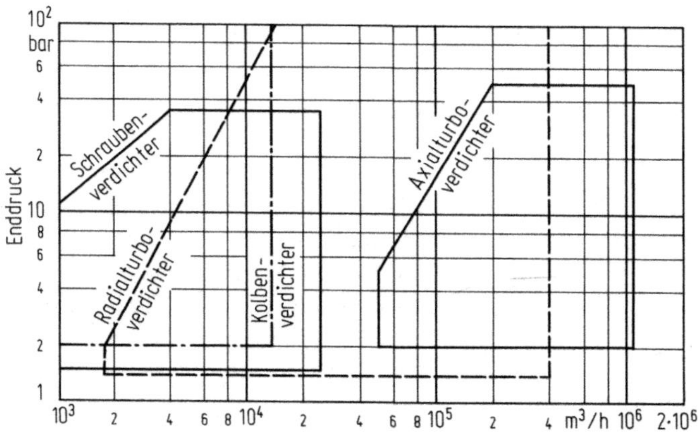

Bild 9.1. Arbeitsbereiche verschiedener Verdichterbauarten (nach GHH, Sterkrade)

Ethylen aus Hochtemperaturpyrolysegas gewonnen werden sollen, müssen ca. 120000 m_n^3/h = 5357 kmol/h Rohgas auf ca. 35 bar verdichtet werden. Dies fällt nach Bild 9.1 eindeutig in den Bereich eines Radialturbokompressors. Auch die Ethylen- und Propylenkreislaufverdichter für eine derartige Anlage liegen in demselben Bereich. In Sonderfällen kombiniert man Radialturbokompressoren für den Niederdruckbereich mit Hubkolbenverdichtern im Hochdruckbereich. Dies gilt beispielsweise häufig bei der Verdichtung von Sauerstoff in Blasstrahlwerken, wenn die zu verdichtende Menge größer ist als üblicherweise im Hubkolbenkompressorbereich, aber kleiner als im Radialturbokompressorbereich.

9.1.2 Effektive Verdichterarbeit

In Abschnitt 1.2.1.1.4 ist erläutert worden, wie die verlustlose isotherme Verdichterarbeit für ein ideales Gas errechnet werden kann. Auf 1 kmol eines Gases mit einer Eintrittstemperatur von 293 K = 20 °C lautet die Formel

$$W_{is} = 1{,}56 \log^{10} \frac{p_2}{p_1} = 0{,}677 \ln \frac{p_2}{p_1}, \tag{9.1}$$

wobei p_1 der Anfangs- und p_2 der Enddruck ist. In einem Diagramm (Bild 9.2), in welchem das Druckverhältnis $p_2 : p_1$ in logarithmischem, der Arbeitsaufwand in linearem Maßstab aufgetragen ist, bilden die Werte für die isotherme Verdichterarbeit entsprechend Gl. (9.1) eine Gerade (gestrichelte Linie).

Bei isothermer Verdichtung müßte die während des Kompressionsvorganges entstehende Wärme bei konstanter Temperatur vollständig abgeführt werden. Dies ist aber technisch schwer durchführbar. In der Praxis arbeiten Verdichter – ein- oder mehrstufig – annähernd adiabat und die Kompressionswärme wird nach der Verdichtung oder nach den einzelnen Verdichtungsstufen abgeführt. Die adiabate Verdichtungsarbeit für eine ideales Gas ist größer als die isotherme und von der Zahl der Atome in den Molekülen des zu verdichtenden Gases abhängig, was bei der Berechnung durch die Verwendung der Größe $\varkappa = c_p/c_v$ (c_p = spez. Wärme bei konstantem

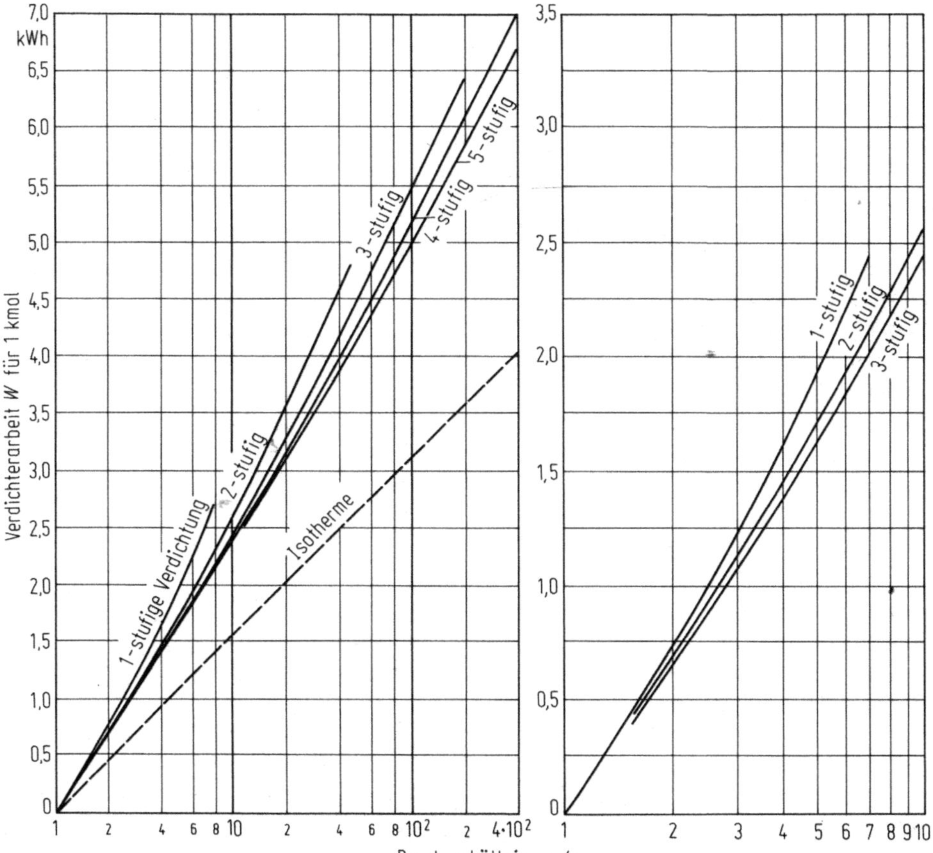

Bild 9.2. Effektive Verdichterarbeit für ein ideales 2-atomiges Gas. Ansaugtemperatur 20 °C; Wirkungsgrad im Vergleich zur adiabaten Verdichtung = 0,72. Für die isotherme Verdichtung gilt: $W_{is} = 1{,}56 \log^{10} p_2/p_1$. Für die wirkliche Verdichtungsarbeit kann man im Mittel rechnen: $W_{eff} = 2{,}51 \log^{10} p_2/p_1$. Nach [L 1]

Druck, c_v = spez. Wärme bei konstantem Volumen) berücksichtigt wird. Die verlustlose adiabate Verdichterarbeit verhält sich zur verlustlosen isothermen wie

$$\frac{W_{ad}}{W_{is}} = \frac{\frac{\varkappa}{\varkappa - 1}\left[(p_2/p_1)^{\frac{\varkappa - 1}{\varkappa}} - 1\right]}{\ln p_2/p_1}. \tag{9.2}$$

Mit steigendem Druckverhältnis p_2/p_1 wächst der Zähler dieses Quotienten stärker als der Nenner. Man unterbricht daher z. B. beim Druckverhältnis $p_2/p_1 \approx 3$ die Kompression, führt in einem Zwischenkühler soviel Wärme ab, daß das Gas angenähert wieder die Temperatur vor der ersten Verdichtungsstufe annimmt, und verdichtet in der zweiten Stufe mit demselben Druckverhältnis weiter. Dies wird so lange fortgesetzt, bis der gewünschte Enddruck erreicht ist. Auf diese Weise erreicht man, daß die effektive Verdichterarbeit mit steigendem Verhältnis von Enddruck zu Ansaugdruck langsamer wächst als die einstufige adiabate.

Wegen unvermeidlicher Verluste, die während der Kompression, ferner durch Reibung im Triebwerk sowie bei der Strömung durch Zwischenkühler, Rohrleitungen und Ventile auftreten, ist die effektive Verdichterarbeit deutlich größer als die adiabate. Im allgemeinen gilt sowohl für Kolben- als auch für Turbokompressoren ein Wirkungsgrad von 0.72 gegenüber der adiabaten Verdichtung. Dieser ist in Bild 9.2, welches Kurven für die effektive Verdichterarbeit für 1- bis 5-stufige Verdichtung zeigt, berücksichtigt. Die Kurven gelten für 1 kmol eines idealen 2-atomigen Gases. Da sich die 2-atomigen Gase Wasserstoff, Stickstoff, Kohlenmonoxid und Sauerstoff in dem Temperatur- und Druckbereich, in welchem Kompressoren für Gasverflüssigungs- und Gaszerlegungsanlagen arbeiten, nahezu ideal verhalten, können die Kurven in Bild 9.2 mit guter Näherung für diese Gase und für Luft verwendet werden. Für 1-atomige Gase ist die Verdichterarbeit größer, für mehratomige dagegen kleiner. Bei letzteren sind insbesondere bei höheren Drücken die Abweichungen vom idealen Verhalten beträchtlich, so daß bei der Ermittlung der effektiven Verdichterarbeit diese Abweichungen neben den unterschiedlichen $\varkappa$-Werten berücksichtigt werden müssen (siehe Abschnitt 1.2.1.1.5).

9.1.3 Hubkolbenverdichter

Soweit ölgeschmierte Maschinen für Luft- und Gaszerlegungsanlagen eingesetzt werden können, unterscheiden sich diese nicht von solchen, wie sie üblicherweise auch für andere Zwecke verwendet werden. Die verschiedenen Bauarten solcher Maschinen sind in Bild 9.3 skizziert.

Wegen Brand- oder Explosionsgefahr dürfen Sauerstoffverdichter nicht mit Öl geschmiert werden. Früher hat man deshalb wassergeschmierte Kolbenverdichter gebaut, bevorzugt aber seit den 50er Jahren Trockenläufer, welche ohne Schmiermittel arbeiten. Dies tut man auch deshalb, weil der aus dem Zerlegungsapparat strömende Sauerstoff vor seiner Weiterverwendung nicht angefeuchtet werden soll. Auch bei Kreislaufgasen für Luft- und Gaszerlegungsanlagen setzt man Trockenläufer ein, weil in diesen während der Verdichtung keine Verunreinigungen in das zu verdichtende Gas gelangen, die bei der nachfolgenden Abkühlung auf tiefe Temperaturen zu Verlegungen der Apparate führen könnten.

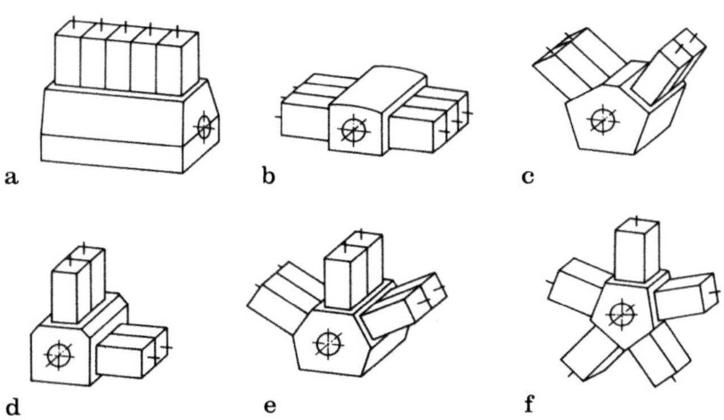

Bild 9.3. Bauarten der Kolbenmaschinen. **a)** Reihe-, **b)** Boxer-, **c)** V-, **d)** L-, **e)** Fächer-, **f)** Sternmaschine. Nach [D 1]

9.1.4 Trockenlaufkompressoren

Bild 9.4 zeigt den Längsschnitt durch einen dreistufigen, vierkurbeligen Kolbenkompressor stehender Bauart der Firma Sulzer, Winterthur. Das besondere Merkmal solcher Maschinen besteht darin, daß im gasführenden Teil praktisch keine Reibung stattfindet. Die Abdichtung zwischen Kolben und Zylinderwand und Kolbenstange

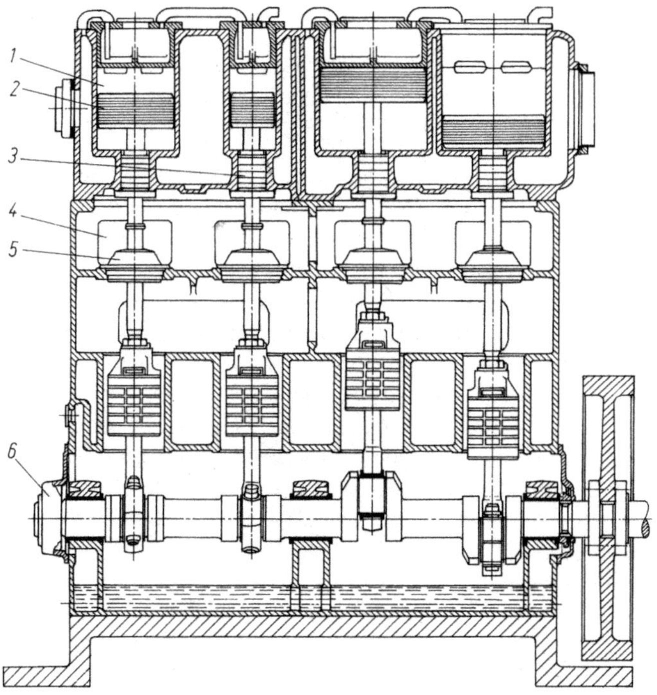

Bild 9.4. Längsschnitt durch einen dreistufigen Labyrinthkolbenkompressor

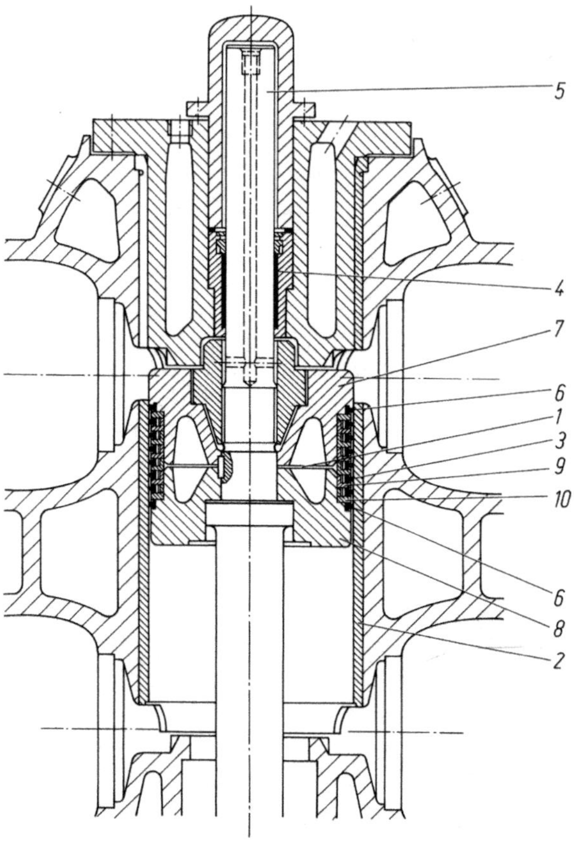

Bild 9.5. Trockenlaufzylinder. Kolben mit gefangenen Ringen und oberem Kolbenstangenlager. Nach [M 1]

und Stopfbüchse beruht auf dem Labyrinthprinzip. Kolben und Zylinder berühren sich nicht, wodurch auf beiden Seiten nahezu kein Verschleiß eintreten kann. Die Zylinder (*1*) sind wassergekühlt und an der Innenseite ebenfalls mit Labyrinthrillen versehen. Die Labyrinthkolben (*2*) bewegen sich schwingungsfrei genau zentrisch mit sehr kleinem Spiel im Zylinder. Die Stopfbüchse (*3*) besteht aus Graphitringen, ebenfalls mit Labyrinthrillen auf der Innenseite. Ein Distanzraum (*4*) dient der klaren Trennung zwischen dem ölfreien Kompressionsraum und dem geschmierten Triebwerk. Der Ölabstreifer (*5*) verhindert, daß Öl entlang der Kolbenstange in den Distanzraum und in die Stopfbüchse gelangt. Die Schmierölpumpe (*6*) versorgt das Hauptlager, die Schubstangenlager und die Kreuzkopfführung mit Öl. Die Kurbelwellenabdichtung verhindert das Eindringen von Staub in das Kurbelgehäuse. Derartige Maschinen können für Ansaugmengen von 20 bis über 10000 m^3/h und Drücke bis 250 bar gebaut werden. Bei Verdichtern für Luft, Sauerstoff und Stickstoff ist es tragbar, wenn die geringen Leckverluste der Stopfbüchse durch den offenen Distanzraum ins Freie treten. Für die Verdichtung von Wasserstoff, Helium, Kohlenwasserstoffen usw. wird der Distanzraum nach außen abgeschlossen. Er kommuniziert mit dem Kurbelgehäuse, welches gleichfalls gasdicht und druckfest bis 15 bar gebaut ist. Die Kurbelwellenabdichtung verhindert dann den Austritt des Gases ins Freie.

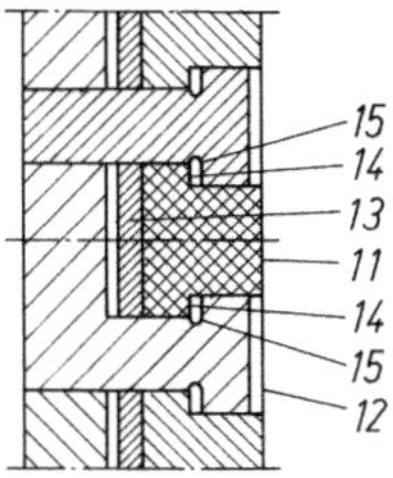

Bild 9.6. Querschnitt eines gefangenen Kolbenringes im Einbauzustand. Nach [M 1]

Auf andere Weise, nämlich mit sogenannten gefangenen Kolbenringen, wie noch erläutert wird, aus Polytetrafluorethylen (PTFE) in Kombination mit einer Trockenlaufführung der Kolbenstange im Zylinder, wird bei den Kompressoren der Linde AG, Sürth bei Köln, ein schmiermittelfreier Betrieb ermöglicht (Bild 9.5). Polytetrafluorethylen ist ein auf Grund seiner Härte und Oberflächenbeschaffenheit besonders verschleißfester Kunststoff mit guten Laufeigenschaften.

Der Kolben *1* dichtet die beiden Teile des doppelt wirkenden Zylinders *2* mittels PTFE-Kolbenringen *3* ab. Die über den Kolben hinaus verlängerte Kolbenstange *5* wird durch die PTFE Buchse *4*, der Kolben zusätzlich noch mit den Ringen *6* geführt. Die Ringe *3* und *6* haben einen T-förmigen Querschnitt und sind einteilig, geschlitzt, mit überlapptem Stoß. Dementsprechend ist der Kolben axial geteilt, bestehend aus Oberteil *7*, Unterteil *8* und den Kammerringen *9* und *10*. Die Kolbenringe *3* sind so dimensioniert, daß sie (s. Bild 9.6) im Neuzustand mit ihrem äußeren Umfang *11* an der Zylinderwand *12* anliegen, angepreßt durch eine Bandfeder *13*, während zwischen den Ringschultern *14* des Kolbenringes und den Ringbunden *15* der Kammer ein Abstand besteht (Einlaufspiel) (Bild 9.6).

Während des relativ kurzen Einlaufvorganges verschleißt der Kolbenring so lange im äußeren Umfang *11*, bis die Ringschultern *14* an den Kolbenbunden *15* zur Anlage kommen. Sobald dieser Zustand erreicht ist, ist der Ring „gefangen", er kann radial nicht mehr weiter aus der Kolbennut heraustreten.

Das Wesentliche dabei ist: Die aus der Druckdifferenz über und unter dem Kolbenring folgende Radialkraftkomponente, verstärkt durch die Federkraft, kann den Kolbenring nicht mehr gegen die Zylinderwand pressen, da sie von den Ringbunden der Kolbenkammern aufgenommen wird. Damit entfällt die Hauptursache für den Kolbenringverschleiß.

Derartige Maschinen arbeiten mit Sauerstoff, Stickstoff, Wasserstoff, Methan und Helium bei Enddrucken zwischen 30 und 180 bar und Mengen bis zu 10000 m_n^3/h = 450 kmol/h bis zum Auswechseln der Kolbenringe über 10000 Stunden.

Die gebräuchlichsten Verfahren zur Regelung der Liefermenge der Hubkolbenverdichter sind:

1. Die Bypassregelung, bei welcher eine Teilmenge des verdichteten Gases über ein automatisches Regelventil auf die Saugseite zurückgeführt wird. Bei mehrstufigen Verdichtern wird diese Regelung nur bei der ersten Stufe angeordnet, so daß die folgenden Stufen lediglich die tatsächlich benötigte Gasmenge zu verdichten haben. Hierbei ist allerdings der Regelbereich begrenzt, da sich die Stufen-Druckverhältnisse verschieben.

2. Die Zuschaltraumregelung, die eine Änderung der Fördermenge in mehreren Stufen dadurch bewirkt, daß im Zylinder angeordnete Zuschalträume über meist pneumatisch betätigte Ventile mit dem Verdichtungsraum verbunden werden, wodurch der schädliche Raum und die Rückexpansion verändert werden.

3. Die Saugventilabhebung, bei der die Saugventile einer Zylinderseite oft durch pneumatische Membranzylinder oder Fixierspindeln abgehoben werden und somit eine Zylinderseite die angesaugte Gasmenge durch das Saugventil wieder ausstößt.

4. Die Rückströmregelung (Staudruckregelung), bei der die Saugventile des Verdichters während eines Teils des Kolbenhubes mittels eines ölfrei geführten und pneumatisch geregelten Greifers offen gehalten werden.

5. Die Saugdruckregelung: Bei Änderung des Saugdruckes ändert sich die Fördermenge eines mehrstufigen Kolbenverdichters ungefähr im Verhältnis der Dichte des angesaugten Gases, da das Ansaugvolumen nahezu konstant bleibt. Dieses Verfahren wird vor allem bei Vorverdichtung mit Turboverdichter oder Gebläse angewendet. Es braucht dann nur der Vorverdichter geregelt zu werden, der Kolbenverdichter paßt sich durch Absinken seines Saugdrucks selbsttätig an. Wie bei der Bypassregelung ist der Regelbereich begrenzt, da sich die Stufen-Druckverhältnisse verschieben. Der Leistungsbedarf ist bei Zuschaltregelung und Rückströmregelung geringer als bei Bypassregelung und Saugdruckregelung.

9.1.5 Schraubenverdichter

Sie gehören zur Gruppe der Verdrängermaschinen. Das Gas wird dem Raum zwischen zwei schraubenförmigen Rotoren (Bild 9.7), die sich gegenläufig drehen, verdichtet. Der Hauptläufer hat konvex, der Nebenläufer konkav geformte Wulste. In axialer Richtung verringern sich von links nach rechts die freien Räume, wodurch bei der Rotation der Läufer das durchtretende Gas verdichtet wird. Solche Maschinen werden entweder mit Öleinspritzung oder als Trockenläufer gebaut. Für Luft- und Gaszerlegungsanlagen kommen nur die letzteren in Frage. Ein außerhalb des Verdichtungsraumes liegendes Gleichlaufgetriebe sorgt dafür, daß zwischen den beiden Läufern immer ein kleiner Spalt bleibt und sich die Läufer untereinander nicht berühren können. Dadurch treten Gasleckverluste auf, die um so weniger ins Gewicht fallen, je größer die Durchsatzmenge und Dichte des Gases ist. Der Wirkungsgrad kleinerer Maschinen

Bild 9.7. Schraubenverdichter, Typ Sküs (GHH Sterkrade)

bleibt hinter dem von Hubkolbenverdichtern zurück, kommt aber bei größeren Maschinen dem von Turbokompressoren nahe. Das Vorbeilaufen der Rotorprofilwulste an den Einlaß- und Auslaßsteuerkanten verursacht ein starkes Geräusch, so daß Schalldämpfer am Saug- und Druckstutzen angebracht oder Schallschutzhauben über die Maschinen gesetzt werden müssen.

Zur Regelung der Liefermenge kommen Bypass- und Saugdruckregelung oder Veränderung der Drehzahl in Frage.

9.1.6 Turboverdichter

9.1.6.1 Radialverdichter

Großen Luftzerlegern, Ethylengewinnungsanlagen und LNG-Baseload-Anlagen müssen Luft- bzw. Gasmengen unter Drücken zugeführt werden, die überwiegend im Anwendungsbereich für Radialturboverdichter liegen. Das Arbeitsprinzip solcher Maschinen beruht auf der Umwandlung von Strömungsenergie in Ruheenergie – von Geschwindigkeit in Druck. Die zur Drucksteigerung des Gases benötigte Energie wird von den umlaufenden Schaufeln der Laufräder auf das strömende Medium übertragen. Im folgenden seien einige für die obengenannten Anlagenarten typische Anwendungsfälle behandelt, die sich wegen der besonderen Aufgabenstellung deutlich von einander unterscheiden.

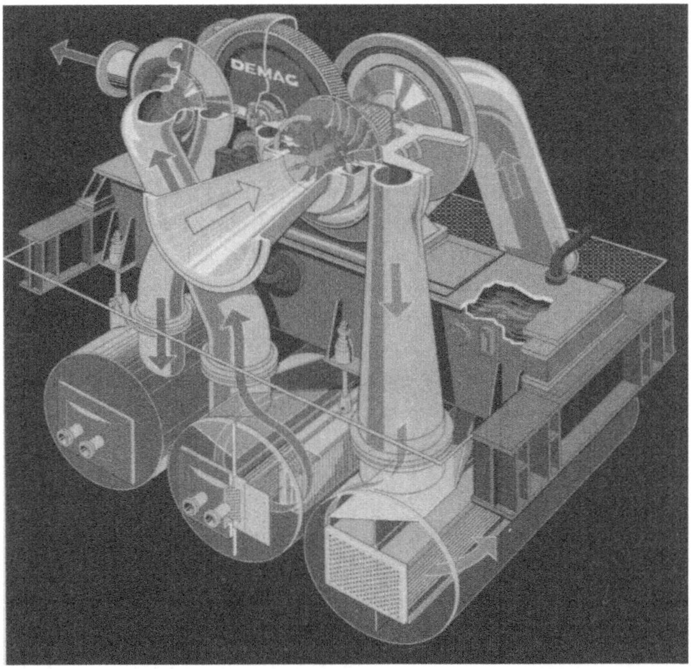

Bild 9.8. Schnittbild eines vierstufigen Getriebeturboverdichters, VK 50 (Mannesmann-Demag)

Bild 9.9. Blick auf die Teilfuge des Verdichtergehäuses (VK 100) (Mannesmann-Demag)

Sehr häufig wird in solchen Radialverdichtern Luft von 1 auf 6 bar verdichtet. Während der Verdichtung in mehreren Druckstufen mit Zwischenkühlern bleibt – abgesehen von der in den Zwischenkühlern ausgeschiedenen Wassermenge – die Luftmenge konstant. Im Gegensatz hierzu werden später noch andere Fälle behandelt. Am gebräuchlichsten sind einwellige Maschinen aus standardisierten Bauteilen, die entweder über ein Getriebe durch einen Elektromotor oder durch eine Dampfturbine angetrieben werden.

Eine außergewöhnliche Bauart stellt der von der DEMAG entwickelte zweiwellige Verdichter radialer Bauart dar (Bilder 9.8 und 9.9). Verdichterstufen und Getriebe bilden eine Einheit. Die Verdichtungsräume sind durch berührungslose Dichtelemente vom Getriebe völlig getrennt; das verdichtete Medium bleibt dadurch ölfrei. Das Getriebe besteht aus einem treibenden Zentralrad und zwei Ritzelwellen, auf deren Enden vier Laufräder fliegend angeordnet sind. Dadurch wird die Drehzahl dem optimalen Arbeitsbereich der Laufräder angeglichen. Das axial angesaugte Gas strömt nach jeder der drei Stufen durch Zwischenkühler zur nächsten Stufe. Das integrierte Getriebe und die strömungstechnisch günstige Gesamtanordnung ergeben einen hohen Wirkungsgrad.

In Abschnitt 9.1.4 wurde erläutert, daß Labyrinthkolben- und Trockenlaufkolben-Verdichter für die Verdichtung von Sauerstoff geeignet sind. Bei sehr großen Luftzerlegungsanlagen sind auch für die Sauerstoffverdichtung einwellige Radialturbokompressoren wirtschaftlicher als Trockenlaufkolbenverdichter. Ihre Bauart ist der von Luftkompressoren ähnlich, man wählt aber an verschiedenen Stellen geeignete Materialpaarungen, um das Brandrisiko, welches bei Sauerstoff grundsätzlich höher als bei Luft ist, zu verringern. Zur zusätzlichen Sicherheit werden solche Maschinen meistens mit Brandmauern umgeben. Eine Kombination, bei der man Radialverdichter für die Niederdruckstufen und Hubkolbenverdichter für die Hochdruckstufen verwendet, kann in bestimmten Mengenbereichen günstiger sein als entweder nur die eine oder nur die andere Bauart allein.

In Kapitel 5 wurden die wichtigsten Verfahren zur Gewinnung von Ethylen behandelt. Im Verlauf der vergangenen 20 Jahre hat sich ergeben, daß derartige Anlagen hauptsächlich im Kapazitätsbereich zwischen 250000 und 500000 t Ethylen pro Jahr wirtschaftlich sind. Die dazugehörigen Mengen an Rohgas, an Ethylen und Propylen für die Kältekreisläufe sowie die erforderlichen Verfahrensdrücke liegen alle in dem Bereich, in dem Radialturbokompressoren am günstigsten sind. Sowohl der Rohgasverdichter als auch die Kältekreislaufverdichter müssen Bedingungen erfüllen, die bei Luft- und Sauerstoffverdichtern nicht zu beachten sind. Naphtaspaltgase zur Ethylengewinnung enthalten Bestandteile, die bei erhöhter Temperatur zur Polymerisation neigen. Man baut daher die Rohgas- (Spaltgas-) Kompressoren, deren Enddruck bei 35 bis 40 bar liegt, mit fünf Stufen. Da nach jeder Stufe die Kompressionswärme abgeführt wird, bleibt die Erwärmung in allen Stufen in zulässigen Grenzen.

Bild 9.10 zeigt einen solchen von der DEMAG gebauten Rohgaskompressor für eine Anlage zur Gewinnung von 400000 t Ethylen pro Jahr. Wegen des großen Druckverhältnisses sind eine Vielzahl von Laufrädern erforderlich, die nur in mehreren Gehäusen unterzubringen sind. Damit durch Getriebe keine Antriebsenergie verloren geht, sitzen alle Laufräder auf derselben Welle und laufen mit der gleichen Drehzahl wie die Antriebsmaschine. Um die Durchmesser der Niederdruck- und Hochdruckstufen möglichst gleich zu halten, wird dem großen Ansaugvolumen entsprechend der Niederdruckteil doppelflutig und mit Laufrädern besonders großer Schluckfähigkeit ausgeführt. Angetrieben wird die Maschine von einer zweigehäusigen Dampfturbine (im Bild nicht gezeigt). Der ganze Maschinensatz hat eine Länge von 22 m.

Im Kapitel über die Gewinnung von Ethylen werden in den Bildern 5.8 und 5.9 die Verfahrensschemata von Propylen- und Ethylenkreisläufen gezeigt. Daraus geht

Bild 9.10. Rohgaskompressor für eine 400000 jato Ethylenanlage (Mannesmann-Demag)

hervor, daß in beiden Fällen die Kreislaufkompressoren 3-stufig ausgeführt werden. Während sich der Enddruck des C_3-Verdichters nach der Kühlwassertemperatur richtet, die für die C_3-Kondensationsbedingungen maßgebend ist (11 bis 14 bar), stellt sich beim Ethylenverdichter ein Enddruck von etwa 18 bar ein, der aus der dazugehörigen Kondensationstemperatur des Ethylens von $\approx$ 240 K und der Verdampfungstemperatur der Kühlmittel folgt. Diese sind einerseits verdampfenden C_3 und andererseits verdampfende Sumpffraktionen der Methan- und Ethylensäule. Die Ansaugtemperatur der 1. Stufe des Propylenverdichters liegt bei 233 K. Die Temperaturerhöhungen in den ersten beiden Verdichterstufen sind nicht so groß, daß mit Kühlwasser zwischengekühlt werden könnte. Etwas anders liegen die Verhältnisse beim Ethylenkreislaufverdichter. Dessen 1. Stufe hat zwar eine sehr niedrige Ansaugtemperatur von 173 K = −100 °C, aber es werden vor der 2. und 3. Stufe auf etwa Raumtemperatur vorgewärmte Seitenströme eingespeist, so daß die Temperatur nach der 2. und 3. Stufe über die Kühlwassertemperatur ansteigt. Eine Zwischenkühlung vor der 3. Stufe ist daher sinnvoll. Solche Kreislaufkompressoren müssen aus tieftemperaturbeständigem Material und mit Einspeisevorrichtungen für Seitenströme vor den Zwischenstufen ausgeführt werden (Bild 9.11), ähnlich wie dies auch bei Kolbenkompressoren für Kälteanlagen der Fall ist, die gleichzeitig bei verschiedenen Temperaturen Kälte liefern sollen.

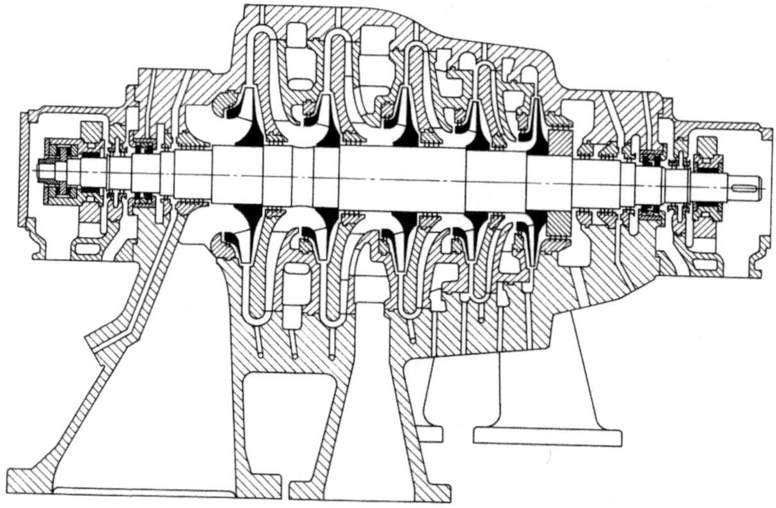

Bild 9.11. Radialverdichter mit Seitenströmen (Mannesmann-Demag)

Ähnliches gilt für die ebenfalls als Radialturboverdichter ausgeführten Kreislaufkompressoren von LNG-Baseload-Anlagen, die Propan oder ein Gemisch aus Stickstoff, Methan, Ethylen, Propan und C_4-Kohlenwasserstoffen zu verdichten haben (s. Bild.6.5). Diese Verdichter werden in der Hochdruckstufe als Radialturbokompressoren mit vertikaler Teilfuge (Topfbauart) ausgeführt. Derartige Maschinen sind für die in Abschnitt 6.2.3.4 beschriebene Anlage von der Firma Clark, Dresser Industries, Inc. gebaut worden. Sie werden von Dampfturbinen angetrieben.

9.1.6.2 Axial-Radial-Turboverdichter

Die größten Luftzerlegungsanlagen, wie sie z. B. von L'Air Liquide, Paris für die in Abschnitt 7.1 erwähnten Kohleveredlungsanlagen der Sasol in Südafrika gebaut worden sind, rüstet man am besten mit Kompressoren aus, die im Niederdruckteil axial und zum Enddruck hin radial verdichten. Bild 9.12 zeigt eine solche Maschine

Bild 9.12. Axial-Radial-Turbokompressor (GHH)

von MAN-GHH, Sterkrade, beim Zusammenbau. Man erkennt links außen ein kleines Gehäuse und in der Mitte ein großes Gehäuse. Im kleinen Gehäuse trägt der Rotor ein Laufrad und im großen Gehäuse von links nach rechts zunächst Schaufeln, dann zwei Laufräder und schließlich wieder Schaufeln. Die Luft tritt durch die großen freien Räume im linken Teil des großen Gehäuses ein, durchströmt die erste Axialstufe von links nach rechts bis zu dem größeren Laufrad, welches lediglich die Strömung umlenkt. Dann strömt sie durch die zweite Axialstufe im rechten Teil des großen Gehäuses von rechts nach links und das zweite Laufrad zur Strömungsumlenkung, um schließlich im Laufrad des kleinen Gehäuses (links außen) radial auf den Enddruck verdichtet zu werden. Etwa 540000 m_n^3/h werden bei 0,86 bar, dem dortigen Umgebungsdruck, angesaugt und auf 7,2 bar verdichtet. Angetrieben wird der Kompressor durch eine Dampfturbine, in der Dampf von 405 °C und 36 bar auf 0,1 bar entspannt wird. Die Antriebsleistung ist 37,5 MW, die Drehzahl 300 min^{-1}.

Wenn sich der Bedarf an Produkten einer Gasverflüssigungs- oder Gaszerlegungsanlage im Laufe der Zeit ändert, müssen die Liefermengen der Turbokompressoren dieser Änderung möglichst verlustlos angeglichen werden. Es hängt von der Charakteristik des Verfahrens ab, ob bei veränderter Menge der Druck konstant bleiben muß oder ob er sich mit der Durchsatzmenge nach oben oder unten verändern soll. Ersteres gilt beispielsweise für das Rohgas einer Ethylenanlage, der zweite Fall ist bei Luftzerlegern oder auch bei Kältekreisläufen gegeben, bei denen das vom Kompressor verdichtete Gas an der Heizfläche eines oder mehrerer Kondensatoren verflüssigt werden muß. Da in den meisten Fällen die Heizfläche von Kondensatoren nicht verändert werden kann, muß sich bei Erhöhung der zu kondensierenden Menge die Temperaturdifferenz und damit die Temperatur und der Druck des zu kondensierenden Mediums ändern. Dieses Verhalten widerspricht den Kennlinien von Radialturbokompressoren. Man muß sie daher durch Regeleinrichtungen beeinflussen können. Dies ist entweder durch Drehzahlvariation oder zusätzlichen Drall oder Drosselung auf der Saugseite möglich. Voraussetzung zur Drehzahlvariation ist ein drehzahlregelbarer Antrieb, z. B. durch eine Dampfturbine, was zudem energetisch sehr günstig ist. Bei der Dralländerung wird durch einen verstellbaren Eintrittsleitapparat der Anströmwinkel geändert. Durch Drosselung auf der Saugseite kann die Menge zwar verringert werden, aber es wird hierbei die Energieaufnahme der Maschine nicht vermindert, was nachteilig ist.

9.2 Expansionsmaschinen

Einleitung

Wie in den theoretischen Abschnitten des Buches näher auseinandergesetzt ist, wird die für die Verflüssigungs- und Zerlegungsanlagen benötigte Kälte vielfach durch Expansionsmaschinen erzeugt. Die Kälteerzeugung ist dabei der Hauptzweck, und nicht -- wie bei der Expansion von Wasserdampf -- die Erzeugung mechanischer oder elektrischer Energie. Zwar liefern auch Kälteexpansionsmaschinen Energie, die entweder über Getriebe an elektrische Generatoren oder auch ohne Getriebe an Kompressoren oder Gebläse übertragen werden, wodurch der Gesamtenergiebedarf der Gesamtanlage verringert wird, aber es handelt sich dabei nur um relativ kleine Prozentsätze desselben. Vor der Entspannung müssen die Gase sorgfältig von solchen Beimengungen befreit werden, die bei der Entspannung in der Maschine entweder in flüssiger oder fester Form ausfallen könnten. Denn sonst könnte der Betrieb gestört und die Maschinen beschädigt oder sogar zerstört werden. Im Temperaturbereich bis zur Temperatur des flüssigen Stickstoffs sind es hauptsächlich Reste von Wasserdampf und Kohlendioxid, die Störungen hervorrufen können, bei Helium-Expansionsmaschinen, die bei noch tieferen Temperaturen arbeiten, stören auch Luftreste im Helium.

Ähnlich wie bei den Verdichtern ging die Entwicklung der Expansionsmaschinen in den letzten Jahrzehnten weg von den Kolbenmaschinen hin zu Turbinen als Folge der Vergrößerung der Anlageneinheiten und der Erniedrigung der Verfahrensdrücke.

9.2.1 Kolbenexpansionsmaschinen

Der erste, der mit Erfolg Expansionsmaschinen für die Luftverflüssigung baute, war Claude (Abschnitt 1.2.2). Wenn auch heute Expansionsmaschinen nach seinem Prinzip nicht mehr gebaut werden, so soll doch dieses Ereignis wegen seiner Bedeutung für die Entwicklung der Tieftemperaturtechnik kurz geschildert werden.

In den Expansionsmaschinen nach Claude wurde die Luft von einem Anfangsdruck von etwa 20 bis 40 bar und mit einer Eintrittstemperatur von etwa −100 °C auf 5 oder 1 bar entspannt. Sie wurden stehend angeordnet und sahen äußerlich ähnlich wie ein einstufiger Kolbenkompressor aus. Es bestand aber der wesentliche Unterschied, daß zur Verringerung der Kälteverluste die Stopfbüchse für die Kolbenstange viel länger ausgeführt wurde als bei einem Kompressor. Sie wurde durch zwei Chromledermanschetten, die noch durch Schlauchfedern an die Kolbenstange angepreßt wurden, abgedichtet. Der Kolbenkörper selbst bestand aus Duraluminium und wurde ebenfalls mit Chromledermanschetten gedichtet. Damit wurde eine Schmierung des Kolbens vermieden, nachdem Claude hierfür ursprünglich Petroläther verwendet hatte. Die Einlaß- und Aulaßventile wurden beide von der Welle aus durch Exzenter gesteuert. Auch die Ventilspindeln wurden teilweise durch Chromledermanschetten gedichtet. Der Zylinder war einschließlich der Ventile von einem Blechkasten umgeben, dessen Hohlraum zur Kälteisolierung mit Schlacken- oder Seidenwolle ausgefüllt war.

9.2.1.1 Expansionsmaschine nach Heylandt

Während Kolbenexpansionsmaschinen mit Eintrittsdrücken von 20 bis 40 bar nicht mehr gebräuchlich sind, weil sie durch Expansionsturbinen (s. Abschnitt 9.2.2) ersetzt werden, sind Hochdruck-Expansionsmaschinen nach Heylandt nach wie vor im Einsatz. Der Eintrittsdruck beträgt etwa 150 bis 200 bar. Die Eintrittstemperatur war früher meist gleich der Umgebungstemperatur; man ist aber dazu übergegangen, die Temperatur der verdichteten, getrockneten und kohlendioxidfreien Luft vor Eintritt in die Expansionsmaschine auf etwa 230 bis 240 K zu erniedrigen. Falls die Luft in einem Zweisäulenapparat zerlegt werden soll, wird sie in der Expansionsmaschine von Heylandt ebenso wie in der von Claude auf einen Enddruck von etwa 5 bis 6 bar entspannt, wobei eine Endtemperatur von 115 bis 125 K erreicht wird. Danach wird sie in die Drucksäule eingeführt.

Die Expansionsmaschine nach Heylandt wird in der Regel liegend angeordnet (Bild 9.13). Die Drehzahl beträgt maximal 140 bis 150 min^{-1}. Infolge des hohen Anfangsdrucks der Luft ist der Zylinder besonders starkwandig ausgeführt. Er wird ge-

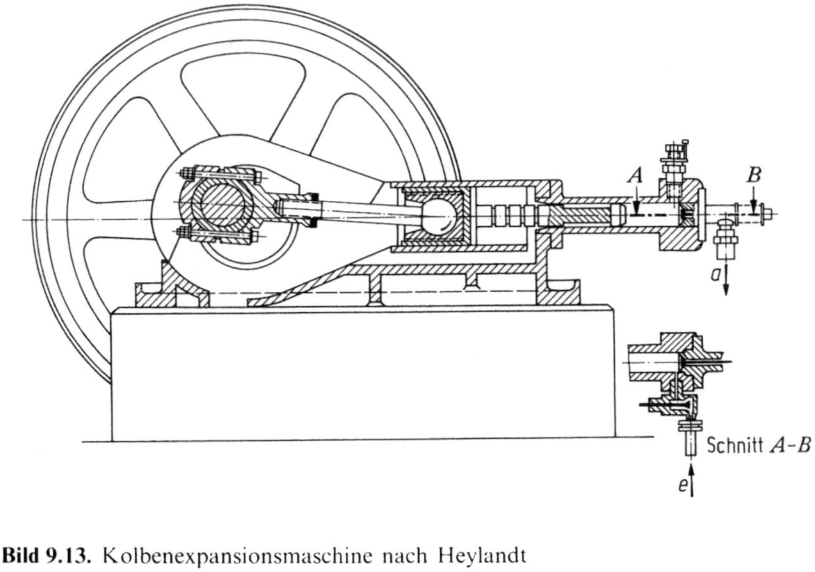

Bild 9.13. Kolbenexpansionsmaschine nach Heylandt

meinsam mit dem Zylinderkopf aus hochwertigem Siemens-Martin-Stahl gedreht. Der Kolben ist ungewöhnlich lang und trägt, um gegen den hohen Druck abdichten zu können, 18 bis 30 gußeiserne Kolbenringe. Um die Luft sehr weit entspannen zu können, muß der schädliche Raum besonders klein sein. Der kleinste Abstand zwischen Kolben und Zylinderkopf darf keinesfalls mehr als etwa 1 mm betragen. Die Maschine hat gesteuerte Ventile, wobei das Einlaßventil auf einen geringen Voreinlaß eingestellt ist und die Menge durch Regelung der Füllung verändert werden kann.

Das Problem der Schmierung der Kolben und Zylinder hat Heylandt durch die ungewöhnlich lange Bauart des Kolbens in eigenartiger Weise gelöst. Dank dieser Bauart sind der Expansionsraum und die Stellen der Schmierung so weit voneinander entfernt, daß an diesen Stellen keine allzu tiefen Temperaturen auftreten. Zur Schmierung genügt daher ein dünnflüssiges Eismaschinenöl, das eine Viskosität von etwa 2,5° Engler und einen Stockpunkt von etwa 220 K aufweist. Besonders wichtig ist, daß nicht zu viel geschmiert wird, weil überflüssiges Öl, das in den Bereich tieferer Temperaturen gelangt, dort gefriert und sich sowohl an den Zylinderwandungen wie auch im Auslaßventil anlagern und dadurch Störungen verursachen kann. Die richtige Ölmenge kann an einem Glasgefäß beobachtet werden, das eine Kochsalzlösung enthält, durch die das Öl langsam in Tropfenform aufsteigt. Auch bei der besten Einregelung der Ölmenge läßt sich aber nicht vermeiden, daß etwas Öl mit der entspannten kalten Luft die Expansionsmaschine verläßt. Aus diesem Grunde ist der Expansionsmaschine ein Ölabscheider mit Filtertüchern nachgeschaltet, in denen das Öl, das zu festen Tröpfchen gefroren ist, zurückgehalten wird. Die Filtertücher müssen jeweils nach einigen Tagen ausgewechselt werden. Infolge der tiefen Austrittstemperatur kann auch die Ventilspindel des Auslaßventils nicht geschmiert werden, sie muß vielmehr durch eine besondere Weichfaserpackung abgedichtet werden.

Um das Mitreißen von Öl aus der Expansionsmaschine in den Rektifikator auszuschließen, hat man neuerdings die Kolbenringe von Hochdruck-Expansionsmaschinen ähnlich wie die der Trockenlauf-Kolbenverdichter aus Polytetrafluorethylen (PTFE) (s. Abschnitt 9.1.4) hergestellt [T 1]. Es werden damit Laufzeiten von bis zu 8000 Betriebsstunden erreicht.

Wegen des bereits erwähnten hohen Druck- und Enthalpiegefälles liefert die Expansionsmaschine nach Heylandt einen merklichen Beitrag an Arbeit, der in der Regel von einem Drehstromgenerator aufgenommen und in Form von elektrischer Energie an das Drehstromnetz abgegeben wird.

9.2.1.2 Helium-Expansionsmaschinen

Die erste bekanntgewordene Konstruktion einer solchen Maschine stammt von Kapitza [K 1]. Sie arbeitete zwischen 19 und 10 K und war mit Ventilen für den Gasein- und -austritt ausgerüstet, die von außen elektromagnetisch geöffnet und geschlossen wurden. Eine wesentliche Verbesserung dieser Konstruktion wurde von Meißner [M 2] durchgeführt, der die beiden Ventile über eine gemeinsame Steuerstange durch Nocken auf der Antriebswelle betätigte. Sie entspannte das Gas von etwa 30 auf 2 bar und arbeitete bei Temperaturen zwischen 26 und 14 K. Ein völlig anderer Weg wurde bei der von Collins [C 1] konstruierten Expansionsmaschine beschritten. Hier werden für die Übertragung der Expansionsarbeit auf das Kurbelgetriebe, sowie für die Betätigung der Einlaß- und Auslaßventile dünne Zugstangen verwendet. Diese Maschine arbeitet bei einem merklich geringeren Eintrittsdruck, nämlich von etwa 15 bar. Den bisher genannten Bauarten ist gemeinsam, daß Gasein- und -austritt durch gesonderte Ventile gesteuert werden, daß die Betriebsdrehzahl, von etwa 500 min^{-1} nicht überschritten werden kann und eine echte Gasschmierung des Kolbens im Arbeitszylinder nicht erreicht wird; (hierzu auch Abschnitt 1.2.3.2.2).

Die von Doll und Eder [D 2] entwickelte Maschine besitzt keine Steuerventile. Der Arbeitskolben steuert den Gaswechsel selbst, indem er Einlaß- und Auslaßschlitze des Arbeitszylinders jeweils zum richtigen Zeitpunkt freigibt. Der außerordentlich kleine Spalt zwischen Kolben und Zylinder, in der Regel etwa 0,002 mm, sorgt für geringe Leckströmung, welche den mit vielen Ringnuten und besonders ausgebildeten Profilen versehenen Kolben im Zylinder stabilisiert. Diese Maschine ist für hohe Betriebsdrehzahlen, bis zu etwa 1300 min^{-1}, geeignet, und der Wirkungsgrad ist gut.

9.2.2 Expansionsturbinen

9.2.2.1 Expansionsturbinen mit ölgeschmierten Lagern

Im Abschnitt 9.1 wurde gezeigt, daß mit der Entwicklung größerer Luft- und Gaszerlegungsanlagen die Kolbenverdichter mehr und mehr von den Turboverdichtern abgelöst wurden. Ähnliches spielte sich bei den Kolbenexpansionsmaschinen ab, die von den Entspannungsturbinen verdrängt wurden. Anfangs setzte man diese Turbinen nur in Luftzerlegungsanlagen für die Entspannung von Luft oder Stickstoff ein, wobei das Linde-Fränkl-System, bei dem der Hauptteil der Luft lediglich auf 6 bar verdichtet zu werden brauchte, wegen des relativ niedrigen Druckgefälles günstige Bedingungen bot. Im Laufe der Zeit setzte man sie aber auch für höhere Drücke und andere Gase ein, so daß sie z. Z., wenn man von Verfahren mit Kältekaskaden absieht, die wichtigsten Kältequellen für Luft- und Gaszerlegungsanlagen geworden sind.

Einstufige Turbinen radialer Bauart erwiesen sich als am günstigsten. Dabei wäre es naheliegend, das Gas mit höherem Druck und dem kleineren Volumen innen eintreten und durch den Laufschaufelkranz außen abströmen zu lassen (Zentrifugalturbine). Genauere Überlegungen zeigten aber, daß diese Bauart merklich schlechtere Wirkungsgrade ergibt als die mit umgekehrter Strömungsrichtung, d. h. von außen nach innen (Zentripetalturbine) [S 1] (Bild 9.14).

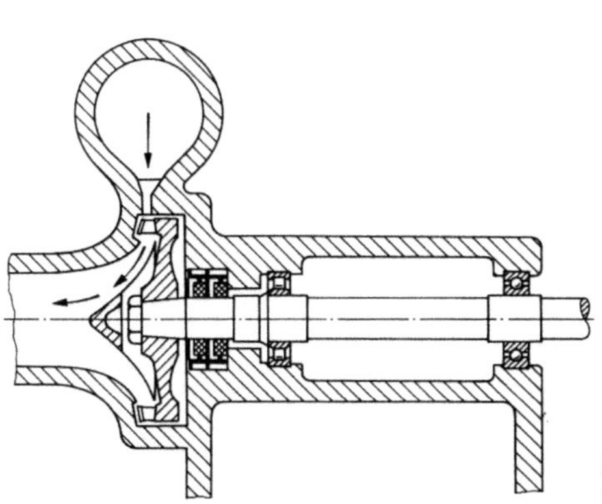

Bild 9.14. Expansionsturbine in vereinfachter Darstellung

Bild 9.15. Laufrad einer Expansionsturbine [R 1]

Die erste derartige Turbine wurde in den 30er Jahren von Zerkowitz entwickelt und von der Maschinenfabrik Sürth gebaut. Das fliegende angeordnete Laufrad hatte einen Raddruchmesser von 300 mm und einen Laufschaufelkranz mit geringem Durchmesserunterschied. Die Drehzahl betrug 7000 min^{-1} und wurde durch ein Getriebe auf 1500 min^{-1} herabgesetzt. Die Leistung war ca. 45 kW und wurde auf einen Generator übertragen. Der thermische Wirkungsgrad lag je nach Durchsatz, der durch Zu- und Abschalten von Düsengruppen geregelt werden konnte, zwischen 50 und 67 %. Über 100 derartige Maschinen waren jahrelang in Betrieb.

Der relativ niedrige Wirkungsgrad genügte bei der ersten Generation von Linde-Fränkl-Anlagen, weil damals noch ein großer Teil der benötigten Kälte durch den Thomson-Joule-Effekt von Hochdruckluft erzeugt wurde (Abschnitt 4.5.1). Um auf den Hochdruckteil verzichten zu können, bedurfte es aber höherer Wirkungsgrade der Expansionsturbinen und der Verringerung der spezifischen Kälteverluste durch Vergrößerung der Anlagen.

Der russische Physiker Kapitza berichtete 1939 [K 2] über eine Luftentspannungsturbine, in der wegen der längeren Schaufeln des Laufrades ein großer Teil des Druckgefälles im Laufrad abgebaut wurde (Reaktionsturbine), und daß damit ein thermischer Wirkungsgrad von über 80 % erreicht worden sei. In gewisser Anlehnung an Gedanken von Kapitza, vor allem aber durch eine Reihe neuer Konstruktionsmaßnahmen, gelang es Anfang der 50er Jahre, betriebssichere Reaktionsturbinen für Luft und Stickstoff zu bauen, die bei einem Reaktionsgrad, d. h. bei einem Verhältnis des Gefälles im Laufrad zu dem in der gesamten Turbine, von 0,3 bis 0,5 und bei voller Beaufschlagung einen Wirkungsgrad von über 85 % erreichen [W 1].

Bild 9.15 zeigt ein Laufrad, welches als Sternläufer bezeichnet wird. Durch die Form der Schaufeln wird das Gas von der radialen in die axiale Richtung umgelenkt. Diese Bauart hat eine besonders günstige Charakteristik des Wirkungsgrades bei verschiedener Beaufschlagung (Bild 9.16) [R 1]. Im allgemeinen werden die Laufräder mit einer Scheibe abgedeckt, weil dadurch der Wirkungsgrad erhöht wird und sich günstigere Axialschubverhältnisse ergeben. Als Material hat sich Aluminium-Knetlegierung bewährt, deren Festigkeit mit sinkender Temperatur zunimmt und Werte wie bei Stahl erreicht. Das kleine spezifische Gewicht hat den Vorteil, daß man die Rotoren unterkritisch laufen lassen kann. Beim Anfahren und Abstellen

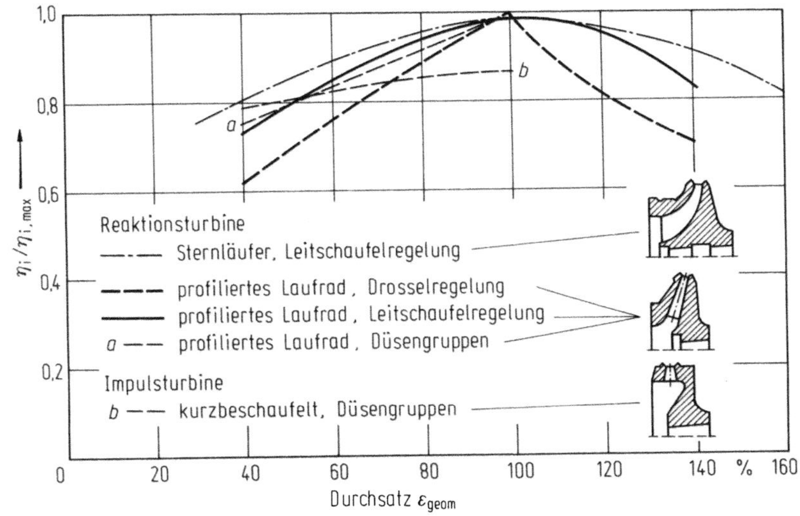

Bild 9.16. Wirkungsgradverlauf in Abhängigkeit von der Durchsatzmenge für verschiedene Laufradformen und Regelungsarten. Nach [R 1]

braucht man daher keine kritischen Drehzahlbereiche zu durchfahren. Je nach Gasart und Druckgefälle laufen solche Turbinen bei 3000 bis 150000 min^{-1}.

Auch der Düsenring ist von ausschlaggebender Bedeutung für den Wirkungsgrad der Turbine. Sein Einfluß ist um so größer, je kleiner die Reaktion im Laufrad ist. Im allgemeinen verwendet man bei unterkritischen Druckverhältnissen nicht erweiterte (Zoelly-) Düsen, bei überkritischen dagegen erweiterte (Laval-) Düsen. Als Materialien haben sich Chrom-Nickel-Stahl für die Düsenblätter und Chrom-Mangan-Stahl für die Deckblätter bewährt.

Die durch die Turbine strömende Gasmenge soll in möglichst weiten Grenzen geregelt werden können, einerseits weil beim Kaltfahren wesentlich mehr Kälte als im Beharrungszustand benötigt wird und deshalb in der Turbine möglichst viel Gas entspannt werden soll, andererseits weil es möglich sein muß, Luft- und Gaszerlegungsanlagen auch mit Teillast zu betreiben. Es werden hauptsächlich folgende Regelungsarten angewandt:

Die einfachste Art ist die Drosselung des Eintrittsdruckes durch ein Ventil. Sie führt aber zu einer deutlichen Wirkungsgradverschlechterung (s. Bild 9.16) [R 1]. Man kann auch, sofern das Gehäuse der Turbine unterteilt und mit entsprechenden Ventilen versehen ist, einzelne Düsengruppen abschalten, um die Menge zu reduzieren. Der Wirkungsgrad fällt dabei nicht so stark ab wie bei der Drosselung.

Bei der Regelung mit schwenkbaren Düsenblättern (Leitschaufelregelung) werden Eintrittswinkel und Düsenquerschnitt verändert. Hierdurch kann die Menge bei günstiger Charakteristik des Wirkungsgrades sowohl über als auch unter den Auslegungspunkt verändert werden. Bild 9.16 zeigt, daß Sternläufer hierbei besonders vorteilhaft sind. Dies hat dazu geführt, daß man die früher angewandte Methode, Luftzerleger mit zwei verschiedenen Turbinen auszurüsten, nämlich mit einer Aktionsturbine zum Kaltfahren und mit einer Reaktionsturbine für den Dauerbetrieb, verlassen konnte und nur noch Reaktionsturbinen mit schwenkbaren Düsenblättern einzusetzen braucht.

Die mechanische Leistung kleiner Turbinen wird auf Bremsgebläse oder Ölbremsen übertragen und als Wärme abgeführt, bei größeren Turbinen dagegen über ein Getriebe, das die Drehzahl reduziert, an einen Generator abgegeben. Asynchrongeneratoren, die übersynchron mit Netzfrequenz laufen, zwingen dabei der Turbine die Drehzahl auf.

Bei Verfahren, in denen Kreislaufgase verdichtet werden müssen (z. B. Verfahren 4.5.2.2), wird die Leistung der Expansionsturbinen direkt von einem mit gleicher Drehzahl laufenden Turbokompressor aufgenommen, was energetisch besonders vorteilhaft ist. In diesem Falle ändert sich mit dem Durchsatz die Drehzahl.

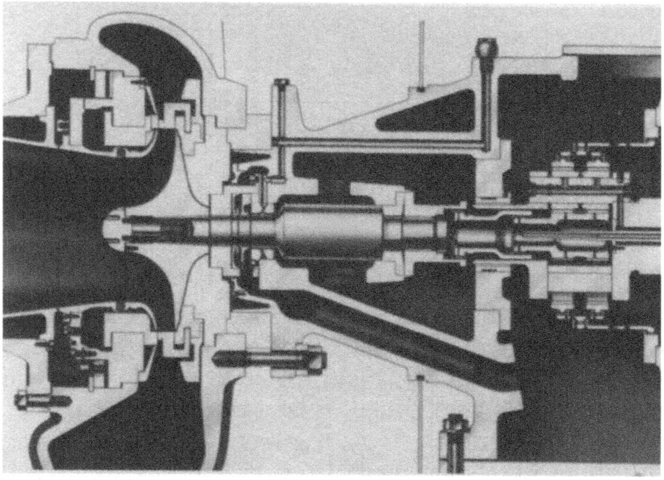

Bild 9.17. Schnittbild einer Getriebeturbine mit schwenkbaren Düsen [R 1]

Bild 9.17 zeigt den Schnitt durch eine Turbine mit Getriebe, wie sie meistens für Niederdruck-Luftzerlegungsanlagen (Verfahren 4.5.1.1 bis 4.5.1.7) verwendet werden. Man erkennt links unten und oben den Strömungskanal für den Lufteintritt und das fliegende Laufrad, durch welches die Luft nach links in den Abgasstutzen strömt, in der Mitte Lager und Lagerträger und rechts das Getriebe. Als Gehäusematerial wird meistens Gußaluminium, Bronze, oder bei hohen Drücken Chrom-Nickel-Stahl verwendet. Die Welle läuft in druckölgeschmierten Mehrflächengleitlagern bei Umgebungstemperatur. Zwischen dem kalten Turbinengehäuse und dem Lagerträger ist eine Isolierschicht angebracht.

Während man derartige Turbinen anfangs nur für Luft und Stickstoff bei relativ niedrigen Gefällen von ca. 40 kJ/kg baute, entwickelte man später Turbinen nach dem gleichen Prinzip auch für andere Gase und Gasgemische und auch für wesentlich größere Gefälle [S 2]. Tabelle 9.1 zeigt eine Zusammenstellung der charakteristischen Daten für das Expansionsturbinenprogramm der Maschinenfabrik Sürth bei Köln der Linde AG.

Im allgemeinen vermeidet man bei Festlegung der verfahrenstechnischen Prozesse, daß Kaltgasexpansionsturbinen in den Sättigungsbereich entspannen, weil die

Tabelle 9.1. Zusammenstellung der charakteristischen Daten für das Expansionsturbinenprogramm der Maschinenfabrik Sürth

Bereiche	Durchsatzmenge kmol/h	Max. Eintrittsdruck bar	Max. mechanische Leistung kW	Laufraddurchmesser mm
Niederdruck	4 ... 6000	16	2000	35 ... 710
Mitteldruck	20 ... 13000	80	5500	35 ... 450
Hochdruck	90 ... 10000	250	7500	35 ... 360

Turbinen dabei Schaden nehmen können. In manchen Fällen, wie z. B. bei Vefahren 6.6.1 zur Abtrennung von Kohlenwasserstoffen aus Erdgas, muß aber bei der Entspannung Flüssigkeit gebildet werden. Während der erste Teil des Gefälles im Düsenring im überhitzten Gebiet bleibt, reicht der Rest des Gefälles im Laufrad in die Sättigung. Durch entsprechende Gestaltung der Laufradschaufeln gelingt es, die Strömung so zu leiten, daß die entstehenden Flüssigkeitströpfchen nicht mit den Schaufeln in Berührung kommen [S 3].

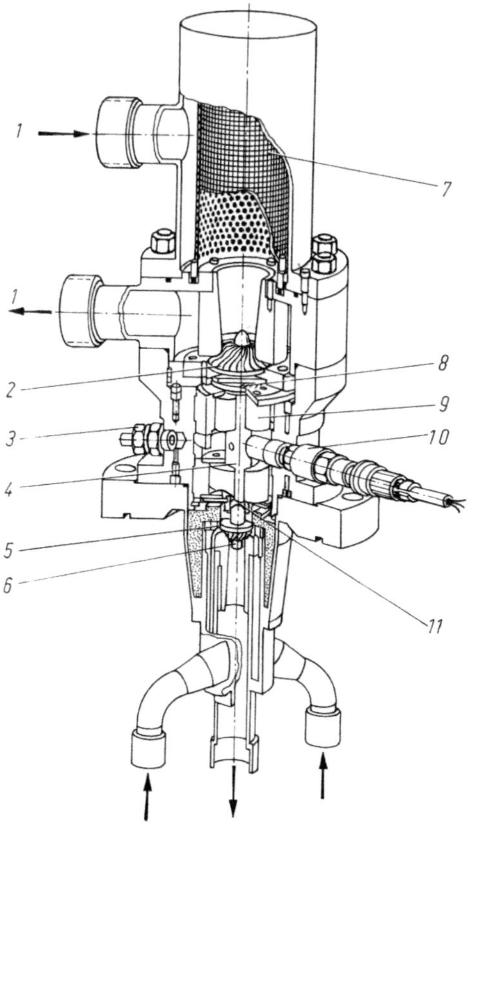

Bild 9.18. Tieftemperatur-Expansionsturbine mit selbsttätigen Gaslagern. Nach [E 1]. *1* Kühlerverbindung, *2* Bremskompressor, *3* Kühlwasserverbindung, *4* Welle, *5* Düsenring, *6* Turbinenrad, *7* Bremskreisfilter, *8* Axiallager, *9* Radiallager, *10* Geschwindigkeitssensor, *11* magnetisches Hilfslager

9.2.2.2 Expansionsturbinen mit Gaslagern

Die Nachfrage nach größeren Helium-Verflüssigern und Refrigeratoren, die nur Kälte abgeben, veranlaßte auch die Entwicklung von Helium-Entspannungsturbinen, die bei sehr tiefen Temperaturen laufen müssen. Auch für diesen Zweck eignen sich Zentripetalturbinen mit fliegendem Laufrad mit Drehzahlen von 100000 bis 300000 min^{-1}. Zunächst baute man solche Maschinen mit ölgeschmierten Gleitlagern, und mehrere große Heliumkälteanlagen sind mit solchen Turbinen seit Jahren in Betrieb. Weil aber ein völlig ölfreier Betrieb, durch den der Turbine weniger Wärme von außen zugeführt wird, Vorteile versprach, entwickelte man gasgelagerte Turbinen [S 4, E 1]. Bild 9.18 zeigt ein aus einer kleinen Turbine und einem auf der gleichen vertikalen Welle angebrachten Bremskompressor bestehendes Aggregat. Die Welle durchdringt einen Flansch, unter dem der nicht gezeigte Vakuummantel die Turbine und die Tieftemperaturapparate aufnimmt. Der Bremskompressor läuft oberhalb des Flansches. Die Bildunterschrift erübrigt eine nähere Beschreibung der Konstruktion des Aggregates.

Die Verdichtungswärme wird in einem Wärmeaustauscher, der zusammen mit einem Drosselventil und dem Kompressor einen geschlossenen Kreislauf bildet, an Kühlwasser abgegeben. Das Druckniveau im Bremskreislauf ist gleich dem Spaltdruck der Turbine. Im Normalbetrieb strömt kein Gas zwischen Bremskreislauf und Kältekreislauf. Eine Leckgasversorgung von außen ist nicht erforderlich. Das Lagersystem besteht aus zwei Axial- und zwei Radiallagern, die bei Umgebungstemperatur oder einer etwas darüber liegenden Temperatur arbeiten. Das Turbinenlaufrad nimmt Temperaturen bis hinab zu 5 K an. Die Drehzahl des Aggregates kann mit Hilfe eines Drosselventils geregelt werden, das innerhalb des Bremskreislaufs angeordnet ist.

9.3 Pumpen für verflüssigte Gase

Mehrere der in den Kapiteln 4, 6 und 7 beschriebenen Verfahren verlangen den Einsatz von Pumpen für verflüssigte Gase.

So wird z. B. bei großen Luftzerlegern flüssiger Sauerstoff aus dem Hauptkondensator entnommen und zur Beseitigung von Kohlenwasserstoffen durch einen Adsorber in den Hauptkondensator wieder zurück geleitet. Die dazu erforderliche Pumpe muß bei ca. 90 K relativ große Flüssigkeitsmengen auf geringen Überdruck fördern, wofür sich Kreiselpumpen einsetzen lassen. Bei den sogenannten Sauerstoff-Innenverdichtungsanlagen (Abschnitt 4.5.1.6) muß die gesamte zu produzierende Sauerstoffmenge nach Entnahme aus dem Hauptkondensator mit einer Pumpe auf den für die Weiterverwendung des Sauerstoffs nötigen Druck, z. B. 90 bar, gebracht werden. Kolbenpumpen eignen sich hierfür eher als Kreiselpumpen. Dies gilt auch für das Abfüllen von Gasen in Stahlflaschen, worauf in Abschnitt 9.5.2.1 noch eingegangen wird. Wieder andere Verhältnisse liegen beim Füllen und Entladen der LNG-Tankschiffe (Abschnitt 6.2.4) und der Speicherbehälter in LNG-Terminals vor (Abschnitt 6.2.5). Hier müssen große Mengen flüssiges Erdgas bei ca. 112 K gefördert werden. Während beim Füllen und Entleeren der Tanker nur eine geringe Druckerhöhung ausreicht, müssen Pumpen in einem LNG-Empfängerterminal das flüssige Erdgas auf den Druck der Ferngasleitung, z. B. 70 bar, fördern.

Da sich die zu fördernden Flüssigkeiten im Siedezustand oder nahezu in ihm befinden, kann bei geringer Wärmezufuhr Dampf entstehen. Dies wird durch entsprechende Anordnung und Dimensionierung der Zulaufleitung, relativ große Zulaufhöhen und gute Isolierung von Leitungen und Pumpe vermieden. Andernfalls nimmt die Förderleistung ab und die Maschine leidet durch Kavitation.

Im folgenden seien einige Pumpentypen beschrieben.

9.3.1 Hochdruckkolbenpumpe

Bild 9.19 zeigt ein Beispiel für eine Hochdruckkolbenpumpe [T 2]. Sie ist in einen doppelwandigen Behälter liegend eingebaut. Während der innere Behälter, der die Pumpe umschließt, mit der zu fördernden, drucklosen Flüssigkeit gefüllt ist, steht der Raum zwischen dem äußeren und dem inneren Behälter zur besseren Isolierung unter Vakuum. Beim Kaltverfahren der Pumpe entstehendes Gas kann durch einen nach oben gerichteten Stutzen entweichen. Die Flüssigkeit fließt durch das zentral angeordnete Saugventil, das dank seiner Form einen besonders niedrigen Druckabfall hat, in den Zylinder. Über das Kugeldruckventil entweicht die komprimierte Flüssigkeit in die vertikale Druckleitung. Beide Ventile sind federbelastet. Der Kolben läuft mit Ringen aus einer Teflonmischung in dem äußerst fein bearbeiteten Zylinder. Ein Elektromotor treibt die Pumpe über ein stufenlos regelbares Getriebe an. Derartige Pumpen werden für Fördermengen bis zu 50000 l/h und Enddrücken von 350 bar gebaut.

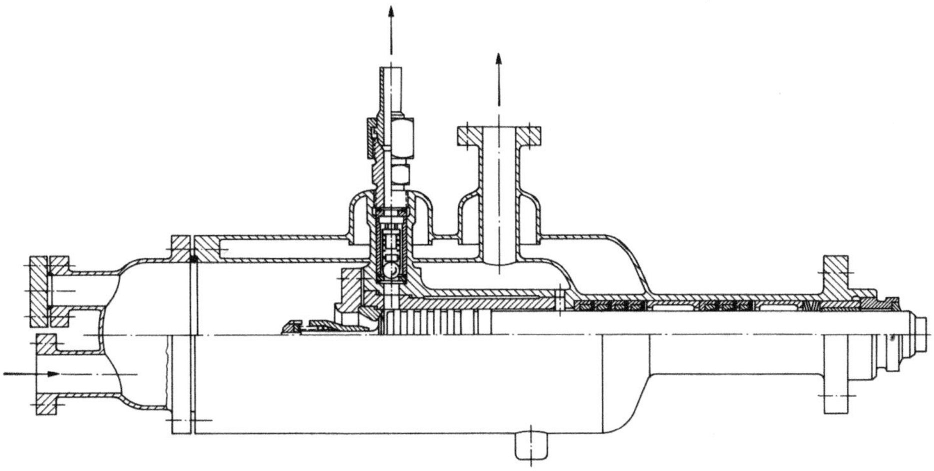

Bild 9.19. Kolbenpumpe für verflüssigte Gase. Nach [T 2]

9.3.2 Radialpumpe (Bild 9.20)

Die Bildunterschrift läßt die wesentlichen Bauteile erkennen. Das Laufrad aus Aluminium oder Bronze ist fliegend angeordnet und sitzt mit dem explosionsgeschützten Motor auf einer gemeinsamen Welle aus Chromstahl. Axiale und radiale Kräfte an der Welle werden von fettgeschmierten Spezialkugellagern aufgenommen. Das Pumpengehäuse aus Chrom-Nickel-Stahl oder Bronze ist über ein Zwischenstück

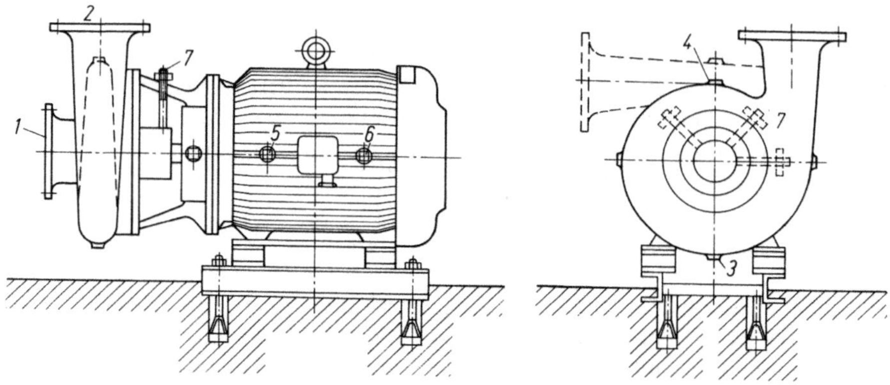

Bild 9.20. Radialpumpe (Linde AG, Sürth). *1* Saugstutzen, *2* Druckstutzen, *3* Flüssigkeitsablaß, *4* Gehäuseentgasung, *5* Spülgas-Eintritt, *6* Spülgas-Austritt, *7* Sperrgas-Wellenabdichtung

an dem Lagerbock angeflanscht, wobei diese Teile so konstruiert sind, daß möglichst wenig Kälte vom Pumpengehäuse zum Lager strömt. Bei Sauerstoffpumpen verhindert Sperrgas das Eindringen von Sauerstoff in die fettgeschmierte Lagerung. Solche Pumpen eignen sich besonders als Sauerstoff-Umwälzpumpen in großen Luftzerlegungsanlagen und haben eine Förderleistung bis zu etwa 300 m^3/h.

9.3.3 Radialtauchpumpe (Bild 9.21)

Solche Pumpen werden bevorzugt am Boden von Membran- oder Kugeltanks in LNG-Tankschiffen eingesetzt, um die Tanks zu entleeren. Sie fördern die Flüssigkeit

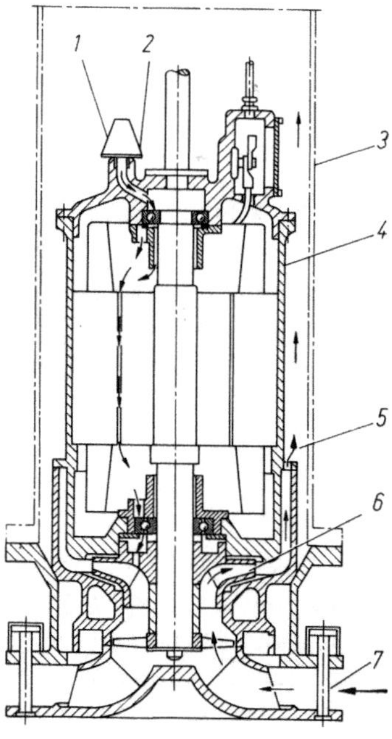

Bild 9.21. Querschnitt durch eine J. C. Carter-Tauchpumpe. *1* Lagerkühlung und -schmierung mit Gas, *2* selbstreinigendes Filter, *3* Förder- und Montageschacht, *4* Motorgehäuse, *5* Flüssigkeitsaustritt, *6* Laufrad, *7* Flüssigkeitseintritt, Eintrittsventil

in ein senkrechtes Rohr, dessen unterer Teil die Pumpe dicht umschließt und nach oben bis zum Schiffsdeck führt. Bei einer eventuell erforderlichen Reparatur kann das von der Pumpe unabhängige Flüssigkeitseintrittsventil geschlossen und die Pumpe selbst durch das vertikale Rohr bis auf das Schiffsdeck hochgezogen werden. Solche Pumpen werden für Fördermengen bis zu 5000 m^3/h gebaut. Die Bildunterschrift erübrigt eine weitere Erklärung.

9.4 Apparate

Die Anlagen zur Zerlegung von Gasgemischen, deren Wirkungsweise in den Kapiteln 4 bis 8 eingehend beschrieben worden ist, enthalten neben den Kompressoren und Entspannungsmaschinen sowie den gelegentlich benötigten Pumpen hauptsächlich Wärmeaustauscher, Rektifiziersäulen, Verdampfer und andere Gefäße. Dazu kommen Rohrleitungen und Ventile. Zum Schutz gegen Kälteverluste sind diese Apparateteile in den meisten Fällen von einer gemeinsamen Kälteschutzschicht umgeben, die nach außen durch einen Mantel abgeschlossen ist. Alle in einem solchen Mantel befindlichen Teile bilden gewissermaßen eine Einheit, die nach einem in der Tieftemperaturtechnik üblichen Sprachgebrauch „cold box" genannt wird.

Obwohl sich beim Bau dieser Apparate zu einem großen Teil die auch sonst bekannten Konstruktionsgrundsätze anwenden lassen, sind doch der tiefen Temperaturen wegen besondere Gesichtspunkte zu beachten, die sich hauptsächlich in folgende zwei Fragen zusammenfassen lassen:

1. Welche Werkstoffe sind für die tiefen Temperaturen geeignet?
2. Wie verbindet man die verschiedenen Teile zweckmäßig miteinander?

9.4.1 Werkstoffe

Wenn man von den Kälteschutzstoffen, von Dichtungsmaterialien und der gelegentlichen Verwendung von Glas (Dewar-Gefäße) absieht, kommen als Baustoffe für die Tieftemperaturtechnik praktisch nur Metalle und Metallegierungen in Betracht. Es ist daher dem Verhalten der Metalle, namentlich ihren Festigkeitseigenschaften bei tiefen Temperaturen, besondere Aufmerksamkeit zu schenken.

Daß man fast ausschließlich Metalle verwendet, liegt vor allem an den hohen, meist zwischen 5 und 200 bar liegenden Drücken der verdichteten Gase, denen im allgemeinen nur Metalle ausreichenden Widerstand zu leisten vermögen. Keramische Stoffe und dergl. scheiden somit aus. Mit Metallen lassen sich überdies leicht enge Strömungsquerschnitte herstellen, was ebenso wie die hohe Wärmeleittätigkeit der Metalle die Wärmeübertragung in den Gegenströmern und Kondensatoren begünstigt.

Welche Metalle für tiefe Temperaturen am besten geeignet sind, hängt in erster Linie von ihren Festigkeitseigenschaften ab. Bezüglich der Zugfestigkeit bestehen keine Beschränkungen der Verwenbarkeit. Denn bei den meisten Metallen steigt mit der Abkühlung auf die Temperatur der flüssigen Luft die Zugfestigkeit bis auf ungefähr den doppelten Betrag ihres Wertes bei Umgebungstemperatur an. Erschwerend ist aber, daß die Kerbschlagzähigkeit und die Duktilität (Dehnung und Brucheinschnü-

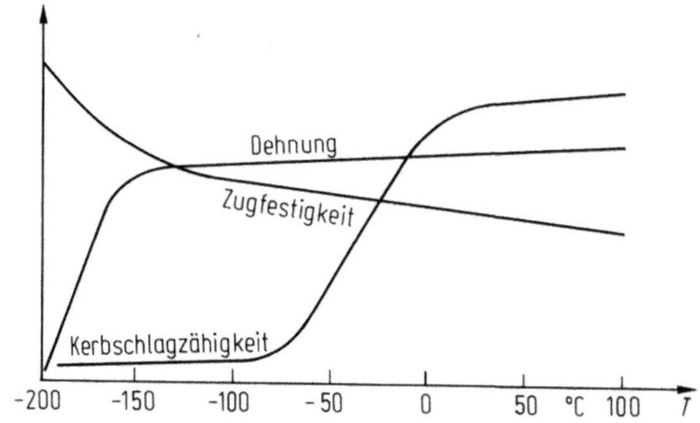

Bild 9.22. Abhängigkeit von Zugfestigkeit, Bruchdehnung und Kerbschlagzähigkeit von der Temperatur für einen kohlenstoffarmen ferritischen Stahl. Nach [B 1]

rung) mit sinkender Temperatur abnehmen. Besonders ungünstig verhält sich die Kerbschlagzähigkeit von unlegiertem Stahl. Aus Bild 9.22 kann die Temperaturabhängigkeit der wichtigsten Kennwerte für einen kohlenstoffarmen ferritischen Stahl entnommen werden. Bei unlegierten Stählen läßt sich ausreichende Kerbschlagzähigkeit bis —80 °C durch entsprechende Wärmebehandlung erreichen. Besonders wirksam ist aber die Legierung mit Nickel und zwar wird, wie aus Bild 9.23 zu entnehmen ist, der Steilabfall der Kerbschlagzähigkeitskurve mit steigendem Nickelgehalt zu immer tieferen Temperaturen verschoben, bis schließlich bei Stählen mit mehr als 10 % Nickel kein Steilabfall mehr zu erkennen ist. Noch bessere Zähigkeitseigenschaften bei sehr tiefen Temperaturen besitzen nur Stähle mit austenitischem Gefüge. In ihrem Kristallaufbau sind ein Teil der Eisenatome durch Chrom- und Nickelatome ersetzt. Allerdings liegt bei ihnen der Wärmeausdehnungsbeiwert höher als bei ferritischen Stählen, worauf bei der Konstruktion von Apparaten Rücksicht genommen werden muß [B 1].

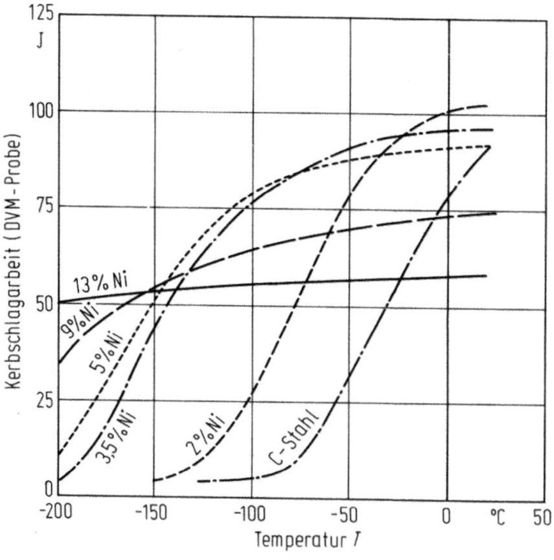

Bild 9.23. Einfluß des Nickelgehaltes im Stahl auf die Temperaturabhängigkeit der Kerbschlagzähigkeit. Nach [B 1]

Verhältnismäßig gering ist auch die Abnahme der Kerbschlagzähigkeit von Kupfer und Kupferlegierungen, sowie auch von Aluminium und Aluminiumlegierungen. Daher sind diese Metalle und Legierungen in besonderem Maße für die Verwendung bei tiefen Temperaturen geeignet, und zwar bis zur Temperatur des flüssigen Heliums.

Natürlich sind für die Wahl der Werkstoffe außer den genannten Eigenschaften die Kosten für das Material selbst sowie für die Herstellung der daraus zu fertigenden Apparate maßgebend. Letzteres bedeutet u. a., daß die Werkstoffe gut zu verarbeiten und zu verschweißen sein müssen. Dabei ist zu berücksichtigen, ob die Apparate unter günstigen Herstellungsbedingungen in geschlossenen Werkstätten oder im Freien und unter erschwerten Umständen auf der Baustelle gefertigt und zusammengebaut werden sollen.

Aus Kostengründen sind Kupfer und Kupferlegierungen als Werkstoffe für den Tieftemperaturapparatebau weitgehend verschwunden. Lediglich bei kleineren Apparaten, bei denen die reinen Materialkosten gegenüber den Lohnkosten für die Herstellung der Apparate unbedeutend sind, werden diese Werkstoffe noch verwendet. Bei größeren und großen Anlagen sind an ihre Stelle Aluminium, Aluminiumlegierungen sowie Sonderstähle getreten. Hier haben sich besonders Nickel- und Chrom-Nickel-Legierungen bewährt.

Aluminium und seine Legierungen, die den Vorzug niedrigen spezifischen Gewichtes, aber den Nachteil geringer Zugfestigkeit haben, werden im Bereich niedriger Betriebsdrücke bevorzugt. Bei höheren Betriebsdrücken müßte man sehr dicke Bleche, verwenden, die schwer zu bearbeiten und zu verschweißen sind. Daher setzt man in diesem Falle legierte Stähle ein, bei denen sich wegen der wesentlich höheren Zugfestigkeit, kleinere Wandstärken ergeben.

In den letzten Jahrzehnten haben die Fortschritte der Schweißtechnik dazu geführt, daß beim Zusammenbau von Anlagen auf Löt- und viele Flanschverbindungen verzichtet werden kann. Namentlich letztere waren immer wieder Quellen von Undichtheiten, die zu Kälte- und Gasausbeuteverlusten führten und bei der Verarbeitung brennbarer Gase Explosionsgefahren heraufbeschworen.

Beim Schweißen an Behältern und Rohrleitungen für Tieftemperaturanlagen haben sich Schutzgasschweißverfahren, auf die in Abschnitt 10.3.3 eingegangen wird, bestens bewährt.

Leider sind sowohl Werkstoffnormen wie auch die Kriterien für die Zulassung von Werkstoffen für den Bau von Tieftemperaturapparaten von Land zu Land verschieden, so daß weltweit eindeutige Regeln nicht existieren [H 1].

In der Bundesrepublik Deutschland gelten für den Einsatz von

- Eisenwerkstoffen das AD-Merkblatt W 10;
- Aluminium und Aluminiumlegierungen das AD-Merkblatt W 6/1;
- Kupfer und Kupferlegierungen das VdTÜV-Werkstoffblatt 410/12.80.

Die AD-Merkblätter wurden von der Arbeitsgemeinschaft Druckbehälter (AD) herausgegeben [A 1], das VdTÜV-Werkstoffblatt von der Vereinigung der Technischen Überwachungs-Vereine [V 1].

Was den Einsatz von Stählen betrifft, so findet man darüber im Merkblatt 470 „Stähle für tiefe Temperaturen“ [B 1] eine ausführliche Darstellung mit umfangreichem Schrifttum.

9.4.2 Wärmeaustauscher

Sämtliche Verfahren der Tieftemperaturtechnik zur Gasverflüssigung und Zerlegung von Gasgemischen sind ohne Wärmeaustauscher undenkbar. Deshalb ist der Theorie der Wärmeübertragung das ganze Kapitel 2 gewidmet.

Die an den Wärmeaustausch zu stellenden Anforderungen sind im allgemeinen erheblich höher als bei Verfahren in anderen Temperaturbereichen. Erleichternd ist, daß nur in den seltensten Fällen Korrosion eintreten kann. Bei Luftzerlegungsanlagen (Kapitel 4) steht, wenn man von den Hauptkondensatoren absieht, der Wärmeaustausch rein gasförmiger Medien im Vordergrund. Bei Ethylenanlagen (Kapitel 5), Erdgasverflüssigern (Kapitel 6) und Wasserstoffanlagen (Kapitel 7) werden darüber hinaus Wärmeaustauscher benötigt, in denen bei der Abkühlung des Gases Teilkondensation und bei der Anwärmung Teil- und Totalverdampfung eintritt.

9.4.2.1 Gegenströmer

Der Wirkungsgrad der Übertragung in Gegenströmern der Tieftemperaturtechnik soll meist 98 bis 99 % betragen, d. h. 98 bis 99 % der in den kalten zurückströmenden Gasen enthaltenen Kälte soll auf verdichtete Luft oder ein anderes zu zerlegendes Gas übertragen werden. Dabei steht für die Übertragung zwischen dem wärmeren und kälteren Gas nur ein Temperaturunterschied von wenigen Graden zur Verfügung. Auch die Werkstoffe, aus denen man die Gegenströmer herstellt, werden durch die bis zu 200 bar betragenden Drücke stark beansprucht. Den genannten hohen Anforderungen kommt der Aufbau der Gegenströmer aus Metallen, wie er sich schon nach den Erörterungen des vorhergehenden Abschnittes als notwendig erwiesen hat, entgegen. Denn bei Verwendung von Metallen lassen sich die Strömungsquerschnitte klein gestalten, womit sich hohe Strömungsgeschwindigkeiten ergeben, die bei den niedrigen Drücken bis zu 25 m/s und mehr betragen können. Die Folge sind hohe Wärmeübergangskoeffizienten, so daß sich bei den tiefen Temperaturen eine bestimmte Wärmemenge in einem viel kleineren Raum und an kleineren Flächen übertragen läßt, als dies in der Regel bei höheren Temperaturen möglich ist. Der Geschwindigkeitssteigerung ist jedoch dadurch eine Grenze gesetzt, daß der Druckabfall ein gewisses Maß nicht überschreiten darf und zu enge Strömungsquerschnitte überdies die Gefahr einer Verstopfung mit sich bringen.

Man hat in der Tieftemperaturtechnik vier Gruppen von Gegenstrom-Wärmeaustauschern zu unterscheiden:

1. reine Gegenströmer,
2. Kreuzgegenströmer,
3. reversing exchangers,
4. Regeneratoren.

Alle vier Gruppen haben gemeinsam, daß die Hauptströmungen der in Wärmeaustausch tretenden Gase entgegengesetzt gerichtet sind. Die reinen Gegenströmer der Tieftemperaturtechnik sind heute überwiegend Wärmeaustauscher der Kompaktbauweise (s. auch Abschnitt 2.3.1). Der Kreuzgegenströmer dagegen hat schraubenförmig gewundene Rohre, auf die das außen strömende Gas angenähert senkrecht auftrifft. Reversing exchangers, die vorwiegend in Luftzerlegern verwendet werden, sind reine Gegenströmer in Kompaktbauweise, in denen feuchte und kohlendioxidhaltige Luft ihre Wärme an Sauerstoff und Stickstoff überträgt. Weil sich bei der Luftabkühlung Wassereis und Kohlendioxidschnee auf der Heizfläche ausscheiden, verringert sich der Strömungsquerschnitt, wodurch die Gefahr der Verstopfung entsteht. Deshalb wird in regelmäßigen Zeitabständen der Luftstrom mit dem Stickstoffstrom vertauscht wodurch Wassereis und Kohlendioxidschnee wieder sublimieren und verdunsten können. Die Regeneratoren schließlich haben eine wärmespeichernde Masse, durch die abwechselnd ursprünglich warmes und ursprünglich kaltes Gas hindurchgeleitet wird.

Der erste Gegenströmer, den Linde im Jahre 1895 für die Luftverflüssigung gebaut hat, war ein Doppelrohr-Wärmeaustauscher aus zwei ineinandergesteckten, 100 m langen Eisenrohren. Die Rohre waren schraubenförmig gewunden, wodurch sich bei einem Windungsdurchmesser von 1 m eine Bauhöhe von 3,2 m ergab. Der schraubenförmig gewundene Gegenströmer wurde später, nachdem die grundlegenden Gesetze der Wärmeübertragung erkannt waren, erheblich verbessert, so daß er wesentlich geringeres Gewicht und kleinere Abmessungen erhielt (Bild 9.24).

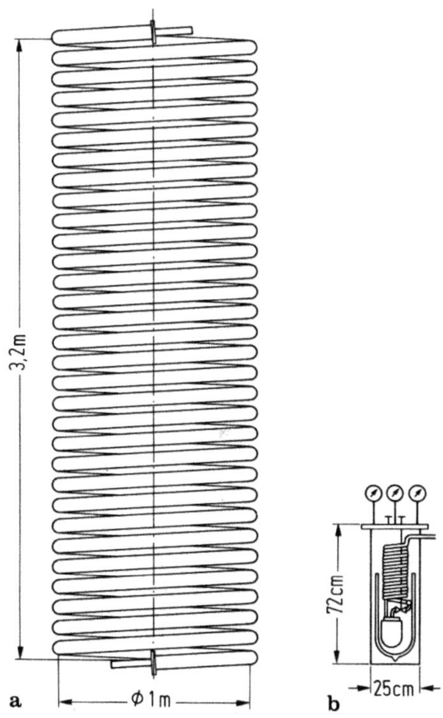

Bild 9.24. a) Erster Gegenströmer von C. Linde (1895); **b)** Gegenströmer etwa gleicher Leistung (ca. 1955)

Für reinen Gegenstrom eignen sich besonders gut Kompaktwärmeaustauscher aus Aluminium, deren Wirkungsweise bereits in Abschnitt 2.3 beschrieben worden ist. Bild 9.25 veranschaulicht den grundsätzlichen Aufbau. Jeweils zwischen zwei ebenen Aluminiumplatten liegen dünne Aluminiumbleche, die so gewellt sind, daß sie zu den Platten größtenteils senkrechte und die Wärmeübertragung erheblich stei-

Bild 9.25. Prinzip der Wärmeaustauscher in Kompaktbauweise. Nach [L 2]

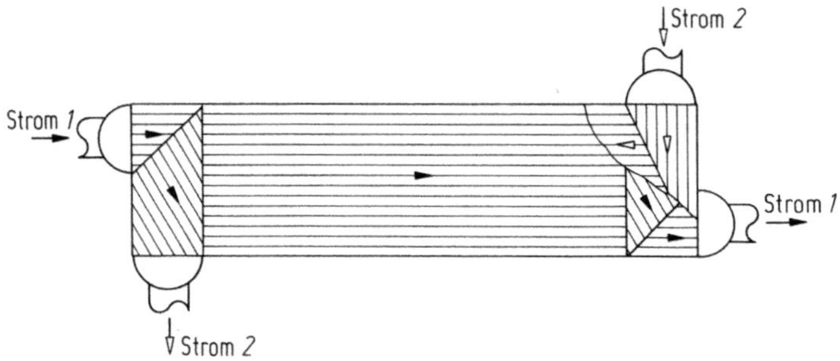

Bild 9.26. Strömungsverlauf in Kompakt-Wärmeaustauschern. Nach [L 2]

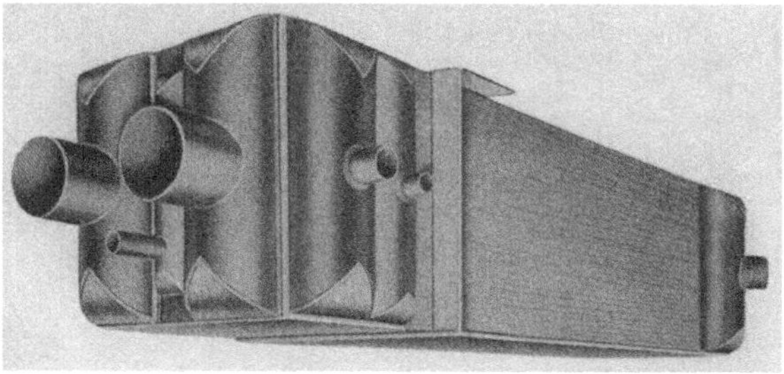

Bild 9.27. Kompakt-Wärmeaustauscherblock [L 2]

gernde Rippen bilden. Platten und Wellbleche werden miteinander verlötet, so daß ein festes Paket und zwischen Wellblech und Platten guter Wärmekontakt entsteht. Für die Wahl des Abstandes der Platten untereinander und die Form der Wellen ist die in jeder Passage strömende Gasmenge und deren Druck maßgebend. Die Pfeile im Bild deuten an, daß das eine Gas in der untersten, der dritten und der fünften (nicht gezeigt) Passage von links nach rechts, das andere Gas im Gegenstrom dazu in der zweiten und vierten Passage von rechts nach links strömen. So entsteht im ganzen Apparat (Bild 9.26) reiner Gegenstrom. Im Bereich der Enden werden die Wellbleche und die Strömungskanäle so angeordnet, daß das Gas von und zu den Stutzen umgelenkt wird. Der fertiggestellte Block mit dem Plattenpaket rechteckigen Querschnitts enthält auf beiden Seiten Sammelstücke mit den Stutzen zum Anschluß an die entsprechenden Gasrohrleitungen (Bild 9.27). Die meisten Plattenpakete für die Kompaktaustauscher werden in großen Salzbädern verlötet. Neuerdings gibt es Fertigungsvorrichtungen ohne Salzbäder mit Lötverfahren unter Vakuum, wobei die nachträgliche Entfernung von Salzresten unnötig wird. Derartige Gegenströmer kann man, wie auch aus Bild 9.27 hervorgeht, als Vielstromwärmeaustauscher, d. h. für die Wärmeübertragung zwischen mehr als zwei Gasen, bauen. Ihre maximale Größe ist durch die Fertigungsvorrichtungen begrenzt, so daß bei großen Luft- oder Gaszerlegungsanlagen mehrere Blöcke parallel geschaltet werden müssen. Auch ist der Betriebsdruck auf 50 bis 70 bar begrenzt, was aber für die Mehrzahl der Bedarfsfälle ausreicht.

9.4.2.2 Kreuzgegenströmer

Schon in Abschnitt 2.1.1.2 wurde auf die besonders günstige Wirkung der Kreuzgegenströmer hingewiesen. Sie beruht darauf, daß bei Kreuzstrom die Wärmeübergangszahl auf der Außenseite der Rohre wesentlich höher ist als bei reinem Parallelstrom. Diese günstige Wirkung des Kreuzstromes tritt bei Kreuzgegenstrom an jeder einzelnen Stelle der Rohre zutage, weil das außen strömende Gas angenähert senkrecht auf die Rohre auftrifft. In der Gesamtwirkung bleibt trotzdem der Gegenstrom erhalten.

In der Tieftemperaturtechnik ist der Kreuzgegenstrom fast ebenso alt wie der reine Gegenstrom. Denn wenige Monate, nachdem Linde seinen ersten Luftverflüssiger nach dem reinen Gegenstromprinzip gebaut hatte, trat Hampson mit einem ähnlichen Luftverflüssigungsverfahren hervor, das sich von dem Lindeschen Verfahren in der Hauptsache gerade dadurch unterschied, daß es mit Kreuzgegenstrom arbeitete. Bild 9.28 zeigt einen Kreuzgegenströmer nach Hampson. In seiner einfachsten Aus-

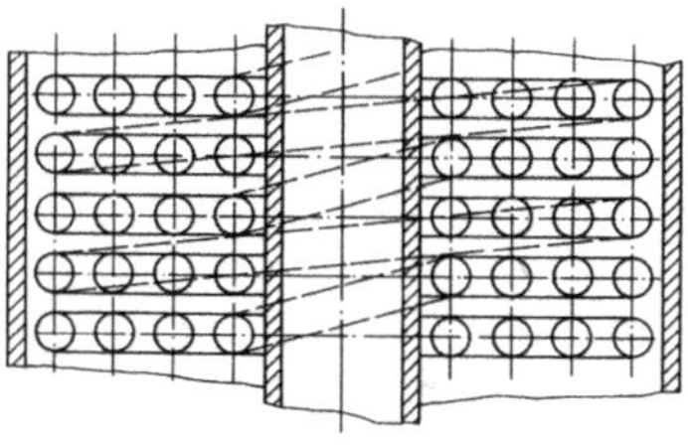

Bild 9.28. Kreuzgegenströmer nach Hampson

führung besteht er aus einem einzigen Rohr, das in vielen senkrecht zur Strömungsrichtung angeordneten Lagen derart spiralig gewunden ist, daß sich die Rohrwindungen abwechselnd erweitern und verengen.

In der Tieftemperaturtechnik ist heute fast nur noch die in Bild 9.29 gezeigte Anordnung mit mehreren links- und rechtsgängig schraubenförmig gewundenen Rohren in Gebrauch, die der als am günstigsten erkannten gleichsinnigen Führung entspricht (vgl. Abschnitt 2.1.1.2). Dabei kann, wie die Abbildung zeigt, durch zwischengelegte Stäbe oder Drähte ein vorgeschriebener Abstand zwischen den Lagen eingehalten werden, was vielfach notwendig ist, damit die Strömungsgeschwindigkeit im Außenraum nicht zu groß wird. In manchen Fällen berühren sich die Rohre der aufeinanderfolgenden Lagen. Aber auch dann verbleibt zwischen den in einem schiefen Winkel sich kreuzenden Rohren noch genügend Raum für den Gasstrom. Dadurch, daß man mit wachsendem Durchmesser der Lagen auch die Zahl der Rohre je Lage vermehrt,

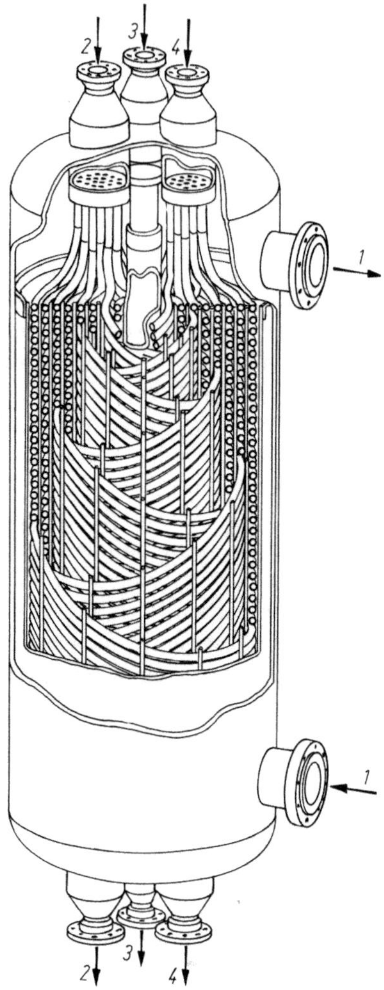

Bild 9.29. Kreuzgegenströmer für vier Gasströme (Linde AG)

läßt sich erreichen, daß alle Rohre gleich lang sind. Kreuzgegenströmer eignen sich besonders für den Wärmeaustausch zwischen dem zu zerlegenden Gasgemisch *1* und mehreren Zerlegungsprodukten *2*, *3* und *4* (Bild 9.29). Das Rohgas durchströmt den Raum zwischen dem Mantel und den Rohren, jedes Zerlegungsprodukt eine seiner Menge entsprechende Zahl von Rohren. Diese werden dann an den Enden im Sammelstücke eingefädelt, über welche jede Fraktion für sich nach Verlassen des Wärmeaustauschers der entsprechenden Rohrleitung zugeführt wird. Je nach dem Temperatur- und Druckbereich, in dem solche Kreuzgegenströmer eingesetzt werden, können sie aus kaltzähem Stahl, aus Chrom-Nickel-Stahl oder aus Aluminium-Magnesium-Legierungen gebaut werden (s. auch Abschnitt 9.4.1). Wesentlich ist für ihren Einsatz, daß sie von sauberen Medien durchströmt werden, aus denen sich keine nur mechanisch entfernbare Verunreinigungen ablagern. Die Elastizität des Bündels verhindert beim „Kaltverfahren" oder Anwärmen der Tieftemperaturanlage unerwünschte Span-

Bild 9.30. Endstück eines Kreuzgegenströmerbündels aus Aluminium (Linde AG)

nungen. Bild 9.30 zeigt ein großes Bündel aus Aluminiumrohren. Die größten derartigen Bündel haben Heizflächen von ca. 40000 m^2 und werden für die Verflüssigung von Erdgas in „Baseload"-Anlagen (Abschnitt 6.2.3) eingesetzt.

Im Temperaturbereich der Vorkühlung von Ethylenanlagen und anderen Gaszerlegungsanlagen verwendet man Mehrstrom-Kreuzgegenströmer aus Stahl mit

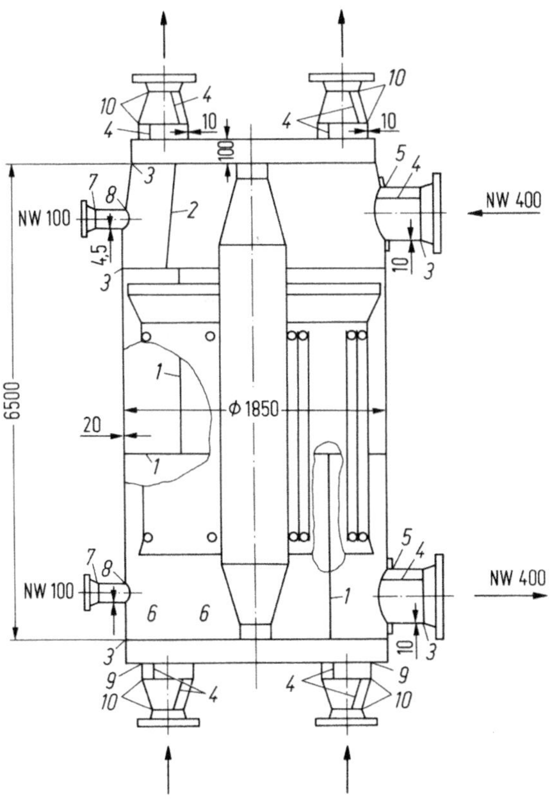

Bild 9.31. Skizze eines kompletten Wärmeaustauschers mit Kreuzstrombündel. Nach [H 2]

Abmessungen, wie sie aus der Zusammenbauskizze (Bild 9.31) zu erkennen sind [H 2]. Wegen des relativ hohen Drucks von 30 bis 35 bar, unter dem das Rohgas im Raum zwischen Mantel und Rohrbündel strömt, ergeben sich für den Mantel Wandstärken von ca. 20 mm. An die Qualität der Schweißnähte solcher Behälter müssen daher hohe Anforderungen gestellt werden. Der Mantel besteht aus mehreren starkwandigen Blechen, die nach sorgfältiger Vorbereitung der Schweißkanten gerundet und zusam-

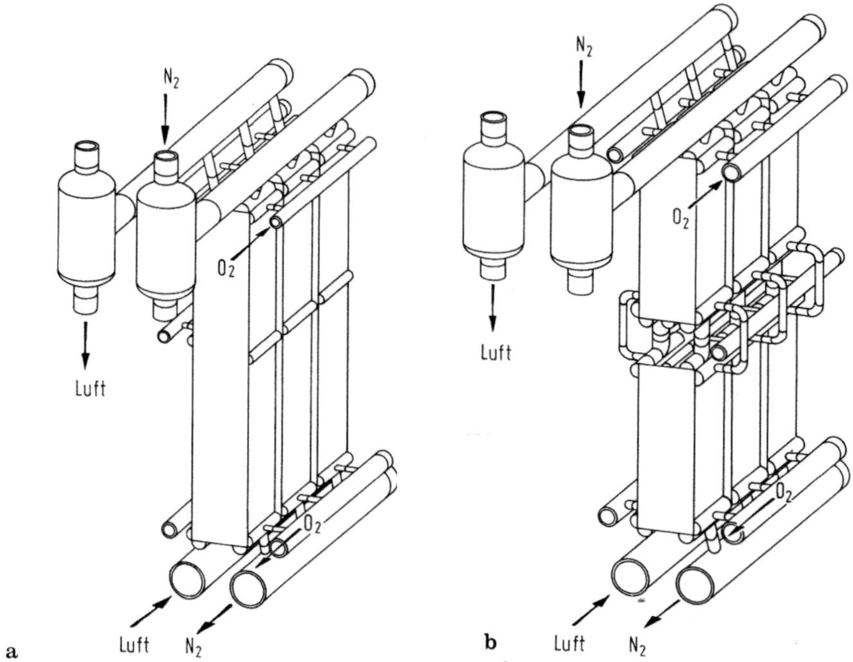

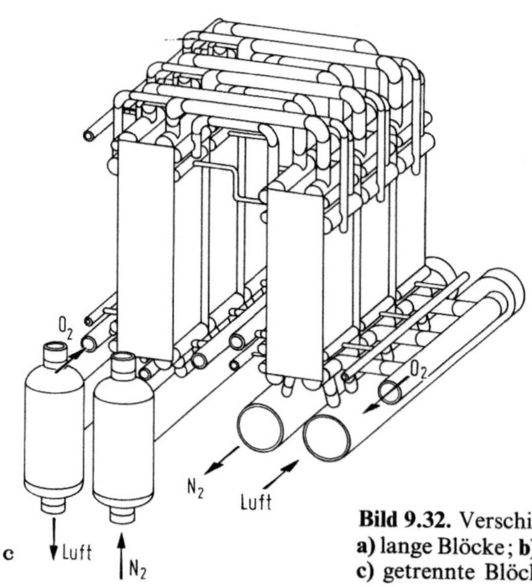

Bild 9.32. Verschiedene Anordnungen von Revexblöcken. **a)** lange Blöcke; **b)** getrennte Blöcke in Normalanordnung; **c)** getrennte Blöcke in U-Anordnung. Nach [W 2]

mengeschweißt werden. Sowohl die Längs- wie auch die Rundnähte (*1*) können mit Schweißautomaten von außen und von innen als X-Nähte unter Pulver hergestellt werden. An den Stellen *5*, *9* und *10* in Bild 9.31 kann zwar auch vor Überstreifen des Mantels über das Bündel von zwei Seiten, aber nur mit Handschweißgeräten gearbeitet werden. An den Stellen *2* bis *4*, und *6* bis *8* dagegen kann man nur nach Einbau des Bündels in den Mantel herankommen, so daß nur einseitig geschweißt werden kann. Die Erfahrung hat gezeigt, daß sich für die Stellen *2* bis *10* teils das Wolfram-Inertgas-Schweißverfahren (WIG), teils das Metall-Aktivgas-Schweißverfahren (MAG) am besten eignen. Beide Verfahren werden im Kapitel über „Anwendungen der verflüssigten oder durch Zerlegung gewonnenen Gase" kurz behandelt (Abschnitt 10.3.3).

9.4.2.3 Reversing exchangers

Unter reversing exchangers versteht man hauptsächlich für den Wärmeaustausch zwischen feuchter kohlendioxidhaltiger Luft und Stickstoff und Sauerstoff eingesetzte Wärmeaustauscher. Durch regelmäßige Umschaltung des Luft- und Stickstoffstromes wird bewirkt, daß die in der Luftperiode niedergeschlagenen Mengen von Wasser und Kohlendioxid in der Stickstoffperiode durch Verdampfen und Sublimieren wieder entfernt werden. Da im allgemeinen der gewonnene Sauerstoff weder Wasserdampf noch Kohlendioxid enthalten darf, strömt er kontinuierlich immer durch zusätzliche Passagen, die nicht umgeschaltet werden (siehe hierzu die Abschnitte 2.3 und 4.5.1.3). Für diese Aufgabe eigenen sich die in Abschnitt 9.4.2.1 beschriebenen Kompaktwärmeaustauscher besonders gut. Allerdings müssen in großen Luftzerlegungsanlagen mehrere Blöcke parallel eingesetzt werden, weil die Kapazität eines Blockes für die großen Gasmengen nicht ausreicht. Man kann solche Blöcke in verschiedener Weise zusammen bauen. Bild 9.32 zeigt dies für jeweils drei parallel geschaltete reversing exchangers. Hat man lange Blöcke zur Verfügung, in denen das ganze Temperaturgefälle von 300 bis 100 K abgebaut wird, eignet sich die Bauart (a). Kurze Blöcke baut man entweder übereinander (b) oder in U-Form auf (c). In jedem Fall läßt man den warmen Luftstrom unten eintreten, damit evtl. mitgerissenes Wasser zum warmen Ende zurücklaufen kann. Die im Bild angegebenen Pfeilrichtungen und Benennungen erübrigen weitere Erläuterungen.

9.4.2.4 Regeneratoren

Regeneratoren für den Wärmeaustausch zweier Gase untereinander, wie z. B. Luft und Stickstoff oder Luft und Sauerstoff sind in Abschnitt 2.2 ausführlich behandelt. An dieser Stelle wird daher lediglich die Konstruktionsskizze eines Regenerators mit einem eingebauten Rohrbündel gezeigt das z. B. zur Erwärmung reinen Sauerstoffs dient, (Bild 9.33). Ein solcher Wärmeaustauscher ist eine Kombination eines Regenerators mit einem Kreuzgegenströmer. Ein Rohrbündel nach Bild 2.41 wird in einen Behälter aus kaltzähem Stahl eingebaut. Das Bündel wird aus Stahlrohren so gewickelt, daß von Rohrlage zu Rohrlage und von Windung zu Windung relativ große Abstände entstehen. Nach Einbau des Bündels in den Behälter wird der Hohlraum mit kleinen Quarzitsteinen ausgefüllt, die als Speichermasse dienen. Zwei derartige Regeneratoren erfüllen die Funktion von vier Regeneratoren ursprünglicher Bauart oder eines reversing exchanger-Blocks. In dem einen Regenerator wird Luft unter Kondensation und Festausscheidung von Wasserdampf und Kohlendioxid abgekühlt, in dem anderen Stickstoff unter Verdampfung und Sublimation von Wasser-

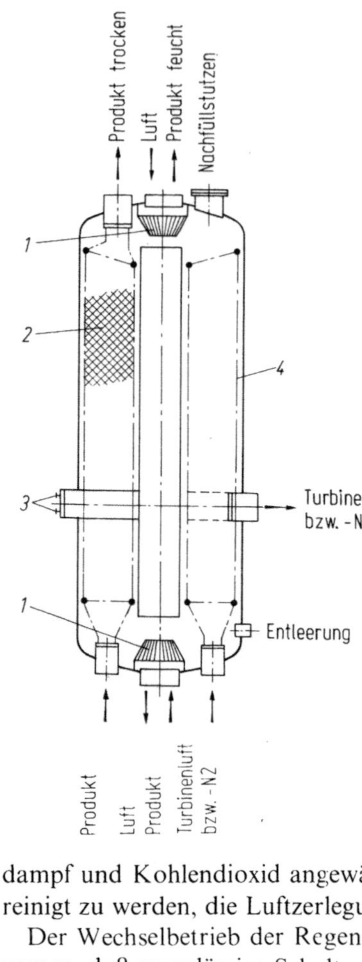

Bild 9.33. Regenerator mit Kreuzgegenstromrohrbündel. Nach [L 2]. *1* Sieb, *2* Füllgut, *3* Temperaturfühler, *4* Rohrbündel

Bild 9.34. Durch Druckluft gesteuerte Ventile eines Paares von Regeneratoren

dampf und Kohlendioxid angewärmt. Der Sauerstoff hingegen verläßt ohne verunreinigt zu werden, die Luftzerlegungsanlage durch die Bündel beider Regeneratoren.

Der Wechselbetrieb der Regeneratoren ebenso wie der reversing exchangers setzt voraus, daß zuverlässige Schaltorgane zur Verfügung stehen. In Bild 9.34 sieht man die auf das warme Ende eines Stickstoffregeneratorpaares aufgesetzten Schaltventile älterer Bauart. Sie regelten den Eintritt der Luft und den Austritt des Stickstoffs. Die Ventile wurden von einer mechanischen Schaltmaschine aus durch Druckluft

Bild 9.35. Schaltklappe (Maschinenfabrik Augsburg — Plattling AG)

gesteuert. Aus mehreren Gründen wurden diese sehr schweren und relativ hohen Druckabfall verursachenden Doppelsitzventile durch Schaltklappen (Bild 9.35) ersetzt. Ihr Widerstandskoeffizient ist so günstig, daß z. B. ein Doppelsitzventil der Nennweite 800 durch eine Schaltklappe der Nennweite 500 ersetzt werden kann. Dies und ihre wesentlich einfachere Konstruktion sparen Material und Montagekosten. Ihre Besonderheit ist, daß sich der Dichtungsring im Gehäuse befindet. Er wird bei geschlossener Klappe durch den Luftdruck an diese angepreßt. Sobald die Klappe sich wieder zu öffnen beginnt, wird die Anpressung des Ringes infolge des Druckausgleichs wieder aufgehoben, so daß die Beanspruchung der Dichtung auf ein Minimum reduziert wird. Anstelle der mechanischen Schaltmaschinen verwendet man neuerdings elektronische Steuerungen. Am kalten Ende von Regeneratoren oder reversing exchangers genügen Rückschlagklappen, die, je nach ihrer Stellung entweder den Luft- oder den Stickstoffweg freigeben.

9.4.2.5 Verdampfer und Kondensatoren

Eines der wichtigsten Bauelemente einer Luftzerlegungsanlage mit Doppelsäulenrektifikator ist der sogenannte Hauptkondensator. Auf der einen Seite seiner großen Heizfläche kondensiert Stickstoff unter 5 bis 6 bar, auf der anderen Seite verdampft Sauerstoff unter 1,3 bis 1,4 bar.

Im Gegensatz zu Verdampfern und Kondensatoren, wie sie oberhalb der Umgebungstemperatur üblich sind, müssen Tieftemperaturverdampfer und — Kondensatoren die Wärme bei erheblich kleineren Temperaturdifferenzen übertragen als jene. So darf beim Hauptkondensator einer Luftzerlegungsanlage höchstens ein Temperaturunterschied von etwa 3 K bestehen. Denn andernfalls müßte der Druck in der Drucksäule erhöht werden, was eine Steigerung des Verbrauchs an Kompressorarbeit bedeuten würde. Da außerdem die Wärmeübergangszahlen kleiner sind als z. B. bei verdampfendem Wasser oder bei kondensierendem Wasserdampf, müssen die Wärmeübertragungsflächen von Hauptkondensatoren relativ größer sein als sonst in der Verfahrenstechnik. Bis etwa 1960 baute man Hauptkondensatoren von Luftzerle-

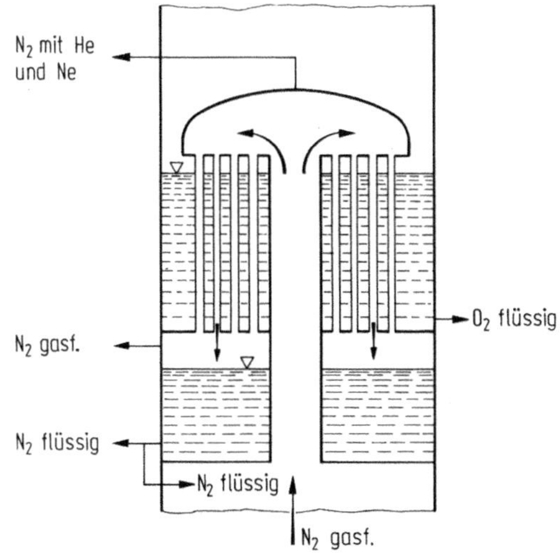

Bild 9.36. Prinzipskizze eines Hauptkondensators alter Bauart

gungsanlagen aus bis zu 40000 stehenden, 1 bis 1,5 m langen dünnwandigen Kupferrohren von ca. 8 mm Durchmesser. Sie wurden in die Bohrungen zweier starkwandiger Rohrböden aus Sondermessing eingesteckt und mit diesen verlötet. Der prinzipielle Aufbau ist aus Bild 9.36 zu erkennen.

Die Herstellung dieser Apparate war nicht nur, was Material und Lohn anbelangt, sehr teuer, sondern barg auch die Gefahr gelegentlich undicht werdender Röhrchen oder Lötverbindungen in sich. Es war daher, als sich die in Abschnitt 9.4.2.1 beschriebenen Kompaktwärmeaustauscher aus Aluminium als Gegenströmer bewährt hatten, ein großer Fortschritt, daß solche Elemente auch für Hauptkondensatoren verwendet werden konnten. Für die Wärmeübertragungsleistung großer Hauptkondensatoren reicht die Heizfläche eines Kompaktwärmeaustauscherblocks nicht aus. Man ordnet daher mehrere Blöcke von 1 bis 2 m Höhe in Sternform so an (Bilder 9.37 und 9.38), daß der Durchmesser des Sterns etwa mit dem der oberen Säule übereinstimmt. Der Druckstickstoff strömt zunächst durch ein weites zentrales Rohr in eine Haube, von

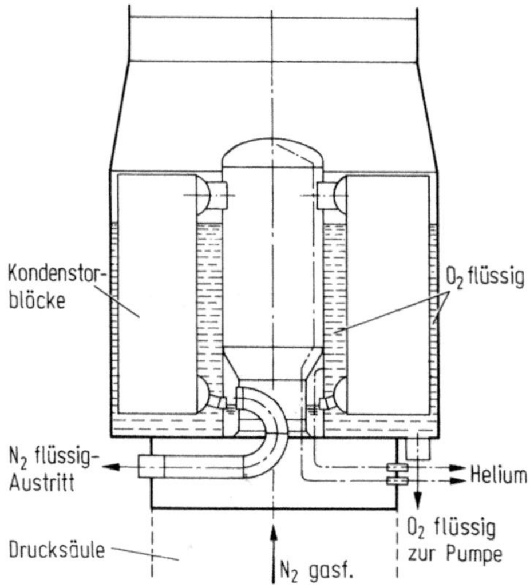

Bild 9.37. Hauptkondensator eines großen Luftzerlegers mit Kompakt-Wärmeaustauscherblöcken (Schema)

Bild 9.38. Hauptkondensator vor dem Einbau in die Doppelsäule [I. 2]

wo er durch Verbindungsrohre auf die Kondensatorblöcke verteilt wird. Hier wird der Stickstoff in den für ihn vorgesehenen Strömungsquerschnitten durch Wärmeabgabe an die Kühlwände verflüssigt (Bild 9.37). Nach Abtrennung des die Edelgase Helium und Neon enthaltenen Gasrestes läuft die Flüssigkeit in die Drucksäule. Die andere Seite der Heizfläche kommuniziert mit dem Sauerstoffbad, in das der ganze Stern eingetaucht ist. Der flüssige Sauerstoff tritt unten in die Passagen der Blöcke ein. Der Dampf entweicht oben und strömt in die obere Säule. In Bild 9.38 ist ein solcher Hauptkondensator zu sehen, der bereits mit der Drucksäule verbunden ist. Über den Blöcken erkennt man das Übergangsstück zur oberen Säule, die erst auf der Baustelle angeschweißt wird.

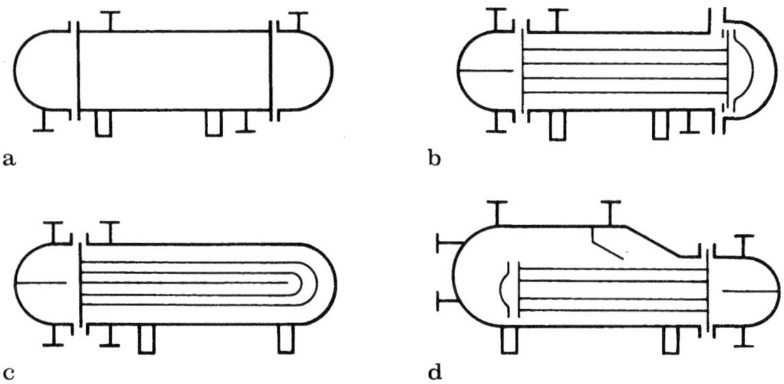

Bild 9.39. TEMA-Austauscher (Prinzipskizzen). Nach [L 2]. **a**) Wärmeaustauscher mit verschweißten Rohrböden; **b**) mit Schwimmkopf; **c**) mit U-Rohrbündel; **d**) Verdampfer (Kesseltyp) mit Schwimmkopf

Ethylenanlagen sind mit einer großen Zahl von Verdampfern und Kondensatoren ausgerüstet. Die meisten der Kondensatoren werden mit Wasser gekühlt, die meisten Verdampfer mit kondensierendem Wasserdampf geheizt. Einige Kondensatoren werden mit verdampfendem Propylen, andere mit verdampfendem Ethylen gekühlt. Für diese Fälle hat sich der Einsatz von sogenannten TEMA-Austauschern (Tubular Exchanger Manufacturer Association) (Bilder 9.39 a bis d) als günstig erwiesen. Besonders große Heizflächen ergeben sich bei den Verdampfern von Ethylensäulen, an denen bei kleiner Temperaturdifferenz auf der einen Seite Ethylen kondensiert, während auf der anderen Seite Ethan verdampft. Hierfür eignet sich die für Hauptkondensatoren von Luftzerlegungsanlagen angewandte Bauart (Bilder 9.37 und 9.38).

9.4.3 Rektifiziersäulen

Wenngleich in der Tieftemperaturtechnik die bei höheren Temperaturen geltenden Konstruktionsgrundsätze weitgehend angewendet werden können, müssen doch der tiefen Temperaturen wegen manche besondere Gesichtspunkte berücksichtigt werden. Vor allem zwingt das Streben, die Kälteverluste möglichst herabzusetzen, dazu, die Apparate klein und mit geringer Oberfläche zu bauen. Man sucht daher die für die

Stoffübertragung benötigte Austauschfläche in einem möglichst kleinen Raum unterzubringen. In gleicher Richtung wirkt die Tatsache, daß die Rektifizierapparate die höchsten Teile der ganzen Anlage darstellen. Daher bemüht man sich besonders, die Bauhöhe der Säulen zu verringern. Schließlich soll auch die Wärmekapazität der Säulen klein sein, damit sie bei der Inbetriebnahme rasch abgekühlt werden können und danach die Rektifikation und damit auch die Lieferung der gewünschten Gase möglichst bald beginnen kann.

Die Forderung, daß der Werkstoff auch bei den tiefen Temperaturen noch eine genügende Kerbzähigkeit aufweisen soll, ist der Hauptgrund, weshalb die Rektifiziersäule für tiefe Temperaturen aus Aluminium oder kaltzähem Stahl hergestellt werden.

Die Rektifiziersäulen sind senkrechte Hohlzylinder mit Einbauten von großer Oberfläche, welche die Flüssigkeit aufstauen und die für die Rektifikation erforderliche Berührung zwischen Dampf und Flüssigkeit herbeiführen (Abschnitt 3.3.1). Bei niedrigem inneren Überdruck werden die Hohlzylinder in der Regel aus Aluminiumblechen hergestellt, die man rund biegt und verschweißt. So wird z. B. für den Mantel der oberen Säule eines Zweisäulenapparates zur Luftzerlegung ein Blech von etwa 1 mm Dicke gewählt. Beträgt aber der innere Druck einige Atmosphären wie bei der Drucksäule eines Zweisäulenapparates, dann verwendet man für die Säulenmäntel meist Chrom-Nickel-Stahl von mehreren Millimetern Dicke. Liegen die Betriebstemperaturen um $-100\ ^\circ C$, so verwendet man für Druckmäntel von Rektifiziersäulen niedriglegierte Nickelstähle (s. Abschnitt 9.4.1).

Zur Erzielung einer großen Berührungsfläche zwischen Flüssigkeit und Dampf verwendet man bei den tiefen Temperaturen nur selten Füllkörper (wie Raschig-Ringe u. dgl.), weil ihre Wirkung bei großen Säulendurchmessern zu gering ist. Man bevorzugt Querstromrektifizierböden und zwar entweder Glockenböden oder Siebböden. Wie auch im Bereich der höheren Temperaturen besteht jede Glocke eines Glockenbodens, wie schon in Abschnitt 3.3.1. erörtert, aus einem senkrechten Dampfführungsrohr und der darübergestülpten Glocke, die meist einen gezackten oder geschlitzten Rand hat. Der vom darunterliegenden Boden kommende Dampf steigt durch das Dampfführungsrohr in die Höhe, wird durch die Glocke nach unten abgelenkt und tritt dann unter dem Rand der Glocke in die Flüssigkeit ein, die er schließlich nach oben strömend wieder verläßt. Im Vergleich zur Bauweise der Glocken für hohe Temperaturen besteht ein wesentlicher Unterschied darin, daß man bei den tiefen Temperaturen wegen der erstrebten niedrigen Bauhöhe der Rektifiziersäulen einen kleineren Bodenabstand wählen muß. Daher muß auf jedem Boden eine große Zahl sehr kleiner,

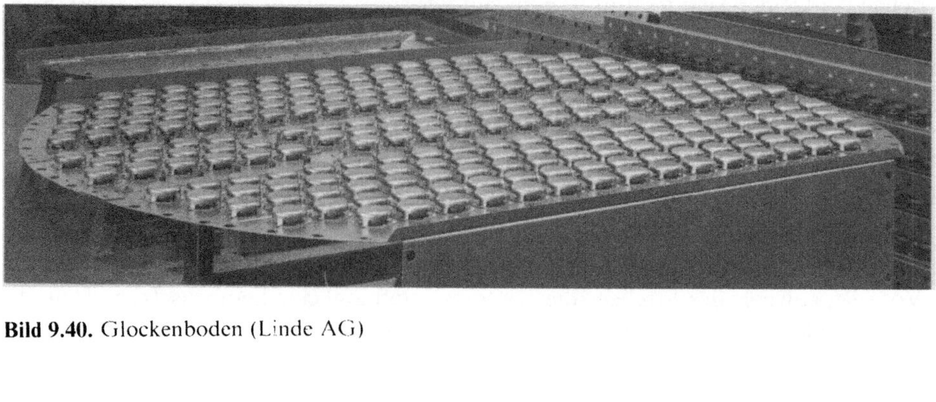

Bild 9.40. Glockenboden (Linde AG)

niedriger Glocken angeordnet werden (Bild 9.40). Um zugleich eine geringe Wärmekapazität zu erreichen, stellt man die Böden und Glocken aus dünnen Blechen her.

Siebböden bestehen aus waagerechten gelochten Blechen, wobei sich ein Lochdurchmesser von 0,9 mm und ein Lochabstand von etwa 3 mm als zweckmäßig erwiesen haben. Der Dampf tritt von unten durch die feinen Löcher des Siebbodens und danach durch die Flüssigkeitsschicht hindurch, die einige Zentimeter hoch ist. Die Siebböden haben den Vorteil, daß ihre Masse und damit ihre Wärmekapazität besonders gering ist. Da ferner die Flüssigkeitsschicht noch niedriger ist als auf den Glockenböden, braucht auch während der Abkühlzeit des Apparates weniger Flüssigkeit erzeugt zu werden. Die Böden beginnen daher auch früher zu arbeiten. Auch kann man nur bei Siebböden den geringen Bodenbestand von 90 bis 150 mm erreichen, wie er heute bei großen Luftzerlegungsanlagen vielfach üblich ist. Da jedoch die Unterschiede nicht erheblich sind, werden auch Glockenböden häufig angewendet.

Für das störungsfreie Arbeiten der Rektifizierböden ist auch die richtige Gestaltung der „Abläufe" oder, richtiger gesagt, der Ablaufschächte wichtig, durch welche die Flüssigkeit zum nächsttieferen Boden geleitet wird (Bild 9.41). Damit die Flüssigkeit auch bei der größten Belastung der Rektifiziersäule noch sicher abfließen kann, muß der Querschnitt jedes Ablaufschachtes reichlich groß gewählt werden. Andererseits muß vermieden werden, daß ein Teil des Dampfes den Ablaufschacht als bequemeren Weg nach oben benutzen kann. Der deshalb notwendige vollständige Abschluß der

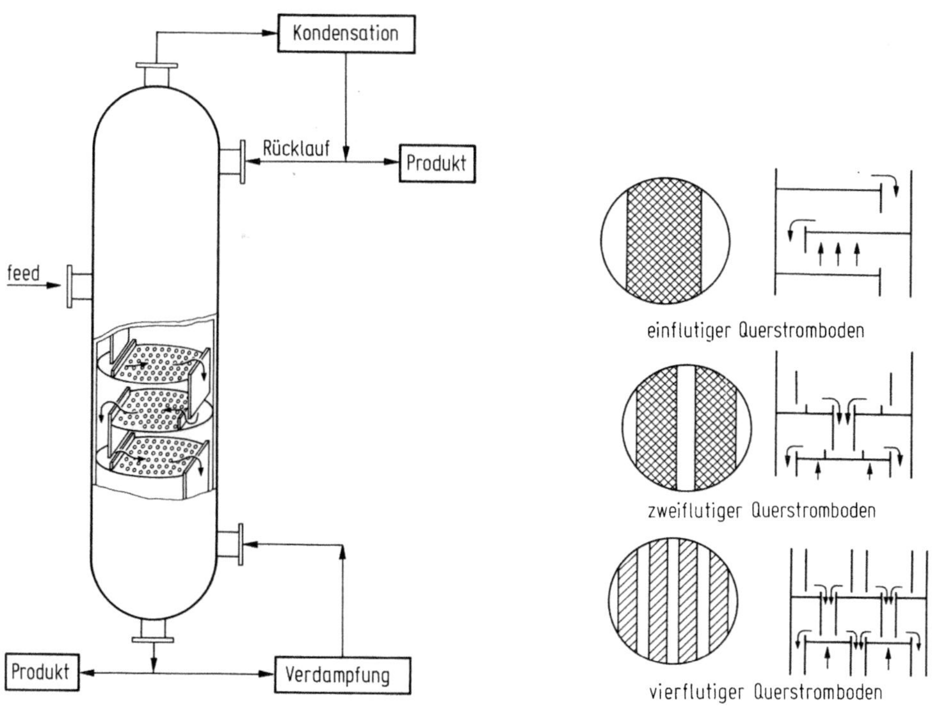

Bild 9.41. Querstromböden

Flüssigkeit gegen den Dampf wird dadurch erreicht, daß man den Ablaufschacht genügend tief in die Flüssigkeit des nächsttieferen Bodens eintauchen läßt. Eventuell wird die Flüssigkeit durch ein auf dem nächsttieferen Boden angebrachtes Wehr gestaut, ehe sie auf den gelochten oder mit Glocken besetzten Teil dieses Bodens übertritt.

Damit die Flüssigkeit auf dem Boden stets hoch genug steht, muß auch dort, wo die Flüssigkeit den Boden verläßt, ein Wehr angeordnet werden.

Bei Böden großen Durchmessers von über 3 m, wie sie in der Tieftemperaturtechnik nicht selten vorkommen, bereitete der Ablauf der sehr großen Flüssigkeitsmenge anfänglich erhebliche Schwierigkeiten, da man auch bei so großen Durchmessern den Bodenabstand nicht zu hoch wählen wollte. Sie sind im wesentlichen darin begründet, daß die Flüssigkeitsmenge dem Quadrat des Säulendurchmessers, die Länge der Ablaufkante aber nur der ersten Potenz des Säulendurchmessers proportional ist.

Die genannten Schwierigkeiten überwindet man durch Einsatz von zwei oder — bei sehr großen Säulendurchmessern — sogar mehrflutigen Querstromböden (Bild 9.41). Zwar geht hierdurch ein Teil der für den Stoffaustausch erforderlichen Bodenfläche verloren, weshalb der Säulendurchmesser entsprechend größer gewählt werden muß, aber die für die Bewältigung der großen Flüssigkeitsmenge notwendigen Einlauf- und Auslaufkanten können dadurch wesentlich verlängert werden.

Die Rektifizierböden fertigt man ebenso wie die Säulenmäntel aus Aluminium, Chrom-Nickel-Stahl oder niedriglegiertem Nickelstahl. Sie können an dünnwandigen Mänteln durch Sicken und Sprengringe befestigt werden (Bild 9.42). An Druckmäntel mit größerer Wandstärke dagegen schweißt man Tragringe an, auf welche die Böden aufgelegt werden. Abstand und Lage der Böden können durch eine Vielzahl von mit Gewinden versehener Bolzen (s. Bild 9.43) einjustiert werden. Diese Bolzen nehmen auch die durch die Flüssigkeitslast und den Staudruck der aufsteigenden Dämpfe auf die Böden wirkenden Kräfte auf. Siebböden mit kleinen Löchern sind gegen Verlegungen mit Schnee, Eis oder Staub sehr empfindlich. Verlegte Löcher beeinträch-

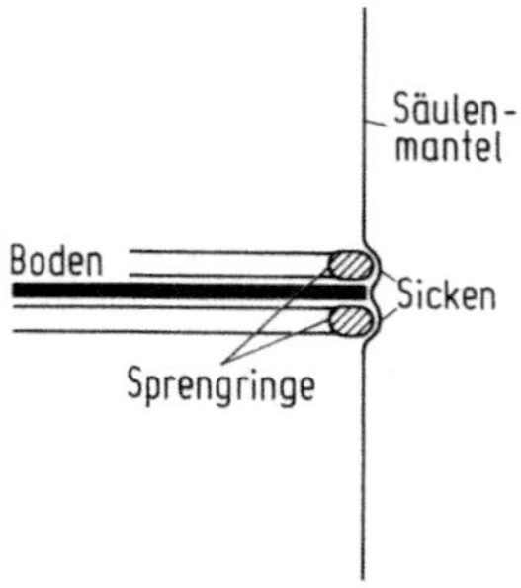

Bild 9.42. Befestigung eines Rektifizierbodens im Säulenmantel

Bild 9.43. Zusammenbau einer Rektifiziersäule (Linde AG)

tigen den Stoffaustausch und erhöhen den Druckabfall. Es ist deshalb besonders wichtig, daß die letzten Spuren von störenden Bestandteilen der zu zerlegenden Gemische vor der Rektifikation restlos entfernt werden.

9.4.4 Adsorber

Luft und die meisten anderen Gasgemische, aus denen reine Gase gewonnen werden sollen, enthalten Bestandteile, die den Zerlegungsvorgang bei tiefen Temperaturen erheblich stören, wenn sie nicht vor der Tiefkühlung unschädlich gemacht werden. Dies kann entweder durch chemische oder physikalische Wäschen oder durch Regeneratoren und reversing exchangers oder auch durch Adsorber geschehen. Für die Entfernung von Wasserdampf, Kohlendioxid und Acetylen aus Luft hat sich in der jüngsten Zeit die adsorptive Methode mit Zeolithen als die beste erwiesen (s. hierzu Abschnitt 4.4.2).

Außer zur Trocknung, Kohlendioxid- und Acetylenentfernung aus Luft eignen sich Zeolithe auch für die Reinigung von wasserstoffhaltigen Gasen, von Spaltgasen zur Ethylengewinnung und von Erdgas. Enthalten Gasgemische Bestandteile, die zur Polymerisation neigen, so müssen diese vor den Molekularsiebadsorbern, am besten durch Mischkondensation mit anderen Bestandteilen entfernt werden; andernfalls würden die Poren durch Polymerisation verschlossen und verstopft.

Bei der Konstruktion von Adsorbern muß beachtet werden, daß sowohl das zu reinigende Gas während der Beladung des Molekularsiebes wie auch das Spülgas in der Periode der Regenerierung nur einen kleinen Druckabfall erleiden dürfen. Die „Wühlgrenze“ darf in beiden Perioden nicht überschritten werden. Ferner müssen beide Gase die Schüttung gleichmäßig durchströmen, damit nicht an manchen Stellen die zu adsorbierenden Stoffe vorzeitig durchbrechen. Im allgemeinen wird das Adsorbens in stehenden Behältern untergebracht. Bei sehr großen Luftzerlegungsanlagen hat sich eine liegende Bauart bewährt (Bild 9.44). Sowohl die unten zuströmende Luft, wie auch das oben zuströmende Regeneriergas werden durch je ein Prallblech sowie Leitbleche auf den ganzen Querschnitt möglichst gleichmäßig verteilt. Die Molekular-

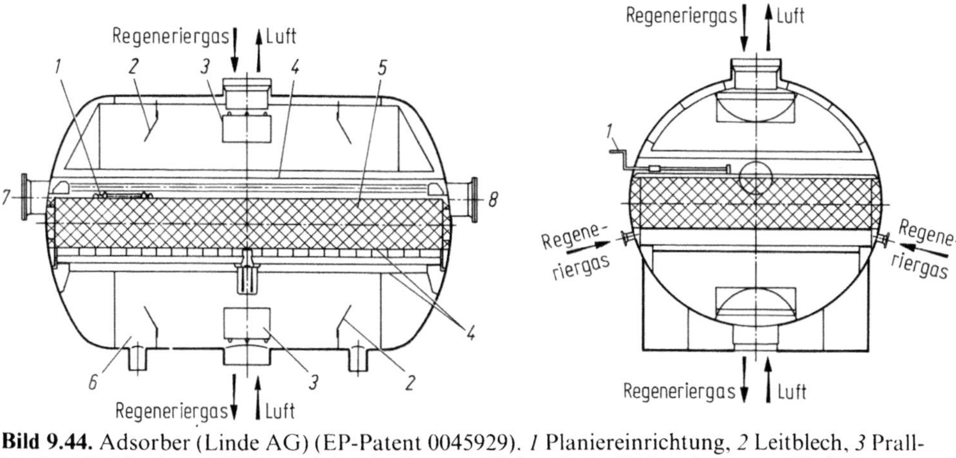

Bild 9.44. Adsorber (Linde AG) (EP-Patent 0045929). *1* Planiereinrichtung, *2* Leitblech, *3* Prallblech, *4* Siebboden, *5* Füllmaterial, *6* Isolierung, *7* Mannloch, *8* Mannloch zum Einfüllen

siebschicht wird durch Mannlöcher zwischen Siebböden eingebracht. Eine Planiereinrichtung sorgt dafür, daß an allen Stellen die Schicht gleich dick ist. Um zu verhindern, daß die zu adsorbierenden Stoffe in den Randzonen vorzeitig durchbrechen, werden diese nicht von Luft, wohl aber von Spülgas durchströmt, was durch den Einbau entsprechender Schutzbleche und die Anordnung besonderer Stutzen für das Regeneriergas erreicht wird.

9.5 Behälter für die Lagerung und den Transport verflüssigter Gase

Im Kapitel 6 „Verflüssigung und Zerlegung von Erdgas" wurde die sogenannte LNG-Kette beschrieben. Wesentliche Glieder dieser Kette sind die LNG-Tankschiffe (Abschnitt 6.2.4) und der Versandterminal, in dem große Mengen LNG gelagert sind, bevor sie auf Schiffe verladen werden sowie der Empfängerterminal (Abschnitt 6.2.5), in dem das LNG erneut gelagert wird, ehe es nach Verdampfung in die Ferngasleitung eingespeist wird. Für jede solche Lagerung werden Tanks mit einem Fassungsvermögen bis zu 130000 m^3 benötigt.

Im Abschnitt 6.2.4 war beschrieben worden, welche Anforderungen an Tanks für den Transport von flüssigem Erdgas gestellt werden müssen. Hier werden diejenigen Anforderungen wiederholt, die allgemein für die Lagerung flüssiger Gase gelten:

1. Das Behältermaterial muß den Beanspruchungen bei tiefen Temperaturen gewachsen sein. Undichtheiten oder Risse sind Gefahrenquellen (s. Abschnitt 9.9 „Sicherheitsfragen").
2. Diejenigen Teile des Tanks, welche im Betrieb tiefen Temperaturen ausgesetzt sind, müssen sich bei ihrer Abkühlung und Wiedererwärmung spannungsfrei zusammenziehen und wieder ausdehnen können.
3. Die unvermeidlichen Verdampfungsverluste müssen durch gute Isolierung klein gehalten werden (s. hierzu Tabelle 9.2).
4. Der trotz Isolierung verdampfende Anteil darf nicht zur Überschreitung des zulässigen Drucks im Tank führen.

Der Verdampfungsverlust ist um so größer, je größer der Unterschied zwischen der Siedetemperatur des zu lagernden verflüssigten Gases und der Umgebungstemperatur und je kleiner die Verdampfungswärme des flüssigen Gases sind. Bei einer angenommenen Umgebungstemperatur von 300 K betragen der genannte Temperaturunterschied ΔT und die Verdampfungswärme r für

	ΔT K	r kcal/m_n^3	r kJ/kmol
C_2H_4	130,7	144,1	13517
CH_4	188,3	86,2	8086
O_2	209,8	72,8	6829
N_2	222,6	59,6	5590
H_2	279,6	10,04	942
He	295,7	1,07	100

Es folgt aus dieser Tabelle, daß für einen LNG-Tank oder einen Tank für flüssiges Ethylen eine relativ einfache Isolierung genügt, während ein Behälter für flüssiges Helium sehr gut isoliert werden muß. Diese Tendenz „je tiefer die Siedetemperatur, desto besser die Isolierung" wird noch dadurch verstärkt, daß die zu lagernden Mengen an flüssigem Helium viel kleiner sind als die Mengen an flüssigem Ethylen, oder gar an LNG. Denn der relative Verdampfungsverlust wächst auch mit dem Verhältnis der Oberfläche zu dem Volumen des Tanks und dieses ist bei kleinen Tanks größer als bei großen.

9.5.1 Großtanks zur drucklosen Speicherung verflüssigter Gase

Bild 9.45 zeigt die Prinzipskizze eines zylindrischen Tanks mit flachem Boden, wie er für die Lagerung von flüssigem Ethylen, Methan, Sauerstoff und Stickstoff verwendet werden kann. Solche Tanks können im Hinblick auf die Größe nur auf der Baustelle, d. h. am Ort ihres späteren Einsatzes zusammengebaut werden. Um zu verhindern, daß feuchter Erdboden gefriert, wird der Tank auf einem belüfteten Fundament aufgestellt. Auf die Fundamentplatte wird eine Schicht aus Schaumglassteinen gesetzt, auf der die Bodenbleche zusammengeschweißt werden. Dann wird der Innenmantel aus demselben Material wie der Boden, d. h. entweder aus kaltzähem Stahl oder aus Aluminium montiert. Das Dach mit selbsttragendem Gespärre wird aus Blechen überlappt geschweißt. Der Innentank wird mit einem konzentrischen Außenmantel aus Kohlenstoffstahl umgeben. Der Raum zwischen den beiden Behältern wird mit Isoliermaterial, entweder Mineralwolle oder Perlite (s. Abschnitt 9.6), ausgefüllt. Sowohl der Innentank wie auch der Außentank werden mit Über- und Unterdrucksicherheitsventilen versehen.

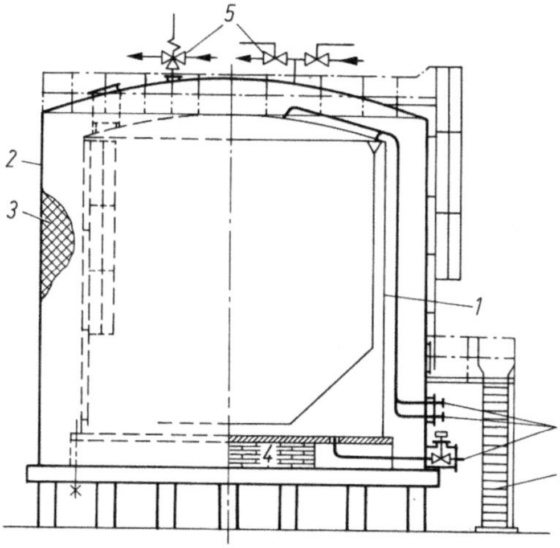

Bild 9.45. Zylindrischer Tank mit flachem Boden (Linde AG). *1* Innenmantel, *2* Außenmantel, *3* Isoliermaterial, *4* Schaumglassteine, *5* Sicherheitsventil und Ventile für Spülung, *6* Füll- und Entleerungsventile, *7* Leiter

Die Verdampfungsrate solcher Tanks ist für Sauerstoff bei einer Größe von 400 m^3 ca. 0,25 % pro Tag, bei Stickstoff etwas höher und bei Methan und Ethylen etwas niedriger. Bei größeren Tanks mit mehr als 5000 m^3 liegt sie unter 0,1 % pro Tag.

Sehr große LNG-Mengen, — die größten Tanks in Terminals haben ein Innenvolumen von über 100000 m^3 — können eine große Gefahr darstellen, wenn aus einem nicht vorhersehbaren Grund der Behälter reißen sollte. In England hat man daher seit 1965 die Lagerung von LNG in unterirdischen Kavernen geplant und durchgeführt. Durch Füllen derartiger Hohlräume gefriert das wasserhaltige Erdreich und verhindert das Leerlaufen des Behälters. Im Laufe der Zeit bildet sich ein je nach Wärmeleitfähigkeit des Erdbodens mehr oder weniger weit ausgreifendes zeitlich konstantes Temperaturfeld aus. Bis dahin und auch danach strömt dem gelagerten LNG viel Wärme zu und verursacht hohe Verdampfungsverluste.

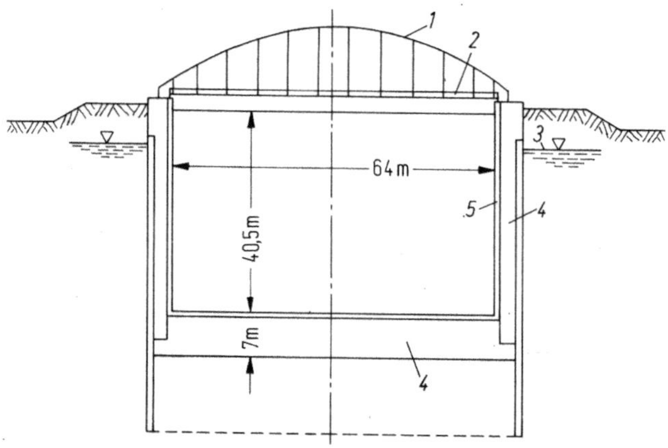

Bild 9.46. „Inground" storage tank. Nach [O 1]. *1* Dach, *2* Isolierung, *3* Grundwasserstand, *4* Stahlbeton, *5* Membran

Einerseits aus diesem Grund, aber vor allem wegen der in Japan bestehenden Erdbebengefahr hat man dort Behälter für die Lagerung von großen LNG-Mengen in die Erde gebaut. Bild 9.46 zeigt die Querschnittsskizze eines „inground storage tanks" für ca. 130000 m^3. Sowohl der Boden als auch der zylindrische Teil des im Erdreich steckenden Außenmantels bestehen aus starkwandigem stahlbewehrten Beton. Zwischen diesen und den mit „Membran" bezeichneten Innenmantel wird Isoliermaterial gefüllt. Die ebene Decke, auf der Isoliermaterial liegt, ist an einem gewölbten Dach aufgehängt [O 1].

9.5.2 Tanks mittlerer Größe mit Vakuumisolierung

Weit häufiger als die Notwendigkeit zur Speicherung sehr großer Mengen verflüssigter Gase in den im vorigen Abschnitt beschriebenen Großtanks besteht ein Bedarf für die Lagerung und den Transport von flüssigem Sauerstoff, flüssigem Stickstoff und flüssigem Argon in einer Größenordnung von 5 bis 100 m^3. Im Gegensatz zum Seetransport von flüssigem Erdgas, der der Energieversorgung von Ländern dient, die über nur geringe oder keine Erdgasquellen verfügen, werden flüssige Produkte von Luftzerlegungsanlagen auf dem Land transportiert, und zwar sowohl auf der Straße wie auch auf der Schiene. Dabei dienen Lagerung und Transport von flüssigem Sauerstoff, flüssigem Stickstoff und flüssigem Argon der Versorgung einer Vielzahl verstreut liegender Anwender dieser Gase, für die es sich nicht lohnen würde, eine eigene Luftzerlegungsanlage aufzustellen und zu betreiben.

Am Beispiel der Versorgung einer großen Zahl von Sauerstoffverbrauchern sei dies im folgenden erläutert.

9.5.2.1 Versand von Sauerstoff

Gasförmiger reiner Sauerstoff, wie er vor allem für das autogene Schweißen und Schneiden benötigt wird, kommt zu einem großen Teil in Stahlflaschen unter 150 bar Druck in den Handel. Eine Stahlflasche der üblichen Art mit 40 l Inhalt nimmt etwa 6 m_n^3 Sauerstoff auf, wenn der Fülldruck nach Temperaturausgleich 150 bar beträgt. Die Stahlflaschen haben den Vorteil, daß in ihnen der Sauerstoff leicht an jede Bedarfsstelle gebracht werden kann.

Für den Transport etwas größerer Mengen von Sauerstoff werden gelegentlich Flaschenbündel verwendet, bei denen mehrere Flaschen mit Hilfe von Verbindungsleitungen in einem Rahmen so vereinigt werden, daß man sie mit Hilfe einer einzigen Anschlußleitung auffüllen kann. Diese Flaschenbündel, die mit Hebezeugen verladen werden, können ebenso wie die einzelnen Flaschen auf Eisenbahnwagen oder auf Lastkraftwagen transportiert werden. Heute ist der Transport von Sauerstoff in Stahlflaschen oder Flaschenbündeln im wesentlichen auf geringe Entfernungen und auf die Belieferung der Kleinverbraucher beschränkt, weil für weitere Entfernungen und große Mengen sich schon lange der Versand in flüssiger Form durchgesetzt hat.

Da die üblichen Stahlflaschen etwa 10 mal so schwer sind wie die Sauerstoffmenge, die sie aufnehmen können, sind die Verlade- und Transportkosten für den Versand des Sauerstoffs unverhältnismäßig hoch. Um dies zu verringern, ist man bald nach dem Ersten Weltkrieg dazu übergegangen, einen Teil des Sauerstoffs flüssig zu versenden und am Verbrauchsort wieder in den gasförmigen Zustand überzuführen, ein Verfahren, für das sich in seiner ersten Entwicklung besonders Heylandt eingesetzt hat [G 1, L 3].

Diese Methode setzt allerdings voraus, daß Sauerstoff in flüssiger Form aus der Luftzerlegungsanlage entnommen werden kann. Dazu muß diese mit einer wesentlich größeren Kältequelle, die mit einem erhöhten Energieaufwand verbunden ist, ausgerüstet sein als wenn sie nur gasförmigen Sauerstoff abgeben muß (s. Abschnitt 4.5.2). Der flüssige Sauerstoff wird zunächst in einem Tank zwischengelagert, der neben der Luftzerlegungsanlage aufgestellt ist. Von dort wird er in einen transportablen Tank so umgefüllt, daß noch ein kleiner Raum für gasförmigen Sauerstoff übrigbleibt. Ohne nennenswerte Verdampfungsverluste kann der flüssige Sauerstoff über größere Entfernungen zu einem Umfüllwerk gebracht werden, welches in der Mitte eines Verbrauchergebietes mit etwa 50 km Radius liegt. Etwas Sauerstoff verdampft allerdings während des Transports trotz guter Isolierung des Tanks, wodurch in diesem der Druck ansteigt, was aber nicht schaden kann, weil der Behälter eine entsprechende Wandstärke besitzt. Dank dieses Überdrucks kann die Flüssigkeit im Umfüllwerk ohne Pumpe wieder von einem Standtank übernommen werden. Aus diesem saugt dann eine Hochdruckpumpe (s. Abschnitt 9.3.1) flüssigen Sauerstoff an und fördert ihn auf einen Druck von 150 bis 200 bar. In einem mit warmen Wasser geheizten Wärmeaustauscher wird der Sauerstoff im überkritischen Zustand auf Umgebungstemperatur angewärmt und schließlich in Stahlflaschen abgefüllt. Es ist erstaunlich, daß diese relativ komplizierte Sauerstoffversorgungskette zu einer billigeren Versorgung der

Sauerstoffkunden führt, als die sofortige Abfüllung gasförmigen Sauerstoffs in die Stahlflaschen schon bei der Luftzerlegungsanlage und der Transport der Flaschen zum Endkunden. Der Grund hierfür liegt hauptsächlich darin, daß, wie bereits erwähnt, Stahlflaschen 10 mal so schwer sind wie ihre Sauerstoffüllung, während ein leerer 25000-l-Tank nur etwa halb so viel wiegt, wie die Sauerstoffüllung die er aufnehmen kann.

Dient die soeben beschriebene Methode der Versorgung einer Vielzahl von Verbrauchern kleiner Sauerstoffmengen, so geht man bei der Belieferung von Betrieben mit etwas größerem Sauerstoffbedarf, bei dem sich aber die Aufstellung und der Betrieb einer eigenen Luftzerlegungsanlage noch nicht lohnt, den folgenden Weg:

Im Werksgelände wird ein eigener Standtank aufgestellt. Er unterscheidet sich von den üblichen Stand- und Transporttanks dadurch, daß sein Innenbehälter eine größere Wandstärke hat, so daß er einen Druck bis zu etwa 20 bar aushalten kann. Er wird nach Ankunft des Transporttanks unter atmosphärischem Druck mit flüssigem Sauerstoff gefüllt. Nach Trennung der Verbindung zum Transporttank wird ein Teil der Füllung in einem Wärmeaustauscher verdampft. Das entstandene Gas wird in den Tank zurückgeführt, so daß dort der Druck steigt (Bild 9.47). Nun kann über das Ventil 5 flüssiger Sauerstoff unter Druck einem weiteren Sauerstoffverdampfer zugeleitet und in ein Werksleitungsnetz eingespeist werden. Aus diesem kann dann je nach Bedarf an mehreren Stellen über Ventile Sauerstoff entnommen werden.

Dieselben Methoden, wie sie oben beschrieben wurden, können auch für die Stickstoff- und Argonversorgung angewandt werden; die zuerst genannte mit Stahlflaschen bei kleinerem Verbrauch, die zweite, wenn es lohnt, ein Werksleitungssystem einzurichten. Ein Stickstoffleitungsnetz ist insbesondere für Werksanlagen notwendig, in welchen Brandgefahr besteht und Behälter und Rohrleitungen im Betrieb brennbare Medien enthalten, die durch Inertgas verdrängt werden müssen bevor Reparaturen ausgeführt werden sollen (s. hierzu auch Abschnit 9.9 „Sicherheitsfragen").

Bild 9.47 zeigt schematisch die wesentlichsten Teile eines Doppelmantelbehälters, wie er sowohl als Stand- wie auch als Transporttank verwendet wird. Der Innenbehälter besteht aus tieftemperaturbeständigem Material, der Außenbehälter aus normalem

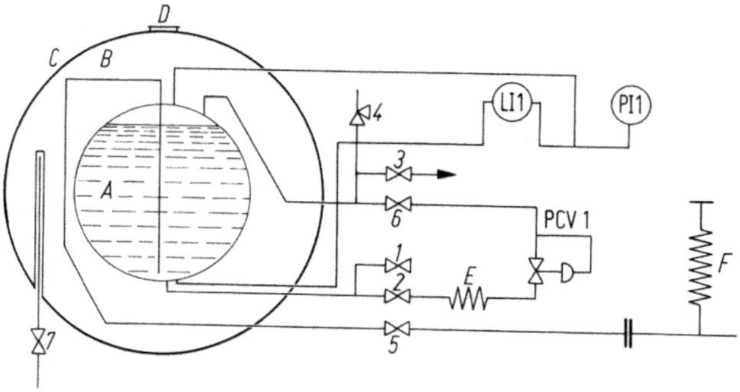

Bild 9.47. Tank für verflüssigte Gase (Linde AG). *A* Innenbehälter, *B* Isolierraum, *C* Außenbehälter, *D* Überdrucksicherung für Außenbehälter, *E* Druckaufbauverdampfer, *F* Verdampfer, *1* Füllventil, *2* Druckaufbauventil, *3* Abgasventil, *4* Tanksicherheitsventil, *5* Entnahmeventil, *6* Gasabsperrventil, *7* Vakuumventil, *PCV 1* Druckaufbauregler, *LI 1* Inhaltsanzeiger, *PI 1* Manometer

Baustahl, der mit einem mehrlagigen Deckanstrich als Korrosionsschutz versehen wird. Der Zwischenraum *B* ist mit Isolierpulver gefüllt und evakuiert, weshalb nur sehr wenig Wärme durch Leitung, Konvektion und Strahlung auf den Innenbehälter einströmt. Weitere Einzelheiten kann man aus der Bildunterschrift entnehmen. Man kann diese Bauart auch als Weiterentwicklung der sogenannten Dewar-Gefäße ansehen, welche aus doppelwandigem Glas mit Vakuumisolierung bestehen und zur Aufbewahrung kleiner Mengen verflüssigter Gase dienen (Abschnitt 9.5.4).

9.5.3 Tanks mit Superisolierung

Wegen der großen Temperaturdifferenz zwischen Umgebung und flüssigem Helium, vor allem aber wegen der besonders niedrigen Verdampfungswärme müssen Tanks für die Lagerung und den Transport von flüssigem Helium besonders gut isoliert und mit einer Zusatzkühlung versehen werden. Im evakuierten Raum zwischen dem Außenbehälter aus Feinkornstahl und dem Tankgefäß aus hochlegiertem Edelstahl befindet sich ein Strahlungsschild aus Kupferblech, an welchem Kupferrohrwindungen angelötet sind. In diese wird flüssiger Stickstoff aus einem mit zum Tanksystem gehörenden Zusatztank eingeleitet. Er verdampft in diesen Kupferrohren, wodurch der He-Tank weitgehend gegen Wärmestrahlung geschützt wird. Sowohl zwischen dem Außenbehälter und dem Strahlungsschild wie auch zwischen diesem und dem Innenbehälter sind zur weiteren Verminderung der Wärmestrahlung gewellte Metallfolien angeordnet. Auf diese Weise gelingt es bei einem Speichervolumen von 30 m^3 den Verdampfungsverlust von flüssigem Helium unter 1 bis 2% je Tag zu halten.

9.5.4 Kannen für kleine Mengen verflüssigter Gase

In Laboratorien und Forschungsinstituten werden für Untersuchungen bei tiefen und tiefsten Temperaturen kleine Mengen von flüssigem Sauerstoff, flüssigem Stickstoff und flüssigem Helium gebraucht. Bild 9.48 zeigt den Querschnitt durch eine

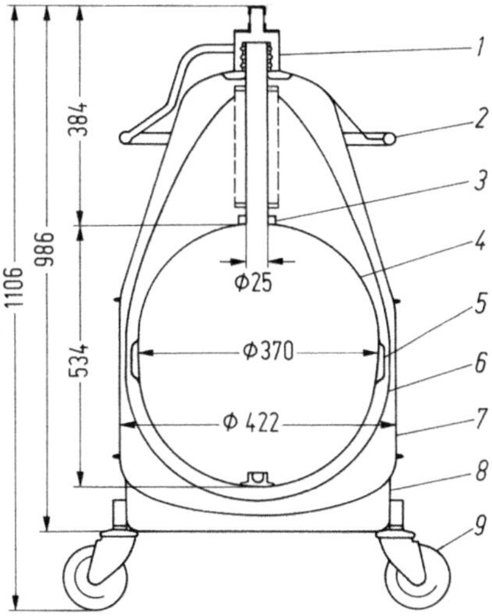

Bild 9.48. Kanne für verflüssigtes Gas (L'Air Liquide, Paris). *1* Rückgewinnungskasten, *2* Handring, *3* Hals, *4* Innenbehälter, *5* Adsorbiermittelraum, *6* Superisoliermittel, *7* Außenmantel, *8* Stütze, *9* Rollen

Kanne für die genannten verflüssigten Gase in der Ausführung der Fa. L'Air Liquide (Paris). Um den Verdampfungsverlust durch die Wärmeleitung von Halterungen möglichst klein zu halten, ist der nahezu kugelförmige Innenbehälter, der die tiefsiedende Flüssigkeit aufnimmt, mit einem relativ langen Hals versehen und mit diesem am oberen Teil des Außenmantels aufgehängt. Der Raum zwischen Innen- und Außenbehälter ist evakuiert. Damit das Vakuum erhalten bleibt, können Gasreste von einem Adsorptionsmittel, welches ringförmig um den Innenbehälter angebracht ist, aufgenommen werden. Zur Verminderung der Wärmestrahlung ist der Innenbehälter von mehreren Lagen dünner Superisolierungsfolien umgeben. Es gibt auch Bauweisen von Kannen für flüssiges Helium, bei welchen zur weiteren Verringerung der Verdampfungsverluste der Innenbehälter von einem konzentrischen Tank mit flüssigem Stickstoff umgeben ist.

9.6 Zusammenbau und Isolierung der Apparate. Aufstellungsarten von Gesamtanlagen

Bis etwa Mitte des Jahrhunderts stellte man die Verdichter, deren Zwischen- und Endkühler, Vorkühlungseinrichtungen und Tieftemperaturapparate in ein eigens für die Gesamtanlage errichtetes Gebäude. Wegen der trotz kleiner Bodenabstände aber meist mit vielen Böden ausgestatteten Rektifikationssäulen wurden die Gebäude hoch und teuer. Für die Montage oder für gelegentlich erforderliche Reparaturen mußte das ganze Gebäude mit Krananlagen ausgerüstet sein.

Die starke, nach dem Zweiten Weltkrieg sprunghaft einsetzende Nachfrage nach größeren und sehr großen Einheiten sowie die Entwicklung großer Baukräne für Außenmontagen gab Veranlassung nach anderen Lösungen zu suchen, durch welche wachsende Gebäudekosten vermieden wurden. Lediglich besonders witterungsempfindliche Bauelemente, wie Verdichter, deren Antriebsmotoren oder -turbinen, elektrische Schalteinrichtungen sowie die Meß- und Regeltafeln wurden in Gebäuden untergebracht. Apparaturen und vor allem die die kalten Anlagenteile umfassenden Blechmäntel stellte man ins Freie. Zwar mußten deswegen diese Bauelemente vor Regen etc. geschützt und abgedichtet werden, aber das hohe Gebäude war nicht mehr nötig. Die geschlossene Meß- und Schaltwarte und das häufig halb offene Maschinenhaus bedecken nur einen kleinen Teil der Grundfläche, die die Gesamtanlage einnimmt. Für den Zusammenbau der Tieftemperaturapparate haben sich drei deutlich voneinander verschiedene Bauarten entwickelt.

1. Einbau aller Apparate, Rohrverbindungen und Ventile in einen Vakuummantel. Diese Bauart kommt im allgemeinen nur für kleine Anlagen in Frage, weil große Vakuummäntel zu teuer sind. Vakuum verhindert den Wärmezustrom durch Leitung und die zusätzliche Anordnung von Strahlungsschutzblechen den durch Strahlung. Dieser besonders gute Wärmeschutz ist in den Fällen besonders wichtig, in denen die Kälteverluste durch Umgebungseinflüsse so klein wie möglich gehalten werden müssen, d. h. vor allem für Tieftemperaturanlagen, bei denen das Verhältnis von Arbeitsaufwand zu erzeugter Kältemenge sehr groß ist (z. B. Bild 8.3).

2. Einbau der Apparate, Rohrleitungen und Ventile in einen Blechmantel wonach der frei gebliebene Raum mit Isoliermaterial ausgefüllt wird. International hat sich

Bild 9.49. Montage von „cold boxes" in der Werkstatt. (Britisch Oxygen, Cryoplants Ltd.)

hierfür der Name „cold box" eingebürgert. Um Wärmezufluß aus dem Boden zu verhindern, wird über das Fundament eine Schicht von Schaumglas gelegt, auf welchem die Gestelle für die Apparate ruhen. Als Isoliermaterial im Raum darüber eignet sich Schlackenwolle. Sie wurde aber durch Perlite, ein leichtes Pulver, welches durch einen technischen Expansionsprozeß von vulkanischem Gestein bei hohen Temperaturen entsteht, verdrängt. Angewandt wird diese Bauart bei Luftzerlegern aller Größen sowie bei vielen Gaszerlegungsanlagen (Bilder 9.49 und 9.50).

3. Einzelaufstellung und Einzelisolierung der Apparate. Wegen des großen Grundflächenbedarfs ergeben sich relativ lange Rohrleitungen für die Verbindung der Apparate untereinander. Als Isoliermaterial hat sich hierfür Polyurethan bewährt, welches zwischen den Apparaten oder Rohren und den um sie angebrachten verzinkten Blechmänteln maschinell aufgeschäumt wird. Diese Bauart, bei der relativ mehr Kälte als bei den oben beschriebenen Bauarten 1 und 2 verloren geht, wird bevorzugt bei sehr großen Anlagen angewandt, deren Betriebstemperaturen nicht wesesentlich unter —100 °C liegen, z. B. beim sogenannten kalten Teil von Ethylengewinnungsanlagen (Bild 9.51).

Tabelle 9.2 zeigt die Wärmeleitfähigkeit der genannten Isolierstoffe in Abhängigkeit von der Temperatur. Die neben dem Isoliermittel angegebenen Zahlen für das Raumgewicht entsprechen den Werten, wie sie sich bei der großtechnischen Ausführung solcher Isolierungen normalerweise ergeben. Es fällt auf, daß bei der cold box-Bauart Perlite mit dem höheren Wärmeleitkoeffizienten Schlackenwolle mit dem niedrigeren Wärmeleitkoeffizienten verdrängt hat. Dies liegt daran, daß das Füllen der cold boxes mit Perlite wesentlich weniger Lohnarbeit verlangt als das Stopfen mit Schlackenwolle. Einer Flüssigkeit ähnlich erreicht es viel leichter die Hohlräume, als die Schlackenwolle, die nur durch manuelle Arbeit an alle zu isolierenden Stellen gebracht werden kann.

Bild 9.50. Groß-Sauerstoffanlage (Linde AG)

Bild 9.51. Ethylengewinnungsanlage (Linde AG)

Zudem läßt sich Perlite pneumatisch aus einem Silo in die cold box fördern, was insbesondere bei großen Anlagen Zeit spart. Perlite besteht zu etwa 75% aus SiO_2, zu etwa 15% aus Al_2O_3, kleineren Anteilen anderer Oxide und Kristallwasser. Beim Transport und bei der Lagerung muß es vor Feuchtigkeit geschützt werden.

Tabelle 9.2. Wärmeleitfähigkeit λ von Isolierstoffen bei tiefen Temperaturen in W/mK (Meßwerte)

Temperatur	−150 °C	−100 °C	−50 °C	0 °C
Lose Mineralwolle. Dichte 200 kg/m^3	0,018	0,023	0,029	0,035
Perlite (Leichtperlite). Dichte 48 kg/m^3	0,021	0,026	0,032	0,037
Perlite. Dichte 80 kg/m^3	0,024	0,030	0,036	0,042
Polyurethanschaum. Dichte 40 kg/m^3 diffusionsdicht abgedeckt	0,014	0,019	0,023	0,020
Perlite mit Vakuum. Dichte 60 bis 80 kg/m^3 Gasdruck $<10^{-3}$ mbar	0,0004	0,0008	0,0017	0,0033
Superisolierung. Lagen aus Glasseide mit geknitterter Aluminiumfolie. 10 Schichten je cm 30 Lagen	0,00004	0,00008	0,0001	0,00015

Daß Polyurethanschaum bei annähernd dem gleichen Raumgewicht noch deutlich geringere Wärmeleitfähigkeit als Perlite besitzt, liegt daran, daß sich beim Schäumvorgang des Polyurethans geschlossene Poren bilden und nicht, wie bei Perlite zusammenhängende Lufträume entstehen, die zusätzlichen Wärmetransport zulassen.

Wenn es die Größe der Anlage erlaubt, baut man cold boxes in der Werkstätte zusammen (Bild 9.49) und transportiert sie, soweit es das Transportmaß der Eisenbahn erlaubt, per Bahn, andernfalls mit Schwerlasttransportfahrzeugen über Autobahnen zur Baustelle oder zum Verschiffungshafen. Auf der Baustelle wird die cold box dann durch einen Kran auf das vorbereitete Fundament gestellt. Anschließend wird das

Bild 9.52. LNG-Baseload-Anlage (Badak, Indonesien). Nach [S 5]

Bild 9.53. Rektisol-Stickstoff-Wäsche (Linde AG)

Isoliermaterial eingefüllt. Lediglich bei sehr großen Anlagen, die Blechmäntelabmessungen verlangen, welche über das für den Transport zulässige Maß hinausgehen, kann die Box erst auf der Baustelle zusammengebaut werden. Im allgemeinen geschieht dies dort unter ungünstigeren Bedingungen als in heimischen Werkstätten.

Die Bilder 9.50 bis 9.53 sollen einen Eindruck von den unterschiedlichen Bauarten für Gesamtanlagen geben, deren Verfahren in den Kapiteln 4 „Luftzerlegungsanlagen", 5 „Ethylenanlagen", 6 „Erdgasverflüssigungsanlagen" und 7 „Anlagen der Verarbeitung wasserstoffhaltiger Gase" beschrieben sind.

Bei einer Luftzerlegungsanlage z. B. nach Verfahren 4.5.1.5 (Bild 9.50) ist neben dem Maschinenhaus die hohe cold box, welche die Wärmeaustauscher und die Doppelsäule enthält, der auch äußerlich dominierende Teil. Rechts daneben sind die beiden Molekularsiebadsorber zu erkennen, welche bei Umgebungstemperatur die Luft von Wasserdampf, Kohlendioxid und Acetylen sowie weiteren Kohlenwasserstoffen befreien. Im dahinter befindlichen Maschinenhaus sind die Kompressoren für Luft und Sauerstoff mit ihren Antriebsmaschinen untergebracht.

Eine Ethylenanlage nach Verfahren 5.4.2 (Bild 9.51) hat eine Gestalt, die der einer Raffinerie ähnlich ist. Der sogenannte heiße Teil mit den Naphtaspaltöfen ist an den fünf Schornsteinen im Bild rechts zu erkennen. Eng mit ihm ist der sogenannte kalte Teil (Bildmitte) verflochten, aus dem die hohe Ethylensäule hervorragt. Im Bild links sieht man Tanks für verflüssigte Kohlenwasserstoffe.

Noch größere Flächen als eine Ethylenanlage bedeckt ein LNG-Baseload-Anlage nach Abschnitt 6.2.3.4 (Bild 9.52) mit zwei nebeneinanderstehenden Verflüssigungseinheiten. Innerhalb der Gesamtfabrik nehmen sich die beiden „cold-boxes" links neben der Bildmitte bescheiden aus. Links neben diesen stehen die beiden Maschinenhäuser, rechts die Dampferzeugung für den Antrieb der Turbinen, die im Maschinenhaus die Verdichter antreiben. In vier Großtanks lagert das verflüssigte Erdgas bis es auf Tankschiffe verladen wird (s. hierzu auch Bild 6.6).

Der Mittelteil von Bild 9.53 gibt die Anordnung einer Rectisol-Stickstoff-Wäsche wieder, deren Verfahren in den Abschnitten 7.2.1 und 7.2.2 beschrieben ist. Hier dominieren die einzelisolierten Säulen für die Methanolwäsche und die Regenerierung des Methanols, während die Stickstoffwäsche mit ihren Wärmeaustauschern in der relativ unbedeutend erscheinenden cold box untergebracht ist.

9.7 Meß-, Regel- und Automatisierungstechnik

Um eine Tieftemperaturanlage zur Gasverflüssigung oder Gaszerlegung „anfahren" und danach in störungsfreiem Betrieb halten zu können, so daß sie die Produkte im gewünschten Zustand und der perfekten Reinheit liefert, müssen viele Größen gemessen und viele Vorgänge geregelt werden [R 2].

Die dafür eingesetzten Meß- und Regelverfahren und Geräte sind der allgemeinen Entwicklung der Automatisierungstechnik für verfahrenstechnische, chemische und petrochemische Prozesse gefolgt. Der früher übliche örtliche Bedienungsstand vor der Apparatur mit seinen unmittelbar mit Rohrleitungen und Behältern verbundenen Anzeigegeräten und den handbetätigten Regulierventilen wurde abgelöst durch eine Gerätetechnik, die es erlaubt, Meß- und Stellsignale über größere Entfernungen zu übertragen und damit die Überwachung des Prozesses in eine zentrale Meßwarte zu verlagern, von der aus gleichzeitig auch andere, zur Gesamtfabrik gehörende Anlagen überwacht werden können. Diese Entwicklung war verknüpft mit einem zunehmenden Einsatz selbsttätiger Regler, die das Bedienungspersonal von Routinearbeiten entlastete und für überwachende, die Prozeßführung optimierende und bei Störung aktiv eingreifende Tätigkeit frei machte.

9.7.1 Meßumformer

Meßumformer sind Geräte, die eine gemessene Größe, z. B. Flüssigkeitsstand, Druck, Temperatur etc. in ein proportionales Signal, z. B. einen Luftdruck zwischen 0,2 und 1 bar oder einen elektrischen Strom zwischen 4 und 20 mA umsetzen. Diese Signale können über größere Entfernungen übertragen und auf Empfangsgeräten angezeigt, geschrieben oder von Reglern weiterverarbeitet werden. Dies bringt außerdem den Vorteil mit sich, daß die in die Meßwarte eintretenden Meßleitungen „produktfrei" sind. Dadurch wird verhindert, daß in der Meßwarte einer Gaszerlegungsanlage, „dem Gehirn der Anlage", bei Bruch oder Undichtwerden von Meßleitungen oder Meßgeräten giftige oder explosible Gase oder Flüssigkeiten austreten können. Von den Meßwerten werden außer denjenigen, die für die Betriebskostenrechnung wichtig sind, wie z. B. die für Produkte, elektrische Energie, Dampf und Kühlwasser, vor allem auch Werte registriert, deren Änderungstendenz für die Beurteilung des Prozeßverlaufes wichtig ist und solche, die das Auftreten von Störungen frühzeitig erkennen lassen. Vom Normalen abweichende, das Eingreifen des Personals erfordernde Zustände werden signalisiert oder führen zum selbsttätigen Stillsetzen von Maschinen und Anlageteilen, wenn es die Sicherheit von Personal oder Anlage erfordert.

9.7.2 Regelventile

In den Fällen, in denen gemessene Größen automatisch geregelt werden sollen, wird das vom Meßumformer gelieferte Signal als Eingangsgröße eines Reglers verwendet. Der Regler erzeugt ein Ausgangssignal derselben Art, also z. B. einen Luftdruck zwischen 0,2 und 1 bar. Dieses Signal wird auf den Antrieb eines pneumatisch gesteuerten Ventils geleitet, wie es in Bild 9.54 dargestellt ist. Je höher der Druck ist, der von unten auf die Membran *1* wirkt, desto weiter werden die Membran und die mit ihr verbundene Ventilspindel *2* gegen die Kraft der über der Membran angeordneten Druckfeder *3* nach oben bewegt. Auf diese Weise kann das vom Regler kommende Signal den Spindelhub und damit die Ventilöffnung einstellen.

Es werden sowohl Durchgangsventile wie auch Eckventile verwendet. Bild 9.55 zeigt ein Eckventil. Es ist aus kaltzähem Material und wird in die Rohrleitung eingeschweißt. Bei *1* wird es am Blechmantel festgeschraubt, so daß sich nur der Ventilkörper innerhalb, die Stopfbuchse und der (nicht dargestellte) Antrieb jedoch außerhalb des Bereichs tiefer Temperatur befinden. Um Sitz (*2*) oder Kegel (*3*), wenn nötig, auswechseln zu können, ohne daß das Ventilgehäuse ausgebaut werden muß, bewegt

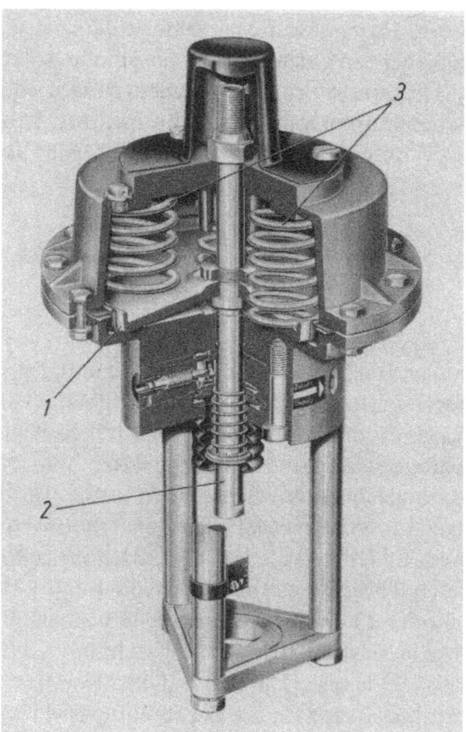

Bild 9.54. Steuerungsteil eines Regelventils (Kämmer Ventile GmbH, Essen)

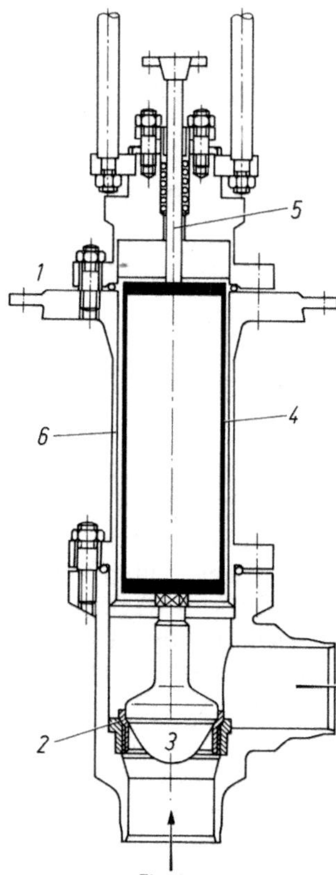

Bild 9.55. Eckventil (Gulde Regelarmaturen)

sich die zu einem Zylinder (*4*) erweiterte Spindel (*5*) in einem Überrohr (*6*) solchen Durchmessers, daß Sitz und Kegel durchgezogen werden können. Durch die Verwendung von pneumatisch gesteuerten Regelventilen wurde es möglich, diese in der cold box oder in der Gesamtanlage dort einzubauen, wo es strömungstechnisch und für die Montage am günstigsten ist.

9.7.3 Meßgrößen

Die folgenden Meßgrößen sind für den Betrieb von Tieftemperaturanlagen von wesentlicher Bedeutung:

- Flüssigkeitsstand,
- Druck,
- Temperaur,
- Durchfluß,
- Analyse.

Dabei gibt die Reihenfolge ihrer Nennung auch ein überschlägiges Maß für die Häufigkeit, mit der sie im Mittel bei den sehr unterschiedlichen Verfahrensarten geregelt werden müssen.

9.7.3.1 Flüssigkeitsstand

Der Flüssigkeitsstand muß gemessen werden, um verhindern zu können, daß Sammelbehälter, Abscheider oder Kolonnensümpfe entweder über- oder leerlaufen. Durch ein Regelventil wird stets so viel Flüssigkeit entnommen, daß die vorgeschriebenen Grenzen des Behälterstandes nicht über- oder unterschritten werden.

Bei Flüssigkeiten, wie Wasser, die oberhalb der Umgebungstemperatur sieden, läßt sich der Stand der Flüssigkeit in einem Gefäß unmittelbar an einem Glasrohr ablesen, das unten und oben mit dem Gefäß verbunden ist. Ein solcher Anzeiger wirkt nach dem bekannten Prinzip der kommunizierenden Rohre.

Bei verflüssigten Gasen ist dieses einfache Prinzip nicht anwendbar, weil die Flüssigkeit in dem der Ablesung dienenden Rohr sich bis etwa auf die Umgebungstemperatur erwärmen und dabei verdampfen würde. Man benützt daher die Messung des Bodendrucks der Flüssigkeit, um damit die Standhöhe zu ermitteln. Zu diesem Zweck besitzt der mit tiefkalter Flüssigkeit gefüllte Behälter je eine Leitungsverbindung vom Boden und vom Raum über dem Flüssigkeitsspiegel zu einem Differenzdruckmesser. Wie in Bild 9.56 gezeigt, mündet das untere Rohr u innerhalb des Behälters unter einer Haube in einen kleinen Gasraum, der sich durch eine schwache Beheizung der Einmündungsstelle aus verdampfender Flüssigkeit bildet und erhält. Durch diese Anordnung wird verhindert, daß Flüssigkeit in das untere Rohr eintritt und in wärmeren Zonen unkontrollierbar verdampft, was zu Meßfehlern, Pulsationen der Anzeige oder Verstopfung der Meßleitung führen könnte. Das obere Rohr o wird am besten schwach nach oben ansteigend verlegt, damit etwa in das Rohr gelangende Flüssigkeit wieder zurücklaufen kann. Das Meßsystem gibt die Differenz

$$P + h \cdot \varrho - P = h\varrho$$

zwischen den Drücken am unteren und oberen Anschluß an. Bei bekannter Dichte kann die Skala in Einheiten der Flüssigkeitshöhe h geteilt werden. Differenzdruck-

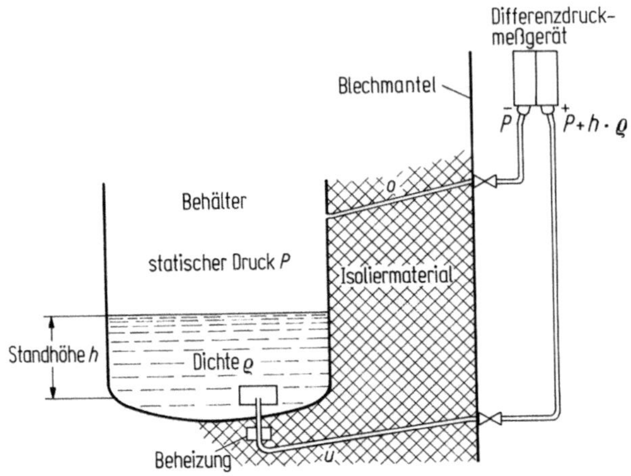

Bild 9.56. Messung des Flüssigkeitsstandes in Behältern für verflüssigte Gase. Nach [R 3]

messer, Meßumformer, Regler und das Ventil für die Flüssigkeitsentnahme bilden einen sogenannten Regelkreis, in dem der Flüssigkeitsstand automatisch im vorgeschriebenen Bereich gehalten wird.

9.7.3.2 Druck

An vielen Stellen von Tieftemperautranlagen müssen Meßstellen vorgesehen werden, um den Druck kontrollieren und einstellen zu können, unter dem die Verflüssigung und Zerlegung vor sich gehen soll. Soweit sich bei Rektifikationssäulen nicht, wie z. B. bei der oberen Säule von Luftzerlegungsanlagen, der Druck dadurch von selbst einstellt, daß das oben abströmende Gas noch den Strömungswiderstand der nachgeschalteten Wärmeaustauscher, Rohrleitungen und Ventile überwinden muß, um dann in die Atmosphäre zu entweichen, wird der Druck von Rektifiziersäulen durch einen Regler auf dem Wert gehalten, der durch das Verfahren vorgeschrieben ist. Der am oberen Ende der Kolonne angeschlossene Meßumformer bildet mit dem Regler und dem Ventil für die Entnahme des gasförmigen Kopfproduktes den Regelkreis, welcher den Kolonnendruck konstant hält. Bei steigender Tendenz des Drucks entläßt das Ventil automatisch mehr Gas, bei fallender Tendenz weniger.

Bei vielen Gaszerlegungsverfahren kondensiert das Rohgas zum Teil unter höherem als dem atmosphärischen Druck. Der Druck wird in solchen Fällen dadurch eingestellt, daß ein Regelventil die am Ende der Kondensation verbleibende Restgasmenge auf den erforderlichen Restgasdruck abdrosselt.

9.7.3.3 Temperatur

Es ist selbstverständlich, daß an vielen Stellen von tieftemperaturtechnischen Anlagen zur Betriebsüberwachung Temperaturen gemessen werden müssen. Aus der gleichzeitigen Messung von Druck und Temperatur am Ein- und Austritt von Expansionsmaschinen und -turbinen kann man Rückschlüsse auf deren Kälteleistung und Wirkungsgrad ziehen. Für die Minimierung von Austauschverlusten an Gegenströmern ist die Kenntnis der Temperaturen und Temperaturdifferenzen der zu- und abströ-

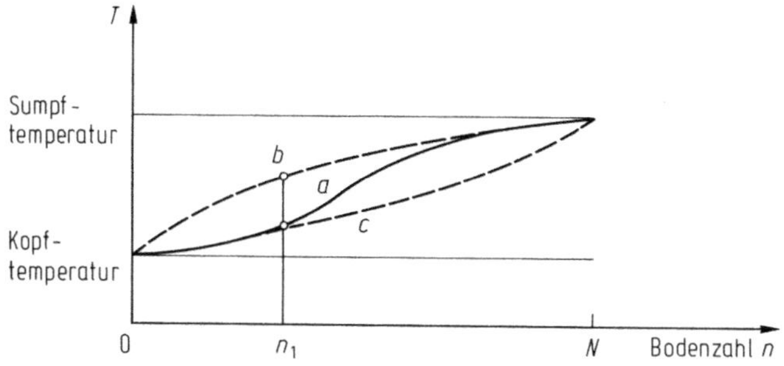

Bild 9.57. Temperaturverlauf in Rektifiziersäulen

menden Gase Voraussetzung. Auch an Rektifiziersäulen sind Temperaturmessungen und Temperaturregler deswegen eine große Hilfe, weil sie bei Zweistoffrektifikationen wegen des eindeutigen Zusammenhanges zwischen Druck, Temperatur und Gaszusammensetzung die im allgemeinen viel teuereren und zeitraubenderen Gasanalysen- und Zusammensetzungsregler ersetzen können. In Säulen, aus denen an beiden Enden hochreine Produkte entnommen werden, stellt sich ein Temperaturverlauf ein, wie er aus Bild 9.57 Kurve *a* zu entnehmen ist. Auf den Böden im Bereich der Enden ist die Temperatur nahezu konstant. Sinngemäß verlaufen die Temperaturkurven nach den Kurven *b* und *c*, wenn entweder nur am unteren oder am oberen Ende reines Produkt entnommen wird. Ein Regler, der z. B. im unteren Teil der Methansäule einer Ethylenanlage die aufsteigende Dampfmenge und damit die Temperatur im unteren Abschnitt durch Veränderung der gasförmigen Sumpfproduktmenge regelt (Bild 9.58), wirkt kaum, wenn auf ihn die Temperaturanzeige im Sumpf oder auf den unmittelbar darüberliegenden Böden einwirkt (Bild 9.57). Er reagiert schneller, wenn

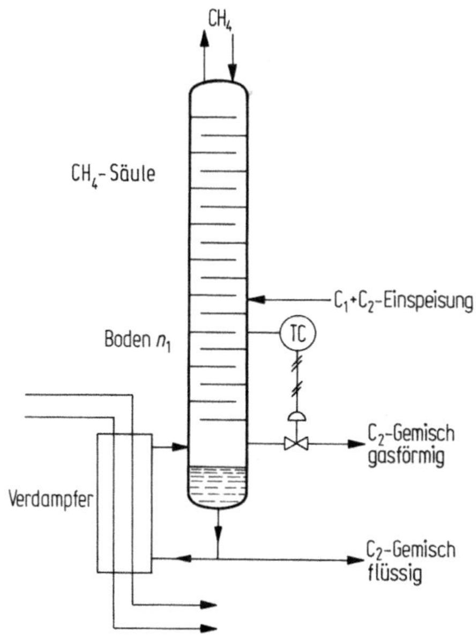

Bild 9.58. Temperaturregler an einer Methankolonne. Nach [R 3]

er die Temperaturänderung im Bereich eines größeren Temperaturgradienten wie am Boden n_1 ausnützt. Für die Temperaturmessung werden überwiegend Widerstandsthermometer eingesetzt, in Sonderfällen Thermoelemente oder Halbleiterwiderstände (s. Abschnitt 1.3), letztere bei tiefsten Temperaturen. Als Meßwiderstand wird feiner Platindraht mit 100 Ω bei 0 °C nach DIN 43760 verwendet, sofern die zu messenden Temperaturen über 90 K liegen. Weil der Widerstand von Platin mit sinkender Temperatur stark abnimmt, wählt man für die Messung von Temperaturen unter 90 K Widerstandswicklungen mit mehr als 100 Ω bei 0 °C.

9.7.3.4 Durchfluß

Zur Betriebsüberwachung ist es vor allem wichtig, die Menge des gewünschten Enderzeugnisses, z. B. des in der Zeiteinheit erzeugten Sauerstoffs, zu messen. Erwünscht ist darüber hinaus die Messung der übrigen Gasmengen, die den Zerlegungsapparat verlassen. Man kann jedoch grundsätzlich auf die zusätzliche Messung wenigstens einer dieser Mengen, z. B. der Menge des aus einem Sauerstoffapparat abziehenden Stickstoffs, für den meist keine Verwendung besteht, verzichten. Denn die Menge eines solchen Teilstromes läßt sich bei hinreichend genauer Analyse aller austretenden Gase mit Hilfe einer Mengenbilanz errechnen.

Die Summe der Mengen aller Zerlegungserzeugnisse ergibt zugleich die Menge des in der Zeiteinheit zerlegten Gasgemisches, z. B. der einem Sauerstoffapparat zugeführten Luftmenge.

Zur Durchflußmessung von Gasen bei normaler und tiefer Temperatur werden genormte Drosselgeräte, vor allem Blenden verwendet und der an diesen auftretende Differenzdruck gemessen. Um die Messung genügend genau durchführen zu können, müssen die in den einschlägigen Normen (DIN 1952) festgelegten Ausführungsbestimmungen eingehalten werden. Zu beachten ist unter anderem die erforderliche Länge der ungestörten geraden Rohrstrecken vor und hinter dem Drosselgerät.

Will man auf dieselbe Weise den Durchfluß von verflüssigten Gasen messen, so ist Voraussetzung, daß die Flüssigkeit an der Meßstelle unterkühlt ist, weil sonst am Drosselgerät ein Teil verdampfen und die Messung fälschen könnte.

Die Aufgabe, den Durchfluß automatisch zu regeln, wird bei Tieftemperaturanlagen vor allem für Hilfsprozeßströme, wie Gas- oder Flüssigkeitskreisläufe, Heizdampfmengen und ähnliches gestellt. Die in die Anlage eintretenden Hauptprozeßströme werden meistens durch Verdichter gefördert, deren Fördermenge über längere Zeit konstant bleibt. Wie die Fördermenge von Kompressoren verändert werden kann, ist in Abschnitt 9.1 beschrieben.

9.7.3.5 Analysen

Für die Anwendung der aus Tieftemperaturanlagen gewonnenen Produkte ist es entscheidend, daß sie die geforderten Reinheitsgarantien erfüllen. Deshalb müssen sie entweder laufend oder in regelmäßigen Zeitabständen analysiert werden. Auch die Zusammensetzung der zu zerlegenden Gasgemische muß gemessen werden, insbesondere dann, wenn sich ihre Zusammensetzung wegen wechselnder Betriebsbedingungen vorgeschalteter Anlagen ändern können. Wichtig ist dabei eine richtige Probenahme. Gasproben müssen an Stellen entnommen werden, an denen mit Sicherheit keine Flüssigkeit in die Analysenleitung gelangt, und Flüssigkeitsproben dort, wo kein Gas in die Probe strömen kann.

Die Methoden der Gasanalyse haben sich in den vergangenen 25 Jahren stark geändert. Während man früher in Analysengeräten weitgehend mit selektiven Lösungsmitteln eine oder mehrere Komponenten herauslöste und den Gasrest volumetrisch maß, um daraus die Gaszusammensetzung zu ermitteln, oder bei Vielstoffgemischen nach Podbielniak im kleinen Masstab durch schrittweise Teilkondensation das Gemisch zerlegte, verfügt man heute über die wesentlich bequemere Methode der Gaschromatographie. Sie kann sowohl für die Bestimmung der Zusammensetzung eines Rohgases mit vielen Bestandteilen wie auch für die Ermittlung von Spurenverunreinigungen in hochreinen Gasen eingesetzt werden.

Die Gaschromatographie benützt das Phänomen, daß Adsorptionsmittel reproduzierbar verschiedene Bestandteile eines Gasgemisches verschieden intensiv adsorbieren. Eine kleine konstante Trägergasmenge von z. B. Helium, Stickstoff oder Kohlendioxid strömt durch eine enge, mehrere Meter lange Rohrstrecke, die mit Adsorptionsmittel gefüllt ist und als Trennkolonne bezeichnet wird. Es gibt eine ganze Reihe von Adsorptionsmitteln für Trennkolonnen. Einige eignen sich für die Analyse von Luftbestandteilen, andere für Kohlenwasserstoffe, wieder andere für Sauergase etc. Dem Trägergas wird vor Eintritt in die Trennkolonne eine definierte Menge des zu analysierenden Gases zugemischt. Da die Füllung der Kolonne die einzelnen Gasbestandteile mehr oder weniger lang festhält, verlassen diese die Kolonne im Trägergas zu verschiedenen Zeiten. Schaltet man daher in den Gasstrom nach der Trennkolonne einen Detektor ein, welcher jeden wieder befreiten Bestandteil für sich signalisiert und das Signal als Funktion der Zeit aufzeichnet, so kann man daraus Schlüsse auf die Zusammensetzung der vor der Trennkolonne eingespeisten Probe ziehen. Für Gase und Gasgemische, wie sie an und in Tieftemperaturanlagen analysiert werden müssen, sind zwei Arten von Detektoren am weitesten verbreitet: der Wärmeleitfähigkeitsdetektor (WLD) und der Flammenionisationsdetektor (FID). Das Meßprinzip des WLD beruht darauf, daß sich die in einer Wheatstoneschen Brückenschaltung liegenden erhitzten Widerstände je nach Wärmeleitfähigkeit der durchlaufenden Gase mehr oder weniger stark abkühlen. Beim FID werden die Probenbestandteile als thermische Ionen nachgewiesen, die in einer Wasserstoff-Flamme gebildet werden. Sie erzeugen in einem Spannungsfeld zwischen zwei Elektroden Ströme, deren Größe

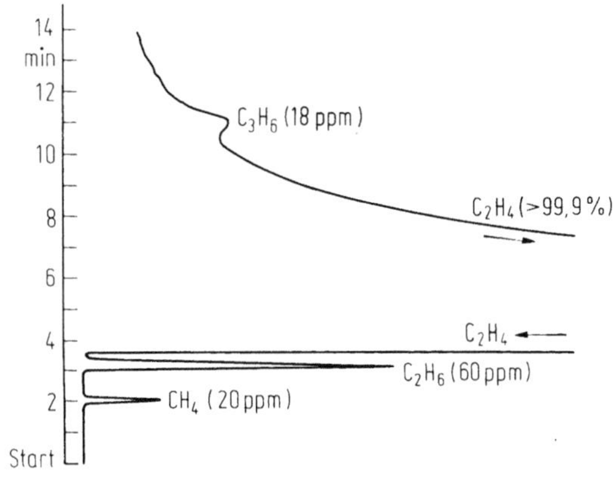

Bild 9.59. Differentielles Gaschromatogramm für Ethylen mit Verunreinigungen von Methan, Ethan und Propylen (Linde AG)

in weiten Grenzen proportional zur Masse der aufgegebenen kohlenstoffhaltigen Substanzen ist.

Das Signal kann auf einem fortbewegten Schreibstreifen entweder als differentielles oder integrales Diagramm aufgetragen werden. Das differentielle Diagramm ergibt für die einzelnen Bestandteile verschiedene Peaks, wobei die Flächen unter diesen Peaks der Konzentration des jeweiligen Bestandteils proportional sind. Bild 9.59 stellt ein solches Diagramm für Ethylen dar, welches 20 ppm Methan, 60 ppm Ethan und 18 ppm Propylen enthält. Auf ähnliche Weise stellt man kleine Verunreinigungen von Edelgasen, an welche hohe Reinheitsforderungen gestellt werden, fest. Ein integrals Diagramm für ein wasserstoffreiches Gas zeigt Bild 9.60. Auf ihm sind die mit H_2, $N_2 + O_2$, CO und CH_4 bezeichneten Ordinatenabstände proportional den Konzentrationen dieser Bestandteile im Gasgemisch.

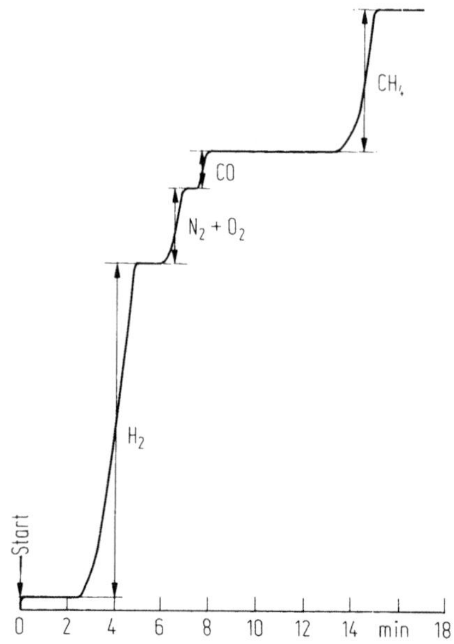

Bild 9.60. Integrales Gaschromatogramm für ein wasserstoffreiches Gas

Neben den Gaschromatographen sind nach wie vor Analysengeräte im Gebrauch, in denen chemische Absorptionsvorgänge ablaufen. So analysiert man den aus einer Luftzerlegungsanlage austretenden Sauerstoff durch Absorption in einer ammoniakalischen Kupferlösung, d. h. einer Lösung von NH_3 und NH_4Cl (Salmiak), in der sich kleine Kupferwendeln befinden. Auch der austretende Stickstoff wird, namentlich wenn er nicht besonders rein ist, vielfach in dieser Weise auf seinen Gehalt an Sauerstoff analysiert. Wird eine sehr genaue Analyse des Stickstoffs verlangt, dann empfiehlt sich die Absorption des Sauerstoffrestes an weißem Phosphor in einem Orsat-Apparat. Hierbei bildet sich Phosphorpentoxid, das vom bespülenden Wasser als Phosphorsäure gelöst wird. Damit der Phosphor weiß bleibt und sich nicht in roten Phosphor umwandelt, muß er vor Licht geschützt werden.

9.8 Betriebsmaßnahmen

Eine allgemeine Betriebsvorschrift für die sehr unterschiedlichen tieftemperaturtechnischen Anlagen kann es natürlich nicht geben. Die Einzelheiten aller wichtigen betrieblichen Maßnahmen sind für jede Anlage speziell in einem Betriebshandbuch niedergelegt, welches die Lieferfirma für die sachgemäße Bedienung ausgearbeitet hat. Indessen gibt es einige Regeln allgemeiner Art, die für die meisten Anlagearten gelten.

9.8.1 Inbetriebsetzung

Dem Beharrungszustand einer Verflüssigungs- oder Zerlegungsanlage geht eine sogenannte Anfahr- oder Kaltfahrzeit voraus, die je nach Zahl der Verfahrensschritte, der Größe der Anlage sowie der zur Verfügung stehenden Kälteleistung zwischen einigen Stunden und mehreren Tagen dauern kann. Voraussetzung für die Inbetriebnahme ist, daß alle Maschinen, Apparate und die sie verbindenden Rohrleitungen dicht und innerlich trocken sind. Ersteres wird durch Druckprüfungen einzelner Abschnitte der Anlage festgestellt. Um überdies sicher zu sein, daß in Behältern oder Rohrleitungssäcken nirgends Wasser steht, wird die ganze Anlage abschnittsweise mit trockener, leicht angewärmter Luft gespült, deren Wasserdampfgehalt beim Austritt an verschiedenen Stellen durch Analyse festgestellt wird.

Anlagen, in denen brennbare Gase verarbeitet werden sollen, müssen nach dem Trocknen mit Stickstoff gespült werden, damit beim Einströmen des Gases keine explosiblen Gemische (s. Abschnitt 9.9) entstehen können.

Im ersten Abschnitt des Kaltfahrens werden alle Apparateteile auf die jeweils erforderlichen tiefen Temperaturen abgekühlt. Im zweiten Abschnitt wird in den unter den Säulen befindlichen Gefäßen so viel Flüssigkeit gebildet, wie für den Beginn der Rektifikation erforderlich ist. Um die Anfahrzeit möglichst abzukürzen, sucht man während dieser Zeit die Kälteerzeugung möglichst zu steigern. Dies ist namentlich bei Anlagen nötig, die gasförmige Produkte zu liefern haben, weil bei ihnen im Dauerbetrieb lediglich die Umgebungs- und Austauschverluste gedeckt werden müssen. Bei Anlagen mit Expansionsturbinen wird die Kälteleistung dadurch erhöht, daß man entweder, wenn vorhanden, eine zweite Turbine mitlaufen läßt oder den Turbinendurchfluß durch Verstellen der Leitschaufeln oder durch Zuschalten von Düsengruppen steigert. Wird in einer Anlage die Kälte durch Thomson-Joule-Effekt erzeugt, so muß während des Kaltfahrens der Druck vor dem Drosselventil erhöht werden, um mehr Kälte zu gewinnen.

Bei den meisten Verfahren treten die zu zerlegenden oder zu verflüssigenden Gase auch während des Kaltfahrens trocken und kohlendioxidfrei ein, so daß bei der Abkühlung kein Schnee oder Eis entstehen kann. Luftzerlegungsanlagen mit reversing exchangers oder Regeneratoren dagegen, werden auch während des Kaltfahrens mit feuchter und kohlendioxidhaltiger Luft gespeist. Beim Abkühlen solcher Anlagen müssen die Temperaturbereiche für die Wasser- und Eisausscheidung (von Umgebungstemperatur bis etwa 200 K) und für die Kohlendioxidausscheidung (von 140 bis 110 K) möglichst rasch durchfahren werden, damit in der Anlage kein Schnee und kein Eis zurückbleibt.

Schon vor Beendigung der Zeit, in der sich Flüssigkeit bildet, läßt man zweckmäßig die Kälteerzeugung langsam absinken, damit eine Überfüllung vermieden wird. Bei

Sauerstoffgewinnungsanlagen ist es überdies wichtig, gleichzeitig das Ventil für den austretenden Sauerstoff ziemlich weit zu schließen. Denn nur dann kann schon kurz nach der Beendigung der Füllzeit mit genügender Sauerstoffeinheit gerechnet werden.

Ähnliche Überlegungen gelten auch bei der Zerlegung anderer Gasgemische als Luft.

9.8.2 Beharrungszustand

Wenn in allen Säulensümpfen und Abscheidern die Sollwerte für die Flüssigkeitsstände erreicht sind und auch auf allen Böden der Rektifiziersäulen Flüssigkeit vorhanden ist, was an den Differenzdruckmessern für die Säulenwiderstände erkennbar ist, wird die Anlage mit der vollen Luft- oder Rohgasmenge beaufschlagt, die für die Gewinnung der gewünschten Produktmengen erforderlich ist. Dann wird die Kälteleistung so weit reduziert, daß der Flüssigkeitsvorrat der Anlage konstant bleibt. In Abschnitt 9.7 ist ausgeführt, daß Flüssigkeitsstände automatisch geregelt werden. An mindestens einer Stelle verzichtet man allerdings auf die automatische Regelung des Flüssigkeitsstandes und wählt diesen als Maß für den Vorrat an Flüssigkeit in der gesamten Anlage. Fällt dort der Flüssigkeitsstand, so muß die Kälteleistung erhöht, steigt er, so muß sie gesenkt werden. Wie dies geschieht, richtet sich nach der Art der Kältequelle. Im vorhergehenden Abschnitt ist dies bereits im Zusammenhang mit dem „Kaltfahren" erläutert worden. Auf eine Automatik für diesen Regelvorgang verzichtet man bei den meisten Anlagen, weil sich eine Veränderung der Kälteleistung relativ langsam auf den Flüssigkeitsvorrat der Anlage auswirkt. Wie gleichfalls bereits im Abschnitt 9.7 erläutert, werden die meisten Meßgrößen wie Drücke und Temperaturen automatisch geregelt, soweit sie sich nicht von selbst einstellen, so daß sich das Bedienungspersonal auf die Beobachtung des gesamten Prozeßablaufs und die Überwachung der Reinheit der gewonnenen Produkte konzentrieren kann (s. Abschnitt 9.7.3.5). Darüber hinaus müssen die Kompressoren und deren Antriebsmaschinen überwacht werden. Gehören zu der Anlage Adsorber zur Beseitigung von Spurenverunreinigungen, so müssen die Adsorber regelmäßig gewechselt und regeneriert werden, um die Anlage vor Verlegungen durch nicht adsorbierte Bestandteile und unter Umständen auch vor Explosionen zu schützen (s. hierzu Abschnitt 9.9). Alle Fragen, die den Betrieb der Anlage im Beharrungszustand betreffen, sind in den Bedienungshandbüchern ausführlich behandelt. Bei sorgfältiger Wartung bleiben Tieftemperaturanlagen im allgemeinen ein Jahr ununterbrochen in Betrieb, bis sie bei einem routinemäßigen Stillstand der gesamten Fabrik, von der sie ein Bestandteil sind, stillgesetzt und angewärmt werden.

9.9 Sicherheitsfragen

9.9.1 Anlagen zur Verflüssigung oder Zerlegung von Gasgemischen mit brennbaren und giftigen Bestandteilen

In den Flüssigkeitsbehältern, den Rektifiziersäulen von großen Gaszerlegungsanlagen, insbesondere bei Ethylengewinnungs- und Erdgasverflüssigungsanlagen, befinden sich bedeutende Mengen brennbarer Stoffe. Sollten sie durch Bruch irgendwelcher Bauelemente ganz oder teilweise in die Umgebung ausströmen und auf irgendwelche

Weise gezündet werden, so können Brände oder Explosionen zu Katastrophen führen. Gegenüber Raffinerien, in denen gleichfalls große Mengen flüssiger Brennstoffe verarbeitet werden, bergen große Gaszerlegungsanlagen größere Gefahren in sich, weil sie verflüssigte Gase unter hohem Druck enthalten, die bei Austreten aus einer Leckstelle verdampfen und große Wolken zündfähiger Gemische bilden können. Enthält das zu verarbeitende Gasgemisch giftige Bestandteile, so besteht bei Leckagen auch Vergiftungsgefahr für die Bedienungsmannschaft und Menschen, die sich in der Nähe der Anlage aufhalten. Es gibt keine generelle Sicherheitsvorschrift für Gasverflüssigungs- und Gaszerlegungsanlagen, die brennbare und unter Umständen giftige Gase verarbeiten, weil die Anlagen sehr voneinander verschieden sind (s. Kapitel 5 bis 8). Indessen gibt es eine Reihe Gesichtspunkte allgemeiner Art, die im folgenden kurz behandelt werden.

Bei Anlagen zur Ethylengewinnung, Erdgasverflüssigung und zur Zerlegung wasserstoffhaltiger Gase besteht bei Nichtbeachtung der Sicherheitsvorschriften Brand- oder Explosionsgefahr. Kommt es nach der Zündung brennbarer Gase zu keinem wesentlichen Druckaufbau, so spricht man von Brand oder Feuer. Geht dagegen die Verbrennung so rasch vor sich, daß infolge der sehr hohen Reaktionsgeschwindigkeit und der dadurch verursachten raschen Erwärmung der Verbrennungsprodukte der Druck plötzlich ansteigt, spricht man von Explosion.

Während man Feuer in der Regel eindämmen oder löschen kann, kommen bei Explosionen Gegenmaßnahmen und jede Flucht zu spät. Voraussetzung für die Entstehung einer Explosion sind das Vorhandensein einer ausreichenden Menge brennbarer Stoffe im Gemenge mit Luft oder Sauerstoff und eine Zündung. Über Mindestmengen brennbarer Stoffe, die mit Luft oder Sauerstoff explosionsartig reagieren, gibt es keine zuverlässigen Daten, wohl aber über den Zündbereich. Tabelle 9.3 enthält für die wichtigsten brennbaren Bestandteile von Gasgemischen, die in Tieftemperaturanlagen zerlegt werden müssen, den Zündbereich. Es gibt für jedes brennbare Gas eine untere und eine obere Zündgrenze. Unter der unteren Zündgrenze sind zu wenige brennbare Gasmoleküle im Gemisch, über der oberen Grenze sind zu wenige Sauer-

Tabelle 9.3. Explosionsgrenzen von Gasen im Gemisch mit Luft

Name	Chemische Formel	Siedetemperatur °C	Zündbereich in Luft Vol.-%	MAK_3-Wert cm^3/m^3
Acetylen	C_2H_2	83,6 (sublimiert)	2,4 ... 82	
Ethan	C_2H_6	-88,6	3,0 ... 15,5	
Amoniak	NH_3	-33,4	15 ... 28,0	50
Butadien	C_4H_6	4,5	1,1 ... 12,5	1000
n-Butan	C_4H_{10}	-0,5	1,5 ... 8,5	1000
Deuterium	D_2	-249,5	6,6 ... 79,6	
Ethylen	C_2H_4	-103,9	2,7 ... 34	
Kohlenoxid	CO	-191,5	12,5 ... 74,2	50
Methan	CH_4	-161,5	5,0 ... 15,0	
Propan	C_3H_8	42,3	2,1 ... 9,5	1000
Propylen	C_3H_6	-47,7	2,0 ... 11,7	
Schwefelwasserstoff	H_2S	-60,4	4,3 ... 45,5	10
Wasserstoff	H_2	-252,8	4,0 ... 75,6	

stoffmoleküle im Gemisch, um explosiv miteinander reagieren zu können. In der letzten Spalte sind für giftige Gase sogenannte MAK-Werte angegeben, wobei „MAK" maximale Arbeitsplatzkonzentration bedeutet. Liegt die Konzentration eines giftigen Gases über dem MAK-Wert, so besteht Vergiftungsgefahr.

Da Zündursachen nie ganz auszuschließen sind, muß dafür gesorgt werden, daß weder innerhalb noch in der Umgebung der Anlage zündfähige Gemische entstehen können. Innerhalb der Anlage könnte dies nur dann geschehen, wenn entweder das eingespeiste Rohgas oder ein Kreislaufgas unzulässig viel Luft oder Sauerstoff einschleppen. Stopfbuchsen von Kolbenverdichtern und Wellenlabyrinthe an rotierenden Verdichtern müssen daher ausreichend dicht sein. Wesentlich größer ist die Wahrscheinlichkeit, daß brennbares Gas aus der Anlage ausströmt, zumal deren Betriebsdruck fast immer wesentlich über dem atmosphärischen Druck liegt. Die vordringlichste Aufgabe besteht also darin, die gesamte Anlage dicht zu machen.

Anlagen oder deren Bauelemente können undicht werden,

- wenn das Material, aus dem sie gebaut sind, den Beanspruchungen im Normalbetrieb, vor allem aber bei möglichen Betriebsstörungen oder Bedienungsfehlern nicht gewachsen ist;
- wenn die Schweißnähte nicht mit den vorgeschriebenen Zusatzwerkstoffen oder fehlerhaft ausgeführt worden sind;
- wenn Flanschverbindungen Gas durchlassen.

Wenn irgend möglich stellt man Gasverflüssigungs- und -zerlegungsanlagen im Freien auf. Hier ist die Luft fast immer in Bewegung und verdünnt damit kleinere Gasmengen, welche etwa an undichten Stellen austreten, so weit, daß das entstehende Gas-Luft-Gemisch unter der unteren Explosionsgrenze bleibt. Lediglich Kompressoren und ihre Antriebsmaschinen stellt man in halboffenen Gebäuden auf, die gut belüftet sind. Darüber hinaus gibt es von Land zu Land unterschiedliche Vorschriften, die aber im wesentlichen übereinstimmen. In der Bundesrepublik Deutschland gelten die sogenannten Unfallverhütungsvorschriften der gewerblichen Berufsgenossenschaften [H 3]. Sie enthalten eine Fülle von Festlegungen, die für Erbauer und Betreiber der Anlagen maßgebend sind. Einige der wichtigsten werden im folgenden aufgeführt:

Aufstellen von Behältern

Oberirdisch im Freien aufgestellte Behälter müssen eine sichere Gründung haben. Sie müssen so aufgestellt sein, daß sie gut zugänglich sind. Armaturen müssen von einem sicheren Stand aus bedient werden können.

Behälter für leicht entzündliche Gase in flüssigem Zustand müssen untereinander und zu anderen Behältern, die zur Gasanlage gehören, einen für die Brandbekämpfung ausreichenden Abstand haben.

Bei Lagerbehältern für Gase in flüssigem Zustand, die giftig, aber unbrennbar sind, muß ein flüssigkeitsdichter Auffangraum mit möglichst kleiner Oberfläche vorhanden sein.

Der Boden unter den Behältern für brandfördernde Gase in flüssigem Zustand muß aus unbrennbaren Stoffen bestehen. Der Boden muß frei von Öl, Fett und anderen brennbaren Verunreinigungen sein.

Stützen von Behältern für leicht entzündliche Gase müssen so ausgeführt oder geschützt sein, daß sie im Brandfall tragfähig bleiben.

Verlegung von Rohrleitungen

Rohrleitungen müssen so verlegt werden, daß sie vor gefährlicher Erschütterung, Verlagerung, Verspannung, unzulässig tiefen Temperaturen und, sofern sie erdgedeckt verlegt sind, vor äußerer Korrosion geschützt sind. Sie müssen in sicherer Entfernung von erdgedeckten elektrischen Kabeln verlegt sein.

Rohrleitungen, in denen Niederschlagsflüssigkeit anfällt, müssen eine Einrichtung haben, die ein gefahrloses Ableiten der Flüssigkeit sicherstellt.

Rohrleitungen für leicht entzündliche und brandfördernde Gase dürfen nur dann in Kanälen zusammen verlegt sein, wenn die Dichtheit der Rohrleitungen sichergestellt ist.

Besondere Einrichtungen

Bei Anlagen, die durch elektrostatische Aufladung gefährdet sind, müssen Maßnahmen getroffen werden, die Zündungen ausschließen.

In Anlagen, die leicht entzündliche oder giftige Gase verarbeiten, müssen Maßnahmen zum Erkennen und Vermeiden von Brand- oder Vergiftungsgefahr getroffen werden.

9.9.2 Luftzerlegungsanlagen

Wenn auch die Gefahren beim Betrieb von Luftzerlegungsanlagen im allgemeinen kleiner sind als bei Anlagen zur Verflüssigung oder Zerlegung brennbarer oder giftiger Gase, so müssen doch wegen der Eigenschaften von Sauerstoff und Stickstoff Sicherheitsvorschriften eingehalten werden. Sie können im Rahmen dieses Buches nur auszugsweise angeführt werden. Im übrigen muß auf die Unfallverhütungsvorschriften des Hauptverbandes der gewerblichen Berufsgenossenschaften verwiesen werden [H 4].

Zunächst seien einige charakteristische Eigenschaften von Sauerstoff und Stickstoff genannt.

Sauerstoff ist ein farbloses, geruchloses, ungiftiges Gas. Ohne Sauerstoff ist eine Verbrennung nicht möglich. Je höher der Sauerstoffgehalt, um so intensiver und rascher ist die Verbrennung. Schon eine Erhöhung des Sauerstoffgehaltes der Luft von 21 auf 25 % bewirkt eine wesentlich lebhaftere Verbrennung. Viele Stoffe, auch Metalle, die in normaler atmosphärischer Luft nicht zur Entzündung gebracht werden können, sind bei höherer Sauerstoffkonzentration oder in reinem Sauerstoff brennbar. Brennbare Stoffe neigen bei höherer Sauerstoffkonzentration sehr stark zu Selbstentzündungen und zu Explosionen. Sauerstoff unter Druck oder flüssiger Sauerstoff intensiviert die beschriebenen Verbrennungs- oder Explosionsvorgänge noch sehr beträchtlich.

Sauerstoffdurchtränkte Kleidung entzündet sich sehr leicht z. B. durch Funkenbildung infolge elektrostatischer Aufladung und brennt mit großer Geschwindigkeit. Diese Gefahr besteht nicht nur während des Aufenthaltes in sauerstoffangereicherter Atmosphäre, sondern noch eine beträchtliche Zeit danach.

Bei direkter Einwirkung von flüssigem Sauerstoff und auch anderen tiefkalten verflüssigten Gasen auf die Haut entstehen durch die starke Abkühlung Gewebezerstörungen, die denen bei Verbrennungen sehr ähnlich sind.

Stickstoff ist ein farbloses, geruchloses und ungiftiges Gas. In hohen Konzentrationen führt er beim Einatmen als Folge des Sauerstoffmangels rasch zum Erstickungstod.

Das Einatmen von Stickstoff oder mit Stickstoff angereicherter Luft ist besonders deshalb gefährlich, weil ohne merkbare Anzeichen sehr schnell Bewußtlosigkeit eintritt.

Stickstoff verhindert Verbrennungsvorgänge. Er wird deshalb vielfach als Schutzgas für brennbare und explosible Stoffe verwendet, indem man mit ihm den Luftsauerstoff verdrängt.

Bei Luftzerlegungsanlagen wird der Isolierraum des Tieftemperaturteils unter trockener Stickstoffatmosphäre gehalten, um die Luftfeuchtigkeit fernzuhalten und die Sauerstoffkondensation aus der Luft an den kalten Teilen zu verhindern.

Edelgase haben im Hinblick auf Unfallgefahren im wesentlichen die gleichen Eigenschaften wie Stickstoff.

Daraus ergeben sich für den Bereich von Luftzerlegungsanlagen und von allen Anlagen, in denen die aus der Luft gewonnenen Gase gelagert, transportiert oder weiterverarbeitet werden, folgende *Schutzmaßnahmen*:

- Rauchen und Umgang mit offenem Feuer ist verboten.
- Feuerarbeiten, wie Schweißen, Löten, Schmirgeln usw. sind verboten. Wo solche Arbeiten notwendig sind, muß sichergestellt sein, daß keine erhöhte Sauerstoffkonzentration vorhanden ist oder während der Arbeiten auftreten kann.
- Besondere Beachtung verdienen unbeabsichtigte Zündquellen. Elektrostatische Aufladung an Kleidung und Schuhen ist durch entsprechende Materialwahl weitgehend zu unterbinden.
- Alle mit Sauerstoff in Berührung kommenden Teile müssen frei von brennbaren Stoffen jeglicher Art sein. Ganz besonders ist auf die Öl- und Fettfreiheit zu achten.
- Die Lagerung von brennbaren Stoffen im Bereich der Anlage ist verboten.
- Sauerstoffanreicherungen in der Luft sind zu vermeiden.
- Das Öffnen und Schließen von Absperreinrichtungen für Sauerstoff muß langsam aber zügig erfolgen. Ruckartiges Bewegen von Absperreinrichtungen ist zu vermeiden. Bei Sauerstoff unter Druck sind diese Vorschriften in erhöhtem Maße zu beachten.
- Die Konzentration von Acetylen im flüssigem Sauerstoff des Kondensators ist mindestens täglich einmal zu ermitteln. Das Ergebnis ist schriftlich festzuhalten. Zu hohe Acetylengehalte im flüssigen Sauerstoff können zu Explosionen führen. Bei Überschreitung der zulässigen Grenzwerte muß die Acetylenquelle gesucht und möglichst beseitigt werden. Die Acetylenadsorber müssen gewechselt werden, und es muß im verstärkten Maße flüssiger Sauerstoff abgelassen werden.
- Wegen Erstickungsgefahr muß die Anreicherung der Luft mit Stickstoff vermieden werden.
- Vor dem Betreten von stickstoffgefährdeten Räumen ist durch Kontrollanalysen nachzuweisen, daß keine Gefährdung durch erhöhte Stickstoffkonzentration vorhanden ist.
- Zur Bekämpfung von Kleiderbränden müssen geeignete Löscheinrichtungen in ausreichender Anzahl vorhanden sein. Empfohlen werden Wasserwannen und Wasserbrausen, letztere müssen mit einem Handgriff voll zu öffnen sein.

10 Anwendung der durch die Zerlegung gewonnenen oder verflüssigten Gase

Von H. Linde

Einleitung

Als es 1902 gelungen war, reinen Sauerstoff durch Rektifikation der Luft zu gewinnen, begann man ihn sogleich zum Schneiden und Schweißen von Eisen einzusetzen. Das Schneiden von Eisen geht auf das sogenannte „Cöln-Müsener-Patent“ zurück [W 1], nach dem Verstopfungen der Abstichöffnungen von Hochöfen mit erkaltetem Eisen durch Anwendung einer Wasserstoff-Sauerstoff-Flamme und anschließender Verbrennung von Eisen mit Sauerstoff beseitigt werden können. Diese Methode erwies sich auch als geeignet zum Schneiden von Eisenblechen und Eisenblöcken. Der Wasserstoff wurde allerdings durch Acetylen ersetzt, das eine wesentlich höhere Verbrennungswärme und Flammentemperatur besitzt. Als Gegenstück zum Eisenschneiden begann man um dieselbe Zeit, unter Verwendung von Schmelzdraht Eisenstücke miteinander zu verschweißen.

Der damit verbundene Sauerstoffbedarf führte an vielen Orten zur Errichtung von Luftzerlegungsanlagen, zuerst in Deutschland und in Frankreich, dann in anderen europäischen Ländern [L 1] und schließlich auch in USA und anderen außereuropäischen Ländern.

Auch den durch Luftrektifikation gewonnenen Stickstoff setzte man bereits seit 1904 für das von Frank und Caro entwickelte Zyanamid-Verfahren ein. 1906 gewann man durch Teilkondensation des Kohlenmonoxids aus Wassergas (H_2 + CO) angereicherten Wasserstoff, der für die Ammoniaksynthese gebraucht wurde. Schon 1911 wurde Argon durch Luftzerlegung gewonnen, um damit zunächst 1/2 W-Glühlampen zu füllen.

Der Bedarf an künstlichen Düngemitteln und Sprengstoffen während des Ersten Weltkrieges veranlaßte den Bau von Luftzerlegern, die in erster Linie der Erzeugung hochreinen Stickstoffs dienten. Durch die Zerlegung von Koksofengas in den 20er Jahren konnte man neben Wasserstoff und Methan auch Ethylen gewinnen, um es zu Kunststoffen wie Polyethylen und Polyvinylchlorid sowie zu Ethanol und anderen chemischen Produkten weiterzuverarbeiten.

Die Entwicklung des Linde-Fränkl-Verfahrens schaffte in den 30er Jahren und vor allem während des Zweiten Weltkrieges die Voraussetzung zum Einsatz großer Sauerstoffmengen für die Kohlevergasung. Das Jahr 1949 brachte bei den Vereinigten Österreichischen Eisen- und Stahlwerken den Erfolg der Bemühungen um die Verwendung von Sauerstoff in Konvertern zur Stahlerzeugung [K 1]. Seitdem übertrifft die für die Stahlerzeugung und für die chemische Industrie erzeugte Sauerstoffmenge die für Schweiß- und Schneidtechnik angewandte bei weitem.

Im Jahr 1960 betrug die Weltkapazität der Anlagen für die Herstellung von Sauerstoff bereits ca. 25000000 t/Jahr und stieg bis 1980 auf ca. 120000000 t/Jahr (Bild 10.1). Sie übertraf damit während der letzten 20 Jahre die Weltkapazität der Anlagen

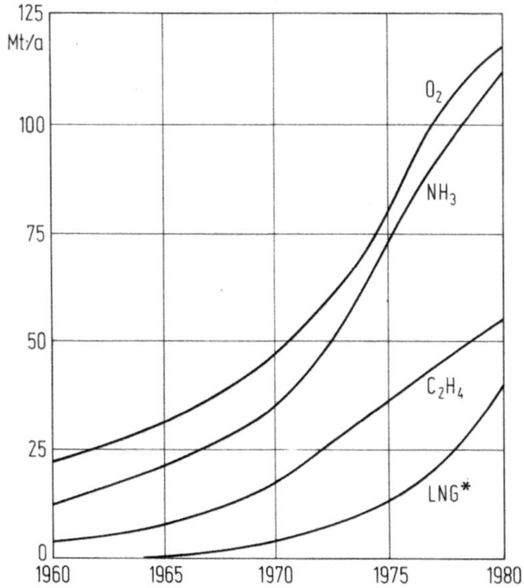

Bild 10.1. Erzeugungskapazität für Sauerstoff, Ammoniak, Ethylen und in Baseload-Anlagen verflüssigtes Erdgas in der westlichen Welt: * nur in Baseload-Anlagen

zur Herstellung von Ammoniak. Hierbei muß bemerkt werden, daß dieser wichtige Grundstoff nicht nur aus Produktionsstätten stammt, bei denen der benötigte Stickstoff aus Luftzerlegern und der erforderliche Wasserstoff aus Tieftemperatur-Gaszerlegern kommt. Er wird vielmehr auch durch „steamreforming" von Erdgas unter Zusatz von Wasserstoff und Luft mit anschließender Synthese gewonnen (Abschnitt 7.1).

Trotz der erwähnten Anfänge in den späten 20er Jahren begann in den 50er Jahren die weitere Anwendung des Ethylens in der Petrochemie zur Erzeugung von Kunststoffen und Lösungsmitteln nur zögernd. Aber um 1980 war die Weltkapazität für die Herstellung von Ethylen halb so groß wie die von Ammoniak. 1952 wurde in den USA zum ersten Mal versucht, verflüssigtes Erdgas auf dem Wasser zu transportieren. 1964 begannen große LNG-Transporte (LNG = liquefied natural gas) mit der ersten LNG-Kette von Algerien nach Großbritannien. In den 70er Jahren hat diese Art des Energietransports einen bedeutenden Aufschwung erlebt.

Nach diesem historischen Überblick über die Entwicklung der Anwendung der durch Zerlegung gewonnenen oder verflüssigten Gase sollen nun die Anwendungen der einzelnen Gase der Reihe nach behandelt werden.

10.1 Sauerstoff

Zu Beginn der 80er Jahre wurden und werden in der westlichen Welt etwa 60% des gewonnenen Sauerstoffs für metallurgische Verfahren, insbesondere für die Stahlerzeugung, verwendet. Deshalb soll die Anwendung von Sauerstoff in der Metallurgie als erstes behandelt werden. Mit über 30% ist die chemische Industrie die zweitgrößte Abnehmergruppe von Sauerstoff. Alle anderen Abnehmer teilen sich in die übrigen 10%.

10.1.1 Anwendung des Sauerstoffs in der Metallurgie

10.1.1.1 Roheisenerzeugung

Obwohl seit vielen Jahren immer wieder Überlegungen angestellt und Großversuche zur Anreicherung des Hochofenwindes mit Sauerstoff zur Steigerung der Leistung von Hochöfen gemacht wurden, hat sich dieses Verfahren allgemein nicht durchsetzen können. Indessen setzen einige Unternehmen der Stahlindustrie dem Hochofenwind so viel Sauerstoff zu, daß der Wind dadurch auf ca. 23% Sauerstoff angereichert wird. Sie erhöhen somit die Roheisenproduktion ihrer Hochöfen [G 1].

10.1.1.2 Gußeisenerzeugung

In Gießereien hat sich die Sauerstoffanreicherung des Kupolofenwindes allgemein bewährt. Es können dadurch die Schmelzleistung erhöht, der Koksverbrauch verringert und die einzuschmelzende Schrottmenge gesteigert werden. Man rechnet mit einem Sauerstoffbedarf von 12 bis 35 m_n^3 pro t Gußeisen [V 1].

10.1.1.3 Stahlerzeugung

Als die weitaus bedeutendste Anwendung des Sauerstoffs in der Metallurgie hat sich das Sauerstoffblasen zur Stahlerzeugung erwiesen. In Hochöfen gewonnenes Roheisen enthält im allgemeinen ca. 4% C, 1 bis 4% Mn, bis zu 0,12% S und je nach Herkunft entweder einen relativ hohen Gehalt an Si (1,2 bis 1,8%) und einen relativ niedrigen Gehalt an P (<0,4%) (Bessemer-Roheisen) oder einen etwas niedrigen Gehalt an Si (<1,5%) und einen höheren Gehalt an P (2%) (Thomas-Roheisen).

Um aus Roheisen Stahl zu erzeugen, müssen bekanntlich die unerwünschten Eisenbegleiter C, Si, Mn, P und S durch einen Frischprozeß ganz oder zum Teil beseitigt werden. Bis zum Ende des Zweiten Weltkrieges hat man das mit den folgenden zwei Verfahren durchgeführt:

a) Durch das Herdfrischen im Siemens-Martin (SM)- und im Elektroofen,
b) durch das Windfrischen mit Luft in der Bessemer- und in der Thomas-Birne.

Im Siemens-Martin-Ofen werden je nach Schrottversorgungslage ca. 40% Roheisen, ca. 50% Schrott, 10% Erz und Kalkstein eingesetzt und durch Verbrennen von Gas und Öl auf die für den Frischprozeß notwendige Temperatur gebracht. Den für die Oxidation von C, Si, Mn, P und S erforderlichen Sauerstoff liefert das Erz (FeO). In Siemens-Martin-Öfen wird in erster Linie Normalstahl erzeugt. In Elektroöfen, die der Erzeugung von Edelstählen dienen, wird der Einsatz durch einen Lichtbogen, der zwischen Graphitelektroden und dem metallischen Einsatz brennt, erhitzt und verflüssigt. Sauerstofflieferant ist in diesem Falle Kalk.

Beim Bessemer- und beim Thomas-Verfahren (Bild 10.2) wird flüssiges Roheisen in einen zunächst liegenden, birnenförmigen Tiegel (Konverter) eingefüllt. Nach Drehung des Konverters in senkrechte Lage wird durch den gelochten Boden Luft eingeblasen. Dabei verbrennen Kohlenstoff und die anderen Verunreinigungen, beim Bessemer-Verfahren hauptsächlich Silicium, beim Thomas-Verfahren hauptsächlich Phosphor mit dem Luftsauerstoff unter Wärmeentwicklung. Stickstoff und Verbrennungsgase entweichen durch den Hals des Konverters. Nach Beendigung des Frischvorganges wird der Konverter gekippt und der Inhalt entleert. Bessemer- und Thomas-

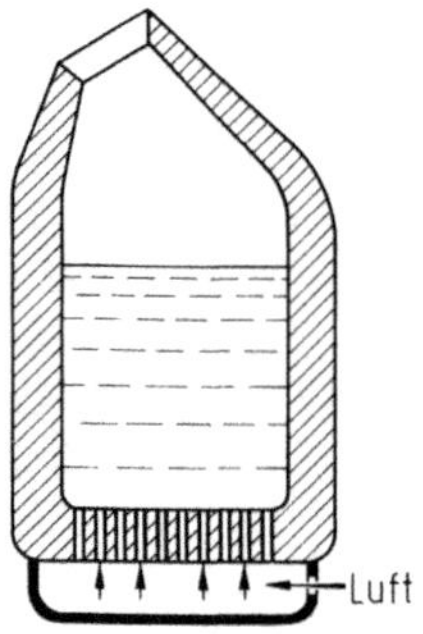

Bild 10.2. Thomas-Konverter. Nach [K 1]

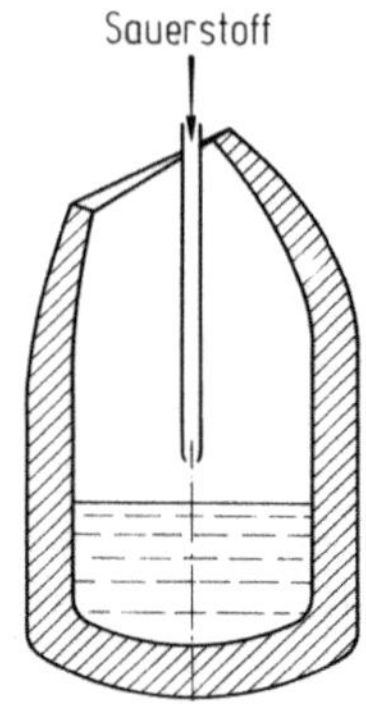

Bild 10.3. LD-(Linz-Donawitz)-Konverter. Nach [K 1]

Stahl sind billige Massenstähle und wegen ihres relativ hohen Phosphor- und Stickstoffgehaltes von geringer Qualität.

Das bei den Vereinigten Österreichischen Eisen- und Stahlwerken (VÖEST) entwickelte LD-Verfahren (Bild 10.3) erlaubt Massenstahl mit hoher Qualität zu erzeugen. Bei diesem Verfahren werden in einen kippbaren Tiegel mit ungelochtem Boden flüssiges Stahlroheisen und ca. 15 bis 20% fester Schrott sowie Kalk eingebracht. Durch ein von oben in den Konverter eingeführtes wassergekühltes Rohr (Lanze) wird reiner Sauerstoff senkrecht auf das Bad geblasen. Dadurch bewegt sich das Bad heftig, was die Verbrennung der Verunreinigungen fördert.

Gegenüber dem Windfrischen bringt das Blasen mit Sauerstoff folgende wesentlichen Vorteile:

— Erhöhung der Stahlqualität, weil das Stahlbad frei von Stickstoff ist;
— höhere Badtemperatur, wodurch die Verunreinigungen fast vollständig verbrennen;
— Verringerung des Wärmebedarfs wegen Wegfallens der Stickstofferwärmung. Der hierdurch eingesparte Betrag an verbrauchter Wärmemenge kann dazu benutzt werden, mehr Schrott einzusetzen.

Diesen Vorteilen steht eine gewisse Verteuerung entgegen, weil statt Luft je t Stahl 50 bis 55 m_n^3 reiner Sauerstoff gebraucht werden.

Qualitativ ist der Sauerstoff-Blasstahl dem Siemens-Martin-Stahl ebenbürtig. Er ist aber sehr viel billiger als dieser, weil einige wenige große Konverter mit ihrer kurzen Chargendauer ebensoviel Stahl produzieren können wie eine Vielzahl von Siemens-Martin-Öfen üblicher Größe mit ihren charakteristischen langen Chargenzeiten.

Der Sauerstoff-Blasstahl hat daher in der westlichen Welt in der Zeit zwischen 1960 und 1980 den Thomas- und Bessemer-Stahl vollständig und den Siemens-Martin-Stahl weitgehend verdrängt (Bild 10.4). Die meisten Stahlwerke der westlichen Welt besitzen daher ihre eigenen großen Sauerstoffanlagen oder werden über Rohrleitungen mit Sauerstoff versorgt.

Das LD-Verfahren wird für das Frischen des heute meist verfügbaren, phosphorarmen Roheisens verwendet. Phosphorreiches Roheisen wird nach dem LD-AC-Verfahren (Linz-Donawitz-Arbed-Chemie) gefrischt. Hierbei wird im ersten Blasabschnitt

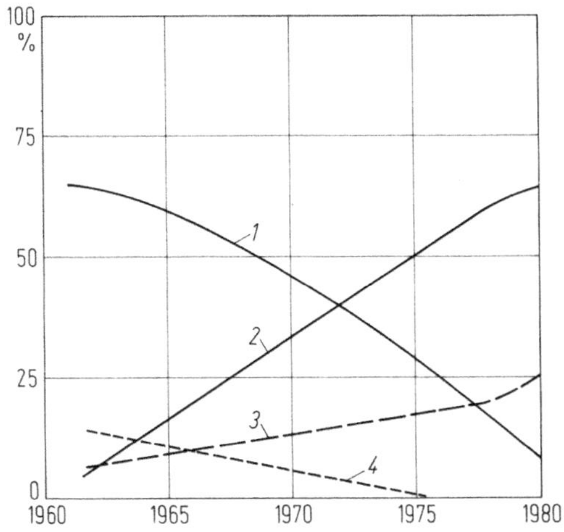

Bild 10.4. Anteil der verschiedenen Verfahren an der Rohstahlproduktion in der westlichen Welt. *1* Siemens-Martin-Stahl, *2* Sauerstoff-Blasstahl, *3* Elektrostahl, *4* Thomas-Stahl

durch die Sauerstofflanze auch Kalkstaub ins Stahlbad geblasen und der Phosphor verschlackt. Die Phosphatschlacke wird abgezogen und darauf das Roheisen im zweiten Blasabschnitt entkohlt.

Neben dem LD-Verfahren hat das Oxygen-Bottom-Maxhütte (OBM)-Verfahren eine gewisse Bedeutung erlangt. Ähnlich wie bei den Windfrischverfahren wird hierbei durch den Boden geblasen. Gleichzeitig mit Sauerstoff tritt Erdgas durch gesonderte Düsen im Konverterboden in die Schmelze ein. Hierdurch wird das Stahlbad besser durchmischt und deshalb stärker von Kohlenstoff und Phosphor befreit als beim Blasen durch eine Lanze.

Auch bei Elektrolichtbogenöfen hat sich der Einsatz von Sauerstoff bewährt. Durch den zusätzlichen Einbau von Öl-Sauerstoff-Brennern wird eine bedeutende Erhöhung der Produktion erreicht.

Die Nachbehandlung (sog. Sekundärmetallurgie) des flüssigen Stahls verfolgt das Ziel, die Zusammensetzung und Temperatur der Stahlschmelze so einzustellen, daß beim nachfolgenden Vergießen die für die jeweilige Stahlsorte geforderten Eigenschaften erreicht werden. Hier schufen das AOD- (Argon-Oxygen-Decarburisation) und das VOD- (Vakuum-Oxygen-Decarburisation) Verfahren optimale metallurgische Voraussetzungen, um den Gehalt an ferrit- und austenitstabilisierenden Elementen in engen Grenzen zu halten. Durch niedrigen Kohlenstoffgehalt und eine günstige Form und Verteilung nichtmetallischer Einschlüsse können hohe Anforderungen an nichtrostende Stähle bezüglich ihrer Kaltumformbarkeit, Schweißbarkeit, Oberflächenbeschaffenheit und Korrosionsbeständigkeit erfüllt werden [R 1].

10.1.1.4 Versorgung von Blasstahlwerken mit Sauerstoff

Die Tatsache, daß Konverter nur während des Blasvorganges Sauerstoff benötigen, nicht aber während des Füllens und Entleerens, Luftzerleger dagegen kontinuierlich Sauerstoff erzeugen, verlangt den Einsatz von Sauerstoffspeichern. Bild 10.5 zeigt, wie die Speicher meistens angeordnet werden. Den Luftzerleger *1* verläßt kontinuierlich druckloser reiner Sauerstoff. Der Sauerstoffverdichter *2*, häufig ein Turbover-

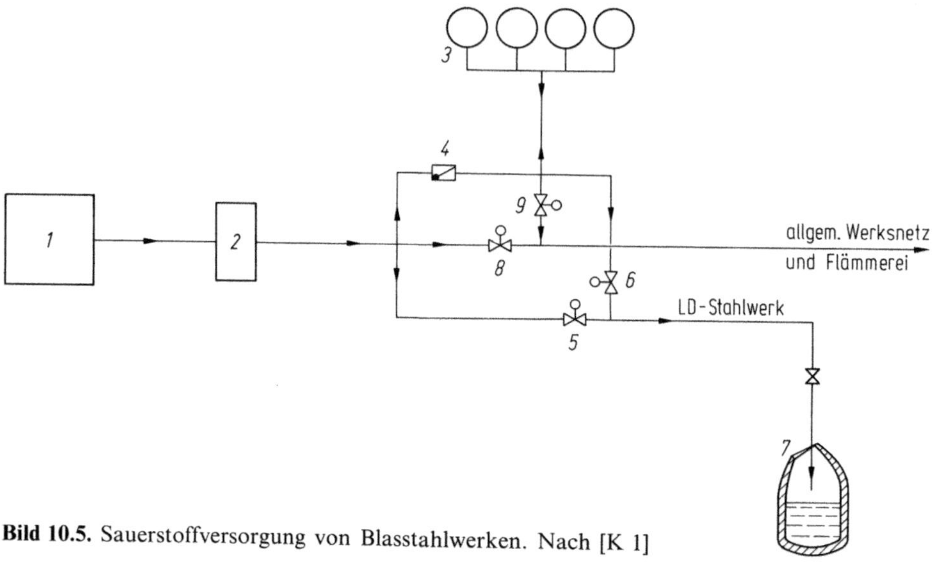

Bild 10.5. Sauerstoffversorgung von Blasstahlwerken. Nach [K 1]

dichter für die Niederdruckstufe und ein Trockenlauf-Kolbenverdichter für den höheren Druck, fördert kontinuierlich den vom Luftzerleger kommenden Sauerstoff auf 12 bis 30 bar. 12 bar ist der „Lanzendruck" am Konverter *7*. Nimmt der Konverter keinen Sauerstoff auf, strömt er über die Rückschlagklappe *4* in die Speicherbatterie *3*, deren maximaler Druck bei ca. 30 bar liegt. Während des Sauerstoffblasens strömt der vom Kompressor verdichtete Sauerstoff direkt über Ventil *5* zum Konverter *7*. Dieser benötigt aber mehr Sauerstoff je Zeiteinheit als der Luftzerleger *1* zu liefern imstande ist. Daher wird über das Ventil *6* zusätzlich Sauerstoff aus der Speicherbatterie entnommen, wodurch dort der Sauerstoffdruck sinkt. Nach Beendigung des Blasvorganges schließen die Ventile *5* und *6* automatisch und der erzeugte und verdichtete Sauerstoff strömt wieder in die Speicherbatterie *3*. Größe und Druckspiel der Sauerstoffspeicher *3* müssen dem Blasprogramm eines oder mehrerer Konverter angepaßt werden. Über die Ventile *8* und *9* werden das allgemeine Werksnetz und die Flämmerei (s. u.) mit Sauerstoff versorgt.

10.1.1.5 Gasschweißen (autogenes Schweißen)

Die Gasschmelzschweißung und das Schneiden mit der Acetylen-Sauerstoff-Flamme stellen das älteste technische Sauerstoffanwendungsgebiet dar. Das autogene Schweißen, jetzt meist „Gasschmelzschweißen" oder kurz „Gasschweißen" genannt, beruht darauf, daß Gase wie Leuchtgas, Wasserstoff oder Acetylen unter Zufuhr von Sauerstoff mit so heißer Flamme verbrennen, daß Eisen oder andere Metalle an der von der Flamme getroffenen Stelle zu schmelzen beginnen. Erhitzt man daher mit einer solchen Flamme die bis auf einen schmalen Spalt einander genäherten Kantenflächen von zwei Metallplatten und füllt man den Spalt mit dem flüssigen Zusatzmetall aus, das durch die Erhitzung von Schweißdraht abschmilzt, so entsteht eine feste Verbindung.

Innerhalb des Schweißbrenners werden Sauerstoff und Acetylen in einer Düse gemischt. Nach ihrem Austritt aus dem Brennerkopf entsteht durch die intensive

Verbrennung in reinem Sauerstoff beim günstigen Mengenverhältnis eine Temperatur von 3100 °C. Wichtig ist es, in der Flamme das richtige Mengenverhältnis des Sauerstoffs zum brennbaren Gas einzuhalten, weil ein Überschuß an Sauerstoff zu einer Oxidation, d. h. Verbrennung des Metalls, führen würde.

Stähle kann man heute so gut schweißen, daß die Schweißnähte vielfach mindestens dieselbe Festigkeit aufweisen wie das Grundmaterial.

Auch Kupfer, Messing, Bronzen und Leichtmetalle können mit dem gleichen Verfahren geschweißt werden.

Der Autogenbrenner ist ein einfaches und billiges Schweißwerkzeug. Er wird hauptsächlich beim Schweißen von Rohrleitungen, Stahlkonstruktionen, im Schiffsbau und bei Heizungsanlagen benützt, wo es mehr auf die handwerkliche Geschicklichkeit des Schweißers als auf hohe Abschmelzleistung ankommt. Fest installierte Schweißplätze in Werkstätten werden meist durch Ringleitungen mit Sauerstoff und Acetylen versorgt. Zur Einspeisung der Gase in die Ringleitung benützt man Flaschenbatterien, beim Sauerstoff auch Standtanks für verflüssigtes Gas mit Verdampfern (s. Abschnitt 9.5.2.1). Auf Schutzgasschweißverfahren, die große Bedeutung erlangt haben, wird in Abschnitt 10.3.3 eingegangen.

10.1.1.6 Brennschneiden (autogenes Schneiden)

Beim Brennschneiden wird die Oberfläche des zu zerschneidenden Werkstücks mit der Brenngas-Sauerstoff-Flamme auf mindestens Zündtemperatur des Werkstoffs erhitzt, so daß dieser teilweise verbrennt. Die sehr stark exotherme Verbrennungsreaktion liefert die Wärme zum Schmelzen benachbarter Werkstoffzonen. Vom nicht verbrannten Sauerstoff wird die Schmelze, die aus Oxiden und nicht oxidiertem flüssigem Metall besteht, aus der Schnittfuge geblasen. Bild 10.6 zeigt den Schnitt durch einen Schneidbrenner. Der entscheidende Teil ist die Schneiddüse. Sie formt den Schneidsauerstoffstrahl. Die Austrittsöffnungen für die Heizflammen sind meist ringförmig konzentrisch um den Schneidsauerstoffstrahl angeordnet.

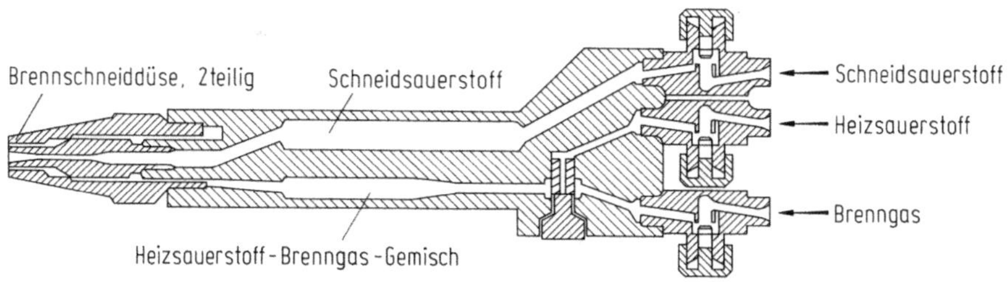

Bild 10.6. Schnitt durch einen Schneidbrenner. Nach [B 1]

10.1.1.7 Weitere Verfahren zur Bearbeitung von Metallen mit der Acetylen-Sauerstoff-Flamme

Beim *Flammlöten* werden die zu verbindenden Werkstücke zwar erhitzt, aber nicht geschmolzen. Die Verbindung wird mit Hilfe eines geschmolzenen Zusatzmetalls (Lot), dessen Schmelztemperatur unter der des Grundwerkstoffs liegt, erreicht.

Beim *Flammspritzen* wird ein Zusatzwerkstoff mit einer Acetylen-Sauerstoff-Flamme geschmolzen und mit hoher Geschwindigkeit auf den Grundwerkstoff aufgespritzt. Die so aufgebrachten dünnen Schichten schützen den Grundwerkstoff vor Korrosion oder Verschleiß.

Auch durch *Auftragsschweißen* mit Schmelzdraht kann der Grundwerkstoff mit einer zusätzlichen Schicht versehen werden.

Das *Brennfugen* ist ein dem Brennschneiden ähnliches Verfahren. Der Brenner wird unter einem Winkel von 20 bis 40° auf das Blech aufgesetzt und in Richtung des Gasstromes bewegt. Durch Veränderung des Winkels können Tiefe und Breite der Fuge variiert werden.

Unter *Flämmen* versteht man das Säubern von Stahlblöcken und anderen Werkstücken mit Hilfe von Autogengeräten mit Flachdüsen. Die entstehende Schmelze wird vor dem Brenner hergetrieben, wobei sie gleichzeitig den Stahl vorwärmt.

Durch das *Flammstrahlen* werden Stahloberflächen von Rost, Walzhaut und Zunderschichten so gesäubert, daß nachfolgende Anstriche und Beschichtungen vorzüglich haften oder an der Oberfläche keine Korrosion entsteht.

Beim *Pulverschneiden* wird dem Schneidestrahl Eisen- oder Metallpulver zugegeben, wodurch die exotherme Reaktion gesteigert und die Schmelztemperatur störender Oxide erreicht wird. Mit Pulverhandbrennern kann man Schnitte bis zu 200 mm, mit Maschinenbrennern bis zu 2000 mm Tiefe erreichen.

Beim *Brennbohren* von Metallen wird eine Sauerstoffkernlanze verwendet, mit der durch die Verbrennung des Metalls im Sauerstoffstrahl Löcher in das Material gebrannt werden.

Durch fortschreitendes örtliches Erwärmen können Spannungszustände beiderseits von Schweißnähten abgebaut werden (Flammentspannen).

Unter *Flammhärten* versteht man das Erhitzen von Stahl auf Härtetemperatur und anschließendes Abschrecken mit Wasser. Durch die damit verbundene Gefügeänderung wird der Stahl gehärtet.

Mit dem *Flammrichten* können Werkstücke, die verformt worden waren, wieder in die ursprüngliche Form und Lage gebracht werden.

10.1.1.8 Schmelzen von Nichteisenmetallen

Zur Verkürzung der Einschmelzzeit von Nichteisenmetallen und Glas haben sich Brenner bewährt, in denen Öl, Propan-Butan oder Erdgas mit reinem Sauerstoff verbrannt werden [V 1]. Hiermit ausgestattete Öfen haben gegenüber luftgespeisten Öfen, die mit keinem Wärmeaustauscher zur Luftvorwärmung mit Abgaskühlung ausgerüstet sind, folgende Vorteile: hohe Verbrennungstemperatur, geringer Energieverbrauch, kleine Abgasmenge.

10.1.1.9 Raffination und Rösten von Nichteisenmetallen

Bei der Raffination von Nichteisenmetallen in Öfen, in denen die unerwünschten Bestandteile weitgehend beseitigt werden, erhöht der Einsatz von Sauerstoff Leistung und Flexibilität der Öfen. Unter Rösten versteht man das Erhitzen von Erzen oder Konzentraten davon unter Luftzutritt zum Zwecke der Umwandlung der Metallsulfide, -arsenide und -antimonide in Metalloxide. Führt man beim Rösten Sauerstoff zu, so entstehen neben dem Röstgut statt leicht flüchtiger, sulfidischer Bestandteile weitgehend gut wasserlösliche Sulfate, was Vorteile bringt.

10.1.2 Anwendung des Sauerstoffs in der chemischen Industrie

Zahlreiche chemische Vorgänge lassen sich günstig beeinflussen, wenn man reinen Sauerstoff an Stelle von Luft verwendet. Hierdurch werden die Reaktionstemperatur und die Reaktionsgeschwindigkeit erhöht sowie das Gleichgewicht verlagert. Ferner erhält man reinere Produkte oder vermeidet gewisse Nachteile des Stickstoffballastes, wie z. B. zusätzliche Wärmeverluste. Aus diesen Gründen verbraucht heute die chemische Industrie erheblich mehr Sauerstoff als zum Schweißen und Schneiden benötigt wird.

Bild 10.1 vermittelt u. a. einen Eindruck von der in der westlichen Welt erzeugten Mengen an Ammoniak. Für die Herstellung derartig großer Mengen entsteht ein riesiger Wasserstoffbedarf. Er wird noch wesentlich vergrößert durch zusätzliche Mengen, die für die Methanol-, Harnstoff- und neuerdings wieder für Kohlenwasserstoff-Synthesen gebraucht werden. Im Abschnitt 7.1 sind die wichtigsten Verfahren zur Erzeugung wasserstoffreicher Gase genannt. Einige davon bedürfen der Zufuhr von Sauerstoff. Diese sollen im folgenden kurz beschrieben werden.

10.1.2.1 Schwerölvergasung nach Shell-Texaco [L 2, 3]

Aus Erdölraffinerien kommende Sumpfprodukte der atmosphärischen oder Vakuumdestillation, die nicht als Heizöl oder zur Herstellung von Petrokoks geeignet sind, werden ausgemauerten Reaktionsräumen zugeführt. Darin wird das Schweröl bei hohem Druck und bei Temperaturen zwischen 1200 und 1450 °C mit Sauerstoff im Flugstrom vergast. Die Vergasung wird durch die Zufuhr von Wasserdampf moderiert. Es entsteht ein wasserstoffreiches Gas. Der Kohlenstoff des Schweröls oxidiert dabei hauptsächlich zu Kohlenmonoxid und nur in geringem Maße zu Kohlendioxid. Man spricht daher von „Partialoxidation“. Der maximale Vergasungsdruck beträgt ca. 100 bar. Er wird möglichst hoch gewählt, um an Kompressionsarbeit für die weitere Verdichtung des Gases auf den noch höher liegenden Synthesedruck zu sparen. Allerdings muß deshalb auch der Sauerstoff bei max. 100 bar zur Verfügung stehen. Für die Gewinnung großer Sauerstoffmengen unter so hohem Druck hat sich die sogenannte „Sauerstoff-Innenverdichtung“ (s. Abschnitt 4.5.1.6) bewährt. Je t Schweröl werden ca. 1,1 t Sauerstoff benötigt.

10.1.2.2 Kohlevergasung nach Lurgi, Winkler und Koppers-Totzek

Auch auf die Kohlevergasung ist bereits im Abschnitt 7.1„Entstehung wasserstoffreicher Gemische, deren Zusammensetzung und Verarbeitung“ hingewiesen worden. Die drei wirtschaftlich bedeutendsten Verfahren auf diesem Gebiet sind die Lurgi-Druckvergasung für stückige Kohle, das Winkler-Wirbelschichtverfahren für kleinkörnige Kohle und das Koppers-Totzek-Verfahren für staubförmige Kohle [F 1, K 2]. Seit 1974, dem Jahr des sogenannten Ölschocks, sind zusätzlich eine große Zahl neuer Verfahren entwickelt worden, die aber großindustriell noch nicht eingesetzt werden.

Das Verfahren der *Lurgi, Frankfurt* (Bild 10.7) ist durch einen druckbetriebenen Festbettgenerator ausgezeichnet, bei dem Kohle und Vergasungsmittel im Gegenstrom geführt werden. Dadurch bildet sich im Gasgenerator ein Temperaturprofil mit verschiedenen Zonen aus, in denen mit von 800 auf 1000 °C steigender Temperatur die Kohle zunächst getrocknet und entgast, schließlich vergast und verbrannt wird.

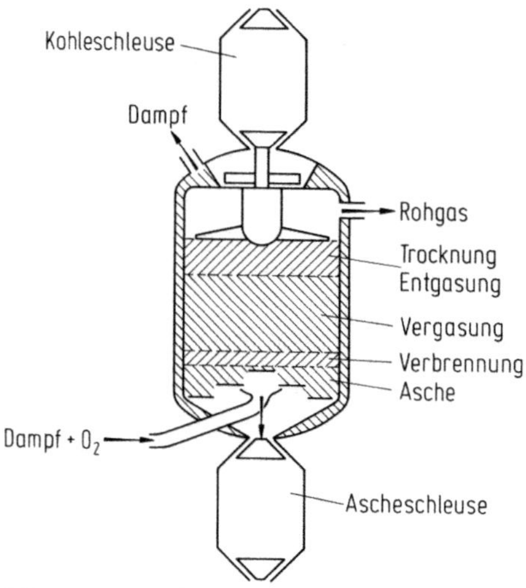

Bild 10.7. Lurgi-Gasgenerator. Nach [K 2]

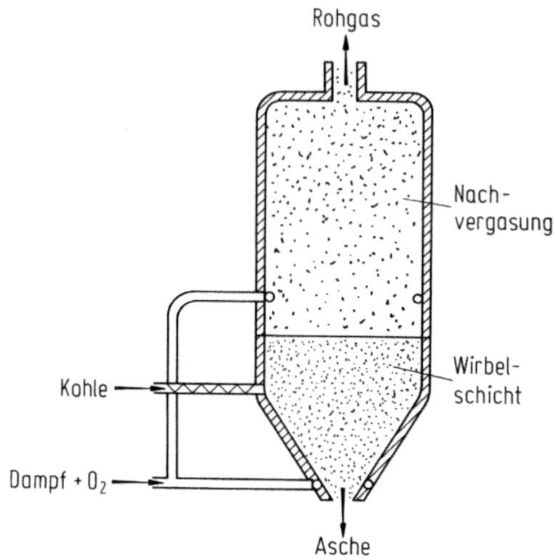

Bild 10.8. Winkler-Vergaser. Nach [K 2]

Der Vergasungsdruck ist 20 bis 30 bar. Je Tonne vergasten Kohlenstoffs werden ca. 0,4 t Sauerstoff benötigt. Der Korngrößenbereich der zu verarbeitenden Kohle ist 5 bis 30 mm. Die Leistung der heute gängigen Typen liegt bei 30 t Kohle/h, aus denen man je nach Kohleart 50000 bis 75000 m_n^3/h Gas herstellt. Zum sicheren Betrieb des Festbettes lassen sich stark backende Kohlen zur Zeit nicht einsetzen. Außerdem ist Feinkorn im Einsatz zu vermeiden. Das erzeugte Gas ist reich an Wasserstoff und enthält relativ viel Methan, weil der hohe Druck und die sonstigen Bedingungen in der Entgasungsstufe die Methanbildung begünstigen.

Das *Winkler-Verfahren* arbeitet bei Atmosphärendruck in einer Wirbelschicht (Bild 10.8). Die Temperaturen liegen zwischen 1000 und 1200 °C. Die gängigen Leistungen liegen bei 40 t/h Kohle und einer Gaserzeugung bis zu 60000 m_n^3/h. Ein sicherer Betrieb setzt voraus, daß man höchstens mäßig backende Kohle mit einer Korngröße von 0,5 bis 10 mm verwendet. Das Rohgas zeichnet sich durch hohen Wasserstoff- und Kohlenmonoxidgehalt und niedrigen Methangehalt aus. Der Sauerstoffbedarf ist dem beim Lurgi-Verfahren etwa gleich.

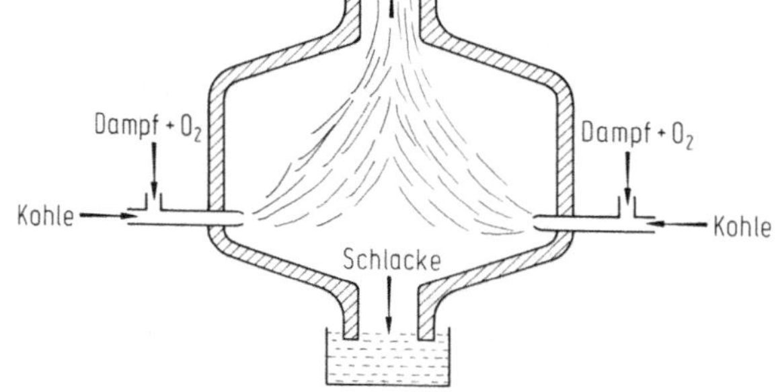

Bild 10.9. Koppers-Totzek-Vergaser. Nach [K 2]

Das *Koppers-Totzek-Verfahren* (Bild 10.9) ist durch die Vergasung von feingemahlener Kohle bei Atmosphärendruck in einer Flugstromwolke aus Sauerstoff und Wasserdampf gekennzeichnet. Wegen der kurzen Verweilzeiten werden durch Zugabe relativ hoher Sauerstoffmengen sehr hohe Temperaturen (ca. 1500 °C) und damit hohe Umsatzraten erreicht. Die heute gängige Leistung eines Vergasers liegt bei 12 t/h Kohle und 20000 m_n^3/h erzeugtem Gasgemisch. Verarbeitet wird Kohlenstaub mit einer Korngröße von 0,02 bis 0,2 mm. Der Sauerstoffbedarf ist 0,5 bis 0,55 t Sauerstoff je t Kohlenstaub.

10.1.2.3 Weitere Oxidationsprozesse

Ethylenoxid ist ein wichtiges chemisches Zwischenprodukt, das mit Wasser zu Ethylenglykol, mit Ammoniak zu Ethanolamin und mit Alkohol zu Glykoläther umgesetzt wird. Für die Oxidation des Ethylens zu Ethylenoxid hat man früher ausschließlich Luft verwendet. Mehrere Unternehmen der Großchemie sind aber zur Anwendung von Sauerstoff übergegangen, weil dadurch die Gefahr der Vergiftung des Katalysators verringert und dessen Lebensdauer erhöht wird.

Weitere Beispiele für Oxidationsprozesse mit reinem Sauerstoff sind die Herstellung von Essigsäure aus Acetaldehyd und die von Stickoxid aus Stickstoff.

Bei der Papierherstellung dient das Bleichen in erster Linie dazu, die Farbe des Zellstoffs aufzuhellen, meistens unter gleichzeitiger Entfernung des Lignins. Behandelt man den Zellstoff mit Sauerstoff statt durch Chlorierung und Alkalisierung, fällt weniger oder kein chlorhaltiges Abwasser an.

10.1.3 Biotechnische Behandlung von Wasser mit Sauerstoff

10.1.3.1 Abwasserreinigung

In Bevölkerungsballungszentren und Industriegegenden werden große Wassermengen mit Abfallstoffen belastet. Verunreinigtes Wasser muß aber vor Einleitung in Flüsse, Seen oder ins Meer gereinigt werden. Außer der Schmutzfracht, welche mechanisch aufgefangen werden kann, enthalten Abwässer suspendierte oder gelöste organische Stoffe und anorganische Chemikalien. Im Abwasser gelöste oder fein suspendierte, organische Schmutzstoffe können dadurch eliminiert werden, daß mit ihnen in einem sogenannten Belebungsbecken unter Sauerstoffzufuhr Mikroorganismen, wie Bakterien und Pilze, in Kontakt gebracht werden. Wesentlich ist dabei, daß der Sauerstoff dem Wasser fein verteilt zugeführt wird. Die Mikroorganismen nehmen die organische Schmutzsubstanz in ihren Bau und Stoffwechsel auf, gewinnen dabei neue zusätzliche Bakteriensubstanz und geben Schlamm, Kohlendioxid und Wasser ab. Der Schlamm setzt sich in einem nachgeschalteten Klärbecken ab. Er wird zum Teil mit den Bakterien in das Belebungsbecken zurückgeführt, zum Teil als Überschußschlamm weiter aufgearbeitet [R 2, 3, M 1, G 2].

Das Maß für die Konzentration biologisch abbaubarer Verunreinigungen im Wasser ist der über fünf Tage gemittelte biochemische Sauerstoffbedarf (BSB_5 in mg/l). Man kann diesen Sauerstoffbedarf durch Luftzufuhr decken. Verwendet man hierfür 90 bis 98 %igen Sauerstoff, so ergeben sich wegen des höheren Sauerstoffpartialdrucks gegenüber dem Betrieb mit Luft mehrere Vorteile: verkürzte Reaktionszeit, dadurch geringerer Platzbedarf für die Belebungsbecken, bessere Absetzeigenschaften des Schlamms, verringerte Überschußschlammproduktion und geringere Geruchsbelästigung wegen geringerer Abgasmenge. Das Verhältnis der umgesetzten Sauerstoffmenge zu dem im Abwasser ursprünglich vorhandenen biochemischen Sauerstoffbedarf bezeichnet man als BSB_5-Wirkungsgrad. Es werden je nach Abwasserbedingungen 90 bis 98 % erreicht.

Besonders vorteilhaft wirkt sich Sauerstoffbegasung bei geruchsintensivem, hochbelastetem Abwasser aus Tierkörper- und Knochenverwertungsanlagen aus [R 3]. Solche Abwässer enthalten auch chemische Substanzen, die nicht biologisch abgebaut, aber wenigstens zum Teil oxidiert werden können. Für derartige Stoffe besteht also ein chemischer Sauerstoffbedarf (CSB), der auch durch Sauerstoffbegasung, allerdings mit niedrigeren Wirkungsgrad als beim biochemischen Sauerstoffbedarf, gedeckt werden kann. Auch für die Nitrifikation, d. h. für die Bindung von Sauerstoff an Ammoniak- und Ammoniumverbindungen, besteht ein zusätzlicher Sauerstoffbedarf.

Abwasser aus Anlagen der chemischen und petrochemischen Industrie haben von Fall zu Fall sehr unterschiedliche chemische Verunreinigungen. Meistens müssen solche Abwässer vorbehandelt werden, damit die biologische Methode Erfolg bringt. Immerhin liegen aber auch aus solchen Betrieben sowie aus der Nahrungsmittel-, der Zellstoff- und Papierindustrie gute Erfahrungen vor, die für den Einsatz von Sauerstoff sprechen.

Wird Abwasser nicht in offenen Gerinnen, sondern durch Rohrleitungen fortgeleitet, so neigt es zu Faulung. Dem kann begegnet werden, indem dem Wasser zwischen Pumpenanlage und Rohrleitung Sauerstoff zugeführt wird.

10.1.3.2 Erhöhung des Sauerstoffgehaltes des Wassers in anderen Fällen

In Urlaubsgebieten oder Weinbaugegenden werden Gewässer saisonal besonders stark belastet. Dadurch entstehen zeitlich Spitzen an biochemischem Sauerstoffbedarf. Er kann durch zeitlich begrenzte Sauerstoffzufuhr gedeckt werden.

In manchen Gegenden sind Flüsse durch eingeleitete Abwässer und durch Erwärmung so sauerstoffarm, daß sie biologisch tot sind. Erfahrungen haben gezeigt, daß solche Flüsse durch Sauerstoffbegasung in ihrer Selbstreinigungskraft aktiviert werden können [B 2].

Mangan- und eisenhaltiges Trinkwasser wird durch Oxidation dieser Metalle und Filtrierung der Metalloxide aufbereitet. Verwendet man zur Oxidation Sauerstoff statt Luft, so vermeidet man die Stickstoffaufnahme des Wassers und verlängert die Filterlaufzeiten.

Begast man das Wasser in Fischzuchtanlagen, insbesondere bei der Forellenzucht, mit Sauerstoff, so läßt sich das Wachstum der Fische beschleunigen [A 1].

10.1.4 Lebensmitteltechnik

Weicht man Saatgut (Gerste, Weizen, Roggen, Reis oder Kartoffeln) in sauerstoffgesättigtem Wasser ein und trocknet es anschließend in einer sauerstoffangereicherten Gasatmosphäre, so wird die *Keimung* beschleunigt.

Unter *Fermentation* versteht man enzymatisch-chemische Veränderungen organischer Substanzen, die durch Mikroorganismen hervorgerufen werden. Bei Zellen, die zu ihrer Entwicklung Sauerstoff benötigen, kann die Dauer der Fermentation verkürzt werden, wenn man sie sauerstoffangereicherter Luft aussetzt. Auch kann die Qualität der fermentierten Nahrungs- und Genußmittel verbessert werden.

10.1.5 Bautechnik

Das thermische *Betonschneiden* eignet sich zum Abbruch alter Betonbauten oder zum Bohren von Löchern in Beton. Man verwendet dazu ein mit Drähten gefülltes Rohr, Kernlanze genannt, durch welches Sauerstoff strömt. Nach Zündung des Lanzenendes verbrennt dieses und bringt bei Temperaturen über 2000 °C den Beton zum Schmelzen. Der große Vorteil dieses Verfahrens gegenüber der mechanischen Schneidtechnik liegt in der schnellen, erschütterungsfreien und geräuscharmen Arbeitsweise.

Beim *Betonflammstrahlen* wird eine Acetylen-Sauerstoff-Flammenfront mit konstanter Geschwindigkeit über die Betonfläche geführt. Dabei wird eine dünne Schicht an der Oberfläche entfernt. Der darunterliegende Beton wird dadurch nicht beeinträchtigt. Anschließend aufgebrachte Schutzschicht haftet besonders gut.

Bei der *Ziegelherstellung* durchläuft das Material in Tunnelöfen hintereinander vier Zonen, in denen folgende Vorgänge ablaufen: 1. Aufheizen und Trocknen, 2. Ausbrennen organischer Bestandteile, 3. Sintern, 4. Kühlen. Durch Erhöhen der Sauerstoffkonzentration der Luft in der zweiten Zone des Ofens wird die Oxidation der organischen Bestandteile beschleunigt und dadurch die Leistung des gesamten Ofens gesteigert. Auch die bei Verwendung von Luft häufig auftretenden schwarzen Flecken lassen sich dadurch vermeiden.

10.1.6 Medizinische Technik

Bei Operationen und zur Therapie kann reiner Sauerstoff eingesetzt werden. Bei Therapien wird die der Luft beizumischende Sauerstoffmenge nach den Erfordernissen der Therapie gewählt. Auch Sauerstoff-Stickstoff-Helium-Gemische werden verwendet.

10.1.7 Flüssiger Sauerstoff

10.1.7.1 Lagerung, Transport und Verteilung von Sauerstoff

In Abschnitt 9.5.2.1 wurde bereits erläutert, daß aus wirtschaftlichen Gründen zur Versorgung einer Vielzahl von Verbrauchern der Sauerstoff in der flüssigen Phase gelagert und über größere Entfernungen als Flüssigkeit transportiert wird, obwohl er schließlich als Gas verbraucht wird.

10.1.7.2 Raketentechnik

Am 3. 10. 1942 startete nach 12jähriger Entwicklungszeit in Peenemünde, Deutschland das erste V2-Geschoß mit Raketenantrieb. Die zur Überwindung von mehreren 100 km Entfernung erforderliche Schubkraft wurde durch rasch ausströmendes Gas erreicht, welches durch die Verbrennung von Alkohol mit Sauerstoff entstanden war. Der Raketenkörper war mit einem Tank für Alkohol und einem Tank für flüssigen Sauerstoff ausgerüstet, aus denen über Pumpen der Verbrennungsraum versorgt wurde.

Nach Kriegsende wurde die Raketentechnik stürmisch weiterentwickelt. Um mit Raketen in interstellare Räume vorstoßen zu können, mußten Triebwerke geschaffen werden, mit deren Hilfe die Fluchtgeschwindigkeit erreicht wird, bei der ein Körper nicht mehr unter dem Einfluß der Schwerkraft zur Erde zurückkehrt. Diese Aufgabe ist aber mit einer einstufigen Rakete nicht zu lösen. Man baute daher Mehrstufenraketen. Gleichzeitig wurden auch andere flüssige Brennstoffe und Oxidationsmittel entwickelt, auch feste Brennstoffe, die in ihrem Aufbau auch Sauerstoff enthalten. In der modernen Raketentechnik werden von Stufe zu Stufe sehr unterschiedliche Kombinationen von Brennstoffen und Oxidatoren angewendet. Die Kombination eines flüssigen Brennstoffs mit flüssigem Sauerstoff erscheint häufig in der dritten Stufe, die zuletzt gezündet wird.

10.1.8 Erforderliche Reinheit des Sauerstoffs

Nicht in allen vorgenannten Fällen muß der verwendete Sauerstoff die höchste Reinheit haben. Wird der Sauerstoff unmittelbar am Ort des Verbrauchers hergestellt, so wird der Luftzerleger aus wirtschaftlichen Gründen so betrieben, daß in ihm gerade die erforderliche Reinheit erreicht wird. Für die Behandlung von Abwasser genügt eine Reinheit von 90 bis 95%, für Vergasungsprozesse eine Reinheit von 98,5%. In Stahlwerken muß ≧99,5%iger, trockener, kohlendioxidfreier Sauerstoff zur Verfügung stehen. Dieselbe Reinheit genügt auch für die meisten anderen Zwecke.

10.2 Stickstoff

Im Ersten Weltkrieg und in den 20er Jahren übertrafen Produktion und Anwendung von Stickstoff die von Sauerstoff. Hervorgerufen wurde dies durch den großen Bedarf an Düngemitteln, die nach der Entwicklung des Haber-Bosch-Verfahrens zur Ammoniaksynthese auf künstlichem Wege erzeugt werden können. Auch die Herstellung von Sprengstoffen aus Salpetersäure, die ihrerseits wieder bevorzugt durch die Oxidation von Ammoniak gewonnen wird, weckten zusätzlichen Stickstoffbedarf.

Als aber in den 30er Jahren durch die Entwicklung des Linde-Fränkl-Verfahrens billiger Sauerstoff gewonnen werden konnte, überholten wieder dessen Produktion und Anwendung die von Stickstoff. In der jüngsten Zeit haben sich eine Fülle von Anwendungsmöglichkeiten für gasförmigen und flüssigen Stickstoff ergeben. Dadurch erhöhte sich z. B. in der Bundesrepublik Deutschland der Absatz von Stickstoff in der Zeit von 1970 bis 1980 von 0,2 auf 1,0 Mio Jahrestonnen. Zwar lag er 1980 damit nur bei ca. einem Fünftel der Sauerstoffproduktion aber er erlebte ein stärkeres Wachstum als letztere.

10.2.1 Stickstoff in der chemischen Industrie

Nach wie vor ist die Erzeugung von Ammoniak aus Wasserstoff und Stickstoff die wichtigste Anwendung des Stickstoffs in der chemischen Industrie. Wie in Abschnitt 7.2.2 beschrieben ist, kann eine sogenannte Stickstoffwäsche ein sehr reines kohlenmonoxidfreies Gemisch aus drei Teilen Wasserstoff und einem Teil Stickstoff liefern, was für eine hohe Ausbeute bei der Synthese von wesentlicher Bedeutung ist. Allerdings gibt es auch Verfahren zur Ammoniaksynthesegaserzeugung und -reinigung ohne Stickstoffwäsche. Bei diesen entsteht das Wasserstoff-Stickstoff-Gemisch durch steamreforming von Erdgas unter Luftzusatz mit anschließender Kohlenoxidkonvertierung. Durch eine Gaswäsche bei Umgebungstemperatur werden Kohlendioxid und Verunreinigungen entfernt (Tabelle 7.1., Fall C). Aber bei Ammoniakfabriken auf der Basis von Kohle oder Schweröl bewährt sich die Stickstoffwäsche.

Bedeutende Mengen Stickstoff wurden früher für die Gewinnung von Kalkstickstoff benötigt, dessen Bedeutung allerdings in den letzten 20 Jahren stark zurückgegangen ist.

Nach der Montage, aber vor der Inbetriebnahme neuer Anlagen, spült man Maschinen, Apparate und Rohrleitungen mit Stickstoff, um die ursprünglich darin enthaltene Luft zu verdrängen. Dasselbe geschieht auch vor und nach Reparaturen an Chemieanlagen, in denen brennbare Gase oder Flüssigkeiten verarbeitet werden.

Stickstoff wird auch für die Erzeugung von Graphit, elementarem Phosphor, Natrium und Calzium und bei anderen Verfahren eingesetzt, um Oxidation zu vermeiden.

10.2.2 Stickstoff als Inertgas und als Bestandteil von Reaktionsgasen

Auch in anderen Industriezweigen besteht die Forderung, Stoffe, die bei Luftzutritt oxidieren, durch Stickstoff zu schützen. Auch können dadurch Explosionen verhindert werden. Hierzu ist allerdings nicht die höchste Reinheit des Stickstoffs erforderlich. Es genügt, wenn der Sauerstoffgehalt einige Prozente übersteigt. Es hat sich als zweckmäßig erwiesen, in derartigen Betrieben einen Tank mit flüssigem Stickstoff (s. Abschnitt 9.5.2) aufzustellen, aus dem je nach Bedarf über einen Verdampfer Stickstoff entnommen werden kann.

Bei der Bekämpfung von Benzin-, Alkohol-, Lack-, Erdgas-, Propan- und Wasserstoffbränden sowie Grubenbränden hat sich der Einsatz von Stickstoff bewährt. Dies ist zwar teuerer als das Löschen mit Wasser. Man vermeidet aber dadurch Wasserschäden, deren Beseitigung unter Umständen mehr kostet als das Löschen mit Stickstoff.

Hochbeanspruchte Reifen, z. B. für Flugzeuge oder Rennautos, pumpt man statt mit Luft mit Stickstoff auf. Man vermeidet dadurch das bei den auftretenden hohen Temperaturen bestehende Brandrisiko.

Schutz- und Reaktionsgase sind bei der Wärmebehandlung verschiedener Materialien notwendig, um Oberflächen und Randgefüge zu schützen oder gezielt zu verändern. So werden bei vielen Glühprozessen durch die Wahl der richtigen Ofenatmosphäre aufwendige Nachbehandlungen vermieden oder andere Vorgänge, wie Gasaufkohlen, Sintern und Ofenlöten erst ermöglicht. Neben den althergebrachten Schutz- und Reaktionsgasen, die in Generatoren oder Spaltanlagen aus Kohlenwasserstoffen oder Ammoniak im Betrieb des Anwenders hergestellt werden, kommt die Lieferung „fertiger" Schutzgase durch Gasehersteller immer häufiger in Betracht. Hauptbestandteil solcher Schutzgase ist Stickstoff, der die Aufgabe hat, Luft zu verdrängen. Ihm werden je nach Anwendungsfall reduzierende Gase, wie Wasserstoff oder leichte gesättigte Kohlenwasserstoffe, beigemischt.

Bei der Herstellung von Flachglas nach dem Floatglasverfahren wird das geschmolzene Glas über ein Zinnschmelzbad geleitet. Zur Entfernung von Sauerstoff und Schwefel aus dem Metall wird ein aus ca. 90% Stickstoff und 10% Wasserstoff bestehendes Formiergas fein verteilt durch das Bad geleitet. Dadurch wird auch der Raum über dem Bad inertisiert.

10.2.3 Tertiäre Erdölförderung mit Stickstoff

Jede Erdöllagerstätte besitzt zum Zeitpunkt ihrer Entdeckung einen beachtlichen Vorrat an potentieller Energie, die sich während der Ölentnahme in Form eines sogenannten Triebes auswirkt. Im Laufe der Förderzeit nimmt aber die potentielle Energie ab. Nach einer Phase erruptiver Förderung muß das Öl früher oder später mit Hilfe von Tiefpumpen gehoben werden. Der Flüssigkeitsspiegel in der Fördersonde sinkt dabei im Laufe der Zeit, weshalb die Pumpen immer tiefer gesetzt werden müssen. Die sogenannte primäre Förderphase geht dem Ende zu. Die Ölausbeute dieser Phase übersteigt in allgemeinen 10 bis 20 % nicht.

Um die Ölausbeute zu erhöhen, hat man in Erdöllagerstätten gezielt Wasser injiziert, um dadurch die fehlende potentielle Energie zu ersetzen. Durch diese sogenannten sekundären Fördermaßnahmen gelingt es, die Ausbeute auf 30 bis 40 % anzuheben.

Zur weiteren Ausbeutesteigerung wurden am Ende der 60er Jahre, hauptsächlich in den USA, tertiäre Verfahren (sogenannte enhanced oil recovery, EOR) entwickelt, mit deren Hilfe sich die Ausbeute um weitere ca. 20 % steigern läßt.

Unter diesen Verfahren scheint das Injizieren von Kohlendioxid oder Stickstoff wachsende Bedeutung zu erlangen. Es wird bereits an mehreren Stellen, vor allem dort, wo die Erdölreserven zu Ende gehen, angewendet. Ob dabei die Verringerung der Zähigkeit eines Öl-Gas-Gemisches gegenüber der des Öls oder die Verdrängung des Öls durch das Gas entscheidend ist, scheint zur Zeit nicht ganz geklärt zu sein. Bisher wird als Gas hauptsächlich Kohlendioxid eingesetzt. Diese Methode ist aber auf die Anwesenheit ausreichender Kohlendioxidquellen beschränkt. Deshalb ist man dazu übergegangen, Stickstoff einzusetzen. Dessen Gewinnung aus Luft ist überall möglich und billiger.

10.2.4 Gasförmiger und flüssiger Stickstoff in der Lebensmitteltechnik

Fleisch- und Wurstwaren, Fische, Milchprodukte, Backwaren, Fette und Öle, Kartoffelprodukte, Gewürze und Kaffee verpackt und lagert man vorteilhaft in stickstoffreicher Atmosphäre, um die darin enthaltenen Vitamine, Fette, ätherischen Öle und Farbstoffe vor nachteiligen Veränderungen zu schützen und den Verderb der Lebensmittel zu verhindern. Die Wahl der Schutzgaszusammensetzung, d. h. der Gehalt an Stickstoff, Kohlendioxid und Sauerstoff, hängt dabei vom jeweils gewünschten Endprodukt ab.

Auch flüssige Nahrungs- oder Genußmittel wie Speiseöl, Wein, Bier, Obstsäfte etc. sind oxidationsempfindlich. Bei ihnen können durch die Einwirkung von Luftsauerstoff chemische oder mikrobiologische Reaktionen ausgelöst werden, die sich qualitätsmindernd oder geschmacksverändernd auswirken. Durch die Anwendung von Stickstoff wird dies vermieden.

Bei den bisher genannten Fällen ging es um den Einsatz von gasförmigem Stickstoff. In der Lebensmitteltechnik hat sich aber auch in besonderen Fällen die Anwendung flüssigen Stickstoffs bewährt. Dabei wird darauf verzichtet, die Lebensmittel auf die Siedetemperatur des Stickstoffs (−196 °C) abzukühlen, denn die Lagertemperatur von Lebensmitteln soll im allgemeinen −20 °C nicht unterschreiten. Vielmehr soll durch die große Temperaturdifferenz ein Kälteschock erreicht werden. Die Qualität gefrorener Lebensmittel wie von Fischen, Fertigmenüs, Hähnchenteilen etc. hängt nämlich stark von der Gefriergeschwindigkeit und von der Anzahl und Größe sowie der Lage der gebildeten Eiskristalle ab. Je größer die Temperaturdifferenz zwischen Kälteträger und Gefriergut ist, desto kleiner werden die Eiskristalle, wodurch das Zellgewebe geschont wird.

Auch bei der Lebensmitteltransportkühlung besteht der Zweck der Anwendung flüssigen Stickstoffs nicht darin, die Lebensmittel unter eine Temperatur von −20 °C abzukühlen, sondern die Wärmezufuhr, die beim Öffnen der Fahrzeugtüren zur Belieferung der Ladengeschäfte unvermeidlich ist, durch rasch verfügbare Kälte zu kompensieren.

Beim Mahlen von Lebens- und Genußmitteln, die Fette und ätherische Öle enthalten, wird durch die dabei entstehende Wärme die Qualität beeinflußt und die Leistung der Mühle verringert, falls die Wärme nicht abgeführt wird. Durch Kühlung mit flüssigem Stickstoff kann der durch das Mahlen verursachte Temperaturanstieg vermieden werden.

Auch in anderen, hier nicht weiter angeführten Fällen, hat sich die Anwendung flüssigen Stickstoffs in der Lebensmitteltechnik bewährt.

10.2.5 Flüssiger Stickstoff für biologische und medizinische Zwecke

Blutkonservierung bei tiefen Temperaturen, wobei flüssiger Stickstoff die benötigte Kälte liefert, erlaubt eine praktisch zeitlich unbegrenzte Lagerung des Blutes oder von Blutbestandteilen.

Auch Organe können mit Hilfe von flüssigem Stickstoff tiefgefroren und damit konserviert werden. Allerdings muß dabei die erforderliche Tieffriergeschwindigkeit eingehalten werden, weil bei geringfügigen Abweichungen von dem vorgeschriebenen Temperaturverlauf die Organe geschädigt werden.

In der Dermatologie werden z. B. zur Entfernung von Warzen die Vorteile der Kryochirurgie genutzt. Man verwendet dabei Kältesonden, die, gekühlt mit flüssigem Stickstoff, nahezu punktförmig das Gewebe kurzzeitig tiefgefrieren. Die dadurch ermöglichte schnelle und weitgehend schmerzfreie Behandlung führt zur Bildung minimaler Narben.

Die künstliche Besamung von Kühen mit Bullenspermen ist nur dann durchführbar, wenn Spermen, die lange erhalten bleiben, zur Verfügung stehen. Man erreicht dies durch kontrolliertes Einfrieren mit Hilfe von flüssigem Stickstoff.

10.2.6 Sonstige Anwendungen von flüssigem Stickstoff

Werkstoffe, die in Tieftemperaturanlagen eingesetzt werden sollen, müssen in Prüfeinrichtungen, in denen die Materialproben mit flüssigem Stickstoff gekühlt werden, auf ihr Spannungs-Dehnungs-Verhalten und ihre Kerbschlagzähigkeit untersucht werden (s. hierzu auch Abschnitt 9.4.1).

Die meisten Materialien, so auch Metallguß, Kunststoffe und Gummi zeigen bei tiefen Temperaturen Versprödung. Sie reagieren daher auf mechanische Beanspruchung nicht mit plastischer oder elastischer Verformung, sondern brechen. Diese Erscheinung macht man sich zur Entfernung von Graten, die bei der Herstellung von verschiedenen Halbzeugen zwangsläufig entstehen, zunutze. Kühlt man solche Teile mit flüssigem Stickstoff so, daß die dünnen Grate bereits spröde geworden sind, nicht aber die größeren Massen, so lassen sich die Grate in dazu geeigneten Vorrichtungen leicht entfernen.

Auch für die Zerkleinerung von alten Autoreifen, entweder zum Zwecke der Materialwiedergewinnung oder zur Erleichterung ihrer Deponie, macht man sich die Versprödung von Gummi bei tiefen Temperaturen zunutze.

Auch das Kaltmahlen von Kunststoffen hat sich bewährt, weil dadurch das entstehende Pulver eine Bruchstruktur aufweist, die es rieselfähig macht.

Schrumpfverbindungen zwischen Ringen, Naben etc. einerseits und Wellen, Zapfen, Buchsen etc. andererseits werden im allgemeinen durch Erwärmung der aufzuschrumpfenden Teile hergestellt. Der umgekehrte Weg, das Volumen des Kernmaterials durch Eintauchen in flüssigen Stickstoff zu verkleinern, ist in vielen Fällen billiger.

Klebereste, die bei Umgebungstemperatur elastisch sind, können mit flüssigem Stickstoff versprödet und dann mechanisch leicht abgelöst werden. So lassen sich z. B. Klebereste von Straßenmarkierungen sauber vom Straßenbelag entfernen.

Beim Bau von Schächten und Tunnels sowie in Baugruben können Wassereinbrüche dadurch verhindert werden, daß man das im Erdreich befindliche Wasser einfriert. Im allgemeinen wird hierfür ein Rohrleitungssystem ins Erdreich eingebaut, welches anschließend von einem Kühlmedium mit einer Temperatur von ca. -30 °C durchströmt wird und seine Kälte ans Erdreich abgibt. Bei kleineren Baugruben oder, wenn nur an bestimmten Stellen großer Bauvorhaben Wassereinbrüche drohen, bringt die Kühlung mit flüssigem Stickstoff Vorteile. Dasselbe gilt auch, wenn Erdreich rasch eingefroren werden muß.

10.2.7 Erforderliche Reinheit des Stickstoffs

Die Anforderungen an die Reinheit richten sich nach dem Verwendungszweck. In manchen Fällen, wie z. B. zum Spülen von Raffinerie- und Chemieanlagen und für viele andere Zwecke, genügt unreiner Stickstoff, wie er als Restgas mit bis zu 2 % Sauerstoff und ca. 1 % Argon, feucht und kohlendioxidhaltig von Großsauerstoffanlagen abgegeben wird. Stickstoff für Ammoniaksynthesen darf aber, wenn er vorher für Stickstoffwäschen verwendet wird (Abschnitt 7.2.2), nur wenige ppm Sauerstoff enthalten und muß trocken und kohlendioxidfrei sein. Luftzerleger, wie sie in Abschnitt 4.5.1.4 beschrieben sind, liefern derartigen Stickstoff. Für besondere Zwecke kann Stickstoff mit einer Reinheit von 99,9996 % bezogen werden, der

$\leqq 0{,}5$ ppm O_2 ,
$\leqq 1$ ppm H_2O ,
$\leqq 0{,}1$ ppm C_nH_m ,
$\leqq 3$ ppm Ar

enthält.

10.3 Edelgase

Schon seit ca. 65 Jahren setzt man Edelgase für die verschiedensten Zwecke ein. Technisch und wirtschaftlich am bedeutendsten sind die Anwendungen von Argon und Helium als Schutzgase beim Schweißen mit elektrischem Lichtbogen. Zuvor sollen aber die anderen Verwendungsmöglichkeiten kurz behandelt werden.

10.3.1 Helium

Bei Helium muß die Verwendung im gasförmigen und im flüssigen Zustand unterschieden werden. Auf die Anwendung flüssigen Heliums wird in Kapitel 11 eingegangen.

Im Gaszustand übernimmt Helium z. B. bei Hochtemperaturkernreaktoren als Kreislaufmedium die Übertragung der Wärme von den Kernbrennstäben auf den im Kessel sich bildenden Wasserdampf.

Als leichtestes Gas verwendete man früher Wasserstoff für die Füllung von Luftschiffen. Da es dabei aber zu schweren Bränden kam, wich man auf das nicht brennbare Helium aus. Zwar hat Helium etwa das doppelte spezifische Gewicht von Wasserstoff, aber sein Auftrieb ist nur um 7,5 % niedriger als der von Wasserstoff.

Für gewisse Fälle erschwerter Atmung hat Helium Bedeutung erlangt. So bringt z. B. bei Asthma oder bei einer sonstigen Verengung der Luftwege das Einatmen von Heliumluft, d. h. von Luft, in der Stickstoff durch Helium ersetzt ist, Erleichterung. Denn das Helium findet in den Atmungswegen einen nur etwa halb so großen Strömungswiderstand wie Stickstoff.

Bedeutsamer ist das Helium für Taucher. Gewöhnliche Luft führt bekanntlich nach dem Tauchen in größere Tiefen zur sogenannten Taucherkrankheit, weil der Stickstoff sich unter dem erhöhten Druck im Blut löst und bei raschem Wiederhochsteigen nicht schnell genug wieder aus dem Blut entweichen kann. Der frei werdende Stickstoff bildet vielmehr im Blut einen Schaum, der die feinen Blutgefäße verstopft. Diese Schwierigkeit vermeidet man, wenn man dem Taucher Heliumluft zuführt. Das Helium löst sich in Wasser und wäßrigen Lösungen und daher auch im Blut viel weniger als Stickstoff, auch entweicht es bei Druckentlastung wesentlich rascher.

In der Meßtechnik, so z. B. in der Gaschromatographie (Abschnitt 9.7.3.5), ist Helium das verbreitetste Trägergas. Da sein Verhalten im Gaszustand dem des idealen Gases am ähnlichsten ist, benützt man es am besten als Füllung für Gasthermometer.

Wegen seiner geringen Dichte dringt Helium leicht durch Poren und kleine Undichtheiten von Gefäßwänden. Da es auch in Spuren gut zu analysieren ist, eignet es sich besonders gut für die Lecksuche an Behältern und Rohrleitungen.

Ein Gemisch aus 82 % Helium, 13,5 % Stickstoff und 4,5 % Kohlendioxid wird zum Laserschneiden verwendet (Laser = light amplification by stimulated emission of radiation). Das Laserlicht wird durch eine optische Einrichtung auf ca. 0,1 mm Durchmesser gebündelt, wodurch eine sehr hohe Energiedichte erreicht wird. Trifft der Stahl auf ein Werkstück auf, so verdampft der Werkstoff an der getroffenen Stelle und kann durch geeignete Bewegung des Strahls zerschnitten werden.

10.3.2 Neon, Krypton und Xenon

Alle fünf Edelgase Helium, Neon, Argon, Krypton und Xenon haben in der Beleuchtungstechnik Verwendung gefunden.

Als erstes Edelgas wurde das *Neon* wegen des angenehmen roten Lichtes, das bei der Gasentladung emittiert wird, in Neonröhren eingesetzt. Später füllte man Funkenkammern, Hochspannungsentladungsröhren, Glimmlampen, Stroboskoplampen und Hochspannungsableiter mit Neon oder mit Neongemischen.

Der weitaus größte Teil der verfügbaren *Krypton*menge geht ebenfalls an die Lichttechnik. Als Füllgas in Glühlampen, meist im Gemisch mit Stickstoff und/oder Argon setzt es auf Grund seiner geringen Wärmeleitfähigkeit den Energieverlust herab. Dies drückt sich bei gleicher elektrischer Leistung der Glühwendel in einer höheren Farbtemperatur des ausgesandten Lichtes aus. Die Temperatur der Glühwendel beträgt 2700 bis 3200 °C je nach Lampentyp. Neuerdings ist für energiesparende Glühlampen und Leuchtstofflampen ein so großer Kryptonbedarf entstanden, daß an vielen Stellen Luftzerleger zur zusätzlichen Krytongewinnung umgebaut werden mußten.

Auch das *Xenon* wird fast ausschließlich in der Lichttechnik eingesetzt, so z. B. in Xenon-Hochdruckentladungslampen. Diese leistungsstarken Lampen benötigt man für Projektionszwecke und großflächige Beleuchtungen. Die Xenon-Gasentladung emitiert ein tageslichtähnliches Spektrum mit einer Farbtemperatur von ca. 6000 °C und ist daher besonders für Beleuchtungszwecke geeignet, bei denen eine auf das menschliche Auge angepaßte Farbwiedergabe Wert gelegt wird.

Xenon wirkt in höheren Konzentrationen und bei längerem Einatmen narkotisch. Den Ersatz anderer Narkosemittel durch Xenon behindern der hohe Preis und die begrenzte Verfügbarkeit des Xenons.

10.3.3 Argon

Weitaus am meisten von allen Edelgasen wird das Argon angewendet. Dies dürfte weniger an seinen besonderen Eigenschaften als vielmehr daran liegen, daß es in der Luft mit dem relativ hohen Anteil von 0,93 Mol-% enthalten ist.

In der Metallurgie dient es als Schutzgas beim Glühen, beim Stranggießen und beim Entgasen von Metallschmelzen. Bei diesen, unter hohen Temperaturen stattfindenden Vorgängen würde Stickstoff mit den Metallen reagieren (s. Abschn. 10.1.1.3). Die Verwendung von relativ großen Mengen an Argon in Stahlwerken wurde dadurch gefördert, daß heutzutage fast alle Blasstahlwerke mit großen Sauerstoffanlagen ausgerüstet sind, in denen ohnedies große Luftmengen verarbeitet werden müssen. Wie bereits erwähnt, bedarf es relativ geringer Zusatzinvestitionen, um in Groß-Sauerstoffanlagen eine Argonausbeute von 60 % zu erreichen.

Bild 10.10. Wolfram-Inert-Gas-Schweißverfahren. Nach [P 1]

Bild 10.11. Wolfram-Plasma-Verfahren. Nach [P 1]

Bild 10.12. Metall-Inert-Gas- und Metall-Aktiv-Gas-Schweißverfahren. Nach [P 1]

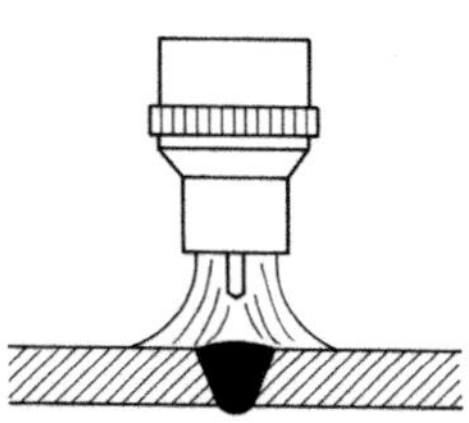

Bild 10.10

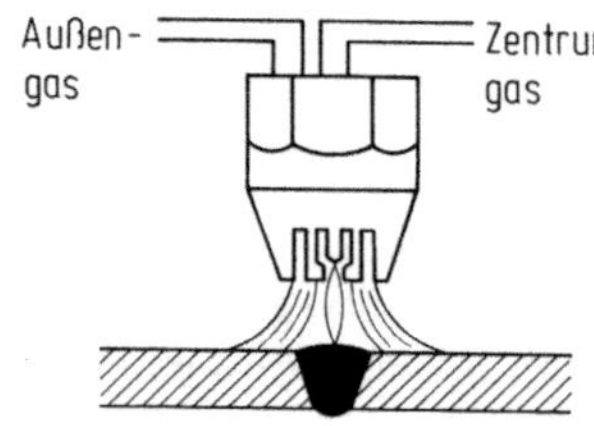

Bild 10.11

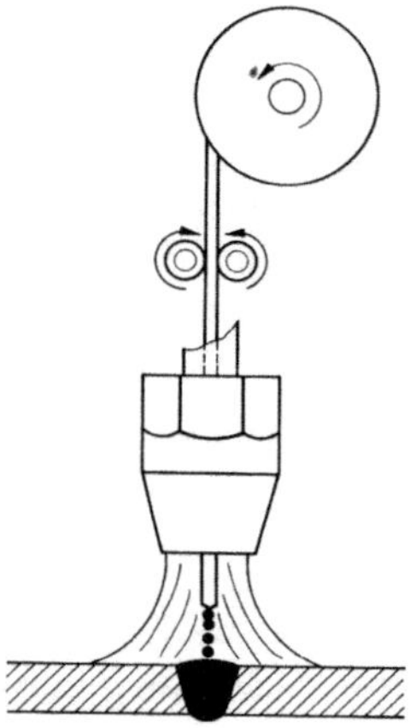

Bild 10.12

Die wichtigste und technisch-wirtschaftlich bedeutendste Anwendung von Argon ist die elektrische Lichtbogenschweißung mit Schutzgas. Der elektrische Lichtbogen wird von allen Seiten durch ein Edelgas oder ein Edelgasgemisch geschützt, so daß der atmosphärische Sauerstoff von der Schweißstelle ferngehalten und dadurch die Oxidation der Schweißnaht vermieden wird. Die Schutzgas-Schweißverfahren ergeben eine höhere Festigkeit, Zähigkeit, Korrosionsbeständigkeit und Schweißgeschwindigkeit als andere Schweißverfahren. Sie stellen damit einen sehr bedeutenden Fortschritt in der Schweißtechnik dar. Selbst Werkstoffe wie z. B. Aluminium, Titan, Molybdän, die früher als nicht schweißbar angesehen wurden, lassen sich auf diese Weise schweißen.

In Amerika wurde anfangs Helium als Schutzgas benutzt, das aus Erdgas gewonnen wird. In der Bundesrepublik Deutschland kommt aus wirtschaftlichen Gründen nur Argon in Betracht, das zudem eine Reihe von Vorteilen gegenüber Helium besitzt.

In den Bildern 10.10 bis 10.12 sind die wichtigsten Schutzgas-Schweißverfahren zusammengestellt:

1. Das Wolfram-Inertgas-Verfahren (WIG) benutzt eine sich nicht verzehrende Wolframelektrode als den einen und — wie alle anderen Schutzgas-Schweißverfahren — das zu verschweißende Werkstück als den anderen elektrischen Pol. Der Schweißzusatzwerkstoff wird von Hand oder maschinell von der Seite her zugegeben. Als Schutzgase werden Argon, Argon-Helium-Gemische oder Argon-Wasserstoff-Gemische verwendet. Als Werkstoffe kommen unlegierte und legierte Stähle, Aluminium, Kupfer, Nickel und deren Legierungen sowie Chrom-Nickel-Stähle in Frage. Gasempfindliche Schweißnähte wie bei Titan, Tantal und Zirkonium bedürfen des Schutzes von Argon mit höchster Reinheit.

2. Beim Wolfram-Plasma-Verfahren (WP) treten aus dem Schweißbrenner — wie in Bild 10.11 angedeutet — zwei verschiedene Gasströme aus. Dem Zentrum entströmt Argon und einem darum angeordneten Ringquerschnitt Argon, Argon-Wasserstoff- oder Argon-Helium-Gemisch. Im Zentrum bildet sich ein Plasma, d. h. ein in Elektronen und Ionen zerlegtes Gas mit sehr hoher Temperatur aus. Dieses Verfahren eignet sich besonders zum Schweißen hochlegierter Stähle sowie zum Auftragsspritzen, Auftragsschweißen und zum Metallschneiden.

3. Im Gegensatz zu den beiden ersten Verfahren wird bei den zwei in Bild 10.12 gezeigten Verfahren, dem sogenannten Metall-Inert-Gas-Verfahren (MIG) und dem sogenannten Metall-Aktiv-Gas-Verfahren (MAG), der Schweißzusatzwerkstoff während des Schweißens von einer Spule abgewickelt. Er wird dem Brenner zugeführt und dient selbst als Elektrode. Verwendet man als Schutzgas Argon, so lassen sich auf diese Weise Aluminium, Kupfer, Nickel und deren Legierungen gut und mit hoher Schweißgeschwindigkeit verschweißen.

4. Am meisten wird aber das Metall-Aktiv-Gas-Verfahren (MAG) angewendet. Je nach Verwendungszweck werden dem Argon aktivierende Komponenten wie Kohlendioxid und Sauerstoff zugemischt. Durch diese oxidierenden Gase wird die Oberflächenspannung des flüssigen Schweißgutes vermindert, so daß keine schmelzflüssigen Tropfen über das Werkstück rollen, die die gleichmäßige Bindung im Übergang zum Grundwerkstoff behindern. Auch Porenbildung, Verspritzen von Metall und Abbrand werden dadurch vermindert. Mit hoher Schweißgeschwindigkeit können

mit dem MAG-Verfahren Baustahl, Feinkornstahl, Kesselbaustahl, Schiffsbaustahl und Vergütungsstähle geschweißt werden. Beim Schweißen von Chrom-Nickel-Stahl wird als Schutzgas Argon mit kleineren Beimengungen von Sauerstoff angewendet.

10.3.4 Reinheit von Edelgasen

Tabelle 10.1 gibt die derzeit maximal möglichen Reinheiten der Edelgase und deren restliche Verunreinigungen an.

Tabelle 10.1. Reinheit von Edelgasen

Verunreinigungen in ppm	He Mol-% 99,9999	Ne Mol-% 99,999	Ar Mol-% 99,9999	Kr Mol-% 99,998	X Mol-% 99,998
O_2	≦0,5	≦1	≦0,5	≦1	≦1
N_2 }	≦0,4	≦2	} ≦0,4	≦5	≦3
H_2O }		≦2		≦3	≦3
C_nH_m	≦0,1	≦0,1	≦0,1	≦1	≦1
He		≦5			
Ar				≦5	≦4
Kr					≦8
X				≦5	

10.4 Ethylen

10.4.1 Ethylen in der Petrochemie

An Stelle einer verbalen Erläuterung der Anwendung von Ethylen in der Petrochemie ist durch Tabelle 10.2 angedeutet, wie durch Reaktionen des Ethylens mit Wasser, Sauerstoff, Essigsäure, Benzol, Salzsäure, Chlor, Kohlendioxid unter entsprechenden Druck- und Temperaturbedingungen und in Gegenwart entsprechender Katalysatoren wichtige chemische Zwischen- und Endprodukte gewonnen werden können.

Aus Bild 10.1 geht hervor, daß im Jahr 1976 die Kapazität der Ethylengewinnungsanlagen in der ganzen westlichen Welt bei 30 bis 35 Mio Jahrestonnen gelegen hat. Im selben Jahr betrug der Ethylenbedarf für die wichtigsten in Tabelle 10.2 genannten chemischen Zwischen- und Endprodukte in Westeuropa 11,5 Mio Jahrestonnen entsprechend der in Tabelle 10.3 angegebenen Aufgliederung.

10.4.2 Ethylen in der Lebensmitteltechnik

Durch geringe Beimengungen eines Stickstoff-Ethylen-Gemisches zur Luft kann die Reifung von Bananen, Orangen, Mandarinen, Zitronen, Ananas etc. beschleunigt werden. Bei optimaler Temperatureinstellung in Obstlagerräumen und guter Lüftung reifen Früchte in zwei bis sieben Tagen.

Tabelle 10.2. Die wichtigsten Ethylenderivate [R 4]

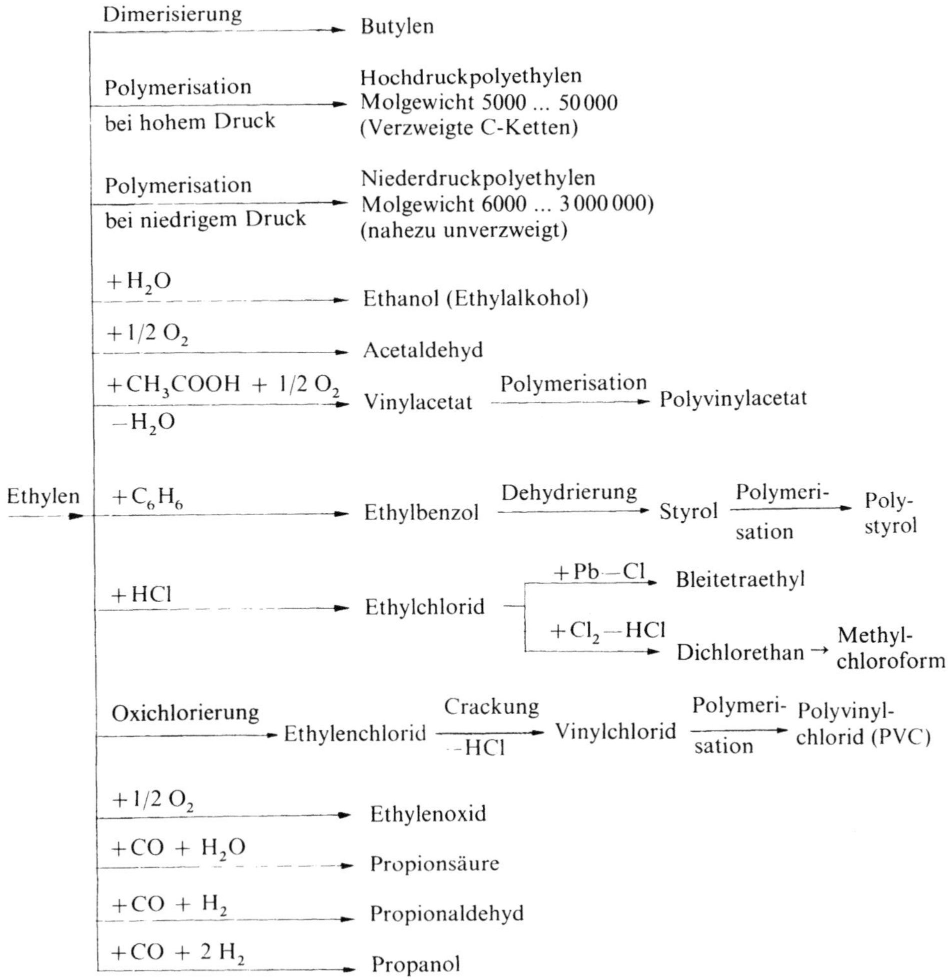

Tabelle 10.3. Westeuropäischer Ethylenbedarf 1976 für verschiedene chemische Zwischen- und Endprodukte

	in 10^3 t	Anteil in %
Acetaldehyd	360	3,1
Ethanol	340	3,0
Ethylenoxid	1340	11,7
Niederdruckpolyethylen	4700	40,8
Hochdruckpolyethylen	1660	14,4
Styrol	940	8,2
Vinylchlorid	1760	15,3
andere Verwendungen	400	3,5
	11500	100,0

Tabelle 10.4. LNG-Ketten in Betrieb. Stand 1. Januar 1981

Import nach	Export von	Mio t/ Jahr	Vertrag von ... bis	Baseload-Anlage System	LNG-Tanker m^3	Bauart
1. Frankreich Le Havre	Algerien Arzcw	0,34	1964 ... 1990	3-st. Kaskade mit C_3H_8, C_2H_4, CH_4; Pritchard-Technip 3 Stränge	1 × 25000	Gaz-Transport
2. Frankreich Fos	Algerien Skikda	2,41	1972 ... 1998	Gemischkreislauf mit zwei Verdampfungsdrücken; TEAL = Technip, L'Air Liquide	2 × 40000 1 × 50000	Gaz-Transport Technigas
3. Frankreich Montoire	Algerien Arzew	3,55	1980 ... 2000	Gemischkreislauf Air Products, 3 Stränge	2 × 125000	Gaz-Transport
4. Italien La Spezia	Libyen Marsa el Brega	1,62	1969 ... 1990	Gemischkreislauf Air Products	3 × 40000	Esso
5. Spanien Barcelona	Libyen Marsa el Brega	0,76	1969 ... 1985	Gemischkreislauf Air Products, 5 Stränge	1 × 40000	Esso
6. Spanien Barcelona	Algerien Skikda	3,10	1980 ... 2000	Gemischkreislauf Air Products, 3 Stränge	2 × 50000	Gaz-Transport
Europa (1 ... 6)		11,78				
7. USA: Distrigas Boston	Algerien Skikda	0,83	1978 ... 1998	Prichard Rhodes 2 Stränge	1 × 125000	Gaz-Transport
8. USA: Cove Point Savannah	Algerien Arzew	6,90	1978 ... 1998	Gemischkreislauf Air Products, 6 Stränge	9 × 125000	3 × Gaz-Transp. 4 × Technigas 2 × Moss
USA (7 u. 8)		7,73				

9. Japan: Tokio Electric Yokohama	USA, Alaska Kenai	0,93	1969 ... 1984	Kaskade mit C_3H_8, C_2H_4, CH_4 Phillipps, 2 Stränge	2 × 71500	Gaz-Transport
10. Japan: Tokio Electric/ Tokio Gas Tokio/Osaka	Borneo Brunei	5,14	1972 ... 1993	C_3H_8 und Gemischkreislauf Air Products, 5 Stränge	7 × 75000	Gaz-Transport
11. Japan: Tokio Electric	Abu Dhabi Das Island	2,45	1977 ... 1995	C_3H_8 und Gemischkreislauf Air Products, 2 Stränge	4 × 125000 1 × 87600	Moss Moss
12. Japan: Nagoya/ Osaka/Fukuoka	Indonesien Badak	3,28	1977 ... 1998	C_3H_8 und Gemischkreislauf Air Products, 2 Stränge	3 × 125000	Moss
13. Japan: Nagoya/ Osaka/Fukuoka	Indonesien Arun	4,22	1978 ... 1999	C_3H_8 und Gemischkreislauf Air Products, 6 Stränge	4 × 125000	Moss
Japan (9 ... 13)		16,02				
Europa + USA + Japan	Importe	35,53 Mio t/Jahr				

10.5 Verflüssigtes Erdgas

Die Versorgung erdgasarmer Länder mit Erdgas aus Ländern mit Überschuß an Naturgas mit Hilfe von sogenannten LNG-Ketten wurde ausführlich in Abschnitt 6.2 behandelt. In Tabelle 10.4 sind die LNG-Ketten aufgeführt, die um die Jahreswende 1980/81 bereits zum Transport verflüssigten Erdgases eingesetzt waren. Empfängerland und Empfängerterminal sind in der 1. Spalte, Lieferland und Lieferterminal in der 2. Spalte genannt. Spalten 3 und 4 zeigen die jährlich vereinbarten Liefermengen und die Laufzeit der Lieferverträge. Nur durch langfristige Verträge kann sichergestellt werden, daß die Eigentümer der LNG-Kette oder der einzelnen Kettenglieder die hohen Abschreibungen, wie sie bei so großen Investitionen auftreten, verdienen können. In Spalte 5 sind Verfahrensart und Verfahrensgeber angegeben. In Spalte 6 sind Zahl und Größe der Tanker aufgeführt und die letzte Spalte gibt an, nach welchem der in Abschnitt 6.2.4 beschriebenen Systeme die Tankschiffe gebaut wurden.

Auch die anderen Anwendungen flüssigen Erdgases, nämlich die Speicherung von flüssigem Erdgas zur Energiespitzenbedarfsdeckung und zur Versorgung von Satellitenstationen sowie der Einsatz von LNG als Motorenkraftstoff sind bereits in den Abschnitten 6.3 bis 6.5 beschrieben.

10.6 Wasserstoff

Sowohl in der anorganischen wie in der organischen Chemie ist Wasserstoff einer der wichtigsten Grundstoffe. In Abschnitt 7.1 wurde auf die Entstehung wasserstoffreicher Gemische sowie auf deren Zusammensetzung und Verarbeitung eingegangen.

Tabelle 10.5. Die wichtigsten Anwendungen von Wasserstoff

	Ammoniaksynthese $3\,H_2 + N_2 \rightleftarrows 2\,NH_3$
	Methanolsynthese $CO + 2\,H_2 \rightleftarrows CH_3OH$ $CO_2 + 3\,H_2 \rightleftarrows CH_3OH + H_2O$
	Fischer-Tropsch-Synthese Kohlenmonoxid Wasserstoff → Kohlenwasserstoffe
H_2 →	**Hydroprocessing in Raffinerien** Wasserstoff + schwere Ölrückstände → leichtere Kohlenwasserstoffe
	Hydrierung Wasserstoff + Kohlenstoff → Kohlenwasserstoffe
	Oxosynthesen Wasserstoff + Olefine + Kohlenmonoxid → Alkohole, Carbonsäuren, Amine
	Verbrennung Wasserstoff in Heizgasen → Wärme

Dabei wurde ausgeführt, daß Wasserstoff in den meisten Fällen die Zerlegungsanlagen entweder im Gemisch mit Stickstoff oder im Gemisch mit Kohlenmonoxid verläßt, um entweder einer Ammoniaksythese oder einer Methanol-, Fischer-Tropsch-, oder Oxosynthese zugeführt zu werden. Wasserstoff in höherer Konzentration dient häufig Hydrierzwecken.

Tabelle 10.5 zeigt, für welche chemischen Prozesse große Mengen Wasserstoff benötigt und welche Produkte damit gewonnen werden.

In Tabelle 10.6 ist zusätzlich angegeben, welche Anteile der in USA, in der Bundesrepublik Deutschland und in der ganzen Welt in bestimmten Jahren erzeugten Wasserstoffmengen zu den genannten Zwecken verwendet wurden. Eine ausführliche Darstellung der Anwendung von Wasserstoff findet man u. a. in [H 1].

Tabelle 10.6. Verwendung von Wasserstoff für verschiedene chemische Produkte nach Regionen

Jahr Region	1974 Welt %	1977 USA %	1978 BR Deutschland %
für Ammoniak	54	50	23,3
für Hydroprozessing	22	37	20
für Methanol	6	9	9,5
für Oxosynthesen	*	*	4
für Hydrierung	*	*	2,5
als Heizgas	16	*	39
für sonstige Zwecke	2	4	1,7
	100	100	100,0

* = Keine Angabe möglich

11 Extrem tiefe Temperaturen

Von H. Hausen

11.1 Vorbemerkung

Seit Erscheinen der ersten Auflage dieses Buches im Jahre 1957 hat die Forschung und Technik auf dem Gebiet der tiefsten Temperaturen zwischen dem absoluten Nullpunkt und etwa 20 K derart zahlreiche neue Erkenntnisse und Entwicklungen hervorgebracht, daß es unmöglich ist, alle wichtigen Einzelheiten im Rahmen dieses Buches darzustellen. Für ein eingehendes Studium muß daher auf die einschlägige Fachliteratur verwiesen werden. Genannt werde hier als Beispiel das Buch von Frey und Haefer [F 1]. Einen Überblick vermitteln aber auch Tagungsberichte wie [H 3, K 2, L 3]. Erörterungen über die extrem tiefen Temperaturen enthalten überdies einige der Gesamtdarstellungen des Tieftemperaturgebietes, wie sie am Anfang des Literaturverzeichnisses zur Einleitung dieses Buches aufgeführt sind.

In diese zweite Auflage soll die kurze Darstellung des Gebietes der extrem tiefen Temperaturen in der ersten Auflage mit zeitgemäßen Änderungen übernommen werden. Hierbei sollen jedoch manche Erscheinungen nicht nur bei den tiefsten Temperaturen betrachtet, sondern auch bis in höhere Temperaturbereiche hinein verfolgt werden. Diese Darstellung wird ergänzt durch Hinweise darauf, welche technischen Anwendungen der bei den tiefsten Temperaturen beobachteten Erscheinungen nach der heutigen Kenntnis Aussicht haben, verwirklicht zu werden.

11.2 Eigenschaften und Verhalten der Stoffe bei sehr tiefen Temperaturen

Nicht nur die verflüssigten Gase, sondern auch alle anderen Stoffe zeigen bei den tiefen Temperaturen bemerkenswerte Veränderungen ihrer Eigenschaften. Manche dieser Stoffe verhalten sich zwar grundsätzlich nicht wesentlich anders, als man durch Extrapolation ihres Verhaltens in der Nähe der Umgebungstemperatur von vornherein erwartet. So nimmt z. B. die Wärmeleitfähigkeit der meisten Metalle mit sinkender Temperatur zunächst stetig zu, um nach Durchlaufen eines Höchstwertes wieder stetig abzunehmen, die Wärmeleitfähigkeit der Kälteschutzstoffe nimmt stetig ab. Obwohl solche Eigenschaften sich mit der Temperatur vielfach nur langsam ändern, können bei der starken Temperaturerniedrigung, mit der man es bei der Luftverflüssigung und bei der Erzielung noch tieferer Temperaturen zu tun hat, ihre Werte doch erheblich von denen bei Umgebungstemperatur abweichen. Andere Eigenschaften aber erleiden bei bestimmten Temperaturen sehr rasche, oft sogar plötzliche, sprunghafte Veränderungen, wie dies wohl am auffallendsten bei der Erscheinung der elektrischen Supraleitfähigkeit hervortritt. Endlich sind verschiedene Eigenschaften dadurch ausgezeichnet, daß sie mit Annäherung an den absoluten Nullpunkt der Temperatur einem bestimmten Grenzwert zustreben. Dies trifft insonderheit für die spezifische Wärmekapazität der festen Körper zu, die nach dem Nernstschen Wärmetheorem (vgl. Abschnitt 1.1.7) bei $T \to 0$ dem Wert Null zustrebt.

11.2.1 Physikalische Eigenschaften der verflüssigten und verfestigten Gase

Das thermodynamische Verhalten der Gase, die sich bei den tiefen Temperaturen verflüssigen und bei noch tieferen im allgemeinen fest werden, wurde zum größten Teil schon im Abschnitt 1.1 besprochen. Die Werte der Siedetemperaturen, der kritischen Daten sowie der Schmelztemperaturen sind aus Tabelle 1.1 ersichtlich. Die übrigen thermodynamischen Eigenschaften gehen zum größten Teil aus den schon besprochenen Zustandsdiagrammen hervor (Bilder 1.2 bis 1.16). Daneben aber weisen die Gase im verflüssigten und verfestigten Zustand noch eine Reihe anderer bemerkenswerter Eigenschaften auf, die nachstehend besprochen werden sollen.

11.2.1.1 Eigenschaften der flüssigen Luft, des flüssigen Sauerstoffs und flüssigen Stickstoffs

Die physikalischen Eigenschaften der flüssigen Luft oder allgemeiner flüssiger Sauerstoff-Stickstoff-Gemische ändern sich fast durchweg mit ihrem Sauerstoffgehalt. Bei geringem Sauerstoffgehalt sind solche Gemische eine durchsichtige farblose Flüssigkeit, mit zunehmendem Sauerstoffgehalt nähert sich ihr Aussehen immer mehr der hellblauen Farbe des flüssigen Sauerstoffs. Im flüssigen Zustand ist Luft ebenso wie Stickstoff leichter, Sauerstoff schwerer als Wasser bei 15 °C. Die Flüssigkeitsdichte, die mit dem Sauerstoffgehalt zunimmt, beträgt im Siedezustand bei Atmosphärendruck: Luft (mit 20,95 Mol-% O_2) $\varrho = 0{,}870$, Stickstoff $\varrho = 0{,}812$, Sauerstoff $\varrho = 1{,}14$ kg/l.

Die Viskosität von flüssiger Luft beträgt bei Siedetemperatur $\eta = 0{,}000168$, von reinem flüssigen Sauerstoff $\eta = 0{,}000190$ Pa s; Wasser, dessen Viskosität bei 17,5 °C $\eta = 0{,}00108$ beträgt, ist hiernach mehr als sechs mal so zähe wie flüssige Luft. Über die Abhängigkeit der Viskosität verflüssigter Gase vom Druck siehe [R 2].

Auch die Kapillarkräfte sind viel kleiner als bei Wasser. Während Wasser bei 10 °C eine Oberflächenspannung von $\sigma = 0{,}074$ N/m hat, ist bei reinem Sauerstoff im Siedezustand $\sigma = 0{,}0136$, bei reinem Stickstoff $\sigma = 0{,}0088$, bei einem 50%igen Gemisch aus beiden $\sigma = 0{,}0119$.

Die Verdampfungsenthalpie der Luft, des Sauerstoffs und des Stickstoffs abhängig vom Druck und damit auch von der Temperatur ist aus Bild 1.3 ersichtlich.

Die spezifische Wärmekapazität der flüssigen Luft beträgt bei Siedetemperatur $c_p = 1{,}886$, $c_v = 1{,}122$ kJ/kg K. Bei flüssigem Stickstoff ist $c_p = 2{,}056$, bei flüssigem Sauerstoff $c_p = 1{,}692$, bei flüssigem Wasserstoff $c_p = 9{,}420$, $c_v = 5{,}778$, bei flüssigem Argon $c_p = 1{,}101$, $c_v = 0{,}586$ kJ/kg K.

Die Wärmeleitfähigkeit dieser verflüssigten Gase ist etwa vier- bis fünfmal kleiner als die von Wasser bei 20 °C. Sie beträgt bei 93 K = −180 °C für reinen Sauerstoff $\lambda = 0{,}145$, für reinen Stickstoff 0,108, für Argon 0,117 W/m K.

Dem elektrischen Strom gegenüber verhält sich die flüssige Luft wie ein vorzüglicher Isolator. Ihre Dielektrizitätskonstante ist größer als die von Luft bei Zimmertemperatur; sie beträgt bei der Siedetemperatur $\varepsilon = 1{,}432$. Bemerkenswert ist, daß flüssige Luft von den Polen eines starken Elektromagneten angezogen wird, was von den paramagnetischen Eigenschaften des flüssigen Sauerstoffs herrührt. Reiner flüssiger Stickstoff hingegen verhält sich unmagnetisch. Die flüssige Luft ist optisch dichter als gasförmige Luft, ihr Brechungsindex ist 1,2062. Das Spektrum der flüssigen Luft zeigt nur die Absorptionsstreifen des Sauerstoffs.

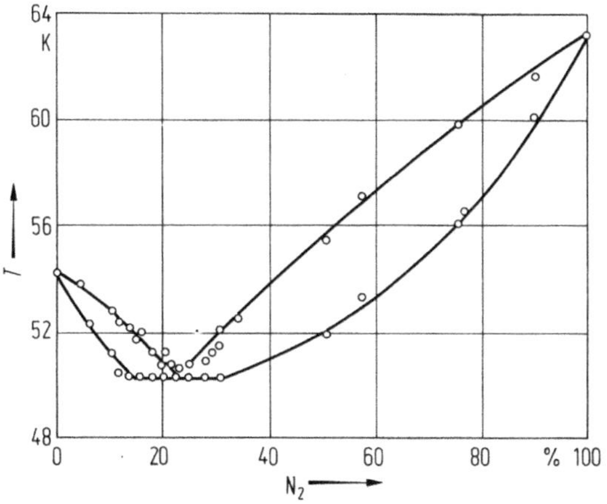

Bild 11.1. Schmelz- und Erstarrungstemperaturen von Stickstoff-Sauerstoff-Gemischen

Nach Tabelle 1.1 wird Sauerstoff bei 54,4 K (—218,8 °C), Stickstoff bei 63,2 K (—210,0 °C) fest. Hierbei beträgt der Dampfdruck (Tripelpunktsdruck) im ersten Falle 0,0015, im zweiten Falle 0,126 bar, die Schmelzwärme 13,9 bzw. 26 kJ/kg. Luft mit 20,95 Vol-% O_2 erstarrt als Gemisch bei sinkender Temperatur zwischen 60,3 und 57,0 K (—212,9 und —216,2 °C). Bild 11.1 zeigt den Verlauf der Schmelztemperatur von Sauerstoff-Stickstoff-Gemischen nach Messungen von Ruhemann [R 3] abhängig vom Stickstoffgehalt.

11.2.1.2 Eigenschaften des flüssigen und festen Wasserstoffs

Wasserstoff ist im flüssigen Zustand eine durchsichtige farblose Flüssigkeit, die infolge ihrer geringen Zähigkeit sehr beweglich ist. Flüssiger Wasserstoff ist ebenso wie der gasförmige sehr leicht, die Dichte des siedenden Wasserstoffs beträgt nur 0,0708 kg/l. Der Meniskus von flüssigem Wasserstoff läßt sich schwerer erkennen als z. B. der von Stickstoff, weil der Dichteunterschied von Dampf und Flüssigkeit wesentlich geringer ist.

Der Tripelpunkt des Wasserstoffs liegt bei 13,9 K. In der Regel erhält man festen Wasserstoff, indem man durch Abpumpen den Druck und damit die Temperatur des gegen Wärmezufuhr geschützten flüssigen Wasserstoffs bis an den Tripelpunkt oder darunter erniedrigt. Hierbei bildet sich, an der Oberfläche der Flüssigkeit beginnend, eine diffus lichtstreuende flockenartige Masse, die allmählich nach unten hin anwächst.

Eine genaue Messung der spezifischen Wärmekapazität des gasförmigen Wasserstoffs durch Hiller [E 3] hat übereinstimmend mit einer Folgerung aus der Wellen-

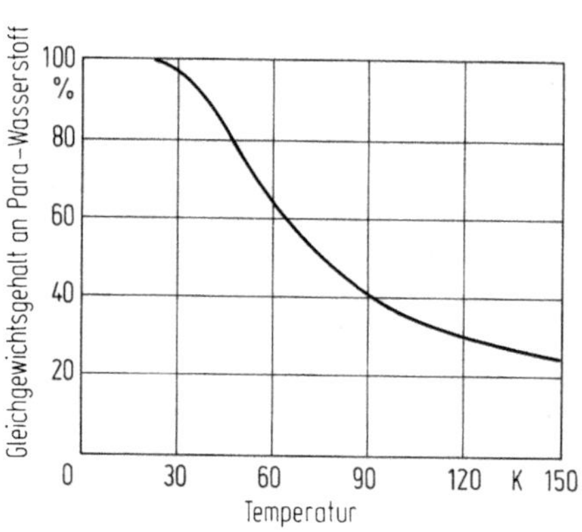

Bild 11.2. Prozentualer Anteil des Parawasserstoffs bei Gleichgewicht, abhängig von der Temperatur. Nach [F 1]

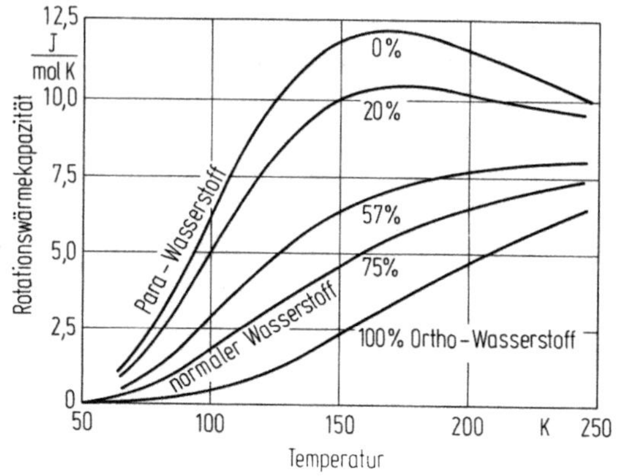

Bild 11.3. Rotationswärmekapazität des Wasserstoffs bei verschiedenen Mengenverhältnissen von Ortho- und Parawasserstoff

mechanik zur Entdeckung von zwei Modifikationen des Wasserstoffs, des Ortho- und Parawasserstoffs, geführt. Diese beiden Modifikationen unterscheiden sich nur durch verschiedenen Kernspin und sind im gewöhnlichen Wasserstoff bei Umgebungstemperatur im Verhältnis 3 : 1 gemischt.

Mit abnehmender Temperatur verschiebt sich das Gleichgewichtsverhältnis von Ortho- und Parawasserstoff immer mehr zugunsten des Parawasserstoffs, so daß bei 20 K nach genügend langem Warten praktisch nur noch Parawasserstoff vorhanden ist; vgl. Bild 11.2 sowie Abschnitt 8.1.1. Man kann daher Wasserstoff mit verschiedenem Mengenverhältnis beider Modifikationen herstellen. Bild 11.3 zeigt nach den erwähnten und weiteren Messungen von Hiller [E 3] und [C 1], wie stark die spezifische Wärmekapazität des Wasserstoffs von diesem Mengenverhältnis abhängt.

11.2.1.3 Eigenschaften des flüssigen und festen Heliums

Ist schon Wasserstoff durch eine sehr niedrige Siedetemperatur von nur 20,4 K ausgezeichnet, so weist Helium die niedrigsten Werte der Siedetemperatur und der kritischen Temperatur auf. Die Siedetemperatur beträgt wie schon erwähnt, 4,23 K, die kritische Temperatur 5,2 K. Auch der kritische Druck hat einen extrem niedrigen Wert von nur 2,29 bar. Daß dementsprechend die Inversionstemperatur des Thomson-Joule-Effektes (33 K bei 1 bar) sehr niedrig liegt, wurde ebenfalls schon hervorgehoben. Flüssiges Helium ist sehr leicht, wenn auch etwas schwerer als flüssiger Wasserstoff; seine Dichte beträgt bei der Siedetemperatur 0,124 kg/l. Ebenso wie flüssiger Wasserstoff ist flüssiges Helium eine farblose, klare und sehr leicht bewegliche Flüssigkeit von sehr geringer Viskosität. Im Jahre 1926 gelang es Kamerlingh Onnes in Leiden, durch Absenken des Drucks des flüssigen Heliums bis auf $4{,}8 \cdot 10^{-3}$ mbar sich dem Nullpunkt der absoluten Temperatur bis auf 0,7 K zu nähern.

Daß Helium bei 0,7 K noch flüssig ist, ist überraschend. Denn nach den Erfahrungen an anderen Stoffen, deren Tripelpunkt in der Regel etwa bei dem halben Absolutwert der Siedetemperatur liegt, sollte man erwarten, daß Helium bei etwa 2 K fest wird. Tatsächlich findet bei 2,2 K eine Umwandlung des flüssigen Heliums statt, aber nicht in festes Helium, sondern in eine andersgeartete Flüssigkeit, die Helium II

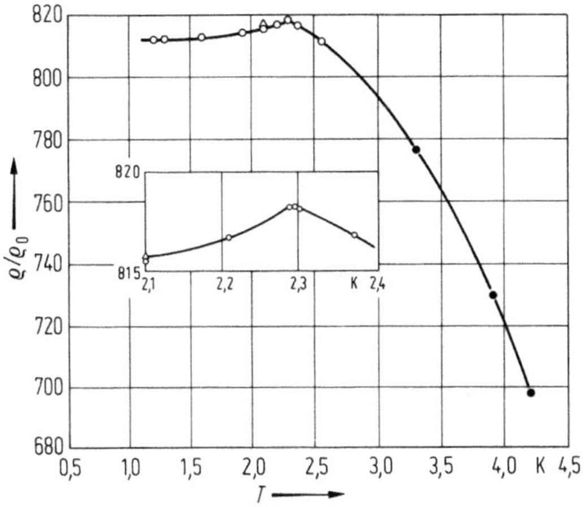

Bild 11.4. Dichte des flüssigen Heliums. ϱ Dichte des gasförmigen Heliums bei 0 °C und 1,013 bar

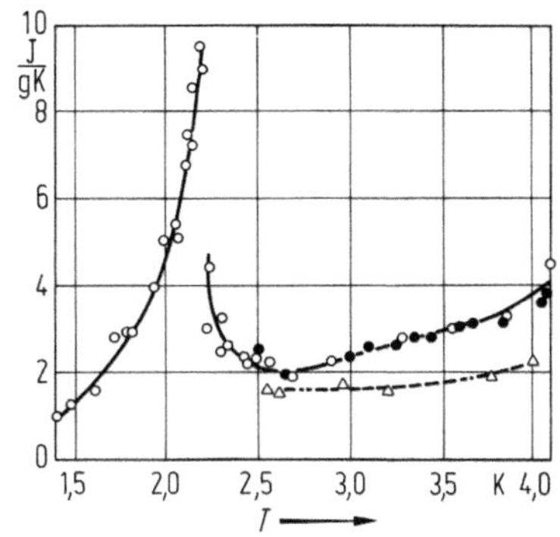

Bild 11.5. Spezifische Wärmekapazität c des flüssigen Heliums beim Sättigungsdruck

genannt wird. Der genannte Umwandlungspunkt ist an verschiedenen Unstetigkeiten im physikalischen Verhalten des flüssigen Heliums erkennbar. In Bild 11.4 ist die Dichte des flüssigen Heliums abhängig von der absoluten Temperatur dargestellt. Etwas oberhalb 2 K zeigt die Kurve einen Höchstwert mit einem auffallenden Knick.

Noch deutlicher zeigt sich die Unstetigkeit in dem aus Bild 11.5 ersichtlichen Verlauf der spezifischen Wärmekapazität des flüssigen Heliums unter seinem jeweiligen Sättigungsdruck. Nähert man sich von niedrigen Temperaturen her dem Umwandlungspunkt, so steigt die spezifische Wärmekapazität stark an. Sofort nach Überschreiten des Umwandlungspunktes sinkt sie so rasch ab, daß die Kurve einen Sprung zu haben scheint. Bei weiterer Temperaturerhöhung erreicht die spezifische Wärmekapazität ein Minimum und nimmt dann langsam wieder zu. Da der Kurvenverlauf am Umwandlungspunkt an den griechischen Buchstaben λ erinnert, wird dieser Punkt λ-Punkt genannt.

Hervorzuheben ist aber, daß bei dieser Umwandlung das spezifische Volumen und die Enthalpie sich bei gleichbleibender Temperatur nicht um endliche Beträge ändern, wie man es sonst am Schmelzpunkt und allgemein bei Aggregatzustandsänderungen beobachtet. Daher tritt auch keine der Schmelzwärme entsprechende latente Wärme auf. Lediglich in einem kleinen Temperaturbereich ist bei Temperaturerhöhung etwas mehr Wärme zuzuführen, als bei normalem Verlauf der spezifischen Wärmekapazität nötig wäre. Man bezeichnet daher diese Umwandlung des flüssigen Heliums als eine Umwandlung höherer Ordnung; vgl. Bd. II des Handbuchs der Kältetechnik, S. 240.

Das Auftreten des flüssigen Heliums II anstelle des zu erwartenden festen Heliums hat man darauf zurückgeführt, daß ein aus Heliumatomen gebildetes Kristallgitter nur sehr schwache innere Kräfte besitzt und daher sehr leicht wieder zerfällt. Ein wesentlicher Grund ist aber vor allem die sehr hohe, die Kristallisation hemmende Nullpunktsenergie des Heliums und die damit zusammenhängende Tatsache, daß das flüssige Helium II ein etwa dreimal so großes spezifisches Volumen hat, wie man nach der Größe des gaskinetischen Moleküldurchmessers erwarten sollte. Man sagt, daß

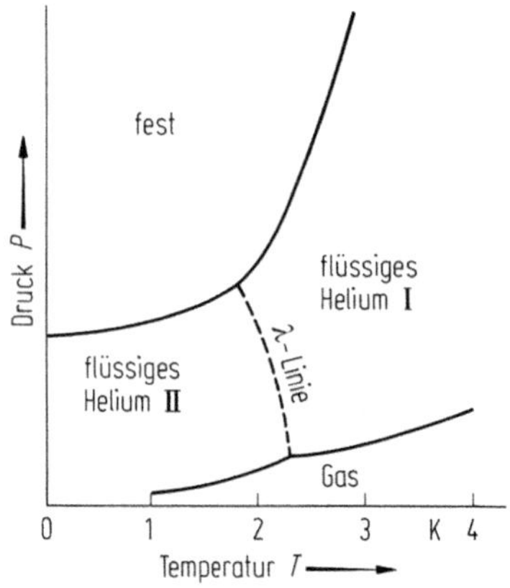

Bild 11.6. Dampfdruckkurve und Verfestigungslinie von Helium

das Helium durch die hohe Nullpunktsenergie gewissermaßen aufgebläht sei. Es bedarf daher auch eines höheren äußeren Druckes, um die Moleküle so weit zu nähern, daß eine beständige Kristallisation und damit ein Festwerden eintreten kann.

Um aus flüssigem Helium I oder II festes Helium zu erhalten, benötigt man einen Druck von mindestens 25 bar. Bei Temperaturen über 1,6 K muß der Druck noch höher sein. Die obere Linie (Verfestigungslinie) in Bild 11.6 zeigt den erforderlichen Druck abhängig von der Temperatur. Darunter ist, und zwar der Deutlichkeit wegen in einem überhöhten Maßstab, die Dampfdruckkurve des flüssigen Heliums I und II eingezeichnet, die beim λ-Punkt einen Knick aufweist. Auch bei Drücken zwischen der Dampfdruckkurve und der Verfestigungslinie findet eine Umwandlung von Helium I in Helium II statt. Hierbei verschiebt sich der λ-Punkt gemäß der eingezeichneten λ-Linie mit wachsendem Druck langsam nach etwas tieferen Temperaturen. Die Kurven in Bild 11.6 trennen also vier Zustandsgebiete des Heliums. Unterhalb der Dampfdruckkurve ist das Helium dampfförmig, oberhalb der Verfestigungslinie fest. Dazwischen sind die Gebiete des flüssigen Heliums I und II. Festes Helium ist vollkommen durchsichtig wie flüssiges Helium, auch lassen sich zwischen beiden keine Grenzflächen erkennen, siehe z. B. [S 2].

11.2.1.4 Besondere Eigenschaften von Helium II

Die auffallendste Eigenschaft von Helium II ist seine extrem hohe Wärmeleitfähigkeit. Während bei Helium I die Wärmeleitfähigkeit von derselben Größenordnung ist wie bei anderen Flüssigkeiten, steigt die Wärmeleitfähigkeit von Helium II bei Unterschreiten der λ-Temperatur bis auf etwa den $3 \cdot 10^6$fachen Wert an. Dadurch wird Helium II zum weitaus besten Wärmeleiter, den man überhaupt kennt. Seine Wärmeleitzahl kann unter Umständen mehr als 100 mal größer sein als die von Kupfer bei Umgebungstemperatur. Dieser hohen Wärmeleitfähigkeit wegen hat Keesom Helium II „suprawärmeleitend" genannt, in Analogie zu der später zu besprechenden elektrischen Supraleitfähigkeit von Metallen bei sehr tiefen Temperaturen. Bemerkenswerterweise nimmt aber die Wärmeleitfähigkeit von Helium II mit wachsendem Wärmestrom ab. Außerdem hängt die Wärmeleitfähigkeit, wie Bild 11.7 zeigt, stark von der Temperatur ab. Bei 2,19 K, d. h. am λ-Punkt, ist sie noch sehr klein, bei etwa 1,9 K

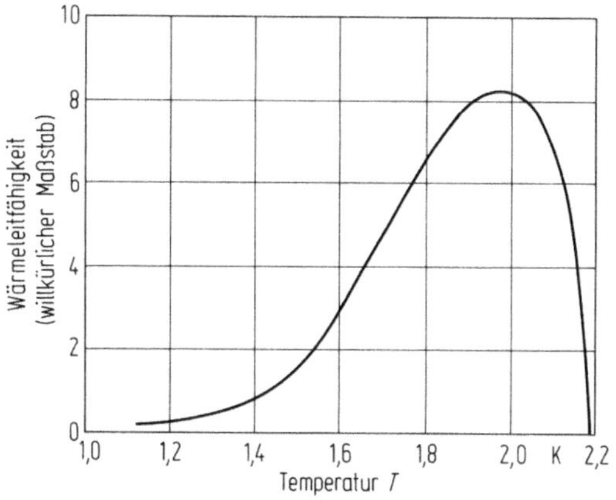

Bild 11.7. Wärmeleitfähigkeit von Helium II

hat sie ihren Höchstwert, um mit noch weiter sinkender Temperatur wieder abzunehmen.

Dem überaus raschen Temperaturausgleich in Helium II ist es auch zuzuschreiben, daß sich in siedendem Helium II keine Dampfblasen bilden können. Im Gegensatz zu dem lebhaften Sieden von Helium I siedet daher das Helium II unterhalb 2,19 K sehr ruhig, wobei auch die Flüssigkeit vollständig klar bleibt.

Helium II hat bei 1,5 K eine etwa neunmal kleinere Viskosität als Helium I bei 2,5 K. Dazwischen steigt die Viskosität mit wachsender Temperatur stetig an, jedoch mit einer Unstetigkeit beim λ-Punkt.

Fast ebenso merkwürdig wie die Suprawärmeleitfähigkeit von Helium II ist die sogenannte „Transporterscheinung". Diese besteht unter anderem darin, daß flüssiges Helium II, das sich im unteren Teil eines Gefäßes befindet, an den Wandungen in sehr dünner Schicht in die Höhe steigt. Die dünne Heliumschicht kann sogar den Gefäßrand übersteigen und so lange in ein äußeres Gefäß hinabfließen, bis sich die Flüssigkeitshöhen innen und außen ausgeglichen haben. Aus demselben Grunde füllt sich auch ein leeres kleines Becherglas, das man ein Stück weit in Helium II eintaucht, über den Rand hinweg bis zum Niveauausgleich mit flüssigem Helium.

Besonders merkwürdig ist ferner, daß Helium II unter Einwirkung eines Temperaturgefälles um so leichter durch enge Kanäle fließt, je kleiner deren Durchmesser ist. Das Helium strömt hierbei in Richtung steigender Temperatur. Die Strömung kann hierbei so heftig sein, daß das Helium springbrunnenartig bis zu etwa 1/3 m Höhe emporgeschleudert wird. Diese Erscheinung läßt sich wie folgt hervorrufen. Ein senkrechtes Glasrohr enthalte im unteren erweiterten Teil feines Schmirgelpulver, das von unten her in seiner Lage festgehalten ist, wie Bild 11.8 zeigt. Diesen erweiterten Teil des Rohres taucht man in Helium II ein, so daß flüssiges Helium von unten in das Pulver eindringen kann. Erwärmt man nun das Pulver, z. B. durch Bestrahlung mit einer starken Lampe derart, daß in ihm ein Temperaturgefälle von oben nach unten auftritt, dann strömt das Helium in den sehr engen Zwischenräumen des Pulvers heftig von unten nach oben. Durch das engere Rohr hindurch wird dann das Helium noch ein Stück weit über die Flüssigkeitsoberfläche emporgeschleudert.

Einen großen Teil der beschriebenen seltsamen Erscheinungen sucht man mit der Zweiflüssigkeitstheorie zu erklären. Man nimmt an, daß Helium II aus einer nor-

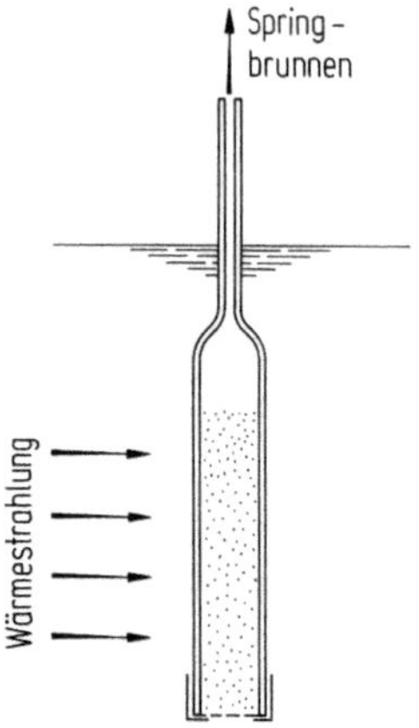

Bild 11.8. Springbrunneneffekt von Helium II

malen Flüssigkeit und einer Supraflüssigkeit besteht, wobei der Anteil an Supraflüssigkeit mit sinkender Temperatur zunimmt. Bei 1 K sollen nur noch 3% an normaler Flüssigkeit in Helium II enthalten sein. Der Supraflüssigkeit schreibt man die Entropie 0, die Temperatur $T = 0$ und auch eine verschwindend kleine Viskosität zu. Nur diese Supraflüssigkeit fließt in den engen Kanälen in Richtung steigender Temperatur, und auch nur sie steigt in einem dünnen Film an Behälterwandungen in die Höhe. Infolge ihrer überaus leichten Beweglichkeit, mit der sie durch die normale Flüssigkeit hindurch jedem kleinen Temperaturunterschied folgt, gleicht die supraleitende Flüssigkeit diese Temperaturunterschiede rein konvektiv äußerst schnell aus. Dies erklärt die oben besprochene außerordentlich hohe Wärmeleitfähigkeit von Helium II. Doch setzt dies voraus, daß auch die normale Flüssigkeit in ausreichender Menge vorhanden ist. Da diese Menge mit sinkender Temperatur kleiner wird, sinkt auch, wie Bild 11.7 zeigt, die Wärmeleitfähigkeit nach Überschreitung des Maximums wieder erheblich ab.

Nicht unerwähnt bleibe, daß sich in Helium II periodische Temperaturschwingungen wellenförmig wie der Schall fortpflanzen, weshalb diese Erscheinung auch „zweiter Schall" (second sound) genannt wird; vgl. z. B. [S 4]. Die von verschiedenen Forschern gemessene „Schallgeschwindigkeit" dieser Temperaturwellen beträgt 4 m/s bei 2,18 K; 16,7 m/s bei 2,00 K; 20,3 m/s bei 1,63 K und 19 m/s bei 1,15 K.

11.2.2 Thermisches Verhalten anderer Stoffe bei sehr tiefen Temperaturen

11.2.2.1 Idealer fester Körper

Da alle Stoffe, außer Helium, in der Nähe des absoluten Nullpunktes fest sind, interessiert vor allem das Verhalten der Körper in festem Zustand. Alle reinen Stoffe verhalten sich mit Annäherung an den absoluten Nullpunkt mehr und mehr wie ein „idealer fester Körper", der dadurch ausgezeichnet ist, daß seine mechanischen und thermischen Eigenschaften, wie vor allem das Volumen und die Enthalpie, nicht von der Temperatur abhängen. Daher nähern sich der thermische Ausdehnungskoeffizient und, wie schon in Abschnitt 11.2 erwähnt, die spezifische Wärmekapazität bei

$T \to 0$ dem Wert Null. Selbst bei flüssigem Helium hat man nach Bild 11.4 den Eindruck, daß die Dichte mit Annäherung an den absoluten Nullpunkt konstant wird und damit der thermische Ausdehnungskoeffizient verschwindet.

11.2.2.2 Spezifische Wärmekapazität

Das Verschwinden der spezifischen Wärmekapazität fester und flüssiger Körper am absoluten Nullpunkt folgt, wie schon in Abschnitt 1.1.7 besprochen, aus dem Nernstschen Wärmetheorem; siehe z. B. [P 1]. In Übereinstimmung hiermit steht der Verlauf der spezifischen Wärmekapazität fester Körper, wie ihn Debye aus den Atomschwingungen mit Hilfe der Quantentheorie berechnet hat; vgl. z. B. [B 3, S. 195–197] oder [S 5, S. 220–222]. In Bild 11.9 ist der Verlauf der Atomwärme c_p verschiedener fester Stoffe, abhängig von der absoluten Temperatur, dargestellt. Man erkennt, daß die spezifische Wärmekapazität mit sinkender Temperatur stetig abnimmt und im absoluten Nullpunkt den Wert Null annimmt. An dieser Stelle hat die Kurve eine horizontale Tangente, d. h. bei $T = 0$ wird nicht nur $c_p = 0$, sondern auch $(\partial c_p/\partial T)_{T\to 0} = 0$. Nach Debye läßt sich das letzte Stück der Kurve nahe dem absoluten Nullpunkt mit guter Näherung durch den Ansatz $c_p = \text{const} \cdot T^3$ wiedergeben, so daß auch noch $(\partial^2 c_p/\partial T^2)_{T\to 0} = 0$ wird.

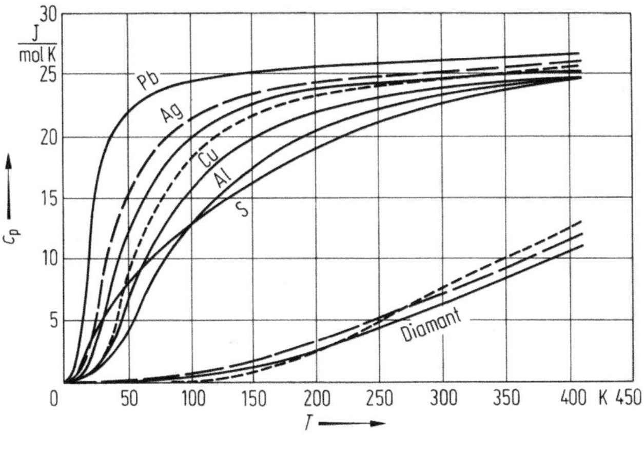

Bild 11.9. Spezifische Wärmekapazität fester Stoffe

Bei Gasen setzt sich die spezifische Wärmekapazität im allgemeinen aus drei Anteilen zusammen, die von der geradlinig fortschreitenden Bewegung der Moleküle, von ihrer Rotationsbewegung und von den Schwingungen der Atome im Molekül herrühren. Betrachtet man nur die Rotations- und Schwingungsanteile der spezifischen Wärmekapazität der Gase, die sich nach Einstein ebenfalls mit Hilfe der Quantentheorie berechnen lassen, so zeigen auch diese ein ähnliches Verhalten wie die spezifische Wärmekapazität der festen Körper. Insbesondere nähern sich auch diese Anteile mit sinkender Temperatur dem Wert 0 bei $T \to 0$. Bild 11.10 zeigt dies für die Rotationswärme des Wasserstoffs. Der bei $T = 0$ verbleibende Rest der spezifischen Wärmekapazität entspricht dem temperaturunabhängigen Anteil der geradlinig fortschreitenden Bewegung der Wasserstoffmoleküle.

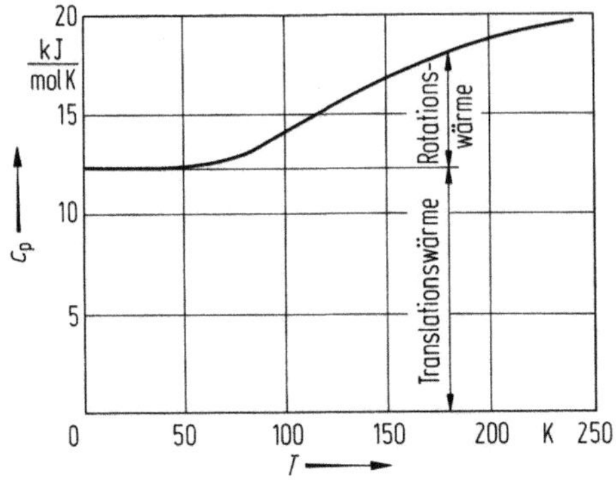

Bild 11.10. Spezifische Wärmekapazität des gasförmigen Wasserstoffs

Daß bei Wasserstoff das Molverhältnis von Parawasserstoff zu Orthowasserstoff die spezifische Wärmekapazität zusätzlich stark beeinflußt, wurde bereits anhand des Bildes 11.3 erörtert.

Wie erwähnt, bleibt bei allen Gasen nach den bisher vorliegenden Messungen der Anteil, den die Translationsenergie der Moleküle zur spezifischen Wärmekapazität liefert, bis zu den tiefsten Temperaturen ungeändert. Nernst hat jedoch eine Entartung der Gase bei sehr tiefen Temperaturen ins Auge gefaßt, die zum Verschwinden auch des translatorischen Anteils der spezifischen Wärmekapazität bei $T = 0$ führen soll; vgl. Bd. II des Handbuchs der Kältetechnik, S. 254. Damit wäre das Nernstsche Wärmetheorem auch im gasförmigen Zustand erfüllt. Es dürfte indessen kaum möglich sein, die Theorie der Gasentartung experimentell nachzuprüfen, weil die Gase im betreffenden Temperaturbereich längst flüssig sind und dabei einen so niedrigen Dampfdruck haben, daß nur ein äußerst geringer Rest des Gases dampfförmig bleibt.

Anders ist es beim Elektronengas, das nach der Elektronentheorie der Metalle in jedem Metall enthalten ist und das Verhalten der elektrischen Leitfähigkeit der Metalle verständlich macht. Dieses Elektronengas müßte nach der klassischen Theorie einen merklichen Beitrag zur spezifischen Wärmekapazität liefern. Daß dieser Beitrag lange Zeit experimentell nicht festgestellt werden konnte, läßt sich aber zwanglos aus der Theorie der Gasentartung erklären. Denn nach dieser Theorie muß die Gasentartung des Elektronengases schon kurz unterhalb 10000 K beginnen und der Beitrag zur spezifischen Wärmekapazität mit sinkender Temperatur so abfallen, wie es Bild 11.11 zeigt. Da hiernach die spezifische Wärmekapazität des Elektronengases

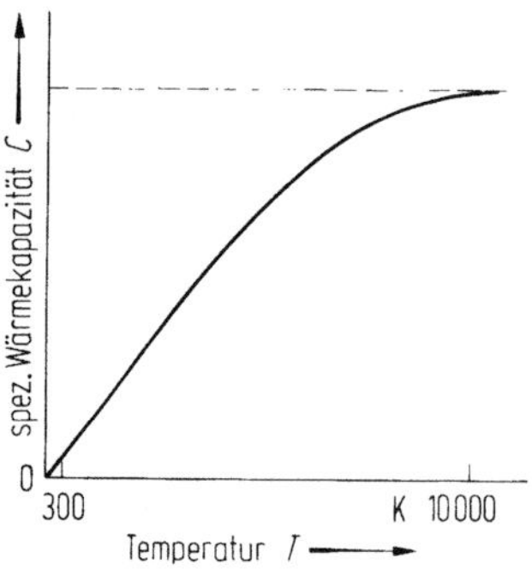

Bild 11.11. Spezifische Wärmekapazität des Elektronengases

mit sinkender Temperatur nahezu linear abnimmt, während die auf Atomschwingungen beruhende spezifische Wärmekapazität bei Annäherung an den absoluten Nullpunkt der Temperatur nach der Quantentheorie viel schneller absinkt, ist in der Nähe des absoluten Nullpunktes die spezifische Wärmekapazität von Metallen im wesentlichen durch die Wärmekapazität des Elektronengases bestimmt. Die hieraus folgende Proportionalität der spezifischen Wärmekapazität mit der absoluten Temperatur ist im Temperaturbereich des flüssigen Heliums tatsächlich recht genau beobachtet worden.

11.2.2.3 Wärmeleitfähigkeit bei tiefen Temperaturen

Für die Technik der tiefen Temperaturen ist vor allem die Wärmeleitfähigkeit der Metalle sowie der Kälteschutzstoffe von Interesse, weil diese Stoffe beim Bau der Verflüssigungs- und Zerlegungsapparate in ausgedehntem Maße Verwendung finden.

Bild 11.12 zeigt die Wärmeleitfähigkeit einiger wichtiger Metalle nach [L 1]. Hiernach nimmt die Wärmeleitfähigkeit vieler Metalle mit sinkender Temperatur zunächst zu, um später wieder abzunehmen. Diese eigenartige Temperaturabhängigkeit der Wärmeleitfähigkeit der Metalle erklärt sich im wesentlichen daraus, daß die durch die Elektronen bewirkte Wärmeleitung bei niedrigen Temperaturen durch Unreinheiten im Metall, bei hohen Temperaturen durch Gitterschwingungen gestört wird. Die gemessenen Werte weichen selbst bei gleicher sehr hoher Reinheit erheblich voneinander ab, wie man aus Bild 11.12 durch Vergleich der ausgezogenen und der gestrichelten Linie für Silber als Beispiel erkennen kann. Offensichtlich hängt hier die Wärmeleitfähigkeit stark davon ab, wie das Metall aus der Schmelze erstarrt ist, insbesondere von dem dabei aufgetretenen Kristallgefüge.

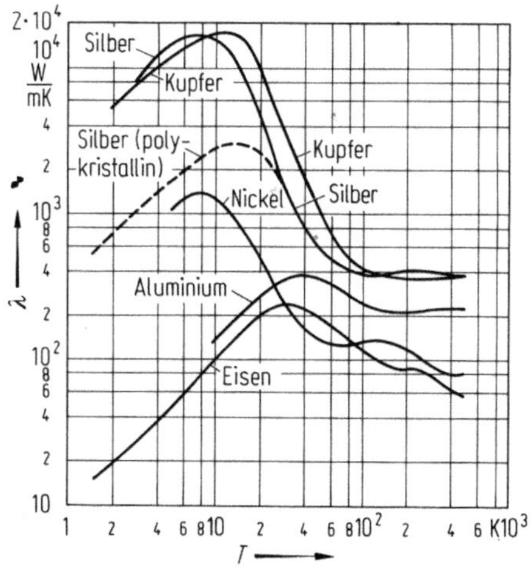

Bild 11.12. Wärmeleitfähigkeit von Metallen

Die Wärmeleitfähigkeit von legierten Stählen nimmt mit sinkender Temperatur ständig ab. Dasselbe gilt auch für die Wärmeleitfähigkeit der Kälteschutzstoffe, wie aus Tabelle 9.2 ersichtlich ist. Die geringe Wärmeleitfähigkeit der Kälteschutzstoffe bei sehr tiefen Temperaturen hat zur Folge, daß man bei sehr tiefen Temperaturen die

Apparate sehr gut gegen Wärmeeinströmung durch die Isolierschicht schützen kann, daß hingegen durch Rohrleitungen oder auch selbst durch die Drähte von Widerstandsthermometern oder Thermoelementen verhältnismäßig viel Wärme eindringt. Für die Kälteisolierung ist weiter von wesentlichem Vorteil, daß die Wärmestrahlung, die der vierten Potenz der absoluten Temperatur proportional ist, bei sehr tiefen Temperaturen nur noch äußerst geringe Rolle spielt. Daher ist hier auch der Kälteschutz durch Vakuum (Dewarsche Gefäße) besonders wirksam. Die Abnahme der Wärmeleitfähigkeit der Kälteschutzstoffe, deren Poren von Luft gefüllt sind, hängt ebenso wie die gesteigerte Isolierwirkung des Vakuums mit der starken Abnahme der Wärmeleitfähigkeit der Luft wie auch der anderer Gase mit sinkender Temperatur zusammen. Die tiefere Begründung aber liegt darin, daß die kinetische Energie der Molekularbewegungen und damit auch die Intensität des Wärmetransportes in Gasen mit sinkender Temperatur abnimmt.

11.2.2.4 Elektrische und magnetische Eigenschaften bei tiefen Temperaturen

Betrachtet man zunächst nur die Temperaturen, wie sie bei der Luftverflüssigung oder auch noch bei der Verflüssigung von Wasserstoff erreicht werden, d. h. Temperaturen bis etwa −200 bzw. −250 °C, dann unterscheiden sich die elektrischen und magnetischen Eigenschaften der meisten Stoffe nicht wesentlich von denen bei höherer Temperatur. Die bei gewöhnlicher Temperatur festgestellte Abnahme des elektrischen Widerstandes reiner Metalle hat bei den genannten tiefen Temperaturen Werte von derselben Größenordnung, besonders bei Platin, dessen elektrischer Widerstand daher in einem sehr weiten Bereich zu genauen Temperaurmessungen benutzt wird. Bild 11.13 zeigt, wie der Widerstand einiger Metalle mit sinkender Temperatur abnimmt. Man erkennt, daß mit Annäherung an $T = 0$ der elektrische Widerstand sehr klein wird. Doch bleibt er endlich, sofern das Metall nicht von einer bestimmten Sprungtemperatur an supraleitend wird, was im folgenden näher beschrieben wird. So wird bei Aluminium, das eine Sprungtemperatur von 1,19 K hat, der Widerstand unterhalb dieser Temperatur unmeßbar klein.

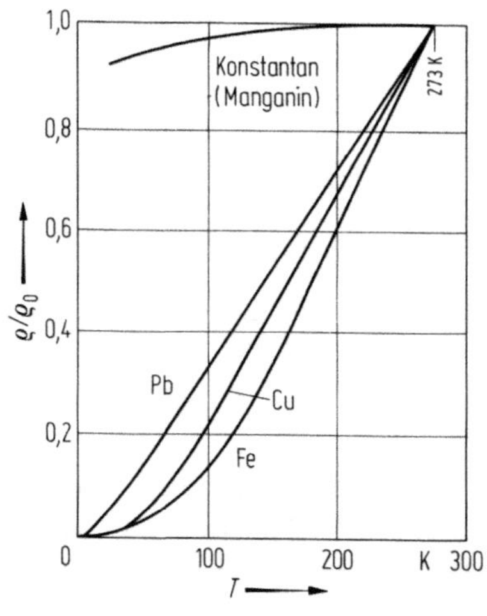

Bild 11.13. Temperaturabhängigkeit des elektrischen Widerstandes ϱ einiger Metalle bei tiefen Temperaturen. ϱ_0 ist der Widerstand bei 273,15 K = 0 °C

Manche Metallegierungen, wie Konstantan, Manganin und Phosphorbronze, zeichnen sich bei gewöhnlichen Temperaturen durch eine nur sehr geringe Temperaturabhängigkeit ihres Widerstandes aus, was sie bekanntlich zur Herstellung von Vergleichs- und Meßwiderständen besonders geeignet macht.

11.2.2.4.1 Elektrische Supraleitung

In dem soeben erwähnten Temperaturgebiet zwischen etwa 1 und 20 K, wie es mit flüssigem Wasserstoff und Helium erreicht wird, sowie bei noch tieferen Temperaturen bis nahe $T = 0$, tritt bei zahlreichen Stoffen die von Kamerlingh Onnes entdeckte elektrische Supraleitung auf. Eine gute Übersicht hierüber bietet die Darstellung in [B 2]. Diese Erscheinung besteht darin, daß bei einer bestimmten sehr tiefen Temperatur, der Sprungtemperatur, der elektrische Widerstand, der bei der Abkühlung bis dahin stetig abgenommen hat, fast plötzlich auf einen unmerklich kleinen Betrag absinkt. Bild 11.14 zeigt diese Erscheinung am Beispiel des Kupfersulfids. Das Absinken des Widerstandes findet, wenn nicht andere Einwirkungen vorhanden sind, innerhalb weniger hundertstel Grade statt, bei Einkristallen in noch engeren Grenzen. Im supraleitenden Zustand ist der elektrische Widerstand sicher kleiner als das 10^{-16}fache seines Wertes bei Umgebungstemperatur. Die Supraleitfähigkeit hat zur Folge, daß ein in einem Supraleiter einmal induzierter elektrischer Strom stundenlang weiterfließt, ohne eine merkliche Abnahme zu zeigen. Die bisher als Supraleiter erkannten Elemente, geordnet nach dem periodischen System, haben die in Tabelle 11.1 angegebenen Sprungtemperaturen.

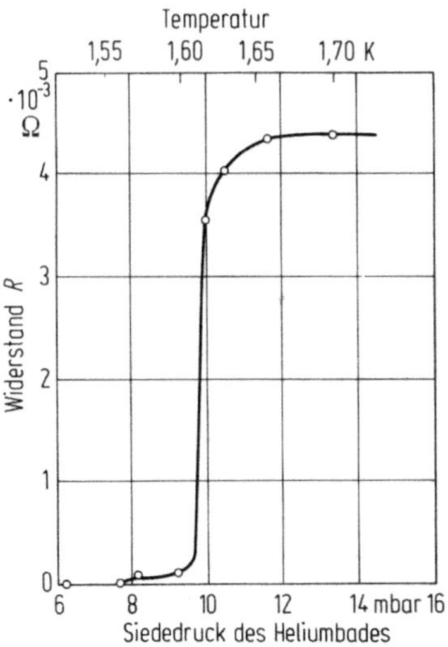

Bild 11.14. Elektrische Supraleitfähigkeit von Kupfersulfid

Ferromagnetische Stoffe wie Fe und Ni können nicht supraleitend werden. Auch ist heute noch nicht klar, ob bei allen Metallen, die nicht ferromagnetisch werden, bei genügend tiefer Temperatur und bei hoher Reinheit Supraleitfähigkeit zu erwarten ist. Auch an zahlreichen anderen Elementen wie Au oder K konnte bisher selbst bei Abkühlung unter 1 mK keine Supraleitfähigkeit entdeckt werden. Eine Reihe von Elementen werden erst bei höheren Drücken supraleitend.

Tabelle 11.1 Sprungtemperaturen der supraleitenden Elemente

Element	Sprung-temperatur K	Element	Sprung-temperatur K	Element	Sprung-temperatur K	Element	Sprung-temperatur K
Al	1,19	Ir	0,14	Pb	7,2	Ti	0,39
Be	0,026	La	4,8	Re	1,7	Tl	2,39
Cd	0,55	Mo	0,92	Ru	0,5	U	0,2
Ga	1,09	Nb	9,2	Sn	3,72	V	5,3
Hf	0,13	Np	0,075	Ta	4,39	W	0,012
Hg	4,15	Os	0,65	Tc	7,8	Zn	0,9
In	3,40	Pa	1,3	Th	1,37	Zr	0,55

Neben reinen Metallen zeigen viele Legierungen Supraleitung, wie z. B. Legierungen von Pb mit Au, Bi, Cu, Hg, In oder Tl. Auch Woopsches Metall (Sprungpunkt 1,2 K) oder Phosphorbronze (Sprungpunkt 1 bis 6 K) können hier genannt werden. Selbst Stoffe, die im reinen Zustand nicht supraleitend sind, können als Legierung supraleitend werden, wie z. B. Au-Bi mit einem Sprungpunkt von 2,15 K oder Mo-C. Man kennt heute einige tausend chemische Verbindungen und Legierungen, die bei genügender Abkühlung supraleitend werden. Vielfach haben sie höhere Sprungtemperaturen als Elemente. Die höchsten bisher beobachteten Sprungtemperaturen treten bei Verbindungen der A15-Kristallstruktur auf. Einige Beispiele hierfür zeigt Tabelle 11.2.

Tabelle 11.2. Sprungtemperaturen einiger A15-Supraleiter

Stoff	Nb_3Sn	Nb_3Ge	Nb_3Ga	Nb_3Al	V_3Si	V_3Ga
Sprungtemperatur K	18,2	23,0	20,7	19,1	17,0	15,9

Die Supraleitung wird durch ein Magnetfeld in bemerkenswerter Weise beeinflußt. Setzt man einen Supraleiter, d. h. einen Stoff, der supraleitend werden kann, während seiner Abkühlung einem Magnetfeld aus, dann tritt die Supraleitung, wie Bild 11.15 für Zinn zeigt, erst bei tieferer Temperatur und in der Regel auch langsamer als ohne Magnetfeld auf. Gegenüber der normalen Sprungtemperatur von 3,72 K beginnt hier die Widerstandsabnahme erst bei 3,36 K. Die Sprungtemperatur wird um so mehr erniedrigt, je stärker das Magnetfeld ist. Bei der Wiedererwärmung des Supraleiters unter unveränderter Wirkung des Magnetfeldes beginnt die Supraleitung im allgemeinen erst bei etwas höherer Temperatur zu verschwinden, als sie eingetreten war. Bei der Abkühlung und Widererwärmung des Supraleiters im Magnetfeld bildet daher die Kurve des elektrischen Widerstandes eine Art Hysteresisschleife, wie aus Bild 11.15 zu ersehen ist.

Kühlt man einen Supraleiter in einem starken Magnetfeld unter die normale Sprungtemperatur ab, aber nur so weit, daß unter der Wirkung des Magnetfeldes die normale Leitung noch erhalten bleibt, dann kann man bei der erreichten Endtemperatur durch

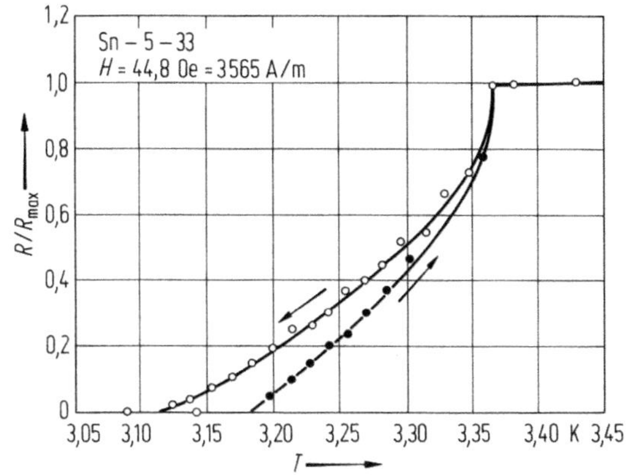

Bild 11.15. Beeinflussung der Supraleitfähigkeit von Zinn durch ein Magnetfeld

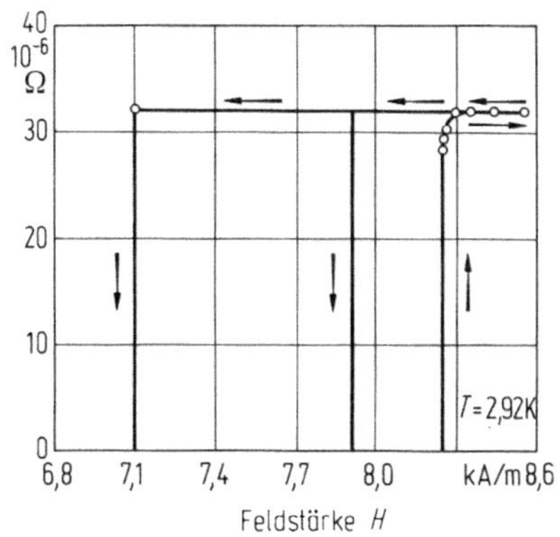

Bild 11.16. Auftreten und Verschwinden der Supraleitfähigkeit bei einem Zinn-Einkristall. Magnetfeld parallel zur Kristallachse

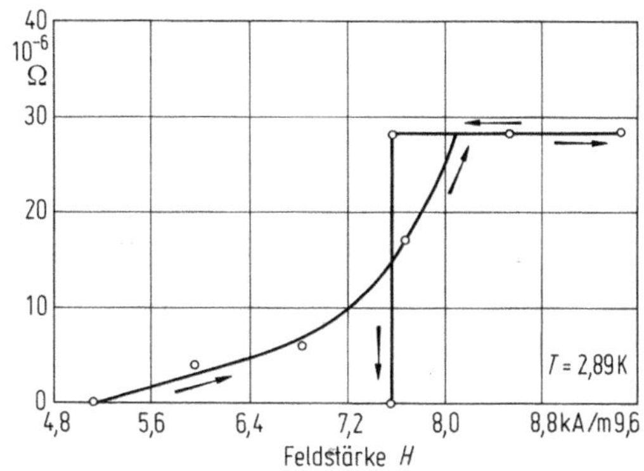

Bild 11.17. Auftreten und Verschwinden der Supraleitfähigkeit bei einem Zinn-Einkristall. Magnetfeld senkrecht zur Kristallachse

Senkung der Feldstärke den supraleitenden Zustand herbeiführen. Umgekehrt läßt sich die eingetretene Supraleitung wieder aufheben, indem man das Magnetfeld bis zu einem gewissen Schwellenwert oder darüber hinaus steigert. Die Bilder 11.16 und 11.17, in denen für jeweils eine bestimmte Temperatur der elektrische Widerstand abhängig von der magnetischen Feldstärke dargestellt ist, zeigen beide Vorgänge für einen Zinkeinkristall. Die Kurven beim Sinken und Steigen des Magnetfeldes decken sich nicht. Ist die Richtung des Magnetfeldes parallel zur Achse des drahtförmigen Kristalls, dann ist nach Bild 11.16 der Schwellenwert, bei dem die Supraleitfähigkeit verschwindet, merklich höher als die Feldstärke, bei der bei Senkung des Magnetfeldes die Supraleitfähigkeit eintritt. Ist hingegen das Magnetfeld senkrecht zur Achse gerichtet, dann beginnt, wie Bild 11.17 erkennen läßt, schon bei einem Feld die Supraleitfähigkeit zu verschwinden, das nur etwa 2/3 so stark ist wie das Feld, bei dem die Supraleitung aufgetreten ist. Nach v. Laue [L 2] erklärt sich dies daraus, daß ein Feld gegebener Stärke, das senkrecht zur Achsenrichtung steht, so verzerrt wird, daß unmittelbar an der Drahtoberfläche die Feldstärke an zwei gegenüberliegenden Stellen bis auf den doppelten Betrag anwächst, während bei paralleler Richtung das Feld unverzerrt bleibt. Die höchsten Werte der Feldstärke sind aber offenbar maßgebend für die Zerstörung der Supraleitfähigkeit.

11.2.2.4.2 Meißner-Ochsenfeld-Effekt

Der beschriebene Einfluß eines Magnetfeldes auf die Supraleitfähigkeit steht in engem Zusammenhang mit einer von Meißner und Ochsenfeld (M 1] im Jahre 1933 entdeckten Erscheinung. Hiernach wird ein nicht zu großes Magnetfeld, das einen zylindrischen Leiter aus einem supraleitenden Material senkrecht zur Zylinderachse durchsetzt, aus dem Leiter vollständig verdrängt, wenn dieser genügend tief abgekühlt ist, vgl. Bild 11.18. Man kann dies so deuten, daß die Permeabilität $\mu = 0$, die megnetische Suszeptibilität also $\varkappa = \mu - 1 = -1$ wird. Diese Veränderung des Feldes ist auch schuld an der oben schon erwähnten Verzerrung des Feldes, die aus Bild 11.18 ersichtlich ist und zur Erhöhung der Feldstärke an zwei Stellen der Oberfläche des Supraleiters führt.

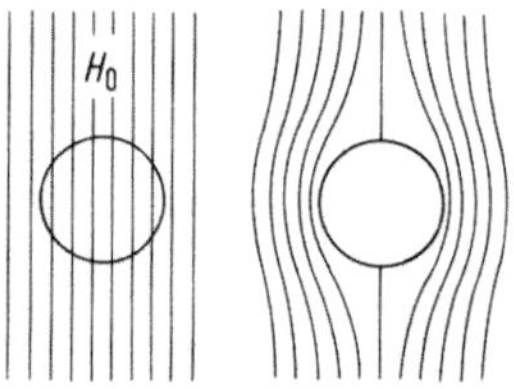

Bild 11.18. Meißner-Ochsenfeld-Effekt. Ein Magnetfeld tritt in einen Normalleiter (links), nicht aber in einen Supraleiter (rechts) ein

Das Feld im Innern von supraleitenden Hohlzylindern hängt von der Versuchsführung ab. Kühlt man einen Hohlzylinder, der sich von vornherein in einem zur Zylinderachse parallelen Magnetfeld befindet, genügend tief unter die Sprungtemperatur ab, so wird das Magnetfeld aus dem supraleitenden Material der Zylinderwand verdrängt. Im Innern bleibt jedoch ein Magnetfeld, das nun auch beim Abschalten des äußeren Magnetfeldes erhalten bleibt. Man kann so ein permanentes Magnetfeld „einfrieren". Schaltet man jedoch das Magnetfeld ein, wenn der Zylinder bereits supraleitend ist, so wird das Zylinderinnere vom Magnetfeld abgeschirmt. Supraleitende Magnetabschirmungen sind sehr wirksam.

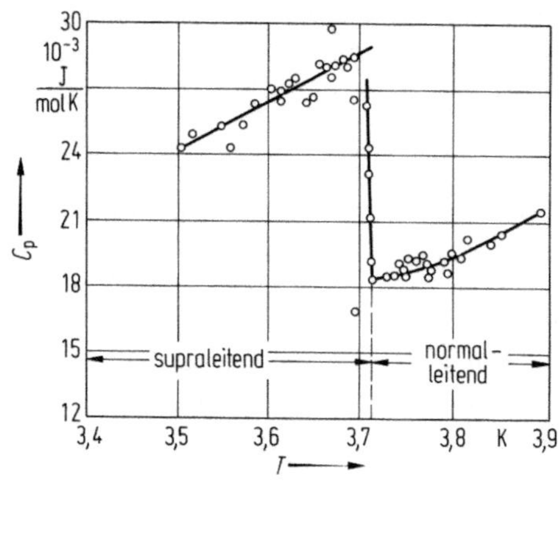

Bild 11.19. Spezifische Wärmekapazität des Zinns im supraleitenden und normalleitenden Zustand

Meißner und Ochsenfeld [M 1] haben durch weitere Versuche festgestellt, daß im supraleitenden Zustand der elektrische Strom nur in einer sehr dünnen Schicht an der Oberfläche des Supraleiters, nicht aber in seinem Inneren fließt. Nach späteren Untersuchungen [S 3] beträgt die Dicke dieser Schicht nur etwa 10^{-5} cm.

Unter zahlreichen Meßergebnissen anderer Forscher, vgl. z. B. [J 1], sei nur noch die Feststellung von Keesom und Van Ende erwähnt, daß sich die spezifische Wärmekapazität von Sprungleitern bei Eintritt der Supraleitfähigkeit sprunghaft ändert, wie es Bild 11.19 am Beispiel des Zinns zeigt. Im Magnetfeld tritt nach Keesom und Kox [K 1] außerdem eine Umwandlungswärme auf.

11.3 Technische Anwendungen der extrem tiefen Temperaturen

Vielseitig sind die Bemühungen, die aus der Erforschung der tiefsten Temperaturen gewonnenen Erkenntnisse zur Entwicklung technisch wertvoller Prozesse auszunutzen. Unter derartigen Prozessen und den zu ihrer Durchführung benötigten Apparaturen sind in erster Linie zu nennen

- die Kryopumpen und Weltraum-Simulationskammern,
- die Blasenkammern zur Untersuchung von Elementarteilchen,
- die zahlreichen Möglichkeiten zur Anwendung der elektrischen Supraleitung.

11.3.1 Kryopumpen [H 1, 2, K 3]

Kryopumpen dienen dem Zweck, mit Hilfe tiefer Temperaturen ein Ultrahochvakuum zu erzeugen. Dies wird dadurch erreicht, daß Reste verschiedener Gase, vor allem Bestandteile der Luft an tiefgekühlten Flächen ausgeforen und niedergeschlagen werden. Man kann sich dies anhand von Bild 1.2 klarmachen, in dem die Dampfdrücke der für die Tieftemperaturtechnik wichtigsten Gase in logarithmischem Maßstab abhängig von der absoluten Temperatur T aufgetragen sind. Hat die Kondensationsfläche z. B. eine Temperatur von 20 K, dann haben bei dieser Temperatur alle Gase außer Helium, Wasserstoff und Neon im festen Zustand einen außerordentlich niedrigen Dampfdruck. Er beträgt bei Stickstoff etwa 10^{-14} Torr $= 1{,}3 \cdot 10^{-17}$ bar. Alle anderen Bestandteile der Luft und alle noch höher siedenden Gase haben bei dieser Temperatur noch niedrigere Dampfdrücke. Man kann also schon bei 20 K ein sehr hohes Vakuum erzielen, wenn kein oder nur sehr wenig Wasserstoff zugegen ist. Ist dies nicht der Fall, kann man bei dieser Temperatur bereits extrem reinen Wasserstoff erhalten. Soll aber auch Wasserstoff von der Kryopumpe abgesaugt werden, muß die Temperatur der Kondensationsfläche auf etwa 2,5 K erniedrigt werden. Helium und Neon spielen in der Vakuumtechnik als Restgaskomponenten keine Rolle.

Kryopumpen können sehr verschieden gestaltet sein. Als Beispiel zeigt Bild 11.20 eine sogenannte Bad-Kryopumpe, bei der die Außenfläche der Wandung eines mit Helium gefüllten Gefäßes die Kondensationsfläche darstellt. Die Kondensationsfläche nimmt die Temperatur von etwa 2,5 K an, wenn man das Helium unter einem Druck von 60 Torr $= 0{,}08$ bar sieden läßt. In Bild 11.20 befindet sich das genannte Gefäß unten. Es ist von einem vielfach gewinkelten, für die kondensierenden Gasbestandteile durchlässigen Strahlungsschutz umgeben. Er steht mit dem oben befindlichen, mit flüssigem Stickstoff gefüllten Behälter in wärmeleitender Verbindung, um die Kälteverluste bei der sehr tiefen Temperatur gering zu halten. Die gesamte untere Hälfte des im Bild dargestellten Apparates wird von oben in das weitere Hochvakuumgefäß eingesenkt und mit dem Flansch am Deckel dieses Gefäßes befestigt.

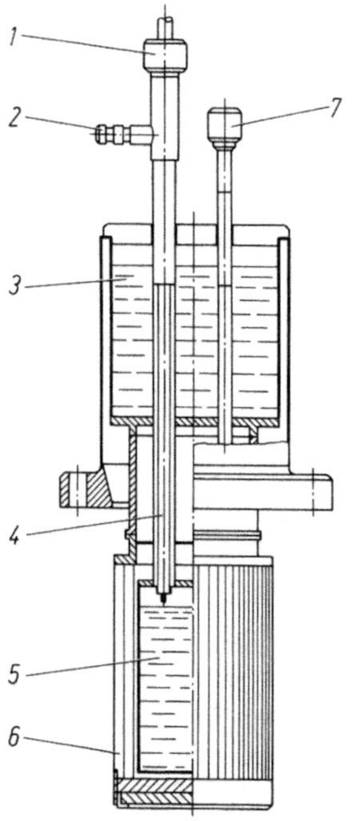

Bild 11.20. Bad-Kryopumpe. Nach [H 2]. *1* Heberanschluß für flüssiges Helium, *2* He-Abgasleitung, *3* flüssiger Stickstoff, *4* Heber, *5* flüssiges Helium, *6* Strahlungsschutz, *7* Niveaufühleranschluß

Der Wirkung einer Kryopumpe kommt das sogenannte „Cryotrapping" zugute, das darin besteht, daß bei der Kondensation aus einem Gemisch ein tiefer siedender Bestandteil schon bei höherer Temperatur zu kondensieren beginnt, als wenn er als einziger kondensierender Bestandteil vorhanden wäre. Dieses Cryotrapping tritt auf, wenn gleichzeitig ein höher siedender Bestandteil kondensiert. Es werden dann gewissermaßen Teile des tiefer siedenden Bestandteils gefangen und zur gemeinsamen Kondensation gezwungen. Dieses Cryotrapping ist indessen keine Sondererscheinung, die nur bei sehr tiefen Temperaturen auftritt. Es ist vielmehr ein Vorgang, der auch bei höheren Temperaturen bei der geschlossenen Kondensation von Gemischen vorkommt, wenn man an Stelle der Kondensation in fester Form die in flüssiger Form betrachtet. Man erkennt dies deutlich aus Bild 3.30, in dem die geschlossene Kondensation eines Gemisches bei einem Gesamtdruck von 8 bar dargestellt ist. Das dort betrachtete Gemisch enthält neben einem nicht kondensierbaren Gas 25 Mol-% CH_4 und 5 Mol-% C_2H_4. Wäre das C_2H_4 nicht vorhanden, dann begänne die Kondensation des Methans erst bei 121 K = −152 °C. Da aber das C_2H_4 zugegen ist und schon bei 155 K = −118 °C zu kondensieren beginnt, fängt auch CH_4 schon bei dieser Temperatur an sich zu verflüssigen. Bei dem ohne C_2H_4 zu erwartenden Kondensationsbeginn von 121 K sind hiernach durch Cryotrapping bereits 30% des Methans verflüssigt.

Das durch die Kondensation bewirkte Hochvakuum der Kryopumpen kann durch Nachschalten einer Adsorptionsstufe, z. B. eines Molekularsiebes, noch verstärkt werden.

Kryopumpen zeichnen sich im Vergleich zu anderen Hochvakuumpumpen durch ein erheblich größeres Saugvolumen aus.

11.3.2 Weltraum-Simulationskammern [B 1]

Eine wichtige Anwedung des Prinzips der Kryopumpen sind die Weltraum-Simulationskammern. In ihnen sollen Untersuchungen sehr verschiedener Art unter Weltraumbedingungen, d. h. bei sehr niedrigem Druck und niedriger Temperatur durchgeführt werden. Diese Kammern sind in der Regel zylindrisch gestaltet. Ihre Wände sind als Kondensationswände im Sinne der Kryopumpen ausgebildet, sie werden durch Rohrschlangen gekühlt, in denen flüssiger Stickstoff oder flüssiges Helium fließt. So kann man im Innern einer Kammer einen ähnlich niedrigen Druck erzeugen wie im freien Weltraum. Falls die Wirkung der Sonnenstrahlung unter Weltraumbedingungen untersucht werden soll, werden die im Innern der Kammer befindlichen Versuchsobjekte der Bestrahlung durch eine künstliche Sonne ausgesetzt.

11.3.3 Mit flüssigem Helium gekühlte Teleskope für Infrarot-Beobachtungen [L 3, R 1]

Der infrarote Bereich, der die Wellenlängen von 0,8 bis 10 μm und darüber umfaßt, wurde früher kaum zu Himmelsbeobachtungen benutzt, weil diese Wellenlängen, die im irdischen Bereich die Wärmestrahlung umfassen, von der Erdatmosphäre stark absorbiert werden. Mit Erfolg kann man sie dazu nur benutzen, wenn man das Teleskop möglichst weit über den dichteren Bereich der Erdatmosphäre hinaushebt, was heute durch Einbau in oder Anbau an Satelliten möglich ist. Ist auf diese Weise die Strahlungsschwächung durch die Erdatmosphäre praktisch ausgeschaltet, dann bieten die Messungen im infraroten Strahlenbereich den Vorteil, daß diese infrarote Strahlung bei Durchgang durch dem kosmischen Staub viel weniger geschwächt wird als die sichtbare Strahlung. Deshalb kann man Objekte noch in zehnmal größerer Entfernung beobachten als mit dem sichtbaren Licht. Dadurch wird es sogar möglich, ins Innere von entfernten Gallaxien hineinzublicken und auch das Entstehen neuer Sterne zu verfolgen. Dies bringt jedoch eine Schwierigkeit mit sich, die darin besteht, daß die von derart weit entfernten Objekten empfangene Strahlung so schwach und damit von derselben Größenordnung wird wie die Energie der von den Wandungen des Telekops auftreffenden Wärmestrahlung. Die Wahrnehmung der zu messenden Strahlung wird hierdurch erheblich gestört. Dem kann man begegnen, indem man die Wandungen des Teleskops besonders in der Nähe der Beobachtungsstelle kühlt. Es sind bereits mehrere Projekte in Vorbereitung, bei denen eine Kühlung bis unter 2 K mit Hilfe von siedendem Helium vorgesehen ist. Es ist auch daran gedacht, die von der Beobachtungsstelle weiter entfernten Teile des Teleskops mit Hilfe von verdampfendem Wasserstoff oder Stickstoff auf ausreichend tiefer Temperatur zu halten.

11.3.4 Blasenkammern [B 2]

Blasenkammern, die meist mit flüssigem Wasserstoff oder auch mit flüssigem Helium bis zu einer für die Beobachtung geeigneten Höhe gefüllt sind, dienen zum Nachweis und zur näheren Bestimmung von Elementarteilchen, die meist kurz nacheinander durch die Flüssigkeit nahe ihrer Oberfläche geschossen werden. Die Teilchen kommen aus einem Beschleuniger, der sie in Form von gepulsten Paketen emitiert. Die in der Kammer befindliche Flüssigkeit befindet sich vor dem Beschuß im Siedezustand, wird aber kurz vor dem Eintreffen neuer Teilchen durch plötzliche Druckerniedrigung mit Hilfe eines zurückweichenden Kolbens in einen leicht überhitzten Zustand versetzt. Wo die Teilchen auf ihrem Weg durch die Flüssigkeit auf Wasserstoffmoleküle oder Heliumatome treffen, entstehen kleine Dampfblasen, so daß die Bahn der Teilchen sichtbar wird. Setzt man die Teilchen gleichzeitig einem Magnetfeld aus, entsteht eine gekrümmte Bahn. Aus der Geschwindigkeit der Teilchen, die durch den Beschleuniger festgelegt ist, und aus der Krümmung der Bahn kann man dann neben anderen Folgerungen auf die Masse und Ladung der Teilchen schließen.

Solche Blasenkammern werden heute mit Gefäßdurchmessern von mehreren Metern gebaut. Dabei werden weitgehend supraleitende Magnete eingesetzt, um auf die Teilchen möglichst starke Magnetfelder einwirken zu lassen.

11.3.5 Anwendungen der Supraleitfähigkeit

11.3.5.1 Supraleitende Kabel [B 2]

Die grundsätzlich möglichen technischen Anwendungen der Supraleitfähigkeit sind sehr zahlreich. Merkwürdigerweise ist gerade die Anwendung der Supraleitung, die am meisten auf der Hand liegt, nämlich der Bau supraleitender Kabel, vorerst noch wenig aussichtsreich. Nach fachkundiger Ansicht ist vor dem Jahre 2000 noch kaum mit einer Verwirklichung zu rechnen. Dabei ist die Gestaltung eines supraleitenden Kabels dem Grundgedanken nach verhältnismäßig einfach. Das aus einem supraleitenden Material bestehende Kabel muß von einer Hülle umgeben werden, so daß in dem Raum von ringförmigem Querschnitt zwischen dem Kabel und der Hülle als Kühlmittel flüssiges Helium oder unter erniedrigtem Druck siedender Wasserstoff strömen kann. Indessen bedarf die Hülle einer ungewöhnlich guten Isolierung gegen Wärmeeinströmung von außen.

Die Schwierigkeiten der Einführung der supraleitenden Kabel sollen hier nicht erörtert werden. Vermutlich sind sie zu einem großen Teil darin begründet, daß die Aufrechterhaltung der Supraleitung im Vergleich zum üblichen Kabel einen erheblich vermehrten Kostenaufwand erfordert. Es ist aber auch zu bedenken, daß schon die Abkühlung der normalerweise benutzten metallischen Leiter auf die Temperatur des siedenden Stickstoffs den elektrischen Widerstand erheblich erniedrigen würde, nämlich auf weniger als 1/3 des Wertes bei Umgebungstemperatur, vgl. Bild 11.13. Neuerdings sind überdies Stoffe wie vor allem Schwefelhexafluorid SF_6 gefunden worden, die bei Umgebungstemperatur eine wesentlich verbesserte elektrische Isolation der aus Kupfer oder Aluminium bestehenden Kabel ermöglichen. Das gasförmige SF_6 ist als Isolator besonders geeignet, weil es bei einem Druck von 3 bar eine Durchschlagfestigkeit besitzt, die etwa zehnmal größer ist als die von Luft. Solche

Kabel bestehen somit aus einem zentralen Leiter, gehalten durch isolierende Abstandsstäbe, in einem mit gasförmigem SF_6 gefüllten Rohr. Der elektrische Strom kann daher mit wesentlich erhöhter Spannung und entsprechend erniedrigtem elektrischen Widerstand durch ein solches Kabel geleitet werden. Dabei hat im Vergleich zu festen Isolierstoffen SF_6 den Vorteil, daß es die im Leiter entstehende Wärme weit besser ableitet.

11.3.5.2 Supraleitende Magnete

Mit Magneten, deren Wicklungen aus einem supraleitenden Material bestehen, lassen sich wegen des starken elektrischen Stromes, der im supraleitenden Zustand praktisch widerstandsfrei fließen kann, ungewöhnlich hohe Feldstärken erreichen. Auf die Wirkung und Bedeutung solcher Magnete, die kurz „supraleitende" Magnete genannt werden, wurde schon in Abschnitt 1.1.8.1 im Zusammenhang mit der Erzeugung extrem tiefer Temperaturen durch adiabate Entmagnetisierung hingewiesen. Ebenso wurde erst im vorangehenden Abschnitt die Anwendung supraleitender Magnete in den Blasenkammern hervorgehoben. Eine weitere, möglicherweise sehr bedeutende Anwendung kann sich auch bei Fusions-Kernkraftwerken ergeben; vgl. Abschnitt 11.3.5.7.

11.3.5.3 Elektrische Generatoren mit supraleitenden Wicklungen [K 3]

Als weitere sehr bedeutende Anwendung liegt es nahe, elektrische Generatoren mit supraleitenden Wicklungen auszustatten, wodurch die Leistung der Generatoren erhöht oder ihr Gewicht verringert werden kann. Erprobungen in dieser Richtung haben bereits zu praktisch befriedigenden Ergebnissen geführt.

11.3.5.4 Magnetscheidung [D 1, W 1]

Die Magnetscheidung wird schon seit langer Zeit angewendet, um wertvolle Stoffe, vor allem Erze, von ihren Beimengungen abzutrennen. Dabei werden diese Stoffe, falls sie ferromagnetisch, paramagnetisch oder auch diamagnetisch sind, durch magnetische Kräfte aus dem ursprünglichen Gemenge ausgeschieden. Sind die Stoffe selbst stark magnetisch, genügen geringe magnetische Kräfte zu ihrer Abtrennung. Bei nur schwach magnetischen Stoffen muß man hingegen die Kräfte starker Magnete einsetzen. Es liegt daher der Gedanke nahe, auch die noch größeren Kräfte der supraleitenden Magnete zur Erzscheidung anzuwenden, insbesondere dann, wenn Stoffe abgetrennt werden sollen, deren Magnetisierbarkeit für die bisherigen Methoden der Magnetscheidung zu gering ist. Aber auch in den Fällen, bei denen die bisher übliche Art der Magnetscheidung genügt, verspricht man sich Vorteile durch den Einsatz supraleitender Magnete, weil hierdurch die in der Zeiteinheit abtrennbare Menge erhöht werden kann. Die Frage der technischen Durchführbarkeit dieses Gedankens und der Wirtschaftlichkeit des in den Einzelheiten noch weiter zu entwickelnden Verfahrens ist Gegenstand eingehender Forschungsarbeiten und technischer Bemühungen.

11.3.5.5 Magnet-Schwebebahn [A 1, L 4]

Das Bestreben, die Geschwindigkeit schienengebundener Fahrzeuge zu erhöhen, hat zu der Frage geführt, wie die Reibung zwischen Rad und Schiene ausgeschaltet werden kann. Eine Möglichkeit hierzu besteht darin, das Fahrzeug mit magnetischen Kräften von den Schienen abzuheben, so daß es in geringem Abstand über den Schienen schwebt, aber doch zugleich von den Schienen geführt wird. Die benötigten starken Kräfte lassen sich durch supraleitende Magnete aufbringen.

Zur Erprobung dieses Gedankens wurde von den Firmen AEG-Telefunken, Brown-Boveri und Siemens eine kreisförmige Versuchsbahn von 280 m Durchmesser in Erlangen errichtet, wobei mit Rücksicht auf die zu erwartende hohe Zentrifugalkraft die Fahrebene um 45° geneigt ist. Die Kälteversorgung der supraleitenden Magnete hat die Linde AG übernommen.

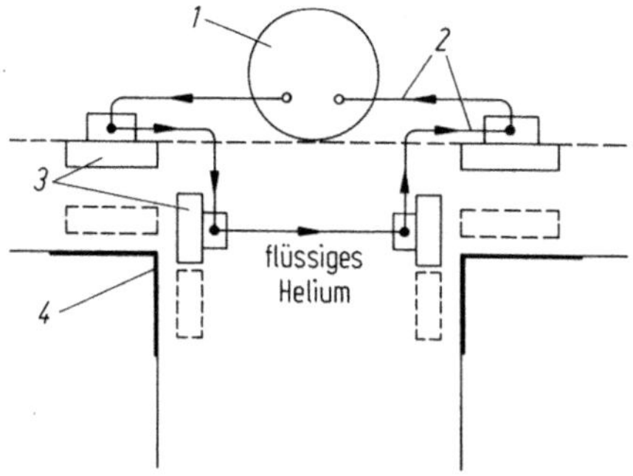

Bild 11.21. Querschnitt eines Wagens der Magneteisenbahn mit supraleitenden Magneten. *1* flüssiges Helium, *2* biegsame Rohrleitungen, *3* Magnete, *4* Schiene

Das Prinzip der bis in alle Einzelheiten durchgearbeiteten Anordnung der Magnete und ihrer Kühlung durch flüssiges Helium geht aus Bild 11.21 hervor. Das Anfahren und das Verzögern des Fahrzeuges geschieht nach wie vor auf Rädern. In zwei Querschnitten des Versuchswagens nahe den Rädern sind jeweils zwei Magnete zum Abheben von den Schienen und je zwei Führungsmagnete angeordnet. Von dem in der Mitte des Wagenquerschnitts angeordneten Behälter aus werden die Magnete zur Kühlung mit flüssigem Helium versorgt, das ihnen in einem geschlossenen Kreislauf durch biegsame Leitungen zugeführt wird. Durch die ausgezogenen Linien ist die Lage der Magnete während des Anfahrens und später bei der Verzögerung vor dem Halt dargestellt. Während dieser Zeit wirken die Magnete noch nicht. Sobald aber eine gewisse Geschwindigkeit erreicht ist, werden sie hydraulisch in die gestrichelt gezeichnete Stellung gebracht. Jetzt üben sie auf die gewinkelt gestaltete Schiene eine abstoßende Kraft aus, wodurch das Fahrzeug im Schwebezustand gehalten und zugleich durch die tiefer und mehr nach innen gelagerten Magnete quer zur Fahrtrichtung stabilisiert wird. Im Gegensatz zur üblichen Anziehung zwischen einem Magneten und einem ferromagnetischen Metall kommt im vorliegenden Fall die Abstoßung dadurch zustande, daß der supraleitende Magnet in der Schiene, die aus einem nicht ferromagnetischen Stoff, z. B. aus Aluminium besteht, infolge der Fahrtbewegung durch Induktion Wirbelströme erzeugt.

Besonders auch in Japan bemüht man sich, die Möglichkeit der Schwebebahn mit supraleitenden Magneten zu erproben und betriebsreif zu machen.

11.3.5.6 MHD-Generatoren [B 2, K 3]

Magnethydrodynamische Generatoren, kurz MHD-Generatoren genannt, sind in der Absicht erdacht worden, Wärmekraftprozesse bei wesentlich erhöhten Temperaturen durchzuführen und dadurch den Wirkungsgrad der Energieerzeugung im Sinne des II. Hauptsatzes im Vergleich zu den heute üblichen Wärmekraftmaschinen zu steigern.

Bei dieser Art von Generatoren wird z. B. durch Verbrennung ein bis zu 3000 K heißer Gasstrom, ein sogenanntes Plasma, erzeugt, der mit großer Geschwindigkeit durch ein sich etwas erweiterndes Rohr strömt und dabei der Wirkung eines sehr starken, zur Strömungsrichtung senkrechten Magnetfeldes ausgesetzt ist. Hierdurch entsteht im Plasma quer zur Strömung und auch quer zum Magnetfeld eine elektrische Spannungsdifferenz, so daß durch Elektroden ein elektrischer Nutzstrom nach außen abgeführt werden kann. Die hierdurch gewinnbare elektrische Energie hängt von der Stärke der Magnete ab und kann im Vergleich zu den gebräuchlichen Magneten dadurch gesteigert werden, daß man die Magnete mit supraleitenden Wicklungen versieht. Indessen kann man in einem magnethydrodynamischen Generator nicht die gesamte bis zur Umgebung verfügbare Temperaturdifferenz ausnutzen. Deshalb kann der Gesamtwirkungsgrad noch dadurch erhöht werden, daß man mit Hilfe der restlichen Temperaturdifferenz in einer Dampfturbine zusätzliche Arbeit erzeugt.

11.3.5.7 Fusions-Kernkraftwerke [K 4–6, L 4]

Weit höhere Plasmatemperaturen sind erforderlich, wenn man durch Kernfusion von Wasserstoff zu Helium Energie mit einem hohen Wirkungsgrad gewinnen will. Es handelt sich hierbei darum, den in der Sonne bei einigen 10 Mio K stattfindenden Kernprozeß nachzuahmen, der ebenfalls auf der Fusion von H_2 zu He beruht und die ständige Quelle der von der Sonne ausgestrahlten Energie darstellt. Gegenüber den üblichen Kernspaltungsprozessen hat die Fusion den Vorteil, daß keine „Asche", sondern nur das gefahrlose Helium zurückbleibt. An der Verwirklichung der Fusion wird, besonders auch in Japan, trotz der benötigten sehr hohen Temperaturen intensiv gearbeitet. Eine schwierige Teilaufgabe besteht darin, das äußerst heiße Plasma in räumlichen Grenzen zu halten, damit die Wände des Gefäßes, in denen es strömt, nicht durch zu hohe Wärmeübertragung beschädigt werden. Bei neueren Konstruktionen wählt man hierfür ein ringförmiges wulstiges Reaktionsgefäß, das Toroid genannt wird. Durch sehr starke magnetische Kräfte soll erreicht werden, daß das Plasma die Wände nicht berührt, sondern in einem erheblichen Abstand von ihnen verbleibt. Zu diesem Zweck sind magnetische Wicklungen auf der Außenseite des Torroids angebracht. Die magnetischen Kräfte kann man aber nur dann auf die erforderliche Höhe steigern, wenn man supraleitende Wicklungen verwendet.

Bei den geplanten Experimenten sollen nicht die normalen Wasserstoffatome H, sondern die Wasserstoffisotopen Deuterium D = ^{2}H und Tritium T = ^{3}H zur Kernreaktion gebracht werden.

11.3.5.8 Kleine supraleitende Magnete in der Meßtechnik [B 2]

In der Meßtechnik finden kleine supraleitende Magnete wachsende Bedeutung. Man kann z. B. in einer supraleitenden Spule von nur 5 cm innerem Durchmesser, wie man sie bereits käuflich erwerben kann, eine Feldstärke von $12 \cdot 10^6$ A/m erzeugen. In der hochauflösenden NMR-Spektrokopie (NMR = Nuclear Magnetic Resonance), die auf der magnetischen Kernresonanz beruht, gelingt es, mit solchen Magneten die bisher mögliche Auflösung erheblich zu steigern. Dadurch sind die konventionellen Eisenmagnete in diesem Bereich fast vollständig verdrängt worden. Überdies hat die magnetische Kernresonanz, besonders in ihrer verfeinerten Fortentwicklung zur Kernspintomographie [S 1] in der Medizin als Diagnoseverfahren erhebliche Bedeutung erlangt. Auch hierbei besteht Interesse dafür, supraleitende Magnete einzusetzen.

Literaturverzeichnis

Einleitung

Zusammenfassende Darstellungen

1 v. Linde, C.: Aus der Geschichte der Kältetechnik. Bd. 8 der „Beiträge zur Geschichte der Technik und Industrie". Berlin: Springer 1918, S. 1 (bes. S. 18–34); Abdruck aus der Monographie von C. v. Linde „Aus meinem Leben und von meiner Arbeit". Neudruck dieser Monographie: München: Oldenbourg 1979

2 Claude, G.: Air liquide, oxygène, azote, gaz rares. Paris 1909; 2. Aufl. 1926

3 Dammers, O.; Peters, F.: Chemische Technologie der Neuzeit, Bd. 1. Stuttgart 1925

4 Meißner, W.: Erzeugung tiefer Temperaturen und Gasverflüssigung. In: Geiger, H.; Scheel, K. (Hrsg.): Handbuch der Physik, Bd. XI. Berlin: Springer 1926, S. 272–339

5 Pollitzer, F.: Wärmetransport unter Arbeitsaufwand (Kältemaschinen einschl. Wärmepumpe); Zerlegung von Gasgemischen unter Arbeitsaufwand. Müller-Pouillets Lehrbuch der Physik, Bd. 3; 11. Aufl., bearb. von A. Eucken. Braunschweig 1926, S. 1077–1114

6 Geschichte der Gesellschaft für Linde's Eismaschinen AG, Wiesbaden, 1879 bis 1929, 50 Jahre Kältetechnik. Berlin: VDI-Verlag 1929

7 Lenz, H.: Gasverflüssigung. In: Wien, W.; Harms, F. (Hrsg.): Handbuch der Experimentalphysik, Bd. 9, Teil 1. Leipzig: Akad. Verlagsges. 1929

8 Laschin, M.: Der Sauerstoff. Halle 1937

9 Kausch, O.: Die Herstellung, Verwendung und Aufbewahrung von flüssiger Luft, 6. Aufl. Weimar 1938 (Darstellung der Patentliteratur)

10 Ruhemann, M.: The separation of gases, 2nd edn. Oxford 1949

11 van Lammeren, J. A.: Technik der tiefen Temperaturen. Berlin: Springer 1941. (In diesem Buch wird nur die Laboratoriumstechnik der Erzeugung sehr tiefer Temperaturen, nicht aber die industriell wichtige Gaszerlegung behandelt)

12 Gersch, C. J.: Tiefkühlung, Teil II. Moskau: Staatsverlag Sowj. Wissensch. 1949

13 Davis, M.: The physical principles of gas liquefaction and low temperature rectifikation. New York 1949

14 Siedler, P.: Luftverflüssigung und die Gewinnung von Sauerstoff aus flüssiger Luft; Die Edelgase. In: Winncker, K.; Weingärtner, E. (Hrsg.): Chemische Technologie. Bd. 1. München 1950, S. 209–299

15 Dodge, F.: In: Perry, J. H. (Ed.): Chemical engineers' handbook, 3rd. edn. New York 1950, pp. 1701–1717

16 Hausen, H.: Gasverflüssigung und Zerlegung von Gasgemischen bei tiefen Temperaturen. Ullmanns Enzyklopädie der technischen Chemie, 3. Aufl., Bd. 1. 1951, S. 318–331

17 Gomonet, E.: Les très basses températures, productions et emplois. Paris: Baillière 1952

18 75 Jahre Linde, 21. Juni 1954. Jubiläumsgabe der Gesellschaft für Linde's Eismaschinen AG, Wiesbaden

19 Grassmann, P.: Kältephysik und Kältetechnik. In: Kohlrausch, F. (Hrsg.): Praktische Physik, 20. Aufl., Bd. I. Stuttgart 1955, S. 381–399

20 Bo Pierre: Lågtemperaturteknik, Svenska Kylte kniska Föreningens Handbok 4. Stokholm 1955 (schwedisch)

21 Daunt, J. G.: The production of low temperatures down to hydrogen temperature, und

22 Collins, S. C.: Helium liquefiers and carriers. In: Flügge, S. (Hrsg.): Handbuch der Physik, Bd. XIV. Berlin, Göttingen, Heidelberg: Springer 1956, S. 1, 112

23 Haselden, G. G. (Ed.): Cryogenic fundamentals (mit Beiträgen von 19 Wissenschaftlern). London, New York: Academic Press 1971
24 Usjukin, I. P. (Hrsg.): Tehnika nizkih temperatur (Low temperature techniques), Compendium of studies. National Committee for the IRR, Moscow, USSR 1975
25 Usjukin, I. P.: Ustanovki, masiny i apparaty kriogennoj tehniki (Cryogenic installations, machines and apparatus). Moscow, USSR 1976
26 Mikulin, E. I.; Marfenina, I. V.: Arharov, A. M. (Hrsg.): Tehnika nizkih temperatur (Low temperature techniques). Moscow, USSR 1975
27 Arharov, A. M.; Beljakov, V. P.; Malkov, M. P. (Hrsg.): Voprosy sovremennoj kriogeniki (Problems of modern cryogenics). Compendium of Studies. National Committee for the IIR, Moscow, USSR 1975

Zeitschriften, Tagungs- oder Kongreßberichte (eine Auswahl) sowie Einzelveröffentlichungen

28 Zeitschrift: Kälte- und Klimatechnik
29 Cryogenics, Great Britain
30 Linde-Berichte aus Technik und Wissenschaft
31 Berichte über den alle 4 Jahre stattfindenden Internationalen Kältekongreß, veranstaltet vom Institut International du Froid, Paris, 1979 in Venedig, zuletzt 1983 in Paris
32 Berichte über die jährlichen Tagungen des Deutschen Kälte- und Klimatechnischen Vereins, 1981 in Lindau, 1982 in Essen, 1983 in Glücksburg, 1984 in Baden-Baden
33 Proceedings of the International Cryogenic Engineering Conference, z. B. 1980 in Genua
34 Bulletin de l'Institut International du Froid, Paris
35 Cailletet, L.: C.R. Acad. Sci. (Paris) 85 (1877) 1213, 1270
36 Pictet, R.: C.R. Acad. Sci. (Paris) 85 (1877) 1214, 1220
37 Kammerlingh Onnes, H.: Commun. Phys. Lab. Univ. Leiden, Nr. 14 (1894) 17; Nr. 87 (1903) 3
38 v. Wroblewski, S.: C.R. Acad. Sci. (Paris) 97 (1883) 1553. — Ann. Phys. (3) 25 (1885) 371; 26 (1885) 134
39 Olszewski, K.; v. Wroblewski, S.: C.R. Acad. Sci. (Paris) 96 (1883) 1140
40 Dewar, J.: J. Chem. Soc. 73 (1898) 528; Proc. R. Soc. 63 (1898) 256; 68 (1901) 360
41 Linde, C.: DRP 88 824 (1896); Brit. Pat. 12528 (1895)
42 Schröter, M.: Lindes Verfahren der Sauerstoffgewinnung mittels verflüssigter Luft. Z. VDI 39 (1895) 1157. — Linde, C.: Wied. Ann. Phys. Chemie 57 (1896) 328. — Linde, C.: Bayer. Ind.- u. Gew.-Bl. 82 (N.F. 28) (1896) 361
43 Hampson, W.: Brit. Pat. 10156
44 Claude, G.: Air liquide, oxygène, azote. Paris 1909; 2édn. 1926
45 Heylandt, C. W. P.: Z. Sauerst. Ind. 12 (1920) 43–45
46 von Linde, C.: Z. VDI 46 (1902) 1173
47 Fränkl, M.: DRP 463 125 (1928)
48 Kammerlingh Onnes, H.: Commun. Phys. Lab. Univ. Leiden Nr. 108 (1908); Nr. 112 (1909); No. 119 (1911)
49 Debye, P.: Ann. Phys. 81 (1926) 1154
50 Giauque, W. F.: J. Am. Chem. Soc. 49 (1927) 1864–1870
51 De Haas, W. J.; Wiersma, F. C.; Kramers, H. A.: Naturwiss. 21 (1933) 467–732; Nature (London) 131 (1933) 719; 132 (1933) 372
52 Giauque, W. F.; McDougall, D. P.: Phys. Rev. 43 (1933) 768
53 Stangler, F.: Erreichung tiefster Temperaturen bis 10^{-6} K. Phys. Blätter 27 (1971) 203–211
54 Jackson, L. C.: Low temperatur physics, 5th edn. London 1962

Kapitel 1: Verflüssigung der Gase und Erzeugung sehr tiefer Temperaturen

A 1 Ackermann, R. A.: Vuilleumier cycle refrigeration analysis. Cryomech. Inc., Jamesville, New York, (USA)

A 2 Adams, O.: Über kleine Luftverflüssiger zur Demonstration Acetylene J. 28 (1926) 128–136

A 3 Ancsin, J.: Vapour pressures and triple point of neon and the influence of impurities on these properties. Metrologia DE. 14 (1978) No. 1

A 4 Andersen, A. C.: Elementary dilation refrigeration. Rev. Sci. Instrum 41 (1970) 1446 to 1450

B 1 Baehr, H. D.: Zur Kenntnis des Joule-Thomson-Effektes und der Molwärme von Deuterium und Helium. Z. Elektrochem. 60 (1956) 515–517

B 2 Baehr, H. D.: Thermodynamik. Berlin, Heidelberg, New York: Springer 2. Aufl. 1966, 5. Aufl. 1981, 6. Aufl. 1984

B 3 Baehr, H. D.; Schwier, K.: Die thermodynamischen Eigenschaften der Luft. Berlin, Göttingen, Heidelberg: Springer 1961

B 4 Bender, E.: Die Berechnung von Phasengleichgewichten mit der thermischen Zustandsgleichung – dargestellt an den reinen Fluiden Argon, Stickstoff, Sauerstoff und an ihren Gemischen. Habilitationsschrift Bochum 1971

B 5 Bender, E.: An equation of state for predicting vapour-liquid equilibria of the system N_2—Ar—O_2. Cryogenics (January 1973)

B 6 Bender, E.: Equations of state for ethylene and propylene. Cryogenics, GB. 15 (1975), 667–673

B 7 Brodowicz, K.; Ermich, S.: Thermodynamic diagrams for the system methane-nitrogen. Int. Chem. Eng. 14 (1975) 129–137

B 8 Burnett, E. S.: The Joule-Thomson-effect in carbon-dioxide. Bull. Univ. Wisconsin, Engineering Series Vol. IX, No. 6 (1924) Auszug in: Phys. Rev. 22 (1923) 590

C 1 Chellis, F. F.; Hogan, W. H.: A liquid-nitrogen-operated refrigerator for temperatures below 77 °K. Cryogenics 3 (1963) 156–160

C 2 Claude, G.: C.R. Acad. Sci. (Paris) 134 (1902) 1568–1570; vgl. Claude, G.: C.R. (Paris) 195 (1932) 919–922; Chim. Ind. 39 (1938) 3–18; Z. ges. Kälteind. 47 (1940) 1; ferner Claude, G.: Air liquide, oxygène, azote, gaz rares. Paris 1909; 2. Aufl. 1926. – Claude, G.: Brit. Pat. 17216 (1909); DRP 192 594 (1907) u. 235 422 (1911)

C 3 Clusius, K.: A liquefier for impure helium. Proc. VIIIth int. Congr. of Refrigeration, London 1951, p. 80

C 4 Collins, S. C.: Rev. Sci. Instrum. 18 (1947) 157; vgl. auch Nature 160 (1947) 736. Vgl. ferner Collins, S. C.; Nason jr., W. C.; Cannaday, R. L.: The M.I.T. Laboratory of cryogenic engineering. Refrig. Eng. (1951) 1179–1182. — Collins, S. C.: Helium liquefiers and carriers. In: Flügge, S. (Hrsg.): Handbuch der Physik, Bd. XIV, Berlin, Göttingen, Heidelberg: Springer 1956, S. 112–136

D 1 Daunt, J. G.; Heer, C. V. u. a.: A continuous magnetic refrigerator. Conf. de physique des basses températures, Paris 1955. Annexe 1955-3, Suppl. Bull. de l'Inst. Int. du Froid. Paris, pp. 362–367

D 2 Delpuech, C. u. a.: Double acting reciprocating magnetic refrigerator: first experiments. Cryogenics GB. 21 (1981) 579–584 (1,8 bis 4,2 K)

D 3 Dupré, F. K.; Daniels, A.: Miniature refrigerator opens new possibilities for cryoelectronics. Signal (1965) 10–15

E 1 Eder, F. X.: Arbeitsmethoden der Thermodynamik. Bd. I: Temperaturmessung. Berlin, Heidelberg, New York: Springer 1981

E 2 Eucken, A.; Berger, W.: Z. Tech. Phys. 13 (1932) 267; 15 (1934) 369 sowie Z. ges. Kälteind. 41 (1934) 145

F 1 Fischer, V.: Z. VDI 78 (1934) 806–810
F 2 Fratzscher, W.: Die Bedeutung der Exergie für die Kälte- und Klimatechnik. Luft Kältetech. 3 (1967) 98–104
F 3 Frey, H.; Haefer, R. A.: In: Eder, F. X. (Hrsg.): Tieftemperaturtechnologie. Düsseldorf: VDI-Verlag 1981, S. 68–73
F 4 Fuller, G. G.: A modified Redlich-Kwong-Soave equation of state capable of representing the liquid state. Ind. Eng. Chem. Fundam. US., 15, (1976) 254–257

G 1 Garret, C. B.: Magnetic cooling. Harvard Monographs in Applied Science No. 4 (1954). Harward University Press
G 2 Giauque, W. F.; MacDougall, D. P.: Phys. Rev. 43 (1933) 768.
G 3 Gistau, G.: L'hydrogène liquide. Sci. Tech. No. 19, 15 déc. 1974 15. janv. 1975, pp. 27 to 39
G 4 Glaser, H.: Der Wärmeübergang in Regeneratoren. Z. VDI-Beih. „Verfahrenstechnik" Nr. 4 (1938) 112–125
G 5 Glaser, H.: Z. ges. Kälteind. 50 (1943) 57
G 6 Glaser, H.: Chem. Ing. Tech. 21 (1949) 69 u. Kältetechnik 1 (1949) 143, 144
G 7 Gomonet, E.: Les très basses températures. Paris 1952, p. 87
G 8 Gosman, A. L.; McCarty, R. D.; Hust, J. G.: Thermodynamic properties of argon from the triple point to 300 K at pressures to 1000 atmospheres. US Depart. Comm., NBS, USA (March 1949). NSRDS-NBS 27
G 9 Grassmann, P.: Erreichung tiefster Temperaturen durch adiabate Entmagnetisierung. Kältetechnik 3 (1951) 16–18
G 10 Grassmann, P.: Die Forschung im Temperaturgebiet des flüssigen Heliums und ihre Bedeutung für die Technik. Kältetechnik 3 (1951) 308–312. Vgl. Grassmann P.: Vollautomatische Anlage zur Heliumverflüssigung. Kältetechnik 6 (1954) 59–61 und Grassmann, P.: Das Heliumlaboratorium der Eidg. Techn. Hochschule in Zürich. Kältetechnik 8 (1956) 125–127
G 11 Giffard, R. P.; Webb, R. A.; Wheatly, J. C.: Prinziples and methods of low-frequency electric and magnetic measurements using an rf-biased point-contact superconducting devise. J. Low Temperature. Physics. 6 (1972) 533–611. A simple thermometer, pp. 582 to 591

H 1 Haas, De, W. J.; Wiersma, E. C.; Kramers, H. A.: Naturwiss. 21 (1933) 467 732; Nature, (London) No. 131 (1933) 719; Nr. 132 (1933) 372
H 2 Haas, De, W. J.; Wiersma, E. C.: Commun. Phys. Lab. Univ. Leiden Suppl. 81c: Rapp. Comm. 7. Congr. Int. Froid 1936
H 3 Hampson, W.: Brit. Pat. 10156 (1895); US Pat. 620 312 (1906)
H 4 Hausen, H.: Über die Berechnung von Luftverflüssigungsanlagen auf Grund neuer Messungen des Thomson-Joule-Effektes. Z. ges. Kälteind. 32 (1925) 93–96, 114–122
H 5 Hausen, H.: Der Thomson-Joule-Effekt und die Zustandsgrößen der Luft bei Drücken bis zu 200 at bei Temperaturen zwischen +10 und −175 °C. Forsch. Arb. Ing.-Wes. Heft 274 (1926) u. Z. VDI 68 (1926) 266
H 6 Hausen, H.: Über die Temperaturänderung von Gasen bei der Entspannung durch Drosselung und durch äußere Arbeitsleistung. Z. Tech. Phys. 7 (1926) 371–377, 444–452
H 7 Hausen, H.: Gedanken und Erkenntnisse Carl von Lindes auf dem Gebiet der Luftverflüssigung und Gaszerlegung. Z. ges. Kälteind. 42 (1935) 209–213; Hausen, H.: Die Tieftemperaturtechnik unter Carl v. Linde und in ihrer neueren Entwicklung. Z. VDI 86 (1942) 353–358
H 8 Hausen, H.; Rögener, H.: Warum stimmt die thermodynamische Temperaturskala mit den gasthermometrischen Messungen überein? PTB-Mitt., Forschen + Prüfen 87 (1977) 97–102
H 9 Heer, C. V.; Barnes, C. B.; Daunt, J. G.: The design and operation of a magnetic refrigerator for maintaining temperatures below 1 °K. Rev. Sci. Instrum. 25 (1954) 1088–1098
H 10 Hermier, Y.: Mise en place d'un réfrigérateur à dilusion et d'un dispositive d'etalonnage de capteurs thérmométriques entre 50 mK et 4,2 K. Thèse: Electron. fondam. Paris 11 (1980) 2921

H 11 Heylandt, C. W. P.: Z. Sauerst. Ind. 12 (1920) 43–35; Chem.-Ztg. 61 (1937) 10, 11
H 12 Heylandt GmbH., DRP 270 383 (1914); Brit. Pat. 271 520 (1927); s. auch Z. Sauerst. Ind. 14 (1922) 41, 42
H 13 Hudson, R. P.: The temperature scale below 20 °K. Comptes rendus du IX. Congr. Int. Froid, Paris 1955, Vol. I, p. 1067–1070

I 1 Illert, G.: Apparatebau Bd. 39 (1927) S. 313–315
I 2 van Itterbeek, A.: Meded. K. Vlaam. Acad. Wet., Kl. Wet. 5 (1943) 1–13

J 1 Jacobsen, R. T.; Stewart, R. B.; Myers, A. F.: An equation of state for oxygen and nitrogen. Adv. Cryog. Eng. 18 (1973) 248–255
J 2 Jakob, M.: Etwas andere Darstellung der Inversionskurve. Phys. Z. 22 (1921) 65

K 1 Kamerlingh Onnes, H.: Commun. Phys. Lab. Univ. Leiden Nr. 14 (1894) 17; Nr. 87 (1903) 3
K 2 Kamerlingh Onnes, H.: Commun. phys. Lab. Univ. Leiden Nr. 71 u. 74 (1901); die Werte der 25 Konstanten sind u. a. angegeben in Landolt-Börnstein: Phys.-chem. Tabellen, 5. Aufl. Bd. I, Hauptwerk, S. 268 sowie in Bd. II des Handbuches der Kältetechnik, S. 182
K 3 Kamerlingh Onnes, H.: Commun. Phys. Lab. Univ. Leiden Nr. 159 (1922)
K 4 Kapitza, P.: Proc. R. Soc. (A) 147 (1934) 189
K 5 Keesom, W. H.: Rev. Univ.ers. Mines 8 (1929)
K 6 Keesom, W. H.: Commun. Phys. Lab. Univ. Leiden 219a; Proc. Kon. Acad. Amst. 35 (1932) 136
K 7 Keesom, W. H.: J. Phys. Radium 5 (1934) 373; Phys. Z. 35 (1934) 928
K 8 Keesom, W. H.: Sur l'économie du procédé à cascades pour la liquéfaction des gaz. Actes du VIIe Congr. Int. Froid Vol. II 1936, pp. 117–119; Commun. Phys. Lab. Univ. Leiden, No. 76a
K 9 Kemp, R. C.; Kemp, W. R. G.: The realization of the normal boiling point of neon. Metrologia, DE. 14 (1978) 9–13
K 10 Kemp, R. C.; Kemp, W. R. G.: The triple points of krypton, argon, nitrogen and neon. Metrologia, DE. 14 (1978) 83–88
K 11 de Klerk, D.; Steenland, M. J.; Gorter, C. J.: Temperatures obtained by adiabatic demagnetization of a diluted Cromium Alum. Physica XVI (1950) 571–576 u. Phys. Lab. Univ. Leiden Nr. 282a
K 12 Kneuer, R.; Schieferstein, G.: Praktische Tieftemperaturthermometrie. DKV-Tagungsber. 4. (1977) Hannover, S. 45–68
K 13 Köhler, J. W. L.; Jonkers, C. O.: Grundlagen der Gaskältemaschine; II. Konstruktion einer Gaskältemaschine. Philips Tech. Rdsch. 15. Jahrg. (1954) 305–315; 345–355. Ferner: Köhler, J. W. L.; Jonkers, C. O.: Die Gaskältemaschine von Philips. Kältetechnik 6 (1954) 234–237, 262–266
K 14 Köhler, J. W. L.; van der Ster, J.: A small liquid nitrogen plant, using a gas refrigerating machine. Comptes rendus du IX. Congr. Int. Froid, Paris 1955, Vol. I, pp. 1057–1063
K 15 Köhler, J. W. L.: The Stirling refrigeration cycle in cryogenic technology. Adv. Sci. (1969) 261
K 16 Koeppe, W.: Der integrale Thomson-Joule-Effekt von Wasserstoff bei tiefen Temperaturen und Drücken bis zu 120 atü. Kältetechnik 8 (1956) 275–279
K 17 Koeppe, W.; Eder, F. X.: Neuere Messungen über den Joule-Thomson-Effekt von Wasserstoff. Exp. Tech. Phys. 4 (1956) 26–28
K 18 Koeppe, W.: Messung sehr tiefer Temperaturen mit Thermoelementen und Germaniumwiderständen. DKV-Tagungsber. 4. Jahrg. (1977) Hannover, S. 29–43
K 19 Kramers, H. A.: Leipziger Vorträge (Magnetismus) 1933
K 20 Kurti, N.; Robinson, F. N. H.; Simon, F.; Spohr, D. A.: Nature 178 (1956)

L 1 Lacaze, A.; Weil, L.: Un liquéfacteur mixte d'hydrogène et d'hélium. Comptes rendus du IX. Congr. Int. Froid, Paris 1955, Vol. I, pp. 1028–1030
L 2 Lacaze, A.: La production destrès basses temperatures. Recherche (Febr. 1971) 150–156

L 3 van Lammeren, J. A.: Technik der tiefen Temperaturen. Berlin: Springer 1941, S. 163 bis 204

L 4 van Lammeren, J. A.: Technik der tiefen Temperaturen. Berlin: Springer 1941, S. 101 bis 109 u. S. 122–130

L 5 Laschin, M.: Der flüssige Sauerstoff. Halle 1929; Apparatebau 39 (1927) 313–315

L 6 Lee, B. I.; Kesler, M. G.: A generalized thermodynamic correlation based on three-parameter corresponding states. Am. Inst. Chem. Eng. J. 21 (1975) 510–527

L 7 Linde, C.: DRP 88 824 (1896); Brit. Pat. 12 528 (1895)

L 8 Linde, C.: Aus meinem Leben und von meiner Arbeit. Als Manuskript gedruckt München 1916. Ergänzter Neudruck München: Oldenbourg 1979. Alle wissenschaftlich und technisch wichtigen Abschnitte dieses zunächst nur für Angehörige, Mitarbeiter und Freunde verfaßten Buches sind unter dem Titel: v. Linde, C.: „Aus der Geschichte der Kältetechnik" abgedruckt in: Beiträge zur Geschichte der Technik und Industrie. Jahrb. d. VDI, hrsg. v. C. Matschoss. Bd. 8. Berlin: Springer 1918, S. 1–34

L 9 Lounasmaa, O. V.: Delution refrigeration. J. Phys. E: Sci. Instrum. 12 (1979) 669–675

M 1 Meißner, W.: Z. VDI 66 (1922) 845–876; Phys. Z. 35 (1934) 303

M 2 Meißner, W.: Z. Phys. 18 1923) 12

M 3 Meißner, W.: Wasserstoffverflüssiger verbesserter Bauart. Z. VDI 76 (1932) 580–582; vgl. auch Naturwiss. 13 (1925) 695; Phys. Z. 26 (1925) 689; 29 (1928) 615

M 4 Meißner, W.: Z. VDI 72 (1928) 1069; Phys. Z. 29 (1928) 610–623 (Apparate, in denen Sauerstoff oder Stickstoff auch flüssig gewonnen werden kann)

M 5 Meißner, W.: Das neue Kältelaboratorium der Physikalisch-Technischen Reichsanstalt in Berlin. Phys. Z. 29 (1928) 610–623, insbes. 618–622

M 6 Meißner, W.: Heliumverflüssigung ohne Vorkühlung mit flüssigem Wasserstoff. Phys. Z. 43 (1942) 261–274

M 7 Mollerup, J.: Correlated and predicted thermodynamic properties of LNG and related mixtures in the normal and critical regions. Adv. Cryog. Eng. 20 (1975) 172

M 8 Mueller, R. M. et al.: A double-stage nuclear demagnetization refrigerator. Cryogenics 22 (1980) 395–407

N 1 Noell, F.: Die Abhängigkeit des Thomson-Joule-Effektes für Luft von Druck und Temperatur bei Drücken bis zu 150 at und Temperaturen von −55 bis zu +250 °C. Diss. München 1914. Forsch.-Arb. Ing.-Wes. Heft 184 (1916) u. Z. VDI 60 (1918) 49, 63

N 2 Nußelt, W.: Ist der absolute Nullpunkt erreichbar? Festschrift zum 70. Geburtstag von Prof. Dr. A. Stodola, Zürich, 1929, S. 468–476

O 1 Olszewski, K.: Thomson-Joule-Effekt von Wasserstoff Ann. Phys. 7 (1902) 818

P 1 Parker, D. S.; Corrucini, L. R.: Recent advances in thermometry below 0,1 K. Cryogenics 15 (1975) 499–507

P 2 Peng, D. Y.; Robinson, D. B.: A new two-constant equation of state. Ind. Eng. Chem. Fundam. 15 (1976) 59–64

P 3 Pitcher, G. K.; du Pré, F. K.: Miniature Vuilleumier-cycle refrigerator; Adv. Cryog. Eng. 15 (1970) 447–451

P 4 Pitzer, K. S.: J. Ann. Chem. Soc. 77 (1955) 3427–3433

P 5 Planck, M.: Vorlesungen über Thermodynamik, 8. Aufl. 1927. 10. Aufl. bearbeitet von v. Laue. Berlin: de Gruyter 1954

P 6 Plank, R.: Die logarithmische Temperaturskala. Forschung 4 (1933) 262–267

P 7 Plank, R.: Kältetechnik 8 (1956) 316

P 8 Plöcker, U.; Knapp, H.; Prausnitz, J.: Calculation of high-pressure vapor-liquid equilibria from a conesponding-states correlation with emphasis on asymmatric mixtures. Ind. Eng. Chem., Process Des. Dev. 17 (1978) 324–332

R 1 Rabes, F. M.: Z. ges. Kälteind. 37 (1930) 7–12, 26–29, 48–59

R 2 Redlich, O.; Kwong, J. N. S.: On the thermodynamics of solutions. Chem. Rev. 44 (1949) 233

R 3 Riedel, L.: vorgetragen auf der Kältewissenschaftlichen Tagung in Bad Dürkheim am 25. 5. 1956; siehe Kältetechnik 8 (1956) 317

R 4 Riedel, L.: Untersuchungen über eine Erweiterung des Theorems der übereinstimmenden Zustände. Chem. Ing. Tech 26 (1954) 83, 259, 679; 27 (1955) 209, 475; 28 (1956) 557–562

R 5 Riessner, R.: Kältetechnik 2 (1950) 162, 163

R 6 Roebuck, J. R.: The Joule-Thomson-effekt in air. Proc. Am. Acad. Arts Sci. 60 (1925) 537–596; 64 (1930) 287–334

R 7 Roebuck, J. R.; Osterberg, H.: The Thomson-Joule-Effect in Helium. Phys. Rev. 43 (1933) 60–69

R 8 Roebuck, J. R.; Osterberg, H.: The Thomson-Joule-Effect in Argon. Phys. Rev. 46 (1934) 785–790

R 9 Roebuck, J. R.; Osterberg, H.: The Joule-Thomson-effect in nitrogen, argon and in mixtures of nitrogen and helium. Phys. Rev. 46 (1934) 340

R 10 Roebuck, J. R.; Osterberg, H.: The Thomson-Joule-effect in nitrogen. Phys. Rev. 48 (1935) 450—457

R 11 Romberg, H.: Neue Messungen der thermischen Zustandsgrößen der Luft bei tiefen Temperaturen und die Berechnung der kalorischen Zustandsgrößen mit Hilfe des Kihara-Potentials VDI-Forschungsh. Nr. 513. (1971) Siehe auch Kältetech. Klim. 22 (1970) 398–403

S 1 von Saint Paul, H.: Erstellen thermodynamischer Zustandsdiagramme mit Hilfe des Plottergrogramms GASPLOT. Diplomarbeit TU München 1982. Grundlage ist eine von E. Bender modifizierte Benedict-Webb-Rubin-Gleichung (vgl. [B 4–6]).

S 2 Schmeißner, F.: Verbesserter Heliumverflüssiger mit Expansionsmaschine. Kältetechnik 8 (1956) 315, 316

S 3 Schmidt, E.: Technische Thermodynamik, 11. Aufl., Bd. 1, neu bearbeitet von Stephan, K.; Mayinger, F. Berlin, Heidelberg, New York: Springer 1975

S 4 Seligmann, A.: Ein Beitrag zur Theorie der Luftverflüssigung nach Linde und Claude. Z. ges. Kälteind. (1942) 77, 99, 122, 146

S 5 Siemens, W.: Brit. Fat. 2027 (1857)

S 6 Simon, F. E.; Kurti, N.; Allen, J. F.; Mendelssohn, K.: Low temperature physics, four lectures, London (1952) p. 30ff. (adiabate Entmagnetisierung)

S 7 Soave, G.: Equilibrium constants from a modified Redlich-Kwong-equation of state. Chem. Eng. Sci. 27 (1972) 1197—1203

S 8 Solvay, W.: DRP 39280 (1887)

S 9 Starling, K. E.: Enthalpy correlation evaluation study. Nat. Gas Proc. Ass. Res. Rep. RR-8, Tulsa, Okla. (1972)

S 10 Stewart, R. B.; Jacobsen, R. T.: The determination of equations of state for nitrogen and oxygen. Cryogenics 13 (1973) 526–534

S 11 Stryjek, R.; Chappelear, P. S.; Kobayashi, R.: Low-temperature vapour-liquid equilibria of nitrogen-methane system and nitrogen-ethane system. J. Chem. Eng. Data USA 19 (1974) 334–343

T 1 Teja, A. S.; Singh, A.: Equations of state for ethane, propane and n-butane. Cryogenics 17 (1977) 591–596

T 2 Thomas, W.: Temperaturskalen. Landolt-Börnstein, Zahlenwerte und Funktionen, 6. Aufl., Bd. IV 4b. Berlin, Heidelberg, New York: Springer 1972, S. XIV–XXVIII

T 3 Thomson, W.; Joule, J. P.: Philos. Trans. (1853) 357; (1854) 321; (1862) 579

V 1 Vogel, E.: Über die Temperaturänderung von Luft und Sauerstoff beim Strömen durch eine Drosselstelle bei 10 °C und Drücken bis zu 150 Atmosphären. Diss. München 1910 u. Forsch.-Arb. Ing.-Wes. Heft 108/109 (1911)

W 1 van der Waals, J. D.: Over de continuiteit van den gas en vloeistof toestand. Diss. Leiden 1873. Deutsche Übersetzung 2. Aufl. Leipzig 1899

W 2 Wilson, G. M.: A new expression for the excess free energy of mixing. J. Am. Chem. Soc. 86 (1964) 127–130

Y 1 Yendall, E. F.: A novel refrigerating machine. Adv. Cryog. Eng. 2 (1960) 188
Y 2 Yesavage, V. F.; Mather, A. E.; Katz, D. L.; Powers, J. E.: Enthalpies of fluids at elevated pressures and low temperatures. Ind. Eng. Chem. USA 59 (1967) 35–52

Z 1 Zelmanov, J. L.: J. Phys. USSR 3 (1940), 43
Z 2 Zinoveva, K. N.; Karstens, G. E.: Carbon thermometers for very loso temperatures. Cryogenics 14 (1971) 622–624

Kapitel 2: Theorie der Wärmeübertragung im Gegenstrom und Kreuzstrom

A 1 Altenkirch, E.: Diskussionsbemerkung zum Aufsatz von M. Jakob: Zur Definition der Wärmewiderstände. Z. ges. Kälteind. 34 (1927) 141
A 2 Altenkirch, E.: Schnelläufige Regeneratoren. Berlin: Verlag Technik, 1952. (Über ein Stufenverfahren zur Berechnung von Regeneratoren, das auch die Temperaturabhängigkeit der Wärmeübergangszahl und der Stoffwerte berücksichtigt)

B 1 Barker, J. J.: Heat transfer in packed beds. Ind. Eng. Chem. 57 (1965) 43–51
B 2 Bartsch, A.: Regeneratoren der Tieftemperaturtechnik. Berlin: Verlag Technik 1962
B 3 Beliakov, V. P.; Pronko, V. G.; Yelukhin, N. K.; Zhuravleva, I. N.; Krasnikova, O. K.: Compact heat exchangers for helium refrigeration systems. Vniikriogenmash, Moscow, UdSSR
B 4 Benke, R.: Der Wärmeübergang von Rohrelementen an Luft im Kreuzstrom bei größeren Abstandsverhältnissen. Arch. Wärmewirtschaft 19 (1938) 287—291
B 5 Bergelin, P. O.; Brown, G. A.; Doberstein, S. C.: Trans. ASME 74 (1952) 953–960
B 6 Beverloo, W. A.; Hermans, W. F.; Muntjewerf, A. K.: Heat transfer and pressure drop in plate heat exchangers. Int. Symp. Heat Mass Transf. Probl. in Food Eng. Wageningen, NL, Oct. 24–27, 1972, No. A 9. (Study of flow phenomena indicated appreciable disturbances of stationary laminar flow for *Re* > about 100)
B 7 Blasius, H.: Das Ähnlichkeitsgesetz bei Reibungsvorgängen in Flüssigkeiten. Phys. Z. 12 (1911) 1175 oder Forschungsarbeit Ing. Wes. Heft 131 (1913)
B 8 Boussinesq, J.: Comptes Rendus 113 (1891) 9, 49
B 9 Boyd, J. M. et al.: The second law of thermodynamics as a criterion for heat exchanger design. Energy, US 6 (1981) 603–609
B 10 Brandt, H.; Dingler, J.: Wärme 59 (1936) 1–8; Brandt, H.: Über Druckverlust und Wärmeübertragung in Wärmeaustauschern. Diss. Techn. Hochschule Hannover 1934
B 11 Brauer, H.: Druckverlust in Füllkörpersäulen bei Einphasenströmung. Chem. Ing. Tech. 29 (1957) 785–790
B 12 Brauer, H.: Strömungswiderstand und Wärmeübergang bei quer angeströmten Wärmeaustauschern mit kreuzgitterförmig angeordneten glatten und berippten Rohren. (Vortr. a. d. Jahrestreffen d. Verfahrensingenieure, 6.–8. Okt. 1963, Hannover). Chem. Ing. Tech. 36 (1964) 247–260
B 13 Bressler, R.: Wärmeübergang und Druckverlust bei Rohrbündel-Wärmeübertragern. Diss. Univ. München 1956. Auszug in Forsch. Ing. Wes. 24 (1958) 90–103

C 1 Cattell, G. S.: Heat transfer in plate heat exchangers with laminar flow. Int. Symp. Heat Mass Transf. Probl. in Food Eng., Wageningen, NL, Oct. 24.–27, 1972
C 2 Cocks, A. M.: Plate heat exchanger design by computer. Chem. Eng. (1969) No. 228, 193–207
C 3 Colebrook, C. F.: Turbulent flow in pipes. J. Inst. Civ. Eng. 11 (1938/39) 133
C 4 Coppage, J. E.; London, A. L.: Trans. Am. Soc. Mech. Eng., 75 (1953) 779–787

D 1 Danoliva, G. N.; Belskij, V. K.: Die Wärmeabgabe beim Sieden von Freon 113 und 12 an Rohren mit verschieden rauher Oberfläche. Cholod. Technika 42 (1965) 24–28 (russisch)

D 2 Dibbern, D.: Reif- und Schneebildung beim Abkühlen von Gas-Dampf-Gemischen in Gegenstrom-Wärmeaustauschern. Abhlg. d. Deutschen Kältetechn. Vereins Nr. 17. Karlsruhe: Müller 1963. Auch Kältetechnik 16 (1964) 167–169

D 3 Dipprey, D. F.; Sabersky, R. H.: Heat and momentum transfer in smooth and rough tubes at various Prandtl numbers. J. Heat Mass Transfer 6 (1963) 329–373

D 4 Dwyer, O. E.; Shehan, T. V.; Weismann, J.; Horn, F. L.; Schomer, R. T.: Ing. Eng. Chem. 48 (1956) 1836–1846

E 1 Eck, B.: Technische Strömungslehre, 4. Aufl. Berlin, Göttingen, Heidelberg. Springer 1954, S. 133. (8. Aufl. Bd. 1 u. 2 1978 u. 1981)

E 2 Eckert, E. R. G.: Einführung in den Wärme- und Stoffaustausch. Berlin, Göttingen, Heidelberg: Springer 1949 (3. Aufl. 1966)

E 3 Eckert, E. R. G.; Ibele, W. E.; Goldstein, R. J.: Heat transfer — a review of current literature. Int. J. Heat Mass Transfer 11 (1968) 83–116

E 4 Eckert, E. R. G. u. a.: Heat transfer. A review of 1978 literature. Ing. J. Heat Mass Transfer 22, (1979) 1469–1499

E 5 Elmore, G. T. L.; Wilson, K.: Improvements to the operating reliability of reversing heat exchangers. Annex 1973-1, Bull. IIR, F., 1–15

E 6 Enenki, V.: Heat transfer in plate-type heat exchangers. Inst. de Thermomécanique. Univ. Polytechn. Brno, ČSSR Easy to clean

E 7 Ergun, S.: Fluid flow through packed colums. Chem. Eng. Progr. 48 (1952) 89–94

F 1 Fraas, A. P.; Necati Ozisik, M.: Heat exchanger design. New York: Wiley 1965

F 2 Fränkl, M.: DRP 490878 und 492431

F 3 Fränkl, M.: Zusatz zu DRP 527 479 von Fränkl

F 4 Fritz, W.: Grundlagen der Wärmeübertragung beim Verdampfen von Flüssigkeiten. Chem. Ing. Tech. 35 (1963) 753–764 (auch zahlreiche Schrifttumsangaben)

G 1 Gaumer, L. S.; Geist, J. M.; Hartnett, G. J.; Phannenstiel, L. L.: The design, fabrication, and operation of large cryogenic exchangers. 3rd Int. Conf. LNG, Washington, USA, Sept. 24–28. 1972, Session II, Paper 15

G 2 Gaußsches Integrationsverfahren, siehe z. B. HÜTTE: Des Ingenieurs Taschenbuch, Bd. I, 28. Aufl. Berlin: Ernst & Sohn 1955, S. 502–504

G 3 Glaser, H.: Wärmeübergang in Regeneratoren. Z. VDI., Beih. Verfahrenstechnik (1938) 122–125

G 4 Glaser, H.: Der Regenerator als Hochleistungs-Wärmeaustauscher. Chem. Ing. Tech. 26 (1954) 39–41

G 5 Gnielinski, V.: Equations for calculating heat transfer in single tube rows and banks of tubes in transverse flow. Int. Chem. Eng., US 19 (1979) 380–391

G 6 Grigull, U.: Wärmeübergang bei der Kondensation mit turbulenter Wasserhaut. Forsch. Ing. Wes. 13 (1942) 49–57; Z. VDI 86 (1942) 444, 445

G 7 Grigull, U.; Sandner, H.: Wärmeleitung. Berlin, Heidelberg, New York: Springer 1979

G 8 Grimison, E. D.: Flow resistance and heat transfer for cross flow of gases over tube banks. Trans. Am. Soc. Mech. Eng. 59 (1937) 583–594

G 9 Gröber, H.; Erk, S.; Grigull, U.: Die Grundgesetze der Wärmeübertragung, 3. Aufl. Berlin, Göttingen, Heidelberg: Springer 1954 (Reprint des 3. verb. u. erw. Neudruckes 1963, ergänzt um ein neues Vorwort des Autors. 1981)

G 10 Groehn, H. G.; Heinecke, E.; Scholz, F.: Atomwirtschaft 14 (1969) 581–583

G 11 Groehn, H. G.; Scholz, F.: Änderung von Wärmeübergang und Strömungswiderstand in querangeströmten Rohrbündeln unter dem Einfluß verschiedener Rauhigkeiten sowie Anmerkungen zur Wahl der Stoffwertbezugstemperaturen. Vortrag auf der 4. Int. Heat Transfer Conf. in Versailles 1970

H 1 Hammeke, K.; Heinecke, E.; Scholz, F.: Wärmeübergangs- und Druckverlustmessungen an quer angeströmten Glattrohrbündeln, insbesondere bei hohen Reynolds-Zahlen. Int. J. Heat Mass Transfer 10 (1967) 427–446

H 2 Hartnett, J. P.; Irvine, T. F., jr. (Eds.): Advances in heat transfer (Regelmäßiger Bericht über Veröffentlichung a. d. Gebiet der Wärmeübertragung). London, New York: Academik Press; z. B. Vol. 10 (1974) 299, Vol. 13 (1977) 280

H 4 Haselden, G. G.; Paters, J. I.; Prosad, S.: Inst. Chem. Eng. Phys. Soc. London 8 (1949) 8–12, 13–24

H 5 Haselden, G. G. (Ed.) Cryogenic fundamentals. New York: Academic Press 1971

H 6 Hausen, H.: Über die Berechnung von Luftverflüssigungsanlagen auf Grund neuer Messungen des Thomson-Joule-Effektes. Z. ges. Kälteind. 32 (1925) 93–98, 114–122 (insbes. im Anhang S. 121)

H 7 Hausen, H.: Über die Theorie des Wärmeaustausches in Regeneratoren. Habil. Schrift vom 21. 2. 1927 (erster Referent Prof. Nußelt), veröffentlicht in Z. Angew. Math. Mech. 9 (1929) 173–200; vgl. auch Hausen, H.: Wärmeaustausch in Regeneratoren. Z. VDI 73 (1929) 431–433

H 8 Hausen, H.: Über den Wärmeaustausch in Regeneratoren. Tech. Mech. Thermodyn. 1 (1930) 219, 250

H 9 Hausen, H.: Näherungsverfahren zur Berechnung des Wärmeaustausches in Regeneratoren. Z. Angew. Math. Mech. 11 (1931) 105–114

H 10 Hausen, H.: Feuchtigkeitsablagerung in Regeneratoren. Z. VDI Beih. Verfahrenstechnik (1937) 62–67

H 11 Hausen, H.: Berechnung der Steintemperatur in Winderhitzern. Arch. Eisenhüttenwes. 12 (1938/39) 473–480

H 12 Hausen, H.: Vervollständigte Berechnung des Wärmeaustausches in Regeneratoren. VDI-Beih. Verfahrenstechnik (1942) 31–43

H 13 Hausen, H.: Einfluß des Lewisschen Koeffizienten auf die Art des Ausfrierens eines Bestandteils aus Gas-Dampf-Gemischen. Angew. Chem. 20 (1948) 177–182

H 14 Hausen, H.: Ein allgemeiner Ausdruck für den Wärmeübergang durch ebene, zylindrische und kugelförmig gekrümmte Wände. Arch. ges. Wärmetech. 2 (1951) 123, 124, 251

H 15 Hausen, H.: Einfluß von Ablagerungen auf die Wirkungsweise von Wärmeaustauschern. Berichtsband I. Polytechnische Tagung d. TH Dresden 1956

H 16 Hausen, H.: Wärmeübertragung im Gegenstrom, Gleichstrom und Kreuzstrom, 2. Aufl. Berlin, Heidelberg, New York: Springer 1976 (Russ. Übersetzung 1981; engl. Übersetzung: New York: Mc Graw-Hill 1983)

H 16 Hausen, H.: Binder, J. A.: Vereinfachte Berechnung der Wärmeübertragung durch Strahlung von einem Gas an eine Wand. Int. J. Heat Mass Transfer 5 (1962) 317–327

H 18 Hausen, H.: Berechnung der Wärmeübertragung in Regeneratoren bei temperaturabhängigen Stoffwerten und Wärmeübergangszahlen. Int. J. Heat Mass Transfer 7 (1964) 112–123

H 19 Hausen, H.: Berechnung der Wärmeübertragung in Regeneratoren bei zeitlich veränderlichem Mengenstrom. Int. J. Heat Mass Transfer 13 (1970) 1753–1766

H 20 Hausen, H.: Näherungsgleichung zur Berechnung der Wärmeübertragung bei Blasenverdampfung bis in die Nähe des kritischen Punktes. Wärme Stoffübertrag. 3 (1970) 41–43

H 21 Hausen, H.: Gleichungen zur Berechnung des Wärmeübergangs im Kreuzstrom an Rohrbündeln. Kältetech. Klim. 23 (1971) 86–89. Berichtigung hierzu S. 196

H 22 Hausen, H.: Berechnung von Regeneratoren nach der Gaußschen Integrationsmethode. Int. J. Mass. Heat Transfer 17 (1974) 1111–1113

H 23 Hausen, H.: Erweiterte Gleichung für den Wärmeübergang bei turbulenter Strömung. Wärme Stoffübertrag. 7 (1974) 222–225

H 24 Hausen, H.: Genauigkeit von Differenzenverfahren zur Berechnung des Temperaturverlaufs in Regeneratoren. Wärme Stoffübertrag. 14 (1980) 1–6

H 25 Hesslinger, S.: Wärmeaustauscher. Brennst. Wärme Kraft 25 (1973) 171–173

H 26 Hilz, R.: Verschiedene Arten des Ausfrierens einer Komponente aus binären, strömenden Gasgemischen. Z. ges. Kälteind. 47 (1940) 34–37, 74–78, 88–92

H 27 Hofmann, E.: Wärmeübertragung und Druckverlust bei Querströmung durch Rohrbündel. Z. VDI 84 (1940) 97–101 (Zusammenfassende Darstellung)

H 28 Holmberg, R. B.: Combined heat and mass transfer in regenerators with hygroscopic materials. J. Heat. Transfer 101 (1979) 205–210
H 29 Huge, E. C.: Trans. Am. Soc. Mech. Eng. 59 (1937) 573–582

J 1 Jakob, M.: Flow resistance in cross flow of gases over tube banks. Trans. Am. Soc. Mech. Eng. 60 (1938) 384–386
J 2 Jakob, M.: Heat transfer. New York: Wiley 1949
J 3 Jeschke, H.: Wärmeübertragung und Druckverlust in Rohrschlangen. Beih. Technische Mechanik zu Z. VDI 69 (1925) 25–28

K 1 Kays, W. M.; London, A. L.: Compact heat exchangers, 2nd ed. New York: McGraw-Hill 1964
K 2 Kays, W. M.; London, A. L.: Hochleistungswärmeübertrager. Berlin: Akademie-Verlag 1973
K 3 Klier, R.: Wärmeübergang und Druckverlust bei quer angeströmten, gekreuzten Rohrgittern. Int. J. Heat Mass Transfer 7 (1964) 783–799
K 4 Köhler, J. W. L. u. a.: Computation of regenerators used in regenerative refrigerators. Cryogenics 15 (1975) 521–530
K 5 Kraussold, H.: Die Wärmeübertragung an Flüssigkeiten in Rohren bei turbulenter Strömung. Forsch. Ing. Wes. 4 (1933) 39–44
K 6 Krüger, R.: Neuere Entwicklungen beim Bau von Wärmeaustauschern. Chem. Ind. 22 (1970) 285–291
K 7 Kühl, H.: Probleme des Kreuzstrom-Wärmeaustauschers. Berlin, Göttingen, Heidelberg: Springer 1959
K 8 Kühne, H.: Die Grundlagen der Berechnung von Oberflächenwärmeaustauschern. Göttingen 1949
K 9 Kutateladze, S. S.; Borishanskii, V. M.: A Concise encyclopedia of heat transfer. 1966 Translated from the Russian by J. B. Arthur. Oxford: Pergamon Press

L 1 Lehr, G.; Ackermann, D.: Wärme- und Stoffübergang bei der Kondensation von Dämpfen in Anwesenheit von Inertgas. Abhdlg. d. Deutschen Kältetechn. Vereins, Nr. 21, Karlsruhe 1974
L 2 Lelarge d'Ervau, G.: Etude d'un échangeur à écoulement transversal, recherche de l'expression du coefficient d'échange global à partir de résultats d'essais. Inform. Aéraul. Therm. 8 (1971) No. 29
L 3 Linde, H.: Über das Ausfrieren von Dämpfen aus Gas/Dampf-Gemischen bei atmosphärischem Druck. Z. Angew. Phys. 2 (1950) 49–59
L 4 Ter Linden, A. J.: Der Strömungswiderstand eines Rohrbündels. Wärme 62 (1939) 319–323 (vgl. auch Schack, A.: Arch. Eisenhüttenwes. 13 (1939) 169
L 5 Linke, W.; Kunze, H.: Druckverlust und Wärmeübergang im Anlauf der turbulenten Rohrströmung. Allg. Wärmetech. 4 (1953) 73–79
L 6 Linke, W.; Dia, T.: Die Bemessung der Zu- und Abflußhauben von Wärmeaustauschern. Kältetechnik 15 (1963) 85–91
L 7 London, A. L.; Mitchell, J. W.; Sutherland, W. A.: Trans. ASME Ser. C 82, (1960) 199–213

M 1 MacLaine-Cross, I. L.; Banks, P. J.: Coupled heat and mass transfer in regenerators – prediction using an analogy with heat transfer. Int. J. Heat Mass Transfer 15 (1972) 1225–1242
M 2 Madejski, J.: Über die Wärmeübertragung bei der Kondensation von Dämpfen in Anwensenheit inerter Gase. Chem. Ing. Tech. 29 (1957) 801–813
M 3 Marschall, E.: Wärmeübergang bei der Kondensation von Dämpfen aus Gemischen mit Gasen. Kältetechnik 19 (1967) 241–245. — Abhdlg. d. Deutschen Kältetechn. Verein Nr. 19 (1967) 87 S. — Siehe ferner Marschall, E.; Mayder, R.: Wärme Stoffübertrag. 3 (1970) 191–196
M 4 McAdams, W. H.: Heat Transmission, 3rd. ed. New York 1954
M 5 Modest, M. F.; Tien, C. L.: Thermal analysis of cyclic cryogenic regenerators. Int. J. Heat Mass Transfer 17 (1974) 37–49

M 6 Mory, Y.; Nakayama, W.: Study on forced convective heat transfer in curved pipes. Int. J. Heat Mass Transfer 10 (1967) 37–59, 681–695
M 7 Mulder, J.: Measurements on regenerators of high thermal efficiency. Res. Lab. N. V. Philips' Gloeilampenfabrieken, Eindhoven, NL

N 1 Nesselmann, K.: Der Einfluß der Wärmeverluste auf Doppelrohrwärmeaustauscher. Z. ges. Kälteind. 35 (1928) 62 oder Wiss. Veröff. Siemens 6 (1928) 174
N 2 Niggeschmidt, W.: Druckverlust und Wärmeübergang bei fluchtenden, versetzten und teilversetzten querangeströmten Rohrbündeln. Diss. TH Darmstadt 1975
N 3 Nikuradse, J.: Gesetzmäßigkeiten der turbulenten Strömung in glatten Rohren. VDI-Forschungsh. 356 (1932)
N 4 Nikuradse, J.: Strömungsgesetze in rauhen Rohren. VDI-Forschungsh. 361 (1933)
N 5 Nunner, W.: Wärmeübergang und Druckabfall in rauhen Rohren. VDI-Forschungsh. 455 (1956)
N 6 Nußelt, W.: Der Wärmeübergang in Rohrleitungen. Forschungsarb. Ing. Wes. Nr. 89, (1909) sowie Z. VDI 63 (1909) 1750–1755, 1808–1812
N 7 Nußelt, W.: Das Grundgesetz des Wärmeübergangs. Gesundh. Ing. 38 (1915) 477–482, 490–496
N 8 Nußelt, W.: Die Oberflächenkondensation des Wasserdampfes. Z. VDI 60 (1916) 541 bis 546, 569–575

O 1 O'Neill, P. S.; Terbot, J. W.: Impact of new heat exchanger technology on large LNG plants. 3rd. Int. Conf. LNG, Washington, USA Sept. 24–28, 1972, Session II, Paper 4

P 1 Peiser, A. M.; Lehner, J.: Ind. Eng. Chem. 45 (1953) 2166–2170
P 2 Pierson, O. L.: Trans. Am. Soc. Mech. Eng. 59 (1937) 563–572
P 3 Prandtl, L.: Neuere Ergebnisse der Turbulenzforschung. Z. VDI 77 (1933) 105–114
P 4 Prins, L.: Wärme- und Stoffübergang in einem querangeströmten, bereifenden Luftkühler. Kältetechnik 8 (1956) 160–168, 182–187

R 1 Rabes, M.: Theorie der Luftverflüssigung. Z. ges. Kälteind. 37 (1930) 7, 26, 48
R 2 Radebaugh, R.; Linenberger, D.; Voth, R. O.: Methods for the measurement of regenerator ineffectionss, NBS spec. Publ. US, No. 607 (1981), Vgl. NBS/Comm. A 1/2. Boulder, US (1980) 70–81
R 3 Reiher, H.: Wärmeübergang von strömender Luft an Rohre und Rohrbündel im Kreuzstrom. Forschungsarb. Ing. Wes. Nr. 269, (1925)
R 4 Rigot, G.: Compact heat exchangers. Chaud Froid Plomb., No. 317 (1972) 143–156
R 5 Rische, E. A.: Das Ausfrieren von Dämpfen aus Gas-Dampf-Gemischen. Kältetechnik 8 (1956) 285, 296
R 6 Roetzel, W.: Calculation of single phase pressure drop in heat exchangers considering the change of fluid properties along the flow path. Wärme Stoffübertrag. 6 (1973) 3–13
R 7 Rogers, G. F. C.; Mayhew, Y. R.: Heat transfer and pressur loss in helically coiled tubes with turbulent flow. Int. J. Heat Mass Transfer 7 (1964) 1207–1216
R 8 Rummel, K.: Die Berechnung der Wärmespeicher auf Grund der Wärmedurchgangszahl. Stahl Eisen 48 (1928) 1412–1414

S 1 Samoshka, P. A.; Makaryavichyus, V. I.; Shlanchyauskas, A. A.; Zhyugzda, I. I.; Zhukanskas, A. A.: (Druckverlust an quer angeströmten Rohrbündeln). Int. Chem. Eng. 8 (1968) 388–392
S 2 Schack, A.: Der industrielle Wärmeübergang, 3. Aufl. Düsseldorf 1957
S 3 Schiller, L.: Die Entwicklung der laminaren Geschwindigkeit und ihre Bedeutung für die Zähigkeitsmessungen. Z. Angew. Math. Mech. 2 (1922) 96–106 (besonders S. 102 u. 106)
S 4 Schmidt, E.: Die Wärmeübertragung durch Rippen. Z. VDI 70 (1926) 885–889, 947–951
S 5 Schmidt, E. F.: Wärmeübergang und nicht isothermer Druckverlust bei erzwungener Strömung in schraubenförmig gekrümmten Rohren. Diss. TH Braunschweig 1966
S 6 Scholz, F.: Einfluß der Rohrreihenzahl auf den Druckverlust und Wärmeübergang von Rohrbündeln bei hohen Reynolds-Zahlen. Chem. Ing. Tech. 40 (1968) 988–995

S 7 Seban, R. A.; McLaughlin, E. F.: Heat transfer in tube coils with laminar and turbulent flow. Int. J. Heat Mass Transfer 7 (1963) 387–395

S 8 Shea, F. L.; Krase, N. W.: Dropwise and film condensation of steam. Trans. Am. Inst. Chem. Eng. 36 (1940) 463–490

S 9 Sherman, A. L.; Gershman, R.: Design of a cryogenic heat exchanger. McDonnell Douglas Astronautics Company-West, Huntington Beach, Calif., USA

S 10 Sheriff, N.; Gumley, P.; France, J.: Heat transfer characteristics of roughened surfaces. Chem. Process. Eng. 45 (1964) 624–629

S 11 Sheriff, N.; Gumley, P.: Heat transfer and friction properties of surfaces with discrete roughnesses. Int. J. Heat Mass Transfer 9 (1966) 1297–1320

S 12 Srinivasan, P. S.; Nandapurkar, S. S.; Holland, F. A.: Pressure drop and heat transfer in coils. Trans. Inst. Chem. Eng. 218 (1968) CE 113–119

S 13 Stephan, K.: Mechanismus und Modellgesetz des Wärmeübergangs bei der Blasenverdampfung. Chem. Ing. Tech. 35 (1963) 775–784

S 14 Stephan, K.; Mitrovic, J.: Wärmeaustauscher. Brennst. Wärme Kraft 31 (1979) 178–182

S 15 Stuke, B.: Berechnung des Wärmeaustausches in Regeneratoren mit zylindrischem oder kugelförmigem Füllmaterial. Angew. Chemie B 20 (1948) 262–268

S 16 Suessmann, W.; Mansour, A.: Passage arrangement in plate-fin heat exchangers. Linde AG, D-8023 Höllriegelskreuth, 1979

V 1 VDI-Wärmeatlas, 2. Aufl. Düsseldorf 1974, 4. Aufl. 1984

W 1 Wade, L. A.: Low temperature regenerators. NBS spec. Publ., US, No. 607 (1981). Vgl. NBS/IIR-Comm. A 1/2., Boulder, US. (1980) 164–172 (Regeneratoren mit erhöhter Wärmekapazität zur Abkühlung bis unter 30 K)

W 2 Webb, R. L.; Eckert, E. R. G.: Application of rough surfaces to heat exchanger design. Int. J. Heat Mass Transfer, 15, (1972), 1647–1658

W 3 Weishaupt, J.: Messungen an Regeneratoren von Groß-Sauerstoff-Anlagen. Kältetechnik 5 (953) 99–103

W 4 Wenzel, H.: Vorausbestimmung der Betriebszeit von Wärmeaustauschern bei Verlegung durch Wasser- und Kohlendioxideis. Kältetechnik 20 (1968) 187–191

W 5 Wiener, P.: Untersuchungen über den Zugwiderstand von Wasserrohrkesseln. Diss. RWTH Aachen 1937

W 6 Willmott, A. J.: Digital computer simulation of a thermal regenerator. Int. J. Heat Mass Transfer 7 (1964) 1291–1302

W 7 Willmott, A. J.: Simulation of a thermal regenerator under conditions of variable mass flow. Int. J. Heat Mass Transfer 11 (1968) 1105–1116

W 8 Willmott, A. J.: The regenerative heat exchanger computer representation. Int. J. Heat Mass Transfer 12 (1969) 997–1014

W 9 Willmott, A. J.; Thomas, R. J.: Analysis of the long contra-flow regenerative heat exchanger. J. Inst. Math. Appl. 14 (1974) 267–280

W 10 Whitaker, S.: Fundamental principles of heat transfer. Oxford: Pergamon Press 1977

W 11 White, C. M.: Streamline flow through curved pipes. Proc. R. Soc. (A) 123 (1929) 645

W 12 Woschni, G.: Untersuchung des Wärmeüberganges und des Druckverlustes in gekrümmten Rohren. Diss. TH Dresden 1959

Y 1 Yazıcızade, A. Y.: Untersuchung der Wärmeübertragung und des Druckabfalls in Regeneratoren mit körniger oder schachtartig aufgebauter Speichermasse. Diss. TH Hannover 1965. Glastech. Ber. 39 (1936) 203–217

Z 1 Zubanovic, M.: Heat exchangers. Standpoint of the specialised manufacturer. Rep. Prat. Froid, 24 (1971) 39–42, 45–46

Kapitel 3: Zerlegung von Gasgemischen bei sehr tiefen Temperaturen

B 1 Badger, W. L.; McCare, W. L.: Elemente der Chemie-Ingenieur-Technik. Berlin: Springer 1932, S. 257ff.

B 2 Begemann, E.: Rektifikation, Teilkondensation und Druckverlust von Zweistoffgemischen in innen berieselten dünnen Rohren. VDI-Forschungsh. 553. Düsseldorf 1972 (zahlreiche Literaturangaben)

B 3 Beliakov, V. P.; Kortikov, V. S.; Lebedev, L. B.: Investigation of rectification apparatus for large air separation plants (Neuartige Rektifizierböden für große Luftzerlegungsanlagen). Zitiert unter Nr. 79–1236 in Bull. Inst. Int. Froid Paris 1979

B 4 Blaß, E.; Sauer, H.: Teilkondensation und nichtadiabate Rektifikation binärer Gemische in Füllkörperrohren. Chem. Ing. Tech. 50 (1978) 525–532

B 5 Bloomer, O. T.; Parent, J. D.: Chem. Eng. Progr. Symp. Ser. 6 40 (1953) 11

B 6 Bošnjaković, Fr.: Technische Thermodynamik, 2. Teil. Dresden, Leipzig: Steinkopf 1937; 5. Aufl. Dresden 1971

B 7 Brown, G. G.; Souders, M.: Vapor recovery and gasoline fractionation I: Vapor-liquid equilibria particularly at high pressures. Nat. Pet. News (1932) 63–71

B 8 Boone, W. J. jr.; De Vaney, W. E.; Stroud, L.: Vapor-liquid-equilibria for a helium-nitrogen-methane system. Bureau of Mines Rep. of Investigations 6178, US Dept. of the Interior 1963

C 1 Chemisches Handbuch (russ.) Moskau: Verlag Chemie 1964. Die Werte sind wiedergegeben in Landolt-Börnstein, Neue Serie Bd. IV, 3. Berlin, Heidelberg, New York Springer: 1975 S. 65/66

C 2 Claude, G.: Air liquide, oxygène, azote, gaz rares, 2. Aufl., Paris 1926, S. 359

C 3 Connelly, K. E.; Haselden, G. G.: Enhanced mass transfer in distillation by use of baffled trays. Proc. of 3rd Int. Distillation Symp. London 1979, I Chem. E Symp. Ser. 56, p. 2.3/65–77

D 1 Dellrich, L. R.; Plöcker, U. J.; Knapp, H.: Vapour-liquid-equilibria. A bibliography of published data of multi-component systems containing components with normal boiling points lower than 350 K. 1973. Institute of Thermodynamics at the Technical University of Berlin, Germany. (Zusammenstellung aller wichtigen, zwischen 1900 und 1972 veröffentlichten Meßergebnisse).

D 2 Dibbern, D.: Reif- und Schneebildung beim Abkühlen von Gas-Dampfgemischen in Gegenstrom-Wärmeaustauschern. Abhandlgn. d. Deutschen Kältetech. Vereins. Nr. 17. Karlsruhe: C. F. Müller 1963. Kältetechnik 16 (1964) 167–169

D 3 Dodge, B. F.; Dunbar, A. K.: J. Am. Chem. Soc. 49 (1927) 591

D 4 Din, F.; Goldman, K., Monroe, A. G.: Gleichgewicht flüssiger und fester Gemische von Ar-N_2 und Ar-O_2. Comptes rendus du IX. Congr. Int. du Froid, Paris 1955, Bd. 1 S. 1003–1010

E 1 Edye, E.: Rektifizierwirkung niedriger Füllkörperschichten. Chem. Ing. Tech. 27 (1955) 651–660

E 2 Ende, G.; Schmidt, K.: Rückgewinnung von Wasserstoff bei der Ammoniaksynthese. Betrieberfahrungen, Produktionssteigerung und Materialersparnis. VEB Chemieanlagenbau, Dresden. Über die Ergebnisse wurde berichtet auf dem 15. Int. Kältekongreß in Venedig 1979

F 1 Fischer, V.: Zur Thermodynamik der Sauerstoff-Stickstoff-Gemische. Ann. Phys. 36 (1939) 381–396

F 2 Fischer, V.: Die Kondensation von Dampfgemischen aus beliebig vielen Bestandteilen. Ann. Phys. 37 (1940) 63

F 3 Fischer, V.: Ann. Phys. 1 (1947) 139–152

F 4 Florin, F.: Berechnung der geschlossenen Verdampfung und Verflüssigung eines idealen Vielstoffgemisches. Forsch. Ing. Wes. 21 (1955) 165–175

G 1 Gaußsche Näherungsintegration. Hütte Bd. I. 28. Aufl., 1955, S. 502–504, oder Zurmühl, R.: Praktische Mathematik. Berlin, Heidelberg, New York: Springer 1965, S. 222, 223. Vgl. auch Willers, Fr. A.: Methoden der praktischen Analysis, 3. Aufl., Berlin 1957, S. 151–160
G 2 Grassmann, P.: Ann. Phys. 7 (1950) 54–62
G 3 Grassmann, P.: Gegenstromkondensation bei gleichzeitigem Stoffaustausch bei Zweistoffgemischen. Ann. Phys. 7 (1950) 54–62
G 4 Grassmann, P.: Stoffaustausch zwischen Dampfblase und Flüssigkeit. Chem. Ing. Tech. 26 (1954) 412. – Gassmann, P.: Gleichzeitiger Stoff- und Wärmeaustausch zwischen Dampf und Flüssigkeit. Chem. Ing. Tech. 28 (1956) 270–274
G 5 Grassmann, P.: Vortrag auf der Tagung des VDI-Fachausschusses „Destillieren, Rektifizieren und Extrahieren" in Bad Homburg am 26. April 1955; siehe Chem. Ing. Tech. 27 (1955) 438

H 1 Haselden, G. G.; Connelly, K.: Improved distillation performance through the use of baffle trays. Dept. of Chemical Engineering, The University of Leeds, Leeds LS 2 9JT (United Kingdom). Veröffentlicht in [C 3]
H 2 Hausen, H.: Verlustfreie Zerlegung durch Rektifikation. Z. Tech. Phys. 6 (1932) 271–277
H 3 Hausen, H.: Materialtrennung durch Destillation und Rektifikation. Eucken, A.; Jakob, M.: Der Chemie-Ingenieur, Bd. I, Teil 3. Leipzig: Akad. Verlagsges. 1933 S. 70 bis 169
H 4 Hausen, H.: Einfluß des Argons auf die Rektifikation der Luft. Forschung 5 (1934) 290–297; und Hausen, H.: Rektifikation von Dreistoffgemischen. Forschung 6 (1935) 9–22
H 5 Hausen, H.: Wirkungsgrad von Rektifikationsböden und theoretische Bodenzahl. Forschung 7 (1936) 177–186
H 6 Hausen, H.: Berechnung der Rektifikation mit Hilfe kalorischer Mengeneinheiten. Z. VDI-Beih. Verfahrenstechnik, 1942, S. 17–20
H 7 Hausen, H.; Schlatterer, R.: Einfluß der Rektifikation auf die Zerlegungswirkung eines Rücklaufverflüssigers. Chem. Ing. Tech. 21 (1949) 453
H 8 Hausen, H.: Wärmeübertragung im Gegenstrom, Gleichstrom und Kreuzstrom, 2. Aufl. Berlin, Heidelberg, New York: Springer 1976
H 9 Hausen, H.: Rektifikation idealer Dreistoffgemische. Z. Angew. Phys. 4 (1952) 41
H 10 Hausen, H.: Zur Definition des Austauschgrades. Chem. Ing. Tech. 25 (1953) 595–597
H 11 Hempel, J.: Rektifikation von Zweistoffgemischen in innen berieselten Rohren. Chem. Ing. Tech. 39 (1967) 1136–1141
H 12 Hochgesand, G.: Über den Einfluß von Kondensation und Verdampfung auf die Rektifikation in Rohrkolonnen. Diss. TH Hannover 1961. VDI-Forschungsh. 498. Düsseldorf 1963
H 13 Holland, C. D.: Multicomponent distillation. Englewood Cliffs: Prentice-Hall 1963
H 14 Hutchison, H. P.; Shewchuk, C. F.: A computational method for multiple distillation towers. Trans. Inst. Chem. Eng. 52 (1974) 325–336

I 1 Ishii, Y.; Otto, F. D.: A general algorithm for multistage multicomponent separation calculations. Can. J. Chem. Eng. 51 (1973) 601

J 1 Jungnickel, H.: Anwendungen und Probleme der Tieftemperaturtechnik. Technik 11 (1956) 130–135, insbes. S. 134

K 1 Keesom, W. H.: Thermodynamische Theorie van het Rektificatieproces. Chem. Weekbl. 30 (1933) 339, 575; Commun. Phys. Lab. Univ. Leiden Suppl. No. 69a

K 2 Kirschbaum, E.: Die Verstärkung durch teilweise Kondensation binärer Gemische und ihre Berücksichtigung bei der Berechnung von Rektifizierapparaten. 2. Dechema-Monographie. Berlin: Verlag Chemie 1930

K 3 Kirschbaum, E.: Wirkung von Rektifizierböden und zweckmäßige Flüssigkeitsführung. Forschung 5 (1934) 245

K 4 Kirschbaum, E.: Destillier- und Rektifiziertechnik, 2. Aufl., Berlin, Göttingen, Heidelberg: Springer 1950, S. 124f.

K 5 Kirschbaum, E.; Tröster, E.: Untersuchungen zum Stoffübergang bei der Teilkondensation von Gemischdämpfen. Chem. Ing. Tech. 32 (1960) 395–400

K 6 Kortüm, G.; Buchholz-Meisenheimer, H.: Die Theorie der Destillation und Extraktion von Flüssigkeiten. Berlin, Göttingen, Heidelberg: Springer 1952, S. 15, 62

K 7 Kuenen, J. P.; Clark: Versl. Amst. 25 (1916) 1087 und Commun. Phys. Lab. Univ. Leiden 1917, No. 150b

L 1 Lachowitz, G. K.: Die relative Löslichkeit von Wasserstoff und Deuterium in Flüssigkeiten bei tiefen Temperaturen. Res. Beil. Corresp. 8 (1955) 27, 32

L 2 Landolt-Börnstein: Zahlenwerte und Funktionen, 6. Aufl. Bd. IV, 4c2 (1980). (Darin zahlreiche Literaturangaben: S. 1048–1072; insbesondere für das Gleichgewicht der flüssigen und dampfförmigen Phase von N_2—CH_4-Gemischen S. 317 331, von CH_4—C_2H_4 Gemischen S. 396–404. Grundsätzliche Betrachtungen in der Einleitung)

L 3 Lewis, G. N.; Randall, M.: Thermodynamics, 2nd. edn. New York: McGraw-Hill 1961 Deutsch von O. Redlich, Wien: Springer 1927, S. 161–204

L 4 Lewis, W. K.; Matheson, G. L.: Ind. Eng. Chem. 24 (1932) 496

L 5 Lewis, W. K.; Kay, W. C.: Fugacity of various hydrocarbons above their vapor pressure and below critical temperature. Oil Gas J. 32 (1934) 40, 114

L 6 Linde, G.: Wirkungsgrad eines Siebbodens im Temperaturgebiet der flüssigen Luft. Chem. Ing. Tech. 27 (1955) 661–668

L 7 Linde-AG: Mitt. von 12. 10. 1967 (an C. Kux für Landolt-Börnstein, 6. Aufl. Bd. IV/4b)

M 1 McCabe, W. L.; Thiele, E. W.: Graphical design of fractionating columns. Ind. Eng. Chem. 17 (1925) 605–611

M 2 Merkel: Die Rektifikation. Arch. Wärmewirtsch. 10 (1929) 13

P 1 Peer, G. P.: Production of high purity neon. Linde Ber. Tech. Wiss. 26 (1969) 32 36

P 2 Planck, M.: Vorlesungen über Thermodynamik, 8. Aufl., 1927, S. 113, 173; 10. Aufl., 1954, S. 113, 173, Berlin: de Gruyter und Plank, R.: Handb. d. Kältetechnik, Bd. II. Berlin, Göttingen, Heidelberg: Springer 1953, S. 145–264

P 3 Plöcker, U.; Knapp, H.; Prausnitz, J.: Calculation of high pressure vapor-liquid equilibria from a corresponding-states correlation with emphasis on asymmetric mixtures. Ind. Eng. Chem., Process Design and Development 17 (1978) 324–332

P 4 Pollitzer, F.; Strebel, E.: Über den Einfluß indifferenter Gase auf die Sättigungs-Dampfkonzentration von Flüssigkeiten. Z. Phys. Chem. 110 (1924) 789–785. Vgl. auch Plank, R.: Handb. d. Kältetechnik, Bd. II. Berlin, Göttingen, Heidelberg: Springer 1953, S. 264–274

P 5 Ponchon, M.: Étude graphique de la destillation fractionnée. Tech. Mod. 13 (1921) 20, 55

P 6 Prausnitz, J. M.: State-of-the-art review of phase equilibria. Represented at the Conference on „Estimation and Correlation of Phase Equilibria and Fluid Properties in the Chemical Industry", held Pacific Grove, California, Jan. 16–21, 1977

P 7 Prentice, A. L.; Thorogood, R. M.: The effect of oxygen and nitrogen product ratio on air separation plant design. Cryotech 73, 2nd Int. Conf. Exhib. Low Temp. Technol., Brighton, GB., Nov. 13–15, 1973

R 1 Rische, E. A.: Rektifikation idealer Dreistoffgemische unter der Voraussetzung, daß der Widerstand des Stoffaustausches allein auf der Flüssigkeitsseite liegt. Z. Angew. Phys. 7 (1955) 90–96

R 2 Ruhemann, M.: Actes du VIIe Congr. Int. du Froid Vol. I (1937) p. 213 (Schmelz- und Erstarrungstemperatur von Stickstoff-Sauerstoff-Gemischen)

S 1 Schulte-Vieting, H. J.: Der Wärme- und Stoffaustausch zwischen Dampfphase und Flüssigkeit in Sauerstoff-Stickstoff-Gemischen. Chem. Ing. Tech. 27 (1955) 507–512

S 2 Sitzmann, R.; Stuke, B.: Rektifikation in Füllkörperkolonnen mit Inertgaszumischung. Chem. Ing. Tech. 27 (1955) 669–675

S 3 Sprow, F. B.; Prausnitz, J. M.: Am. Inst. Chem. Eng. J. 12 (1966) 780

S 4 Stage, H.; Schultze, G.: Die grundlegenden Arbeiten über Theorie, Apparate sowie Verfahren der Destillation und Rektifikation. Hrsg. v. VDI-Fachausschuß Verfahrenstechnik, Berlin: VDI-Verlag 1944, S. 16f.

S 5 Streich, M.; Daimer, P.: Recovery of rare gases in air separation and ammonia plants. Cryotech 73, 2nd Int. Conf. Exhib. Low Temp. Technol., Brighton, GB., Nov. 13–15, 1973. (Gewinnung von Krypton und Xenon aus Luft und von Helium aus Helium-Wasserstoff-Stickstoff-Gemischen.)

S 6 Stuke, B.: Vortrag auf der Tagung des VDI-Fachausschusses „Destillieren, Rektifizieren und Extrahieren" in Bingen am 24. 4. 1956. Vgl. Chem. Ing. Tech. 28 (1956) 588

S 7 Street, W. B.; Calado, J. C. G.: Liquid-vapour equilibrium for hydrogen + nitrogen at temperatures from 63 to 110 K and pressures to 57 MPa. J. Chem. Thermodynamics 10 (1978) 1089–1100

T 1 Thiele. E. W.; Gettes, R. L.: Ind. Eng. Chem. 25 (1933) 290

T 2 Torochesnikov, N.: Tech. Phys. USSR 4 (1937) 365

V 1 Verschoyle, T. T. H.: The ternary system carbon monoxide-nitrogen-hydrogen and the component binary systems between −185 and −215 °C and between 0 and 225 Atm. Philos. Trans. R. Soc. London (A) 230 (1931) 189–220

V 2 Vogelpohl, Q.: Rektifikation idealer Vielstoffgemische. Chem. Ing. Tech. 42 (1970) 1377–1382

W 1 Wang, J. C.; Henke, G. E.: Product distribution for multi-component distillation in complex columns can be computed by this tridiogonal matrix algorithm. Hydrocarbon Process. 45 (1966) 155–163

W 2 Weishaupt, J.: Bestimmung des Gleichgewichts siedender Stickstoff-Argon-Sauerstoff-Gemische bei 1000 Torr. Angew. Chem. 20 (1948) 321–326

W 3 White, G. H.: Method and chart for number of transfer units in diffusional operations. Chem. Eng. Progr. 46 (1950) 363–368

W 4 Wilson, G. M.; Silverberg, P. M.; Zellner, M. G.: Int. Adv. in Cryogenic Ing. (Plenum Press 1965) Q-6. Diese Daten sind auch wiedergegeben in Landolt-Börnstein, Zahlenwerte und Funktionen aus Naturwissenschaften und Technik. Neue Serie, Gruppe IV. Bd. 3. 1975 Berlin, Heidelberg, New York: Springer, S. 35

Kapitel 4: Zerlegung der Luft

A 1 Ahl, F.: Der Einfluß des Argons auf die Rektifikation der Luft. Diss. TH München 1938

B 1 Bewilogna, L.: Continously working plant for the separation of neon-helium-mixtures. Cryogenics 2 (1961) 290–291

B 2 Bliss, H.; Dodge, F. B.: Chem. Eng. Progr. 45 (1949) 51–64; 129–138

B 3 Bliss, H.: Chem. Eng. Progr. 46 (1950) 67–73

B 4 Boe, C.: Z. VDI 78 (1934) 578–580

C 1 Claude, G.: Franz. Patent 324 460 (1902); DRP 175 267 (1906); Comp. Rend. 137 (1903) 783–786

C 2 Colton, H. S.: The inert gases, their production and uses. Chem. Metall. Eng. 44 (1937) 484–486

D 1 Dolch, P.: Chem. Ztg. 59 (1935) 1024, 1025
D 2 DRP 167 931 (1906)
D 3 DRP 173 620 und 180 014
D 4 DRP 203 814 (1908) d. Ges. f. Linde's Eismaschinen AG
D 5 DRP 239 322 (1911) der L'Air Liquide S. A.
D 6 DRP 301 940 (1917) Linde
D 7 DRP 313 120 (1919) Linde
D 8 DRP 319 992 (1920) Linde
D 9 DRP 329 542 (1920); DRP 401 903 (1924) der L'Air Liquide S. A.
D 10 DRP 332 548 (1921)
D 11 DRP 463 124 (1928); Fränkl, M.
D 12 DRP 490 878 (1930) Autogen Gasaccumulator Krükl u. Hansmann GmbH
D 13 DRP 492 421 und DRP 493 797 (1930) und zahlreiche weitere Patente der Ges. f. Linde's Eismaschinen AG
D 14 DRP 725 156 (1942) d. Ges. f. Linde's Eismaschinen AG
D 15 DRP 729 657 (1941) d. Ges. f. Linde's Eismaschinen AG
D 16 DBP 861 853 (1953) d. A. Messer GmbH, Frankfurt (DPhys. Paul O. Gehlhoff)

F 1 Fischer, V.: VDI Beih. Verfahrenstechnik 1938, 87–94
F 2 Franz. Patent 506 696 (1919) d. Ges. f. Linde's Eismaschinen AG

G 1 Grassmann, P.: Der heutige Stand der Gaszerlegung. Z. VDI 92 (1950) 719–725

H 1 Hagenbach, G. F.; Schiffauer, J. H.: Commercial production of liquid neon. Adv. Cryog. Eng. 9 (1964) 557–560
H 2 Hausen, H.: Einfluß des Argons auf die Rektifikation der Luft. Forschung 5 (1934) 290–297
H 3 Hochgesand, C. P.: Das Linde-Fränkl-Verfahren zur Zerlegung von Gasgemischen. Mitt. Forsch.-Anst. Gutehoffn., Oberhausen (Rhld.) 4 (1935) 14–23

K 1 Karwat, E.; Klein, G.: Über Kohlenwasserstoffe in Luftzerlegungsanlagen. Linde Ber. Tech. Wiss. 4 (1958) 3–10
K 2 Karwat, E.: Stahl Eisen 68 (1948) 453–465

L 1 Linde: 50 Jahre Sauerstoffanlagen; Erinnerungsschrift d. Ges. f. Linde's Eismaschinen AG 1952
L 2 Linde, R.: Glückauf 72 (1936) 114–118
L 3 Linde AG: Gewinnung von Edelgasen. 75 Jahre Linde, Jubiläumsausgabe d. Ges. f. Linde's Eismaschinen AG 1954, S. 139

M 1 Meißner, W.; Steiner, K.: Z. Gesamte Kälte Ind. 39 (1932) 49–53; 75–78

P 1 Peer, G.: Gewinnung von reinstem Neon. Linde Ber. Tech. Wiss. 26 (1968) 32–36

R 1 Rische, E. A.: Rektifikation idealer Dreistoffgemische unter der Voraussetzung, daß der Widerstand des Stoffaustausches allein auf der Flüssigkeitsseite liegt. Z. Angew. Phys. 7 (1955) 90–96
R 2 Roberts, N. W.: The principles of gasseparation. Br. Chem. Eng. 1 (1956) 84–87; 138–141; 196–200
R 3 Ruhemann, M.: The separation of gases, 2nd ed. Oxford 1949
R 4 Reyhing, J.: Kohlenwasserstoff-Entfernung aus der Prozeßluft vor Luftzerlegungsanlagen mittels Molekularsiebadsorbern. Linde Ber. Tech. Wiss. 53 (1983) 14–21

S 1 Schlatterer, R.: Die Gewinnung der Edelgase aus der Luft. 50 Jahre Sauerstoffanlagen. Erinnerungsschrift d. Ges. f. Linde's Eismaschinen AG 1952, S. 139
S 2 Scholz, W.: Gewinnung der Edelgase. Ullmanns Encyklopädie der technischen Chemie, 4. Aufl., Bd. 10. Weinheim: Verlag Chemie 1975, S. 290
S 3 Siedler, Ph.; Winnacker, K.; Weingärtner, E.: Die Edelgase. Chem. Technol. 1 (1950) 261–299
S 4 Siedler, Ph.: Die Gewinnung und Verwendung der Edelgase. Angew. Chem. 51 (1938) 799–826
S 5 Springmann, H.: Die Verflüssigung von Sauerstoff, Stickstoff und Argon. Linde Ber. Tech. Wiss. 43 (1978) 23ff.
S 6 Streich, M.: Edelgase, Gewinnung aus der Luft. Ullmanns Encyklopädie der technischen Chemie, 4. Aufl., Bd. 10. Weinheim: Verlag Chemie 1975 S. 288
S 7 Streich, M.; Danner, P.: Gewinnung von Edelgasen in Luft- und Ammoniakanlagen. Linde Ber. Tech. Wiss. 37 (1975) 10ff.

U 1 US-Patent 1527639 (1925) General Electric Co.

W 1 Wagner, N.: Bewertung verschiedener Luftzerlegungsarten im Hinblick auf ihre Rentabilität und Verfügbarkeit. Linde Ber. Tech. Wiss. 41 (1977) 34–42
W 2 Wolff, L.: Verwendung der Edelgase. Ullmann Encyklopädie der technischen Chemie, 4. Aufl., Bd. 10. Weinheim: Verlag Chemie 1975, S. 305
W 3 Wucherer, J.: Large scale production of oxygen. Iron. Coal Trades Rev. 159 (1949) 723–730
W 4 Wucherer, J.: Linde-Fränkl-Anlagen. 50 Jahre Sauerstoffanlagen. Erinnerungsschrift d. Ges. f. Linde's Eismaschinen AG 1952, S. 15

Kapitel 5: Gewinnung von Ethylen

B 1 Baldus, H.; Förg, W.: Die rektifikatorische Trennung des Propylens von Propan, Propin und Propadien. Linde Ber. Tech. Wiss. 20 (1965) 52–62
B 2 Baldus, H.; Schramm, W.: Spaltgasverdichtung, Spaltgasreinigung und Tieftemperaturzerlegung. Linde Ber. Tech. Wiss. 23 (1967) 21–24
B 3 Becker, R.: Beitrag zur Geschichte der Ethylenanlagen mit besonderer Betonung des Tieftemperaturteils. Chem. Tech. 8. Jg. (1979) 241–147
B 4 Becker, R.: Anwendung von Regeneratoren in der Tieftemperaturtechnik, besonders zur Anreicherung von Ethylen aus Koksofengas. Linde Ber. Tech. Wiss. 3 (1958) 25–32
B 5 Bronn, J.: Zerlegung der Koksofengase und Ausnützung ihrer Bestandteile. Z. Angew. Chem. 42 (1929) 760ff.

D 1 Dorner, A.: Gaserzeugung und Quenchung. Linde Ber. Tech. Wiss. 23 (1967) 12–20

F 1 Frank, H.: Erdgas — Rohstoffquelle für Äthylenanlagen. Linde Ber. Tech. Wiss. 40 (1976) 3–10

G 1 Glietenberg, D.; Smolen, H.: Ethylen. Ullmanns Encyklopädie der technischen Chemie, Bd. 8, Weinheim: Verlag Chemie 1974, S. 158ff

K 1 Kreuter, W.: Tendenzen im Bau von Olefinanlagen im Lichte der Rohstoff- und Energieverknappung. Linde Ber. Tech. Wiss. 36 (1975) 3–8

S 1 Schuster, R.: DBP 2352561

Kapitel 6: Verflüssigung und Zerlegung von Erdgas

A 1 Allsop, D. G. W.: Transporting LNG from Indonesia to Japan. Papers 6. Int. Conf. on LNG 1980 Session III, Paper 7, 1–52

B 1 Buckmann, D.: Big LNG plant inaugurated in Brunei. Petroleum Petrochem. Int. 13 (1973) 40–45

C 1 Corkhill, B. Sc.: LNG schipping: Past, present and future directions. Papers 6. Int. Conf. on LNG 1980 Session III, Paper 1, 1–32

D 1 DiNapoli, R. N.: Trends in base load LNG plants. Hydrocarbon Process. 54 (1975) 87–90

E 1 Etzbach, V.; Förg, W.: Inbetriebnahme und Arbeitsweise der Flüssig-Erdgas-Anlage Stuttgart. Linde Ber. Tech. Wiss. 33 (1973) 13–16

F 1 Förg, W.; Etzbach, V.: Die Verflüssigung von Erdgas. Linde Ber. Tech. Wiss. 28 (1970) 27–39

F 2 Farrar, G. F.: Brunei LNG project ahead of schedule. Oil Gas J. 17 (1973) 61–66

F 3 Förg, W.; Wirtz, P.: Die Abtrennung von Helium und Stickstoff aus Erdgas. Linde Ber. Tech. Wiss. 28 (1970) 44–50

K 1 Kleemenko, A. P.: Proc. of the X Int. Congr. of Refrigeration Copenhagen 1959, pp. 34 to 39

K 2 Kaast, H.; Schlemm, F.: Denitrogenation plant Clenze. Papers 5. Int. Conf. on LNG 1977 Session II, Paper 6, 1–19

K 3 Kruis, A.: Edelgase. Ullmanns Encyklopädie der technischen Chemie, 4. Aufl. Bd. 10. Weinheim: Verlag Chemie 1975, S. 284

M 1 Müller, K.: Peakshaving mit Groningen Erdgas. Linde Ber. Tech. Wiss. 39 (1976) 31–35

M 2 Morgan, D. J.: How externally refrigerated and expander processes compare for high ethane recovery. Oil Gas J. May (1976) 230–243

P 1 Pocrnja, A.; Streich, M.; Weber, D.: Electricity generation by utilization of LNG-cold. Papers 5. Int. Conf. on LNG 1977 Session II, Paper 11, 1–27

S 1 Streich, M.; Kranz, J.; Förg, W.: Stickstoffabtrennung aus Erdgas. „gwf" Gas Erdgas 119 (1978) 195–199

S 2 Scholz, W.; Kruis, A.: Edelgase. Ullmanns Encyklopädie der technischen Chemie, 4. Aufl. Bd. 10. Weinheim: Verlag Chemie 1975, S. 292

T 1 Tönnessen, A.: Spherical LNG-tanks on continuous cylindrical skirts. A shipbuilder and licensers experience. Papers 5. Int. Conf. on LNG 1977 Session IV Paper 9, 1–52

Kapitel 7: Zerlegung wasserstoffreicher Gasgemische

B 1 Becker, R.: Anwendungen von Regeneratoren in der Tieftemperaturtechnik, besonders zur Anreicherung von Ethylen aus Koksofengas. Linde Ber. Tech. Wiss. 3 (1958) 25–32

C 1 Cohen, A. E.; Hipkin, H. G.; Koppany, C. R.: Experimental vapour-liquid equibrium data for hydrogen-ethane and hydrogen-methane-ethane. Chem. Eng. Progr. Symp. Ser. No. 81, Vol. 63, p. 10

D 1 DRP 301984

F 1 Franck, H. G.; Knop, A.: Kohleveredlung. Chemie und Technologie. Berlin, Heidelberg, New York: Springer 1979, S. 217
F 2 Förg, W.: Die Konzentrierung von Wasserstoff mit Hilfe tiefer Temperaturen. Linde Ber. Tech. Wiss. 28 (1970) 18–26

K 1 Karwat, E.; Kruis, A.: Tiefkühlwäschen zur Gaszerlegung: I. Gewinnung reiner Kohlensäure aus Rauchgasen. Linde Ber. Tech. Wiss. 3 (1958) 33–41
K 2 Kruis, A.; Scholz, W.: Tieftemperaturwäschen zur Gaszerlegung. II. Aufbereitung von Spaltgasen. Linde Ber. Tech. Wiss. 17 (1964) 15–23

S 1 Scholz, W.: Überblick über den Gesamtkomplex „Öl aus Kohle" Sasol II (Südafrika) und Einbindung von Gasreinigungs- und Zerlegungsanlagen. Linde Ber. Tech. Wiss. 45 (1979) 9–17
S 2 Schmid, H.; Ranke, G.; Fabian, R.: H_2 CO-Technologie. Linde AG (1975) 27–28

Kapitel 8: Sonderanlagen für die friedliche Nutzung der Kernenergie

G 1 Gutowski, H.: Technischer Entwicklungsstand des Tieftemperaturprozesses zur Schwerwassergewinnung. Kerntechnik 5/6 (1977) 233–241
G 2 Gutowski, H.: Angewandte Tieftemperaturtechnik zur Kryptonabscheidung in Wiederaufbereitungsanlagen unter kerntechnischen Bedingungen. Linde Ber. Tech. Wiss. 47 (1980) 11–15

H 1 Hänny, J.: Eine Tieftemperaturanlage zur Gewinnung von schwerem Wasser, Sulzer Achema 1961

J 1 Jaeger, K.: Analytische Probleme und Analysengeräte der Schwerwasseranlage in Nangal/Indien. Linde Ber. Tech. Wiss. 16 (1963) 23–26

L 1 Lehmer, W.; Sellmaier, A.; Baldus, W.: Schwerwasserstoffgewinnung in einer großtechnischen Rektifikationsanlage. Linde Ber. Tech. Wiss. 5 (1959) 3–14

N 1 Nitschke, E.: Anlagen und Verfahren zur Gewinnung von Schwerwasser. Atomwirtschaft 18 (1973) 274–280

S 1 Springmann, H.: Erfahrungen bei der Inbetriebsetzung einer Schwerwasseranlage. Linde Ber. Tech. Wiss. 16 (1963) 17–22

Kapitel 9: Ausführung und Betrieb der Anlagen zur Gasverflüssigung und Zerlegung von Gasgemischen

A 1 AD-Merkblätter erscheinen beim Carl Heymanns Verlag KG in Köln sowie beim Beuth Verlag GmbH in Berlin

B 1 Baerlecken, E.; Wiesniewsky, G. K.: Stähle für tiefe Temperaturen, Merkblatt 470 der Beratungsstelle für Stahlverwendung, Düsseldorf

C 1 Collins, S. O.: A helium cryostat. Rev. Sci. Instrum. 18 (1947) 157. Science 116 (1952) 289

D 1 Dubbel: Taschenbuch für den Maschinenbau, 15. Aufl. Berlin, Heidelberg, New York, Tokyo: Springer 1983, S. 754

D 2 Doll, R.; Eder, F. X.: Neuartige Expansionsmaschine zur Erzeugung tiefer Temperaturen. Kältetechnik (1964) 1, 5–11

E 1 Eber, N.: 25 Jahre Sulzer Tieftemperaturtechnik. Tech. Rundsch. Sulzer 4 (1981) 124 bis 127

G 1 Griffiths, E. A.: Trans. Faraday Soc. 18 (1923) 224–239

H 1 Huppertz, P. H.; Retter, A.: Werkstoffauswahl im Druckbehälter- und Chemieanlagenbau. Linde Ber. Tech. Wiss. 45 (1979) 74–83

H 2 Hausotter, S.: Schutzgas- und UP-Schweißen im Behälter- und Apparatebau. Beispiele aus der Praxis. Linde Ber. Tech. Wiss. 47 (1980) 30–40

H 3 Hauptverband der gewerblichen Berufsgenossenschaften. Sammlung der Einzelunfallverhütungsvorschriften der gewerblichen Berufsgenossenschaften. Gase (VGB 61), Köln: Carl Heymanns

H 4 Hauptverband der gewerblichen Berufsgenossenschaften. Sammlung der Einzelunfallverhütungsvorschriften der gewerblichen Berufsgenossenschaften. Sauerstoff (VGB 62) Köln: Carl Heymanns

K 1 Kapitza, P.: Die Verflüssigung von Helium nach einer adiabatischen Methode. Proc. R. Soc. London 147 (1934) 189

K 2 Kapitza, P.: J. Phys. USSR 1 (1939) 7–28

L 1 Linde, Technische Tabellen aus Arbeitsgebieten der Linde Aktienges. Beilage zum Linde Taschenkalender 1984, S. 13

L 2 Linde, H.: Entwicklungstendenzen im Apparatebau für tieftemperaturtechnische Anlagen. Linde Ber. Tech. Wiss. 39 (1976) 3–10

L 3 Laschin, B. M.: Der flüssige Sauerstoff. Halle 1929

M 1 Müller, H. J.: Weiterentwicklung der Trockenlaufkompressoren. Linde Ber. Tech. Wiss. 29 (1971) 12–19

M 2 Meißner, W.: Heliumverflüssigung ohne Vorkühlung mit flüssigem Wasserstoff. Phys. Z. 43 (1942) 261–274

O 1 Okamura, T.: Recommended practice for LNG-inground-storage, Papers 6th Int. Conf. on Liquefied Natural Gas 1980, Paper II/10

R 1 Redemann, H.: Expansionsturbinen für Kaltgasprozesse. Linde Ber. Tech. Wiss. 29 (1971) 3–11

R 2 Ranke, F.: Messen und Regeln bei der Automatisierung von Tieftemperaturverfahren. Linde Ber. Tech. Wiss. 6 (1959) 9–22

S 1 Straß, W.: Entspannungsturbinen für tiefe Temperaturen. Kältetech. Klim. 11 (1959) 136–144

S 2 Straß, W.: Kaltgasexpansionsturbinen für hohen Druck. Kältetech. Klim. 19 (1967) 169–175

S 3 Swaeringen, J. S. u. a.: Turboexpanders and process that use them. Chem. Eng. Progr. 68 (1972) 92–102

S 4 Sellmaier, A.; Straß, W.: Helium expansion turbine pilot plant for very low temperatur refrigeration. Linde Ber. Tech. Wiss. 11 (1967) 25–32

S 5 Speir, G. A.: Indonesia's Badak LNG projekt sets new records. Pipeline Gas J. 119th year (June 1978)

T 1 Turnwald, E.: Kolbenmaschinen in der Tieftemperaturtechnik. Die Kälte- und Klimatechnik 11 (1976) 482

T 2 Turnwald, E.: Neue HD-Tieftemperaturkolbenpumpe für große Fördermengen. Linde Ber. Tech. Wiss. 45 (1979) 103–107

V 1 VdTÜV-Werkstoffblätter erscheinen beim Carl Heymanns Verlag KG, Köln sowie beim Beuth Verlag GmbH, Berlin

W 1 Wucherer, J.: On the late development of expansionsturbines for low temperatures. Annexe Bull. Int. du Froid (1954) 69–76
W 2 Wagner, N.: Bewertung verschiedener Luftzerlegungsarten im Hinblick auf ihre Rentabilität und Verfügbarkeit. Linde Ber. Tech. Wiss. 41 (1977) 34–42

Kapitel 10: Anwendung der durch die Zerlegung gewonnenen oder verflüssigten Gase

A 1 Albrecht, E.: Sauerstoff eröffnet neue Möglichkeiten für die Fischzucht. gas aktuell 14, Messer-Griesheim, 3–9

B 1 Brandt, H. G.; Weiler, H.: Schweißen und Schneiden. In: Ullmanns Encyklopädie der technischen Chemie, 4. Aufl., Bd. 21. Weinheim: Verlag Chemie 1982, S. 193
B 2 Bruckmüller, O.: Sauerstoffbegasung fließender Gewässer. gas aktuell 14, Messer-Griesheim, 10–14

D 1 D.P. 1.471946

F 1 Franck, H. G.; Knop, A.: Kohleveredlung. Berlin, Heidelberg, New York: Springer 1979, S. 158–168

G 1 Graf, H.: Verfahrenstechnische und anlagentechnische Entwicklungen und ihr Einfluß auf den Ausbau von Hüttenwerken. Stahl u. Eisen 97 (1977) 101–108
G 2 Gährs, H. I.: Mobile Versuchsanlage zur biologischen Abwasserreinigung nach dem Rohrreaktorverfahren. gas aktuell 17, Messer-Griesheim, 9–13
G 3 Gregor, C. H.; Morper, M.; Reimann, H.: Einsatz des Sauerstoffbelebungsverfahrens bei problematischen Industrieabwässern. Linde Ber. Tech. Wiss. 51 (1982) 48–54

H 1 Häussinger, P.: Wasserstoffverwendung. In: Ullmanns Encyklopädie der technischen Chemie, 4. Aufl., Bd. 24. Weinheim: Verlag Chemie 1983, S. 318–340

K 1 Krupp, F.: Der Sauerstoff in der Eisenhüttenindustrie, insbesondere seine Verwendung bei der Stahlerzeugung nach dem LD-Verfahren. Linde Ber. Tech. Wiss. 8 (1960) 9–28
K 2 Kölling, G.: Herstellung von Kraftstoffen aus Kohle. Vortragsveröffentlichungen Nr. 405. Essen: Haus der Technik 1978, S. 13

L 1 Linde, C.: Aus meinem Leben und von meiner Arbeit. München: Oldenbourg 1979, S. 107–113
L 2 Linde, G.: Tieftemperaturanlagen in ihrer Verflechtung mit chemischen und metallurgischen Gesamtprozessen. Linde Ber. Tech. Wiss. 38 (1976) 3–8
L 3 Lohmüller, R.: Wasserstoff. Gewinnung aus Kohle und Kohlenwasserstoffen. In: Ullmanns Encyklopädie der technischen Chemie, 4. Aufl. Bd. 24. Weinheim: Verlag Chemie, 1983, S. 257

M 1 Moser, F.; Theophiliou, I.; Wolfbauer, O.: Biologische Abwasserreinigung nach dem Rohrreaktorverfahren. gas aktuell 17, Messer-Griesheim, 3–8

P 1 Pomaska, H. U.: Die Verfahrenstechnik beim Schutzgasschweißen. Linde Ber. Tech. Wiss. 46 (1979) 21–27

R 1 Randak, A.: Neuere Entwicklung in der metallurgischen Verfahrenstechnik und ihre Auswirkungen auf die Werkstoffeigenschaften. Stahl u. Eisen 99 (1979) 1441–1453

R 2 Reimann, H.; Wildmoser, A.: Das Lindoxverfahren in Versuch und Betriebspraxis. Linde Ber. Tech. Wiss. 39 (1976) 59–64

R 3 Reimann, H.; Gregor, C. H.: Anwendungen des Lindoxverfahrens in Kommune und Industrie. Linde Ber. Tech. Wiss. 43 (1976) 3–8

R 4 Reuber, R.; Wellens, H.; Gruß, K.: Chemikon, Chemie in Übersichten. Frankfurt a. M.: Umschau Verlag

V 1 Verannemann, G.: Einsatz technischer Gase in Gießereien. Linde Ber. Tech. Wiss. 47 (1980) 47–52

W 1 Wucherer, R.: Geschichte der Ges. f. Lindes Eismaschinen AG, Wiesbaden (1929) 101

Kapitel 11: Extrem tiefe Temperaturen

A 1 Asztalos, St.; Baldus, W.; Kneuer, R.; Stephan, A.: An-Bord-Kühlsystem für das elektromagnetische Schweben von Fahrzeugen mit supraleitenden Magneten. Tagungsber. d. Deutschen Kälte- u. Klimatechnischen Vereins 2 (1975), Bad Dürkheim

B 1 Baldus, W.: Spezielle Anlagen der Tief- und Tiefsttemperaturtechnik. Dechema-Monogr. 58 (1968) 113–122

B 2 Buckel, W.: Supraleitung. Ullmanns Enzyclopädie der technischen Chemie, 4. Aufl. Bd. 22 (1982), S. 339–351

B 3 Baehr, H. D.: Thermodynamik, 5. Aufl., 1981; 6. Aufl., 1984. Berlin, Heidelberg, New York, Tokyo: Springer

C 1 Clusius, K.; Hiller, K.: Die spezifischen Wärmen des Parawasserstoffs in festem, flüssigem und gasförmigem Zustand. Z. Phys. Chem. Abt. B, 4 (1929) 158

D 1 Dörr, H.: Supraleitung in der Aufbereitungstechnik. Vortrag Technische Akademie Esslingen 1979

E 1 Eder, F. X.: Fortschritte auf dem Gebiet der Kryotechnik, Bericht von der I.I.F.-Tagung in Venedig. DKV-Tagungsber. 6 (1979) Würzburg

E 2 Eucken, A.; Hauck: Z. Phys. Chem. 134 (1928) 161–177

E 3 Eucken, A.; Hiller, K.: Der Nachweis einer Umwandlung des Orthowasserstoffs in Parawasserstoff durch Messungen der spezifischen Wärme. Z. Phys. Chem. Abt. B, 4 (1929) 142

F 1 Frey, H.; Haefer, R. A.: In: Eder, F. X. (Hrsg.): Tieftemperaturtechnologie. Düsseldorf: VDI-Verlag 1981

H 1 Haefer, R. A.: Kryopumpen. DKV-Tagungsber. 2 (1975), Bad Dürkheim

H 2 Hengevoss, J.: Anwendung der Tieftemperaturtechnik zur Vakuumerzeugung. Dechema-Monogr. 58 (1968), 18 Vorträge. Weinheim 1968, S. 101–112

H 3 Hofmann, A.; Komarek, P.: Bericht über die CEC 75 (Kanada) und über den IIR-Kongreß (Moskau). DKV-Tagungsber. 2 (1975), Bad Dürkheim

J 1 Justi, E.: Physik der tiefsten Temperaturen. London, Z. VDI 80 (1936) 109–116

K 1 Keesom, W. H.; Kox, J. A.: Further calorimetrie experiments on thallium; measurements of the spec. heats of silver. Commun. Phys. Lab. Univ. Leiden 20 (1920–1933) No. 219d; 21 (1933–1936) No. 232a

K 2 Klipping, G.: Helium-II-Kühlsysteme für IR(Infrarot)-Beobachtungen. DKV-Tagungsber. 9 (1982), Essen

K 3 Komarek, P.: Fortschritte in der Tieftemperaturtechnik. Bericht über die ICEC. DKV-Tagungsber. 1 (1974), Nürnberg

K 4 Komarek, P.; Krauth, H.: Superconductivity in fusion — the engineering development. Nucl. Eng. Des. 73 (1982) 131–151

K 5 Komarek, P.; Krauth, H.: Das Fusionsmagnetprojekt „Large Coil Task" (LCT). Nachr. Kernforschungsinst. Karlsruhe 14 (1982) 2, 75–82

K 6 Krafft, G.: Die Aufgabe der Kryotechnik in der Kernfusion. DKV-Tagungsber. 7 (1980), Berlin

L 1 Landolt-Börnstein: Zahlenwerte und Funktionen, 6. Aufl. Bd. IV/4b. Berlin, Heidelberg, New York: Springer 1972, S. 518–560

L 2 v. Laue, M.: Phys. Z. 33 (1932) 793

L 3 Lemke, D.: Gekühlte Detektoren und Teleskope für die Infrarot-Astronomie. DKV-Tagungsber. 9 (1982) 27, Essen

L 4 Lüders, K.: ICEC (9th Int. Cryogenic Eng. Conf.) in Kobe, Japan, 1982. DKV-Tagungsber. 9 (1982) 79, Essen

M 1 Meißner, W.; Ochsenfeld, R.: Naturwiss. 21 (1933) 787

P 1 Planck, M.: Vorlesungen über Thermodynamik, 10. Aufl. (bearbeitet von v. Laue) Berlin: de Gruyter 1954, S. 279

R 1 Regel, G.: Entwicklung eines He II-Kryostat zur Kühlung eines Infrarot-Teleskops zum Einsatz auf Spacelab. DKV-Tagungsber. 6 (1979), Würzburg

R 2 Robinson, D. W.: The viscosity of argon, helium and nitrogen at low temperatures and high pressures. Conf. de physique des basses températures, Paris 1955. Annexe 1955-3, Suppl. Bull. de l'Inst. Int. du Froid, Paris 1955, S. 329–332

R 3 Ruhemann, M.: Actes du VIIe Cong. Int. du Froid, Vol. I (1937) p. 213

S 1 Siemens: Kernspintomographie. Informationsschrift der Siemens AG, Bereich Medizinische Technik, Erlangen. Best. Nr. MRa 5/1624-01

S 2 Simon, F. E.; Allen, J. F. et al.: Low temperature physics. London: Pergamon Press 1952, p. 75

S 3 Simon, F. E.; Kurti, N.; Allen, J. F.; Mendelssohn, K.: Low temperature physics. London 1952, p. 103

S 4 Squire, C. F.: Low temperature physics.London: McGraw-Hill 1953, pp. 86–89

S 5 Schmidt, E.: Technische Thermodynamik, 11. Aufl. Bd. 1, neubearbeitet von Stephan, K.; Mayinger, F. Berlin, Heidelberg, New York: Springer 1975

W 1 Watson, J. H. P.: Magnetic separation at high magnetic fields. Proc. ICEC (Int. Cryogenic Eng. Conf.), Grenoble 1976

Sachverzeichnis

GPSR Compliance

The European Union's (EU) General Product Safety Regulation (GPSR) is a set of rules that requires consumer products to be safe and our obligations to ensure this.

If you have any concerns about our products, you can contact us on ProductSafety@springernature.com

In case Publisher is established outside the EU, the EU authorized representative is:

Springer Nature Customer Service Center GmbH
Europaplatz 3
69115 Heidelberg, Germany

Batch number: 10683525

Printed by Printforce, the Netherlands